Grundzüge der pharmazeutischen und medizinischen Chemie

Bearbeitet von

Dr. phil. und Dr. med. h. c. Hermann Thoms

o. Professor an der Universität Berlin

Neunte, vermehrte und verbesserte Auflage
der „Schule der Pharmazie
Chemischer Teil"

Mit 110 Textabbildungen

Berlin
Verlag von Julius Springer
1931

ISBN-13: 978-3-642-90468-4   e-ISBN-13: 978-3-642-92325-8
DOI: 10.1007/978-3-642-92325-8

Aus dem Vorwort zur achten Auflage.

Vor mehr als 30 Jahren erschien die erste Auflage des Chemischen Teiles der „Schule der Pharmazie". Der Verfasser hat darin als Richtschnur für eine pharmazeutische Chemie bereits der Ansicht Ausdruck gegeben, daß der junge Pharmazeut, genau so wie der angehende Chemiker, mit den Grundlagen der Chemie vertraut gemacht werden müsse. Werden dann die pharmazeutisch wichtigen chemischen Stoffe in systematischem Zusammenhang mit den jeweiligen Teilen der reinen Chemie vorgetragen, so darf auch für jene erst ein volles Verständnis gefunden werden.

Diesen Grundsätzen ist der Verfasser bei allen folgenden Auflagen des Werkes treu geblieben und hat sich dabei der Zustimmung der Fachgenossen zu erfreuen gehabt. Nach mannigfachen Richtungen hin wurde aber dem Werk eine Erweiterung zuteil. War es ursprünglich nur als Hilfsmittel für den pharmazeutisch-chemischen Unterricht in der Apotheke gedacht, welcher durch den Lehrchef dem jungen Praktikanten erteilt wird, so mußte der durch die allmählich sich vollziehende Abwanderung der bisherigen Selbstdarstellung von chemischen Stoffen und galenischen Präparaten in pharmazeutisch-chemische Fabriken veränderten Sachlage und der dadurch bedingten Einschränkung der Apothekenlaboratoriumstätigkeit Rechnung getragen werden. Auch verlangte die mehr und mehr um sich greifende Erteilung des Unterrichts von Praktikanten an besonderen Lehrstätten eine teilweise Umformung des Lehrstoffes. Zudem vertiefte sich der Gedanke, das Werk so auszugestalten, daß es nicht nur auf den ersten Unterricht in pharmazeutischer Chemie zugeschnitten blieb, sondern daß es eine derartige Erweiterung erfuhr, um auch für den späteren Unterricht des Pharmazeuten an der Hochschule als Grundlage zu dienen. So ist denn das Buch aus der engen Zwangsjacke einer „Elementar-Schule" herausgewachsen und zu „Grundzügen der pharmazeutischen Chemie" geworden, die ebenso für den angehenden wie für den an der Hochschule studierenden Pharmazeuten ausreichende Unterlagen bieten dürften.

Aber noch darüber hinaus ist seit der siebenten Auflage das Buch nutzbar gemacht worden für den studierenden Mediziner. Seitdem erkannt war, daß der Pharmazeut nicht nur über Darstellung, Eigenschaften und Prüfung von chemischen Arzneistoffen Bescheid wissen, sondern auch ihrer pharmakologischen Wirkung und ihrer therapeutischen Anwendung nicht mehr fremd gegenüber bleiben sollte, um gemeinsam mit dem Arzt zur Förderung der wissenschaftlichen Arzneimittellehre beizutragen, ist bei den chemischen Stoffen auch ihre medizinische Bedeutung berücksichtigt worden. Die vielfach früher bestandene Befürchtung der Ärzte, daß der Apotheker, wenn er über die Wirkung von Arzneistoffen Kenntnisse erhielt, diese zu einer Überschreitung der ihm durch seine Berufsaufgaben gesteckten Grenzen verwerten und damit in eine Konkurrenz mit dem Arzte eintreten könnte, hat sich als nicht stichhaltig erwiesen. Im Gegenteil wird dadurch, daß der Pharmazeut über die Wirkungsweise von Arzneistoffen Belehrung erfährt, eine Warnung ausgesprochen, in der Selbstdispensation bzw. der Abgabe von Arzneimitteln sich eine Zurückhaltung aufzuerlegen und sich des

Kurierens zu enthalten. Wissen erhöht die Achtung vor der Wissenschaft und macht bescheiden.

Dadurch, daß das vorliegende Werk nach der medizinischen Richtung hin eine Erweiterung erfahren hat, ist es zugleich aber auch als ein Lehrmittel für den studierenden Mediziner ausgestaltet worden, und der umgeänderte Titel „Grundzüge der pharmazeutischen und medizinischen Chemie" erscheint daher berechtigt.

Bei Besprechungen der siebenten Auflage in der medizinischen Fachpresse ist den vorstehend entwickelten Grundsätzen Anerkennung gezollt worden. So heißt es in einem medizinischen Fachblatt: Für die medizinische Jugend haben wir endlich einen Grundriß der Chemie vor uns liegen, der wie kein anderer zu einem einführenden Studium dieser Wissenschaft geeignet ist. Während die anderen bisher bei den Studierenden der Medizin gebrauchten Lehrbücher mehr auf den Chemiker als solchen zugeschnitten waren, ist dieses Buch, ursprünglich für den angehenden Pharmazeuten bestimmt, von dem Verfasser auch für den Mediziner bearbeitet worden. Das Werk bildet in knapper Form, ohne das Wesen eines Repetitoriums anzunehmen, eine Einführung, sowohl in die theoretische wie in die praktische Chemie, immer nur das berücksichtigend, was für den Pharmazeuten und für den Mediziner wichtig ist. Das Buch wird sich aber auch unter den älteren Ärzten Freunde erwerben, die sich über die Fortschritte der Chemie, dieser für die Medizin jetzt so unendlich wichtigen Hilfswissenschaft, unterrichten und auf dem Laufenden erhalten wollen.

Wenn das vorliegende Buch diesen Erwartungen entsprechen sollte, so ist das von dem Verfasser des Werkes angestrebte Ziel vollkommen erreicht. Er möchte wünschen, daß das Buch dazu beitrage, das im Interesse einer guten Arzneiversorgung des Volkes so dringend notwendige verständnisvolle Zusammenarbeiten von Medizin und Pharmazie zu fördern.

Die vorliegende achte Auflage hat gegenüber ihrer Vorgängerin eine nicht unwesentliche Umarbeitung und Einstellung auf das inzwischen erschienene neue Deutsche Arzneibuch, Ausgabe VI, erforderlich gemacht. Sehr eingehend ist auf die Bestimmungen desselben Bezug genommen worden, und Erläuterungen für die Prüfungsmethoden wurden in umfassenderer Weise gegeben, als es vordem der Fall war, so daß das Buch zugleich als ein Kommentar des Arzneibuches für die chemischen Arzneistoffe dienen und daher auch dem in der Praxis stehenden Apotheker von Nutzen sein kann.

Einigen Kapiteln wurde eine größere Ausdehnung gegeben, so u. a. der Gruppe der Alkaloide und ätherischen Öle, auch ist in dem Anhange bei den Ausführungen über die volumetrische Analyse der Frage der Wasserstoffionenkonzentration und der wissenschaftlichen Deutung der Indikatoren Beachtung insoweit gewidmet worden, als es der immerhin beschränkte Umfang des Werkes zuließ.

Berlin-Steglitz, Anfang März 1927.

Hermann Thoms.

Vorwort zur neunten Auflage.

Die in dem Vorwort zur achten Auflage ausgesprochenen Grundsätze sind auch in der vorliegenden neunten Auflage der „Grundzüge" berücksichtigt worden. Den von verschiedenen Seiten an den Verfasser gelangten Wünschen nach Erweiterung der Angaben über die medizinische Anwendung chemischer Stoffe wurde Rechnung getragen. Hierbei stützte sich der Verfasser vorwiegend auf die fünfzehnte Auflage der Arzneiverordnungslehre von G. Klemperer und E. Rost[1].

Eine Erweiterung erfuhr die neunte Auflage durch Einführung der Kapitel „Blutfarbstoffe und Chlorophyll" und „Enzyme (Fermente)", in denen die bemerkenswerten neuen Forschungsergebnisse die gebührende Berücksichtigung fanden. Auch haben die auf anderen Gebieten erfolgten neuen Forschungen, so besonders auf physikalisch-chemischem Gebiet, insoweit es der beschränkte Raum des Buches gestattet, Verbesserungen und Ergänzungen gegenüber der vorhergehenden Auflage erfahren. Hierbei hatte sich der Verfasser zahlreicher Hinweise und Vorschläge der Professoren von Bruchhausen, Dieterle, Heyl, Mannich, Sabalitschka, der praktischen Apotheker Aye-Frankfurt a. O., Hering-Driesen, Stich-Leipzig, Wachsmann-Berlin, sowie des Dr. Eisenbrand-Berlin und Dr. F. Zernik-Würzburg zu erfreuen, wofür er den Genannten auch an dieser Stelle seinen verbindlichsten Dank ausspricht. Zu besonderem Dank fühlt er sich noch Herrn Dr. Ehrenstein-Berlin verpflichtet, der den Verfasser bei der Erledigung der Korrekturen mit unermüdlichem Eifer auf das beste unterstützte.

Möge der neunten Auflage der „Grundzüge" die gleichfreundliche Aufnahme beschieden sein, deren sich ihre Vorgänger zu erfreuen hatten.

Berlin-Steglitz, Anfang Oktober 1931.

Hermann Thoms.

---

[1] Handbuch der allgemeinen und speziellen Arzneiverordnungslehre für Ärzte. Von G. Klemperer und E. Rost. Berlin: Julius Springer, 1929.

Inhaltsverzeichnis.

Anhang zum anorganischen Teil.

Organische Chemie.

A. Fettreihe.

Seite

Anhang.

Einführung in die chemische und physikalisch-chemische Prüfung der Arzneistoffe.

Einleitung.

Chemie ist die Wissenschaft von den Eigenschaften und Umwandlungen der Stoffe. Während die Physik nur die Veränderungen des Zustandes der Stoffe behandelt, lehrt die Chemie alle bleibenden Veränderungen kennen, welche infolge stofflicher Umwandlungen entstehen können.

Die Chemie beschäftigt sich mit den Stoffen nach zwei verschiedenen Richtungen: mit der Zerlegung, der Trennung der Stoffe (der Analyse[1] oder analytischen Chemie) und mit der Darstellung, dem Aufbau der Stoffe (der Synthese[2] oder synthetischen Chemie).

Insoweit die Chemie rein wissenschaftliche Zwecke verfolgt, um die allgemeinen Gesetze chemischer Vorgänge aufzufinden, spricht man von allgemeiner oder theoretischer Chemie. Zur Erforschung dieser Gesetze leistet die Physik hilfreiche Dienste. Man nennt die allgemeine oder theoretische Chemie daher auch physikalische Chemie.

Die Erkenntnis des Wesens und des Verhaltens der Stoffe hat für das praktische Leben eine hohe Bedeutung erlangt. Die Chemie, welche die wissenschaftlichen Forschungsergebnisse hierfür nutzbar macht, wird „angewandte Chemie" genannt. Industrie und Landwirtschaft in ihren vielgestaltigen Verzweigungen bedürfen zu ihrer gewinnbringenden Ausübung chemischer Kenntnisse; zur Erforschung der Zusammensetzung von Boden, Luft, Wasser, Nahrungs- und Genußmitteln, Arzneistoffen sind chemisches Wissen und Können erforderlich. Die Bestandteile von Tieren, Pflanzen und Mineralien werden vom Chemiker ermittelt und lassen sich auf Grund chemischer Analysen vielfach nachbilden. Selbst in die geheimnisvollen Lebensvorgänge der Organismen leuchtet die Chemie mit Erfolg und hat sich zu einer physiologischen Chemie bzw. Biochemie entwickelt.

Als pharmazeutische und medizinische Chemie werden diejenigen Zweige der angewandten Chemie verstanden, welche sich mit den pharmazeutisch und medizinisch wichtigen Stoffen beschäftigen.

Solche sind besonders die Arzneimittel, d. h. Stoffe, die zur Heilung bzw. Verhütung von Krankheiten benutzt werden. Arzneimittel entstammen dem Mineral-, Pflanzen- und Tierreich oder werden auf künstlichem (synthetischem) Wege gewonnen. Viele als Arzneimittel verwendete Stoffe üben auf die Organismen starke Wirkungen aus und können in geeigneten Mengen (Dosen) Schädigungen oder gar den Tod von Menschen und Tieren hervorrufen. Solche Stoffe nennt man Gifte und den Teil der Chemie, welcher sich mit ihnen beschäftigt, toxikologische Chemie[3].

Der Pharmazeut und der Mediziner müssen sich daher auch nach dieser Richtung hin eine gründliche Kenntnis der Arzneistoffe aneignen. Der Pharmazeut muß vorzugsweise die Darstellung der für die Pharmazie und Medizin wichtigen chemischen Erzeugnisse kennen und in der Lage sein, sie nach ihrem Aussehen, ihren physikalischen und chemischen Eigenschaften und ihrem

---

[1] analysis = Auflösung.   [2] synthesis = Zusammensetzung.
[3] Abgeleitet von toxicum = Gift.

chemischen Verhalten zu bestimmen, sowie den Nachweis fremdartiger, verunreinigender Stoffe, also eine Reinheitsprüfung und im Zusammenhang damit eine Wertbestimmung der Produkte auszuführen. Der Mediziner wird vor allem über die Wirkungsweise bzw. über den Grad der Giftigkeit der Arzneimittel, d. h. über die Dosierung dieser sich Kenntnisse verschaffen müssen. Die Arbeiten des Pharmazeuten und Mediziners gehen hier Hand in Hand und können sich im späteren Berufsleben ergänzen und stützen.

Anweisungen über die auf Grund von Erfahrungen festgestellte Beschaffenheit und Prüfung, sowie über die Aufbewahrung der wichtigsten Arzneimittel enthalten die Arzneibücher oder Pharmakopöen der verschiedenen Länder. Das „Deutsche Arzneibuch" wird im Reichsgesundheitsamt durch eine aus pharmazeutischen Chemikern, Pharmakognosten, praktischen Apothekern und Medizinern gebildete Kommission (eine Abteilung des Reichsgesundheitsrates) bearbeitet und besitzt Gesetzeskraft für sämtliche deutsche Staaten.

Die Arzneimittel sind im Arzneibuch nach ihren lateinischen Bezeichnungen in alphabetischer Aufeinanderfolge aufgeführt und gliedern sich hinsichtlich ihres Charakters in vier Gruppen, und zwar in

1. chemisch-einheitliche Stoffe,
2. Drogen,
3. aus Drogen dargestellte Präparate (Tinkturen, Extrakte, Sirupe, Aufgüsse und Abkochungen usw.),
4. die durch Mischen chemischer Stoffe unter sich oder mit Fetten, Pflastern usw. erzielten Komposita oder durch Auflösen chemischer Stoffe in Flüssigkeiten hergestellten Liquores. Es gehören zu dieser Gruppe Brausepulver, Streupulver, Salben, Wässer, Essige, Lösungen.

Die Gruppen 3 und 4 pflegt man unter dem Namen „Galenische Präparate" zusammenzufassen[1].

Da die Mehrzahl der als Arzneimittel Anwendung findenden chemisch einheitlichen Stoffe in Fabriken hergestellt werden und gut charakterisierbar sind, so verzichten die Arzneibücher meist auf die Angaben von Vorschriften für die Darstellung solcher chemischen Stoffe. Nur in den Fällen, wo Abweichungen in der Methode verschieden zusammengesetzte Präparate liefern (z. B. bei Wismutsubnitrat, Quecksilberpräzipitat, Kalziumphosphat), geben die Arzneibücher Darstellungsvorschriften an.

Die Arzneibücher führen nur einen kleinen Teil der im Verkehr befindlichen und zu Arzneizwecken verwendeten Mittel auf. Dies ist nicht anders möglich, denn in schneller Folge führt die pharmazeutisch-chemische Industrie dem Arzneischatz neue Arzneimittel zu, von denen viele oft nach kurzer Zeit wieder der Vergessenheit anheimfallen. Aufgabe der pharmazeutischen und medizinischen Chemie ist es aber, alle Erscheinungen auf dem Arzneimittelmarkt im Auge zu behalten und kennenzulernen.

Um eine genaue Kenntnis der Arzneimittel zu erlangen, ist es nötig, auch die Rohstoffe bzw. Ausgangsmaterialien zu studieren, die zur Herstellung jener dienen. Chemisch-technische Produkte mannigfacher Art kommen hier in Betracht. Neben den Arzneimitteln spielen bei der Krankenbehandlung ferner auch Nähr- und diätetische Präparate, Weine und Mineralwässer eine Rolle;

---

[1] Die Bezeichnung „Galenische Präparate" oder „Galenika" hat keine historische Berechtigung, da die hierunter verstandenen Arzneiformen meist sehr viel jüngeren Datums sind, als der Zeit des Claudius Galenus von Pergamos angehörig. Dieser berühmteste Arzt und medizinische Autor des Altertums wurde 131 n. Chr. geboren und starb um das Jahr 200. Die von ihm empfohlenen Arzneizubereitungen galten den Ärzten seines und folgender Zeitalter vielfach als Richtschnur.

die pharmazeutische und medizinische Chemie müssen sich daher auch mit ihnen beschäftigen und finden hierbei zugleich die Brücke zu einer Betätigung auf nahrungsmittel-chemischem Gebiet. Und von hier aus führt der Weg weiter zu physiologisch-chemischen Prüfungen zwecks Feststellung des Nährwertes von Nahrungsmitteln und der Güte oder des Verdorbenseins solcher, der Untersuchung von Ausscheidungsprodukten des Organismus, von Blut, Harn, Kot usw.

Wenn die pharmazeutische und medizinische Chemie in ein solch umfassendes Arbeitsgebiet eindringen wollen, so müssen sie auf breitester wissenschaftlicher Grundlage aufgebaut werden. Das kann aber nur mit Erfolg im Rahmen der allgemeinen Chemie geschehen.

Atomistische Hypothese.

Molekeln. Atome. Elemente.

Unsere bisherigen Anschauungen von der Zusammensetzung der Stoffe oder der Materie beruhen auf der Hypothese, daß die Teilbarkeit der Stoffe eine begrenzte ist[1].

Die kleinsten selbständigen, mechanisch nicht weiter zerlegbaren Teilchen eines Stoffes nennt man Molekeln (auch wohl Molekule oder Moleküle), abgeleitet von molecula, dem Diminutivum von moles, Masse.

Zur Erklärung für die möglichen Zustandsänderungen eines und desselben Stoffes, der z. B. in verschiedenen Aggregatzuständen (fest, flüssig, gasförmig) auftreten kann, welcher bei Wärmezufuhr sich ausdehnt, bei niedrigen Temperaturen sein Volum verringert, nimmt man an, daß die Molekeln in den Stoffen durch außerordentlich kleine Zwischenräume, die sog. Molekularzwischenräume, voneinander getrennt sind. Die zwischen den einzelnen Molekeln waltende Anziehung oder Kohäsion, die Molekularanziehung, bewirkt, daß die Molekeln nicht auseinanderfallen. Die durch Temperaturerhöhung eintretende Vergrößerung der Molekularzwischenräume hat die Volumvergrößerung und umgekehrt, die durch Temperaturherabsetzung eintretende Verkleinerung der Molekularzwischenräume die Volumverminderung der Stoffe zur Folge.

Die Molekeln bilden nun zwar die Grenze der mechanischen Teilbarkeit eines Stoffes, aber nicht die der chemischen.

Die Molekeln des Wassers z. B. können chemisch dadurch zerlegt werden, daß man den elektrischen Strom auf das mit wenig Schwefelsäure leitend gemachte Wasser einwirken läßt. Man beobachtet dann an den beiden Polen das Aufsteigen von Gasblasen. Das an der Kathode (dem negativen Pol) entwickelte Gas ist entzündbar und brennt mit kaum leuchtender Flamme; man nennt es Wasserstoff; an der Anode (dem positiven Pol) wird ein Gas entwickelt, das zwar nicht selbst brennbar ist, aber die Verbrennung unterhält, z. B. einen glimmenden Holzspan zum Entflammen bringt. Man nennt dieses Gas Sauerstoff. Die Molekeln des Wassers lassen sich also zwar mechanisch nicht weiter zerlegen, wohl aber chemisch. Es entstehen hierbei Wasserstoff und Sauerstoff; sie sind die Bestandteile der Molekeln des Wassers.

Die Molekeln enthalten also noch kleinere Teile; man nennt die letzteren Atome.

---

[1] Der griechische Philosoph Demokrïtos aus Abdēra (460—370) verwarf die bis dahin bestandene Lehre von der unbegrenzten Teilbarkeit der Materie und wurde Schöpfer der Atomlehre. Nach Demokrïtos ist die Teilbarkeit der Stoffe eine begrenzte, d. h. die Stoffe bestehen aus sehr kleinen, einfachen, unteilbaren Urkörpern, die er Atome nannte, abgeleitet von ἄτομος = unteilbar. Auch lehrte Demokrit schon, daß die Atome in ewiger Bewegung sich befänden.

Atome sind hiernach die weder mechanisch noch chemisch weiter zerlegbaren kleinsten Teile des Stoffes. Freilich sind auch die Atome, obwohl sie chemisch nicht weiter teilbar sind, noch zusammengesetzter Natur. Über die Struktur der Atome haben die neuesten Arbeiten der Physiker und Physiko-Chemiker wichtige Aufschlüsse gebracht. Hiernach sind in den Atomen elektrisch positiv geladene Kerne anzunehmen, die von negativen „Elektronen" umkreist werden. Siehe den Anhang zum Anorganischen Teil: „Die Struktur der Atome".

Die Atome sind hinsichtlich ihrer Eigenschaften und besonders auch hinsichtlich ihrer Masse verschieden voneinander. Gleichartige Stoffe, d. h. Teilchen von gleicher Masse und gleichen Eigenschaften bauen die Elemente auf.

Ein Element ist daher ein Stoff, der durch kein chemisches Verfahren in einfachere Stoffe zerlegt werden kann (Paneth).

Zur Zeit kennt man gegen 90 Elemente. Man kennzeichnet sie durch Buchstaben.

Berzelius hat diese „chemische Symbole" genannten Bezeichnungen in die Wissenschaft eingeführt. Man wählt für die Elemente als Abkürzung die Anfangsbuchstaben ihrer lateinischen Namen, z. B.

Ag	(Argentum)	für Silber	Hg	(Hydrargyrum)	für Quecksilber
Au	(Aurum)	„ Gold	N	(Nitrogenium)	„ Stickstoff
Bi	(Bismutum)	„ Wismut	O	(Oxygenium)	„ Sauerstoff
C	(Carboneum)	„ Kohlenstoff	P	(Phosphorus)	„ Phosphor
Co	(Cobaltum)	„ Kobalt	Pb	(Plumbum)	„ Blei
Cu	(Cuprum)	„ Kupfer	S	(Sulfur)	„ Schwefel
Fe	(Ferrum)	„ Eisen	Sb	(Stibium)	„ Antimon
H	(Hydrogenium)	„ Wasserstoff	Sn	(Stannum)	„ Zinn

Durch das chemische Symbol wird aber nicht nur das betreffende Element, sondern auch **ein** Atom desselben bezeichnet. Will man bildlich darstellen, daß es sich um zwei oder mehrere Atome handelt, so drückt man dies dadurch aus, daß man der Elementbezeichnung eine kleine 2 oder die Ziffer hinzufügt, welche die Zahl der Atome angibt.

So bedeuten: $H = 1$ Atom Wasserstoff; $H_2 = 2$ Atome Wasserstoff; $O_3 = 3$ Atome Sauerstoff; $S_4 = 4$ Atome Schwefel.

Zur Bezeichnung, daß Atome miteinander in Verbindung getreten sind, benutzt man Bindestriche, welche zwischen die chemischen Symbole eingeschaltet werden.

So bedeutet H—H, daß zwei Atome Wasserstoff miteinander verbunden sind, während das Bild H—Cl besagt, daß ein Atom Wasserstoff mit einem Atom Chlor sich vereinigt hat. In der Regel stellt man jedoch, soll eine chemische Vereinigung veranschaulicht werden, die die Atome bezeichnenden Buchstaben ohne Bindestrich nebeneinander. Das so entstehende Bild wird chemische Formel genannt.

Eine Molekel kann eine verschieden große Anzahl von Atomen enthalten. So besteht die Molekel Wasserstoff aus 2 Atomen Wasserstoff, die Molekel Kochsalz (Chlornatrium) aus 1 Atom Chlor und 1 Atom Natrium, ausgedrückt durch die Formel: NaCl.

Die Molekel Schwefelsäure besteht aus 2 Atomen Wasserstoff, 1 Atom Schwefel, 4 Atomen Sauerstoff, ausgedrückt durch die Formel: H_2SO_4.

        Aggregatzustände. Feste, flüssige, gasförmige Stoffe.

Man unterscheidet drei verschiedene Aggregatzustände der Stoffe: bei mittlerer Temperatur feste Stoffe (wie Eisen, Kupfer, Schwefel, Chlornatrium) oder flüssige (wie Wasser, Alkohol, Quecksilber) oder gasförmige (wie die atmosphärische Luft, Wasserstoff, Chlor). Die Aggregatzustände der Stoffe erleiden Veränderungen durch die Temperatur. Durch Temperaturerhöhung können feste Stoffe in flüssige und weiterhin in gasförmige verwandelt werden: Eisen und Kupfer lassen sich durch starkes Erhitzen verflüssigen, sie schmelzen, Schwefel schmilzt beim Erhitzen und geht bei weiterer Steigerung der Temperatur in Gasform (Dampfform) über: er verflüchtigt sich.

Durch Temperaturerniedrigung und Druck lassen sich gasförmige Stoffe in flüssige und weiterhin in feste Stoffe umwandeln: Wasserdampf verflüssigt sich beim Abkühlen, er verwandelt sich in die flüssige Form, das Wasser, und dieses erstarrt bei weiterer Abkühlung zu einem festen Stoff, dem Eis.

Die festen Stoffe sind entweder kristallisiert, d. h. von ebenen Flächen begrenzte Gebilde, deren Flächen unter bestimmten Winkeln sich schneiden (Zucker, Alaun, Kochsalz) oder gestalt- oder formlos, amorph (Stärkemehl, Tannin).

Die flüssigen Stoffe oder die Flüssigkeiten sind entweder leichtbeweglich (z. B. Äther, Benzin) oder schwerbeweglich (z. B. Glyzerin, Rizinusöl), farblos (z. B. Wasser, Äther, Alkohol) oder gefärbt (z. B. Brom). Sie können einheitlich sein, d. h. nur aus einer Art Stoff bestehen (z. B. Wasser, Chloroform) oder aus verschiedenen Stoffen zusammengesetzt sein. Man spricht dann von Mischungen, wenn ihre Bestandteile bei mittlerer Temperatur Flüssigkeiten sind, oder von Lösungen, wenn feste oder gasförmige Stoffe von Flüssigkeiten aufgenommen wurden, z. B. Hoffmannstropfen sind eine Mischung von Alkohol und Äther, Zuckerwasser eine Lösung von Zucker in Wasser; Brunnenwasser hält außer festen Stoffen auch gasförmige, wie Kohlensäure und Sauerstoff, gelöst.

Man kennt auch flüssige Kristalle. Beim Cholesterylbenzoat wurde zuerst eine flüssige Modifikation beobachtet, die bei gekreuzten Nicols hell erscheint, also doppeltbrechend ist.

Die gasförmigen Stoffe oder Gase sind entweder farblos (wie Wasserstoff, Sauerstoff, Stickstoff) oder gefärbt (z. B. das grüngelbe Chlor).

Durch Druck lassen sich die Gase zusammenpressen (komprimieren), und bei hinlänglich starkem Druck und Temperaturherabsetzung nehmen sie flüssige und schließlich feste Form an. Temperaturerhöhung dehnt die Gase aus.

Die Gasgesetze werden später behandelt werden.

Die chemische Einwirkung der Stoffe aufeinander.

Mischt man zu gleichen Gewichtsteilen Eisenpulver und Schwefel in einem Reibschälchen sorgfältig miteinander, so daß eine vollkommen gleichmäßige Mischung entsteht, dann lassen sich mit bloßem Auge die Einzelbestandteile des graugrünen Pulvers nicht mehr erkennen. Wohl gelingt dies noch mit Hilfe der Lupe oder des Mikroskops, und mit einem Magneten lassen sich die Eisenteilchen aus dem Gemisch wieder herausziehen.

Schüttet man das Pulver in ein trockenes Probierrohr (Reagenzglas) und erwärmt dieses vorsichtig über einer Flamme, so findet ein lebhaftes Durchglühen der Masse statt. Den oberen Teil des Reagenzglases sieht man mit Schwefeldämpfen angefüllt, die sich beim Erkalten an der Wandung des Glases zu einem festen Stoffe verdichten.

Zerreibt man die durch Zertrümmerung des Reagenzglases in ein Porzellanschälchen gebrachte Masse, so erhält man ein graues Pulver, in welchem weder mit bloßem Auge noch durch das Mikroskop Schwefel- oder Eisenteilchen entdeckt, noch durch den Magneten Eisenteilchen herausgezogen werden können.

Aus der Mischung ist infolge einer chemischen Einwirkung (chemischen Reaktion) eine chemische Verbindung entstanden. Bei der Mischung sind die kleinsten Teile der Stoffe unverändert geblieben, bei der chemischen Verbindung ist ein neuer Stoff gebildet worden, dessen kleinste Teile ein vollständig anderes Verhalten als die Ursprungteilchen zeigen. Diese lassen sich durch mechanische Mittel aus der chemischen Verbindung nicht wieder abscheiden.

Die chemische Reaktion hat sich infolge einer Kraft, die zwischen Eisen und Schwefel beim Erhitzen des Gemisches beider wirksam wurde, vollzogen. Man nennt diese Kraft chemische Verwandtschaft oder Affinität (s. später). Sie äußert sich, wenn die jeweiligen Bedingungen zum Eingehen einer chemischen Reaktion vorhanden sind oder geschaffen werden. Im vorliegenden Falle geschah dies durch Wärme.

Will man den vorstehend besprochenen chemischen Vorgang bildlich ausdrücken, so stellt man die chemischen Zeichen zu einer Gleichung zusammen. Während man die Einzelbestandteile einer Mischung durch $+$-Zeichen voneinander trennt, drückt man durch Nebeneinanderstellung der chemischen Zeichen die entstandene chemische Verbindung aus.

Obiger Vorgang läßt sich daher durch folgende chemische Gleichung veranschaulichen:

$$\underbrace{Fe}_{Eisen} + \underbrace{S}_{Schwefel} = \underbrace{FeS}_{Schwefeleisen.}$$

FeS ist die chemische Formel des Schwefeleisens.

Die Vereinigung zweier oder mehrerer Stoffe zu einer chemischen Verbindung erfolgt aber nicht regellos, sondern nach ganz bestimmten Gewichtsverhältnissen. Um die Verbindung Schwefeleisen FeS zu erhalten, sind rund 56 Gewichtsteile Eisen und 32 Gewichtsteile Schwefel notwendig.

Es gibt zwar auch Verbindungen von Eisen mit Schwefel, in welchen eine größere Menge Schwefel enthalten ist; eine solche Verbindung ist z. B. der in der Natur vorkommende Schwefelkies, in welchem 56 Gewichtsteile Eisen mit 64 Gewichtsteilen Schwefel verbunden sind. Diese Verbindung des Schwefels mit Eisen unterscheidet sich von der vorhergehenden dadurch, daß hier die doppelte Menge Schwefel (2×32) mit Eisen verbunden ist.

Der Schwefelkies läßt sich daher durch die Formel FeS_2 kennzeichnen. Man nennt ihn auch Zweifach-Schwefeleisen.

Zwischen diesem und dem Einfach-Schwefeleisen steht noch eine Verbindung in der Mitte, in welcher 56 Gewichtsteile Eisen mit 48 Gewichtsteilen Schwefel vereinigt sind, also das $1^1/_2$fache der Zahl 32. Diese Verbindung läßt sich durch Glühen von Schwefel und Einfach-Schwefeleisen nach den entsprechenden Gewichtsmengen herstellen. Man nennt die Verbindung Anderthalbfach-Schwefeleisen, ausdrückbar durch die Formel Fe_2S_3.

Für die drei erwähnten Schwefelverbindungen des Eisens haben wir demnach folgende Formeln kennengelernt:

$$\underbrace{FeS}_{Einfach\text{-}Schwefeleisen.} \qquad \underbrace{Fe_2S_3}_{Anderthalbfach\text{-}Schwefeleisen.} \qquad \underbrace{FeS_2}_{Zweifach\text{-}Schwefeleisen.}$$

Diese Beispiele zeigen, daß die Verbindungsgewichte der Elemente, beim Eisen durch die Zahl 56, beim Schwefel durch die Zahl 32 ausgedrückt, feststehende sind. Aber nicht nur in den erwähnten Verbindungen, sondern auch in sämtlichen Verbindungen, welche das Eisen einerseits, der Schwefel anderseits mit anderen Elementen eingehen, ist das gleiche Verbindungsgewicht dem Eisen wie dem Schwefel eigen. Und was vom Eisen und Schwefel, gilt auch von allen übrigen Elementen, d. h. jedem Element ist ein bestimmtes Verbindungsgewicht eigen.

Man nennt dieses relative Verbindungsgewicht der Atome **Atomgewicht.**

Wie diese Atomgewichtszahlen rechnerisch ermittelt werden, wird sich aus der weiteren Betrachtung ergeben.

Die zur Erzeugung der drei genannten Verbindungen FeS, Fe_2S_3, FeS_2 notwendigen Mengen Schwefel stehen in einfachen Verhältnissen zueinander, d. h. sie sind Vielfache (Multipla) der Atomgewichtszahl des Schwefels:

$$\underbrace{56 + 32}_{FeS} \qquad \underbrace{56 \times 2 + 32 \times 3}_{Fe_2S_3} \qquad \underbrace{56 + 32 \times 2}_{FeS_2}$$

Eine solche Gesetzmäßigkeit wiederholt sich bei anderen Verbindungen. Dalton bezeichnet diese Gesetzmäßigkeit als das Gesetz der multiplen Proportionen: Vereinigen sich zwei Elemente zu einer chemischen Verbindung, so geschieht dies entweder nach den durch die Atomgewichte ausgedrückten Gewichtsmengen oder in Vielfachen (Multiplen) dieser, ausdrückbar in ganzen Zahlen.

Das Gewicht der durch Zusammentreten von Atomen zu einer chemischen Verbindung entstehenden Molekel, das Molekulargewicht, ist gleich der Summe der Atomgewichte. Das in Grammen ausgedrückte Molekulargewicht eines Stoffes nennt man Mol.

Die zur Erzeugung der Verbindung FeS verwendeten 56 Gewichtsteile Eisen und 32 Gewichtsteile Schwefel müssen 88 Gewichtsteile Schwefeleisen ergeben.

Die Gewichtsmengen, die angeben, in welchem Verhältnis die Elemente sich miteinander verbinden, nennt man Äquivalentgewichte. In vorliegendem Falle sind 56 Gewichtsteile Eisen 32 Gewichtsteilen Schwefel äquivalent[1].

Man bezeichnet die Lehre von den Gesetzmäßigkeiten, welche hinsichtlich der Gewichtsverhältnisse bei der chemischen Verbindung oder Zerlegung der Stoffe obwalten, mit dem Namen Stöchiometrie[2].

Die Kenntnis dieser Gesetzmäßigkeiten gestattet, auf rechnerischem Wege die erforderlichen Mengen der Einzelbestandteile zu ermitteln, welche zur Bildung einer bestimmten Gewichtsmenge einer chemischen Verbindung benötigt werden.

1. Sollte man z. B. 1 kg (= 1000 g) Schwefeleisen darstellen, so würde man die hierzu notwendigen Mengen Schwefel und Eisen nach folgender Rechnung ermitteln:
In 88 g Schwefeleisen ($FeS = 56 + 32$) sind 56 g Eisen enthalten, demnach in 1000 g:

$$88 : 56 = 1000 : x.$$

$$x = \frac{56 \cdot 1000}{88} = 636{,}4 \text{ g } (= 63{,}64\,\%).$$

Der Rest, nämlich 363,6 g = 36,36 %, entfällt auf den Schwefel.
Man hätte demnach

$$636{,}4 \text{ g Eisen und}$$
$$\underline{363{,}6 \text{ g Schwefel anzuwenden, um}}$$
$$1000{,}0 \text{ g Schwefeleisen zu erhalten, vorausgesetzt, daß}$$

Verluste bei der Darstellung vermieden werden.
2. Wollte man anderseits aus 1 kg Eisen Schwefeleisen darstellen, so wären nach dem Ansatze:

$$Fe : S$$
$$56 : 32 = 1000 : x$$

$$x = \frac{32 \cdot 1000}{56} = 571{,}43 \text{ g Schwefel erforderlich, und man würde}$$

bei Vermeidung von Verlusten aus 1000 g Eisen + 571,43 g Schwefel = 1571,43 g Schwefeleisen erhalten.

---

[1] Die Zahlen 56 und 32 sind abgerundete Werte. Genauer ist für 56 ⟶ 55,84 und für 32 ⟶ 32,06 zu setzen.

[2] Abgeleitet von στοιχεῖον, stoicheion, Grundstoff, μετρεῖν, metrein, messen.

In der Praxis erreicht man diese theoretischen Ausbeuten in der Regel nicht, da die zur Darstellung der Verbindungen benutzten Stoffe sich in den seltensten Fällen im Zustande chemischer Reinheit befinden, und auch aus anderen Gründen Verluste nicht vermieden werden können. Tatsächlich geht bei den chemischen Reaktionen niemals Stoff verloren. Stoff kann sich unter Umständen unserer Beobachtung entziehen, z. B. durch Übergang in den gasförmigen Zustand. Verschwinden oder verlorengehen kann Stoff aber nicht.

Die Summe der Gewichte der in chemische Wirkung (chemische Reaktion) miteinander tretenden Stoffe ist gleich dem Gewicht des Reaktionsproduktes oder, falls es sich dabei um das Entstehen mehrerer chemischen Verbindungen handelt, gleich der Summe der Gewichte der Reaktionsprodukte.

Aus dieser Tatsache leitet sich das Gesetz von der Erhaltung des Stoffes ab.

Bezeichnet man mit Masse eines Körpers die in ihm enthaltene Menge Stoff, so gilt das Gesetz von der Erhaltung des Stoffes ebenso für die Masse. Die im Weltall vorhandene Masse bleibt ewig unveränderlich; nur die Form wechselt.

Ebenso wie diese Folgerung sich aus dem Gesetze von der Erhaltung des Stoffes ergibt, leitet sich aus dem Gesetze von der Erhaltung der Kraft oder der Energie der Satz ab, daß auch der im Weltall vorhandene Energievorrat unzerstörbar ist. Nur die Form der Energie wechselt, sie tritt auf als Wärme, Licht, Bewegung, Elektrizität, chemische Energie, Radioenergie.

Die Unzerstörbarkeit der Energie wird als erster Hauptsatz der mechanischen Wärmetheorie bezeichnet, während als zweiter Hauptsatz derselben die Verwandelbarkeit der Energie gilt. Äußere Arbeit und Wärme sind einander äquivalent, beide sind Erscheinungsformen der Energie.

Bei vielen chemischen Vorgängen wird Wärme entwickelt (Reaktionswärme) oder Wärme aufgenommen; in ersterem Falle heißt der chemische Vorgang exotherm, in letzterem endotherm. Man mißt die einen chemischen Vorgang begleitende Änderung des Wärmezustandes nach Wärmeeinheiten (Kalorien) und nennt diese Änderung Wärmetönung. Sie wird auf das Gramm oder Molekulargewicht der Stoffe berechnet.

Zersetzung fester Stoffe durch Flüssigkeiten.

Wurde in oben angeführtem Beispiel der Eintritt einer chemischen Reaktion durch Erwärmen zweier fester Stoffe vollzogen, so wird im folgenden eine chemische Reaktion durch Einwirkung einer Flüssigkeit auf einen festen Stoff erläutert werden.

Man zerreibe 0,5 g des nach obiger Reaktion erhaltenen Schwefeleisens und übergieße das Pulver in einem Kölbchen mit 10 g Chlorwasserstoffsäure.

Unter Chlorwasserstoffsäure oder Salzsäure wird eine Flüssigkeit verstanden, welche einen bei mittlerer Temperatur gasförmigen Stoff, Chlorwasserstoff, HCl, in Wasser gelöst, enthält. Man bemerkt beim Übergießen des Schwefeleisens mit dieser Flüssigkeit eine lebhafte Einwirkung, indem reichlich Gasblasen von sehr üblem Geruch (Schwefelwasserstoff) auftreten. Verbindet man das Kölbchen mittels eines durchbohrten Korkstopfen mit einer gebogenen, in ein Gefäß mit Wasser eintauchenden Glasröhre (Abb. 1), so lösen sich die aufsteigenden Gasblasen in dem Wasser, und dieses nimmt den üblen Geruch des Gases an: wir haben Schwefelwasserstoffwasser bereitet.

Die Einwirkung der Chlorwasserstoffsäure auf das Schwefeleisen vollzieht sich derart, daß das Chlor der Chlorwasserstoffsäure mit dem Eisen des Schwefeleisens sich (zu Chloreisen oder Eisenchlorür) verbindet, während der Wasserstoff der Chlorwasserstoffsäure mit dem Schwefel Schwefelwasserstoff bildet:

Diese Umsetzung ist die Folge der Affinität oder chemischen Verwandtschaft, welche das Chlor zum Eisen, der Schwefel zum Wasserstoff besitzt. Affinität ist die Kraft der chemischen Anziehung. Sie unterscheidet sich von der rein mechanischen Anziehung, der Kohäsion. Während diese die den Aggregatzustand bedingende Kraft darstellt und nur wirksam ist zwischen den einzelnen Molekeln eines und desselben Stoffes, wirkt die Affinität oder chemische Anziehung zwischen den Atomen verschiedenartiger Molekeln, indem sie neue chemische Verbindungen zustande bringt. Die von der Affinität oder Verwandtschaft handelnde Lehre zerfällt in chemische Mechanik und chemische Energetik. Erstere betrachtet den Verlauf chemischer Vorgänge besonders hinsichtlich der Geschwindigkeit, mit welcher sie sich vollziehen: man nennt sie auch chemische Dynamik oder Kinetik. Die chemische Energetik hingegen untersucht die nach dem Verlauf der Reaktionen eintretenden Gleichgewichtsverhältnisse (chemische Statik). 

Der obige chemische Vorgang läßt sich durch folgende Gleichung veranschaulichen:

$$FeS + 2\,HCl = FeCl_2 + H_2S \,.$$

Diese Reaktion kann auch in entgegengesetzter Richtung verlaufen, sie ist umkehrbar, d. h. unter gewissen Bedingungen vermag Schwefelwasserstoff Eisenchlorür unter Bildung von Schwefeleisen zu zersetzen. Dies drückt man durch folgende Schreibweise aus:

$$FeS + 2\,HCl \rightleftharpoons FeCl_2 + H_2S \,.$$

Solche umkehrbaren (reversiblen) Reaktionen finden bei allen chemischen Vorgängen statt. Hiernach bleibt bei jeder chemischen Reaktion eine gewisse Menge der Ausgangsstoffe zurück; es stellt sich zwischen Ausgangsstoff und Reaktionsprodukt dabei ein Gleichgewicht ein. Unter chemischem Gleichgewicht versteht man einen Zustand, in welchem Stoffe, die aufeinander einwirken können, nebeneinander bestehen, ohne sich zu ändern. Daß diese Erscheinung nicht immer zur Beobachtung gelangt, liegt daran, daß im Zustande des chemischen Gleichgewichts die Menge des einen Stoffes gegenüber der Menge des anderen unmeßbar klein sein kann.

Das Reaktionsprodukt übt auf die Reaktion gleichsam einen Gegendruck aus, deshalb muß sie bei einem Punkte stehenbleiben, dem Punkte des chemischen Gleichgewichts. Guldberg und Waage haben 1867 für die Deutung dieser Vorgänge das Gesetz der chemischen Massenwirkung aufgestellt. Hiernach ist die chemische Wirkung eines jeden Stoffes seiner Konzentration proportional. Konzentration eines Stoffes ist die in der

Volumeinheit enthaltene Masse. Bezeichnet man mit a, b, c, d die Konzentration von 4 Substanzen, von denen 1 und 2 reagieren unter Bildung von 3 und 4, so läßt sich nach dem Massenwirkungsgesetz die Gleichung $\frac{a \cdot b}{c \cdot d} = k$ aufstellen. k ist eine konstante Größe, die sog. Gleichgewichtskonstante. Das Produkt der Konzentrationen der miteinander in Reaktion tretenden Stoffe, dividiert durch das Produkt der Konzentrationen der Reaktionsprodukte hat also stets denselben Wert.

Um die vorstehend besprochene Einwirkung der Chlorwasserstoffsäure auf das Schwefeleisen zu beschleunigen, kann man das Kölbchen schwach erwärmen; die Einwirkung ist dann eine weit heftigere, und die letzten Anteile in der Flüssigkeit vorhandenen Schwefelwasserstoffgases entweichen. Da aber auch die Chlorwasserstoffsäure eine flüchtige Verbindung ist und bei der vorstehenden Versuchsanordnung im Überschuß verwendet wurde, so gehen

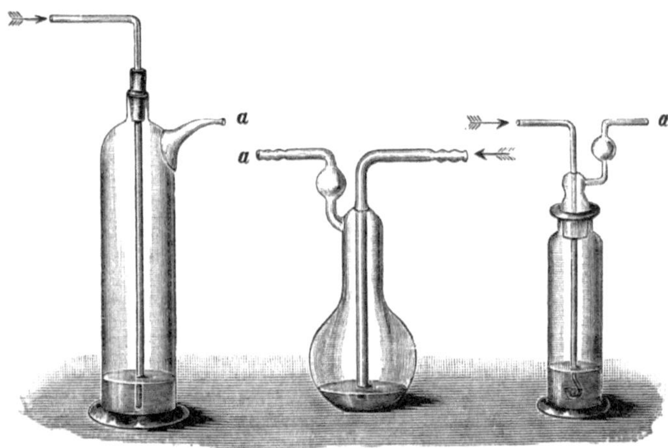
Abb. 2. Waschflaschen.

kleine Anteile der Säure mit in das Schwefelwasserstoffwasser über. Um dies zu vermeiden, kann man das Schwefelwasserstoffgas zunächst durch eine kleine Menge Wasser leiten, welche die Chlorwasserstoffsäure zurückhält, während das leichter flüchtige Schwefelwasserstoffgas weiter fortgeführt wird.

Man nennt dieses auch bei anderen Gasen angewendete Verfahren der Reinigung das Waschen der Gase und benutzt hierzu besondere Apparate, sog. Waschflaschen; Abb. 2 zeigt drei verschiedene Formen von Waschflaschen, Abb. 3 eine Woulfesche Flasche, die gleichfalls als Waschflasche benutzt werden kann. Die Gase treten in der Richtung der Pfeile in die Flaschen ein, müssen durch die darin befindliche Flüssigkeit (Wasser, Schwefelsäure usw.) hindurchgehen und treten gereinigt bei a wieder aus.

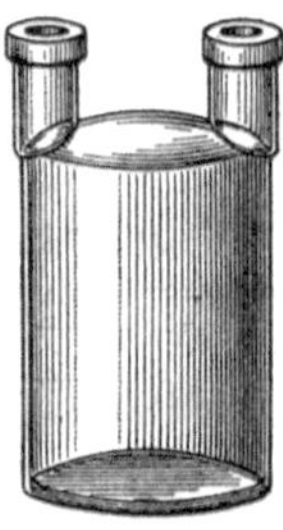
Abb. 3. Woulfesche Flasche.

Das im Kölbchen befindliche Schwefeleisen hat sich nach der Einwirkung der Chlorwasserstoffsäure bis auf wenige in der Flüssigkeit schwebende Körperchen gelöst. Diese bestehen hauptsächlich aus Kohlenstoff, welcher im Eisen enthalten war. Durch Filtration, d. h. Durchgießen durch ein lockeres, aus reiner Zellulose bestehendes Papier (Filtrierpapier) entfernt man die Kohlenstoffteilchen und erhält als Filtrat eine klare, blaßgrüne Lösung von Eisenchlorür.

Um das Eisenchlorür in fester Form zu erhalten, muß man das Lösungsmittel, hier salzsäurehaltiges Wasser, verdampfen. Das Verdampfen von Flüssigkeiten kann entweder über freiem Feuer, oder in Wasser-, Öl- oder Sandbädern vorgenommen werden.

In den **Wasserbädern** wird Wasser in kupfernen oder gußeisernen Gefäßen zum Sieden erhitzt und die abzudampfende Flüssigkeit in einer Por-
zellan- oder Glasschale den Wasserdämpfen aus-
gesetzt.

Da das verdampfende Wasser stetig ergänzt werden muß, hat man eine Vorrichtung
getroffen, welche gestattet, das Niveau des
Wassers in dem Wasserbad auch während des
Erhitzens konstant zu halten. Abb. 4 zeigt ein
solches Wasserbad; in der Richtung der Pfeile
strömt Wasser zu und ab und regelt so den
Wasserstand des Wasserbades. Man kann auch
die in den Apotheken angewendeten Infundier-
apparate oder Dekoktorien als Wasserbäder benutzen (s. Abb. 5).

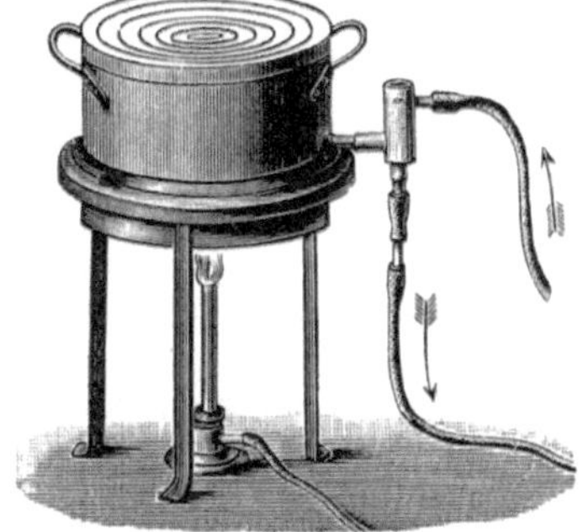

Abb. 4. Wasserbad mit konstantem Niveau.

An Stelle von Wasser bewirkt man auch
durch Erhitzen in Öl (Paraffinöl, Baumöl usw.), in welches man die mit Flüssigkeit gefüllten Schälchen einhängt, ein Verdampfen, und zwar benutzt man, da
Öl hoch erhitzt werden kann, ehe es siedet oder sich
zersetzt, Ölbäder zum Abdampfen von Flüssigkeiten
von höherem Siedepunkt. Bequemer und angenehmer
noch für die Verwendung sind Metallbäder. Man senkt
das auf eine bestimmte Temperatur zu erhitzende Gefäß
in eine leicht schmelzende Metallegierung ein (s. unter
Wismut).

Auch die Verwendung von Sandbädern (Abb. 6)
zum Abdampfen hat den Zweck, die Gefäße, in welchen
Flüssigkeiten verdampft werden, der unmittelbaren Einwirkung der Flamme zu entziehen. Hierdurch wird eine
gleichmäßigere Verteilung der Wärme auf das Gefäß erzielt, und Gläser werden vor dem Zerspringen geschützt.

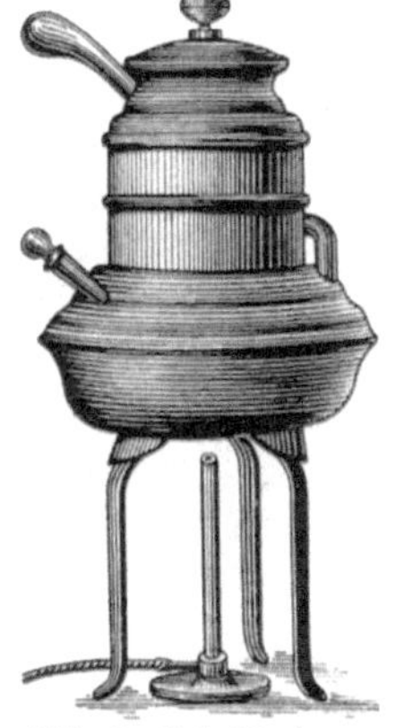

Abb. 5. Dekoktorium.

Unter Sieden einer Flüssigkeit versteht man die
beim Erhitzen unter lebhaftem Aufwallen durch die ganze
Masse hindurch vor sich gehende Überführung einer Flüssigkeit in den Gas- oder Dampfzustand. Einheitlich und
unzersetzt verdampfbare Stoffe sind durch einen scharfen Siedepunkt gekennzeichnet. So siedet Wasser z. B. bei 100° C unter normalem Atmosphärendruck.

Das Abdampfen kann bei vielen Flüssigkeiten aber
schon geschehen, ohne daß ein Erhitzen bis zum Sieden
derselben erfolgt.

Um die verdampfende Flüssigkeit wieder zu gewinnen, kann man die Dämpfe in geeigneten Vorrichtungen auffangen und durch Abkühlen wieder in den
flüssigen Zustand überführen. Man läßt die Dämpfe zu
dem Zweck z. B. in eine durch kaltes Wasser gekühlte
Röhre eintreten, worin sie zu einer Flüssigkeit verdichtet
werden, welche aus der Röhre herabtropft, destilliert.
Man nennt diesen Vorgang Destillation (abgeleitet von
„destillare", herabtröpfeln). Für Laboratoriumszwecke kommt als Kühlvorrich-
tung besonders der Liebigsche Kühler (Abb. 7) in Anwendung.

Abb. 6. Sandbäder.

Auf dem Kochkolben *K*, dessen Inhalt (z. B. Wasser) auf einem Drahtnetz über einem
Bunsenbrenner erhitzt und zum Sieden gebracht wird, sitzt, mittels eines Stopfens fest-

gehalten, das rückwärts gebogene Glasrohr R, das mit dem von kaltem Wasser umspülten inneren Rohr des Liebigschen Kühlers verbunden ist. Die Dämpfe treten in das innere Rohr ein und werden hier abgekühlt. In flüssiger Form erscheint der Stoff dann am Ende des Rohres und tropft in das vorgelegte Gefäß. Das zum Abkühlen benutzte Wasser tritt bei E in den Kühler ein, und das erwärmte Wasser läuft bei A wieder ab.

Ist der der Destillation zu unterwerfende Stoff eine Flüssigkeit, so spricht man kurzweg von Destillation, während man unter trockener Destillation das Erhitzen fester Stoffe (Holz, Stein- und Braunkohlen, Knochen usw.) in eisernen oder tönernen Gefäßen (Retorten) versteht, wobei infolge einer Zersetzung neue, sich verflüchtende Stoffe gebildet werden.

Von der Destillation verschieden ist die Sublimation[1]. Diese bezweckt die Überführung eines flüchtigen festen Stoffes durch Erhitzen in den Dampfzustand und Verdichtung der Dämpfe zu dem ursprünglichen Stoff, welcher auf

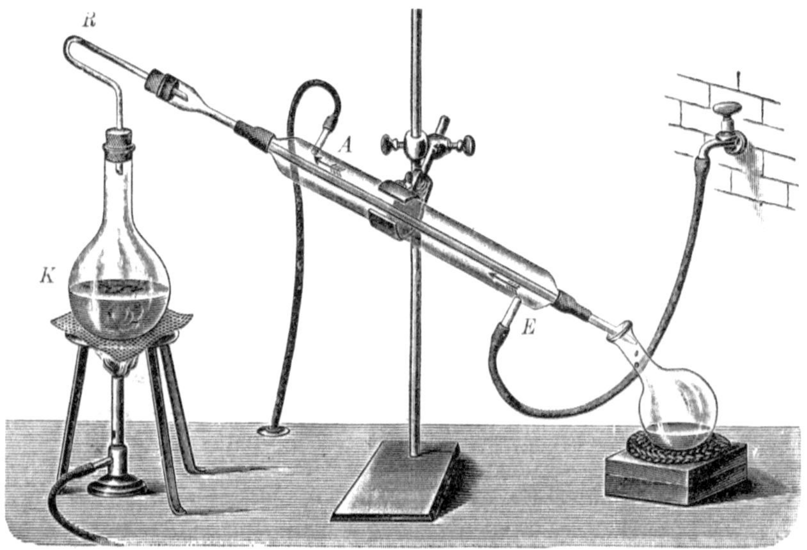

Abb. 7. Liebigscher Kühler.

diese Weise von begleitenden, nicht flüchtigen Stoffen getrennt werden kann. Erhitzt man in einem trockenen Reagenzglas ein Stückchen Salmiak, so „sublimiert" es, ohne zu schmelzen, und die weißen Dämpfe setzen sich am oberen kälteren Teil des Glases in fester Form an. Dasselbe ist der Fall bei Calomel. Quecksilberchlorid („Sublimat") schmilzt indes beim Erhitzen zunächst und verflüchtigt sich erst dann.

Fällungen (Niederschläge).

Man füge zu einem Teil der durch Lösen von Schwefeleisen in Chlorwasserstoffsäure erhaltenen und durch Filtration geklärten Lösung nach Verdünnen mit Wasser die doppelte Gewichtsmenge Natronlauge.

Unter Natronlauge wird eine stark ätzende Flüssigkeit verstanden, welche Natriumhydroxyd oder Natronhydrat, eine Verbindung der Zusammensetzung NaOH, gelöst enthält.

Gießt man die Natronlauge zu der salzsäurehaltigen Chloreisenlösung, so entsteht eine starke Trübung, und ein fester Stoff setzt sich am Boden des Ge-

---

[1] Abgeleitet von „sublimare", emporheben.

fäßes ab. Man nennt die aus Flüssigkeiten bewirkten Abscheidungen fester Stoffe, die meist infolge vor sich gegangener chemischer Reaktionen entstehen, **Fällungen** und den abgeschiedenen Stoff selbst **Niederschlag**.

Von den Gasen.

Ebenso wie chemische Reaktionen durch Einwirkung fester Stoffe aufeinander oder von Flüssigkeiten auf feste Stoffe oder von Flüssigkeiten unter sich nach **feststehenden Gewichtsverhältnissen** erfolgen, so geschieht dies auch bei der Einwirkung von Gasen aufeinander. Aber bei den Gasen erfolgt die Vereinigung zu chemischen Verbindungen nicht nur nach Maßgabe ihrer Verbindungs- oder **Atomgewichte**, sondern auch nach einfachen **Raum-(Volum-) Verhältnissen**.

Gleiche Raumteile (Volume) Wasserstoff und Chlor stehen in dem Verhältnis ihrer Atomgewichte. Läßt man durch das Gemisch gleicher Volumina beider Gase den elektrischen Funken schlagen oder setzt das Gemisch dem Sonnenlichte aus, so findet eine Vereinigung der beiden Elemente zu **zwei** Raumteilen Chlorwasserstoff statt. Wenn sich also die Atomgewichte beider Gase verhalten wie die Gewichte gleicher Raumteile oder wie die **Gasdichten**, so müssen in dem gleichen Volumen der verschiedenen Gase gleich viele Teilchen vorhanden sein.

Läßt man 2 Raumteile Wasserstoff und 1 Raumteil Sauerstoff durch den elektrischen Funken sich vereinigen, so entsteht die chemische Verbindung: Wasser H_2O. Man erhält aber nicht, wie man erwarten sollte, 3 Raumteile, sondern nur 2 Raumteile Wasserdampf. Würde man nun annehmen, daß jeder Raumteil der miteinander in Verbindung tretenden Elemente Wasserstoff und Sauerstoff 1 Atom des Gases enthielt, so muß man weiterhin annehmen, daß in dem auf 2 Raumteile verringerten Wasserdampf je 1 Atom Wasserstoff mit $^1/_2$ Atom Sauerstoff verbunden ist. Eine solche Annahme widerspricht dem Begriff eines Atoms. Man gelangt aber zwanglos zu einer Beseitigung der Schwierigkeiten, wenn man annimmt, daß die Teilchen des Sauerstoffs aus 2 Atomen zusammengesetzt sind. Diese Teilchen nennen wir **Molekeln**.

In weiterer Verfolgung dieser Auffassung bildete 1811 **Avogadro**[1] das später durch **Ampère** verallgemeinerte Gesetz aus, daß **gleiche Raumteile einheitlicher gasförmiger Stoffe, unter gleichen physikalischen Bedingungen (bei gleichem Druck und gleicher Temperatur) eine gleiche Anzahl von Molekeln enthalten, oder daß die Molekeln aller Stoffe in Dampfform den gleichen Raum einnehmen.**

Hieraus ergibt sich, daß z. B. der von einer Molekel Wasserstoff erfüllte Raum ebenso groß sein muß, wie der einer Molekel Chlorwasserstoff. Da in diesem aber zwei Atome enthalten sind, ein Atom Chlor und ein Atom Wasserstoff, so muß auch die Molekel des Wasserstoffs **zwei** Atome enthalten. Ebenso besteht die Molekel des Chlors, des Sauerstoffs aus **zwei** Atomen. Die oben angeführten Beispiele der Bildung von Chlorwasserstoff und von Wasserdampf lassen sich deshalb folgenderweise veranschaulichen, wobei ein ausgezogenes Viereck je einem Raumteil entspricht:

$$H \; H \; + \; Cl \; Cl \; = \; HCl \;\; HCl$$

$$H \; H \; H \; H \; + \; O \; O \; = \; H_2O \;\; H_2O$$

---

[1] **Avogadro di Quarengo**, geb. 1776 in Turin, später Professor der Physik daselbst; † 1856.

Ein weiteres Beispiel für diese Auffassung bietet uns die Bildung von Ammoniak NH_3 aus Stickstoff und Wasserstoff. Ein Raumteil des ersteren und 3 Raumteile Wasserstoff lassen sich zu 2 Raumteilen NH_3 vereinigen:

$$\boxed{N \mid N} \; + \; \boxed{H \mid H \mid H \mid H \mid H \mid H} \; = \; \boxed{NH_3 \mid NH_3} \; .$$

Bei einer Ausdehnung dieser Betrachtung auf die übrigen Elemente gelangt man zu dem Ergebnis, daß ein großer Teil von ihnen im Gaszustand aus zwei Atomen besteht, und zwar sind es alle die Elemente, deren spezifisches Gewicht in Dampfform (auf Wasserstoff als Einheit bezogen) dem Atomgewicht gleich ist.

Ausnahmen bilden die Elemente Phosphor und Arsen, deren Molekeln je 4 Atome enthalten, während die Molekeln der Metalldämpfe, z. B. des Quecksilbers, Kadmiums und Zinks aus je einem Atom bestehen.

Das Molekulargewicht eines Stoffes in Grammen ausgedrückt bezeichnet man, wie schon vorher erwähnt, als Gramm-Mol oder kurzweg auch als Mol. So ist das Mol Sauerstoff = 32 g Sauerstoff. Will man die Gewichte auf den im Gaszustande eingenommenen Raum umrechnen, so hat man zu beachten, daß ein jedes Mol eines Gases bei 0^0 und 760 mm Druck 22,41 Liter Raum einnimmt. Das Gewicht dieses Gasvolums ist die chemische Gewichtseinheit. Jedes Mol eines Gases, also entsprechend 22,41 Liter Raum, enthält bei 0^0 und 760 mm Druck $60,6 \times 10^{22}$ Molekeln. Der Durchmesser der Gasmolekeln beträgt 10^{-8} bis 10^{-9} cm.

Loschmidt hatte berechnet, daß die Anzahl der Molekeln, welche in einem Kubikmillimeter eines Gases bei 0^0 und 760 mm Druck enthalten ist, $2,0 \times 10^{16}$ beträgt. Man bezeichnet diesen Wert auch als Loschmidtsche Zahl. 1 ccm Wasserstoff wiegt 0,00009 mg, 1 Atom Wasserstoff daher 1×10^{-21} mg, das Gewicht einer Gasmolekel vom Molekulargewicht M daher $M \times 10^{-21}$ mg.

Zerlegung chemischer Verbindungen. Valenz oder Wertigkeit.

Die Elemente verbinden sich im Verhältnis ihrer Äquivalentgewichte. Hieraus folgt, daß bei den Zersetzungen der Verbindungen die Elemente auch in äquivalenten Mengen erhalten werden.

Nach Faradays elektrolytischem Gesetz scheidet die Stromeinheit in der Zeiteinheit die Elemente im Verhältnis ihrer Äquivalentgewichte aus den Verbindungen ab. Bei der Elektrolyse des Wassers stehen die äquivalenten Gewichtsmengen der in Freiheit gesetzten Gase Wasserstoff und Sauerstoff im Verhältnis von rund 1 : 8. Das Volum des entwickelten Wasserstoffs ist aber doppelt so groß wie das Sauerstoffvolum, und da nach Avogadro bei gleichem Druck und gleicher Temperatur die gleichen Volumina aller Gase die gleiche Zahl von Molekeln enthalten, so ergibt sich, daß das Atomgewicht des Sauerstoffs nicht 8, sondern $2 \times 8 = 16$ ist, wenn der chemische Wert des Wasserstoffs als Einheit angenommen wird. Der Sauerstoff muß einen doppelt so großen Wert wie der Wasserstoff besitzen. Wir gelangen somit zu dem Begriff der Wertigkeit oder Valenz der Atome. Kennen wir den Weg, welcher uns gestattet, die Atomgewichte der Elemente und ihre Äquivalentgewichte zu bestimmen, so finden wir die Valenz, wenn wir Atomgewicht durch Äquivalentgewicht dividieren:

$$\text{Valenz} = \frac{\text{Atomgewicht}}{\text{Äquivalentgewicht}}; \quad \text{z. B.: Valenz des Sauerstoffs} = 16 : 8 = 2 \, .$$

Bestimmung der Molekular- und Atomgewichte.

Bei den gasförmigen Elementen oder denjenigen, welche zwar bei gewöhnlicher Temperatur nicht gasförmig sind, sich aber durch Erhitzen leicht in den Gaszustand überführen lassen, kann durch Bestimmung der Dampfdichte (auf Wasserstoff als Einheit bezogen) das Molekulargewicht festgestellt werden, da nach Avogadros Hypothese alle Gase bei gleichem Volum unter den gleichen Druck- und Temperaturbedingungen die gleiche Anzahl Molekeln enthalten (s. S. 13).

Ermittelt man z. B. das Gewicht eines Liters Wasserdampf und das eines Liters Wasserstoff bei der gleichen Temperatur und dem gleichen Druck, so findet man, daß das Gewicht des Wasserdampfes rund neunmal so groß ist wie das des Wasserstoffs. Da die Molekel des Wasserstoffs aus 2 Atomen besteht (s. S. 13), so ist das Molekulargewicht des Wasserdampfes = 18, woraus sich das Atomgewicht des Sauerstoffs zu rund 16 berechnet.

Diese Methode der Molekulargewichts- bzw. Atomgewichtsbestimmung ist nicht durchgängig anwendbar, da es auch ein-, zwei- und vieratomige Molekel gibt.

Atomgewichtsbestimmungen lassen sich aber auch aus den Verbindungsgewichten ermitteln.

Eines der wichtigsten Hilfsmittel zur Bestimmung des Atomgewichtes bieten die Folgerungen des Dulong-Petitschen Gesetzes. Zum Verständnis dieses ist der Begriff spezifische Wärme oder Wärmekapazität zu erörtern. Man versteht darunter die für einen Stoff erforderliche Wärmemenge, um seine Temperatur von 0^0 auf 1^0 zu erhöhen. Diese Wärmemenge ist bei gleichen Gewichtsmengen verschiedener fester Elemente eine verschiedene. Als Einheit nimmt man die Wärmemenge an, welche erforderlich ist, um die Temperatur von 1 kg Wasser um einen Grad zu erhöhen. Die spezifische Wärme des Eisens ist unter Zugrundelegung der Einheit zu 0,1138, die das Kaliums zu 0,1655, die des Quecksilbers zu 0,0319 gefunden worden.

Dulong und Petit wiesen zuerst auf die zwischen der spezifischen Wärme und den Atomgewichten obwaltenden Beziehungen hin und stellten den Satz auf, daß, je größer das Atomgewicht eines Elementes, um so kleiner die spezifische Wärme ist. Atomgewicht und spezifische Wärme sind also umgekehrt proportional, und das Dulong-Petitsche Gesetz läßt sich wie folgt ausdrücken:

Das Produkt aus Atomgewicht und spezifischer Wärme, die Atomwärme, ist eine feststehende Zahl. Auf Grund vielfacher Untersuchungen wurde als Mittelwert der Atomwärme die Zahl 6,4 ermittelt. Es ist also

$$\text{Spez. Wärme} \times \text{Atomgewicht} = 6,4.$$

Kennt man daher die spezifische Wärme eines Elementes, so findet man das Atomgewicht, wenn man mit der gefundenen Zahl in die Zahl 6,4 dividiert.

Das Atomgewicht des Eisens ist, wenn seine spezifische Wärme gleich 0,1138, daher $6,4 : 0,1138 = 56$, also diejenige Zahl, mit welcher in der voraufgehenden Betrachtung bereits mehrfach als Verbindungsgewichtszahl gerechnet wurde.

Weiteres über Valenz oder Wertigkeit.

Die Elemente vermögen verschiedene Valenzen oder Wertigkeitsstufen zu äußern.

Verlangt das Atom eines Elementes zur Bindung nur 1 Atom Wasserstoff, wie das Chlor in der durch die Formel HCl ausgedrückten Verbindung Chlorwasserstoff, so ist das Element, hier das Chlor, in der Verbindung Chlorwasserstoff einwertig. Der Sauerstoff ist, da er 2 Atome Wasserstoff zu der Verbindung H_2O benötigt, zweiwertig. Der Stickstoff, dessen Wasserstoffverbindung der Formel NH_3 entspricht, ist in dieser Verbindungsform dreiwertig, der Kohlenstoff in der Wasserstoffverbindung Methan CH_4 vierwertig.

Nicht von allen Elementen sind Wasserstoffverbindungen bekannt. Man bestimmt daher die Wertigkeit dieser Elemente nach ihrer Bindekraft für ein dem Wasserstoff gleichwertiges Element. Dem Wasserstoff gleichwertig sind Chlor, Brom, Jod, Fluor, von den Metallen das Silber.

Eine Verbindung von Kohlenstoff (Carboneum = C) und Sauerstoff (Oxygenium = O) hat die Zusammensetzung CO_2:

C ist vierwertig, kann also 4 Wertigkeitseinheiten äußern,

O ist zweiwertig, von diesem sind also 2 Atome erforderlich, um die 4 Wertigkeitseinheiten des Kohlenstoffes zu binden:

$$\underbrace{C}_{4} = \underbrace{O_2}_{2 \times 2}.$$

Die Verbindung vom Wismut (Bismutum = Bi) und Sauerstoff hat die Zusammensetzung Bi_2O_3:

Bi ist dreiwertig, O zweiwertig.

Zur Äquivalenz sind $3 \times 2 = 6$ Wertigkeitseinheiten erforderlich. Diese 6 Einheiten lassen sich durch 2 Atome des dreiwertigen Wismuts und 3 Atome des zweiwertigen Sauerstoffs erzielen:

$$\underbrace{Bi_2}_{2 \times 3} = \underbrace{O_3}_{3 \times 2}.$$

Unter Salpetersäure versteht man eine Verbindung von Stickstoff, Sauerstoff und Wasserstoff, welche die Zusammensetzung HNO_3 hat. Stickstoff äußert in dieser Verbindung 5 Wertigkeitseinheiten, Sauerstoff 2, Wasserstoff 1. Die Bindungen der Atome untereinander lassen sich durch folgendes Bild veranschaulichen: $H\!-\!O\!-\!N\!\!\underset{\diagdown O}{\diagup O}$, d. h. 4 Wertigkeitseinheiten des Stickstoffs sind durch 2 Atome des zweiwertigen Sauerstoffs, die 5. Wertigkeitseinheit durch eine Wertigkeitseinheit eines 3. Sauerstoffatoms, während die 2. Wertigkeitseinheit des letzteren durch Wasserstoff gebunden ist. Man nennt dieses Bild die Konstitutionsformel der Salpetersäure.

Aber auch die gleichen Elemente können in ihren Verbindungen verschiedenwertig sein. So äußert in anderen Verbindungen des Stickstoffs dieser 2, 3 oder 4 Valenzen. Schwefel kann in seinen Verbindungen zwei-, vier- oder sechswertig sein, Kohlenstoff zwei- und vierwertig. Diese gewöhnlichen Valenzen nennt man auch Hauptvalenzen und unterscheidet von ihnen Nebenvalenzen, von denen später die Rede sein wird (s. Platinchloridchlorwasserstoff).

Empirische Formeln und Konstitutionsformeln.

Im Gegensatz zur empirischen Formel einer chemischen Verbindung, welche nur die atomistische Zusammensetzung der Molekel wiedergibt, wie H_2O, NH_3, CO_2, Bi_2O_3 usw., entwirft die Konstitutions- oder Strukturformel unter Berücksichtigung der Wertigkeiten der Elemente zugleich ein Bild von der Art der Bindung der einzelnen Atome untereinander; die obenerwähnten empirischen Formeln lassen sich als Konstitutionsformeln, wie folgt, schreiben:

$$\overset{II}{O}\!\!\underset{\diagdown H}{\diagup H} \qquad \overset{III}{N}\!\!\underset{\diagdown H}{\overset{\diagup H}{-H}} \qquad \overset{IV}{C}\!\!\underset{\diagdown O}{\diagup O} \qquad \overset{III}{Bi}\!\!=\!O \atop \overset{III}{Bi}\!\!=\!O \!\!\diagdown\!\!O .$$

Die kleinen römischen Zahlen über den Symbolen der Elemente bezeichnen ihre Wertigkeit, die in den vorstehenden Bildern außerdem noch durch Bindestriche veranschaulicht ist.

Besonders bei den Kohlenstoffverbindungen ist eine Kenntnis ihrer Konstitution von großem Werte, da sehr viele Verbindungen zwar die gleiche empirische Formel besitzen, zufolge der verschiedenen Atomverknüpfungen in der Molekel aber unter sich verschiedene Stoffe darstellen.

Die Zahl der Verbindungen, welche die Elemente untereinander eingehen können, wird noch dadurch eine erheblich größere, daß sich Atome gleicher Elemente ketten- oder ringförmig verknüpfen können, d. h. daß sie einen Teil ihrer Wertigkeitseinheiten zu gegenseitiger Bindung und den Rest zur Bindung von Atomen anderer Elemente verwenden.

Besonders in der Chemie der Kohlenstoffverbindungen ist die gegenseitige Verknüpfung der Atome gleicher Elemente (vor allem des Kohlenstoffs selbst) sehr häufig.

Tabelle der wichtigsten Elemente und ihrer Atomgewichte.
Bezogen auf O = 16 (nach der Internationalen Atomgewichts-Kommission für 1931).

Atomgewichte.

Abkür-zungen	Elemente	O = 16,00	Abkür-zungen	Elemente	O = 16,00
Ag	Silber	107,880	Mo	Molybdän	96,0
Al	Aluminium	26,97	N	Stickstoff	14,008
Ar	Argon	39,944	Na	Natrium	22,997
As	Arsen	74,93	Nb	Niobium	93,3
Au	Gold	197,2	Nd	Neodym	144,27
B	Bor	10,82	Ne	Neon	20,183
Ba	Barium	137,36	Ni	Nickel	58,69
Be	Beryllium	9,02	O	**Sauerstoff**	**16,0000**
Bi	Wismut	209,00	Os	Osmium	190,8
Br	Brom	79,916	P	Phosphor	31,02
C	Kohlenstoff	12,000	Pb	Blei	207,22
Ca	Kalzium	40,07	Pd	Palladium	106,7
Cd	Kadmium	112,41	Pr	Praseodym	140,92
Ce	Cerium	140,13	Pt	Platin	195,23
Cl	Chlor	35,457	Ra	Radium	225,97
Co	Kobalt	58,94	Rb	Rubidium	85,44
Cp	Cassiopeium	175,0	Re	Rhenium	186,31
Cr	Chrom	52,01	Rh	Rhodium	102,91
Cs	Caesium	132,81	Ru	Ruthenium	101,7
Cu	Kupfer	63,57	S	Schwefel	32,06
Dy	Dysprosium	162,46	Sb	Antimon	121,76
Em	Emanation	222	Sc	Scandium	45,10
Er	Erbium	167,64	Se	Selen	79,2
Eu	Europium	152,0	Si	Silizium	28,06
F	Fluor	19,00	Sm	Samarium	150,43
Fe	Eisen	55,84	Sn	Zinn	118,70
Ga	Gallium	69,72	Sr	Strontium	87,63
Gd	Gadolinium	157,3	Ta	Tantal	181,40
Ge	Germanium	72,60	Tb	Terbium	159,2
H	Wasserstoff	1,0078	Te	Tellur	127,5
He	Helium	4,002	Th	Thorium	232,12
Hf	Hafnium	178,6	Ti	Titan	47,90
Hg	Quecksilber	200,61	Tl	Thallium	204,39
Ho	Holmium	163,5	Tu	Thulium	169,4
In	Indium	114,8	U	Uran	238,14
Ir	Iridium	193,1	V	Vanadium	50,95
J	Jod	126,932	W	Wolfram	184,0
K	Kalium	39,10	X	Xenon	130,2
Kr	Krypton	82,9	Y	Yttrium	88,92
La	Lanthan	138,90	Yb	Ytterbium	173,5
Li	Lithium	6,940	Zn	Zink	65,38
Mg	Magnesium	24,32	Zr	Zirkonium	91,22
Mn	Mangan	54,93			

In der vorstehenden Tabelle sind in alphabetischer Anordnung die Elemente mit Angabe ihrer Symbole und ihrer Atomgewichte aufgeführt, und zwar unter

Periodisches System der Elemente (abgekürzte Form). (B. Brauner.)

Reihe	Gruppe 0	Gruppe I	Gruppe II	Gruppe III	Gruppe IV	Gruppe V	Gruppe VI	Gruppe VII	Gruppe VIII
	—	—	—	—	RH_4	RH_3	RH_2	RH	—
	R^1	R_2O	RO	R_2O_3	RO_2	R_2O_5	RO_3	R_2O_7	RO_4
1	—	1 H	—	—	—	—	—	—	—
2	He 4	Li 7	Be 9	B 11	C 12	N 14	O 16	F 19	Erste kleine Periode
3	Ne 20	Na 23	Mg 24	Al 27	Si 28	P 31	S 32	Cl 35,5	Zweite kleine Periode
4	A 40	K 39	Ca 40	Sc 44	Ti 48	V 51	Cr 52	Mn 55	Fe 56, Ni 59, Co 59
5	—	64 Cu	65 Zn	70 Ga	72 Ge	75 As	79 Se	80 Br	Erste große Periode
6	Kr 83	Rb 85	Sr 88	Y 89	Zr 91	Nb 94	Mo 96	— 100	Ru 102, Rh 103. Pd 107
7	—	108 Ag	112 Cd	115 In	119 Sn	120 Sb	128 Te	127 J	Zweite große Periode
8	X 130	Cs 133	Ba 137	La 139	Ce usw. 140—178	Ta 182	W 184	— 190	Os 191, Ir 193, Pt 195
9	—	197 Au	201 Hg	204 Tl	207 Pb	209 Bi	212 —	214 —	Dritte große Periode
10	— 218	220 —	Ra 226	— 230	Th 232	235	U 238	—	Vierte große Periode
11	—	—	—	—	—	—	—	—	—

¹ R bedeutet Element.

Zugrundelegung von Sauerstoff = 16. Das letztere ist geschehen, weil das Atomgewicht der meisten Elemente aus der Zusammensetzung ihrer Sauerstoffverbindungen bestimmt wurde. Man hat daher auf Sauerstoff mit der Zahl 16 die Elemente bezogen. Auch im „Arzneibuch für das Deutsche Reich", Ausgabe VI, 1926, sind die hierauf sich beziehenden Atomgewichte der Elemente zur Grundlage der Rechnungen gemacht worden. Das Atomgewicht des Wasserstoffs erhöht sich hierdurch von 1 auf 1,0078, abgekürzt 1,008.

Periodisches System der Elemente.

Ordnet man die Elemente nach ihren Atomgewichten, so kehren nach gewissen Zwischenräumen (Perioden) Elemente mit ähnlichen chemischen Eigenschaften wieder, so daß sich die Elemente in Reihen zusammenstellen lassen. Diese Beobachtung ist von Lothar Meyer und dem russischen Chemiker Mendelejeff unabhängig voneinander gemacht worden und hat zur Aufstellung des sog. Periodischen Systems der Elemente geführt.

Stellt man die Elemente mit Ausschluß des Wasserstoffs, der infolge seiner Eigenschaften in eine besondere Reihe gestellt werden muß, nach der Größe ihrer Atomgewichte in aufsteigender Linie zusammen:

He, Li, Be, B, C, N, O, F, Ne, Na, Mg, Al, Si, P usw.,

so kann man feststellen, daß die Reihe durch ein stark positives Alkalimetall eröffnet wird, sodann ein Metall folgt, das große Ähnlichkeit mit den alkalischen Erden besitzt, hierauf der Metallcharakter abnimmt —, daß aber nach der Periode von 7 Elementen als achtes wieder ein Alkalimetall, Na, nach den elektronegativen „Metalloiden" N, O, F erscheint, und die nächstfolgenden Elemente den entsprechenden der ersten Folge gleichen:

Li	Be	B	C	N	O	F
Na	Mg	Al	Si	P	S	Cl

Von dem periodischen System der Elemente wird im Anhang zum Anorganischen Teil noch ausführlicher die Rede sein.

Wir können uns nunmehr der Betrachtung der einzelnen Elemente zuwenden. Man hat sie früher in zwei große Gruppen eingeteilt, in Metalloide (Nichtmetalle) und Metalle. Metalle zeichnen sich durch einen besonderen Glanz, den Metallglanz, aus, den sie in fein verteiltem Zustande, in welchem sie meist als graue oder schwarze Pulver erscheinen, durch Reiben mit einem harten Gegenstand wieder annehmen können.

Sie sind gute Leiter der Wärme und Elektrizität, während die Metalloide diese Eigenschaften nicht oder unvollkommen besitzen.

Metalloide verbinden sich mit Sauerstoff zu Oxyden, die mit Wasser Säuren liefern, während die meisten Metalloxyde mit Wasser sog. Basen bilden. Metalloide bilden flüchtige (gasförmige) Wasserstoffverbindungen, Metalle aber nicht, oder, falls sie sich mit Wasserstoff verbinden, sind ihre Hydride feste Stoffe.

Die Verbindungen der Metalle mit den Metalloiden werden durch den elektrischen Strom derart zerlegt, daß das Metall als elektropositives Element am negativen Pol, der Kathode, das Metalloid als elektronegatives Element am positiven Pol, der Anode, sich abscheidet.

Zwischen Metallen und Metalloiden sind aber so viele Übergänge vorhanden, daß sich eine scharfe Trennung zwischen beiden nicht durchführen läßt. So zeigt der gasförmige Wasserstoff vielfach ein Verhalten, das den Metallen eigen ist, während Arsen, Antimon, Zinn, Wismut ihren äußeren Eigenschaften nach als Metalle angesprochen werden können, in ihrem chemischen Verhalten aber den Metalloiden nahestehen.

Ein Element, bzw. seine Verbindungen trennt man aus der Gruppierung ab — es ist der Kohlenstoff. Der Kohlenstoff bildet mit dem Wasserstoff und Sauerstoff und einigen anderen Elementen eine so gewaltig große Zahl von Verbindungen, daß eine besondere Betrachtung der Kohlenstoffverbindungen sich als notwendig erweist. Da zu ihnen die große Zahl der im Pflanzen- und Tierkörper vorkommenden Stoffe gehört, so bezeichnet man die Chemie des Kohlenstoffs auch als organische Chemie. Die Chemie der übrigen Elemente und ihrer Verbindungen, sowie der einfacheren Verbindungen des Kohlenstoffs fällt unter den Begriff anorganische Chemie.

Anorganischer Teil.

Sauerstoff.

Oxygenium, O $= 16$. Zweiwertig. Sauerstoff wurde 1774—1775 fast gleichzeitig von Priestley und Scheele entdeckt. Der Name Oxygenium leitet sich ab von ὀξύς (oxys), sauer, und γεννάω (gennao), ich erzeuge, d. h. Säurebildner, weil nach Lavoisiers 1781 zuerst ausgesprochener Auffassung die Produkte der Verbrennung in Sauerstoff vielfach saurer Natur sind.

Vorkommen. Sauerstoff ist nächst dem Silizium das in größter Menge auf unserem Planeten vorkommende Element, frei findet er sich als Bestandteil der atmosphärischen Luft, welche im wesentlichen aus einem Gemenge von Stickstoff und Sauerstoff besteht. Sauerstoff ist darin zu 20,8 Volumprozent enthalten. Gebunden kommt er vor im Wasser, welches 11,11 % Wasserstoff und 88,89 % Sauerstoff enthält, ferner in den meisten Mineralien, in Tier- und Pflanzenstoffen.

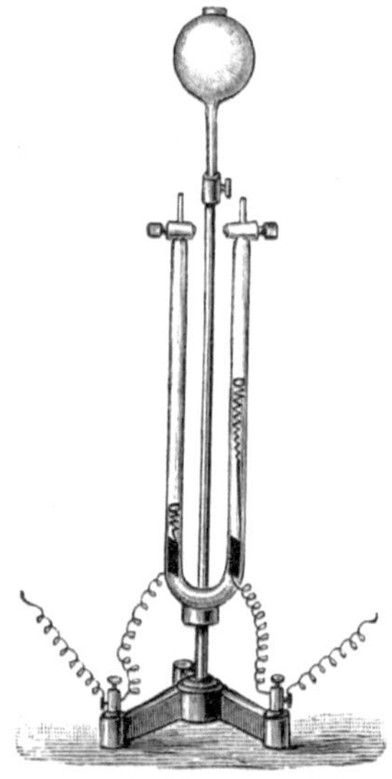

Abb. 8. Vorrichtung zur elektrolytischen Zersetzung des Wassers.

Gewinnung.

1. Durch Elektrolyse des mit verdünnter Schwefelsäure sauer gemachten Wassers, wobei an der Kathode (dem negativen Pol) dem Raum nach doppelt soviel Wasserstoffgas auftritt, wie an der Anode (dem positiven Pol) Sauerstoffgas (Abb. 8).

2. Durch Erhitzen von trockenem Quecksilberoxyd, welches dabei in Quecksilber und Sauerstoff zerfällt:

$$2\,HgO = 2\,Hg + O_2.$$

3. Durch Erhitzen von chlorsaurem Kalium (Kaliumchlorat) entweder für sich oder am besten in Vereinigung mit Braunstein. Bei der Zersetzung des chlorsauren Kaliums bildet sich zunächst unter Sauerstoffabspaltung überchlorsaures Kalium, welches dann weiterhin unter Abgabe seines sämtlichen Sauerstoffgehaltes in Chlorkalium übergeht:

a) $\underbrace{2\,KClO_3}_{\substack{\text{Chlorsaures} \\ \text{Kalium}}} = \underbrace{KCl}_{\text{Chlorkalium}} + \underbrace{KClO_4}_{\substack{\text{Überchlorsaures} \\ \text{Kalium}}} + \underbrace{O_2}_{\text{Sauerstoff}}$

b) $KClO_4 = KCl + 2\,O_2.$

Man mischt vorsichtig gleiche Gewichtsteile kleinkristallisierten chlorsauren Kaliums und grob gepulverten Braunsteins (am besten in einem Porzellanschälchen mittels eines Holzlöffels) und erhitzt das Gemisch in einer Kupferretorte (Abb. 9), indem man die Flamme unter derselben hin und her bewegt, um eine allseitige und gleichmäßige Erwärmung einzuleiten. Ist die Luft aus dem Kolben und der verbindenden Glasröhre ausgetrieben, so fängt man den durch stärkeres Erhitzen des Kolbeninhaltes gewonnenen Sauerstoff in einem zylindrischen, mit Wasser gefüllten und in eine Wasserwanne gesetzten Gefäß, in welches die Glasblasen, das Wasser verdrängend, eintreten, auf oder leitet das Gas in einen Gasometer.

Der Gasometer ist zumeist aus Blech gearbeitet (s. Abb. 10) oder besteht aus einem gläsernen zylindrischen Gefäß (s. Abb. 11). Man füllt dieses, nachdem die Hähne a und b geöffnet sind, durch die trichterartige Erweiterung ganz mit Wasser. Die Hähne werden sodann wieder geschlossen, worauf man den unteren Tubus c öffnet und durch diesen das Gas einleitet. In gleichem Maße, wie das Gas in das Gefäß eintritt, wird ein gleicher Raumteil Wasser verdrängt, welches aus der Öffnung c abfließt. Läßt man, nachdem der Tubus geschlossen, vom oberen Behälter durch den Hahn a Wasser einfließen, so drückt dieses durch den geöffneten Hahn b das Gas aus.

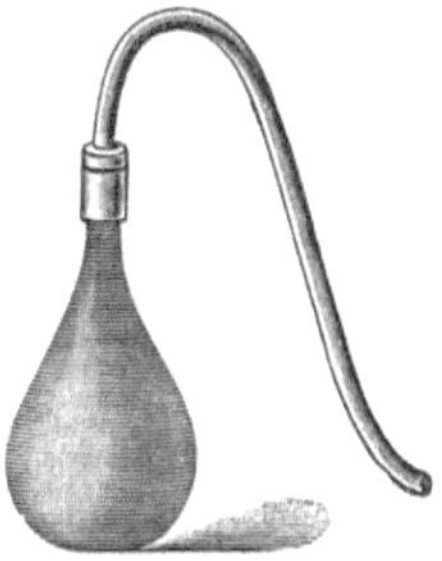

4. Beim Erhitzen von Mangansuperoxyd für sich oder mit Schwefelsäure:

a)
$$\underset{\text{Mangansuperoxyd}}{3\,MnO_2} = \underset{\substack{\text{Manganoxydul-}\\\text{oxyd}}}{Mn_3O_4} + \underset{\text{Sauerstoff}}{O_2}$$

b)
$$\underset{\text{Mangansuperoxyd}}{2\,MnO_2} + \underset{\text{Schwefelsäure}}{2\,H_2SO_4} = \underset{\text{Manganosulfat}}{2\,MnSO_4} + \underset{\text{Wasser}}{2\,H_2O} + O_2.$$

Abb. 9. Retorte zur Gewinnung von Sauerstoff.

5. Glüht man frischen Chlorkalk, so geht das darin enthaltene Kalziumhypochlorit (unterchlorigsaures Kalzium) in Kalziumchlorid über, während Sauerstoff entweicht.

$$2\,Ca(OCl)Cl = 2\,CaCl_2 + O_2.$$

Die Beimischung einer kleinen Menge Mangan- oder Kobaltsalz erleichtert die Sauerstoffabspaltung.

Für die Sauerstoffgewinnung im großen sind mehrere Verfahren bekannt.

6. Das kaum noch benutzte Brinsche Verfahren bedient sich des Bariumsuperoxyds.

Beim Erhitzen von Bariumnitrat wird Bariumoxyd in porösen Stücken gebildet. Erhitzt man Bariumoxyd in einem kohlendioxydfreien Luftstrom bei 700° C und $^3/_4$ Atmosphärenüberdruck, so nimmt es Sauerstoff auf und geht in Bariumsuperoxyd über, welches bei weiterem Erhitzen unter Verminderung des Druckes auf eine 50 mm entsprechende Luftverdünnung wieder in Sauerstoff und Bariumoxyd zerfällt:

$$2\,BaO_2 = 2\,BaO + O_2.$$

7. Das Verfahren nach Kassner benutzt bleisauren Kalk. Dieser bildet sich durch Erhitzen eines Gemisches von Bleioxyd und Kalk an der Luft und zerfällt durch Wasser bei 150° unter Abscheidung von Bleisuperoxyd. Bei Glühhitze entweicht daraus Sauerstoff.

8. Das Verfahren nach Linde besteht darin, daß man verflüssigte Luft (s. später) durch wiederholtes Verringern des Druckes teilweise verdampfen läßt. Der flüssige Stickstoff verflüchtigt sich hierbei zufolge seines niedrigeren Siedepunktes früher als der flüssige Sauerstoff. Man erhält so eine Flüssigkeit, in welcher bis 90 bis 95 % Sauerstoff enthalten sind.

Abb. 10. Gasometer aus Blech.

In der Neuzeit werden erhebliche Mengen Sauerstoff auch bei der technisch ausgebildeten Elektrolyse des Wassers gewonnen.

Eigenschaften. Farb- und geruchloses Gas. Spez. Gew. 1,1045 (Luft = 1). Das Gewicht eines Liters Sauerstoff beträgt bei 0° und 760 mm Druck 1,429 g. Sauerstoff läßt sich verflüssigen, doch gelingt dies nur, wenn das Gas auf mindestens — 119° (die „kritische Temperatur" des Sauerstoffs) abgekühlt wird, und bei dieser Temperatur ein Druck von 50 Atmosphären darauf einwirkt. Bei gewöhnlicher Temperatur ist selbst bei Anwendung eines Druckes von 3000 Atmosphären eine Verflüssigung des Sauerstoffs nicht zu ermöglichen.

Der Sauerstoff, wie alle anderen Gase, folgen oberhalb ihres Verflüssigungspunktes dem Boyle-Mariotteschen Gesetz, nach welchem Druck × Volum konstant ist, und dem Gesetz von Gay-Lussac, welches besagt, daß das Volumen bei t^0 gleich ist dem Volumen bei 0^0 mal $(1 + 0,003663\ t)$.

Für alle Gase gibt es eine bestimmte Temperatur, die nicht überschritten werden darf, wenn die Verflüssigung gelingen soll. Der Druck, der nötig ist, um ein Gas bei dessen kritischer Temperatur zu verflüssigen, heißt kritischer Druck.

Kritische Temperatur und kritischer Druck sind von

Sauerstoff	-119^0	50 Atm.
Wasserstoff	-241^0	20 Atm.
Kohlendioxyd	$+ 13,9^0$	77 Atm.

Cailletet und fast gleichzeitig auch Raoul Pictet haben 1877 das Sauerstoffgas zuerst verflüssigt. Man setzte das Gas einem Drucke von 300 Atmosphären aus. Bei plötzlicher Aufhebung des Druckes wurde das zusammengepreßte Gas durch die Ausdehnung so stark abgekühlt, daß die Temperatur schnell unter die „kritische" sank, und somit die Bedingungen zur Verflüssigung erreicht wurden.

Verflüssigter Sauerstoff ist eine hellblaue, leicht bewegliche Flüssigkeit, die unter gewöhnlichem Atmosphärendruck bei $-182,5^0$ siedet. Der Schmelzpunkt des festen Sauerstoffs liegt bei -218^0. Man bringt Sauerstoff in stark verdichtetem Zustande (1000 Liter Sauerstoff auf 20 Liter Volum verdichtet), in eiserne Bomben eingeschlossen, in den Handel. Sauerstoff kann also nicht in verflüssigtem Zustande bei gewöhnlicher Temperatur in Stahlflaschen (wie das flüssige Kohlendioxyd) aufbewahrt werden.

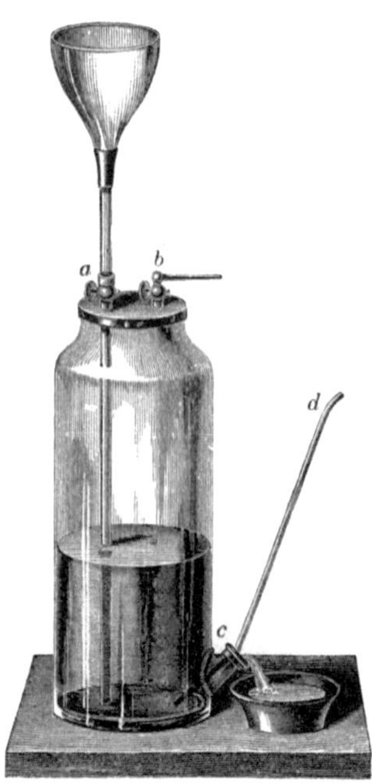
Abb. 11. Gasometer aus Glas.

In Wasser ist Sauerstoff nur wenig löslich.

Verhalten. Sauerstoff vereinigt sich mit den meisten Elementen bei höherer Temperatur, mit einigen schon bei gewöhnlicher Temperatur (z. B. mit Kalium und Natrium). Die Verbindungen führen die Namen Oxyde (z. B. HgO, Quecksilberoxyd) oder bei geringerem Sauerstoffgehalt Oxydule (z. B. Hg_2O, Quecksilberoxydul). Die sauerstoffreicheren Verbindungen heißen Superoxyde oder Peroxyde (z. B. BaO_2, Bariumsuperoxyd). Die Vereinigung von Stoffen mit Sauerstoff heißt Oxydation. Im Gegensatz hierzu bezeichnet man als Reduktion die Überführung sauerstoffreicher in sauerstoffärmere oder auch sauerstofffreie Verbindungen.

Nicht selten ist die Vereinigung des Sauerstoffs mit den Elementen von Feuererscheinung begleitet. Alle in der atmosphärischen Luft vor sich gehenden Verbrennungen beruhen auf einer Vereinigung der Stoffe mit Sauerstoff. In reinem Sauerstoffgas finden die Verbrennungen mit noch größerer Lebhaftigkeit statt als in der Luft. Ein glimmender Holzspan entflammt in Sauerstoff (zum Nachweis des Sauerstoffs benutzt). Schwefel verbrennt in Sauerstoff mit schön blauem Licht, Phosphor mit blendend weißem Licht. Eine Uhrfeder, bis zum Rotglühen erhitzt, verbrennt in Sauerstoff unter lebhaftem Funkensprühen. Farbloses Stickoxydgas wird durch Sauerstoff (auch noch in dem Verdünnungsgrade der atmosphärischen Luft) in braungefärbte Stickoxyde übergeführt. Einige Stoffe nehmen, wenn sie in feiner Verteilung sich befinden (fein verteiltes Blei, das durch Wasserstoff aus Eisenoxyd reduzierte Eisen), aus der Luft Sauerstoff auf und verbrennen ohne jede Wärmezufuhr unter Erglühen. Man nennt sie Pyrophore.

Bei der Verbrennung der Stoffe findet eine Gewichtszunahme statt. Das Verbrennungsprodukt ist gleich dem Gewicht der verbrennenden Stoffe und des hierzu erforderlichen Sauerstoffs. Lavoisier[1] deutete 1782 den Verbrennungsvorgang zuerst richtig und stürzte damit die Stahlsche Phlogistontheorie. Nach dieser sollte ein jeder Stoff einen unverbrennlichen Bestandteil und ein sog. Phlogiston enthalten. Beim Verbrennen des Stoffes bliebe der unverbrennliche Anteil zurück, während das Phlogiston sich verflüchtige.

Wenn ein Stoff unter Licht- und Wärmeentwicklung sich mit Sauerstoff verbindet, also verbrennt, muß er zuvor auf eine bestimmte Temperatur erhitzt werden. Man nennt den Grad dieser Erhitzung, welcher bei den verschiedenen Stoffen verschieden ist, Entzündungstemperatur. Diese liegt beim Phosphor schon bei $+ 60^0$, beim Schwefel bei 250^0, bei der Kohle zwischen 350^0 und 600^0. Die Mehrzahl der als Brennstoffe benutzten festen oder flüssigen Substanzen entzünden sich an der Luft bei $500—650^0$.

Die Wärmemengen, die bei der Verbrennung entstehen, werden nach Kalorien bemessen. Eine Kalorie ist diejenige Wärmemenge, die erforderlich ist, um 1 kg Wasser von $14,5^0$ auf $15,5^0$ zu erwärmen. Mit Flamme vermögen nur diejenigen Stoffe zu verbrennen, die beim Erhitzen brennbare Gase liefern. Entstehen solche nicht, und wird auch nicht ein Stoff durch die bei der Verbrennung gebildete Hitze selbst gasförmig, dann brennt er nicht mit Flamme, sondern er glüht. Eisen glüht wohl beim Erhitzen an der Luft und verbindet sich dabei mit Sauerstoff, aber es verbrennt nicht mit Flamme.

Eine nichtleuchtende Flamme erzielt man, indem man in den inneren Teil der Flamme einen Luftstrom eintreten läßt, wodurch der Kohlenstoff sich nicht mehr im weißglühenden Zustande abscheidet, sondern zu Kohlendioxyd verbrennt. Eine solche nicht leuchtende Flamme wird in dem Bunsenbrenner erzeugt. Die nicht leuchtende Flamme besitzt zufolge der vollkommeneren Verbrennung der Gase eine höhere Temperatur als die leuchtende Flamme (s. Anhang).

Die mit Hilfe eines Bunsenbrenners erzeugte nicht leuchtende Flamme vermag feste unschmelzbare Stoffe zu starker Lichtemission zu veranlassen (Auerlicht). Durch Einführung von verdampfenden Metallen oder Metallsalzen werden der nicht leuchtenden Bunsenflamme Färbungen erteilt.

Sauerstoff ist ein für die Erhaltung des Lebens tierischer wie pflanzlicher Organismen unentbehrliches Element. Ein erwachsener Mensch atmet innerhalb 1 Stunde gegen $^1/_2$ cbm Luft ein, wovon er nur $^1/_5$ des darin vorhandenen Sauerstoffs zurückbehält und den übrigen Teil neben Stickstoff, den sonstigen Bestandteilen der Luft und dem bei dem Verbrennungsvorgang entstandenen Kohlendioxyd wieder ausatmet. Während 24 Stunden werden somit vom Menschen gegen $^1/_2$ cbm Sauerstoff verbraucht. Bei dem Atmungsvorgange wird durch die Lungen Sauerstoff aufgenommen, welcher das Hämoglobin des Blutes in Oxyhämoglobin überführt. Dieses vermag unter Wiederabgabe des Sauerstoffs ihn zu den Oxydationen zu befähigen, die sich im Organismus abspielen. Das Hämoglobin dient daher als Sauerstoffüberträger. Die grünen Pflanzenorgane scheiden beim Assimilationsvorgange Sauerstoff ab.

---

[1] Lavoisier, geb. 1743, hingerichtet in Paris im Schreckensjahr 1794.

Vielen niederen Organismen (Bakterien) ist der Sauerstoff indes direkt schädlich und wirkt auf sie entwicklungshemmend. Man nennt solche Bakterien „anaerob" im Gegensatz zu den „aeroben" Bakterien, welche Sauerstoff zu ihrer Entwicklung bedürfen. Zu den „Anaeroben" gehören u. a. der Bazillus, der das Wurstgift erzeugt (Bacillus botulinus) und der den Starrkrampf hervorrufende Tetanusbazillus.

Anwendung: Zu künstlichen Atmungen (in Bergwerken, für Taucher, für Insassen in Luftballons und Luftschiffen in höheren Luftlagen), zur Herstellung des Drummondschen Kalklichtes, zum Mischen mit Leuchtgas als Sauerstoffgebläse, zum Mischen mit Wasserstoff als Knallgasgebläse. Für medizinale Zwecke stellt man ein mit Sauerstoff und Kohlendioxyd imprägniertes Wasser (Sauerstoffgebläse) her. Sauerstoffbäder bereitet man durch Zersetzung von Wasserstoffsuperoxyd oder Natriumperborat mittels Mangansalze oder Fibrin.

Aktiver Sauerstoff oder Ozon.

Aktiver Sauerstoff oder Ozon[1] entsteht durch Verdichtung von 3 Raumteilen Sauerstoff zu 2 Raumteilen:

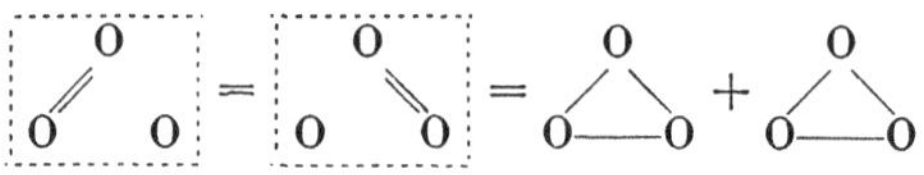

$$\underset{O\,-\!-\,O}{\overset{O}{\diagup\diagdown}} = \underset{O\quad O}{\overset{O}{\diagup\diagdown}} = \underset{O-\!-O}{\overset{O}{\triangle}} + \underset{O-\!-O}{\overset{O}{\triangle}}$$

Man faßt die Konstitution des Ozons auch auf als $O = O = O$, in welcher Formel also eines der Sauerstoffatome vierwertig ist.

Ozon wurde 1840 von Schönbein entdeckt. Es bildet sich bei der langsamen Oxydation von Phosphor an feuchter Luft, beim raschen Verdampfen großer Wassermengen (an Seeküsten, in Gradierwerken, Wäldern), bei der Einwirkung des an ultravioletten Strahlen reichen Lichtes der Quecksilberlampe auf die umgebende atmosphärische Luft, bei der sog. dunklen elektrischen Entladung in Sauerstoff oder Luft.

Diese Bildungsweise ist zugleich ein Darstellungsverfahren des Ozons, doch wird der vorhandene Sauerstoff höchstens bis zu 5,6 % in Ozon übergeführt. Um Ozon aus dem Gemisch mit Sauerstoff rein zu gewinnen, verflüssigt man dieses und läßt die Flüssigkeit langsam verdunsten. Zuerst siedet der Sauerstoff fort (bei — 182,5°), während Ozon als tiefblaue Flüssigkeit zurückbleibt, deren Siedepunkt bei — 112,3° liegt. Ozon erstarrt beim Eintauchen in flüssigen Wasserstoff zu einer schwarzen Masse von violettem Glanz. Schmelzpunkt — 251,4°. Der Geruch des Ozons ist eigenartig und sehr durchdringend; man kann in Ozon-Sauerstoffgemischen noch $^1/_{10000}$ % Ozon durch den Geruch feststellen. Ozon ist in Wasser schwerer löslich als Sauerstoff. Die im Handel hin und wieder auftauchenden, für therapeutische Zwecke empfohlenen sog. „Ozonwässer" enthalten kein Ozon, da es in Wasser bald zersetzt wird. Ozon wandelt sich allmählich wieder in gewöhnlichen Sauerstoff um.

Wird Ozon in konzentrierter Form eingeatmet, so reizt es die Respirationsorgane und ruft Hustenanfälle hervor. Kleinere Tiere werden durch Ozon schnell getötet. Es wirkt sehr kräftig oxydierend auf andere Stoffe ein. Metallisches Silber wird in braunschwarzes Silbersuperoxyd verwandelt. Mit dem Wasserstoffsuperoxyd teilt es die Eigenschaft, aus Kaliumjodid Jod freizumachen.

Organische Verbindungen mit Doppelbindungen addieren Ozon unter Entstehen von Ozoniden.

Man hat Ozon zum Reinigen von Trinkwasser benutzt, um es von pathogenen Bakterien zu befreien.

---

[1] Abgeleitet von ὄζω, ozo, „ich rieche".

Wasserstoff.

Hydrogenium, H = 1,008[1]. Einwertig. Wasserstoff wurde im 16. Jahrhundert zuerst von Paracelsus beobachtet, als er verdünnte Säuren auf Metalle einwirken ließ. Erst im 18. Jahrhundert erkannte Cavendish (1766) den Wasserstoff als eigentümliche Gasart, und Lavoisier lehrte später, daß diese beim Verbrennen Wasser liefert. Der Name Hydrogenium leitet sich ab von ὕδωρ (hydor) Wasser und γεννάω (gennao), ich erzeuge.

Vorkommen: Im freien Zustande in einigen vulkanischen Gasen, als Zersetzungsprodukt organischer Verbindungen (in den Darmgasen der Menschen und mancher Tiere), im Leuchtgas, in dem Steinsalz von Wieliczka und den Staßfurter Kalisalzlagern (im Carnallit), in großen Mengen aber auf der Sonne und anderen Fixsternen. Der Gehalt unsrer Atmosphäre an Wasserstoff beträgt 0,01%; in 100 km Entfernung von der Erdoberfläche enthält die Gaszone gegen 99% Wasserstoff. Chemisch gebunden bildet Wasserstoff einen Bestandteil des Wassers und der meisten organischen Stoffe. 100 Gewichtsteile Wasser enthalten 11,2 Gewichtsteile Wasserstoff und 88,8 Gewichtsteile Sauerstoff.

Darstellung. 1. Durch Elektrolyse des mit verdünnter Schwefelsäure sauer gemachten Wassers (s. Sauerstoffdarstellung).

2. Durch Einwirkung von Metallen, wie Kalium oder Natrium, auf Wasser. Man wirft ein linsengroßes Stückchen Kalium auf Wasser; mit großer Lebhaftigkeit wird Wasserstoff entwickelt, welcher sich durch die bedeutende Reaktionswärme entzündet und wiederum zu Wasser verbrennt. Bei der Einwirkung von Natriummetall auf Wasser bewegt sich die schmelzende Natriumkugel auf diesem lebhaft hin und her, das entwickelte Wasserstoffgas kommt dabei aber meist nicht zur Entzündung.

$$2\,H_2O + 2\,Na = 2\,NaOH + H_2 \,.$$

Andere Metalle vermögen erst bei Glühhitze das Wasser zu zerlegen, so z. B. Eisen und Zink.

3. Man läßt Wasserdampf in ein mit Eisendrehspänen gefülltes und zur Rotglut erhitztes Rohr (Flintenlauf) eintreten. Hierbei verbindet sich der Sauerstoff des Wassers mit dem Eisen, während Wasserstoff als Gas austritt:

$$3\,Fe + 4\,H_2O = Fe_3O_4 + 4\,H_2 \,.$$

4. Erwärmt man fein verteiltes Zink (Zinkstaub) mit einer Lösung von Kaliumhydroxyd (Kalilauge), so findet Wasserstoffentwicklung statt:

$$2\,KOH + Zn = Zn(OK)_2 + H_2 \,.$$

5. Auch beim Glühen eines innigen Gemisches von Zinkstaub und gelöschtem Kalk (Kalziumhydroxyd) wird Wasserstoff freigemacht:

$$Ca\!\!\diagup\!\!\!\diagdown{}^{OH}_{OH} + Zn = Ca\!\!\diagup\!\!\!\diagdown\!\!\!\diagup\!\!\!\diagdown Zn + H_2 \,.$$

6. Durch Übergießen von Metallen (Zink oder Eisen) mit verdünnten Säuren (Schwefelsäure oder Chlorwasserstoffsäure):

$$H_2SO_4 + Zn = ZnSO_4 + H_2 \,.$$

Technische Verfahren zur Wasserstoffgewinnung:

7. Man leitet Wassergas (ein Gemisch von Kohlenoxyd und Wasserstoff s. Kohlenoxyd) bei 400° über gelöschten Kalk:

$$CO + H_2 + Ca(OH)_2 = CaCO_3 + 2\,H_2 \,.$$

---

[1] Nach der Atomgewichtstabelle für 1931 = 1,0078.

8. Man leitet das Gemisch von Wassergas und Wasserdampf bei 400—500°
über Eisenoxyde, die als Katalysator wirken:

$$CO + H_2 + H_2O = CO_2 + 2H_2 .$$

Das Kohlendioxyd wird durch Waschen mit Druckwasser entfernt. Um die
letzten Anteile Kohlenoxyd abzuscheiden, leitet man das Gas durch Kupfer-
chlorürlösung. Dieses Verfahren hat besonders technische Bedeutung erlangt.

9. Wasserdampf wird bei Rotglut über Kalziumkarbid (s. dort) geleitet:

$$CaC_2 + 5H_2O = CaO + 2CO_2 + 5H_2 .$$

Azetylen entsteht hierbei nicht.

10. Man preßt Azetylen (s. dort) auf 2 Atm. Druck zusammen und bewirkt
durch elektrische Zündung Selbstzerfall:

$$C_2H_2 = C_2 + H_2 .$$

Hierbei wird Kohlenstoff in Form eines feinen Rußes (Azetylenruß) als Nebenprodukt gewonnen.

11. Aluminium und Silizium (s. dort) zersetzen bei Gegenwart von Natronlauge das Wasser. Aus 1 kg Silizium werden gegen 1600 Liter Wasserstoff gewonnen (Silikoverfahren).

12. Als Nebenprodukt bei der Elektrolyse wässeriger Lösungen von Kalium oder Natriumchlorid zwecks Darstellung von Ätzalkalien (bzw. Pottasche oder Soda) und Chlor.

Im Laboratorium entwickelt man Wasserstoff zweckmäßig mit Hilfe von granuliertem Zink und verdünnter Schwefelsäure (20%) in sog. Kippschen Apparaten, die eine Entnahme des Gases zu jeder Zeit gestatten.

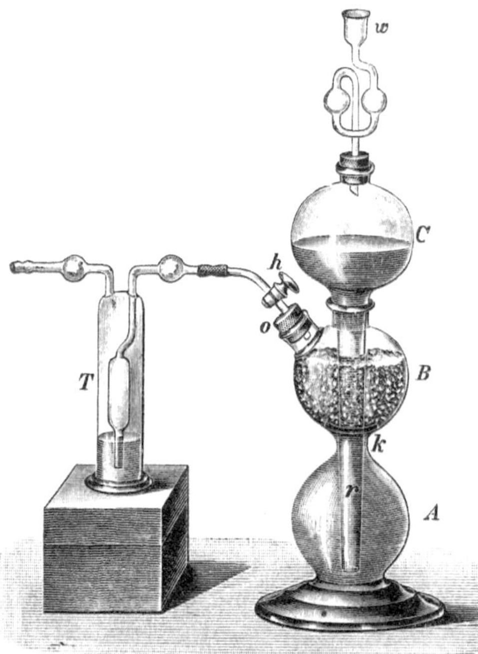

Abb. 12. Kippscher Apparat in ca. ¹/₆ der natürlichen Größe.

Der Kippsche Apparat (s. Abb. 12) besteht aus zwei auf einem Fuße ruhenden
kugeligen Behältern A und B, in welche gut verschließbar ein drittes kugeliges, mit einem
langen Trichterrohr r versehenes Gefäß C eingesetzt wird. Dieses ist mit einem ein Welter-
sches Sicherheitsrohr w tragenden Stopfen verschlossen. An der mittleren Kugel B befindet
sich eine mit Stopfen verschließbare Öffnung o, in welche ein Glashahn h eingepaßt ist.
Durch die Öffnung o beschickt man das mittlere Gefäß B mit granuliertem Zink und gießt
nach Einsetzen des Glashahnes die verdünnte Schwefelsäure durch das Weltersche
Sicherheitsrohr w. Die Säure füllt zunächst das Gefäß A und steigt dann in dem Gefäß B
auf, zu welchem es durch die schmale Öffnung gelangen kann, die das Trichterrohr bei dem
Knick k gelassen hat. Sobald die Säure das in B lagernde Zink erreicht, beginnt die Entwicklung von Wasserstoff, welcher durch den geöffneten Hahn h ausströmt. Ist dieser
geschlossen, so übt das sich in B ansammelnde Wasserstoffgas einen Druck auf die Säure
aus, diese in A und durch das Trichterrohr r nach C zurückdrängend. Ist die Säure mit
dem Zink nicht mehr in Berührung, so hört selbstverständlich die Wasserstoffentwicklung auf.

Öffnet man den Hahn h, so strömt der unter Druck in B befindliche Wasserstoff aus,
die Säure gelangt wieder zum Zink, und neue Mengen Wasserstoff können entwickelt werden.
Um den durch h entweichenden Wasserstoff von anhängender Feuchtigkeit zu befreien,
leitet man ihn durch die mit konzentrierter Schwefelsäure beschickte Trockenflasche T.

Das Weltersche Sicherheitsrohr w verhindert, daß die beim Schließen des Hahnes in C schnell zurücksteigende und durch mitaustretende Wasserstoffblasen aufwallende Flüssigkeit aus dem Apparat geschleudert wird.

Eigenschaften: Farb- und geruchloses Gas, 14,4 mal leichter als atmosphärische Luft und ca. 16mal leichter als Sauerstoff. Ein Liter Wasserstoff wiegt bei 0^0 und 760 mm Druck ca. 0,09 g. Wasserstoff läßt sich nur schwierig verflüssigen.

Der Siedepunkt des flüssigen Wasserstoffes liegt bei $-252,6^0$, also dem absoluten Nullpunkt von -273^0 sehr nahe. Läßt man flüssigen Wasserstoff im Vakuum verdampfen, so erstarrt er infolge weiterer Erniedrigung der Temperatur zu Kristallen, die bei $-258,9^0$ schmelzen. Oberhalb -241^0 (der kritischen Temperatur, s. bei Sauerstoff) läßt sich Wasserstoff nicht verflüssigen. Wasserstoff diffundiert durch eine poröse Tonzelle. In Wasser ist Wasserstoff nur wenig löslich. Angezündet verbrennt er mit schwachbläulicher Flamme zu Wasser. Füllt man einen Zylinder mit Wasserstoffgas in der Pneumatischen Wanne (einer mit Wasser gefüllten Wanne, in welcher das Füllen von Glaszylindern mit Gasen über Wasser vorgenommen wird) und taucht in den mit der Mündung nach unten gekehrten Zylinder ein brennendes Kerzchen, so entzündet sich zwar der Wasserstoff an der Mündung des Zylinders, die brennende Kerze aber erlischt innerhalb der Wasserstoffschicht.

Mit atmosphärischer Luft gemengt und angezündet, verbrennt Wasserstoff unter heftigen Explosionserscheinungen (Knallgas). Unter besonders starkem Knall explodiert beim Anzünden ein Gemisch aus 2 Raumteilen Wasserstoff und 1 Raumteil Sauerstoff.

Beim Anzünden von Wasserstoffgas ist daher Vorsicht geboten und zu beachten, daß man die in den Entwicklungsgefäßen vorhandene atmosphärische Luft zuvor durch Wasserstoff austreibt.

Beim Verbrennen von Wasserstoff in reinem Sauerstoff (Knallgasgebläse) wird eine sehr hohe Temperatur erzielt, durch welche schwer schmelzbare Stoffe, wie Platin, verflüssigt werden können. Stülpt man über die Wasserstoffflamme ein weiteres, trockenes Glasrohr und hebt und senkt dieses, so macht sich ein Tönen bemerkbar. Glasröhren verschiedener Länge und verschiedenen Durchmessers bringen verschieden hohe Töne hervor (chemische Harmonika). Die Flamme wirkt wie bei der Zungenpfeife als vibrierende Zunge, das Glasrohr als Pfeife.

Beim Döbereinerschen Feuerzeug wird Wasserstoff infolge von Kontaktwirkung durch ins Glühen gebrachten Platinschwamm entzündet.

Bei der Kontaktwirkung handelt es sich in der Regel um die Beschleunigung chemischer Reaktionen, welche durch die bloße Anwesenheit von Stoffen eingeleitet und zu Ende geführt werden. Vielfach nehmen solche Stoffe, wie hier der Platinschwamm, an der Reaktion teil. Man nimmt an, daß das Platin zunächst den Wasserstoff löst, und daß in dieser metallischen Lösung der Wasserstoff mit dem an der Oberfläche adsorbierten (angesaugten) Sauerstoff der Luft Wasser bildet, wobei sich Wärme entwickelt, die sich zur Entzündungstemperatur für Wasserstoff steigert. Man nennt solche Stoffe, zu welchen außer Platinschwamm auch Palladium, Nickel u. a. gehören, Katalysatoren und den Vorgang selbst Katalyse („Auflösung").

Wilhelm Ostwald[1] erblickt die Wirkung der Katalysatoren „in einer Änderung der Reaktionsgeschwindigkeit". Ein Katalysator kann eine Reaktion nicht nur beschleunigen, sondern unter Umständen auch verlangsamen.

---

[1] Wilhelm Ostwald, geb. 1853 in Riga, zur Zeit wohnend in Großbothen bei Leipzig.

Anwendung des Wasserstoffs: Als Reduktionsmittel; Wasserstoff führt die meisten Metalloxyde bei höherer Temperatur in Metalle über;

$$Fe_2O_3 + 3H_2 = Fe_2 + 3H_2O.$$

(Bereitung von Ferrum reductum!)

Im Augenblick des Entstehens (in statu nascendi), in welchem Wasserstoff sich noch in atomarem Zustand befindet, ist das Gas als Reduktionsmittel besonders wirksam. So reduziert es in saurer Lösung arsenige oder Arsensäure zu Arsenwasserstoff:

$$As_4O_6 + 12H_2 = 4AsH_3 + 6H_2O.$$

(Nachweis des Arsens im Marshschen Apparat!)

Salpetersaure Salze werden in alkalischer Lösung durch naszierenden Wasserstoff (Zinkstaub + Eisenpulver + Natronlauge + Nitrat) unter Entbindung von Ammoniak zerlegt.

Ausgedehnte Anwendung findet Wasserstoff zur Füllung von Luftballons und Luftschiffen. Ein Kubikmeter Luft wiegt 1,29 kg, ein Kubikmeter Wasserstoff nur 0,09 kg. Der Auftrieb oder die Tragfähigkeit des Wasserstoffs in Luft ist daher gleich der Differenz dieser Werte, nämlich 1,2 kg pro Kubikmeter Wasserstoff.

Über die Verwendung des Wasserstoffs zur Gewinnung von Ammoniak aus dem Stickstoff der atmosphärischen Luft s. Stickstoff, zum Härten der Fette s. Fette.

Wasserstoff kommt in gezogenen Stahlflaschen von 36 Liter Inhalt in stark komprimiertem (aber nicht flüssigem [!]) Zustand in den Verkehr. Wasserstoff ist in diesen Flaschen auf 100—150 Atmosphären gepreßt.

Wasser. H_2O.

Wasser bildet in flüssigem Zustande das Meer, die Seen, Flüsse und Bäche, kommt fest als Schnee und Eis vor und gasförmig in der Atmosphäre. Drei Fünftel der Erdoberfläche sind mit Wasser bedeckt.

Das in der Natur vorkommende, mannigfach verunreinigte Wasser wird nach seiner Abstammung unterschieden:

1. Schnee- und Regenwasser, das aus dem Wasserdampf der atmosphärischen Luft zu festen Gebilden (Schnee, Hagel, Reif) oder zu tropfbar flüssiger Form (Regen) verdichtete Wasser, welches die Bestandteile der Atmosphäre und den darin vorkommenden Staub enthält. Von Bestandteilen der Atmosphäre sind geringere Mengen, nicht über $^1/_{100}$ Volum, an Gasen wie Stickstoff, Sauerstoff, Kohlendioxyd, ferner kohlensaures, salpetrigsaures, salpetersaures Ammon zu erwähnen. In dem Staube der Atmosphäre kommen Bakterien, Schimmel- und Hefepilze vor, die von dem Regen mit niedergerissen werden.

2. Brunnenwasser. Das aus der Atmosphäre niedergeschlagene Wasser, welches in die lockere Erdschicht sickert, und das aus Flüssen und Bächen in das benachbarte Erdreich eindringende Wasser sammeln sich als Grundwasser auf undurchlässigen Erd- und Gesteinsschichten an. Aus der oberen lockeren Erdschicht, welche in reichlicher Menge Kohlendioxyd, meist als Zersetzungsprodukt abgestorbener Pflanzen enthält, sättigt sich das eindringende Wasser nach und nach mit diesem Gase. Kohlendioxydhaltendes Wasser ist ein gutes Lösungsmittel für manche Verbindungen, auf welche reines Wasser nicht lösend wirkt; es löst die Karbonate des Kalziums, Magnesiums und Eisenoxyduls zu Bikarbonaten. Außerdem sind in dem Grundwasser Sulfate und Chloride des Kalziums, Magnesiums, Eisens und der Alkalien enthalten. Das Grundwasser,

zu welchem man durch Bohrung von Schächten (Brunnen) gelangt, kann durch Pumpen emporgehoben und an das Tageslicht befördert werden. Durchschneidet die Brunnenbohrung wasserundurchlässige Schichten, so steigt, wenn darunter eine wasserführende Schicht liegt und diese erreicht ist, das meist unter hohem Druck stehende Wasser empor und tritt springbrunnenartig heraus (Artesischer Brunnen).

3. Quellwasser. Wird das auf einer Höhe sich niederschlagende und in die Erde sickernde atmosphärische Wasser durch eine für Wasser undurchlässige Schicht aufgehalten, so sucht es sich seitwärts einen Ausweg. Es fließt am Abhange der Berge über der undurchdringlichen Schicht als Quelle ab. Die mit Bäumen und einer starken Humusschicht bedeckten Kalkgebirge liefern ein kalkreiches Quellwasser, Granit- und Sandsteingebirge ein an fixen (nicht flüchtigen) Bestandteilen armes Wasser.

Kalzium- und Magnesiumsalze bedingen die Härte des Brunnen- und Quellwassers. Dies macht sich bemerkbar beim Waschen mit Seife. Solange der Kalk des Wassers noch nicht durch die Fettsäuren der Seife gebunden ist und sich unlöslich abgeschieden hat, erzeugt das Wasser das Gefühl der Härte und wird erst nach Ausfällung der Kalksalze geschmeidig und „weich". Weiches Wasser ist das Regen- und Flußwasser (s. später). Beim Kochen dieser Wässer werden die Bikarbonate des Kalziums, Magnesiums, auch des Eisens unter Kohlendioxydabspaltung zerlegt, und die Monokarbonate scheiden sich unlöslich ab. Beim Eindampfen setzen sich diese nebst den Sulfaten und Chloriden als feste Kruste an der Gefäßwandung des Kochkessels als Kesselstein an. Die Ablagerung festhaftenden Kesselsteins an den Gefäßwandungen von Dampfkesseln kann Ursache zu sog. Siedeverzug geben, d. h. es kann in den geschlossenen Kesseln eine Überhitzung des Wassers erfolgen, ohne daß es bei der Siedetemperatur zunächst zum Sieden kommt. Plötzlich verwandelt sich dann die Gesamtmenge des im Kessel enthaltenen Wassers in Dampf mit hohem Atmosphärendruck, dem die Kesselwandung nicht Widerstand bietet und zerreißt. Dampfkesselexplosionen sind vielfach hierauf zurückzuführen.

Um die Bildung von Kesselstein in Dampfkesseln zu verhindern, enthärtet und enteisent man zweckmäßig das zum Beschicken der Kessel benutzte harte Wasser. Das geschieht neuerdings vorzugsweise mit dem den natürlich vorkommenden Zeolithen (wasserhaltigen Natrium-Aluminiumsilikaten) nachgebildeten Kunstprodukt, das unter dem Namen Permutit in den Verkehr gelangt. Bringt man diese in Wasser unlöslichen, körnigen Massen, die durch Schmelzen von Tonerdesilikaten mit Soda erzeugt werden, mit hartem Wasser zusammen, so werden die hierin gelösten Kalzium-, Magnesium-, Eisen-, Mangansalze zersetzt, die Metalle gegen das Natrium der Permutite (= Auswechsler) ausgetauscht und somit aus dem Wasser entfernt. Behandelt man später die benutzten Permutite mit Kochsalzlösung, so werden die aufgenommenen Metalle durch Natrium ausgetauscht und die Permutite für die Enthärtung von Wasser wieder brauchbar gemacht.

4. Flußwasser. Beim Fließen des Wassers werden unter Kohlendioxydabgabe die Bikarbonate des Kalziums und Magnesiums in unlösliche Monokarbonate umgewandelt, und diese setzen sich am Flußboden ab. Das Flußwasser ist daher ein weiches Wasser. Dieses schäumt, mit Seifenlösung geschüttelt, hartes Wasser nicht, denn die Kalksalze bewirken beim Hinzufügen von Seife die Abscheidung einer unlöslichen Kalkseife (s. vorstehend).

5. Meerwasser ist infolge seines verhältnismäßig großen Kochsalzgehaltes (bis gegen 3,5%) von salzigem Geschmack. Die von Kochsalz nahezu freien Binnenwässer heißen daher auch süße Wässer.

6. Mineralwässer finden wegen besonderer Bestandteile zu Heilzwecken Verwendung. Diese Wässer nehmen ihre sie charakterisierenden Stoffe aus dem Boden auf ähnliche Weise auf, wie die Brunnen- und Quellwässer. Kommen sie aus bedeutender Tiefe oder von vulkanischen Herden, so ist ihre Temperatur meist eine hohe. Sie heißen, wenn die Temperatur erheblich über die Norm steigt, Thermen oder Thermalwässer. (Karlsbad 74⁰ C, Wiesbaden 70⁰.) Kohlensäurereiche Mineralwässer werden Säuerlinge oder Sauerwässer genannt, bei einem Gehalt außerdem an Ferrobikarbonat Eisensäuerlinge. Die Sauerwässer heißen alkalische Säuerlinge, wenn sie Soda enthalten (wie das Selterswasser), salinische Säuerlinge, wenn sie Natriumsulfat und Natriumchlorid führen (Karlsbader, Kissinger, Marienbader Wasser). Der bittersalzige Geschmack der Bitterwässer (Hunyadi-Janos, Friedrichshaller Wasser) wird durch einen Gehalt an Magnesiumsulfat bedingt. Schwefelwässer (Aachener, Warmbrunner) halten Schwefelwasserstoff gelöst und besitzen den unangenehmen Geruch des Gases. Jodsalze sind in der Tölzer Jodsoda-Quelle enthalten, Arsenverbindungen in den Mineralwässern von Rippoldsau, Baden-Baden, Nevico, Barèges in den Pyrenäen.

Als Trinkwasser sollte nur bestes Quell- oder Brunnenwasser Verwendung finden, welches zufolge seines Kohlensäure- und Salzgehaltes einen erfrischenden Geschmack besitzt und von niederen Organismen, Ammoniak, salpetriger Säure, Salpetersäure und Chloriden möglichst frei ist. Für die Versorgung der in Niederungen gelegenen Großstädte mit gutem Gebrauchswasser benutzt man Oberflächenwässer (Wasser der Flüsse oder Seen), die durch Filtration durch Sand- und Kiesschichten von suspendierten Anteilen befreit werden. Bei der zunehmenden Verunreinigung der Oberflächenwässer hat man in der Neuzeit auch in Großstädten auf das Grundwasser zurückgegriffen, das, bevor es in die Leitungsrohre eintritt, von Eisen- und Mangangehalt (durch Lüftung) befreit und dann durch Kiesschichten filtriert wird.

Um im Haushalt ein möglichst von Bakterien freies Trinkwasser herzustellen, bedient man sich sog. Kleinfilter, von denen das Berkefeld-Filter am meisten in Gebrauch ist. Das Filtermaterial besteht aus gebranntem Ton, Porzellan oder Kieselgur. Für die Beurteilung eines Wassers für Trinkzwecke spielt besonders auch die sog. Härte, die durch Kalk- und Magnesiasalze bedingt wird, eine Rolle. Magnesiareiche Wässer können den Geschmack ungünstig beeinflussen. Die Bi- und Monokarbonate des Kalziums und Magnesiums bilden die vorübergehende, temporäre oder transitorische Härte, die Chloride, Nitrate, Sulfate, Phosphate die bleibende oder permanente Härte.

Man gibt die Härte eines Wassers in sog. Härtegraden an: 1 deutscher Härtegrad entspricht 10 mg CaO in 1 Liter Wasser, 1 französischer Härtegrad 10 mg $CaCO_3$ in 1 Liter Wasser. Um einen französischen Härtegrad auf einen deutschen umzurechnen, multipliziert man den erhaltenen Wert mit 0,56. Die Bestimmung der Härtegrade geschieht mit auf bestimmten Erdalkaligehalt eingestellten Lösungen durch Seifenlösung, die mit dem Wasser erst dann Schaumbildung gibt, wenn die Kalk- bzw. Magnesiumsalze ausgefällt sind.

Harte Wässer sind z. B. solche von etwa 18 deutschen Härtegraden.

Über die Untersuchung von Wasser für Trink- und Berufszwecke liegt eine reiche Literatur vor[1].

---

[1] Siehe u. a. Hartwig Klut: Untersuchung des Wassers an Ort und Stelle (Berlin: Julius Springer), und derselbe in Thoms Handbuch der praktischen und wissenschaftlichen Pharmazie, III. Bd., 1. Hälfte (Berlin-Wien: Urban u. Schwarzenberg).

Für den pharmazeutischen Gebrauch und zu chemischen Zwecken wird ein reines, durch Destillation gewonnenes Wasser, destilliertes Wasser, Aqua destillata, hergestellt. Man gewinnt es, indem in geeigneten Gefäßen gutes Brunnen- oder Leitungswasser zum Kochen gebracht, und die entweichenden Dämpfe durch Kühlvorrichtungen wieder verdichtet werden. Die in dem Wasser gelösten Gase werden mit den ersten Wasserdämpfen fortgeführt, weshalb man die ersten Anteile des Destillates nicht sammelt. Die im Wasser gelösten Salze bleiben in dem Kochgefäß (Kessel, Destillierblase) als Kesselstein zurück.

Abb. 13 zeigt einen zur Bereitung von destilliertem Wasser für pharmazeutische Zwecke benutzten Destillierapparat.

a ist die Destillierblase aus verzinntem Kupfer, *b p* der Helm, *c* der Feuerungsraum, *d* das Aschenloch, *oo* Feuerungszüge. Bei *p* ist der Helm mit dem Kühlrohr oder Kühlgefäß *ee* verbunden, dessen Ausfluß *m* in das Auffanggefäß *n* (Vorlage) mündet. Das Kühlgefäß ist von Zinn und steht in dem aus Holz oder Kupfer angefertigten Fasse *f*. Durch den zinnernen Zylinder *g*, den inneren

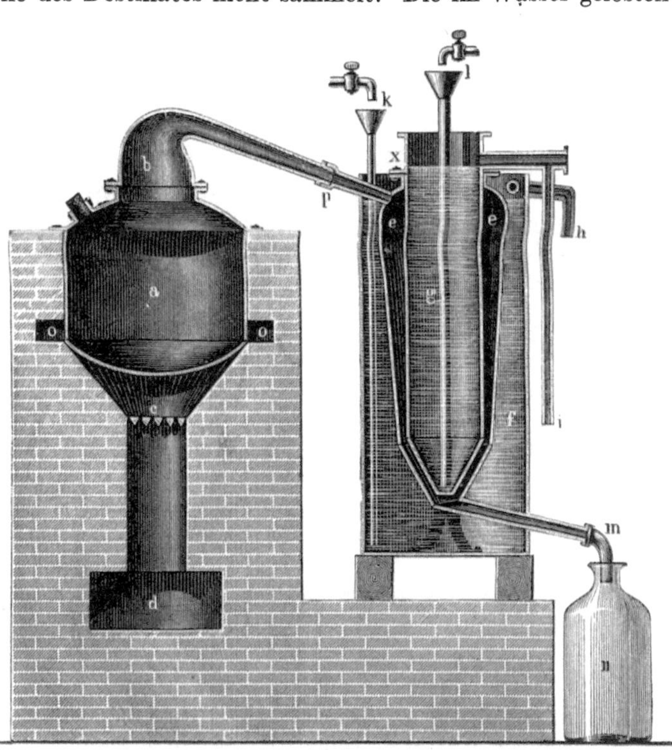

Abb. 13. Apparat zur Herstellung von destilliertem Wasser.

Kühlzylinder, ist der Kühlraum bei *x* mit einem Flansch geschlossen. Durch die Trichterröhren *k* und *l* fließt kaltes Wasser zum Kühlen ein, aus *h* und *i* das warme Wasser ab.

Diese Destillierblase kann auch zur Bereitung der über Drogen destillierten Wässer, welche die flüchtigen Riechstoffe derselben enthalten, benutzt werden.

Eigenschaften des völlig reinen Wassers.

Zur Herstellung völlig reinen Wassers destilliert man das von Gasen befreite Wasser aus Platingefäßen.

In völlig reinem Zustande und bei mittlerer Temperatur ist Wasser eine farb- und geruchlose Flüssigkeit, welche bei $+ 4^0$ die größte Dichte besitzt und bei weiterer Temperaturerniedrigung bis 0^0 sich wieder ausdehnt. Bei 0^0 erstarrt es zu Eis, dessen spez. Gewicht geringer als das des Wassers von $+ 4^0$ ist. Das Eis schwimmt daher auf Wasser.

Nur ganz reines Wasser erstarrt bei 0^0 zu Eis. Sind in dem Wasser irgendwelche Stoffe gelöst, so wird der Gefrierpunkt erniedrigt. Starke Temperaturerniedrigungen zeigen sich beim Zusammenbringen von Salzen mit Eis oder Schnee. Ein Teil Kochsalz und zwei Teile zerkleinertes Eis oder Schnee geben einen Temperaturabfall auf ca. — 20⁰; ein Teil Schnee und zwei Teile kristallisiertes Chlorkalzium lassen die Temperatur auf ca. — 40⁰ sinken. Man benutzt solche „Kältemischungen" zur Erzeugung niedriger Temperaturen.

Der Gefrierpunkt des Wassers wird auch erniedrigt, wenn ein Druck auf dasselbe ausgeübt wird. Läßt man einen Druck von 136 Atmosphären auf Wasser einwirken, so wird sein Gefrierpunkt auf — 1⁰ verringert.

Erhitzt man Wasser, so verwandelt es sich bei einem Barometerstand von 760 mm und bei 100⁰ C unter Aufwallen in Dampf: es siedet. Der Siedepunkt ist vom Druck abhängig. Je größer der auf dem Wasser ruhende Druck der Atmosphäre ist, desto höhere Hitzegrade sind erforderlich, um Wasser zum Sieden zu bringen. Während bei dem Druck einer Atmosphäre (760 mm) das Wasser bei 100⁰ siedet, ist der Siedepunkt bei 2 Atmosphären auf 120,6⁰, bei 3 Atmosphären auf 133,9⁰, bei 10 Atmosphären auf 180⁰ hinaufgerückt. Und umgekehrt, der Siedepunkt des Wassers und anderer Flüssigkeiten wird durch Verminderung des Druckes herabgesetzt. Nimmt man das Sieden von Flüssigkeiten z. B. in auf 10 mm evakuierten Gefäßen vor, so ist es möglich, den Siedepunkt hoch siedender Flüssigkeiten, wie vieler ätherischer Öle, um ca. 100⁰ zu erniedrigen.

Aber nicht nur bei 100⁰ C und normalem Druck von 760 mm findet die Umwandlung von Wasser in Dampf statt, sondern auch bei wesentlich niedrigeren Temperaturen. Die bei niedrigeren Temperaturen stattfindende langsame Vergasung des Wassers nennt man Verdunstung. Ein Verdunsten des Wassers findet so lange statt, bis der über dem Wasser befindliche Raum sich mit einer bestimmten Menge Wasserdampf gesättigt hat. Diese Menge ist abhängig von der Temperatur. Der Wasserdampf übt hierbei einen Druck aus; bei 100⁰ beträgt er eine Atmosphäre, d. h. er hält einer Quecksilbersäule von 760 mm das Gleichgewicht.

Wasser von   0⁰ gibt Wasserdampf ab, welcher   4,6 mm Quecksilberdruck äußert
„ „ 20⁰ „ „ „ „ 17,4 mm „ „
„ „ 40⁰ „ „ „ „ 54,9 mm „ „
„ „ 80⁰ „ „ „ „ 354,8 mm „ „
„ „ 100⁰ „ „ „ „ 760 mm „ „

Man nennt diesen Druck die Tension des Wasserdampfes. Da bei jeder Temperatur Wasser verdunstet, so ist in Räumen, in welchen Wasser aufgestellt ist, oder wo wasserhaltige Stoffe lagern (z. B. Kräuter), die Luft stets mit Wasserdampf erfüllt. Sorgt man dafür, daß dieser Wasserdampf beseitigt wird, z. B. durch Erhitzen oder durch chemische Mittel, welche Wasser begierig binden (wie konz. Schwefelsäure, Ätzkalk, Chlorkalzium oder Phosphorsäureanhydrid), dann bewirkt man ein Austrocknen der wasserhaltigen Gegenstände. Das Trocknen von Kräutern nimmt man z. B. in geheizten Trockenschränken vor oder in geschlossenen Räumen, in denen wasserbindende Mittel aufgestellt sind, die das Austrocknen bei gewöhnlicher Temperatur besorgen. Vorrichtungen dazu sind die sog. Exsikkatoren.

Auch die mit Ätzkalkstücken beschickten, aus Holz gefertigten Behälter, die sog. Kalk-Trockenkisten, sind für den Zweck des Austrocknens verwendbar. Sie werden aber auch benutzt zur Aufbewahrung von Stoffen, die leicht Feuchtigkeit anziehen, um sie trocken zu halten, wie z. B. Trockenextrakte.

Völlig reines Wasser leitet kaum den elektrischen Strom. Da schon sehr geringe Beimengungen von Kohlensäure oder Salzen die elektrische Leitfähigkeit erhöhen, so kann man diese zur Beurteilung des „reinen" Wassers heranziehen. Später wird zu erörtern sein, daß die Leitfähigkeit von Flüssigkeiten durch die Wanderung elektrisch geladener Teilchen, welche man „Ionen" nennt, bewirkt wird. Das Wasser bildet Wasserstoffionen mit positiver Ladung und Hydroxylionen mit negativer Ladung, aber erst auf 10 Millionen Liter Wasser 1 g Wasserstoffionen und 17 g Hydroxylionen.

Die Ionisation des Wassers ist gering. Die Konzentration der Wasserstoffionen beträgt 10^{-7} Mol pro Liter. S. S. 45.

Das Wasser kennen wir in 3 Aggregatformen, als Eis, flüssiges Wasser und Dampf. Diese drei Zustände, welche nebeneinander bestehen können, nennt man Erscheinungsformen oder Phasen[1]. Schließt man diese drei Phasen in ein nur von diesen erfülltes Gefäß ein, so üben sie einen Druck von 4,6 mm Quecksilbersäule aus, und ihre Temperatur beträgt $+$ 0,0077°. Bei Atmosphärendruck liegt der Schmelzpunkt bei 0°. Man nennt die Temperatur von 0,0077° wegen des gleichzeitigen Vorhandenseins von 3 Phasen Tripelpunkt. Wird die Temperatur nur um einen ganz geringen Betrag geändert, so verschwindet eine Phase, und zwar wenn die Temperatur steigt das Eis, und wenn sie sinkt das flüssige Wasser. Da hierbei eine Phase in eine andere übergeht, bezeichnet man diesen Punkt als Übergangspunkt.

Das Wasser steht oberhalb der Temperatur von 0,0077° mit dem Dampf in verschiebbarem Gleichgewicht; erhitzt man beide in einem abgeschlossenen Gefäß, so steigt zwar der Dampfdruck, aber bei hinlänglich vorhandenen Wassermengen bleibt neben der Phase des Dampfes die der Flüssigkeit bestehen. Unterhalb der Temperatur von 0,0077° tritt die feste Phase von Eis in das Gleichgewicht mit dem Dampf.

Hieraus ergibt sich, daß aus einer Molekelart des Wassers nur Systeme aufgebaut werden können, in welchen zwei Phasen miteinander in einem verschiebbaren Gleichgewicht stehen. Gibbs hat diese Beziehungen auch auf andere komplizierter zusammengesetzte Systeme ausgedehnt und eine Phasenregel aufgestellt, für welche W. Nernst die folgende Fassung gewählt hat:

Es bedarf mindestens des Zusammenbringens von n verschiedenen Molekelarten, um alle Phasen (in beliebigen Mengenverhältnissen) eines aus $n + 1$ Phasen bestehenden vollständigen Gleichgewichtes aufbauen zu können. Wenn n Molekelarten in $n + 2$ Phasen reagieren, so ist ein Gleichgewichtszustand zwischen ihnen nur bei eindeutig bestimmten Bedingungen der Temperatur und des Druckes und nur bei ganz bestimmten Konzentrationsverhältnissen der einzelnen Phasen möglich. Es ist so für das Nebeneinanderbestehen der $n + 2$ Phasen ein singulärer Punkt, der Übergangspunkt, festgelegt. Damit ein vollständiges Gleichgewicht besteht, d. h. für ein endliches Intervall zu jedem Werte der Temperatur T ein bestimmter Wert des Gleichgewichtsdruckes p und natürlich auch eine ganz bestimmte Zusammensetzung der einzelnen Phasen gehört, müssen wir eine Gleichung weniger besitzen, als Variable vorhanden sind, d. h. es muß sein

$$y = n + 1.$$

Die Gibbssche Phasenregel besagt also, daß in einem vollständigen Gleichgewicht eine Phase mehr vorhanden sein muß, als die Zahl der reagierenden Molekelgattungen beträgt.

Fügen wir z. B. zu der Molekelgattung des Wassers noch eine zweite, z. B. ein Salz, so sind drei Phasen: festes Salz, Lösung, Wasserdampf nebeneinander in völligem Gleichgewicht.

Viele chemische Stoffe haben die Eigenschaft, bei der Ausscheidung aus ihren wässerigen Lösungen Wasser gebunden zu halten und mit diesem zu kristallisieren. Solches Wasser heißt Kristallwasser. Soda, Bittersalz, Eisen-

---

[1] Abgeleitet von φαίνομαι, erscheine.

vitriol enthalten Kristallwasser. Es entweicht zum Teil bereits beim Lagern dieser Kristalle an der Luft, wobei die Kristalle meist undurchsichtig werden und zerfallen. Man spricht dann vom **Verwittern** der Kristalle.

Prüfung des destillierten Wassers (Aqua destillata) nach D. A. B. VI:

Klare, farb-, geruch- und geschmacklose Flüssigkeit, die Lackmuspapier nicht verändert.

Es ist zu prüfen auf die **Abwesenheit von Salzsäure, Schwefelsäure, Kalziumsalzen, Ammoniak und Ammoniumsalzen, Schwermetall-salzen.**

Zur Prüfung auf Kohlendioxyd versetzt man 25 ccm destilliertes Wasser mit 50 ccm Kalkwasser und bewahrt das Gemisch in einem gut verschlossenen Gefäß auf. Es muß innerhalb einer Stunde klar bleiben. Organische Stoffe und salpetrige Säure sollen nur in äußerst kleinen Mengen vorhanden sein. Man stellt dies fest, indem man 100 ccm destilliertes Wasser mit 1 ccm verd. Schwefelsäure und 0,3 ccm Kaliumpermanganatlösung (von $1\,^0/_{00}$) 3 Minuten kocht; die rote Farbe der Lösung darf dann nicht verschwinden.

100 ccm destilliertes Wasser dürfen nach dem Verdampfen höchstens 0,001 g Rückstand hinterlassen.

Wasserstoffsuperoxyd (Wasserstoffperoxyd). H_2O_2.

$$\text{Strukturformel: } H—O—O—H \text{ oder } \begin{array}{c} H \\ \diagdown \\ \diagup \\ H \end{array} O = O.$$

Wasserstoffsuperoxyd kommt in der Natur nach starken Gewittern vor. Auch bildet es sich bei Gegenwart von Wasser infolge lebhafter Oxydationsvorgänge in der Natur. In Regen und Schnee findet es sich fast immer. Es entsteht auch durch Verdunsten von ätherischen Ölen an der Luft bei Anwesenheit reichlicher Mengen Luftfeuchtigkeit. Wenn Phosphor, Zink, Kalzium feuchter Luft ausgesetzt werden, so entwickelt sich Wasserstoffsuperoxyd, das man auf einer 1 cm darüber im Dunkeln angebrachten photographischen Platte infolge Beeinflussung derselben nachweisen kann. Die Empfindlichkeit der photographischen Platte ist so groß, daß noch $1 \cdot 10^{-8}$ g Wasserstoffsuperoxyd auf 1 qcm nach Russell nachweisbar sind.

Man gewinnt Wasserstoffsuperoxyd, indem man Bariumsuperoxyd mit wenig Salzsäure anätzt und dann mit einer zur völligen Bindung ungenügenden Menge verdünnter Schwefelsäure oder Phosphorsäure anrührt:

$$BaO_2 + H_2SO_4 = BaSO_4 + H_2O_2.$$

Man gießt die klare Flüssigkeit vom abgeschiedenen Bariumsulfat ab, fällt durch vorsichtigen Zusatz von Schwefelsäure etwa gelöstes Barium aus, filtriert und engt, wenn erforderlich, im luftverdünnten Raum ein.

Durch größere Mengen Wasser, besonders Wasserdampf, wird Überschwefelsäure $H_2S_2O_8$ hydrolysiert und Wasserstoffsuperoxyd gebildet:

$$H_2S_2O_8 + 2 H_2O = 2 H_2SO_4 + H_2O_2.$$

Hierauf beruht die elektrolytische Darstellung von Wasserstoffsuperoxyd in der Technik.

Wasserstoffsuperoxyd bildet eine wasserklare, geruchlose, schwach herbbitter schmeckende Flüssigkeit, die zumeist als 10 proz. in den Handel gelangt,

d. h. 1 Volum vermag 10 Volume Sauerstoff unter geeigneten Bedingungen zu entwickeln. Die 10 volumproz. Wasserstoffsuperoxydlösung entspricht 3 Gew.-% H_2O_2. Durch vorsichtige Konzentration gelangt man zu einem 100 volumproz. = 30 gewichtsproz. Wasserstoffsuperoxyd (Perhydrol). Wasserstoffsuperoxyd ist ein kräftiges Oxydationsmittel. Aus angesäuerter Jodkaliumlösung macht es Jod frei. Wasserstoffsuperoxyd kann aber auch kräftige Reduktionserscheinungen äußern. Mit Kaliumpermanganatlösung zusammengebracht, reduziert es diese und geht selbst dabei unter lebhafter Sauerstoffabgabe in Wasser über. Bei Gegenwart von verdünnter Schwefelsäure vollzieht sich diese Reaktion im Sinne folgender Gleichung:

$$2\,KMnO_4 + 5\,H_2O_2 + 3\,H_2SO_4 = K_2SO_4 + 2\,MnSO_4 + 8\,H_2O + 5\,O_2\,.$$

Mischt man Blut mit Wasserstoffsuperoxyd, so findet Sauerstoffentwicklung statt.

Hochprozentiges Wasserstoffsuperoxyd zersetzt sich, zuweilen unter heftiger Explosion, wenn es nicht ganz rein ist, z. B. mit organischen Substanzen (Staub) in Berührung kommt; auch schon durch plötzliche Erschütterungen oder unvorsichtiges Erhitzen können Explosionen eintreten. Trägt man Platinmohr oder Palladium in hochprozentiges Wasserstoffsuperoxyd ein, so entwickelt sich sofort reichlich Sauerstoff unter starker Wärmeentwicklung, derzufolge das Wasser zum Teil in Dampfform übergeht. Auch verdünnte Lösungen von Wasserstoffsuperoxyd werden durch katalytisch wirkende Stoffe reduziert. So vermag das aus Glasgefäßen, worin Wasserstoffsuperoxyd aufbewahrt wird, von diesem aufgenommene Alkali das Superoxyd zu zersetzen.

Die Zersetzung des Wasserstoffsuperoxyds wird durch Zusatz von 0,04 % Azetanilid oder Phenazetin, sowie durch Harnstoff, auch durch eine sehr geringe Menge Schwefelsäure, verzögert.

Prüfung[1] des Hydrogenium peroxydatum solutum.

Schüttelt man 1 ccm der mit einigen Tropfen verdünnter Schwefelsäure angesäuerten Wasserstoffsuperoxydlösung mit etwa 2 ccm Äther und setzt dann zu der Mischung einige Tropfen Kaliumdichromatlösung, so färbt sich bei erneutem Schütteln die ätherische Schicht tiefblau. Jodzinkstärkelösung wird auf Zusatz einiger Tropfen verdünnter Schwefelsäure durch 1 Tropfen Wasserstoffsuperoxydlösung blau gefärbt;

$$ZnJ_2 + H_2O_2 + H_2SO_4 = ZnSO_4 + 2\,H_2O + J_2\,.$$

Das ausgeschiedene Jod färbt die Stärke blau.

Wasserstoffsuperoxydlösung muß frei sein von Barium und Oxalsäure. Der Gehalt an freier Säure ist beschränkt: 50 ccm Wasserstoffsuperoxydlösung dürfen zur Neutralisation höchstens 3 ccm $\frac{n}{10}$-Kalilauge verbrauchen (Phenolphthalein als Indikator). 10 ccm Wasserstoffsuperoxydlösung dürfen nach dem Verdampfen auf dem Wasserbade höchstens 0,015 g Rückstand hinterlassen.

Gehaltsbestimmung. 10 g Wasserstoffsuperoxydlösung werden mit Wasser auf 100 ccm verdünnt; 10 ccm dieser Lösung werden mit 5 ccm verdünnter Schwefelsäure und 1 g Kaliumjodid versetzt und die Mischung in einem verschlossenen Glase eine halbe Stunde lang stehengelassen. Zur Bindung des ausgeschiedenen Jods müssen mindestens 17,7 und nicht mehr als 18,9 ccm $\frac{n}{10}$-Natriumthiosulfatlösung erforderlich sein, was einem Gehalt von 3 bis 3,2 Gewichtsprozent H_2O_2 entspricht. Nach der Gleichung:

$$2\,KJ + H_2O_2 + H_2SO_4 = K_2SO_4 + 2\,H_2O + J_2$$

---

[1] Um für die Prüfungen, bzw. gewichts- und maßanalytischen Wertbestimmungen chemischer Stoffe Verständnis zu gewinnen, ist es notwendig, das am Schluß dieses Bandes behandelte Kapitel der chemischen Analyse durchzuarbeiten.

3*

entspricht 1 Atom Jod einer halben Molekel H_2O_2 (Mol.-Gew. 34,016). Durch 1 ccm obiger Thiosulfatlösung werden daher $\dfrac{34,016}{2 \cdot 10\,000} = 0,0017008$ g oder rund 0,001701 g H_2O_2 angezeigt, durch 17,7 ccm $= 0,001701 \cdot 17,7 = 0,0301077$ g, durch 18,9 ccm $= 0,001701 \cdot 18,9 = 0,0321489$ g. Das sind rund 3 bis 3,2 % H_2O_2.

Anwendung; Wasserstoffsuperoxyd wird als Oxydationsmittel für organische Stoffe vielfach benutzt.

Es übt Bleichwirkung aus. Man bleicht damit Federn, Haare, Seide, Elfenbein; dem lebenden und mit Sodalösung gewaschenen Haar verleiht es eine aschblonde Färbung.

Zufolge seiner stark oxydierenden Eigenschaften wird es bei Infektionskrankheiten angewendet, insbesondere zum Ausspülen des Mundes als Antiseptikum (1 Teelöffel des 10 volumprozentigen Präparates voll auf ein Glas Wasser zum Gurgeln). Ein Gemisch von Natriumperborat und Natriumbitartrat wird als Pergenol in den Handel gebracht, welches mit Wasser in Berührung Wasserstoffsuperoxyd erzeugt. Das Wasserstoffsuperoxyd besitzt eine stark bakterizide Wirkung. Träger der Desinfektionswirkung ist nach den an Bact. coli und Bact. prodigiosus angestellten Versuchen lediglich das unzersetzte Wasserstoffsuperoxyd, nicht der katalytisch abgespaltene Sauerstoff. Durch Katalase kann die Desinfektionswirkung gehemmt werden. Die Wasserstoffionenkonzentration[1] ist für die Desinfektionswirkung des Wasserstoffsuperoxyds infolge ihres Einflusses auf die Katalase von wesentlicher Bedeutung. Saure Lösungen fördern daher die Wirkung. Auch als Blutstillungsmittel ist Wasserstoffsuperoxyd von Wichtigkeit, des weiteren zur Reinigung und Entgiftung von Wunden (in 3proz. Lösung), bei diffusen Phlegmonen, pyämischen Abszessen, in der Zahnheilkunde als Antiseptikum bei der Wurzelbehandlung und kleinen chirurgischen Eingriffen usw.

Unter dem Namen Perhydrit und Ortizon sind Verbindungen von ca. 35 % H_2O_2 mit Harnstoff bekannt.

Das 30 proz. Wasserstoffsuperoxyd (Hydrogenium peroxydatum solutum concentratum) wird in Glasflaschen versandt und aufbewahrt, die innen mit Paraffin überzogen und mit einem Paraffinstopfen verschlossen werden. Es muß kühl und vor Licht geschützt aufbewahrt werden.

Gruppe der Halogene.

Chlor. Brom. Jod. Fluor.

Chlor, Brom, Jod, Fluor heißen Halogene oder Salzbildner (vom griechischen ἅλς, hals, das Salz und γεννάω, gennao, ich erzeuge), weil sie die Fähigkeit besitzen, sich mit Metallen direkt zu Salzen zu vereinigen.

Die Gewinnung des Chlors, Broms, Jods ist eine analoge, indem diese Halogene aus ihren Wasserstoffverbindungen mit Hilfe von Superoxyden (insbesondere Mangansuperoxyd) bei höherer Temperatur in Freiheit gesetzt werden. Fluor besitzt eine große Affinität zu fast allen Stoffen und muß daher nach besonderem Verfahren gewonnen werden.

Chlor.

Chlorum, Cl $= 35,46^2$. Ein-, vier-, fünf- und siebenwertig. 1774 von Scheele bei der Einwirkung von Salzsäure auf Braunstein entdeckt und anfänglich als „dephlogistisierte Salzsäure“ bezeichnet. Erst 1811 erkannte Davy das Chlor als einfachen Stoff und benannte ihn nach seiner grünlichgelben Farbe (abgeleitet aus dem griechischen χλωρός, chloros, grünlichgelb).

Vorkommen: Nur im gebundenen Zustande in der Natur. In Verbindung mit Wasserstoff bildet Chlor die Chlorwasserstoffsäure, die sich in Dampf-

---

[1] S. hierüber den Anhang: „Einführung in die chemische und physikalisch-chemische Prüfung der Arzneistoffe.“

[2] Nach der Atomgewichtstabelle für 1931 = 35,457.

ausströmungen vulkanischer Gegenden findet. Auch der Magensaft enthält Chlorwasserstoffsäure. Von den Verbindungen mit Metallen ist das Chlornatrium oder Kochsalz die verbreitetste. Es kommt in den Ozeanen bis zu 3,5% vor, außerdem an vielen Orten in mächtigen Lagern als Steinsalz. Das Mineral Sylvin der Staßfurter Abraumsalze ist im wesentlichen Chlorkalium. In kleineren Mengen findet sich Chlor an Silber, Blei, Kupfer gebunden.

Gewinnung. 1. Durch Oxydation der Chlorwasserstoffsäure mit Braunstein (Mangansuperoxyd) bei höherer Temperatur. Hierbei entsteht zunächst Mangantetrachlorid, das weiterhin in Manganchlorür und Chlor zerfällt:

$$MnO_2 + 4\,HCl = MnCl_4 + 2\,H_2O$$
$$MnCl_4 = MnCl_2 + Cl_2.$$

Technisch gewinnt man Chlor aus Braunstein und Salzsäure in aus Sandsteinplatten zusammengesetzten Gefäßen, in welche Dampf eingeblasen wird. Das Chlor leitet man durch Tonrohre ab. Die zurückbleibende Manganchlorürlösung wird nach dem Weldon-Verfahren zur Chlorgewinnung von neuem nutzbar gemacht, indem man die Lösung zunächst mit Kalkmilch neutralisiert, das sich ausscheidende Eisenoxydhydrat (vom eisenhaltigen Braunstein herrührend) durch Filtration beseitigt, hierauf mit überschüssiger Kalkmilch versetzt und in turmartigen Vorrichtungen bei einer Temperatur von 50—70° atmosphärische Luft einpreßt. Das Mangan wird hierdurch als kalkhaltiges Mangansuperoxydhydrat gefällt, während in der Lösung Kalziumchlorid verbleibt:

$$MnCl_2 + Ca(OH)_2 + O = MnO_3H_2 + CaCl_2.$$

Das Mangansuperoxydhydrat (als Weldonschlamm bezeichnet) wird dann von neuem mit Salzsäure zersetzt. Diese Gewinnungsweise ist, weil unwirtschaftlich, verlassen worden.

2. Durch Zerlegung von Chlorkalk (Kalziumhypochlorit) mit Salzsäure:

$$CaCl(OCl) + 2\,HCl = CaCl_2 + H_2O + Cl_2.$$

3. Durch Erhitzen von Kaliumchlorat (chlorsaurem Kalium) mit Salzsäure:

$$KClO_3 + 6\,HCl = KCl + 3\,H_2O + 3\,Cl_2.$$

4. Ein erwärmtes Gemisch von Chlorwasserstoff und Luft wird über mit Kupferoxyd überzogene poröse Steine geleitet (Deacon-Prozeß):

$$4\,HCl + O_2 = 2\,Cl_2 + 2\,H_2O.$$

Man erhält hierbei ein etwa 8% Cl enthaltendes Gemisch aus Stickstoff und kleinen Anteilen Sauerstoff.

5. Durch elektrolytische Zerlegung von Chlorwasserstoff, Natrium- oder Kaliumchlorid (s. Soda- und Pottasche-Gewinnung).

Eigenschaften: Grünlichgelbes Gas von erstickendem Geruch. Siedepunkt — 33,7°, Schmelzpunkt — 102°, kritische Temperatur + 141°, kritischer Druck 84 Atmosphären. Es übt auf die Respirationsorgane giftige Wirkung aus, ruft Hustenreiz und Atemnot hervor. Nach K. B. Lehmann kann bereits ein Gehalt der Luft von 0,01% Chlor lebensgefährlich wirken. 0,001% eingeatmet können schon erhebliche Schädigungen der Lunge hervorrufen. Als Gegengifte kommen in Betracht Einatmungen von Weingeist- und Ätherdampf, auch von Liquor Ammonii anisatus und Spiritus Aetheris nitrosi.

.Chlor ist bei mittlerer Temperatur ca. $2\frac{1}{2}$mal schwerer als atmosphärische Luft. Durch 4 bis 5 Atmosphären Druck und bei — 15° läßt es sich verflüssigen. Flüssiges Chlor kann in Stahlflaschen durch den Handel bezogen werden. Spezifisches Gewicht des flüssigen Chlors 1,469 bei 0°.

Ganz trockenes Chlor übt auf viele Stoffe eine zersetzende Wirkung nicht aus; so ist z. B. zur bleichenden Wirkung stets eine kleine Menge Feuchtigkeit erforderlich. Taucht man einen Streifen trocknen blauen Lackmuspapieres in einen Zylinder mit trockenem Chlor, so findet kaum eine Einwirkung statt, feuchtet man aber den Lackmuspapierstreifen an, so wird er durch Chlor sofort gebleicht.

Die Bleichwirkung des Chlors ist im wesentlichen auf die Oxydation zurückzuführen, welche die aus Chlor und Wasser gebildete unterchlorige Säure HClO
bewirkt:

$$Cl_2 + H_2O \rightleftharpoons HCl + HClO \, .$$

Schüttet man in einen mit Chlor gefüllten Zylinder gepulvertes Antimon,
so verbrennt es unter Feuererscheinung zu Chlorverbindungen des Antimons.
Ein mit Terpentinöl getränkter Filtrierpapierstreifen, in Chlorgas eingesenkt, verbrennt mit stark rußender Flamme. Aus Bromiden und Jodiden macht Chlor
Brom bzw. Jod frei.

Die zersetzende Wirkung, welche Chlor gegenüber einer großen Reihe organischer Stoffe entfaltet, und die Eigenschaft, alles organische Leben zu vernichten,
macht Chlor zu einem hervorragenden Antiseptikum und Desinfiziens.

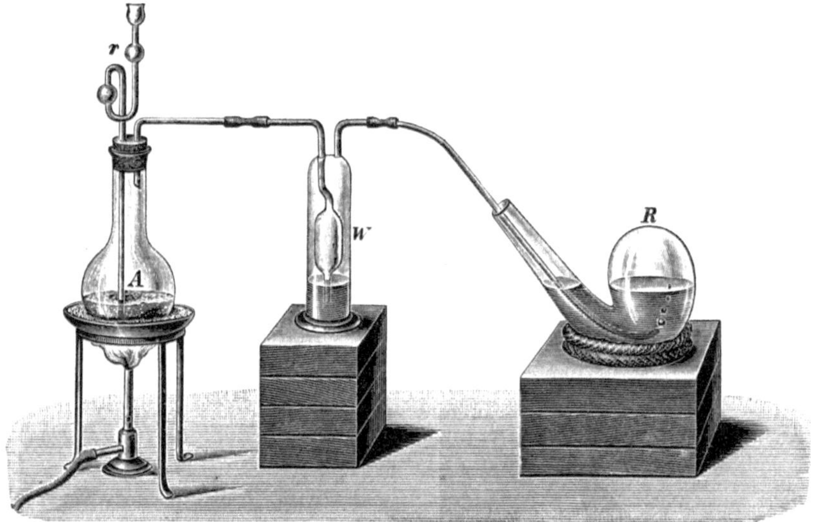

Abb. 14. Apparat zur Chlorwasserherstellung in ca. $^1/_5$ der natürlichen Größe.

In der Therapie findet eine Lösung von Chlor in Wasser als Chlorwasser,
Aqua chlorata, Anwendung.

Bei einer Temperatur von 8° nimmt 1 Vol. Wasser ungefähr 3 Vol. Chlorgas auf. Mit der Erhöhung der Temperatur nimmt die Löslichkeit des Chlors
in Wasser ab. Leitet man bei einer Temperatur, die unter $+ 8°$ liegt, Chlor in
Wasser, so entsteht die kristallisierende Verbindung $Cl_2 + 8H_2O$. Um ein Verstopfen der Zuleitungsröhren durch diese Verbindung zu vermeiden und um
eine größtmögliche Sättigung des Wassers mit Chlor zu erzielen, hält man daher
die Temperatur des Wassers bei der Bereitung von Chlorwasser auf gegen $+ 10°$.
Zur Bereitung von Chlorwasser bediene man sich der Apparatur Abb. 14.

Den in ein Sandbad eingesetzten 500 ccm-Kolben A füllt man zu $^3/_4$ mit erbsen- bis
bohnengroßen Braunsteinstücken und läßt durch das Trichterrohr gegen 250 g rohe Chlorwasserstoffsäure (30proz.) einfließen. Man wärmt nun langsam an, wäscht das sich entwickelnde Chlor mit wenig in der Waschflasche W befindlichem Wasser und läßt das Chlor
in eine teilweise mit reinem Wasser gefüllte und sozusagen auf den Kopf gestellte Retorte
eintreten. Das von dem Wasser nicht sogleich aufgenommene Chlor sammelt sich in dem
oberen mit Luft gefüllten Teil der Retorte an und wird langsam von dem Wasser gelöst.

Da das Licht zersetzend auf Chlorwasser einwirkt, umgibt man während des Ein-
leitens das Aufnahmegefäß mit einem dunklen Tuche.

Man nimmt die Chlorentwicklung an einem luftigen Orte, im Freien oder unter einem
guten Abzuge vor.

Chlorwasser, Aqua chlorata, bildet eine klare, gelbgrüne, in der Wärme flüchtige Flüssigkeit von erstickendem Geruch, welche Lackmuspapier sofort bleicht und in 1000 T. bis 5 T. Chlor enthalten soll.

Gehaltsbestimmung: Werden 25 g Chlorwasser in 10 ccm Kaliumjodlösung eingegossen, so müssen zur Bindung des ausgeschiedenen Jods 28,2—35,3 ccm Zehntel-Normal-Natriumthiosulfatlösung erforderlich sein. Gemäß den Gleichungen:

$$Cl_2 + 2KJ = 2KCl + J_2,$$

$$2(Na_2S_2O_3 + 5H_2O) + J_2 = 2NaJ + Na_2S_4O_6 + 10H_2O$$

wird durch 1 ccm Thiosulfat $\dfrac{Cl}{10 \cdot 1000} = \dfrac{35,46}{10 \cdot 1000} = 0,003\,546$ g Cl angezeigt. 28,2 ccm Thiosulfat entsprechen daher

$$0,003\,546 \cdot 28,2 = 0,099\,9972 \text{ rund } \mathbf{0,1} \text{ g Cl,}$$

35,3 ccm Thiosulfat entsprechen

$$0,003\,546 \cdot 35,3 = \mathbf{0,1252} \text{ g Cl.}$$

Diese Menge muß in 25 g Chlorwasser enthalten sein; 100 Teile Chlorwasser enthalten daher mindestens $0,1 \cdot 4 = 0,4\%$ und höchstens $0,125 \cdot 4 = 0,5\%$ Chlor.

Im Chlorwasser befinden sich neben Chlor und Wasser Chlorwasserstoffsäure und unterchlorige Säure im Gleichgewicht

$$Cl_2 + H_2O \rightleftharpoons HCl + HOCl\,[1]$$

bzw. infolge der elektrolytischen Dissoziation der Chlorwasserstoffsäure

$$Cl_2 + H_2O \rightleftharpoons [H^{\cdot} + Cl'] + HOCl.$$

Chlorwasser muß vor Licht geschützt in gut verschlossenen Flaschen aufbewahrt werden. Bei Belichtung und Luftzutritt findet Zersetzung statt, indem die unterchlorige Säure in Chlorwasserstoff und Sauerstoff zerfällt.

Die Bildung von Chlorwasserstoff im Chlorwasser kann man dadurch nachweisen, daß man es mit metallischem Quecksilber schüttelt, welches das freie Chlor, nicht aber den Chlorwasserstoff bindet. Die über dem gebildeten schwarzen Chlorquecksilber stehende Flüssigkeit rötet daher blaues Lackmuspapier.

Zur Entwicklung freien Chlors läßt D. A. B. VI Chloramin (p-Toluolsulfonchloramidnatrium)

$$C_6H_4(CH_3)\left(SO_2N{<}^{Na}_{\;Cl}\right)[1,4] + 3H_2O$$

benutzen, welches auf Zusatz von verdünnter Schwefelsäure Chlor in Freiheit setzt (s. den „Organischen Teil").

Bei der Dispensation des Chlorwassers ist zu beachten, daß man Chlorwasser den Mixturen stets zuletzt zusetzt!

Medizinische Anwendung: Chlorwasser wurde innerlich zu 2—3 g pro dosi, 15—50 g pro die (nach Klemperer-Rost), mit dest. Wasser verdünnt, bei fieberhaften und entzündlichen Krankheiten (Scharlach, Typhus, Ruhr, bei Vergiftungen mit Wurst- und Käsegift) verabreicht, heute nicht mehr angewendet. Äußerlich zu Mund- und Gurgelwässern, mit 2—5 T. Wasser verdünnt, zu Pinselsäften mit Sir. simpl. ana, zu Verbandwässern und Waschungen mit Aqua dest. ana.

Verbindung des Chlors mit Wasserstoff.

Die Verbindung des Chlors mit Wasserstoff heißt Chlorwasserstoff, Salzsäuregas, HCl, und bildet sich durch unmittelbare Vereinigung beider Elemente. Im zerstreuten Tageslicht erfolgt die Vereinigung nur allmählich, im vollen Sonnenlichte, auch beim Durchschlagen elektrischer Funken, sogleich und

---

[1] Die gegeneinandergerichteten Pfeile bedeuten, daß die Reaktion sowohl von links nach rechts, wie von rechts nach links verlaufen kann, also umkehrbar (reversibel) ist. S. hierüber näheres bei Jodwasserstoff!

unter heftiger Explosion. Eine wässerige Auflösung von Chlorwasserstoff führt
den Namen Chlorwasserstoffsäure, Salzsäure, Acidum hydrochloricum, Acidum muriaticum und ist im Handel in verschiedenen Reinheits-
graden (Acid. hydrochloric. crudum oder rohe Salzsäure, Acid. hydrochloric.
purum oder reine Salzsäure) und in verschiedenen Stärkegraden erhältlich.
Letztere sind entweder nach Prozenten (die reine Salzsäure des Arzneibuches
ist eine 25 Gew.-% HCl enthaltende Säure) oder nach dem spezifischen Gewicht ausgedrückt.

Zur Darstellung der Salzsäure zersetzt man Kochsalz (Natriumchlorid)
mit Schwefelsäure.

$$\text{a)} \quad NaCl + H_2SO_4 = HCl + NaHSO_4,$$
$$\text{b)} \quad 2\,NaCl + H_2SO_4 = 2\,HCl + Na_2SO_4.$$

Die vollständige Entbindung der Salzsäure nach der Gleichung b) geschieht
erst bei höherer Temperatur (gegen 300°). Um Salzsäure in kleineren Mengen
darzustellen, wendet man die unter a) angegebenen Verhältnisse an, auf 1 Mol.
Kochsalz 1 Mol. Schwefelsäure; schon bei einer Temperatur von gegen 100—110°
wird dann Chlorwasserstoff völlig entbunden.

Salzsäure wird von der chemischen Großindustrie geliefert, eine stark verunreinigte Säure als Nebenprodukt bei der Darstellung von Soda nach dem
Leblancschen Verfahren. Gelangt hierbei ein salpeterhaltiges Natriumchlorid
zur Verwendung, so ist die Säure chlorhaltig.

Auch das bei der Aufarbeitung der Staßfurter Abraumsalze als Nebenprodukt gewonnene Magnesiumchlorid ist zur Salzsäuredarstellung benutzt worden,
indem man überhitzte Wasserdämpfe darüber leitet. Hierbei wird neben Salzsäure Magnesiumoxychlorid bzw. Magnesiumoxyd gebildet.

Auch stellt die Technik Salzsäure dar als Nebenprodukt bei der elektrolytischen Sodagewinnung aus Natriumchlorid. Das hierbei entstehende Chlor
wird mit Wasserdampf über glühende Kohlen (Koks) geleitet, wobei vorwiegend
Chlorwasserstoff und Kohlendioxyd entstehen:

$$2\,Cl_2 + 2\,H_2O + C = 4\,HCl + CO_2.$$

Man verbrennt auch das Chlor direkt mit Wasserstoff zur Erzeugung einer
hochprozentigen Salzsäure.

Zur Darstellung kleiner Mengen reiner Salzsäure verfährt man wie folgt:

Man setzt den mit 10 T. grober Kristalle reinen trockenen Natriumchlorids bis zur
Hälfte gefüllten Kolben a (Abb. 15) in das Sandbad b und verschließt ihn mit einem doppelt
durchbohrten Stopfen, dessen eine Öffnung das Weltersche Sicherheitsrohr e, die andere
das Gasableitungsrohr d trägt. Dieses schließt man mittels eines Gummischlauches an
die wenig Wasser enthaltende kleine Waschflasche f an und setzt diese mit dem Aufnahmegefäß g in Verbindung. Hierin befinden sich 15 T. Wasser, in welches die Zuleitungsröhre i
nur wenig eintaucht. Man stellt das Aufnahmegefäß zwecks Abkühlung in ein größeres,
mit Eiswasser gefülltes Gefäß h.

Durch das Weltersche Sicherheitsrohr läßt man ein erkaltetes Gemisch, das durch
Eingießen von 18 T. reiner konzentrierter Schwefelsäure in 4 T. Wasser bereitet ist, nach
und nach zu dem Natriumchlorid fließen. Die Entwicklung von Chlorwasserstoff geht
bald vor sich. Er wird in der Waschflasche f gewaschen und von dem Wasser des Gefäßes g
aufgenommen. Läßt die Chlorwasserstoffentwicklung nach, so erwärmt man vorsichtig
das Sandbad.

Nach beendigter Einwirkung hat sich der Rauminhalt des Aufnahmegefäßes von 15
auf gegen 18,5 T. vergrößert. Das spezifische Gewicht der Flüssigkeit beträgt gegen 1,138,
welches einer Salzsäure mit einem Gehalt von 28 % HCl entspricht. Um den vom deutschen
Arzneibuch vorgeschriebenen Gehalt der Salzsäure von ca. 25 % herzustellen, muß entsprechend mit Wasser verdünnt werden.

Die als Nebenprodukt bei der Sodagewinnung nach dem Leblancschen
Verfahren gewonnene Salzsäure kann als Verunreinigungen enthalten: Arsen,

Schwefelsäure, schweflige Säure, Chlor, Eisenchlorid, zuweilen auch Aluminiumchlorid oder andere Metallsalze.

Eigenschaften: Chlorwasserstoff ist ein farbloses Gas von stechendem Geruch. An feuchter Luft bildet es Nebel. Es läßt sich durch starken Druck und niedrige Temperatur verflüssigen und weiterhin zu einer kristallinischen Masse umwandeln. Chlorwasserstoff schmeckt sauer und rötet feuchtes Lackmuspapier. Seine Löslichkeit in Wasser ist eine sehr große. Bei 0^0 und 760 mm Barometerstand vermag 1 Vol. Wasser 505 Vol. Chlorwasserstoff zu lösen.

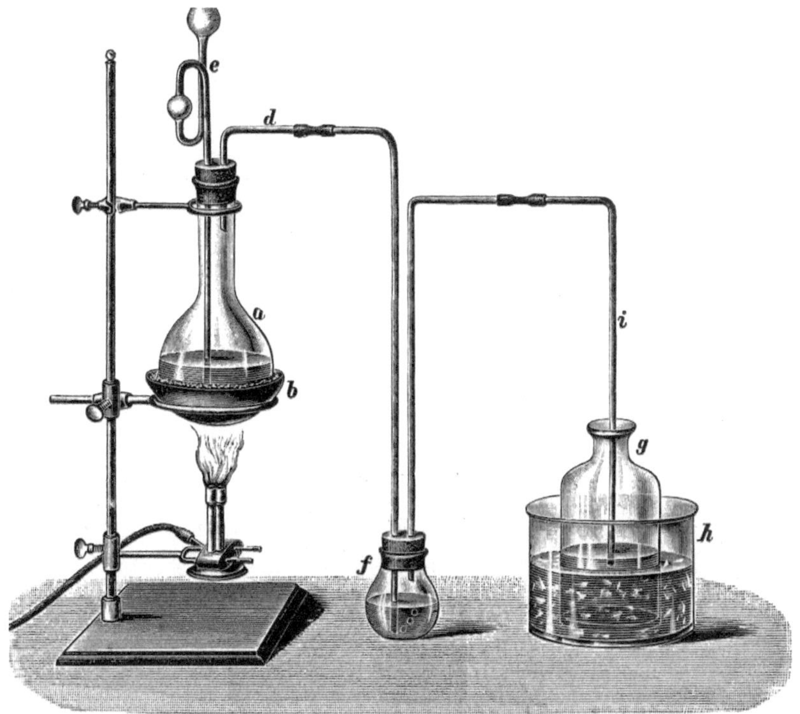

Abb. 15. Vorrichtung zur Darstellung von Chlorwasserstoffsäure in ca. $^1/_4$ natürl. Größe.

Die arzneilich verwendete Chlorwasserstoffsäure (Acidum hydrochloricum) ist 24,8—25,2proz. Im Handel ist außerdem eine 38,5proz. Säure vom spez. Gew. 1,19 erhältlich, die an der Luft raucht und daher rauchende Salzsäure genannt wird.

Eigenschaften und Prüfung des Acidum hydrochloricum.

Gehalt 24,8—25,2% Chlorwasserstoff (HCl, Mol.-Gew. 36,47).

Klare, farblose, in der Wärme völlig flüchtige Flüssigkeit vom spez. Gew. 1,126—1,127, Dichte 1,122—1,123 (bezieht sich auf $20^0/4^0$).

Fügt man zu mit gleichem Teil Wasser verdünnter Salzsäure 2 Tropfen Silbernitratlösung, so entsteht ein weißer, käsiger Niederschlag von Silberchlorid, welches sich in überschüssiger Ammoniakflüssigkeit wieder löst. — Erwärmt man Salzsäure mit einem Stückchen Braunstein, so wird Chlor entwickelt, kenntlich an der grünen Färbung und dem Bleichvermögen gegenüber angefeuchtetem Lackmuspapier. — Nähert man der Salzsäure einen an einem Glasstabe hängenden

Tropfen Ammoniakflüssigkeit, so entsteht um diesen ein Nebel, sog. **Salmiak-nebel** (Ammoniumchlorid).

Die Prüfung der Chlorwasserstoffsäure erstreckt sich auf den Nachweis von **Arsen, Chlor, Metallen, Schwefelsäure** und **schwefliger Säure** (s. Arzneibuch).

Zur **Gehaltsbestimmung** werden 5 g Salzsäure mit 25 ccm Wasser verdünnt und mit Normal-Kalilauge titriert. Es müssen 34,0—34,5 ccm Normal-Kalilauge verbraucht werden (Methylorange als Indikator). 1 ccm Normal-Kalilauge entspricht 0,03647 g HCl, 34 ccm daher $34{,}0 \cdot 0{,}03647 = 1{,}23998$ g, 34,5 ccm $\longrightarrow 34{,}5 \cdot 0{,}03647 = 1{,}258215$ g, das sind $1{,}23998 \cdot 20 =$ rund 24,8 % bzw. $1{,}258215 \cdot 20 =$ rund 25,2 % HCl.

Vorsichtig aufbewahren!

Die **Prüfung der verdünnten Salzsäure, des Acidum hydrochloricum dilutum,** durch Mischen gleicher T. Salzsäure und Wasser hergestellt, geschieht wie die der unverdünnten Salzsäure.

Gehalt 12,4—12,6 % HCl. Spez. Gewicht 1,061—1,063, Dichte 1,059—1,061 (bezieht sich auf $20^0/4^0$).

Zum Neutralisieren eines Gemisches von 5 g verdünnter Salzsäure und 25 ccm Wasser müssen 17,0—17,3 ccm Normal-Kalilauge verbraucht werden; 1 ccm Normal-Kalilauge entspricht 0,03647 g HCl, 17 ccm daher $17 \cdot 0{,}03647 = 0{,}61999$ g, 17,3 daher $17{,}3 \cdot 0{,}03647 = 0{,}630931$, das sind $0{,}61999 \cdot 20 =$ rund 12,4 % bzw. $\cdot 0{,}630931 \cdot 20 =$ rund 12,6 % HCl

Medizinische Anwendung der Salzsäure: Für sich oder in Verbindung mit Pepsin bei Dyspepsien verschiedener Art. Innerlich meist gemeinsam mit schleimigem Vehikel in starker Verdünnung (0,5—1,0 : 200).

Theorie der Lösungen und die elektrolytische Dissoziation.

Nach **van't Hoff** zeigen die chemischen Stoffe in verdünnten Lösungen ein ähnliches Verhalten wie im gasförmigen Zustand. Es können daher die für Gase gültigen Gesetze **Boyles, Gay-Lussacs** und **Avogadros** auch auf die Lösungen bezogen werden.

Die gelösten Teilchen einer Substanz üben auf die halbdurchlässige (das Lösungsmittel durchlassende, den gelösten Stoff zurückhaltende) Scheidewand einen Druck aus, welcher als **osmotischer Druck** bezeichnet wird. **Der osmotische Druck ist dem Drucke gleich, welcher von der gleichen Substanzmenge ausgeübt würde, wenn sie bei gleicher Temperatur im gasförmigen Zustande den gleichen Raum, wie die Lösung, einnähme. Es üben daher Lösungen, welche molekulare Mengen verschiedener Substanzen bei gleichem Lösungsmittel enthalten, den gleichen osmotischen Druck aus.** Man nennt solche Lösungen **isotonisch.** Aus der Größe des osmotischen Druckes läßt sich das Molekulargewicht der gelösten Substanzen bestimmen. Eine solche Bestimmung hat **Pfeffer** mittels künstlicher Zellen mit halbdurchlässigen Wänden bewirkt.

Isotonische Lösungen zeigen aber noch eine andere Gesetzmäßigkeit. Sie besitzen den gleichen Siedepunkt und den gleichen Gefrierpunkt (**Coppet** und **Raoult**). Man kann daher durch Bestimmung der Siedepunktserhöhung und Gefrierpunktserniedrigung entscheiden, ob Lösungen isotonisch sind, und besitzt damit zugleich ein Mittel, um das Molekulargewicht einer Substanz zu bestimmen (s. Organische Chemie, II. Teil dieses Buches S. 244).

Aber nicht alle chemischen Stoffe folgen diesem Gesetze. Löst man z. B. Chlorwasserstoff oder Natriumchlorid oder Natriumhydroxyd in Wasser und ermittelt die Siedepunktserhöhung oder die Gefrierpunktserniedrigung dieser Lösungen, um daraus die Molekulargröße jener Verbindungen zu berechnen, so gelangt man zu ganz falschen Werten. Man hat gefunden, daß alle diejenigen Substanzen, welche in wässeriger Lösung den elektrischen Strom leiten, die sog. **Elektrolyte,** den obigen Gesetzen **nicht** unterliegen, sondern weit höhere Werte liefern, als sie der tatsächlichen Molekulargröße entsprechen. Eine befriedigende Erklärung hierfür hat uns 1887 der schwedische Chemiker Arrhenius gegeben.

Nach ihm sind in wässerigen Lösungen nicht mehr die Elektrolyte in ursprünglicher Verbindungsform enthalten, sondern sie haben eine elektrolytische Dissoziation, einen mehr oder weniger vollkommenen Zerfall in Spaltstücke erfahren, welche mit positiver bzw. negativer Elektrizität geladen sind. Diese Spaltstücke nennt man Ionen (Wanderer), weil, wenn der elektrische Strom auf Lösungen von Elektrolyten einwirkt, die Spaltstücke oder Ionen sich nach den Elektroden hin bewegen, dahin wandern, und nun die Elemente bzw. Atomgruppen abscheiden. Man muß hieraus schließen, daß die Ionen die Träger der elektrischen Ladungen sind.

Vollkommen trockener Chlorwasserstoff leitet den elektrischen Strom nicht, chemisch reines Wasser nur schwach, wohl aber leitet eine Lösung des Chlorwasserstoffs in Wasser die Elektrizität sehr gut. Man nimmt daher an, daß durch die Auflösung des Chlorwasserstoffs in Wasser eine Spaltung des ersteren erfolgt ist, in der Lösung also nicht mehr die Molekeln HCl, sondern Wasserstoff- und Chlorionen enthalten sind.

Diese Spaltstücke der Molekeln sind aber von den Atomen H und Cl verschieden, sie sind elektrisch geladen, der Wasserstoff mit positiver, das Chlor mit negativer Elektrizität. Um die Ionen in der Schreibweise von den Atomen zu unterscheiden, fügt man zu den Symbolen für die Atome für positive Ladung das Zeichen $+$ oder $\cdot$, für negative Ladung das Zeichen $-$ oder $'$, in obigem Falle also H^+ oder $H\cdot$, Cl^- oder Cl'. Läßt man auf die Lösung den elektrischen Strom einwirken, so werden durch diesen die negativ geladenen Chlorionen (die Anionen) von der positiven Elektrode (Anode) angezogen und bei der Berührung mit derselben entladen. Aus der Flüssigkeit entweicht gasförmiges Chlor. Die positiv geladenen Wasserstoffionen (Kationen) werden von der negativen Elektrode (Kathode) angezogen und hier ebenfalls entladen. Aus der Flüssigkeit entweicht Wasserstoff.

Die Spaltung der Chlorwasserstoffsäure in Ionen kann vollkommen oder nur teilweise erfolgt sein. Tatsächlich erfolgt sie nur teilweise, da nach dem Massenwirkungsgesetz sowohl der Vorgang $HCl \longrightarrow H\cdot + Cl'$, wie auch der entgegengesetzte $H\cdot + Cl' \longrightarrow HCl$ vor sich gehen. Man bringt dies durch die Schreibweise $HCl \rightleftharpoons H\cdot + Cl'$ zum Ausdruck.

Andere Elektrolyte wie Chlornatrium, Silbernitrat, Chlorbarium, Kupfervitriol (Kupfersulfat) dissoziieren in wässeriger Lösung wie folgt:

	Kationen	Anionen
Chlornatrium =	$Na\cdot$	Cl'
Silbernitrat =	$Ag\cdot$	NO_3'
Chlorbarium =	$Ba\cdot\cdot$	$2\,Cl'$
Kupfervitriol =	$Cu\cdot\cdot$	SO_4''.

Die Theorie der elektrolytischen Dissoziation macht es auch verständlich, daß die Ionen, wie das Chlor in der Chlorwasserstoffsäure oder dem Natriumchlorid oder dem Bariumchlorid, stets dieselben Reaktionen zeigen, z. B. gegenüber Silbernitrat, welches eine Fällung der Chlorionen als Silberchlorid veranlaßt:

$$[H\cdot + Cl'] + [Ag\cdot + NO_3'] \longrightarrow AgCl + [H\cdot + NO_3'],$$
$$[Na\cdot + Cl'] + [Ag\cdot + NO_3'] \longrightarrow AgCl + [Na\cdot + NO_3'],$$
$$[Ba\cdot\cdot + 2\,Cl'] + 2[Ag\cdot + NO_3'] \longrightarrow 2\,AgCl + [Ba\cdot\cdot + 2\,NO_3'].$$

Das chlorsaure Kalium, das Kaliumchlorat, hingegen ist in wässeriger Lösung in die Ionen $K\cdot$ und ClO_3' gespalten; das Chlor ist also nicht als Ion vorhanden, und daher gibt Kaliumchlorat mit Silbernitrat auch keine Fällung von Silberchlorid.

Die analytischen Reaktionen sind Ionenreaktionen.

Da die Elektrolyte in wässerigen Lösungen sich in Ionen spalten, so erklären sich damit auch die Abweichungen, welche solche Lösungen bei der Molekulargewichtsbestimmung nach Raoult zeigen.

Das Chlornatrium ist in die beiden Ionen Na$\cdot$ und Cl$'$ zerfallen und wirkt daher etwa wie 2 Molekeln, das Kaliumsulfat in die 3 Ionen $2\,K\cdot + SO_4''$ und wirkt daher etwa wie 3 Molekeln eines Nichtelektrolyten.

Die Theorie der elektrolytischen Dissoziation gibt uns aber weiterhin eine schärfere Begriffsumschreibung für die Säuren und Basen.

Unter Säuren verstand man bisher Verbindungen, welche einen sauren Geschmack besitzen, den blauen Pflanzenfarbstoff Lackmus röten und Wasserstoff ganz oder teilweise gegen Metalle auswechseln können. Unter Basen verstand man laugenhaft schmeckende Verbindungen, die den rotgefärbten Lackmusfarbstoff bläuen, und welche mit Säuren derartig in Reaktion treten, daß das Metallatom das oder die ersetzbaren Wasserstoffatome der Säuren einnimmt. Die durch die Einwirkung der Säuren auf die Basen entstehenden Verbindungen heißen Salze.

Nach dem vorstehend Auseinandergesetzten kann man als Säuren diejenigen Verbindungen bezeichnen, die in wässeriger Lösung Wasserstoffionen abspalten.

Alle wasserlöslichen Basen sind gleichfalls Elektrolyte. Läßt man auf Natronlauge (Natriumhydroxyd, NaOH) in wässeriger Lösung den elektrischen Strom einwirken, so wandert das Natriumion nach der Kathode und wird dort entladen. An der Anode entwickelt sich Sauerstoff, da die Gruppe OH in ungeladenem Zustand nicht existenzfähig ist:

$$4\,OH' \longrightarrow 2\,H_2O + O_2$$

Natriumhydroxyd ist also in wässeriger Lösung in Na$\cdot$ und OH$'$ zerfallen. In entsprechender Weise dissoziieren auch alle anderen Basen.

Basen sind demnach Verbindungen, die in wässeriger Lösung Hydroxylionen in bevorzugter Weise enthalten.

Die Spaltung einer einsäurigen Base läßt sich durch das Bild veranschaulichen:

$$BOH \rightleftharpoons B\cdot + OH',$$

in welchem B$\cdot$ das Kation und OH$'$ das Anion ist.

Verbinden sich Säure und Base zu einem Salz, so findet eine Vereinigung von Wasserstoffionen und Hydroxylionen zu Wasser statt, z. B.

$$[H\cdot + Cl'] + [Na\cdot + OH'] \longrightarrow [Na\cdot + Cl'] + H_2O\,.$$

Die Theorie der elektrolytischen Dissoziation ermöglicht vor allem auch einen exakten Vergleich der „Stärke" von Säuren und Basen. Vergleicht man die Säuren oder Basen bei einer bestimmten Konzentration, so sind diejenigen die stärksten, die am meisten ionisiert sind. Salzsäure ist z. B. stärker als Essigsäure. Man hat festgestellt, daß bei einer Verdünnung von $^1/_{32}$ Mol. pro 1 Liter die Salzsäure fast vollständig in Ionen gespalten ist, während die Essigsäure nur zu 2,4 % eine Ionenspaltung erfahren hat. Die stärksten Basen sind diejenigen, welche am meisten Hydroxylionen abgeben. Von den Basen sind am stärksten dissoziiert Kaliumhydroxyd und Natriumhydroxyd, wenig dissoziiert ist Ammoniumhydroxyd.

Salze sind meist stark ionisiert, besonders diejenigen, welche einwertige Ionen liefern. Nur gering dissoziiert sind in Lösung einige Halogensalze, wie die des Zinks und Quecksilbers.

Wie schon beim Wasser erwähnt, ist auch dieses schwach ionisiert. In 1 Liter reinsten Wassers sind etwa $0{,}0000001 = 1 \cdot 10^{-7}$ Mol. Wasserstoffionen und ebensoviel Hydroxylionen enthalten. Die Dissoziationsgleichung des Wassers lautet dann

$$H_2O \rightleftharpoons H^{\cdot} + OH'.$$

Wendet man hierauf das Massenwirkungsgesetz an, so ist

$$\frac{[H^{\cdot}]\,[OH']}{[H_2O]} = K,$$

und da H_2O im großen Überschuß vorhanden ist, so daß es konstant gesetzt werden kann, vereinfacht sich diese Gleichung zu

$$[H^{\cdot}]\,[OH'] = K[H_2O] = K_w.$$

K_w nennt man das Ionenprodukt des Wassers. Es hat bei Zimmertemperatur den Zahlenwert 10^{-14}. Die Wasserstoffzahl

$$10^{-7} \text{ bei } 22^0 = \text{neutrale Reaktion,}$$
$$> 10^{-7} \text{ bei } 22^0 = \text{saure Reaktion,}$$
$$< 10^{-7} \text{ bei } 22^0 = \text{alkalische Reaktion.}$$

Über die Bestimmung der Wasserstoffionenzahl s. Anhang: ,,Analytischer Teil''.

Brom.

Bromum, $Br = 79{,}92^{1}$. Ein- und fünfwertig. 1826 von Balard in Montpellier im Meerwasser entdeckt. Der Name Brom ist abgeleitet aus dem griechischen $\beta\varrho\tilde{\omega}\mu o\varsigma$, bromos, Gestank.

Vorkommen: Brom findet sich als Begleiter des Chlors, gebunden wie dieses an Metalle, besonders Natrium, Kalium, Magnesium. Das Wasser des Ozeans enthält gegen $0{,}008\%$ Brom.

Bromide sind auch in vielen Solquellen und Mineralwässern enthalten, so in Kreuznach, Kissingen, Heilbrunn in Oberbayern, an verschiedenen Stellen Nordamerikas.

In Deutschland werden die bei der Aufarbeitung der Staßfurter Salze auf Kalisalze erhaltenen Mutterlaugen, in welchen neben viel Chlormagnesium in kleiner Menge auch Brommagnesium enthalten ist, zur Gewinnung des Broms benutzt.

Gewinnung. 1. Entsprechend der des Chlors durch Destillation der Bromide mit Mangansuperoxyd und Schwefelsäure:

$$MnO_2 + MgBr_2 + 2\,H_2SO_4 = MnSO_4 + MgSO_4 + Br_2 + 2\,H_2O.$$

2. Durch elektrolytische Zerlegung der Metallbromide.

In der Neuzeit wird das Brom in Staßfurt aus der Brommagnesiumlauge fast nur noch elektrolytisch gewonnen. Um die bei der Destillation nicht kondensierten und daher entweichenden Bromdämpfe nicht verlorengehen zu lassen, verbindet man die Vorlagen mit Gefäßen, die mit Eisendrehspänen gefüllt sind. Diese halten das Brom als Eisenbromür $FeBr_2$ zurück. Um chlorhaltiges Brom von Chlor zu befreien, wird das Brom über Eisenbromür geleitet:

$$FeBr_2 + 2\,BrCl = FeCl_2 + 2\,Br_2.$$

Eigenschaften: Dunkelrotbraune, chlorähnlich riechende, schwere Flüssigkeit vom spez. Gew. 3,187 bei 0^0, Dichte etwa 3,1. In der Kälte erstarrt das Brom zu einer dunkelgelben Masse, deren Schmelzpunkt bei $-7{,}3^0$ liegt. Brom siedet bei 63^0.

---

[1] Nach der Atomgewichtstabelle für $1931 = 79{,}916$.

Da Brom schon bei mittlerer Wärme Bromdämpfe abgibt, bewahrt man es unter Wasser auf. Es löst sich in 33 T. Wasser, leicht in Weingeist, Äther, Schwefelkohlenstoff und Chloroform mit rotbrauner Farbe. Von starker Salzsäure wird es bei Zimmertemperatur bis zu 24 % gelöst. Mit den meisten Metallen verbindet es sich zu Bromiden, besitzt aber zu ihnen eine geringere Affinität als Chlor; dieses macht daher aus Bromiden Brom frei. Während Chlor mit Wasserstoff sich schon bei Belichtung und bei gewöhnlicher Temperatur zu Chlorwasserstoff vereinigt, verbindet sich Brom mit Wasserstoff erst bei höherer Temperatur. Stärkekleister wird durch Brom orange gefärbt.

Brom ist giftig; sein Dampf reizt heftig die Atmungsorgane, es entstehen Leibschmerzen, Diarrhöe, Erbrechen und quaddelartiges Exanthem an den Extremitäten.

Prüfung des Broms: Färbung, Geruch, spezifisches Gewicht sind hinlängliche Kennzeichen für Brom. 20 Tropfen Brom müssen mit 10 ccm Natronlauge eine dauernd klar bleibende Flüssigkeit geben (organische Bromverbindungen). 10 ccm der gesättigten wässerigen Lösung müssen, mit 1 g Eisenpulver geschüttelt, ein Filtrat geben, das nach Zusatz von Eisenchloridlösung durch Stärkelösung nicht gebläut wird (Jod).

Medizinische Anwendung: Als Desinfektionsmittel, meist mit Kieselgur vermischt in Form von Würfeln, Stäbchen oder kreisrunden Platten (Bromum solidificatum). Anorganische und organische Bromverbindungen finden als Beruhigungsmittel (Sedativum) Anwendung.

Vorsichtig aufzubewahren.

Verbindung des Broms mit Wasserstoff.

Bromwasserstoff. (Bromwasserstoffsäure. Acidum hydrobromicum. HBr.)

Seine Darstellung kann in entsprechender Weise, wie die der Chlorwasserstoffsäure, aus Natriumbromid und Schwefelsäure nicht geschehen, da bei höherer Temperatur die konz. Schwefelsäure Bromwasserstoffsäure unter Abscheidung von Brom zersetzt.

Die Darstellung geschieht meist durch Behandeln von Phosphortribromid mit Wasser:

$$PBr_3 + 3H_2O = H_3PO_3 + 3HBr,$$

indem man zu unter Wasser befindlichem roten Phosphor nach und nach Brom hinzutropfen läßt.

Man gewinnt in der Technik Bromwasserstoffsäure auch durch Einleiten von Schwefelwasserstoff zu unter Wasser befindlichem Brom. Hierbei scheidet sich Schwefel ab:

$$Br_2 + H_2S = 2HBr + S.$$

Das Filtrat wird der Destillation unterworfen.

Eigenschaften: Farbloses Gas, das an feuchter Luft stark raucht, durch starken Druck oder bei niedriger Temperatur zu einer Flüssigkeit verdichtbar ist, die bei weiterer Abkühlung kristallinisch erstarrt. In Wasser ist Bromwasserstoff leicht löslich. Die bei 0° gesättigte Lösung enthält 82 % HBr. Konz. Schwefelsäure zersetzt Bromwasserstoff im Sinne folgender Gleichung:

$$H_2SO_4 + 2HBr = SO_2 + Br_2 + 2H_2O.$$

Medizinische Anwendung: Eine 25proz. Bromwasserstoffsäure wird an Stelle von Kaliumbromid bei Epilepsie, bei nervöser Reizbarkeit, Keuch- und Krampfhusten verwendet. Dosis: 3mal täglich 2—4—6 Tr. in starker Verdünnung in Zuckerwasser.

Jod.

Jodum, $J = 126{,}932$. Ein-, drei-, fünf- und siebenwertig. Zuerst 1811 von Courtois beim Verarbeiten von Vareclaugen auf Soda beobachtet. Courtois teilte am 9. November 1813 der Akademie der Wissenschaften in Dijon seine Entdeckung mit. Varec oder Varech nennt man in Frankreich (Normandie) die durch Veraschen von Seealgen erhaltenen Rückstände; in England führen sie den Namen Kelp. Der Name Jod wurde von Gay-Lussac dem Elemente gegeben wegen des dunkelvioletten Dampfes (abgeleitet von ἰωειδής veilchenblau), in den es beim Erhitzen übergeht.

Vorkommen: An Natrium gebunden im Meerwasser, in Salzlagern, Salzsolen, Mineralquellen. Die wichtigsten jodhaltigen Mineralquellen Deutschlands sind Aachen, Baden, Ems, Homburg v. d. H., Kissingen, Krankenheil bei Tölz, Salzbrunn. Es kommt auch in einigen Silbererzen vor, in Tonschiefern, in Steinkohlen. Bemerkenswert ist das von Baumann entdeckte Vorkommen des Jods in der Schilddrüse, der Thyreoidea, welche ca. 0,3 % Jod enthält. Bei Jodmangel tritt eine in Form eines Kropfes sich ausbildende Wucherung der Schilddrüse auf. In Form von jodsaurem Natrium ($NaJO_3$) findet es sich zu 0,1 % im Chilesalpeter. In der Pariser Luft wurden von Chatin auf 4000 Liter 0,002 mg Jod gefunden.

Das Meerwasser enthält 0,001 % Jod. Das Verhältnis von Brom zu Jod im Meerwasser ist ungefähr $8 : 1$, das von Chlor zu Jod wie $1 : 0{,}00012$. Jod wird von den Meeresorganismen, besonders den Fucus- und Laminaria-Arten, von vielen Seetieren, wie dem Badeschwamm, den Seesternen, den Tran liefernden Seefischen aufgenommen und darin zu organischen Jodverbindungen verarbeitet.

Gewinnung: Zur Gewinnung dienen entweder die Asche der Fucaceae (Fucus, Laminaria), welche gegen 0,5 % Jod enthält, oder die Mutterlaugen des Chilesalpeters.

1. Aus der Asche der Fucaceae.

In Großbritannien (Glasgow) wird die Fucus-Asche zunächst mit heißem Wasser ausgelaugt und die Lauge auf ein spezifisches Gewicht von 1,18—1,20 eingedampft. Die beim Erkalten auskristallisierenden Salze, hauptsächlich Natriumchlorid und Natriumkarbonat, werden entfernt. Man dampft von neuem ein und versetzt nach Beseitigung der abermaligen Kristallisation die erhaltene Jodlauge vom spezifischen Gewicht 1,3—1,4 in flachen Schalen mit Schwefelsäure vom spezifischen Gewicht 1,7, um die kohlensauren Salze und die Schwefelverbindungen zu zerlegen. Es entweichen Kohlendioxyd und Schwefelwasserstoff; nach mehrtägiger Ruhe gießt man von den auskristallisierten schwefelsauren Alkalien ab und bringt die Jodlauge nebst Braunstein und Schwefelsäure in Sublimierapparate, die aus gußeisernen Kesseln mit Bleihelmen b bestehen (s. Abb. 16). Letztere sind durch zwei Bleirohre mit Tubus a mit je zwei Reihen birnförmiger, ungekühlter Vorlagen aus gebranntem Ton verbunden. Die in den Helmen noch befindlichen anderen zwei verschließbaren Öffnungen dienen zum Einfüllen der Lauge und zum Beobachten der Jodentwicklung.

Man gibt solange Braunstein bzw. Schwefelsäure nach, als noch violette Dämpfe sich entwickeln, und verarbeitet den Rückstand auf Brom. Das Jod verdichtet sich in den Vorlagen in blättrigen Kristallen.

In Frankreich pflegt man Jod aus der von fremden Salzen größtenteils befreiten Jodlauge durch vorsichtiges Einleiten von Chlor zu gewinnen:

$$2\,NaJ + Cl_2 = 2\,NaCl + J_2.$$

Das Jod scheidet sich als schwarzes Pulver ab. Ein Überschuß von Chlor ist zu vermeiden, da hierdurch Jod in leichtlösliches Chlorjod übergeführt wird.

2. Aus dem rohen Chilesalpeter.

Durch Einleiten von Schwefeldioxyd in die jodathaltigen Laugen des Chilesalpeters scheidet sich Jod aus:

$$2\,NaJO_3 + 5\,SO_2 + 4\,H_2O = 2\,NaHSO_4 + 3\,H_2SO_4 + J_2.$$

Ein Überschuß an Schwefeldioxyd löst das Jod wieder auf:

$$J_2 + SO_2 + 2\,H_2O = H_2SO_4 + 2\,HJ.$$

Man kann auch bis zu Ende reduzieren und fällt dann die Jodwasserstoffsäure mit einer Lösung von Kupfervitriol:

$$4\,HJ + 2\,CuSO_4 = 2\,CuJ + J_2 + 2\,H_2SO_4.$$

Das jodhaltige Kupferjodür (Cuprojodid) wird nach obigen Methoden auf
Jod verarbeitet.

3. Auf Java wird aus jodathaltigen Grundwässern Jod in ähnlicher Weise
gewonnen wie aus dem Chilesalpeter.

Das Rohjod kann als Verunreinigungen Chlor- und Cyanjod enthalten —
letzteres rührt von dem Veraschungsprozeß aus Pflanzenmaterial her. Es wird
mit Wasser gewaschen und nach dem Trocknen durch eine sorgfältig ausgeführte
Sublimation aus tönernen Retorten, die in ein Sandbad eingesetzt sind, gereinigt.

Abb. 16. Vorrichtung zur Jodgewinnung.

Es kommt dann als Jodum resublimatum in den Handel. Kleine Mengen
Jod kann man zwischen zwei Uhrgläsern, die mittels einer Metallzwinge anein-
andergepreßt sind, sublimieren. An dem oberen Uhrglase setzt sich das sublimierte Jod an, wenn das untere auf einem Sandbade oder einer Asbestplatte
vorsichtig erhitzt wird.

Eigenschaften: Schwarzgraue, metallisch glänzende rhombische Tafeln oder
Blättchen von eigentümlichem, chlorähnlichem Geruch, welche beim Erhitzen
violette Dämpfe bilden. Jod färbt die Haut braun und wirkt ätzend.
Spez. Gewicht des Jods 4,66 bei 17⁰, Schmelzpunkt 116⁰, Siedepunkt 183,5⁰.

Jod verflüchtigt sich schon bei gewöhnlicher Temperatur und bedeckt,
wenn diese Verflüchtigung in einem geschlossenen Gefäße geschieht, die Wände
desselben nach und nach mit glänzenden Kristallen. Jod löst sich in ungefähr
4000 T. Wasser, in 9 T. Weingeist, in etwa 200 T. Glyzerin mit brauner Farbe,
in reichlicher Menge löslich in Äther und in Kaliumjodidlösung mit brauner,
in Chloroform und in Schwefelkohlenstoff mit violetter Farbe.

Früher war eine 10proz. weingeistige Lösung unter dem Namen Jodtinktur
(Tinctura Jodi) offizinell. Nach D. A. B. VI bereitet man Jodtinktur durch
Lösen von 7 T. Jod und 3 T. Kaliumjodid in 90 T. Weingeist.

In seinem chemischen Verhalten steht Jod dem Chlor und Brom nahe, doch wirkt es als Oxydationsmittel schwächer als diese. Aus seinen Verbindungen mit Metallen (Metalljodiden) wird es sowohl durch Chlor wie Brom in Freiheit gesetzt. Fügt man zu einer wässerigen Kaliumjodidlösung wenig Chlorwasser und schüttelt die Flüssigkeit mit Chloroform oder Schwefelkohlenstoff, so nehmen diese das Jod mit violetter Farbe auf (s. Chlor!). Ein Überschuß von Chlorwasser ist zu vermeiden, da sich dann farbloses Chlorjod bilden kann und die Ausschüttelflüssigkeiten in diesem Falle ungefärbt bleiben.

Aus einem Gemisch von Brom- und Jodkalium wird durch Chlor zuerst das Jod freigemacht; man kann daher selbst kleine Mengen Jodkalium in Bromkalium durch sehr vorsichtigen Zusatz von Chlorwasser und darauffolgendes Ausschütteln mit Chloroform nachweisen.

Zum Nachweis des freien Jods dient sein Verhalten gegenüber Stärke (Stärkekleister), die es blau färbt. Die durch Jod in einer Stärkelösung hervorgerufene Farbe verschwindet beim Erhitzen, um nach dem Erkalten wieder zu erscheinen.

Prüfung: Jod muß trocken sein; feuchtes Jod haftet beim Schütteln an den Glaswandungen; es muß sich in der Wärme vollständig verflüchtigen, also frei sein von anorganischen Verunreinigungen. Zur Prüfung auf Cyanjod und Chlorjod verfährt man wie folgt:

Man schüttelt 0,5 g zerriebenes Jod mit 20 ccm Wasser, filtriert und versetzt die Hälfte des Filtrats mit schwefliger Säure bis zur Entfärbung, dann mit einem Körnchen Ferrosulfat, 1 Tropfen Eisenchloridlösung und 2 ccm Natronlauge und erwärmt gelinde: die Flüssigkeit darf sich nach dem schwachen Ansäuern mit verdünnter Salzsäure nicht blau färben (Zyan). Die andere Hälfte des Filtrats muß, mit 1 ccm Ammoniakflüssigkeit und 5 Tropfen Silbernitratlösung versetzt, ein Filtrat liefern, das beim Übersättigen mit 2 ccm Salpetersäure höchstens eine opalisierende Trübung, aber keinen Niederschlag gibt (Chlor).

Zur Gehaltsbestimmung des Jods wird eine Lösung von 0,2 g Jod mit Hilfe von 0,5 g Kaliumjodid zunächst in 1 ccm Wasser gelöst, die Lösung sodann mit Wasser zu 20 ccm aufgefüllt und mit $\frac{n}{10}$-Natriumthiosulfatlösung titriert. Es müssen mindestens 15,6 ccm dieser verbraucht werden.

$$2\,Na_2S_2O_3 + J_2 = 2\,NaJ + Na_2S_4O_6.$$

1 ccm der Thiosulfatlösung entspricht rund 0,01269 g Jod, 15,6 ccm daher 0,01269 · 15,6 g = 0,197964 g, welche in 0,2 g Jod enthalten sind. Das Arzneibuch verlangt daher ein Präparat mit $\dfrac{100 \cdot 0,197964 \text{ g}}{0,2}$ = rund 99 % Jodgehalt.

Vorsichtig aufzubewahren!

Prüfung der Tinctura Jodi, Jodtinktur. Gehalt 6,8—7 % freies Jod. Dunkelrotbraune, nach Jod riechende Flüssigkeit. Beim Erwärmen in dem Wasserbade hinterläßt sie einen schwarzbraunen Rückstand, der beim stärkeren Erhitzen Joddämpfe ausstößt und schließlich die weiße Farbe des Kaliumjodids annimmt. Dichte 0,896—0,900 (bei 20°/4°).

Bestimmung des Gehalts an freiem Jod[1]. 2 g Jodtinktur müssen nach Zusatz von 0,3 g Kaliumjodid und 25 ccm Wasser zur Bindung des freien Jodes 10,7—11,0 ccm $\frac{n}{10}$-Natriumthiosulfatlösung verbrauchen, was einem Gehalte von 6,8—7 % freiem Jod entspricht (Stärkelösung als Indikator). 1 ccm Thiosulfatlösung bindet 0,012692 g Jod,

---

[1] Zur Bestimmung des Kaliumjodids verfährt man zweckmäßig nicht nach Angabe des D. A. B. VI, sondern nach einer in Herzog-Hanner: Die chemischen und physikalischen Prüfungsmethoden des D. A. B. VI, 3. Aufl., S. 524. Berlin: Julius Springer, angegebenen Methode.

10,7 ccm daher 0,012692 · 10,7 = 0,1358044 g und 11 ccm daher 0,072692 · 11 = 0,139612 g
Jod. Diese Menge ist in 2 g Jodtinktur enthalten, das sind rund 6,8—7 %.

Medizinische Anwendung: Jod ist ein Reizmittel. Es ruft in größeren Dosen
innerlich genommen heftige Magenentzündung verbunden mit Erbrechen hervor. Als
Gegenmittel bei Vergiftungen mit Jod wird Stärkekleister angewendet.
Äußerlich wird Jod als Tinktur oder in Salbenform als reizendes und resorbierendes Mittel
benutzt. Jodsalze haben, innerlich genommen, eine starke Beschleunigung des Stoff-
wechsels zur Folge. Die Beseitigung von Drüsenanschwellungen und Schwund des Fettes
nach dem Gebrauch von Jodverbindungen ist hierauf zurückzuführen. Nach größeren
Dosen von Jodverbindungen zeigen sich katarrhalische Entzündungen der Schleimhäute
(Jodschnupfen).

Jodtinktur innerlich zu 0,1—0,2—0,3 g (2—4—6 Tropfen) am besten mit Tragantschleim
oder Sirup bei Reizerbrechen, besonders bei Schwangeren. 1 Tropfen in einem Weinglas Wasser
bei Schnupfen. Äußerlich zur Einpinselung der Haut zur vollkommenen Desinfektion nach
vorheriger Rasierung. Eines der wichtigsten Mittel für die kleine Wundbehandlung.

Vorsichtig aufzubewahren!

Unter Preglscher Jodlösung, die in der chirurgischen Praxis viel angewendet wird, versteht man eine Jodionen, Hypojodit- und Jodationen, 0,04 %
freies Jod enthaltende Lösung. Zur Herstellung einer solchen Lösung ist empfohlen worden, 16 g kristallisiertes Natriumkarbonat in 30 g Wasser zu lösen
und 3 g fein zerriebenes Jod hinzuzufügen. Man läßt an einem mäßig warmen
Orte stehen, fügt 4 g Natriumchlorid hinzu und verdünnt mit Wasser auf
1 Liter.

Verbindung des Jods mit Wasserstoff.

Jodwasserstoff. (Jodwasserstoffsäure. Acidum hydrojodicum. HJ.)
Die Darstellung geschieht entsprechend der des Bromwasserstoffs entweder
durch Einwirkung von Jod auf in Wasser suspendierten roten Phosphor oder
durch Leiten von Schwefelwasserstoff auf mit Wasser angeriebenes Jod. Durch
unmittelbare Vereinigung von Jod und Wasserstoff kann reiner Jodwasserstoff
nicht dargestellt werden. Die Vereinigung erfolgt stets unvollkommen.

Eigenschaften: Reiner Jodwasserstoff ist ein farbloses Gas, das an
feuchter Luft stark raucht und sich in Wasser leicht löst. Erhitzt man Jodwasserstoff über 180°, so nimmt er eine violette Farbe an, indem sich Jod abspaltet;
diese Aufspaltung nimmt mit steigender Temperatur nach der rechten Seite der
umkehrbaren Gleichung zu:

$$2\,HJ \rightleftarrows J_2 + H_2$$

Bei 445° sind 21 % Jodwasserstoff dissoziiert. Zu diesem Gleichgewichtszustand, der sich für jede bestimmte Temperatur einstellt, wenn man vom
Jodwasserstoff ausgeht, gelangt man auch, wenn freies Jod und Wasserstoff in
äquivalenten Mengen aufeinander einwirken. Das dynamische Gleichgewicht ist also abhängig von der Temperatur, aber auch abhängig von den
Reaktionsveränderungen (Reaktionsgeschwindigkeit). Die Lage des Gleichgewichts kann durch Konzentrationsänderung beeinflußt werden (Massenwirkung). Siehe S. 9 der Gesetze von Guldberg und Waage von der chemischen
Massenwirkung.

Die wässerige Lösung von Jodwasserstoff zersetzt sich sehr schnell unter
Braunfärbung, indem durch den Sauerstoff der atmosphärischen Luft Jod freigemacht wird. Das Jod bleibt in der Jodwasserstoffsäure gelöst.

Anwendung: Zufolge ihrer Eigenschaft, Sauerstoff zu binden, als kräftiges Reduktionsmittel, u. a. für Methoxylbestimmungen organischer Stoffe nach Zeisel
benutzt. Die für diese Zwecke benutzte Jodwasserstoffsäure wird mit dem spez. Gew. 1,70
(enthaltend 57 % HJ) und eine Säure zu Bestimmungen nach Zeisel und Fanto mit
dem spez. Gew. 1.96 in den Verkehr gebracht.

Fluor.

Fluorum, F = 19. Einwertig. Schon seit 1810, als Ampère die Flußsäure untersuchte, zu den Elementen gezählt; seine Abscheidung als Element ist jedoch erst 1886 durch Moissan bewirkt worden.

Der Name Fluor leitet sich ab von Spatum fluoricum, Flußspat, welcher bei der Ausbringung von Metallen aus Erzen zufolge seiner leichtflüssigen Beschaffenheit leicht schmelzbare Schlacken bildet. Das an Kalzium im Flußspat gebundene Element hat daher den Namen Fluor erhalten.

Vorkommen: Die wichtigsten in der Natur vorkommenden Fluorverbindungen sind der Flußspat (Kalziumfluorid, CaF_2) und der in Grönland sich findende Kryolith (Aluminium-Natriumfluorid, $AlF_3 . 3 NaF$). In geringer Menge sind Fluorverbindungen in vielen Pflanzen, sowie in den Knochen und Zähnen von Tieren nachgewiesen worden. Wölsendorfer Flußspat läßt beim Zerreiben in der Reibschale deutlichen Geruch nach Fluor entstehen.

Gewinnung: Durch Elektrolyse von Fluorwasserstoffsäure, welche Kaliumchlorid enthält, in einem Platinrohr.

Eigenschaften: Grünlichgelbes Gas von sehr unangenehmem, stechendem Geruch, bei — 187⁰ zu einer Flüssigkeit verdichtbar, welche Glas nicht mehr angreift und auch nicht mehr mit Jod, Schwefel und Metallen reagiert. Bei gewöhnlicher Temperatur verbindet es sich damit auf das leichteste. Wasser wird in der Kälte unter Bildung von Fluorwasserstoff und ozonisiertem Sauerstoff zerlegt. Wasserstoffhaltige organische Stoffe werden heftig angegriffen; ein Stück Kork verkohlt sofort in Fluorgas und entflammt.

Verbindung des Fluors mit Wasserstoff.

Fluorwasserstoff. (Fluorwasserstoffsäure. Flußsäure. Acidum hydrofluoricum. H_2F_2.)

Darstellung: Man übergießt gepulverten Flußspat (Kalziumfluorid) mit konz. Schwefelsäure und erwärmt gelinde:

$$CaF_2 + H_2SO_4 = CaSO_4 + H_2F_2.$$

Die Destillation wird in Gefäßen aus Platin oder Blei vorgenommen, die man mit einer gut gekühlten, etwas Wasser enthaltenden U-förmigen Röhrenvorlage (Abb. 17) verbindet.

Wasserfreier Fluorwasserstoff bildet eine farblose, an der Luft rauchende, stark Wasser anziehende, bei 19,5⁰ siedende Flüssigkeit, in Wasser leicht löslich. Er ist bei mittlerer Temperatur bimolekular, entsprechend der Formel H_2F_2, erst bei $+ 80⁰$ wird er einfach molekular. Mit Ausnahme von Platin, Gold, Blei werden Metalle von Fluorwasserstoffsäure gelöst, ebenso Kieselsäure und kieselsaure Salze. Deshalb wird auch Glas von der Säure angegriffen. Man benutzt zur Aufbewahrung und Versendung der Flußsäure meist Gefäße aus Kautschuk oder Guttapercha. Die käufliche Flußsäure enthält in der Regel 30—40 % H_2F_2; sie siedet bei 120⁰.

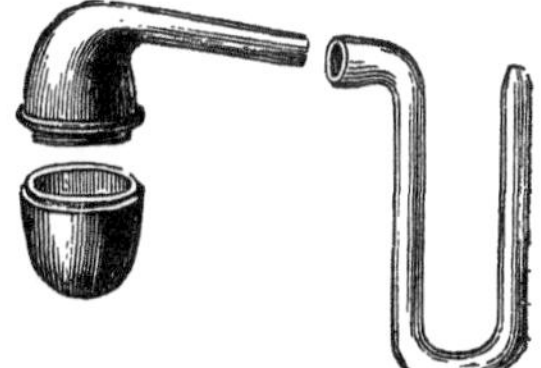
Abb. 17. Aus Platin gefertigte Apparatur zur Gewinnung von Fluorwasserstoff.

Anwendung: Dient vorzugsweise zum Einätzen von Zeichnungen und Schriftzügen in Glas, indem man die Glasgegenstände mit einer von Fluorwasserstoff nicht angreifbaren Schicht Paraffin überzieht und die Schrift eingraviert, so daß von dieser das Glas bloßgelegt und somit dem Fluorwasserstoff zugänglich gemacht wird.

Die Glasätzung ist auf die Einwirkung des Fluorwasserstoffs auf die Kieselsäure zurückzuführen, indem gasförmig entweichendes Siliziumfluorid gebildet wird:

$$SiO_2 + 2 H_2F_2 = 2 H_2O + SiF_4.$$

4*

Durch Wasser wird Siliziumfluorid zersetzt unter Abscheidung von Metakieselsäure, während Kieselfluorwasserstoffsäure gelöst wird:

$$3\,SiF_4 + 3\,H_2O = H_2SiO_3 + 2\,H_2SiF_6 .$$

Auf diese Reaktion gründet sich auch der analytische Nachweis von Fluor:
Erhitzt man eine fluorhaltige Substanz mit konz. Schwefelsäure und läßt die
entweichenden Gase auf einen an einem Glasstab hängenden Wassertropfen einwirken, so trübt sich der Tropfen zufolge der Ausscheidung von Metakieselsäure.

Der Siliziumfluorwasserstoff H_2SiF_6 ist eine sog. Komplexverbindung.
Unter Komplexverbindungen versteht man Verbindungen zwischen Molekeln.
Das Zustandekommen dieser Verbindungen läßt sich nach Werner nicht durch
die Betätigung der gewöhnlichen Valenzen erklären. Denn H_2F_2 (der Fluorwasserstoff) ist eine nach der gewöhnlichen Valenzlehre gesättigte Molekel und
ebenso Siliziumfluorid SiF_4. Das Zustandekommen der Verbindung H_2SiF_6
wird also durch die Betätigung weiterer Valenzkräfte zwischen den Molekeln SiF_4
und H_2F_2 bedingt. Man nennt diese Kräfte Nebenvalenzen, im Gegensatz
zu den gewöhnlichen Valenzen, den Hauptvalenzen. Die Nebenvalenzen
können die Einzelmolekeln verschieden stark aneinanderketten. Man unterscheidet bei den Komplexen unbeständige oder Doppelverbindungen (Doppelsalze) und echte Wernersche Komplexe; dazwischen gibt es alle Übergänge
Die Doppelsalze sind zu einem großen Teil in die Ionen der Einzelmolekeln zerfallen und geben daher alle Reaktionen der Einzelbestandteile. Sie verhalten
sich also wie ein Gemisch beider Stoffe, aus denen sich das Doppelsalz zusammensetzt. Sie kristallisieren jedoch in einer genau bestimmten Zusammensetzung.
Zu diesen Doppelsalzen gehört z. B. der Alaun, $AlK(SO_4)_2 + 12\,H_2O$, in dessen
Lösung in Wasser man Aluminium, Kalium und Schwefelsäure mit den üblichen
Reaktionen nachweisen kann.

Die echten Wernerschen Komplexe geben dagegen nicht mehr die Reaktionen sämtlicher Einzelbestandteile. So gibt z. B. die wässerige Lösung der
Kieselfluorwasserstoffsäure nicht mehr die Reaktionen der Flußsäure, da sie keine
merklichen Mengen freier Flußsäure mehr enthält. Sie ist nicht zerfallen in
Wasserstoff-, Silizium- und Chlorionen, sondern dissoziiert in $2\,H^{\cdot}$ und SiF_6''.
Statt der Reaktionen der Einzelbestandteile geben viele Komplexverbindungen
neue, für das komplexe Ion charakteristische Reaktionen.

Beim Vergleich einer großen Anzahl von komplexen Verbindungen ergibt
sich, daß mit dem Stammion entweder 6 oder 4 oder 2 Molekeln komplex verbunden sind. Man nimmt daher an, daß in Komplexverbindungen das Zentral-
ion, d. i. das komplexbildende Ion 6, 4 oder 2 Nebenvalenzen äußert; man drückt
das auch so aus: Das Zentralatom besitzt die Koordinationszahl 6, 4 oder 2.
Die Nebenvalenzen des Zentralatoms sind durch neutrale positiv oder negativ
geladene Gruppen abgesättigt.

Silizium besitzt z. B. die Koordinationszahl 6; es werden also 6 F „in erster
Sphäre", d. h. nicht dissoziierbar vom Silizium gebunden. Da sich die Hauptvalenzen ebenfalls betätigen, so hat der Komplex SiF_6 zwei negative Überschuß-
ladungen, er bindet also nun „in zweiter Sphäre" zwei positive Ionen, in unserem
Fall zwei H-Ionen dissoziierbar.

Die Koordinationszahlen der Nebenvalenzen haben eine recht anschauliche
räumliche Deutung erfahren. Diese Zahlen geben einfache räumliche Anordnungen für die Atomgruppen in erster Sphäre. Bei Verbindungen mit der Koordinationszahl 6 stehen die Atomgruppen um das Zentralatom in den 6 Ecken
eines Oktaeders. Zu diesen Verbindungen gehören z. B. auch die Platinchlor-

wasserstoffsäure, die Ferro- und Ferrizyanwasserstoffsäure, die Komplexverbindungen des Antimons, Zinns, Kadmiums, Wismuts, Kobalts, Nickels, Chroms und Zinks. Bei Verbindungen mit der Koordinationszahl 4 können die Koordinationsstellen in einer Ebene um das Zentralatom liegen oder in den Ecken eines Tetraeders stehen. Z. B. stehen beim $[Cu(NH_3)_4]$ die $4NH_3$-Gruppen in den Ecken eines Vierecks.

Um auszudrücken, daß das komplexe Ion eine Einheit für sich darstellt, setzt man es in eckige Klammern. So schreibt man die Formel des Siliziumfluorwasserstoffs $H_2[SiF_6]$, die des Ferrozyanwasserstoffs $H_4[Fe(CN)_6]$.

Anwendung der Fluorverbindungen. Natrium- und Ammoniumfluorid wurden zur Konservierung für Nahrungsmittel benutzt, ihre Verwendung zu diesem Zweck ist aber im Deutschen Reich durch Gesetz vom 18. Februar 1902 verboten. Kieselfluorwasserstoffsaure Salze (Silikofluoride) werden unter den Namen Uba, Styxol, Nicoschwab, Tanatol als Ungeziefermittel (zur Vertilgung von Ratten, Mäusen, Schwaben) in den Verkehr gebracht. Diese Mittel sind mit Vorsicht zu verwenden, da sie auch für Menschen und größere Haustiere sehr giftig sind.

Verbindungen der Halogene untereinander.

Chlor verbindet sich mit Brom und Jod, und letztere beide untereinander, in verschiedenen Verhältnissen. Von diesen Verbindungen seien erwähnt:

Einfach-Chlorjod, Jodmonochlorid, JCl, entsteht beim Überleiten von Chlor über trockenes Jod und bildet eine rote kristallinische Masse, die von Wasser unter Bildung von Jodsäure, Jod und Chlorwasserstoff zersetzt wird.

Dreifach-Chlorjodid, Jodtrichlorid, JCl_3, entsteht beim Überleiten von überschüssigem Chlor über Jod und bildet orangefarbene Kristallnadeln von starkem, durchdringendem Geruch. Mit Wasser zersetzt es sich unter Bildung von Jodmonochlorid, Chlorwasserstoff und Jodsäure. Jodtrichlorid findet seiner stark antiseptischen Wirkung wegen arzneiliche Verwendung. Als guter Chlorüberträger wird Jodtrichlorid zur Chlorierung organischer Substanzen benutzt.

Sauerstoffverbindungen der Halogene und deren Hydrate.

a) Verbindungen des Chlors mit Sauerstoff.

Chlormonoxyd, Unterchlorigsäureanhydrid, Cl_2O, entsteht beim Überleiten von trockenem Chlorgas über gelbes Quecksilberoxyd in der Kälte. Gas von gelbroter Farbe.

Chlordioxyd, ClO_2, gewinnt man durch vorsichtiges Erhitzen von 1 T. Kaliumchlorat mit $4^1/_2$ T. kristallisierter Oxalsäure im Wasserbade auf 70^0.

Braungelbes Gas, das in einer Kältemischung zu einer bei $+10^0$ siedenden Flüssigkeit verdichtet werden kann. Beim Erwärmen über 30^0 oder beim Zusammenbringen mit organischen Substanzen zersetzt sich Chlordioxyd unter heftiger Explosion.

Chlorsäure, $HClO_3$, wird in wässeriger Lösung erhalten durch Zersetzen einer wässerigen Lösung von Bariumchlorat mit der zur Bindung des Bariums berechneten Menge verdünnter Schwefelsäure:

$$Ba(ClO_3)_2 + H_2SO_4 = BaSO_4 + 2HClO_3.$$

Eine 40proz. Lösung stellt eine sirupdicke, stark saure, geruch- und farblose Flüssigkeit dar, die mit Salzsäure Chlor entwickelt:

$$HClO_3 + 5HCl = 3H_2O + 3Cl_2.$$

Überchlorsäure, $HClO_4$, wird bei der Destillation von überchlorsaurem Kalium mit ca. 80proz. Schwefelsäure erhalten und ist wasserfrei eine farblose, an der Luft rauchende Flüssigkeit, welche in Berührung mit brennbaren Stoffen sehr heftig explodiert.

b) Sauerstoffsäuren des Broms.

Unterbromige Säure HOBr und Bromsäure $HBrO_3$ (dargestellt durch Oxydation von Brom mit unterchloriger Säure).

c) Verbindungen des Jods mit Sauerstoff.

Jodpentoxyd, J_2O_5, Jodsäureanhydrid, entsteht bei der Oxydation von Jod mit Salpetersäure und Erwärmen der gebildeten Jodsäure auf 170^0.

Jodsäure, Acidum jodicum, HJO_3, wird durch Auflösen von Jodpentoxyd in wenig Wasser und Stehenlassen der konzentrierten Lösung in der Kälte im Exsikkator in Form farbloser, glänzender, rhombischer Tafeln oder Säulen erhalten.

Charakteristik der Eigenschaften der Familie der Halogene.

Wenn wir die Halogene nach ihrem steigenden Atomgewicht in eine Reihe stellen, so fügen sie sich auch nach vielen Eigenschaften in die gleiche Reihe ein. So wird die Farbe tiefer vom Fluor bis zum Jod. Fluor ist hellgelbgrün gefärbt, Chlor etwas tiefer gelbgrün, Brom braun und Jod ist in fester Form schwarz, in Dampfform tiefdunkelviolett. Die Flüchtigkeit nimmt ab vom Fluor bis zum Jod, Fluor siedet schon bei — 186°, Jod ist fest und siedet erst bei + 183°. Das spezifische Gewicht nimmt zu. Die Verwandtschaft der Halogene zum Wasserstoff nimmt ab vom Fluor zum Jod, während die Verwandtschaft zum Sauerstoff größer wird. Ähnlich verhält es sich mit der Löslichkeit der Salze, Fluorsilber ist leicht löslich, die drei übrigen Silberverbindungen sind fast unlöslich, am schwersten löslich ist das Jodsilber. Umgekehrt ist die Reihenfolge bei den Kalziumverbindungen, Kalziumfluorid ist sehr schwer löslich, während die entsprechenden Chlor-, Brom- und Jodverbindungen sich leicht in Wasser lösen.

Gruppe des Schwefels.
Schwefel. Selen. Tellur.

Schwefel.

Sulfur, $S = 32,06$. Zwei-, vier- und sechswertig. Seit den ältesten Zeiten bekannt. Der griechische Name für Schwefel $\vartheta\varepsilon\iota o\nu$ (theion) findet sich in manchen Bezeichnungen für zusammengesetzte Schwefelverbindungen wieder, z. B. Thioschwefelsäure. Der Ausdruck Thio — in Zusammensetzungen — wird für zweiwertigen Schwefel gebraucht.

Vorkommen: Im freien Zustande in der Nähe erloschener und noch tätiger Vulkane, in Sedimentärgesteinen im Flözgebirge, im Kalkstein, Gips und Mergel oft in schön ausgebildeten Kristallen (bei Girgenti auf Sizilien, Urbino und Reggio in Italien, in Louisiana in Nordamerika, auf Island, in Japan, übrigens auch vereinzelt in Gipslagern Mitteldeutschlands), meist jedoch mit verschiedenen Mineralien und tonhaltiger Erde gemengt, so in Italien, Mähren.

An Sauerstoff gebunden kommt Schwefel als Schwefeldioxyd, SO_2, und Schwefeltrioxyd, SO_3, in vulkanischen Gasen vor, ferner in Form von Sulfiden und Sulfaten in großer Verbreitung. Sulfide sind Schwefelmetalle, welche die Namen Glanze (z. B. Bleiglanz, PbS), Kiese (z. B. Schwefelkies, FeS_2), Blenden (z. B. Zinkblende, ZnS) führen. Natürlich vorkommende Sulfate sind Gips ($CaSO_4 + 2H_2O$), Anhydrit ($CaSO_4$), Schwerspat ($BaSO_4$), Coelestin ($SrSO_4$), Kieserit ($MgSO_4 + H_2O$). In Verbindung mit Wasserstoff als Schwefelwasserstoff, H_2S, findet sich Schwefel in vulkanischen Gasen und vielen Grundwässern gelöst.

Gewinnung: Auf Sizilien wird Schwefel entweder in den zutage liegenden Schwefellagern (solfatare) gebrochen oder bergmännisch aus den in der Tiefe sich findenden Lagern (solfare) gefördert. Das schwefelhaltige Gestein wurde früher, jetzt nur noch selten, in gemauerten Gruben, die eine stark geneigte Sohle besitzen (Calcaroni), zu einer Art Meiler aufgeschichtet, dieser mit erdigen Massen bedeckt und unten angezündet. Ein Teil des Schwefels ($^1/_3$—$^2/_5$) verbrennt und liefert hierbei die das Ausschmelzen des übrigen Schwefels besorgende Wärmemenge. Der ausgeschmolzene Schwefel wird an dem tiefsten Teil der Sohle abgelassen. Die hinterbleibenden, noch etwas Schwefel enthaltenden erdigen Massen kommen als Sulfur griseum oder Sulfur caballinum in den Handel.

Der ausgeschmolzene Schwefel wird noch einige Zeit flüssig erhalten, damit sich die Unreinigkeiten zu Boden setzen können. Zwecks weiterer Reinigung wird der Rohschwefel einer Raffination unterworfen, indem er aus gußeisernen Retorten R (s. Abb. 18) sublimiert wird. Den Schwefeldampf läßt man in einen großen gemauerten Raum K eintreten, in welchem er sich zu einem feinen Kristallmehl (Schwefelblumen, Flores Sulfuris, Sulfur sublimatum) verdichtet, solange die Temperatur unter 114° bleibt. Hierzu ist langsames Sublimieren erforderlich. Steigt die Temperatur in dem gemauerten Raum über 114°, so schmilzt der sublimierte Schwefel und sammelt sich auf dem Boden der Kammer. Durch Öffnen des Verschlusses S läßt man den flüssigen Schwefel von Zeit zu Zeit ab und in angefeuchtete hölzerne Formen (s. Abb. 19) fließen, worin er zu Stangenschwefel (Sulfur in baculis) erstarrt.

Die Retorte wird aus dem Behälter M, worin sich geschmolzener Schwefel befindet, durch Öffnung des Verschlusses bei V von neuem beschickt.

Die Gewinnung des Rohschwefels erfolgt neuerdings in einigen Gegenden des kontinentalen Italiens in sogenannten Fornelli, das sind mehrere meilerartige, zu einem System vereinigte Schmelzöfen. Auch durch Glühen von Schwefelkiesen unter Abschluß der Luft wird Schwefel gewonnen. Wo größere Mengen Schwefelwasserstoff als Abfallprodukt in der Technik zur Verfügung stehen, z. B. bei der Darstellung von Bariumsalzen aus reduziertem Schwerspat, wird Schwefelwasserstoff bei ungenügendem Luftzutritt verbrannt, wobei sich nur der Wasserstoff zu Wasser oxydiert, während Schwefel abgeschieden wird.

Abb. 18. Schwefelsublimation, ca. $^1/_{100}$ natürl. Größe.

In Louisiana wird zur Gewinnung des Schwefels ein 330 mm weites, am unteren Ende durchlöchertes Rohr durch die oberen Erdschichten bis zu dem Schwefellager getrieben (Abb. 20). In das Rohr wird ein zweites von 76 mm Durchmesser und in das zweite ein drittes Rohr von 38 mm Durchmesser gesteckt. In den zwischen dem ersten und zweiten Rohr befindlichen Zwischenraum wird auf 160—170° überhitztes Wasser hinabgedrückt. Das heiße Wasser dringt durch seitliche Öffnungen in die schwefelhaltigen Erdschichten ein und bringt hier den Schwefel zum Schmelzen. Durch in das dritte Rohr eingeführte heiße Druckluft von 28 Atm. wird der flüssig gewordene Schwefel samt Wasser in dem zweiten Rohr emporgehoben.

Abb. 19. Hölzerne Form für Stangenschwefel.

Neuerdings ist Schwefel auch aus Gips (Kalziumsulfat) gewonnen worden. Dieser wird bis zu Kalziumsulfid (CaS) reduziert und letzteres mittels Salzsäure zu Kalziumchlorid und gasförmigem Schwefelwasserstoff zerlegt. Daraufhin oxydiert man den Schwefelwasserstoff unter besonderen Vorsichtsmaßregeln, so daß Wasser und Schwefel sich bilden.

Eigenschaften: Schwefel ist gelb gefärbt; er wird beim Reiben negativ elektrisch, löst sich nicht in Wasser, schwer in Alkohol und Äther, leicht in Schwefelkohlenstoff. Bei 114,4⁰ schmilzt Schwefel zu einer hellgelben, dünnen Flüssigkeit, welche gegen 160⁰ zähflüssiger wird und sich dunkler färbt. Bei 200—250⁰ ist sie so zähe, daß beim Umwenden des Gefäßes ein Ausfließen nicht mehr stattfindet. Gegen 330⁰ wird die Masse wieder dünnflüssiger und siedet bei 448,4⁰ unter Entwicklung eines braungelben Dampfes.

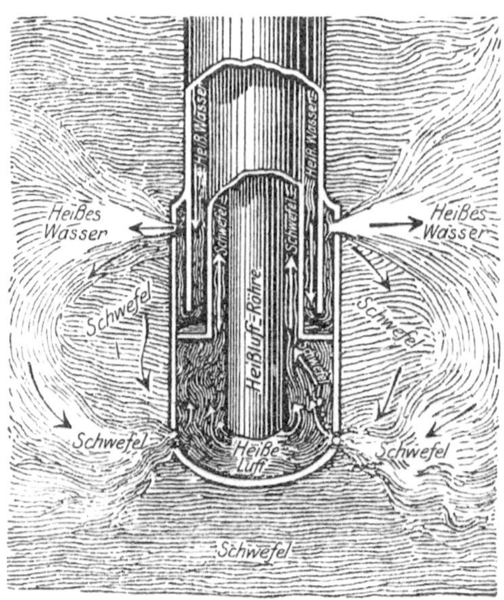

Abb. 20. Gewinnung des Schwefels in Louisiana.

Schwefel tritt in drei verschiedenen Formen (in drei allotropen Zuständen) auf:

1. Oktaedrischer, auch rhombischer oder gewöhnlicher oder α-Schwefel genannt, findet sich in der Natur und wird künstlich erhalten durch Auskristallisierenlassen aus einer Lösung in Schwefelkohlenstoff in durchsichtigen gelben Oktaedern.

2. Prismatischer oder monoklinischer Schwefel bildet sich beim langsamen Erkalten von geschmolzenem, aber nicht überschmolzenem Schwefel in langen durchscheinenden, hellgelben, monoklinen Prismen, welche auch als β-Schwefel bezeichnet werden. Spez. Gew. 1,957 bei 25⁰. Beim Aufbewahren wird der prismatische Schwefel schnell undurchsichtig und geht in die oktaedrische Kristallform über.

3. Amorpher Schwefel. Man unterscheidet: a) plastischen oder zähen Schwefel, der beim schnellen Abkühlen von auf 250⁰ erhitztem Schwefel entsteht und eine knetbare, bräunliche, durchscheinende Masse bildet. Sie geht nach kurzer Zeit in oktaedrischen Schwefel über; b) präzipitierten Schwefel oder Schwefelmilch, welche sich bei der Zerlegung von Mehrfachschwefelalkalien oder -erdalkalien (Polysulfiden) durch Salzsäure als gelblichweißes Pulver abscheidet.

In geschmolzenem Schwefel überwiegen die hellgelben S_8-Molekeln, die bei zunehmender Temperatur in die tiefbraunen S_6-Molekeln zerfallen. Sie liefern durch Zusammenlagerung mit S_8-Molekeln den zähflüssigen Schwefel. Über 160⁰ erhitzt sind S_6-Molekeln im Überschuß. Beim Siedepunkt entweichen S_8-Molekeln neben S_6-Molekeln, oberhalb 860⁰ bestehen nur noch S_2-Molekeln.

Schwefel verbrennt beim Erhitzen an der Luft mit bläulicher Flamme zu Schwefeldioxyd (Schwefligsäureanhydrid) SO_2.

Die Verbindungen des Schwefels mit Metallen werden je nach der Menge des in der Molekel enthaltenen Schwefels als Sulfüre, Sulfide und Polysulfide oder als Einfach-, Zweifach- und Mehrfach-Schwefelverbindungen bezeichnet, z. B.: FeS, FeS_2, K_2S_5.

Handelssorten des Schwefels.

Sulfur citrinum, Sulfur in baculis, Stangenschwefel, reingelbe, 3—4 cm dicke, auf dem Bruche kristallinische Stäbe. Sie werden durch Eingießen des geschmolzenen Schwefels in hölzerne angefeuchtete Formen gewonnen.

Sulfur sublimatum, Flores Sulfuris, Schwefelblumen, Schwefelblüte, gelbes, etwas feuchtes und daher klümperndes Pulver, welches zum Teil amorph ist, zum Teil aus mikroskopischen Kriställchen besteht und zufolge eines geringen Gehaltes an Schwefelsäure einen schwach säuerlichen Geschmack besitzt. Schwefelblüte wird durch Sublimation des Blockschwefels gewonnen und enthält auch geringe Mengen arseniger Säure, welche sich durch Behandlung mit verdünntem Salmiakgeist entfernen läßt. Der Verbrennungsrückstand des Schwefels soll nicht mehr als 1 % betragen.

Zur Herstellung von schwefelhaltigen Feuerwerkskörpern darf man Schwefelblüte nicht verwenden, weil der Gehalt dieser an Schwefelsäure beim Zusammentreffen mit chlorsaurem Kalium zu Explosionen führen kann. Man benutzt zu Feuerwerkskörpern den gepulverten Stangenschwefel oder den gewaschenen Schwefel.

Sulfur depuratum, Sulfur lotum, gewaschener oder gereinigter Schwefel, gelbes, trockenes, geruch- und geschmackloses Pulver von neutraler Reaktion.

Darstellung: Man rührt 100 T. der gesiebten Schwefelblüte mit 70 T. Wasser und 10 T. Salmiakgeist an, läßt einen Tag unter Umrühren stehen, wäscht auf einem Leinenbeutel mit destilliertem Wasser aus, bis das Ablaufende rotes Lackmuspapier nicht mehr verändert, preßt ab und trocknet bei mäßiger Wärme.

Prüfung: Wird 1 g gereinigter Schwefel mit 10 ccm roher Salpetersäure in einer Porzellanschale auf dem Wasserbad eingedampft und der Rückstand mit 5 ccm Salzsäure ausgezogen, so darf eine Mischung von 2 ccm des Filtrats und 3 ccm Natriumhypophosphitlösung nach $^{1}/_{4}$ stündigem Erhitzen im siedenden Wasserbade weder eine rote (Selenverbindungen), noch eine braune Färbung (Arsenverbindungen) annehmen. Bringt man Schwefel auf mit Wasser befeuchtetes Lackmuspapier, so darf dieses nicht gerötet werden, anderenfalls ist das Präparat nicht frei von Schwefelsäure. — Schwefel löse sich in Natronlauge beim Kochen vollständig auf; Ton, Sand und Verunreinigungen ähnlicher Art hinterbleiben beim Verbrennen des Schwefels oder bei der Lösung in Natronlauge. Verbrennungsrückstand höchstens 1 %.

Sulfur praecipitatum, Lac Sulfuris, präzipitierter Schwefel, Schwefelmilch, feines, amorphes, gelblichweißes, geruch- und geschmackloses Pulver. Man bereitet präzipitierten Schwefel durch Fällen von Fünffach-Schwefelkalzium mit Salzsäure.

Beim Kochen von 21 T. Schwefel mit gelöschtem Kalk (aus 10 T. gebranntem Kalk) und 60 T. Wasser erhält man eine Lösung, in welcher sich neben Fünffach-Schwefelkalzium unterschwefligsaures Kalzium (Kalziumthiosulfat) befindet:

$$3\,Ca(OH)_2 + 12\,S = 2\,CaS_5 + CaS_2O_3 + 3\,H_2O.$$

Man trägt in diese Lösung, welche auf 500 T. mit Wasser verdünnt ist, nach und nach ein Gemisch von 1 T. Salzsäure (mit 25 % HCl) und 2 T. Wasser unter Umrühren ein und hört mit dem Salzsäurezusatz auf, sobald die alkalische Reaktion der Flüssigkeit nahezu verschwunden ist:

$$CaS_5 + 2\,HCl = CaCl_2 + H_2S + 4\,S.$$

Ein Überschuß an Salzsäure würde auch das in Lösung befindliche Kalziumthiosulfat zersetzen und Schwefel in schmieriger Form abscheiden:

$$CaS_2O_3 + 2\,HCl = CaCl_2 + SO_2 + S + H_2O.$$

Die zur Fällung des Schwefels aus dem Kalziumpentasulfid notwendige Menge Salzsäure beträgt 25—30 Teile.

Man sammelt den gefällten Schwefel auf einem leinenen Tuche, wäscht ihn mit Wasser aus, preßt das anhängende Wasser ab und trocknet ihn bei gelinder Wärme. Prüfung wie bei Sulfur depuratum. Der Verbrennungsrückstand soll nur 0,5 % betragen. Die Prüfung auf Reinheit geschieht in gleicher Weise, wie bei Sulfur depuratum.

Anwendung: Schwefel wurde früher zur Herstellung von Feuerwerkskörpern sowie von phosphorhaltigen Schwefelzündhölzern benutzt. Als Desinfektionsmittel zum Einstäuben von Pflanzenteilen, die von Pilzen und Ungeziefer befallen sind, wird Schwefel noch vielfach verwendet. Bekannt ist seine Verwendung zum Vulkanisieren des Kautschuks, welcher hierdurch die Eigenschaft verliert, in der Hitze klebrig zu sein und durch Kälte zu zerbröckeln.

Das „Schwefeln" der Wein- und Bierfässer besteht darin, daß man Schwefel in den Fässern verbrennt; das entstehende Schwefeldioxyd vernichtet schädliche Pilzkeime.

Als Arzneimittel findet Schwefel wegen seiner abführenden Wirkung als Zusatz zum Pulvis Liquiritiae compositus Anwendung. Der Schwefel als solcher wird zu 0,5 bis 1,0 g mehrmals täglich als mildes Laxans, bei beabsichtigter schnellerer Abführwirkung zu 3,0—8,0 g gegeben, zum größten Teil aber nicht resorbiert; ein kleiner Teil wird im Dickdarm durch Bakterien zu Schwefelwasserstoff reduziert.

Äußerlich dient Schwefel zur Herstellung des Unguentum sulfuratum bei Hautkrankheiten; er ist ein Bestandteil von Krätzsalben und befindet sich in Aufschwemmung in dem als Schönheits- und Hautmittel benutzten Kummerfeldschen Waschwasser.

Schwefelwasserstoff. H_2S.

Vorkommen: An Orten, wo schwefelhaltige organische Stoffe (z. B. Eiweißstoffe) der Zersetzung unterliegen. Er ist in manchen Quellen (Schwefelwässern) enthalten (Aachen, Weilbach, Bagnères).

Darstellung: Man läßt auf Schwefelmetalle, z. B. Schwefeleisen, verdünnte Säuren einwirken:

$$FeS + 2\,HCl = FeCl_2 + H_2S.$$

Eigenschaften: Farbloses, sehr unangenehm riechendes, giftiges Gas, welches angezündet mit bläulicher Flamme zu Schwefeldioxyd und Wasser verbrennt:

$$H_2S + 3\,O = SO_2 + H_2O.$$

Nimmt man die Verbrennung des Gases in einem engen, hohen Zylinder vor, so setzt sich Schwefel unverbrannt an den Gefäßwandungen ab. Man gewinnt so Schwefel aus Schwefelwasserstoff. 1 Vol. Wasser von 0^0 löst 4,4 Vol. des Gases, bei mittlerer Temperatur ca. 3 Vol. Diese Lösung heißt Schwefelwasserstoffwasser, Aqua hydrosulfurata. Atmosphärische Luft zersetzt den in Wasser gelösten Schwefelwasserstoff unter Abscheidung von Schwefel:

$$2\,H_2S + O_2 = 2\,H_2O + S_2.$$

Auch Oxydationsmittel, wie Salpetersäure, Chromsäure, die Halogene usw. bewirken eine Zersetzung des Schwefelwasserstoffs. Er ist ein Reduktionsmittel.

Metallen, Metalloxyden und Salzen gegenüber spielt Schwefelwasserstoff die Rolle einer zweibasischen Säure, da seine beiden Wasserstoffatome durch Metall leicht ersetzbar sind: es entstehen Metallsulfide. Bringt man einen Tropfen Schwefelwasserstoffwasser auf ein blankes Silberstück, so schwärzt sich dieses infolge Bildung von Schwefelsilber.

Aus vielen Metallsalzlösungen fällt Schwefelwasserstoff Metallsulfide. Diese sind verschieden gefärbt: Schwefelarsen, Schwefelkadmium, Schwefelzinn gelb (letzteres als Sulfür braun), Schwefelantimon orangerot, Schwefelzink weiß, Schwefelmangan fleischfarben, Schwefelquecksilber, Schwefelwismut, Schwefelkupfer schwarz, so daß Schwefelwasserstoff als Reagens auf diese Metalle benutzt werden kann. Einige Metalle werden aus ihren Verbindungen aus sauren, andere wieder aus alkalischen bzw. ammoniakalischen Lösungen durch Schwefelwasserstoff gefällt, eine dritte Gruppe von Metallen wird nicht abgeschieden, so daß man mit Hilfe des Schwefelwasserstoffs Metalle analytisch voneinander trennen kann. Schwefelwasserstoff ist daher ein wichtiges Gruppenreagens in der Analyse. Zu den Metallen, welche durch Schwefelwasserstoff weder aus saurer noch alkalischer Lösung gefällt werden, gehören die Alkalimetalle (Kalium, Natrium usw.) und die Erdalkalimetalle (Barium, Strontium, Kalzium). Die einfachen Sulfide der Alkali- und Erdalkalimetalle bilden mit Schwefelwasserstoff Sulfhydrate oder Hydrosulfide, in gleicher Weise wie die Oxyde mit Wasser in Hydrate oder Hydroxyde übergehen. Leitet man Schwefelwasserstoff in eine Lösung von Natriumhydroxyd, so entsteht Natriumhydrosulfid, beziehentlich Natriumsulfid:

$$NaOH + H_2S = NaSH + H_2O,$$
$$2\,NaOH + H_2S = Na_2S + 2\,H_2O.$$

Nachweis von Schwefelwasserstoff: Außer durch den Geruch läßt sich Schwefelwasserstoff durch mit Bleiazetatlösung getränktes Filtrierpapier nachweisen, das in einer Schwefelwasserstoffatmosphäre sich bräunt.

Zur Prüfung verschiedener Präparate des Arzneibuchs auf Schwermetalle läßt D. A. B. VI eine Natriumsulfidlösung verwenden. Diese wird, wie folgt, bereitet:

5 g kristallisiertes Natriumsulfid werden in einer Mischung von 10 ccm Wasser und 30 ccm Glyzerin gelöst. Die Lösung wird in gut verschlossener Flasche einige Tage lang beiseitegestellt und dann wiederholt durch einen kleinen, mit Wasser angefeuchteten Wattebausch filtriert, wodurch die für gewöhnlich zur Ausscheidung gelangten Ferrosulfidspuren zurückgehalten werden. Die Lösung soll in kleinen, etwa 5 ccm fassenden Tropfflaschen aufbewahrt werden. Zur Prüfung dieses Reagenzes stellt man sich eine Mischung von 5 ccm Wasser, 3 Tropfen verdünnter Essigsäure und 3 Tropfen Natriumsulfidlösung her; es darf innerhalb 10 Minuten die Mischung nicht verändert werden.

Oxyde und Hydroxyde des Schwefels.

Oxyde:	S_2O_3 (Schwefelsesquioxyd), SO_2 (Schwefeldioxyd), SO_3 (Schwefeltrioxyd), S_2O_7 (Schwefelheptoxyd).
Hydroxyde:	$H_2S_2O_4$ (unterschweflige Säure), H_2SO_2 (Sulfoxylsäure), H_2SO_3 (schweflige Säure), $H_2S_2O_5(2\,SO_2 + H_2O)$ (dischweflige Säure), H_2SO_4 (Schwefelsäure), $H_2S_2O_7(2\,SO_3 + H_2O)$ (Dischwefelsäure), $H_2S_2O_8$ (Überschwefelsäure).
Polythionsäuren:	$H_2S_2O_3$ (Thioschwefelsäure), $H_2S_2O_6$ (Dithionsäure, Unterschwefelsäure), $H_2S_3O_6$ (Trithionsäure), $H_2S_4O_6$ (Tetrathionsäure), $H_2S_5O_6$ (Pentathionsäure).

Nicht alle Hydroxyde des Schwefels sind in freier Form beständig.

Schwefeldioxyd, SO_2, **Schwefligsäureanhydrid,** entsteht beim Verbrennen von Schwefel oder beim Rösten von Kiesen (z. B. Schwefelkies), also auf dem Wege der Oxydation.

Für Laboratoriumszwecke gewinnt man Schwefeldioxyd durch Reduktion der Schwefelsäure. Als Reduktionsmittel dienen Metalle (Kupferschnitzel, Eisendrehspäne, Quecksilber) oder Kohle:

$$\text{a)} \quad Cu + 2\,H_2SO_4 = CuSO_4 + 2\,H_2O + SO_2,$$
$$\text{b)} \quad C + 2\,H_2SO_4 = CO_2 + 2\,H_2O + 2\,SO_2.$$

Eigenschaften: Farbloses, stechend riechendes, die Atmung behinderndes und zum Husten reizendes, durch Abkühlung bei -15^0 oder durch einen Druck von 2—3 Atmosphären zu einer farblosen Flüssigkeit verdichtbares Gas. Flüssiges Schwefeldioxyd kommt in Stahlzylindern in den Handel. Schmelzpunkt des festen $SO_2\ -73^0$. 1 Liter des Gases wiegt bei 0^0 und 760 mm Druck 2,8998 g.

Anwendung: Schwefeldioxyd ist ein kräftiges Reduktionsmittel und wirkt auf viele organische, namentlich Pflanzenfarbstoffe, bleichend. Es dient zum Bleichen von Wolle, Seide, Badeschwämmen; in der Papierfabrikation zum Bleichen der Zellulose usw. Da es auf niedere Organismen stark giftig wirkt, so bedient man sich seiner zu Desinfektionszwecken, zum Vertilgen von Ratten auf Schiffen, zum Schwefeln der Bier- und Weinfässer usw. Flüssiges Schwefeldioxyd ist nach Walden ein gutes Lösungsmittel für viele anorganische und organische Stoffe.

Unter dem Namen Pictet-Flüssigkeit, Pictol, kommt ein Gemisch verflüssigten Schwefeldioxyds und Kohlendioxyds in den Verkehr. Man erhält das Gemisch beim Erhitzen von Kohle mit konz. Schwefelsäure und Verdichten durch Druck (s. oben).

Die mit schwefelhaltigen Stein- und Braunkohlen unterhaltenen Feuerungen entsenden Rauchgase in die Luft, welche reich an Schwefeldioxyd sind. In der Nähe von Fabrikschornsteinen befindliche Anpflanzungen werden dadurch oft schwer geschädigt.

Von Wasser wird Schwefeldioxyd zu einer stechend riechenden, stark sauer reagierenden Flüssigkeit (Acidum sulfurosum) gelöst. Die bei 0° gesättigte Lösung scheidet beim Abkühlen auf -5° Kristalle von der Zusammensetzung $H_2SO_3 + 14H_2O$ aus. Die wässerige Lösung gibt beim Erhitzen Schwefeldioxyd ab. Bei der Aufbewahrung der Lösung wird durch Luftzutritt Schwefelsäure gebildet.

Nachweis: An dem stechenden Geruch und an der Bläuung eines mit Stärkekleister und einer Lösung von jodsaurem Natrium ($NaJO_3$) getränkten Fließpapierstreifens erkennbar. Schon bei Gegenwart sehr geringer Mengen SO_2 findet Bläuung des Papiers (durch Bildung von Jodstärke) statt:

$$2NaJO_3 + 5SO_2 + 4H_2O = J_2 + 2NaHSO_4 + 3H_2SO_4.$$

Ein Überschuß an SO_2 beseitigt die Blaufärbung wieder, indem sich Jodwasserstoff bildet:

$$J_2 + SO_2 + 2H_2O = 2HJ + H_2SO_4.$$

Unterschweflige Säure, $H_2S_2O_4$, in freier Form nicht beständig, wird in Form ihres Natriumsalzes erhalten, indem man in einer Kohlendioxydatmosphäre Zink auf Natriumbisulfitlösung und schweflige Säure einwirken läßt, wobei sich unterschwefligsaures Natrium (Natriumhyposulfit) und Zinksulfit bilden:

$$Zn + 2NaHSO_3 + H_2SO_3 = Na_2S_2O_4 + ZnSO_3 + 2H_2O.$$

Auf Zusatz von Kochsalz zur Lösung scheidet sich das Natriumsalz ab. Es ist unbeständig und zerfällt beim Erwärmen mit Wasser in Thiosulfat und Bisulfit. Es wirkt auf Metallsalze (z. B. Gold- und Silbersalze) stark reduzierend. Bei der Behandlung mit Formaldehyd entsteht unter Spaltung der Molekel neben Formaldehydbisulfit das ziemlich beständige Formaldehydsulfoxylat $CH_2O \cdot SO_2HNa + 2H_2O$. Es führt den Namen Rongalit und wird in der Farbenindustrie als Reduktionsmittel benutzt. Es vermag organische Farbstoffe wie Indigo, Indanthren usw. in alkalischer Flüssigkeit in lösliche Reduktionsprodukte überzuführen, die von der Faser aufgenommen und dann an der atmosphärischen Luft zu den gefärbten Produkten zurückgebildet werden (Küpenfärberei).

Schwefeltrioxyd, Schwefelsäureanhydrid, SO_3, entsteht beim Leiten eines Gemenges von Schwefeldioxyd und Sauerstoff oder atmosphärischer Luft über erhitzten Platinschwamm oder mit Platin überzogenen Asbest bei einer Temperatur von 430°. Wie Platin wirken auch Eisen-, Chrom- oder Manganoxyd als Kontaktsubstanzen. Für jede Temperatur stellt sich ein bestimmter Gleichgewichtszustand ein:

$$2SO_2 + O_2 \rightleftarrows 2SO_3.$$

Je höher die Temperatur steigt, desto mehr rückt die Gleichgewichtslage nach der linken Seite. Unterhalb 400° würden die Ausbeuten an Schwefeltrioxyd fast 100% betragen, doch ist die Reaktionsgeschwindigkeit dann zu gering. Durch Überschuß an Sauerstoff begünstigt man die Bildung von SO_3.

Schwefeltrioxyd bildet lange durchsichtige Prismen, die sich in Wasser mit zischendem Geräusch zu Schwefelsäure lösen.

Schwefelsäure, Acidum sulfuricum, H_2SO_4. Freie Schwefelsäure ist in einigen Gewässern in der Nähe von Vulkanen beobachtet worden (durch langsame Oxydation des in dem Wasser gelösten Schwefeldioxyds entstanden). In Form schwefelsaurer Salze findet sie sich als Gips, $CaSO_4 + 2H_2O$; Anhydrit (wasserfreies Kalziumsulfat), $CaSO_4$; Schwerspat (Bariumsulfat), $BaSO_4$; Coelestin (Strontiumsulfat), $SrSO_4$; Kieserit (Magnesiumsulfat), $MgSO_4 + H_2O$ usw.

Die Gewinnung der Schwefelsäure erfolgt nach dem Kontaktverfahren (s. vorstehend) oder nach dem sog. älteren englischen Verfahren. Dieses beruht darauf, daß Schwefeldioxyd der oxydierenden Einwirkung von Salpetersäure bei gleichzeitigem Wasser- und Luftzutritt unterworfen wird. Die Salpetersäure erleidet hierbei eine Reduktion zu niederen Oxydationsstufen des Stickstoffs. Die Reduktion kann bei mangelndem Luftzutritt bis zum Stickoxydul N_2O, der

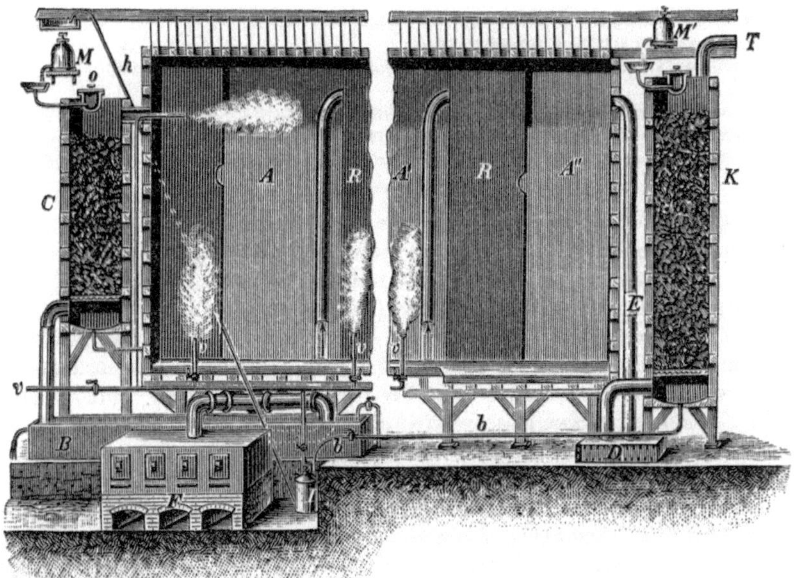

Abb. 21. Fabrikation von Schwefelsäure. Bleikammern mit Glover- und Gay-Lussac-Turm.

sauerstoffärmsten Stickstoffverbindung, fortschreiten; diese wird durch den Luftsauerstoff nicht wieder in sauerstoffreichere Stickstoffverbindungen übergeführt, während dies bei den übrigen Stickoxyden (NO, N_2O_3) geschieht. Bei der Schwefelsäurebildung muß daher die Reduktion bis zum Stickoxydul vermieden werden.

Die Fabrikation der Schwefelsäure nach dem englischen Verfahren wird in großen Räumen, den sog. Bleikammern, von Bleiplatten begrenzten und außen mit einem Holzgerüst umgebenen Kammern vorgenommen. Abb. 21 gibt das Bild einer solchen Bleikammeranlage verkürzt wieder.

Durch Verbindung der Bleikammern mit dem Glover- und Gay-Lussac-Turm hat die Schwefelsäurefabrikation nach dem englischen Verfahren wesentliche Verbesserungen erfahren.

In dem Ofen F wird Schwefeldioxyd durch Verbrennen von Schwefel oder Kiesen erzeugt. Das Gas tritt gleichzeitig mit atmosphärischer Luft, Salpetersäure und Untersalpetersäure, welche aus einem Gemisch von Natriumnitrat und Schwefelsäure entwickelt werden, in den Kühlraum B ein und gelangt von hier in den mit Koks oder mit Steingutscherben gefüllten Glover-Turm C. In diesen rieselt von oben Schwefelsäure, Untersalpetersäure und Salpetersäure (Nitrose-Säure) enthaltend, welche an das heiße Dampfgemisch abgegeben werden. Das Gasgemisch tritt in die Bleikammern $A\,A'\,A''$ ein (A' ist verkürzt wiedergegeben), in welche durch v Wasserdampf einströmt und die Bildung der Schwefelsäure vollenden hilft. Die Gase der letzten Kammer A'' (hauptsächlich Luftstickstoff, Untersalpetersäure, Stickoxyd) werden durch das Rohr E und das Gefäß D in den mit Koksstücken gefüllten Gay-Lussac-Turm K geleitet, in welchen konz. Schwefelsäure einfließt. Diese nimmt salpetrige Säure und Untersalpetersäure auf und läuft durch das Rohr b in das Gefäß I ab, von wo sie als Nitrose-Säure in den Glover-Turm gepumpt wird und einen neuen Kreislauf beginnt. Aus dem Glover-Turm fließt dann die von den Stickoxyden befreite und durch die in diesem Turm herrschende hohe Temperatur konz. Schwefelsäure ab und wird durch eine Druckvorrichtung zum Gay-Lussac-Turm geleitet.

Die bei der Schwefelsäurebildung in den Bleikammern sich abspielenden chemischen Vorgänge sind nicht mit Sicherheit bekannt. Lunge nimmt als wesentlichstes Zwischenprodukt Nitrosylschwefelsäure, $ON-O-SO_3H$, an. Als Sauerstoffüberträger soll dabei salpetrige Säure dienen.

Raschig nimmt an, daß sich durch Einwirkung von salpetriger Säure auf Schwefeldioxyd eine Nitrosulfosäure $HO(NO)SO_3H$ bilde, die durch N_2O_3 und Wasserdampf in Schwefelsäure und Stickoxyd zersetzt wird.

Das Stickoxyd geht mit dem Luftsauerstoff und Wasser wieder in salpetrige Säure über.

Lunge sucht eine Stütze seiner Theorie darin zu finden, daß sich in den Fällen, wo es an Wasser in den Bleikammern fehlt, Nitrosylschwefelsäure in Kristallform (Bleikammerkristalle) abscheidet. Wasser zerlegt sie in Schwefelsäure und salpetrige Säure:

$$ON-O-SO_3H + H_2O = H_2SO_4 + HNO_2.$$

Die aus den Bleikammern erhältliche Schwefelsäure, die sog. Kammersäure, enthält gegen 60 % H_2SO_4 (spez. Gew. 1,55) und wird durch Eindampfen zunächst in Bleipfannen, hierauffolgend in Platingefäßen verstärkt.

Die Kammersäure findet Verwendung bei der Soda-, Pottasche- und Düngerbereitung. Das Eindampfen zwecks Herstellung einer stärkeren Säure (Pfannensäure) kann in Bleipfannen bis gegen 80 % H_2SO_4-Gehalt geschehen (spez. Gew. 1,72); bei weiterem Eindampfen wird Blei stärker angegriffen. Zur Gewinnung einer noch stärkeren Schwefelsäure wird die Pfannensäure in Platingefäßen oder Platingoldgefäßen (aus 90 % Gold und 10 % Platin bestehend) bis gegen 325° erhitzt und so eine Säure mit 91—92 % H_2SO_4 und dem spez. Gew. 1,830, die sog. rohe oder englische Schwefelsäure, das Vitriolöl des Handels, erzielt.

Dieses ist durch Arsenverbindungen, Stickoxyde und Bleisulfat verunreinigt. Man unterwirft die Säure aus Platin- oder Glasretorten der Destillation, beseitigt die zuerst übergehenden Anteile und erhält bei einem Siedepunkt von 338° eine reine Schwefelsäure mit $1—1^{1}/_{2}$ % Wassergehalt. Arsen scheidet man vor der Destillation aus der verdünnten Säure durch Schwefelwasserstoff ab oder führt es, falls es in Form arseniger Säure anwesend ist, durch Einleiten von Salzsäuregas in die heiße Schwefelsäure in leicht flüchtiges Arsentrichlorid über.

Reine Schwefelsäure bildet eine farb- und geruchlose, ölartige Flüssigkeit, die mit Wasser und Alkohol in jedem Verhältnis klar gemischt werden kann. Hierbei findet starke Erwärmung und Raumverminderung statt. Man hat beim Vermischen von Wasser oder Alkohol mit Schwefelsäure die Vorsicht zu beachten, Schwefelsäure in Wasser bzw. Alkohol zu gießen, nicht umgekehrt, da sonst durch die plötzliche starke Erhöhung der Temperatur ein Umherspritzen der Schwefelsäure eintreten kann. Ist beim Vermischen mit Wasser das Hydrat $H_2SO_4 + 2H_2O$ gebildet, so tritt auf Zusatz weiterer Wassermengen keine Temperaturerhöhung mehr ein.

Bringt man Schwefelsäure und Eis zusammen, so hängt es von dem Verhältnis beider ab, ob dabei die Temperatur steigt oder fällt: 4 T. Säure und 1 T. zerstoßenes Eis erwärmen sich auf fast 100°. Hingegen 1 T. Säure und 4 T. Eis kühlen sich auf fast — 20° ab.

Zur Herstellung der verdünnten Schwefelsäure, des Acidum sulfuricum dilutum, wägt man 5 T. Wasser in eine Porzellanschale oder Porzellanmensur und läßt in dünnem Strahl unter Umrühren 1 T. Schwefelsäure einfließen.

Die konz. Schwefelsäure hat große Neigung, Wasser aufzunehmen; sie vermag vielen chemischen Stoffen, oft unter Zerstörung ihrer Molekel, Wasser zu entziehen. Ein Stückchen Kork oder Zucker, mit Schwefelsäure in Berührung gebracht, schwärzen sich nach kurzer Zeit.

Die wasserentziehende Eigenschaft der Schwefelsäure benutzt man zum Trocknen von Gasen, welche durch eine mit Schwefelsäure gefüllte Waschflasche geleitet werden, und zum Füllen von Exsikkatoren.

In der Technik pflegt man den Gehalt der Schwefelsäure noch vielfach nach durch Aräometer bestimmbaren Baumé-Graden (bezeichnet Bé) anzugeben. Baumé hat zweierlei Aräometer konstruiert, deren Grade bei dem einen für Flüssigkeiten mit höherem spezifischen Gewicht als Wasser, bei dem anderen für Flüssigkeiten mit niedrigerem spezifischen Gewicht als Wasser eingeteilt sind. 0^0 des ersteren Aräometers entspricht dem spezifischen Gewicht des reinen Wassers, 15^0 dem spezifischen Gewicht einer 15proz. Kochsalzlösung; bei der anderen Skala entspricht 0^0 einer 10proz. Kochsalzlösung 10^0 reinem Wasser.

Baumé-Grade für Flüssigkeiten mit spezifischem Gewicht, schwerer als Wasser

Grade Baumé	Spez. Gew. bei 12,5⁰	Grade Baumé	Spez. Gew. bei 12,5⁰
0^0	1,000	40^0	1,383
10^0	1,074	50^0	1,530
20^0	1,161	60^0	1,712
25^0	1,209	70^0	1,909
30^0	1,262		

Die konz. Schwefelsäure mit 94—98 % H_2SO_4 und dem spez. Gew. 1,836—1,841 wird auch als 66^0 Bé bezeichnet.

Schwefelsäure ist in wässeriger Lösung sehr weitgehend in Wasserstoffionen und Säureanionen dissoziiert:

$$H_2SO_4 = [2H^{\cdot} + SO_4''];$$

sie ist daher eine der stärksten Säuren.

Sie ist eine zweibasische Säure. Wie bei allen diesen verläuft auch bei der Schwefelsäure die Dissoziation in zwei Stufen, indem zunächst die Ionen $H^{\cdot}$ und HSO_4' sich bilden und letztere dann weiter in $H^{\cdot}$ und SO_4'' dissoziieren. Die zwei Reihen Salze der Schwefelsäure sind nach den Formeln $\overset{\text{I}}{R}_2SO_4$ und $\overset{\text{I}}{R}HSO_4$[1] zusammengesetzt. Erstere ist die Formel für ein neutrales Salz (neutrales Sulfat), letztere für ein saures Salz (saures Sulfat bzw. Bisulfat). Die Sulfate einiger Schwermetalle (wie die des Eisens, Kupfers, Zinks) führen den Namen Vitriole: Eisenvitriol ($FeSO_4 + 7H_2O$), Kupfervitriol ($CuSO_4 + 5H_2O$), Zinkvitriol ($ZnSO_4 + 7H_2O$).

Zum Nachweis der Schwefelsäure dienen:

1. Die Lösungen von Bariumsalzen (Bariumchlorid, Bariumnitrat). Das auf Zusatz von Bariumsalzlösungen zu Lösungen der Schwefelsäure oder ihrer Salze ausfallende Bariumsulfat, $BaSO_4$, ist in Säuren und Alkalien fast unlöslich, wird aber beim anhaltenden Kochen mit konzentrierter Sodalösung zerlegt:

$$BaSO_4 + Na_2CO_3 = Na_2SO_4 + BaCO_3.$$

2. Lösungen von Schwefelsäure oder schwefelsauren Salzen geben mit Bleinitratlösung einen weißen Niederschlag von Bleisulfat, $PbSO_4$, der sowohl in Natronlauge, als auch in basisch-weinsaurem Ammon löslich ist.

---

[1] $\overset{\text{I}}{R}$ bedeutet das Zeichen für ein einwertiges Metall.

3. Freie Schwefelsäure weist man dadurch nach, daß man die betreffende Flüssigkeit mit einem Körnchen Zucker auf dem Wasserbade eindunstet. Bei Gegenwart von Schwefelsäure verkohlt der Zucker.

Prüfung der Schwefelsäure, Acidum sulfuricum, Gehalt 94—98 % Schwefelsäure (H_2SO_4, Mol.-Gew. 98,09). Man unterscheidet reine und rohe Schwefelsäure im Handel. Die erstere findet zur Darstellung vieler chemisch-pharmazeutischer Präparate Anwendung, die rohe Schwefelsäure zur Bereitung von Putzwasser, besonders aber ist sie in der chemischen Großindustrie eines der unentbehrlichsten Hilfsmittel zur Erzeugung vieler chemischer Produkte.

Reine Schwefelsäure. Farb- und geruchlose, ölartige, in der Wärme völlig flüchtige Flüssigkeit. Spez. Gew. 1,836—1,841, Dichte 1,829—1,834 ($20^0/4^0$). Zum Nachweis von Arsen und Selenverbindungen versetzt man nach D. A. B. VI 1 ccm einer erkalteten Mischung von 1 ccm Schwefelsäure und 2 ccm Wasser mit 3 ccm Natriumhypophosphitlösung. Die Mischung darf nach $^1/_4$ stündigem Erhitzen im siedenden Wasserbade keine dunkle Färbung annehmen.

Über die sonstige Prüfung der Schwefelsäure auf schweflige Säure, salpetrige Säure, Schwermetallsalze, Salzsäure und Salpetersäure s. D. A. B. VI.

Verdünnte Schwefelsäure, Acidum sulfuricum dilutum. Gehalt 15,6 bis 16,3 % Schwefelsäure (H_2SO_4, Mol.-Gew. 98,09). Klare, farblose Flüssigkeit. Spez. Gew. 1,109—1,114, Dichte 1,106—1,111.

Gehaltsbestimmung: Zum Neutralisieren eines Gemisches von 5 g verdünnter Schwefelsäure und 25 ccm Wasser müssen 15,9—16,6 ccm n-Kalilauge erforderlich sein (1 ccm n-Kalilauge = 0,049038 g Schwefelsäure, Methylorange als Indikator), 15,9 ccm n-Kalilauge zeigen 15,9 · 0,049038 g = 0,7797042 g an, das sind 0,7797042 · 20 = rund 15,6 % Schwefelsäure und 16,6 ccm n-Kalilauge 16,6 · 0,049038 = 0,8140308 an, das sind 0,8140308 · 20 = rund 16,3 % Schwefelsäure.

Pyroschwefelsäure, Dischwefelsäure, $H_2S_2O_7$, bildet den Hauptbestandteil der rauchenden Schwefelsäure, des Acidum sulfuricum fumans. Sie wurde früher besonders in Nordhausen am Harz durch Destillation von entwässertem schwefelsauren Eisenoxydul (Eisenvitriol) erhalten und ihrer ölartigen Beschaffenheit wegen auch Nordhäuser Vitriolöl genannt.

Eisenvitriol wird durch Rösten von Schwefelkies, Auslaugen, Abdampfen und scharfes Trocknen, bis das Kristallwasser größtenteils entwichen, hergestellt. Er zerfällt bei starkem Erhitzen in Eisenoxyd, Schwefeldioxyd und Schwefeltrioxyd:

$$2\,FeSO_4 = Fe_2O_3 + SO_2 + SO_3.$$

In den Vorlagen sammelt sich ein Gemisch von Schwefelsäure und Pyroschwefelsäure. In Böhmen verwendete man später nicht Eisenvitriol, sondern ein basisch-schwefelsaures Eisenoxyd, wobei die Bildung von Schwefeldioxyd vermieden wird:

$$Fe_2S_2O_9 = Fe_2O_3 + 2\,SO_3.$$

Der in den Retorten verbleibende, im wesentlichen aus Eisenoxyd bestehende Rückstand besitzt eine schön rote bis braunrote Farbe und wird unter dem Namen Caput mortuum oder Colcothar Vitrioli zur Herstellung von Anstrichfarbe benutzt.

Die Pyroschwefelsäure wird zur Zeit durch Lösen des technisch gewonnenen Schwefeltrioxyds (s. S. 60) in Schwefelsäure dargestellt. Sie stößt an der Luft dichte, weiße Dämpfe aus. Beim Abkühlen scheiden sich große, farblose Kristalle ab, die bei 36^0 wieder schmelzen.

Überschwefelsäure, Perschwefelsäure, $H_2S_2O_8$, in reinem Zustand noch nicht dargestellt. Man erhält eine Lösung derselben bei der Elektrolyse 40 proz. Schwefelsäure. Die Lösung von Überschwefelsäure in Schwefelsäure äußert ähnlich dem Wasserstoffsuperoxyd kräftige Oxydationswirkungen. Bei der Elektrolyse der Lösungen schwefelsaurer Salze entstehen überschwefelsaure Salze, Persulfate. Über Sulfopersäure s. Kaliumpersulfat.

Thioschwefelsäure, $H_2S_2O_3$. In freier Form nicht beständig. Versetzt man eine Lösung ihres Natriumsalzes (s. Natriumthiosulfat unter Natrium) mit verdünnter Chlorwasserstoffsäure, so bleibt die Lösung einige Sekunden farblos, dann trübt sie sich allmählich unter Abscheidung von Schwefel, und es entsteht nebenher Schwefeldioxyd:

$$Na_2S_2O_3 + 2\,HCl = 2\,NaCl + \underbrace{H_2S_2O_3}_{H_2O + S + SO_2}.$$

Bei der Einwirkung von Halogenen auf die Salze der Thioschwefelsäure entstehen unter Bindung der Halogene Tetrathionate (vgl. Jod, S. 49).

Die höheren Polythionsäuren sind in der Wackenroderschen Flüssigkeit enthalten, die durch Sättigen einer wässerigen Lösung von schwefliger Säure mit Schwefelwasserstoff entsteht.

Halogenverbindungen des Schwefels.

Einfach-Chlorschwefel, Schwefelchlorür, S_2Cl_2, ist die beständigste Chlorverbindung des Schwefels. Sie wird erhalten durch Leiten von trockenem Chlorgas über geschmolzenen Schwefel. Rotgelbe Flüssigkeit, welche die Augen zu Tränen reizt. Mit Wasser zersetzt sie sich in SO_2, S und HCl:

$$2\,S_2Cl_2 + 2\,H_2O = SO_2 + 3\,S + 4\,HCl.$$

Wird zum Vulkanisieren des Kautschuks benutzt.

Zweifach-Chlorschwefel, Schwefeldichlorid, SCl_2, entsteht beim Sättigen von Schwefelchlorür, S_2Cl_2, bei $+6^0$ mit trockenem Chlorgas. Dunkelrotbraune Flüssigkeit, welche durch Wasser in Chlorwasserstoff und Thioschwefelsäure zersetzt wird:

$$2\,SCl_2 + 3\,H_2O = 4\,HCl + \underbrace{H_2S_2O_3}_{H_2O + S + SO_2}$$

Beim Einleiten von Chlor in SCl_2 bei -25^0 bildet sich **Vierfach-Chlorschwefel, Schwefeltetrachlorid, SCl_4.**

Thionylchlorid, $SOCl_2$, das Chlorid der schwefligen Säure, wird durch Einwirkung von trockenem Schwefeldioxyd auf Phosphorpentachlorid erhalten:

$$SO_2 + PCl_5 = SOCl_2 + POCl_3.$$

Es wird als wasserentziehendes Mittel bei Synthesen organischer Stoffe oder auch zur Einführung der Thionylgruppe (SO) in organische Verbindungen benutzt.

Sulfurylchlorid, SO_2Cl_2, ist das Chlorid der Schwefelsäure. Man erhält es durch Vereinigung von Schwefeldioxyd und Chlorgas im Sonnenlicht. Die Bildung wird durch die Gegenwart von Kampfer katalytisch beschleunigt.

Selen.

Selenium, Se = 79,2. Zwei-, vier- und sechswertig.

Selen wurde 1817 von Berzelius in dem Bleikammerschlamm einer Schwefelsäurefabrik in Schweden zuerst aufgefunden.

Der Name leitet sich ab von $\sigma\varepsilon\lambda\acute{\eta}\nu\eta$, selene, Mond, deshalb so genannt, weil das Selen mit dem einige Jahre zuvor entdeckten Tellur, von „tellus", Erde, große Ähnlichkeit besitzt. Nach anderer Lesart, weil es beim Verbrennen ein dem bläulichen Mondlicht ähnliches Licht ausstrahlt.

Vorkommen: Selen kommt in geringer Menge in einigen Schwefelkiesen vor. Hierauf ist auch das gelegentliche Vorkommen des Selens in der Schwefelsäure zurückzuführen. Auch in dem vulkanischen Schwefel der liparischen Inseln ist Selen enthalten.

Gewinnung: Der Flugstaub aus den Röstgaskanälen oder der Schlamm aus den Bleikammern der Schwefelsäurefabriken wird mit Wasser angerührt, Salpetersäure hinzugefügt, bis die rote Farbe verschwunden ist, die nunmehr Selensäure enthaltende Masse eingedampft und der Rückstand mit Salzsäure ausgekocht. Beim Einleiten von schwefliger Säure scheidet sich das Selen sodann in rotem amorphen Zustande ab:

$$H_2SeO_4 + 3\,SO_2 + 2\,H_2O = Se + 3\,H_2SO_4.$$

Eigenschaften: In verschiedenen allotropen Zuständen bekannt. Amorphes Selen ist ein rotbraunes, in Schwefelkohlenstoff lösliches Pulver. Aus Schwefelkohlenstoff kristallisiert es in braunroten, durchscheinenden Kristallen. Kühlt man geschmolzenes Selen schnell ab, so erstarrt es zu einem glasigen, schwarzen, amorphen Stoff, der gleichfalls von Schwefelkohlenstoff gelöst wird. Erwärmt man diese Modifikation auf 97^0, so steigt die Temperatur plötzlich über 200^0, und das Selen verwandelt sich in eine graue, kristallinische Masse, welche von Schwefelkohlenstoff nicht gelöst wird. In dieser Form hat das Selen den Schmelzpunkt 219^0, das spez. Gew. 4,8, besitzt Metallglanz und leitet die Elektrizität, und zwar ist die Leitungsfähigkeit proportional der Stärke der Belichtung. Man hat ein derartig verändertes Selen zur Herstellung von Selenzellen für elektrische Photometer benutzt.

Die Verbindungen des Selens sind denjenigen des Schwefels entsprechend zusammengesetzt und zeigen ein ähnliches Verhalten.

An der Luft verbrennt Selen mit rötlichblauer Flamme zu Selendioxyd, SeO_2, und zwar unter Verbreitung eines an faulen Rettich erinnernden Geruches. Von konz. Schwefelsäure wird Selen mit grüner Farbe gelöst. Es entstehen hierbei selenige und schweflige Säure:

$$Se + 2H_2SO_4 = SeO_2 + 2SO_2 + 2H_2O.$$

Selenverbindungen sind giftig. Organische Selenverbindungen sind neuerdings für die Behandlung von Karzinom geprüft worden.

Tellur.

Tellurium, T = 127,5. Synonyma: Aurum paradoxum, Metallum problematum. Zwei-, vier- und sechswertig.

Tellur wurde 1772 von Müller von Reichenbach entdeckt. Der Name leitet sich ab von „tellus", Erde (s. Selen).

Vorkommen: In Verbindung mit Metallen, als Tetradymit (Tellurwismut), Tellurblei (mit Blei und Silber), Schrifterz (mit Gold und Silber).

Gewinnung: Die Tellurerze werden in siedende konz. Schwefelsäure eingetragen, wobei Gold und Kieselsäure zurückbleiben, während Tellur und die vorhandenen Metalle in Lösung gehen. Die Lösung wird mit Wasser verdünnt und mit Schwefeldioxyd gesättigt, worauf sich das Tellur abscheidet. Zwecks weiterer Reinigung destilliert man es im Wasserstoffstrom.

Eigenschaften: Metallisch glänzendes, sprödes Element, das von Schwefelkohlenstoff nicht gelöst, von konz. Schwefelsäure mit roter Farbe aufgenommen wird. Schmelzpunkt gegen 450^0, Siedepunkt gegen 1400^0. An der Luft verbrennt es ohne Geruch mit bläulicher Farbe zu weißem Tellurigsäureanhydrid, TeO_2, das von Salpetersäure zu telluriger Säure, H_2TeO_3, gelöst wird.

Durch stärkere Oxydationsmittel geht die tellurige Säure in Tellursäure über.

Das Kaliumsalz der Tellursäure, Kalium telluricum, K_2TeO_4, ist bei Nachtschweißen der Phthisiker vorübergehend angewendet worden.

Charakteristik der Familie des Schwefels.

Schwefel, Selen und Tellur sind Nichtmetalle und in ihrem Verhalten sehr ähnlich, sie sind in ihren Verbindungen mit Wasserstoff und Metallen zweiwertig, mit Sauerstoff bis zu sechswertig. Die Verwandtschaft zum Wasserstoff wird geringer vom Schwefel über das Selen zum Tellur, ebenso die Verwandtschaft zum Sauerstoff. Die Elemente werden langsam metallähnlicher, die Stärke der Säuren nimmt entsprechend ab. Die Schmelzpunkte steigen an.

Gruppe des Stickstoffs.

Stickstoff. Phosphor. Arsen. Antimon.

Stickstoff.

Nitrogenium, Azote, N = 14,01[1]. Zwei-, drei-, vier- und fünfwertig.
Stickstoff wurde 1777 fast gleichzeitig von Scheele und Lavoisier als Bestandteil
der atmosphärischen Luft erkannt.

Vorkommen: Im freien Zustand als Bestandteil der atmosphärischen Luft.
Ungefähr $^4/_5$ ihres Volums besteht aus Stickstoff. Gebunden findet er sich als
Ammoniak, das als Zersetzungsprodukt bei der Fäulnis stickstoffhaltiger orga-
nischer Stoffe auftritt, sodann in Form von Salpetersäure an Kalium, Natrium,
Kalzium, Magnesium gebunden, ferner in vielen organischen Verbindungen des
Pflanzen- und Tierreichs (Eiweiß, Blut, Muskeln, Harnstoff, Pflanzenbasen), in
fossilen Pflanzen (Steinkohlen), in vulkanischen Ausströmungen.

Gewinnung: 1. Aus atmosphärischer Luft.

a) Man entzieht der atmosphärischen Luft Sauerstoff, indem man ein Stückchen Phosphor in einem auf Wasser schwimmenden Schälchen anzündet und
darüber eine Glasglocke stülpt. Phosphor vereinigt sich mit dem Sauerstoff
zu Phosphorpentoxyd, das sich in dem durch die Glasglocke abgesperrten Wasser
löst. Der absorbierte Luftraumteil beträgt nahezu $^1/_5$ und wird durch das nach-
drängende Wasser angefüllt. Die übriggebliebenen $^4/_5$ Raumteile enthalten im
wesentlichen Stickstoff.

b) Man leitet atmosphärische Luft zunächst durch Kalilauge, dann durch
konz. Schwefelsäure (zur Befreiung von Kohlendioxyd und Wasserdampf) und
endlich durch eine mit Kupferspiralen gefüllte und zum Rotglühen erhitzte Röhre.
Das glühende Kupfer bindet den Sauerstoff, während Stickstoff entweicht.

c) Man kühlt atmosphärische Luft auf — 182° ab, wobei sich der Sauerstoff zu einer Flüssigkeit verdichtet, der Stickstoff nicht.

Der aus atmosphärischer Luft gewonnene Stickstoff enthält
stets kleine Mengen fremder Gase, besonders Argon. S. atmosphärische Luft.

2. Aus Ammoniumnitrit durch Erhitzen:

$$NH_4NO_2 = N_2 + 2H_2O.$$

Man verwendet hierzu zweckmäßig ein Gemisch gleicher Molekeln Natriumnitrit und Ammoniumchlorid, da sich Ammoniumnitrit seiner Zersetzlichkeit
wegen nicht vorrätig halten läßt.

Eigenschaften: Farb- und geruchloses Gas, das sich bei hohem Druck
zu einer farblosen Flüssigkeit verdichten läßt, welche bei — 195,7° siedet. Bei
weiterer Temperaturerniedrigung erstarrt der flüssige Stickstoff zu einer kristallinischen Masse vom Schmelzpunkt — 210°. Stickstoff ist nicht brennbar;
brennende Stoffe erlöschen darin, Tiere ersticken in reinem Stickstoff (daher
sein Name). Die Gegenwart des Stickstoffs in der atmosphärischen Luft mildert
die Oxydationswirkungen des Sauerstoffs.

Nur mit wenigen Elementen verbindet sich Stickstoff direkt, so z. B. bei
höherer Temperatur mit Lithium, Kalzium und Magnesium, auch mit Bor und
Silizium. Diese Verbindungen des Stickstoffs werden Nitride genannt. Die
geringe Reaktionsfähigkeit des Stickstoffs wird darauf zurückgeführt, daß die
beiden Atome der Gasmolekeln des Stickstoffs außerordentlich fest miteinander
verknüpft sind. Sie mit Wasserstoff unter Bildung von Ammoniak reaktions-

---

[1] Nach der Atomgewichtstabelle für 1931 = 14,008.

fähig zu machen, ist durch geeignete Katalysatoren Haber gelungen (s. Ammoniak).

Bemerkenswert ist die Tatsache, daß an den Wurzeln von Leguminosen Bakterien vorkommen, welche imstande sind, atmosphärischen Stickstoff zum Aufbau von Stickstoffverbindungen (Eiweiß) im Pflanzenkörper nutzbar zu machen. Reinkulturen solcher „stickstoffsammelnden" Bakterien werden unter dem Namen Nitragin in den Handel gebracht und dienen zur Impfung der mit Leguminosen bepflanzten Felder.

Die atmosphärische Luft. Die unsern Erdball umgebende Gasschicht besteht im wesentlichen aus einem Gemenge von ca. 80 Raumteilen Stickstoff und ca. 20 Raumteilen Sauerstoff, welchen Bestandteilen kleine Anteile Wasserdampf, Kohlendioxyd, kohlensaures und salpetrigsaures Ammon, Wasserstoffperoxyd, Argon und andere als „Edelgase" bezeichnete Elemente beigemischt sind.

Die Anwesenheit des Argons und anderer Fremdgase in der Atmosphäre ergab sich, als aus der atmosphärischen Luft durch Beseitigung von Sauerstoff, Kohlendioxyd, Wasserdampf usw. atmosphärischer Stickstoff hergestellt und seine Dichte bestimmt wurde. Diese erwies sich höher als diejenige des Stickstoffs, welcher aus chemischen Quellen, z. B. durch Erhitzen von Ammoniumnitrit gewonnen, stammte. Wurde hingegen metallisches Magnesium in atmosphärischem Stickstoff erhitzt, so bildet sich Stickstoffmagnesium, und der aus letzterem hergestellte Stickstoff zeigte die niedere Dichte. Metallisches Magnesium erwies sich daher als ein Mittel, den Stickstoff von den Fremdgasen der Atmosphäre zu trennen. Zu diesen Fremdgasen gehören Argon und einige andere, weiter unten namhaft gemachte Gase.

Argon, das zu ca. 1% in der atmosphärischen Luft vorkommt, ist bei gewöhnlicher Temperatur ein farbloses Gas, welches sich durch Druck und starke Kälte verflüssigen läßt und bei weiterer Temperaturerniedrigung zu einer festen, eisähnlichen Masse erstarrt. Siedepunkt — 186,9°. Schmelzpunkt — 189,6°.

Außer Argon sind in der Atmosphäre in kleinerer Menge eine Reihe anderer elementarer Gase: Helium, Neon, Krypton, Xenon aufgefunden worden. Man nennt sie Edelgase. Von diesen ist das Helium das spezifisch leichteste. Eine Trennung dieser Edelgase bewirkten Ramsay und Rayleigh durch fraktionierte Destillation des zu einer Flüssigkeit verdichteten Gasgemisches.

Das Verhältnis zwischen Stickstoff und Sauerstoff in der atmosphärischen Luft ist zu allen Jahres- und Tageszeiten und allerorten nahezu unverändert gefunden worden. Die in der Atmosphäre vorkommende Menge Wasserdampf beträgt durchschnittlich 0,5—1 Raumteil, die des Kohlendioxyds durchschnittlich 0,04 Raumteile in 100 Raumteilen Luft.

1 Liter Luft wiegt bei 0° und 760 mm Barometerstand 1,295 g, ist also 773 mal leichter als 1 Liter Wasser und 14,46 mal schwerer als Wasserstoff. Der Druck, welchen die Luft auf die Oberfläche der Körper ausübt, wird durch die Höhe der Quecksilbersäule (Barometer) gemessen, welcher sie das Gleichgewicht hält. Bei 0° ist die Höhe dieser Säule am Meeresspiegel im Mittel = 760 mm. Je weiter man sich von der Erdoberfläche entfernt, desto mehr nimmt der Luftdruck ab. Da das spezifische Gewicht des Quecksilbers = 13,596 ist, so wirkt eine 760 mm hohe Quecksilbersäule auf einen Quadratzentimeter Grundfläche mit einem Drucke von 1033,3 g. Man nennt diesen Druck den Druck einer Atmosphäre.

Die unteren Schichten der atmosphärischen Luft enthalten Staubteilchen, Mikroorganismen und die durch das Zusammenleben der Menschen, sowie durch deren industrielle Einrichtungen in die Luft gelangenden Verunreinigungen. Eine gute, unverdorbene, d. h. von Verunreinigungen möglichst freie Luft ist für das Wohlbefinden von Menschen und Tieren durchaus erforderlich.

Den Reinheitsgrad der Atemluft (in Schulzimmern, Versammlungsräumen) pflegt man nach dem Gehalt an Kohlendioxyd zu bemessen. Ein Gehalt von 0,1 % Kohlendioxyd in Zimmerluft wird als der noch gerade zulässige bezeichnet. Pettenkofer konnte in mit Menschen überfüllten Räumen bis 0,4 % nachweisen. **Eine häufige Erneuerung der Luft in bewohnten Räumen durch Öffnen von Fenstern und Türen oder Anbringen von Ventilationsvorrichtungen muß als ein notwendiges Erfordernis der Gesundheitspflege bezeichnet werden.**

In der uns umgebenden Luft sind stets **Keime von Mikroorganismen** enthalten, sowohl **Keime von Bakterien**, wie solche von **Schimmelpilzen** und **Hefen**.

Verflüssigung der Luft. Der von **Linde-München** konstruierte Apparat, welcher eine Verflüssigung der Luft auf verhältnismäßig einfache Weise gestattet, ist für die Technik von Bedeutung geworden. Das Verfahren beruht darauf, daß die Abkühlung nutzbar gemacht ist, welche stark zusammengedrückte Gase bei plötzlicher Druckentlastung erleiden. In einem sog. Gegenstromapparat wird mittels doppelwandigen Schlangenrohres (s. Abb. 22) das durch plötzliche Ausdehnung abgekühlte Gas geringen Druckes um

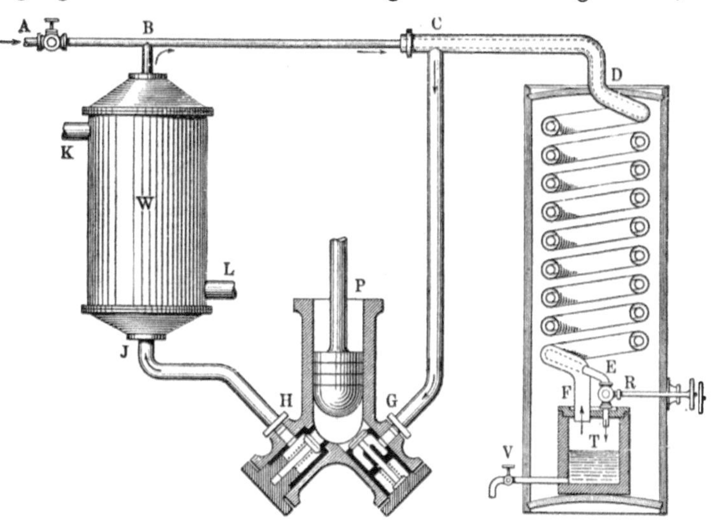

Abb. 22. Schema des Apparats von **Linde** zur Darstellung flüssiger Luft. *E* innere Schlange hohen Druckes, *F* äußere Schlange niederen Druckes, *R* Reduktionsventil, *T* Reservoir für flüssige Luft, *P* Pumpe, *W* Wasserkühler.

das entgegengesetzt strömende Gas von hohem Drucke herumgeführt. Hierdurch fällt schließlich die Temperatur der stark abgekühlten Luft unter die kritische.

Beschreibung des Lindeschen Apparates. (Nach Erdmann.) Ein spiralförmig aufgewundenes Doppelrohr *D* hat ca. 100 m Länge und ist gegen Erwärmung von außen sorgfältig geschützt. Das innere Rohr ist 3 cm, das äußere Rohr 6 cm im Lichten weit. Durch *A* tritt Preßluft in den Apparat ein. Durch die Pumpe *P* und genaue Einstellung des Drosselventils *R* werden bei Inbetriebsetzung des Apparates in dem inneren Eisenrohre ein Druck von 65 Atmosphären, in dem äußeren Spiralrohre hingegen etwa 22 Atmosphären erzeugt. Die Pumpe *P*, welche bei *G* Luft von 22 Atmosphären gesaugt, kann so natürlich mehr Arbeit leisten, als wenn gewöhnliche Luft von nur einer Atmosphäre Druck in die Pumpe eintreten würde. Sie befördert 22 mal soviel Luft. Bei *H* tritt diese Luft in stark erhitztem Zustande mit ca. 70 Atmosphären aus und wird bei *J* durch einen Kühler gepreßt, der bei *L* mit kaltem Wasser gespeist wird, das bei *K* wieder ausfließt. Die auf diese Weise wieder auf gewöhnliche Temperatur abgekühlte Luft geht unter erhöhter Pressung über *B* in dem 3 cm weiten Eisenrohr weiter, das bei *C* in das äußere Spiralrohr von 6 cm Weite eintritt und dieses nach 100 m Spiralwindung bei *E* wieder verläßt. An dieser Stelle ist das Reduzierventil *R* angebracht, das so eingestellt wird, daß der Druck hinter *R* nur noch 22 Atmosphären beträgt. Da die aus dem Drosselventil ausströmende Luft die in dem weiten Spiralrohr enthaltene, immer noch auf 22 Atmosphären zusammengedrückte Luft vor sich hertreibt und dadurch Arbeit leistet, findet eine weitere Abkühlung statt. Die abgekühlte Luft tritt aus dem Bassin *T* bei *F* in das Schlangenrohr von 6 cm Durchmesser ein, um über D, C und G zur Pumpe P zurückzukehren. Auf dem ganzen, 100 m langen Wege von F bis D kann diese abgekühlte Luft, da die Spirale von außen mit Wärmeschutzmasse sorgfältig umkleidet ist, nur auf Kosten der das engere Spiralrohr durchfließenden Luft höherer Spannung Wärme aufnehmen. Dieser Wärmeaustausch ist aber ein sehr vollständiger, da beide Luftströme nach dem Prinzip des Gegenstroms aneinander vorbeigeführt werden. Der Erfolg ist der, daß die Luft hoher Pressung bei E mit immer niedrigerer Temperatur aus dem Doppelrohre austritt, sich bei der Expansion in dem Gefäß T immer noch weiter abkühlt und so im Laufe einiger Stunden die Temperatur von ca. -190^0 erreicht. Da dies der Siedepunkt der Luft ist, so findet eine weitere Abkühlung der Luft nicht statt, sondern von nun an verdichtet sich die Luft in dem Gefäße T zu Flüssigkeit, und wenn man die so aus dem Stromkreise verschwindende Luft mit Hilfe des Ventils A ständig durch neue Preßluft ersetzt, so erhält man pro Stunde einige Liter flüssiger Luft. Durch Öffnen des Ventils V läßt man die flüssige Luft ausfließen und fängt sie in Holzeimern auf. Durch ausgeschiedenes festes Kohlendioxyd ist sie milchig-trübe. Sie wird durch Filtration geklärt.

Die flüssige Luft läßt sich in Dewarschen Kolben — das sind doppelwandige, versilberte Kolben, deren zwischen den beiden Wänden befindlicher Raum evakuiert ist — mehrere Tage lang aufbewahren. Der silberne Überzug schützt gegen **die** Wärmestrahlung.

Die flüssige Luft kann zu einer Reihe interessanter Experimente benutzt werden. Kohlendioxyd und Azetylen erstarren darin. Das fest gewordene Azetylen läßt sich anzünden und brennt ruhig ab. Taucht man einen glimmenden Holzspan in flüssige Luft, so wird er zur Flamme entfacht und brennt mit glänzendem Licht weiter. Quecksilber erstarrt in flüssiger Luft sofort zu einem schmiedbaren Metall. Alkohol verdickt sich und wird schließlich fest, so daß beim Umdrehen des Reagenzglases der Alkohol nicht mehr ausfließt. Bringt man kurze Zeit ein Stück Gummischlauch oder eine Blume, z. B. eine Rose, in die flüssige Luft, so lassen sich diese nach dem Herausnehmen mit einem Hammer zu einem groben Pulver zerschlagen. Man kann die Hand auf sehr kurze Zeit in die flüssige Luft von -190^0 eintauchen, ohne Schaden zu erleiden, da sich die Hand sogleich mit einer schützenden Gashülle umgibt. Bei dieser tiefen Temperatur der flüssigen Luft vollziehen sich chemische Umsetzungen entweder gar nicht mehr oder äußerst träge.

Verwendung der flüssigen Luft. Eine medizinale Verwendung der flüssigen Luft zur Zerstörung von krankhaftem Körpergewebe, Lupus u. dgl. ist nur vorübergehend und ohne sichtlichen Erfolg versucht worden. Von Interesse ist die Feststellung, daß von Bakterien sowohl Staphylococcusarten wie auch Milzbrandbazillen bei Einwirkung flüssiger Luft bis zu 8 Tagen nicht abgetötet wurden, nur zeigte es sich, daß die krankmachende Kraft der Milzbranderreger erheblich abgeschwächt war.

Für wissenschaftliche Zwecke wird von der durch die flüssige Luft erzielbaren starken Kältewirkung vielfach Gebrauch gemacht.

In technischer Beziehung glaubte man anfangs flüssige Luft für motorische Zwecke, zum Antrieb von Automobilen und sonstigen Kraftmaschinen verwenden zu können. Es stellte sich aber heraus, daß die zur Verflüssigung von Luft nötige Energie 6—7mal größer ist als die in einem Motor durch die Ausdehnung gewonnene Arbeitsleistung.

Ihres hohen Sauerstoffgehaltes wegen findet jedoch flüssige Luft neuerdings in zunehmendem Maße Verwendung zu Sprengzwecken. Man benutzt hierzu unter der Bezeichnung Oxyliquit Sprengkapseln, die mit flüssiger Luft getränkter Korkkohle oder auch mit flüssiger Luft und Kieselgur gefüllt sind, welche auf 60 Gewichtsteile 40 Teile Petroleum enthält. Die für Sprengzwecke verwendete flüssige Luft ist sehr sauerstoffreich; sie enthält bis gegen 80 % Sauerstoff.

Nach K. A. Hofmann dient der anfangs flüssige Sauerstoff nur dazu, den zur Verbrennung erforderlichen Sauerstoff „in möglichst konzentrierter Form als ausgiebigen Vorrat für die nachfolgende Vergasung darzubieten".

Verbindungen des Stickstoffs mit Wasserstoff.

Folgende Verbindungen bildet Stickstoff mit Wasserstoff:

Ammoniak, NH_3, Hydrazin, $NH_2—NH_2$. Stickstoffwasserstoffsäure, N_3H. Im Anschluß an diese Verbindungen soll noch das **Hydroxylamin, $NH_2 \cdot OH$,** besprochen werden.

Ammoniak. NH_3.

Vorkommen und Bildung: An Säuren gebunden, in geringer Menge im Erdboden, auch in der atmosphärischen Luft, im Regenwasser und in manchen Quellwässern. Es bildet sich bei der Verwesung stickstoffhaltiger organischer Stoffe, ebenso bei ihrer trockenen Destillation und ist daher in dem als Nebenprodukt erhaltenen Gaswasser der Leuchtgasfabriken enthalten. Stickstoff und Wasserstoff verbinden sich zu Ammoniak bei der dunklen elektrischen Entladung.

Erhitzt man Magnesium oder Kalzium in einer Stickstoffatmosphäre, so bilden sich Stickstoffmagnesium bzw. -Kalzium, die sich mit Wasser unter Ammoniakentwicklung zersetzen:

$$Mg_3N_2 + 3\,H_2O = 3\,MgO + 2\,NH_3.$$

Darstellung: Durch Erhitzen von Ammoniumsalzen mit starken Basen, wie Kalziumhydroxyd, Kalium- oder Natriumhydroxyd:

$$2\,NH_4Cl + Ca(OH)_2 = CaCl_2 + 2\,H_2O + 2\,NH_3.$$

Ammoniumsalze erhält man aus dem Gaswasser, das (s. oben) neben gasförmigen und teerigen Produkten bei der trockenen Destillation der Steinkohlen gewonnen wird. Diese enthalten gegen 0,5—1,5 % organisch gebundenen Stickstoff, der bei der trockenen Destillation zu ca. 25 % in Ammoniak übergeht, zum Teil aber auch die Bildung flüchtiger organischer Basen (Pyridinbasen, Anilin, Toluidin usw.) veranlaßt, die in das wässerige und teerige Destillat mitübertreten. Die Basen sind in dem wässerigen Destillat vorwiegend an Kohlensäure gebunden. Das aus dem Gaswasser durch Behandeln mit Alkalien oder Kalk unmittelbar gewonnene Ammoniak ist daher nicht rein, sondern mit fremden Stoffen, besonders Pyridinbasen, verunreinigt. Zur Befreiung von diesen und von Schwefelammon leitet man das rohe Ammoniakgas durch Kalkmilch, über feuchtes Eisenhydroxyd, Holzkohle, durch Paraffinöl usw. Um chemisch reines Ammoniak für analytische Zwecke herzustellen, leitet man das Gas in verdünnte Schwefelsäure, reinigt das aus der Lösung durch Abdampfen gewonnene Ammoniumsulfat durch Umkristallisieren und macht aus dem reinen Salz mit Natronlauge Ammoniak frei:

$$(NH_4)_2SO_4 + 2\,NaOH = Na_2SO_4 + 2\,NH_3 + 2\,H_2O.$$

Stickstoff und Wasserstoff lassen sich unmittelbar zu Ammoniak vereinigen, wenn man das Gasgemisch unter einem Drucke von 150—250 Atmosphären bei 500—600° über Osmium oder Urankarbid oder Eisenoxyde, die als Katalysatoren wirken, leitet. Starker Druck ist aus dem Grunde erforderlich, da NH_3-Bildung mit Volumverminderung einhergeht: 1 Vol. N + 3 Vol. H = 2 Vol. NH_3. Um Stickstoff und Wasserstoff in dem gewünschten Verhältnis 1 : 3 zur Ammoniakbildung zu erhalten, mischt man dem zur Erzeugung von Wasserstoff benutzten Wassergas-Dampfgemisch (s. Wasserstoffgewinnung Nr. 8) noch gleichzeitig Koksgeneratorgas hinzu, das man aus Koks und atmosphärischer Luft erhält, und welches aus 30 % Kohlenoxyd und 70 % Stickstoff besteht. Bei passendem Mischungsverhältnis wird dann ein Endgas von 1 N : 3 H erzielt.

Ammoniak kann auch mit Hilfe von Kalziumkarbid (s. dort) mit Vorteil gewonnen werden, indem man Stickstoff der Luft bei höherer Temperatur darauf einwirken läßt, wobei sich Kalziumzyanamid, $CaCN_2$, bildet, das im Wasserdampf bei hoher Temperatur in Kalziumkarbonat und Ammoniak übergeht:

$$CaCN_2 + 3\,H_2O = CaCO_3 + 2\,NH_3.$$

Diese beiden Verfahren werden zur Zeit in größtem Maßstabe zur Gewinnung von Ammoniak und weiterhin durch Oxydation des letzteren auch zur Gewinnung von Salpetersäure bzw. salpetersauren Salzen (Nitraten) benutzt (s. weiter unten).

Eigenschaften: Farbloses, stechend riechendes Gas, das bei -40^0 oder unter einem Drucke von 6—7 Atmosphären bei mittlerer Temperatur zu einer farblosen, leicht beweglichen Flüssigkeit vom spez. Gew. 0,6364 bei 0^0 verdichtet werden kann, die bei -75^0 kristallinisch wird. Spez. Gew. des Gases $= 0{,}5895$ (Luft $= 1$) oder 8,5 (H $= 1$). Ammoniak läßt sich durch eine Flamme an der Luft nicht entzünden, wohl aber verbrennt es in Sauerstoffgas mit gelblichgrüner Flamme zu Wasser und Stickstoff.

Leitet man einen raschen Luftstrom durch verflüssigtes Ammoniak, so verdunstet das Gas mit solcher Schnelligkeit, daß die Temperatur der Flüssigkeit bis zum Gefrierpunkt des Quecksilbers sinken kann.

Auf der Verdunstungskälte, welche bei dem schnellen Verdunsten des Ammoniaks aus starken Ammoniaklösungen erzeugt wird, beruht das Prinzip der Carréschen Eismaschine.

Die Carrésche Eismaschine (s. Abb. 23) besteht aus zwei starken, eisernen Gefäßen, die durch eine Röhre miteinander verbunden sind. Der Zylinder A ist zur Hälfte mit starker wässeriger Ammoniaklösung gefüllt und steht mittels des Rohraufsatzes b mit dem konisch zulaufenden Gefäß F in Verbindung, in dessen Mitte sich der Hohlraum E befindet. Man erwärmt den Zylinder A allmählich und kühlt gleichzeitig Gefäß F mit kaltem Wasser. Das Ammoniak wird hierbei ausgetrieben, das mitgerissene Wasser zum größten Teil in dem Rohr b verdichtet, während in dem Raum B der Vorlage F das Ammoniak sich zu einer Flüssigkeit verdichtet.

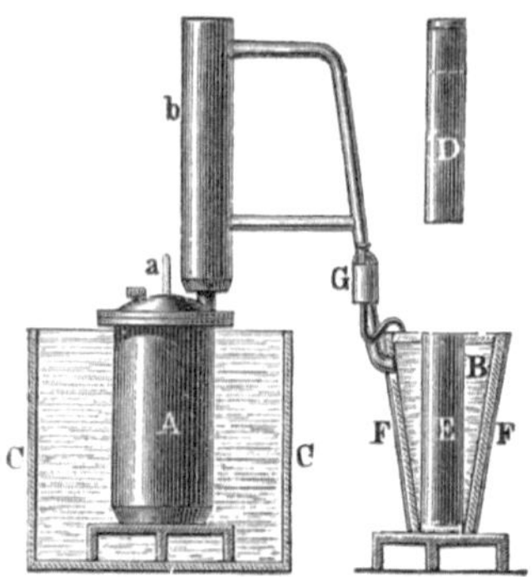

Abb. 23. Carrésche Eismaschine.

Entfernt man hierauf A vom Feuer und kühlt den Zylinder mit Wasser, so verdampft aus B das verflüssigte Ammoniak und wird von dem in A befindlichen Wasser wieder absorbiert. Schiebt man hierbei in den Hohlraum E das aus dünnem Blech bestehende und mit Wasser gefüllte Gefäß D, so gefriert das darin enthaltene Wasser zufolge der durch Vergasung des Ammoniaks entstehenden Verdunstungskälte.

Neuerdings werden zur Herstellung von künstlichem Eis an Stelle der Carréschen Eismaschine Apparate von Linde (mit flüssigem Ammoniak oder flüssiger Luft) oder von Pictet (mit flüssigem Schwefeldioxyd und Kohlendioxyd) benutzt.

Durch Glühhitze und ebenso durch die Einwirkung des elektrischen Funkens werden 2 Vol. Ammoniak in 1 Vol. Stickstoff und 3 Vol. Wasserstoff zerlegt.

Von Wasser wir Ammoniak mit großer Begierde aufgenommen und zu einer alkalisch reagierenden Flüssigkeit gelöst, welche man Ammoniakflüssigkeit, Ätzammoniak, Salmiakgeist, Liquor Ammonii caustici nennt. 1 Vol. Wasser nimmt bei 0^0 und 760 mm Atmosphärendruck 1050 Vol. NH_3 oder 1 g Wasser von $0^0 = 0{,}875$ g NH_3 auf zu einer Flüssigkeit vom spez. Gew. 0,870, enthaltend $47\,\%$ NH_3. In einer wässerigen Ammoniaklösung befindet sich je nach der Konzentration ein größerer oder kleinerer Teil des Ammoniaks als Ammoniumhydroxyd, NH_4OH, in ionisierter Form:

$$NH_4OH \;\rightleftharpoons\; [NH_4{}^{\boldsymbol{\cdot}}] + [OH'].$$

Eine Lösung von 17 g NH_3 auf 100 Liter Wasser enthält gegen $4\,\%$ NH_4-neben OH-Ionen. Letztere sind die Träger der basischen Reaktion. Durch Ammoniumchlorid findet eine Abschwächung derselben statt, die Folge einer Zurückdrängung der Dissoziation.

Mit Säuren verbindet sich Ammoniak zu gut kristallisierenden Salzen durch Addition, indem der Stickstoff in den fünfwertigen Zustand übergeht:

$$\overset{\text{III}}{N}{\Big\langle}{\overset{\textstyle H}{\underset{\textstyle H}{-H}}} + {\overset{\textstyle H}{\underset{\textstyle Cl}{}}} = \overset{\text{V}}{N}{\Big\langle}{\overset{\textstyle H_4}{\underset{\textstyle Cl}{}}}.$$

Die Gruppe NH_4 ist einwertig und spielt in den Salzen die Rolle eines Metalls. Sie führt den Namen „Ammonium"; ihre Salze heißen **Ammoniumsalze**. Auf Zusatz starker Basen zu den Ammoniumsalzen werden diese — besonders leicht beim Erwärmen — zerlegt, und Ammoniak entweicht gasförmig.

Die Verwandtschaft des Ammoniaks zu Säuren ist eine sehr große. In einer Ammoniakatmosphäre bildet sich um einen an einem Glasstabe hängenden Salzsäuretropfen ein weißer Nebel von Ammoniumchlorid (**Salmiaknebel**).

Zum Nachweis sehr kleiner Mengen von Ammoniak oder Ammoniumsalzen benutzt man das **Neßlersche Reagens** (eine Auflösung von Quecksilberjodid in alkalischer Kaliumjodidlösung).

Zur Herstellung des Reagens löst man 1 g Kaliumjodid in 3 g Wasser und fügt so viel rotes Quecksilberjodid hinzu, wie sich dieses noch löst (gegen 1,6 g), verdünnt mit 9 g Wasser und versetzt mit 20 g Kalilauge (15 %). Nach dem Absetzen filtriert man durch Asbest. Man bewahrt die Lösung in Glasstöpselgefäßen vor Licht geschützt auf.

Neßlers Reagens ruft in Ammoniaklösungen einen braunen oder roten Niederschlag der Zusammensetzung $J \cdot Hg \cdot O \cdot Hg \cdot NH_2$ hervor.

Prüfung des Liquor Ammonii caustici: Gehalt 9,94—10 % NH_3 (Mol.-Gew. 17,03). Klare, farblose, flüchtige Flüssigkeit von stechendem Geruch und stark alkalischer Reaktion. Spez. Gew. 0,959—0,960, Dichte 0,957—0,958.

Ammoniakflüssigkeit ist durch ihren Geruch hingänglich gekennzeichnet. Bei Annäherung von Salzsäure bildet sie dichte, weiße Nebel (von **Ammoniumchlorid**).

Die Prüfung hat sich auf Verunreinigungen durch **Ammoniumkarbonat, Metalle, auf Sulfat- und Chloridgehalt,** sowie **empyreumatische** Stoffe zu erstrecken. Siehe D. A. B. VI.

Zur **Gehaltsbestimmung** werden 4 g Ammoniakflüssigkeit mit 30 ccm n-Salzsäure versetzt und die Mischung mit n-Kalilauge titriert. Auf 4 g Ammoniakflüssigkeit müssen 23,35—23,49 ccm n-Salzsäure verbraucht werden, so daß zum Zurücktitrieren des Säureüberschusses nicht mehr als 6,65 und nicht weniger als 6,51 ccm n-Kalilauge erforderlich sind (1 ccm n-Salzsäure = 0,017032 g Ammoniak, Methylorange als Indikator). Durch 23,35 ccm n-Salzsäure werden 0,017032 · 23,35 = 0,3976972 g, das sind 0,3976972 · 25 = 9,94 % NH_3; durch 23,49 ccm n-Salzsäure werden 0,017032 · 23,49 = 0,40008168 g, das sind 0,40008168 · 25 = rund 10 % NH_3 festgestellt.

Anwendung: Zur Herstellung von Linimenten, als Riechmittel, zu Einreibungen, bei Insektenstichen, innerlich bei Husten, z. B. zur Bereitung des Liquor Ammonii anisatus. Ausgedehnte Verwendung findet Ammoniak in der Technik, u. a. zur Herstellung von Salpeter, von künstlichem Eis.

Als Gegenmittel bei Vergiftungen mit Ammoniak dienen Auspumpen des Mageninhalts und schleimige, zitronensäurehaltige Getränke.

Man muß die Ammoniakflüssigkeit, da sie die Korke zerstört und sich dabei dunkel färbt, in Gefäßen mit Glasstopfen aufbewahren.

Ein im Handel erhältlicher **Liquor Ammonii caustici triplex** enthält bei einem spezifischen Gewicht von 0,910 dreißig Gew.-% NH_3. Eine Lösung von Ammoniak in Weingeist führt den Namen **Liquor Ammonii caustici spirituosus oder Spiritus Dzondii.**

Ammoniak läßt sich durch Sauerstoff je nach der dabei obwaltenden Temperatur in die verschiedenen Oxydationsstufen des Stickstoffs überführen; so entstehen bei gegen 500° Stickoxyd, salpetrige Säure, Salpetersäure. Als erstes Oxydationsprodukt des Ammoniaks wird die Bildung von NOH angenommen. Übersteigt die Temperatur 750°, so wird durch den Sauerstoff aus dem Ammoniak der gesamte Wasserstoff herausgenommen, und es entsteht Stickstoff neben Wasser:

$$4NH_3 + 3O_2 = 2N_2 + 6H_2O.$$

Die Oxydationsfähigkeit des Ammoniaks durch Sauerstoff bei Gegenwart von Katalysatoren zu Stickoxyden hat technische Bedeutung erlangt, da dieses

Verfahren in größtem Maßstabe zur Herstellung von Salpetersäure und deren Salzen geführt und Deutschland hinsichtlich seiner Versorgung mit Salpetersäure und deren Salzen unabhängig vom Chilesalpeter (s. S. 78) gemacht hat.

Hydrazin, Diamid. NH_2-NH_2.

Darstellung: Durch Reduktion von Stickoxydkaliumsulfit mit Natriumamalgam:

$$K_2SO_3 \cdot N_2O_2 + 3H_2 = NH_2-NH_2 \cdot H_2O + K_2SO_4;$$

oder nach Raschig aus Hypochlorit und Ammoniak:

$$NaOCl + NH_3 = NH_2Cl + NaOH$$

$$NH_2Cl + NH_3 = NH_2-NH_2 \cdot HCl.$$

Das zunächst entstandene Monochloramin ist leicht zersetzlich:

$$3NH_2Cl = N_2 + NH_3 + 3HCl.$$

Um Verluste an Hydrazin zu vermeiden, verwendet man einen großen Überschuß an Ammoniak. Ein Zusatz von Leim erhöht die Ausbeute.

Das Hydrazin besitzt ein starkes Reduktionsvermögen.

Stickstoffwasserstoffsäure, Azoïmid, $\begin{matrix} N \\ \| \\ N \end{matrix} \rangle NH$ oder $N{=}N{=}NH$ (Angeli)

bildet einen auf das heftigste explodierenden Stoff, welcher die Eigenschaften einer Säure besitzt. Das Natriumsalz erhält man, indem man auf das aus metallischem Natrium und Ammoniak gebildete Natriumamid:

$$2NH_3 + 2Na = 2NH_2Na + H_2$$

bei höchstens 190^0 Stickoxydul solange einwirken läßt, bis die Ammoniakentwicklung aufgehört hat:

$$2NH_2Na + N_2O = N_3Na + NaOH + NH_3.$$

Man kann die freie Säure durch Destillation des Natriumsalzes mit verdünnter Schwefelsäure gewinnen. Unterhalb 45^0 geht eine 90proz. Säure über, die mit Kalziumchlorid entwässert werden kann. Die freie Säure riecht unangenehm und bewirkt beim Einatmen eine Schwellung der Nasenschleimhäute; die Dämpfe, in eine Flamme geleitet, explodieren sehr heftig.

Die Salze der Säure heißen Azide. Das durch Stoß und Schlag äußerst heftig explodierende Bleiazid $Pb(N_3)_2$ wird als Initialzünder bei Sprengstoffen benutzt.

Hydroxylamin. NH_2OH.

Man gewinnt Hydroxylamin durch Einwirkung von Zinn und Salzsäure (naszierendem Wasserstoff) auf Salpetersäureäthylester.

Aus dem salzsauren Hydroxylamin, das in Form eines weißen Kristallmehls im Handel erhältlich ist, setzt man das Hydroxylamin mit Natriummethylat in Freiheit:

$$NH_2 \cdot OH \cdot HCl + CH_3ONa = NH_2OH + CH_3OH + NaCl.$$

Man kann Hydroxylamin auch auf elektrolytischem Wege durch Reduktion der Salpetersäure gewinnen.

Hydroxylamin bildet farblose Nadeln, welche schon bei normaler Temperatur in Wasser, Stickstoff und Ammoniak zerfallen:

$$3NH_2OH = NH_3 + N_2 + 3H_2O.$$

Diese Zersetzung vollzieht sich bei 100^0 unter Explosionserscheinungen.

Die Lösung des Hydroxylamins wirkt stark reduzierend. Aus Silbersalzen scheidet sie metallisches Silber ab, aus Quecksilberchloridlösung Kalomel, aus Kupferoxydsalzen Kupferoxydul. Das salzsaure Salz Hydroxylaminum hydrochloricum, ist wegen seiner reduzierenden Eigenschaften in der dermatologischen Praxis an Stelle des Chrysarobins empfohlen worden.

Verbindungen des Stickstoffs mit den Halogenen.

Chlorstickstoff, NCl_3. Bei der Einwirkung von Chlor auf überschüssiges Ammoniak entweicht zunächst Stickstoff, bei einem Überschuß von Chlor bildet sich durch die Einwirkung des Chlors auf vorher entstandenes Ammoniumchlorid Chlorstickstoff:

$$NH_4Cl + 3\,Cl_2 = NCl_3 + 4\,HCl.$$

Chlorstickstoff ist eine gelbe, ölige, explodierende Flüssigkeit.

Jodstickstoff. Bei der Einwirkung von Ammoniak auf eine wässerige Lösung von Jod in Kaliumjodid scheidet sich ein schwarzer, pulverförmiger Stoff von der Zusammensetzung $NH_3 \cdot NJ_3$ ab. Außer dieser sind noch mehrere andere Jodstickstoffverbindungen dargestellt worden. Sie sind alle mehr oder weniger explosiv.

Um die Explodierbarkeit zu zeigen, übergießt man in einem Schälchen gepulvertes Jod mit starker Ammoniakflüssigkeit und trägt nach mehrstündigem, ruhigem Stehenlassen die feuchte schwarze Masse auf Filtrierpapierstückchen, die man auf einem Brett mit einer Nadel befestigt und bei gewöhnlicher Temperatur trocknen läßt (Vorsicht!). Beim Berühren der trockenen Masse mit einer Federfahne findet unter starkem Knall Explosion statt.

Verbindungen des Stickstoffs mit Sauerstoff.

Stickstoff bildet mit Sauerstoff folgende Oxyde und Hydroxyde:

Oxyde:	**Hydroxyde:**
N_2O Stickoxydul (Stickstoffoxydul)	$H_2N_2O_2$ Untersalpetrige Säure
NO Stickoxyd (Stickstoffoxyd)	HNO_2 Salpetrige Säure
N_2O_3 Sticktrioxyd (Salpetrigsäureanhydrid)	HNO_3 Salpetersäure.
N_2O_4 Sticktetroxyd	
N_2O_5 Stickpentoxyd (Salpetersäureanhydrid).	

Stickoxydul, N_2O, wird dargestellt durch Erhitzen von Ammoniumnitrat, das in Stickoxydul und Wasser hierbei zerfällt:

$$NH_4NO_3 = N_2O + 2\,H_2O.$$

In der in ein Sandbad eingesetzten Retorte R (Abb. 24) wird Ammoniumnitrat erhitzt, in der Vorlage V sammelt sich das Wasser, während durch das Rohr r Stickoxydul

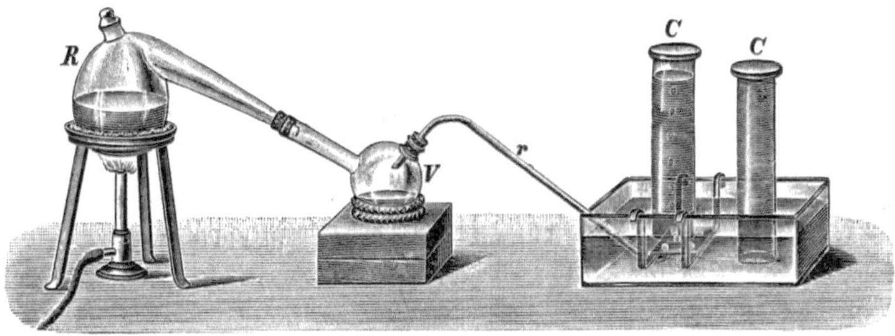

Abb. 24. Darstellung von Stickoxydul durch Erhitzen von Ammoniumnitrat.

entweicht. Man fängt es in den Zylindern C in einer pneumatischen Wanne über warmem Wasser oder über Kochsalzlösung auf, weil es sich in Wasser reichlich löst (1 Vol. Wasser löst bei 20° 0,67 Vol.).

Stickoxydul ist ein farb- und geruchloses Gas von süßlichem Geschmack. Spez. Gew. 1,53 (Luft = 1). Durch starke Abkühlung oder durch einen Druck von 30 Atmosphären bei 0° läßt es sich zu einer farblosen Flüssigkeit verdichten. Läßt man verflüssigtes Stickoxydul schnell verdampfen, so erstarrt es zu einer kristallinischen Masse, deren Schmelzpunkt bei — 102,3° liegt.

Wird ein Gemisch von 4 Vol. N_2O und 1 Vol. Sauerstoff $1\frac{1}{2}$—2 Minuten lang eingeatmet, so ruft es Heiterkeit und Berauschung hervor. Man nennt Stickoxydul deshalb auch Lustgas oder Lachgas. In größerer Menge eingeatmet, erzeugt es einen bewußt- und gefühllosen Zustand und wurde deshalb bei schmerzhaften Zahnoperationen früher vielfach gebraucht. In neuerer Zeit findet die Lachgasnarkose in chirurgischen Kliniken steigende Verwendung (Klemperer-Rost).

Stickoxydul fördert die Verbrennung nahezu wie reiner Sauerstoff; so läßt sich in dem Gase ein glimmender Holzspan entflammen, Phosphor brennt darin mit lebhaft weißem Licht.

Man gibt der Verbindung neuerdings die Konstitutionsformel $N \equiv N = O$ wegen ihrer nahen Beziehungen zur Stickstoffwasserstoffsäure (s. dort).

Untersalpetrige Säure, $H_2N_2O_2$. Man erhält die Salze der untersalpetrigen Säure durch Reduktion salpetrigsaurer Salze mittels Natriumamalgams oder durch Elektrolyse.

Das aus dem Kaliumsalz mit Silbernitrat als hellgelbes Pulver erhaltene Silbersalz zersetzt sich beim Erhitzen über 100^0 unter heftiger Explosion. Trägt man das Silbersalz in Äther ein, welcher mit trockenem Chlorwasserstoff gesättigt ist, und dunstet das Filtrat im Vakuum ab, so kommt die freie untersalpetrige Säure in Kristallblättchen heraus. Sie ist explosiv.

Stickoxyd, NO, entsteht beim Lösen von Metallen wie Kupfer, Wismut, Blei, Silber in Salpetersäure:

$$3\,Cu + 8\,HNO_3 = 3\,Cu(NO_3)_2 + 4\,H_2O + 2\,NO.$$

Rein wird es erhalten durch Erwärmen von Salpeter mit einer salzsäurehaltigen Lösung von Eisenchlorür:

$$3\,FeCl_2 + HNO_3 + 3\,HCl = 3\,FeCl_3 + 2\,H_2O + NO.$$

Stickoxyd ist ein farbloses Gas vom spez. Gew. 1,3426. Es läßt sich zu einer Flüssigkeit verdichten, die bei tiefer Temperatur kristallinisch erstarrt. Schmelzpunkt $- 167^0$. Von Wasser wird es wenig gelöst, leicht von Eisenoxydulsalzlösungen, und zwar mit dunkelbrauner Farbe. Beim Erhitzen dieser Lösungen entweicht es wieder farblos. An der Luft oxydiert sich Stickoxyd bei Temperaturen unter 150^0 durch den molekularen Sauerstoff schnell zu den rotbraunen Dämpfen von Stickdioxyd:

$$2\,NO + O_2 = 2\,NO_2.$$

Stickoxyd ist eine endotherme Verbindung; sie zerfällt, wenn die Temperatur 700^0 übersteigt. Besonders schnell verläuft der Zerfall bei 1600^0. Durch Oxydationsmittel (angesäuerte Kaliumpermanganatlösung, unterchlorige Säure) wird Stickoxyd zu Salpetersäure oxydiert.

Sticktrioxyd, Stickstoffsesquioxyd, N_2O_3, entsteht beim Durchleiten eines Gemenges von 4 Vol. Stickoxyd und 1 Vol. Sauerstoff durch ein auf $- 18^0$ abgekühltes Rohr und wird praktisch dargestellt durch Erwärmen von arseniger Säure mit konz. Salpetersäure:

$$As_4O_6 + 4\,HNO_3 + 4\,H_2O = 2\,N_2O_3 + 4\,H_3AsO_4.$$

Unter $- 21^0$ ist Sticktrioxyd eine **tiefblaue Flüssigkeit,** die bei gegen $+ 3^0$ zu sieden anfängt und sich dabei zum Teil in Sticktetroxyd und Stickoxyd zersetzt: $2\,N_2O_3 = N_2O_4 + 2\,NO.$

Beim Abkühlen vereinigen sich beide wieder zu Sticktrioxyd.

Läßt man Sticktrioxyd auf wenig kaltes Wasser einwirken, so entsteht wahrscheinlich salpetrige Säure: $N_2O_3 + H_2O = 2\,HNO_2$, bei Zusatz von mehr Wasser und bei höherer Temperatur aber zersetzt sich die salpetrige Säure unter Bildung von Salpetersäure und Stickoxyd:

$$3\,HNO_2 = HNO_3 + 2\,NO + H_2O.$$

Auf konz. Schwefelsäure wirkt Sticktrioxyd unter Bildung von Nitrosylschwefelsäure ein:

$$N_2O_3 + 2\,H_2SO_4 = 2\,(ON)HSO_4 + H_2O.$$

Die Salze der salpetrigen Säure lassen sich durch Glühen von salpetersauren Salzen gewinnen:

$$2\,KNO_3 = 2\,KNO_2 + O_2.$$

Die Abgabe von Sauerstoff wird erleichtert, wenn man der Schmelze reduzierend wirkende Metalle (wie Blei) oder ameisensaures Salz hinzumischt.

Die wässerige Lösung der salpetrigen Säure scheidet aus Jodiden freies Jod ab. So wird ein mit Zinkjodidstärkelösung getränktes Papier beim Eintauchen in die mit einer Mineralsäure versetzte Lösung eines salpetrigsauren Salzes (Nitrites) gebläut:

$$2\,HJ + 2\,HNO_2 = J_2 + 2\,H_2O + 2\,NO.$$

Sticktetroxyd, N_2O_4, und **Stickdioxyd,** NO_2. Sticktetroxyd ist bei höherer Temperatur nicht beständig. Eine Molekel desselben zerfällt in zwei Molekeln NO_2.

Man erhält N_2O_4 beim Erhitzen von trockenem Bleinitrat:

$$2\,Pb(NO_3)_2 = 2\,PbO + \underbrace{2\,N_2O_4 + O_2}_{bzw.\,4\,NO_2}$$

und Verdichten der aus Stickdioxyd bestehenden rotbraunen Dämpfe in einem U-förmigen Rohr durch eine Kältemischung. Farblose Flüssigkeit, die bei Abkühlung auf -20^0 zu einer farblosen Kristallmasse erstarrt. Bei Zunahme der Temperatur färbt sich die Flüssigkeit gelb bis rotbraun; sie siedet bei 22^0. Mit weiter steigender Temperatur wird der Dampf dunkler, während zugleich sein Volumgewicht abnimmt. Dies erklärt sich durch die fortschreitende Dissoziation der Molekeln N_2O_4 in $2\,NO_2$.

Mit Eiswasser zerfällt Sticktetroxyd in Salpetersäure und salpetrige Säure:

$$N_2O_4 + H_2O = HNO_3 + HNO_2.$$

Sticktetroxyd ist daher als das gemischte Anhydrid der Salpetersäure und der salpetrigen Säure aufzufassen.

Bringt man Sticktetroxyd mit heißem Wasser zusammen, so entstehen Salpetersäure und Stickoxyd:

$$3\,N_2O_4 + 3\,H_2O = 4\,HNO_3 + 2\,NO + H_2O.$$

Stickpentoxyd, N_2O_5, entsteht bei vorsichtigem Erwärmen von Phosphorsäureanhydrid mit Salpetersäure:

$$2\,HNO_3 + P_2O_5 = N_2O_5 + 2\,HPO_3.$$

Farblose, rhombische Säulen, die zuweilen von selbst unter Explosion in Sticktetroxyd und Sauerstoff zerfallen.

Salpetersäure, Acidum nitricum, HNO_3. Findet sich in der Natur in Form von Salzen, den Nitraten, welche den Namen Salpeter (abgeleitet von Sal petrae wegen des Vorkommens in porösen alkalireichen Gebirgs- und Erdschichten) führen. Man unterscheidet zwischen Natron- oder Chilesalpeter (salpetersaures Natrium, Natriumnitrat, in großen Lagern in Chile vorkommend), Kalisalpeter (salpetersaures Kalium, Kaliumnitrat) und Kalksalpeter (Mauersalpeter, salpetersaures Kalzium, Kalziumnitrat). Dieser kristallisiert in der Nähe von Aborten an den Wänden aus.

Zur Darstellung von Salpetersäure dienen entweder Kalium- oder Natriumnitrat, meist das letztere, welches mit Schwefelsäure der Destillation unterworfen wird. Je nach der Reinheit der angewendeten Rohstoffe erhält man die verschiedenen Handelssäuren (rohe Salpetersäure, reine Salpetersäure); je nach dem Mengenverhältnis der aufeinander einwirkenden Verbindungen (Schwefelsäure und Salpeter) werden entweder gewöhnliche oder rauchende Salpetersäure gebildet.

Läßt man auf 1 Molekel Natriumnitrat 1 Molekel Schwefelsäure einwirken:

$$NaNO_3 + H_2SO_4 = NaHSO_4 + HNO_3,$$

so hinterbleibt Natriumbisulfat, während Salpetersäure entweicht. Dieser Vorgang vollzieht sich schon bei gegen 150^0.

Verwendet man hingegen auf 2 Molekeln Salpeter nur 1 Molekel Schwefelsäure, so erfolgt zunächst, wie in dem ersten Falle die Bildung von Natriumbisulfat, dieses wirkt sodann auf die zweite noch nicht angegriffene Molekel Natriumnitrat ein:

$$NaNO_3 + NaHSO_4 = Na_2SO_4 + HNO_3.$$

Die Zerlegung des Natriumnitrats durch das Natriumbisulfat findet erst zwischen 200^0 und 300^0 statt, bei welcher Temperatur die sich entwickelnde Salpetersäure bereits eine Zersetzung erleidet:

$$4\,HNO_3 = 2\,H_2O + 2\,N_2O_4 + O_2.$$

Man erhält daher ein Gemisch von Salpetersäure und Untersalpetersäure. Aus einem solchen besteht die **rauchende Salpetersäure** des Handels.

Darstellung von roher Salpetersäure: Man läßt rohe Schwefelsäure (Pfannensäure) auf Chilesalpeter einwirken. Die Destillation wird entweder aus gläsernen oder häufiger aus gußeisernen Retorten bewirkt. In ersterem Falle befinden sich eine größere Anzahl solcher Retorten in eiserne Kapellen eingesetzt, welche zu einem sog. „Galeerenofen" vereinigt sind und gleichzeitig geheizt werden können. Mit den Retorten verbindet man in der Regel aus Ton gefertigte Vorlagen (Abb. 25).

Abb. 25. Galeerenofen zur Gewinnung von Salpetersäure.

Um bei möglichst niedriger Temperatur destillieren zu können, verbindet man die gut schließenden Vorlagen mit einer Saugvorrichtung und zieht die Salpetersäure bei vermindertem Druck ab.

Um eine chlorhaltige Salpetersäure zu reinigen, kann man sie mit dem gleichen Raumteil Schwefelsäure versetzen und im Vakuum destillieren. Eine auf diese Weise erhältliche 98—99 proz. Salpetersäure erstarrt beim Abkühlen auf — $41,3^0$ zu farblosen Kristallen.

Destilliert man eine wenig mit Wasser verdünnte Salpetersäure, so erhält man zunächst eine stärkere Säure, dann eine verdünntere. Wird aber eine 20—25 proz. Salpetersäure der Destillation unterworfen, so geht zunächst Wasser über und dann bei 120^0 eine gegen 68 % Salpetersäure haltende Flüssigkeit.

Die wenig Wasser haltende reine Salpetersäure zerfällt bei der Destillation in das rotbraune Stickoxyd, Wasser und Sauerstoff:

$$4\,HNO_3 \rightleftarrows 4\,NO_2 + 2\,H_2O + O_2.$$

Im Dunkeln und bei gewöhnlicher Temperatur wirken die Spaltprodukte wieder zum großen Teil unter Bildung von Salpetersäure aufeinander ein.

Die meisten Metalle werden von Salpetersäure energisch angegriffen, Kupfer, Silber, Blei, Quecksilber unter Entbindung von Stickoxyd zu Nitraten gelöst. Da Gold und Platin von Salpetersäure nicht angegriffen werden, kann man sie zur **Scheidung** von Silber benutzen und nennt sie daher auch **Scheidewasser.**

Neuerdings wird Salpetersäure durch katalytische Oxydation des Ammoniaks gewonnen, indem man mit einem Eisenoxydkontakt, der Wismut enthält, arbeitet. Die hierbei entstehenden sog. nitrosen Gase werden auf Salpetersäure in der Weise verarbeitet, daß man sie in großen Reaktionstürmen mit Wasser bzw. Sodalösungen im Gegenstrom behandelt. In ersterem Falle erhält man eine Salpetersäure von 50 %, die in besonderen Apparaten mit Hilfe von Schwefelsäure konzentriert wird.

Auch gewinnt man Salpetersäure nach dem Verfahren von **Birkeland** und **Eyde** aus der atmosphärischen Luft dadurch, daß man auf die Luft eine kräftige elektrische Entladung in flächenartiger Ausbreitung einwirken läßt. Diese wird durch Elektromagnete erreicht, die einen hochgespannten Wechselstrom im rechten Winkel zur Kraftrichtung abwechselnd nach oben und unten ablenken. Hierbei wird eine Konzentration der aus dem Ofen austretenden Gase von 2% Stickoxyd erzielt. Notwendig ist die rasche Abkühlung der Stickoxyd enthaltenden Luft, damit NO nicht wieder zerfällt.

Prüfung des Acidum nitricum. Gehalt 24,8—25,2% Salpetersäure HNO_3 (Mol.-Gew. 63,02). Klare, farblose, in der Wärme flüchtige Flüssigkeit. Spez. Gew. 1,149—1,152, Dichte 1,145—1,148.

Erwärmt man die Säure mit Kupferdraht, so löst sich dieser unter Entwicklung gelbroter Dämpfe zu einer blauen Flüssigkeit.

Löst man einen kleinen Kristall Ferrosulfat in einigen Kubikzentimetern einer sehr verdünnten Salpetersäurelösung und unterschichtet die Lösung mit konz. Schwefelsäure, so entsteht an der Berührungsfläche beider Flüssigkeiten ein brauner Ring.

Fügt man zu einer Lösung von wenig Bruzin in einigen Tropfen konz. Schwefelsäure einen Tropfen einer sehr verdünnten Salpetersäurelösung, so entsteht eine rote Färbung, die allmählich in Gelb übergeht. Noch in einer Verdünnung von 1 : 100000 läßt sich Salpetersäure mit Bruzin nachweisen.

Eine Lösung von wenig Diphenylamin (s. organische Chemie) in konz. Schwefelsäure wird durch einen Tropfen einer sehr verdünnten Salpetersäurelösung kornblumenblau gefärbt.

Die Reinheitsprüfung der Salpetersäure erstreckt sich auf den Nachweis von Salzsäure oder Chloriden, Schwefelsäure, Metallen, Jod oder Jodsäure (s. D. A. B.VI).

Zur Gehaltsbestimmung verdünnt man 5 g Salpetersäure mit 25 ccm Wasser und titriert mit n-Kalilauge. Es müssen 19,7—20 ccm dieser verbraucht werden (Methylorange als Indikator, welcher jedoch erst in der Nähe des Neutralisationspunktes zuzusetzen ist).

1 ccm n-KOH entspricht 0,06302 g HNO_3, 19,7 ccm also $19,7 \cdot 0,06302 = 1,241494$ g, das sind $1,241494 \cdot 20 =$ rund 24,8 %, bzw. $20 \cdot 0,06302 = 1,2604$ g, das sind $1,2604 \cdot 20 =$ rund 25 % Salpetersäure.

Medizinische Anwendung der Salpetersäure: Äußerlich als Ätzmittel zur Zerstörung kleiner Tumoren (die rauchende Salpetersäure ist vorzuziehen), auch zum Bepinseln hypertrophischer und chronisch entzündeter Tonsillen, darauf Mundspülen mit alkalischen Lösungen; verdünnt in Pinselsäften 0,5—1,0 g auf 25,0 g, Gurgelwässern, Einspritzungen 1,0—2,0 g, auf 100,0 g Wasser bei Fluor albus, zum Aufstreichen auf torpide Frostbeulen (Rustsches Frostwasser). Als energisches Kauterisationsmittel gegen Krebsgeschwüre usw. (Klemperer-Rost).

Die rohe Salpetersäure, Acidum nitricum crudum, bildet eine klare, meist gelblich gefärbte, an der Luft schwach rauchende Flüssigkeit vom spez. Gew. 1,38—1,40, Dichte 1,372—1,392 (20°/4°), (61—65% HNO_3). Sie ist verunreinigt durch kleine Mengen Untersalpetersäure, Chlor, Schwefelsäure, zuweilen auch Jod und Jodsäure.

Die rohe Salpetersäure führt außer den Namen Aqua fortis, Spiritus nitri acidus auch die Bezeichnung Scheidewasser.

Die rauchende Salpetersäure, Acidum nitricum fumans, Acidum nitroso-nitricum, Spiritus nitri fumans, bildet eine klare, rotbraune Flüssigkeit, welche erstickend wirkende, gelbrote Dämpfe ausstößt. Spez. Gew. 1,486 bzw. Dichte mindestens 1,476. (Gehalt ca. 86% Salpetersäure.) Die rauchende Salpetersäure ist ein starkes Oxydationsmittel; sie wirkt auf viele organische Stoffe zuweilen unter Feuererscheinung ein. Bei ihrer Anwendung als Ätzmittel (z. B. auf Warzen) ist Vorsicht geboten. Sie färbt tierische Haut augenblicklich gelb.

Salpetersäure ist vorsichtig aufzubewahren!

Königswasser, Aqua regis, so genannt, weil die Flüssigkeit den König der Metalle, das Gold (auch Platin) zu lösen vermag, wird durch Mischen von 1 Molekel Salpetersäure und 3 Molekeln Chlorwasserstoffsäure hergestellt. Dabei bilden sich Nitrosylchlorid (NOCl) und freies Chlor, welche ihre lösende Wirkung auf Metalle ausüben:

$$HNO_3 + 3\,HCl = NOCl + Cl_2 + 2\,H_2O.$$

Phosphor.

Phosphorus, $P = 31{,}02$. Molekulargewicht $P_4 = 124{,}08$. Spez. Gew. 1,83 (für die rote Modifikation 2,34). **Drei- und fünfwertig.**

Phosphor wurde 1669 von **Brand** in Hamburg bei der trockenen Destillation von Harn zuerst beobachtet, bald darauf auch von **Kunkel** und **Boyle** dargestellt und ein Jahrhundert später erst von **Gahn** in den Knochen aufgefunden.

Der Name leitet sich ab von dem griechischen $\varphi\tilde{\omega}\varsigma$ (phos) **Licht** und $\varphi\acute{o}\varrho o\varsigma$ (phoros) **Träger,** bedeutet also **Lichtträger.** Diese Bezeichnung rührt daher, daß der Phosphor im Dunkeln leuchtet.

Vorkommen: Weit verbreitet in Form phosphorsaurer Salze, der **Phosphate,** namentlich als Kalziumsalz, aus welchem die Mineralien **Phosphorit, Apatit, Osteolith** im wesentlichen bestehen (s. Kalziumphosphat). Durch Verwitterung dieser und anderer, Kalziumphosphat enthaltender Mineralien gelangen die Phosphate in die Ackerkrume, aus welcher sie von den Pflanzen aufgenommen werden und zur Bildung zusammengesetzter anorganischer und organischer Verbindungen dienen. Das Knochengerüst der Tiere besteht zum größten Teil aus Kalziumphosphat. Ein Aluminiumphosphat ist der **Wawellit,** ein Ferrophosphat der **Vivianit.** In dem Eigelb, der Hirn- und Nervensubstanz kommt Phosphor in Form organischer Verbindungen (der **Lezithine**) vor. Diese sind fettartige Substanzen, welche beim Kochen mit Säuren oder Basen in hochmolekulare Fettsäuren, **Glyzerinphosphorsäure** und **Cholin** (s. organischen Teil) zerfallen.

Gewinnung: Tertiäres Kalziumphosphat (meist verwendet man den aus Florida bezogenen, aus gegen 80 % Kalziumphosphat bestehenden Phosphorit) bringt man unter Zusatz von Kieselsäure (Sand) und Kohle in einem mit Schamottesteinen ausgekleideten eisernen Turm mit Hilfe der durch einen elektrischen Flammenbogen im Innern des Gemisches erzeugten hohen Temperatur in Reaktion:

$$2\,Ca_3(PO_4)_2 + 10\,C + 6\,SiO_2 = 6\,CaSiO_3 + 10\,CO + P_4\,.$$

Der obere Teil des Turmes enthält eine Abzugsöffnung für den abdestillierenden Phosphor, der mit Kohlenoxyd gemischt entweicht und unter Wasser aufgefangen wird. Außerdem befindet sich im oberen Teil des Turmes eine verschließbare Öffnung zum Nachfüllen des Reaktionsgemisches und am Boden eine Vorrichtung zum Ablassen des geschmolzenen Silikates.

Phosphor kommt entweder in runden, dicken Scheiben, die tortenartig zerschnitten sind, oder in Stangen gegossen in den Handel.

Eigenschaften: Durchscheinender, schwach gelblicher, wachsähnlicher, sehr giftiger Stoff. Spez. Gew. 1,83, Schmelzpunkt 44,1⁰, Siedepunkt 287⁰. Aus der Dichte seines farblosen Dampfes berechnet sich das Molekulargewicht 124,08. Da das Atomgewicht des Phosphors $= 31{,}02$ ist, so muß die Phosphormolekel im Dampfzustand **vieratomig** sein.

Bei der Einwirkung des Sonnenlichtes nimmt Phosphor eine gelbe Farbe an und überzieht sich allmählich mit einer undurchsichtigen rötlichweißen Schicht. In Wasser ist er unlöslich, in Äther und Alkohol wenig löslich, ziemlich löslich in fetten und ätherischen Ölen (**Oleum phosphoratum**) und besonders leicht in Schwefelkohlenstoff. Läßt man seine Lösung in Schwefelkohlenstoff bei Luftabschluß verdunsten, so kristallisiert der Phosphor in Rhombendodekaedern heraus. An der Luft leuchtet Phosphor im Dunkeln, nicht aber bei Abwesenheit von Sauerstoff, daraus geht hervor, daß das Leuchten des Phosphors die Folge einer Oxydation ist. An feuchter Luft wird Phosphor zu phosphoriger Säure und Phosphorsäure oxydiert. Beim Erwärmen an der Luft entzündet sich Phosphor schon bei 60⁰ und verbrennt mit intensiv weißem Licht zu Phosphorpentoxyd. Übergießt man einen Streifen Filtrierpapier mit einer Lösung von

Phosphor in Schwefelkohlenstoff, so entzündet sich der nach dem Verdampfen des Schwefelkohlenstoffs an der Luft in feiner Verteilung auf dem Papier verbleibende Phosphor und verbrennt, indem das Papier hierbei verkohlt. Läßt man Sauerstoff zu unter warmem Wasser befindlichen geschmolzenen Phosphor treten, so entzündet sich der Phosphor und verbrennt unter Wasser.

Zufolge seiner leichten Oxydierbarkeit und seiner Veränderlichkeit durch das Sonnenlicht muß Phosphor unter Wasser und im Dunkeln aufbewahrt werden. Um das Gefrieren des Wassers im Winter und das hierdurch mögliche Zerspringen des Aufbewahrungsgefäßes für Phosphor

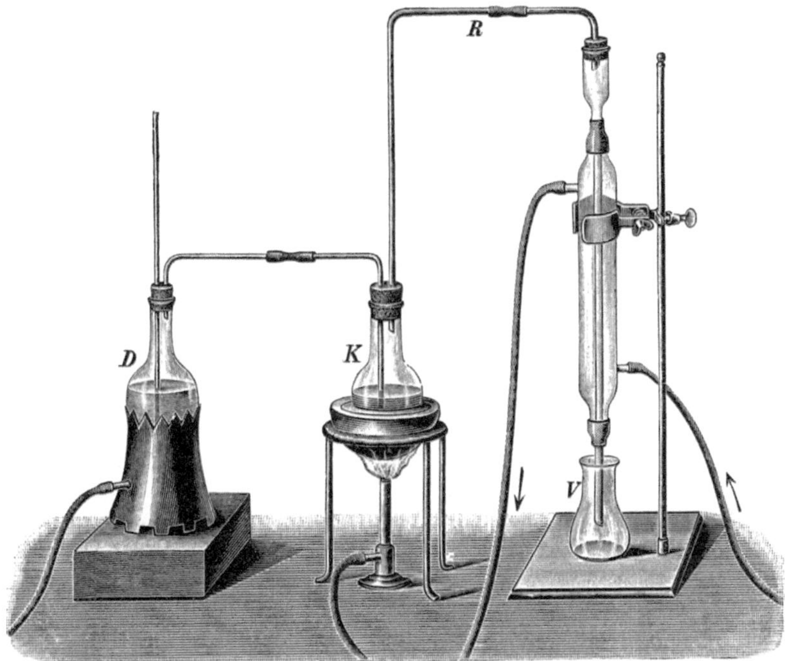

Abb. 26. Phosphornachweis mit Hilfe des Mitscherlichschen Apparates.

zu verhindern, ist empfohlen worden, den Phosphor unter verdünntem Weingeist aufzubewahren.

Mit den Halogenen verbindet sich Phosphor schon bei mittlerer Temperatur unter Flammenerscheinung, mit den meisten Metallen erst beim Erwärmen. Die entstehenden Metallphosphorverbindungen führen den Namen Phosphide. Beim Erwärmen mit Salpetersäure wird Phosphor zu phosphoriger Säure und weiterhin zu Phosphorsäure oxydiert; beim Kochen mit Ätzkalilösungen entwickelt sich Phosphorwasserstoff. Über schwach erwärmten Phosphor geleiteter Wasserstoff brennt zufolge seines Gehaltes an Phosphorwasserstoff mit hellgrüner Flamme.

Nachweis: Phosphor verflüchtigt sich mit Wasserdämpfen, und da er im Dunkeln leuchtet, läßt sich hierauf eine Nachweismethode für Phosphor bei Vergiftungen mit Phosphor gründen. Mitscherlich hat hierfür einen besonderen Apparat konstruiert, der in modernisierter Form vorstehend abgebildet ist (Abb. 26).

Das Untersuchungsmaterial, in welchem man Phosphor vermutet, wird in dem Kolben K auf dem Wasserbade erwärmt. In dem auf einem Gasofen befindlichen Gefäß D wird Wasser zum Sieden gebracht, dessen Dampf das Untersuchungsmaterial im Kolben K durchstreicht und mit Phosphordämpfen beladen in das aufsteigende Rohr R gelangt.

Nimmt man diesen Versuch in einem verdunkelten Zimmer vor, so bemerkt man, sobald die Phosphordämpfe in das Rohr *R* eintreten, ein Leuchten. In dem Vorlagegefäß *V* sammelt sich schließlich der mit den Wasserdämpfen übergetriebene und erstarrte Phosphor.

Anwendung des gelblichen Phosphors: Innerlich zu 0,0005—0,001 g 1—2mal täglich in Öl oder Lebertran bei Rachitis und Osteomalazie (Knochenerweichung), bei Skrofulose.

Zur Behandlung akuter Phosphorvergiftung dient Magenausspülung mit Kaliumpermanganatlösung (0,2 : 100,0), danach Carbo medicinalis. Die Verabreichung von Fetten (auch Milch) und fetten Ölen ist zu vermeiden (Klemperer-Rost).

Größte Einzelgabe 0,001 g; größte Tagesgabe 0,003 g. Sehr vorsichtig unter Wasser und vor Licht geschützt aufzubewahren!

Phosphor wird vielfach als Rattengift gebraucht und zu dem Zweck in Form eines Phosphorsirups vorrätig gehalten. Man schmilzt ein Stück Phosphor unter Sirupus simplex im Wasserbade und schüttelt bis zum Erkalten in einer weithalsigen Flasche. Der Phosphor erstarrt dann in Form kleiner Kügelchen, die beim Aufschütteln in dem Sirup suspendiert bleiben und mit Mehl sich zu einer Phosphorlatwerge verarbeiten lassen.

Unter **Phosphorus solutus** versteht D. A. B. VI eine Lösung von 1 T. Phosphor in 194 T. flüssigem Paraffin und 6 T. Äther.

Roter Phosphor. Erhitzt man den gewöhnlichen Phosphor bei Luftabschluß, bzw. in einem indifferenten Gas wie Kohlendioxyd, auf 250°, so färbt er sich allmählich rot und verwandelt sich in die ungiftige Form, den **roten Phosphor.** Man kann diese Umwandlung in folgender Weise (Abb. 27) zeigen:

Man bringe eine dünne Stange gelben Phosphors in ein einseitig geschlossenes Glasrohr, leitet, um die Luft auszutreiben, Kohlendioxyd ein und schmilzt es während des Eintretens des Gases zu. Das zugeschmolzene Ende zieht man zu einer Spitze aus, die man umbiegt, um das Rohr mittels eines Drahtes an einem Glasstab (Abb. 27) aufzuhängen und in dem langen Hals eines Glaskolbens, in welchem Anthrazen zum Sieden gebracht wird, den ca. 250° heißen Anthrazendämpfen aussetzen zu können. Der Phosphor schmilzt in dem Glasrohr und nimmt alsbald eine rote Farbe an.

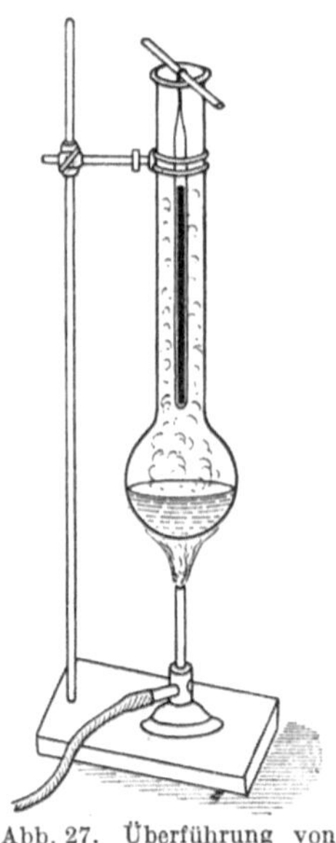

Abb. 27. Überführung von gelbem in roten Phosphor. ¹/₄ natürl. Größe.

Roter Phosphor führt auch den Namen **amorpher Phosphor,** doch zu Unrecht, denn er besitzt eine deutlich mikrokristallinische, hexagonale Struktur, was man besonders deutlich im polarisierten Licht beobachten kann. Roter Phosphor ist unlöslich in Schwefelkohlenstoff und anderen Lösungsmitteln. Er leuchtet nicht im Dunkeln und verändert sich nicht an der Luft. Spez. Gew. 2,2. Wird er über 260° erhitzt, so entzündet er sich oder verdampft bei Luftabschluß, ohne vorher zu schmelzen, wobei er sich wieder in gelben Phosphor verwandelt.

Schwarzer oder metallischer Phosphor entsteht, wenn Phosphor in einer evakuierten, zugeschmolzenen Glasröhre mit Blei erhitzt wird. Durch das geschmolzene Blei wird der Phosphor gelöst und beim Erkalten in schwarzen, glänzenden Kristallen wieder ausgeschieden. Spez. Gew. 2,34.

Anwendung des Phosphors in der Zündholzfabrikation: Als Zündmasse der auf jeder Reibfläche entzündbaren Zündhölzer benutzte man ein Gemisch aus 10 % gelblichem Phosphor und Oxydationsmitteln (Kalisalpeter, chlorsaurem Kali, Bleidioxyd, Bleinitrat). Um die Selbstentzündung zu verhindern, überzog man die Köpfchen der Zündhölzer mit einem Lack. Die Zündmasse trug man auf das mit Schwefel am oberen Ende oder mit Paraffin getränkte Hölzchen auf. Diese Phosphorzündhölzer sind seit dem Jahre 1832 in Gebrauch gewesen. Da aber das Umgehen mit dem giftigen Phosphor in den Fabriken die darin beschäftigten Arbeiter durch das fortwährende Einatmen der Phosphordämpfe alsbald einer Phosphornekrose verfallen ließ, haben die Staatsregierungen der verschiedenen Länder die Herstellung von Zündhölzern aus gelblichem Phosphor in der Neuzeit verboten. In Deutschland dürfen von 1907 ab keine solchen Zündhölzer mehr für Verkaufszwecke hergestellt werden.

Seit der Entdeckung Böttchers im Jahre 1848, welcher fand, daß ein Gemisch aus Kaliumchlorat und Schwefelantimon an einer Reibfläche, roten Phosphor enthaltend, sehr leicht zum Entzünden gebracht werden kann, haben die sog. Sicherheitszündhölzer, die anfangs besonders aus Jönköping in Schweden zu uns gelangten und deshalb Schwedische Zündhölzer genannt werden, eine große Verbreitung gefunden. Zur Herstellung der Hölzchen und der Schachteln benutzt man in Schweden das Holz der Espe (Populus tremula).

Nach einer deutschen Reichsvorschrift stellt man die Zündmasse aus dem ungiftigen roten Phosphor her, der mit Kalziumplumbat, Ca_2PbO_4 (einer Verbindung aus Bleidioxyd und Kalk) vermischt wird. Auch ist zur Herstellung von ungiftigen Phosphorzündhölzern hellroter Phosphor empfohlen worden, den man durch Erhitzen einer Lösung von gelblichem Phosphor in Phosphortribromid erhält. Hellroter Phosphor ist, mit Oxydationsmitteln gemischt, leicht entzündlich.

Von Verbindungen des Phosphors mit Wasserstoff

sind drei bekannt, von denen die der Formel PH_3 entsprechende gasförmig, P_2H_4 flüssig und P_4H_2 fest ist. Bei der Darstellung von Phosphorwasserstoff werden in der Regel alle drei Formen gebildet.

Kocht man Phosphor mit einer konzentrierten wässerigen Lösung von Kalium- oder Natriumhydroxyd in einer Kochflasche, so entwickelt sich ein Gas, welches im wesentlichen aus PH_3 besteht:

$$4P + 3KOH + 3H_2O = PH_3 + 3KH_2PO_2.$$

Jede Gasblase, die aus Wasser an die Luft tritt, entzündet sich infolge eines kleinen Gehaltes an der selbstentzündlichen Verbindung P_2H_4 und verbrennt zu Phosphorsäure (weiße Nebelringe bildend). Wird das Gasgemenge durch eine stark abgekühlte U-förmige Röhre geleitet, so verdichtet sich in dieser der flüssige Phosphorwasserstoff, P_2H_4, und das nunmehr entweichende Gas (PH_3) ist nicht mehr selbstentzündlich.

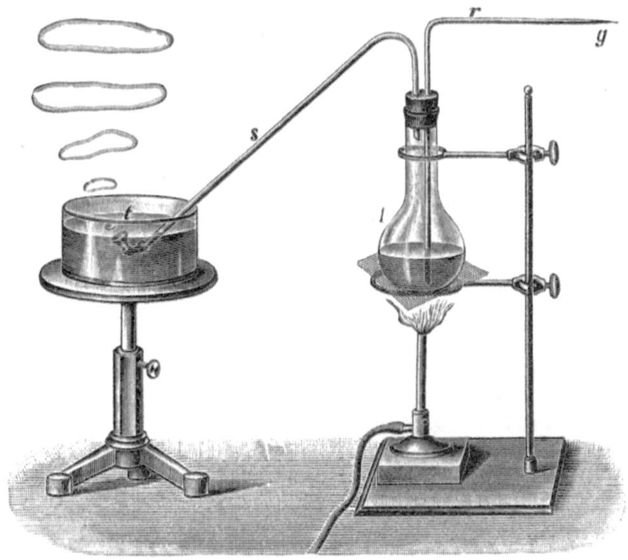

Abb. 28. Entwicklung von Phosphorwasserstoff.

Darstellung von Phosphorwasserstoff. In einem Rundkolben (Abb. 28) wird eine kleine Stange gelblichen Phosphors mit ca. 40 proz. Kalilauge gekocht. Um zu verhindern, daß die austretenden Gasblasen schon in dem Kolben sich entzünden, hat man diesen zuvor mit einer indifferenten Gasart, z. B. Leuchtgas, gefüllt. Das geschieht, indem man durch das Rohr r Leuchtgas einleitet, das die Luft aus dem Kolben durch das Rohr s verdrängt und durch selbsttätiges Heben des kleinen, in Wasser eintauchenden, an einem Gummischlauch hängenden und daher leicht beweglichen Trichters t entweichen läßt. Man schmilzt, nachdem der Apparat mit Leuchtgas gefüllt ist, das Rohr bei g zu und beginnt erst jetzt den Kolbeninhalt zu erhitzen. Sobald Phosphorwasserstoff entweicht, der den kleinen Trichter etwas emporhebt und wenig aus dem Wasser hervorragen läßt, entzünden sich alsbald die Gasblasen mit einem leichten Knall, und bei ruhiger Luft erheben sich Phosphorsäurenebel in schönen Ringen.

Der gasförmige Phosphorwasserstoff entsteht neben dem flüssigen und festen auch durch Zerlegung von Phosphorkalzium mit Wasser oder Salzsäure:

$$Ca_3P_2 + 6H_2O = 2PH_3 + 3Ca(OH)_2,$$
$$Ca_3P_2 + 6HCl = 2PH_3 + 3CaCl_2.$$

Phosphorwasserstoff, PH_3, ist ein farbloses, sehr **giftiges Gas**, das angezündet mit hell leuchtender Flamme zu Phosphorpentoxyd, bzw. Phosphorsäure verbrennt. Er vereinigt sich mit Halogenwasserstoff in ähnlicher Weise wie Ammoniak, jedoch meist erst unter Druck, zu $PH_3 + HJ = PH_4J$.

Die mit Jodwasserstoff entstehende Verbindung PH_4J führt (entsprechend der Bezeichnungsweise der Ammoniakverbindungen mit Säuren) den Namen **Phosphoniumjodid**. Noch unbeständiger als dieses sind das **Phosphoniumbromid** und **Phosphoniumchlorid**.

Verbindungen des Phosphors mit den Halogenen.

Phosphortrichlorid, PCl_5, bildet sich beim Überleiten von trockenem Chlor über schwach erhitzten Phosphor. Dieser entzündet sich hierbei und verbindet sich mit dem Chlor zu PCl_3. Phosphortrichlorid ist eine klare, farblose stark rauchende Flüssigkeit, die sich mit Wasser zu phosphoriger Säure und Salzsäure umsetzt:

$$PCl_3 + 3H_2O = H_3PO_3 + 3HCl.$$

Phosphorpentachlorid, PCl_5, entsteht durch Einwirkung von Chlor auf Phosphortrichlorid. Es bildet gelblichweiße, an der Luft rauchende Kristalle, die durch Einwirkung von Wasser zu Phosphoroxychlorid, $POCl_3$, bzw. Phosphorsäure, H_3PO_4, zersetzt werden:

$$PCl_5 + H_2O = POCl_3 + 2HCl,$$
$$PCl_5 + 4H_2O = H_3PO_4 + 5HCl.$$

Phosphoroxychlorid, $POCl_3$, ist eine farblose, an der Luft rauchende Flüssigkeit.

Verbindungen des Phosphors mit Sauerstoff.

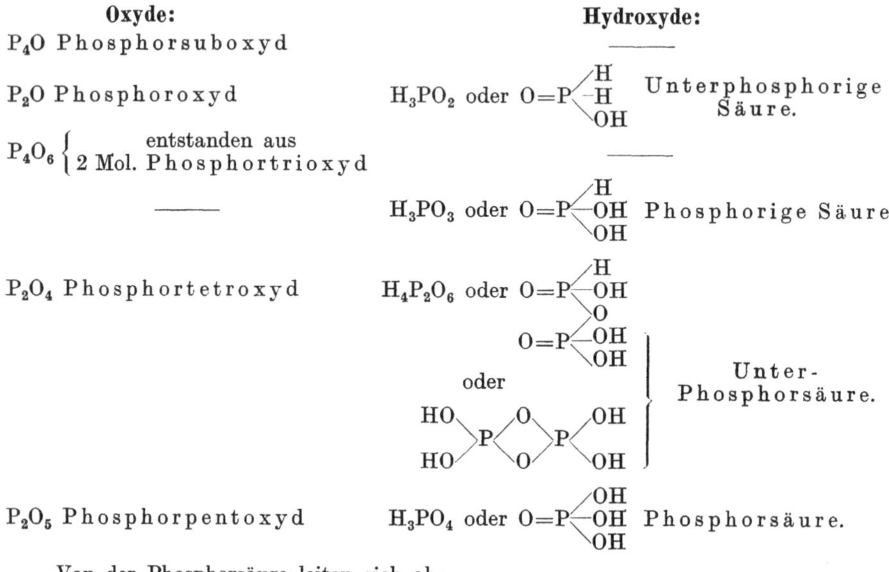

Oxyde:	Hydroxyde:
P_4O Phosphorsuboxyd	———
P_2O Phosphoroxyd	H_3PO_2 oder Unterphosphorige Säure.
P_4O_6 { entstanden aus 2 Mol. Phosphortrioxyd	———
———	H_3PO_3 oder Phosphorige Säure.
P_2O_4 Phosphortetroxyd	$H_4P_2O_6$ oder ... oder ... Unter-Phosphorsäure.
P_2O_5 Phosphorpentoxyd	H_3PO_4 oder Phosphorsäure.

Von der Phosphorsäure leiten sich ab:

$H_4P_2O_7$ oder Pyrophosphorsäure

und

HPO_3 oder Metaphosphorsäure.

Unterphosphorige Säure, H_3PO_2, wird erhalten in Salzform beim Kochen einer konz. Lösung stark basischer Hydroxyde mit Phosphor (s. Phosphorwasserstoff). Versetzt man das Bariumsalz mit der berechneten Menge verdünnter Schwefelsäure und dampft das Filtrat im luftverdünnten Raum ein, so erhält man die unterphosphorige Säure als farblose, dicke Flüssigkeit, die zu farblosen, bei $17,4^0$ schmelzenden Blättchen erstarrt. Beim Erhitzen zerfällt sie in Phosphorwasserstoff und Phosphorsäure:

$$2\,H_3PO_2 = PH_3 + H_3PO_4.$$

Die Säure ist ein starkes Reduktionsmittel; sie scheidet aus Gold-, Silber-, Quecksilbersalzlösungen; Arsenverbindungen die Elemente ab und reduziert Schwefelsäure zu Schwefeldioxyd. Man benützt die unterphosphorige Säure bzw. ihr Natriumsalz nach D. A. B. VI zum Nachweis von Arsen in Mineralsäuren und anderen medizinisch verwendeten Präparaten. Man stellt sich zu dem Zweck das Reagens wie folgt her: 20 g Natriumhypophosphit $(NaH_2PO_2 + H_2O)$ werden in 40 ccm Wasser gelöst. Man läßt diese Lösung in 180 ccm rauchende Salzsäure einfließen und gießt sie nach dem Absetzen der sich ausscheidenden Kristalle klar ab. Die Lösung muß farblos sein.

Phosphorige Säure, H_3PO_3, bildet sich bei der langsamen Oxydation von Phosphor an feuchter Luft und wird erhalten durch Zersetzen von Phosphortrichlorid mit Wasser:

$$PCl_3 + 3\,H_2O = H_3PO_3 + 3\,HCl.$$

Phosphorige Säure läßt sich in farblosen Kristallen erhalten, die bei 71^0 schmelzen enthält zwei Hydroxylwasserstoffatome und ist daher zweibasisch. Sie wirkt Metallsalzen gegenüber als Reduktionsmittel, steht aber in ihrer Reduktionswirkung der unterphosphorigen Säure nach. Beim Erhitzen über 180^0 zerfällt sie in Phosphorsäure und Phosphorwasserstoff:

$$4\,H_3PO_3 = 3\,H_3PO_4 + PH_3.$$

Die Salze der phosphorigen Säure heißen Phosphite.

Unterphosphorsäure, $H_4P_2O_6$, entsteht durch Oxydation von Phosphor beim Aufbewahren desselben an feuchter Luft.

Phosphorpentoxyd, P_2O_5, Phosphorsäureanhydrid, entsteht beim Verbrennen von Phosphor in einem trockenen Luft- oder Sauerstoffstrom. Zündet man ein Stückchen trockenen Phosphors in einer Porzellanschale an und stülpt eine größere Glasglocke über das Schälchen, so beobachtet man, daß sich der beim Verbrennen des Phosphors bildende weiße Dampf alsbald in Form weißer schneeähnlicher Flocken an der inneren Wandung der Glocke ansetzt. Im Schälchen ist hierbei ein Teil des Phosphors, da es an Luftsauerstoff unter der Glocke mangelte, in die rote Modifikation übergeführt. Phosphorpentoxyd zerfließt schnell an der Luft und geht dabei in eine stark saure, sirupöse Flüssigkeit über, welche im wesentlichen aus Metaphosphorsäure besteht.

Phosphorsäure, H_3PO_4, Orthophosphorsäure, Acidum phosphoricum.

Man kann Phosphorsäure durch Zersetzung von Kalziumphosphat (z. B. Knochenasche) mit Schwefelsäure erhalten. Es bildet sich hierbei schwerlösliches Kalziumsulfat als Nebenprodukt, von welchem die Phosphorsäure durch Extraktion mit Alkohol getrennt wird. Die aus Knochenasche erhältliche Phosphorsäure war früher unter dem Namen Acidum phosphoricum ex ossibus bekannt und gebräuchlich.

Die arzneilich verwendete Phosphorsäure wird aus dem gewöhnlichen Phosphor dargestellt, indem man diesen mit Salpetersäure oxydiert.

Darstellung. Man gibt 20 g gelblichen Phosphor in den Rundkolben K (Abb. 29), welcher vorher mit 300 g Salpetersäure vom spez. Gew. $1,153 = (25\% \ HNO_3)$ beschickt ist, verbindet den Kolben mit dem aufrechtstehenden Liebigschen Kühler L (Rückflußkühler) und erwärmt den Kolben in dem Sandbad S. Die beim Erwärmen sich verflüchtigende Salpetersäure wird durch den in der Richtung der Pfeile sich bewegenden Wasserstrom in der inneren Röhre abgekühlt und verdichtet und fließt in den Kolben zurück.

Man hält bei der Oxydation die Flüssigkeit in leichtem Sieden. Ist der im geschmolzenen Zustande am Boden der Flüssigkeit befindliche Phosphor in lösliche Phosphorsäure übergeführt, so dampft man in einer Porzellanschale unter einem Abzug die Flüssigkeit bis zur Sirupkonsistenz über freier Flamme ein. Man kann das Eindampfen auch in einer Retorte vornehmen und sammelt das Destillat in einer Vorlage. Hierbei wird die überschüssige Salpetersäure verjagt, und die Phosphorsäure bleibt in der Retorte zurück. Beim

Eindampfen der Flüssigkeit beobachtet man zuweilen eine Schwärzung. Diese rührt von ausgeschiedenem Arsen her, entstanden durch die Reduktionswirkung noch vorhandener phosphoriger Säure. Die Ausscheidung des Arsens ist die Folge mangelnder Salpetersäure.

Um das stets vorhandene Arsen abzuscheiden, leitet man in die von Salpetersäure befreite und mit dem fünffachen destillierten Wasser verdünnte Flüssigkeit Schwefelwasserstoff, läßt 1—2 Tage an einem warmen Orte in verschlossener Flasche stehen, filtriert und dampft auf das gewünschte spezifische Gewicht ein.

Nach dem Ansatze

$$P : H_3PO_4 = 31{,}02 : 98{,}0434$$

werden aus 20 g Phosphor $\dfrac{98{,}0434 \cdot 20}{31{,}02}$ = 63,22 g reine oder $63{,}22 \cdot 4$ = rund 253 g 25proz. Phosphorsäure erhalten. Die Ausbeute ist jedoch geringer, da der Phosphor niemals rein ist.

Phosphorsäure bildet als dreibasische Säure drei Reihen von Salzen, die als primäre, sekundäre und tertiäre Phosphate bezeichnet werden, je nachdem ein, zwei oder drei Wasserstoffatome der Säure durch Metalle ersetzt sind.

Eigenschaften und Prüfung des Acidum phosphoricum: Gehalt 24,8—25,2 % Phosphorsäure. H_3PO_4. (Mol.-Gew. 98,04.) Klare, farblose, geruchlose Flüssigkeit. Spez. Gew. 1,153—1,155, Dichte 1,150—1,153.

Phosphorsäure gibt nach Neutralisation mit Natriumkarbonat mit Silbernitratlösung einen gelben, in Ammoniakflüssigkeit und in Salpetersäure löslichen Niederschlag von Silberphosphat. Übersättigt man Phosphorsäure mit Ammoniakflüssigkeit und fügt Magnesiagemisch (aus 11 T. Magnesiumchlorid, 14 T. Ammoniumchlorid, 130 T. Wasser und 70 T. Ammoniakflüssigkeit bereitet) hinzu, so entsteht ein körnig-kristallinischer Niederschlag von Ammonium - Magnesiumphosphat, $Mg(NH_4)PO_4 + 6H_2O$.

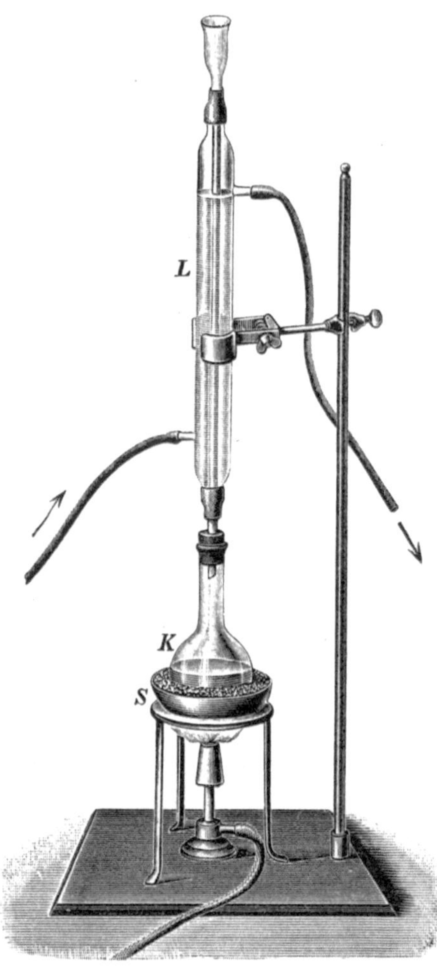
Abb. 29. Darstellung von Phosphorsäure.

Die Prüfung der offizinellen Phosphorsäure erstreckt sich auf den Nachweis von Arsen, Chlorwasserstoff, phosphoriger Säure, Schwefelsäure, Kalk, Metallen (besonders Blei und Kupfer), Kieselsäure oder kieselsauren Alkalien, Salpetersäure und salpetriger Säure (s. D. A. B. VI).

Zur Prüfung auf Arsenverbindungen erhitzt man eine Mischung von 1 ccm Phosphorsäure und 3 ccm Natriumhypophosphitlösung $^1/_4$ Stunde lang im siedenden Wasserbade. Es darf dabei keine dunklere Färbung eintreten.

Medizinische Anwendung der Phosphorsäure: Innerlich 1—3 g : 200 g in mit Sirup versüßter wässeriger Lösung bei akuten fieberhaften Erkrankungen, bei Cystitis, bei Phosphaturie.

Zur quantitativen Bestimmung der Phosphorsäure fällt man bei Abwesenheit alkalischer Erden aus ammoniakalischer Lösung mit Magnesia-gemisch als Ammonium-Magnesiumphosphat und führt dieses durch Erhitzen in Magnesiumpyrophosphat über:

$$2\,[\mathrm{Mg(NH_4)PO_4} + 6\,\mathrm{H_2O}] = \mathrm{Mg_2P_2O_7} + 2\,\mathrm{NH_3} + 13\,\mathrm{H_2O}.$$

Zur Bestimmung der an alkalische Erden gebundenen Phosphorsäure oder sonstiger unlöslicher Phosphate werden diese in Salpetersäure gelöst, und die Lösung mit Ammoniummolybdatlösung[1] auf dem Wasserbade bis zur Ausscheidung des Ammoniumphosphormolybdats (s. Molybdän) erwärmt. Dieses wird auf einem Filter gesammelt, mit Ammoniumnitratlösung ausgewaschen, sodann in Ammoniak gelöst und diese Lösung mit Magnesiagemisch gefällt.

Pyrophosphorsäure, $\mathrm{H_4P_2O_7}$, Acidum pyrophosphoricum, entsteht beim Erhitzen der wasserfreien Phosphorsäure auf ca. 260^0 durch Wasseraustritt:

$$2\,\mathrm{H_3PO_4} = \mathrm{H_4P_2O_7} + \mathrm{H_2O}.$$

Man erkennt das Ende der Reaktion daran, daß eine durch Ammoniak neutralisierte Probe mit Silbernitratlösung eine rein weiße Fällung gibt. Pyrophosphorsäure ist eine farblose, sirupdicke Flüssigkeit oder eine kristallinische, in Wasser leicht lösliche Masse. Bei mittlerer Temperatur verändert sich diese Lösung nur wenig, beim Kochen geht sie unter Wasseraufnahme in Phosphorsäure über.

Die Pyrophosphorsäure ist vierbasisch. Ihre Salze heißen Pyrophosphate und bilden sich beim Erhitzen der sekundären Phosphate:

$$2\,\mathrm{Na_2HPO_4} = \mathrm{Na_4P_2O_7} + \mathrm{H_2O}.$$

Metaphosphorsäure, $\mathrm{HPO_3}$, Acidum phosphoricum glaciale, entsteht beim Erhitzen der Ortho- oder Pyrophosphorsäure über 300^0:

$$\mathrm{H_3PO_4} = \mathrm{HPO_3} + \mathrm{H_2O}.$$

Glasartige, durchsichtige Masse, die an feuchter Luft zerfließt. In der Hitze schmilzt sie und läßt sich bei hoher Temperatur unzersetzt verflüchtigen. Die käufliche glasartige Säure enthält meist einen kleinen Gehalt an Kalk oder Magnesia und ist deshalb in Wasser nicht klar löslich.

Die Lösung der Metaphosphorsäure koaguliert Eiweiß bereits in der Kälte zum Unterschied von Ortho- und Pyrophosphorsäure. Silbernitratlösung wird durch die Lösung eines metaphosphorsauren Salzes weiß gefällt.

Metaphosphorsäure geht in wässeriger Lösung bei gewöhnlicher Temperatur allmählich, beim Erhitzen schnell in Orthophosphorsäure über. Metaphosphorsäure ist einbasisch. Ihre Salze heißen Metaphosphate und bilden sich beim Erhitzen der primären Phosphate:

$$\mathrm{Ca(H_2PO_4)_2} = \mathrm{Ca(PO_3)_2} + 2\,\mathrm{H_2O}.$$

Das saure Natrium-Ammoniumphosphat (Phosphorsalz) geht zufolge der lockeren Bindung der Ammoniumgruppe beim Erhitzen unter Ammoniak- und Wasserabgabe ebenfalls in Metaphosphat über:

$$\mathrm{Na(NH_4)HPO_4} = \mathrm{NaPO_3} + \mathrm{NH_3} + \mathrm{H_2O}.$$

Über die Verwendung des Phosphorsalzes zur Herstellung der „Phosphorsalzperle" zwecks Charakterisierung gewisser Metalle s. den Analytischen Teil.

---

[1] Zur Bereitung der Ammoniummolybdatlösung werden 150 g molybdänsaures Ammon in Wasser gelöst, mit 400 g Ammoniumnitrat versetzt und auf 1 Liter Flüssigkeit mit Wasser aufgefüllt. Diese Lösung trägt man unter Umrühren in 1 Liter Salpetersäure vom spez. Gew. 1,19 ein, läßt 24 Stunden an einem ca. 35^0 warmen Orte stehen und filtriert. Nach längerem Stehen scheidet sich aus der Lösung ein gelber Niederschlag ab, welcher aus einer gelben Modifikation der Molybdänsäure besteht.

Arsen.

Arsenium, As $= 74,93$. Molekulargewicht As$_4 = 299,72$. Spez. Gew. 5,73 bei 14°. **Drei- und fünfwertig.**

Vorkommen: Als **Scherben-** oder **Näpfchenkobalt** oder **Fliegenstein**, in Verbindung mit Sauerstoff als **Arsenblüte** oder **Arsenit** (As$_4$O$_6$), mit Schwefel als **Realgar** (As$_2$S$_2$) und **Auripigment** (As$_2$S$_3$). Auch kommt Arsen vor in manchen eisen-, kobalt- und nickelhaltigen Mineralien, so als **Arsenkies** oder **Mispickel** (Fe$_2$As$_2$S$_2$), als **Speiskobalt** (CoAs$_2$), **Glanzkobalt** oder **Kobaltglanz** (Co$_2$As$_2$S$_2$), **Weißnickelerz** (NiAs$_2$).

Kleine Mengen Arsen finden sich in vielen Mineralien, z. B. in den Schwefelkiesen, Kupferkiesen, Fahlerzen, dem natürlichen Schwefel, auch in verschiedenen Mineralquellen.

Gewinnung: Arsenkies wird für sich oder unter Zuschlag von Eisen in tönernen Röhren erhitzt und das sublimierte Arsen in Vorlagen aus Ton verdichtet:

$$Fe_2As_2S_2 = 2\,FeS + 2\,As.$$

Zur Gewinnung kleiner Mengen Arsen benutzt man Arsenblüte, welche beim Erhitzen unter Zuschlag von Kohle reduziert wird:

$$As_4O_6 + 6\,C = 4\,As + 6\,CO.$$

Eigenschaften: Das natürlich vorkommende Arsen ist **amorph** und von **schwarzer Farbe**, nach Retgers hingegen mikrokristallinisch und vermutlich regulär. Das durch Sublimation gewonnene Arsen ist metallglänzend, stahlgrau und von blättrig-kristallinischem Gefüge. Es ist unter dem Namen **Cobaltum cristallisatum** im Handel.

Leitet man Arsendampf in durch Kohlendioxyd abgekühlten Schwefelkohlenstoff, so entsteht eine gelbe Lösung, aus welcher beim Abkühlen auf — 70° Arsen als **gelbes** kristallinisches Pulver sich abscheidet, das die Elektrizität nicht leitet und in Schwefelkohlenstoff gelöst das Molekulargewicht As$_4$ zeigt.

Arsen ist spröde und läßt sich daher leicht pulvern. Bei Luftabschluß erhitzt, verdampft es bei gegen 450°, ohne zu schmelzen. Sein Dampf besitzt eine zitronengelbe Farbe und knoblauchartigen Geruch. An der Luft erhitzt, verbrennt es mit bläulichweißer Flamme zu Arsenigsäureanhydrid:

$$4\,As + 3\,O_2 = As_4O_6.$$

Lufthaltiges Wasser bewirkt die gleiche Oxydation. Die in früherer Zeit als Fliegengift benutzte wässerige Abkochung des Scherbenkobalts (**Fliegensteins**) erhält daher kleine Mengen arseniger Säure. In Salzsäure und verdünnter Schwefelsäure ist Arsen unlöslich, durch Salpetersäure wird es je nach der Konzentration derselben zu arseniger Säure oder Arsensäure oxydiert.

Verbindungen des Arsens mit Wasserstoff.

Von Verbindungen des Arsens mit Wasserstoff sind zwei bekannt, von denen die der Formel AsH$_3$ gasförmig, As$_4$H$_2$ fest ist.

Arsenwasserstoff, AsH$_3$, wird beim Behandeln einer Legierung von Arsen und Zink mit verdünnter Schwefelsäure erhalten:

$$As_2Zn_3 + 3\,H_2SO_4 = 3\,ZnSO_4 + 2\,AsH_3.$$

Auch bei der Einwirkung von Wasserstoff in statu nascendi auf Arsenverbindungen wird Arsenwasserstoff gebildet, so z. B. durch naszierenden Wasser-

stoff aus saurer Quelle (Zink + verdünnte Schwefelsäure) auf Sauerstoffverbindungen des Arsens:

$$As_4O_6 + 12H_2 = 4AsH_3 + 6H_2O.$$

Am bequemsten stellt man Arsenwasserstoff dar durch Übergießen von
Arsenkalzium mit Wasser:

$$Ca_3As_2 + 6H_2O = 2AsH_3 + 3Ca(OH)_2.$$

Arsenwasserstoff ist ein farbloses, nach Knoblauch riechendes, in ganz reiner
Form geruchloses, sehr **giftiges** Gas, welches leicht entzündlich ist und mit
bläulichweißem Licht verbrennt:

$$4AsH_3 + 6O_2 = As_4O_6 + 6H_2O.$$

Arsenwasserstoff löst Blutkörperchen auf (Blutharnen).

Wird die Arsenwasserstoffflamme durch einen **kalten** Gegenstand, z. B. ein
Porzellanschälchen, abgekühlt, so scheidet sich darauf unverbranntes Arsen in
metallisch glänzenden, braunen Flecken
(**Arsenflecken**) ab, da nur der Wasserstoff verbrennt, das Arsen nicht.

Erhitzt man eine von Arsenwasserstoff durchströmte Glasröhre vor einer
etwas eingezogenen Stelle, so findet Zerlegung des Arsenwasserstoffs statt, indem
sich das Arsen in der Glasröhre als brauner, glänzender Spiegel (**Arsenspiegel**)
ansetzt, während Wasserstoff entweicht.

Man bewirkt den Nachweis des Arsens
in dem **Marshschen** Apparat (Abb. 30).

In den **Erlenmeyer - Kolben** bringt
man dünne Stangen von reinem (arsenfreiem)
Zink und übergießt diese mit reiner verdünnter Schwefelsäure (20 % H_2SO_4 enthaltend).

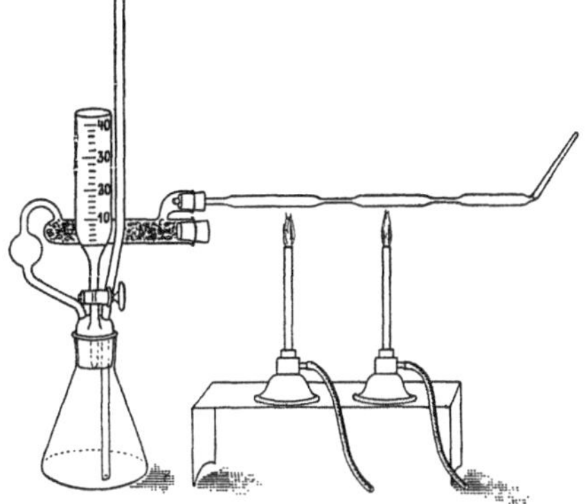

Abb. 30. **Marshscher Apparat nach Lockemann.**

Durch Hinzufügen eines Tropfens Platinchloridlösung oder Cuprisulfatlösung wird die
anfangs träge Wasserstoffentwicklung beschleunigt. Nachdem der Luftsauerstoff aus dem
Apparat durch den sich entwickelnden Wasserstoff verdrängt ist[1], zündet man an dem
aufwärts gebogenen Ende der Glasröhre das Wasserstoffgas an und überzeugt sich durch
ein in die Flamme gehaltenes kaltes Porzellanschälchen von der Abwesenheit des Arsens.

Hierauf gibt man durch die graduierte Trichterröhre die mit etwas Wasser oder verdünnter Säure hergestellte Lösung, welche auf Arsen untersucht werden soll. Die Feuchtigkeit wird in dem mit Chlorkalziumstückchen gefüllten Rohr zurückgehalten. Das Gas
gelangt trocken in das an einigen Stellen verengte Gasrohr. Bei Anwesenheit von Arsen
nimmt die Flamme eine bläulichweiße Färbung an. Man erhitzt vor den verengten Stellen
das Glasrohr (man wählt zu dem Rohr schwer schmelzbares Glas) und beobachtet, ob ein
Arsenspiegel sichtbar wird.

Antimonverbindungen geben bei gleicher Behandlung ähnliche Flecken und
Spiegel. Zur Unterscheidung dient 1. die **Farbe**: Der Arsenspiegel besitzt eine
braunschwarze Färbung und ist stark glänzend, während der Antimonspiegel
matt und samtartig schwarz erscheint. 2. **Lösung von unterchlorigsaurem
Natrium**: Arsenflecken werden von frisch bereiteter Natriumhypochloritlösung
(oder Chlorkalklösung) sogleich gelöst, Antimonflecken bleiben unverändert:

$$2As + 3NaOCl + 3H_2O = 2H_3AsO_3 + 3NaCl.$$

Wird Arsenwasserstoff in nicht zu konzentrierte Lösungen von Gold- und
Silbersalzen geleitet, so scheidet er daraus die Metalle ab, und das Arsen wird
dabei in arsenige Säure übergeführt:

$$AsH_3 + 6AgNO_3 + 3H_2O = 6Ag + H_3AsO_3 + 6HNO_3.$$

---

[1] Man beachte hierbei die unter „Wasserstoff" angegebenen Vorsichtsmaßregeln!

Läßt man Arsenwasserstoff auf eine konzentrierte neutrale Silbernitratlösung (50 % $AgNO_3$ enthaltend) einwirken, so scheidet Arsenwasserstoff eine gelbe Doppelverbindung von Arsensilber-Silbernitrat ab, bestehend aus $Ag_3As \cdot 3\,AgNO_3$, die beim Zusammenbringen mit Wasser unter Schwärzung in Silber, Salpetersäure und arsenige Säure zersetzt wird:

$$Ag_3As \cdot 3\,AgNO_3 + 3\,H_2O = 6\,Ag + H_3AsO_3 + 3\,HNO_3.$$

Man führt diese Probe nach Gutzeit derart aus, daß man den Arsenwasserstoff in einem Probierrohr entwickelt und dieses mit Filtrierpapier bedeckt, das mit einem Tropfen der konzentrierten Silbernitratlösung benetzt ist. Bei der Einwirkung von Arsenwasserstoff auf diese bildet sich dann die zitronengelb gefärbte Verbindung, die von einem braun bis schwarz gefärbten Ring umsäumt ist. Beim Betupfen mit Wasser geht die Färbung völlig in braunschwarz über.

Arsenwasserstoff, fester, As_4H_2, bildet eine rotbraune, sammetartige Masse, die sich in der Hitze zersetzt. Man erhält sie durch die Einwirkung von naszierendem Wasserstoff auf Arsenverbindungen bei Gegenwart von Salpetersäure.

Verbindungen des Arsens mit den Halogenen.

Die Halogenverbindungen des Arsens entstehen durch direkte Vereinigung von Arsen mit den Halogenen. Arsentrichlorid bildet sich auch beim Kochen von arseniger Säure mit starker Salzsäure:

$$As_4O_6 + 12\,HCl = 4\,AsCl_3 + 6\,H_2O.$$

Arsentrichlorid, $AsCl_3$, farblose, an der Luft rauchende, giftige Flüssigkeit vom spez. Gew. 2,2 bei 0^0 und dem Siedepunkt 134^0.

Durch viel Wasser wird $AsCl_3$ zu arseniger Säure und Salzsäure zersetzt:

$$4\,AsCl_3 + 6\,H_2O = As_4O_6 + 12\,HCl.$$

Arsentrijodid, AsJ_3, wird erhalten durch Zusammenschmelzen und Sublimieren eines Gemisches von 1 T. Arsen und 5 T. Jod. Es entsteht auch durch Fällen einer heißen salzsauren Lösung von arseniger Säure mit einer konzentrierten Jodkaliumlösung. Das ausgefällte gelbrote Pulver wird mit 25 proz. Salzsäure abgewaschen.

Es bildet einen glänzenden, orangeroten, kristallinischen, bei 146^0 schmelzenden Stoff, welcher sich in Wasser gut löst und medizinisch verwendet wird.

Verbindungen des Arsens mit Sauerstoff.

<table>
<tr><td align="center">Oxyde:</td><td></td><td align="center">Hydroxyde:</td></tr>
<tr><td>As_4O_6 Arsenigsäureanhydrid, entsprechend dem Tetraphosphorhexoxyd.</td><td>H_3AsO_3</td><td align="center">Arsenige Säure
(ortho-arsenige Säure).</td></tr>
</table>

Von der arsenigen Säure leitet sich ab:

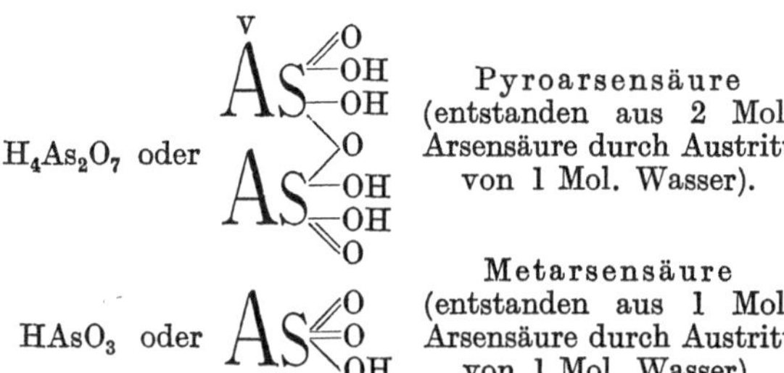

$\overset{\text{III}}{As}$ $HAsO_2$ oder $\underset{}{As}{=}O,\ {-}OH$ — Metarsenige Säure (entstanden aus 1 Mol. arseniger Säure durch Austritt von 1 Mol. Wasser).

As_2O_5 Arsenpentoxyd (Arsensäureanhydrid). H_3AsO_4 oder As mit $=O,\ -OH,\ -OH,\ -OH$ — Arsensäure (Ortho-Arsensäure).

Von der Arsensäure leiten sich ab:

$H_4As_2O_7$ oder — Pyroarsensäure (entstanden aus 2 Mol. Arsensäure durch Austritt von 1 Mol. Wasser).

— Metarsensäure (entstanden aus 1 Mol. Arsensäure durch Austritt von 1 Mol. Wasser).

$HAsO_3$ oder

Arsenigsäure-Anhydrid, Arsenige Säure, Weißer Arsenik, Acidum arsenicosum, As_4O_6, findet sich in der Natur als Arsenblüte und bildet sich beim Verbrennen des Arsens an der Luft. Es wird im großen durch Rösten von Arsenkies oder arsenhaltigen Kobalt- oder Nickelerzen:

$$2\,Fe_2As_2S_2 + 3\,O_2 = 4\,FeS + As_4O_6$$

und Verdichten der neben Schwefeldioxyd sich entwickelnden Dämpfe in gemauerten Gängen, den Giftkanälen, gewonnen. Diese liegen neben- oder übereinander in hölzernen oder gemauerten Gifttürmen. Das sich darin absetzende „Giftmehl", „Hüttenrauch" ist durch mitgerissene Erzteilchen grau gefärbt und wird daher einer nochmaligen Sublimation unterworfen (Abb. 31).

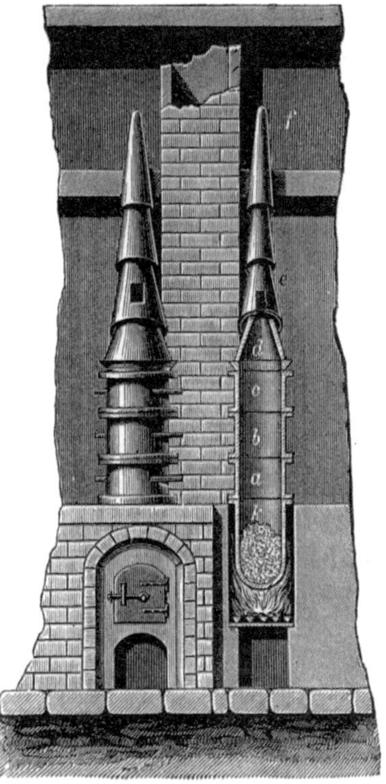

Eiserne Kessel (k), von denen mehrere nebeneinander liegen, werden mit dem „Giftmehl" gefüllt und durch Aufsetzen von Rohrstücken a, b, c, d (Trommeln) verlängert, die schließlich in ineinandergesteckte dünne Röhren auslaufen. Diese münden in die Giftkammer f, in welcher sich das Arsenigsäureanhydrid als Sublimat ansammelt. In der Haube e befindet sich eine verschließbare und mit einem Fenster zur Beobachtung versehene Klappe. Durch Verstärkung der Hitze sintert das anfänglich pulverförmige Sublimat zu einem farblosen Glase zusammen, welches durch Einwirkung der Luft allmählich porzellanartig weiß wird und den weißen Arsenik des Handels bildet.

Eigenschaften und Prüfung der arsenigen Säure, des Acidum arsenicosum.

As_4O_6. Mol.-Gew. 395,72. Farblose, glasartige (amorphe) oder weiße, porzellanartige (kristallinische) Stücke oder ein daraus bereitetes weißes Pulver.

Löslichkeit und Auflösungsgeschwindigkeit in Wasser sind bei der amorphen arsenigen Säure größer als bei der kristallinischen. Die gesättigte Lösung der amorphen arsenigen Säure ist nicht beständig; es scheidet sich allmählich die weniger lösliche, kristallinische arsenige Säure aus. Diese löst sich sehr langsam in etwa 55 T. Wasser von 20°, etwas schneller in 15 T. siedendem Wasser. Aus

Abb. 31. Vorrichtung zur Sublimation der arsenigen Säure.

der heißgesättigten Lösung scheidet sich beim Abkühlen die überschüssige Säure nur sehr langsam ab.

Die kristallinische arsenige Säure verflüchtigt sich beim langsamen Erhitzen in einem Probierrohre, ohne vorher zu schmelzen und gibt ein in glasglänzenden Oktaedern und Tetraedern kristallisierendes Sublimat (s. Abb. 32). Die amorphe Säure verflüchtigt sich in unmittelbarer Nähe des Schmelzpunktes. Man kann daher ein beginnendes Schmelzen wahrnehmen.

Beim Erhitzen der arsenigen Säure auf der Kohle vor dem Lötrohr verflüchtigt sich reduziertes Arsen unter Verbreitung eines knoblauchartigen Geruchs.

Bringt man ein Körnchen arseniger Säure in das zu einer kleinen Kugel aufgeblasene Ende eines Glühröhrchens und erhitzt einen kleinen Keil aus Holzkohle, der vor der Verengung des Röhrchens in einiger Entfernung von der arsenigen Säure festgehalten wird, so wird, wenn man nun schnell die Kugel in der Flamme bewegt, As_4O_6 verflüchtigt und von der Kohle reduziert. Es zeigt sich ein Arsenspiegel.

Erhitzt man arsenige Säure mit trockenem Natriumazetat, so entwickelt sich das außerordentlich unangenehm riechende, giftige **Kakodyloxyd**, ein Tetramethyldiarsenoxyd:

$$As_4O_6 + 8\,CH_3CO_2Na = 4\,Na_2CO_3 + 4\,CO_2 + 2\,As_2O(CH_3)_4 .$$

Arsenige Säure muß sich klar in 10 T. Ammoniakflüssigkeit lösen. Diese Lösung darf nach Zusatz von 10 T. Wasser durch überschüssige Salzsäure (welche gelöstes Arsentrisulfid ausscheiden würde) nicht gelb gefärbt oder gefällt werden.

Arsenige Säure muß sich beim Erhitzen ohne Rückstand verflüchtigen. Beimengungen von Schwerspat, Gips, Talk usw. würden als nicht flüchtiger Rückstand sich hierbei zu erkennen geben. — Das Präparat soll 99 % arsenige Säure enthalten.

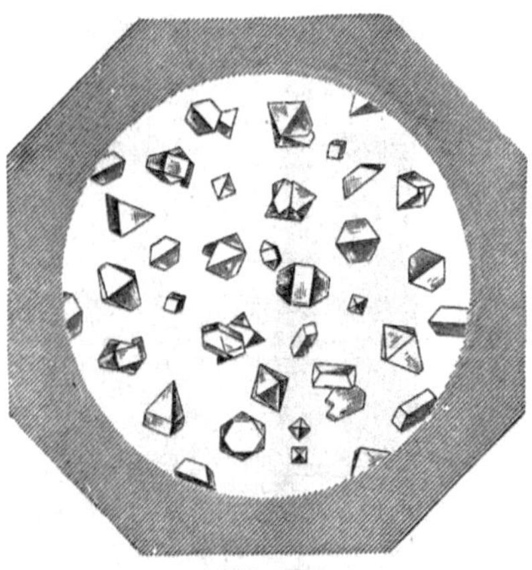

Abb. 32.
Tetraeder und Oktaeder der arsenigen Säure.

Um die käufliche arsenige Säure auf diesen Gehalt zu prüfen, läßt man $\frac{n}{10}$-Jodlösung darauf einwirken und titriert den nicht gebundenen Anteil Jod mittels $\frac{n}{10}$-Natriumthiosulfat zurück. Jod oxydiert bei Gegenwart von Alkali arsenige Säure zu Arsenpentoxyd:

$$As_4O_6 + 4\,H_2O + 8\,J = 2\,As_2O_5 + 8\,HJ .$$

Durch 1 Jod werden daher $\dfrac{As_4O_6}{8} = \dfrac{395{,}72}{8}$ $= 49{,}46$ g As_4O_6 angezeigt oder durch 1 ccm $\frac{n}{10}$-Jodlösung $= 0{,}004946$ g As_4O_6.

Nach dem Arzneibuch verfährt man zur Titration wie folgt:

1 g gepulverte arsenige Säure wird mit 1 g Kaliumbikarbonat in einem Meßkölbchen von 100 ccm Inhalt in 5 ccm Wasser unter Erwärmen gelöst; die Lösung wird auf 100 ccm aufgefüllt. 10 ccm dieser Lösung werden mit 2 g Natriumbikarbonat, 20 ccm Wasser und einigen Tropfen Stärkelösung versetzt und mit $\frac{n}{10}$-Jodlösung bis zur bleibenden Blaufärbung titriert. Für je 0,1 g arsenige Säure müssen hierbei mindestens 20 ccm $\frac{n}{10}$-Jodlösung verbraucht werden, was einem Mindestgehalt von 99 % arseniger Säure entspricht.

In ähnlicher Weise stellt man in der **Fowlerschen Lösung** (Liquor Kalii arsenicosi) den Gehalt an As_4O_6 fest, welcher 0,99—1 % betragen soll.

Läßt man zu 5 g Fowlerscher Lösung, welche mit einer Lösung von 2 g Natriumbikarbonat in 20 ccm Wasser und mit einigen Tropfen Stärkelösung versetzt ist, $\frac{n}{10}$-Jodlösung fließen, so darf durch Zusatz von 10 ccm der letzteren noch keine bleibende Blaufärbung hervorgerufen werden, wohl aber muß eine solche auf weiteren Zusatz von 0,1 ccm $\frac{n}{10}$-Jodlösung entstehen.

Durch diese Prüfung kann leicht ermittelt werden, daß eine bestimmte Minimalmenge As_4O_6 in dem Liquor enthalten ist, ein bestimmter Maximalgehalt aber nicht überschritten wird, nämlich:

$$10 \cdot 0{,}004946 = 0{,}04946 \text{ g in 5 g Lösung} = \text{rund } 0{,}99 \text{ \% } As_4O_6 \text{ (Minimalgehalt),}$$

$$10{,}1 \cdot 0{,}004946 = 0{,}0499546 \text{ g in 5 g Lösung} = \text{rund } 1 \text{ \% } As_4O_6 \text{ (Maximalgehalt).}$$

Medizinische Anwendung: Arsenige Säure wird meist in Form des **Liquor Kalii arsenicosi** (Fowlersche Lösung) bei Haut- und Nervenerkrankungen angewendet. Dosis der Fowlerschen Lösung: Mehrmals täglich 0,1—0,2 g allmählich steigend.

Größte Einzelgabe der arsenigen Säure 0,005 g, größte Tagesgabe 0,015 g. Größte Einzelgabe der Fowlerschen Lösung 0,5 g, größte Tagesgabe 1,5 g. Sehr vorsichtig aufzubewahren!

Die arsenige Säure ist eines der stärksten anorganischen Gifte. Bei Vergiftungen damit wird als Gegengift frisch gefälltes Eisenhydroxyd $Fe(OH)_3$, mit welchem arsenige Säure eine unlösliche Verbindung eingeht, gegeben.

Man bereitet frisch gefälltes Eisenhydroxyd, indem man eine schwefelsaure Eisenoxydlösung (Liquor ferri sulfurici oxydati) mit gebrannter Magnesia versetzt:

$$Fe_2(SO_4)_3 + 3\,MgO + 3\,H_2O = 2\,Fe(OH)_3 + 3\,MgSO_4.$$

Dieses unter dem Namen Antidotum Arsenici bekannte Gemisch, in welchem das nebenher gebildete Magnesiumsulfat als Abführmittel wirkt, wird vor dem Gebrauch frisch bereitet.

Fügt man zur wässerigen Lösung der arsenigen Säure Schwefelwasserstoff, so färbt sich die Flüssigkeit gelb und auf Zusatz von Salzsäure fällt gelbes Schwefelarsen, As_2S_3, aus.

In salzsaurer Lösung wird arsenige Säure durch Zinnchlorür reduziert:

$$3\,SnCl_2 + 2\,AsCl_3 = 3\,SnCl_4 + 2\,As.$$

Arsen scheidet sich hierbei als dunkler (brauner) Niederschlag ab. Man verwendet das Zinnchlorür in stark salzsaurer Lösung (Bettendorfs Reagenz) zu dieser Reaktion. Zum Nachweis von Arsen in Arzneimitteln schreibt D. A. B. VI Hypophosphitlösung vor (s. dort).

Hydrat der arsenigen Säure, H_3AsO_3, das Hydroxyd des Arsenoions, die arsenige Säure, bildet sich beim Auflösen von Arsentrioxyd (bzw. Tetraarsenhexoxyd) in Wasser:

$$As_4O_6 + 6\,H_2O = 4\,H_3AsO_3.$$

In dieser Lösung ist die arsenige Säure sowohl in das Kation $As^{\cdots}$:

$$As(OH)_3 \;\rightleftarrows\; As^{\cdots} + 3\,OH'$$

wie auch in das Anion AsO_3''' gespalten:

$$As(OH_3) \;\rightleftarrows\; AsO_3''' + 3\,H^{\cdot}.$$

Sie vermag daher sowohl als Base wie als Säure zu wirken. In der wässerigen Lösung herrscht das Gleichgewicht vor:

$$As(OH)_3 \;\rightleftarrows\; As^{\cdots} + 3\,OH' \;\rightleftarrows\; AsO_3''' + 3\,H^{\cdot}.$$

Die arsenigsauren Salze (Arsenite) leiten sich von der Orthoarsenigen Säure, H_3AsO_3, oder von der Metarsenigen Säure, $HAsO_2$, ab. Letztere heißen Metarsenite.

Arsenpentoxyd, As_2O_5, das Anhydrid der Arsensäure, entsteht aus dieser bei Rotglühhitze als weiße glasige Masse, die bei sehr starkem Glühen in arsenige Säure und Sauerstoff zerfällt und dann sich verflüchtigt.

Arsensäure, H_3AsO_4, Orthoarsensäure, entsteht beim längeren Kochen von As_4O_6 mit Salpetersäure und Verdunstenlassen der so erhaltenen Lösung. Aus der sirupartigen Flüssigkeit scheidet sich bei niedriger Temperatur die Arsensäure in kleinen rhombischen Tafeln oder Prismen von der Zusammensetzung $H_3AsO_4 + {}^1/_2H_2O$ aus, die an der Luft zerfließen.

Arsensäure ist eine dreibasische, der Phosphorsäure sehr ähnliche Säure; die Salze (Arsenate) entsprechen den Phosphaten. Gegen naszierenden Wasserstoff verhält sich die Arsensäure wie die arsenige Säure, indem Arsenwasserstoff entwickelt wird. Wie arsenige Säure, läßt sich auch Arsensäure durch Bettendorfs Reagenz (salzsäurehaltige Zinnchlorürlösung) oder durch Hypophosphitlösung zu Arsen reduzieren. Bei der Einwirkung von Schwefelwasserstoff in raschem Strom auf die erwähnte Lösung von Arsensäure entsteht bei Gegenwart freier Salzsäure Arsenpentasulfid, As_2S_5; bei langsamem Einleiten von H_2S in die Arsensäurelösung oder in die angesäuerte Lösung von Arsenaten vollziehen sich folgende Reaktionen:

$$2H_3AsO_4 + 2H_2S = 2H_3AsO_3 + 2H_2O + S_2,$$
$$2H_3AsO_3 + 3H_2S = As_2S_3 + 6H_2O.$$

Erhitzt man Arsensäure auf 180^0, so verliert sie Wasser und verwandelt sich in die harten und glänzenden Kristalle von Pyroarsensäure, $H_4As_2O_7$, die beim Erhitzen auf 200^0 in eine weiße, perlmutterartig glänzende Masse von Metarsensäure, $HAsO_3$, übergeht.

Pyroarsensäure und Metarsensäure sind von den entsprechenden Phosphorsäuren dadurch verschieden, daß die ersteren beim Zusammenbringen mit Wasser leicht wieder in die Orthoarsensäure übergehen.

Verbindungen des Arsens mit Schwefel.

Arsen bildet mit Schwefel drei Verbindungen, von denen zwei: As_2S_2 und As_2S_3 auch natürlich vorkommen, und As_2S_5 künstlich erhalten wird.

Arsendisulfid, As_2S_2, ist das unter dem Namen Realgar, Sandarach oder Arsenrubin in rubinroten, monoklinen Prismen in der Natur vorkommende Mineral. Künstlich erhält man es durch Zusammenschmelzen von Schwefel mit Arsen in molekularen Verhältnissen. Es findet, mit Ätzkalk vermischt, in der Gerberei zum Enthaaren der Felle Verwendung.

Arsentrisulfid, As_2S_3, kommt in glänzenden goldgelben Kristallen vor und führt die Namen Auripigment, Operment, Rauschgelb. Durch Fällen einer mit Salzsäure angesäuerten Lösung von arseniger Säure mit Schwefelwasserstoff dargestellt, bildet es ein zitronengelbes Pulver, welches von Schwefelalkalien und Schwefelammon unter Bildung von Sulfosalzen leicht gelöst wird:

$$As_2S_3 + 3(NH_4)_2S = 2AsS_3(NH_4)_3.$$

Auf Zusatz von Säuren zu dieser Lösung fällt Arsentrisulfid aus:

$$2AsS_3(NH_4)_3 + 6HCl = As_2S_3 + 6NH_4Cl + 3H_2S.$$

Arsentrisulfid wird im frisch gefällten Zustand auch von Ammoniak, Ammoniumkarbonat, von ätzenden und kohlensauren Alkalien gelöst und auf Zusatz von Säuren wieder abgeschieden. Das Arsentrisulfid wird durch die genannten Lösungsmittel in ein Gemisch von arsenigsaurem und sulfarsenigsaurem Salz übergeführt, z. B. durch Ammoniak:

$$As_2S_3 + 6NH_3 + 3H_2O = (NH_4)_3AsO_3 + (NH_4)_3AsS_3.$$

Antimon.

Stibium, Sb = 121,76, drei- und fünfwertig.

Das in der Natur vorkommende Schwefelantimon wird schon von Dioskorides erwähnt. Plinius nennt es Stibium wegen seiner Benutzung zum Schwarzfärben der Augenbrauen, abgeleitet von $\sigma\tau\iota\beta\alpha$, spießglanzhaltige Schminke. Mit dem Antimon und seinen Verbindungen haben sich die Alchymisten sehr eifrig beschäftigt. Es gehört zu den Elementen, von welchen Präparate schon sehr früh in der Heilkunst eine hervorragende Rolle spielen.

Das Element Antimon und mehrere seiner Verbindungen wurden im 18. Jahrhundert zuerst von Basilius Valentinus beschrieben.

Vorkommen: Hauptsächlich als Grauspießglanzerz, Sb_2S_3, in Böhmen, Ungarn, Frankreich, Japan, China. Es führt auch den Namen Antimonit und bildet lange, spießige, glänzend graue Kristalle. In Begleitung von Schwefelarsen und anderen Schwefelmetallen findet sich Schwefelantimon in vielen Mineralien, so z. B. mit Schwefelblei, Blei, Schwefelkupfer, Schwefeleisen, Schwefelsilber in den Fahlerzen, im Bournonit usw., in Verbindung mit Sauerstoff als Antimonblüte oder Weißspießglanzerz, Sb_4O_6.

Gewinnung: Grauspießglanzerz wird mit Eisen zusammengeschmolzen: $Sb_2S_3 + 3Fe = Sb_2 + 3FeS$, wobei sich Antimon unter dem geschmolzenen Schwefeleisen als Regulus Antimonii ansammelt.

Oder man röstet das Erz, wobei der Schwefel zu Schwefeldioxyd oxydiert wird, während Antimon in Antimonoxyd und weiterhin in Antimontetroxyd, Sb_2O_4, sog. Spießglanzasche übergeht:

$$Sb_2S_3 + 5O_2 = Sb_2O_4 + 3SO_2.$$

Die Spießglanzasche wird durch Zusammenschmelzen mit Kohle und Soda zu Antimon reduziert.

Das Antimon des Handels enthält meist Beimengungen von Arsen, sowie von Metallen, wie Blei, Eisen, Kupfer.

Eigenschaften: Silberweißes, glänzendes Element von blättrigkristallinischem Gefüge, spez. Gew. 6,518. Es ist spröde und läßt sich daher leicht pulvern. Schmelzpunkt 630°. Siedepunkt 1500—1700° unter Atmosphärendruck. An trockener Luft verändert sich Antimon bei gewöhnlicher Temperatur nicht; bis nahe zum Schmelzen an der Luft erhitzt, verbrennt es mit bläulicher Flamme zu Antimonoxyd, das sich in Form eines weißen Rauches verflüchtigt und zum Teil in Kristallen die erkaltende Metallkugel umgibt.

Salzsäure und verdünnte Schwefelsäure greifen Antimon nicht an, Salpetersäure führt es je nach der Konzentration und der Temperatur in ein Gemisch von Antimonoxyd und Antimonsäure über, Königswasser je nach der Dauer der Einwirkung in Antimontrichlorid bzw. Antimonpentachlorid. Im Chlorgas verbrennt gepulvertes Antimon unter Feuererscheinung zu Antimonchlorverbindungen.

Aus sauren Lösungen wird Antimon durch Zink, Zinn oder Eisen in Form einer schwarzen schwammartigen Masse abgeschieden.

Anwendung: Zur Herstellung verschiedener Legierungen. So besteht Letternmetall aus 1 T. Antimon und 4 T. Blei, Britanniametall aus 1 T. Antimon und 9 T. Zinn. Verbindungen des Antimons, von welchen früher viele arzneilich gebraucht wurden, sind bis auf den Goldschwefel und den Brechweinstein aus dem Arzneischatz mehr und mehr verschwunden.

Verbindungen des Antimons mit Wasserstoff.

Antimonwasserstoff, Stibin, SbH_3, bildet sich, indem man eine Legierung von Antimon und Zink mit verdünnten Säuren behandelt:

$$Sb_2Zn_3 + 3H_2SO_4 = 3ZnSO_4 + 2SbH_3,$$

oder indem man die löslichen Sauerstoffverbindungen oder die Chloride des Antimons in einen Wasserstoffentwicklungsapparat (Marshschen Apparat) bringt. Es mischt sich dem Wasserstoff dann Antimonwasserstoff bei.

Farbloses Gas von eigentümlichem Geruch, welches angezündet mit bläulichweißem Licht zu Antimonoxyd verbrennt. Kühlt man die Antimonwasserstoffflamme durch einen kalten Gegenstand, z. B. ein Porzellanschälchen, ab, so verbrennt nur der Wasserstoff, und Antimon scheidet sich in tiefschwarzen Flecken auf der Schale ab. Durch ein an einer verengten Stelle erhitztes Glasrohr geleitet, zerfällt Antimonwasserstoff in Wasserstoff und Antimon, welches sich als schwarzer Metallspiegel im Rohr ansetzt.

Aus Silbernitratlösung fällt Antimonwasserstoff schwarzes Antimonsilber, $SbAg_3$.

Verbindungen des Antimons mit den Halogenen.

Von den beiden Verbindungen des Antimons mit dem Chlor, $SbCl_3$ und $SbCl_5$ (Antimontrichlorid und Antimonpentachlorid), ist die erstere die pharmazeutisch wichtigere.

Antimontrichlorid, Antimonchlorür, $SbCl_3$. Weiße, durchscheinende, blättrigkristallinische, weiche Masse, unter dem Namen A n t i m o n b u t t e r, B u t y r u m A n t i m o n i i, bekannt.

Eine Lösung des Antimontrichlorids in Salzsäure, L i q u o r S t i b i i c h l o r a t i, wird durch Erwärmen von Grauspießglanz mit Salzsäure gewonnen:

$$Sb_2S_3 + 6\,HCl \rightleftarrows 2\,SbCl_3 + 3\,H_2S\,.$$

D a r s t e l l u n g v o n L i q u o r S t i b i i c h l o r a t i: 100 g fein gepulvertes Schwefelantimon werden mit 500 g roher Salzsäure vom spez. Gew. 1,16 (ca. 33 % HCl), im Sandbade unter einem Abzuge erhitzt, bis das Schwefelantimon zersetzt ist. Öfteres Umschütteln des Gemisches beschleunigt die Reaktion. Man läßt absetzen, gießt von dem Rückstand ab und dampft auf einem Drahtnetz oder im Sandbad die Flüssigkeit auf die Hälfte ihres Volums ein. Nach abermaligem Absitzenlassen filtriert man durch Asbest oder Glaswolle und destilliert aus einer in ein Sandbad eingesetzten Retorte die überschüssige Salzsäure und das bei 134⁰ siedende Arsentrichlorid ab. Sobald ein Tropfen des Destillates durch Wasser getrübt wird, wechselt man die Vorlage und fängt das jetzt (bei 223⁰) übergehende Antimontrichlorid gesondert auf. Es erstarrt in der Vorlage kristallinisch. In der Retorte verbleiben Bleichlorid und Ferrochlorid.

Zur Bereitung des Liquor Stibii chlorati löst man das feste Antimontrichlorid in $12^1/_2$ proz. Salzsäure und bringt die Lösung auf ein spez. Gew. von 1,345—1,360. In einer solchen Lösung sind $33^1/_3$ % $SbCl_3$ enthalten. Früher als Ätzmittel verwendet.

L i q u o r S t i b i i c h l o r a t i ist eine farblose Flüssigkeit, die, in Wasser gegossen, ein weißes Pulver abscheidet, das nach seinem Entdecker, einem italienischen Arzte Algarotto, A l g a r o t t p u l v e r genannt wird. Es besteht je nach dem Mengenverhältnis der aufeinanderwirkenden Flüssigkeiten und ihrer Temperatur aus wechselnden Mengen A n t i m o n o x y c h l o r ü r und A n t i m o n o x y d:

$$SbCl_3 + H_2O = \quad SbOCl + 2\,HCl$$
$$6\,SbCl_3 + 8\,H_2O = 2\,SbOCl + Sb_4O_6 + 16\,HCl\,.$$

Antimonpentachlorid, Antimonchlorid, $SbCl_5$, dargestellt durch Sättigen des Trichlorids mit Chlor. Farblose oder schwach gelbliche Flüssigkeit vom spez. Gew. 2,346 bei 20⁰, Schmelzpunkt $+ 4^0$. Zersetzt sich beim Erhitzen. Wegen der leichten Abgabe von Chlor wird es als Chlorüberträger bei organischen Verbindungen benutzt.

Verbindungen des Antimons mit Sauerstoff.

<table>
<tr><td>O x y d e :</td><td>H y d r o x y d e :</td></tr>
<tr><td>Sb_2O_3 Antimonoxyd
(bzw. Sb_4O_6)</td><td>H_3SbO_3 Antimonige Säure.
Von der antimonigen Säure leiten sich ab:
$HSbO_2$ Metantimonige Säure.</td></tr>
<tr><td>Sb_2O_4 Antimontetroxyd
Sb_2O_5 Antimonpentoxyd</td><td>H_3SbO_4 Antimonsäure (Orthoantimonsäure).
Von der Antimonsäure leiten sich ab:
$H_4Sb_2O_7$ Pyroantimonsäure und
$HSbO_3$ Metantimonsäure.</td></tr>
</table>

Antimonoxyd, Antimonsesquioxyd, Sb_4O_6, kommt als A n t i m o n b l ü t e oder W e i ß s p i e ß g l a n z e r z natürlich vor und entsteht beim Verbrennen von Antimon an der Luft oder beim Behandeln des Antimons mit verdünnter warmer Salpetersäure. In reinem Zustande wird es erhalten beim Kochen von Antimonoxychlorür (A l g a r o t t p u l v e r) mit Natriumkarbonatlösung:

$$4\,SbOCl + 2\,Na_2CO_3 = Sb_4O_6 + 4\,NaCl + 2\,CO_2\,.$$

Antimonoxyd ist ein weißes Pulver, das sich beim Erhitzen gelb färbt und bei Luftzutritt allmählich in Antimontetroxyd, Sb_2O_4, übergeht. Frisch bereitetes Antimonoxyd wird zur Herstellung des Brechweinsteins benutzt.

Antimonsäure, H_3SbO_4, Orthoantimonsäure bildet sich beim Versetzen von Antimonpentachlorid mit kaltem Wasser:

$$2\,SbCl_5 + 8\,H_2O = 2\,H_3SbO_4 + 10\,HCl$$

als weißes Pulver, das durch Alkalihydroxyde in antimonsaure Salze übergeführt wird. Beim Verdampfen ihrer Lösungen findet jedoch wieder Zersetzung statt.

Pyroantimonsäure, $H_4Sb_2O_7$, wird durch Erhitzen der Antimonsäure auf 100^0 oder durch Zersetzen von Antimonpentachloridlösung mit kochendem Wasser erhalten:

$$2\,SbCl_5 + 8\,H_2O = \underbrace{2\,H_3SbO_4}_{H_4Sb_2O_7 + H_2O} + 10\,HCl$$

Beim Erhitzen auf 200^0 geht Pyroantimonsäure unter weiterem Verlust von Wasser in Metantimonsäure, $HSbO_3$, über.

Das Kaliumsalz der Metantimonsäure ist das Kalium stibicum früherer Pharmakopöen. Zu seiner Darstellung trägt man ein Gemisch von 1 T. fein gepulvertem Antimon und 3 T. Kaliumnitrat in einen zum Glühen erhitzten Tiegel ein. Es ist ein weißes, in kaltem Wasser nur wenig lösliches Pulver, das beim Schmelzen mit einem Überschuß von Kaliumhydroxyd in neutrales pyroantimonsaures Kalium verwandelt wird:

$$2\,KSbO_3 + 2\,KOH = K_4Sb_2O_7 + H_2O.$$

Es ist nur in überschüssiger Kalilauge beständig, mit Wasser zerfällt es in saures pyroantimonsaures Kalium:

$$K_4Sb_2O_7 + 2\,H_2O = K_2H_2Sb_2O_7 + 2\,KOH.$$

Das saure Salz scheidet sich mit 6 Mol. Wasser als körnig-kristallinischer Niederschlag ab, der von Wasser schwer gelöst wird. Die wässerige Lösung dient als Reagenz auf Natriumsalze. Neutrale Natriumsalze geben mit der Lösung von saurem pyroantimonsauren Kalium eine körnig-kristallinische Ausscheidung von saurem Natriumpyroantimonat.

Verbindungen des Antimons mit Schwefel.

Von den beiden Verbindungen Sb_2S_3 und Sb_2S_5 kommt **Antimontrisulfid,** Sb_2S_3, Schwefelantimon, Stibium, sulfuratum (crudum, nigrum) in strahlig-kristallinischen, grauen Massen als Grauspießglanz oder Antimonit natürlich vor.

Um den Grauspießglanz von groben Verunreinigungen (besonders Silikaten, Quarz usw.) zu befreien, wird er bei niedriger Temperatur ausgeschmolzen (ausgesaigert) und kommt dann in grauer strahlig-kristallinischer Masse, welche die Form des zum Erstarren benutzten Gefäßes besitzt, als Antimonium crudum in den Handel. Grauspießglanz enthält stets kleinere oder größere Mengen Arsen. Um ihn davon zu befreien, verwandelt man ihn in ein feines Pulver, schlämmt dies zunächst mit Wasser und digeriert mehrere Tage unter öfterem Umschütteln mit verdünntem Salmiakgeist, welcher das Schwefelarsen löst. Das solcherart gereinigte Schwefelantimon führt den Namen Stibium sulfuratum nigrum laevigatum. Über die Verwendung des Schwefelantimons in der Zündholzfabrikation s. unter Phosphor.

D. A. B. VI läßt den Grauspießglanz lediglich auf Verunreinigungen durch Sand bzw. auf in Salzsäure unlösliche Bestandteile prüfen.

Die amorphe, orangefarbene Modifikation des Schwefelantimons gewinnt man durch Fällung einer Antimontrichloridlösung mittels Schwefelwasserstoffs:

$$2\,SbCl_3 + 3\,H_2S \rightleftharpoons Sb_2S_3 + 6\,HCl.$$

Antimontrisulfid wird vom Ammoniumsulfid gelöst:

$$Sb_2S_3 + 3\,(NH_4)_2S = 2\,(NH_4)_3SbS_3.$$

Antimonpentasulfid, Fünffachschwefelantimon, Goldschwefel, Stibium sulfuratum aurantiacum, Sulfur auratum, Sb_2S_5, wird durch Zerlegung eines Sulfantimonats mit einer Säure, zumeist des Natriumsulfantimonats (Schlippesches Salz: $Na_3SbS_4 + 9H_2O$) mit verdünnter Schwefelsäure dargestellt.

Nach F. Kirchhof entspricht die Zusammensetzung des reinen Goldschwefels der Formel Sb_2S_4. Er sei als ein Antimonsulfantimonat aufzufassen.

Zur Darstellung des Natriumsulfantimonats löscht man 26 T. Ätzkalk, rührt mit Wasser zu einem gleichmäßigen Brei und versetzt mit einer Lösung von 70 T. Natriumkarbonat in 180 T. Wasser. Man kocht einige Zeit und trägt in das Gemisch 36 T. gepulvertes Schwefelantimon und 7 T. Schwefel ein, kocht unter Ersatz des verdampfenden Wassers, bis die graue Farbe der Flüssigkeit verschwunden ist, seiht durch und kocht den Rückstand nochmals mit Wasser aus. Die vereinigten Flüssigkeiten werden nach dem Absetzen filtriert und zur Kristallisation eingedampft.

Neben Natriumsulfantimonat entsteht hierbei Natriummetantimonat, welches ungelöst zurückbleibt:

$$4 Sb_2S_3 + 8 S + 18 NaOH = 5 Na_3SbS_4 + 3 NaSbO_3 + 9 H_2O.$$

Zur Fällung des Goldschwefels löst man 26 T. des frisch bereiteten, mit 9 Mol. Wasser kristallisierenden Natriumsulfantimonats (Schlippeschen Salzes) in 100 T. kaltem destillierten Wasser, verdünnt nach der Filtration auf 500 T. und gießt diese Lösung unter stetem Umrühren in ein erkaltetes Gemisch von 9 T. reiner konz. Schwefelsäure und 200 T. Wasser. Die Einwirkung vollzieht sich im Sinne folgender Gleichung:

$$2 Na_3SbS_4 + 3 H_2SO_4 = Sb_2S_5 + 3 Na_2SO_4 + 3 H_2S.$$

Es bildet sich zunächst Ortho-Sulfantimonsäure, H_3SbS_4, die unter Abgabe von Schwefelwasserstoff zerfällt.

Der Niederschlag wird ausgepreßt, möglichst vor Luft geschützt ausgewaschen und bei gelinder Wärme (gegen 30^0) unter Lichtabschluß getrocknet.

Goldschwefel, Sb_2S_5 (bzw. Sb_2S_4), bildet ein feines, lockeres, orangerotes, geruch- und geschmackloses Pulver, welches in Wasser, Alkohol, Äther nicht löslich ist.

Beim Erhitzen in einem engen Probierrohr sublimiert Schwefel, während schwarzes Antimontrisulfid zurückbleibt. Von Salzsäure wird Goldschwefel unter Schwefelwasserstoffentwicklung und Abscheidung von Schwefel zu Antimontrichlorid gelöst.

Geprüft auf Verunreinigungen durch Arsen, auf Chlorid, Alkalisulfide, Hyposulfit und Schwefelsäure.

Medizinisch angewendet als Expektorans bei Bronchialkatarrhen, Dosis: 0,015 bis 0,1 g mehrmals täglich in Pulvern, Pillen (Plummersches Pulver und Plummersche Pillen), Latwergen usw.

Die Pilulae contra tussim enthalten ihn neben Morphium und Ipecacuanha.

Goldschwefel wird in der Technik zum Rotfärben von Kautschukwaren benutzt.

Vor Licht geschützt aufzubewahren.

Wismut.

Bismutum, $Bi = 209$. Drei- und fünfwertig. Wismut wird zuerst 1530 von Agricola unter dem Namen Bisemutum als eigentümliches Metall beschrieben. Die sich bei früheren Schriftstellern findende Bezeichnung Marcasita ist für verschiedene Erze und Metalle gebraucht worden. Die Eigenschaften des Wismuts lehrte Pott 1739, die Reaktionen desselben Bergmann kennen.

Vorkommen: Wismut kommt gediegen, jedoch ziemlich selten, in der Natur vor, hauptsächlich in Verbindung mit Schwefel, im sächsischen Erzgebirge, in Kalifornien, Mexiko, Bolivien, Chile. Natürlich sich findende Wismutverbindungen sind Wismutglanz oder Bismutit, Bi_2S_3, Wismutocker oder Bismit, Bi_2O_3, Kupferwismutglanz ($3Cu_2S \cdot Bi_2S_3$) und Tetradymit,

Bi_2Te_2S. In geringer Menge kommt Wismut auch in vielen Blei- und Silbererzen vor.

Gewinnung: Durch Ausschmelzen aus dem begleitenden Gestein (Aussaigern des Metalls). Zur Befreiung von verunreinigenden Metallen schmilzt man Wismut nochmals auf einer geneigten, mit Holzfeuer geheizten Eisenplatte langsam nieder und fängt das abfließende reine Metall in flachen eisernen Schalen auf, worin es kristallinisch erstarrt. Oder die Wismut führenden Erze werden geröstet, mit starker Salzsäure ausgezogen und die Lösungen mit Wasser verdünnt. Wismutoxychlorid scheidet sich aus. Es wird in Salzsäure gelöst, mit Wasser nochmals gefällt und sodann in Graphittiegeln unter Beifügung von Kalk, Kohle und Schlacke auf Wismut verschmolzen.

Eigenschaften: Metallglänzendes, sprödes Element von eigentümlich rötlichem Schein und großblättrig-kristallinischem Gefüge. Spez. Gew. 9,7; geschmolzenes Wismut besitzt das spez. Gew. 10,055. Schmelzpunkt 270°. Bei Luftzutritt verbrennt es mit bläulicher Flamme. An der Luft verändert es sich bei gewöhnlicher Temperatur nicht; beim Erhitzen unter Luftzutritt überzieht es sich mit einer gelben Oxydschicht. Wismut ist unlöslich in verdünnter Salz- und Schwefelsäure, wird aber von Salpetersäure schon in der Kälte gelöst:

$$Bi + 4\,HNO_3 = Bi(NO_3)_3 + NO + 2\,H_2O.$$

Fügt man viel Wasser zu der Lösung des Wismutnitrats, so wird ein weißes basisches Salz gefällt.

Wismut bildet mit Metallen, namentlich mit Blei und Zinn, niedrigschmelzende, sog. leichtflüssige Legierungen. Diese finden als Schnellot, zum Abklatschen (Klischieren) von Holzschnitten usw. Verwendung. Solche Legierungen sind unter den Namen Rosesches Metall (Wismut 2, Blei 7, Zinn 1, bei 93,75° schmelzend), Newtonsches Metall (Wismut 8, Blei 5, Zinn 3, bei 94,5° schmelzend), Woodsches Metall (Wismut 15, Blei 8, Zinn 3, Kadmium 3, bei 68° schmelzend) bekannt. Um Gefäße beim Erhitzen auf höhere Temperaturen vor dem Zerspringen zu schützen, umgibt man sie mit Sand (Sandbäder) oder einer leichtflüssigen Metallegierung (Metallbäder). Hierzu eignet sich eine Legierung, die durch Zusammenschmelzen von 8 T. Blei, 3 T. Zinn und 8 T. Wismut erhalten wird. Unter Wismutbronze, welche wegen ihrer Widerstandsfähigkeit gegenüber dem oxydierenden Einfluß der atmosphärischen Luft geschätzt ist, versteht man eine Legierung aus Wismut 1, Nickel 24, Kupfer 25, Antimon 50 T.

Eine Wismut-Magnesiumlegierung liefert nach Paneth im Marshschen Apparat mit Salzsäure in kleiner Menge Wismutwasserstoff BiH_3.

In kolloider Form erhält man Wismut als braune Lösung durch Eintragen von alkalischer Wismuttartratlösung in alkalische Zinnchlorürlösung.

Kolloide Lösungen sind Pseudolösungen, d. h. es befinden sich die betreffenden Stoffe in außerordentlich feiner Suspension in einer Flüssigkeit, so daß diese den Charakter einer Lösung hat. Sie läßt sich durch Filtrierpapier filtrieren; die Kolloide besitzen aber nicht die Fähigkeit, durch Pergamentpapier zu diffundieren. Die Aggregate, zu welchen die Molekeln der Kolloide zusammengeballt sind, sind zu groß, um die Membran zu durchdringen, wohl aber ist dies möglich durch das porösere Filtrierpapier. Man kann in den „Pseudolösungen“ die Teilchen in der Komplementärfarbe durch starke Seitenbeleuchtung (Tyndall-Phänomen) und gleichzeitige Vergrößerung im Ultramikroskop erkennen. Die „lösliche“ Form der Kolloide (Hydrosole) läßt sich in die unlösliche unter gewissen Bedingungen überführen. Die sich vielfach gelatinös ausscheidende Form nennt man Hydrogel (abgeleitet von Gelatum). Vgl. den Artikel „Dialyse“ im Anschluß an den Artikel über Silizium.

Wismutchlorid, Chlorwismut, Bismutum chloratum, Butyrum Bismuti, $BiCl_3$, erhält man beim Erhitzen von Wismut in Chlorgas. Weiße Masse, welche von viel Wasser in Wismutoxychlorid übergeführt wird:

$$BiCl_3 + H_2O = BiOCl + 2\,HCl.$$

Das Wismution $Bi^{\cdots}$ ist neben Wasser nicht beständig.

Die im Wismutoxychlorid enthaltene einwertige Gruppe BiO, Bismutyl, findet sich in allen basischen Wismutsalzen.

Wismutjodid, Jodwismut, BiJ_3. Große Kristalle, die beim Erhitzen eines Gemisches von 20 T. Jod und 35 T. Wismutpulver entstehen. Nach eingetretener Verbindung treibt man das überschüssige Jod mittels eines Kohlendioxydstromes aus und erhitzt dann weiter, bis die Verbindung sublimiert.

Wismutoxyjodid, Bismutum oxyjodatum, BiOJ, lebhaft ziegelrotes Pulver.

Darstellung: Man löst 9,5 g kristallisiertes Wismutnitrat unter schwachem Erwärmen in 12—15 ccm konzentrierter Essigsäure und gießt unter Umrühren allmählich in eine Lösung von 3,2 g Kaliumjodid und 5,5 g kristallisiertem Natriumazetat in 250 g Wasser ein. Die Wismutlösung erzeugt einen Niederschlag von grünlichbrauner Farbe, welche anfangs in Zitronengelb übergeht, bei weiterem Zusatz der Wismutlösung aber ziegelrot wird. Man wäscht den Niederschlag auf einem Filter aus und trocknet ihn bei 100^0.

Medizinische Anwendung:. Innerlich bei Magengeschwüren, zu 0,1—0,2 g in Pulverform; äußerlich als Antiseptikum bei eiternden Wunden.

Als ausgezeichnetes Reagens auf Alkaloide dient eine **Kaliumwismutjodidlösung,** welche wie folgt bereitet wird: Man löst 80 g Wismutsubnitrat in 200 g Salpetersäure vom spez. Gew. 1,18 (30 %) und gießt diese Lösung in eine konzentrierte Lösung von 272 g Jodkalium in Wasser. Nach dem Auskristallisieren des Salpeters verdünnt man die Flüssigkeit mit Wasser auf 1 Liter.

Hydroxyde und Oxyd des Wismuts.

Gießt man die Lösung von Wismutnitrat in kalte verdünnte Natronlauge langsam ein, so wird nicht das normale Hydroxyd $Bi(OH)_3$ gefällt, sondern unter Wasserabspaltung bildet sich BiO(OH):

$$Bi(NO_3)_3 + 3\,NaOH = BiO(OH) + H_2O + 3\,NaNO_3.$$

Beim Erhitzen des Wismutmonohydroxyds hinterbleibt Bi_2O_3:

$$2\,BiO(OH) = Bi_2O_3 + H_2O.$$

Wismutoxyd, Bi_2O_3, gelbe Masse, welche in der Glühhitze zu einer rotbraunen Flüssigkeit schmilzt und beim Erkalten kristallinisch erstarrt. Wismutoxyd entsteht auch beim Schmelzen von Wismut an der Luft oder beim Erhitzen von Wismutnitrat.

Wismutnitrat, Salpetersaures Wismut, Bismutum nitricum, $Bi(NO_3)_3 + 5\,H_2O$, Mol.-Gew. 485,1.

Darstellung: Man vermischt 5 T. rohe Salpetersäure mit der gleichen Gewichtsmenge Wasser und trägt in das auf 75—90^0 erhitzte Gemisch 2 T. Wismut ohne Unterbrechung in kleinen Mengen ein. Wenn die anfangs heftige Einwirkung sich gegen das Ende abschwächt, wird sie durch verstärktes Erhitzen unterstützt. Die Wismutlösung wird nach mehrtägigem Stehen klar abgegossen (das Arsen hat sich hierbei als Wismutarsenat unlöslich abgeschieden) und zur Kristallisation eingedampft. Die erhaltenen Kristalle werden mit kleinen Mengen Wasser, das mit Salpetersäure angesäuert ist, einige Male abgespült und bei Zimmertemperatur getrocknet.

Eigenschaften: Farblose, durchsichtige Kristalle, die befeuchtetes Lackmuspapier röten, sich beim Erhitzen anfangs verflüssigen und darauf unter Entwicklung von gelbroten Dämpfen zersetzen. Löslich teilweise in Wasser unter Abscheidung eines weißen Niederschlags; dieses Gemisch wird durch Schwefelwasserstoffwasser schwarz gefärbt.

Prüfung: 0,2 g Wismutnitrat müssen sich bei Zimmertemperatur in 10 ccm verdünnter Schwefelsäure klar lösen (Blei, Bariumsalze). Diese Lösung muß nach Zusatz von überschüssiger Ammoniakflüssigkeit ein farbloses Filtrat geben (Kupfersalze). 0,5 g Wismutnitrat müssen sich in 5 ccm Salpetersäure klar lösen; die Hälfte dieser Lösung darf durch 0,5 ccm Silbernitratlösung höchstens opalisierend getrübt werden (Salzsäure). Wird die andere Hälfte mit der gleichen Menge Wasser verdünnt und mit 0,5 ccm Bariumnitratlösung versetzt, so darf die Lösung innerhalb 3 Minuten nicht verändert werden (Schwefelsäure). Des weiteren läßt D. A. B. VI prüfen auf einen Gehalt an Kalziumsalzen, Magnesium-, Alkali- und Ammoniumsalzen. Zwecks Gehaltsbestimmung wird 1 g Wismutnitrat bis zum Entweichen des Kristallwassers vorsichtig erhitzt und darauf geglüht. Es müssen mindestens 0,469 g Wismutoxyd hinterbleiben (entsprechend 42,1 % Bi). Wird dieser Rückstand in 5 ccm Salzsäure unter Erwärmen gelöst und die Lösung mit 5 ccm Natriumhypophosphitlösung in dem mit einem Uhrglase bedeckten Tiegel $^1/_4$ Stunde lang in dem Wasserbade erwärmt, so darf die Mischung keine dunklere Färbung annehmen (Arsenverbindungen).

Dient zur Herstellung von Bismutum subgallicum, — subnitricum und — subsalicylicum.

Zur Bereitung des **basischen Wismutnitrats,** Wismutsubnitrat, Bismutum subnitricum oder Magisterium Bismuti, werden die Kristalle des neutralen Nitrats mit 4 T. Wasser gleichmäßig zerrieben und unter Umrühren in 21 T. siedendes Wasser eingetragen.

Sobald der Niederschlag sich ausgeschieden hat, wird die überstehende Flüssigkeit entfernt, der Niederschlag gesammelt, nach völligem Ablaufen des Filtrats mit einem gleichen Raumteil kalten Wassers nachgewaschen und nach Ablauf der Flüssigkeit bei 30° getrocknet. Weißes, mikrokristallinisches, sauer reagierendes Pulver. Durch Einwirkung des Wassers wird aus dem Wismutnitrat Salpetersäure herausgenommen, deren Menge je nach der Dauer der Einwirkung des Wassers und der Höhe seiner Temperatur eine verschieden große ist.

Basisches Wismutnitrat besteht im wesentlichen aus der Verbindung $BiO \cdot NO_3$, welche wechselnde Mengen $BiO(OH)$ und H_2O enthält. Unter genauer Befolgung obiger Vorschrift entspricht es der Zusammensetzung $(BiONO_3)_4 \cdot BiO(OH) + 4H_2O$.

Prüfung: Es muß frei sein von Karbonat, von Blei-, Kupfer-, Kalziumsalzen, Arsenverbindungen, Sulfat und Ammoniumsalzen. Ein sehr kleiner Chlorgehalt ist gestattet.

0,25 g basisches Wismutnitrat müssen sich in 2,5 ccm Salpetersäure klar lösen; diese Lösung darf durch 0,5 ccm Silbernitratlösung höchstens opalisierend getrübt werden.

Löst man 0,5 g basisches Wismutnitrat in 5 ccm Salpetersäure, so darf die Hälfte der erhaltenen klaren Flüssigkeit, wenn mit 0,5 ccm Silbernitratlösung versetzt, höchstens eine opalisierende Trübung zeigen. Wird die andere Hälfte mit der gleichen Menge Wasser verdünnt und mit 0,5 ccm Bariumnitratlösung versetzt, so darf keine Trübung entstehen (Sulfat). Mit Natronlauge im Überschuß erwärmt, darf das Präparat Ammoniak nicht entwickeln.

Gehaltsbestimmung: Basisches Wismutnitrat muß beim Glühen 79—82 % Wismutoxyd hinterlassen, einem Gehalte von 70,9—73,6 % Wismut entsprechend.

Medizinische Anwendung: Innerlich zu 0,5—5,0 g mehrmals täglich bei Magenschmerzen (gleichzeitige Verabreichung von Morphium zu widerraten), Magenkatarrh, besonders Magengeschwür. Äußerlich zu Nasen-, Schlund- und Kehlkopfpulvern rein oder mit Zucker 1—5 g, zu Injektionen bei Gonorrhöe 2—4 g auf 100 g umgeschüttelt zu injizieren; bei Verbrennungen in Form der sog. Brandbinden.

Als Kosmetikum zu Pudern. In der Röntgentechnik 30 g mit Kartoffelbrei vermischt als „Kontrastmittel". Hierbei wurden jedoch Nitritvergiftungen beobachtet, so daß man besser Baryumsulfat für Durchleuchtungen benutzt.

Wismutkarbonat, Kohlensaures Wismut, Bismutum carbonicum, $(BiO)_2CO_3 + ^1/_2H_2O$. Dargestellt durch Eintragen einer mit Hilfe von verdünnter Salpetersäure hergestellten Wismutnitratlösung in eine Lösung von Ammoniumkarbonat.

Nachweis der Wismutverbindungen: Wismutverbindungen liefern auf der Kohle mit Natriumkarbonat erhitzt ein sprödes Metallkorn und einen gelben Beschlag. Schwefelwasserstoff fällt aus Wismutlösungen braunschwarzes Wismutsulfid, Bi_2S_3:

$$3\,H_2S + 2\,Bi^{\cdots} \longrightarrow Bi_2S_3 + 6\,H^{\cdot}.$$

Kaliumjodid fällt aus Wismutlösungen BiJ_3, bzw. rotbraunes Wismutoxyjodid:

$$3\,J' + Bi^{···} \longrightarrow BiJ_3,$$

$$BiJ_3 + H_2O \longrightarrow BiOJ + 2\,J' + 2\,H^·.$$

Wismutnitratlösung, in viel Wasser gegossen, trübt sich.

Alkalische Zinnchlorürlösung scheidet aus Wismutsalzen Wismut in schwarzen Flocken ab.

Gruppe des Vanadins.

Im periodischen System gehören der 5. Gruppe außer Stickstoff und Phosphor Arsen, Antimon und Wismut auch die Elemente Vanadin, Niob und Tantal an. Von diesen hat Vanadin, das in seinen Verbindungen hinsichtlich der Giftigkeit dem Arsen an die Seite gestellt werden kann, neuerdings die Aufmerksamkeit in der Therapie auf sich gelenkt.

Vanadin, $V = 50{,}95$, zwei-, drei-, vier- und fünfwertig, wurde 1830 von Sefström in Traberger Eisenerzen entdeckt. Der Name Vanadin wurde dem Element nach der Göttin Freya gegeben, die den Beinamen Vanadis führt. Vanadin ist in geringen Mengen in den meisten Eisenerzen gefunden worden. Ein besonderes Vanadinmineral ist der Vanadinit, ein chlorhaltiges Bleivanadinat.

Vanadin wird als hartes, eisenähnliches Element durch Reduktion von Vanadinoxyd, V_2O_3, mittels Aluminium gewonnen. Das beständigste Oxyd ist das Vanadinpentoxyd, V_2O_5. Von seinen Salzen ist das in Wasser nur schwer lösliche Ammoniumvanadinat, NH_4VO_3, zu erwähnen.

Vanadinsäure und **Natriummetavanadinat** sind neuerdings angeblich mit Erfolg bei Anämie, Chlorose, Neurasthenie, Rheumatismus und Gicht benutzt worden und sollen auch eine zerstörende Wirkung auf Trypanosomen und Spirochäten ausüben.

In der Technik werden Vanadinoxyde Gläsern zugesetzt, wodurch nach Miethe das ultraviolette Licht vollständig absorbiert werden soll. Ein Zusatz von Vanadin zu Stahl verleiht diesem eine größere Zugfestigkeit und Elastizität.

Niob, $Nb = 93{,}5$, drei- und fünfwertig, findet sich als Niobit in den Graniten des Urals, Finnlands, Grönlands, Norwegens, als Kolumbit meist mit Tantal zusammen. Die schwere Trennbarkeit dieser beiden Elemente soll Rose 1844 veranlaßt haben, das eine Element Tantal („Tantalusqualen") und das andere nach der schmerzensreichen Niobe zu benennen.

Tantal, $Ta = 181{,}5$, fünfwertig, findet sich vorzugsweise in dem mit dem Kolumbit verwandten Tantalit, ein Eisen, Mangan, Tantal und Niob enthaltendes Mineral. Das Metall hat neuerdings eine Verwendung als Glühdraht in den Tantallampen gefunden. Auch als Kathodenmaterial an Stelle von Platin wird Tantal bei elektrochemischen Prozessen benutzt.

Bor.

Boron, $B = 10{,}82$, dreiwertig.

Davy in England und Gay-Lussac und Thénard in Frankreich schieden 1808 aus der damals schon seit 10 Jahren bekannten Borsäure das Bor ab. Wöhler und Deville stellten es Mitte der fünfziger Jahre vorigen Jahrhunderts kristallisiert dar.

Vorkommen: Als Borsäure (Sassolin) und in Form von Salzen derselben (Boraten). Unter den borsauren Salzen sind besonders der Borax oder Tinkal $(Na_2B_4O_7 + 10H_2O)$, der Boracit, ein Magnesiumborat-Magnesiumchlorid, $2Mg_3B_8O_{15} \cdot MgCl_2$, der Staßfurtit, $2Mg_3B_8O_{15} \cdot MgCl_2 + H_2O$, der Borokalzit oder Datolith, $2CaB_4O_7 \cdot Na_2B_4O_7 + 18H_2O$, sowie der aus Kleinasien kommende Pandermit, ebenfalls ein Kalziumborat, zu nennen. Auch in verschiedenen Pflanzen ist Bor in geringer Menge beobachtet worden.

Gewinnung: In amorpher Form durch Glühen eines Gemisches frisch geschmolzener Borsäure mit eisenfreiem Magnesiumpulver. Das so abgeschiedene Bor enthält sehr viel weniger Verunreinigungen als das nach früherer Methode durch Reduktion von Borsäure mit metallischem Natrium erhaltene.

Verwendet man an Stelle des Natriums Aluminium, so löst sich das abgeschiedene Bor anfangs in dem überschüssigen Aluminium auf und scheidet sich beim Erkalten in glänzenden Kristallen ab. Diese sind jedoch durch einen Gehalt an Aluminium und Kohlenstoff verunreinigt.

Eigenschaften: Amorphes Bor ist ein abfärbendes, kastanienbraunes Pulver vom spez. Gew. 2,45, welches, an der Luft erhitzt, zu Borsäureanhydrid verbrennt. Kristallisiertes Bor besitzt nahezu die Härte, den Glanz und das Lichtbrechungsvermögen der Diamanten. Spez. Gew. 2,554.

Borwasserstoffe. Bei der Reduktion des Bortrioxyds mit überschüssigem Magnesium wird ein Magnesiumborid gewonnen, aus welchem mit Chlorwasserstoffsäure die Hydride B_2H_6 und B_4H_{10} erhalten werden können (A. Stock).

Das Hydrid, B_2H_6, zersetzt sich mit Wasser unter Bildung von Borsäure und Wasserstoff:

$$B_2H_6 + 6H_2O = 2H_3BO_3 + 6H_2.$$

Verbindungen des Bors mit Sauerstoff.

Oxyd: Hydroxyde:

B_2O_3 Bortrioxyd (Borsäureanhydrid).

H_3BO_3 oder $B{\Large\langle}^{OH}_{OH}$ (OH) Borsäure;

Von der Borsäure leiten sich ab:

$H_2B_4O_7$ oder

Pyroborsäure (entstanden aus 4 Mol. Borsäure durch Austritt von 5 Mol. Wasser)

und

HBO_2 oder $B{-}OH$

Metaborsäure (entstanden aus 1 Mol. Borsäure durch Austritt von 1 Mol. Wasser)

Bortrioxyd, Borsäureanhydrid, B_2O_3, entsteht durch Erhitzen von Borsäure bis zum ruhigen Schmelzen und bildet eine farblose, glasartig durchsichtige Masse. Erst bei Weißglut verflüchtigt sich Bortrioxyd.

Borsäure, Acidum boricum, Acidum boracicum, H_3BO_3, wird aus den in den vulkanischen Gegenden Toskanas der Erde entströmenden, Meta-

Abb. 33. Metaborsäure führende Dämpfe werden in Wasser geleitet.

borsäure führenden Dämpfen (Soffioni, Fumarolen) gewonnen, welche in kleine natürliche Teiche (Lagoni) oder in mit Wasser gefüllte gemauerte Bassins geleitet werden (Abb. 33). Das gegen 2 % Borsäure enthaltende Wasser wird in langen, flachen Bleipfannen, welche durch die Soffioni erwärmt werden, konzentriert, bis die Borsäure anfängt auszukristallisieren.

Man stellt Borsäure in Deutschland meist aus dem Pandermit dar, der mit Salzsäure zersetzt wird.

Gewinnung im kleinen. Man löst 50 g Borax in 100 g heißem Wasser und versetzt mit Salzsäure im Überschuß. Die nach dem Erkalten auskristallisierte Borsäure wird aus heißem Wasser umkristallisiert.

Eigenschaften und Prüfung, H_3BO_3, Mol.-Gew. 62,0. Farblose, glänzende, schuppenförmige Kristalle, die sich fettig anfühlen, oder ein weißes, feines Pulver. In 25 T. Wasser von 15⁰, in 22 T. Wasser von 20⁰, in 3 T. siedendem Wasser, in etwa 25 T. Weingeist von 15⁰, sowie in etwa 5 T. Glyzerin löslich. Erhitzt man Borsäure auf ungefähr 75⁰, so entweicht Wasser, und es bildet sich Metaborsäure, HBO_2, bei gegen 160⁰ geht diese unter abermaligem Wasserverlust in eine glasig geschmolzene Masse über, die sich beim starken Erhitzen aufbläht, allmählich ihr gesamtes Wasser verliert und Borsäureanhydrid, B_2O_3, zurückläßt.

Versetzt man die 2proz. wässerige Lösung der Borsäure mit wenig Salzsäure, so färbt sich ein mit dieser Lösung getränktes Stück Kurkumapapier beim Eintrocknen braunrot. Beim Betupfen mit Ammoniakflüssigkeit geht die braunrote Färbung in Grünschwarz über. Zur Erkennung der Borsäure dient ferner, daß ihre weingeistige Lösung oder diejenige in Glyzerin angezündet mit grüngesäumter Flamme brennt.

Schmilzt man wasserfreie Borsäure mit sehr kleinen Mengen Phthalsäureanhydrid, so entsteht eine stark phosphoreszierende Schmelze. Auch andere organische Stoffe liefern mit Borsäure geschmolzen die gleiche Erscheinung. Tränkt man saugfähige Stoffe, wie Papier, Wolle, Seide, Asbest mit einer wässerigen Borsäurelösung, die den organischen Stoff ungelöst enthält, so erzeugt man nach dem Trocknen an der Luft (bei etwa 70⁰) ebenfalls gut phosphoreszierende Stoffe.

Prüfung: Borsäure kann durch Metalle (Kupfer, Blei, Eisen) oder durch Kalk, bzw. Kalziumsalze oder Magnesiumsalze, oder durch anhängende Schwefelsäure, Salzsäure, Salpetersäure oder salpetrige Säure (bzw. Sulfate und Chloride) verunreinigt sein (s. D. A. B. VI).

Medizinische Anwendung: Innerlich zu 0,3—1,0 g in Pulver oder Lösung bis 3 g täglich als Harnantiseptikum bei subakuter und chronischer Zystitis, sowie als Mittel bei Entfettungskuren. Infolge der Reizung der Magenschleimhaut bei gefülltem Magen zu geben. Äußerlich als Desinfektionsmittel zum Einblasen in Nase, Kehlkopf, in 3proz. Lösung als Gurgelwasser; gegen Wundlaufen, als Schnupfpulver. Zu Pinselungen bei Soor: Borsäure 7,5 g Glyzerin und destilliertes Wasser ana 15,0 g.

Früher wurde Borsäure in sehr ausgedehntem Maße zur Konservierung von Nahrungsmitteln benutzt; ihre Verwendung zu diesem Zweck ist aber im Deutschen Reich durch Gesetz vom 18. Februar 1902 verboten.

Als Konservesalz wurde ein Gemisch aus 2 T. Borsäure, 3 T. Kaliumnitrat und 5 T. Natriumchlorid verwendet. Glazialin ist ein Gemisch aus 18 T. Borsäure, 9 T. Borax, 9 T. Zucker und 6 T. Glyzerin.

Über Borax und Natriumperborat s. Natriumverbindungen.

Charakteristik der Elemente der Stickstoffgruppe.

Die Elemente Stickstoff, Phosphor, Arsen, Antimon, Wismut bilden die Stickstoffgruppe. Die beiden ersten Glieder der Gruppe sind deutlich Nichtmetalle, Arsen gehört noch zu den Nichtmetallen, hat aber schon metallisches Aussehen, Antimon bildet Säuren und Basen und Wismut reagiert vorwiegend wie ein Metall. Die Affinität zum Wasserstoff nimmt vom Stickstoff aus ab, ebenso die Affinität zum Sauerstoff. Stickstoff und Phosphor können keine Salze bilden, Arsen bildet eine Halogenverbindung, Antimon und Wismut bilden schon normale Salze, die allerdings ziemlich leicht hydrolysierbar sind. Die

Halogenverbindungen des Stickstoffs und Phosphors zersetzen sich bei Berührung mit Wasser sofort, die des Antimons und Wismuts sind wesentlich beständiger.

Bor ist in allen seinen Verbindungen dreiwertig und ein ausgesprochenes Nichtmetall. In seinen chemischen Reaktionen schließt es sich eng an Kohlenstoff und Silizium.

Gruppe des Kohlenstoffs und Siliziums.

Kohlenstoff. Silizium. Titan. Zirkonium. Germanium. Zinn.

Kohlenstoff.

Carboneum, $C = 12$. Vierwertig.

Lavoisier erkannte 1788 Kohlenstoff als Element und wies nach, daß die Kohlensäure eine Verbindung desselben mit Sauerstoff ist. Auch wurde von Lavoisier der Diamant, welcher beim Verbrennen Kohlendioxyd liefert, als reiner Kohlenstoff erkannt.

Kohlenstoff ist eines der wichtigsten Elemente. Die Zahl der Verbindungen, die er mit anderen Elementen eingeht, ist eine so große, daß man die Mehrzahl dieser Verbindungen, nämlich diejenigen mit Wasserstoff, Wasserstoff und Sauerstoff, Stickstoff, ferner solche unter Hinzutritt von Schwefel, Phosphor usw. aus der Betrachtung der übrigen Elemente ausscheidet und sie als besonderen Lehrgegenstand behandelt: es sind das die Verbindungen der organischen Chemie.

Nur eine kleine Anzahl Verbindungen des Kohlenstoffs sollen neben den Erörterungen der Eigenschaften und des Verhaltens des Elementes selbst an dieser Stelle besprochen werden, und zwar die Verbindungen des Kohlenstoffs mit Sauerstoff und Schwefel.

Vorkommen: In drei verschiedenen Formen, von denen Diamant und Graphit kristallisiert sind und Kohle amorph ist.

Diamanten finden sich in Vorderindien, auf Borneo und Sumatra, in Süd- und Südwest-Afrika, am Ural, in Kalifornien, Brasilien usw. in angeschwemmtem Boden, seltener in Gesteinen und in Meteoren, in Transvaal im sog. „Blaugrund", das sind infolge vulkanischer Tätigkeit gebildete Schuttmassen. In Südwestafrika finden sich Diamanten im Küstensand und lassen sich von diesem mittels einer spezifisch schweren Flüssigkeit trennen. Man benutzt hierzu Tetrabromäthan (s. Organ. Teil).

Diamant kristallisiert im regulären System und zeigt gewöhnlich gekrümmte Flächen und Kanten. Ein starkes Lichtbrechungsvermögen verbindet er mit großer Härte. Spez. Gew. 3,5. Er ist in reinem Zustande farblos, oft durch geringe fremdartige Beimengungen rot, gelb, grün, blau, selbst schwarz gefärbt. Trotz seiner großen Härte besitzt er nur geringe Festigkeit, er ist spröde und läßt sich pulvern. Er leitet die Wärme schlecht und ist ein Nichtleiter der Elektrizität. An der Luft oder im Sauerstoff auf 700—800° erhitzt, verbrennt er unter großer Lichtentwicklung zu Kohlendioxyd.

Diamanten werden mit ihrem eigenen Pulver geschliffen, nachdem sie vorher mit Hilfe eines feinen, messerförmigen Meißels gespalten („geschnitten") sind. Die Kunst der Diamantschneiderei, welche besonders in Amsterdam eine hohe Ausbildung erfahren hat, bezweckt die Beseitigung fehlerhafter Stellen und die Herstellung von Flächen (Fazetten). Die geschätzteste Form der Schmuckdiamanten ist die Brillantform.

Künstlich sollen Diamanten dadurch gewonnen worden sein, daß man Eisen bei sehr hoher Temperatur mit Kohlenstoff sättigt und dann plötzlich stark abkühlt. Die inneren Teile der so entstehenden Eisenkugel stehen beim schnellen Erstarren derselben unter hohem Druck, und hierbei kristallisiert der Kohlenstoff in Form von Diamanten heraus, die man beim nachfolgenden Zerschlagen der Eisenkugel vorfindet.

Graphit[1], Graphites, Plumbago, Reißblei, Schreibblei ist auf den Lagern des Urgebirges, dem Granit und Gneis anzutreffen: am Altai in Sibirien, auf Grönland, bei Vittangi in Schweden, in Kalifornien, auf Ceylon, in Böhmen, Mähren. Sein Hauptvorkommen in Deutschland ist auf die Umgegend von Passau beschränkt. Er bildet grauschwarze, metallglänzende Massen vom spez. Gew. 2,25, färbt stark ab, daher seine Anwendung als Füllmasse für „Blei"stifte. Graphit leitet Wärme und Elektrizität gut und wird deswegen in der Galvanoplastik angewendet. Da Graphit hohe Hitzegrade auszuhalten vermag, formt man auch Schmelztiegel (Graphittiegel, Passauer Tiegel) aus ihm. Im Sauerstoffstrom ist er noch schwieriger verbrennbar als Diamant, wird aber durch starke Oxydationsmittel in Graphitsäure und Mellithsäure, $C_{12}H_6O_{12}$, eine Hexakarbonsäure, $C_6(COOH)_6$, übergeführt. Sie kommt an Aluminium gebunden als Honigstein vor, ein in Braunkohlenlagern entdecktes honig- bis wachsgelb gefärbtes Mineral. Mellithsäure führt daher auch die Bezeichnung Honigsteinsäure.

In Form hexagonaler Tafeln wird Graphit künstlich gewonnen durch Auflösen von amorphem Kohlenstoff in geschmolzenem Eisen und langsames Erkaltenlassen.

Amorpher Kohlenstoff oder **Kohle** findet sich in der Natur als Zersetzungsprodukt organischer Stoffe. Torf, Braunkohle, Steinkohle, Anthrazit sind solche hinsichtlich ihrer Bildung verschiedenen Zeitabschnitten angehörende Naturprodukte. Von diesen entsteht der Torf noch heutzutage durch Zersetzung der sog. Torfmoose (Sphagnum-Arten).

Torf enthält 50—60 % Kohlenstoff; in den Braunkohlen schwankt der Kohlenstoffgehalt zwischen 60 und 75 %. Die Braunkohlen sind zufolge der allmählichen Verkohlung versunkener Wälder gebildet worden. Taxodiumstämme waren besonders das Material zur Bildung der Braunkohlen. Sie werden teils als Heizmaterial verwendet, teils der trockenen Destillation unterworfen und liefern hierbei eine Reihe der für die Technik wertvollsten Stoffe (Paraffin, Solaröl, Photogen, Grude). Pulverige und erdige Braunkohle wird, zuweilen unter Zusatz von Teer, durch Pressen zu Stücken geformt und als Brikettes für Heizzwecke in den Handel gebracht.

Die Steinkohlen oder fossile Kohlen gehören einer noch viel älteren Zeit als die Braunkohlen an und sind durch die verkohlende Zersetzung von Pflanzen gebildet worden, welche der Klasse der Baumfarne entstammen. Die mächtigen Stämme sind vielfach übereinander geschichtet und durch eigenen Druck, sowie durch andere Naturkräfte zusammengepreßt worden, so daß nach der vor sich gegangenen Verkohlung von dem Bau des Holzes nur noch wenig zu erkennen ist.

Steinkohlen besitzen eine glänzend schwarze Farbe und lassen sich in kleinere Stücke mit eckigen scharfen Kanten leicht zerschlagen. Der Gehalt an Kohlenstoff beträgt 75—95 %. Sie finden sich oft in großen Ablagerungen (in Schichten, Steinkohlenflöze genannt) in Deutschland (Oberschlesien, Zwickau, Ölsnitz, Ruhr- und Saargegend), Österreich, Belgien, Frankreich und England (Newcastle, Leeds, Manchester, Sheffield) und Rußland (Donezgebiet).

Der Wert der Kohlen als Brennmaterial hängt von ihrer chemischen Zusammensetzung ab. Die beim Verbrennen entstehende Wärme wird nach Kalorien (Wärmeeinheiten) gemessen. Unter einer Wärmeeinheit (1 Kalorie)

---

[1] Abgeleitet von γράφειν, graphein, schreiben.

versteht man die Wärmezufuhr, die erforderlich ist, um 1 kg Wasser von $14,5^0$ auf $15,5^0$ zu erwärmen.

Um geschlossene Räume zu erwärmen, sind für einen jeden Kubikmeter Luftinhalt 0,31 Kalorien nötig, um die Temperatur des Raumes um 1^0 zu erhöhen.

Der wertvollste Brennstoff ist der Anthrazit. Er brennt zwar schwer, gibt aber beim Verbrennen die größte Wärmemenge ab, nämlich auf 1 kg 8000 Kalorien. Bei genügender Luftzufuhr verbrennt Anthrazit fast ohne Entwicklung von Ruß und liefert auch nur geringe Aschenrückstände. Dem Anthrazit hinsichtlich der Heizkraft folgen

die magere Steinkohle mit	6500—7500 Kalorien
die fette Steinkohle mit	6000—7000 „
ebenso Koks	6000—7000 „
Braunkohle	4500—5000 „
Torf und Holz	2700 „

Von den Steinkohlen eignet sich die Fettkohle am wenigsten für Heizzwecke, da sie leicht zusammenbackt und Roste und Öfen verstopft, hingegen ist sie ausgezeichnet für die Leuchtgasbereitung zu verwenden.

In zunehmendem Maße werden, besonders auf Schiffen, die hochsiedenden Bestandteile des Erdöls (Masut) und Teeröle für die Beheizung von Dampfmaschinen benutzt; sie liefern 10000—11000 Kalorien.

Bei Verwendung der festen Brennstoffe ist für die nötige Zerkleinerung dieser zu sorgen, damit eine möglichst vollständige Verbrennung erfolgt. Die geringsten Verluste entstehen, wenn die zugeführte Luftmenge ungefähr das 1,3fache der theoretisch erforderlichen Verbrennungsluft beträgt. Die beste Ausnutzung der Kohlen ist die in Form des aus ihnen erzeugten Generatorgases (s. unter Kohlenoxyd).

Der Hauptmenge nach wird die Steinkohle zu Heizzwecken verwendet. Der gewaltige Aufschwung der Industrie im Laufe des vorigen Jahrhunderts ist in erster Linie auf die allgemeinere Verwendung der Steinkohle als Heizmaterial für Dampfkessel zurückzuführen. Außerdem dient Steinkohle zur Bereitung von Leuchtgas und liefert dabei eine Reihe wertvoller Nebenprodukte, von denen der Steinkohlenteer das Material für viele organische Verbindungen, das Gaswasser das Ausgangsmaterial für die Gewinnung von Ammoniak und Ammoniumsalzen bildet. In den Retorten, in welchen die Steinkohlen zwecks Gewinnung der genannten Stoffe einer trockenen Destillation unterworfen werden, hinterbleibt eine poröse Kohle, der Coaks oder Koks (Gaskoks), welcher als Brennstoff oder zur Füllung von Glover- und Gay-Lussac-Türmen in den Schwefelsäurefabriken Verwendung findet. Einen Koks von dichter Beschaffenheit erhält man durch möglichst schnelles und hohes Erhitzen von nassen Kohlenstücken in großen Verkokungsöfen, wobei festere, aschenärmere Rückstände (Hüttenkoks, Schmelzkoks) mit 94—96% C entstehen. Dieser Koks wird vorzugsweise für metallurgische Zwecke benutzt.

Die älteste fossile Kohle ist der Anthrazit mit einem Gehalt von gegen 95% Kohlenstoff; die glänzenden schwarzen Massen haben muscheligen Bruch.

Der bei der trockenen Destillation der Steinkohle entstehende Steinkohlenteer ist reich an den verschiedensten verwertbaren chemischen Stoffen, wie Benzol, Toluol, Naphthalin, Anthrazen, Phenolen, Stickstoffverbindungen usw. Wird die Destillation der Steinkohlen bei niedriger Temperatur und unter vermindertem Druck bewirkt, so entsteht nach Franz Fischer ein Tieftemperaturteer, auch Urteer genannt, in welchem vorzugsweise petroleumartige Kohlenwasserstoffe und Phenole enthalten sind, während in dem

Teer der Leuchtgasanstalten die zyklischen Kohlenwasserstoffe (Benzol, Toluol, Xylol) vorherrschen.

Der auf künstlichem Wege durch „Verkohlung" hergestellte Kohlenstoff führt je nach seiner Herkunft verschiedene Namen: Holzkohle, die durch Aufschichten von Holzstücken und langsames Verschwelen in mit Erde bedeckten Haufen, den Meilern, hergestellt wird; Ruß, durch unvollständige Verbrennung von Kienholz, Teer, die feineren Sorten durch Verbrennen von Naphthalin, Kampfer, Sesamöl und sonstigen Ölen erhalten und als Tusche und Druckerschwärze verwendet; Tierkohle durch Verkohlen von Blut, Knochen oder anderen tierischen Substanzen gewonnen und demgemäß als Blut-, Knochenkohle, Spodium, Beinschwarz, gebranntes Elfenbein, Ebur ustum oder allgemein als Carbo animalis bezeichnet; Zuckerkohle wird durch Verkohlen von Zucker dargestellt.

Die künstlich gewonnene Kohle ist porös; sie nimmt Gase auf und gibt sie beim Erhitzen wieder ab. Auch organische Riechstoffe, Farbstoffe, Alkaloide und Glykoside werden aus Lösungen aufgenommen, diese also geruch- oder farblos gemacht oder entbittert. Tierkohle wird daher zum Entfärben von Flüssigkeiten (in den Zuckerfabriken), zur Verbesserung des Trinkwassers (Kohlefilter), zum Haltbarmachen des Fleisches, welches mit gepulverter Kohle eingerieben wird, in der Therapie als adsorbierendes Mittel für Darmgase angewendet.

An die für diese Zwecke verwendete Kohle, die sog. medizinische Kohle, Carbo animalis, werden hinsichtlich ihrer Reinheit und Adsorptionsfähigkeit ganz besonders hohe Ansprüche gestellt, die das D.A.B.VI wie folgt formuliert:

Kocht man 3 g medizinische Kohle mit 60 ccm Wasser, so muß das Filtrat farblos sein und darf Lackmuspapier nicht verändern. 10 ccm des Filtrats dürfen keine Reaktion auf Schwefelsäure und nur bis zur opalisierenden Trübung auf Salzsäure geben. Wird die Mischung von 2 ccm des Filtrats mit 2 ccm Schwefelsäure nach dem Erkalten mit 1 ccm Ferrosulfatlösung überschichtet, so darf sich zwischen den beiden Flüssigkeiten keine gefärbte Zone bilden (Salpetersäure). 20 ccm des Filtrats dürfen nach dem Verdampfen und Trocknen höchstens 0,01 g Rückstand hinterlassen.

Des weiteren soll geprüft werden auf Sulfide (Entwicklung von Schwefelwasserstoff beim Kochen mit verdünnter Salzsäure), auf Kupfer-, Eisen-, Aluminium-, Kalziumsalze, auf Zyanverbindungen und auf unvollständige Verkohlung.

Zur Feststellung der Adsorptionsfähigkeit schüttelt man in einem mit Glasstopfen verschlossenen Glaszylinder 0,1 g bei 120° getrocknete und feingesiebte medizinische Kohle mit 25 ccm Methylenblaulösung (0,15 g Methylenblau auf 100 g Wasser), fügt nach der Entfärbung weitere 5 ccm Methylenblaulösung hinzu, schüttelt und wiederholt den Zusatz von je 5 ccm Methylenblaulösung so lange, als nach kräftigem Umschütteln noch Entfärbung eintritt. Hierzu müssen insgesamt mindestens 35 ccm Methylenblaulösung innerhalb 5 Minuten entfärbt werden.

D. A. B. VI enthält auch noch eine, vielleicht für entbehrlich zu haltende Prüfung, welche die Aufnahmefähigkeit der Kohle für Quecksilberchlorid bestimmt.

Über die Verbindungen des Kohlenstoffs mit Wasserstoff, besonders auch über sog. „Flüssige Kohle" s. den Organischen Teil.

Verbindungen des Kohlenstoffs mit Sauerstoff.

	Oxyde:		Hydroxyde:
C_3O_2	Kohlensuboxyd	H_2CO_3	Kohlensäure
CO	Kohlenoxyd		(in freier Form nicht beständig).
CO_2	Kohlendioxyd	$H_2C_2O_6$	Überkohlensäure
	(Kohlensäureanhydrid)		(in Form ihrer Salze bekannt).

Kohlensuboxyd, C_3O_2, ein Gas, das aus Malonsäure bzw. Malonsäureester (s. Organischen Teil) durch Wasserabspaltung mittels Phosphorpentoxyd erhalten wird und bei $+6°$ eine farblose, leicht bewegliche Flüssigkeit von eigenartigem Geruche bildet. Sie polymerisiert sich bei der Aufbewahrung zu einem dunkelroten Stoff. Beim Abkühlen auf $-111,3°$ erstarrt sie zu großen, strahligen Kristallen. Beim Zusammenbringen mit Wasser geht sie wieder in Malonsäure über. Man gibt dem Kohlensuboxyd die Konstitutionsformel $CO=C=CO$.

Kohlenoxyd, CO, bildet sich durch unvollständige Verbrennung von Kohle bei mangelndem Luftzutritt.

Man kann es gewinnen, indem man Kohlendioxyd über glühende Kohlen leitet. Zu dem Zwecke erhitzt man ein Gemenge von Kalziumkarbonat und Kohle in Retorten. Kalziumkarbonat zerfällt hierbei in Kalziumoxyd und Kohlendioxyd, und dieses wird durch die Kohle reduziert:

$$CaCO_3 + C = 2CO + CaO.$$

Zu Heizzwecken in der Technik erzeugt man in besonderen Öfen (Generatoren) durch Überleiten von Luft über glühenden Koks ein brennbares Gemenge von Kohlenoxyd und Stickstoff (Generatorgas).

Beim Überleiten von überhitztem Wasserdampf über glühende Kohlen wird neben Kohlenoxyd Wasserstoff gebildet:

$$C + H_2O = CO + H_2.$$

Dies Gemenge von Kohlenoxyd und Wasserstoff (Wassergas) ist brennbar und wird entweder für Heizzwecke oder unter Zusatz kohlenstoffhaltiger Substanzen zu Beleuchtungszwecken benutzt. Ein Gemenge von Wasserstoff und Kohlenoxyd entsteht auch, wenn der elektrische Lichtbogen unter Wasser zwischen Kohlenspitzen übergeht.

Dawsongas nennt man ein Gemenge von Generatorgas (s. oben) und Wassergas.

Für Laboratoriumszwecke gewinnt man Kohlenoxyd in reinem Zustande beim Erhitzen von Oxalsäure (s. Organ. Teil) oder Ameisensäure mit konz. Schwefelsäure in einem in ein Sandbad gesetzten Kolben:

$$C_2H_2O_4 = CO_2 + H_2O + CO, \qquad H \cdot CO_2H = H_2O + CO.$$

Die Schwefelsäure wirkt wasserentziehend auf die Oxalsäure bzw. Ameisensäure. Man leitet das Gas durch Natronlauge, um das im ersteren Falle nebenher gebildete Kohlendioxyd zu binden und fängt das Kohlenoxyd über Wasser auf.

Es ist ein farb- und geruchloses Gas, in Wasser nur wenig löslich, wohl aber wird es von einer ammoniakalischen oder salzsauren Lösung des Cuprochlorids (Kupferchlorürs), Cu_2Cl_2, absorbiert. Beim Erhitzen der Lösung wird die Verbindung wieder zerlegt. Mit Chlor vereinigt es sich bei Einwirkung des Sonnenlichts zu Kohlenoxychlorid, $COCl_2$, einem erstickend riechenden Gas, das unter dem Namen Phosgen (abgeleitet von φῶς, phos, Licht und γεννάω, gennao, ich erzeuge, weil seine Bildung aus CO und Cl_2 das Sonnenlicht erfordert) bekannt ist.

Mit Nickel und Eisen verbindet sich Kohlenoxyd direkt zu den Verbindungen $Ni(CO)_4$, Nickeltetrakarbonyl, und $Fe(CO)_5$, Eisenpentakarbonyl. Als starkes Reduktionsmittel führt Kohlenoxyd in der Glühhitze Metalloxyde, wie Eisenoxyd und Kupferoxyd, in Metalle über. In Palladiumchlorürlösung bewirkt es die Abscheidung von Palladium.

Kohlenoxyd brennt mit schwach leuchtender, blauer Flamme.

Es ist sehr giftig; es wandelt das Oxyhämoglobin des Blutes in Kohlenoxydhämoglobin um. Ein Tier, welches eine halbe Stunde in einer Atmosphäre atmet, welche 0,07—0,12 Vol.-% CO enthält, absorbiert eine genügende Menge, um die Hälfte bzw. den vierten Teil seiner roten Blutkörperchen zur Sauerstoffaufnahme unfähig zu machen (Gréhant). Bei einem Gehalt der Luft von 0,19% Kohlenoxyd starben Kaninchen (Biefel und Poleck).

Die infolge Einatmens von Kohlendunst oder Leuchtgas vorkommenden Todesfälle von Menschen sind die Folge einer Kohlenoxydvergiftung. Das Blut solcher Vergifteter ist kirschrot gefärbt. Der Kohlenoxydgehalt des Blutes läßt sich auf spektroskopischem Wege nachweisen.

Schaltet man eine verdünnte Lösung reinen Blutes zwischen Spektrum und Belichtungsquelle, so erblickt man in dem Grün des Spektrums zwischen den Linien *D* und *E* zwei dunkle Absorptionsstreifen, von denen der links gelegene schmaler als der rechts gelegene ist (s. Abb. 34).

Fügt man der Blutlösung ein Reduktionsmittel hinzu, z. B. wenig Schwefelammon, so wird dem Oxyhämoglobin Sauerstoff entzogen, und man erblickt jetzt in dem Spektrum ein breites verwaschenes Band, welches an Stelle der beiden vorher beobachteten Absorptionsstreifen sich verbreitet. Es ist das Spektrum des Hämoglobins. Schüttelt man das solcherart reduzierte Blut mit Luft, so oxydiert sich das Hämoglobin schnell wieder zu Oxyhämoglobin, und die beiden Absorptionsstreifen des letzteren werden sichtbar, um aber zufolge der reduzierenden Einwirkung des Schwefelammons schnell wieder in das Hämoglobinspektrum überzugehen. Sättigt man Blut vollkommen mit Kohlenoxyd, so daß sämtliches Oxyhämoglobin in Kohlenoxydhämoglobin übergeführt ist, so wird das Spektrum des Kohlenoxydhämoglobins sichtbar, welches große Ähnlichkeit mit dem Spektrum des Oxyhämoglobins besitzt, nur sind bei ersterem, wie auf der Abbildung erkennbar, die beiden Absorptionsstreifen einander etwas genähert.

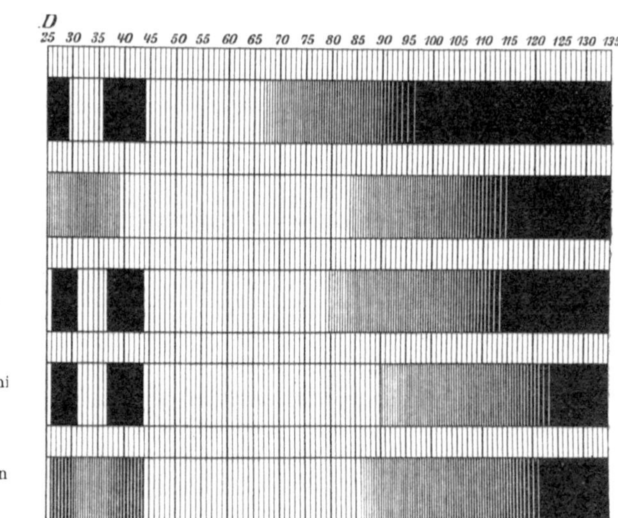

Abb. 34. Blutspektra. (Aus L. Lewins Toxikologie).

Während nun das Oxyhämoglobin durch Schwefelammon zu Hämoglobin reduziert wird, bleibt das Kohlenoxydhämoglobin durch Schwefelammon unbeeinflußt, und so sind denn selbst nach Zusatz von Schwefelammon die beiden Absorptionsstreifen des Kohlenoxydhämoglobins im Spektrum sichtbar (s. Abb. 34, Nr. 4).

Läßt man hingegen auf ein Gemisch von Kohlenoxydhämoglobin und Oxyhämoglobin — ein Fall, um den es sich in der Praxis bei Kohlenoxydvergiftungen stets handeln wird — Schwefelammon einwirken, so wird sich ein gemischtes Spektrum von Kohlenoxydhämoglobin und Hämoglobin zeigen (Abb. 34, Nr. 5), d. h. zwischen den beiden Absorptionsstreifen des Kohlenoxydhämoglobins wird das verwaschene Spektrum des Hämoglobins gelagert sein.

Um Kohlenoxyd in einem Blute nachzuweisen, wird man daher dieses verdünnen und mit etwas Schwefelammon versetzen. Erblickt man nun im Spektrum zwei noch deutlich von dem Hämoglobinstreifen abgegrenzte Absorptionsstreifen, so wird man auf die Anwesenheit von Kohlenoxydhämoglobin schließen dürfen.

Kohlenoxychlorid, $COCl_2$, Karbonylchlorid, Phosgen. Läßt man auf Kohlenoxyd Chlor im Sonnenlichte einwirken (s. S. 109), so entsteht ein farbloses, erstickend riechendes Gas, das Kohlenoxychlorid, das zu einer farblosen, bei 8° siedenden Flüssigkeit verdichtet werden kann:

$$CO + Cl_2 = COCl_2.$$

Es zeichnet sich durch große Reaktionsfähigkeit aus und wird zu verschiedenen Synthesen in der organischen Chemie benutzt. Durch Wasser wird es in Chlorwasserstoff und Kohlendioxyd zerlegt:

$$COCl_2 + H_2O = CO_2 + 2\,HCl.$$

Kohlenoxychlorid ist ein sehr giftiges Gas; es kommt in Toluol gelöst oder in verflüssigter Form in den Verkehr.

Kohlendioxyd, Kohlensäureanhydrid, CO_2, gewöhnlich als Kohlensäure bezeichnet, findet sich im freien Zustand in der atmosphärischen Luft durchschnittlich zu 0,04 %, in vielen Mineralwässern und in kleinen Mengen in den Quellwässern. In vulkanischen Gegenden entströmt es gasförmig der Erde, so an vielen Orten der Eifel, bei Sondra in Sachsen-Koburg, in der Hundsgrotte bei Neapel und anderswo. Kohlensaure Salze, Karbonate, sind Kreide, Marmor, Kalkstein, Magnesit. Das in der Atmosphäre befindliche Kohlendioxyd ist durch Verbrennen kohlenstoffhaltiger Stoffe entstanden, ferner durch die Atmungsvorgänge der Menschen und Tiere, durch die Prozesse der Gärung, der Fäulnis und Verwesung organischer Stoffe.

Man gewinnt Kohlendioxyd durch Glühen von Kalziumkarbonat (Kalkstein):

$$CaCO_3 = CaO + CO_2,$$

oder indem man Kalziumkarbonat oder Magnesiumkarbonat oder andere Karbonate mit verdünnten Mineralsäuren zersetzt:

$$CaCO_3 + 2\,HCl = CaCl_2 + H_2O + CO_2,$$

$$MgCO_3 + H_2SO_4 = MgSO_4 + H_2O + CO_2,$$

oder endlich durch Verbrennen von Koks.

Es ist ein farbloses, schwach säuerlich schmeckendes Gas vom spez. Gew. 1,53. Ein Liter Kohlendioxyd wiegt bei 0^0 und 760 mm Druck 1,977 g. Wegen seiner Schwere läßt es sich von einem Gefäß in ein anderes umgießen. Durch starken Druck (bei 0^0 und 34 Atmosphären oder bei gewöhnlicher Temperatur und 50—60 Atmosphären) läßt sich Kohlendioxyd zu einer farblosen, leicht beweglichen Flüssigkeit verdichten, die, in Stahlzylinder eingeschlossen, unter dem Namen „flüssige Kohlensäure" in den Verkehr gelangt. Die Verflüssigung des Kohlendioxyds muß unterhalb $+ 31,9^0$, seiner kritischen Temperatur, und bei einem zur Verflüssigung gerade ausreichenden Druck von 77 Atmosphären (dem kritischen Druck) bewirkt werden.

Läßt man verflüssigtes Kohlendioxyd aus dem Stahlzylinder ausströmen, indem man über die Ausströmöffnung einen Sack streift, so wird durch die entstehende Verdunstungskälte Kohlendioxyd fest und als schneeige Masse in dem Sack zurückgehalten. Die Temperaturerniedrigung, welche infolge des Verdunstens von flüssigem Kohlendioxyd eintritt, beträgt gegen $- 70^0$, wobei dann der Übergang vom flüssigen in den festen Zustand eintritt.

Mit Äther übergossen, wird das feste Kohlendioxyd in eine breiige Masse umgewandelt, welche als Kältemischung dient.

Da festes Kohlendioxyd stets von einer Gasschicht umgeben ist, so kann man es trotz seiner sehr niedrigen Temperatur kurze Zeit in die Hand nehmen, denn es berührt nicht direkt die Haut. Preßt man es aber zwischen den Fingern, dann ruft es schmerzhafte Blasen, die Ähnlichkeit mit Brandblasen haben, hervor.

Kohlendioxyd vermag weder die Atmung noch die Verbrennung zu unterhalten; es ersticken daher lebende Wesen in einer Kohlendioxydatmosphäre, und brennende Stoffe verlöschen darin. Gießt man Kohlendioxyd über eine brennende Kerze, so erlischt sie.

Von Wasser wird Kohlendioxyd in erheblicher Menge gelöst; bei 0^0 werden gegen 1,79 Raumteile, bei 14^0 ein gleicher Raumteil aufgenommen. Bei vermehrtem Druck nimmt das Lösungsvermögen in der Weise zu, daß bei 2, 3 und 4 Atmosphären Druck, nahezu 2, 3, 4 Raumteile des Gases gelöst werden. Hebt man den Druck auf, so entweicht Kohlendioxyd unter Aufbrausen. Hierauf beruht das Moussieren von Selters- und Sodawasser, des Champagners, Bieres und anderer kohlensäurehaltiger Getränke.

Zur Herstellung von künstlichem Selterswasser werden 160 g kristallisiertes Natriumkarbonat, 30 g Natriumchlorid, 10 g kristallisiertes Natriumsulfat auf 100 Liter Wasser gelöst und die Lösung mit Kohlendioxyd bei einem Überdruck von 4—5 Atmosphären zum Abfüllen auf Flaschen, oder 9—10 Atmosphären zum Abfüllen auf Syphons imprägniert. Zur Herstellung von Sodawasser werden 180 g kristallisiertes Natriumkarbonat, 6 g Natriumchlorid und 14 g Kaliumkarbonat auf 100 Liter Wasser gelöst und diese Lösung mit Kohlendioxyd imprägniert.

Erhitzt man eine kohlensäurehaltige Flüssigkeit, so wird die Gesamtmenge des gelösten Kohlendioxyds ausgetrieben.

Die wässerige Lösung der Kohlensäure reagiert gegen Lackmus schwach sauer, auch wird eine durch Phenolphthalein (s. Organ. Teil) schwach rosa gefärbte

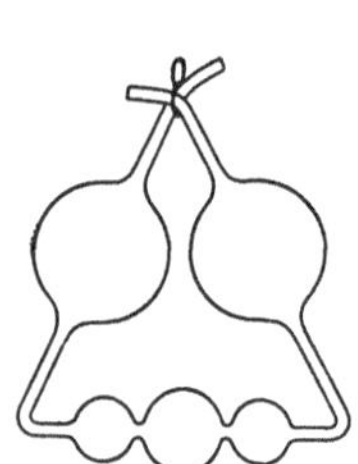

Abb. 35. Liebigscher Kaliapparat ¼ nat. Größe.

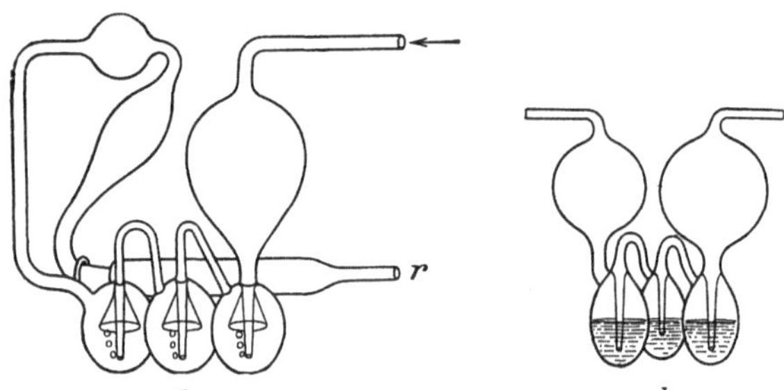

Abb. 36. Geißlersche Kaliapparate ⅓ natürl. Größe.

Alkalilösung durch Kohlendioxyd entfärbt. Man muß daher annehmen, daß in der wässerigen Lösung des Kohlendioxyds sein Hydrat, H_2CO_3, sich befindet welches nach

$$H_2CO_3 \rightleftharpoons HCO_3' + H^{\cdot}$$

ionisiert ist. Diese Dissoziation ist indes nur eine geringe: in einer Lösung von 0,35 g CO_2 in 1 Liter Wasser befindet sich nur 0,7 % hydratisierte Kohlensäure, während mehr als 99 % als Anhydrid vorhanden sind.

Zur Erkennung des Gases benutzt man sein Verhalten gegen Kalk- oder Barytwasser, in welchem es die Bildung unlöslicher kohlensaurer Salze (Kalzium- oder Bariumkarbonat) bewirkt und deshalb in den genannten Lösungen Trübung hervorruft. Ein an einem Glasstabe hängender Tropfen Kalkwasser wird in einer Kohlendioxydatmosphäre bald undurchsichtig.

Zur quantitativen Bestimmung des Kohlendioxyds benutzt man zwei prinzipiell verschiedene Methoden:

1. Man läßt das von Feuchtigkeit befreite Kohlendioxyd (Durchleiten durch konz. Schwefelsäure) von 40proz. Kalilauge absorbieren. Durch die Gewichtsvermehrung der Kalilauge erfährt man das von dieser aufgenommene Kohlendioxyd. Damit bei dieser Absorption Kohlendioxyd nicht verloren gehe, hat man Apparate konstruiert, in welchen dem eintretenden Kohlendioxyd die Kalilauge in großer Oberflächenausbreitung dargeboten wird. Der älteste dieser Apparate ist der Liebigsche Kaliapparat (s. Abb. 35). In der Neuzeit bevorzugt man die Geißlerschen Kaliapparate (s. Abb. 36), von der Form b besondere Beachtung verdient. Das Kohlendioxyd tritt im Apparat a in der Richtung des Pfeils in den Apparat. Die aufsteigenden Luftblasen werden von in den drei Kugelgefäßen angebrachten Trichterchen in ihrem Durchzug durch die Kalilauge aufgehalten, und somit wird eine vollständige Absorption des Kohlendioxyds gewährleistet. Das Rohr r ist mit Stückchen festen Kaliumhydroxyds und gegen die Spitze mit Chlorkalziumstückchen gefüllt.

2. Man bestimmt Kohlendioxyd auf indirektem Wege, indem man ein Karbonat mit Säure zersetzt und durch Feststellen des durch den Fortgang des Kohlendioxyds entstehenden Gewichtsverlustes den Gehalt an CO_2 ermittelt.

Zur Zersetzung eines Karbonats, dessen Base mit Schwefelsäure ein lösliches Salz bildet, benutzt man zweckmäßig den Freseniusschen Bestimmungsapparat (Abb. 37). Man beschickt den Kolben M mit der Substanz, die mit etwas Wasser angerieben ist, und Kolben S mit konz. Schwefelsäure. Nach Feststellung des Gewichts schließt man das Ende des zu einer Kugel aufgeblasenen Rohres r mit dem Finger und saugt an dem Rohrende e. Hierdurch entsteht in M ein luftverdünnter Raum, und beim Aufhören des Saugens drückt die äußere Luft einen Teil der in S befindlichen konz. Schwefelsäure durch das Verbindungsrohr v in den Kolben M. Die konz. Schwefelsäure erwärmt sich durch Vereinigung mit dem in M befindlichen Wasser, und die warme Säure macht aus dem Karbonat Kohlendioxyd frei. Dieses entweicht durch v und tritt durch die Schwefelsäure in Kolben S aus; durch letztere wird es gleichzeitig getrocknet. Um die letzten Anteile des in dem Kolben noch verbleibenden Kohlendioxyds auszutreiben, saugt man bei e, indem man jetzt r geöffnet hält und mit einem kleinen Trockenapparat für die eintretende Luft verbindet, einen Luftstrom durch die Apparate. Durch den Gewichtsverlust desselben nach beendigter Reaktion erfährt man die Menge Kohlendioxyd, welche das Karbonat enthielt.

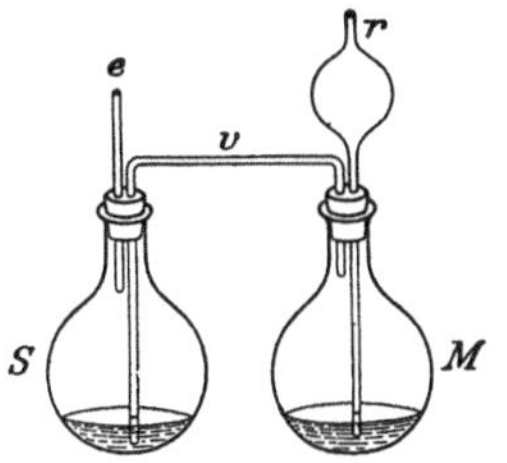

Will man mit Salzsäure ein Karbonat zersetzen, so bedient man sich der durch Abb. 38 veranschaulichten Apparate.

Der Kugelapparat a trägt in der Mitte ein mit 25proz. Salzsäure zu beschickendes erweitertes Rohr k, das durch einen unten an der Ausflußöffnung eingeschliffenen langen Glasstab verschließbar ist. Das seitliche Aufsatzrohr l ist mit konz. Schwefelsäure teilweise beschickt. Man gibt, indem man das bei o luftdicht schließende Einsatzrohr k heraushebt, in den Kolben das mit wenig Wasser angeriebene Karbonat, setzt das mit Salzsäure beschickte Rohr k ein und bestimmt das Gewicht des Apparates. Durch vorsichtiges Emporheben des in k beweglichen Glasstabes läßt man etwas Salzsäure ausfließen, die, mit dem Karbonat zusammentreffend, dieses unter Kohlendioxydentwicklung zersetzt. Das Kohlendioxyd entweicht durch l und wird hier durch die konz. Schwefelsäure getrocknet.

Apparat b beruht auf einem ähnlichen Prinzip. Das mit Quetschhahn verschließbare Rohr m enthält die Salzsäure, das Aufsatzrohr p ist mit Kalziumchloridstückchen gefüllt, welche das aus p entweichende Kohlendioxyd trocknen.

Die Verwendung des Kohlendioxyds ist eine sehr mannigfaltige. Bedeutende Mengen des Gases dienen zur Herstellung von Natriumbikarbonat, von kohlensäurehaltigen Getränken, zur Gewinnung von Bleiweiß, von Soda nach dem Ammoniak-Sodaverfahren, von Salizylsäure usw.

Die von der Kohlensäure sich ableitenden Salze sind entweder saure oder primäre Karbonate, z. B. $NaHCO_3$, saures Natriumkarbonat (Natriumbikarbonat) oder neutrale oder sekundäre Karbonate wie das Natriumkarbonat (Soda) Na_2CO_3.

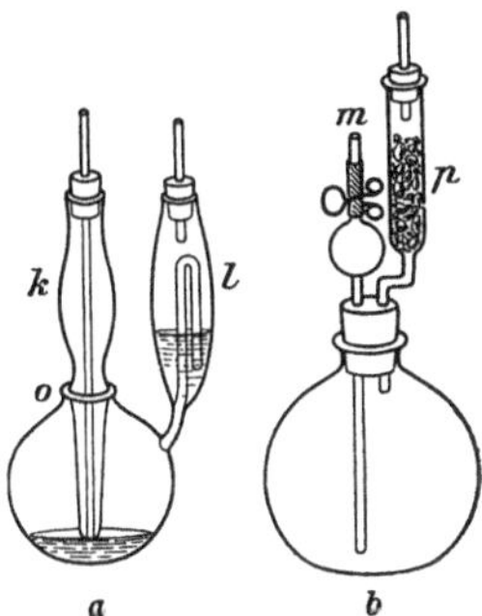

Abb. 37. Kohlendioxydbestimmungsapparat nach Fresenius. ¹/₄ nat. Größe.

Abb. 38. Apparate zur Kohlendioxydbestimmung durch Zersetzung der Karbonate mit Salzsäure. ¹/₄ nat. Größe.

Überkohlensäure, Perkohlensäure, $H_2C_2O_6$, wird in ihren der Formel

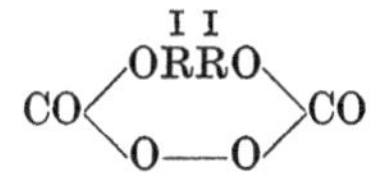

$$CO\underset{O-O}{\overset{\overset{I\ I}{ORRO}}{\diamondsuit\diamondsuit}}CO$$

entsprechenden Alkalisalzen erhalten, wenn man bei -10^0 gesättigte Lösungen der Alkalikarbonate bei -10^0 bis -16^0 elektrolysiert. Die Perkarbonate scheiden sich dabei an der Anode aus.

Verbindung des Kohlenstoffs mit Schwefel.

Kohlensulfid, Schwefelkohlenstoff, Carboneum sulfuratum. Kohlendisulfid, Alcohol sulfuris, CS_2, bildet sich beim Überleiten von Schwefeldampf über glühende Kohlen. Der destillierende rohe Schwefelkohlenstoff wird von beigemengtem Schwefel, Schwefelwasserstoff und von Kohlenwasserstoffen dadurch befreit, daß man wiederholt unter Zugabe von Kalk-, Blei- oder Kupfersalzen oder metallischem Quecksilber destilliert.

Völlig reines Kohlensulfid ist eine farblose, stark lichtbrechende, nur wenig riechende Flüssigkeit vom spez. Gew. 1,272 und Siedepunkt 46,2°. Schmelzpunkt — 112°. In Wasser löst sich Kohlensulfid nicht; sein Dampf ist leicht entzündlich und verbrennt an der Luft zu Kohlendioxyd und Schwefeldioxyd:

$$CS_2 + 3\,O_2 = CO_2 + 2\,SO_2.$$

Mit atmosphärischer Luft oder Sauerstoff gemengt, bildet Kohlendisulfiddampf beim Anzünden heftig explodierende Gemische. Die Entzündung solcher findet schon durch Zusammentreffen mit warmen Metallteilen statt. Gießt man einige Tropfen Kohlendisulfid in einen mit atmosphärischer Luft gefüllten Zylinder und mischt durch mehrmaliges Umschwenken des verschlossen gehaltenen Zylinders, so verbrennt das Gasgemisch, wenn angezündet, mit pfeifendem Ton. Enthält hingegen der Zylinder Sauerstoff, so explodiert das Gemisch mit hellem Knall.

Mit Alkohol und Äther mischt sich Kohlendisulfid in jedem Verhältnis. Jod wird von ihm mit violetter Farbe aufgenommen.

Fügt man Kohlendisulfid zu Alkalisulfiden, so entstehen thiokohlensaure Salze:

$$CS_2 + K_2S = K_2CS_3.$$

Auf Zusatz von Salzsäure zu dieser Lösung scheidet sich die Thiokohlensäure, H_2CS_3, als rotbraunes Öl ab, das sich schnell zersetzt.

Bei der Einwirkung von Schwefelkohlenstoff auf alkoholische Kalilauge entsteht äthylxanthogensaures Kalium, so genannt wegen der gelben Farbe (xanthos, gelb):

$$CS_2 + KOH + \underbrace{C_2H_5OH}_{\text{Alkohol}} = C {\overset{SK}{\underset{OC_2H_5}{\lessgtr}}} S + H_2O.$$

Das Salz findet Anwendung zur Vertilgung der Reblaus (Phylloxera vastatrix). Eine X a n t h o g e n a t z e l l u l o s e dient zur Herstellung künstlicher Seide.

Wird Kohlendisulfid mit alkoholischem Ammoniak erwärmt, so entsteht das Ammoniumsalz der T h i o z y a n s ä u r e = R h o d a n a m m o n i u m :

$$CS_2 + 4\,NH_3 = C {\overset{N}{\underset{S \cdot NH_4}{\lessgtr}}} + (NH_4)_2S.$$

A n w e n d u n g : Schwefelkohlenstoff ist ein Nervengift; er besitzt anästhesierende Eigenschaften und kann beim Einatmen Sinnestäuschungen hervorrufen, die zu Irresein führen.

Er ist ein ausgezeichnetes Lösungsmittel für Schwefel, gelben Phosphor, Kautschuk, Fette, Öle, Harze usw. und findet deshalb eine weitgehende Anwendung in der Technik.

Silizium.

Si = 28,06. V i e r w e r t i g. Das amorphe Silizium wurde 1823 von B e r z e l i u s zuerst dargestellt, das kristallisierte erst 1854 von St. C l a i r e - D e v i l l e und W ö h l e r. Der Name Silizium leitet sich ab von silex, Kieselstein.

V o r k o m m e n : Nur in Verbindung mit Sauerstoff als Kieselsäure und in Form von Salzen dieser, nächst dem Sauerstoff in größter Menge auf unserm Planeten. Aus mehr oder weniger reinem S i l i z i u m d i o x y d oder K i e s e l s ä u r e - a n h y d r i d besteht der B e r g k r i s t a l l, Q u a r z, Q u a r z s a n d, der F e u e r s t e i n,

Achat. Rauchtopas ist braungefärbter Bergkristall, Amethyst violett gefärbter. Die Hauptbestandteile des Tons, des Feldspats, Granits, der Porzellanerde und vieler anderer Mineralien sind kieselsaure Salze.

Gewinnung und Eigenschaften: In amorphem Zustande durch Glühen eines Gemenges von Kieselfluorkalium mit Kalium, Auskochen der erkalteten Reaktionsmasse mit Wasser und darauffolgend mit verdünnter Salzsäure.

Kristallinisch wird Silizium gewonnen durch Zusammenschmelzen von Kieselsäure mit Kieselfluorkalium im elektrischen Schmelzofen bei etwa 900°, während man in die flüssige Masse Aluminium einträgt. Auch läßt sich Silizium durch Reduktion von Siliziumdioxyd mittels Kalziumkarbid im elektrischen Ofen gewinnen. Aus geschmolzenem Zink kristallisiert das Silizium am besten. Das Zink löst man mit Salzsäure heraus.

Amorph bildet Silizium ein dunkelbraunes, glanzloses Pulver, kristallisiert bräunliche Kristallnadeln oder schwarze, glänzende Oktaeder oder sechsseitige Blättchen.

Amorphes Silizium verbrennt an der Luft, wenn es stark erhitzt wird. Kristallisiertes Silizium verändert sich beim Erhitzen nur wenig. Von kochender Natronlauge wird amorphes Silizium leicht gelöst unter Entwicklung von Wasserstoff und Bildung von Natriumsilikat:

$$Si + 2NaOH + H_2O = Na_2SiO_3 + 2H_2.$$

Mit Metallen verbindet sich Silizium zu Siliziden, mit Kohlenstoff zu Siliziumkarbid, CSi. Dieses findet wegen seiner großen Härte unter dem Namen Karborundum Anwendung als Schleifmittel.

Durch Mineralsäuren wird Silizium nicht verändert.

Verbindungen des Siliziums mit Wasserstoff.

Ein Gemisch von 1 T. Siliziumdioxyd und 2 T. Magnesiumpulver brennt man in einem außen mit Wasser gekühlten Tiegel an, wobei unter Feuererscheinung Magnesiumsilizid gebildet wird. Dieses liefert beim Eintragen in verdünnte Salzsäure ein. Gemisch von Siliziumwasserstoffen, welche von A. Stock Silane genannt werden. Man kennt ein Monosilan, SiH_4, Disilan, S_2H_6, Trisilan, Si_3H_8, Tetrasilan, Si_4H_{10} usw.

Das Trisilan läßt sich bei Abwesenheit von Sauerstoff mit Chloroform gefahrlos mischen. Beim Hinzutreten von atmosphärischer Luft explodiert das Gemisch auf das heftigste.

Verbindungen des Siliziums mit Halogenen.

Siliziumchlorid, $SiCl_4$, bildet sich beim Überleiten eines starken Chlorstromes über ein Gemisch von Sand und Kohle, welches in einem Rohr zum Glühen erhitzt wird:

$$SiO_2 + 2C + 2Cl_2 = SiCl_4 + 2CO.$$

Beim Erhitzen von Silizium im Chlorwasserstoffstrom entsteht neben Siliziumchlorid auch Siliziumchloroform, $SiHCl_3$.

Siliziumfluorid, SiF_4, entsteht unter Feuererscheinung durch direkte Vereinigung der Elemente. Man erhält es auch durch Erwärmen eines Gemenges von Flußspatpulver und Sand mit konz. Schwefelsäure:

$$2CaF_2 + SiO_2 + 2H_2SO_4 = 2CaSO_4 + 2H_2O + SiF_4.$$

Läßt man Siliziumfluorid mit Wasser zusammentreten, so entsteht neben Kieselfluorwasserstoffsäure Metakieselsäure, die sich gallertartig abscheidet:

$$3SiF_4 + 3H_2O = H_2SiO_3 + 2H_2SiF_6.$$

Um beim Austreten von Siliziumfluorid in Wasser ein Verstopfen des Glasrohres zu verhindern, läßt man das Ende des Rohres in Quecksilber eintauchen und schichtet darüber Wasser.

Kieselfluorwasserstoffsäure bildet mit Barium und Kalium schwerlösliche Salze. Sie wird zum Härten von Gipsabdrücken benutzt.

Verbindungen des Siliziums mit Sauerstoff.

Oxyde:	Hydroxyde:
SiO_2 Siliziumdioxyd oder Kieselsäure-anhydrid.	H_4SiO_4 Orthokieselsäure (in reinem Zustande nicht bekannt).
	H_2SiO_3 Metakieselsäure.

Siliziumdioxyd, Kieselsäureanhydrid, SiO_2, findet sich als Berg-kristall, Quarz, Feuerstein usw. Opal ist ein wasserhaltiges Silizium-dioxyd mit 3—15 % H_2O. Edelopal zeigt ein lebhaftes Farbenspiel infolge der Interferenz des Lichtes an den zahlreichen Spalten und Rissen. In den Halmen von Gräsern, im Schilfrohr, in den Schachtelhalmen (Equisetum), im Bambus- und spanischen Rohr ist Siliziumdioxyd als Festigungsmittel enthalten. Kiesel-gur (Infusorienerde), eine 3—12 % Wasser enthaltende amorphe Kieselsäure, heißen die Kieselpanzer von Diatomeen. Beim Erhitzen von Quarz im Knall-gasgebläse oder im elektrischen Ofen erweicht das Siliziumdioxyd und ist bei 1780⁰ völlig flüssig. Derart geschmolzener Quarz dient zur Herstellung von Quarzgefäßen (Schalen, Tiegeln, Reagenz-zylindern, Röhren usw.). Man erhält Silizium-dioxyd durch Glühen von Kieselsäure als weißes Pulver.

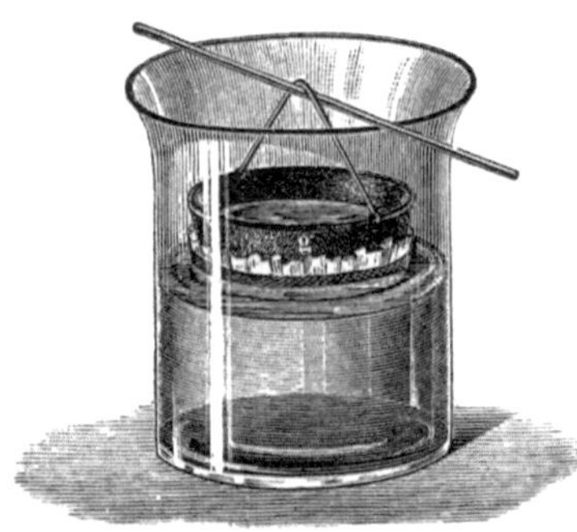

Abb. 39. Vorrichtung zum Dialysieren.

Metakieselsäure, H_2SiO_3, wird als gallertartige Masse beim Versetzen eines lös-lichen kieselsauren Salzes (Kaliwasserglas, K_2SiO_3, oder Natronwasserglas, Na_2SiO_3) mit verdünnter Salz- oder Schwefelsäure ge-wonnen.

Die frisch gefällte Kieselsäure löst sich in Wasser, noch besser in verdünnter Salzsäure. Fügt man daher eine Natriumsilikatlösung zu überschüssiger verdünnter Salzsäure, so bleibt die Kieselsäure gelöst. Durch Dialyse (Abb. 39) kann man das entstandene Natriumchlorid und die Salzsäure entfernen, während die Lösung der reinen Kieselsäure (einer Kolloidsubstanz) im Dialysator g zurückbleibt. Dieser besteht aus einem Glasgefäß, dessen Boden aus Pergamentpapier hergestellt ist. Wird der Dialysator in ein weites, mit Wasser gefülltes Gefäß gehängt, so durch-dringen das Natriumchlorid und die überschüssige Salzsäure als Kristalloid-substanzen die Membran, während die Kieselsäure als Kolloidsubstanz nur sehr geringes Diffusionsvermögen besitzt (s. die Ausführungen über Dialyse im Anschluß des Artikels Silizium). Das Wasser des äußeren Gefäßes wird öfter erneuert.

Die wässerige Kieselsäurelösung läßt sich durch Eindampfen konzentrieren, wobei sie jedoch leicht zu einer Gallerte gesteht.

Die Salze der Kieselsäure heißen Silikate. Natürlich vorkommende Silikate sind der Feldspat $(K, Na)AlSi_3O_8$ (Orthoklas) und $AlNa \cdot Si_3O_8$ $\cdot Al_2Ca \cdot Si_2O_8$ (Oligoklas), der Glimmer $(K, H)_2(Mg, Fe)_2(Al, Fe)_2(SiO_4)_3$ und viele andere Mineralien. Glas heißen die künstlich dargestellten Doppelsalze von Alkalisilikaten mit Kalzium-, Blei- und anderen Silikaten (vgl. unter Kalziumverbindungen).

Man erkennt Kieselsäure und Silikate beim Erhitzen dieser in der Phosphorsalzperle. Diese wird aus Ammoniumnatriumphosphat erhalten, $Na(NH_4)HPO_4$, das beim Erhitzen in der Schlinge eines Platindrahtes in Natriummetaphosphat übergeht:

$$Na(NH_4)HPO_4 = NaPO_3 + NH_3 + H_2O.$$

Kieselsäure zeigt in der Phosphorsalzperle ein sog. Kieselskelett, d. h. in der heißen Metaphosphatperle schwimmt die Kieselsäure als ein weißer Stoff, während Metalloxyde von der Perle vielfach mit bestimmten Färbungen gelöst werden (s. den analytischen Teil).

Medizinische Anwendung: Kieselsäure wird neuerdings in Form zahlreicher Arzneispezialitäten gegen Tuberkulose empfohlen: innerlich in Pulvern oder Tabletten (Silicoltabletten), meist mit Calcium phosphoricum zu 0,6 g mehrmals täglich. Bei Alterskrankheiten (Pruritus) intravenös injiziert. Siliquid heißt eine 25proz. kolloidale Kieselsäureanhydridlösung.

Dialyse.

Feste Stoffe bilden mit Flüssigkeiten „disperse Systeme". Hierbei kann es sich um grobe Zerteilungen oder um kolloide Lösungen oder um molekulare Lösungen der Stoffe handeln. Molekulare oder echte Lösungen sind solche, welche einen Stoff in molekularer Zerteilung in einer Flüssigkeit enthalten. Sie können nicht nur Filtrierpapier, sondern auch die feineren Porzellan- und Tonkerzen durchdringen, ohne in ihrer Beschaffenheit irgendwie verändert zu werden.

Kolloide und grobe Zerteilungen unterscheiden sich durch den Dispersitätsgrad, der bei den Kolloiden zwischen einem Zehntausendstel und einem Millionstel Millimeter variieren kann. Kolloide sind im Gegensatz zu den groben Dispersionen nicht mehr mikroskopisch auflösbar; sie lassen sich durch gewöhnliches Filtrierpapier filtrieren, während bei den groben Zerteilungen die suspendierten Stoffe auf dem Filter zurückbleiben. Von den molekularen Lösungen sind die Kolloide dadurch unterschieden, daß sie nicht diffundieren und nicht dialysieren.

Die grobdispersen Zerteilungen fester Stoffteilchen in Flüssigkeiten bezeichnet man als Suspensionen, die kolloiden Zerteilungen fester Stoffe in Flüssigkeiten heißen Suspensoide oder Körnchenkolloide. Liegt eine grobe Zerteilung von zwei Flüssigkeiten vor, so spricht man von einer Emulsion.

Auch Gase können in Flüssigkeiten oder festen Stoffen und umgekehrt kolloidal verbreitet sein. Wolfgang Ostwald unterscheidet folgende acht Kombinationen, wobei der disperse Teil oder die disperse Phase zuerst und das Dispersionsmittel zu zweit geschrieben ist (F = fest, Fl = flüssig, G = gasförmig):

F + F.	F + Fl (Suspensoide).	F + G (Rauch).
Fl + F.	Fl + Fl (Emulsoide).	Fl + G (Nebel).
G + F.	G + Fl (Schäume).	

Alle dispersen Systeme zeigen die Brownsche Bewegung; sie wird deutlich erkennbar bei Teilchengrößen von etwa $5\,\mu$ und weniger.

Zur Trennung der dispersen Phase vom Dispersionsmittel bei den Suspensoiden und Emulsoiden bedient man sich entweder der Zentrifugiermethode oder der Dialyse.

Thomas Graham hat den Begriff Dialyse in die Wissenschaft eingeführt und die Methodik zur Ausführung dieses Verfahrens der Trennung der dispersen Phase von dem Dispersionsmittel in ihren ersten Anfängen entwickelt. Die Dialyse entstand in weiterer Ausbildung der Diffusionsversuche Grahams. Er stellte fest, daß einige gelöste Stoffe, wie Salze, Säuren und Basen eine beträchtliche Diffusionsgeschwindigkeit zeigten, während Lösungen des Leims, der Eiweißstoffe, der Kieselsäure, des Aluminiumhydroxyds entweder keine oder nur sehr langsame Diffusion ergeben. Nach Wolfgang Ostwald kann man diese Unterschiede experimentell wie folgt demonstrieren.

Man füllt Reagenzrohre zur unteren Hälfte mit einer ca. 3proz. Gelatinegallerte und schichtet darüber eine Anzahl gefärbter Lösungen, z. B. Kupfersulfat, Pikrinsäure, Kongorot. Während die erstgenannten beiden Lösungen gut in die Gelatinegallerte diffundieren, dringt in diese von der letztgenannten Substanz so gut wie nichts ein.

Die nicht oder nur schlecht diffundierenden Lösungen nannte Graham kolloide Lösungen, abgeleitet von colla, der Leim. An Stelle der Gallertschicht kann bei den Diffusionsversuchen auch eine Membran, z. B. Schweinsblase oder Pergamentpapier in Anwendung kommen. Graham bezeichnete nun die Diffusion von gelösten Stoffen durch Membranen als Dialyse.

Eine echte Lösung, d. h. eine solche, die einen Stoff in molekularer Zerteilung enthält, diffundiert und dialysiert; Kolloide tun dies nicht. Man kann daher die Dialyse zur Trennung der molekularen Lösungen (Kristalloide) von Kolloiden bzw. die Reinigung solcher von diffundierbaren Salzen, Basen, Säuren benutzen.

Der bereits in Abb. 39 abgebildete einfache Grahamsche Dialysator gestattet eine Trennung der Kristalloide von den Kolloiden.

Abb. 40. Vorrichtung zur Gleitdialyse nach Thoms.
(Hersteller: Paul Altmann, Berlin NW.)

Die Dialyse ist einer außerordentlich vielseitigen Anwendung fähig, sowohl in der Technik wie auch für biologische und klinische Zwecke. Namentlich in letzterer Hinsicht hat sie je nach der Materie und je nach dem Zwecke eine sehr sorgfältige Durchbildung erfahren, erstens hinsichtlich der Wahl geeigneter Membranen und zweitens hinsichtlich der Konstruktion der für diese anwendbaren Apparate. Von besonderer Bedeutung sind in der Neuzeit die Abderhaldenschen Methoden des Nachweises der Abwehrfermente durch das Dialysierverfahren geworden.

Zur Dialyse benutzt man als Membranen außer dem bereits erwähnten Pergamentpapier auch Kollodium, Schilf, Zellulose, Seealgen, in Lezithin oder Cholesterin getränkte Seide, tierische Membran, wie Schweinsblase, mit verdünnter Salzsäure von den anorganischen Salzen befreite Membran des Hühnereies; an einem Ende geschlossene Teile der Darmröhre oder von der Gefäßwand, Blinddarm von Schafen, Speiseröhre, Amnios usw.

Eine beschleunigte Dialyse wird erzielt, indem man im Dialysator die innere und äußere Flüssigkeit an der Membran vorbeigleiten läßt (Gleitdialyse nach Thoms).

In einfachster Form kann man einen solchen Dialysator herstellen durch Zusammenfügen zweier mit Schliff versehener gleich großer tubulierter und mit Korken verschließbarer Exsikkatorendeckel, zwischen welche die Membran (Pergamentpapier) gut schließend als Trennungswand gelegt ist (s. Abb. 40). Durch vorsichtiges Anziehen von Klemmschrauben werden die beiden Deckel aneinander gepreßt und in einen Führungsring eingesetzt, der in eine rotierende Achse eingebaut ist. An der Welle befindet sich ein Triebrad, das durch einen Heißluftmotor oder sonstige Antriebkräfte in Bewegung gesetzt werden kann.

An Stelle der gewölbten Dialysiergefäße können auch flache Kammern benutzt werden. Gleichviel, welcher Art die Form dieser Dialysiergefäße nun auch sein mag, es kommt bei dem Dialysiervorgang darauf an, daß die beiden Kammern nur zur Hälfte mit den Flüssigkeiten gefüllt sind, damit bei der langsam stattfindenden Umdrehung auch wirklich ein Hinübergleiten der Flüssigkeiten über die Membran geschieht.

Man kann auch die Dialysierscheibe nicht in der Richtung der Antriebswelle, sondern derartig anordnen, daß diese in senkrechter Lage zur Scheibe sich befindet. Dann ruhen die Flüssigkeiten auf den Gefäßwandungen der Umhüllungsgefäße, und bei der Umdrehung der Welle bewegt sich die Dialysierscheibe durch die in Ruhe befindlichen oder nur schwach bewegten Flüssigkeiten und hat daher nicht den Druck der Flüssigkeiten auszuhalten (s. Abb. 41). Man kann somit erheblich größere Gefäße und Flüssigkeitsmengen verwenden, ohne ein Zerreißen der Membran befürchten zu müssen.

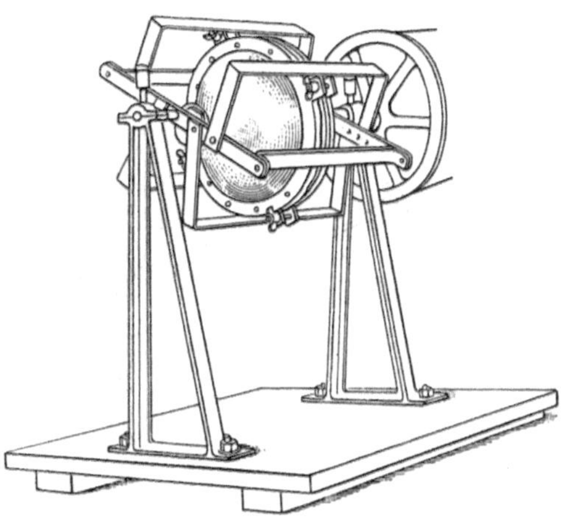

Noch ein anderer Vorteil ergibt sich, wenn bei den Dialysiergefäßen die Membran senkrecht gestellt wird. Bei schlammabsetzenden Flüssigkeiten kann sich nicht der Schlamm auf der Membran niederschlagen und dadurch die Wirksamkeit derselben verringern, sondern er bleibt an der Gefäßwandung haften.

Eine Beschleunigung der Dialyse läßt sich auch erreichen, wenn die aufrecht stehende Dialysiermembran innerhalb der beiden mit den Flüssigkeiten gefüllten

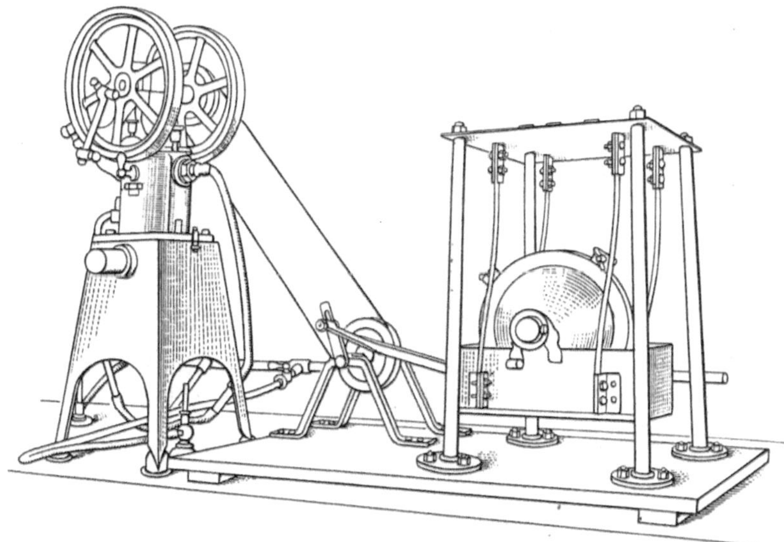

Abb. 42. Vorrichtung zur Gleitdialyse nach Thoms, bei welcher der Dialysator in einer Schaukel hängt.

und ihren Hauptdruck aushaltenden Gefäße derartig mit einer Bewegungsvorrichtung verbunden ist, daß der Dialysator in schaukelnde Bewegung gesetzt wird. Der Dialysierapparat kann in einer Schaukel hängen oder auf einer Schienenführung hin und her gezogen werden. Die erstere Vorrichtung veranschaulicht Abb. 42.

Titan.

Ti = 47,90. Zwei-, drei- und vierwertig. Wurde 1791 von Gregor im Titaneisen entdeckt und 1794 von Klaproth im Rutil gefunden. Es kommt in vielen Silikaten, so in Basalt, Titanit, in Syeniten vor. Besonders enthalten Eisenerze Titan. Es wird durch Erhitzen von Titanchlorid, $TiCl_4$, mit Natrium gewonnen. Der Schmelzpunkt des Titans liegt zwischen 1800 und 1850°. Spez. Gew. 4,5. Bedeutung hat das Element in der Stahlindustrie erlangt. Ein Titanstahl soll sich besonders widerstandsfähig gegen Schlag und Stoß erweisen. In der Porzellanmalerei wird Titanoxyd zur Herstellung von gelben Farbentönen benutzt.

Zirkonium.

Zr = 91,22. Vierwertig. Findet sich in dem Mineral Zirkon, ein Zirkonsilikat, $ZrSiO_4$, in Norwegen und Nordkarolina. Zirkon kommt besonders auf Ceylon in gelblichrotem Farbenton in großer Reinheit vor, so daß er als Edelstein (Hyazinth) zur Verwendung gelangt.

Durch Schmelzen feingepulverten Zirkons mit Soda im Graphittiegel scheidet man Zirkoniumdioxyd, ZrO_2, ab, welches unter dem Namen Zirkonerde bekannt und wegen ihres hohen Schmelzpunktes (zwischen 2600° und 3000°) zur Herstellung von Schmelztiegeln und anderen chemischen Gerätschaften dient. Quarzglas zugesetzt, erhöht es dessen Widerstandsfähigkeit gegen Temperatureinflüsse. Hoch erhitzt strahlt Zirkonerde weißes Licht aus.

Germanium.

Ge = 72,60. Zwei- und vierwertig. Wurde 1886 von Clemens Winkler bei der Analyse des Argyrodits, eines in Freiberg i. S. gefundenen silberhaltigen Minerals, entdeckt. Diese Entdeckung war von großem Interesse, weil die Existenz des Elementes von Mendelejeff bei Aufstellung seines periodischen Systems vorhergesagt war. Mendelejeff hatte die Existenz eines bisher noch unbekannten, dem Silizium in seinen Eigenschaften nahestehenden Elementes angenommen und es mit dem Namen Ekasilicium (d. h. Silizium ähnlich) bezeichnet. Winkler fand es dann wirklich auf und nannte es Germanium.

Seine Verbindungen, von denen Germaniumoxyd, GeO_2, Germaniumchlorür und -chlorid, $GeCl_2$ und $GeCl_4$, Germaniumchloroform, $GeHCl_3$ (eine bei 23° siedende und an der Luft rauchende Flüssigkeit), genannt sein mögen, sind den entsprechenden Siliziumverbindungen sehr ähnlich.

Zinn.

Stannum. Sn = 118,7. Zwei- und vierwertig. Zinn ist seit den ältesten Zeiten bekannt.

Vorkommen: An Sauerstoff gebunden als Zinnstein (Kassiterit). SnO_2, besonders in Cornwallis (England), Banka, Malakka, China, Australien, Peru, im sächsischen Erzgebirge bei Altenberg, seltener in Verbindung mit Schwefel als Zinnkies oder Stannin, SnS_2. Zinnkies enthält meist Kupfer und Eisen.

Gewinnung: Aus Zinnstein durch Reduktion mit Kohle in Schachtöfen.

Eigenschaften: Silberweißes, glänzendes, weiches Element von metallischen Eigenschaften. Spez. Gew. 7,29. Schmelzpunkt 231,5°. Siedepunkt 1450 bis 1600°. Zinn ist ziemlich beständig an der Luft und verbrennt erst bei hoher Temperatur mit blendend weißem Licht zu Zinnoxyd. Wird Zinn auf 200° erhitzt, so ist es so spröde, daß man es pulvern kann. Zinn befindet sich mit Ausnahme an warmen Sommertagen in einem „metastabilen" Zustande, d. h. in einem Zustande, der außerhalb des eigentlichen Beständigkeitsgebietes liegt. Unterhalb 25° vermag es in das graue Zinn, eine pulverige Modifikation, überzugehen. Kommt diese mit gewöhnlichem Zinn in Berührung, so zerfällt es langsam in graues Zinn (Zinnpest). Diese auch als „Museumskrankheit" beobachtete Veränderung des Zinns läßt sich hervorrufen, wenn man reines Zinn ritzt und in die Zinnstelle die graue Modifikation einstreut. Das spezifische Gewicht des grauen Zinns ist 5,8. Ätzt man die Oberfläche des geschmolzen gewesenen und erstarrten Zinns mit wenig Salzsäure, so werden oft in vielfacher Verzweigung Kristallisationen sichtbar (Moirée métallique). Beim Hinundherbiegen von Zinnstangen macht sich zufolge der kristallinischen Beschaffenheit des Metalls ein knisterndes Geräusch bemerkbar (Zinngeschrei). Die große Dehnbarkeit des Zinns gestattet ein Walzen und Ausschlagen zu dünnen Blättern (Blattzinn, Zinnfolie, Stanniol). Zinn wird von Salzsäure zu Stannochlorid, $SnCl_2$, gelöst; Salpetersäure führt Zinn in β-Zinnsäure über.

Zinn findet eine vielseitige Verwendung: Zinnfolie dient zum Umhüllen verschiedener Nahrungsmittel und Gebrauchsgegenstände. Mit einem Zinnüberzug versehen (verzinnt) werden leicht oxydierbare Metalle, wie Kupfer, Eisen (Weißblech), — Kessel, Pfannen, Leitungsröhren usw. werden verzinnt. — Schnelllot ist eine Legierung von 1 T. Zinn mit $^1/_6$—$^1/_2$ T. Blei, unechtes Blattsilber besteht aus einer Legierung aus Zinn und Zink, Britanniametall aus 9 T. Zinn und 1 T. Antimon. Mit Kupfer legiert, bildet Zinn die Bronze (s. Kupfer). Unter diesem Namen war ursprünglich eine Legierung von 90 T. Kupfer und 10 T. Zinn im Gebrauch. Als Spiegelbelag diente früher eine Zinn-Quecksilberlegierung (Zinnamalgam), neuerdings metallisches Silber (s. Silber). Die Zinnlegierungen mit Kupfer s. beim Kupfer.

Von Zinn sind zwei Reihen von Verbindungen bekannt, in welchen es als zweiwertiges (Stannoverbindungen) und vierwertiges Element (Stanniverbindungen) auftritt.

In den Salzlösungen bildet das Zinn daher entweder zweiwertige Stannoionen Sn˙˙ oder vierwertige Stanniionen Sn˙˙˙˙. Die Salze reagieren infolge einer weitgehenden hydrolytischen Spaltung sauer.

Stannochlorid, Zinnchlorür, Zinn (2)-Chlorid, Zinnsalz, Stannum chloratum, $SnCl_2 + 2H_2O$, wird durch Auflösen von Zinnfeile in warmer starker Salzsäure erhalten:

$$Sn + 2HCl = SnCl_2 + H_2.$$

Das Salz kristallisiert mit 2 Mol. Wasser in farblosen, monoklinen Prismen, welche sich in salzsäurehaltigem Wasser leicht und klar lösen. Von viel Wasser wird Stannochlorid unter Bildung eines unlöslichen basischen Salzes zerlegt:

$$SnCl_2 + H_2O = Sn(OH)Cl + HCl.$$

Wasserfreies Zinnchlorür wird durch Erhitzen von Zinn in trockenem Chlorwasserstoff erhalten.

Stannochlorid findet als kräftiges Reduktionsmittel häufige Anwendung in der chemischen Industrie, als Reduktions- und Beizmittel in der Färberei. Eine stark salzsaure Lösung des Zinnchlorürs wird als Bettendorfs Reagenz zum Nachweis von Arsen benutzt.

Bettendorfs Reagenz bereitet man wie folgt:
5 T. kristallisiertes Stannochlorid werden mit 1 T. 25proz. Salzsäure zu einem Brei angerieben, und dieser wird mit trockenem Chlorwasserstoff gesättigt. Die dadurch erzielte Lösung wird nach dem Absetzen durch Asbest filtriert.
Bettendorfs Reagenz ist eine blaßgelbliche, lichtbrechende, stark rauchende Flüssigkeit vom spezifischen Gewicht mindestens 1,900. Sie wird in kleinen, mit Glasstopfen verschlossenen, vollständig gefüllten Flaschen aufbewahrt.

Stannichlorid, Zinn (4)-Chlorid, Spiritus fumans Libavii, $SnCl_4$, entsteht bei der Einwirkung von Chlor auf Zinn oder Zinnchlorür und bildet eine farblose, an der Luft rauchende Flüssigkeit, welche bei 114⁰ siedet. Mit wenig Wasser erstarrt sie zu einer kristallinischen Masse, der Zinnbutter (Butyrum Stanni) von der Zusammensetzung $SnCl_4 + 5H_2O$.

Durch viel Wasser wird Stannichlorid zersetzt unter Bildung von Zinnsäure:

$$SnCl_4 + 4H_2O = H_4SnO_4 + 4HCl.$$

Stannichlorid wird unter der Bezeichnung Zinnsolution, Rosiersalz oder Komposition in der Färberei zum Beizen benutzt, zu gleichem Zweck auch ein Stannichlorid-Ammoniumchlorid-Doppelsalz, $SnCl_4 \cdot 2NH_4Cl$, unter der Bezeichnung Pinksalz.

Aus Weißblechabfällen gewinnt man Zinn wieder durch Behandeln mit Chlorgas, wobei Zinntetrachlorid entsteht.

Stannooxyd, Zinnoxydul, Zinn (2)-Oxyd, SnO, wird als braunschwarzes Pulver beim Erhitzen von Stannohydroxyd im Kohlendioxydstrom erhalten.

Stannohydroxyd, Zinnhydroxydul, Zinn (2)-Hydroxyd, $Sn(OH)_2$, entsteht beim Versetzen einer Zinnchlorürlösung mit Natriumkarbonat als weißer Niederschlag:

$$SnCl_2 + Na_2CO_3 + H_2O = Sn(OH)_2 + 2NaCl + CO_2.$$

Es löst sich in Kalium- und Natriumhydroxyd.

Stannioxyd, Zinnoxyd, Zinn (4)-Oxyd, SnO_2, wird künstlich durch Glühen von Stannihydroxyd oder von Zinn an der Luft erhalten. Es bildet ein weißes Pulver, welches unter den Namen Stannum oxydatum, Zinnasche, Cinis Stanni, Cinis Jovis bekannt ist. Es ist unlöslich in Säuren und Alkalien. Beim Schmelzen mit Alkalikarbonat und Schwefel wird es in lösliches Alkalisulfostannat, z. B. K_2SnS_3, übergeführt. Zinnoxyd wird als Zusatz zu Glasflüssen benutzt, die dadurch weiß und undurchsichtig werden (Milchglas).

Stannihydroxyde, Zinnhydroxyde. Es gibt zwei Zinnhydroxyde: H_4SnO_4, die Orthozinnsäure und H_2SnO_3, die gewöhnliche Zinnsäure. Letztere ist in zwei verschiedenen Modifikationen bekannt, die man als α- und β-Zinnsäure bezeichnet. Die β-Zinnsäure führt auch den Namen Metazinnsäure. Orthozinnsäure entsteht als weißer Niederschlag beim Versetzen von Zinnchloridlösung mit Natriumkarbonat:

$$SnCl_4 + 2Na_2CO_3 + 2H_2O = H_4SnO_4 + 4NaCl + 2CO_2.$$

Die Orthozinnsäure oder das Stannitetrahydroxyd verliert schnell 1 Molekel Wasser und geht in die α- und β-Zinnsäure über. Man nimmt an, daß die α-Modifikation nur eine besonders fein verteilte und daher reaktionsfähigere Form der Zinnsäure ist und die abgestufte Änderung der Eigenschaften bis zur β-Modifikation kolloidchemisch durch abnehmenden Verteilungsgrad zu erklären sei.

α-Zinnsäure wird von Salzsäure, sowie von ätzenden Alkalien (Kalium- und Natriumhydroxyd) leicht gelöst und bildet in letzterem Falle die zinnsauren Salze oder Stannate (Kalium-, Natriumstannat). Bei längerem Aufbewahren unter Wasser verliert α-Zinnsäure die Eigenschaft, von Säuren oder Alkalien leicht gelöst zu werden: es wird die gröber disperse Metazinnsäure gebildet.

Metazinnsäure entsteht auch bei der Behandlung von Zinn mit Salpetersäure.

Sämtliche Stannihydroxyde liefern beim Glühen Zinnoxyd.

Stannosulfid, Zinnsulfür, Zinn (2)-Sulfid, Einfach-Schwefelzinn, SnS, wird als braunschwarzer Niederschlag erhalten durch Einleiten von Schwefelwasserstoff in Stannochloridlösung.

Der Niederschlag wird beim Behandeln mit Schwefelammon und Schwefelblüte zu Ammoniumsulfostannat gelöst:

$$SnS + (NH_4)_2S + S = (NH_4)_2SnS_3,$$

aus welcher Lösung auf Hinzufügen verdünnter Mineralsäure Stannisulfid gefällt wird.

Stannisulfid, Zinnsulfid, Zinn (4)-Sulfid, Zweifach-Schwefelzinn, SnS_2, wird als gelber Niederschlag erhalten durch Einleiten von Schwefelwasserstoff in Zinnoxydsalzlösung:

$$SnCl_4 + 2H_2S = SnS_2 + 4HCl.$$

Stannisulfid wird von Schwefelammon unter Bildung von Ammoniumsulfostannat gelöst:

$$SnS_2 + (NH_4)_2S = (NH_4)_2SnS_3$$

und auf Zusatz von verdünnter Mineralsäure wieder abgeschieden. Erhitzt man ein Gemenge von Zinnamalgam, Schwefel und Salmiak, so erhält man Zinnsulfid in Form goldglänzender Blättchen, welche den Namen Musivgold führen und zum Bronzieren benutzt werden.

Charakteristik der Elemente der Kohlenstoffgruppe.

Die Elemente der Gruppe des Kohlenstoffs sind Kohlenstoff, Silizium, Titan, Zirkonium, Germanium, Zinn; die übrigen Elemente dieser Vertikalreihe des periodischen Systems gehören zu den seltenen Erden. Die Elemente sind in ihrer höchsten Wertigkeitsstufe sämtlich vierwertig. Mit Ausnahme von Silizium treten sie daneben auch zweiwertig auf. Die Verwandtschaft zu Elementen der vorhergehenden Vertikalreihe ist teilweise sehr ausgeprägt, z. B. beim Silizium zum Bor.

Die Alkalimetalle.

Kalium. Rubidium. Caesium. Natrium. Lithium. Ammoniumverbindungen.

Kalium.

Kalium, K = 39,10. Einwertig. Das Kalium wurde im Jahre 1807 von Humphrey Davy durch Zerlegung von Kaliumhydroxyd, auf welches der Strom einer starken Voltaschen Säule einwirkte, zuerst dargestellt.

Vorkommen: In Verbindung mit Kieselsäure und Aluminium als Doppelsilikat im Granit, Feldspat, Glimmer. Durch Verwitterung dieser gelangt das kieselsaure Kaliumsalz in die Ackererde und wird von den Pflanzen aufgenommen, in welchen das Kalium, an Pflanzensäuren gebunden, sich wiederfindet. Beim Veraschen der Landpflanzen gehen die pflanzensauren Kaliumsalze in kohlensaures Kalium (Pottasche) über, das durch Wasser der Asche entzogen werden kann. In den sog. Staßfurter Abraumsalzen[1] finden sich oft in großer Tiefe bis zu 700 m unter der Erdoberfläche Kaliumchlorid (Sylvin), KCl, Kalium-Magnesiumchlorid (Carnallit), $MgCl_2 \cdot KCl + 6H_2O$, Kalium-Magnesiumsulfat (Schoenit), $MgK_2(SO_4)_2 + 6H_2O$, Kaliumchlorid-Magnesiumsulfat (Kaïnit), $KCl \cdot MgSO_4 + 3H_2O$. Auch in Leopoldshall, am Fuße des Harzes, in Thüringen, in Mecklenburg sind Kalisalze angetroffen worden und werden abgebaut. Die im Elsaß befindlichen großen Kalilager sind durch den Ausgang des Weltkrieges für Deutschland verloren worden.

Die große Bedeutung, welche die Kalisalze für die Landwirtschaft besitzen, ist in den letzten Jahrzehnten voll erkannt, und in stetig zunehmendem Maße hat man daher von der Kalidüngung Gebrauch gemacht. Besonders findet hierfür das aus dem Karnallit gewonnene Kaliumchlorid Verwendung.

Gewinnung: Früher wurde ein inniges Gemenge von Kaliumkarbonat und Kohle (gewöhnlich durch Verkohlen von Weinstein erhalten) in schmiedeeisernen Retorten bei Weißglut der Destillation unterworfen.

$$K_2CO_3 + 2C = K_2 + 3CO.$$

---

[1] Mit dem Namen „Abraumsalze" wurde die über dem Steinsalz lagernde Salzschicht bezeichnet, die man abräumen mußte, um zu dem wertvollen Steinsalz zu gelangen. Erst später erkannte man den Wert dieser aus Kalisalzen vorwiegend bestehenden Abraumsalze.

Die entweichenden Kaliumdämpfe fing man unter Steinöl in einer flachen, eisernen Vorlage auf. Man mußte für gute Kühlung sorgen, damit das dampfförmige Kalium der Gefahr der Bildung von Kohlenoxydkalium, $K_6(CO)_6$, entgeht, einer Verbindung, welche das Abzugsrohr verstopft und daher zu Explosionen Veranlassung geben kann.

Kalium wird neuerdings auf elektrolytischem Wege gewonnen.

Eigenschaften: Stark glänzendes, silberweißes, bei gewöhnlicher Temperatur wachsweiches Metall, welches sich mit dem Messer leicht schneiden läßt. Spez. Gew. 0,8621. Das Metall schmilzt bei $62{,}5^0$ und verflüchtigt sich in Form eines grünen Dampfes bei $757{,}5^0$. Durch den Sauerstoff der Luft oxydiert es sich sogleich und überzieht sich mit einer weißen Oxydschicht. Es muß daher unter einer sauerstofffreien Flüssigkeit (Petroleum oder flüssigem Paraffin) aufbewahrt werden. Wirft man ein Stückchen Kalium auf Wasser, so wird dieses zersetzt: $K_2 + 2H_2O = 2KOH + H_2$. Durch die Reaktion wird so viel Wärme entwickelt, daß der freiwerdende Wasserstoff sich entzündet und infolge kleiner Mengen verdampfenden Kaliums mit violetter Flamme brennt.

Kaliumchlorid, Chlorkalium, Kalium chloratum, KCl, findet sich als Sylvin, besonders auch in Vereinigung mit Magnesiumchlorid als Carnallit in den Staßfurter Abraumsalzen und dient zur Darstellung der meisten Kaliumverbindungen des Handels. Durch Wasser wird Carnallit in schwerer lösliches Kaliumchlorid und leichter lösliches Magnesiumchlorid zerlegt.

Eigenschaften: Glänzende Würfel vom Schmelzpunkt 773^0. Es verflüchtigt sich bei starker Glühhitze. 100 T. Wasser lösen bei 100^0 56,6, bei 15^0 34,3 T. Kaliumchlorid.

Im Gegensatz zum Natriumchlorid übt Kaliumchlorid in größeren Mengen auf den tierischen Organismus giftige Wirkung aus. Als Düngemittel benutzt.

Kaliumbromid, Bromkalium, Kalium bromatum, KBr.

Darstellung: 20 g Kaliumhydroxyd werden in 120 g Wasser gelöst. In die durch Erwärmen auf dem Drahtnetz heiß gehaltene Lösung läßt man langsam aus einem Tropftrichter so viel Brom eintropfen, wie von ihr gebunden wird, etwa 25 g. Den Endpunkt der Reaktion erkennt man an dem Auftreten einer dauernden Gelb- oder Orangefärbung. In die erhaltene Lösung trägt man 3 g Holzkohlenpulver ein. Man verdampft zur Trockne und erhitzt den Rückstand in einem Tiegel. Dabei findet starkes Aufglühen der Masse statt. Nach dem Erkalten laugt man mit wenig Wasser aus und verdampft das Filtrat bis zum Erscheinen des Kristallhäutchens. Die nach einiger Zeit ausgeschiedenen Kristalle werden im Exsikkator getrocknet. Beim weiteren Eindampfen liefert die Mutterlauge eine zweite Kristallisation. Ausbeute etwa 30 g.

Aus Kaliumhydroxyd und Brom bilden sich in der Wärme Kaliumbromid und Kaliumbromat:
$$6KOH + 6Br = 5KBr + KBrO_3 + 3H_2O.$$

Schon durch einfaches Erhitzen des trockenen Salzes geht Kaliumbromat in Kaliumbromid über, schneller verläuft die Reduktion indes bei Gegenwart von Kohle:
$$KBrO_3 + 3C = KBr + 3CO.$$

Man kann Kaliumbromid auch darstellen, indem man Eisenbromürbromid mit Kaliumbikarbonat umsetzt. Zu dem Zweck übergießt man reine Eisenfeile oder Eisendrehspäne mit destilliertem Wasser und trägt nach und nach Brom ein. Unter Erwärmen bildet sich Eisenbromür, $FeBr_2$. Man wendet hierbei einen Überschuß von Eisen an, von welchem man abfiltriert. Zu dem grünlich gefärbten Filtrat setzt man die nach der Gleichung:
$$3FeBr_2 + Br_2 = Fe_3Br_8$$
zur Bildung von Eisenbromürbromid nötige Menge Brom hinzu und fällt mit der berechneten Menge Kaliumbikarbonat, das in dem 5fachen Wasser vorher gelöst war. Es scheidet sich Eisenoxyduloxydhydrat aus, welches sich schnell absetzt und leicht ausgewaschen werden kann:
$$Fe_3Br_8 + 8KHCO_3 = 8KBr + Fe_3(OH)_8 + 8CO_2.$$

Das farblose Filtrat wird zur Kristallisation eingedampft.
Vgl. Darstellung von Kalium jodatum.

Eigenschaften und Prüfung des Kalium bromatum, KBr: Mol.-Gewicht 119,02, Gehalt mindestens 98,5% KBr, entsprechend 66,1% Br. Große, farblose, glänzende, luftbeständige, würfelförmige Kristalle, welche von 1,5 T. Wasser und von 200 T. Weingeist gelöst werden.

Die wässerige Lösung (1 + 19), mit wenig Chlorwasser oder mit einigen Tropfen Chloraminlösung und verdünnter Salzsäure versetzt und mit Äther oder Chloroform geschüttelt, färbt diese rotbraun. Wird die wässerige Lösung (1 + 19) mit Weinsäurelösung gemischt, so entsteht nach einiger Zeit ein weißer, kristallinischer Niederschlag von Kaliumbitartrat (Identitätsreaktion).

Prüfung: Auf einen Gehalt an Natriumbromid, auf Kaliumbromat (bromsaures Kalium), Kaliumkarbonat, Kaliumsulfat, Bariumbromid, Kaliumchlorid, Schwermetallsalze, Arsenverbindungen, Alkalijodide (s. D. A. B. VI).

Zur Prüfung auf Kaliumchlorid werden 0,4 g des bei 100^0 getrockneten Kaliumbromids genau gewogen und in 20 ccm Wasser gelöst. Diese Lösung darf nach Zusatz einiger Tropfen Kaliumchromatlösung für je 0,4 g Kaliumbromid höchstens 33,9 ccm $\frac{n}{10}$-Silbernitratlösung bis zum Farbumschlage verbrauchen, was einem Höchstgehalte von 1,5% KCl entspricht (1 ccm $\frac{n}{10}$-Silbernitratlösung = 0,011902 g KBr = 0,007456 g KCl, Kaliumchromat als Indikator; je 0,2 ccm $\frac{n}{10}$-Silbernitratlösung, die über den für reines Kaliumbromid zu berechnenden Wert von 33,6 ccm hinausgehen, entsprechen 1% KCl, wenn sonstige Verunreinigungen fehlen).

Durch den Verbrauch von 33,6 ccm $\frac{n}{10}$-Silbernitratlösung würde ein 100proz. Kaliumbromid angezeigt werden, denn 0,011902 · 33,6 = 0,3999072 oder rund 0,4 g, das ist die zur Titration verwendete Menge.

Medizinische Anwendung: Als Sedativum (Beruhigungsmittel) bei nervösen Erregungszuständen, besonders bei Herzneurosen, Hypertonie, Schlaflosigkeit, Asthma bronchiale gegeben. Dosis 0,3—2 g mehrmals täglich. Bei epileptischen Zuständen in großen Dosen (täglich 3—5 g mehrere Monate lang). Als Antiaphrodisiakum. Gegen Seekrankheit größere Dosen schon einige Tage vor der Einschiffung. Bei Nierenerkrankungen als Kochsalzersatz. Äußerlich in Form von Klistieren als krampfstillendes Mittel in 5,0 g auf 100,0 g. In Form von Salben 1,0—2,0 g auf 10,0 g Fett bei Pruritus.

Kaliumjodid. Jodkalium, Kalium jodatum, KJ. Die Darstellung geschieht in entsprechender Weise wie die des Kaliumbromids.

Darstellung: In einem Erlenmeyerkolben von $^1/_4$ Liter Inhalt werden 12 g Eisenpulver mit 50 g Wasser übergossen und in kleinen Anteilen nach und nach mit 30 g Jod versetzt. Es entsteht eine schwach grünliche Lösung von Eisenjodür; überschüssiges Eisen und im Eisen enthaltene Kohle bleiben als schwarzer Bodensatz zurück. Man verdünnt mit etwa 100 g Wasser, filtriert durch ein zuvor mit Wasser gut ausgewaschenes Filter und wäscht den Rückstand mit Wasser nach. Im Filtrat werden 10 g Jod gelöst. Die dabei entstehende braune Lösung von Eisenjodürjodid wird in dünnem Strahle in eine siedende Lösung von 35 g Kaliumbikarbonat in 120 g Wasser eingegossen. Wegen der dabei freiwerdenden beträchtlichen Menge Kohlendioxyd ist eine genügend große Porzellanschale zu verwenden. Man kocht die Mischung einige Minuten, filtriert die farblose Jodkaliumlösung vom Eisenoxyduloxydhydrat durch ein zuvor mit Wasser ausgewaschenes Filter ab, wäscht mit siedendem Wasser gut nach und dampft das Filtrat auf dem Wasserbade ein, indem man an einem Stativ oder der Schale einen den Schalenrand überragenden Trichter mit dem Rohr nach oben zum Schutz gegen Staub anbringt. Die bis zum Erscheinen des Salzhäutchens konzentrierte Lösung wird, mit einer Glasplatte bedeckt, zur Kristallisation beiseitegestellt. Die gewonnenen Kristalle werden im Exsikkator getrocknet.

Chemische Vorgänge:

$$Fe + 2J = FeJ_2.$$

$$3FeJ_2 + 2J = Fe_3J_8.$$

$$Fe_3J_8 + 8KHCO_3 = 8KJ + Fe_3(OH)_8 + 8CO_2.$$

Eigenschaften und Prüfung: KJ. Mol.-Gew. 166,02. Farblose, würfelförmige, an der Luft nicht feucht werdende Kristalle von scharf salzigem und hinterher bitterem Geschmack, in 0,75 T. Wasser, in 12 T. Weingeist löslich.

Geprüft auf Verunreinigungen durch Natriumjodid, Alkalikarbonat, fremde Metalle, Sulfat, Zyanid, Kaliumjodat, Nitrat, Chlorid und Thiosulfat (s. D. A. B. VI).

Medizinische Anwendung: Innerlich zu 1,0—5,0 g täglich (als Geschmackskorrigens Aqua Menth. pip.) als Antisyphilitikum, besonders bei tertiären und kongenitalen Formen, bei chronischer Metallvergiftung und Bronchialasthma in mittleren Dosen (0,1—0,5 g 2—3 mal täglich); als Resorbens bei Exsudaten, chronischen Gelenkaffektionen, Skrofulose, zur Anregung der Sekretion bei Katarrhen, besonders Bronchitis; in kleinen Dosen (0,01—0,05 g 2—3 mal täglich) zur Herabsetzung des pathologisch erhöhten Blutdruckes, besonders bei Arteriosklerose, auch gegen Struma; in minimalen Dosen (0,001—0,003 g täglich) prophylaktisch gegen Struma (jodiertes Kochsalz, gelegentlich bei Basedow). Äußerlich in Salben (10 %) bei Struma, Drüsenschwellungen; zu intravenösen Injektionen (10 : 100) bei schweren Erscheinungen tertiärer Lues, auch bei schwerem Bronchialasthma; zu Mund- und Gurgelwässern 1,0—3,0 g auf 100,0 g. Vorsichtig aufzubewahren!

Kaliumhypochlorit, KOCl. Eine Borsäure enthaltende Kaliumhypochloritlösung wird unter der Bezeichnung Dakinsche Lösung in der Wundantisepsis verwendet. Man stellt die Lösung dar durch Lösen von 200 g Chlorkalk (s. dort!) in 10 Liter Wasser und Versetzen mit 140 g Kaliumkarbonat. Die Mischung wird geschüttelt, nach 30 Minuten filtriert und das Filtrat mit Borsäure neutralisiert.

Kaliumoxyde sind in reinem Zustande mit Sicherheit nicht bekannt. Beim Verbrennen von Kalium an kohlendioxydfreier Luft entsteht eine pomeranzengelbe Masse, welche aus einem Gemenge von Kaliumoxyd, K_2O, und Kaliumtetroxyd, K_2O_4, besteht. Beim Lösen in Wasser liefert das Gemenge KOH, H_2O_2 und freien Sauerstoff.

Kaliumhydroxyd, Kalihydrat, Ätzkali, Kalium hydricum, Kali causticum, KOH, wird dargestellt durch Behandeln von frisch gelöschtem Kalk (Kalziumhydroxyd) mit Kaliumkarbonatlösung:

$$Ca(OH)_2 + K_2CO_3 = 2 KOH + CaCO_3.$$

Darstellung: Man löst 2 T. Kaliumkarbonat in 12 T. destilliertem Wasser, erhitzt zum Sieden und trägt nach und nach einen Kalkbrei ein, welcher durch Behandeln von 1 T. Kalziumoxyd (Ätzkalk) mit 4 T. Wasser bereitet ist. Man hört mit dem Kochen auf, wenn eine abfiltrierte Probe auf Zusatz von Säuren nicht mehr Kohlendioxyd entwickelt, also sämtliches Kaliumkarbonat zersetzt ist. Man überläßt bei Luftabschluß der Ruhe, zieht die klare Flüssigkeit ab und dampft sie entweder zu einer dickeren Lauge, Kalilauge, Liquor Kali caustici, oder zur Trockne ein. Geschieht das Eindampfen in eisernen Gefäßen, so löst die Lauge, je konzentrierter sie wird, Eisen auf. Das Abdampfen zur Trockne nimmt man daher in Silbertiegeln vor und gießt das bis zum Schmelzen erhitzte Kaliumhydroxyd in Silberformen aus. Es gelangt dann in Form weißer, leicht Feuchtigkeit anziehender Stangen von größerer oder geringerer chemischer Reinheit unter dem Namen Kali causticum fusum in den Handel.

Kaliumhydroxyd wird zur Zeit meist durch elektrolytische Zerlegung von Kaliumchlorid gewonnen. Hierzu sind 3,5—4 Volt Zersetzungsspannung erforderlich. Von dem hierbei anodisch entwickelten Chlor wird der in den Elektrolysiergefäßen benutzte Achesongraphit (oder auch Magnesit) nicht angegriffen. Als Diaphragma dient eine aus Zement und Kaliumchlorid hergestellte poröse Wand.

Kaliumhydroxyd schmilzt in der Rotglühhitze zu einer ölartigen Flüssigkeit, die beim Erkalten kristallinisch erstarrt und an kohlendioxydhaltiger, feuchter Luft bald zu einer Lösung von Kaliumkarbonat zerfließt. Es wirkt ätzend auf die Haut (daher Ätzkali genannt). Auch von Weingeist wird es gelöst. Man benutzt Weingeist daher, um ein reines, kaliumkarbonatfreies Kaliumhydroxyd, Kali causticum alcohole depuratum, zu bereiten. Die Lösung von Kaliumhydroxyd in Alkohol färbt sich alsbald gelb bis braun, da infolge Oxydations-

wirkung der Luft aus dem Alkohol kleine Mengen Aldehyd und daraus Aldehyd-
harze sich bilden.

Offizinell ist **Kali causticum fusum** und eine 15 % KOH enthaltende
wässerige Lösung als **Liquor Kali caustici**; für volumetrische Zwecke werden
eine n- und $\frac{n}{10}$-Kalilauge sowie eine weingeistige $\frac{n}{2}$-Kalilauge benutzt.

Eigenschaften und Prüfung des Kali causticum: Trockene, weiße,
an der Luft feucht werdende Stücke oder Stäbchen, welche auf der Bruchfläche
kristallinisches Gefüge besitzen. Gehalt mindestens 85 % KOH. Kaliumhydroxyd löst sich in 1 T. Wasser. Die Lösung reagiert stark alkalisch. Iden-
titätsprüfung durch Fällung als Kaliumbitartrat.

Die Prüfung erstreckt sich auf Verunreinigungen durch **Kaliumkarbonat,
Kaliumchlorid, Kaliumsulfat, Kaliumnitrat** und **Kaliumsilikat**
(s. D. A. B. VI).

Zur Prüfung des Kaliumhydroxyds auf Karbonatgehalt kocht man 1 g Kaliumhydroxyd in 10 ccm Wasser mit 15 ccm Kalkwasser.

Man filtriert ab und gießt das Filtrat in überschüssige Salpetersäure ein, wobei keine
Gasentwicklung (Karbonat) stattfinden darf. In 15 ccm Kalkwasser (s. Aqua Calcariae)
sind mindestens 0,0225 g Ca(OH)$_2$ enthalten. Diese entsprechen $\underbrace{Ca(OH)_2}_{74,11} : \underbrace{K_2CO_3}_{138,2} = 0,0225 : x$.

$x = \dfrac{138,2 \cdot 0,0225}{74,11} =$ rund 0,042 g Kaliumkarbonat. Kaliumhydroxyd darf daher 4,2 %
Karbonat enthalten.

Zur Gehaltsbestimmung löst man 5 g des Präparates zu 100 ccm in Wasser, pipettiert
20 ccm ab und titriert unter Hinzufügung von Methylorange als Indikator mit n-Salzsäure;
es müssen mindestens 15,15 ccm dieser zur Sättigung erforderlich sein.

1 ccm entspricht 0,05611, 15,15 ccm also $0,05611 \cdot 15,15 = 0,8500665$ g KOH, die
in 1 g des Präparates enthalten sein müssen, das sind 85 %.

Anwendung: Äußerlich als Ätzmittel. Dient zur Herstellung der wässerigen und
alkoholischen Kalilauge und zu mannigfachen chemischen Operationen.

Eigenschaften und Prüfung des Liquor Kali caustici, Kalilauge.
Gehalt 14,8—15 % Kaliumhydroxyd (KOH, Mol.-Gew. 56,11). Klare, farblose,
Lackmuspapier stark bläuende Flüssigkeit. Spez. Gew. 1,138—1,140, Dichte
1,135—1,137.

Die Prüfung hat sich auf **Karbonatgehalt, auf Sulfat, Chlorid, Nitrat,
Tonerde** zu erstrecken.

Gehaltsbestimmung: 5 g Kalilauge werden mit 20 ccm Wasser versetzt. Zum
Neutralisieren dieser Mischung müssen für je 5 g Kalilauge 13,2—13,4 ccm n-Salzsäure
verbraucht werden (1 ccm n-Salzsäure = 0,05611 g KOH, Methylorange als Indikator).

Durch 13,2 ccm werden angezeigt $0,05611 \cdot 13,2 = 0,740652$ g KOH, das sind 14,8 %,
durch 13,4 ccm $0,05611 \cdot 13,4 = 0,751874$ g KOH, das sind rund **15 %**.

Vorzugsweise als Ätzmittel und zur Herstellung der Kaliseife benutzt.

Vorsichtig aufbewahren!

Zur Herstellung der alkoholischen Kalilauge spült man die das Kaliumhydroxyd meist bedeckende Karbonatschicht mit wenig Wasser ab und läßt dann
erst den Alkohol auf das Kaliumhydroxyd lösend einwirken.

Kaliumchlorat, Chlorsaures Kalium, Kalium chloricum, $KClO_3$.
Entsprechend der Einwirkung von Brom oder Jod auf Kaliumhydroxyd vollzieht sich auch die Einwirkung des Chlors in der Hitze. Da hierbei nur wenig
Kaliumchlorat und viel Kaliumchlorid gebildet wird, stellt man Kaliumchlorat
fabrikmäßig vorteilhafter in der Weise her, daß man Chlor in ein heißes, dünn-
flüssiges Gemenge von Kalziumhydroxyd und Kaliumchlorid einleitet. Das anfänglich entstehende Kalziumchlorat setzt sich mit dem Kaliumchlorid zu Kaliumchlorat und Kalziumchlorid um:

$$6 Ca(OH)_2 + 12 Cl = 5 CaCl_2 + Ca(ClO_3)_2 + 6 H_2O,$$
$$Ca(ClO_3)_2 + 2 KCl = 2 KClO_3 + CaCl_2.$$

Das schwer lösliche Kaliumchlorat kristallisiert aus dem erkaltenden Filtrat aus und wird so von dem leicht löslichen Kalziumchlorid getrennt.

Man gewinnt auch Kaliumchlorat durch Elektrolyse warmer konzentrierter alkalischer Lösungen von Kaliumchlorid. Die Benutzung von Diaphragmen, welche die Anodenflüssigkeit von der Kathodenflüssigkeit trennen, ist hierbei nicht nötig! An der Kathode entsteht KOH neben H, an der Anode Cl, wodurch die Bedingungen zur Bildung von Kaliumchlorat gegeben sind, das sich kristallinisch ausscheidet.

Eigenschaften und Prüfung des Kalium chloricum, $KClO_3$. Mol.-Gew. 122,56. Farblose, blätterige oder tafelförmige Kristalle oder ein Kristallmehl, in 17 T. Wasser von 20^0, in 2 T. siedendem Wasser und in 130 T. Weingeist löslich. In wässeriger Lösung ist Kaliumchlorat in die Ionen $K^{\cdot}$ und $ClO_3{'}$ dissoziiert. Da es somit keine Chlorionen enthält, gibt es mit Silbernitrat keine Fällung von Silberchlorid.

Kaliumchlorat schmilzt bei 334^0, verliert bei höherer Temperatur Sauerstoff und geht zunächst in Kaliumperchlorat, $KClO_4$, dann unter vollständigem Verlust des Sauerstoffs in Kaliumchlorid über.

Kaliumchlorat gibt an leicht oxydierbare Stoffe Sauerstoff ab und explodiert, mit Schwefel oder anderen brennbaren Stoffen in Berührung, schon durch Schlag oder Stoß oft mit größter Heftigkeit. Es ist daher große Vorsicht beim Umgehen mit Kaliumchlorat oder anderen chlorsauren Salzen geboten!

Die wässerige Lösung, mit Salzsäure erwärmt, färbt sich grüngelb und entwickelt reichlich Chlor:

$$KClO_3 + 6\,HCl = KCl + 3\,H_2O + 3\,Cl_2.$$

Mit Weinsäurelösung gibt sie allmählich einen weißen, kristallinischen Niederschlag (Kaliumbitartrat).

Es ist zu prüfen auf Verunreinigungen durch fremde Metalle, besonders Eisen, Kalk, ferner auf Chlorid, Sulfat und Nitrat (s. D. A. B. VI).

Medizinische Anwendung: Äußerlich in 2—3proz. wässeriger Lösung als Gargarisma bei Diphtheritis, wegen der Giftigkeit des Kaliumchlorats (Nephritis) wird empfohlen, es durch Wasserstoffsuperoxyd zum Gurgeln zu ersetzen (s. dort!).

Technisch wird Kaliumchlorat in der Zündholzindustrie benutzt.

Kaliumbromat, $KBrO_3$, und **Kaliumjodat**, KJO_3, lassen sich entsprechend dem Chlorat gewinnen.

Kaliumsulfate. Das neutrale Sulfat, schwefelsaures Kalium, sekundäres Kaliumsulfat, Kalium sulfuricum, K_2SO_4, findet sich in vielen Mineralwässern, in großen Mengen in den Staßfurter Abraumsalzen, meist mit Magnesiumsulfat zusammen als Schoenit (s. vorstehend!).

Zur Darstellung setzt man Schoenit mit Kaliumchlorid um:

$$MgSO_4 \cdot K_2SO_4 + 2\,KCl = 2\,K_2SO_4 + MgCl_2.$$

Eigenschaften und Prüfung des Kalium sulfuricum, K_2SO_4. Mol.-Gew. 174,27: Farblose, harte Kristalle oder Kristallkrusten, welche in 10 T. Wasser von 20^0 und in 5 T. siedendem Wasser löslich, in Weingeist aber unlöslich sind.

Man prüft auf einen Gehalt an Natriumsalz, auf fremde Metalle, in besonderer Reaktion noch auf Eisen, auf Kalk, Chlorid und stellt die Neutralität der wässerigen Lösung mit Lackmuspapier fest.

Medizinische Anwendung: Innerlich als gelindes Abführmittel: Dosis 1—2 g.

Das saure Sulfat, saures schwefelsaures Kalium, Kaliumhydrosulfat, primäres Kaliumsulfat, Kalium bisulfuricum, $KHSO_4$, entsteht beim Erhitzen von 13 T. Kaliumsulfat mit 8,5 T. konz. Schwefelsäure. Es kristallisiert in farblosen, stark sauer schmeckenden Tafeln und wird, da es bei hohen Temperaturen Schwefelsäure abspaltet, zum Aufschließen von Mineralien benutzt.

Kaliumpersulfat, überschwefelsaures Kalium, $K_2S_2O_8$, entsteht bei der Elektrolyse von Kaliumsulfat (s. Überschwefelsäure S. 64). Kaliumpersulfat wird als Oxydationsmittel benutzt; seine Oxydationswirkung wird verstärkt durch Befeuchten mit konz. Schwefelsäure. Hierbei entsteht Sulfopersäure

$$HO-S{\overset{\displaystyle O}{\underset{\displaystyle O-OH}{=O}}},$$

nach ihrem ersten Darsteller Caro auch Carosche Säure genannt. Schon bei niedrigen Temperaturen entwickelt sie ozonhaltigen Sauerstoff.

Kaliumnitrat, Salpetersaures Kalium, Kalisalpeter, Salpeter, Kalium nitricum, KNO_3, bildet sich in der Natur, wenn stickstoffhaltige organische Stoffe bei Gegenwart von Kaliumkarbonat faulen. Salpetersaure Salze kommen in jeder Ackererde vor. In einigen Ländern (Ägypten, Bengalen) ist der Boden so reich daran, daß die Nitrate auskristallisieren (effloreszieren). Feuchte Wände in der Nähe von Aborten bedecken sich oft mit einem weißen kristallinischen Überzug, der aus Kalziumnitrat (Mauersalpeter) besteht.

Durch künstliche Herbeiführung der obigen Bedingungen zur Salpeterbildung gewann man lange Zeit hindurch Kaliumnitrat in den sog. Salpeterplantagen.

Tierische stickstoffhaltige Abfälle werden mit Holzasche und Kalk zu lockeren Haufen aufgeschichtet. Diese ruhen auf einer Tonschicht und sind zum Schutze gegen den Regen überdacht. Man überläßt die Haufen einige Jahre der Einwirkung der Luft und laugt die dann entstandenen salpetersauren Salze des Kaliums, Natriums, Kalziums, Magnesiums mit Wasser aus. Man setzt diese Salze durch Hinzufügung von Kaliumkarbonat zu Kaliumnitrat um, dampft die klar abgezogene Lösung zur Trockne und kristallisiert den Rückstand aus Wasser.

Man stellt Kaliumnitrat auch aus dem in Chile vorkommenden Natriumnitrat (Chilesalpeter) her, welches man in heiß gesättigter Lösung mit Kaliumchlorid zusammenbringt. Man kocht die Lösung auf ein spezifisches Gewicht von 1,5 ein, worauf sich Natriumchlorid ausscheidet:

$$NaNO_3 + KCl = NaCl + KNO_3.$$

Nach seiner Entfernung dampft man weiter ein, beseitigt die wiederum ausgeschiedenen neuen Mengen Natriumchlorid und bringt nunmehr das Kaliumnitrat zur Kristallisation. Man sammelt die Kristalle und kristallisiert sie nochmals aus Wasser um. Der so hergestellte Salpeter führt den Namen Konversionssalpeter.

In der Neuzeit wird die aus dem Luftstickstoff gewonnene Salpetersäure zur Salpeterherstellung benutzt.

Eigenschaften und Prüfung des Kalium nitricum, KNO_3. Mol.-Gew. 101,11: Farblose, durchsichtige, luftbeständige, prismatische Kristalle oder kristallinisches Pulver, in 3,5 T. Wasser von 20^0 und in 0,4 T. siedendem Wasser löslich, in Weingeist nahezu unlöslich.

Man prüft auf saure oder alkalische Reaktion, auf Verunreinigungen durch fremde Metalle, auf Sulfat, Chlorid und Chlorat (s. D. A. B. VI).

Kaliumnitrat schmilzt bei 339^0, verliert bei beginnender Rotglut Sauerstoff und geht in Kaliumnitrit, salpetrigsaures Kalium, Kalium nitrosum über: $2KNO_3 = 2KNO_2 + O_2$.

Zur Gewinnung von Kaliumnitrit schmilzt man Kaliumnitrat am besten unter Zusatz von 2 T. Blei.

Eine Mischung von 3 T. Salpeter, 1 T. Schwefel und 1 T. Sägespänen dient als Schnellfluß, indem sie nach dem Anzünden mit so großer Hitze abbrennt, daß in das brennende Gemisch hineingeworfene Silber- oder Kupfermünzen schmelzen.

Beim Erhitzen von Schwefel, Kohle und anderen brennbaren Stoffen mit Kaliumnitrat findet Verpuffung statt. Es dient zur Bereitung des Schießpulvers.

Schießpulver besteht aus einem gekörnten Gemenge von Kaliumnitrat, Schwefel und harzfreier Kohle (Kohle von Faulbaumholz). Man unterscheidet drei Pulversätze: Jagdpulver, Sprengpulver, Pulver ohne Schwefel. Die Wirkung des Schießpulvers beruht auf der plötzlichen Entwicklung großer Mengen von Gasen, namentlich von Kohlendioxyd und Stickstoff, deren Volum ungefähr 1000 mal so groß ist wie das des Schießpulvers.

Die Zersetzung der verschiedenen Pulversorten bei der Explosion wird durch folgende Gleichungen veranschaulicht:

a) Jagdpulver:
$$4 KNO_3 + 2 C + 2 S = 2 K_2SO_4 + 2 CO_2 + 2 N_2.$$

b) Sprengpulver:
$$4 KNO_3 + 6 C + 4 S = 2 K_2S_2 + 6 CO_2 + 2 N_2.$$

c) Pulver ohne Schwefel:
$$4 KNO_3 + 5 C = 2 K_2CO_3 + 3 CO_2 + 2 N_2.$$

Ein inniges Gemenge von 3 T. Kaliumnitrat, 2 T. vollkommen trockenem Kaliumkarbonat und 1 T. Schwefel bildet das Knallpulver. Wird dieses langsam auf einem Eisenbleche erhitzt, so schmilzt das Gemisch zunächst und explodiert bald darauf mit betäubendem Knall. Man verwende zu dem Versuche davon nicht mehr als eine Messerspitze voll.

Neuerdings ist das alte Schießpulver durch das sog. rauchlose oder rauchschwache Pulver zum Teil ersetzt worden, zu dessen Darstellung nitrierte organische Stoffe, die beim Entzünden und Abbrennen keine Asche hinterlassen und deshalb nur mäßige Rauchentwicklung geben, als Grundlage benutzt werden.

Anwendung des Kaliumnitrats als Antiseptikum und in der Medizin. In größeren Gaben wirkt der Salpeter als Diuretikum, wird als solches aber nicht mehr gebraucht. Ein mit Salpeterlösung getränktes und getrocknetes Filtrierpapier, das zu Räucherungen als Asthmamittel benutzt wird, führt den Namen Charta nitrata. Kaliumnitrat besitzt stark antiseptische Eigenschaften und wird deshalb zum Konservieren von Fleisch benutzt. Die Anwendung des Salpeters zum Pökeln hat außer der Konservierung des Fleisches noch den Zweck, eine Aufhellung des Blutfarbstoffes zu bewirken.

Kaliumarsenit. Arsenigsaures Kalium, Kalium arsenicosum, $KAsO_2$. Die Salze der arsenigen Säure leiten sich meist von der metarsenigen Säure ab. Eine Lösung von Kaliummetarsenit ist unter dem Namen Liquor Kalii arsenicosi oder Solutio arsenicalis Fowleri offizinell. Zu ihrer Darstellung werden 1 T. arseniger Säure, 1 T. Kaliumbikarbonat und 2 T. Wasser bis zur völligen Lösung gekocht; der Lösung werden 50 T. Wasser, hierauf 3 T. Lavendelspiritus sowie 12 T. Weingeist und dann soviel Wasser hinzugesetzt, daß das Gesamtgewicht 100 T. beträgt.

Die Lösung stellt zufolge des starken Überschusses an Kaliumbikarbonat eine alkalisch reagierende Flüssigkeit dar. Über die Gehaltsbestimmung s. Arsen S. 92.

Medizinische Anwendung: Liquor arsenicalis Fowleri wird innerlich bei Haut- und Nervenkrankheiten benutzt. Dosis mehrmals täglich 0,1—0,4 g vorsichtig allmählich steigend. Größte Einzelgabe 0,5 g; größte Tagesgabe 1,5 g. Sehr vorsichtig aufzubewahren!

Kaliumkarbonate. Man kennt zwei Kaliumkarbonate: Saures Kaliumkarbonat oder Kaliumbikarbonat: $KHCO_3$ und neutrales Kaliumkarbonat: K_2CO_3.

Kaliumbikarbonat, Saures kohlensaures Kalium, Doppeltkohlensaures Kalium, primäres Kaliumkarbonat, Kalium bicarbonicum,

$KHCO_3$, dargestellt durch Leiten von Kohlendioxyd über feuchtes neutrales Kaliumkarbonat:

$$K_2CO_3 + H_2O + CO_2 = 2KHCO_3.$$

Die Kristalle werden mit kaltem Wasser abgewaschen und in einer Kohlendioxydumgebung bei niedriger Temperatur getrocknet.

Eigenschaften und Prüfung des Kalium bicarbonicum, $KHCO_3$. Mol.-Gew. 100,11: Farblose, durchscheinende, trockene Kristalle, welche in 4 T. Wasser langsam löslich und in absolutem Alkohol unlöslich sind. Wird die Lösung des Kaliumbikarbonats über 75⁰ erwärmt, so entweicht ein Teil des Kohlendioxyds. Beim Erhitzen des trockenen Salzes geht es unter Kohlendioxyd- und Wasserabgabe in das neutrale Kaliumkarbonat über.

Die Prüfung erstreckt sich auf Verunreinigungen durch **Kaliumkarbonat, Sulfat, Chlorid, durch fremde Metalle, besonders Eisen.**

Zum Neutralisieren einer Lösung von 2 g des über Schwefelsäure getrockneten Kaliumbikarbonats in 50 ccm Wasser müssen 20 ccm n-Salzsäure (Methylorange als Indikator) erforderlich sein. $KHCO_3$ hat das Sättigungsäquivalent für n-Säure 100,11, 1 ccm letzterer entspricht daher 0,10011 $KHCO_3$, 20 ccm rund 2 g. Es wird also ein 100proz. Präparat verlangt.

Kaliumbikarbonat muß nach dem Glühen, ohne sich hierbei vorübergehend geschwärzt zu haben (Prüfung auf organische Substanz), 69 % Rückstand hinterlassen.

Theoretisch liefert Kaliumbikarbonat 69,02 % K_2CO_3

$$\underbrace{2KHCO_3}_{200,22} : \underbrace{K_2CO_3}_{138,2} = 100 : x. \qquad x = 69,02\,\% \ K_2CO_3.$$

Anwendung: Zu Saturationen und zur Bereitung des Liquor Kalii acetici.

Kaliumkarbonat, Neutrales kohlensaures Kalium, Pottasche, sekundäres Kaliumkarbonat, Kalium carbonicum, K_2CO_3. Je nach dem Reinheitsgrad werden im Handel unterschieden: Kalium carbonicum crudum, depuratum und purum.

Eine der ältesten Darstellungsmethoden für die rohe Pottasche ist diejenige aus Holzasche. Beim Verbrennen des Holzes werden die organisch-sauren Kaliumsalze des Holzes zerstört, und Kaliumkarbonat wird gebildet. Dieses wird mit Wasser ausgelaugt und die Flüssigkeit nach dem Absetzenlassen in flachen eisernen Pfannen oder Kesseln zur Trockene eingedampft. Zur Zerstörung noch beigemengter organischer Stoffe und zwecks vollständiger Entfernung des Wassers wird der Abdampfrückstand stark geglüht (kalziniert).

Auch der Wollschweiß, welcher reich an Kaliumsalzen ist, wird zur Gewinnung von Pottasche benutzt.

Entsprechend dem Leblancschen Verfahren der Sodagewinnung (s. Natriumkarbonat) läßt sich Kaliumkarbonat aus Kaliumchlorid darstellen:

Durch Einwirkung von Schwefelsäure auf Kaliumchlorid erhält man zunächst Kaliumsulfat:

$$2KCl + H_2SO_4 = 2HCl + K_2SO_4,$$

welches beim Glühen mit Kalziumkarbonat (Kreide) und Kohle in Flammöfen in Kaliumkarbonat übergeführt wird. Die Masse liefert nach dem Auslaugen mit Wasser, Abdampfen zur Trockene und Kalzinieren das Kalium carbonicum crudum des Handels.

Die weitaus größte Menge wird jedoch nach dem Prechtschen Verfahren aus Kaliumchlorid gewonnen, welches mit kohlensaurem Magnesium unter Einblasen von gasförmigem Kohlendioxyd in Reaktion gebracht wird. Hierbei entsteht ein Doppelsalz, kohlensaures Kalium-Magnesium, das durch heißes Wasser in kohlensaures Kalium und kohlensaures Magnesium zerlegt wird. Chlormagnesium bildet sich als Nebenprodukt. Das kohlensaure Magnesium wandert in den Prozeß zurück.

Ein reines Kaliumkarbonat, Kalium carbonicum (purum), wird aus dem leicht in chemischer Reinheit zu erhaltenden kristallisierten Kaliumbikarbonat dargestellt, welches beim Erhitzen unter Fortgang von Kohlendioxyd und Wasser zerfällt (s. oben).

Früher bereitete man das reine Kaliumkarbonat aus Weinstein, welchen man mit der Hälfte des Gewichtes an Kaliumnitrat vermischte, anzündete, den Rückstand mit Wasser auszog, abdampfte und glühte. Man erhielt so das Kalium carbonicum e Tartaro.

Eigenschaften und Prüfung des Kalium carbonicum, K_2CO_3. Mol.-Gew. 138,20:

a) Reines Kaliumkarbonat bildet ein weißes in 1 T. Wasser klar lösliches, alkalisch reagierendes Salz, welches in 100 T. mindestens 95 T. Kaliumkarbonat enthalten muß. In absolutem Alkohol ist es unlöslich.

Kaliumkarbonat ist zu prüfen auf einen Gehalt an Natriumsalz, auf Metalle (Blei, Kupfer, Eisen, Zink), auf Sulfide und Thiosulfat, auf Kaliumzyanid, Nitrat, auf Sulfat und Chlorid (s. D. A. B. VI).

Zwecks Gehaltsbestimmung löst man 1 g Kaliumkarbonat in 50 ccm Wasser. Diese Lösung muß zur Sättigung mindestens 13,7 ccm n-Salzsäure erfordern. 1 ccm der letzteren entspricht 0,0691 g K_2CO_3, 13,7 ccm daher $0,0691 \cdot 13,7 = 0,94667$ g, welche Menge in 1 g Kaliumkarbonat enthalten ist ($=$ rund 95 %). Man benutze Methylorange als Indikator.

b) Rohes Kaliumkarbonat bildet ein weißes, trockenes, in 1 T. Wasser fast völlig lösliches, alkalisch reagierendes Salz, welches mindestens 89,8 % Kaliumkarbonat enthalten muß.

Rohes Kaliumkarbonat enthält in mehr oder minder großer Menge Chloride, Sulfate, Eisen usw. 1 g Pottasche muß zur Sättigung mindestens 13 ccm n-Salzsäure erfordern, das sind $0,0691 \cdot 13 = 0,8983$ g (entsprechend 89,8 %).

Medizinische Anwendung: Das reine Präparat innerlich bei Steinbeschwerden, bei Gicht, als Diuretikum (Dosis: 0,1—1 g mehrmals täglich in Form von Pulvern und Pillen). Zu Saturationen. Zur Herstellung der Blaudschen Pillen (Pilulae ferri carbonici Blaudii). Äußerlich zu Inhalationen, Mundwässern, gegen Sommersprossen, zum Augenwaschwasser 0,05—1,0 g auf 100,0 g usw.

Die rohe Pottasche dient äußerlich zu Bädern (100—200 g auf 1 Vollbad) bei chronischen Hautkrankheiten, zu Waschungen 5 : 500 g bei Acne vulgaris.

Liquor Kalii carbonici, Kaliumkarbonatlösung. Gehalt annähernd 33,3 % K_2CO_3. Klare, farblose, Lackmuspapier stark bläuende Flüssigkeit.

Anwendung: Zur Herstellung von Kaliumpräparaten, zur Bereitung von Saturationen usw.

Kaliumsilikat, Kieselsaures Kalium, Kalium silicicum, besitzt keine gleichmäßige Zusammensetzung, vielfach wird ihm die Formel eines Metasilikats, K_2SiO_3, gegeben. Es führt in wässeriger Lösung den Namen Kali-Wasserglas und wird durch Schmelzen von Kieselsäureanhydrid (Quarzsand) mit Kaliumkarbonat erhalten. Die in den Handel gelangende Kaliwasserglaslösung hat das spez. Gew. 1,24—1,25.

Anwendung; Äußerlich zu Verbandszwecken, zum Fixieren der Binden.

Kaliumhydrosulfid, Kaliumsulfhydrat, KSH. In wässeriger Lösung erhält man diese Verbindung durch Sättigen von Kalilauge mit Schwefelwasserstoff:

$$KOH + H_2S = KSH + H_2O.$$

Beim Eindampfen der Lösung im Vakuum verbleiben leicht zerfließliche Kristalle der Formel $2KSH + H_2O$.

Kaliumsulfide. Das Kalium bildet mit Schwefel die Verbindungen:

K_2S. Einfach-Schwefelkalium (Kaliummonosulfid), K_2S_2, Zweifach Schwefelkalium (Kaliumdisulfid), K_2S_3, Dreifach-Schwefelkalium (Kaliumtrisulfid), K_2S_4, Vierfach-Schwefelkalium (Kaliumtetrasulfid), K_2S_5, Fünffach-Schwefelkalium (Kaliumpentasulfid).

Ein pharmazeutisches Präparat, welches im wesentlichen aus Kaliumtrisulfid besteht, ist das **Kalium sulfuratum** des Arzneibuches, die für Schwefelbäder benutzte **Schwefelleber, Hepar Sulfuris.**

Zur Darstellung werden 1 T. Schwefel und 2 T. Pottasche gemischt und in einem geräumigen, verschließbaren eisernen Tiegel so lange unter zeitweiligem Umrühren über gelindem Feuer erhitzt, bis die Masse aufhört zu schäumen und eine Probe sich ohne Abscheidung von Schwefel in Wasser löst. Die Masse wird sodann ausgegossen und nach dem Erkalten zerstoßen. Der chemische Vorgang läßt sich durch die Gleichung ausdrücken:

$$3\,K_2CO_3 + 8\,S = 2\,K_2S_3 + K_2S_2O_3 + 3\,CO_2.$$

Nebenher werden besonders bei höherer Temperatur Kaliumsulfat (schwefelsaures Kalium) und Kaliumpentasulfid gebildet:

$$4\,K_2S_2O_3 = 3\,K_2SO_4 + K_2S_5.$$

Das frische Präparat besitzt eine leberbraune Farbe, daher der Name **Schwefelleber.** Die wässerige Lösung $(1 + 19)$ entwickelt mit überschüssiger Essigsäure unter Abscheidung von Schwefel Schwefelwasserstoff.

Medizinische Anwendung: Nur äußerlich zu Waschungen und Bädern $50,0—100,0$ g auf ein Vollbad bei Hautkrankheiten, Lues, bei chronischen Metallvergiftungen. Zur Milderung des hautreizenden Schwefelbades setzt man diesem eine Gelatinelösung $(150,0—200,0$ g$)$ hinzu.

Nachweis des Kaliums in seinen Verbindungen.

Flammenfärbung. Alle Kaliumverbindungen färben die nicht leuchtende Flamme violett; durch Kobaltglas oder Indigolösung betrachtet, erscheint die Flamme karmoisinrot.

Weinsäure ruft, im Überschuß zu konzentrierten neutralen Kaliumsalzlösungen gesetzt, einen in Wasser schwer löslichen, kristallinischen Niederschlag von saurem weinsauren Kalium (Weinstein) hervor:

$$HC_4H_4O_6' + K^{\cdot} \longrightarrow KHC_4H_4O_6.$$

Überchlorsäure bewirkt in Kaliumsalzlösungen die Abscheidung des schwerlöslichen Kaliumperchlorats, $KClO_4$.

Platinchlorid bildet mit Kaliumchlorid einen gelben, kristallinischen Niederschlag von Kaliumplatinchlorid, K_2PtCl_6, welcher sich in heißem Wasser leicht löst, in kaltem Wasser schwer und in Alkohol oder Äther unlöslich ist.

Pikrinsäure bildet mit Kaliumchlorid einen gelben kristallinischen Niederschlag von Kaliumpikrat (Trinitrophenolkalium).

D. A. B. VI benutzt zum Nachweis von Kaliumsalzen in Natriumsalzen eine Lösung der komplexen Verbindung **Natriumkobaltinitrit** $Na_3[Co(NO_2)_6]$, welches mit Kaliumsalzen einen gelben kristallinischen Niederschlag bildet. Bei Bedarf wird 1 T. des Reagenzes in 9 T. Wasser gelöst.

Man bereitet das Reagenz, indem man Kobaltnitrat in wässeriger Lösung mit Natriumnitrit und Essigsäure behandelt und das komplexe Salz mit Alkohol fällt. Man reinigt den auf einem Filter gesammelten Niederschlag durch nochmaliges Aufnehmen mit Wasser und abermaliges Fällen mit Alkohol und darauffolgendes Trocknen im Vakuum.

Rubidium und Caesium.

$$Rb = 85,44 \qquad Cs = 132,81$$

Rubidium wurde 1861 von **Kirchhoff** und **Bunsen** auf spektralanalytischem Wege in der Dürkheimer Saline entdeckt. Es begleitet in sehr kleiner Menge das Kalium, so u. a. im Carnallit, welcher auch das Material zur Gewinnung des Rubidiums bildet. Rubidium wird in Form von schwer löslichem Rubidiumalaun, $RbAl(SO_4)_2 + 12\,H_2O$ aus den Karnallitlaugen abgeschieden und so von den Kaliumverbindungen getrennt.

Rubidium ist ein silberglänzendes, bei 38,5° schmelzendes und bei 696° siedendes Metall, das lebhaft mit Wasser reagiert; man bewahrt das Metall unter Steinöl auf. Spez. Gew. 1,532. Rubidiumsalze färben die nicht leuchtende Flamme violett.

Caesium wurde 1860 von Kirchhoff und Bunsen in den Dürkheimer und Nauheimer Mutterlaugensalzen auf spektralanalytischem Wege aufgefunden. Es begleitet das Rubidium und Kalium. In dem Mineral Pollucit kommt Caesium in größerer Menge vor. Es wird durch Elektrolyse des Zyancaesiums gewonnen. Caesium ist ein glänzendes Metall, spez. Gew. 2,4, Schmelzpunkt 26,4°, Siedepunkt 670°. Es zersetzt Wasser bei gewöhnlicher Temperatur. Man bewahrt es unter Steinöl auf.

Caesiumsalze färben die nicht leuchtende Flamme bläulichviolett.

Natrium.

Natrium, Na = 23[1]. Einwertig. Natrium wurde zuerst 1807 von Davy aus geschmolzenem Natriumhydroxyd durch Elektrolyse abgeschieden.

Vorkommen: In seinen Verbindungen in großer Verbreitung, vor allem als Natriumchlorid (Steinsalz) in großen Lagern. Gelöst ist Natriumchlorid in den Salzsolen, im Meerwasser, in kleinen Mengen in Quellwässern. Mit Kieselsäure verbunden findet sich Natrium, oft in Begleitung von Kaliumverbindungen, in Form vieler Silikate. Albit ist ein Natronfeldspat, Glauberit ein Natrium-Kalziumsulfat, Kryolith eine Verbindung von Natriumfluorid mit Aluminiumfluorid, $AlF_3 \cdot 3\,NaF$, Chilesalpeter ein unreines Natriumnitrat. Die Strand- und Meerpflanzen enthalten reichliche Mengen an Natriumverbindungen, die tierischen Flüssigkeiten Natriumchlorid.

Gewinnung: Auf gleiche Weise wie Kalium; es läßt sich durch Glühen des Gemenges von Natriumkarbonat und Kohle indes bei weitem leichter abscheiden als das Kalium aus dem Kaliumkarbonat. Läßt man Magnesiumfeile bei hoher Temperatur auf Natriumhydroxyde oder Soda einwirken, so werden diese unter heftiger Reaktion zu Natrium reduziert.

Metallisches Natrium wird meist auf elektrolytischem Wege gewonnen, und zwar durch Elektrolyse von geschmolzenem Ätznatron.

Eigenschaften: Stark glänzendes, silberweißes, bei gewöhnlicher Temperatur wachsweiches Metall, welches bei 97,5° schmilzt und 878° siedet. Spez. Gew. 0,971. Es oxydiert sich an der Luft schnell. Wasser zersetzt es mit Heftigkeit; die geschmolzene Natriumkugel fährt dabei auf dem Wasser hin und her bis zur Auflösung, ohne daß der entwickelte Wasserstoff sich entzündet. Wird das Natrium bei seiner Bewegung auf dem Wasser aber gehemmt, indem man es z. B. auf nasses Filtrierpapier bringt, dann entzündet sich der entwickelte Wasserstoff.

Natriumchlorid, Chlornatrium, Kochsalz, Natrium chloratum, NaCl, findet sich im Meerwasser gelöst. Die Nordsee und die großen Ozeane enthalten 3—3,5 % Salze, von denen in 100 T. gegen 78 T. Natriumchlorid, 2 T. Kaliumchlorid, 9 T. Magnesiumchlorid vorkommen. Die Ostsee enthält 0,8—2 % Salze, von denen auf 100 T. gegen 85 T. Natriumchlorid entfallen. In mächtigen Lagern findet sich Natriumchlorid als Steinsalz und wird bergmännisch gewonnen. Die Steinsalzlager sind durch allmähliche Verdampfung von Meereswasser entstanden. In diesen „ozeanischen Salzablagerungen" sind 30 verschiedene Salze, unter welchen Chloride vorherrschen, aufgefunden worden. In Steinsalzlagern kommen dunkelblau gefärbte Stücke von Chlornatrium vor, deren Farbe beim Lösen in Wasser und beim Erhitzen verschwindet. Es handelt sich hierbei um feste Lösungen von metallischem Natrium in Natriumchlorid (kolloides Natriummetall in Natriumchlorid). Die blaue Form des Chlornatriums

---

[1] Nach der Atomgewichtstabelle für 1931 = 22,997.

bildet sich auch unter dem Einfluß der Kathodenstrahlen und beim Erhitzen in Natriumdampf.

Aus den Salzsolen wird Natriumchlorid erhalten, indem man diese zunächst in den Gradierwerken konzentriert (gradiert), d. h. über zu großen Wänden aufgeschichtete Reisigbündel (aus Kreuzdorn) fließen läßt (s. Abb. 43). Die Salzsole tropft langsam von Reiser zu Reiser; der Flüssigkeit ist hierdurch eine große Oberfläche geboten, und an der Luft verdunstet die größere Menge Wasser. An den Zweigen setzen sich weiße Krusten ab, die aus Kalziumkarbonat, Gips und etwas Eisenoxydhydrat bestehen und Dornstein genannt werden. Die abfließende Sole wird mehrmals über die Reisigwände geleitet und nach hinreichender Konzentration in großen Pfannen über freiem Feuer zur Kristallisation eingedampft.

Das Kochsalz des Handels war früher häufig durch Magnesiumchlorid und Natriumsulfat verunreinigt. Ersteres macht das Kochsalz leicht feucht. Um reines Kochsalz, wie es für pharmazeutische Zwecke angewendet werden soll, zu erhalten, leitet man in eine filtrierte gesättigte Natriumchloridlösung gasförmige Salzsäure, worauf sich das darin schwer lösliche Natriumchlorid in fein kristallinischer Form ausscheidet.

Seesalz, Meersalz, Sal marinum wird in den südlichen Küstenländern (bei Cadiz und Figueiras in Spanien, Setubal in Portugal, Cagliari auf Sardinien) gewonnen, indem

Abb. 43. Gradierwerk.

man Meerwasser in sog. Salzgärten, d. h. in ein System flacher, durch Gräben miteinander in Verbindung stehender Ausschachtungen leitet und hier der freiwilligen Verdunstung überläßt. Die ausgeschiedenen Kristalle werden zu Haufen aufgeschichtet; das beigemengte Magnesiumchlorid zieht aus der Luft Feuchtigkeit an und zerfließt. In dem Seesalz sind kleine Mengen von Bromiden und Jodiden, auch Sulfate des Natriums und anderer Metalle enthalten. Es wird zu Bädern benutzt.

Die Kristalle des Natriumchlorids schließen häufig Mutterlauge ein; solche Kristalle springen beim Erhitzen infolge des Entweichens des Wassers mit knisterndem Geräusch auseinander (die Kochsalzkristalle „dekrepitieren“). Um Natriumlicht bei spektroskopischen Versuchen und polarimetrischen Arbeiten zu erzeugen, bringt man Steinsalz (das kein Wasser einschließt) in die nichtleuchtende Flamme des Bunsenbrenners.

Eigenschaften und Prüfung des Natrium chloratum, NaCl. Mol.-Gew. 58,46: Farblose, würfelförmige Kristalle oder weißes, kristallinisches Pulver. Es schmilzt bei 801° und verdampft bei heller Rotglut. In Wasser ist es nahezu unabhängig von der Temperatur leicht löslich.

Auf 100 T. Wasser lösen sich bei 0° 35,6, bei 10° 35,7, bei 20° 35,8, bei 50° 36,7, bei 80° 38,8, bei 100° 39,1 T. Natriumchlorid. Durch andere Natriumsalze, auch durch Ätznatron, sowie durch Chloride, z. B. auch durch Salzsäure, wird die Löslichkeit des Natriumchlorids bedeutend herabgedrückt, weil hierdurch die Ionenspaltung

$$NaCl \rightleftarrows Na^{\cdot} + Cl'$$

infolge der Erhöhung der Natriumionen- oder der Chlorionenkonzentration zurückgedrängt wird und somit die Konzentration des nicht dissoziierten Teiles über das Lösungsgleichgewicht hinaus zunimmt (K. A. Hofmann).

Am Platindraht erhitzt, färbt das Salz die Flamme gelb (Kennzeichen für die Natriumverbindung). Die wässerige Lösung desselben gibt mit Silbernitratlösung einen weißen, käsigen, in Ammoniakflüssigkeit löslichen Niederschlag (von Silberchlorid).

Die Prüfung hat sich auf den Nachweis von Kaliumsalz (mit Natriumkobaltinitritlösung), Sulfat, Baryt, Kalk, Magnesia, Eisen und Kupfer zu erstrecken (s. D. A. B. VI).

Anwendung: Mit unserer Nahrung genießen wir Natriumchlorid, das für die Ernährung der Menschen nötig ist, und zwar in um so größerer Menge, je kalireicher die Nahrung. Der Gehalt des Blutes und anderer Körperflüssigkeiten an Natriumchlorid dient dazu, den osmotischen Druck der verschiedenen Organe auszugleichen. Wird vom Magen und Darm Natriumchlorid in das Blut übergeführt, so erhöht sich der osmotische Druck, wodurch Wasser aus den Geweben nach dem Blute diffundiert. Hierdurch werden die Gewebe wasserärmer, und man empfindet Durstgefühl.

Werden dem Körper größere Flüssigkeitsmengen entzogen, z. B. bei Blutungen oder infolge von Diarrhöen, so kann man durch Einführung einer sterilisierten Kochsalzlösung, der sog. physiologischen Kochsalzlösung, Solutio Natrii chlorati physiologica, einen Ausgleich schaffen. Man bereitet diese Lösung durch Auflösen von 9 T. Natriumchlorid in 991 T. destilliertem Wasser. Die Lösung des Salzes in dem Wasser wird filtriert und im Dampftopf sterilisiert. Physiologische Kochsalzlösung darf nur keimfrei, völlig klar, insbesondere auch frei von Schwebestoffen, die meist aus dem Glase stammen, für arzneiliche Zwecke Verwendung finden.

Eine „froschisotonische" Natriumchlorid enthaltende Lösung wird nach Ringer (Ringerlösung) wie folgt bereitet: Man löst 0,1 g Natriumbikarbonat in destilliertem Wasser, fügt 0,075 g Kaliumchlorid, 6 g Natriumchlorid und 0,1 g trockenes Kalziumchlorid hinzu und füllt auf 1 Liter mit destilliertem Wasser auf.

In der Industrie wird Natriumchlorid für die Herstellung chemischer Präparate in großen Mengen gebraucht. Da das Kochsalz für Speisezwecke mit einer Steuer in Deutschland belegt ist, so wird es, falls es technische Anwendung finden soll, denaturiert. Denaturierungsmittel für Natriumchlorid sind Wermutpulver und Eisenoxyd. Dieses Produkt wird auch als Viehsalz bezeichnet.

Natriumbromid, Bromnatrium, Natrium bromatum, NaBr, wird in entsprechender Weise wie das Kaliumbromid dargestellt oder auch durch Versetzen einer Eisenbromürbromidlösung mit Natriumbikarbonat erhalten. Es kristallisiert mit 2 Mol. Wasser in schiefen rhombischen Säulen.

Eigenschaften und Prüfung des Natrium bromatum, NaBr. Mol.-Gew. 102,92: Arzneilich verwendetes Natriumbromid soll mindestens 98,7% wasserfreies Salz enthalten, entsprechend 76,6% Brom. Weißes kristallinisches Pulver, welches in 1,2 T. Wasser und in 12 T. Weingeist sich löst. In gut verschlossenen Gefäßen aufzubewahren!

Die wässerige Lösung des Natriumbromids, mit etwas Chlorwasser versetzt und hierauf mit Chloroform geschüttelt, färbt letzteres gelbbraun (von Brom).

Es ist zu prüfen auf Verunreinigungen durch Kaliumbromid, Natriumbromat, Natriumkarbonat, fremde Metalle, Natriumsulfat, Bariumbromid, Natriumchlorid (s. D. A. B. VI).

Natriumbromid darf durch Trocknen bei 100^0 höchstens 5% an Gewicht verlieren.

Gehaltsbestimmung: 0,4 g des bei 100^0 getrockneten Natriumbromids löst man in 20 ccm Wasser, versetzt mit einigen Tropfen Kaliumchromatlösung und titriert mit $\frac{n}{10}$-Silbernitratlösung bis zum Farbumschlage. Hierzu dürfen höchstens 39,3 ccm verbraucht werden, was einem Höchstgehalte von 1,3% NaCl in dem getrockneten Salze entspricht. 1 ccm $\frac{n}{10}$-Silbernitratlösung zeigen 0,010292 g NaBr oder 0,005846 g NaCl an. 39,3 ccm $\frac{n}{10}$-Silbernitratlösung entsprechen $0,010292 \cdot 39,3 = 0,4044756$ g NaBr; würde das Salz Natriumchlorid enthalten, würde der Verbrauch an $\frac{n}{10}$-Silbernitratlösung ein größerer sein, und zwar entsprechen je 0,3 ccm $\frac{n}{10}$-Silbernitratlösung, die über den für reines Natriumbromid zu berechnenden Wert von 38,9 ccm hinausgehen, 1% Natriumchlorid, wenn sonstige Verunreinigungen fehlen.

Medizinische Anwendung: Innerlich wie Kalium bromatum gegen Epilepsie, Chorea, Neurasthenie, Hysterie. Dem Bromkalium vorgezogen, wenn die Herzwirkung der Kaliumverbindung vermieden werden soll. Dosis 0,3—2 g mehrmals täglich. In gut verschlossenen Gefäßen aufzubewahren!

Natriumjodid, Jodnatrium, Natrium jodatum, wird in entsprechender Weise wie Kaliumjodid dargestellt.

Eigenschaften und Prüfung: NaJ. Mol.-Gew. 149,92: Gehalt mindestens 95% NaJ, entsprechend 80% J. Trockenes, weißes, kristallinisches, an der Luft feucht werdendes Pulver, welches sich in 0,6 T. Wasser und 3 T. Weingeist löst. Die wässerige Lösung, mit wenig Chlorwasser gemischt und mit Chloroform geschüttelt, färbt dieses violett (Nachweis von Jod).

Zu prüfen auf Verunreinigungen durch Kaliumsalz, Natriumkarbonat, Metalle wie Kupfer, Natriumsulfat, Natriumzyanid, Natriumjodat, Natriumnitrat, Natriumchlorid, Natriumthiosulfat (s. D. A. B. VI).

Anwendung: Wie Kalium jodatum.

Vorsichtig und in gut verschlossenen Gefäßen aufzubewahren!

Beim Verbrennen von Natrium in kohlendioxydfreier Luft entsteht ein Gemenge von Natriumoxyd, Na_2O, und Natriumsuperoxyd, Na_2O_2.

Natriumsuperoxyd, Na_2O_2, wird dargestellt durch Erhitzen von metallischem Natrium im Sauerstoffstrom. Mit Wasser bildet es ein Hydrat von der Zusammensetzung $Na_2O_2 + 8 H_2O$. Natriumsuperoxyd ist ein ausgezeichnetes Oxydationsmittel. Es wird zu Bleichzwecken und zu manchen chemischen Operationen benutzt.

Natriumhydroxyd, Natronhydrat, Ätznatron, Natrium hydricum, Natrum causticum, NaOH. Die Darstellung entspricht derjenigen des Kaliumhydroxyds, indem man Natriumkarbonatlösung mit Kalziumhydroxyd kocht. Man kann das Filtrat entweder zur Trockne, zu Natrum causticum (in frustulis), abdampfen oder zu einer Lauge, Liq. Natri caustici, Natronlauge. Neuerdings ist die elektrolytische Gewinnung von Natriumhydroxyd aus Natriumchlorid zu hoher Vollkommenheit ausgebildet. Die Natronlauge wird zur Darstellung vieler chemischer Präparate benutzt, zur Gewinnung von Natronseife, zur Herstellung volumetrischer Lösungen usw.

Liquor Natri caustici, Natriumhydroxydlösung, Natronlauge. Gehalt 14,8 bis 15%. (NaOH, Mol.-Gew. 40,01.) Klare, farblose oder schwach gelbliche Flüssigkeit. Spez. Gew. 1,168—1,172, Dichte 1,165—1,169 ($20^0/4^0$).

Die Prüfung hat sich auf Karbonatgehalt, auf Sulfat, Chlorid, Nitrat, Tonerde zu erstrecken (s. D. A. B. VI).

Gehaltsbestimmung: 5 g Natronlauge werden mit 20 ccm Wasser versetzt und mit n-Salzsäure titriert. Es müssen zur Sättigung 18,5—18,8 ccm verbraucht werden (Methylorange als Indikator). Durch 18,5 ccm n-Salzsäure werden $0{,}04001 \cdot 18{,}5 = 0{,}740185$ g NaOH angezeigt, das sind rund **14,8 %**, durch 18,8 ccm werden $0{,}04001 \cdot 18{,}8 = 0{,}752188$ g NaOH gesättigt, das sind rund **15 %**.

Natriumhypochlorit, unterchlorigsaures Natrium, NaOCl, nur in Lösung bekannt, wird bereitet, indem man in eine kalte 10proz. Natronlauge Chlor einleitet:

$$2\,NaOH + Cl_2 = NaOCl + NaCl + H_2O,$$

oder indem man eine Chlorkalklösung mit einer Natriumkarbonatlösung umsetzt. Auch durch Elektrolyse einer kalt gesättigten Natriumchloridlösung wird Natriumhypochlorit gebildet.

Natriumhypochloritlösung wird unter der Bezeichnung Eau de Labarraque, Eau de Javelle, Javellesche Lauge, Bleichflüssigkeit als Bleichmittel benutzt.

Unter der Bezeichnung Dakinsche Lösung findet in der Wundantisepsis eine Borsäure enthaltende Hypochloritlösung Verwendung (s. Kaliumhypochlorit S. 126).

Natriumsulfate. Das neutrale Sulfat, Schwefelsaures Natrium, sekundäres Natriumsulfat, Glaubersalz, Natrium sulfuricum, $Na_2SO_4 + 10\,H_2O$, kommt in vielen Mineralwässern vor (Karlsbader Wasser) und wird durch Erhitzen von Natriumchlorid mit Schwefelsäure gewonnen, namentlich als Nebenprodukt bei der Sodafabrikation nach dem Leblancschen Verfahren:

$$2\,NaCl + H_2SO_4 = Na_2SO_4 + 2\,HCl.$$

In Staßfurt gewinnt man Natriumsulfat durch Umsetzen von Natriumchlorid mit Magnesiumsulfat bei niedriger Temperatur · (im Winter):

$$MgSO_4 + 2\,NaCl = Na_2SO_4 + MgCl_2.$$

Durch mehrmaliges Umkristallisieren des rohen Natriumsulfats aus Wasser erhält man reines Salz mit 10 Mol. Kristallwasser in großen, farblosen, monoklinen Prismen, welche einen bittersalzigen, kühlenden Geschmack besitzen, bei 33^0 in ihrem Kristallwasser zu einer farblosen Flüssigkeit schmelzen und an der Luft verwittern, d. h. den größten Teil Kristallwasser verlieren. Die Löslichkeit des Salzes in Wasser nimmt zunächst mit steigender Temperatur zu; wird die Temperatur von 33^0 jedoch überschritten, so nimmt die Löslichkeit wieder ab. Erhitzt man eine bei 33^0 gesättigte Lösung des Salzes auf eine höhere Temperatur, so scheidet sich Natriumsulfat ab, und zwar ein mit 1 Mol. Wasser kristallisierendes Salz. Die bei 33^0 gesättigte Lösung läßt, wenn sie vor Hineinfallen von Staub und vor Erschütterungen bewahrt wird, beim Erkalten kein Salz auskristallisieren; diese Lösung ist übersättigt. Erschüttert man sie, oder taucht man einen festen Gegenstand in die Lösung, so erstarrt sie plötzlich unter Temperaturerhöhung zu einer Kristallmasse. Diese Kristalle enthalten nur 7 Mol. Wasser.

Eigenschaften und Prüfung des Natrium sulfuricum, $Na_2SO_4 + 10\,H_2O$. Mol.-Gew. 322,23: Farblose, verwitternde Kristalle, welche in etwa 2 T. Wasser von 20^0, und in etwa 0,6 T. Wasser von 100^0 löslich, in Weingeist aber unlöslich sind.

Die Prüfung hat sich auf Arsen, auf durch Natriumsulfid fällbare Metalle, Magnesia und Kalk, sowie Natriumchlorid, auf saures Natriumsulfat, Salze der schwefligen und salpetrigen Säure zu erstrecken (s. D. A. B. VI).

Für Pulvermischungen verwendet man getrocknetes Natriumsulfat, **Natrium sulfuricum siccum.** Zu seiner Herstellung wird Natriumsulfat gröblich zerrieben und, vor Staub geschützt, einer 25^0 nicht übersteigenden Temperatur bis zur vollständigen Verwitterung ausgesetzt, dann bei 40—50° getrocknet, bis es die Hälfte seines Gewichtes verloren hat, und hierauf durch ein Sieb geschlagen. Seine Zusammensetzung entspricht ungefähr der Formel $Na_2SO_4 + H_2O$. Gehalt mindestens 88,6 % wasserfreies Natriumsulfat. Das Salz muß in verschlossenen Gefäßen aufbewahrt werden.

Medizinische Anwendung: Innerlich als Stomachikum 1,0—2,5 g mehrmals täglich, als Abführmittel 10,0—50,0 g in Lösung; äußerlich zu Klistieren 10,0—50,0 g auf ein Klysma. Die Dosis des Natr. sulfur. sicc. als Stomachikum 0,5—1,5 g, als Abführmittel 5,0—25,0 g in Pulvern. Natriumsulfat ist der Hauptbestandteil des Karlsbader Salzes und bedingt vorzugsweise dessen abführende Wirkung. In dem natürlichen Karlsbader Salz sind gegen 42 % Natriumsulfat enthalten, gegen 36 % Natriumbikarbonat, 18 % Natriumchlorid, ferner kleine Mengen Lithiumkarbonat, Kaliumsulfat, Natriumpyroborat, Natriumfluorid, Kieselsäure und Eisenoxyd.

Als künstliches Karlsbader Salz, Sal Carolinum factitium, wird ein Gemisch aus 22 T. mittelfein gepulvertem, getrocknetem Natriumsulfat, 1 T. Kaliumsulfat, 9 T. Natriumchlorid, 18 T. Natriumbikarbonat verwendet. 6 g des Salzes geben mit 1 Liter Wasser eine dem Karlsbader Wasser ähnliche Lösung.

Saures Natriumsulfat, Natriumhydrosulfat, primäres Natriumsulfat, $NaHSO_4$, kristallisiert aus einer Mischung gleicher Molekeln neutralen Sulfats und Schwefelsäure in großen, vierseitigen Säulen von stark saurer Reaktion.

Natriumsulfit, Schwefligsaures Natrium, Natrium sulfurosum, $Na_2SO_3 + 7H_2O$. Leitet man in eine Lösung von Natriumkarbonat Schwefeldioxyd im Überschuß, so bildet sich ein saures schwefligsaures Natrium (Natriumbisulfit):

$$Na_2CO_3 + H_2O + 2SO_2 = 2NaHSO_3 + CO_2.$$

Fügt man zu der Lösung eine gleiche Menge Natriumkarbonat, wie anfänglich verwendet:

$$2NaHSO_3 + Na_2CO_3 = 2Na_2SO_3 + H_2O + CO_2,$$

und dampft zur Kristallisation ab, so erhält man Natriumsulfit in großen, farblosen, prismatischen Kristallen mit 7 Mol. Wasser.

Auf Zusatz von Chlorwasserstoffsäure zu Natriumsulfit entwickelt sich Schwefeldioxyd.

Natriumbisulfit bildet kleine, leichtlösliche, prismatische Kristalle, die an der Luft Schwefeldioxyd abgeben und sich zu Natriumsulfat oxydieren.

In den Handel gelangt eine 33proz. Lösung von Natriumbisulfit, das seiner Bindungsfähigkeit an Aldehyde und Ketone wegen zur Abscheidung und Charakterisierung solcher vielfach Verwendung findet.

Natriumthiosulfat, Natrium subsulfurosum, $Na_2S_2O_3 + 5H_2O$. Der Name Thiosulfat besagt, daß das Salz als ein Sulfat aufzufassen ist, in welchem ein Sauerstoffatom durch ein Atom zweiwertigen Schwefels ersetzt ist.

Man kann das Salz gewinnen durch Kochen einer wässerigen Lösung von Natriumsulfit mit Schwefel und Abdunsten des Filtrats zur Kristallisation.

Im großen gewinnt man Natriumthiosulfat aus den Rückständen der Sodafabrikation nach dem Leblancschen Verfahren. Die Rückstände enthalten Kalziumsulfid und Kalziumoxysulfid. Man überläßt sie der Oxydation durch die Luft, zieht das gebildete Kalziumthiosulfat mit Wasser aus und setzt mit einer berechneten Menge Natriumsulfat um. Man filtriert von dem gefällten Kalziumsulfat (Gips) ab und dampft das Filtrat zur Kristallisation ein:

$$CaS_2O_3 + Na_2SO_4 = CaSO_4 + Na_2S_2O_3.$$

Eigenschaften und Prüfung des Natrium thiosulfuricum, $Na_2S_2O_3 + 5H_2O$. Mol.-Gew. 248,22: Farblose, bei etwa 50° im Kristallwasser schmelzende Kristalle, die sich in etwa 1 T. Wasser lösen. Auf Zusatz von Salzsäure zur wässerigen Lösung wird die anfänglich entstandene Thioschwefelsäure unter Bildung von schwefliger Säure und Abscheidung von Schwefel zerlegt:

$$Na_2S_2O_3 + 2HCl = 2NaCl + SO_2 + S + H_2O.$$

Jodlösung wird durch Natriumthiosulfat entfärbt, indem Natriumjodid und Natriumtetrathionat entstehen:

$$2\,Na_2S_2O_3 + J_2 = 2\,NaJ + Na_2S_4O_6.$$

Man benutzt die jodbindenden Eigenschaften des Natriumthiosulfats, um Jod quantitativ auf maßanalytischem Wege zu bestimmen.

Seiner Chlorbindungsfähigkeit halber heißt das Salz auch Antichlor. Es wird in der Bleicherei benutzt, um die in den Geweben nach der Chlorbehandlung noch zurückgebliebenen kleinen Mengen Chlor zu entfernen.

In der Photographie wird Natriumthiosulfat zum Fixieren des Bildes gebraucht, indem die nach der Belichtung der Bromsilberplatten nicht veränderten Anteile Bromsilber durch das Salz zu Silber-Natriumthiosulfat gelöst und damit entfernt werden:

$$Na_2S_2O_3 + AgBr = NaAgS_2O_3 + NaBr.$$

Das Silbernatriumthiosulfat geht mit einem Überschuß von Natriumthiosulfat das leicht lösliche Komplexsalz $Na_6[Ag_3(S_2O_3)_4] + 3\,H_2O$ ein.

Natriumthiosulfat ist zu prüfen auf Kalziumsalze, Alkalikarbonate, Sulfide, Schwefelsäure und schweflige Säure (s. D. A. B. VI).

Natriumnitrat, Salpetersaures Natrium, Natronsalpeter, Natrium nitricum, $NaNO_3$, kommt in Chile und Peru in einer Caliche genannten Erdschicht vor. Die Dicke dieser Lager, die sich in einer Tiefe von 0,5—3 m befinden, ist 0,25—4 m. Über die Entstehung dieser Salpeterlager sind viele Ansichten geäußert worden. Arrhenius hält es für das wahrscheinlichste, daß der Natronsalpeter vulkanischen Ursprungs ist, daß aber bei seiner Bildung von Organismen zersetzte organische Stoffe eine wesentliche Rolle gespielt haben. Der Gehalt der Caliche an Salpeter beträgt zwischen 17—50%. Durch Auslaugen gewinnt man daraus einen Rohsalpeter, der meist als solcher (Chilesalpeter) zu Düngezwecken Verwendung findet oder zu reinem Natronsalpeter verarbeitet wird. Roher Chilesalpeter enthält Natriumjodat. Natronsalpeter dient zur Herstellung des Kalisalpeters, zur Gewinnung von Salpetersäure und auch als Arzneimittel. Durch mehrmaliges Umkristallisieren gewinnt man das medizinisch verwendete Natriumnitrat.

Eigenschaften und Prüfung des Natrium nitricum, $NaNO_3$. Mol.-Gew. 85,01: Farblose, durchsichtige, rhomboedrische, an trockener Luft unveränderliche Kristalle von kühlend salzigem, bitterlichem Geschmack, in 1,2 T. Wasser und in 50 T. Weingeist löslich.

Zu prüfen auf Verunreinigungen durch Kaliumsalz, durch Natriumsulfid fällbare Metalle, Kalk, Magnesia, Chlorid, Chlorat bzw. Perchlorat, Sulfat, Natriumnitrit und Natriumjodat (s. D. A. B. VI).

Medizinische Anwendung: Als Diuretikum und bei Fieberzuständen, Dosis 0,5—1,5 g mehrmals täglich in Lösung; äußerlich in Lösung zu Umschlägen als entzündungswidriges Mittel.

Natriumnitrit, Salpetrigsaures Natrium, Natrium nitrosum, $NaNO_2$, durch Schmelzen von Chilesalpeter mit Blei oder ameisensaurem Natrium erhalten. Mol.-Gew. 69,01. Weiße oder schwach gelblich gefärbte, an der Luft feucht werdende Kristallmassen oder Stäbchen, welche sich in etwa 1,5 T. Wasser lösen, in Weingeist aber schwer löslich sind. Gehalt mindestens 96,3% $NaNO_2$. Über Prüfung s. D. A. B. VI.

Medizinische Anwendung: Wirkt gefäßerweiternd und senkt daher den Blutdruck. Dosis 0,1 bis 0,2 g, pro dosi 3—4mal täglich bei Angina pectoris. Größte Einzelgabe 0,3 g. Größte Tagesgabe 1,0 g. Vorsichtig und in gut verschlossenen Gefäßen aufzubewahren!

Natriumphosphat, Dinatriumphosphat, Phosphorsaures Natrium, Natrium phosphoricum, $Na_2HPO_4 + 12\,H_2O$. Phosphorsäure vermag als dreibasische Säure drei verschiedene Natriumsalze zu bilden, von denen das Dinatriumphosphat (sekundäres Natriumphosphat) arzneilich verwendet wird. Von den Natriumphosphaten reagiert das neutrale Salz, Na_3PO_4, alkalisch, das Dinatriumphosphat schwach alkalisch:

$$\underbrace{Na_3PO_4}$$

$$3\,Na^{\cdots} + PO_4{'''}$$
$$+\,OH' + H^{\cdot}$$
$$\overline{3\,Na^{\cdots} + OH' + HPO_4{''}}$$

$$\underbrace{Na_2HPO_4}$$

$$2\,Na^{\cdot\cdot} + HPO_4{''}$$
$$+\,OH' + H^{\cdot}$$
$$\overline{2\,Na^{\cdot\cdot} + OH' + H_2PO_4{'}}$$

Darstellung: Knochenasche (im wesentlichen aus Trikalziumphosphat bestehend) wird durch Behandeln mit Schwefelsäure „aufgeschlossen", indem primäres Kalziumphosphat in Lösung geht und Kalziumsulfat sich unlöslich abscheidet:

$$Ca_3(PO_4)_2 + 2H_2SO_4 = Ca(H_2PO_4)_2 + 2CaSO_4.$$

In die heiße Lösung des primären Kalziumphosphats trägt man nach und nach Natriumkarbonat ein, bis eine Probe des Filtrats durch Natriumkarbonat nicht mehr gefällt wird. Man filtriert und dampft zur Kristallisation ein:

$$Ca(H_2PO_4)_2 + 2Na_2CO_3 = 2Na_2HPO_4 + CaCO_3 + CO_2 + H_2O.$$

Eigenschaften und Prüfung des $Na_2HPO_4 + 12H_2O$. Mol.-Gew. 358,24: Farblose, durchscheinende, an trockener Luft verwitternde Kristalle von schwach salzigem Geschmack und alkalischer Reaktion, welche sich bei 40^0 verflüssigen und in etwa 6 T. Wasser löslich sind.

Das pharmazeutisch zu verwendende Präparat wird auf Verunreinigungen durch Kaliumsalz, Arsenverbindungen, phosphorigsaures Salz, durch Natriumsulfid fällbare Metalle, Natriumkarbonat, Natriumsulfat, Natriumchlorid geprüft (s. D. A. B. VI).

Medizinische Anwendung: Innerlich zu 0,5—2,0 g und darüber mehrmals täglich gegen Diarrhoeä infantum, bei Uratsteinen und Gicht, bei Rachitis und Osteomalazie. Auch gegen Basedowsche Krankheit angewandt.

Natriumpyrophosphat, Pyrophosphorsaures Natrium, Natrium pyrophosphoricum, $Na_4P_2O_7 + 10H_2O$. Man erhitzt von Kristallwasser befreites Natriumphosphat zur schwachen Rotglut, bis eine herausgenommene, erkaltete Probe in wässeriger Lösung mit Silbernitratlösung eine rein weiße Fällung gibt. Der Rückstand wird aus Wasser umkristallisiert. Pyrophosphat entsteht durch Austritt von 1 Mol. Wasser aus 2 Mol. Dinatriumphosphat:

$$2Na_2HPO_4 = H_2O + Na_4P_2O_7.$$

Große, farblose, luftbeständige, schiefe rhombische Säulen, die sich in der zehnfachen Menge kaltem und in etwas mehr als 1 T. siedendem Wasser lösen.

Anwendung: Natriumpyrophosphat bildet mit Ferripyrophosphat eine lösliche Doppelverbindung und dient daher zur Entfernung von Eisen- und Tintenflecken. Medizinisch wird es als darmreinigendes und anregendes Mittel, u. a. bei Steinkrankheit in Dosen von 0,1—1 g benutzt. Ferri-Natriumpyrophosphat findet als anregendes und adstringierendes, die Menstruation beförderndes Mittel Anwendung. Dosis 0,2—1 g.

Natriumbikarbonat, Doppeltkohlensaures Natrium, primäres Natriumkarbonat, Natrium bicarbonicum, $NaHCO_3$.

Darstellung: Kohlendioxyd wird über ein Gemenge von 1 T. kristallisiertem und 3 T. entwässertem Natriumkarbonat, oder in eine konzentrierte Lösung von Natriumkarbonat geleitet, worauf sich schwerlösliches Natriumbikarbonat an den Wandungen der Gefäße krustenförmig ansetzt. Man spült die Krusten mit destilliertem Wasser ab und trocknet sie an der Luft. Bei der Sodagewinnung nach Solvay wird Natriumbikarbonat als Zwischenprodukt gewonnen.

Eigenschaften und Prüfung des Natrium bicarbonicum, $NaHCO_3$. Mol.-Gew. 84,01.

Man unterscheidet im Handel das medizinisch gebrauchte Natrium bicarbonicum purum und ein Natrium bicarbonicum anglicum, das im Haushalte eine weitgehende Verwendung findet.

Weiße, luftbeständige Kristallkrusten oder ein weißes, kristallinisches Pulver von schwach alkalischem Geschmack, welches in 12 T. Wasser löslich, in Weingeist dagegen unlöslich ist. Beim Erhitzen des Natriumbikarbonats entweichen Kohlendioxyd und Wasser, und es hinterbleibt ein Rückstand (von Natriumkarbonat), dessen wässerige Lösung durch Phenolphthaleinlösung stark gerötet wird:

$$2\,NaHCO_3 = Na_2CO_3 + H_2O + CO_2.$$

Geprüft wird auf Verunreinigungen durch Kaliumsalz, Ammoniumsalz, Schwermetalle, Sulfat, Chlorid, Rhodanid und auf Natriumkarbonat (s. D. A. B. VI).

Medizinische Anwendung: Innerlich messerspitzenweise mehrmals täglich in Pulvern, Brausepulvern (Pulvis aerophorus, Pulvis aerophorus anglicus, Pulvis aerophorus laxans) oder in 2—5proz. Lösung als Antacidum bei Hyperazidität und Azidosis und als Zusatz zu Abführmitteln. Schleimlösend und die Sekretion befördernd bei Dyspepsie, akutem und chronischem Magenkatarrh; bei Cholelithiasis; bei Diabetes mellitus in großen Dosen (bis zu 20 und 30 g pro die). Äußerlich 0,5—1proz. zur Inhalation, 1—2proz. zu Magenspülungen.

Bullrich-Salz ist ein Natriumkarbonat und Natriumsulfat enthaltendes Bikarbonat.

Natriumkarbonat, Neutrales kohlensaures Natrium, sekundäres Natriumkarbonat, Soda, Natrium carbonicum, $Na_2CO_3 + 10\,H_2O$. Soda bildet einen für die Industrie, den Haushalt und auch für den Arzneischatz wichtigen Stoff. Außer in vielen Mineralquellen findet sich Natriumkarbonat in nicht unerheblicher Menge in den sog. Natronseen Ungarns, Ägyptens, Südamerikas, Chinas. Besonders bemerkenswert ist das Vorkommen in den Salzseen Tapusu, Polishan und Kalgan der Mongolei. Die in Shantung gewonnene Soda wird von den Bauern vor Sonnenaufgang in den Niederungsgebieten vom Boden aufgekehrt, auf dem sie sich nach sonnigen, trockenen Tagen ausscheidet. Die Salzmasse der ägyptischen Natronseen führt den Namen Trona und besteht im wesentlichen aus $Na_2CO_3 \cdot NaHCO_3 + 2\,H_2O$. In Kolumbien wird die auf ähnliche Weise gewonnene Soda „Urao" genannt. Auch die Asche vieler Strandpflanzen enthält Natriumkarbonat. Es wurde daraus früher gewonnen.

Auf synthetischem Wege wird Soda zur Zeit hauptsächlich nach drei Verfahren dargestellt, nach

dem Leblanc-Soda-, dem Ammoniak-Sodaverfahren und
auf elektrolytischem Wege.

1. Sodagewinnung nach Leblanc. Als Ausgangsmaterial dient Steinsalz, welches mit Schwefelsäure in Flammöfen erhitzt und dadurch in Natriumsulfat übergeführt, während als verwertbares Nebenprodukt Salzsäure gewonnen wird:

$$2\,NaCl + H_2SO_4 = Na_2SO_4 + 2\,HCl.$$

Das Natriumsulfat wird mit Kalziumkarbonat (Kreide, Kalkstein) und Kohle gemischt und in Flammöfen stark erhitzt:

Das sich bildende Natriumsulfid setzt sich mit dem Kalziumkarbonat zu Kalziumsulfid und Natriumkarbonat um:

$$Na_2SO_4 + 4\,C = Na_2S + 4\,CO.$$

$$Na_2S + CaCO_3 = CaS + Na_2CO_3.$$

Ein Teil des angewendeten Kalziumkarbonats wird aber besonders gegen Ende der Sodabildung in Kalziumoxyd verwandelt, welches mit dem Kalziumsulfid ein in Wasser schwer lösliches Kalziumoxysulfid bildet:

$$CaO + CaS = Ca\!\!<^{\,O}_{\,S}\!\!>Ca.$$

Die zerkleinerte Sodaschmelze wird mit möglichst wenig Wasser ausgelaugt, die Flüssigkeit durch Absetzen geklärt und zur Kristallisation abgedampft. Beim Auslaugen der Sodaschmelze mit Wasser wird ein kleiner Teil Natriumkarbonat durch Kalziumhydroxyd in Natriumhydroxyd übergeführt, das mit in Lösung geht.

2. Sodagewinnung nach dem Ammoniakverfahren von Solvay beruht darauf, daß man Kohlendioxyd in eine ammoniakalische Natriumchloridlösung leitet, die auf 268 g NaCl 78 g NH_3 für 1 Liter enthält. Diese Lösung wird im „Solvay-Turm" durch die Einwirkung von Kohlendioxyd umgesetzt:

$$NaCl + NH_4 \cdot HCO_3 = NaHCO_3 + NH_4Cl.$$

Natriumbikarbonat gibt beim Erhitzen die Hälfte Kohlendioxyd ab und geht in Natriumkarbonat über. Dadurch, daß aus dem Ammoniumchlorid durch Erhitzen mit Kalziumhydroxyd Ammoniak wiedergewonnen und dem Betriebe zurückgegeben werden kann, und das Kohlendioxyd teils aus dem zur Gewinnung von Kalziumoxyd bzw. Kalziumhydroxyd verwendeten Kalziumkarbonat, teils aus dem Natriumbikarbonat herrührend, dem Solvayschen Verfahren billig zur Verfügung steht, gestaltet sich dieses zu einem sehr vorteilhaften.

3. Die elektrolytische Sodagewinnung. Durch elektrolytische Zerlegung einer wässerigen Kochsalzlösung (die Elektroden sind durch ein Diaphragma getrennt) werden an der Anode Chlor, an der Kathode Wasserstoff und Natriumhydroxyd gebildet. Als Anode verwendet man Achesongraphit, der sich gegen die Einwirkung des Chlors sehr widerstandsfähig erweist. Durch Einleiten von Kohlendioxyd in die Natriumhydroxydlösung erhält man Karbonat.

Rohsoda kommt entweder kristallisiert oder kalziniert in den Handel. Erstere bildet große, farblose Kristalle mit 10 Mol. Wasser; letztere ist durch Erhitzen zum größten Teil vom Wasser befreit und stellt ein weißes oder grauweißes Pulver dar. Durch mehrmaliges Umkristallisieren aus Wasser wird reines Natriumkarbonat erhalten. Bei der Lösung von Natriumkarbonat in Wasser findet eine teilweise hydrolytische Spaltung statt:

$$Na_2CO_3 + H_2O = NaHCO_3 + NaOH.$$

In der Lösung befinden sich neben Natrium- und CO_3-Ionen auch Hydroxylionen. Hierdurch wird das Entstehen basischer Karbonate beim Versetzen vieler Metallsalzlösungen mit Natriumkarbonatlösungen erklärt.

Bei 60⁰ schmilzt kristallisiertes Natriumkarbonat in seinem Kristallwasser.

Auch ein kleinkörniges, 1 Mol. Wasser enthaltendes Natriumkarbonat kommt in den Handel. Wasserfreies Salz schmilzt bei 849,2⁰. Ein Gemisch gleicher Molekeln Natrium- und Kaliumkarbonat schmilzt wesentlich niedriger.

Mit der kalzinierten, also vollständig entwässerten Soda ist nicht das Natrium carbonicum siccum des Arzneibuches zu verwechseln. Dieses enthält noch 2 Mol. Wasser (gegen 25 %) und wird aus kristallisierter reiner Soda bereitet, indem man Soda gröblich zerreibt und, vor Staub geschützt, einer 25⁰ nicht übersteigenden Wärme bis zur vollständigen Verwitterung aussetzt. Man trocknet sodann bei 40—50⁰ noch so lange, bis die Hälfte vom ursprünglichen Gewicht des kristallisierten Natriumkarbonats übriggeblieben ist.

Eigenschaften und Prüfung des Natrium carbonicum, $Na_2CO_3 + 10 H_2O$. Mol.-Gew. 286,16: Gehalt mindestens 37 % wasserfreies

Natriumkarbonat (Na$_2$CO$_3$, Mol.-Gew. 106). Neben Rohsoda, welche nur technische Verwendung findet, liefert der Handel ein Natrium carbonicum purissimum, an welches folgende Anforderungen gestellt werden:

Farblose, durchscheinende, an der Luft verwitternde Kristalle von laugenhaftem Geschmack, welche mit 1,5 T. Wasser von 20^0 und etwa 0,3 T. siedendem Wasser eine stark alkalisch reagierende Lösung geben. In Weingeist ist Natriumkarbonat sehr schwer löslich.

Zu prüfen auf Verunreinigungen durch fremde Metalle, Natriumsulfat, Natriumchlorid, Ammoniumsalz. Durch Titration stellt man den Gehalt von Na$_2$CO$_3$ fest (s. D. A. B. VI).

Gehaltsbestimmung: 2 g Natriumkarbonat werden in 50 ccm Wasser gelöst und mit n-Salzsäure titriert. Zur Sättigung müssen mindestens 14 ccm an letzterer erforderlich sein (Methylorange als Indikator). 1 ccm n-Salzsäure entspricht 0,053 g wasserfreiem Natriumkarbonat, 14 ccm daher 0,053 · 14 = 0,742 g, das sind, da 2 g des Präparates zur Titration gelangten, rund **37 % Na$_2$CO$_3$**.

Der Gehalt des Natrium carbonicum crudum soll mindestens 35,8 % an wasserfreiem Natriumkarbonat betragen. Die Gehaltsbestimmung wird wie vorstehend ausgeführt, nur sind zur Sättigung von 2 g Salz nur 13,5 ccm n-Salzsäure verlangt. Hieraus berechnen sich 0,053 · 13,5 = **0,7155 g**, das sind **35,8** % wasserfreies Natriumkarbonat.

Natrium carbonicum siccum. Als getrocknetes Natriumkarbonat bezeichnet das Arzneibuch ein teilweise entwässertes Präparat (s. oben), welches auf 1 Mol. Na$_2$CO$_3$ noch gegen 2 Mol. H$_2$O enthält. Gehalt mindestens 74 % wasserfreies Natriumkarbonat.

Gehaltsbestimmung des Natrium carbonicum siccum. Zum Neutralisieren einer Lösung von 1 g getrocknetem Natriumkarbonat in 25 ccm Wasser müssen mindestens 14 ccm n-Salzsäure erforderlich sein. Hieraus berechnen sich: 0,053 · 14 = 0,742 g, das sind rund 74 % wasserfreies Natriumkarbonat.

Medizinische Anwendung: Äußerlich zu Mund- und Gurgelwässern (1—2 g auf 100 g) bei Angina tonsillaris), zu Injektionen (z. B. in den äußeren Gehörgang 1 : 100 zur Lösung von verhärteten Cerumenpfröpfen), zur Nasendusche (1 : 100) bei Coryza, zu Inhalationen bei Pharyngitis granulosa.

Natriumborat, Natriumpyroborat, Borax, Natrium boracicum, Natrium biboracicum, Na$_2$B$_4$O$_7$ + 10 H$_2$O. Bei der Borsäure wurde darauf hingewiesen, daß durch Erhitzen dieser auf 140—150^0 Pyro- oder Tetraborsäure gebildet wird. Ihr Natriumsalz findet sich in der Natur und führt den Namen Tinkal. Durch Umkristallisieren des letzteren oder auch durch Umsetzen des in Kleinasien sich findenden Pandermit, eines im wesentlichen aus Kalziumborat bestehenden Minerals, mit Soda bei Gegenwart von Wasserdampf in Autoklaven wird Borax gewonnen.

Eigenschaften und Prüfung des Borax, Na$_2$B$_4$O$_7$ + 10 H$_2$O. Mol.-Gew. 381,44. Gehalt 52,3—54,3 % wasserfreies Natriumtetraborat, Na$_2$B$_4$O$_7$ (Mol.-Gew. 201,28). Weiße, harte Kristalle oder kristallinische Stücke, die beim Erhitzen im Kristallwasser schmelzen, nach und nach unter Aufblähen das Kristallwasser verlieren und bei stärkerem Erhitzen in eine glasige Masse übergehen. Borax löst sich in etwa 25 T. Wasser von 20^0, in 0,7 T. siedendem Wasser, reichlich in Glyzerin, ist aber in Weingeist fast unlöslich.

Die alkalisch reagierende wässerige Lösung bläut Lackmuspapier und färbt nach dem Ansäuern mit Salzsäure Kurkumapapier braun, welche Färbung besonders beim Trocknen hervortritt und nach Besprengen mit wenig Ammoniakflüssigkeit in Grünschwarz übergeht..

D. A. B. VI läßt auf eine Verunreinigung durch fremde Metalle (Eisen, Blei, Kupfer), Kalk, auf Kohlensäure, Sulfat, Chlorid in bekannter Weise prüfen.

Gehaltsbestimmung: Zum Neutralisieren einer Lösung von 2 g Borax in 50 ccm Wasser dürfen nicht weniger als 10,4 und nicht mehr als 10,8 ccm n-Salzsäure verbraucht werden, was einem Gehalt von 52,3—54,3 % wasserfreiem Natriumtetraborat entspricht (1 ccm n-Salzsäure = 0,10064 wasserfreiem Natriumtetraborat, Methylorange als Indikator).

Medizinische Anwendung: Innerlich zu 0,5—2,0 g mehrmals täglich in Pulver, oder Lösung (cave Gummi, schleimige Flüssigkeiten, Säuren) zu Entfettungskuren und gegen Epilepsie (Vorsicht bei rektaler Anwendung!). Äußerlich rein zu Einblasungen in Nase und Kehlkopf bei Katarrhen und Ulzerationen, Larynxkatarrh; 5 proz. zu Pinselungen und Mundwässern bei Mund-Rachen-Affektionen, 3 proz. zu Magen- und Blasenspülungen, zu Augenwässern 1—5 g auf 100 g, Augentropfwässern 0,1—0,25 auf 25 g, Injektionen mittels Nasendusche in die Nase 1—3 g auf 100 g, Waschwässern 10 : 250 bei Seborrhöe. Ein Mel Boracis besteht aus einer Lösung von 10 T. Borax in 5 T. Glyzerin und 85 T. Honig.

Eine technische Anwendung findet Borax als Lötmittel, indem er die die Metalle bedeckende Oxydschicht löst und nunmehr eine Vereinigung der blanken Metallflächen ermöglicht.

Natriumperborat, $NaBO_2 \cdot H_2O_2 + 3 H_2O$, entsteht beim Versetzen einer Natriumhydroxyd enthaltenden Boraxlösung mit Wasserstoffsuperoxyd.

Natriumperborat wird als eine additionelle Verbindung von $NaBO_2$ mit H_2O_2, die keine Persäure enthält, aufgefaßt; es scheidet aus Jodkaliumlösung kein Jod ab. Es findet zur Herstellung von Sauerstoffbädern Verwendung, indem es in wässeriger Lösung durch Mangansalze, Blut oder Fibrin (diese Zusätze wirken als Katalysatoren) sich unter Sauerstoffentwicklung zersetzt.

Natriumsilikat, Kieselsaures Natrium, Natrium silicicum, Natronwasserglas, ist dem Kaliumsilikat sehr ähnlich und wird durch Zusammenschmelzen von 45 T. Quarzsand, 23 T. kalzinierter Soda und 3 T. Kohle und Lösen der Schmelze in Wasser bereitet. Die Natronwasserglaslösung des Handels führt den Namen:

Liquor Natrii silicici. Wässerige, etwa 35 proz. Lösung von wechselnden Mengen Natriumtrisilikat und Natriumtetrasilikat. Klare, farblose oder schwach gelblich gefärbte, alkalisch reagierende Flüssigkeit. Spez. Gew. 1,300—1,400. Zu prüfen auf einen Gehalt an Natriumkarbonat, fremden Metallen, Natriumhydroxyd (s. D. A. B. VI).

Medizinische Anwendung: Äußerlich zu Verbänden, als Zusatz zu Gipsverbänden.

Nachweis des Natriums in seinen Verbindungen.

Flammenfärbung: Alle Natriumverbindungen färben die nicht leuchtende Flamme gelb. Ein durch sie beleuchteter Kristall von Kaliumdichromat wird farblos und ein mit Merkurijodid, HgJ_2, bestrichenes Stück Papier erscheint schwach gelbstichig weiß. Durch ein Kobaltglas oder durch Indigolösung werden die gelben Strahlen der Natriumflamme absorbiert, die Strahlen der Kaliumflamme hingegen nicht (s. Kalium).

Das monochromatische gelbe Natriumlicht findet als Lichtquelle Verwendung für Polarisationsapparate und Refraktometer.

Kaliumpyroantimonat ruft in konzentrierten neutralen Lösungen der Natriumsalze einen weißen, kristallinischen Niederschlag von saurem pyroantimonsauren Natrium hervor:

$$H_2Sb_2O_7'' + 2 Na^{\cdot} \longrightarrow Na_2H_2Sb_2O_7.$$

Lithium.

Lithium, Li = 6,94. Einwertig. Lithium wurde 1817 von Arfvedson in dem Mineral Petalit entdeckt. Bunsen und Matthiessen gewannen 1855 das Metall auf elektrolytischem Wege.

Vorkommen: Besonders an Kieselsäure gebunden im Petalit, Lepidolith, neben Lithionglimmer, Eisen, Aluminium und Mangan in Verbindung mit Phosphorsäure im Triphyllin und im Amblygonit. Außerdem ist sein Vorkommen in vielen Mineralwässern, in der Ackererde, sowie in manchen Pflanzenaschen beobachtet worden.

Gewinnung: Durch Einwirkung des elektrischen Stroms auf geschmolzenes Lithiumchlorid oder auf ein Gemenge von diesem und Kaliumchlorid.

Eigenschaften: Silberweißes, weiches, an der Luft schnell sich oxydierendes, bei 186° schmelzendes Metall. Spez. Gew. 0,534; Lithium ist das leichteste aller bekannten Metalle. Bei schwachem Erhitzen von Lithium im Stickstoffstrom bildet sich Lithiumnitrid, Li_3N. Von seinen Verbindungen werden besonders das Chlorid, Karbonat und Phosphat medizinisch verwendet.

Lithiumchlorid, LiCl, durch Auflösen von Lithiumkarbonat in Salzsäure und Abdampfen zur Trockene erhalten. Es ist an der Luft zerfließlich und leicht löslich in Wasser und Alkohol. Auch löst es sich in einem Gemenge von Alkohol und Äther, worin Kaliumchlorid und Natriumchlorid nahezu unlöslich sind.

Lithiumkarbonat, Kohlensaures Lithium, Lithium carbonicum, Li_2CO_3, durch Kochen der Lösung eines Lithiumsalzes mit Natriumkarbonat erhalten:

$$2\,LiCl + Na_2CO_3 = Li_2CO_3 + 2\,NaCl.$$

Eigenschaften und Prüfung des Lithium carbonicum, Li_2CO_3. Mol.-Gew. 73,88: Weißes, lockeres, schwach alkalisch schmeckendes, kristallinisches Pulver, welches von etwa 80 T. Wasser von 20° und von etwa 140 T. siedendem Wasser zu einer alkalischen Flüssigkeit (Rötung von Phenolphthalein) gelöst wird, in Weingeist aber unlöslich ist.

Zu prüfen ist auf Sulfat, Chlorid, Eisen, Kalk, Natriumkarbonat (s. D. A. B. VI).

Gehaltsbestimmung: 0,5 g des bei 100° getrockneten Salzes müssen mindestens 13,4 ccm n-Salzsäure zur Sättigung erfordern.

Da 1 ccm n-Salzsäure 0,03694 g Li_2CO_3 entspricht, so werden durch 13,4 ccm $= 0,03694 \cdot 13,4 = 0,494996$ angezeigt, welche Menge in 0,5 g des Präparates enthalten ist, das sind rund 99 %.

Medizinische Anwendung: Bemerkenswert ist das bedeutende Lösungsvermögen des Lithiumkarbonats für Harnsäure. Es wurde daher bei Ausscheidung von Uratsteinen im Organismus empfohlen. Dosis 0,05—0,3 g mehrmals täglich in Pulvern, Pastillen, in Selterswasser.

Lithiumphosphat, Phosphorsaures Lithium, Lithium phosphoricum, Li_3PO_4, aus einer Lithiumsalzlösung mit sekundärem Natriumphosphat gefällt:

$$HPO_4'' + 3\,Li\dot{} + OH' \longrightarrow Li_3PO_4 + H_2O$$

bildet ein in Wasser schwerlösliches Salz (im Gegensatz zu den Phosphaten der übrigen Alkalien). 1 T. zu ca. 2500.

Nachweis des Lithiums in seinen Verbindungen.

Flammenfärbung: Lithiumverbindungen färben die nichtleuchtende Flamme des Bunsenbrenners schön karmoisinrot. Lithiumphosphat muß zuvor mit etwas Salzsäure befeuchtet werden. Die Strahlen der Lithiumflamme werden durch ein Kobaltglas und durch dünnere Schichten von Indigolösung hindurchgeleitet.

Ammoniumverbindungen.

Den vorstehend beschriebenen Salzen der Alkalimetalle nahestehend sind die Verbindungen, welche Säuren mit Ammoniak bilden. Hierbei findet Addition statt, wobei der Stickstoff fünf Valenzen äußert (s. Ammoniak).

$$\boxed{NH_4}\,Cl \qquad\qquad \boxed{(NH_4)_2}\,SO_4$$

Man nennt die Gruppe NH_4 Ammonium und bezeichnet die Salze als Ammoniumsalze (Ammoniumchlorid, Ammoniumsulfat usw.).

Die Ammoniumsalze sind in Lösungen in Ammoniumionen und Säureionen dissoziiert:

$$NH_4Cl \rightleftharpoons NH_4^{\cdot} + Cl'.$$

Bei der Einwirkung von Natriumamalgam auf die konzentrierte Lösung eines Ammoniumsalzes entsteht eine voluminöse schwammige Masse, die als Ammoniumamalgam angesprochen wird. Sie zersetzt sich leicht und zerfällt in Quecksilber, Ammoniak und Wasserstoff.

Ammoniumchlorid, Chlorammonium, Salmiak, Ammonium chloratum, NH_4Cl, kommt in der Nähe tätiger Vulkane vor und wurde früher in Ägypten durch Sublimation des durch Verbrennen von Kamelmist erhaltenen Rußes dargestellt (Sal armeniacum[1]). Gegenwärtig werden große Mengen Salmiak als Nebenprodukt in den Leuchtgasfabriken gewonnen. Das „Gaswasser", welches bei der trockenen Destillation der Steinkohlen entsteht, enthält Ammoniak bzw. Ammoniumsalze, namentlich Ammoniumkarbonat. Man versetzt das Gaswasser mit Salzsäure, dampft auf dem Wasserbade zur Trockene ein und erhitzt mit gelöschtem Kalk. Das entweichende Ammoniak wird in Salzsäure geleitet und der nach dem Abdampfen erhaltene Rohsalmiak durch Sublimation gereinigt.

Da das Gaswasser verhältnismäßig arm an Ammoniak bzw. Ammoniumverbindungen ist, so erhält man durch Neutralisation mit Salzsäure nur eine verdünnte Lösung von Salmiak, deren Verdampfung zur Gewinnung des festen Salzes viel Heizmaterial erfordert. Es ist deshalb vorteilhafter, aus dem mit Kalkmilch versetzten Gaswasser durch Wasserdämpfe das Ammoniak auszutreiben, die Dämpfe durch gekühlte Röhren zu leiten, in welchem sich das Wasser verdichtet, während Ammoniak weiter fortgeführt und dann an Salzsäure gebunden wird. Die entstandene Salmiaklösung gibt nach dem Eindampfen einen von brenzlichen Stoffen fast freien Salmiak.

Um bei der Sublimation desselben ein weißes Produkt zu erhalten, bedeckt man das Ammoniumchlorid in dem Sublimiergefäß mit einer Schicht gut ausgeglühten Kohlenpulvers.

Man kann auch Salmiak gewinnen, indem man aus dem Gaswasser zunächst Ammoniumsulfat herstellt, das sich durch Umkristallisieren aus Wasser gut reinigen läßt, und sodann unter Zusatz von reinem Kochsalz sublimiert:

$$(NH_4)_2SO_4 + 2\,NaCl = Na_2SO_4 + 2\,NH_4Cl.$$

Neuerdings wird aus dem durch Hydrierung des Stickstoffs der atmosphärischen Luft erhaltenen Ammoniak besonders Ammoniumsulfat hergestellt.

Ammoniumchlorid geht bei etwa 450^0 in Dampf über, wobei es in Ammoniak und Salzsäure („thermische Dissoziation") zerfällt, die sich beim Abkühlen wieder zu Chlorammonium vereinigen.

Beim Lösen des Salmiaks in Wasser erfolgt erhebliche Temperaturerniedrigung. In der wässerigen Lösung ist das Salz zum Teil dissoziiert. Da die Lösung beim Kochen unter Ammoniakfortgang sauer wird, so zeigt der aus der Lösung auskristallisierende Salmiak meist saure Reaktion.

Eigenschaften und Prüfung: NH_4Cl. Mol.-Gew. 53,50. Weiße, harte, faserig-kristallinische Kuchen (durch Sublimation gewonnen) oder weißes, farb- oder geruchloses, luftbeständiges Kristallpulver (durch gestörte Kristallisation aus Wasser erhalten), beim Erhitzen sich verflüchtigend, in etwa 3 T. Wasser

---

[1] Hieraus ist später die Bezeichnung sal ammoniacum entstanden. Nach einer anderen Lesart soll die Bezeichnung Ammoniak herrühren von Jupiter „Ammon", welcher in der Libyschen Wüste verehrt wurde. Die Römer nannten seine Verehrer Ammonii, einen Teil Libyens auch Ammonia.

von 20° und in etwa 1,3 T. siedendem Wasser, sowie in etwa 50 T. Weingeist
löslich.

Geprüft wird auf nicht flüchtige Körper, Metalle (besonders Eisen
und Blei), Kalk (mit Ammoniumoxalatlösung), Schwefelsäure, Eisen,
Ammoniumrhodanid (s. D. A. B. VI).

Anwendung: Salmiak wird beim Löten benutzt, indem man den heißen Lötkolben
über ein Stück Salmiak hinwegzieht. Hierdurch wird Salmiak durch die starke Temperaturerhöhung dissoziiert, und die Salzsäure beseitigt die oberflächliche Oxydschicht der
Metallfläche.

Medizinisch wird Ammoniumchlorid als Auswurf beförderndes Mittel benutzt und ist
als solches ein Bestandteil der Mixtura solvens. Dosis 0,2—1 g Ammoniumchlorid 2—3 stündlich in Lösung oder Pastillen (Salmiakpastillen, 1 T. mit 9 T. Succ. Liquiritiae). Äußerlich zu Inhalationen (1 %), zu Pinselsäften 3—5 g auf 25 g.

Ammoniumbromid, Bromammonium, Ammonium bromatum, NH_4Br.
Man leitet Ammoniak in eine wässerige Lösung der Bromwasserstoffsäure und
dunstet zur Kristallisation ein.

Vorteilhafter stellt man das Salz dar durch Eintragen von Brom in Salmiakgeist:

$$8\,NH_3 + 6\,Br = N_2 + 6\,NH_4Br.$$

Da bei der Einwirkung zufolge der Erhöhung der Temperatur Ammoniak
entweicht und hierdurch Brom überschüssig wird, so kann dieses auf das gebildete Ammoniumbromid unter Bildung von Bromstickstoff einwirken, einem
explosiven Stoff:

$$NH_4Br + 3\,Br_2 = 4\,HBr + NBr_3.$$

Die Flüssigkeit ist in diesem Falle gefärbt. Man muß, um die Bildung von
Bromstickstoff zu verhindern, dafür sorgen, daß überschüssiges Ammoniak vorhanden ist.

Eigenschaften und Prüfung: NH_4Br. Mol.-Gew. 97,96. Gehalt mindestens 98,8 % Ammoniumbromid, entsprechend 80,6 % Brom. Weißes, kristallinisches Pulver, das in Wasser leicht, in Weingeist schwer löslich ist und beim
Erhitzen sich verflüchtigt. Die wässerige Lösung rötet Lackmuspapier schwach.

Man prüft auf einen Gehalt an bromsaurem Salz, Kupfer und Blei,
Schwefelsäure, Barium, Eisen, Arsenverbindungen.

Ammoniumbromid darf nach dem Trocknen bei 100° höchstens 1 % Gewichtsverlust erleiden.

Gehaltsbestimmung: 0,4 g des bei 100° getrockneten Salzes löst man in 20 ccm
Wasser, fügt einige Tropfen Kaliumchromat hinzu und titriert mit $\frac{n}{10}$-Silbernitratlösung
bis zum Farbumschlage. Es dürfen höchstens 41,2 ccm verbraucht werden, was einem
Höchstgehalte von 1,2 % Ammoniumchlorid entspricht (1 ccm $\frac{n}{10}$-Silbernitratlösung
= 0,009796 g Ammoniumbromid oder 0,05535 g Ammoniumchlorid. Je 0,34 ccm $\frac{n}{10}$-Silber-
nitratlösung, die über den für reines Ammoniumbromid zu berechnenden Wert von 40,8 ccm
hinausgehen, entsprechen 1 % Ammoniumchlorid, wenn sonstige Verunreinigungen fehlen).

Medizinische Anwendung: Innerlich bei Epilepsie und anderen Krampfzustän-
den. Dosis 0,3—0,5—1,5 g mehrmals täglich. Ammoniumbromid ist in der Mixtura
nervina enthalten, auch im Gemisch mit Kaliumbromid als Erlenmeyersches Bromwasser. Größere Mengen Ammoniumbromid sind wegen der besonderen Giftwirkung
des Ammon-Ions zu vermeiden.

Ammoniumsulfat, Schwefelsaures Ammonium, Ammonium sulfuricum, $(NH_4)_2SO_4$. Durch Sättigen von Salmiakgeist mit verdünnter Schwefelsäure und Eindampfen der filtrierten Lösung zur Kristallisation erhält man
farblose rhombische Kristalle, welche sich leicht in Wasser lösen und von Weingeist nicht aufgenommen werden. Beim Erhitzen verliert Ammoniumsulfat

Ammoniak und geht zunächst in das saure Salz $(NH_4)HSO_4$ über, das bei stärkerem Erhitzen sich dann vollständig verflüchtigt. Ein rohes Ammoniumsulfat, welches besonders zur Herstellung künstlicher Düngestoffe Verwendung findet, wird in den Leuchtgasfabriken durch Einleiten ammoniakalischer Dämpfe in verdünnte Schwefelsäure gewonnen.

Technisch gewinnt man Ammoniumsulfat, indem man mit Wasser angerührten feingemahlenen Gips (Kalziumsulfat) mit Ammoniak und Kohlendioxyd behandelt. Hierbei bilden sich Kalziumkarbonat und Ammoniumsulfat. Man trennt die Lösung des letzteren durch Filtration und dampft in verbleiten Vakuumapparaten ein.

Ammoniumnitrat, Salpetersaures Ammonium, Ammonium nitricum, NH_4NO_3. Man sättigt unter guter Kühlung Salmiakgeist mit Salpetersäure, so daß ersterer in schwachem Überschuß bleibt, und dampft zur Kristallisation ein. Es schießen lange, farblose prismatische Kristalle an, welche bei 165^0 schmelzen und bei 186^0 in Stickoxydul und Wasser zerfallen.

$$NH_4NO_3 = N_2O + 2H_2O.$$

Medizinische Anwendung: Innerlich als Diaphoretikum und Diuretikum, Dosis 0,5—1,5 g. Größere Dosen sind gefährlich.

Ammoniumnitrit, Salpetrigsaures Ammonium, Ammonium nitrosum, NH_4NO_2, kommt in kleiner Menge in der atmosphärischen Luft vor, besonders nach Gewittern, und kann durch Einleiten von Salpetrigsäureanhydrid in Salmiakgeist und Verdunsten der Lösung im luftverdünnten Raum als weiße kristallinische Masse erhalten werden. Diese zerfällt bei stärkerem Erhitzen in Stickstoff und Wasser:

$$NH_4NO_2 = N_2 + 2H_2O.$$

Ammoniumphosphate. Von Wichtigkeit für analytische Zwecke ist ein Natrium-Ammoniumphosphat (Phosphorsalz), $Na(NH_4)HPO_4 + 4H_2O$.

Man erhält es aus einer Lösung von 6 T. Dinatriumphosphat und 1 T. Ammoniumchlorid in 2 T. kochendem Wasser beim Erkalten:

$$Na_2HPO_4 + NH_4Cl = Na(NH_4)HPO_4 + NaCl.$$

Das Salz kristallisiert mit 4 Mol. Wasser in farblosen schiefen Säulen. Beim Erhitzen geht es unter Entweichen von Ammoniak und Wasser in Natriummetaphosphat über:

$$Na(NH_4)HPO_4 = NaPO_3 + NH_3 + H_2O.$$

Natriummetaphosphat bildet geschmolzen ein farbloses Glas (Phosphorsalzperle), welches einige Metalloxyde gefärbt löst.

Ammoniumkarbonat, Kohlensaures Ammonium, Ammonium carbonicum. Das unter dieser Bezeichnung medizinisch und im Haushalte verwendete Produkt besteht nicht aus neutralem kohlensauren Ammonium, sondern nahezu aus gleichen Teilen saurem Ammoniumkarbonat und einer Verbindung, welche man als Ammoniumkarbamat (karbaminsaures Ammonium) bezeichnet. Dieser Stoff unterscheidet sich von neutralem Ammoniumkarbonat durch ein Minus von 1 Mol. Wasser:

$$C\begin{cases} =O \\ -\,O(NH_4) \\ -\,O\ N\ \begin{array}{l}=H_2\\=H_2\end{array} \end{cases} = CO\begin{cases} O(NH_4) \\ NH_2 \end{cases} + H_2O$$

$$\underbrace{\text{Neutrales Ammonium-}}_{\text{karbonat}} \qquad \underbrace{\text{Ammoniumkarbamat}} \qquad \underbrace{\text{Wasser.}}$$

Die eingehendere Erörterung der Karbaminsäure und ihrer Beziehung zum Harnstoff findet sich im Organischen Teil.

Das kohlensaure Ammonium des Handels führt auch den Namen Hirschhornsalz. Die beiden Bestandteile desselben können durch siedenden Weingeist, worin Ammoniumkarbamat löslich ist, Ammoniumbikarbonat nicht, voneinander getrennt werden.

Hirschhornsalz wurde früher durch trockene Destillation von Horn, Knochen und ähnlichen tierischen Abfällen bereitet. Hierbei wurde ein wässeriges, alkalisch reagierendes Destillat und ein Teer erhalten. Durch Abdampfen des Destillates auf dem Wasserbade und Sublimation des Rückstandes unter Beifügung von Kohle erhielt man ein gelblichbraun gefärbtes, brenzlich riechendes Salz, welches unter dem Namen Ammonium carbonicum pyrooleosum oder Sal cornu cervi offizinell war.

Das heute offizinelle Hirschhornsalz von obiger Zusammensetzung wird durch Sublimation eines Gemisches von 4 T. Ammoniumchlorid und 4 T. Kalziumkarbonat (Kreide) unter Beifügung von 1 T. Holzkohlenpulver dargestellt:

$$4\,NH_4Cl + 2\,CaCO_3 = CO\!\!\begin{array}{c}\diagup O(NH_4)\\\diagdown OH\end{array} + CO\!\!\begin{array}{c}\diagup O(NH_4)\\\diagdown NH_2\end{array} + NH_3 + H_2O + 2\,CaCl_2.$$

Hirschhornsalz.

Eigenschaften und Prüfung: Nach nochmaliger Sublimation bildet Ammoniumkarbonat dichte, harte, durchscheinende, faserig kristallinische Massen von stark ammoniakalischem Geruche. Es braust mit Säuren auf, verwittert leicht an der Luft, indem es sich an der Oberfläche mit einem weißen Pulver bedeckt. Der Gehalt des käuflichen Ammoniumkarbonats an Ammoniak wechselt zwischen 21 und 33%. In der Wärme verflüchtigt es sich und löst sich in etwa 5 T. Wasser langsam, aber vollständig.

Bei der Lösung in Wasser nimmt der eine Bestandteil des Hirschhornsalzes, das Ammoniumkarbamat, allmählich Wasser auf, so daß in der Lösung ein Gemisch von Ammoniumbikarbonat und neutralem Ammoniumkarbonat sich befindet.

D. A. B. VI läßt prüfen auf nicht flüchtige Bestandteile, auf Sulfat, Chlorid, Rhodansalze, Thiosulfat, Arsenverbindungen. Die vom Arzneibuch als Reagenz benutzte Ammoniumkarbonatlösung soll durch Auflösen von 1 T. Ammoniumkarbonat in einer Mischung aus 4 T. Wasser und 1 T. Salmiakgeist bereitet werden.

Anwendung: Hirschhornsalz wird, weil es schon bei mäßigem Erwärmen in Ammoniak und Kohlendioxyd zerfällt, in der Bäckerei zum Auflockern des Teiges benutzt.

Medizinisch wird Ammonium carbonicum innerlich zu Saturationen als Stimulans bei Kollaps, namentlich bei Pneumonie, als schweißtreibendes Mittel und als Expektorans, besonders in der Kinderpraxis, angewendet. Dosis 0,02—0,1 g mehrmals täglich. Äußerlich als Riechmittel bei Schnupfen und zu Inhalationen.

Ammoniumsulfid und **Ammoniumhydrosulfid,** Schwefelammon. Bringt man unter Abkühlung 1 Raumteil Schwefelwasserstoffgas und 2 Raumteile Ammoniakgas zusammen, so entstehen farblose Kristallblättchen von Ammoniumsulfid:

$$H_2S + 2NH_3 = (NH_4)_2S,$$

das schon bei gewöhnlicher Temperatur in Ammoniumhydrosulfid und Ammoniak zerfällt.

Beim Vermischen gleicher Raumteile der Gase entsteht Ammoniumhydrosulfid $(NH_4)SH$, in farblosen, sich schnell gelb färbenden Kristallen:

Ammoniumhydrosulfidlösung, Liquor Ammonii hydrosulfurati, wird erhalten durch Einleiten von Schwefelwasserstoff in Salmiakgeist bis zur völligen Sättigung. Beim Vermischen gleicher Teile dieser Lösung und Salmiakgeist entsteht eine Lösung von Ammoniumsulfid.

Die als Reagenz benutzte Ammoniumhydrosulfidlösung führt die Bezeichnung Schwefelammon. Diese Lösung ist, frisch bereitet, farblos, färbt sich aber in Berührung mit Sauerstoff der Luft bald gelb, indem sich Zweifach-

Schwefelammon, $(NH_4)_2S_2$, bildet, das schließlich unter Entfärbung in Ammoniumthiosulfat, $(NH_4)_2S_2O_3$, übergeht.

Meist stellt man das zu analytischen Zwecken benutzte gelbe Schwefelammon dar durch Lösen von Schwefel in farblosem Schwefelammon.

Schwefelammonlösung löst außer Schwefel eine Anzahl Metallsulfide (Schwefelgold, Schwefelzinn, Schwefelarsen, Schwefelantimon).

Nachweis der Ammoniumverbindungen.

Natronlauge zersetzt Ammoniumsalze beim Erhitzen, indem sich Ammoniak verflüchtigt, am Geruch und an der Nebelbildung kenntlich, welche es um einen am Glasstabe hängenden Salzsäuretropfen bewirkt, sowie endlich an seiner alkalischen Reaktion. (Angefeuchtetes Kurkumapapier wird durch Ammoniak gebräunt, feuchtes rotes Lackmuspapier gebläut.)

Neßlersches Reagenz (eine alkalische Lösung von Quecksilberjodid in Kaliumjodid) ruft in Ammoniak- oder Ammoniumsalzlösungen einen gelbroten Niederschlag oder bei geringem Gehalt an Ammoniak eine gelbrote Färbung hervor (vgl. Ammoniak S. 73).

Platinchlorid bildet mit Ammoniumchlorid einen gelben, kristallinischen Niederschlag von Ammonium-Platinchlorid, $(NH_4)_2PtCl_6$, das sich beim Erhitzen zersetzt und nach Fortgang der flüchtigen Stoffe schwammförmiges Platin (Platinschwamm) hinterläßt.

Charakteristik der Gruppe der Alkalimetalle.

Die Alkalimetalle sind die reaktionsfähigsten Metalle, und zwar nimmt ihre Reaktionsfähigkeit zu mit steigendem Atomgewicht. Kalium ist also das aktivste aller Metalle. Die Alkalimetalle reagieren heftig mit Wasser unter Bildung von Wasserstoff und Metallhydroxyd. Diese Hydroxyde sind außerordentlich starke Basen. Sie spalten in wasserfreiem Zustand beim Glühen kein Wasser ab, im Gegensatz zu allen anderen Basen. Die Salze der Alkalimetalle sind in Wasser leicht löslich, mit Ausnahme einiger Lithiumverbindungen. Die Alkalimetalle sind alle einwertig. Da das Ammoniak ähnlich reagiert wie das Kalium, wurde es bei den Alkalien besprochen.

Erdalkalimetalle.

Die Erdalkalimetalle stehen in ihren Eigenschaften zwischen Alkalien und den sog. Erden, welche Gruppe außer dem Aluminium auch die Metalle umfaßt, deren Oxyde den Namen „seltene Erden" (s. später!) führen.

Zu den Erdalkalimetallen rechnet man:

Kalzium. Strontium. Barium. Radium.

Kalzium.

Kalzium. $Ca = 40,07$. Zweiwertig. Kalzium wurde 1808 zuerst von Davy durch Elektrolyse des Kalziumoxyds erhalten.

Vorkommen: Als Kalziumchlorid (im Meerwasser und in Mineralwässern), $CaCl_2$, Kalziumfluorid (Flußspat), CaF_2, Kalzium-Magnesiumchlorid (Tachhydrit), $CaCl_2 \cdot 2MgCl_2 + 12H_2O$, Kalziumsulfat, wasserfrei Anhydrit, mit 2 Mol. Wasser, $CaSO_4 + 2H_2O$, Gips genannt. Kalziumphosphat ist der wesentlichste Bestandteil des Knochengerüstes. Auch das Mineral Phosphorit besteht im wesentlichen aus Kalziumphosphat, $Ca_3(PO_4)_2$.

Kalziumkarbonat ist in großer Menge als **Kreide, Kalkstein, Marmor** verbreitet. Endlich sind **Kalziumsilikate**, besonders mit anderen Silikaten verbunden, erwähnenswert.

Gewinnung und Eigenschaften: Kalzium wird durch Elektrolyse von Kalziumchlorid gewonnen.

Graues, schwach glänzendes Metall vom spez. Gew. 1,55. Es schmilzt bei 800⁰ und verbrennt mit leuchtend gelbrotem Licht. An feuchter Luft läuft das Metall schnell an und überzieht sich mit einer grauen Schicht von Hydroxyd. Erhitzt man es an der Luft bis zur Rotglühhitze, so verbrennt es unter Funkensprühen mit gelbrotem Licht. Wasser wird von Kalzium schon bei gewöhnlicher Temperatur zersetzt, absoluten Alkohol greift es nicht an.

Kalziumchlorid, Chlorkalzium, Calcium chloratum, $CaCl_2$, kommt im Meerwasser und in verschiedenen Mineralquellen vor.

Es wird in der Technik sehr häufig als Nebenprodukt erhalten, so bei der Gewinnung von Ammoniak, von Soda nach dem Ammoniakverfahren usw.

Aus der sirupdicken Lösung kristallisiert Kalziumchlorid mit 6 Mol. Wasser in großen, durchsichtigen Kristallen, die beim Erwärmen schmelzen und Wasser verlieren. Erhitzt man über 200⁰, so bleibt eine weiße, schwammige, poröse Masse, Calcium chloratum siccum, zurück, welches vermöge seiner Eigenschaft, aus der Umgebung mit großer Begierde Wasser anzuziehen, zum Trocknen von Gasen und anderen Stoffen benutzt wird (Füllen der Exsikkatoren mit geschmolzenem Kalziumchlorid). Mit primären Alkoholen bildet Kalziumchlorid kristallisierende Verbindungen. Wasser löst wasserfreies Kalziumchlorid unter Wärmeentwicklung. Ein Gemisch von Eis und kristallisiertem Kalziumchlorid setzt die Temperatur stark herab und dient daher als Kältemischung.

Medizinische Anwendung: Bei Blutungen innerer Organe, bei exsudativer Pleuritis und Basedowscher Krankheit. Unter dem Namen Afenil kommt eine Verbindung von Kalziumchlorid mit Harnstoff in den Verkehr, die intravenös bei akutem Anfall von Asthma bronchiale, bei Heuschnupfen und bei Urticaria benutzt wird. Bei schwächlichen, in der Ernährung zurückgebliebenen Kindern, besonders bei Drüsentuberkulose und exsudativer Tuberkulose täglich 1—3 g. — Bei Herzkrankheiten, in denen es die Digitaliswirkung unterstützt und den Herzmuskel für Digitalis sensibilisiert. Äußerlich intravenös injiziert (niemals subkutan!) von 10—20 ccm einer 10proz. Lösung zur schnellen Erzielung der Kalkwirkung.

Kalziumfluorid, Fluorkalzium, Calcium fluoratum, CaF_2. Das in der Natur in Würfel- oder Oktaederform vorkommende Kalziumfluorid führt den Namen Flußspat und ist durch fremde Beimengungen meist bläulich oder grünlich gefärbt. Der Wölsendorfer Flußspat ist nahezu schwarz und entwickelt beim Zerreiben in der Reibschale Geruch nach Fluor (s. Fluor). Knochen und Zähne enthalten in kleiner Menge Kalziumfluorid. Flußspat ist in Wasser unlöslich und wird durch Erhitzen mit Schwefelsäure unter Entbindung von Fluorwasserstoff (Flußsäure) zerlegt. Man benutzt den Flußspat als Flußmittel beim Ausbringen der Metalle.

Kalziumoxyd, Kalk, Ätzkalk, gebrannter Kalk, Calcium oxydatum, Calcaria usta, CaO. Beim Glühen von Kalziumkarbonat zerfällt dieses unter Kohlendioxydentwicklung zu Kalziumoxyd:

$$CaCO_3 = CaO + CO_2.$$

Man nimmt das Glühen von Kalkstein (s. Kalziumkarbonat) in sog. Kalköfen vor, die entweder jedesmal frisch gefüllt werden müssen oder einen fortlaufenden Betrieb gestatten.

Da Kohlendioxyd zur Herstellung mancher chemischen Stoffe (z. B. bei der Ammoniak-Soda-Darstellung) oder auch zur Gewinnung flüssigen Kohlendioxyds und zu anderen Zwecken vielfach Verwendung findet, so verbindet man die

Kalköfen mit einer Rohrleitung, um das entweichende Kohlendioxyd auffangen.

Man pflegt die Rohrleitungen an eine Saugvorrichtung anzuschließen, wodurch die Abgabe des Kohlendioxyds bei dem Glühprozeß beschleunigt wird. Wird in einem geschlossenen Gefäß Kalziumkarbonat geglüht, so kann die Zersetzung desselben niemals eine vollständige sein, da das zum Teil abgespaltene Kohlendioxyd einen Druck auf das Kalziumoxyd ausübt, welcher der Reaktion entgegenwirkt:

$$CaCO_3 \rightleftarrows CaO + CO_2.$$

Im Kalkofen zeigt sich bei der Dissoziation des Kalziumkarbonats für jede Temperatur eine bestimmte Dissoziationsspannung des Kohlendioxyds, oberhalb welcher Kalziumkarbonat aus Kalziumoxyd und Kohlendioxyd wieder zurückgebildet wird. Bei 812^0 ist der Kohlendioxyddruck dem Druck einer Atmosphäre gleich. Das Brennen des Kalksteins muß oberhalb dieser Temperatur geschehen.

Das beim Glühen des Kalziumkarbonats hinterbleibende Kalziumoxyd bildet, je nach der Reinheit des Ausgangsmaterials, eine weiße oder grauweiße, erst bei 3000^0 schmelzbare Masse, welche aus der Luft Kohlendioxyd und Wasser mit großer Begierde anzieht. Man benutzt Kalziumoxyd zum Austrocknen feuchter Salze, von Vegetabilien usw. (Kalktrockenkasten). Um ein für chemische Zwecke brauchbares reines Kalziumoxyd zu gewinnen, glüht man den in fast chemischer Reinheit zu beschaffenden Marmor und nennt das solcherart gewonnene Produkt Calcaria usta e marmore. In der Knallgasflamme strahlt Kalk blendend weißes Licht aus (Drummonds Kalklicht). Mit wenig Wasser übergossen verwandelt sich Kalziumoxyd unter starkem Aufblähen und Zischen, wobei Wasser dampfförmig entweicht, in Kalziumhydroxyd:

$$CaO + H_2O = Ca(OH)_2.$$

Die Temperatursteigerung ist so stark, daß Schießbaumwolle sich dadurch entzünden läßt.

Man nennt den Vorgang der Hydratisierung das „Löschen des Kalks" und die entstandene Verbindung „gelöschten Kalk".

Gebrannter Kalk ist in gut verschlossenen Gefäßen trocken aufzubewahren.

Kalziumhydroxyd, Kalkhydrat, $Ca(OH)_2$, lockeres, alkalisch reagierendes Pulver von ätzendem Geschmack, das erst bei Rotglut unter Wasserverlust wieder in Kalziumoxyd zurückverwandelt wird. Mischt man Kalziumhydroxyd mit wenig Wasser, so entsteht ein dicker weißer Brei (Kalkbrei), welcher auf Zusatz von Quarzsand den Mörtel liefert. Dieser erhärtet an der Luft, indem sich durch die Einwirkung von Kohlendioxyd Kalziumkarbonat bildet. Beim Mauern legt man eine frische Mörtelschicht zwischen die Mauersteine, deren poröse Oberflächen man zuvor mit Wasser benetzt, um ein Eindringen des im Mörtel enthaltenen Wassers zu verhindern.

Zum Unterschiede von dem Luftmörtel bezeichnet man als Wasser- oder hydraulischen Mörtel, Wasserkalk oder Zement eine Masse, welche beim Brennen von tonhaltigem Kalk entsteht. Hierbei bildet sich Kalziumsilikat und Kalziumaluminat. Man unterscheidet zwischen Romanzementen, Puzzuolanen und Portlandzementen. Alle haben die Eigenschaft, mit Wasser zu erhärten, indem sie schnell hydratisiert werden. Auch Hochofenschlacke liefert mit Kalk zusammengeschmolzen Zemente.

Wird Kalkbrei mit Wasser verdünnt, so entsteht eine milchähnliche Flüssigkeit (Kalkmilch), welche zu Desinfektionszwecken Verwendung findet.

Kalziumhydroxyd löst sich in ca. 700 T. Wasser von 15^0 zu einer farblosen, klaren, stark alkalisch reagierenden Flüssigkeit, dem **Kalkwasser, Aqua Calcariae**. Mit Erhöhung der Temperatur nimmt die Löslichkeit des Kalziumhydroxyds in Wasser ab. Erwärmt man eine bei normaler Temperatur gesättigte Lösung, so scheidet sich Kalziumhydroxyd zum Teil ab. Es ist in wässeriger Lösung in Kalziumionen und Hydroxylionen dissoziiert.

Die Hydroxylionen erteilen dem Kalkwasser stark alkalische Reaktion.

Beim Einblasen von Kohlendioxyd in Kalkwasser trübt es sich unter Bildung von Kalziumkarbonat.

Bereitung von Kalkwasser. Man verwendet hierzu am besten gebrannten Marmor, welcher von Alkalisalzen frei ist. Bei Anwendung von gebranntem Kalk muß man den ersten wässerigen Aufguß, in welchem Alkalihydroxyde und Alkalichloride enthalten sein können, fortgießen.

Man löscht daher 1 T. gebrannten Kalk mit 4 T. Wasser, mischt unter Umrühren mit 50 T. Wasser und entfernt nach einigen Stunden die überstehende Flüssigkeit. Den Bodensatz vermischt man mit 50 T. Wasser und filtriert vor dem Gebrauch das fertige Kalkwasser.

Aqua Calcariae, Kalkwasser, muß einen Gehalt von 0,15 bis 0,17 % an Kalziumhydroxyd gelöst enthalten. Das Arzneibuch läßt dies durch die Bestimmung feststellen, daß 100 ccm Kalkwasser durch nicht weniger als 4 und nicht mehr als 4,5 ccm n-Salzsäure neutralisiert werden (Phenolphthalein als Indikator).

1 ccm n-Salzsäure sättigt 0,037045 g; 4 ccm daher $0,037045 \cdot 4 = \mathbf{0,14818}$ g, rund 0,15 % $Ca(OH)_2$; 4,5 ccm daher $0,037045 \cdot 4,5 = \mathbf{0,1667025}$ g, rund 0,17 % $Ca(OH)_2$.

Medizinische Anwendung: Äußerlich als Gurgelwasser und zu Umschlägen. Bei Verbrennungen in Form des **Linimentum Calcariae** (aus gleichen Teilen Kalkwasser und Leinöl unter kräftigem Schütteln bereitet). Innerlich gegen Magensäure, bei Darmgeschwüren. Dosis 25—100 g in 1 Liter Milch, davon mehrmals täglich trinken.

Kalziummonosulfid wird durch Erhitzen eines Gemenges von Kalziumsulfat und Kohle dargestellt: $CaSO_4 + 4C = CaS + 4CO$ und ist ein weißes amorphes Pulver, das nach voraufgegangener Belichtung im Dunkeln leuchtet, ebenso wie die entsprechenden Verbindungen des Strontiums und Bariums.

Durch Erhitzen eines Gemisches von 5 T. gebranntem Kalk und 4 T. Schwefel erhält man ein Gemisch von Kalziummono- und -polysulfiden nebst Kalziumsulfat; die wässerige Lösung dieses Gemisches wird bei Hautleiden und als **Enthaarungsmittel** benutzt.

Liquor Calcii sulfurati oder **Solutio Vlemingkx** wird durch Kochen von 1 T. Kalk und 2 T. Schwefel mit Wasser hergestellt.

Kalziumhypochlorit, Unterchlorigsaures Kalzium, Calcium hypochlorosum, ist der wesentliche Bestandteil des zu Bleich- und Desinfektionszwecken benutzten Chlorkalks, Calcaria chlorata.

Kalziumhypochlorit ist im Chlorkalk an Kalziumchlorid gebunden. Wahrscheinlich liegt im Chlorkalk die Verbindung $Ca\begin{cases} OCl \\ Cl \end{cases}$ vor; außerdem enthält Chlorkalk Kalziumhydroxyd beigemengt. Man stellt Chlorkalk dar, indem man bei einer 25° nicht übersteigenden Temperatur Chlorgas über gelöschten Kalk leitet, welcher in dünner Schicht in geschlossenen Kammern ausgebreitet ist.

Chlorkalk bildet ein weißes oder weißliches Pulver von chlorähnlichem Geruch, löst sich in Wasser nur teilweise und soll nach dem Arzneibuch mindestens 25 T. wirksames Chlor entwickeln. Auf Zusatz von Säuren wird dieses frei gemacht:

$$Ca\begin{cases} OCl \\ Cl \end{cases} + 2\,HCl = CaCl_2 + H_2O + Cl_2.$$

Beim Erhitzen von Chlorkalk zerfällt er unter Abgabe von Sauerstoff:

$$2\,Ca(OCl)Cl = 2\,CaCl_2 + O_2.$$

Die Abgabe von Sauerstoff wird erleichtert, wenn man dem Chlorkalk katalytisch wirkende Stoffe, wie Mangan- oder Kobaltsalze, in kleiner Menge beimischt. Ein Gemisch von Chlorkalk und Wasserstoffsuperoxyd zersetzt sich nach der Gleichung

$$2\,CaCl(OCl) + H_2O_2 = 2\,CaCl_2 + O_2 + H_2O_2.$$

Neuerdings kommt ein reines Kalziumhypochlorit von der Zusammensetzung $Ca(OCl)_2$ in den Verkehr.

An der Luft erleidet Chlorkalk durch Einwirkung von Kohlendioxyd Zersetzung.

Gehaltsbestimmung: 5 g Chlorkalk werden in einer Reibschale mit Wasser zu einem feinen Brei verrieben und mit Wasser in einen Meßkolben von 500 ccm Inhalt gespült. 50 ccm der auf 500 ccm verdünnten und gut durchschüttelten trüben Flüssigkeit (= 0,5 g Chlorkalk) werden mit einer Lösung von 1 g Kaliumjodid in 20 ccm Wasser gemischt und mit 2,5 ccm Salzsäure angesäuert. Die klare, rotbraune Lösung muß zur Bindung des ausgeschiedenen Jods mindestens 35,2 ccm $\frac{n}{10}$-Natriumthiosulfatlösung erfordern.

Die hierbei stattfindenden Reaktionen verlaufen im Sinne folgender Gleichungen:

$$Ca(OCl)Cl + 2\,HCl = CaCl_2 + H_2O + Cl_2,$$

$$Cl_2 + 2\,KJ = 2\,KCl + J_2,$$

$$2(Na_2S_2O_3 + 5\,H_2O) + J_2 = 2\,NaJ + Na_2S_4O_6 + 10\,H_2O.$$

Zufolge dieser Gleichungen entspricht 1 Mol. Natriumthiosulfat 1 Atom Jod, 1 Atom Jod entspricht 1 Atom Chlor. Daher sind zur Bindung von 35,2 ccm $\frac{n}{10}$-Natriumthiosulfatlösung durch Jod $35,2 \cdot 0,003546 = 0,1248192$ g Chlor erforderlich. Diese Menge ist aus 0,5 g Chlorkalk entwickelt worden. Der Chlorkalk enthält demnach $0,1248192 \cdot 200$ = rund 25% an wirksamem Chlor.

Chlorkalk geht beim Aufbewahren meist schnell in seiner Wirksamkeit zurück; vielfach ist hieran beigemengtes Eisen- und Mangansalz, von dem zur Chlorkalkbereitung verwendeten Kalk herrührend, beteiligt, da ein solcher Chlorkalk leicht unter Sauerstoffabgabe zerfällt (s. vorstehend). Einem Aufbewahren in dicht verschlosssenen Gefäßen ist zu widerraten, da infolge reichlicher Gasentwicklung die zur Aufbewahrung dienenden Gefäße zersprengt werden können.

Medizinische Anwendung: Als Desinfektionsmittel, entweder für sich oder mit Säure versetzt, wobei sich Chlor entwickelt, ferner zu Bleichzwecken und zur Reinigung des Trinkwasser bzw. Abtötung der darin enthaltenen Bakterien. Zu Mund- und Gurgelwässern 5:150 gegen üblen Mundgeruch. 15—30 g auf 250 g bei Aphthen, Mundgeschwüren usw., Pinselsäften 0,5—1 g auf 25 g Schleim bei Stomacace, zu Einspritzungen 0,02—0,6 g auf 100 g für Injektionen in die Harnröhre bei chronischem Tripper.

Wässerige Lösungen von Chlorkalk sind vor dem Gebrauch frisch zu bereiten und filtriert abzugeben.

Die wässerige Lösung des Chlorkalks enthält die Ionen Ca··, OCl′ und Cl′:

$$Ca\!\!\begin{array}{c} \diagup OCl \\ \diagdown Cl \end{array} \longrightarrow Ca^{··} + OCl' + Cl'.$$

Nach B. Neumann und F. Hauck[1] soll die Zusammensetzung des Chlorkalks durch die Formel $3\,Ca\!\!\begin{array}{c} \diagup OCl \\ \diagdown Cl \end{array} + CaO + 6\,H_2O$ sich ausdrücken lassen.

Kalziumsulfat, Schwefelsaures Kalzium, Calcium sulfuricum, $CaSO_4$, findet sich weit verbreitet in der Natur und heißt in wasserfreier Form Anhydrit, mit 2 Mol. Wasser kristallisiert Gyps (Gips), und zwar je nach der

---

[1] Z. Elektrochem. **32,** 18 (1926).

Kristallform **Gipsspat** (monokline Kristalle) **Marienglas** oder **Fraueneis, Glacies Mariae** (in dünne, durchsichtige Blätter spaltbar), **Alabaster** (zusammenhängende, körnig-kristallinische Massen von marmorähnlicher Beschaffenheit), **Fasergips** (läßt sich wie Fasern auseinanderziehen). Kalziumsulfat kommt ferner in einigen Pflanzen, in der Ackererde und in den meisten Quellwässern vor.

Auf künstlichem Wege gewinnt man Kalziumsulfat durch Fällen der konzentrierten Lösung eines Kalziumsalzes mit einem schwefelsauren Salz:

$$CaCl_2 + Na_2SO_4 = CaSO_4 + 2NaCl.$$

Das mit 2 Mol. Wasser kristallisierende Kalziumsulfat löst sich bei 18⁰ in 386 T., bei 35⁰ in 368 T., bei 99⁰ in 451 T. Wasser. Die kalt gesättigte Lösung heißt **Gipswasser** und wird als Reagenz benutzt. Erwärmt man die bei mittlerer Temperatur gesättigte Gipslösung, so trübt sie sich. Durch Zusatz von Säuren oder von Salzen, wie Natriumchlorid, Ammoniumchlorid usw., wird die Löslichkeit des Gipses in Wasser erhöht.

Erhitzt man gepulverten Gips auf 107⁰, so verliert er $1^1/_2$ Mol. Kristallwasser und geht in **gebrannten Gips, Gipsum ustum, Calcium sulfuricum ustum, Stuckgips,** über. Der gebrannte, noch $^1/_2$ Mol. Wasser enthaltende Gips besitzt die Fähigkeit, beim Anrühren mit Wasser $1^1/_2$ Mol. Wasser wieder zu binden und damit zu einer steinharten Masse zu erstarren. Man benutzt diese Eigenschaft zur Herstellung von Verbänden, von Abdrücken, Figuren usw. Wird beim Erhitzen von Gips die Temperatur von 200⁰ überschritten, so verliert das hinterbleibende Kalziumsulfat die Eigenschaft, mit Wasser angerührt schnell zu erhärten: man nennt es sodann **totgebrannten Gips** oder **Annalin.** Ein guter Gips muß, mit der halben Gewichtsmenge Wasser gemischt, innerhalb 10 Minuten erhärten. **In gut verschlossenen Gefäßen aufzubewahren.**

Ein **Hartmarmor** genanntes und zur Herstellung von Vasen, Schalen usw. benutztes Produkt wird gewonnen, indem man Gipsblöcke mit Kaliumbisulfitlösung tränkt und der Oxydationswirkung der Luft aussetzt. Es entsteht hierbei ein Doppelsulfat, $CaSO_4 \cdot K_2SO_4 + H_2O$. In Kalisalzlagern findet sich ein solches als **Syngenit.**

Medizinische Anwendung: Zu Verbandzwecken; zum Bestreuen von Variolapusteln.

Kalziumphosphat, Phosphorsaures Kalzium, Sekundäres Kalziumphosphat, Calcium phosphoricum, $CaHPO_4 + 2H_2O$.

Von den drei Kalziumsalzen der Orthophosphorsäure:

$Ca_3(PO_4)_2$	$CaHPO_4$	$Ca(H_2PO_4)_2$
Tertiäres Kalziumphosphat, neutrales Kalziumphosphat	Sekundäres Kalziumphosphat	Primäres Kalziumphosphat,

welche je nach den Versuchsbedingungen durch Fällen einer Lösung von Kalziumchlorid mittels Natriumphosphats entstehen, wird das sekundäre Kalziumphosphat medizinisch verwendet. Tertiäres Kalziumphosphat, $(Ca_3(PO_4)_2$, findet sich in mächtigen Lagern als **Phosphorit** (z. B. im Lahntal), in sehr reiner Form in Florida, und bildet den Hauptbestandteil des Knochengerüstes. Im Guano kommt tertiäres Kalziumphosphat neben harnsauren Salzen vor. Behandelt man Knochenasche oder Phosphorit mit Schwefelsäure, so entsteht ein Gemenge aus primärem Kalziumphosphat und Kalziumsulfat. Ein solches aus Phosphorit hergestelltes Gemenge ist das bekannte Düngemittel **Superphosphat.**

Darstellung von Calcium phosphoricum. Man übergießt 20 T. Kalziumkarbonat (weißen Marmor) mit einem Gemisch aus 50 T. Salzsäure (25 % HCl) und 50 T. Wasser und erwärmt, nachdem die erste heftige Einwirkung vorüber, wodurch das in Lösung zurückgehaltene Kohlendioxyd ausgetrieben wird. Um kleine Mengen mit in Lösung gegangener Eisenoxydulsalze abzuscheiden, fügt man zur klaren Lösung 0,3 T. Bromwasser, erwärmt bis zum Wiederverschwinden des Bromgeruches und versetzt mit 0,1 T. gefälltem Kalziumkarbonat, worauf bei einer Temperatur von 35—40° das durch Einwirkung des Broms entstandene Eisenoxydsalz zerlegt und braunes hydratisches Eisenoxyd niedergeschlagen wird.

Der filtrierten, mit 1 T. Phosphorsäure angesäuerten Kalziumchloridlösung wird nach dem Erkalten eine filtrierte Lösung von 61 T. Natriumphosphat in 300 T. warmem Wasser, die bis auf 25—20° abgekühlt ist, unter Umrühren hinzugefügt. Man setzt das Umrühren so lange fort, bis der Niederschlag kristallinisch geworden ist, sammelt ihn auf einem angefeuchteten, leinenen Tuche und wäscht ihn so lange mit Wasser aus, als noch die abtropfende Flüssigkeit nach dem Ansäuern mit Salpetersäure durch Silbernitratlösung getrübt wird. Man preßt hierauf den Niederschlag aus, trocknet bei gelinder Wärme und pulvert ihn.

Eigenschaften und Prüfung: $CaHPO_4 + 2 H_2O$. Mol.-Gew. 172,15: Leichtes, weißes, kristallinisches Pulver, das in Wasser kaum löslich, in verdünnter Essigsäure schwer, in Salzsäure und Salpetersäure leicht und ohne Aufbrausen löslich ist.

Die mit Hilfe heißer, verdünnter Essigsäure (vom Ungelösten wird abfiltriert) hergestellte wässerige Lösung des Kalziumphosphats $(1 + 19)$ gibt mit Ammoniumoxalatlösung einen weißen Niederschlag (von **Kalziumoxalat**). Wird Kalziumphosphat mit Silbernitratlösung befeuchtet, so wird es gelb (unter Bildung von tertiärem Silberphosphat); das geschieht nicht, wenn es zuvor auf Platinblech längere Zeit geglüht, also in Pyrophosphat übergeführt war.

Man prüft auf Verunreinigungen durch **Arsenverbindungen, Chlorid, Sulfat, Schwermetallsalze** und stellt den **Feuchtigkeitsgehalt** fest (s. D. A. B. VI).

Medizinische Anwendung: Bei Rachitis, Skrofulose usw. als knochenbildendes Mittel; Dosis 0,5—2,0 g mehrmals täglich. Bei chronischer Diarrhöe 0,5—5,0 g mehrmals täglich; 2—6 g gegen die Nachtschweiße der Phthisiker. Bei Blutungen pro die 5—7 g.

Tertiäres Kalziumphosphat, $Ca_3(PO_4)_2$, wird durch Fällen einer löslichen Kalziumsalzlösung bei Gegenwart von Ammoniak mit Natriumphosphat erhalten.

Ein basisches Kalziumphosphat, $Ca_4P_2O_9$, ist die aus der basischen Ausfütterung der Bessemer Birne (s. Eisen) erhaltene **Thomasschlacke.**

Kalziumhypophosphit, Unterphosphorigsaures Kalzium, Calcium hypophosphorosum, $Ca(H_2PO_2)_2$, Mol.-Gew. 170,1, wird erhalten durch Kochen von Kalkmilch mit Phosphor, wobei Phosphorwasserstoff (s. S. 83) entwickelt wird:

$$3 Ca(OH)_2 + 8 P + 6 H_2O = 3 Ca(H_2PO_2)_2 + 2 PH_3.$$

Beim Eindampfen der Lösung erhält man Kalziumhypophosphit in Form farbloser glänzender Kristalle. Sie sind luftbeständig, geruchlos und von schwach laugenhaftem Geschmack. Löslich in ungefähr 8 T. Wasser. Beim Erhitzen im Probierrohre verknistert Kalziumhypophosphit und zersetzt sich bei höherer Temperatur unter Entwicklung eines selbstentzündlichen Gases (Phosphorwasserstoff), das mit helleuchtender Flamme verbrennt. Gleichzeitig schlägt sich im kälteren Teile des Probierrohres gelber und roter Phosphor nieder:

$$2 Ca(H_2PO_2)_2 = 2 PH_3 + Ca_2P_2O_7 + H_2O.$$

Das Arzneibuch läßt prüfen auf **Phosphat, Phosphit, Karbonat, Sulfat, auf Bariumsalze** und auf **Eisen und Arsen.**

Medizinische Anwendung: Bei Stoffwechselerkrankungen und zur Erhöhung des Appetits, innerlich zu 0,2—0,5 g. Zu subkutanen Injektionen in 10proz. wässeriger Lösung (1 ccm pro injectione) bei Tuberkulose, Skrofulose, Rachitis, Neurasthenie. In 1proz. Lösung in Sirupus simplex (Sirupus Calcariae hypophosphorosae).

Kalziumkarbonat, Kohlensaures Kalzium, $CaCO_3$, kommt in großer Verbreitung in der Natur vor: in hexagonalen Rhomboedern kristallisiert als Kalkspat oder Doppelspat, in sechsseitigen rhombischen Säulen als Aragonit, körnig kristallinisch Marmor, in derben Massen Kalkstein. Auch der Muschelkalk besteht im wesentlichen aus Kalziumkarbonat, desgleichen Korallen, Schneckengehäuse, Krebssteine, Eierschalen und die Kreide. Diese ist ein Konglomerat von Schalen mikroskopischer Seetiere.

Das Quellwasser hält Kalziumkarbonat als Bikarbonat gelöst. Beim Kochen des Wassers geht diese Verbindung unter Entweichen von Kohlendioxyd in Kalziumkarbonat über, das sich in Krusten (Kesselstein) absetzt:

$$Ca(HCO_3)_2 = CaCO_3 + CO_2 + H_2O.$$

In Form eines feinen weißen Niederschlags erhält man Kalziumkarbonat durch Fällen eines löslichen Kalziumsalzes mit Natriumkarbonat:

$$CaCl_2 + Na_2CO_3 = CaCO_3 + 2\,NaCl.$$

Darstellung von **Calcium carbonicum praecipitatum.** Wie beim Calcium phosphoricum angegeben, stellt man aus weißem Marmor und verdünnter Salzsäure, von welch letzterer man einen Überschuß vermeidet, eine Lösung von Kalziumchlorid her, befreit diese durch Zusatz von Bromwasser und Behandeln mit Kalziumhydroxyd von Eisen und fügt zu der filtrierten warmen Lösung eine solche von Natriumkarbonat in Wasser bis zur schwach alkalischen Reaktion. Man läßt den Niederschlag sich absetzen, hebt die überstehende Flüssigkeit ab, rührt nochmals mit destilliertem Wasser durch, entfernt nach dem Absetzen wiederum die Flüssigkeit und bringt den Niederschlag auf ein Filter. Das Auswaschen mit destilliertem Wasser auf dem Filter wird so lange fortgesetzt, bis eine ablaufende Probe, mit Salpetersäure angesäuert, auf Zusatz von Silbernitratlösung keine Trübung mehr zeigt. Der Niederschlag wird hierauf ausgepreßt und bei gelinder Wärme getrocknet.

Zum Auflösen von 1 kg Marmor gehören 2,920 kg 25proz. Salzsäure und zum Umsetzen des Kalziumchlorids 2,860 kg kristallisiertes Natriumkarbonat.

Eigenschaften und Prüfung: Das durch Fällung gewonnene Kalziumkarbonat bildet ein weißes, mikrokristallinisches, in Wasser nahezu unlösliches, in kohlensäurehaltigem Wasser lösliches Pulver. Die Prüfung erstreckt sich auf Natriumkarbonat (von der Fällung herrührend), Kalziumhydroxyd, Sulfat, Chlorid, Aluminiumsalze, Kalziumphosphat, Eisensalze (s. D. A. B. VI). Ein geringer Chloridgehalt ist in dem medizinisch verwendeten Präparat nicht zu beanstanden. Das für Prüfungszwecke verwendete Kalziumkarbonat (z. B. zur Prüfung von Benzoësäure) muß chloridfrei sein.

Gefälltes Kalziumkarbonat für den äußeren Gebrauch (Calcium carbonicum praecipitatum pro usu externo) wird auf seine lockere Beschaffenheit nach D. A. B. VI wie folgt geprüft: Werden 25 g des Präparates ohne Schütteln in einem mit Teilung versehenen Zylinder von 100 ccm Inhalt gebracht, so müssen sie nach zehnmaligem leichten Aufstoßen des Zylinders auf die flache Hand einen Raum von mindestens 65 ccm einnehmen.

Medizinische Anwendung: Innerlich als Pulver, messerspitzen- bis teelöffelweise zur Säuretilgung und gegen Diarrhöen. Präzipitierter kohlensaurer Kalk wird vorzugsweise zur Herstellung von Zahnpulvern benutzt. Die zu gleichem Zweck verwendeten gepulverten Austernschalen (Conchae praeparatae) enthalten gegen 90 % Kalziumkarbonat.

Kalziumsilikat, Kieselsaures Kalzium, kommt in wechselnder Zusammensetzung, besonders in Verbindung mit anderen Silikaten, in der Natur vor und ist ein Hauptbestandteil eines der wichtigsten Industrieprodukte, des „Glases".

Glas ist im wesentlichen ein Doppelsilikat und besteht aus Kalziumsilikat und Natriumsilikat (Natronglas) oder Kalziumsilikat und Kaliumsilikat (Kaliglas). Aus Natronglas werden wegen seiner Leichtschmelzbarkeit und Billigkeit die meisten Glasgegenstände, wie Fensterscheiben, Flaschen, Trinkgefäße, chemische Geräte usw. angefertigt. Das schwer schmelzende Kaliglas oder böhmische Glas wird besonders zu solchen Gegenständen verarbeitet, welche (wie die Verbrennungsröhren bei der Elementaranalyse organischer Stoffe) sehr hohen Hitzegraden ausgesetzt werden sollen. Ein sehr reines, zu optischen Zwecken verwendetes Natronglas führt den Namen Crownglas. Bleiglas besteht im wesentlichen aus Kalium-Bleisilikat und zeichnet sich durch ein starkes Lichtbrechungsvermögen aus. Auch Bleiglas (Flintglas) findet gleich anderen Doppelsilikaten Anwendung zur Herstellung optischer Gläser.

Zur Darstellung von Natronglas wird ein Gemenge von Quarzsand (Kieselsäure) mit Soda und Kalk in Muffelöfen erhitzt, bis die geschmolzene Masse keine Blasen mehr aufwirft. Die durch Eisen grün gefärbte Glasmasse wird durch Zusatz von etwas Braunstein (Mangansuperoxyd), wohl infolge von Oxydationswirkung, entfärbt.

Man betrachtet das Glas als eine unterkühlte, feste Flüssigkeit, da es kein kristallinisches Gefüge besitzt und beim Erhitzen allmählich erweicht, ohne einen ausgesprochenen Schmelzpunkt zu zeigen. Es wird als eine Lösung verschiedener Silikate aufgefaßt. Entglasung ist die Folge des Auskristallisierens einzelner Bestandteile des Glases, wodurch es undurchsichtig wird.

Die Güte des Glases, d. h. die Widerstandsfähigkeit gegen äußere Einflüsse (Wasser, Säuren, Alkalien, Salze) richtet sich nach seiner Zusammensetzung und ist deshalb hierauf besonders dann Gewicht zu legen, wenn Glas zu chemischen Geräten oder zu Arzneigläsern verwendet werden soll. Aus mangelhaftem Glas löst schon Wasser nicht unwesentliche Mengen von Alkali heraus, welche in ihrer Einwirkung auf Medikamente einen zersetzenden Einfluß ausüben können (Trübung von Alkaloidsalzlösungen durch Abscheidung des freien Alkaloids). In der Neuzeit ist der Bereitung des für chemische und optische Zwecke zur Verwendung gelangenden Glases große Sorgfalt gewidmet worden. Jenaer Glas zeichnet sich durch besonders gute Beschaffenheit aus. Über die Prüfung der Arznei- und Ampullengläser s. D. A. B. VI.

Hartglas oder Vulkanglas stellt man her, indem man das auf die Erweichungstemperatur erhitzte Glas in Bäder von Paraffin oder Öl eintaucht und dadurch eine schnelle Abkühlung bewirkt. Dem Glas wird so eine große Spannung erteilt, die zwar das Glas fest und elastisch macht, aber eine explosionsartige Zertrümmerung bewirkt, wenn es an irgendeiner Stelle nur geritzt und damit die Spannung plötzlich aufgehoben wird.

Durch Zusatz verschiedener Metalloxyde erteilt man dem Glase Färbungen: Kupferoxyd und Chromoxyd liefern grüne, Kobaltoxyd blaue, Gold- und Kupferoxydul rote Gläser. Uranoxyd verleiht dem Glase gelbgrüne Fluoreszenz; Milchglas wird durch Beimischen von Knochenasche oder Zinnoxyd zur Glasmasse hergestellt.

Kalziumkarbid, CaC_2. Ein Gemisch von gebranntem Kalk und Kohle, den hohen Temperaturen des elektrischen Flammenbogens ausgesetzt (mindestens 2000 Amp. bei 60 Volt Spannung), bildet unter Fortgang von Kohlenoxyd Kalziumkarbid:

$$CaO + 3\,C = CaC_2 + CO.$$

Es ist eine graue, harte Masse, die beim Übergießen mit Wasser Azetylen (s. organischen Teil) entwickelt:

$$CaC_2 + 2\,H_2O = Ca(OH)_2 + C_2H_2.$$

Beim Erhitzen von Kalziumkarbid (Temperatur über 1000°) in einer Stickstoffatmosphäre erhält man eine Verbindung, die den Namen Kalziumzyanamid oder Kalkstickstoff führt:

$$CaC_2 + N_2 = CN \cdot NCa + C.$$

Der Stickstoff dieser Verbindung geht im Erdboden langsam in Ammoniak und Nitrate über; sie wird deshalb als ein stickstoffhaltiges Düngemittel geschätzt. Auch dient Kalkstickstoff zur Erzeugung von Ammoniak, indem man ihn im Wasserdampf bei hoher Temperatur erhitzt (s. Ammoniak).

Nachweis von Kalziumverbindungen.

Flammenfärbung: Die Bunsenflamme wird durch Kalziumsalze gelbrot gefärbt, bei der Betrachtung durch ein Kobaltglas grüngrau, durch ein grünes Glas zeisiggrün.

Schwefelsäure oder schwefelsaure Salze rufen in konzentrierten Lösungen der Kalziumsalze einen weißen Niederschlag von Kalziumsulfat hervor, welcher von starker Salzsäure gelöst wird.

Oxalsäure oder Ammoniumoxalat erzeugen in den mit Ammoniak versetzten Lösungen von Kalziumverbindungen einen weißen Niederschlag von Kalziumoxalat, welcher von Essigsäure nicht gelöst, von Salzsäure oder Salpetersäure aber leicht aufgenommen wird.

$$C_2O_4'' + Ca^{\cdot\cdot} \longrightarrow CaC_2O_4 .$$

Kalziumoxalat geht beim Glühen zunächst in Kalziumkarbonat, dann in Kalziumoxyd über.

Strontium.

Strontium. Sr = 87,63. Zweiwertig. Klaproth und Hope wiesen 1792 in dem Mineral Strontianit eine eigentümliche Erde nach, und Bunsen schied durch Elektrolyse des Strontiumchlorids das Strontium metallisch ab.

Vorkommen: Als Sulfat (Coelestin) und als Karbonat (Strontianit).

Gewinnung und Eigenschaften: Das bei der Elektrolyse des Strontiumchlorids durch einen Strom von 125 Amp. und 40 Volt erhaltene Strontium bildet ein dehnbares, hellsilberglänzendes Metall, weicher als Kalzium und an der Luft gelb anlaufend. Spez. Gew. 2,55.

Strontiumoxyd, SrO, wird durch Glühen von Strontiumkarbonat oder Strontiumnitrat erhalten. Strontiumoxyd verbindet sich mit Wasser unter Erwärmen zu Strontiumhydroxyd, $Sr(OH)_2$, das sich in Wasser leichter löst als Kalziumhydroxyd. Man kann Strontiumhydroxyd technisch aus dem Strontiumsulfat gewinnen, indem man dieses durch Glühen mit Kohle zunächst in Strontiumsulfid überführt, das beim Lösen in Wasser in Strontiumhydrosulfid und Strontiumhydroxyd zerfällt:

$$2\,SrS + 2\,H_2O = Sr(SH)_2 + Sr(OH)_2 .$$

Letzteres kristallisiert aus der Lösung. Leitet man hierauf Kohlendioxyd in die Lösung des Strontiumhydrosulfids, so fällt Strontiumkarbonat aus und Schwefelwasserstoff wird entbunden. Aus wässeriger Lösung kristallisiert Strontiumhydroxyd mit 8 Mol. Wasser. Strontiumhydroxyd wird zur Abscheidung des Rohrzuckers aus Melasse benutzt (s. Organischer Teil).

Strontiumbromid, Bromstrontium, Strontium bromatum, $SrBr_2$, durch Behandeln von Strontiumkarbonat oder Strontiumsulfid mit starker Bromwasserstoffsäure und Eindampfen des Filtrats zur Kristallisation dargestellt. Es kristallisiert mit 6 Mol. Wasser in langen, farblosen, in Wasser leicht löslichen Nadeln. Durch Erwärmen bei 100° entweicht das Kristallwasser, und man erhält ein weißes, wasserlösliches, in Alkohol wenig lösliches Pulver, das Strontium bromatum pulveratum anhydricum.

Medizinische Anwendung: Bei schmerzhaften Magenaffektionen, bei nervösem Erbrechen, auch bei Brightscher Krankheit täglich 2—4 g vor den drei Mahlzeiten, bei Epilepsie Dosen bis zu 10 g.

Strontiumnitrat, Salpetersaures Strontium, Strontium nitricum, $Sr(NO_3)_2$, wird durch Auflösen von Strontiumkarbonat oder Strontiumsulfid in Salpetersäure und Eindampfen zur Kristallisation dargestellt. Es kristallisiert wasserfrei und löst sich leicht in Wasser. Der Flamme erteilt es eine schöne Rotfärbung und wird daher in der Feuerwerkerei benutzt.

Strontiumkarbonat, Kohlensaures Strontium, Strontium carbonicum, $SrCO_3$, wird durch Fällen einer Strontiumnitratlösung mit Natriumkarbonat oder aus Strontiumsulfid erhalten (s. oben) und bildet ein lockeres, weißes Pulver, das von Wasser nicht gelöst wird. Das natürlich in Rhomben vorkommende Strontiumkarbonat führt den Namen Strontianit.

Strontiumsulfat, Schwefelsaures Strontium, $SrSO_4$, kommt als Coelestin (wegen der himmelblauen Farbe so genannt) in der Natur vor, in größeren Lagern auf Sizilien und in Wales (England). Wird künstlich durch Fällen einer Strontiumnitratlösung mit Natriumsulfat als weißes Pulver erhalten. In Wasser schwerer löslich als Kalziumsulfat. Bei 20^0 löst 1 Liter Wasser 0,148 g $SrSO_4$.

Nachweis von Strontiumverbindungen.

Flammenfärbung: Die nicht leuchtende Flamme wird durch Strontiumverbindungen purpurrot gefärbt.

Schwefelsäure oder schwefelsaure Salze rufen in konzentrierten Lösungen der Strontiumsalze einen weißen Niederschlag von Strontiumsulfat hervor: $SO_4'' + Sr'' \longrightarrow SrSO_4$, welches nicht so unlöslich ist wie Bariumsulfat. Unterschieden sind beide Sulfate dadurch, daß Strontiumsulfat beim Behandeln mit Natriumkarbonat- oder Ammoniumkarbonatlösung schon bei mittlerer Temperatur nach Verlauf mehrerer Stunden in Strontiumkarbonat umgewandelt wird, während Bariumsulfat erst beim Kochen mit Natriumkarbonat eine Umsetzung in Karbonat erfährt.

Barium.

Barium. Ba = 137,36. Zweiwertig. Scheele und bald darauf Gahn entdeckten 1774 zuerst in dem Schwerspat eine eigentümliche Erde, welche sie mit dem Namen Schwererde belegten. Das Metall Barium wurde von Bunsen durch Elektrolyse der Chlorverbindung gewonnen. Der Name Barium leitet sich von βαρύς, barys, schwer, ab.

Vorkommen: Als Sulfat (Schwerspat) und als Karbonat (Witherit).

Gewinnung: Das bei der Elektrolyse des Bariumchlorids erhaltene Barium bildet ein bei 850^0 schmelzendes Metall. Spez. Gew. 3,8. Seine Verbindungen finden ausgedehnte Verwendung in der Analyse, in der Feuerwerkerei (zur Grünfärbung der Flammen), in der Malerei, zur Gewinnung von Sauerstoff usw.

Bariumoxyd, Baryt, BaO, hinterbleibt beim starken Glühen von Bariumnitrat als grauweiße Masse, die sich mit Wasser unter Erhitzen zu Bariumhydroxyd, Ätzbaryt, Barythydrat, $Ba(OH)_2$, verbindet. Dieses kristallisiert mit 8 Mol. Wasser. Eine Lösung des Bariumhydroxyds in Wasser ist das als Reagenz benutzte Barytwasser. Durch die Einwirkung von Kohlendioxyd der Luft scheidet sich aus dem Barytwasser unlösliches weißes Bariumkarbonat ab.

Beim Erhitzen von Bariumoxyd in einem kohlendioxydfreien Luft- oder Sauerstoffstrom unter Druck nimmt 1 Mol. noch 1 Atom Sauerstoff auf und bildet Bariumsuperoxyd, jenen Stoff, welcher zur Darstellung von Sauerstoff nach dem Brinschen Verfahren und von Wasserstoffsuperoxyd benutzt wird (s. Sauerstoff und Wasserstoffsuperoxyd).

Bariumchlorid, Chlorbarium, Barium chloratum, $BaCl_2 + 2H_2O$. Das natürlich vorkommende Bariumkarbonat wird in verdünnter Salzsäure gelöst, die Lösung zur Kristallisation eingedampft und das ausgeschiedene Bariumchlorid umkristallisiert.

Um aus Schwerspat Bariumchlorid zu gewinnen, formt man jenen unter Beimischung von Mehl und Wasser zu einem Teig, welcher nach dem Austrocknen stark geglüht wird. Das Mehl verkohlt hierbei, und die Kohle reduziert das Bariumsulfat zu Bariumsulfid:

$$BaSO_4 + 4C = BaS + 4CO.$$

Salzsäure löst Bariumsulfid unter Schwefelwasserstoffentwicklung zu Bariumchlorid:

$$BaS + 2\,HCl = BaCl_2 + H_2S.$$

Bariumchlorid kristallisiert mit 2 Mol. Wasser in farblosen, rhombischen Tafeln. Es löst sich in 2,5 T. Wasser von 20⁰ und in 1,5 T. siedendem Wasser; in Weingeist ist es fast unlöslich. Eine Lösung von 1 T. Salz in 19 T. Wasser wird als Reagenz auf Schwefelsäure und schwefelsaure Salze benutzt. Zu gleichem Zwecke findet auch das salpetersaure Salz Anwendung, welches beim Behandeln von Bariumsulfid mit Salpetersäure dargestellt wird. Auch findet Bariumchlorid eine Anwendung in der Veterinärpraxis. Nach D. A. B. VI wird es auf Schwermetalle, besonders Eisensalze und Alkalisalze geprüft.

Bariumnitrat, Salpetersaures Barium, Barium nitricum, $Ba(NO_3)_2$, bildet farblose, oktaedrische Kristalle, welche zur Herstellung der Bariumnitratlösung und zur Grünfärbung von Flammen in der Feuerwerkerei Anwendung finden.

Bariumnitrat und Bariumchlorid sowie andere lösliche Bariumverbindungen sind starke Gifte; sie erzeugen Erbrechen, Kolik und Krämpfe.

Bariumsulfat, Schwefelsaures Barium, Barium sulfuricum, $BaSO_4$. Das natürlich vorkommende Bariumsulfat heißt Schwerspat. Ein auf künstlichem Wege durch Fällung löslicher Bariumsalze mit Schwefelsäure oder schwefelsaurem Natrium erhaltenes Bariumsulfat führt den Namen Permanentweiß oder Blanc fixe und dient entweder für sich oder zusammen mit Bleiweiß und Leinfirnis verrieben als weiße Anstrich- (Öl-) farbe. Bariumsulfat wird (u. a. unter dem Namen Citobarium) zufolge seiner „schattenspendenden Kraft" als „Kontrastmittel" bei der Röntgenuntersuchung benutzt. Man verwendet zur Röntgenuntersuchung von Magen und Darm eine Mischung von 120—150 g Bariumsulfat mit 400 g Milch.

Mit Rücksicht auf die große Giftigkeit löslicher Bariumverbindungen wird dem als Kontrastmittel verwendeten Bariumsulfat eine besondere Aufmerksamkeit hinsichtlich seiner Reinheit gewidmet. D. A. B. VI läßt es daher untersuchen auf Beimengungen von löslichen Bariumsalzen und Bariumkarbonat. 5 g Bariumsulfat werden mit 5 ccm Essigsäure und 45 ccm Wasser zum Sieden erhitzt und nach dem Absetzen des ungelöst gebliebenen Bariumsulfats filtriert. 25 ccm des völlig klaren Filtrats dürfen durch einige Tropfen verdünnter Schwefelsäure innerhalb 1 Stunde nicht verändert werden. Des weiteren wird auf Barium-sulfid, Schwermetallsalze, Phosphorsäure, Sulfite und Arsenverbindungen geprüft. Um die für erforderlich gehaltene lockere Beschaffenheit des Bariumsulfats feststellen zu können, werden 5 g fein gesiebtes Bariumsulfat in einem mit Teilung versehenen Glasstöpselzylinder von 50 ccm Inhalt, dessen Gradteilung 14 ccm lang ist, nach Hinzufügen von Wasser bis zum Teilstrich 50 ccm 1 Minute lang geschüttelt, und sodann der Ruhe überlassen. Es darf die Bariumsulfataufschwemmung innerhalb $^1/_4$ Stunde nicht unter den Teilstrich 15 ccm herabsinken.

Bariumkarbonat, Kohlensaures Barium, Barium carbonicum, $BaCO_3$. Das natürlich vorkommende Bariumkarbonat heißt Witherit. Das durch Fällen einer Bariumchloridlösung mit Natriumkarbonat erhaltene Bariumkarbonat bildet ein weißes, feines Pulver, das erst beim Erhitzen auf gegen 1500⁰ eine Zersetzung unter Kohlendioxydabspaltung erleidet.

Nachweis von Bariumverbindungen.

Flammenfärbung: Die nicht leuchtende Flamme des Bunsenbrenners wird durch Bariumverbindungen fahlgrün gefärbt.

Schwefelsäure oder schwefelsaure Salze rufen in selbst stark verdünnten Lösungen der Bariumsalze einen weißen Niederschlag von Barium-sulfat hervor:

$$SO_4'' + Ba^{\cdot\cdot} \longrightarrow BaSO_4.$$

Kaliumdichromat, $K_2Cr_2O_7$, bewirkt in neutralen Lösungen nicht vollständige, in Natriumazetat haltenden Lösungen aber vollständige Fällung von gelbem Bariumchromat.

Radium.
R = 225,97.

Radium ist eines der wichtigsten sog. „radioaktiven" Elemente, welche den Röntgenstrahlen ähnliche Strahlen aussenden. Becquerel hatte die Radioaktivität bei Uranverbindungen aufgefunden. Die von ihnen ausgesendeten Strahlen vermögen durch undurchsichtige Gegenstände hindurch auf die photographische Platte zu wirken und Gase, z. B. auch die atmosphärische Luft, elektrisch leitend zu machen. Nähert man einem geladenen Elektroskop Uranverbindungen, bzw. das sie in reichlicher Menge enthaltende Uranpecherz (Pechblende), so wird das Elektroskop entladen.

Ähnliche Wirkungen beobachtete G. C. Schmidt auch an Thoriumpräparaten.

Es gelang 1898 dem Ehepaar Curie, den diese merkwürdigen Eigenschaften der Pechblende bedingenden Stoff aufzufinden, der sich als ein Element erwies und wegen seines Strahlungsvermögens den Namen Radium erhielt.

Radium ist hinsichtlich seiner chemischen Eigenschaften mit Barium nahe verwandt und läßt sich aus Pechblende mit ihm gemeinsam als schwer lösliches Sulfat abscheiden. Die Sulfate werden alsdann in die Bromide übergeführt und Barium- und Radiumbromid durch fraktionierte Kristallisation getrennt. Aus einer Tonne Pechblende gewinnt man gegen 0,15 g Radium.

Das metallische Radium gewannen M. Curie und A. Debierne durch Elektrolyse als Amalgam auf einer Quecksilberkathode. Beim Erhitzen des Amalgams auf gegen 700° in einer Wasserstoffatmosphäre verflüchtigt sich das Quecksilber und das Radium bleibt als ein bei gegen 700° schmelzendes, an der Luft unbeständiges Metall zurück.

Radiumbromid, $RaBr_2 + 2H_2O$, kristallisiert wie Bariumbromid, $BaBr_2 + 2H_2O$, monoklin. Radiumbromid ist schwerer flüchtig als die Bromide der alkalischen Erden und löst sich in Wasser unter Knallgasentwicklung.

Radiumpräparate entwickeln beständig Wärme, so daß ihre Temperatur dauernd höher ist als die ihrer Umgebung. 1 g Radium liefert in einer Stunde ungefähr 100 Kalorien. Diese merkwürdige Eigenschaft des Radiums ist darauf zurückzuführen, daß das Radium einer sehr langsamen chemischen Umwandlung unterliegt. Wird eine Radiumverbindung in eine Glasröhre eingeschmolzen, so gibt jene unausgesetzt kleine Mengen eines radioaktiven Gases, die sog. Emanation, ab, und diese spaltet weiterhin ein bereits bekanntes Element, nämlich das Helium, ab.

Diese merkwürdigen Umwandlungen des Radiums in andere Elemente haben eine Umgestaltung unserer Vorstellungen von dem Wesen der Elemente im Gefolge gehabt. Das Energiegesetz bleibt zwar unangefochten auch beim Radium in Geltung, wohl aber erfahren unsere bisherigen Anschauungen von der Konstanz der Elemente eine Erschütterung (s. Anhang am Schluß des Anorganischen Teils, S. 231).

Außer Radium wurden in der Pechblende noch andere Elemente mit ähnlichen Eigenschaften, wie sie das Radium besitzt, abgeschieden, Elemente, welche die Namen Polonium, Radiothor und Aktinium erhielten. Polonium steht dem Wismut, Aktinium dem Thorium nahe.

Das Strahlungsvermögen des Radiums besteht in der Fortbewegung von Energie mittels fortschreitender periodischer Zustandsänderungen eines Mediums

(Atmosphäre, Luft, Lichtäther). Man bezeichnet den zurückgelegten Weg als Strahl. Unter Wellenlänge wird die Entfernung von einem Wellenberg zum anderen verstanden und unter Schwingungsdauer die Zeit, innerhalb welcher die Entfernung zurückgelegt wird; die Fortpflanzungsgeschwindigkeit wird durch die Strecke gemessen, die in einer Sekunde zurückgelegt wird. Die Anzahl der Wellen bzw. der Schwingungen eines Teilchens in der Sekunde heißt Schwingungszahl oder Frequenz.

Man kennt drei Arten von Radiumstrahlen: Die positiven α-Strahlen, welche eine Fortpflanzungsgeschwindigkeit von etwa 30 000 km in der Sekunde besitzen, die negativen β-Strahlen erreichen fast die Lichtgeschwindigkeit (300 000 km), die γ-Strahlen sind sekundär entstanden, besitzen weder elektrische Ladung noch materielle Natur und werden ebensowenig wie das Licht vom Magneten beeinflußt. α- und β-Strahlen werden vom Magneten abgelenkt. Abb. 44 zeigt, daß die α-Strahlen hierbei nur wenig, die β-Strahlen hingegen weit stärker nach der anderen Seite abgebogen werden und die γ-Strahlen unbeeinflußt bleiben.

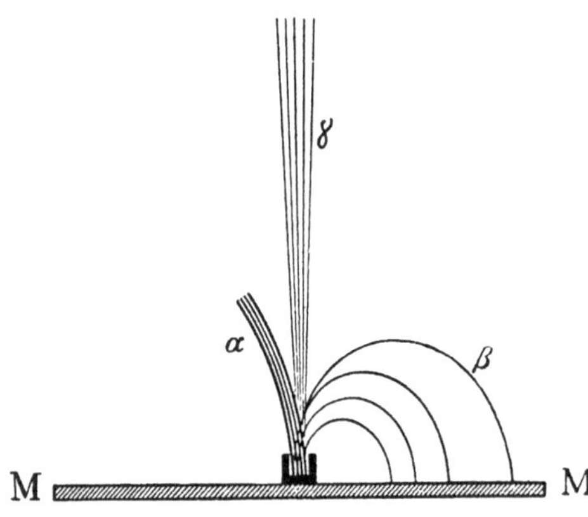

Abb. 44. Ablenkung der Radiumstrahlen durch den Elektromagneten (nach A. Stock).

Die α-Strahlen sind als ein Strom von Heliumionen, d. h. von zweifach positiv geladenen Heliumatomen anzusprechen; sie sind es, welche hauptsächlich die Ionisation der Luft bewirken. Bei den β-Strahlen handelt es sich um einen Strom negativ geladener Teilchen, der Elektronen (s. Anhang zum Anorganischen Teil „Die Struktur der Atome").

1 g Radium stößt in einer Sekunde $3,4 \cdot 10^{10}$ Heliumatome aus, in einem Jahre $10,73 \cdot 10^{17}$ Heliumatome. Da 1 g Radium $2,7 \cdot 10^{21}$ Atome enthält, so wird dieser Bestand in einem Jahre im Verhältnis $10,73 \cdot 10^{17} : 2,7 \cdot 10^{21}$ $= 4 \cdot 10^{-4}$ vermindert.

Die γ-Strahlen entsprechen in ihren Eigenschaften den Röntgenstrahlen. Man mißt β- und γ-Strahlen durch ihre Wirksamkeit auf eine luftdicht in Papier gehüllte photographische Platte.

Die Radiumsalze sind selbstleuchtend; phosphoreszierende Stoffe wie Bariumplatinzyanür werden noch auf eine Entfernung von mehreren Dezimetern zum Aufleuchten gebracht. Wasser, Chlorwasserstoff, Ammoniak werden durch Radiumstrahlen zerlegt, Steinsalz wird blau gefärbt, die Luft ozonisiert. Manganhaltige Gläser färben sich nach und nach violett. Organische Stoffe, z. B. Papier, werden durch die Radiumstrahlen allmählich zerstört. Zur Messung der Strahlungsintensität stellt man die Wirkung auf ein geladenes Elektroskop fest.

Sehr merkwürdig ist die Wirkung von Radiumpräparaten auf das menschliche Auge. Nähert man dem geschlossenen Auge Radiumpräparate, so wird der Eindruck des Entstehens großer Helligkeit erweckt. Bei mehrstündiger Einwirkung der Radiumstrahlen auf die menschliche Haut werden heftige Entzündungen hervorgerufen, die meist erst nach mehreren Wochen wieder zurücktreten. Pflanzen und kleine Tiere können durch Radiumstrahlen nach Verlauf weniger Stunden getötet werden.

Man hat für Heilzwecke die Radiumstrahlen nutzbar gemacht, so bei Hautleiden, bei Gicht und Rheumatismus, bei Geschwüren auf tuberkulöser und krebsiger Grundlage. Man schließt zu dem Zwecke Radiumsalz in eine Kautschukkapsel ein und läßt seine Strahlen durch eine Glimmerplatte hindurch auf die Haut wirken. Die bestrahlten Gewebe sterben nach einiger Zeit ab.

Die Heilwirkung vieler Mineralwässer, so der Quellen von Karlsbad, Baden-Baden, Gastein, Nauheim, Kreuznach, Wildbad, Wiesbaden, Oberschlema und Brambach in Sachsen, Joachimsthal in der Tschechoslowakei u. a. wird mit deren Radioaktivität in Zusammenhang gebracht. Auch manche Moorbäder und Schlammsorten (Fango) erweisen sich als radioaktiv.

Man kennt heute bereits 35 radioaktive Elemente, deren Kenntnis wir besonders O. Hahn und dessen Mitarbeiterin L. Meitner verdanken.

Über den Zerfall der radioaktiven Elemente liegen genaue Messungen und Berechnungen vor. In rund 1750 Jahren verliert Radium die Hälfte seines ursprünglichen Bestandes.

O. Hahn faßt auf Grund seiner und anderer Forschungen unsere Kenntnisse der radioaktiven Elemente wie folgt zusammen: Die radioaktiven Elemente sind von den gewöhnlichen chemischen Elementen dadurch unterschieden, daß sie einem freiwilligen, inneratomistischen Atomzerfall unterliegen. Während alle gewöhnlichen chemischen Prozesse durch reversible Veränderungen der Elektronenhülle verursacht werden, erfolgen die radioaktiven Umwandlungen innerhalb des Atomkerns, der dabei eine irreversible, von äußeren Bedingungen völlig unabhängige Veränderung erleidet. Atombruchstücke verlassen in Form schnell bewegter korpuskularer Strahlen das Mutteratom, und mit Hilfe dieser Strahlen können alle radioaktiven Vorgänge untersucht werden.

Durch das Auftreten der Korpuskularstrahlen als Atombruchstücke ist der experimentelle Beweis für die komplexe Natur der chemischen Elemente geliefert. Andererseits gelingt es mit Hilfe der α-Strahlen gewöhnliche chemische Elemente, wie Stickstoff, Aluminium, Phosphor künstlich zu verwandeln, Wasserstoff aus ihnen herauszuschlagen, wobei sie selbst das α-Teilchen einfangen: Künstliche Zertrümmerung, die im Falle des Stickstoffs zur Bildung einer neuen Sauerstoffart führt, die in sehr geringer Menge auch im Sauerstoff unserer Luft nachgewiesen wurde.

Die radioaktiven Substanzen haben ihren Ursprung in den beiden Elementen Uran und Thorium. Das Uran selbst besteht dabei vermutlich aus zwei verschiedenen Atomarten, von denen die eine die Muttersubstanz der Radiumreihe, die andere der Ursprung der Aktiniumreihe ist. Zur Radiumreihe gehört das Radium, die Radiumemanation und die daraus entstehenden instabilen Zerfallsprodukte, welch letztere durch sehr durchdringende Strahlen ausgezeichnet sind. Zur Thoriumreihe gehört das Mesothor, Radiothor, Thorium X, die ebenfalls durch ihre instabilen Zerfallsprodukte äußerst durchdringende Strahlen aussenden. Zur Aktiniumreihe gehört als wichtigste Substanz das von Hahn und Meitner entdeckte Protactinium, das mit seiner großen „Halbwertszeit" von 30000 Jahren als stabiles neues Element zu bezeichnen ist. Es hat im System der Elemente seinen Platz zwischen dem Uran und dem Thorium.

Charakteristische Merkmale der Erdkaligruppe.

Die Erdalkalimetalle verdrängen den Wasserstoff aus kaltem Wasser und bilden dabei Hydroxyde. Die Hydroxyde besitzen stark alkalische Reaktion, sind aber viel weniger löslich als die Alkalihydroxyde. Die Erdalkalien geben unlösliche Sulfate und Karbonate. Sie gehören zu den reaktionsunfähigsten Elementen. Die Erdalkalien sind in allen Verbindungen zweiwertig. Die Erdalkalikarbonate sind im Gegensatz zu den Alkalikarbonaten sehr schwer löslich, die Bikarbonate ebenfalls im Gegensatz zu den Alkalimetallen leichter löslich als die Karbonate.

Magnesium-Zinkgruppe.

Beryllium. Magnesium. Zink. Cadmium. Quecksilber.

Beryllium.

Be $= 9{,}02$. Beryllium findet sich in einigen seltenen Mineralien, so im Beryll, einem Aluminium-Berylliumsilikat, $3\,BeO \cdot Al_2O_3 \cdot 6\,SiO_2$. Hellblauer Beryll heißt Aquamarin. Durch Chromverbindungen grün gefärbt, heißt das Mineral Smaragd. Chrysoberyll ist ein Berylliumaluminat. Berylliumverbindungen besitzen süßen Geschmack. Man nennt das Metall daher auch Glucinium oder Glycinium.

Magnesium.

Magnesium. Mg $= 24{,}32$. Zweiwertig. Magnesium wurde 1830 aus Magnesiumchlorid durch Einwirkung von Natrium gewonnen, Bunsen erhielt es 1852 durch Elektrolyse des Chlorids.

Vorkommen: Als Karbonat (Magnesit), zusammen mit Kalziumkarbonat (Dolomit), als Sulfat, Chlorid und Silikat. Borazit ist ein basisches Magnesiumborat-Chlorid. Talk, Serpentin, Meerschaum sind unreine Magnesiumsilikate. Magnesium ist ein Bestandteil des Chlorophylls (Blattgrüns).

Gewinnung: Durch Elektrolyse des geschmolzenen Chlormagnesiums oder des Carnallits. Dieser wird in einem Tiegel aus Gußstahl, der zugleich die Kathode bildet, geschmolzen. Als Anode verwendet man Kohle.

Eigenschaften: Silberweißes, glänzendes Metall vom spez. Gew. 1,75; zu Draht oder Bändern ausziehbar, an der Luft ziemlich beständig. Schmelzpunkt 650°, Siedepunkt gegen 1100°. Mit gasförmigem Stickstoff bildet es bei beginnender Rotglut Magnesiumnitrid, Mg_3N_2. Auf Wasser wirkt Magnesium erst bei Siedehitze langsam zersetzend ein. Erhitzt man Magnesium an der Luft, so entzündet es sich und verbrennt mit glänzendweißem Licht zu Magnesiumoxyd. Magnesium findet aus diesem Grunde Verwendung zur Herstellung von Blitzlicht (bei photographischen Aufnahmen) und von Magnesiumfackeln. Geraspeltes Magnesium dient als Alkylüberträger bei der Grignard-Reaktion (s. Organ. Teil). Die unter dem Namen Elektron (der Griesheim-Elektron-Werke) bekannte Magnesiumlegierung besteht aus 96% Magnesium, 3,7% Zink und 0,3% Aluminium.

Magnesiumchlorid, Chlormagnesium, $MgCl_2 + 6\,H_2O$. Es wird in großen Mengen als Nebenprodukt bei der Verarbeitung der Staßfurter Abraumsalze gewonnen, unter denen Carnallit, ein Magnesium-Kaliumchlorid, $MgCl_2 \cdot KCl + 6\,H_2O$, besonders wichtig ist. Tachydrit ist ein Magnesium-Kalziumchlorid $2\,MgCl_2 \cdot CaCl_2 + 12\,H_2O$. Magnesiumchlorid wird mit Eis zu Kältemischungen und in Baumwollspinnereien zur Feucht- und Geschmeidigerhaltung der Baumwollfaser benutzt. Durch Eintragen von Magnesiumoxyd in konz. Magnesiumchloridlösung erhält man eine harte, polierbare Masse von Magnesiumoxychlorid ($MgCl_2 \cdot 5\,MgO + x\,H_2O$), die unter dem Namen Sorel- oder Magnesiazement bekannt ist und unter Beimengung von Sägespänen oder Korkabfällen als Xylolith für Fußbodenbelag und ähnliche Zwecke verwendet wird.

Magnesiumoxyd, Magnesia, Gebrannte Magnesia, Bittererde, Magnesia usta, MgO, wird dargestellt durch Erhitzen des basisch-kohlensauren Magnesiums (Magnesiumkarbonats), welches unter Abgabe von Kohlendioxyd und Wasser zu Magnesiumoxyd zerfällt:

$$4\,MgCO_3 \cdot Mg(OH)_2 + 4\,H_2O = 5\,MgO + 4\,CO_2 + 5\,H_2O.$$

Darstellung: Man drückt basisch-kohlensaures Magnesium in einen unglasierten irdenen Topf fest ein und setzt diesen, mit einem Deckel versehen, einer nicht zu starken, andauernden Hitze aus. Läßt die durch das Entweichen von Kohlendioxyd und Wasser bewirkte wellenförmige Bewegung auf der Oberfläche der Masse nach, so entnimmt man der Mitte eine Probe, rührt diese mit etwas Wasser an und fügt einige Tropfen Salzsäure hinzu. Erfolgt die Auflösung der Magnesia ohne Aufbrausen, entweicht also kein Kohlendioxyd mehr, so kann die Zersetzung des Karbonats als beendigt angesehen werden.

Durch allzu heftiges Glühen wird Magnesiumoxyd dichter und selbst kristallinisch. In England pflegt man zur Darstellung von Magnesiumoxyd ein dichteres Magnesiumkarbonat anzuwenden und erzielt dann die spezifisch schwerere Form.

Eigenschaften und Prüfung: Gebrannte Magnesia, MgO, Mol.-Gew. 40,32, ist ein leichtes, weißes, feines, in Wasser sehr wenig lösliches Pulver, das von verdünnten Säuren leicht aufgenommen wird.

Die mit verdünnter Schwefelsäure bewirkte Lösung gibt nach Zusatz von Ammoniumchloridlösung und überschüssiger Ammoniakflüssigkeit mit Natriumphosphatlösung einen weißen, kristallinischen Niederschlag von Ammonium-Magnesiumphosphat, $Mg(NH_4)PO_4 + 6H_2O$.

Magnesiumoxyd wird geprüft auf Alkalisalze, besonders Natriumkarbonat, ferner auf Magnesiumsubkarbonat, Sulfate, Kalziumsalze, fremde Metalle, besonders auch Eisen (s. Arzneibuch).

Medizinische Anwendung: Innerlich gegen Hyperazidität des Magensaftes (Dosis 0,3—1,5 g), gegen Vergiftung mit Säuren und als Abführmittel (Dosis 2—10 g).

Magnesiumsuperoxyd, Magnesiumperhydrol, Magnesium peroxydatum, MgO_2, in reiner Form bisher nicht erhalten. Superoxyd haltende Präparate werden unter dem Namen Hopogan therapeutisch verwendet. Diese und andere Magnesiumsuperoxyde des Handels sind indes vielfach Gemische aus Magnesiumoxyd und Kalziumsuperoxyd. D. A. B. VI verlangt einen Gehalt von mindestens 25 % MgO_2 (Mol.-Gew. 56,32). Magnesiumsuperoxyd ist in verdünnten Säuren unter Bildung von Wasserstoffsuperoxyd leicht löslich. Wird 1 ccm einer Lösung von 0,1 g Magnesiumsuperoxyd in einer Mischung von 1 ccm verdünnter Schwefelsäure und 9 ccm Wasser mit 5 ccm Äther und einigen Tropfen Kaliumdichromatlösung geschüttelt, so färbt sich der Äther tiefblau. Der Rest der Lösung des Magnesiumsuperoxyds in verdünnter Schwefelsäure gibt nach Zusatz von überschüssiger Ammoniakflüssigkeit und so viel Salmiaklösung, daß sich der entstandene Niederschlag wieder löst, mit Natriumphosphatlösung einen weißen, kristallinischen Niederschlag von Ammonium-Magnesiumphosphat (s. oben).

Gehaltsbestimmung: 0,2 g Magnesiumsuperoxyd werden mit 10 g Kaliumjodidlösung und 2 ccm Salzsäure versetzt. Die Mischung wird unter häufigem Umschwenken etwa $1/2$ Stunde lang stehen gelassen und mit $\frac{n}{10}$ -Natriumthiosulfatlösung titriert. Hierbei müssen für je 0,2 g Magnesiumsuperoxyd mindestens 17,8 ccm $\frac{n}{10}$ -Natriumthiosulfatlösung verbraucht werden, entsprechend einem Mindestgehalte von 25 % Magnesiumsuperoxyd.

1 ccm $\frac{n}{10}$ -Natriumthiosulfatlösung = 0,002816 MgO_2, 17,8 ccm daher 0,002816 · 17,8 = 0,0501248 g MgO_2, das sind 0,0501248 · 500 = rund 25 % MgO_2.

Medizinische Anwendung: Innerlich zu 0,2—0,5 g mehrmals täglich in Pulvern oder Tabletten bei Hyperazidität, bei Dünndarmgärungen und habitueller Obstipation mäßigen Grades.

Magnesiumhydroxyd, Magnesiahydrat, Magnesia hydrica, $Mg(OH)_2$, wird aus den Lösungen der Magnesiumsalze auf Zusatz von Alkalihydroxyden als weißer, gallertartiger Niederschlag gefällt:

$$MgSO_4 + 2NaOH = Mg(OH)_2 + Na_2SO_4.$$

Getrocknet bei 100° bildet Magnesiumhydroxyd ein weißes, schwach alkalisch reagierendes Pulver, das bei stärkerem Erhitzen Wasser verliert und in Magnesiumoxyd übergeht.

Frisch gefälltes Magnesiumhydroxyd wird auf Zusatz von Ammoniumsalzen leicht gelöst. Sind daher in der Lösung eines Magnesiumsalzes Ammoniumsalze anwesend, so erfolgt auf Zusatz von Alkali keine Fällung.

Unter dem Namen Magnesiagemisch oder Magnesiamixtur wird eine Magnesiumhydroxyd enthaltende Flüssigkeit für analytische Zwecke benutzt (s. Phosphorsäure, S. 87).

Magnesiumsulfat, Schwefelsaures Magnesium, Bittersalz, Magnesium sulfuricum, $MgSO_4 + 7H_2O$, Mol.-Gew. 246,50, kommt im Meerwasser und in vielen Mineralwässern gelöst vor. Diese führen den Namen Bitterwässer (Friedrichshaller, Saidschützer usw.). Mit 1 Mol. und mit 7 Mol. Wasser kristallisiert, findet sich Magnesiumsulfat in den Staßfurter Abraumsalzen; ersteres heißt Kieserit, letzteres Reichardtit. Kaïnit ist ein Magnesiumsulfat-Kaliumchlorid $KCl \cdot MgSO_4 \cdot 3H_2O$, Polyhalit ein Kalzium-Magnesium-Kaliumsulfat $K_2SO_4 \cdot MgSO_4 \cdot 2CaSO_4 \cdot 2H_2O$. Diese Mineralien dienen wie die in Mineralwasserfabriken durch Behanden von Magnesit (Magnesiumkarbonat) und Dolomit (Kalzium-Magnesiumkarbonat) mit Schwefelsäure erhaltenen Rückstände zur Darstellung des offizinellen, mit 7 Mol. Wasser kristallisierenden Magnesiumsulfats.

In den Kohlendioxydentwicklungsgefäßen der Mineralwasserfabriken hinterbleibt bei Verwendung von Magnesit und Schwefelsäure:

$$MgCO_3 + H_2SO_4 = MgSO_4 + H_2O + CO_2,$$

ein durch Eisen, Mangan und andere Stoffe verunreinigtes Magnesiumsulfat. Man löst es in Wasser, erwärmt unter Einleiten von Chlor, wodurch das Eisen oxydiert und sodann auf Zusatz von frisch gefälltem Magnesiumhydroxyd niedergeschlagen wird. Nach dem Absitzen filtriert man, säuert das Filtrat mit etwas Schwefelsäure an und dampft bis zum Beginn der Kristallisation ein. Man füllt die Sulfatlauge sodann in Holzbottiche, stört die Kristallisation durch häufigeres Umrühren und erhält hierdurch ein kleinkristallinisches Salz.

Eigenschaften und Prüfung: Magnesiumsulfat besteht, langsam kristallisiert, aus großen, durchsichtigen Prismen mit 7 Mol. H_2O. Das durch gestörte Kristallisation erhaltene handelsübliche Salz bildet kleine, farblose, an der Luft kaum verwitternde, prismatische Kristalle von bitterem, salzigem Geschmack. Es löst sich in 1 T. Wasser von 20^0 und in 0,3 T. siedendem Wasser. In Weingeist ist es unlöslich. Die wässerige Lösung des Magnesiumsulfats reagiert auf Lackmus neutral, während das im gleichen System kristallisierende giftige Zinksulfat Lackmus rötet.

Erhitzt man Magnesiumsulfat in einer Porzellanschale im Wasserbade unter bisweiligem Umrühren, so verlieren 100 T. 35—37 Gewichtsteile Wasser, und es verbleibt ein Magnesiumsulfat mit noch annähernd 2 Mol. Wasser. Man schlägt das Pulver durch ein Sieb und verwendet es in den Fällen, wo Magnesium sulfuricum siccum arzneilich verordnet ist. Erwärmt man dieses Pulver längere Zeit, so verliert es noch 1 Mol. Wasser und geht in die Verbindung $MgSO_4 + H_2O$ über. Die letzte Molekel Wasser (Konstitutionswasser) läßt sich erst beim Erhitzen über 200^0 austreiben.

Bei der Prüfung ist Rücksicht zu nehmen auf einen Gehalt an Alkalisalzen, auf Arsenverbindungen, auf freie Schwefelsäure, fremde Metalle, besonders noch auf Eisen und Chlorid (s. D. A. B. VI).

Medizinische Anwendung: Innerlich als Abführmittel, Dosis 10—50 g in $^1/_4$—$^3/_4$ Liter Wasser. Intramuskulär auch intravenös in 10—20proz. Lösung 10—20 ccm mehrmals täglich, krampfstillend bei Tetanus, bei Tetanie, auch bei Pyloruskrampf, Gallensteinkolik, Blasenkrampf. Trotz guter Krampfstillung kommen tödliche Ausgänge vor. Gefahr der Atemlähmung, bei erschwerter oder aussetzender Atmung Lobelininjektion!

Magnesiumphosphate. Die Magnesiumsalze der Phosphorsäure entsprechen hinsichtlich ihrer Zusammensetzung den Phosphaten der alkalischen Erden. Das neutrale oder tertiäre Phosphat, $Mg_3(PO_4)_2$, findet sich in kleiner Menge in den Knochen als Begleiter des Kalziumphosphats und in Pflanzenaschen. Das sekundäre Magnesiumphosphat, $MgHPO_4 + 7H_2O$, wird durch Fällen der Lösung eines Magnesiumsalzes mit sekundärem Natriumphosphat erhalten.

Ein Ammonium-Magnesiumphosphat scheidet sich zuweilen aus faulendem Harn ab. Es findet sich auch in den Harnsteinen pflanzenfressender Tiere, im Guano, in alten Düngergruben (Struvit). Künstlich wird es erhalten durch Fällen einer Magnesiumsalzlösung mit Natriumphosphat bei Gegenwart von Ammoniak und Ammoniumsalz. Die Fällung stellt ein weißes kristallinisches Pulver dar von der Zusammensetzung $Mg(NH_4)PO_4 + 6H_2O$. Bei starkem Erhitzen geht es unter Fortgang von Wasser und Ammoniak in Magnesium-pyrophosphat, $Mg_2P_2O_7$, über.

Magnesiumkarbonate. Ein Magnesiumkarbonat findet sich, in Rhomboedern kristallisiert, als Magnesitspat oder Talkspat, in derben Massen als Magnesit, mit Kalziumkarbonat in Verbindung als Dolomit, $MgCO_3 \cdot CaCO_3$, vor.

Ein basisch-kohlensaures Magnesium ist das

Magnesium carbonicum oder die Magnesia alba des Arzneibuches. Je nach der Darstellungsweise von verschiedener Zusammensetzung, z. B. $(MgCO_3)_3 \cdot Mg(OH)_2 + 3H_2O$ oder $(MgCO_3)_4 \cdot Mg(OH)_2 + 4H_2O$.

Darstellung: Man erwärmt eine Lösung von 1 kg kristallisiertem Magnesiumsulfat in 9 kg Wasser auf 60^0 und versetzt unter Umrühren mit einer gleich warmen Lösung von 1 kg kristallisiertem Natriumkarbonat in 9 kg Wasser. Der entstehende weiße Niederschlag wird dekantierend ausgewaschen, auf ein dichtes leinenes Kolatorium gebracht und so lange mit Wasser nachgewaschen, bis das Filtrat auf Zusatz von Bariumnitratlösung keine Trübung mehr zeigt, also kein schwefelsaures Salz mehr nachweisbar ist. Hierauf preßt man den Niederschlag aus und trocknet ihn, in viereckige Stücke geformt, an der Luft oder bei sehr gelinder Wärme in dem Trockenschrank.

Eigenschaften und Prüfung: Basisches Magnesiumkarbonat, Magnesium carbonicum, bildet weiße, leichte, lose zusammenhängende, zu einem lockeren weißen Pulver zerreibliche Massen, die in Wasser nur sehr wenig löslich sind, ihm aber schwach alkalische Reaktion erteilen. Von verdünnten Säuren wird es unter lebhafter Kohlendioxydentwicklung gelöst. Seine Zusammensetzung ist je nach der bei der Fällung herrschenden Temperatur und je nach der verschiedenen Konzentration der verwendeten Lösungen eine wechselnde. Ein der Formel $(MgCO_3)_4 \cdot Mg(OH)_2 + 4H_2O$ entsprechendes Präparat wird erzielt, wenn man nach der mitgeteilten Vorschrift arbeitet.

Auf Verunreinigungen durch Alkalisalze, besonders Natriumkarbonat, sowie auf Eisen ist in gleicher Weise zu prüfen, wie bei Magnesia usta auf Metalle (Blei und Kupfer), Sulfat und Chlorid (s. D. A. B. VI).

Gehaltsbestimmung: 0,2 g basisches Magnesiumkarbonat müssen nach dem Glühen mindestens 0,08 g Rückstand hinterlassen, was einem Mindestgehalt von 24 % Magnesium entspricht. Dieser Rückstand muß nach dem Schütteln mit 8 ccm Wasser ein Filtrat liefern, das durch Ammoniumoxalatlösung innerhalb 5 Minuten höchstens schwach getrübt wird (Kalziumsalze).

Medizinische Anwendung: Wie Magnesia usta, als Abführmittel in Dosen von 3—8 g, als säurebindendes Mittel 0,5—2 g mehrmals täglich. Äußerlich als Streupulver bei Intertrigo kleiner Kinder. Zu Zahnpulvern.

Magnesiumsilikate. Diese kommen in verschiedener Zusammensetzung und als Doppelsilikate vor. Von technischer Bedeutung sind der Serpentin, $Mg_3Si_2O_7 + 2H_2O$, der Olivin, Mg_2SiO_4, Meerschaum, $Mg_2Si_3O_8 + 2H_2O$, Speckstein oder Talk, $Mg_3H_2Si_4O_{12}$. In allen genannten Magnesiumsilikaten finden sich mehr oder weniger große Mengen Eisen. Talk (Talcum) kommt in einer weichen, blendendweißen Form vor, die, gepulvert, der Haut hartnäckig anhaftet und diese schlüpfrig macht. Talkpulver dient daher als Versatzmittel für Farbsubstanzen zum Schminken und zur Herstellung von

Pudern. Man stäubt Talkpuder in Glacéhandschuhe, damit sie sich bequem anziehen lassen, benutzt es zum Aufsaugen von Fettflecken aus Zeugen. Man bestreut zu diesem Zweck die Fettflecke mit dem Talkpulver, bedeckt es mit Filtrierpapier und fährt mit einem heißen Bügeleisen darüber.

Zu den Doppelsilikaten des Magnesiums und Kalziums gehören die Augite, Hornblenden, der Asbest. Der faserige Asbest (Tremolith, Amianth, Strahlstein) findet bei chemischen Operationen mannigfache Verwendung. Man verfertigt Papier, Pappe, unverbrennliche Zeuge, Zelte usw. aus Asbest.

Nachweis von Magnesiumverbindungen.

Flammenfärbung: Magnesiumverbindungen färben die Flamme nicht.

Natriumhydroxyd und Natriumkarbonat rufen in den Lösungen der Magnesiumsalze weiße Niederschläge hervor von Magnesiumhydroxyd, bzw. Magnesiumkarbonat, die in Ammoniumsalzen löslich sind; bei Gegenwart von Ammoniumsalzen wird daher durch Alkalihydroxyde oder -karbonate kein Niederschlag erzeugt.

Sekundäres Natriumphosphat fällt bei Gegenwart von Ammoniak und Ammoniumsalz (Ammoniumchlorid) in Magnesiumsalzlösungen weißes kristallinisches Ammonium-Magnesiumphosphat:

$$HPO_4'' + NH_3 + Mg^{\cdot\cdot} \longrightarrow Mg(NH_4)PO_4.$$

Zink.

Zincum, $Zn = 65{,}38$. Zweiwertig. Obgleich bereits im Altertum das Zinkmineral Galmei oder Cadmia bekannt war und zur Herstellung von Messing benutzt wurde, findet sich Zink erst im 15. Jahrhundert als eigentümliches Metall erwähnt. Mitte des 18. Jahrhunderts beginnt dann in England die Gewinnung des Zinks aus seinen Erzen. In Schlesien (in Wesollo) wurde 1798 durch Johann Ruberg die erste Zinkhütte angelegt.

Vorkommen: Die hauptsächlichsten Zinkerze sind Galmei oder Zinkspat (Zinkkarbonat) und Zinkblende (Zinksulfid). Unter gewöhnlichem Galmei oder Kieselzinkerz wird ein Zinksilikat enthaltendes Zinkkarbonat verstanden. Seltener finden sich Zinkblüte, $ZnCO_3 \cdot Zn(OH)_2$, Zinkvitriol oder Goslarit, $ZnSO_4 + 7H_2O$, Zinkspinell oder Gahnit, $Al_2O_3 \cdot ZnO$.

Gewinnung: Während früher Galmei fast ausschließlich zur Zinkgewinnung benutzt wurde, findet jetzt meist Zinkblende hierzu Verwendung.

Galmei wird zuvor gebrannt (kalziniert), wobei Wasser und Kohlendioxyd entweichen und ein unreines Zinkoxyd zurückbleibt. Auch Zinkblende wird zunächst in das Oxyd übergeführt, indem sie nach dem Zerkleinern bei allmählich gesteigerter Temperatur geröstet wird. Hierbei entweicht Schwefeldioxyd. Ein kleiner Teil des Zinksulfids wird in Zinksulfat übergeführt. Das unreine Zinkoxyd wird mit Kohle gemengt und destilliert.

In den eisernen Vorlagen setzt sich eine graue, pulverige Masse, der Zinkstaub, aus einem Gemenge von fein verteiltem Zink und gegen 10 % Zinkoxyd bestehend, an. Das überdestillierende Zink ist meist noch mit Kadmium, Arsen, Blei verunreinigt. Man befreit es davon, indem man es einer mehrfach wiederholten Destillation unterwirft, und zwar fängt man den zuerst übergehenden, an Kadmium und Arsen reichen Dampf gesondert auf und verflüchtigt das Zink nicht vollständig. Häufig enthält Zink auch Phosphor.

Um ein chemisch reines, für analytische Zwecke benutzbares Zink zu gewinnen, destilliert man reines Zinkoxyd mit Kohle, oder erhitzt Zinkchlorid mit Natriumkarbonat und Kohle oder reduziert ein Gemenge von reinem Zinkchlorid und Natriumchlorid durch metallisches Natrium. Auch kann man chemisch reines Zink auf elektrolytischem Wege gewinnen: Man hängt Rohzink als Anode in eine Chlorzinklösung und scheidet reines Zink an der Kathode ab.

Endlich gelingt es, aus einer Zinksulfatlösung mit Aluminiumblech als Kathode und Bleiblech als Anode bei einer Spannung von 2,6 Volt Zink rein niederzuschlagen.

Zur Herstellung des granulierten oder gekörnten Zinks (Zincum granulatum) schmilzt man Zink und trägt das flüssige Zink in kaltes Wasser ein.

Eigenschaften: Bläulichweißes, glänzendes Metall von blättrig-kristallinischem Bruche vom spez. Gew. 6,922 für ungepreßtes Metall, 7,2 für gepreßtes. Schmelzpunkt 419,4°, Siedepunkt 906°. Mit dem Namen Zinkwolle bezeichnet man feinst ausgezogenes Metall. In der Kälte, sowie beim Erhitzen über 200° wird Zink so spröde, daß es mit dem Hammer leicht zertrümmert werden kann. Wird es bei Luftzutritt stark erhitzt, so verbrennt es mit glänzendem grünlichen Licht zu Zinkoxyd, welches sich in lockeren, weißen Flocken niederschlägt, die den Namen Flores Zinci oder Lana philosophica führen.

Von reiner, trockener, kohlendioxydfreier Luft, auch unter sauerstoff- und luftfreiem Wasser wird Zink nicht angegriffen. Feuchte und kohlendioxydhaltige Luft überziehen es mit einer weißgrauen Schicht von Zinkoxyd, bzw. von basischem Zinkkarbonat.

Verdünnte Salz- und Schwefelsäure lösen Zink unter Wasserstoffentwicklung zu Zinkchlorid, bzw. Zinksulfat. Auch Kalium- oder Natriumhydroxydlösungen nehmen in der Hitze Zink unter Wasserstoffentwicklung auf. Bei Gegenwart von Eisen oder Platin findet diese Einwirkung schon bei gewöhnlicher Temperatur statt. Verschiedene Metalle, wie Blei, Kupfer, Kadmium, Quecksilber werden aus ihren Salzlösungen durch Zink gefällt.

Zink entzieht dem Kupfer seine Ionenladung, da das Zink größere Neigung hat, in den Ionenzustand überzugehen; es besitzt größere „Lösungstension".

Anwendung: Wegen seiner leichten Schmelz- und Gießbarkeit dient Zink zur Herstellung von Metallgußgegenständen (Ornamenten, Statuen usw.), die mit einem Anstrich versehen oder verkupfert oder bronziert werden. Zinkblech ersetzt vielfach das teure Kupferblech und das leichter vergängliche Weißblech. Zinkgegenstände, der Atmosphäre ausgesetzt, umkleiden sich bald mit einer Schicht von basisch-kohlensaurem Zink, die fest aufliegt und das Metall vor der zerstörenden Einwirkung der Atmosphäre schützt. Als Wasserleitungsröhren benutzt man außer Bleiröhren auch verzinkte Eisenröhren.

Löst man 2 T. Cuprinitrat und 3 T. Cuprichlorid in 64 T. Wasser und 8 T. Salzsäure vom spez. Gew. 1,1, so erhält man eine Flüssigkeit, die blankes Zinkblech tief sammetschwarz färbt. Der Überzug haftet sehr fest. Die Flüssigkeit dient als Tinte zum Schreiben auf Zinkblech. Ätzt man das so beschriebene (oder auch mit Zeichnungen bedeckte) Blech mit sehr verdünnter Salpetersäure (1 T. Säure vom spez. Gew. 1,2 und 8 T. Wasser), so werden die Schriftzüge oder Zeichnungen erhaben. Auf diese Weise lassen sich Platten zum Abdruck herstellen (Zinkographie).

Zufolge seiner starken elektromotorischen Wirksamkeit wird Zink zur Herstellung der Lösungselektroden in galvanischen Elementen benutzt.

Zink bildet mit anderen Metallen wichtige Legierungen, wie Messing, Tombak, Neusilber usw.

Zinksalze wirken, innerlich eingenommen, brechenerregend und sind in größerer Dosis giftig.

Zinkchlorid, Chlorzink, Zinkbutter, Zincum chloratum, $ZnCl_2$.

Darstellung: Man übergießt gekörntes Zink mit verdünnter Salzsäure, worauf unter Wasserstoffentwicklung Zinkchlorid in Lösung geht:

$$Zn + 2\,HCl = ZnCl_2 + H_2.$$

Durch Verwendung eines Überschusses von metallischem Zink verhindert man, daß Blei, Kupfer oder Arsen gelöst werden. Die abgegossene Lösung erwärmt man unter Hinzufügung von etwas Chlorwasser, wodurch das mitgelöste Eisen oxydiert, d. h. das Eisenchlorür in Eisenchlorid übergeführt wird. Hierauf versetzt man die Lösung mit etwas frisch gefälltem reinen Zinkhydroxyd, wodurch sich Ferrihydroxyd niederschlägt:

$$2\,FeCl_3 + 3\,Zn(OH)_2 = 2\,Fe(OH)_3 + 3\,ZnCl_2.$$

Die von dem Niederschlag abfiltrierte Flüssigkeit wird im Sandbade vorsichtig zur Trockne verdunstet. Hierbei entsteht durch teilweise Abspaltung von Salzsäure eine kleine Menge basisches Zinkchlorid (Zinkoxychlorid).

Eigenschaften und Prüfung: Weiße, bröcklige, stark ätzend wirkende, sehr zerfließliche Masse, welche von 0,4 T. Wasser, leicht von Alkohol und Alkalien gelöst wird. Ein kleiner Gehalt an basischem Zinkchlorid liefert mit Wasser eine trübe Lösung, die aber auf Zusatz von Salzsäure sich wieder klärt.

Zinkoxychlorid, Zn_2OCl_2, entsteht durch Digerieren einer Zinkchloridlösung mit Zinkoxyd und bildet eine anfangs knetbare, allmählich fest werdende Masse, die als Kitt besonders in der Zahntechnik Verwendung findet. Auch basisches Zinkphosphat wird zu gleichem Zweck gebraucht.

Eine Reinheitsprüfung erstreckt sich auf Zinkoxychlorid, Zinksulfat, fremde Metalle, Alkali-, Erdalkali- und Magnesiumsalze (s. D. A. B. VI).

Anwendung: Zinkchlorid wird als Katalysator und wasserentziehendes Mittel bei vielen chemischen Operationen angewendet, ferner als Imprägnierungsmittel für Holz. Die Lösung des Zinkchlorids in Wasser führt Zellulose in eine stärkeähnliche, mit Jod sich blau färbende Masse über. Chlorzinkjodlösung wird deshalb zum mikroskopischen Nachweis der Zellmembranen benutzt (s. Zinkjodid).

Für medizinische Zwecke wird Zinkchlorid äußerlich als Desinfiziens zu Verbandswässern (0,5—1 %), Augenwässern (0,02 %), zu Urethralinjektionen (0,05—0,1 %), Scheidenspülungen (0,5 %), zum Tränken von Vaginaltampons (0,5—1 %) verwendet.

Zinkjodid, Jodzink, Zincum jodatum, ZnJ_2, entsteht beim Erwärmen von Zink mit Jod und Wasser und wird beim Eindampfen wasserfrei in Oktaedern erhalten. Eine Lösung von Zinkjodid, mit Stärkelösung versetzt, bildet die als Reagenz auf salpetrige Säure und freies Chlor benutzte **Jodzinkstärkelösung** (s. D. A. B. VI).

Zum mikroskopischen Nachweis von Zellulose wird Chlorzinkjodlösung wie folgt bereitet: 30 g Zinkchlorid, 5 g Kaliumjodid, 0,8 g Jod und 14 ccm Wasser.

Zinkoxyd, Zincum oxydatum, ZnO. Mol.-Gew. 81,38. Mit dem Namen Lana philosophica, Nix alba (daraus Nihilum album), Tutia alexandrina bezeichnet man unreine Zinkoxyde. Arzneilich verwendet werden zwei verschiedene Zinkoxyde: Zincum oxydatum venale und Zincum oxydatum purum. Ersteres ist ein durch fremde Metalloxyde verunreinigtes Zinkoxyd, welches zur Herstellung von Streupulvern, Zinksalbe, Zinkpasta Verwendung findet und durch Verbrennen des rohen käuflichen Zinks dargestellt wird. Es heißt auch Zinkweiß, Zinkblumen, Flores Zinci und dient mit Bleiweiß und Firnis vermischt als Anstrichfarbe.

Das reine, als innerliches Arzneimittel gebrauchte Zinkoxyd besitzt eine gelblichweiße Farbe und wird durch Fällen einer heißen Zinksalzlösung mit Natriumkarbonat und Erhitzen des gefällten basischen Zinkkarbonats, bis Wasser und Kohlendioxyd entwichen sind, dargestellt:

$$5\,ZnCl_2 + 5\,Na_2CO_3 + 3\,H_2O = 2\,ZnCO_3 \cdot 3\,Zn(OH)_2 + 10\,NaCl + 3\,CO_2.$$

$$2\,ZnCO_3 \cdot 3\,Zn(OH)_2 = 5\,ZnO + 3\,H_2O + 2\,CO_2.$$

Darstellung von Zincum oxydatum nach D. A. B. VI: Man löst 11 T. Natriumkarbonat in 100 T. Wasser, erhitzt die Lösung in einer Porzellanschale zum Sieden und trägt allmählich unter weiterem Erhitzen und unter Umrühren eine Lösung von 10 T. Zinksulfat in 40 T. Wasser ein. Wird von der über dem ausgeschiedenen Niederschlage befindlichen Flüssigkeit Lackmuspapier nicht mehr gebläut, so fügt man noch etwas Natriumkarbonatlösung hinzu und erhitzt von neuem. Nach Absetzen des Niederschlags wäscht man ihn einige Male dekantierend mit Wasser, bringt ihn auf ein leinenes Seihtuch und wäscht so lange mit reinem Wasser aus, bis die ablaufende Flüssigkeit durch Bariumnitratlösung nicht mehr verändert wird. Man preßt sodann die Fällung ab, trocknet und glüht unter zeitweiligem Umrühren in einem Tiegel, bis eine Probe nach dem Erkalten beim Übergießen mit verdünnter Schwefelsäure keine Gasblasen (Kohlendioxyd) mehr entwickelt.

Zinkoxyd hat die Eigenschaft, beim Erhitzen eine gelbe Farbe anzunehmen welche beim Erkalten in eine fast weiße Farbe übergeht.

Prüfung: Zinkoxyd wird auf Verunreinigungen durch Arsen, Sulfat, Chlorid, Karbonat, Kalk, Magnesia und auf fremde Metalle geprüft, das rohe Zinkoxyd besonders auf Bariumsulfat, Gips und Bleisulfat (s. D. A. B. VI).

Medizinische Anwendung: Innerlich zu 0,05—0,4 g mehrmals täglich in Pulvern oder Pillen früher gegen chronische Neurosen, auch bei Chorea und Epilepsie, auch gegen die Reflexkrämpfe der Kinder bei der Dentition zu 0,06 g 3stündlich. Äußerlich als schützendes, austrocknendes und leicht adstringierendes Mittel zu Streupulvern (Zinkpuder: Zinc. oxyd. 5—10 g Amylum oder Talc. ad 100 g), bei Intertrigo. Pasta Zinci besteht aus 1 T. Zinc. oxyd. crud., 1 T. Amyl. Tritici, 2 T. Vaselin; Pasta Zinc. salicyl. mit 2 % Salicylsäure. Zu äußerlichen Zwecken, z. B. zur Herstellung der Zinksalbe, wird meist das Zinc. oxyd. crud. verwendet.

Zinksuperoxyd, Zinkperhydrol entsteht beim Behandeln von Zinkoxyd mit Wasserstoffsuperoxyd und bildet ein weißes wasserunlösliches Pulver. Es wird äußerlich als Wundpulver, in Form einer 10—25proz. Salbe bei Ulcus cruris, auch bei Brandwunden verwendet.

Zinkhydroxyd, Zinkoxydhydrat, $Zn(OH)_2$, entsteht beim Versetzen von Zinksalzlösungen mit Kalium- oder Natriumhydroxyd oder Ammoniak:

$$ZnCl_2 + 2KOH = Zn(OH)_2 + 2KCl$$

als ein weißer, gallertartiger Niederschlag, welcher von einem Überschuß des Fällungsmittels zu Zinkoxydkalium bez. -natrium gelöst wird:

$$Zn(OH_2) + 2KOH = Zn(OK)_2 + 2H_2O.$$

Beim Ammoniak erfolgt die Bildung einer löslichen komplexen Verbindung $[Zn(NH_3)_4](OH)_2$.

Zinksulfid führt den Namen **Lithopone** oder **Zinkolith** und wird als Malerfarbe verwendet. Durch Fällen einer Zinksulfatlösung mit Schwefelbarium dargestellt. Es liegt also ein Gemisch von Bariumsulfat und Zinksulfid vor.

Zinkphosphat, Phosphorsaures Zink, Zincum phosphoricum, $Zn_3(PO_4)_2 + 4H_2O$, wird als weißer, kristallinischer Niederschlag beim Versetzen einer heißen Natriumphosphatlösung mit Zinksulfatlösung erhalten.

Zinksulfat, Schwefelsaures Zink, Zinkvitriol, Zincum sulfuricum, Vitriolum Zinci, $ZnSO_4 + 7H_2O$. Ein unreines Zinksulfat (Zincum sulfuricum crudum) wird durch Auslaugen gerösteter Zinkblende mit schwefelsäurehaltigem Wasser und Abdampfen zur Kristallisation dargestellt.

Reines Zinksulfat erhält man durch Behandeln von Zink mit verdünnter Schwefelsäure, wobei die bei der Gewinnung von Zinkchlorid aus rohem Zink besprochenen Reinigungsmethoden in Anwendung kommen.

Eigenschaften und Prüfung: Zinksulfat, $ZnSO_4 + 7H_2O$, Mol.-Gew. 287,56, bildet farblose, an trockener Luft langsam verwitternde, in 0,8 T. Wasser lösliche, in Weingeist aber unlösliche Kristalle. Die wässerige Lösung besitzt einen scharfen Geschmack und rötet blaues Lackmuspapier. Man prüft Zinksulfat auf Verunreinigungen durch Tonerde, fremde Metalle, Ammoniumsalze, Nitrat, Chlorid, Arsenverbindungen und überschüssige Säure. Letztere stellt man fest durch Schütteln von 5 g Zinksulfat mit 5 ccm Weingeist und Filtrieren nach 10 Minuten. Das Filtrat darf nach dem Verdünnen mit 5 ccm Wasser Lackmuspapier nicht verändern (s. D.. A. B. VI).

Anwendung: Zinksulfat wird als Beize in der Kattundruckerei verwendet, in der Medizin äußerlich als Adstringens besonders in der Ophthalmologie und gegen Erkrankungen der Harnröhre. Zu Urethralinjektionen in Lösungen (0,5—1 %), als Augentropfen (0,05 bis 0,1 : 30,0), Augensalben 0,05—0,1 g : 10 g Vaselin) bei Konjunktivitis.

Vorsichtig aufzubewahren.

Nachweis von Zinkverbindungen.

Beim Erhitzen mit Soda auf Kohle geben Zinkverbindungen vor der Lötrohrflamme einen in der Hitze gelben, nach dem Erkalten nahezu weißen Beschlag von Zinkoxyd.

Betupft man den Glührückstand mit Kobaltnitratlösung und glüht von neuem, so bildet sich ein schön grün gefärbter Stoff: Rinmanns Grün, ein Kobaltozinkat CoO_2Zn.

Aus Zinksalzlösungen fällen

Kalium- oder Natriumhydroxyd oder Ammoniak weißes, gallertiges Zinkhydroxyd, das im Überschuß der Fällungsmittel löslich ist, Natriumkarbonat weißes, basisches Zinkkarbonat,

Schwefelammonium weißes Schwefelzink (Zinksulfid, ZnS), das in Essigsäure unlöslich ist, von Salz- oder Schwefel- oder Salpetersäure aber gelöst wird.

Kaliumferrozyanid bewirkt in Zinksalzlösungen die Abscheidung von weißem Zinkferrozyanid:

$$[Fe(CN)_6]'''' + 2\,Zn\ddot{} \longrightarrow Zn_2[Fe(CN)_6]\,.$$

Cadmium (Kadmium).

Cadmium, Cd = 112,41. Zweiwertig. Kadmium wurde im Jahre 1817 fast gleichzeitig von Strohmeyer in Göttingen und von Hermann in Schönebeck im Zinkoxyd entdeckt.

Vorkommen: Als steter Begleiter des Zinks in der Zinkblende und dem Galmei. Kadmium findet sich bei der Zinkdestillation in den zuerst übergehenden Anteilen und wird auf diese Weise gewonnen. Aus Schwefelkadmium, CdS, besteht das seltene Mineral Greenockit.

Eigenschaften: Zinnweißes, glänzendes Metall vom spezifischen Gewicht für ungepreßtes Metall 8,60, für gepreßtes 8,65. Schmelzpunkt 320,9°, Siedepunkt 778°, im Vakuum bei 440°. An der Luft wird Kadmium nur wenig verändert. An der Luft erhitzt, verbrennt es mit braunem Rauch zu Kadmiumoxyd. Gegenüber Lösungsmitteln verhält es sich ähnlich wie Zink. Aus seinen Lösungen wird es durch Zink gefällt. Die in Kadmiumsalzlösungen mit Hilfe von Kalium- oder Natriumhydroxyd bewirkten weißen Niederschläge von Kadmiumhydroxyd werden — in Gegensatz zu Zink — von einem Überschuß des Fällungsmittels nicht gelöst. Wohl aber löst Ammoniak Kadmiumhydroxyd leicht auf zu der komplexen Verbindung $[Cd(NH_3)_4](OH)_2$.

Anwendung: Ein Kadmiumamalgam wird an Stelle von Goldplomben beim Plombieren von Zähnen benutzt.

Kadmiumjodid, CdJ_2, findet in der Photographie Verwendung. Ein Kalium-Kadmiumjodid, $CdJ_2 \cdot 2\,KJ + 2\,H_2O$, wird als Alkaloidreagenz benutzt. Man stellt es dar durch Lösen von 10 T. Kadmiumjodid und 20 T. Kaliumjodid in 70 T. Wasser.

Kadmiumsulfid, Schwefelkadmium, wird aus alkalischen oder schwach sauren Kadmiumsalzlösungen mit Schwefelwasserstoff als gelber, amorpher Niederschlag abgeschieden, der von Schwefelammon nicht gelöst wird. In der Malerei als gut beständige Farbe benutzt (Kadmiumgelb).

Kadmiumsulfat, Schwefelsaures Kadmium, Cadmium sulfuricum, $3\,CdSO_4 + 8\,H_2O$, wird durch Auflösen von Kadmiummetall in verdünnter Schwefelsäure (welcher zweckmäßig eine kleine Menge Salpetersäure beigemischt ist) erhalten.

Große farblose, wasserlösliche Kristalle. Die Lösung rötet blaues Lackmuspapier.

Medizinische Anwendung: An Stelle von Zinksulfat in der Augenheilkunde, auch bei Gonorrhöe.

Nachweis von Kadmiumverbindungen.

Beim Erhitzen mit Soda auf Kohle geben Kadmiumverbindungen vor der Lötrohrflamme einen braungelben Beschlag von Kadmiumoxyd, ein sog. Pfauenauge.

Aus Kadmiumsalzlösungen fällen

Kalium- oder Natriumhydroxyd weißes Kadmiumhydroxyd, das im Überschuß der Fällungsmittel nicht löslich ist,

Schwefelwasserstoff gelbes Kadmiumsulfid, das von kalten verdünnten Säuren nicht aufgenommen wird.

Quecksilber.

Hydrargyrum, Hg = 200,61. Ein- und zweiwertig. Quecksilber war schon im Altertum, doch später als Gold und Silber bekannt.

Der Name Quecksilber wird von dem deutschen Wort „queck" oder „quick" (lebhaft, regsam) und Silber abgeleitet, bedeutet somit dasselbe, was der frühere lateinische Name **Argentum vivum** besagt. Dem Griechischen entlehnt ist die Bezeichnung Hydrargyrum (ὕδωρ, hydor, Wasser und ἄργυρος, argyros, Silber).

Vorkommen: Nur selten gediegen als **Jungfern-Quecksilber** in Form kleiner Tröpfchen in das Gestein eingesprengt; meist in Verbindung mit anderen Elementen, besonders mit Schwefel als **Zinnober** oder **Cinnabarit,** HgS. **Quecksilberhornerz** ist eine Chlorverbindung, Hg_2Cl_2, **Coccinit** eine Jodverbindung. Mit organischen Stoffen (**Idrialin**) gemischt, bildet Zinnober den **Idrialit.**

Die Hauptfundorte des Zinnobers sind Almadén in Spanien, Idria in Krain, einige Gegenden Steiermarks, Kärntens, Ungarns, in Nikitowka in Südrußland sowie China, Peru, Kalifornien, Mexiko, Neuseeland.

Gewinnung: 1. Das zinnoberhaltige Gestein wird in Schachtöfen geröstet, welche mit Verdichtungskammern für das dampfförmig entweichende Metall in Verbindung stehen. Durch den Sauerstoff der zugeleiteten Luft verbrennt der Schwefel des Zinnobers zu Schwefeldioxyd.

2. Man versetzt Zinnober mit Eisenhammerschlag (Ferroferrioxyd) und erhitzt in glockenförmigen Öfen. Es entweichen hierbei Quecksilberdämpfe, während Schwefeleisen zurückbleibt.

3. Zinnoberhaltiges Erz wird mit Ätzkalk gemischt und aus eisernen Retorten destilliert. In diesen bleiben Kalziumsulfid, Kalziumsulfit und Kalziumsulfat zurück.

In Europa wird die größte Menge Quecksilber in Spanien gewonnen, in den berühmten, über 2000 Jahre alten Gruben von Almadén. Nach der Entdeckung der reichen Quecksilberlager in Kalifornien und im nördlichen Mexiko (1850) sowie in China nahmen diese Länder die Konkurrenz mit dem europäischen Quecksilber auf. Die Jahresproduktion an Quecksilber beträgt zur Zeit gegen 4000 Tonnen. Spanien liefert hiervon ca. $^1/_3$.

Die Versendung des Quecksilbers geschieht zumeist in schmiedeeisernen Flaschen, welche gegen 30 kg Metall fassen, seltener in ledernen Schläuchen oder in Bambusrohr. Das Quecksilber des Handels ist niemals völlig rein und enthält gegen 2 % fremde Metalle, wie Blei, Kupfer, Wismut, Zinn, Silber, auch Staub und andere Unreinigkeiten. Um es von diesen zu befreien, läßt man es durch ein Filter laufen, in dessen Spitze ein kleines Loch gestochen ist. Enthält das Quecksilber fremde Metalle, so bildet sich auf der Oberfläche ein graues Häutchen, welches aus **Amalgamen,** Verbindungen des Quecksilbers mit anderen Metallen, besteht. Zwecks Reinigung gießt man Quecksilber in dünnem Strahl durch eine hohe Schicht kalter Salpetersäure oder schüttelt es mit Chromsäure- oder Ferrichloridlösung oder Schwefelsäure. Die das Quecksilber verunreinigenden Metalle werden hierdurch zuerst angegriffen. Man spült mit Wasser ab.

Eigenschaften: Flüssiges, stark silberglänzendes Metall vom spez. Gew. 13,596 bei 0°. Bei —38,89° wird es fest und bildet dann eine schmied- und hämmerbare Masse. Bei + 357,3° und 760 mm Druck siedet es. Schon bei mittlerer

Lufttemperatur gibt Quecksilber beträchtliche Mengen Dampf ab. Man muß sich daher hüten, wegen der Giftigkeit der Quecksilberdämpfe, das Metall im Zimmer zu verschütten.

Sauerstoff der Luft verändert reines Quecksilber bei gewöhnlicher Temperatur nicht; erhitzt man aber Quecksilber bis nahe zur Siedetemperatur, so überzieht es sich mit einer roten Schicht von Quecksilberoxyd. Schüttelt man Quecksilber anhaltend mit Wasser, Äther, Chloroform, Terpentinöl, so wird es in ein feines, graues Pulver, Aethiops per se, verwandelt. In solchem fein verteilten Zustande befindet sich Quecksilber in einer Anzahl pharmazeutischer Präparate. Durch Verreiben des Metalles mit Schweinefett entsteht der Aethiops adiposus oder das Unguentum Hydrargyri cinereum (graue Quecksilbersalbe), durch Verreiben mit Zucker der Aethiops saccharatus oder Mercurius saccharatus, mit Schwefelantimon der Aethiops antimonialis usw. Das in diesen Arzneiformen fein verteilte Quecksilber nennt man getötetes oder extingiertes.

Mit Chlor, Brom, Jod verbindet sich Quecksilber schon bei gewöhnlicher Temperatur; beim Zusammenreiben mit Schwefel bildet sich schwarzes Schwefelquecksilber, das beim Erwärmen mit Schwefelammon oder Schwefelalkalien in die rote Modifikation (Zinnober) übergeführt werden kann.

Von Salzsäure und kalter Schwefelsäure wird Quecksilber nicht angegriffen; heiße konz. Schwefelsäure führt es unter Entwicklung von Schwefeldioxyd je nach der dabei waltenden Temperatur in schwefelsaures Quecksilberoxydul oder -oxyd über. Salpetersäure löst das Metall unter Stickoxydentwicklung in der Kälte zu Oxydul-, in der Hitze zu Oxydsalz. Mit vielen Metallen vereinigt sich Quecksilber zu festen Stoffen, den Amalgamen. Beim Erhitzen dieser wird das Quecksilber verflüchtigt.

Ein kolloides Quecksilber (Hydrargol oder Hyrgol), das vom Wasser mit tiefbrauner Farbe aufgenommen wird, bereitet man wie folgt:

Durch Erhitzen einer Lösung von 22 g Stannochlorid (Zinnchlorür) in 100 ccm Wasser mit einer Lösung von 15 g Natriumkarbonat in 150 ccm Wasser fällt man Zinnoxydul, welches mit heißem Wasser ausgewaschen und in einem Gemisch von 17,5 g Salpetersäure (spez. Gew. 1,153) und 25 ccm Wasser gelöst wird. Nach dem Verdünnen auf 125 ccm mit Wasser gießt man in diese Lösung unter Umrühren eine mit ein wenig Salpetersäure hergestellte Lösung von 15 g Merkuronitrat in 250 ccm Wasser und fügt eine Ammoniumzitratlösung hinzu, die durch Lösen von 173 g Zitronensäure in der gleichen Menge Wasser, Neutralisieren mit Ammoniak und Verdünnen auf 450 ccm bereitet ist. Nach Absitzen des Niederschlags wird die überstehende Flüssigkeit abgehebert, der Niederschlag abgesaugt und über Schwefelsäure im Vakuum getrocknet. Das nach vorstehender Vorschrift dargestellte Hydrargol ist etwas zinnhaltig.

Quecksilber bildet zwei Reihen von Verbindungen: Die Quecksilberoxydul- oder Merkuro- (Hydrargyro-) Verbindungen und die Quecksilberoxyd- oder Merkuri- (Hydrargyri-) Verbindungen.

Einige Merkurosalze sind bimolekular.

Anwendung: Quecksilber findet eine weitgehende Anwendung sowohl in medizinischer wie technischer Hinsicht. Der medizinische Gebrauch erstreckt sich besonders auf die Bekämpfung der Syphilis, gegen welche äußerlich die Quecksilbersalbe, innerlich und subkutan verschiedene anorganische und organische Quecksilberpräparate Verwendung finden.

Technisch wird Quecksilber benutzt zur Füllung von Barometern, Thermometern, beim Ausbringen des Goldes oder Silbers nach der sog. Amalgamationsmethode, zur Herstellung verschiedener Amalgame, zur Bereitung von Knallquecksilber usw.

Merkurochlorid, Hydrargyrochlorid, Quecksilberchlorür, Kalomel, Calomel, Hydrargyrum chloratum, Hg_2Cl_2, Mol.-Gew. 472,14, kommt in der Natur vor als Quecksilberhornerz.

1. **Darstellung auf trockenem Wege.** 4 T. Quecksilberchlorid werden mit Weingeist besprengt, um beim Zerreiben ein Stäuben zu verhindern, und mit 3 T. metallischem Quecksilber innig gemischt. Das Gemisch wird hierauf in bedeckter Schale im Sandbade unter einem gut wirkenden Abzuge schwach erwärmt, bis der Weingeist verdampft ist und die graue Farbe sich in eine hellgelbe verwandelt hat. Die letzten Anteile freien Quecksilbers, welches nach obiger Vorschrift sich in geringem Überschuß befindet, um die Anwesenheit von unzersetztem Quecksilberchlorid ganz sicher auszuschließen, sind dann entwichen. Man schüttet die Masse in einen Kolben, eine Kochflasche oder ein Arzneiglas, so daß bis höchstens zu $^1/_4$ oder $^1/_3$ das betreffende Gefäß angefüllt wird, und unterwirft die Masse in einem Sandbad der Sublimation.

Das Gefäß wird anfangs bis an den Hals mit Sand umgeben und dieser nach und nach abgestrichen, je höher die Temperatur steigt, so daß schließlich die Sandschicht noch gegen 1 cm den Inhalt des Gefäßes überragt. Man verschließt dieses lose mit einem Kreide- oder Kohlestopfen. Ist die Sublimation beendet, so sprengt man den oberen Teil des Gefäßes ab und nimmt nach einigen Tagen das daran haftende Quecksilberchlorür ab. Unmittelbar nach der Sublimation kann man seine Entfernung vom Glase nur schwierig bewirken. Das Quecksilberchlorür wird in einer Reibschale von unglasiertem Porzellan zu einem feinen Pulver zerrieben, mit Wasser ausgewaschen, um etwa noch beigemengtes Quecksilberchlorid zu entfernen, und nach dem Auspressen bei gelinder Temperatur und unter Abschluß des Lichtes getrocknet.

Gewöhnlich benutzt man zur Sublimation in den Fabriken ein Gemisch von Merkurisulfat, Quecksilber und Natriumchlorid.

Das durch Sublimation gewonnene Merkurochlorid ist ein gelblich-weißes, bei hundertfacher Vergrößerung deutlich kristallinisches, fein geschlämmtes Pulver, welches in Wasser und Weingeist unlöslich ist und beim Erhitzen im Probierrohre sich, ohne zu schmelzen, verflüchtigt. Wässerige Alkalien schwärzen es unter Bildung von Merkurooxyd (daher der Name Kalomel, $\varkappa\alpha\lambda\delta\varsigma$ [kalos], schön und $\mu\acute{e}\lambda\alpha\varsigma$ [melas] schwarz). Es besteht auch die Auffassung, daß die Fällung ein Gemisch von Merkurioxyd und fein verteiltem met. Quecksilber bildet. Beim Schütteln des Kalomels mit Ammoniakflüssigkeit entstehen Salmiak und schwarzes Merkuroammoniumchlorid, $Hg_2Cl(NH_2)$ bez. ein Gemisch von weißem Präzipitat und Quecksilber. Am Licht zersetzt sich Kalomel langsam unter Ausscheidung von Quecksilber und Bildung von Merkurichlorid.

2. **Darstellung auf nassem Wege.** In eine Lösung von 3 T. Natriumchlorid in 15 T. Wasser gießt man eine solche von 10 T. Merkuronitrat und 1,8 T. reiner Salpetersäure vom spez. Gew. 1,53 in 88,5 T. Wasser:

$$Hg_2(NO_3)_2 + 2NaCl = Hg_2Cl_2 + 2NaNO_3.$$

Den Niederschlag wäscht man mit Wasser aus und trocknet ihn nach dem Auspressen bei gelinder Wärme zwischen Fließpapier an einem vor Licht geschützten Ort.

Das auf nassem Wege erhaltene Merkurochlorid ist ein weißes, zartes Pulver, welches durch starken Druck mit dem Pistill im Porzellanmörser gelb wird und in seinen sonstigen Eigenschaften mit dem auf trockenem Wege bereiteten Präparat übereinstimmt.

3. Man läßt die mittels des Sublimierverfahrens entstehenden Kalomeldämpfe in einen geräumigen Glas- oder Tonballon eintreten, in welchem gleichzeitig einströmender Wasserdampf das Quecksilberchlorür in sehr fein verteilter Form niederschlägt (Abb. 45).

Das solcherart gewonnene Merkurochlorid, **Hydrargyrum chloratum vapore paratum**, bildet ein weißes, nach starkem Reiben gelbliches Pulver, welches bei 150facher Vergrößerung vereinzelte Kriställchen zeigt.

Die Dampfdichte des Merkurochlorids entspricht oberhalb 400° der Formel HgCl, man nimmt jedoch an, daß der Dampf infolge der Dissoziation aus $Hg + HgCl_2$ besteht, weil ein eingeführtes Goldblättchen sich amalgamiert. Auf Grund dieser Beobachtung gibt man dem Merkurochlorid und anderen Merkurosalzen die doppeltmolekulare Formel.

Prüfung. Zum Nachweis von Quecksilberchlorid und anderen Schwermetallsalzen in Quecksilberchlorür schüttelt man 1 g desselben mit 10 ccm Wasser, läßt das Gemisch eine halbe Stunde lang zum Absetzen stehen und filtriert die Flüssigkeit durch ein doppeltes, mit Wasser angefeuchtetes Filter. Das Filtrat darf dann durch Silbernitratlösung höchstens opalisierend getrübt und durch Natriumsulfidlösung nicht verändert werden. Zur Prüfung auf Arsenverbindungen verfährt man zweckmäßig derart, daß man 1 g Merkurochlorid mit 5 ccm Salzsäure schüttelt; es darf sich dabei nicht dunkel färben.

Quantitative Bestimmung des Quecksilbers in Unguentum Hydrargyri cinereum und Emplastrum Hydrargyri.

Quecksilbersalbe soll 30% Quecksilber und Quecksilberpflaster gegen 20% des Metalls enthalten.

Gehaltsbestimmung: 2 g Quecksilbersalbe werden mit 20 ccm roher Salpetersäure 10 Minuten lang auf dem Wasserbade in einem Kölbchen mit aufgesetztem Trichter erhitzt. Nach erfolgter Lösung des Quecksilbers fügt man 25 ccm Wasser hinzu und erhitzt von

Abb. 45. Apparat zur Darstellung von Hydrargyrum chloratum vapore paratum.

neuem, bis sich die Fettschicht klar abgeschieden hat. Die Lösung gießt man durch ein Wattebäuschchen in ein Meßkölbchen von 100 ccm Inhalt, zerkleinert die Fettscheibe, spült sie und das Kölbchen 4—5mal mit je 5 ccm Wasser nach, versetzt die vereinigten wässerigen Flüssigkeiten mit so viel Kaliumpermanganatlösung (1 + 19), daß eine bleibende Rötung eintritt oder sich braune Flocken abscheiden und entfärbt oder klärt das Gemisch durch Zusatz von wenig Ferrosulfat. Von der auf 100 ccm aufgefüllten und gut gemischten Flüssigkeit versetzt man 25 ccm des Filtrats mit 5 ccm Ferri-Ammoniumsulfatlösung (als Indikator) und titriert mit $\frac{n}{10}$-Ammoniumrhodanidlösung bis zum Farbumschlage. Hierzu müssen 15 ccm derselben verbraucht werden, was 30% Quecksilber entspricht (1 ccm $\frac{n}{10}$-Ammoniumrhodanidlösung = 0,01003 g Quecksilber.

Deutung: Das Rhodanid reagiert mit dem Ferrisalz unter Rotfärbung erst dann, wenn das in Lösung befindliche Quecksilberoxydsalz als weißes Rhodanid sich abgeschieden hat im Sinne der Gleichung:

$$Hg(NO_3)_2 + 2\,NH_4SCN = Hg(SCN)_2 + 2\,NH_4NO_3.$$

Es zeigen also 2 Mol. Ammoniumrhodanid $^1/_2$ Hg an, daher $0,01003 \cdot 15 = 0,15075$ g Hg, welche Menge in $^2/_4 = 0,5$ g Salbe enthalten ist, das sind $0,15 \cdot 200 = 30\%$.

Für die Quecksilberbestimmung in Emplastrum Hydrargyri läßt D.A.B.VI 3 g Pflaster verwenden und analog wie bei der Quecksilbersalbe verfahren.

Medizinische Anwendung: Innerlich: Als kräftiges Laxans und (unsicheres) Darmdesinfiziens in Pulvern mit Sacch. lactis; für Erwachsene 0,3—0,5 g in 1—2 maliger Dosis, für Kinder 0,002—0,01 g 2—3 mal täglich; als Cholagogum in Pulvern oder Pillen zu 0,01 g 5 mal täglich; als Diuretikum (bei gesunden Nieren) insbesondere bei Stauungszuständen in Pulvern zu 0,2 g 3 mal täglich 1—3 Tage lang; als Antisyphilitikum bei Kindern in Pulvern zu 0,002—0,01 g 3 mal täglich; Erwachsenen meist intramuskulär je 0,1 g in 10 proz. öliger Suspension in 5 tägigen Zwischenräumen. Äußerlich als Streupulver bei Kondylomen, luetischen Ulzerationen (Deutsches Arzneiverordnungsbuch).

Hydrargyr. chlor. vapore parat. besitzt zufolge seiner sehr feinen Verteilung eine energischere Wirkung als das durch Sublimation gewonnene Präparat und darf daher nicht an Stelle des letzteren dispensiert werden, wenn es nicht der Arzt besonders vorschreibt. Es wird äußerlich zu Einstäubungen, besonders ins Auge bei Konjunktival- und Kornealleiden gebraucht. Man hüte sich vor gleichzeitiger Alkalijodiddarreichung!

Merkurochlorid ist vor Licht geschützt und vorsichtig aufzubewahren.

Merkurichlorid, Hydrargyrichlorid, Quecksilberchlorid, Sublimat, Hydrargyrum bichloratum corrosivum, $HgCl_2$, Mol.-Gew. 271,53.

Darstellung: Durch Sublimation eines Gemenges von Merkurisulfat und Natriumchlorid:

$$HgSO_4 + 2 NaCl = HgCl_2 + Na_2SO_4.$$

Eigenschaften: Weiße, durchscheinende, strahlig-kristallinische Stücke. Spez. Gew. 5,402. Schmilzt beim Erhitzen im Probierrohre (Unterschied von Kalomel!) und verflüchtigt sich. Schmelzpunkt 277^0, Siedepunkt 307^0. Merkurichlorid löst sich in etwa 15 T. Wasser von 20^0, 3 T. siedendem Wasser, 3 T. Weingeist und in etwa 17 T. Äther. Die wässerige Lösung rötet blaues Lackmuspapier und wird auf Zusatz von Natriumchlorid neutral.

Diese Erscheinung ist darauf zurückzuführen, daß Quecksilberchlorid und Natriumchlorid komplexe Salze von der Zusammensetzung $NaHgCl_3$ und Na_2HgCl_4 bilden. Diese Salze dissoziieren in ihren Lösungen in die Ionen Na·, $HgCl_3'$ bzw. 2 Na· und $HgCl_4''$.

Zwischen den komplexen Salzen und ihren Komponenten besteht ein Gleichgewichtszustand:

$$2 NaCl + HgCl_2 \rightleftarrows Na_2HgCl_4,$$

so daß die mit Natriumchlorid versetzte Quecksilberchloridlösung weniger Quecksilberionen enthält als die reine Quecksilberchloridlösung. Da die Quecksilberionen aber die Giftigkeit der Quecksilbersalze bedingen, so erklärt sich hieraus die geringere Wirksamkeit der Natriumchlorid- Quecksilberchloridlösungen.

In der gesättigten wässerigen Merkurichloridlösung sind nach Luther die folgenden sechs verschiedenen Molekel- bzw. Ionenarten anwesend:

$$(HgCl_2) \; (HgCl)· \; H· \; Cl' \; Hg·· \; HgCl_4''.$$

Natrium- und Kaliumhydroxyd scheiden aus Merkurichloridlösung gelbes Quecksilberoxyd aus:

$$HgCl_2 + 2 NaOH = HgO + 2 NaCl + H_2O.$$

Eine zur vollständigen Ausfällung nicht hinreichende Menge Natriumhydroxyd bewirkt die Bildung von Quecksilberoxychloriden.

Merkurichlorid gehört zu den giftigsten Metallsalzen.

D. A. B. VI läßt Merkurichlorid auf Merkurochlorid, Ammoniumsalze und freie Säure prüfen. Um diese festzustellen, versetzt man 5 ccm der wässerigen Merkurichloridlösung mit 5 ccm Natriumchloridlösung (1 + 9): Lackmuspapier darf nicht mehr gerötet werden.

Viele Bakterien werden schon durch eine Merkurichloridlösung von 1 : 20 000 getötet.

Die Anwendung des Quecksilberchlorids in der Technik ist eine mannigfache. Es dient zum Ätzen des Stahls, als sog. Reservage in der Kattundruckerei, d. h. zum Auftragen an denjenigen Stellen, die weiß bleiben sollen, als Oxydationsmittel in der Anilinfarbenfabrikation, als Mittel gegen die Trockenfäule des Holzes von Kyan empfohlen (Kyanisieren des Holzes).

Medizinisch-pharmazeutisch wichtig ist das Mittel zur Bekämpfung der Syphilis und als Antiseptikum bei der Wundbehandlung. Es dient zur Herstellung der Sublimatpastillen (Pastilli Hydrargyri bichlorati). Aus der mit einem Teerfarbstoff rot gefärbten Mischung aus gleichen Teilen fein gepulvertem Quecksilberchlorid und Natriumchlorid werden Zylinder von 1 oder 2 g Gewicht hergestellt, von welchen jeder doppelt so lang wie dick ist. Eine solche Sublimatpastille wird auf 1 Liter Wasser für antiseptische Zwecke gelöst. Mit Sublimatlösung getränkte Verbandstoffe sind Sublimatgaze und Sublimatwatte.

Als Ätzmittel verwendet man Sublimat in einer Lösung von 0,5—1 g in 20 g Kollodium; zur Inhalation bei luetischen Rachenaffektionen 0,1—0,15 g auf 500 g Wasser; zu Bädern für Erwachsene 10 g, für Kinder 1 g pro Bad. Bei Lues intramuskulär 1 ccm einer 0,5—1proz. wässerigen Lösung täglich bzw. jeden zweiten Tag; selten innerlich als Pillen, je 0,005 g 2mal täglich 1—2 Pillen nach dem Essen (Deutsches Arzneiverordnungsbuch).

Größte Einzelgabe 0,02 g, größte Tagesgabe 0,06 g. Sehr vorsichtig aufzubewahren!

Merkurichloramid, Merkuriammoniumchlorid, weißes Quecksilberpräzipitat, Hydrargyrum praecipitatum album, NH_2HgCl, Mol.-Gew. 252,1, entsteht als weißer Niederschlag beim Versetzen einer Merkurichloridlösung mit Ammoniak:

$$HgCl_2 + 2\,NH_3 = NH_2HgCl + NH_4Cl.$$

Darstellung: 2 T. Merkurichlorid werden in 40 T. warmem Wasser gelöst und nach dem Erkalten unter Umrühren langsam 3 T. Ammoniak oder so viel zugegossen, daß dieses ein wenig vorwaltet. Der Niederschlag wird auf einem Filter gesammelt, nach dem Ablaufen der Flüssigkeit allmählich mit 18 T. Wasser ausgewaschen und, vor Licht geschützt, bei 30^0 getrocknet.

Eigenschaften und Prüfung. Amorphes, in Wasser unlösliches, in erwärmter Salpetersäure leicht lösliches Pulver. Beim Erhitzen im Probierrohr verflüchtigt sich weißes Präzipitat, ohne vorher zu schmelzen. Beim Erwärmen mit Natronlauge entwickelt sich Ammoniak, und gelbes Quecksilberoxyd scheidet sich ab.

Reibt man weißes Quecksilberpräzipitat mit Jod zusammen, so verpufft diese Mischung selbsttätig nach einiger Zeit, indem vermutlich Jodstickstoff entsteht. Bei Gegenwart von Alkohol reagieren Präzipitat und Jod mit großer Heftigkeit aufeinander. Man darf daher weißes Präzipitat und Jodtinktur nicht zusammenbringen.

Unter schmelzbarem weißen Quecksilberpräzipitat wird ein Merkuridiammoniumchlorid, $Hg(NH_3)_2Cl_2$ verstanden, welches sich beim Erwärmen des Merkurichloramids mit Ammoniumchlorid bildet.

Das Arzneibuch läßt ein 98,3 % weißes Präzipitat enthaltendes Präparat verwenden und auf schmelzbares Präzipitat und auf Kalomel prüfen.

Gehaltsbestimmung: 0,2 g fein zerriebenes weißes Quecksilberpräzipitat werden in einer Glasstöpselflasche mit 50 ccm Wasser übergossen, mit 2 g Kaliumjodid versetzt und unter häufigem Umschütteln etwa 10 Minuten lang bis zur vollständigen Lösung stehengelassen. Man versetzt hierauf mit 2 Tropfen Methylorangelösung und titriert mit $\frac{n}{10}$-Salzsäure bis zum Farbumschlag. Hierbei müssen 15,6 ccm derselben verbraucht werden (1 ccm $\frac{n}{10}$-Salzsäure = 0,012605 g weißes Präzipitat).

Deutung: Kaliumjodid führt das Präparat in Merkurijodid über, das von überschüssigem Kaliumjodid zu komplexem Kaliummerkurijodid gelöst wird:

$$2\,(NH_2HgCl) + 4\,KJ + 2\,H_2O = 2\,HgJ_2 + 2\,NH_3 + 2\,KCl + 2\,KOH$$
$$2\,HgJ_2 + 4\,KJ = 2\,K_2HgJ_4.$$

Es sind somit 4 Mol. HCl erforderlich, um $2NH_3 + 2KOH$ zu binden; 1 Mol. HCl entspricht also der Hälfte des Mol.-Gew. von NH_2HgCl. Die Rechnung ergibt $0,01265 \cdot 15,6 = 0,196638$ g in 0,2 g des Präparates, das sind rund 98,3 %.

Medizinische Anwendung: Äußerlich in Salbe (10 %) gegen Krätze, Geschwüre. Als Augensalbe wird ein 1 % weißes Präzipitat enthaltendes Salbengemisch verwendet. Mit der 15—20fachen Menge Zuckerpulver vermischt dient weißes Präzipitat gegen Stinknase.

Sehr vorsichtig und vor Licht geschützt aufzubewahren!

Merkurojodid, Hydrargyrojodid, Quecksilberjodür, Hydrargyrum jodatum flavum, Hg_2J_2, Mol.-Gew. 655,08, wird durch Zusammenreiben von metallischem Quecksilber mit Jod oder mit Merkurijodid bei Gegenwart von Alkohol, auch durch Fällen von Merkuronitratlösung mit Kaliumjodid unter Vermeidung eines Überschusses des letzteren erhalten. Es ist ein gelbes oder gelblichgrünes, in Wasser und Weingeist unlösliches Pulver. Beim Erhitzen oder durch Einwirkung des Tageslichtes zerfällt Merkurojodid in Quecksilber und Merkurijodid.

Medizinische Anwendung: Nur äußerlich in Salben, 1 g auf 9 g Unguentum Paraffini; in Augensalben 0,5—1,5 g auf 10 g; als Augenpulver, Schnupfpulver 1,25 auf 15 g Saccharum gegen Ozaena. Auch bei Sommersprossen (5 %) und gegen parisitäre Hautkrankheiten.

Merkurijodid, Hydrargyrijodid, Quecksilberjodid, Hydrargyrum bijodatum, HgJ_2, Mol.-Gew. 454,47, entsteht beim Versetzen einer Quecksilberoxydsalzlösung mit Kaliumjodid unter Vermeidung eines lösend wirkenden Überschusses des letzteren:

$$HgCl_2 + 2KJ = HgJ_2 + 2KCl.$$

Darstellung: Man gießt eine Lösung von 5 T. Kaliumjodid in 15 T. Wasser unter Umrühren in eine solche von 4 T. Merkurichlorid in 80 T. Wasser, wäscht den Niederschlag mit Wasser aus und trocknet ihn bei gelinder Wärme.

Eigenschaften und Prüfung: Scharlachrotes Pulver, welches beim Erhitzen im Probierrohre gelb wird, schmilzt und sich dann verflüchtigt. Die scharlachrote und gelbe Modifikation sind sowohl durch die Farbe als auch durch die Kristallform und das spezifische Gewicht voneinander unterschieden. Man nennt solche Stoffe, die in verschiedenen physikalischen Formen auftreten können, enantiotrop (abgeleitet von ἐναντίος, enantios, gegenüber und τρέπω, trepo, ich wende). Merkurijodid ist in etwa 250 T. Weingeist von 20⁰ und in 40 T. siedendem Weingeist löslich, nur wenig in Wasser. Von Jodkaliumlösung wird es leicht und nahezu farblos zu einem komplexen Salze, dem Kaliummerkurijodid, K_2HgJ_4, gelöst.

Eine solche Lösung ist ein Reagenz auf Alkaloide.

Unter dem Namen Neßlers Reagenz (s. Ammoniak S. 73) wird eine Lösung von Quecksilberjodid in Kaliumjodid unter Beifügung von Kalilauge zum Nachweis von Ammoniak bzw. Ammoniumsalzen benutzt. Ammoniak erzeugt mit Neßlers Reagenz eine rotbraune Färbung oder einen ebensolchen Niederschlag von Oxydimerkuriammoniumjodid:

$$O\diagdown\diagup{Hg}\diagdown\diagup{Hg}\diagup NH_2J .$$

Das Arzneibuch läßt Quecksilberjodid auf Quecksilberchlorid prüfen: Man schüttelt 1 g Quecksilberjodid mit 20 ccm Wasser; das Filtrat darf durch 3 Tropfen Natriumsulfidlösung nur schwach dunkel gefärbt und durch Silbernitratlösung nur opalisierend getrübt werden.

Medizinische Anwendung: Innerlich zu 0,005—0,01—0,02—0,03 g in alkoholischer oder mit Hilfe von Kaliumjodid bewirkter wässeriger Lösung, oder in Pillen (bei Kindern 0,001—0,002 g 3mal täglich) bei Syphilis. Äußerlich nur in Salben 0,1—1,2 auf 100 g Fett bei syphilitischen Geschwüren; die Anwendung von Lösungen zu Injektionen und zum Touchieren ist verlassen.

Größte Einzelgabe 0,02 g, größte Tagesgabe 0,06 g. Sehr vorsichtig aufzubewahren!

Merkurooxyd, Hydrargyrooxyd, Quecksilberoxydul, Hydrargyrum oxydulatum, Hg_2O, Mol.-Gew. 417,2, wird durch Behandeln von Merkurochlorid mit Natriumhydroxyd dargestellt:

$$2\,HgCl + 2\,NaOH = Hg_2O + 2\,NaCl + H_2O.$$

Es bildet ein in Wasser und Alkohol unlösliches, sammetschwarzes Pulver von nur geringer Beständigkeit. Das unter dem Namen Aqua phagedaenica nigra früher bekannte und gebräuchliche Quecksilberpräparat, welches durch Anreiben von Kalomel mit der 60fachen Menge Kalkwasser bereitet wurde, enthält Quecksilberoxydul in Suspension.

Merkurioxyd, Hydrargyrioxyd, Quecksilberoxyd, Hydrargyrum oxydatum, HgO, Mol.-Gew. 216,61. Die Darstellung kann auf trockenem oder nassem Wege geschehen.

1. Darstellung auf trockenem Wege. 10 T. Quecksilber werden in der Wärme in 36 T. Salpetersäure vom spez. Gew. 1,153 ($= 25\,\%$ HNO_3) gelöst, die Lösung auf dem Wasserbade zur Trockne verdunstet, das zurückbleibende basisch-salpetersaure Quecksilberoxyd zerrieben und in dünner Schicht in einer flachen Porzellanschale ausgebreitet. Diese wird mit einem Teller oder einer Porzellanschale bedeckt. Sodann erhitzt man unter öfterem Umrühren im Sandbade, bis keine roten Dämpfe mehr entweichen und an der Innenseite des überdeckten Tellers sich ein Anflug von sublimiertem Quecksilber zeigt. Den roten Rückstand zerreibt man nach dem Erkalten mit Wasser in einem unglasierten Porzellanmörser, wäscht auf einem Filter aus und trocknet bei gelinder Wärme unter Abschluß des Lichtes.

Zwecks besserer Ausnutzung des Salpetersäuregehalts des basischen Merkurinitrats für die Oxydation des Quecksilbers erhitzt man ein Gemenge von basisch-salpetersaurem Quecksilberoxyd und so viel Quecksilber, wie der in dem Salz enthaltenen Gewichtsmenge Quecksilber entspricht.

Das auf trockenem Wege dargestellte sog. rote Quecksilberoxyd ist ein gelblichrotes, kristallinisches Pulver, das in Wasser fast unlöslich, in verdünnter Salzsäure oder Salpetersäure leicht löslich ist und beim Erhitzen im Probierrohre in Quecksilber und Sauerstoff zerfällt.

2. Darstellung auf nassem Wege. Eine Lösung von 2 T. Quecksilberchlorid in 40 T. warmem Wasser wird unter Umrühren in ein kaltes Gemisch von 6 T. Natronlauge vom spez. Gew. 1,170 ($= 15\,\%$ $NaOH$), Dichte 1,165—1,169, und 10 T. destilliertem Wasser eingegossen (nicht umgekehrt, um die Entstehung basischen Quecksilbersalzes zu verhindern) und bei einer Temperatur von 30—40° digeriert:

$$HgCl_2 + 2\,NaOH = HgO + 2\,NaCl + H_2O.$$

Man läßt absetzen, gießt die alkalische Flüssigkeit ab, bringt den Niederschlag auf ein Filter und wäscht ihn bis zum Aufhören der Chlorreaktion aus. Man trocknet den Niederschlag hierauf bei 30° unter Abschluß des Lichtes.

Das auf nassem Wege dargestellte Quecksilberoxyd, das Hydrargyrum oxydatum via humida paratum, ist ein gelbes, amorphes Pulver, welches in Wasser fast unlöslich ist und von verdünnter Salzsäure oder Salpetersäure leicht gelöst wird. Beim Erhitzen im Probierrohre zersetzt es sich in Quecksilber und Sauerstoff. Wird es mit einer 10proz. Oxalsäurelösung geschüttelt, so bildet sich allmählich weißes oxalsaures Salz. Das auf trockenem Wege dargestellte rote Quecksilberoxyd wird von Oxalsäurelösung nicht angegriffen (s. D. A. B. VI). Das auf trockenem oder nassem Wege dargestellte Quecksilberoxyd (0,2 g) soll nach dem Lösen in Salpetersäure durch Silbernitratlösung höchstens opalisierend getrübt werden (Salzsäure).

Medizinische Anwendung des Hydrargyr. oxydatum: Äußerlich zu Streupulvern, Schnupfpulvern 0,25 auf 15 g Saccharum bei Ozaena, Kehlkopfpulvern 1 g auf 10—50 g Saccharum, Augenpulvern 1 g auf 5—10 g Bol. alb. oder Saccharum, Augensalben 0,2—1,0 g auf 10 g. — Hydrarg. oxyd. via humida parat. innerlich zu 0,01—0,015 g pro dosi, zu 0,1 g pro die in Pulvern oder Pillen. Als Antiseptikum und Antisyphilitikum.

Zufolge seiner feineren Verteilung wirkt gelbes Quecksilberoxyd energischer als rotes; es darf daher nur auf ausdrückliche Verordnung des Arztes dispensiert werden.

Größte Einzelgabe 0,02 g, größte Tagesgabe 0,06 g. Sehr vorsichtig aufzubewahren!

Merkurisulfid, Hydrargyrisulfid, HgS, Mol.-Gew. 232,67, findet sich in dunkelroten, strahlig-kristallinischen Massen als Zinnober, Cinnabaris. Künstlich wird das Sulfid in zwei verschiedenen Formen gewonnen, als schwarzes und als rotes Schwefelquecksilber. Schwarzes Merkurisulfid, welches unter dem Namen Hydrargyrum sulfuratum nigrum offizinell war, wird dargestellt, indem man metallisches Quecksilber und Schwefel unter gelindem Anwärmen so lange zusammenreibt, bis sich ein gleichmäßig schwarzes Pulver bildet, aus welchem man mit Salpetersäure das nicht gebundene Quecksilber auszieht. Der freie Schwefel kann durch Schwefelkohlenstoff entfernt werden. Bei der Fällung einer Merkurisalzlösung mit Schwefelwasserstoff in starkem Überschuß wird gleichfalls schwarzes Merkurisulfid gebildet.

Rotes Merkurisulfid wird dadurch gewonnen, daß man schwarzes Schwefelquecksilber mit Ammoniumhydrosulfid oder Kaliumsulfidlösung oder mit überschüssigem Schwefel und Kalilauge in der Wärme behandelt.

Darstellung. 300 T. metallisches Quecksilber werden mit 114 T. Schwefelblüte verrieben, die aus schwarzem Schwefelquecksilber und überschüssigem Schwefel bestehende Masse mit einer Lösung von 75 T. Kaliumhydroxyd in 400—500 T. Wasser übergossen und das Gemisch unter stetem Umrühren und Ersatz des verdampfenden Wassers so lange bei einer Temperatur von gegen 50° (10—12 Stunden) erhalten, bis die Farbe nach und nach in ein feuriges Rot übergegangen ist. Das Gemisch wird hierauf in Wasser gegossen, der sich absetzende Zinnober mehrmals mit frischem Wasser behandelt, völlig ausgewaschen und bei gelinder Wärme getrocknet.

Der künstlich dargestellte Zinnober findet zur Herstellung von Farben, besonders zum Färben von Siegellack usw., Anwendung. Das Arzneibuch läßt prüfen auf Mennige (Zinnober darf mit Salpetersäure die Farbe nicht verändern), auf Schwermetallsalze und Schwefel.

Medizinische Anwendung: Innerlich ausschließlich als Zusatz bei der Bereitung des Decoct. Zittmanni; äußerlich in Salben mit Sulf. depur. (2), Fett (8) gegen Flechten.

Merkurosulfat, Hydrargyrosulfat, Schwefelsaures Quecksilberoxydul, Hg_2SO_4, Mol.-Gew. 497,28, wird als weißes kristallinisches Salz erhalten beim Erwärmen von konz. Schwefelsäure mit überschüssigem Quecksilber. Durch das Licht wird das Salz grau gefärbt. Man benutzt es zur Herstellung von galvanischen Normalelementen.

Merkurisulfat, Hydrargyrisulfat, Schwefelsaures Quecksilberoxyd, Hydrargyrum sulfuricum oxydatum, $HgSO_4$, Mol.-Gew. 296,68.

Darstellung: Man kocht 4 T. Quecksilber mit 5 T. konz. Schwefelsäure, bis eine Probe der Lösung mit verdünnter Salzsäure keinen Niederschlag mehr gibt, also kein Oxydulsalz mehr vorhanden ist, und dampft zur Kristallisation ab.

Eigenschaften: Weiße Kristallmasse, die beim Erhitzen sich gelb färbt und beim Erkalten wieder weiß wird. Bei Rotglut ist es völlig flüchtig. Durch Einwirkung von viel Wasser wird die Verbindung in zitronengelbes, basisches Salz von der Zusammensetzung $HgSO_4 \cdot 2HgO$ zerlegt, welches früher unter dem Namen Mercurius sulfuricus, Mineralturpeth oder -turpith, Turpethum minerale gebräuchlich war.

Merkuronitrat, Hydrargyronitrat, salpetersaures Quecksilberoxydul, Hydrargyrum nitricum oxydulatum,

$$Hg_2(NO_3)_2 + 2H_2O,$$

Mol.-Gew. 561,27. Überläßt man kalte verdünnte Salpetersäure mit einem Überschuß an Quecksilber der Ruhe, so hat sich nach mehreren Stunden die

Oberfläche des Metalls mit Kristallen von salpetersaurem Quecksilberoxydul bedeckt:

$$6\,Hg + 8\,HNO_3 = 3\,Hg_2(NO_3)_2 + 2\,NO + 4\,H_2O.$$

Farblose, rhombische Tafeln, welche in der gleichen Menge warmen Wassers löslich sind. Durch viel Wasser wird das Salz in basisches Salz, $Hg_2(OH)NO_3$, zersetzt.

Eine mit Hilfe von Salpetersäure bewirkte 10proz. Lösung des Salzes heißt Liquor Bellostii und findet als Ätzmittel, zu Einspritzungen, Waschungen, Verbandwässern Anwendung. Das als Reagenz auf Eiweißstoffe gebräuchliche Millonsche Reagenz ist eine mit Salpetersäure versetzte, Oxydsalz haltende Lösung von Merkuronitrat (s. Eiweißstoffe).

Merkurinitrat, Hydrargyrinitrat, salpetersaures Quecksilberoxyd, Hydrargyrum nitricum oxydatum, $Hg(NO_3)_2$, Mol.-Gew. 342,63, entsteht beim Lösen von Quecksilber in überschüssiger heißer Salpetersäure. Man überläßt so lange der Einwirkung, bis verdünnte Salzsäure keinen Niederschlag mehr hervorruft, also kein Oxydulsalz mehr anzeigt:

$$3\,Hg + 8\,HNO_3 = 3\,Hg(NO_3)_2 + 2\,NO + 4\,H_2O.$$

Das Salz ist nur schwierig kristallisiert zu erhalten. Es wird zur Darstellung von Quecksilberoxyd benutzt.

Nachweis von Quecksilberverbindungen.

Wird eine Quecksilberverbindung mit trockener Soda in einem Glasröhrchen erhitzt, so verflüchtigt sich Quecksilber und setzt sich im oberen Teil des Röhrchens in feinen Tröpfchen an, die bei geringer Menge Quecksilber als grauer Belag erscheinen.

Beim Eintauchen eines blanken Kupferbleches in die Lösung eines Quecksilbersalzes überzieht sich das Kupfer mit einem grauen Überzuge (von metallischem Quecksilber), welcher beim Reiben metallglänzend wird und beim Erhitzen sich verflüchtigt.

Kalilauge erzeugt in Quecksilberoxydulsalzlösungen eine schwarze Fällung von Quecksilberoxydul:

$$2\,OH' + 2\,Hg^{\cdot} \longrightarrow Hg_2O + H_2O \text{ (bez. } HgO + Hg + H_2O),$$

in Quecksilberoxydsalzlösungen eine solche von gelbem Quecksilberoxyd:

$$2\,OH' + Hg^{\cdot\cdot} \longrightarrow HgO + H_2O.$$

Ammoniak ruft in Oxydulsalzlösungen einen schwarzen, in Oxydsalzlösungen einen weißen Niederschlag hervor.

Salzsäure oder Natriumchlorid bewirken in Oxydulsalzlösungen weiße Fällung (Merkurochlorid). Oxydsalzlösungen bleiben unverändert.

Schwefelwasserstoff bewirkt in Merkurisalzlösungen, z. B. $HgCl_2$, zunächst einen weißen Niederschlag, der über Gelb, Orange und Rot schließlich in Schwarz übergeht und Merkurisulfid bildet.

Zinnchlorür scheidet beim Erwärmen aus Quecksilberchloridlösung zunächst weißes Quecksilberchlorür, dann graues metallisches Quecksilber ab.

Charakteristik der Metalle der Magnesium-Zink-Gruppe.

Die Metalle der Magnesium-Zink-Gruppe bilden keine so eng zusammengehörige Familie wie die vorhergehenden Gruppen. Beryllium und Magnesium stehen zwischen Zink und Kadmium einerseits und den Erdalkalien anderseits. Die Metalle oxydieren sich nur langsam an der Luft, sie reagieren nur schwer mit Wasser. Die Sulfate sind leicht löslich. Dagegen werden die Sulfide mit Wasser zersetzt und die Oxyde lassen sich nicht wie bei den Schwermetallen zum Metall reduzieren. Die Metalle der Magnesium-Zink-Gruppe sind zweiwertig. Nur Quecksilber ist ein- und zweiwertig. Es unterscheidet sich auch sonst von den anderen Metallen der Gruppe, sein Oxyd zerfällt schon beim Erhitzen, es steht den Edelmetallen schon sehr nahe.

Bleigruppe.
Blei. Thallium.

Blei.

Plumbum, Pb = 207,22[1]. Zwei- und vierwertig. Blei ist seit den ältesten Zeiten bekannt.

Vorkommen: Sehr selten gediegen, meist als Schwefelverbindung, Bleiglanz, PbS, in Oberschlesien, im Sächsischen Erzgebirge, im Harz, in der Rheinprovinz und Westfalen, besonders aber auch in Nordamerika, Mexiko, Brasilien, Queensland. Seltenere natürlich sich findende Bleiverbindungen sind Kotunnit, $PbCl_2$, Vitriolbleierz, $PbSO_4$, Weißbleierz oder Cerussit, $PbCO_3$, Rotbleierz oder Krokoit, $PbCrO_4$, Gelbbleierz, Wulfenit oder Molybdänbleispat, $PbMoO_4$.

Gewinnung: Bleiglanz wird in Flammöfen unter Luftzutritt erhitzt, wobei ein Gemenge von Bleioxyd, Bleisulfat und unverändertem Bleisulfid entstehen.

Man erhitzt unter Luftabschluß stärker oder schmilzt unter Zugabe von Kohle in Schachtöfen nieder. Hierbei wirken Bleioxyd, Bleisulfat und Bleisulfid unter Entweichen von Schwefeldioxyd aufeinander, indem metallisches Blei erhalten wird:

$$2\,PbO + PbS = 3\,Pb + SO_2,$$
$$PbSO_4 + PbS = 2\,Pb + 2\,SO_2.$$

Man nennt diese Art der Gewinnung Röstarbeit. Bei der Niederschlagsarbeit wird zerkleinerter Bleiglanz mit gekörntem Roheisen in Schachtöfen niedergeschmolzen, wobei Schwefeleisen neben metallischem Blei entsteht:

$$PbS + Fe = FeS + Pb.$$

Das metallische Blei sammelt sich, auf die eine oder andere Art gewonnen, am Boden des Ofens an und wird durch einen Kanal (,,Stich") abgelassen.

Das so erhaltene Blei, das Werkblei, ist meist noch stark verunreinigt, meist mit Kupferstein. Um es hiervon zu befreien, wird es in einem Ofen mit schräger Sohle bei möglichst niedriger Temperatur geschmolzen (,,ausgesaigert"). Während das Blei abfließt, bleibt der Kupferstein ungeschmolzen in den Saigerlöchern zurück.

Da Blei meist kleine Mengen Silber enthält, wird es häufig hierauf verarbeitet (s. Silbergewinnung). Chemisch rein gewinnt man Blei durch Erhitzen von reinem Bleioxyd oder Bleikarbonat mit Kohle.

Eigenschaften: Bläulichgraues, auf frischer Schnittfläche stark glänzendes, sehr weiches und dehnbares Metall. Spez. Gew. 11,35—11,37 bei 20⁰. Schmelzpunkt 327⁰, Siedepunkt 1555⁰. An trockener reiner Luft wird Blei nicht verändert, an feuchter oder kohlensäurehaltiger Luft überzieht es sich mit einer grauen Schicht von Bleisuboxyd (Pb_2O) bzw. mit einer grauweißen Schicht von basischem Bleikarbonat. Wird es bei Luftzutritt erhitzt, geht es in Bleioxyd (Bleiglätte) über.

---

[1] Das aus Uran- und Thoriumerzen abgeschiedene Blei besitzt ein anderes Atomgewicht. Siehe darüber Isotope im Anhang zum Anorganischen Teil.

Wirkt lufthaltiges Wasser auf Blei ein, so bildet sich Bleihydroxyd, $Pb(OH)_2$ (oder $3PbO \cdot H_2O$?), welches von Wasser etwas gelöst wird. Bei Gegenwart von Salzen, besonders von Karbonaten und Sulfaten im Wasser, überzieht sich Blei mit einer Schicht von basischem Bleikarbonat oder Bleisulfat, welcher Überzug dann das Blei vor weiterer Einwirkung des Wassers schützt. Es können daher Bleirohre als Leitungsrohre für Trinkwasser (s. weiter unten!), in welchem sich Karbonate und Sulfate gelöst finden, sehr wohl verwendet werden.

Salzsäure und Schwefelsäure greifen das Metall nur wenig an, verdünnte Salpetersäure löst es leicht zu Bleinitrat.

Aus Bleisalzlösung bewirkt metallisches Zink die Abscheidung von Blei in Form einer baumartig verzweigten glänzenden Masse (Bleibaum). Zum Teil scheidet sich Blei hierbei schwammförmig ab (Bleischwamm). Das Zink geht, da es eine größere Lösungstension besitzt als das Blei, an dessen Stellung in Lösung (vgl. Zink).

Anwendung: Technisch zur Herstellung von Siedepfannen für chemische Zwecke, zu Leitungsrohren, zum Verpacken von Waren (Bleifolie), Vergießen von Klammern in Stein, zur Herstellung von Schrot sowie auch besonders zur Darstellung technisch und medizinisch wichtiger Bleiverbindungen.

Zur Bereitung von Schrot setzt man dem Blei in geringer Menge Arsen zu, welches dem Blei Härte und die Fähigkeit erteilt, runde Tropfen zu bilden. — Eine aus 4 T. Blei und 1 T. Antimon bestehende Legierung wird wegen ihrer Härte zum Guß von Buchdrucklettern (Lettern- oder Schriftmetall) benutzt. Eine Legierung aus Blei und Zinn schmilzt niedrig und wird daher unter der Bezeichnung Schnellot zum Löten verwendet (s. Zinn).

Alle Bleiverbindungen sind giftig. Sie rufen Bleikolik hervor. Es bilden sich bei fortgesetztem Arbeiten mit Bleiverbindungen durch Verstauben dieser chronische Bleivergiftungen, die sich in Darmkrämpfen mit lokalen Lähmungen sowie im sog. Bleisaum der Zähne (braune bis schwarze Umränderung der Zähne) zu erkennen geben.

Soll Blei zur Herstellung von Wasserleitungsrohren benutzt werden, dann ist folgendes zu beachten:

Ist ein Wasser sehr weich (s. Wasser) und enthält es sehr reichlich Kohlendioxyd, sog. freie aggressive Kohlensäure, so sollte diese durch chemische Mittel, wie Ätzkalk, Kalkstein, Marmor, Magnesit usw., gebunden werden, bevor das Wasser durch Bleirohre hindurchgeleitet wird.

Ein die Grenze von 0,5—1 mg Blei im Liter Wasser übersteigender Bleigehalt vermag Vergiftungserscheinungen beim Genuß des Wassers hervorzurufen.

Zur schnellen Feststellung des ungefähren Bleigehalts im Wasser werden 300 ccm desselben — man läßt es zuvor 12—24 Stunden in der Bleileitung stehen — in einem etwa 20 cm hohen, auf weißer Unterlage stehenden, farblosen zylindrischen Gefäß mit 3—4 ccm chemisch reiner konzentrierter Essigsäure angesäuert und hierauf nach dem Mischen mit 4—5 Tropfen einer 10proz. Lösung von chemisch reinem Natriumsulfid ($Na_2S + 9H_2O$) versetzt. Das Gemisch muß sauer gegen Lackmus reagieren. Enthält das betreffende Wasser über 0,3 mg Blei in 1 Liter, so wird die Flüssigkeit durch Schwefelblei klar gelbbräunlich gefärbt. (Prüfung nach Klut.)

Bleichlorid, Chlorblei, $PbCl_2$, wird durch Fällen konzentrierter Bleisalzlösungen mit Salzsäure oder Natriumchlorid als weißer, kristallinischer Niederschlag erhalten. Er löst sich in 30 T. kochendem Wasser und kristallisiert beim Erkalten aus.

Bleioxychlorid, Pb_2OCl_2, findet sich als Matlockit. Künstlich durch Schmelzen von Bleioxyd mit Ammoniumchlorid oder durch Behandeln von Bleioxyd mit Natriumchloridlösung und nachfolgendem Schmelzen bereitete Oxychloride sind das Kasseler Gelb und Turners Gelb.

Bleibromid, $PbBr_2$, und **Bleijodid,** Jodblei, Plumbum jodatum, PbJ_2, entstehen durch Fällen einer Lösung von Bleinitrat in Wasser mit einer solchen von Kaliumbromid bzw. Kaliumjodid in Wasser.

Bleioxyd, Bleiglätte, Plumbum oxydatum, Lithargyrum, PbO, Mol.-Gew. 223,21, hüttenmännisch beim Abtreiben des silberhaltigen Bleis gewonnen (s. Silbergewinnung).

Eigenschaften und Prüfung: Schweres gelbes bis gelbrotes Pulver, welches beim Erwärmen sich braunrot färbt. Bleioxyd mit gelblichem Farbenton heißt Silberglätte, das mit rötlichem Farbenton Goldglätte. Es schmilzt bei stärkerem Erhitzen und erstarrt beim Erkalten blätterig-kristallinisch. Wird zur Darstellung verschiedener Bleisalze, von Bleipflaster, zur Bereitung von Kristallglas, zur Glasur von Tonwaren usw. benutzt. Bleiglätte wird auf Verunreinigung durch Sand, metallisches Blei und Bleidioxyd, Kupfer und Eisensalze, Feuchtigkeit und basische Bleikarbonate geprüft (s. D. A. B. VI). Vorsichtig aufzubewahren!

Bleidioxyd, Bleisuperoxyd, PbO_2, wird als dunkelbraunes Pulver erhalten durch Behandeln einer alkalischen Bleihydroxydlösung mit Chlor. Auch entsteht Bleidioxyd bei der Elektrolyse einer Bleinitratlösung an der Anode als braunschwarze Masse. Die Entladung der Blei-Akkumulatoren geschieht dadurch, daß das an der Anode gebildete Bleidioxyd allmählich reduziert wird. Stellt man in ein gitterförmiges Bleigerüst gepreßtes schwammförmiges Blei und eine Bleidioxyd enthaltende Bleiplatte parallel und in naher Entfernung zueinander in 20proz. Schwefelsäure und verbindet die beiden Elektroden leitend miteinander, so geht der Strom vom Dioxyd zum Metall, und es entsteht auf beiden Platten Bleisulfat. Beim Laden des Akkumulators wird die Dioxydplatte zur Anode, die Bleiplatte zur Kathode gemacht. Die Anode bedeckt sich dann wieder mit Bleidioxyd, die Kathode mit schwammförmigem Blei, während Schwefelsäure entbunden wird. Die elektromotorische Kraft im Bleiakkumulator beträgt gegen 2 Volt.

Mennige, Minium, Pb_3O_4, Mol.-Gew. 685,63, erhält man durch vorsichtiges Erhitzen von gelbem Bleioxyd bei Luftzutritt bis zur schwachen Rotglut (auf 300^0—400^0). Mennige bildet ein rotes, in Wasser unlösliches Pulver, welches beim Erhitzen sich dunkler färbt. Mit Salzsäure übergossen, wird Mennige unter Entwicklung von Chlor in weißes kristallinisches Bleichlorid umgewandelt:

$$Pb_3O_4 + 8\,HCl = 3\,PbCl_2 + 4\,H_2O + Cl_2.$$

Von Salpetersäure wird Mennige teilweise gelöst, indem Bleinitrat entsteht und braunes Bleidioxyd zurückbleibt:

$$Pb_3O_4 + 4\,HNO_3 = 2\,Pb(NO_3)_2 + PbO_2 + 2\,H_2O.$$

Bei Gegenwart reduzierend wirkender Substanzen, wie Oxalsäure oder Zucker, oder auf Zusatz von Wasserstoffsuperoxyd tritt durch Salpetersäure völlige Lösung ein.

Man prüft Mennige auf Beimengungen von Ton und Sand.

2,5 g Mennige werden in einer Mischung von 10 ccm Salpetersäure und 10 ccm Wasser eingetragen. Der dabei entstehende braune Niederschlag muß sich beim Hinzufügen von 1 ccm Wasserstoffsuperoxydlösung und 9 ccm Wasser bis auf höchstens 0,035 g Rückstand lösen.

Anwendung: Als Malerfarbe (Pariser Rot), zur Herstellung von Glasflüssen, von Kitt (Mennigekitt, aus Glyzerin und Mennige), zur Bereitung von Pflastern. Vorsichtig aufzubewahren!

Bleihydroxyd, $Pb(OH)_2$, entsteht als weißer Niederschlag beim Versetzen einer Bleisalzlösung mit Kalium- oder Natriumhydroxyd. Es löst sich in einem Überschuß der Fällungsmittel auf.

Bleisulfat, Schwefelsaures Blei, Plumbum sulfuricum, $PbSO_4$, Mol.-Gew. 303,28, wird durch Fällung einer Bleisalzlösung mit verdünnter Schwefelsäure erhalten. In Wasser ist es nahezu unlöslich, aber von Natronlauge und von einer ammoniakhaltigen Lösung von weinsaurem Ammonium wird es leicht gelöst. Es findet als weiße Deckfarbe Verwendung.

Bleinitrat, Salpetersaures Blei, Plumbum nitricum, $Pb(NO_3)_2$, Mol.-Gew. 331,24, durch Lösen von Blei oder Bleioxyd in verdünnter Salpetersäure erhalten, bildet es farblose, wasserlösliche Kristalle. In salpetersäurehaltigem Wasser sind sie schwer löslich. Beim Erhitzen zerfällt Bleinitrat in Bleioxyd, Sauerstoff und Stickstofftetroxyd, N_2O_4. Vorsichtig aufzubewahren!

Bleikarbonat, Kohlensaures Blei, Plumbum carbonicum, $PbCO_3$, entsteht durch Fällung einer Bleisalzlösung mit Ammoniumkarbonat und bildet ein weißes, in Wasser unlösliches Pulver.

Basisches Bleikarbonat, Basisch-kohlensaures Blei, Bleiweiß, Cerussa, Plumbum hydrico-carbonicum. Das zur Herstellung von Bleiweißsalbe und -pflaster benutzte, besonders aber für die Bereitung von weißer Ölfarbe (Bleiweiß mit Firnis verrieben) wichtige basische Bleikarbonat besitzt keine gleichmäßige Zusammensetzung. Annähernd entspricht es der Formel $(PbCO_3)_2 \cdot Pb(OH)_2$. Es wird nach verschiedenen Verfahren dargestellt, von welchen

1. das holländische das älteste ist.

Spiralförmig zusammengerollte Bleibleche werden in mit Essig teilweise gefüllte Tontöpfe gebracht, diese mit einer Bleiplatte verschlossen und einige Wochen in hölzernen Kammern mit Pferdemist und Gerberlohe umgeben. Nur solcher Mist und solche Lohe können verwendet werden, die noch in lebhafter Zersetzung (Gärung) begriffen sind, wobei unter Erwärmung Kohlendioxyd entwickelt wird. Das Blei wird zunächst in basisch-essigsaures Blei umgewandelt, das durch die Einwirkung des Kohlendioxyds in basisch-kohlensaures Blei übergeht. Dieses überzieht die Bleirollen mit einer dicken weißen Kruste, welche abgeklopft wird.

2. Das englische oder französische Verfahren.

Eine durch Behandeln von essigsaurem Blei (Bleiazetat) mit Bleioxyd hergestellte Lösung von basisch-essigsaurem Blei wird mit Kohlendioxyd gesättigt, worauf sich Bleiweiß abscheidet.

3. Das deutsche und österreichische Verfahren.

Man läßt in Kammern, in welchen umgebogene Bleiplatten aufgehängt sind, gleichzeitig Kohlendioxyd, atmosphärische Luft und Essigdämpfe eintreten.

4. Man stellt Bleiweiß auch auf elektrochemischen Wege dar.

Das nach der holländischen Methode dargestellte Bleiweiß besitzt die beste Deckkraft.

Eigenschaften und Prüfung: Weißes, schweres, in Wasser unlösliches, stark abfärbendes Pulver oder leicht zerreibliche Stücke. Es soll 78,9 % Blei enthalten. Es wird von verdünnter Salpetersäure oder Essigsäure unter Aufbrausen gelöst. 100 T. Bleiweiß hinterlassen beim Glühen gegen 85 T. Bleioxyd, was einem Gehalte von 78,9 % Blei entspricht. Das Arzneibuch läßt prüfen auf Alkalisalze, Bariumsalze, Zink-, Kupfer- und Eisensalze sowie auf sonstige fremde Beimengungen. Mit dem Namen Kremser oder Kremnitzer Weiß wird ein Bleiweiß bezeichnet, welches mit Gummiwasser angerührt und in tafelförmige Stücke gepreßt ist. Perlweiß ist durch Indigo bläulich gefärbt.

Medizinische Anwendung: Nur äußerlich als austrocknendes Streupulver, in der Kinderpraxis durch bleifreie Puder zu ersetzen. Zu Salben und Pflastern.

Vorsichtig aufzubewahren.

Nachweis von Bleiverbindungen.

Beim Erhitzen mit Soda auf Kohle geben Bleiverbindungen vor der Lötrohrflamme ein weiches Bleikorn und einen hellgelben Beschlag von Bleioxyd.

Aus Bleisalzlösungen fällen:

Schwefelsäure sehr schwer lösliches Bleisulfat, welches von Alkalilauge und von weinsaurem Ammon bei Überschuß von Ammoniak gelöst wird;

$$SO_4'' + Pb\cdot\cdot \longrightarrow PbSO_4.$$

Kaliumjodid zitronengelbes Bleijodid: $2J' + Pb\cdot\cdot \longrightarrow PbJ_2$.

Kaliumchromat und Kaliumdichromat gelbes Bleichromat, das in Natronlauge löslich ist, von Essigsäure aber nicht gelöst wird:

$$CrO_4'' + Pb\cdot\cdot \longrightarrow PbCrO_4.$$

Schwefelwasserstoff braunschwarzes Bleisulfid:

$$H_2S + Pb^{\cdot\cdot} \longrightarrow PbS + 2\,H^{\cdot}.$$

Zink und Zinn scheiden aus Bleisalzlösungen metallisches Blei ab.

Hier sei ein Wort über die sog. **Spannungsreihe der Metalle** gesagt. Wenn man die Metalle nach der Größe ihres experimentell bestimmbaren elektrolytischen Potentials zusammenstellt, so folgen die Metalle wie folgt aufeinander:

Alkalimetalle, Erdalkalimetalle, Magnesium, Aluminium, Mangan, Zink, Chrom, Eisen, Kadmium, Nickel, Blei, Zinn, Antimon, Wismut, Arsen, Kupfer, Quecksilber, Silber, Platin, Gold.

Diese Reihenfolge enthält den Ausdruck für die Fähigkeit der Metalle, aus Lösungen einander zu verdrängen. So scheidet jedes Metall die ihm in der Spannungsreihe folgenden aus vergleichbaren Salzlösungen, d. h. solchen von wenigstens annähernd gleichem Ionenzustand, wie z. B. den Salzen mit Sauerstoffsäuren, in freiem Zustand ab und wird von den in der Reihe vorausgehenden Metallen gefällt (K. A. Hofmann).

Kupfergruppe.
Kupfer. Silber. Gold.

Kupfer.

Cuprum, Cu = 63,57. **Ein- und zweiwertig.** Kupfer ist seit den frühesten Zeiten in gediegenem Zustande bekannt. Römer und Griechen erhielten es von der Insel Cypern, daher der Name aes Cyprium, Cuprum, Kupfer.

Vorkommen: Gediegen am Oberen See in den Vereinigten Staaten, wo das Metall aus 1500 m tiefen Schächten gefördert wird. Große Kupferbergwerke befinden sich an der mexikanischen Grenze. Deutschland ist arm an Kupfererzen. Von natürlich vorkommenden Kupferverbindungen sind zu erwähnen: **Rotkupfererz** (Cu_2O), **Schwarzkupfererz** (CuO), **Kupferglanz** (Cu_2S), **Kupferindig** (CuS). Zu den gemischten Kupfersulfiden gehören die Mineralien **Kupferkies,** $Cu_2S \cdot Fe_2S_3$, und **Buntkupfererz,** $(Cu_2S)_3 \cdot Fe_2S_3$. Basische Karbonate sind die geschätzten Mineralien **Kupferlasur,** $(CuCO_3)_2 \cdot Cu(OH)_2$, und **Malachit,** $CuCO_3 \cdot Cu(OH)_2$.

Kupferschiefer, ein im Zechstein vorkommender, bituminöser Mergelschiefer, enthält Kupferglanz, Kupferkies und Buntkupfererz. **Fahlerze** enthalten außer Cu_2S noch Sb, As, Ag und Fe.

Kleine Mengen Kupfer kommen in vielen Erzen, z. B. Eisenerzen, vor. Auch in Pflanzen und Tieren (z. B. Austern von Cornwall) ist Kupfer beobachtet worden.

Gewinnung: Die klein gepochten Erze (Kupferkies, Buntkupfererz) werden geröstet, worauf sich das in ihnen enthaltene Schwefeleisen zum größten Teil in Eisenoxyd verwandelt. Das Schwefelkupfer wird hierbei nur wenig verändert. Man schmilzt hierauf das Röstgut mit kieselsäurehaltigen Zuschlägen, welche das Eisenoxyd aufnehmen, während unter der Schlacke sich eine schwarze geschmolzene Masse, der **Kupferstein,** ansammelt. Dieser enthält neben Schwefelkupfer Kupferoxyd und nur noch geringe Mengen Schwefeleisen. Durch nochmaliges Glühen unter Zusatz von Rohschlacke wirken Schwefelkupfer und Kupferoxyd unter Entbindung von Schwefeldioxyd und Abscheidung von Kupfer aufeinander ein:

$$CuS + 2\,CuO = 3\,Cu + SO_2.$$

In dem Rohkupfer sind gegen 90 % Kupfer enthalten. Um kleine Beimengungen von Schwefelkupfer, Blei, Eisen, Zink usw. aus dem Rohkupfer abzuscheiden, wird es einem längeren Schmelzen vor dem Gebläse in Flammöfen ausgesetzt. Der Schwefel entweicht als Schwefeldioxyd, während begleitende Metalle oxydiert und von der Kieselsäure der Herdmasse aufgenommen werden. Man nennt dieses Reinigungsverfahren des Kupfers das

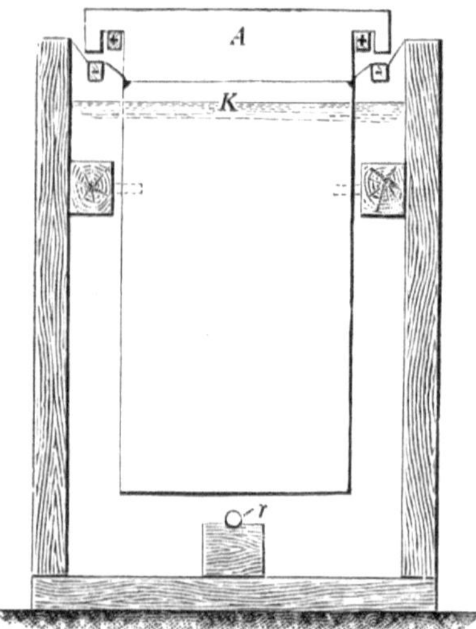

Abb. 46. Elektrolytische Kupfergewinnung.

Garmachen. Das hierbei in kleiner Menge gebildete Kupferoxyd wird durch Hinzufügen von Holzkohlenpulver reduziert.

Die elektrolytische Kupfergewinnung besteht in der Zerlegung einer Kupfervitriollösung durch den elektrischen Strom. Zu dem Zwecke hängt man in eine mit Schwefelsäure angesäuerte Lösung von Kupfervitriol Platten von Rohkupfer (Schwarzkupfer) abwechselnd mit solchen aus reinem Kupfer. Die Rohkupferplatten verbindet man mit dem positiven, die Reinkupferplatten mit dem negativen Pol der elektrischen Stromquelle. Abb. 46 und 47 veranschaulichen dieses Verfahren.

Das zu elektrolysierende Rohkupfer wird in Anodenplatten gegossen (Abb. 46), die in die mit Schwefelsäure angesäuerte Kupfervitriollösung in größerer Zahl gehängt werden. Jeder Anode ist als Kathode ein dünnes Kupferblech benachbart, auf welchem sich das reine Kupfer niederschlägt. Die Anoden A hängen an den $+$ Kupferschienen, die Kathoden K an den $-$ Kupferschienen. Während sich an den Kathoden das reine Kupfer kristallinisch niederschlägt, werden die Anoden allmählich zerfressen, und das in ihnen enthaltene Edelmetall (goldhaltiges Silber) fällt als Schlamm zu Boden. Die Kupfervitriollösung wird nach und nach verunreinigt; sie muß daher von Zeit zu Zeit erneuert werden. Damit die Konzentration der Kupfervitriollösung in den oberen und

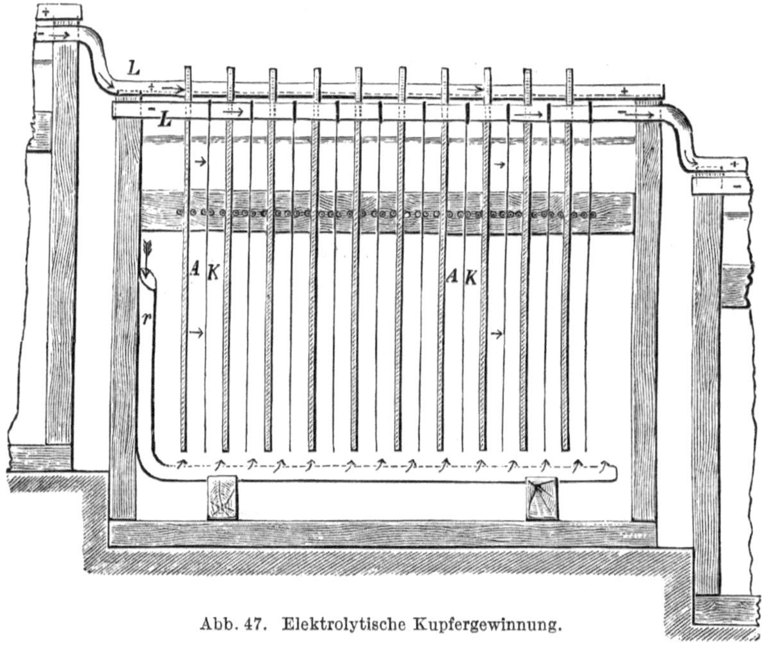

Abb. 47. Elektrolytische Kupfergewinnung.

unteren Teilen der Bäder gleichbleibt, wird sie in Bewegung gehalten. Dies geschieht dadurch, daß man die zu einem System vereinigten Bäder (s. Abb. 47) in verschiedener Höhenlage aufstellt und die Lauge dann mittels Heber (r) aus dem höherstehenden in das nächstfolgende niedriger stehende Bad abhebert und schließlich aus dem untersten Bad in das höchstgelegene zurückpumpt.

Auf nassem Wege gewinnt man Kupfer aus schwefelkupferführendem Gestein durch Auslaugen mit Eisenchlorid (Dötschprozeß):

$$CuS + 2FeCl_3 = CuCl_2 + 2FeCl_2 + S.$$

Aus den Laugen fällt man durch Eisenblechabfälle das Kupfer als Zementkupfer:

$$CuCl_2 + Fe = FeCl_2 + Cu.$$

Zwecks Verwertung der Ferrochloridlösung fügt man zu dieser Salzsäure und leitet Chlor ein, wodurch das Ferrochlorid in Ferrichlorid (Eisenchlorid) übergeführt und nunmehr dem Betrieb zurückgegeben wird.

Chemisch reines Kupfer gewinnt man durch Reduktion von reinem Kupferoxyd in der Hitze mit Wasserstoff oder Kohlenoxydgas.

Die Welterzeugung von Kupfer betrug 1908: 739000 t, 1918: 1395000 t.

Diese verteilen sich auf

die Vereinigten Staaten mit . . . . 848000 t,
Kanada mit . . . . 53000 t,
Mexiko mit . . . . 75000 t,
Chile mit . . . . 86000 t,
Japan mit . . . . 96000 t,
Deutschland mit . . . . 40000 t.

Eigenschaften: Hartes, rotes, glänzendes, sehr dehnbares Metall, spez. Gew. 8,96. Schmelzpunkt 1083⁰, Siedepunkt 2305⁰. Im geschmolzenen Zustande besitzt es eine blaugrüne Färbung. Beim Schmelzen nimmt es Gase auf, die beim Erkalten unter Zischen und Spritzen wieder entweichen (Spratzen des Kupfers). An trockéner Luft hält sich Kupfer unverändert; an feuchter kohlendioxydhaltiger Luft überzieht es sich mit einer grünen Schicht von basisch-kohlensaurem Kupfer (Patina) oder Kupferrost, fälschlich Grünspan genannt. Wirklicher Grünspan besteht aus basisch-essigsaurem Kupfer.

Beim Erhitzen von Kupfer an der Luft oder in Sauerstoffgas bedeckt sich das Metall mit einer schwarzen Schicht von Kupferoxyd, die sich beim Hämmern in Blättern löst (Kupferhammerschlag).

Bei Luftabschluß wird Kupfer von verdünnter Salzsäure oder verdünnter Schwefelsäure nicht gelöst, ebensowenig von Essigsäure und anderen organischen Säuren. Man kann daher essigsäurehaltende Speisen und saure Pflanzensäfte in kupfernen Gefäßen kochen, wobei Kupfer nicht aufgenommen wird. Läßt man aber die sauren Stoffe in den kupfernen Gefäßen erkalten, so wird, indem die Luft wieder ungehindert hinzutreten kann, Kupfer selbst von schwachen Säuren gelöst.

Konz. Schwefelsäure löst Kupfer in der Hitze unter Entwicklung von Schwefeldioxyd:

$$Cu + 2H_2SO_4 = CuSO_4 + SO_2 + 2H_2O.$$

Von Salpetersäure wird Kupfer unter Entbindung von Stickoxyd aufgenommen:

$$3Cu + 8HNO_3 = 3Cu(NO_3)_2 + 2NO + 4H_2O.$$

Kupfer bildet zwei Reihen von Verbindungen: Oxyd- oder Cupriverbindungen und Oxydul- oder Cuproverbindungen.

Kupfer findet eine weitgehende Anwendung zur Herstellung von Draht, Blech, von Kesseln, Maschinenteilen, Rohren, Destillierblasen, Münzen usw. Die Silbermünzen bestehen aus einer Legierung von 90 T. Silber und 10 T. Kupfer. Es wird benutzt als Zusatz zu weicheren Metallen, um diesen eine größere Härte zu verleihen, so dem Silber. Andere wichtige Kupferlegierungen sind das gelbe Messing (70 T. Kupfer, 30 T. Zink), das rote Messing oder Tombak (85 T. Kupfer, 15 T. Zink), die Bronze (aus wechselnden Mengen Kupfer und Zinn, zuweilen unter Zusatz von Zink und Blei bestehend). Zu den Bronzearten gehören das Glockenmetall (78 T. Kupfer, 22 T. Zinn), Kanonenmetall (90 T. Kupfer, 10 T. Zinn), Kunstbronze (86,6 T. Kupfer, 6,6 T. Zinn, 3,3 T.

Zink, 3,3 T. Blei), **Phosphorbronze** besteht aus 90 T. Kupfer, 9 T. Zinn und 0,5—0,75 T. Phosphor und bildet eine sehr harte Legierung. Bekannt ist auch die Verwendung des Kupfers zu galvanoplastischen Abdrücken.

Ein **Phosphorkupfer** mit gegen 16% Phosphor wird durch Glühen von Kupfer mit **Kohle** und Metaphosphorsäure erhalten. Es bildet die **Phosphorbronze.**

Cuprochlorid, Kupferchlorür, Kupfer(1)-Chlorid, $CuCl$, entsteht beim Kochen der Lösung von Cuprichlorid mit Kupfer:

$$Cu + CuCl_2 = 2\,CuCl$$

und bildet ein weißes, an der Luft sich grün färbendes Kristallpulver.

Die salzsaure oder ammoniakalische Cuprochloridlösung wird in der Gasanalyse zur Bindung von Kohlenoxyd und von Sauerstoff verwendet.

Cuprichlorid, Kupferchlorid, Kupfer(2)-Chlorid, Cuprum chloratum s. bichloratum, $CuCl_2 + 2\,H_2O$, wird durch Lösen von Kupferoxyd in Salzsäure und Abdampfen zur Kristallisation erhalten.

An feuchter Luft zerfließliche, grüne Prismen, die von Wasser und Alkohol gelöst werden. Beim Erhitzen verliert es Wasser und liefert wasserfreies Cuprichlorid, das bei Rotglut unter Abgabe von Chlor in Cuprochlorid übergeht. Die verdünnten wässerigen Cuprichloridlösungen besitzen eine hellblaue Färbung und enthalten vorwiegend Cupriionen $Cu^{\cdot\cdot}$; die konzentrierten salzsauren Lösungen sind grünbraun gefärbt und enthalten zumeist undissoziierte $CuCl_2$—Molekeln. Ein basisches Cuprichlorid, $CuCl_2 \cdot 3\,CuO + 3\,H_2O$, findet sich unter dem Namen **Atakamit** in Chile und Südaustralien.

Die **Bromverbindungen** des Kupfers entsprechen den Chlorverbindungen, hingegen ist von den Jodverbindungen· nur das

Cuprojodid, Kupferjodür, Kupfer(1)-Jodid, CuJ, als weißes, luftbeständiges Pulver bekannt. Versetzt man eine Cuprisalzlösung mit Kaliumjodid, so scheidet sich nicht das zu erwartende Cuprijodid ab, sondern es entstehen Cuprojodid und freies Jod:

$$2\,CuSO_4 + 4\,KJ = 2\,CuJ + 2\,K_2SO_4 + J_2.$$

Cuprooxyd, Kupferoxydul, Kupfer(1)-Oxyd, Cu_2O, scheidet sich als rotes Pulver ab beim Erhitzen einer mit Traubenzucker und überschüssiger Alkalilauge versetzten Lösung von Cuprisulfat. Das mit Alkalilauge aus Cuprisulfat abgeschiedene Cuprihydroxyd wird reduziert, d. h. gibt Sauerstoff ab, welcher zur Oxydation des Traubenzuckers dient.

Das aus einer Cuprisalzlösung durch Alkalihydroxyd sich abscheidende Cuprihydroxyd ist in weinsauren Salzen, Glyzerin oder anderen hydroxylhaltigen organischen Stoffen löslich. Eine mit Hilfe von weinsaurem Salz hergestellte alkalische Lösung des Cuprihydroxyds ist als **Fehlingsche Lösung** bekannt. Diese bleibt beim Kochen für sich unverändert, scheidet aber, mit Traubenzucker erhitzt, Cuprooxyd ab und dient daher zum Nachweis und zur quantitativen Bestimmung von Zucker in Flüssigkeiten (im Harn usw.).

Da **Fehlingsche Lösung** beim Aufbewahren sich allmählich zersetzt, stellt man sie vor der Benutzung jedesmal frisch dar durch Mischen gleicher Raumteile Cuprisulfatlösung (I) und einer Alkali enthaltenden Seignettesalzlösung (II). Diese werden nach folgenden Vorschriften bereitet:

I 34,639 g reinen kristallisierten Kupfervitriol löst man in 200 ccm Wasser und verdünnt mit Wasser auf genau 500 ccm.

II 60 g reines geschmolzenes Natriumhydroxyd werden in etwa der gleichen Menge Wasser gelöst; man fügt dieser Lauge eine Lösung von 173 g Seignettesalz (s. dort) in etwa 300 ccm Wasser hinzu und verdünnt ebenfalls auf genau 500 ccm.

10 ccm Fehlingscher Lösung (5 ccm Lösung I + 5 ccm Lösung II) werden beim Kochen von gegen 0,05 g Traubenzucker reduziert. Längere oder kürzere Dauer des Erhitzens, sowie der Verdünnungsgrad der Lösung verschieben dieses Verhältnis.

Cuprioxyd, Kupferoxyd, Kupfer(2)-Oxyd, CuO, wird erhalten durch Glühen von Kupferspänen an der Luft oder Erhitzen von Cuprinitrat bis zur schwachen Rotglut. Auch entsteht es beim Glühen von basischem Cuprikarbonat als braunschwarzes Pulver. In Drahtform findet es bei der Analyse organischer Stoffe (Elementaranalyse) Verwendung. Man erhält die Drahtform, indem man Kupferdraht kurze Zeit in Salpetersäure eintaucht und dann glüht.

Cuprihydroxyd, Kupferoxydhydrat, $Cu(OH)_2$, scheidet sich auf Zusatz von Kalium- oder Natriumhydroxyd zu einer Cuprisalzlösung als blaugrüner, gallertiger Niederschlag ab, der bereits beim Erhitzen in wässeriger Suspension in schwarzes Cuprioxyd übergeht.

Cuprisulfat, Schwefelsaures Kupfer, Kupfer(2)-Sulfat, Kupfervitriol, Cuprum sulfuricum, $CuSO_4 + 5H_2O$, Mol.-Gew. 249,71, kommt infolge Zersetzung schwefelhaltiger Kupfererze in Grubenwässern (Zementwässern) gelöst vor, woraus es durch Abdampfen kristallisiert erhalten werden kann. Man gewinnt das Sulfat auch aus den schwefelhaltigen Kupfererzen, indem man diese vorsichtig röstet und mit Wasser auszieht. Beim Eindampfen kristallisiert zunächst Kupfervitriol mit nur Spuren Eisenvitriol aus, während die Hauptmenge des letzteren in den Mutterlaugen bleibt.

Eigenschaften und Prüfung: Durchsichtige, blaue Kristalle, welche an trockener Luft nur wenig verwittern, von 3 T. Wasser von 20° und von etwa 0,8 T. siedendem Wasser gelöst werden und in Weingeist nicht löslich sind. Bei 100° verliert Cuprisulfat 4 Mol. Wasser; das fünfte Mol. Kristallwasser entweicht erst gegen 200°. Das entwässerte Cuprisulfat ist fast weiß; es zieht mit Begierde Wasser an und dient daher zum Entwässern von Flüssigkeiten, z. B. von Alkohol. Cuprisulfat ist in wässeriger Lösung zum Teil hydrolytisch gespalten und reagiert daher sauer. Es gibt mit überschüssigem Ammoniak eine tief dunkelblaue Färbung, welche von der Bildung eines Cuprisulfat-Ammoniaks herrührt. Versetzt man die Lösung dieses mit Weingeist, so scheiden sich durchsichtige, lasurblaue Kristalle von der Zusammensetzung $[Cu(NH_3)_4]SO_4 + H_2O$ ab, welche Verbindung unter der Bezeichnung Cuprum sulfuricum ammoniatum ehemals offizinell war. Es ist ein komplexes Salz; seine Lösung enthält die zweiwertigen Cupri-Ammoniakionen $Cu(NH_3)_4^{..}$.

Ein anderes, Cuprisulfat enthaltendes, zu Augenwässern benutztes Präparat ist der Kupferalaun, Cuprum aluminatum (auch Lapis divinus, Heiligenstein genannt).

Eine Reinheitsprüfung des Kupfervitriols hat sich auf Ferro- und Zinksulfat, auf Alkalien, Erdalkalien und Magnesiumsalze zu erstrecken (s. D. A. B. VI).

Anwendung: Cuprisulfat wird zur Herstellung von Kupferfarben verwendet, zu galvanischen Batterien (Daniellsches Element), zu galvanoplastischen Abdrücken, zum Kupfern des als Saatgut verwendeten Getreides, um es vor Wurmfraß zu schützen, ferner zur Herstellung der sog. Bordelaiser Brühe: Man löst 8 kg Kupfervitriol in 100 l Wasser, andererseits löscht man 15 g Ätzkalk mit 30 l Wasser und mischt das Kalkhydrat nach dem Erkalten der Kupfervitriollösung hinzu. Diese vor der Verwendung aufgerührte Brühe dient zum Besprengen von Pflanzen, die von parasitischen Pilzen befallen sind.

In der Medizin wird Cuprisulfat äußerlich in verdünnter Lösung als Adstringens auf Wunden und Geschwüren, besonders in der Augenheilkunde (0,1 : 20,0) als gelindes Ätzmittel benutzt. Innerlich als schnell wirkendes Brechmittel, besonders bei Krupp und Diphtherie in Form einer wässerigen Lösung oder als Pulver in Dosen von 0,2—0,5 g, bei Kindern 0,03—0,15 viertelstündlich bis zum Eintritt der Wirkung. In kleinen Dosen 0,01—0,1 g als Anthelmintikum (Trichocephalen, Askariden, Oxyuren). — Cuprisulfat gilt auch als Gegengift bei Phosphorvergiftungen. Kupfer schlägt sich auf dem Phosphor nieder und entzieht letzterem dadurch die Giftwirkung. Vorsichtig aufzubewahren!

Cuprinitrat, Salpetersaures Kupfer, Kupfer(2)-Nitrat, Cuprum nitricum, $Cu(NO_3)_2 + 6H_2O$, Mol.-Gew. 295,68, dargestellt durch Auflösen von Kupfer oder Kupferoxyd in Salpetersäure und Eindampfen der mit Wasser verdünnten und filtrierten Lösung zur Kristallisation. Blaugrüne, zerfließliche, in Wasser leicht lösliche Prismen. Mit Kuprinitratlösung getränktes Filtrierpapier ist nach dem Trocknen leicht entzündlich.

Cupriarsenit, Arsenigsaures Kupfer, Kupfer(2)-Arsenit, wird als zeisiggrüner Niederschlag von wechselnder Zusammensetzung erhalten beim Versetzen einer Cuprisulfatlösung mit Kaliumarsenitlösung. Es enthält u. a. meta-arsenigsaures Kupfer, $Cu(AsO_2)_2$. Cupriarsenit fand ehemals unter dem Namen Scheelesches oder Schwedisches Grün Verwendung als Farbstoff.

Schweinfurter Grün ist eine Doppelverbindung von Cupriarsenit und Cupriazetat: $Cu(C_2H_3O_2)_2 \cdot 3\,Cu(AsO_2)_2$.

Nachweis von Kupferverbindungen.

Beim Erhitzen mit Soda auf Kohle geben Kupferverbindungen in der Lötrohrflamme rotes metallisches Kupfer. In der Oxydationsflamme wird die Phosphorsalzperle (vgl. Ammoniumphosphate) heiß grün, nach dem Erkalten hellblau gefärbt. Durch die flüchtigen Kupferverbindungen wird die nicht leuchtende Flamme grün gefärbt.

In Kupfersalzlösungen getaucht, überzieht sich ein blanker Eisenstab mit rotem metallischen Kupfer, vgl. die elektrische Spannungsreihe S. 189.

Kupfersalzlösungen werden durch überschüssiges Ammoniak tief dunkelblau gefärbt (es bildet sich ein Kupferammoniakion [Tetrammin-cupri-ion]):

$$Cu^{\cdot\cdot} + 4\,NH_3 \longrightarrow [(Cu(NH_3)_4]^{\cdot\cdot}.$$

Durch Schwefelwasserstoff werden Kupfersalzlösungen braunschwarz gefällt. Der Niederschlag (Kupfersulfid, CuS) wird von Salpetersäure und von Kaliumzyanid gelöst.

Kaliumferrozyanid fällt aus Kupfersalzlösungen rotes bis rotbraunes Kupriferrozyanid.

Silber.

Argentum, $Ag = 107,88$. Einwertig. Silber gehört zu den frühest bekannten Metallen.

Vorkommen: Zum Teil gediegen, zum Teil in Verbindung mit anderen Elementen, am häufigsten mit Schwefel, Arsen, Kupfer, Blei. Von seinen Erzen sind als wichtigste zu nennen: Silberglaserz oder Silberglanz oder Argentit (Ag_2S), Silberkupferglanz ($Ag_2S \cdot Cu_2S$), Dunkelrotgiltigerz, Pyrargyrit oder Antimonsilberblende (Ag_3SbS_3), Lichtrotgiltigerz, Proustit oder Arsensilberblende (Ag_3AsS_3), Hornsilber (AgCl). Auch kommt Silber in Fahlerzen, in Bleiglanzen und Kupferkiesen vor.

Gewinnung: Silbererze finden sich in reinem Zustande nur selten in größeren Mengen beisammen; meist sind sie Begleiter von Blei-, Kupfer-, Kobalt- und Nickelerzen, und geht daher die Ausbringung des Silbers mit der Gewinnung anderer wertvoller Metalle Hand in Hand.

Erze, welche gediegenes Silber enthalten, werden gepocht, sodann durch Abschlämmen vom größten Teil des begleitenden Gesteins getrennt und das Silber durch Zusammenschmelzen mit Blei ausgezogen. Die Bleilegierung wird in dem Treibofen weiterverarbeitet. Dieser besteht aus einem flachen Herde aus porösen Steinen, welcher mit einer durch einen Kran beweglichen Haube bedeckt werden kann und mit einem Gebläse in Verbindung steht. Das silberhaltige Blei schmilzt man am Gebläsefeuer, wobei fremde Metalle zunächst oxydiert werden und mit den im Blei vorhandenen mechanischen Verunreinigungen eine Schlacke (Abzug, Abstrich) bilden, welche mit Krücken entfernt wird. Hierauf führt man durch die weiter einwirkende Gebläseluft das Blei in Bleioxyd (Bleiglätte) über, welches durch eine seitliche Rinne abfließt, in kleiner Menge aber auch in den porösen Herd eindringt. Ist das Blei vollständig zu Bleioxyd umgewandelt und bedeckt dieses nur noch in dünner Schicht das geschmolzene Silber, so schillert die Schicht auf kurze Zeit in den Regenbogenfarben, zerreißt dann aber plötzlich und läßt das stark glänzende geschmolzene Silber zum Vorschein kommen. Man nennt diese Erscheinung, welche die Beendigung des Abtreibens angibt, Silberblick.

Silberarmer Bleiglanz wird zunächst zu metallischem Blei reduziert, welches man nach dem Pattinsonschen Verfahren in eine silberreichere Legierung (Reichblei) und in silberfreies Blei (Werkblei) trennt. Zu dem Zweck wird Rohblei in einem großen eisernen Kessel eingeschmolzen und langsam erkalten gelassen. Auf beiden Seiten dieses Kessels stehen in einer Reihe mehrere andere Kessel von gleichem Umfang, von denen ein jeder besonders erhitzt werden kann. Beim Erkalten des Rohbleis scheidet sich Blei in Kristallen aus, welche silberärmer sind als das in Arbeit genommene Rohblei. Man schöpft diese Kristalle mit einem großen eisernen, siebartig durchlöcherten Löffel ab und bringt sie in den nächsten Kessel, der sich auf der linken Seite des ersten Schmelzkessels befindet. Das noch flüssig gebliebene Blei, welches an Silber reicher als das Rohblei ist, wird in den nächsten, zur rechten Seite des ersten Schmelzkessels befindlichen Kessel gefüllt. Man erhitzt nun jeden der beiden Kessel für sich von neuem und verfährt mit dem geschmolzenen und nach dem Abkühlen teilweise auskristallisierten Blei wie vorher. So wandert das ausgeschöpfte kristallisierte Blei nach der einen Seite, das als Mutterlauge zurückgebliebene nach der anderen. Im letzten Kessel der linken Seite erhält man ein fast entsilbertes Blei, im letzten Kessel der rechten Seite ein Reichblei, welches in der vorstehend geschilderten Weise durch Abtreiben auf Silber verarbeitet wird.

Man kann aus silberarmem Blei auch mit Zink das Silber herausziehen (Parkesprozeß). Fügt man zu dem geschmolzenen silberhaltigen Blei $^1/_{22}$ seines Gewichts geschmolzenen Zinks und durchrührt mit eisernen Krücken, so nimmt das Zink das in dem Blei befindliche Silber auf, kristallisiert hiermit zunächst aus und sammelt sich auf der Oberfläche des Bleis als sog. Zinkschaum. Man hebt die Kristalle heraus und unterwirft sie der Destillation, wobei das Zink sich verflüchtigt und Silber in den Retorten zurückbleibt.

Um chemisch reines Silber zu gewinnen, fällt man aus silberhaltigen Lösungen das Silber als Chlorid mit Salzsäure oder Natriumchlorid, wäscht den Niederschlag mit Wasser und schmilzt ihn nach dem Trocknen mit Natriumkarbonat oder behandelt ihn mit Zink und verdünnter Schwefelsäure.

Eigenschaften: Rein weißes, glänzendes Metall von hellem Klange und großer Politurfähigkeit, sehr dehnbar und zu dem feinsten Draht ausziehbar, auch läßt es sich zu äußerst dünnen Blättchen ausschlagen (Blattsilber, Argentum foliatum). Spez. Gew. 10,492 (t = 20°). Schmelzpunkt 960,5°, Siedepunkt 1950°. An der Luft oxydiert sich Silber auch in der Glühhitze nicht, hingegen nimmt es beim Schmelzen reichlich Sauerstoff auf, den es beim Erstarren unter Spratzen wieder abgibt. An schwefelwasserstoffhaltiger Luft schwärzt es sich unter Bildung von Schwefelsilber.

Da Silber ein verhältnismäßig weiches Metall ist, legiert man es zur Herstellung von Gebrauchsgegenständen mit Kupfer. Zur Herstellung von Münzen pflegt man dem Silber 10 % Kupfer zuzusetzen. Gegenstände aus Kupfer, Neusilber, Messing und ähnlichen Legierungen werden häufig versilbert, d. h. mit einer dünnen Silberschicht überzogen, um ihnen das Aussehen und die Eigenschaften des Silbers zu geben (Christofle). Die Versilberung kann geschehen 1. durch Plattieren, 2. durch Feuerversilberung, 3. durch kalte Versilberung, 4. Versilberung auf nassem Wege, 5. galvanische Versilberung.

Zum „Versilbern" von Glas, Papier und Karton benutzt man heute nicht mehr Blattsilber, sondern Blattaluminium.

Zur Herstellung von Glasspiegeln verwendet man in der Neuzeit nur noch in beschränktem Maße das giftige Zinnamalgam, dagegen meist Silber, indem man eine ammoniakalische und mit reduzierender organischer Substanz (Milchzucker, Aldehydammoniak, weinsaurem Natrium) versetzte Silbernitratlösung auf eine von Fett und Staub sorgfältig gereinigte Glasplatte ausgießt. Metallisches Silber scheidet sich hierbei langsam in glänzender spiegelnder Form aus.

Erhitzt man zitronensaures Silber, so wird metallisches Silber in Form eines braunschwarzen Pulvers erhalten, das beim Schütteln mit Wasser darin suspendiert bleibt und eine tiefrot gefärbte Flüssigkeit darbietet. Man nennt diese Form des metallischen Silbers kolloides Silber, Argentum colloidale, Collargolum, Kollargol. Beimengungen von eiweißartigen Stoffen, wie lysalbin- und protalbinsaurem Natrium wirken als Schutzkolloide und erhöhen die Beständigkeit der „wasserlöslichen" Form des Silbers.

Kolloides Silber soll nach D. A. B. VI mindestens 70 % Silber enthalten. Es bildet grün- oder blauschwarze, metallisch glänzende Blättchen; die wässerige Lösung (1 + 49) ist undurchsichtig und erscheint im auffallenden Lichte trübe. Nach Zusatz von verdünnten Mineralsäuren entsteht in der wässerigen Lösung ein Niederschlag, der sich beim Neutralisieren mit Alkalien wieder kolloid löst. Zwecks Prüfung vermischt man 5 ccm der wässerigen Lösung (0,01 : 10) mit 5 ccm Natriumchloridlösung (1 + 19): es muß die Mischung nach 1 Minute langem Schütteln in der Durchsicht rotbraun und klar, nicht aber schwärzlich undurchsichtig sein.

Gehaltsbestimmung: 0,2 g kolloides Silber löst man in 10 ccm Wasser, versetzt vorsichtig mit 10 ccm Schwefelsäure und trägt in kleinen Anteilen unter Umschwenken 2 g fein gepulvertes Kaliumpermanganat ein: Nach $^1/_4$ stündigem Stehen erhitzt man das Gemisch so lange auf dem Drahtnetz, bis die sich kondensierenden Dämpfe die Reste des Kaliumpermanganats herabgespült haben, verdünnt mit 50 ccm Wasser, nimmt den Überschuß von Permanganat mit etwas Ferrosulfat fort und titriert mit $\frac{n}{10}$-Ammoniumrhodanidlösung nach vorherigem Zusatz von 10 ccm Salpetersäure. Hierzu sind 13 ccm der $\frac{n}{10}$-Ammoniumrhodanidlösung erforderlich (1 ccm derselben = 0,010788 g Silber, Ferrisalz als Indikator).

Deutung: $0,010788 \cdot 13 = 0,140244$ g Silber in 0,2 g des Präparates, das sind $0,140244 \cdot 500 =$ rund 70 % Ag.

Medizinische Anwendung: Innerlich 0,1—0,5 g : 100 g 2—3mal täglich 1 Tee- bis Eßlöffel voll nach dem Essen bei entzündlichen und geschwürigen Prozessen des Magendarmkanals. Längerer innerer Gebrauch wegen Argyrosisgefahr zu vermeiden. Äußerlich als Antiseptikum in „Lösungen" 1 : 100—1 : 1000 zu Ausspülungen von Wunden, der Harnblase, auch bei Gonorrhöe; in 5proz. „Lösung" bei Angina; bei septischen Erkrankungen intravenös 5—20 ccm der frisch bereiteten 0,5—2proz. Lösung.

Von verdünnter Schwefelsäure und Salzsäure wird Silber nicht angegriffen, von Salpetersäure und heißer starker Schwefelsäure aber leicht gelöst. Die Haloidsäuren (Chlor-, Brom- und Jodwasserstoffsäure) rufen noch in sehr verdünnten Silbersalzlösungen Niederschläge hervor.

Silberchlorid, AgCl, fällt aus einer Lösung von Silbernitrat durch Salzsäure oder Natriumchlorid als weißer, käsiger Niederschlag aus, der sich am Licht violett bis schwarz färbt, indem sich Chlor entwickelt und Chlorsilber und kolloides Silber als Adsorptionsverbindung entstehen. Silberchlorid wird von Ammoniak und Kaliumzyanid zu komplexen Verbindungen gelöst:

$$[Ag(NH_3)_3] Cl \quad \text{und}$$
$$[Ag(CN)_2] K .$$

In Natriumthiosulfat löst sich Silberchlorid unter Bildung der komplexen Verbindung $[Ag_2(S_2O_3)_3] Na_4$ bez. $[Ag_3(S_2O_3)_4] Na_5$ auf.

Silberbromid, AgBr, ist ein gelblichweißer, am Licht sich schwärzender Niederschlag, welcher von Ammoniak schwer, von Kaliumzyanidlösung aber leicht aufgenommen wird.

Silberjodid, AgJ, wird als gelber, am Licht sich langsam verändernder Niederschlag gefällt, der in verdünntem Ammoniak unlöslich ist, von Kaliumzyanidlösung aber leicht gelöst wird.

Auch Silberbromid und Silberjodid sind in Natriumthiosulfat löslich.

Der großen Lichtempfindlichkeit des Silberbromids verdankt dieses seine Anwendung in der Photographie.

Man verwendet in der Photographie „Trockenplatten" zur Erzeugung der sog. Negative. Glasplatten werden mit einer dünnen Schicht Gelatine überzogen, in welcher Bromsilber fein verteilt ist. Man nennt diese Bromsilbergelatine „Emulsion". Bei gelinder Wärme (ca. 25°) läßt man die Emulsion an den Glasplatten antrocknen. Setzt man die

Platten der Lichtwirkung aus, so wird das Bromsilber derart verändert, daß es durch alkalische Pyrogallollösung oder durch Hydrochinon, durch Kaliumferrooxalat oder Eikonogen (Amido-β-naphthol-β-monosulfosaures Natrium) und andere „Entwickler" schneller reduziert wird als unverändertes Bromsilber (Entwickeln des Bildes). Das unverändert gebliebene Bromsilber wird durch Natriumthiosulfat fortgenommen (Fixieren des Bildes). Das entstandene Negativ ist an den Stellen, die vom Licht getroffen wurden, mit einer dunklen Silberschicht überzogen. Bedeckt man silberbromidhaltiges lichtempfindliches Papier mit einer solchen Glasplatte, so findet an den Stellen, die mit der dunklen Silberschicht bedeckt sind, keine oder sehr geringe Reduktion durch das Licht statt und umgekehrt. Man erhält so die „Positive".

Silberoxyd. Aus den wässerigen Silbersalzlösungen bewirken Kalium- oder Natriumhydroxyd Fällungen von dunkelbraunem Silberoxyd, Ag_2O. Auch bei vorsichtigem Zusatz von Ammoniak zu Silbersalzlösungen entsteht ein solcher Niederschlag, welcher aber durch einen Überschuß des Fällungsmittels zu Silberoxyd-Ammoniak gelöst wird. Diese Lösung findet zum Wäschezeichnen als unauslöschliche Tinte (die Zeuge werden vorher mit Natriumkarbonat- und Gummilösung getränkt und getrocknet), sowie als Haarfärbemittel Verwendung.

Die ammoniakalische Silberlösung ist auch ein ausgezeichnetes Mittel, um leicht oxydierbare organische Stoffe zu oxydieren. So entziehen z. B. Aldehyde der Lösung Sauerstoff. Die Lösung scheidet infolgedessen Silber ab und schwärzt sich.

Digeriert man Silberoxyd mit starkem Ätzammoniak, so entsteht eine schwarz gefärbte, sehr explosive Substanz, das Bertholletsche Knallsilber, wahrscheinlich zum Teil aus NAg_3 oder $NHAg_2$ bestehend. Verschieden hiervon ist das aus einer Lösung von stickstoff-wasserstoffsaurem Natrium mit Silbernitrat fällbare Silberazid, AgN_3, das aus Salmiakgeist sich umkristallisieren läßt. Das Trockenpräparat explodiert beim Erhitzen mit großer Heftigkeit.

Ein Silbersuperoxyd, Ag_2O_2, entsteht bei der Einwirkung von Ozon auf metallisches Silber.

Silbersulfat, Schwefelsaures Silber, Argentisulfat, Argentum sulfuricum, Ag_2SO_4, wird durch Auflösen von Silber in heißer konz. Schwefelsäure erhalten und bildet kleine, rhombische Prismen, welche erst von 90 T. Wasser gelöst werden.

Silbernitrat, Salpetersaures Silber, Argentinitrat, Silbersalpeter, Höllenstein, Argentum nitricum, Lapis infernalis, $AgNO_3$, Mol.-Gew. 169,89, wird erhalten durch Auflösen von reinem Silber in reiner Salpetersäure:

$$3\,Ag + 4\,HNO_3 = 3\,AgNO_3 + NO + 2\,H_2O.$$

Man verwendet zur Darstellung gewöhnlich kupferhaltiges Silber (z. B. Silbermünzen) und beseitigt durch wiederholtes Umkristallisieren das mit in Lösung gegangene Kupfernitrat, welches als leicht lösliches Salz in der Mutterlauge bleibt, während Silbernitrat auskristallisiert.

Eigenschaften und Prüfung: Farblose, tafelförmige Kristalle, welche von 0,5 T. Wasser zu einer neutralen Flüssigkeit gelöst werden. Es ist löslich in etwa 14 T. Weingeist und in einem Überschuß von Salmiakgeist. Erhitzt man es auf 200°, so schmilzt es und kann in Stahlformen (Abb. 48) zu Stangen ausgegossen werden. In dieser Form heißt es Höllenstein und findet medizinisch besonders als Ätzmittel Verwendung. Um die Wirkung desselben zu mildern, schmilzt man 1 T. Silbernitrat und 2 T. Kaliumnitrat zusammen und gießt das Gemisch zu Stangen aus. Diese sind unter dem Namen Argentum nitricum cum Kalio nitrico oder Lapis mitigatus offizinell.

Die Prüfung des Argentum nitricum erstreckt sich auf den Nachweis freier Salpetersäure, Kupfer-, Blei- und Wismutsalze und auf Silberoxyd (s. D. A. B. VI).

Gehaltsbestimmung des Argentum nitricum (nach D. A. B. VI): 0,3 g Silbernitrat löst man in 50 ccm Wasser, versetzt mit 5 ccm Salpetersäure und 5 ccm Ferriammoniumsulfatlösung und titriert mit $\frac{n}{10}$-Ammoniumrhodanidlösung bis zum Farbumschlage. Es sollen 17,6 ccm derselben verbraucht werden, was einem Mindestgehalte von 99,7 % AgNO$_3$ entspricht $\left(1 \text{ ccm } \frac{n}{10}\text{-Ammoniumrhodanidlösung} = 0,016989 \text{ g Silbernitrat}\right)$.
Deutung: $0,016989 \cdot 17,6 = 0,2990064$ g Silbernitrat, das sind

$$0,3 : 0,2990064 = 100 : x; \quad x = \text{rund } 99,7 \%.$$

Zur Gehaltsbestimmung des Argentum nitricum cum Kalio nitrico werden 0,5 g salpeterhaltiges Silbernitrat zur Titration verwendet. Zur Fällung des Silbers als Rhodanid sollen 9,5—9,8 ccm $\frac{n}{10}$-Ammoniumrhodanidlösung verbraucht werden, was einem Gehalt von 32,3—33,3 % AgNO$_3$ entspricht.

Deutung:

$0,016989 \cdot 9,5 = 0,1613955$ g Silbernitrat,

das sind $\dfrac{0,1613955 \cdot 100}{0,5} = \text{rund } \mathbf{32,3 \%}$ AgNO$_3$, bzw. $0,016989 \cdot 9,8 = 0,1664922$ g Silbernitrat, das sind

$\dfrac{0,1664922 \cdot 100}{0,5} = \text{rund } \mathbf{33,3 \%}$ AgNO$_3$.

Abb. 48. Stahlformen zum Ausgießen von geschmolzenem Silbernitrat (Höllensteinformen).

Medizinische Anwendung des Silbernitrats. Starkes Ätzgift, Adstringens Antifermentativum und Antiseptikum. Innerlich 1—3 mal täglich 0,005—0,03 g in Lösung oder Pillen (mit Bolus alba) bei gewissen Formen von Ulcus ventriculi, Hypersekretion, subakuten katarrhalischen und ulzerierenden Darmaffektionen, evtl. in Klysmen (0,2—1⁰/₀₀). Äußerlich zu adstringierenden Pinselungen in Mund, Rachen, Kehlkopf (1—5 %), zu Augenpinselungen (0,5—2 %), zu Injektionen in die Urethra bei Gonorrhöe (0,025—0,3 %) (Deutsches Arzneiverordnungsbuch).

Größte Einzelgabe 0,03 g; größte Tagesgabe 0,1 g. Vorsichtig aufzubewahren!

Organische Substanzen reduzieren Silbernitrat, und es werden daher Wäsche und Haut dadurch schwarz gefärbt. Diesem Umstande verdankt der Höllenstein seine Anwendung als „unauslöschliche Tinte" und als „Haarfärbemittel".

Die schwarzen Silberflecken lassen sich durch Behandeln mit Kaliumzyanidlösung wieder entfernen.

Nachweis von Silberverbindungen.

Beim Glühen der Silberverbindungen mit Soda auf Kohle vor der Lötrohrflamme wird ein weißes, glänzendes Silberkorn erhalten.

Aus Silbersalzlösungen fällen:

Kalium- oder Natriumhydroxyd dunkelbraunes Silberoxyd:

$$2\,\text{OH}' + 2\,\text{Ag}^{\cdot} \longrightarrow \text{Ag}_2\text{O} + \text{H}_2\text{O}.$$

Salzsäure oder Natriumchlorid weißes, käsiges Silberchlorid:

$$\text{Cl}' + \text{Ag}^{\cdot} \longrightarrow \text{AgCl},$$

das von Ammoniumkarbonat oder Ammoniak leicht gelöst wird:

$$\text{AgCl} + 2\,\text{NH}_3 \longrightarrow [\text{Ag}(\text{NH}_3)_2]^{\cdot} + \text{Cl}'.$$

Kaliumbromid gelblichweißes Silberbromid, das nicht von Ammoniumkarbonat, wohl aber von Ammoniak gelöst wird,

Kaliumjodid gelbes Silberjodid, das in Ammoniumkarbonatlösung und in verdünntem Ammoniak nahezu unlöslich ist,

Kaliumchromat rotes Silberchromat (Ag_2CrO_4), welches sowohl von Ammoniak wie von Salpetersäure leicht gelöst wird:

$$CrO_4'' + 2\,Ag^{\cdot} \longrightarrow Ag_2CrO_4.$$

Gold.

Aurum, Au = 197,2. Ein- und dreiwertig. Gold ist seit den ältesten Zeiten bekannt.

Vorkommen: Fast ausschließlich gediegen, meist in Begleitung von Silber, Platin, Kupfer, entweder auf seiner ursprünglichen Lagerstätte in das Gestein eingesprengt (Berggold) oder in den daraus durch Verwitterung entstandenen Ablagerungen in Form von Körnern, Blättchen oder größeren Stücken. Es ist im Sand vieler Flüsse enthalten sowie gelöst im Meerwasser (gegen 0,01 mg Gold in 1 t Meerwasser). In Verbindung mit Tellur kommt Gold in dem seltenen Mineral Schrifterz vor und wird auch in den meisten Eisenkiesen sowie in vielen Silber-, Blei- und Kupfererzen angetroffen.

Die hauptsächlichsten Fundstätten für Gold sind Kalifornien, Mexiko, Australien, Ungarn, Siebenbürgen, der Ural, neuerdings Alaska (am Klondyke). Die Goldproduktion der Welt hat während der letzten 30 Jahre eine fortwährende Steigerung erfahren.

Gewinnung und Eigenschaften: Das gediegen vorkommende Gold wird auf mechanischem Wege von dem begleitenden Gestein durch Pochen und nachfolgendes Schlämmen abgeschieden; auch aus dem goldführenden Sande der Flüsse wird es durch Waschen (Waschgold) von dem spezifisch leichteren Teilen, wie Sand und Erde getrennt.

Läßt sich aus dem goldhaltigen Gestein wegen der Kleinheit der Goldteilchen das Metall durch Schlämmen nicht direkt gewinnen, so zieht man es mit Quecksilber aus. Das goldführende Gestein wird unter ein Stampfwerk gebracht. Die Stampfer bewegen sich in einem von reichlichen Mengen Wasser durchflossenen Trog, welches einen feinen goldhaltigen Schlamm mit fortführt. Diesen läßt man über amalgamierte Kupferplatten fließen, von welchen das Gold festgehalten wird. Man schabt nach einiger Zeit das auf den Platten haftende Goldamalgam ab und unterwirft es der Destillation, wobei Quecksilber sich verflüchtigt und Gold zurückbleibt.

Da der ablaufende Schlamm (die „Tailings") immer noch Gold enthält, verarbeitet man ihn besonders nach der Zyanidmethode, um die letzten Anteile Gold zu gewinnen. Zu dem Zweck läßt man den Schlamm mit ca. 3proz. Zyankaliumlösung unter gleichzeitiger Einwirkung von Luftsauerstoff in Berührung.

Hierdurch löst sich Gold zu einem komplexen Salz auf:

$$2\,Au + 4\,KCN + 2\,H_2O + O_2 = 2\,KAu(CN)_2 + 2\,KOH + H_2O_2.$$

Das nebenbei entstehende Wasserstoffsuperoxyd löst weitere Mengen Gold:

$$2\,Au + 4\,KCN + H_2O_2 = 2\,KAu(CN)_2 + 2\,KOH.$$

Läßt man die Kaliumgoldzyanürlösung über sehr feine Zinkspäne fließen, so schlägt sich darauf das Gold als schwarzes Pulver nieder. Man kann aus den Lösungen auch auf elektrolytischem Wege das Gold abscheiden. Man verwendet als Anode eine Stahlplatte, als Kathode eine Bleiplatte. An der Anode entsteht Berlinerblau, auf der Kathode schlägt sich das Gold nieder.

Zur Trennung des Goldes von Silber bedient man sich der Salpetersäure, des „Scheidewassers", worin sich das Silber löst, das Gold nicht.

Eigenschaften: Gelbes, stark glänzendes Metall von hoher Politurfähigkeit. In reinem Zustande ist es sehr weich (fast wie Blei). Spez. Gew. 19,3⁰. Es schmilzt bei 1063⁰ zu einer blaugrünen Flüssigkeit und besitzt von allen Metallen die größte Dehnbarkeit. Es läßt sich zu den feinsten Drähten ausziehen und zu den dünnsten Blättchen (bis zu 0,0001 mm Dicke) ausschlagen (Feinblattgold, Aurum foliatum), welche das Licht mit blaugrüner Farbe durchlassen. 1 g Gold läßt sich zu einem 166 m langen Drahte ausziehen.

Von trockener oder feuchter Luft oder reinem Sauerstoff wird das Gold auch bei hohen Temperaturen nicht verändert. Ebenso sind Salzsäure, Salpetersäure, Schwefelsäure ohne Einwirkung auf Gold, doch wird es leicht gelöst von Königswasser sowie von Säuregemischen, welche freies Chlor oder freies Brom enthalten.

Zu technischen Zwecken, zur Herstellung von Münzen, Geräten, Schmuckgegenständen wird reines Gold, das beim Gebrauch sehr bald abgenutzt würde, nicht verarbeitet, sondern man legiert es mit anderen Metallen, besonders Silber und Kupfer. Ein Zusatz von letzterem bedingt eine rötliche Farbe (Rotgold), ein Zusatz von Silber eine hellere Farbe (Weißgold). Man bezeichnet die Legierung mit Kupfer auch als rote Karatierung, die Silberlegierung als weiße Karatierung.

Der Gehalt der Legierungen an reinem Gold wird noch vielfach nach Karat und Grän bestimmt. Man teilt eine Mark = $^1/_2$ Pfund in 24 Karat, das Karat in 24 Grän ein. Der Goldgehalt einer Legierung wird durch Nennung von Karat und Grän bezeichnet, welche in je einer Mark enthalten sind. Die zur Anfertigung von Schmucksachen gebräuchlichste Legierung ist 14karätig, d. h. sie enthält in 24 T. 14 T. Gold und 10 T. Silber und Kupfer; die holländischen und österreichischen Dukaten enthalten 23 Karat und 9 Grän Gold, die deutschen und amerikanischen Goldmünzen sowie die des lateinischen Münzvereins (Frankreich, Italien, Belgien, Schweiz, Spanien, Portugal) 21 Karat $7^1/_5$ Grän, die englischen Goldmünzen 22 Karat. Man gibt in der Neuzeit den Gehalt an Feingold aber auch in Tausendteilen an (z. B. 900 : 1000).

Die Goldarbeiter benutzen zur ungefähren Bestimmung des Goldgehaltes einer Goldlegierung den Probierstein und die Probiernadeln. Letztere bestehen aus Legierungen des Goldes mit anderen Metallen von bekanntem Gehalt. Die mit diesen Nadeln auf dem Probierstein (einem Kieselschiefer) gemachten Striche werden mit dem Strich, welchen die zu prüfende Goldlegierung erzeugt hat, verglichen. Aus der Ähnlichkeit und der Stärke der Farbe sowie auf Grund ihres Verhaltens zu verdünntem Königswasser wird der Goldgehalt annähernd festgestellt.

In kolloider Form erhält man Gold bei der Reduktion von Goldchloridlösungen, am besten bei Gegenwart kleiner Mengen Alkali (Kaliumbikarbonat), mit Formaldehyd oder Hydroxylamin. Die Lösungen des kolloiden Goldes sind hochrot, blau bis tintenschwarz gefärbt.

In seinen Verbindungen ist Gold entweder einwertig (Oxydul- oder Auroverbindungen) oder dreiwertig (Oxyd- oder Auriverbindungen). Aus den Lösungen wird es durch Eisenvitriol, Eisenchlorür oder Oxalsäure metallisch als rotbraunes Pulver abgeschieden.

Von seinen Verbindungen beansprucht pharmazeutisch-medizinisches Interesse das **Aurichlorid**, Goldchlorid, Gold(3)-Chlorid, Aurum chloratum. Zu seiner Darstellung löst man Gold in Königswasser und dampft unter Zuleitung von Chlor, wodurch eine Zersetzung verhindert wird, ein. Goldchlorid wird in großen, rotbraunen, blätterigen Kristallen erhalten, welche sehr leicht zerfließlich sind und sich in Wasser leicht lösen. Goldchlorid kristallisiert aus einer viel Salzsäure enthaltenden Lösung in langen gelben Nadeln als Goldchloridchlorwasserstoffsäure (Chlorgoldsäure) der Zusammensetzung $[AuCl_4]H + 4 H_2O$.

Alkalilaugen fällen aus den Lösungen derselben rotbraunes Aurihydroxyd [Gold(3)-Hydroxyd], das sich in einem Überschuß des Fällungsmittels zu hellgelbem Alkaliaurat löst. Diese Einwirkung läßt sich durch die Ionengleichungen veranschaulichen:

$$3 (OH)' + [AuCl_4]' \longrightarrow Au(OH)_3 + 4 Cl',$$
$$Au(OH)_3 + OH' \longrightarrow AuO_2' + 2 H_2O.$$

Beim vorsichtigen Ansäuern mit verdünnter Salpetersäure scheidet sich Goldsäure, AuO(OH), als braungelber Niederschlag ab:

$$AuO_2' + H^{\cdot} \longrightarrow AuO(OH).$$

Goldchlorid ist ein gutes Fällungsmittel für Alkaloide, mit denen es meist kristallisierende Goldchloriddoppelsalze bildet,

Auch mit den Chloriden der Alkalimetalle geht Goldchlorid gut kristallisierende Doppelverbindungen ein. Ein Natrium-Aurichlorid, welches einen Überschuß von Natriumchlorid enthält, ist das als Antisyphilitikum, bei Krebsleiden usw., sowie in der Technik zum Vergolden benutzte Auro-Natrium chloratum. Es enthält 30 % Gold und wird bereitet, indem man 65 T. reines Gold in Königswasser löst, die überschüssige Säure verjagt, den Rückstand mit einer Lösung von 100 T. Natriumchlorid versetzt und auf dem Wasserbade zur Trockne eindampft. Es bildet ein goldgelbes, in Wasser leicht lösliches, kristallinisches Pulver.

Schwefelgold, Au_2S_3, bildet sich als schwarzer Niederschlag beim Einleiten von Schwefelwasserstoff in eine salzsäurehaltige wässerige Goldchloridlösung. Das sog. Glanzgold, welches durch Auflösen von Goldchlorid in „Schwefelbalsam" unter Beifügung von Wismutsalz bereitet wird und zum Vergolden von Porzellan, Glas usw. dient, enthält Schwefelgold.

Medizinische Anwendung: Organische Goldpräparate sind als Heilmittel bei Tuberkulose und Syphilis versucht worden; ein Auro-Natriumthiosulfat findet unter dem Namen Sanocrysin subkutane Anwendung.

Charakteristik der Metalle der Kupfergruppe.

Die drei Metalle der Kupfergruppe sind die besten Leiter der Elektrizität, sehr dehnbar und hämmerbar, nur in oxydierenden Säuren löslich und werden von den meisten Metallen aus ihren Verbindungen verdrängt. Ihre Oxyde und Hydroxyde sind schwache Basen. Die Metalle sind, abgesehen vom Kupfer, an der Luft sehr beständig und stehen dadurch den Metallen der Platingruppe nahe. Das Kupfer ist in seinen Verbindungen ein- und zweiwertig, das Silber einwertig, das Gold ein- und dreiwertig.

Aluminiumgruppe.

Aluminium.

Aluminium, Al = 26,97. Dreiwertig. Aluminium wurde zuerst im Jahre 1827 von Wöhler aus Chloraluminium dargestellt.

Vorkommen: Aus Aluminiumoxyd bestehen die als Edelsteine geschätzten Mineralien Korund, Saphir, Rubin; auch Smirgel ist ein Aluminiumoxyd, welches durch Eisen und andere Stoffe verunreinigt ist. Aluminiumhydroxyde sind die Mineralien Bauxit, $Al_2O_3 \cdot 2H_2O$, und Diaspor, $Al_2O_3 \cdot H_2O$; Haarsalz ist ein wasserhaltiges Aluminiumsulfat, welches früher auch als Federalaun oder Alumen plumosum bezeichnet wurde. Heute versteht man unter Federalaun den Asbest (s. Magnesiumsilikate!). Kryolith ist ein Aluminium-Natriumfluorid, $AlF_3 \cdot 3NaF$. Im wesentlichen aus Aluminiumsilikat bestehen Kaolin, Ton, weißer und roter Bolus; zu den Aluminium-Doppelsilikaten gehören Feldspat und Glimmer.

Gewinnung: Durch Elektrolyse einer Lösung von Tonerde in geschmolzenem Kryolith und Flußspat. Als Kathode benutzt man hierbei einen aus Graphitplatten zusammengesetzten Kessel, welcher das zu elektrolysierende Tonerdegemisch aufnimmt und läßt in dieses die aus Kohlestäben zusammengefügte Anode eintauchen. Bei geringer Spannung (von 5—6 Volt) erzeugt man eine Stromstärke von 5000—6000 Amp. Die Tonerde zerfällt dabei in Aluminium und Sauerstoff. Auch kann Aluminium durch Elektrolyse von geschmolzenem Schwefelaluminium, welches dabei in Aluminium und Schwefeldampf zerlegt wird, gewonnen werden.

Die Aluminiumindustrie hat sich besonders dort entwickelt, wo große Wasserkräfte zur Verfügung stehen, so am Rheinfall bei Neuhausen in der Schweiz und Rheinfelden in Baden, bei Lend-Gastein in Österreich, am Niagarafall in den Vereinigten Staaten.

Eigenschaften: Zinnweißes, glänzendes, geschmeidiges Metall von spez. Gew. 2,7 bei 20°. Es schmilzt bei 658°, läßt sich aber bei höherer Temperatur nicht verflüchtigen. An trockener und an feuchter Luft ist es ziemlich beständig; von kohlensäurehaltigem Wasser wird es nur wenig angegriffen, mehr von salzhaltigem, besonders aber von alkalischen Flüssigkeiten und von stärkeren Säuren.

Aluminiummetall läßt sich zufolge seiner großen Dehnbarkeit zu dünnem Blech auswalzen und zu feinen Drähten ausziehen und findet deshalb, sowie wegen seines niedrigen spezifischen Gewichts und seiner Haltbarkeit eine vielfache Verwendung zur Herstellung von Eß- und Trinkgeräten und anderen Gegenständen des täglichen Gebrauches, von Trockenöfen usw.

Aluminiumbleche lassen sich bei Glühhitze durch starkes Hämmern aneinanderfügen (schweißen), d. h. dauernd vereinigen. Eine Legierung des Silbers mit Aluminium ist leicht schmelzbar und läßt sich zum Löten des Aluminiums benutzen. Eine schöne goldähnliche Legierung gibt das Metall mit Kupfer; eine solche Legierung mit 10—12% Aluminium heißt Aluminiumbronze.

Aluminium hat große chemische Affinität zu Sauerstoff und wird daher zur Abscheidung von Metallen aus ihren Oxyden benutzt, bei deren Reduktion hohe Hitzegrade erforderlich sind. Um z. B. metallisches Chrom oder Mangan zu gewinnen, mischt H. Goldschmidt die Oxyde mit Aluminiumpulver und entzündet das Gemisch mittels einer „Zündkirsche", bestehend aus einem Magnesiumbande, das an dem einen Ende eine Mischung von Aluminium mit Bariumsuperoxyd oder chlorsaurem Kali trägt. Die Reduktion beginnt dann sogleich und geht unter sehr starker Wärmeentwicklung bis zur hellsten Weißglut (ca. 2500°) von selbst weiter.

Man kann die durch Verbrennen des Aluminiums bewirkten hohen Hitzegrade — man nennt dieses Verfahren das Goldschmidtsche Thermit-Verfahren — benutzen, um eiserne Bolzen weißglühend zu machen. Um Eisenbahnschienen zu schweißen, umgibt man sie mit einem Gemisch von Eisenoxyd, Sand und Aluminiumpulver, welche durch eine zementartige Masse zusammengekittet werden. Man zündet diese an, wobei ein Erhitzen der Eisenteile bis zur Weißglut erfolgt.

Aluminiumpulver ist bei organisch-chemischen Prozessen als Reduktionsmittel von hervorragender Bedeutung. Um das Aluminium aktiv zu machen, wird es oberflächlich amalgamiert, indem man nach Anätzen mit Natronlauge eine verdünnte Quecksilberchloridlösung kurze Zeit darauf einwirken läßt.

Aluminiumoxyd, Tonerde, Al_2O_3. Die in der Natur vorkommenden kristallisierten Aluminiumoxyde sind gelb, blau oder rot gefärbt und führen als Edelsteine die Namen Korund, Saphir, Rubin. Man hat sie auch künstlich hergestellt, und zwar in solcher Reinheit, daß sie die mikroskopisch feststellbaren Fehler der natürlichen Steine nicht besitzen und sich daher von diesen unterscheiden lassen. Zu ihrer Herstellung schmilzt man Aluminiumoxyd (bei gegen 2000°) am besten im elektrischen Flammenbogen und versetzt es zur Gewinnung von Saphiren mit 0,1—0,2% Titanoxyd und einer kleinen Menge Eisenoxyd, von Rubinen mit 0,2—0,3% Chromoxyd. Man läßt das geschmolzene Gemisch auf die Spitze eines Tonerdekegels fallen, auf welchem sich ein kegelförmiger Schmelztropfen bildet, der kristallinisch erstarrt.

Smirgel (Lapis Smiridis), ein besonders durch Kieselsäure und Eisenoxyd verunreinigtes Aluminiumoxyd, wird als Putzmittel benutzt.

Aluminiumoxyd erhält man als ein weißes, in Wasser unlösliches Pulver durch Erhitzen von Aluminiumhydroxyd:

$$2\,Al(OH)_3 = Al_2O_3 + 3\,H_2O.$$

Heftig geglühtes Aluminiumoxyd wird auch von Säuren nicht gelöst.

Aluminiumhydroxyd, Tonerdehydrat, Alumina hydrata, Aluminium hydroxydatum, $Al(OH)_3$. Die in der Natur vorkommenden Hydroxyde sind auf S. 201 verzeichnet. Man erhält ein Aluminiumhydroxyd durch Fällen einer Aluminiumsalzlösung mit Ammoniak oder Natriumkarbonat:

$$Al_2(SO_4)_3 + 3\,Na_2CO_3 + 3\,H_2O = 2\,Al(OH)_3 + 3\,Na_2SO_4 + 3\,CO_2.$$

Frisch gefälltes Aluminiumhydroxyd löst sich sowohl in verdünnten Säuren, als auch in Alkalien und zeigt daher sowohl den Charakter einer Base wie einer Säure. Man nennt solche Stoffe **amphotere Elektrolyte** (abgeleitet von ἀμφότερος, amphoteros, beide, beiderseitig). Die Lösungen des Aluminiums in Säuren enthalten das dreiwertige Kation $Al^{···}$, in Alkalien das dreiwertige Anion $AlO_3{'''}$.

Die durch Lösen in Ätzalkalien entstehenden Verbindungen des Aluminiumhydroxyds heißen **Aluminate**:

$$Al(OH)_3 + 3\,NaOH = Al(ONa)_3 + 3\,H_2O.$$

Schon durch Kohlendioxyd werden die Aluminate wieder zerlegt, indem sich Aluminiumhydroxyd abscheidet und Natriumkarbonat entsteht:

$$2\,Al(ONa)_3 + 3\,CO_2 + 3\,H_2O = 2\,Al(OH)_3 + 3\,Na_2CO_3.$$

Anwendung: Aluminiumhydroxyd wird medizinisch unter dem Namen **Alumina hydrata, Argilla pura, Tonerdehydrat** als Zusatz zu Pillenmassen (z. B. zu solchen, die Silbernitrat enthalten) benutzt und findet besonders in der Technik Anwendung. Es besitzt die Fähigkeit, organische Farbstoffe aus Lösungen niederzuschlagen und damit wasserunlösliche Verbindungen zu bilden und diente daher, früher mehr als jetzt, als Beizmittel in der Färberei, um Farbstoffe auf der Gewebsfaser haftend zu machen.

Nach **Willstätter** entstehen beim Fällen von Aluminiumsulfatlösungen mit Ammoniak je nach den Versuchsbedingungen verschiedene Tonerdehydrate, die gegen Enzyme ein verschiedenes Adsorptionsvermögen besitzen.

Schon bei schwachem Erhitzen verliert 1 Mol. Aluminiumhydroxyd 1 Mol. Wasser und geht in das Monohydroxyd $AlO(OH)$ über. Von diesem leiten sich mehrere natürlich vorkommende Aluminate ab, z. B. die **Spinelle** (Magnesium-, Zink-, Beryllium-, Eisenaluminate). Bei stärkerem Erhitzen wird Aluminiumhydroxyd vollständig in Aluminiumoxyd verwandelt.

Aluminiumchlorid, $AlCl_3$, bildet sich bei der Einwirkung von Chlor auf erhitztes Aluminium oder auch beim Erhitzen eines Gemisches von Aluminiumoxyd und Kohle in einem Chlorstrom.

Aluminiumchlorid läßt sich durch Sublimation reinigen. Es zieht an der Luft schnell Feuchtigkeit an und zerfließt. Es wird als wasserbindendes Mittel bzw. Kondensationsmittel bei vielen organisch-chemischen Prozessen angewandt.

Aluminiumsulfat, Schwefelsaures Aluminium, Aluminium sulfuricum, $Al_2(SO_4)_3 + 18\,H_2O$, in reiner Form erhalten durch Lösen von Aluminiumhydroxyd in verdünnter Schwefelsäure und Abdampfen zur Kristallisation, bildet kleine, weiße, atlasglänzende, schuppige Kristalle oder weiße, durchscheinende, kristallinische Massen.

Rohes Aluminiumsulfat gewinnt man durch Behandeln von **Ton** (Aluminiumsilikat) mit Schwefelsäure, wobei Kieselsäure abgeschieden wird. Aus der Lösung wird mit Kaliumferrozyanid das Eisen gefällt und die so vom Eisen befreite Flüssigkeit zur Trockne verdampft, von neuem mit Wasser aufgenommen, filtriert, abermals verdampft und dieses Verfahren so oft wiederholt, bis eine weiße kristallinische Masse zurückbleibt.

Eigenschaften und Prüfung: Aluminiumsulfat, $Al_2(SO_4)_3 + 18\,H_2O$, Mol.-Gew. 666,26, bildet weiße, kristallinische Stücke, die sich in 1,2 T. Wasser lösen und in Weingeist fast unlöslich sind. Die wässerige Lösung schmeckt sauer und zusammenziehend. Fügt man zur wässerigen Lösung Natronlauge, so entsteht ein gallertiger, im Überschuß des Fällungsmittels löslicher Niederschlag, der sich auf genügenden Zusatz von Ammoniumchloridlösung wieder ausscheidet. Man prüft das Präparat auf Schwermetallsalze, Kalziumsalze, freie Schwefelsäure, Eisensalze und Arsenverbindungen (s. D. A. B. VI).

Aluminiumsulfat bildet mit den Sulfaten der Alkalimetalle sehr schön kristallisierende Doppelsalze, die sog. Alaune, von welchen das Aluminium-Kaliumsulfat besonders wichtig ist.

Aluminium-Kaliumsulfat, Kaliumalaun, Alaun, Alumen, $AlK(SO_4)_2 + 12H_2O$, findet sich in vulkanischen Gegenden und ist aller Wahrscheinlichkeit nach hier durch Einwirkung von Schwefeldioxyd, beziehentlich daraus gebildeter Schwefelsäure auf Aluminium- und Kaliumverbindungen enthaltende Gesteine entstanden. Solcher natürlich vorkommender Alaun ist der Aluminiumhydroxyd enthaltende Alaunstein oder Alunit, welcher bei Neapel und auf Sizilien vorkommt und, in kubische Stücke von rötlicher Farbe geformt, früher unter dem Namen römischer Alaun in den Offizinen bekannt war.

Man gewinnt Alaun aus dem Alaunschiefer (auch Alaunerde genannt), einer erdigen, tonhaltigen Braunkohle, welche mit Schwefelkies durchsetzt ist. Alaunschiefer wird geröstet, d. h. an der Luft erhitzt und hierauf, mit Wasser befeuchtet, noch längere Zeit der oxydierenden Einwirkung der Luft ausgesetzt. Das aus dem Schwefelkies gebildete Schwefeldioxyd wird durch weitere Oxydation in Schwefelsäure übergeführt und wirkt zerlegend auf das Aluminiumsilikat des Alaunschiefers ein, während das gleichzeitig entstandene schwefelsaure Eisenoxydul durch Übergang in basisches Salz noch weitere Mengen Schwefelsäure zur Bildung von schwefelsaurem Aluminium liefert. Man laugt mit Wasser aus, versetzt, nachdem man das mit in Lösung gegangene Eisensalz durch Eindampfen und Auskristallisieren möglichst abgeschieden hat, mit der entsprechenden Menge Kaliumsulfat und dampft zur Kristallisation ein.

Das zur Alaunbildung nötige Aluminiumsulfat kann auch aus dem Ton (s. Aluminiumsulfat) unmittelbar gewonnen werden.

Eigenschaften und Prüfung: Kaliumalaun, $AlK(SO_4)_2 + 12H_2O$, Mol.-Gew. 474,29, kristallisiert in farblosen, durchscheinenden, harten Oktaedern oder bildet kristallinische Bruchstücke, welche häufig oberflächlich bestäubt sind. Er löst sich in 9 T. Wasser und ist in Weingeist unlöslich. Die wässerige Lösung besitzt saure Reaktion und stark zusammenziehenden Geschmack. Beim Erhitzen auf gegen 90° schmilzt der Alaun, gibt bei gegen 112° unter Aufwallen Wasser ab, wird sodann dickflüssig und verliert gegen 300° die letzten Anteile Kristallwasser. Es bleibt eine schwammig-poröse Masse zurück, welche den Namen gebrannter Alaun (Alumen ustum) führt und gleich dem kristallwasserhaltigen Alaun als Ätz- und Blutstillungsmittel sowie zum Gurgeln bei Katarrhen des Kehlkopfs angewendet wird.

Erhitzt man Alaun nach vollständiger Entfernung des Kristallwassers auf 350° und darüber hinaus, so entweicht Schwefelsäure, und es bleibt ein basischer gebrannter Alaun zurück, der sich nur teilweise in Wasser löst.

Man prüft Alaun auf Schwermetallsalze, Kalziumsalze, Ammonium- und Arsenverbindungen (s. D. A. B. VI).

Medizinische Anwendung: Äußerlich zu Gurgelwässern (1 Teelöffel auf 1 Glas Wasser), zu Einblasungen in den Larynx (1 : 1—2 Zucker), Inhalationen (0,5—2 g : 100 g), adstringierenden Bädern (100—150 g auf ein Bad), zum Härten von Gipsverbänden (Deutsches Arzneiverordnungsbuch).

Entsprechend dem Kaliumalaun ist auch ein Natriumalaun (dieser kristallisiert nur schwierig) und ein Ammoniumalaun darstellbar. Letzterer hat die

Zusammensetzung $Al(NH_4)(SO_4)_2 + 12\,H_2O$ und findet besonders in der Färberei und Gerberei Anwendung. Das Aluminium in den Alaunen kann durch andere dreiwertige Metalle ersetzt werden, und man erhält Stoffe, die große Übereinstimmung mit dem Kaliumalaun zeigen, u. a. auch wie dieser mit 12 Mol. Wasser in Oktaederform kristallisieren. Solche Alaune sind der

$$\text{Ammonium-Eisenalaun} = Fe(NH_4)(SO_4)_2 + 12\,H_2O$$
$$\text{und der Chromalaun} = CrK(SO_4)_2 + 12\,H_2O.$$

Aluminiumsilikat, Kieselsaures Aluminium. Wasserfreie Aluminiumsilikate sind die Mineralien Zyanit, Andalusit, Kollyrit. Die böhmischen Granaten bestehen aus einem Magnesium-Aluminiumsilikat. Als Aluminium-Doppelsilikate sind auch die in großen Mengen natürlich vorkommenden Mineralien Feldspat (Aluminium-Kaliumsilikat, Si_3O_8AlK) und Glimmer zu nennen. In Vereinigung mit Quarz bilden diese Doppelsilikate den Granit und Gneis. Durch Verwitterung, der zufolge das Kaliumsilikat mit Hilfe von Kohlendioxyd und Wasser in den löslichen Zustand übergeht und von den Pflanzen aus der Ackererde aufgenommen wird, hinterbleibt Aluminiumsilikat. Dieses bezeichnet man als Ton. Ein noch am Orte seiner Entstehung lagernder, sehr reiner Ton ist der Kaolin oder die Porzellanerde, $Si_2O_9Al_2H_4$, welche fein verteilt und geschlämmt das Hauptmaterial zur Herstellung des Porzellans liefert.

Zwecks Herstellung des Porzellans wird Kaolin fein geschlämmt und die knetbare Masse sodann in die gewünschten Formen gebracht; die bei schwacher Wärme zunächst getrockneten Stücke werden gebrannt, dann in das flüssige Glasurgemisch getaucht und bis zum Schmelzen der Glasur gebrannt. Zur Herstellung der Glasur benutzt man Feldspat als Flußmittel, dem auch wohl Quarz und Gips zugesetzt werden. Für sog. Hartporzellan wird ein Gemisch aus 100 T. Kaolin und 30 T. Feldspat, für Berliner Porzellan ein Gemisch aus 55 T. Kaolin, 22,5 T. reinem Quarz und 22,5 T. Feldspat verwendet. Der Garbrand oder das Scharffeuer wird bei einer Temperatur von 1430—1490° bewirkt. Zum Bemalen des Porzellans bzw. zum Färben verwendet man

für Grün:	Chromoxyd,	
„ Blau:	ein Gemisch aus Kobaltoxyd, Zinkoxyd und Tonerde,	
„ Braun:	ein Gemisch aus Eisen-, Mangan-, Chrom- und Nickeloxyd,	
„ Rot:	ein Gemisch aus Zinnoxyd und Chromoxyd,	
„ Schwarz:	ein Gemisch aus Kobalt-, Chrom-, Mangan- und Kupferoxyd.	

Unglasiertes Hartporzellan führt den Namen Biskuit und wird zur Herstellung von Reliefs, Schalen, Tiegeln, Wannen und anderen chemischen Geräten benutzt. Die Brenntemperatur des Porzellans und der Tonwaren stellt man durch Segerkegel fest, das sind 3—4 cm hohe dreiseitige Pyramiden, die aus Ton mit wechselndem Zusatz hergestellt sind und je nach der Höhe der Temperatur eine verschiedene Erweichbarkeit besitzen, an welcher man die jeweilige Temperatur erkennt.

Ton ist durch Verunreinigungen mannigfacher Art meist bläulich, graugrün, auch gelb gefärbt und bildet einen fettig sich anfühlenden Stoff, der mit Wasser eine plastische Masse gibt. Der Ton dient zur Herstellung von Tonwaren, feinerem Steinzeug, Fayence usw. Ein durch Kalziumkarbonat, Magnesiumkarbonat, Sand und andere Stoffe verunreinigter Ton heißt Mergel; unter Lehm oder Ziegelton wird ein gelbgefärbter, sand- und eisenhaltiger Ton verstanden.

Ein nur wenig Sand und nur wenig Kalziumkarbonat enthaltender ziemlich weißer Ton ist der arzneilich verwendete weiße Bolus (Bolus alba). Roter Bolus (Bolus rubra) und armenischer Bolus (Bolus armena) sind durch Eisenoxyd rot gefärbt.

Über die Prüfung des Weißen Tons s. D. A. B. VI.

Zwecks Feststellung der Adsorptionsgröße schüttelt man in einem mit Glasstopfen verschlossenen Glaszylinder 7 g weißen Ton mit 65 ccm Methylenblaulösung (0,15 T. Methylenblau auf 100 T. Wasser) und 35 ccm Wasser 2 Minuten lang kräftig. Die nach einiger Zeit über dem blau gefärbten Bodensatze stehende, klare Flüssigkeit muß farblos sein. — Verreibt man 5 g weißen Ton mit 7,5 ccm Wasser, so darf die entstehende Masse nicht gießbar sein.

Ein synthetisches Aluminiumsilikat von der Zusammensetzung $Al_2Si_6O_{15} + 2H_2O$ bildet ein geruch- und geschmackloses, weißes, in Wasser unlösliches Pulver.

Medizinische Anwendung: Es wird unter dem Namen Neutralon bei Hypersekretionszuständen, Hyperaziditätsbeschwerden, Magensaftfluß usw. 3 mal täglich $^1/_2$ Stunde vor den Mahlzeiten (Dosis: 1 Teelöffel voll), in warmem Wasser verrührt, verabreicht.

Das unter dem Namen Lasurstein (Lapis lazuli) bekannte, schön blau gefärbte Mineral wurde früher unter der Bezeichnung Ultramarin als Malerfarbe benutzt. Auf künstlichem Wege wird Ultramarin von prächtig blauer Farbe durch Erhitzen eines Gemenges von reinem Ton, Natriumsulfat und Kohle oder von Ton, Natriumkarbonat, Schwefel und Kohle dargestellt. Zunächst entsteht hierbei ein grüngefärbter Stoff, Ultramaringrün, welches bei schwachem Glühen mit Schwefel unter Zutritt von Luft eine blaue Farbe annimmt. Es handelt sich beim Ultramarin um Lösungen von hochdispersem Schwefel, wobei sich der Dispersitätsgrad dieser Lösungen zwischen den molekularen und kolloiden Dimensionen bewegt (W. Ostwald).

Nachweis von Aluminiumverbindungen.

Glüht man Aluminiumsalze vor dem Lötrohre, befeuchtet die weiße, unschmelzbare Masse sodann mit etwas Kobaltnitratlösung und glüht von neuem, so nimmt der Rückstand eine schön blaue Färbung an (Thénards Blau).

Kalium oder Natriumhydroxyd scheiden aus den Lösungen der Aluminiumsalze weißes, gallertiges Aluminiumhydroxyd ab, welches sich im Überschuß des Fällungsmittels wieder löst.

$$3\,OH' + Al^{...} \longrightarrow Al(OH)_3,$$

$$Al(OH)_3 + 3\,OH' \longrightarrow AlO_3''' + 3\,H_2O \qquad \text{(nach Herz)}$$

oder

$$Al(OH)_3 + OH' \longrightarrow AlO_2' + 2\,H_2O \qquad \text{(nach Blum)}$$

oder

$$Al(OH)_3 + OH' \longrightarrow AlO_3H_2' + H_2O \qquad \text{(nach Hantzsch)}.$$

Ammoniak oder Natriumkarbonat rufen in Aluminiumsalzlösungen weiße Niederschläge von Aluminiumhydroxyd hervor, die von einem Überschuß des Fällungsmittels nicht gelöst werden.

$$3\,OH' + Al^{...} \longrightarrow Al(OH)_3.$$

Charakteristik des Aluminiums: Das Aluminium gehört zur Gruppe der Erden. Es kann sowohl als schwache Base als auch als schwache Säure reagieren, das letztere aber nur mit starken Basen. Aluminium überzieht sich an der Luft mit einer Oxydschicht, ist aber gegen Wasser ziemlich beständig, da es sich schnell mit einer festhaftenden Oxydhaut bedeckt. In wässeriger Lösung werden die meisten Aluminiumverbindungen hydrolysiert. Aluminium ist in allen Verbindungen dreiwertig. Es steht in der 3. Gruppe des periodischen Systems.

Gruppe der sogenannten seltenen Erden.

Zu den „seltenen Erden" pflegt man eine Reihe verschiedener Elemente, wie das Scandium, Yttrium, Lanthan, Ytterbium, Cerium, Thorium, Erbium, Praseodym, Neodym, Samarium, Terbium, Thulium, Holmium, zu rechnen. Es besteht noch keineswegs volle Sicherheit darüber, ob sie sämtlich Elemente sind oder ob Gemenge vorliegen.

An dieser Stelle sei nur des Ceriums gedacht und im Anschluß daran des Thoriums. Ein Gemisch beider Oxyde findet in der Beleuchtungstechnik für das Auersche Glasglühlicht Verwendung.

Die genannten Erden lassen sich aus einigen hauptsächlich in Schweden und auf Grönland vorkommenden Mineralien, wie Cerit, Gadolinit, Orthit, Euxenit gewinnen. Der Cerit enthält gegen 60 % Cer.

Zur Gewinnung des Thoriums verwendet man den in den Vereinigten Staaten, in Kanada, Brasilien in großen Mengen sich findenden Monazitsand, welcher vorwiegend aus den Phosphaten von Kalzium, Lanthan, Didym mit wechselnden Mengen von Thoriumsilikat und Thoriumphosphat besteht.

Man schließt Monazitsand durch Erhitzen mit konz. Schwefelsäure auf, löst in Eiswasser, beseitigt die abgeschiedene Kieselsäure durch Filtration und fällt die Metalle mit Oxalsäure. Die Oxalate sind selbst in verdünnten Säuren schwer löslich. Beim Erhitzen werden die Oxalate in Oxyde übergeführt. Die weitere Trennung der Oxyde ist mit großen Schwierigkeiten verknüpft. Ihre Lösung wird entweder fraktioniert gefällt, oder man erhitzt die Nitrate bei verschiedenen Temperaturen; die Nitrate sind dabei verschieden beständig.

Cer und Thoriumoxyd haben die Eigenschaft, schon durch die Temperaturgrade einer Bunsenflamme weißglühend zu werden und damit ein sehr helles Licht auszusenden.

Nach Auer von Welsbach tränkt man ein feinmaschiges Baumwollengespinst („Strumpf") mit einer Lösung von Thorium- und Ceriumnitrat, und zwar in einem solchen Verhältnis, daß nach dem Glühen 98 % Thoriumoxyd und 2 % Ceriumoxyd hinterbleiben. Die Asche behält die Form des ursprünglichen Strumpfes bei. Das Thorium-Cer-Gerüst wird nun durch eine Bunsenflamme erhitzt. Thoriumoxyd allein oder Ceriumoxyd für sich senden nur wenig leuchtende Lichtstrahlen aus. Daß ein Gemisch beider in dem erwähnten Verhältnis eine starke Lichtemission gibt, wird durch katalytische Wirkung erklärt.

Über das Mesothor vgl. Radium S. 165.

Bei Röntgenuntersuchungen wird an Stelle von Wismutsubnitrat oder Bariumsulfat als Kontrastmittel ein Aktinophor genanntes Präparat verwendet, das aus 3 T. Thoriumoxyd und 1 T. Ceroxyd besteht.

Gruppe des Chroms und Eisens.

Chrom. Molybdän. Wolfram. Uran. Eisen. Mangan. Nickel. Kobalt.

Chrom.

Chromium, $Cr = 52,01$. Zwei-, drei-, sechs- und siebenwertig. Das Chrom wurde von Vauquelin im Jahre 1797 aus dem Rotbleierz als eigentümliches Metall abgeschieden.

Vorkommen: Das wichtigste Chrommineral ist der Chromeisenstein, $FeCr_2O_4 = (FeO \cdot Cr_2O_3)$, welcher besonders im Ural, aber auch in Norwegen, Pennsylvanien und Neu-Kaledonien vorkommt. Seltenere Chromerze sind das Rotbleierz, $PbCrO_4$, und der Chromocker, Cr_2O_3.

Gewinnung: Die Reduktion von Chromoxyd mittels Kohle läßt sich nur bei stärkster Weißglut bewirken. Leichter gelingt die Reduktion mit Aluminiumpulver nach dem Goldschmidtschen Thermitverfahren (s. Aluminium).

Eigenschaften: Graues kristallinisches, sehr schwer schmelzbares Metall. Spez. Gew. 6,8. Schmelzpunkt 1580°. Von Salzsäure wird es unter Wasserstoffentwicklung gelöst, desgleichen von verdünnter Schwefelsäure beim Erwärmen. Salpetersäure wirkt selbst in heißem konzentrierten Zustande nicht auf Chrom ein. Sie führt Chrom in den „passiven Zustand" über.

Anwendung: Zur Herstellung eines Chromstahles, der sich durch große Härte auszeichnet. Man gewinnt Chromstahl vielfach direkt aus dem Chromeisenstein, indem man diesen mit Kohle im elektrischen Ofen zu Ferrochrom, enthaltend gegen 60 % Chrom, reduziert. Man befreit dann durch Umschmelzen auf Kalziumchromit-Unterlagen das Ferrochrom von seinem Kohlenstoffgehalt.

Chrom tritt in verschiedener Ionenform auf. In den Chromoverbindungen bildet es die Kationen Cr¨, in den Chromiverbindungen die Kationen Cr˙˙˙, in den chromsauren Salzen, den Chromaten, das Anion CrO_4'' und das komplexe Dichromatanion Cr_2O_7''.

Chromoxyde. Von den Sauerstoffverbindungen des Chroms sind das vom dreiwertigen Chrom sich ableitende Chromoxyd, Cr_2O_3, und das, sechswertiges Chrom enthaltende Chromtrioxyd oder die Chromsäure, CrO_3, wichtig.

Vom Chromoxyd leiten sich zahlreiche Salze ab. Die Chromisalze, so das Chromichlorid, $CrCl_3$, Chromisulfat (s. weiter unten), ein Kaliumchromisulfat (Chromalaun) usw. Man erhält Chromichlorid beim Erwärmen einer mit Salzsäure und Alkohol versetzten Kaliumdichromatlösung. Der Alkohol reduziert hierbei die Chromsäure zu Chromisalz und geht dabei in Azetaldehyd über. Die Lösung nimmt eine grüne Farbe an. Auf Zusatz von Ammoniak fällt aus der Lösung graugrünes Chromhydroxyd, $Cr(OH)_3$, das nach dem Trocknen und Glühen grüngefärbtes Chrom (3)-Oxyd (Chromioxyd) liefert.

Schmilzt man Kaliumdichromat mit der dreifachen Menge Borsäure zusammen und extrahiert sodann die Schmelze mit Wasser, so verbleibt unlöslich ein grüngefärbtes wasserhaltiges Chromoxyd von der Zusammensetzung $[Cr_2O_3]_2 + 3H_2O$, das unter dem Namen Chromgrün oder Guignets Grün als Malerfarbe Verwendung findet.

Chromisulfat, $Cr_2(SO_4)_3 + 18H_2O$, entsteht beim Eindunsten einer Lösung von Chromhydroxyd in verdünnter Schwefelsäure bei niedriger Temperatur. Violette Kristalle, die sich in Wasser mit violetter Farbe lösen. Erwärmt man die Lösung, so färbt sie sich grün. Man kann aus ihr dann Kristalle von Chromisulfat nicht mehr erhalten. Es bilden sich komplexe Chromschwefelsäuren, z. B.: $[Cr(H_2O)_6]_2(SO_4)_3$. Erwärmt man die violett gefärbte Lösung, so färbt sie sich grün unter Bildung der Komplexverbindung $[Cr(SO_4)_3]H_3$.

Kaliumchromisulfat, Chromalaun, $CrK(SO_4)_2 + 12H_2O$, wird gewonnen durch Einleiten von Schwefeldioxyd in eine mit Schwefelsäure versetzte Lösung von Kaliumdichromat:

$$K_2Cr_2O_7 + H_2SO_4 + 3SO_2 = 2CrK(SO_4)_2 + H_2O.$$

Zur Darstellung von Chromtrioxyd geht man von den Chromaten (den chromsauren Salzen) aus. Die Chromate entsprechen in ihrer Zusammensetzung den schwefelsauren Salzen, die Dichromate den Pyrosulfaten, z. B.:

<table>
<tr><td>Kaliumchromat: K_2CrO_4</td><td rowspan="2">und</td><td>Kaliumdichromat: $K_2Cr_2O_7$,</td></tr>
<tr><td>Kaliumsulfat: K_2SO_4</td><td>Kaliumpyrosulfat: $K_2S_2O_7$
(Salz der Dischwefelsäure).</td></tr>
</table>

Die Dichromate entstehen durch Abspaltung von Alkali auf Zusatz von Mineralsäure zu den Chromaten.

Kaliumdichromat, Doppeltchromsaures Kalium, Saures chromsaures Kalium, Kalium dichromicum, Kalium chromicum rubrum, $K_2Cr_2O_7$, Mol.-Gew. 294,23, wird aus dem Chromeisenstein durch Glühen mit Kaliumkarbonat und -nitrat gewonnen.

Es bildet große, dunkelgelbrote, wasserfreie luftbeständige Tafeln oder Säulen, welche erhitzt zu einer dunkelbraunen Flüssigkeit schmelzen. Löslich in 8 T. Wasser von 20⁰, bei 100⁰ in $1^1/_4$ T. Wasser.

Durch Reduktionsmittel (Schwefelwasserstoff, organische Stoffe, wie Alkohol usw.) wird es in Chromoxyd, bzw. Chromisalz übergeführt. Säuert man eine verdünnte wässerige Lösung von Kaliumdichromat mit einigen Tropfen Salzsäure an, fügt einige Tropfen Alkohol hinzu und erwärmt, so geht die gelbrote Farbe der Lösung nach und nach in ein schönes Grün über, während sich ein erfrischender Geruch nach Azetaldehyd, dem Oxydationsprodukt des Alkohols, bemerkbar macht. Die grüne Lösung enthält Chromichlorid, aus welcher durch Zusatz von Ammoniak bläulichgrünes Chromihydroxyd sich fällen läßt:

$$CrCl_3 + 3\,NH_3 + 3\,H_2O = Cr(OH_3) + 3\,NH_4Cl.$$

Man benutzt Kaliumdichromat bei Gegenwart von Schwefelsäure oder Essigsäure als wichtiges Oxydationsmittel in der organischen Chemie.

Kaliumdichromat entwickelt beim Erwärmen mit Salzsäure Chlor:

$$K_2Cr_2O_7 + 14\,HCl = 2\,KCl + 2\,CrCl_3 + 7\,H_2O + 3\,Cl_2.$$

Anwendung: Löst man in einer Gelatine Kaliumdichromat, so wird bei der Einwirkung des Lichtes an den belichteten Stellen die Gelatine in Wasser unlöslich; an den belichteten Stellen wird Chromsäure zu Chromoxyd reduziert, das mit Gelatine eine unlösliche Verbindung eingeht. Man macht von dieser Eigenschaft der Kaliumchromatgelatine Gebrauch zum Lichtdruck. Man belichtet mit Chromgelatine überzogene Platten unter einem Negativ und wäscht mit Wasser aus. An den belichteten Stellen finden sich dann erhabene Stellen, die Druckerschwärze annehmen und beim Abdruck ein positives Bild liefern.

In der Medizin wird Kaliumdichromat äußerlich als Ätzmittel in Substanz oder in 10—20proz. Lösung benutzt; mit Stärkemehl und Talkum vermischt als Streupulver gegen Fußschweiß. Innerlich als Antisyphilitikum 0,005—0,01 g mehrmals täglich, bei dyspeptischen Beschwerden zu verwerfen! Vorsichtig aufzubewahren!

Kaliumchromat, Chromsaures Kalium, Kalium chromicum flavum, K_2CrO_4, dargestellt durch Auflösen von 2 T. Kaliumdichromat in 4 T. heißem Wasser und Versetzen bis zur schwach alkalischen Reaktion mit Kaliumkarbonat (1 T.):

$$K_2Cr_2O_7 + K_2CO_3 = 2\,K_2CrO_4 + CO_2.$$

Die Lösung wird heiß filtriert und zur Kristallisation beiseitegestellt. Kaliumchromat kristallisiert in gelben, rhombischen Kristallen, welche sich in 2 T. Wasser zu einer gelb gefärbten Flüssigkeit lösen. Ein Zusatz von Säuren bewirkt Rotfärbung, die Folge der Bildung von Kaliumdichromat.

Fügt man zu der Lösung des Kaliumchromats Bariumsalzlösung, so wird gelbes, in Wasser und Essigsäure unlösliches, in Salz- und Salpetersäure lösliches Bariumchromat, $BaCrO_4$, erhalten, welches unter der Bezeichnung gelbes Ultramarin als Malerfarbe Verwendung findet.

Bleisalze rufen sowohl in den Lösungen des Kaliumchromats wie des Kaliumdichromats gelbe Niederschläge von Bleichromat, $PbCrO_4$, hervor, welches den Namen Chromgelb führt und gleichfalls als Malerfarbe dient. Vorsichtig aufzubewahren!

Kaliumchromat wird als Indikator bei Titrationen von Halogenalkalien mit Silbernitrat benutzt.

Chromtrioxyd, Chromsäure, Acidum chromicum, CrO_3, Mol.-Gew. 100,01.

Darstellung: Man löst 60 g Kaliumdichromat in 100 ccm Wasser und 85 ccm konz. Schwefelsäure durch Erwärmen und läßt erkalten. Nach 12 Stunden haben sich Kristalle von Kaliumbisulfat abgeschieden.

$$K_2Cr_2O_7 + 2\,H_2SO_4 = 2\,KHSO_4 + H_2O + 2\,CrO_3.$$

Man gießt die Flüssigkeit ab, erwärmt auf gegen 80°, versetzt noch mit 30 ccm konz. Schwefelsäure und allmählich mit so viel Wasser, daß etwa sich ausscheidende Chromsäure wieder gelöst wird, und dampft zur Kristallisation ab.

Die Kristalle werden auf fein durchlöcherten Ton- oder Porzellanplatten abgesaugt, mit starker Salpetersäure abgewaschen, nochmals abgesaugt und die letzten Anteile anhängender Salpetersäure durch Erwärmen auf 80° und durch gleichzeitige Einwirkung eines trockenen warmen Luftstromes beseitigt.

Eigenschaften und Prüfung: Braunrote, stahlglänzende Kristalle, welche in Wasser leicht löslich sind, beim Erhitzen schmelzen und bei etwa 300° in

Chromioxyd und Sauerstoff zerfallen. Mit Salzsäure erwärmt, entwickelt Chromsäure Chlor:

$$2\,CrO_3 + 12\,HCl = 2\,CrCl_3 + 6\,H_2O + 3\,Cl_2.$$

Wird die wässerige Chromsäurelösung mit Wasserstoffsuperoxyd geschüttelt, so entsteht eine tiefblaue Färbung, welche beim Schütteln mit Äther in diesen übergeht. Man nimmt an, daß es sich hierbei um die Bildung der Überchromsäure, $HCrO_5$, handelt.

Wird ein Salz der Mono- oder Dichromsäure mit Natriumchlorid und konz. Schwefelsäure erwärmt, so destilliert eine Flüssigkeit, welche das Chlorid der Chromsäure, **Chromylchlorid**, CrO_2Cl_2, ist.

Chromylchlorid bildet eine an der Luft rauchende Flüssigkeit von blutroter Farbe, die von Wasser unter Bildung von Chromsäure und Salzsäure zersetzt wird:

$$CrO_2Cl_2 + H_2O = CrO_3 + 2\,HCl.$$

Man prüft Chromsäure, ob sie frei von **Schwefelsäure** und **Kalium-** bzw. **Natriumsalz** ist (s. D. A. B. VI). **Vorsichtig und vor Feuchtigkeit geschützt aufzubewahren!**

Anwendung der Chromsäure in der Medizin: Als Ätzmittel bei Warzen, Kondylomen, Geschwüren (10—50%); bei Fußschweißen 5proz. wässerige Lösung auf die gebadeten und getrockneten Füße pinseln, evtl. nach 8—10 Tagen wiederholen. Vorsicht bei Wunden! (Deutsches Arzneiverordnungsbuch.)

Nachweis von Chromverbindungen.

Alle Chromverbindungen sind gefärbt. Sie färben die Phosphorsalz- oder Boraxperle **grün** und geben beim Schmelzen mit Soda und Salpeter auf dem Platinblech eine **gelbe** Schmelze (Kaliumchromat), welche sich in Wasser mit gelber Farbe löst.

Fügt man zu dieser mit Essigsäure neutralisierten Lösung Bleinitratlösung, so wird **gelbes Bleichromat** gefällt.

$$CrO_4'' + Pb^{\cdot\cdot} \longrightarrow PbCrO_4.$$

Mit Silbernitratlösung geben die Lösungen der chromsauren Salze einen braunroten Niederschlag von chromsaurem Silber, Ag_2CrO_4, der von Ammoniak und Salpetersäure leicht gelöst wird.

$$CrO_4'' + 2\,Ag^{\cdot} \longrightarrow Ag_2CrO_4.$$

Molybdän. Mo = 96,0.

Zwei-, drei-, vier-, fünf-, sechs- und siebenwertig.

Molybdän kommt in der Natur vor als **Molybdänglanz**, MoS_2, und als **Gelbbleierz**, $PbMoO_4$. Scheele gewann im Jahre 1778 aus dem mit Graphit bis dahin verwechselten Molybdänglanz durch Oxydation **Molybdänsäureanhydrid**, MoO_3. Beim Zusammenschmelzen von Molybdänglanz mit Kalk unter Beifügung von Flußspat im elektrischen Ofen erhält man metallisches Molybdän. Auch die Reduktion des Chlorids im Wasserstoffstrom führt bei sehr hohen Temperaturen zum Metall. Es schmilzt bei 2500°. Gegen oxydierende Gase ist es sehr empfindlich, auch gegenüber Wasserdampf bei hoher Temperatur. Von Salpetersäure wird es gelöst, nicht von Salzsäure. Beim Schmelzen von Molybdänsäureanhydrid mit den Hydroxyden oder Karbonaten der Alkalimetalle erhält man Salze von der Formel K_2MoO_4 oder Na_2MoO_4, teils aber auch Salze, die sich von einer **Polysäure** ableiten.

Das Ammoniumsalz der Molybdänsäure stellt man dar durch Auflösen von Molybdänsäureanhydrid in konzentrierter Ammoniaklösung. Man benutzt es zur Bereitung der **Ammoniummolybdatlösung**, welche als Reagenz auf Phosphorsäure und Arsensäure Verwendung findet[1].

Erwärmt man in salpetersaurer Lösung ein phosphorsaures Salz mit Ammoniummolybdatlösung, so scheidet sich ein kanariengelber Niederschlag ab von der Zusammen-

---

[1] Siehe Phosphorsäure S. 87.

setzung $(NH_4)_3[(MoO_3)_{12}PO_4] + 12H_2O$. Die Entstehung dieses Komplexsalzes **Ammoniumphosphormolybdat** läßt sich durch die Ionengleichung veranschaulichen:

$$PO_4''' + 12MoO_4'' + 3NH_4^· + 24H^· \longrightarrow (NH_4)_3[(MoO_3)_{12}PO_4] + 12H_2O.$$

Die Verbindung wird von Ammoniak unter Bildung von Ammoniumphosphat und Ammoniummolybdat farblos gelöst.

Wolfram. $W = 184$.
Zwei-, drei-, vier-, fünf- und sechswertig.

Wolfram kommt vor als **Scheelit** oder **Tungstein** (Kalziumwolframat, $CaWO_4$), als **Wolframit** (Ferrowolframat, $FeWO_4$) und als **Scheelbleierz** (wolframsaures Blei, $PbWO_4$).

Man gewinnt das Wolfram durch Schmelzen von Wolframtrioxyd mit Aluminium im elektrischen Ofen.

Wolfram besitzt grauen Metallglanz. Sein Schmelzpunkt liegt bei 3200^0. Von den Mineralsäuren wird es nicht angegriffen; beim Abrauchen mit Schwefelsäure bildet sich Wolframtrioxyd, WoO_3.

Wolfram wird zur Bereitung von **Wolframstahl** benutzt, der sich durch große Härte auszeichnet.

Volomitmetall ist ein Wolframkarbid, das fast die Härte des Diamanten besitzen soll (9,8 der Härteskala). Es wird für die Herstellung härtester Werkzeuge, Drahtziehsteine, Bohrerkronen usw. empfohlen.

Uran. $U = 238,14$.
Drei-, vier- und sechswertig.

Uran findet sich hauptsächlich als **Uranpecherz** (**Pechblende**), welches im wesentlichen eine Verbindung von Uranoxyd und Uranoxydul, U_3O_8, bildet.

In den Uransalzen spielt die Gruppe UO_2 die Rolle eines zweiwertigen Radikals; sie führt den Namen **Uranyl**, z. B. $UO_2(NO_3)_2$, **Uranylnitrat**.

Uranylnitrat stellt man dar durch Auflösen von Pechblende in Salpetersäure. Es kristallisiert mit 6 Mol. H_2O und bildet grünlichgelbe, fluoreszierende Kristalle.

Aus dem Uranpecherz wurden von Becquerel (1896) Präparate dargestellt, die sich durch **Radioaktivität** auszeichnen. Man bezeichnet die Strahlen, welche den Präparaten eigen sind und die photographische Platte beeinflussen, als **Becquerelstrahlen** (s. Radium S. 163 und auch Anhang zum Anorganischen Teil).

Uransalze sind giftig.

Charakteristik der Gruppe des Chroms.

Zu der Gruppe des Chroms gehören die Elemente Chrom, Wolfram, Molybdän, Uran.

Die Metalle der Gruppe bilden die Oxyde: CrO_3, MoO_3, WO_3, UO_3, die wie SO_3 Säureanhydride sind, und in denen die Elemente sechswertig auftreten. Die Säuren sind, nach dem Typus der Schwefelsäure zusammengesetzt und die Salze dieser Säuren entsprechen den Sulfaten. Chrom bildet außerdem zwei basische Hydroxyde $Cr(OH)_2$ und $Cr(OH)_3$, von denen sich die Chromo- ($Cr^{··}$) und Chromi- ($Cr^{···}$) Salze ableiten. Vom Uran ist ein Dioxyd UO_2 bekannt, von dem sich die Uranosalze wie $U(SO_4)_2$ ableiten. Häufiger begegnet man basischen Uransalzen, z. B. $UO_2(NO_3)_2$, denen das Oxyd UO_3 zugrunde liegt. Die basenbildenden Eigenschaften steigen vom Molybdän zum Uran.

Eisen.

Ferrum, $Fe = 55,84$. Zwei-, drei- und sechswertig. Das Eisen war schon 3000 Jahre v. Chr. den Ägyptern bekannt (eiserne Klammern an den Pyramiden).

Vorkommen: Gediegen selten in Form kleiner Körnchen oder Blättchen in der Lava, im Basalt von Grönland, in größerer Menge in den Meteorsteinen, den Meteoriten, zu $88—98\%$, neben Kobalt, Nickel, Kupfer, Mangan usw. Im New Yorker Naturhistorischen Museum befinden sich 19 zum Teil sehr große Meteoriten, unter ihnen der Williamette-Meteorit von 14000 kg Gewicht;

er enthält 91,55 % Eisen und 8,09 % Nickel. Der ebenfalls dort befindliche Cape Yorke Meteorite Ahnighito oder The Tent besteht aus 90,99 % Eisen, 8,27 % Nickel und 0,53 % Kobalt. Nach dem Polieren und Anätzen zeigen sich auf den Meteoriten eigenartige Streifungen, die sog. Widmannstättenschen Figuren.

Von den Verbindungen des Eisens sind diejenigen mit Sauerstoff die wichtigsten, weil sie zur Gewinnung des Eisens sich vorzugsweise eignen. Eisensauerstoffverbindungen sind die Mineralien Roteisenstein, Fe_2O_3 (im kristallisierten Zustand Eisenglanz genannt), Brauneisenstein, $Fe_2O_3 \cdot 2 Fe(OH)_3$, Magneteisenstein[1], Fe_3O_4. Spateisenstein ist im wesentlichen Ferrokarbonat, Rasen-

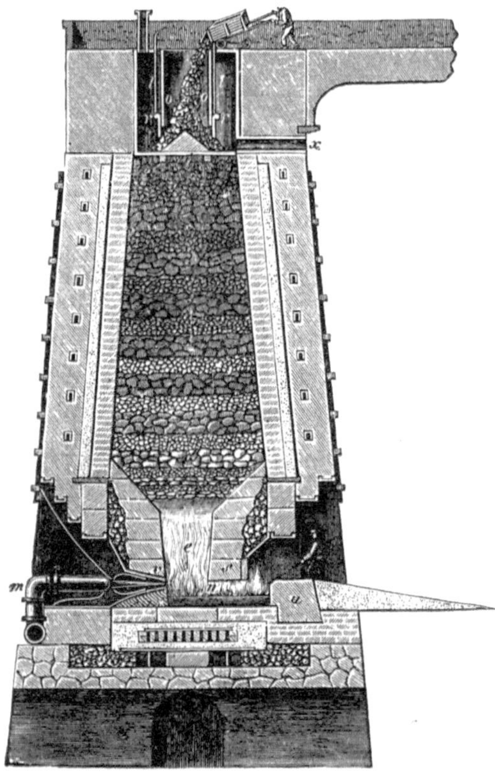

Abb. 49. Hochofen für die Eisengewinnung.

oder Wieseneisenstein enthält Hydroxyd neben Phosphat und Silikat, Schwefelverbindungen sind der Eisen- oder Schwefelkies, FeS_2, und der Magnetkies, Fe_7S_8. Andere seltenere Eisenmineralien sind Arsenikalkies, $FeAs_2$, Arsenkies, $FeAsS$, Kupferkies, $Cu_2S \cdot Fe_2S_3$, Buntkupfererz, $3 Cu_2S \cdot Fe_2S_3$.

Gewinnung: Die Eisengewinnung ist eine hüttenmännische und wird in den sog. Hochöfen (Abb. 49) vorgenommen, worin die Eisenoxyde durch Kohle bei hoher Temperatur reduziert werden.

Die Beschickung der Öfen geschieht, indem man Schichten von Kohle (Koks), Eisenerz und Zuschlag einschüttet. Der Zuschlag besteht aus einem Gemenge von Kalk, Flußspat, Sand usw. Die Gangart der Eisenerze bildet mit dem Zuschlag eine leicht schmelzbare Masse, in welche die fremden Stoffe übergehen. Sie schützt auch das geschmolzene Eisen vor der Wiederoxydation.

Der aus feuerfesten Steinen aufgeführte 13—25 m hohe Ofen hat einen Inhalt von 400—800 cbm, sein weitester Durchmesser beträgt 6—7,5 m. Er birgt den Hohlraum *edo* (Abb. 49), den sog. Kernschacht, welcher mit der Gicht *roor* ausläuft. Unter dieser erweitert sich der Schacht bis zum Kohlensack, der Stelle, welche den größten Durchmesser hat, und verengt sich sodann zu der Rast. Der unterste Teil *e*, das Gestell, läuft mit dem Herde *n* aus, wo das geschmolzene Eisen sich ansammelt und von den Schlacken bedeckt wird. Der Herd ist auf der einen Seite, der offenen Brust, mit dem Tümpelstein *s* und dem Wallstein *u* versehen. Auf der entgegengesetzten Seite münden in den Herd eine oder zwei Düsen *v*, durch welche vorgewärmte Gebläseluft eingedrückt wird. Hat sich eine hinreichende Menge flüssigen Eisens auf dem Herde angesammelt, so entfernt man den Lehmstein, eine aus Lehm und Kohle bestehende Masse, womit eine Öffnung (Stichöffnung) in dem Herde zwischen Wallstein und den Herdbacken verstopft ist, und das ausfließende geschmolzene Eisen wird in Rinnen aus Formsand geleitet. Soll

---

[1] Der Name Magnet leitet sich ab von Magnesia, einer Stadt in Kleinasien, in deren Nähe schon im Altertum magnetische Eisenerze gefunden worden sind.

der Ofen in Betrieb gesetzt („angeblasen") werden, so zündet man an seinem Boden zunächst ein mäßiges Holzfeuer an, schüttet darauf andere Brennstoffe, wie Steinkohlen, Koks usw., und setzt, wenn die Erwärmung weit genug vorgeschritten ist, das Gebläse in Tätigkeit. Durch die Gicht füllt man noch eine genügende Menge Feuerungsmaterial nach und schichtet abwechselnd Erz und Koks mit Hilfe kleiner Handwagen (Hunde) im Schacht auf. Man hält letzteren in dieser Weise auch gefüllt, während das geschmolzene Eisen mit den Schlacken auf die Sohle des Herdes herabfließt.

Die Reduktion der Eisenoxyde erfolgt im mittleren Teile des Ofens, besonders durch das Verbrennungsprodukt der Kohle, das Kohlenoxyd. Hierbei wird bei 800—900° schwammiges kohlenstofffreies metallisches Eisen erhalten, das Kohlenoxyd in Kohlenstoff und Kohlendioxyd zerlegt. Außer Kohlenstoff nimmt das Eisen noch Phosphor, Silizium, Schwefel, Mangan auf.

Aus den Hochöfen gewinnt man zunächst Roh - oder Gußeisen, ein bis gegen 6 % Kohlenstoff und wechselnde Mengen Phosphor (bis 3 %), Arsen, Schwefel, Silizium (0,1—5 %) und Mangan enthaltendes Eisen. Spiegeleisen ist ein fast silberweißes, kohlenstoffreiches Gußeisen mit großblättrig-kristallinischem Bruche; es enthält 5—20 % Mangan. Der Kohlenstoffgehalt des Eisens kann ihm durch den Frischprozeß oder den Puddlingsprozeß, welche beide eine Oxydation des Kohlenstoffs bezwecken, bis auf einen kleinen Prozentsatz entzogen werden. Der Frischprozeß besteht in einem längeren Schmelzen vor dem Gebläse auf offenen vertieften Herden, der Puddlingsprozeß in einem Erhitzen des Roheisens in Flammöfen unter Zusatz von Hochofenschlacke bei stetem Umrühren (Puddeln). Die anfangs dünnflüssige Masse wird nach und nach zähe und teigartig (die Luppe) und läßt sich sodann durch Walzen oder Hämmern zu Stäben ausstrecken (Stabeisen). Das Stab- oder Schmiedeeisen enthält noch 0,2—0,5 % Kohlenstoff. Es läßt sich bei Rotglühhitze erweichen und durch Hämmern mit einem anderen, gleichfalls durch Rotglühhitze erweichten Stück vereinigen, „schweißen".

Beginnende Rotglut zeigt eine Temperatur von	525° an,
Dunkle „ „ „ „ „	700° „
Hellrotglut „ „ „ „ „	950° „
Gelbglut „ „ „ „ „	1100° „
Beginnende Weißglut „ „ „ „	1300° „
Helle „ „ „ „ „	1500° „
Hellste „ „ „ „ „	2500° „

Enthält das Stabeisen noch eine kleine Menge Phosphor, Schwefel oder Silizium, so ist es bei Phosphorgehalt in der Kälte leicht brüchig (kaltbrüchig), ein Schwefelgehalt bewirkt ein leichtes Zerbröckeln, wenn es rotglühend gehämmert wird (rotbrüchig). Durch einen Siliziumgehalt wird Eisen schwer schmelzbar und weniger schweißbar, auch Kalzium macht es nicht schweißbar. Durch lange andauernde Erschütterungen geht das zähe Eisen zuweilen in körnig-kristallinisches und sodann leicht brüchiges Eisen über. Das Brechen von Wagenachsen (bei Eisenbahnwagen) wird hierdurch erklärt.

Hinsichtlich des Kohlenstoffgehaltes steht in der Mitte zwischen Guß- und Stabeisen der Stahl mit einem Gehalt von 0,6—1,5 % Kohlenstoff. Mit dem Gußeisen teilt Stahl die Schmelzbarkeit, mit dem Stabeisen die Schweißbarkeit, von beiden unterscheidet er sich aber durch seine Härtbarkeit. Die Härte des Stahls wächst mit dem Kohlenstoffgehalt. Zu den weichsten Stahlsorten gehören der Bessemer- und Puddelstahl, zu den kohlenstoffreicheren namentlich der Herdstahl und aus solchem, sowie aus Zementstahl hergestellter Gußstahl. In der Praxis erkennt man die Temperatur, bis zu welcher Stahl erhitzt werden muß, um die für bestimmte Zwecke notwendige Härte oder Elastizität zu erreichen, durch die beim Erwärmen auf der Oberfläche erzeugten Anlauffarben, die vom blassen Gelb bis in das dunkelste Blau auftreten. Gegenstände, bei welchen nur die Erzielung großer Härte beabsichtigt ist, läßt man gelb

anlaufen, blau diejenigen, welche eine größere Zähigkeit und Elastizität als Härte
besitzen sollen. Das Härten weicher Stahlsorten geschieht durch plötzliches
Abkühlen (Eintauchen in kaltes Wasser) des mehr oder weniger stark erhitzten
Stahls. Erhitzt man ihn von neuem, so verliert er die Sprödigkeit und wird
elastisch und geschmeidig: Anlassen des Stahls. Hierbei findet eine Zurück-
bildung des sog. Martensits statt. Martensit ist eine feste Lösung von Eisen-
karbid (Zementit, Fe_3C) in γ-Eisen (γ-Ferrit), s. Eigenschaften des Eisens.

Früher bereitete man Stahl vorwiegend aus Stabeisen, welches man in ein pulveriges
Gemenge von Kohle, Asche und Kochsalz einbettete und in geschlossenen Kästen mehrere
Tage lang zum Rotglühen erhitzte. Der solcherart gewonnene Stahl führt den Namen
Zementstahl.

Frischstahl (Puddelstahl) bereitet man aus reinem kohlenstoffreichen Roheisen
auf Frischherden oder in Puddelöfen, indem man dem Roheisen durch Oxydation nur so viel
Kohlenstoff entzieht, als zur Stahlbildung erforderlich ist. Das Einschmelzen und Rühren
wird bei sehr hoher Temperatur vollzogen, weil der hierbei eintretende dünnflüssige Zustand die Entkohlung verzögert.

Temperstahl stellt man her, indem man gußeiserne Gegenstände in Eisenoxyd-
pulver einbettet und längere Zeit auf 900⁰ erhitzt.

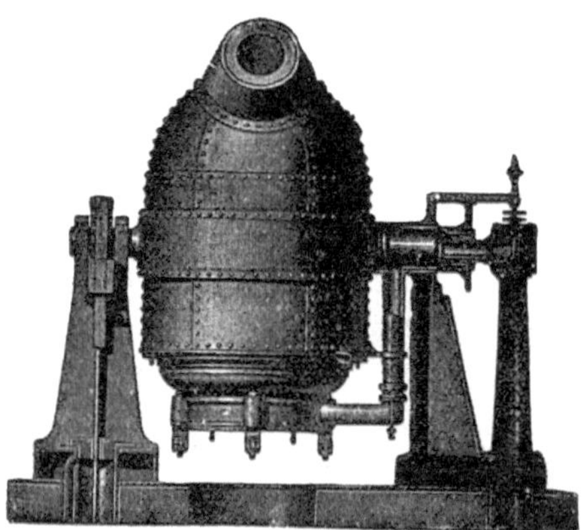

Seitenansicht.   Vorderansicht.
Abb. 50. Bessemerbirne (Konvertor).

Auch die Bereitung des Bessemerstahls, welcher zur Zeit der geschätzteste ist,
beruht auf einer Entkohlung des Roheisens. Nach diesem Verfahren bläst man in geschmolzenes Roheisen unter starkem Druck Luft ein. Die Oxydation der fremden Stoffe und des
Kohlenstoffs findet hauptsächlich durch oxydiertes Eisen statt. Zur Ausführung des
Bessemerverfahrens schmilzt man Roheisen zunächst in einem Flammofen, läßt das flüssige
Roheisen in ein bewegliches birnenförmiges Frischgefäß (Bessemerbirne, Konvertor),
s. Abb. 50, ab und setzt den Frischprozeß durch von unten in das Eisen eintretende Gebläseluft bis zur Entstehung von kohlenstoffarmem Eisen fort. Man erkennt die vollständige
Oxydation des Kohlenstoffs durch die Beobachtung der Flamme oder mit dem Spektroskop:
die für das Mangan im Spektrum charakteristischen grünen Linien verschwinden, und es
entsteht ein kontinuierliches Spektrum. Hierauf fügt man der flüssigen Eisenmasse so
viel flüssiges Spiegeleisen hinzu, als zur Erzeugung von Stahl erforderlich ist.

Nach dem Verfahren von Gilchrist und Thomas kann man aus phosphorhaltigem
Roheisen sogleich einen fast phosphorfreien Stahl herstellen, indem man die Bessemerbirne innen mit „basischem Futter" (Kalkstein, welchem als Bindemittel Wasserglas hinzugefügt ist) auskleidet. Das hierbei als Abfallprodukt gewonnene basische Kalziumphosphat
geht in die Schlacken, und diese bilden als „Thomasschlacken" ein wertvolles Düngemittel.

Eigenschaften: Reines Eisen ist ein fast silberweißes, weiches Metall.
Es führt auch den Namen Ferrit. Eisen tritt in drei allotropen Modifikationen
auf, als α-, β-, γ-Ferrit. Von diesen besitzt nur die α-Modifikation magnetische
Eigenschaften. α-Ferrit geht in β-Ferrit bei 768⁰, die β- in die γ-Form bei 906⁰
über; diese Umwandlungen sind reversibel. γ-Ferrit besitzt das größte Lösungs-

vermögen für Kohlenstoff. Spez. Gew. des Eisens 7,86. Graues Gußeisen schmilzt bei 1100—1200⁰, weißes Gußeisen bei 1050—1100⁰, Stahl bei 1300—1400⁰, Schmiedeeisen bei 1600⁰. Trockene Luft, sauerstoff- und kohlensäurefreies Wasser sind ohne Einwirkung auf das Metall. An feuchter Luft überzieht es sich mit einer braunen Eisenhydroxydschicht, dem „Rost". Man spricht, das Eisen rostet. Beim Erhitzen des Eisens an der Luft bildet sich eine schwarze Schicht, welche sich mit dem Hammer abklopfen läßt und daher Eisenhammerschlag heißt und aus Eisenoxyduloxyd, Fe_3O_4, besteht. Die gleiche Verbindung wird beim Verbrennen von Eisen in reinem Sauerstoffgas, wobei lebhaftes Funkensprühen stattfindet, erhalten. Durch den Magneten wird Eisen angezogen und kann bei längerer Berührung damit selbst zum Magneten werden. Vor allem hierzu geeignet ist der Stahl; Schmiede- und Gußeisen hören mit der Entfernung vom Magneten auf, magnetische Wirkungen zu äußern. Außer Eisen werden auch Kobalt und Nickel vom Magneten angezogen.

Das Arzneibuch läßt ein Ferrum pulveratum und Ferrum reductum verwenden.

Ferrum pulveratum, Eisenpulver; Limatura Martis praeparata, soll aus bestem Stabeisen oder Stahldraht hergestellt werden. Zunächst wird daraus mittels großer Feilen eine „Eisenfeile" bereitet, welche in Stahlmörsern zu einem feinen Pulver zerstoßen wird. Das medizinisch verwendete Eisenpulver soll mindestens 97,6 T. Eisen enthalten. Es soll frei sein von Sulfiden, fremden Schwermetallen und Arsenverbindungen.

Gehaltsbestimmung: 0,5 g werden auf dem Wasserbad in 40 ccm verdünnter Schwefelsäure gelöst, und die Lösung wird nach dem Erkalten mit Wasser bis 100 ccm aufgefüllt. 5 ccm dieser Lösung werden mit $^1/_2$ proz. Kaliumpermanganatlösung bis zur schwachen Rötung versetzt und dann durch Zusatz von Weinsäurelösung wieder entfärbt. Hierauf fügt man 5 ccm verdünnter Schwefelsäure und 1,5 g Kaliumjodid hinzu, läßt die Mischung 1 Stunde lang im verschlossenen Glase stehen und titriert mit $\frac{n}{10}$-Natriumthiosulfatlösung das ausgeschiedene Jod. Von derselben müssen für je 0,025 g Eisen mindestens 4,37 ccm verbraucht werden (1 ccm $\frac{n}{10}$-Natriumthiosulfatlösung = 0,005584 g Eisen).

Deutung: $0,005584 \cdot 4,37 = 0,02440208$ Fe in 0,025 g des Präparates, das sind $\frac{0,02440208 \cdot 100}{0,025}$ = rund **97,6 %** Fe.

Ferrum reductum, Ferrum hydrogenio reductum, reduziertes Eisen, ist ein durch Reduktion von hydratischem Eisenoxyd mittels Wasserstoffs erhaltenes Eisen, welches sehr fein verteilt ist und kleine Mengen Eisenoxyduloxyd enthält.

Hydratisches Eisenoxyd (Ferrimonohydroxyd) bereitet man durch Fällen einer warmen Ferrichloridlösung mit verdünntem Salmiakgeist:

$$FeCl_3 + 3NH_3 + 2H_2O = FeO(OH) + 3NH_4Cl.$$

Man bringt trockenes Ferrimonohydroxyd in dünner Schicht in eine Röhre von schwer schmelzbarem Glase und erhitzt bis zur Rotglut (525⁰) in einem Strome durch Kalziumchlorid getrockneten Wasserstoffgases.

$$2FeO(OH) + 3H_2 = Fe_2 + 4H_2O.$$

Tritt aus der Röhre kein Wasserdampf mehr aus, so ist die Reduktion beendet, und man läßt im Wasserstoffstrom erkalten. Bleibt bei der Reduktion die Temperatur unter Rotglut, so verbrennt Eisen wieder zu Oxyd, wenn es mit der Luft in Berührung kommt: es ist pyrophorisches Eisen entstanden. Geht man bei der Reduktion weit über 500⁰ hinaus, so sintert das reduzierte Eisen zusammen, und man erhält dann nicht das vom Arzneibuch verlangte feine

Pulver. Die Darstellung des reduzierten Eisens erfordert daher große Übung. Man hat auch dafür Sorge zu tragen, daß das zur Reduktion verwendete Wasserstoffgas völlig frei von Schwefelwasserstoff und Arsenwasserstoff ist.

Metallisches Eisen wird von verdünnter Salz-, Schwefel- und Salpetersäure leicht gelöst. Von sehr konzentrierter Salpetersäure wird Eisen nicht angegriffen.

Die Gehaltsbestimmung von Eisen in Ferrum reductum wird in analoger Weise wie bei Ferrum pulveratum vorgenommen (s. Arzneibuch). Es soll 96,5 % Eisen, davon mindestens 90 % metallisches Eisen enthalten.

Über die Prüfung des Ferr. reduct. auf Sulfide, fremde Schwermetalle, Alkalikarbonate, Arsenverbindungen s. D. A. B. VI.

Medizinische Anwendung: Ferrum pulveratum und Ferrum reductum werden innerlich mehrmals täglich zu 0,06—0,3 g in Pulvern und Pillen bei chlorotischen Zuständen gebraucht. Protoferrol nennt man ein kolloides Eisen, ein rotbraunes Pulver mit ca. 11 % Eisen und rund 89 % Eiweißsubstanz als Schutzkolloid. Elektroferrol ist eine kolloide Eisenlösung mit 0,05 % feinst verteiltem Eisen und einem Schutzkolloid und mit 0,4 % Kresol versetzt.

Eisen und Stahl sind die wichtigsten Metalle, ohne welche die gesamte Industrie, der Maschinenbau, das Wirtschaftsleben im weitesten Sinne des Wortes gar nicht mehr denkbar sind. Eisenverbindungen beanspruchen auch in biologischer Hinsicht das weitestgehende Interesse. Menschen und Tiere bedürfen des Eisens für den Assimilationsprozeß. Im Blutfarbstoff ist Eisen enthalten. Die therapeutische Verwendung von Eisenpräparaten bei Blutarmut steht damit im Zusammenhang.

Eisen bildet zwei Reihen von Verbindungen: Eisenoxydul- oder Ferroverbindungen und Eisenoxyd- oder Ferriverbindungen. In der Molekel der Ferroverbindungen ist das Eisen zweiwertig, in der Molekel der Ferriverbindungen dreiwertig.

Ferrochlorid, Eisen(2)-Chlorid, Eisenchlorür, Ferrum chloratum, $FeCl_2$. Beim gelinden Glühen von Eisen in trockenem Chlorwasserstoff oder beim Leiten von Wasserstoff über erhitztes wasserfreies Ferrichlorid bildet sich Ferrochlorid als weiße, blätterig-kristallinische Masse, welche bei Rotglut schmilzt und unzersetzt sublimiert. Verdampft man die durch Behandeln von Eisen mit wässeriger Salzsäure erhaltene Lösung von Ferrochlorid, so kristallisiert ein Salz der Zusammensetzung $FeCl_2 + 4H_2O$ in schön grünen, leicht zerfließlichen Kristallen aus, die vom Sauerstoff der Luft leicht oxydiert werden.

Ferrobromid, Eisen(2)-Bromid, Eisenbromür, Ferrum bromatum, $FeBr_2$. Fügt man Brom zu überschüssigem, mit Wasser überschichtetem Eisen, so bildet sich schon bei normaler Temperatur eine Lösung von Ferrobromid, aus welcher das Salz mit 6 Mol. Wasser, $FeBr_2 + 6H_2O$, in Form blaugrüner, rhombischer Tafeln kristallisiert.

Ferrojodid, Eisen(2)-Jodid, Eisenjodür, Ferrum jodatum, FeJ_2, bildet sich leicht beim Behandeln von in Wasser verteiltem überschüssigen Eisenpulver mit Jod. Schwaches Erwärmen beschleunigt die Reaktion.

Den Liquor ferri jodati bereitete man nach dem Arzneibuch V: 12 T. gepulvertes Eisen werden mit 50 T. Wasser übergossen, und in die Mischung wird unter Umrühren bei guter Kühlung nach und nach das Jod eingetragen. Wenn die Flüssigkeit eine blaßgrüne Färbung angenommen hat, wird sie durch ein möglichst kleines Filter filtriert und der Filterrückstand mit so viel Wasser nachgewaschen, daß das Gewicht des Filtrates 100 T. beträgt.

Medizinische Anwendung: Innerlich 5—15 Tropfen, mit Wasser verdünnt, mehrmals täglich.

Ferrichlorid, Eisen(3)-Chlorid, Eisenchlorid, Ferrum sesquichloratum, $FeCl_3$, wird wasserfrei erhalten durch Erhitzen von Eisen in einem Strom trocknen Chlorgases und bildet metallglänzende Blättchen, welche sehr hygroskopisch sind und sich in Wasser, Alkohol und Äther lösen. Sie lassen sich unzersetzt sublimieren.

Eine wässerige Lösung des Ferrichlorids mit 9,8—10,3 % Eisengehalt, welche das spez. Gew. 1,280—1,282, bzw. Dichte 1,275—1,285, hat, wird von dem Deutschen Arzneibuch als Liquor ferri sesquichlorati bezeichnet.

Darstellung: Man erwärmt 1 T. Schmiedeeisen (in Form von Draht oder Nägeln) mit 4 T. Salzsäure vom spez. Gew. 1,124 in einem geräumigen Kolben unter möglichster Vermeidung eines Verlustes so lange, bis eine Einwirkung nicht mehr stattfindet. Die

Lösung wird alsdann noch warm auf ein zuvor gewogenes Filter gebracht, der Filterrückstand mit Wasser nachgewaschen, getrocknet und gewogen. Aus dem Gewichtsunterschied zwischen dem ursprünglich angewendeten Eisen und dem Rückstand kann die Menge des in Lösung gegangenen Eisens ermittelt werden.

Man fügt für je 100 T. aufgelösten Eisens der Lösung 260 T. Salzsäure und 135 T. Salpetersäure hinzu und erhitzt die Mischung in einem Glaskolben oder einer Flasche auf dem Wasserbade, bis sie eine rötlichbraune Farbe angenommen hat, und 1 Tropfen, mit Wasser verdünnt, durch Kaliumferrizyanidlösung nicht mehr blau gefärbt wird (ein Zeichen, daß kein Oxydulsalz, Eisenchlorür, mehr vorhanden ist). Die Flüssigkeit wird dann in einer gewogenen Porzellanschale auf dem Wasserbade abgedampft, bis das Gewicht des Rückstandes für je 100 T. darin enthaltenen Eisens 483 T. beträgt. Der Rückstand ist so oft mit Wasser zu verdünnen und wieder auf 483 T. einzudampfen, bis die Salpetersäure entfernt ist. Hierauf verdünnt man die Flüssigkeit vor dem Erkalten mit so viel Wasser, daß sie alsdann zehnmal so viel wiegt wie das darin aufgelöste Eisen.

Beim Behandeln von Eisen mit Salzsäure wird zunächst Ferrochlorid gebildet:

$$Fe + 2\,HCl = FeCl_2 + H_2,$$

welches bei Gegenwart von Salzsäure durch die Salpetersäure oxydiert wird:

$$3\,FeCl_2 + 3\,HCl + HNO_3 = 3\,FeCl_3 + 2\,H_2O + NO.$$

Das Stickoxyd löst sich zunächst in der Eisenoxydulsalzlösung mit dunkelbrauner Färbung und wird durch die zunehmende Überführung des Oxydulsalzes in Oxydsalz und durch Erhitzen ausgetrieben.

Dampft man im Wasserbade 1000 T. des Liq. ferri sesquichlorati auf 483 T. ein, so erstarrt der Rückstand beim Erkalten zu einer gelben, kristallinischen Masse, welche der Zusammensetzung $FeCl_3 + 6\,H_2O$ entspricht und als Ferrum sesquichloratum bezeichnet wird.

Medizinische Anwendung des Liq. ferr. sesquichlorati: Innerlich 0,3—1,0 g mehrmals täglich in stark verdünnter Lösung, in Tropfen 1—2 Tropfen in 1 Eßlöffel Schleimsuppe. Äußerlich als Styptikum. Bei Nasenblutungen 1,0—5,0 g auf 100 g Wasser, zu Klysmen bei Darmblutungen 5 : 250.

Unter dem Namen Ammonium chloratum ferratum oder Eisensalmiak wird ein inniges Gemisch aus Ammoniumchlorid und Ferrichlorid verstanden. Man erhält es als rotgelbes, an der Luft feucht werdendes, in Wasser leicht lösliches Pulver, indem man 32 T. Ammoniumchlorid in einer Porzellanschale mit 9 T. Eisenchloridlösung von obiger Stärke mischt und unter fortwährendem Umrühren im Dampfbade zur Trockne verdampft. In 100 T. des Eisensalmiaks sind 2,5 T. Eisen enthalten.

Ferrichloridlösung, sowie Eisensalmiak müssen wegen der reduzierend wirkenden Lichtstrahlen geschützt vor Licht aufbewahrt werden.

Man prüft Liquor ferri sesquichlorati auf einen Gehalt an freier Salzsäure, freiem Chlor, Arsen, Ferrioxychlorid, Ferrosalz, Kupfer, Alkalisalzen, Salpetersäure.

Zur Prüfung auf Salzsäure werden 3 Tropfen Eisenchloridlösung mit 10 ccm $\frac{n}{10}$-Thiosulfatlösung langsam zum Sieden erhitzt. Es sollen sich beim Erkalten einige Flöckchen Ferrihydroxyd abscheiden. Das geschieht nur, wenn die Flüssigkeit Ferrioxychlorid enthält; die Anwesenheit einer kleinen Menge desselben ist also geradezu verlangt. Die Reaktion beruht darauf, daß zunächst Ferrithiosulfat entsteht, welches beim Erwärmen zunächst Ferrothiosulfat, dann Ferrotetrathionat bildet, wobei sich braunes Ferrihydroxyd aus dem vorhandenen Oxychlorid abscheidet.

Gehaltsbestimmung: 5 g Eisenchloridlösung werden mit Wasser auf 100 ccm verdünnt. 5 ccm dieser Mischung werden mit 2 ccm Salzsäure und 1,5 g Kaliumjodid versetzt und in einem verschlossenen Glase 1 Stunde lang stehen gelassen. Zur Bindung des ausgeschiedenen Jods müssen für je 0,025 g Eisenchloridlösung 4,39—4,61 ccm $\frac{n}{10}$-Natriumthiosulfatlösung verbraucht werden (1 ccm derselben = 0,005584 g Fe).

Deutung: $0{,}005584 \cdot 4{,}39 = 0{,}02451376$ g Fe in $0{,}25$ g des Präparates, das sind $\dfrac{0{,}02451376 \cdot 100}{0{,}25} =$ rund **9,8 %** Fe, bzw. $0{,}005584 \cdot 4{,}61 = 0{,}02574224$ g Fe in $0{,}25$ g des Präparates, das sind $\dfrac{0{,}02574224 \cdot 100}{0{,}25} =$ rund **10,3 %** Fe.

Vor Licht geschützt aufzubewahren!

Bringt man Ferrichloridlösung mit frisch gefälltem Ferrihydroxyd zusammen, so wird dieses gelöst, und es entsteht ein **basisches Ferrichlorid**, unter dem Namen **Liquor ferri oxychlorati** bekannt. Es läßt sich auch durch Dialyse einer mit Ammoniak versetzten Ferrichloridlösung erhalten. Darstellung des **Liquor ferri oxychlorati dialysatus:**

Zu 50 T. durch Eiswasser gekühlter Eisenchloridlösung werden unter stetem Umrühren 33 T. Ammoniakflüssigkeit in kleinen Teilen in der Weise hinzugesetzt, daß die entstehende Fällung vor erneutem Zusatz von Ammoniakflüssigkeit wieder in Lösung gebracht wird. Ist der letzte Anteil Ammoniakflüssigkeit zugesetzt, so wird noch so lange gerührt, bis eine vollständig klare Lösung entstanden ist. Diese wird so lange dialysiert, bis eine Probe des umgebenden Wassers nach dem Ansäuern mit Salpetersäure durch Silbernitratlösung sofort nur noch schwach opalisierend getrübt wird. Das Dialysat wird sodann entweder durch Wasserzusatz oder durch Abdampfen in flachen Porzellan- oder Glasgefäßen bei einer 40^0 nicht übersteigenden Temperatur auf das spezifische Gewicht von $1{,}043$—$1{,}047$ bzw. Dichte von $1{,}041$—$1{,}045$ gebracht.

Eisenoxychloridlösung bildet eine braunrote, klare Flüssigkeit und gibt mit 1 Tropfen verdünnter Schwefelsäure sofort eine gelb- bis braunrote Gallerte. Die Flüssigkeit enthält in 100 T. $3{,}3$—$3{,}6$ T. Eisen. Die **Prüfung und Wertbestimmung** bezieht sich auf Eisenchlorid, Ammoniumchlorid, Alkali- und Erdalkalisalze und Salzsäure.

Medizinische Anwendung: Innerlich zu $0{,}3$—$1{,}5$ g mehrmals täglich in Tropfen (5—20) oder wässeriger Lösung als ein die Verdauung nicht beeinträchtigendes Eisenpräparat.

Ferrooxyd, Eisenoxydul, Eisen(2)-Oxyd, FeO, wird als schwarzes Pulver erhalten beim Erhitzen von Ferrioxyd im Kohlenoxydstrom:

$$Fe_2O_3 + CO = 2\,FeO + CO_2.$$

Wird Ferrooxyd an der Luft erhitzt, so geht es zunächst im Ferroferrioxyd über, dann vollends in Ferrioxyd.

Ferrohydroxyd, Eisenhydroxydul, Eisen(2)-Hydroxyd, Eisenoxydulhydrat, $Fe(OH)_2$, entsteht beim Versetzen einer luftfreien Ferrosalzlösung mit ausgekochter Kali- oder Natronlauge als flockiger, weißer Niederschlag, welcher durch Einwirkung der Luft schnell oxydiert wird und eine schmutziggrüne Farbe annimmt.

Ferrioxyd, Eisenoxyd, Eisen(3)-Oxyd, Fe_2O_3, findet sich in der Natur in metallisch glänzenden Kristallen als **Eisenglanz,** in roten oder stahlgrauen Massen mit faserigem Gefüge als **Roteisenstein, roter Glaskopf** oder **Blutstein (Lapis haematitis).** Das bei der Darstellung der rauchenden Schwefelsäure nach dem sog. Nordhäuser Verfahren in den Retorten hinterbleibende unreine Ferrrioxyd führt den Namen **Totenkopf, Caput mortuum** oder **Colcothar,** auch **Englisch Rot, Pariser Rot** und **Polierrot.**

Das durch Erhitzen von Ferrihydroxyd erhaltene Ferrioxyd (**Ferrumoxydatum rubrum**) bildet ein rotbraunes Pulver.

Ferrihydroxyd, Eisenhydroxyd, Eisen(3)-Hydroxyd, Eisenoxydhydrat, $Fe(OH)_3$. Ein Ferrihydroxyd dieser Zusammensetzung wird durch Fällen eines Ferrisalzes mit überschüssigem Ammoniak als rotbrauner Niederschlag erhalten:

$$FeCl_3 + 3\,NH_3 + 3\,H_2O = Fe(OH)_3 + 3\,NH_4Cl.$$

Auch mit Hilfe von Natriumkarbonat kann Ferrihydroxyd aus dem Ferrichlorid unter Kohlendioxydabspaltung gefällt werden:

$$2\,FeCl_3 + 3\,Na_2CO_3 + 3\,H_2O = 6\,NaCl + 2\,Fe(OH)_3 + 3\,CO_2.$$

Ferrihydroxyd löst sich im frisch gefällten, noch feuchten Zustande leicht in verdünnten Säuren. Schon beim Trocknen an der Luft über 25^0 verliert es

Wasser und wird, je mehr der Wassergehalt abnimmt, desto unlöslicher in verdünnten Säuren. Das unter dem Namen Ferrum oxydatum fuscum offizinelle Ferrihydroxyd muß unter 25° getrocknet sein, um der Zusammensetzung $Fe(OH)_3$ zu entsprechen, verliert aber schon bei der Aufbewahrung nach und nach Wasser und geht in Ferrimonhydroxyd, $FeO(OH)$, über. Beim Erhitzen verliert es sämtliches Wasser, und Ferrioxyd hinterbleibt.

Ferrihydroxyd der Zusammensetzung $Fe(OH)_3$ geht mit arseniger Säure eine unlösliche Adsorptionsverbindung ein und wird deshalb als Antidotum (Gegengift) bei Vergiftungen mit arseniger Säure angewendet. Frühere Pharmakopöen verstanden unter Antidotum Arsenici ein frisch gefälltes Ferrihydroxyd, dessen Fällung mit Magnesia aus einer Lösung von Ferrisulfat bewirkt wurde, so daß das sich nebenher bildende Magnesiumsulfat zugleich als Abführmittel wirken konnte (s. Arsen S. 93).

Darstellung von Antidotum Arsenici: 100 T. Liquor ferri sulfurici oxydati vom spez. Gew. 1,430 werden mit 250 T. Wasser verdünnt und dieser Lösung unter Umschütteln und bei Vermeidung einer Erwärmung eine Anreibung von 15 T. Magnesia usta und 250 T. Wasser hinzugefügt:

$$Fe_2(SO_4)_3 + 3\,MgO + 3\,H_2O = 2\,Fe(OH)_3 + 3\,MgSO_4.$$

Frisch gefälltes Ferrihydroxyd löst sich bei Gegenwart von Natriumhydroxyd und Zucker in Wasser und bildet ein kolloidal lösliches Ferrihydroxyd, den Eisenzucker, Ferrum oxydatum saccharatum.

Darstellung des Eisenzuckers: 30 T. Ferrichloridlösung werden mit 150 T. Wasser verdünnt und unter Umrühren mit einer Lösung von 26 T. kristallisiertem Natriumkarbonat in 150 T. Wasser versetzt. Anfänglich findet beim Umschütteln eine Wiederauflösung des entstehenden Niederschlags statt. Man wartet daher mit einem neuen Zusatz an Natriumkarbonatlösung, bis sich der Niederschlag wieder gelöst hat. Erst gegen Ende der Fällung gelingt die Wiederauflösung nicht mehr. Der Niederschlag wird nun durch wiederholte Zugabe von Wasser und Abgießen der nach dem Absetzen klar überstehenden Flüssigkeit so lange ausgewaschen, bis das Ablaufende, mit 5 Raumteilen Wasser verdünnt, durch Silbernitratlösung kaum noch getrübt wird. Alsdann wird der Niederschlag auf einem angefeuchteten Tuche gesammelt und nach dem Abtropfen gelinde ausgedrückt.

Er wird noch feucht mit 50 T. mittelfein gepulvertem Zucker und bis zu 5 T. Natronlauge vermischt, die Mischung im Dampfbade bis zur völligen Klärung erwärmt, darauf unter Umrühren zur Trockne verdampft, zu Pulver zerrieben und diesem so viel Zuckerpulver zugemischt, daß das Gesamtgewicht 100 T. beträgt.

Eisenzucker ist ein rotbraunes, süß schmeckendes, in heißem Wasser kolloid lösliches Pulver, welches in 100 T. gegen 2,8—3,0 T. Eisen enthält.

Gehaltsbestimmung nach D. A. B. VI: 1 g Eisenzucker wird in 10 ccm verdünnter Schwefelsäure unter Erwärmen auf dem Wasserbade gelöst, die Lösung nach dem vollständigen Verschwinden der rotbraunen Farbe und nach dem Erkalten mit 0,5proz. Kaliumpermanganatlösung bis zur schwachen, kurze Zeit bestehen bleibenden Rötung und nach der Entfärbung mit 2 g Kaliumjodid versetzt. Man läßt 1 Stunde lang im geschlossenen Glase stehen und titriert das ausgeschiedene Jod mit $\frac{n}{10}$-Natriumthiosulfatlösung. Es müssen von dieser 5,01—5,37 ccm verbraucht werden. (1 ccm $\frac{n}{10}$-Natriumthiosulfat = 0,005584 g Fe).

Deutung: $0,005584 \cdot 5,01 = 0,02797584$ g Fe in 1 g des Präparates, das sind $0,02797584 \cdot 100 = $ rund **2,8** % Fe, bzw. $0,005584 \cdot 5,37 = 0,02998608$ g Fe in 1 g des Präparates, das sind $0,02998608 \cdot 100 = $ rund **3** % Fe.

Die kolloide Natur des Eisenzuckers in Lösung erweist sich u. a. dadurch, daß im Ultramikroskop eine durch Papier klar filtrierte Lösung zahllose Submikronen erkennen läßt, und daß beim Schütteln einer Eisenzuckerlösung mit Tierkohle sie als Kolloid adsorbiert wird.

Medizinische Anwendung: Innerlich zu 0,5—3,0 g in Pulvern, Pillen, Pastillen (0,06 g).

Ferroferrioxyd, Eisenoxyduloxyd, Eisen (2) (3) - Oxyd, Fe_3O_4, kommt in der Natur in glänzenden, schwarzen Kristallen oder in körnigkristallinischen oder derben Massen als **Magneteisenstein** vor. Man erhält Ferroferrioxyd beim Leiten von Wasserdampf über glühendes Eisen:

$$3\,Fe + 4\,H_2O = Fe_3O_4 + 4\,H_2.$$

Auch beim Erhitzen des Eisens an der Luft bildet sich Ferroferrioxyd (**Eisenhammerschlag**), sowie beim Verbrennen von Eisen in reinem Sauerstoffgas.

Ferrosulfid, Einfach-Schwefeleisen, Eisensulfür, Eisen(2)-Sulfid, Ferrum sulfuratum, FeS, wird als schwere, kristallinische, metallisch glänzende Masse beim Erhitzen äquivalenter Mengen Eisen (Eisenfeile) und Schwefel erhalten und entsteht als schwarzer Niederschlag beim Versetzen von Ferro- oder Ferrisalzlösungen mit Schwefelammon. Schwefeleisen dient zur Bereitung von Schwefelwasserstoff, den es beim Übergießen mit Salzsäure entwickelt:

$$FeS + 2\,HCl = FeCl_2 + H_2S.$$

Ferrisulfid, Anderthalbfach-Schwefeleisen, Eisen(3)-Sulfid, Eisensulfid Fe_2S_3, entsteht als gelbliche Masse beim Erhitzen eines Gemisches von Ferrosulfid und Schwefel bis zur schwachen Rotglut.

Ein Schwefeleisen der Zusammensetzung FeS_2, Zweifach-Schwefeleisen, kommt in der Natur in messinggelben, würfelförmigen Kristallen als Schwefelkies oder Eisenkies (Pyrit) vor.

Ferrosulfat, Schwefelsaures Eisenoxydul, Eisen(2)-Sulfat, Eisenvitriol, Ferrum sulfuricum (oxydulatum), $FeSO_4 + 7\,H_2O$, kommt in verschiedener Form in den Handel.

Eisen(2)-Sulfat, Eisenvitriol, Grüner Vitriol, Kupferwasser, Ferrum sulfuricum crudum, Vitriolum Martis, wird dargestellt, indem man Eisenabfälle in roher verdünnter Schwefelsäure löst und die Lösung nach dem Klären zur Kristallisation abdampft. Auch Eisenkiese werden zur Darstellung des rohen Eisenvitriols benutzt. Man röstet sie in ähnlicher Weise, wie dies beim Alaun mit den Alaunschiefern geschieht. Da Schwefelkiese und Alaunschiefer häufig gemeinsam vorkommen, so ist die Alaunfabrikation meist mit derjenigen des Eisenvitriols verbunden. Die beim Rösten und längeren Liegen an der Luft sich bildenden Sulfate werden mit Wasser ausgelaugt und der beim Eindampfen zunächst auskristallisierende Eisenvitriol gesammelt.

Er enthält meist schwefelsaure Salze des Kupfers, Zinks, Aluminiums, Magnesiums, Mangans, sowie auch schwefelsaures Eisenoxyd und bildet große, grüne, leicht verwitternde Kristalle.

Zur Darstellung des reinen kristallisierten Ferrosulfates trägt man 3 T. Schwefelsäure in 12 T. destilliertes Wasser ein und bringt die verdünnte Schwefelsäure mit 2 T. Eisendrehspänen zusammen:

$$Fe + H_2SO_4 = FeSO_4 + H_2.$$

Man unterstützt die Einwirkung gegen Ende durch Erwärmen, filtriert die Lösung noch heiß, vermischt mit etwas verdünnter Schwefelsäure und stellt zur Kristallisation beiseite. Die von den ausgeschiedenen Kristallen abgegossene Mutterlauge wird eingedampft und von neuem der Kristallisation überlassen. Der Zusatz freier Schwefelsäure zur Lösung beugt der Oxydation durch den Sauerstoff der Luft vor. Um ein kleinkristallinisches Präparat zu erhalten, kann man die erzielte Lösung in 6 T. Weingeist unter Umrühren eingießen und das abgeschiedene Kristallmehl auf ein Filter bringen, mit Weingeist nachwaschen, zwischen Filtrierpapier auspressen und zum raschen Trocknen auf Filtrierpapier ausbreiten.

Eigenschaften und Prüfung: Reines kristallisiertes Ferrosulfat bildet bläulichgrüne, durchsichtige Kristalle, welche an trockener Luft verwittern und sich mit einem weißen Pulver bedecken, bei 100° getrocknet 6 Mol. Wasser abgeben und das 7. Mol. erst beim Erhitzen auf 300° verlieren. Ferrosulfat schmeckt zusammenziehend und löst sich in 1,8 T. Wasser mit grünlichblauer Farbe. An feuchter Luft geht es unter Gelbfärbung in basisches Oxydsalz über.

An Stelle des großkristallisierten Ferrosulfats wird zu medizinischen Zwecken wegen größerer Haltbarkeit das mit Alkohol niedergeschlagene, kleinkristallisierte Salz, das **Ferrum sulfuricum alcohole praecipitatum**, vorrätig gehalten.

Zur Darstellung des **Ferrum sulfuricum siccum**, des getrockneten Ferrosulfats, werden 100 T. kristallisiertes Ferrosulfat in einer Porzellanschale auf dem Wasserbade allmählich erwärmt, bis sie 35—36 T. an Gewicht verloren haben. Man erhält so ein weißes, in Wasser langsam, aber ohne Rückstand lösliches Pulver, welches der Zusammensetzung $FeSO_4 + H_2O$ entspricht.

Gehalt an Eisen mindestens 30,2 %.

Zur **Gehaltsbestimmung** des **Ferr. sulf. siccum** versetzt man die Lösung von 0,1 g desselben in 5 ccm verdünnter Schwefelsäure mit 0,5 proz. Kaliumpermanganatlösung bis zur bleibenden Rötung; nach eingetretener Entfärbung, welche nötigenfalls durch Zusatz von einigen Tropfen Weingeist (das Arzneibuch empfiehlt hierzu Weinsäurelösung) bewirkt werden kann, gibt man 1,5 g Kaliumjodid hinzu und läßt die Mischung im geschlossenen Gefäß 1 Stunde lang stehen. Zur Bindung des ausgeschiedenen Jods müssen alsdann mindestens 5,4 ccm $\frac{n}{10}$-Thiosulfatlösung verbraucht werden (1 ccm dieser = 0,005584 g Fe).

Deutung: 0,005584 · 5,4 = 0,0301536 g Fe in 0,1 g des Präparates, das sind 0,0301536 · 1000 = rund **30,2 %** Fe.

Medizinische Anwendung: Eisenvitriol wird äußerlich als Blutstillungmittel in Streupulvern, zu adstringierenden Umschlägen (5 proz.), innerlich zur Bereitung der **Pilulae Blaudii**, des **Ferr. sulf. sicc.**, zur Herstellung der **Pilulae aloëticae ferratae** benutzt.

Ferro-Ammoniumsulfat, Schwefelsaures Eisenoxydul-Ammonium, **Ferrum sulfuricum ammoniatum, Mohrsches Salz,** $FeSO_4 \cdot (NH_4)_2SO_4 + 6H_2O$, erhält man durch Auflösen von 10 T. reinem Ferrosulfat und 4,8 T. Ammoniumsulfat in 20 T. heißem Wasser, welches mit Schwefelsäure angesäuert ist, Filtrieren der Lösung und Erkaltenlassen. Es scheiden sich blaßgrüne, luftbeständige, monokline Kristalle aus, welche in der vierfachen Menge kalten Wassers löslich sind.

Ferrisulfat, Schwefelsaures Eisenoxyd, Eisen(3)-Sulfat, **Ferrum sulfuricum oxydatum,** $Fe_2(SO_4)_3$. In festem Zustand bildet Ferrisulfat eine schnell Feuchtigkeit anziehende, zu einem rötlichgelben Sirup zerfließende kristallinische Masse. In wässeriger Lösung war es früher unter der Bezeichnung **Liquor ferri sulfurici oxydati** gebräuchlich.

Ferri-Ammoniumsulfat, Ammonium-Eisenalaun, $Fe(NH_4)(SO_4)_2 + 12H_2O$, bildet amethystfarbige oktaedrische Kristalle. Eine Lösung des Salzes dient als Indikator bei der Silbertitration mit Ammoniumrhodanid (s. Senföl).

Ferrophosphat, Phosphorsaures Eisenoxydul, Eisen(2)-Phosphat, **Ferrum phosphoricum oxydulatum,** $Fe_3(PO_4)_2 + 8H_2O$, entsteht als anfangs weißes, durch Oxydation aber schnell bläulich sich färbendes Pulver bei der Fällung einer Eisenoxydulsalzlösung mit Natriumphosphat.

Ferriphosphat, Phosphorsaures Eisenoxyd, Eisen(3)-Phosphat, $FePO_4$, entsteht als weißer, wasserhaltiger Niederschlag durch Fällen einer Ferrichloridlösung mit Dinatriumphosphatlösung.

Ferripyrophosphat, Pyrophosphorsaures Eisenoxyd, Eisen(3)-Pyrophosphat, **Ferrum pyrophosphoricum,** $Fe_4(P_2O_7)_3$, wird durch Fällen von Ferrichlorid mit einer Lösung von Natriumpyrophosphat als weißes Pulver erhalten. Es ist nicht löslich in Wasser, leicht aber in einem Überschuß von Natriumpyrophosphat und bildet damit ein Doppelsalz der Zusammensetzung $Fe_4(P_2O_7)_3 \cdot 2Na_4P_2O_7$, welches zur Herstellung von mit Kohlendioxyd gesättigtem, pyrophosphorsaurem Eisenwasser benutzt wird.

Ferrokarbonat, Kohlensaures Eisenoxydul, Eisen(2)-Karbonat, $FeCO_3$, kommt in der Natur in gelben bis gelbbraunen Kristallen als **Spateisenstein**, in sehr unreinem Zustande als **Sphärosiderit** vor. Spateisenstein enthält in wechselnder Menge Mangankarbonat, Kalzium- und Magnesiumkarbonat, sowie Kieselsäure. In natürlichen Eisenwässern wird Ferrokarbonat durch Kohlensäure in Lösung gehalten. Da das auf künstlichem Wege dargestellte kohlensaure Eisenoxydul infolge von Oxydationswirkung alsbald unter Abgabe von Kohlendioxyd zerlegt wird, versetzt man das Karbonat, um es haltbar zu machen, mit Zucker. Ein medizinisch verwendetes, zuckerhaltiges kohlensaures Eisenoxydul ist das Ferrum carbonicum cum Saccharo des D. A. B. VI.

Darstellung des Ferrum carbonicum cum Saccharo (Ferrum carbonicum saccharatum), zuckerhaltiges Ferrokarbonat. Man löst 10 T. Ferrosulfat in 40 T. siedendem Wasser, filtriert in eine geräumige Flasche, in welcher eine klare Lösung von 7 T. Natriumbikarbonat in 100 T. Wasser von 50—60° enthalten ist, und mischt vorsichtig den Inhalt der Flasche:

$$FeSO_4 + 2\,NaHCO_3 = FeCO_3 + Na_2SO_4 + CO_2 + H_2O.$$

Man sucht möglichst zu verhindern, daß der Sauerstoff der Luft auf das gefällte Ferrokarbonat einwirkt.

Man verwendet daher zur Fällung eine lauwarme Natriumbikarbonatlösung, da das sich abspaltende Kohlendioxyd die letzten Luftblasen austreibt, und wäscht den Niederschlag mit heißem, also luftfreiem Wasser aus. Man füllt die den Niederschlag enthaltende Flasche mit heißem Wasser, verschließt lose und stellt beiseite. Die über dem Niederschlag stehende Flüssigkeit wird mit Hilfe eines Hebers abgezogen und die Flasche wiederum mit heißem ausgekochten Wasser gefüllt. Nach dem Absetzen zieht man die Flüssigkeit abermals ab und wiederholt dieses so oft, bis die abgezogene Flüssigkeit durch Bariumnitrat kaum noch getrübt wird. Den von der Flüssigkeit möglichst befreiten Niederschlag bringt man in eine Porzellanschale, welche 2 T. fein gepulverten Milchzucker und 3 T. gewöhnliches Zuckerpulver enthält, verdampft die Mischung im Dampfbad zur Trockne, zerreibt sie zu Pulver und mischt diesem noch so viel gut ausgetrocknetes Zuckerpulver hinzu, daß das Gesamtgewicht 20 T. beträgt.

Das solcherart hergestellte, zuckerhaltige Ferrokarbonat bildet ein grünlichgraues, süß und schwach nach Eisen schmeckendes Pulver, das in 100 T. 9,5 bis 10 T. Eisen enthält und von Salzsäure unter reichlicher Kohlendioxydentwicklung gelöst wird.

Gehaltsbestimmung: Man löst 0,5 g des Präparates kalt in 5 ccm verdünnter Schwefelsäure, versetzt mit 0,5proz. Kaliumpermanganatlösung bis zur schwachen, kurze Zeit bestehen bleibenden Rötung, nach der Entfärbung mit 2 g Kaliumjodid. Nach einstündigem Stehenlassen in verschlossenem Glase titriert man das ausgeschiedene Jod mit $\frac{n}{10}$-Natriumthiosulfatlösung. Es müssen 8,5—8,95 ccm derselben verbraucht werden (1 ccm der $\frac{n}{10}$-Natriumthiosulfatlösung = 0,005584 g Fe).

Deutung: $0,005584 \cdot 8,5 = 0,047464$ g Fe, das sind $0,047464 \cdot 200 =$ rund **9,5** % Fe, bzw. $0,005584 \cdot 8,95 = 0,0499768$ Fe, das sind rund $0,05 \cdot 200 =$ **10** % Fe.

Medizinische Anwendung: 0,2—0,6 g, mehrmals täglich in Pulvern oder Pillen.

Nachweis von Eisenverbindungen.

Eisenverbindungen geben, mit Soda vor dem Lötrohr auf Kohle in der Reduktionsflamme heftig geglüht, schwarzes, pulveriges Eisen, das sich durch sein Verhalten dem Magneten gegenüber kennzeichnet.

Schwefelammon fällt Ferro- und Ferrisalze schwarz (Ferrosulfid). Der Niederschlag wird von verdünnten Mineralsäuren leicht gelöst.

Kaliumthiozyanat (Rhodankalium) bewirkt in Ferrisalzlösungen blutrote Färbung:

$$3\,NCS' + Fe^{\cdots} \longrightarrow Fe(NCS)_3.$$

Kaliumferrozyanid (gelbes Blutlaugensalz) ruft in Ferrosalzlösungen einen weißen, sich schnell bläuenden Niederschlag hervor, während in Ferrisalzlösungen sofort ein tiefblauer Niederschlag (von Berlinerblau) entsteht.

Kaliumferrizyanid (rotes Blutlaugensalz) bewirkt in Ferrosalzlösungen eine tiefblaue Fällung (von Turnbulls Blau), in Ferrisalzlösungen wird eine braune Färbung, aber kein Niederschlag hervorgerufen.

Gerbsäure veranlaßt in Ferrisalzlösungen einen blauschwarzen Niederschlag (von gerbsaurem Eisenoxyd).

Mangan.

Manganum. Mn = 54,93. Zwei-, drei-, vier-, sechs- und siebenwertig. Die wichtigste Verbindung des Mangans, der Braunstein, ist seit langer Zeit bekannt und 1774 von Scheele als eigentümliches Mineral beschrieben. Das Mangan selbst wurde später von Gahn metallisch abgeschieden.

Vorkommen: Als Begleiter des Eisens in vielen Erzen. Das wichtigste Manganerz ist der Braunstein oder Pyrolusit, MnO_2. Erwähnenswert sind noch Hausmannit, Mn_3O_4, Braunit, Mn_2O_3, Manganspat, $MnCO_3$, und Manganblende, MnS.

Gewinnung und Eigenschaften: Die Reduktion des Mangans kann aus seinen Sauerstoffverbindungen durch Kohle bei sehr hoher Temperatur bewirkt werden. Leichter vollzieht sich die Reduktion durch Aluminium nach dem Thermitverfahren (s. Aluminium). Mangan ist ein sehr schwer schmelzbares, hartes und sprödes, grauweißes Metall vom spez. Gew. 7,4. Schmelzpunkt 1250°, Siedepunkt gegen 2000°.

Zur Herstellung eines Manganstahls verhüttet man Eisen- und Manganerze unter Zuschlag von Kalk in Hochöfen und gewinnt so zunächst ein Ferromangan, das auf Stahl weiter verarbeitet wird. Mit Kupfer legiert, bildet Mangan Manganbronzen; ein Manganneusilber besteht aus 80 T. Kupfer, 15 T. Mangan und 5 T. Zink.

Mangan bildet Mangano- und Manganisalze. Die Manganoverbindungen sind die beständigeren. In ihnen ist das Mangan zweiwertig, in den Manganiverbindungen dreiwertig, im Mangandioxyd vierwertig, in den Salzen der Mangansäure sechswertig, der Übermangansäure siebenwertig.

Manganochlorid, $MnCl_2$, entsteht bei der Chlordarstellung aus Braunstein und Chlorwasserstoffsäure und kristallisiert mit 4 Mol. Wasser in rötlichen, leicht zerfließlichen Tafeln. Löst man den Braunstein in konzentrierter Chlorwasserstoffsäure, so entsteht eine dunkelgrüne Lösung von Mangantetrachlorid, $MnCl_4$, die beim Erwärmen in Manganochlorid und Chlor zerfällt.

Mangandioxyd, Mangansuperoxyd, Braunstein, Pyrolusit, Manganum hyperoxydatum, MnO_2, Mol.-Gew. 86,93, findet sich in größeren Lagern in Thüringen (in der Nähe von Ilmenau), am Harz, an der Lahn, im Erzgebirge, in Mähren, Spanien, im südlichen Kaukasus. Es bildet schwere, kristallinische oder derbe, schwarze bis schwarzgraue, metallisch glänzende Massen. Braunstein gibt beim Erhitzen Sauerstoff ab und geht in Mangano-Manganioxyd über. Auch beim Erwärmen mit Schwefelsäure wird Sauerstoff entwickelt (s. Sauerstoff).

Der Braunstein des Handels ist kein reines Mangandioxyd, sondern je nach seiner Herkunft und der Sorgfalt bei seiner bergmännischen Gewinnung von verschiedenem Prozentgehalt. Ein 80 % Mangandioxyd enthaltender Braunstein wird für eine gute Handelssorte erachtet.

Gehaltsbestimmung des Braunsteins: Man übergießt eine bestimmte Menge Braunstein mit Salzsäure und erwärmt so lange, bis das sich entwickelnde Chlor vollständig ausgetrieben ist, welches in eine wässerige Lösung von jodsäurefreiem Kaliumjodid geleitet wird. Das sich ausscheidende Jod wird mit $\frac{n}{10}$-Natriumthiosulfatlösung maßanalytisch bestimmt und hieraus der Mangandioxydgehalt berechnet:

$$MnO_2 + 4\,HCl = MnCl_2 + 2\,H_2O + Cl_2,$$
$$2\,KJ + Cl_2 = 2\,KCl + J_2,$$
$$2\,Na_2S_2O_3 + J_2 = 2\,NaJ + Na_2S_4O_6.$$

Zufolge vorstehender Reaktionen entspricht 1 ccm der $\frac{n}{10}$-Thiosulfatlösung $= \frac{MnO_2}{2 \cdot 10000}$ $= 0{,}0043465$ g MnO_2.

Der in den Chlorkalkfabriken zur Chlordarstellung verwendete Braunstein kann „regeneriert" werden, indem man nach dem Verfahren von Weldon in die gebildete Manganchlorürlösung nach dem Vermischen mit überschüssiger Kalkmilch Luft einpreßt (s. Chlor).

Mangandioxydhydrat, Manganige Säure, $MnO(OH)_2$, entsteht als brauner Niederschlag von wechselndem Wassergehalt beim Fällen einer Manganchlorürlösung mit Natriumhypochloritlösung:

$$MnCl_2 + 2\,NaOCl + H_2O = MnO(OH)_2 + 2\,NaCl + Cl_2.$$

Mangandioxydhydrat scheidet sich auch ab, wenn organisch-chemische Stoffe mit Kaliumpermanganat in neutraler oder alkalischer Lösung oxydiert werden.

Manganosulfat, $MnSO_4 + x\,H_2O$, entsteht beim Erhitzen von Braunstein mit Schwefelsäure unter Entwicklung von Sauerstoff.

Manganoborat, Borsaures Manganoxydul, wird als weißer, nach dem Trocknen bräunlicher Niederschlag erhalten beim Versetzen einer Manganosulfatlösung mit Boraxlösung. Es dient als Sikkativ bei der Ölfarbentrocknung, da es die Eigenschaft hat, die mit Leinöl angeriebenen Bleifarben schnell trocken zu machen.

Manganokarbonat, $MnCO_3$, findet sich als Manganspat in der Natur und wird künstlich durch Fällen einer Manganosulfatlösung mit Soda erhalten. Es bildet ein fleischfarbenes Pulver, das beim Erhitzen Kohlendioxyd abgibt.

Kaliummanganat, Mangansaures Kalium, Kalium manganicum, K_2MnO_4, Mol.-Gew. 197,13. Die Beobachtung, daß beim Schmelzen von Braunstein mit Salpeter und beim Lösen der Schmelze in Wasser eigentümliche Farbenerscheinungen auftreten, reicht bis in das 17. Jahrhundert zurück. Scheele bezeichnete die solcherart erhaltene Manganschmelze dieser Farbenerscheinungen wegen als Chamaeleon minerale. Heute wird unter dem Namen Chamäleon das aus der Manganschmelze sich bildende übermangansaure Kalium verstanden.

Zur Darstellung des Kaliummanganats mischt man 100 T. trockenes Kaliumhydroxyd, 80 T. Braunstein und 70 T. Kaliumchlorat, feuchtet mit 25 T. Wasser an, trocknet ein und glüht unter öfterem Umrühren in einem hessischen Tiegel bis zur schwachen Rotglut so lange, bis eine herausgenommene Probe sich in Wasser mit dunkelgrüner Farbe löst. Man gießt die Masse auf eine Eisenplatte, zerkleinert nach dem Erkalten und zieht mit Wasser aus. Die durch Glaswolle oder Asbest filtrierte Lösung wird unter Vermeidung von Luftzutritt im Vakuum schnell eingedunstet, worauf sich das Kaliummanganat in dunkelgrünen rhombischen Kristallen abscheidet.

Läßt man die wässerige Lösung mit Luft in Berührung, so geht die Farbe nach und nach in Blau, Violett und schließlich in Rot über, indem übermangansaures Kalium entsteht.

Kaliumpermanganat, Übermangansaures Kalium, Kalium permanganicum, $KMnO_4$. Die nach vorstehendem Verfahren gewonnene Kaliummanganatschmelze wird in der doppelten Menge heißen Wassers gelöst und in die Lösung so lange Kohlendioxyd geleitet, bis die über dem entstehenden Niederschlag von Mangandioxydhydrat befindliche Flüssigkeit eine rotviolette Farbe angenommen hat.

$$3\,K_2MnO_4 + 2\,CO_2 + H_2O = 2\,KMnO_4 + MnO(OH)_2 + 2\,K_2CO_3.$$

Schon längere Zeit andauerndes Kochen der Kaliummanganatlösung genügt, um eine Überführung in das Permanganat zu bewirken:

$$3\,K_2MnO_4 + 3\,H_2O = 2\,KMnO_4 + MnO(OH)_2 + 4\,KOH.$$

Auch Oxydationsmittel, wie Salpetersäure, Chlor, Brom führen das mangansaure in das übermangansaure Salz über. Neuerdings bewirkt man elektrolytisch eine Oxydation der Manganatlösung zwischen Nickelelektroden oder gewinnt aus Braunstein und Alkali elektrolytisch das Permanganat.

Eigenschaften und Prüfung: Kaliumpermanganat, $KMnO_4$, Mol.-Gew. 158,03, kristallisiert in dunkelvioletten, fast schwarzen Rhomben mit metallischem Oberflächenglanz, welche sich in 16 T. Wasser von 20^0 und in 3 T. siedendem Wasser mit blauroter Farbe lösen. Kaliumpermanganat führt Ferro- in Ferrisalze über und gibt auch in Berührung mit einer großen Zahl organischer Stoffe leicht einen Teil seines Sauerstoffs ab; es ist ein kräftiges Oxydationsmittel.

Verläuft diese Oxydation bei Gegenwart einer genügenden Menge Säure, so wird das Permanganat zu Manganoxydulsalz reduziert, und aus 2 Mol. Permanganat werden 5 Atome Sauerstoff für Oxydationszwecke frei:

$$2\,KMnO_4 + 3\,H_2SO_4 = 2\,MnSO_4 + K_2SO_4 + 3\,H_2O + 5\,O.$$

In neutraler oder alkalischer Lösung zersetzt sich Kaliumpermanganat bei der Oxydation unter Abscheidung von Mangandioxydhydrat, indem aus 2 Mol. Permanganat 3 Atome Sauerstoff für Oxydationszwecke frei werden:

$$2\,KMnO_4 + 3\,H_2O = 2\,MnO(OH)_2 + 2\,KOH + 3\,O.$$

Bringt man leicht oxydierbare Stoffe, wie Alkohol, Aldehyd usw. mit Permanganat in Berührung, so findet zuweilen Entzündung statt. Durch Zusammenreiben des trockenen Salzes mit Schwefel, Jod usw. entstehen heftige Explosionen. Bringt man eine Kaliumpermanganatlösung an die Hände, auf Holz oder Papier, so ruft sie darauf eine Braunfärbung hervor, welche auf die Abscheidung von Mangandioxydhydrat zurückzuführen ist.

Oxalsäure wird durch Kaliumpermanganat bei Gegenwart verdünnter Schwefelsäure in wässeriger Lösung schon bei geringer Erwärmung zu Kohlendioxyd oxydiert:

$$5\,C_2O_4H_2 + 2\,KMnO_4 + 4\,H_2SO_4 = 2\,MnSO_4 + 2\,KHSO_4 + 8\,H_2O + 10\,CO_2.$$

Man prüft Kaliumpermanganat auf Sulfat, Chlorid und Nitrat (s. D. A. B. VI). Es ist vor Licht geschützt aufzubewahren!

Von Kaliumpermanganat wird als Oxydationsmittel für organisch-chemische Stoffe vielfach Gebrauch gemacht. Auch als Reagenz zur Prüfung verschiedener Arzneimittel wird es benutzt.

Medizinisch verwendet man es als Mundwasser (in 0,25 proz. Lösung), 0,1 proz. zu Magenspülungen bei starken Zersetzungen des Mageninhalts. Zu Urethralinjektionen (0,05—0,5 proz.); subkutan bei Schlangenbissen in deren Umgebung und bei Opiumvergiftungen (0,5 ccm einer 1 proz. Lösung). In konzentrierter (bis 1 proz. Lösung) zur Entgiftung und Desodorierung übelriechender Wunden, jauchender Karzinome. Die braunen Manganoxydflecken sind durch Essig oder Zitronensaft entfernbar. (Nach Deutschem Arzneiverordnungsbuch.)

Nachweis von Manganverbindungen.

Manganverbindungen geben beim Schmelzen mit Soda und Salpeter auf dem Platinblech eine grün gefärbte Schmelze (Kaliummanganat), welche sich in Wasser beim Erwärmen und nach kurzem Stehen mit rotvioletter Farbe (Kaliumpermanganat) löst.

Erhitzt man in einem Reagenzglas etwas Bleidioxyd, PbO_2 oder etwas Mennige, Pb_3O_4 mit überschüssiger, 68 prozentiger Salpetersäure, fügt hierzu die salpetersaure, von Salzsäure freie Lösung der auf Mangan zu prüfenden Substanz und erhitzt zum Kochen, so erscheint nach dem Absetzen bei Gegenwart von Mangan die überstehende Flüssigkeit rot gefärbt.

Schwefelammon ruft in den Lösungen der Manganosalze in der Kälte einen fleischfarbenen Niederschlag von Schwefelmangan (Manganosulfid) hervor:

$$S'' + Mn'' \longrightarrow MnS .$$

Masurium (Ma) und Rhenium (Re) sind zwei neuerdings von Noddack, Tacke und Berg in den norwegischen Mineralien Alvit und Gadolinit entdeckte Metalle, von denen das Rhenium und seine Verbindungen gut studiert sind. Atomgewicht des Rheniums 186,31. Das Metall hat den hohen Schmelzpunkt 3410° und die Dichte 21,4. Von seinen Verbindungen ist das Heptoxyd Re_2O_7 ein gelber kristallinischer Stoff, der bei 150° sublimiert. Von einer Perrheniumsäure $HReO_4$ leiten sich in Wasser leicht lösliche Salze ab.

Charakteristik der Elemente der Mangangruppe.

Mangan steht in der 7. Gruppe des periodischen Systems auf der linken Seite, rechts stehen die Halogene. Mangan ist niemals, wie die Halogene einwertig, aber manche Verbindungen, wie die Permangansäure $HMnO_4$, erinnern an Analoge des Chlors ($HClO_4$). Von den niederen Oxyden ist MnO basisch, Mn_2O_3 schwach basisch, MnO_2 ist schwach saurer, MnO_3 stärker sauer und Mn_2O_7 ist das Anhydrid der sehr starken Übermangansäure. Die basischen Oxyde des Mangans sind nicht zugleich sauer und die saueren nicht zugleich basisch. Hierin unterscheiden sie sich von den entsprechenden Verbindungen des Zinks, Aluminiums und Zinns. Das Element tritt also in 5 verschiedenen Wertigkeitsstufen auf. Am beständigsten und wichtigsten sind die Verbindungen der ersten, vierten und fünften Stufe.

Nickel.

Niccolum, Ni = 58,69. Zwei- und dreiwertig. Nickel wurde 1751 von Cronstedt und Bergmann als Element erkannt.

Vorkommen: In kleiner Menge in Meteorsteinen, in Verbindung mit Arsen und Schwefel, meist in Begleitung von Kobalt. Die wichtigsten Nickelerze sind Kupfernickel, NiAs, und Nickelglanz, NiAsS.

Gewinnung: Die Gewinnung des Nickels fällt mit derjenigen des Kobalts zusammen. Die Nickelerze (Kupfernickel oder Nickelglanz) bzw. Kobalterze (Speiskobalt) werden zunächst wiederholt geröstet, wobei sich Schwefel größtenteils als Schwefeldioxyd, Arsen als arsenige Säure verflüchtigen. Der Rückstand wird mit Salzsäure ausgekocht, die Lösung mit Salpetersäure oxydiert und das Eisen unter vorsichtigem Zusatz von Kalziumkarbonat oder Natriumkarbonat ausgefällt. Das wieder sauer gemachte Filtrat sättigt man mit Schwefelwasserstoff, wodurch Kupfer und Wismut abgeschieden werden, verjagt den überschüssigen Schwefelwasserstoff durch Erwärmen und fällt durch vorsichtigen Zusatz von Chlorkalklösung das Kobalt als Kobaltoxyd aus, während aus dem Filtrate das Nickel durch Sodalösung als Karbonat niedergeschlagen wird. Durch Glühen mit Kohle wird aus dem Karbonat oder Hydroxyd das metallische Nickel gewonnen. Es kommt in Würfelform in den Verkehr und enthält meist noch gegen 2 % Kohlenstoff.

Eigenschaften und Verbindungen: Grauweißes, glänzendes Metall, welches sich an der Luft unverändert hält. Spez. Gew. 8,8, Schmelzpunkt 1452,3°, Siedepunkt 2340° unter 30 mm Druck. Nickel findet Verwendung zur Herstellung verschiedener Legierungen (Neusilber, Alfénide, Christofle) und zum Vernickeln eiserner oder anderer metallener Gerätschaften, um sie vor der Einwirkung des Sauerstoffs der atmosphärischen Luft zu schützen. Neusilber besteht aus 50% Kupfer, 25% Nickel und 25% Zink. Die deutschen Nickelmünzen enthielten 75% Kupfer und 25% Nickel. Eine Eisen-Nickel-Legierung, der Nickelstahl, hat technische Bedeutung; er wird u. a. zur Herstellung von Panzerplatten benutzt. Fein verteiltes Nickel verbindet sich mit Wasserstoff zu einem Nickelhydrid, bei 80—100° mit Kohlenoxyd zu einer farblosen, stark lichtbrechenden Flüssigkeit, dem Kohlenoxydnickel oder Nickeltetrakarbonyl, $Ni(CO)_4$. Frisch reduziertes Nickelmetall wird als Katalysator bei Wasserstoffanlagerungen (Hydrierungen) an ungesättigte organische Verbindungen benutzt, z. B. zur Härtung der Fette, zur Überführung des Naphthalins in Tetrahydronaphthalin (Tetralin) usw.

Oxyde und Hydroxyde des Nickels. Natronlauge fällt aus einer Nickelsalzlösung hellgrünes Nickelhydroxydul, $Ni(OH)_2$, das beim Glühen in dunkelgrünes Nickeloxydul übergeht. Läßt man Natronlauge auf Nickelsalzlösungen bei Gegenwart von Oxydationsmitteln, wie Chlor oder Brom einwirken, so fällt schwarzbraunes Nickelhydroxyd aus.

Nickelsulfat, $NiSO_4 + 7H_2O$, kristallisiert in grünen rhombischen Prismen. Es bildet mit Ammoniumsulfat ein gut kristallisierendes Salz von der Zusammensetzung $NiSO_4 \cdot (NH_4)_2SO_4 + 6H_2O$. Man benutzt das Doppelsalz zur galvanischen Vernickelung des Eisens und anderer Metalle. Diese werden als Kathode in eine gesättigte Lösung des Nickelammoniumsulfats eingetaucht, während als Anode eine Platte aus metallischem Nickel dient. Dieses löst sich in dem Maße auf, wie Nickel aus der Lösung auf der Kathode niedergeschlagen wird, so daß das Bad stets die gleiche Stärke und Neutralität behält.

Nachweis der Nickelverbindungen.

Nickel wird aus neutraler oder ammoniakalischer Lösung durch Schwefelwasserstoff als schwarzes Nickelsulfid gefällt, das von verdünnter Salzsäure nicht gelöst wird, leicht löslich aber in Königswasser ist:

$$S'' + Ni\ddot{} \longrightarrow NiS.$$

Versetzt man eine Nickelsalzlösung mit Natronlauge, so scheidet sich hellgrünes Nickelhydroxydul ab:

$$2\,OH' + Ni\ddot{} \longrightarrow Ni(OH)_2.$$

Fügt man zu einer Nickelsalzlösung so viel Kaliumzyanidlösung, daß sich der anfänglich entstandene Niederschlag wieder gelöst hat, dann Natriumhypochlorit, so scheidet sich beim Erhitzen schwarzes Nickelhydroxyd ab:

$$ClO' + 4\,OH' + 2\,Ni\ddot{} + H_2O \longrightarrow 2\,Ni(OH)_3 + Cl'.$$

Fügt man zu einer nahe zum Sieden erhitzten Nickelsalzlösung eine alkoholische Lösung von Dimethylglyoxim und dann tropfenweise Ammoniak, so färbt sich die Flüssigkeit schön rot, und es scheiden sich bronzefarbige Nädelchen von Dimethylglyoxim-Nickel aus:

$$
\begin{array}{ccc}
CH_3 & CH_3 & CH_3 \\
\cdot & \cdot & \cdot \\
C:NOH & C:NO\!-\!Ni\!-\!ON:C \\
\cdot & \cdot & \cdot \\
C:NOH & C:NOH \quad HON:C \\
\cdot & \cdot & \cdot \\
CH_3 & CH_3 & CH_3
\end{array}
$$

Dimethylglyoxim

Über Dimethylglyoxim s. den Organischen Teil, S. 299.

Kobalt.

Cobaltum, $Co = 58{,}94$. Zwei- und dreiwertig. Kobalt wurde 1735 von Brandt in Stockholm als Element erkannt.

Vorkommen: Meist in Begleitung von Nickel in der Natur. In sehr kleiner Menge kommt es gediegen im Meteoreisen vor. Die wichtigsten Kobalterze sind Speiskobalt, $CoAs_2$, und Glanzkobalt, $CoAsS$.

Gewinnung s. Nickel.

Eigenschaften und Verbindungen: Weißes, glänzendes Metall mit schwach rötlichem Schein. Spez. Gew. 8,72. Schmelzpunkt gegen 1490^0, Siedepunkt 2375^0 unter 30 mm Druck. Kobalt wird vom Magneten angezogen und an der Luft wenig verändert. Wird es an der Luft erhitzt, so überzieht es sich mit einer Oxydschicht. Die wasserhaltigen Salze des Kobalts sind rot, die wasserfreien violett oder blau gefärbt.

Kobalt bildet zwei Reihen von Verbindungen: In den Kobaltoverbindungen ist es zweiwertig, in den Kobaltiverbindungen dreiwertig. Letztere sind nur wenig beständig, jedoch haben sie große Neigung, beständige komplexe Salze zu bilden. Von dieser Eigenschaft wird Gebrauch gemacht, um Kobalt von Nickel zu trennen.

Kobaltochlorid, Kobaltchlorür, $CoCl_2 + 6H_2O$, rote Kristalle, die beim Erhitzen in das wasserfreie blau gefärbte Salz übergehen. Diese Eigenschaft des Salzes benutzt man zur Bereitung einer „sympathetischen Tinte".

Läßt man Schriftzüge, welche mit einer Lösung von Kobaltchlorür hergestellt sind, auf dem Papier eintrocknen, so bemerkt man keine Färbung; wird das Papier jedoch erwärmt, so erscheinen infolge des Verdampfens von Wasser die Schriftzüge mit blauer Farbe.

Kobaltonitrat, $Co(NO_3)_2 + 6H_2O$, bildet rote Kristalle (das wasserfreie Salz ist blau gefärbt), deren Lösung in der Lötrohranalyse benutzt wird (s. Nachweis der Aluminium- und der Zinkverbindungen).

Kalium-Kobaltinitrit, (Kaliumhexanitrito-Kobaltiat),

$$K_3[Co(NO_2)_6] + aq.,$$

scheidet sich aus Kobaltosalzlösungen auf Zusatz von überschüssigem Kaliumnitrit nach dem Ansäuern mit verdünnter Essigsäure aus. Es dient zum Nachweis von Kobalt.

Ein Natrium-Kobaltinitrit (Natriumhexanitrito-Kobaltiat), $Na_3[CO(NO_2)_6]$, dient zum Nachweis von Kaliumsalzen in Natriumsalzen (s. S. 133).

Kobaltammine. In den vorstehenden Kobaltisalzen ist dreiwertiges Kobalt als Bestandteil sauerer Komplexe enthalten. Ebenso vermag dreiwertiges Kobalt besonders in Verbindung mit Ammoniak und Aminen basische Komplexe zu bilden, von denen eine große Zahl bekannt ist. Von diesen sind die Hexamminkobaltisalze nach der Formel $[Co(NH_3)_6]X_3$. Die mit X bezeichneten Säurereste sind sämtlich ionisierbar. Die Hexamminkobaltisalze zeichnen sich durch gelbe Farbe aus und heißen daher auch Luteokobaltsalze. Die Körperklasse der besonders von A. Werner erforschten Kobaltammine hat den Anstoß zu der neueren anorganischen Strukturlehre gegeben.

Kobaltsilikate. Die Verbindung des Kobalts mit Kieselsäure, das Kobaltosilikat, bildet in Vereinigung mit Kaliumsilikat den unter der Bezeichnung Smalte bekannten blauen Farbstoff, welcher gewöhnlich durch Zusammenschmelzen gerösteter Kobalterze mit Glasmasse bereitet wird. Kobaltultramarin oder Thénards Blau ist ein als Malerfarbe benutzter Stoff, welcher durch Fällen einer Lösung von Alaun und Kobaltonitrat mit Soda und Glühen des mit Wasser gewaschenen Niederschlags bereitet wird. Kobaltultramarin ist eine Kobaltaluminiumverbindung.

Nachweis von Kobaltverbindungen.

Kobaltverbindungen färben die Phosphorsalzprobe schön blau. Durch Schwefelwasserstoff wird aus neutraler oder ammoniakalischer Kobaltsalzlösung schwarzes Kobaltsulfid, CoS, gefällt, das von verdünnter Salzsäure nicht gelöst wird, leicht löslich aber in Königswasser ist:

$$S'' + Co\cdot\cdot \longrightarrow CoS.$$

Aus essigsaurer Lösung fällt Kaliumnitrit ein komplexes Salz: gelbes, kristallinisches Kalium-Kobaltnitrit (s. vorstehend).

Charakteristik der Elemente der Eisengruppe.

Die Elemente Eisen, Kobalt, Nickel stehen im periodischen System nicht untereinander, sondern nebeneinander in der ersten großen Periode zwischen der mit Argon-Kalium und der mit Krypton-Rubidium beginnenden Querreihe. Dementsprechend nehmen sie eine Übergangsstellung zwischen den angrenzenden Elementen der beiden Querreihen (Chrom, Mangan, Platinmetalle) ein. So bildet Eisen Ferrate, Ferri und Ferrosalze mit sechs-, drei- und zweiwertigem Eisen. Diese Verbindungen entsprechen den Chromaten und Manganaten, Chromi- und Mangani-, Chromo- und Manganosalzen.

Kobalt bildet Salze mit zwei- und dreiwertigem Kobalt. Nickel bildet nur Salze, in denen es zweiwertig ist, z. B. $NiSO_4$, es bildet den Übergang von Eisen und Kobalt zu Kupfer und Zink, die beide zweiwertig sind.

Platinmetalle.

Platin. Palladium. Iridium. Osmium. Rhodium. Ruthenium.

Platin.

Platinum, Pt = 195,23. Zwei- und vierwertig. Platin gelangte um die Mitte des vorigen Jahrhunderts aus Südamerika nach Europa und wurde von Wollaston und Scheffer als eigentümliches Metall erkannt. Der Name leitet sich ab vom spanischen platinja = silberähnlich.

Vorkommen: Als Platinerz, das ist eine Legierung des Platins mit den ihm nahestehenden Metallen Iridium, Osmium, Palladium, Rhodium, Ruthenium, auch Blei. Den Platinmetallen sind meist noch beigemengt Gold, Silber, Kupfer und Eisen. Die Hauptfundstätten für Platinerz sind besonders der Ural, ferner Peru, Brasilien, Kolumbien, Kanada, Kalifornien, Mexiko, Borneo, Sumatra, Neu-Süd-Wales.

Rohplatin enthält 70—85 % Platin, einige Prozent Eisen, häufig etwas Gold; der Rest sind die vorstehend erwähnten sog. Platinbegleitmetalle.

Gewinnung: Platinerz wird zunächst auf mechanischem Wege durch Waschen und Schlämmen von Verunreinigungen, wie Sand, erdigen Beimengungen usw. befreit. Osmium und Ruthenium lassen sich dadurch leicht trennen, daß sie von Oxydationsmitteln in flüchtige Sauerstoffverbindungen übergeführt werden können. Hierauf wird der Rückstand mit kaltem Königswasser behandelt. Darin lösen sich Gold, Eisen, Kupfer. Sodann kocht man den Rückstand mit Königswasser aus, wodurch Platin, sowie kleine Mengen Iridium, Palladium, Rhodium und Ruthenium in Lösung gehen. Diese Lösung wird zur Trockne verdampft und der Rückstand auf etwa 125° erhitzt. Hierbei werden die Chloride des Palladiums und Iridiums zu Chlorüren reduziert. Man nimmt mit salzsäurehaltigem Wasser auf, filtriert von jenen Chlorüren ab und versetzt die stark eingeengte Lösung mit Ammoniumchlorid, worauf sich ein gelber, kristallinischer Niederschlag, aus Ammonium-Platinchlorid (Platinsalmiak), $(NH_4)_2PtCl_6$, bestehend, abscheidet. Beim Erhitzen desselben verflüchtigen sich Ammoniumchlorid und Chlor, und Platin bleibt in schwammförmigem Zustande (Platinschwamm) zurück. Im Kalktiegel kann der Platinschwamm vor dem Knallgasgebläse niedergeschmolzen und in eine zusammenhängende, stark metallglänzende Masse umgewandelt werden. **Platinmohr** ist ein schwarzes, schweres Pulver, welches Platin in sehr feiner Verteilung darstellt. Man erhält es durch Reduktion von Platinverbindungen, auf nassem Wege mittels Zucker oder Formaldehyd in alkalischer Lösung.

Eigenschaften: Silberweißes, glänzendes Metall mit schwachem Stich ins Stahlgraue. Spez. Gew. 21,48. Schmelzpunkt 1764°. Nächst Gold und Silber ist Platin das dehnbarste Metall und läßt sich zu feinstem Draht ausziehen. Durch Verunreinigungen, besonders durch einen Gehalt an Iridium, wird die Dehnbarkeit beeinträchtigt.

An der Luft ist Platin bei jeder Temperatur beständig und wird von Mineralsäuren selbst beim Kochen nicht angegriffen. Durch Königswasser wird es gelöst. Eine Anzahl Metalle, wie Blei, Wismut, Zinn, bilden mit dem Platin Legierungen von niedrigerem Schmelzpunkt. Auch Schwefel, Phosphor, Arsen, Kohlenstoff greifen Platin an.

Platin findet zur Herstellung mancher Gerätschaften für das chemische Laboratorium (Platintiegel), -schalen, -draht, -löffel, -blech) und für chemische Fabriken (Abdampfschalen und Retorten in Schwefelsäurefabriken), als Elektroden für elektrolytische Prozesse usw. Anwendung. Läßt man Wasserstoffgas auf Platinschwamm aufströmen (**Döbereinersches Feuerzeug**), so wird durch Kontaktwirkung eine so hohe Reaktionswärme erzeugt, daß Glühen des Platins und Entzündung des Wasserstoffs eintreten. Platinschwamm wird zur Zeit in großem Maßstabe zur Herstellung von Selbstzündern bei Gasglühlicht benutzt. Platinierter Asbest dient als Kontaktsubstanz bei der Darstellung der Schwefelsäure nach dem Kontaktverfahren (s. dort). Aus der Gruppe der Platinmetalle wirken besonders **Platin** und **Palladium** als ausgezeichnete Katalysatoren für Wasserstoffübertragung an ungesättigte organisch-chemische Verbindungen.

Platin bildet zwei Reihen von Verbindungen, in welchen es entweder **zwei-** (**Platinoverbindungen**) oder **vierwertig** (**Platiniverbindungen**) ist.

Von den Verbindungen sind wegen ihrer vielfachen Verwendung als Reagenz **Platinchlorid** und **Platinchlorid-Chlorwasserstoff** wichtig.

Platinchlorid-Chlorwasserstoffsäure, $H_2PtCl_6 + 6H_2O$. 1 T. Platinblech wird in kleine Stücke zerschnitten und zunächst mit warmer Salpetersäure behandelt, um etwa vorhandene fremde Metalle zu entfernen, hierauf mit Wasser abgespült und mit einem Gemisch aus 6 T. Salzsäure (spez. Gew. 1,124) und 2 T. Salpetersäure (spez. Gew. 1,153) bei 30—40° so lange erwärmt, bis das Platin gelöst ist.

Die Lösung wird auf dem Wasserbade zu einem dicken Sirup eingedunstet, mit Salzsäure gelöst, abermals eingedunstet, und dieses Verfahren so oft wiederholt, bis sämtliche Salpetersäure ausgetrieben ist. Hierauf verdampft man zur Trockne.

Platinchlorid-Chlorwasserstoff bildet eine braunrote, kristallinische Masse, welche an der Luft zerfließt, von Wasser, Alkohol und Äther leicht gelöst wird und mit Kaliumchlorid und Ammoniumchlorid (bzw. Kaliumhydroxyd und Ammoniak) schwer lösliche, gelbe, kristallinische Niederschläge liefert, welche der Zusammensetzung K_2PtCl_6 (**Kalium-Platinchlorid**) und $(NH_4)_2PtCl_6$ (**Ammonium-Platinchlorid, Platinsalmiak**) entsprechen.

Um die Konstitution der Verbindung H_2PtCl_6 zu erklären, nimmt man eine Teilbarkeit der Valenzeinheiten (**Partialvalenzen, Nebenvalenzen**) an. Es bleiben hiernach bei der Bindung von Cl_4 an Pt zu $PtCl_4$ noch Affinitätsbeträge (**Nebenvalenzen**) übrig, die die Vereinigung von Molekeln erster Ordnung zu Molekeln höherer Ordnung ermöglichen. Diese Nebenvalenzen werden durch punktierte Linien ..... ausgedrückt, während die Hauptvalenzen durch Bindestriche — veranschaulicht werden.

So wirkt Chlorwasserstoff auf Platinchlorid zunächst mit dessen Nebenvalenzen:

$$Pt{\equiv}Cl_4 \cdots (HCl)_2$$

und erst nach vollzogener Anlagerung verteilt sich der Affinitätsbetrag gleichmäßig innerhalb des Komplexes $PtCl_6''$, und es bleiben von der Affinität noch zwei Beträge übrig, die von 2 Wasserstoff- oder Alkaliatomen gebunden werden können. Da die Wasserstoff- bzw. Alkaliatome außerhalb des Komplexes liegen, sind sie ionisierbar.

Palladium.

Pd. Atomgew. 106,7. Silberweißes Metall, das beim Erhitzen an der Luft durch Oxydationswirkung mit bunten Farben anläuft. Schmelzpunkt 1557⁰. Spez. Gew. 11,5. Es wird schon von warmer Salpetersäure gelöst. Königswasser löst es leicht und liefert beim Abdampfen Palladiumchlorür, $PdCl_2$, welches aus Wasser mit 2 Mol. H_2O in rotbraunen Kristallen erhältlich ist.

Palladium vermag sich mit Wasserstoff zu legieren, es nimmt selbst als Blech oder Draht nach dem Erwärmen auf 100⁰ beim Abkühlen gegen das 600 fache Volum Wasserstoff auf. Fein verteiltes oder kolloid gelöstes Palladium dient als ausgezeichnetes Mittel zur Wasserstoffanlagerung an organisch-chemische Verbindungen. Man benutzt unter anderem Bariumsulfat zur feinen Verteilung des aus Palladiumchlorür frisch reduzierten Palladiums oder schlägt dieses auf Kohle nieder, um es für Reduktionszwecke besonders wirksam zu machen.

Iridium.

Ir. Atomgew. 193,1. Weißes, sprödes Metall. Schmelzpunkt 2350⁰. Spez. Gew. 22,4. Dient seines hohen Schmelzpunktes wegen zur Herstellung von Iridiumröhren für chemische Zwecke.

Rhodium.

Rh. Atomgew. 102,91. Silberweißes Metall. Schmelzpunkt 1970⁰. Spez. Gew. 12,1. Im Chatelierschen Thermoelement zur Messung hoher Temperaturen ist der eine Draht aus Platin, der andere aus Rhodiumplatin gefertigt.

Osmium.

Os. Atomgew. 190,8. Bläulichweißes Metall. Schmelzpunkt gegen 2500⁰. Spez. Gew. 22,5. Von seinen Verbindungen ist bemerkenswert das Osmiumtetroxyd, OsO_4, eine flüchtige, chlorähnlich riechende Kristallmasse, welche durch organische Stoffe, besonders durch Fette unter Abscheidung von schwarzem Osmiumdioxyd, OsO_2, reduziert wird und daher zum mikroskopischen Nachweis von Fett dient. Die Dämpfe des OsO_4 sind sehr giftig und rufen unter anderem Augenentzündungen hervor.

Osmiummetall wird in der Glühlampenindustrie benutzt, indem sehr dünne Fäden an Stelle der Kohlenfäden verwendet werden (Osmiumlicht).

Ruthenium. Ru = 101,7.

Ruthenium wurde 1844 von Claus entdeckt. Es ist ein sehr sprödes, hartes, stahlgraues Metall. Spez. Gew. bei 0⁰ = 12,26. Schmelzpunkt ca. 1900⁰.

Charakteristik der Elemente der Platinmetalle.

Die Platinmetalle stehen in zwei Gruppen unter Eisen, Kobalt, Nickel in der 8. Reihe des periodischen Systems. Die erste Gruppe enthält nebeneinander nach steigendem Atomgewicht Ruthenium, Rhodium, Palladium; die zweite: Osmium, Iridium, Platin. Nach ihren chemischen Eigenschaften gehören die im periodischen System untereinanderstehenden Metalle zusammen, nämlich: Ruthenium, Osmium und Rhodium und Iridium, Palladium und Platin.

Anhang zum anorganischen Teil.

Die Struktur der Atome.

Bei der Erörterung der atomistischen Hypothese (s. S. 3) ist bereits darauf hingewiesen worden, daß die Arbeiten der Physiker wichtige Aufschlüsse über die Struktur der Atome erbracht haben. Welcher Art diese sind, soll durch die nachfolgenden Ausführungen erläutert werden.

Unsere bisherigen Anschauungen von der Konstanz der Elemente haben durch die Entdeckung, daß das Element Radium eine Umwandlung in andere

Elemente erfährt, eine Erschütterung erlitten. Man muß hiernach annehmen, daß das Atom nicht mehr als letzte Einheit angesehen werden kann. Die Einheitlichkeit der Atome war übrigens schon von dem Engländer Prout 1815 angezweifelt worden. Prout gab der Ansicht Ausdruck, daß alle Atome sich aus Wasserstoffatomen zusammensetzen, weil die Atomgewichte ganze Vielfache vom Wasserstoff seien. Diese Hypothese wurde indes von den Chemikern durch die Feststellung erschüttert, daß die Atomgewichtszahlen bei vielen Elementen Brüche aufweisen, wie beispielsweise beim Chlor, für welches das Atomgewicht 35,46 ermittelt ist, und bei vielen anderen Elementen, wie sich aus der Atomgewichtstabelle ergibt (s. S. 17).

Wenngleich man damals die Proutsche Hypothese wieder fallen ließ, so ist doch durch die neueren physikalischen Forschungsergebnisse der Konstitution der Materie bzw. der Struktur der Atome auch die Proutsche Hypothese von neuem in die Erörterung gezogen worden.

Daß die Atome nicht einheitlicher Natur sind, hat man u. a. aus dem Entstehen und Verhalten der Kathodenstrahlen geschlossen. Läßt man in einem stark luftverdünnten Raum zwischen zwei Elektroden einen elektrischen Funken überspringen, so beobachtet man, daß bei zunehmender Verdünnung der Luft die einzelnen Funken verschwinden und der ganze Raum von einer Lichterscheinung erfüllt ist. Das Leuchten entsteht auch, wenn die beiden Elektroden räumlich ziemlich weit voneinander entfernt sind. Diese vom negativen Pol der Röhre, der Kathode ausgehende Lichterteilung wird hervorgerufen durch das Auftreffen von Strahlen auf Materie, z. B. auf die Glaswand des evakuierten Gefäßes. Die Kathodenstrahlen selbst sind keine Lichtstrahlen, sondern rasch dahinfliegende Teilchen mit negativer Ladung, sog. Elektronen. Sie besorgen den Stromtransport von der Kathode zur Anode.

Zu dieser Auffassung wurde man durch folgendes Experiment geführt: Ein den „Strahlen" in den Weg gestelltes Rädchen wird in rasche Umdrehungen versetzt. Lichtwellen können diese Wirkung nicht hervorbringen, sondern nur materielle Teilchen.

Läßt man Kathodenstrahlen in einem feinen Bündel zwischen den Platten eines elektrisch geladenen Kondensators hindurchgehen, so beobachtet man eine Verschiebung des Fluoreszenzfleckes an der von den Strahlen getroffenen Glaswand, d. h. Kathodenstrahlteilchen lassen sich durch elektrische Felder aus ihrer geradlinigen Bahn ablenken. Aus der Größe der Ablenkung läßt sich ihre Masse bestimmen; sie beträgt $^1/_{19\,000}$ Masse des Wasserstoffatoms. Die Teilchen können durch ein Aluminiumfenster, d. h. durch eine dünne Folie aus Aluminium wie durch ein Sieb hindurchtreten. Der Radius eines Elektrons ist $2 \cdot 10^{-13}$ cm, d. h. wesentlich kleiner als die gewöhnlichen Atome, deren Radius 10^{-8} beträgt. A. Stock hat berechnet, daß ein Wasserstoffatom sich zu einem Elektron verhält etwa wie die Erdkugel zum Kölner Dom.

Die Elektronen sind allen Stoffen gemeinsam. Man faßt sie auf als die freien Atome der negativen Elektrizität. Auch in den Becquerel-Strahlen, welche die radioaktiven Substanzen ständig ausstrahlen, finden wir diese negativen Elektronen. Es wurde bereits beim Radium ausgeführt, daß es dreierlei Strahlen aussendet, α-, β- und γ-Strahlen, von denen die erstgenannten elektrisch positiv geladen sind und sich als identisch mit Heliumatomen erweisen, während die β-Strahlen negativ elektrische Ladung zeigen; sie sind mit den Kathodenstrahlen identisch und bestehen aus negativen Elektronen. Die γ-Strahlen sind elektromagnetische Schwingungen und hinsichtlich ihrer Eigenschaften den Röntgenstrahlen an die Seite zu stellen.

Bemerkenswert ist ferner, daß die Radioaktivität radioaktiven Substanzen nicht dauernd erhalten bleibt. Man kann z. B. aus dem Uranmetall auf chemischem Wege einen Bestandteil, den man Uran X genannt hat, abtrennen; er sendet β-Strahlen aus, während dem zurückbleibenden Metall diese Strahlen völlig entzogen sind. Aber nach mehreren Monaten hat die Muttersubstanz ihre β-Strahlung wiedererlangt, indem sie durch Zerfall Uran X bildete, während das vorher bereits isolierte Uran X völlig verschwunden ist.

Durch die Abgabe von β-Strahlen, die den Kathodenstrahlen entsprechen, wird das Atomgewicht des radioaktiven Stoffes nicht verändert — wenigstens läßt sich dies durch Wägung nicht feststellen — wohl aber findet bei jeder α-Strahlung, die ja in einer Abgabe von Heliumatomen besteht, eine feststellbare Verminderung des Atomgewichtes statt.

Wenn nun die Stoffe sowohl bei der Einwirkung von Elektrizität als auch beim radioaktiven Zerfall solche Elektronen abgeben, müssen wir das Vorhandensein dieser kleinen Teilchen in den einzelnen Stoffen bzw. den Atomen annehmen.

Noch andere Erscheinungen legen die Gegenwart solcher kleinen Teile in den Atomen nahe.

So zeigen die Elemente vielfach ein sehr kompliziertes Spektrum, woraus man schließen müßte, daß die Atome komplizierte Bewegungen machen. Jeder Spektrallinie ist aber eine bestimmte Wellenlänge (Schwingungszahl) eigen. Diese Tatsache nötigt zu der Annahme, daß nicht die ganzen Atome, sondern nur bestimmte Teilchen derselben schwingen. Durch einen Magneten lassen sich die Spektrallinien der Elemente in mehrere Linien zerlegen (Zeemann-Effekt). Ebenso werden die strahlenerregenden Schwingungen durch elektrische Kräfte beeinflußt (Stark-Effekt).

Auch diese Beobachtung deutet darauf hin, daß mit den Atomen elektrisch geladene Teilchen (Elektronen) verbunden sind.

Die vorstehenden Ausführungen drängen zu der Auffassung, das Atom nicht mehr als letzte Einheit aufzufassen. Als Atombausteine kommen Heliumteilchen und Elektronen, aber auch Wasserstoff in Betracht, letzterer, weil die durch das Atomgewicht ausdrückbare Masse der verschiedenen Atome sich nicht immer als ein Vielfaches von dem Atomgewicht des Heliums (4) erweist. Außerdem ist auch das Auftreten von Wasserstoff als Zerfallprodukt von Elementen sehr wahrscheinlich gemacht.

So hat Rutherford durch den Aufprall von α-Strahlen auf Stickstoffkerne aus diesen Wasserstoffkerne abgesplittert. Zufolge ihrer Leichtbeweglichkeit ließen sie sich experimentell durch das Aufleuchten eines Zinksulfidschirmes nachweisen. Die Bewegungsenergie der neugebildeten Wasserstoffteilchen ist größer als die der erzeugenden Teilchen. Durch den Aufprall der Heliumteilchen wird eine Explosion der getroffenen Stickstoffatome eingeleitet, wobei Energie frei wird, so daß schnelle Strahlen von großer Reichweite zustande kommen. Die positiv geladenen Wasserstoffteilchen dieser Strahlen nennt man Protonen (abgel. von $\pi\varrho\acute{o}\tau o\varsigma$, das erste). Der Radius eines Protons ist $1{,}5 \cdot 10^{-16}$ cm, also viel kleiner als das Elektron, besitzt aber eine viel größere Masse.

Es dürfte somit nicht das Heliumatom, sondern das Wasserstoffion, das Proton, der positive Urbaustein der Materie sein. Man darf vermuten, daß Protonen und Elektronen die einzigen Bausteine der Materie sind.

Will man sich eine Vorstellung von der Struktur der Atome machen, so muß man annehmen, daß, da die Elektronen negativ elektrisch sind, während das ganze Atom neutral ist, die Elektronen im Atom durch einen positiven Teil neutralisiert werden. Als solche sind die Helium- und Wasserstoffmassen anzusprechen. Hiernach liegen also den Atomen ein positiv geladener Massenkern und eine entsprechende Anzahl Elektronen zugrunde.

Der positiv geladene Massenkern bestimmt das Atomgewicht, während das übrige physikalische und chemische Verhalten der Atome durch die Elektronen bedingt wird. Auch die Radioaktivität der Elemente ist an den Atomkern gebunden. Wenn dies richtig ist, dann müssen auch noch Elektronen im Kern zugegen sein, welche die β-Strahlung veranlassen, doch können sie nur in solcher Menge vorhanden sein, daß die positive Überschußladung des Kerns erhalten bleibt. Diese Überschußladung wird durch die äußeren frei beweglichen Elektronen neutralisiert. Die letzteren nennt man Ring-Elektronen, die dem Kern benachbarten bzw. mit ihm verbundenen Kern-Elektronen. Aus den Röntgenspektren ergeben sich Anhaltspunkte dafür, daß auf der innersten Elektronenzone, unmittelbar dem Kern gegenüber, nur einige wenige Elektronen gleichzeitig anwesend sein können. Die Anordnung der übrigen muß bei einer bestimmten Atomart eine ganz bestimmte sein (Kossel) (s. weiter unten!).

Nach Rutherford ist der positive Massenkern des Atoms sehr klein und die Ring-Elektronen kreisen um ihn in einem Abstande, der ungefähr der Größe des Atomradius entspricht.

Die chemischen Reaktionen finden nur mit Hilfe der Elektronen der äußeren Ringe statt, wodurch sie von den radioaktiven Vorgängen wohl verschieden sind. Da letztere sich im Atomkern abspielen, wird nun auch die damit verbundene Entstehung großer Energiemengen verständlich.

Nimmt ein elektrisch neutraler Körper, z. B. ein elektrisch neutrales Atom Elektronen auf, so erhält es negative Ladung, und umgekehrt, gibt es Elektronen ab, so bekommt es positive elektrische Ladung. Diese elektrisch geladenen Atome oder Atomgruppen sind die Ionen. Die Gesamtzahl der negativen Elektronen eines neutralen Atoms muß der positiven Ladung des Atomkerns gleich sein.

Die Ladung des Kerns hat ungefähr eine dem halben Atomgewicht des Elements entsprechende Größe. Man findet einen Zusammenhang der Kernladung der Elemente mit ihren Eigenschaften, wenn man die nach dem periodischen System angeordneten Elemente fortlaufend numeriert, d. h. ihnen eine Ordnungszahl im System gibt. Man erfährt dann aus der Ordnungszahl, wie viele positive Ladungen im Atomkern vereinigt sind. Die Stellung der Elemente im periodischen System ergibt sich also umgekehrt aus ihrer Kernladung, nicht, wie bisher angenommen wurde, aus der Größe ihres Atomgewichtes. Damit sind auch die bei der bisherigen Anordnung der Elemente nach dem Atomgewicht beobachteten Unregelmäßigkeiten

$$\left(\text{z. B.} \quad \begin{array}{cc} \text{Ar—K} & \text{Te—J} \\ 40 \quad 39 & 128 \quad 127 \end{array}\right)$$

beseitigt.

Nach der von Rutherford ausgebildeten Atomtheorie erlangt somit die Ordnungszahl eine prinzipielle Bedeutung. Man hat berechnen können, daß die Kernladung gleichmäßig mit den Ordnungszahlen der Elemente zunimmt. Ist die positive Kernladung für Wasserstoff $= 1$, so muß sie für Helium $= 2$, für Lithium $= 3$, für Beryllium $= 4$, Bor $= 5$, Kohlenstoff $= 6$ usw. betragen, also, wie bereits angegeben, ungefähr dem halben Atomgewicht der Elemente entsprechen. Vom 20. Element ab wird das Atomgewicht in steigendem Maße größer, als dem Doppelten der Ordnungszahl entspricht, so hat das Silber die Ordnungszahl 47 und das Atomgewicht 107,88, das Gold die Ordnungszahl 79 und das Atomgewicht 197,2, das Radium die Ordnungszahl 88 und das Atomgewicht 226.

Da die Kernladung gerade die Gesamtladung der Elektronen neutralisiert, so müssen den Elementen mit ansteigendem Atomgewicht eine Fülle von Schalenelektronen angehören, so dem Natrium 11, dem Kalzium 20, dem Quecksilber 80, dem Uran 92.

System der Elemente nach den Ordnungszahlen.

0	I		II		III		IV		V		VI		VII		VIII
	a	b	a	b	a	b	a	b	a	b	a	b	a	b	
	H 1														
He 2	Li 3		Be 4		B 5		C 6		N 7		O 8		F 9		
Ne 10	Na 11		Mg 12		Al 13		Si 14		P 15		S 16		Cl 17		
Ar 18	K 19		Ca 20		Sc 21		Ti 22		V 23		Cr 24		Mn 25		Fe 26 Co 27 Ni 28
		Cu 29		Zn 30		Ga 31		Ge 32		As 33		Se 34		Br 35	
Kr 36	Rb 37		Sr 38		Y 39		Zr 40		Nb 41		Mo 42		Ma 43		Ru 44 Rh 45 Pd 46
		Ag 47		Cd 48		In 49		Sn 50		Sb 51		Te 52		J 53	
X 54	Cs 55		Ba 56		La 57		Ce 58	Pr 59	Nd 60		Il 61	Sm 62		Eu 63	Gd 64 Tb 65 Dy 66
Ho 67	Er 68		Tu 69	Yb 70		Cp 71	Hf 72		Ta 73		W 74		Re 75		Os 76 Ir 77 Pt 78
		Au 79		Hg 80		Tl 81		Pb 82		Bi 83		Po 84		— 85	
Em 86	— 87		Ra 88		Ac 89		Th 90		Pa 91		U 92				

Wie vorstehend entwickelt, ist die positive oder negative Ladung von Ionen als Verlust oder Aufnahme von Elektronen im Atom zu deuten. Wenn in der Lösung des Natriumchlorids sich die Ionen Na· und Cl′ befinden, so ist darunter zu verstehen, daß das von 11 Elektronen umgebene Natrium durch seine Verbindung mit dem von 17 Elektronen umgebenen Chlor eines seiner Elektronen an das letztere abgegeben und dadurch positiv, das letztere aber negativ geworden ist. Kossel hat darauf hingewiesen, daß das Na· mit seinen jetzt nur noch 10 Elektronen die gleiche Anzahl Elektronen hat wie das reaktionsträge Neon und das nunmehr 18 Elektronen tragende Chlor die gleiche Anzahl Elektronen hat wie das träge Argon. Vergleicht man die übrigen Halogene und Alkalien, so findet man, daß sie stets dieselbe Stellung als Nachbar eines Edelgases haben, wie Chlor und Natrium; sie haben also die Tendenz, die Elektronenzahl des neben ihnen stehenden Edelgases anzunehmen. Das Ion des Magnesiums ist Mg″, d. h. es geht ebenfalls auf 10, die Neonform zurück. Auch das Aluminium mit seinen 13 Elektronen und dem Ion Al‴, tut das gleiche. Auf Argon folgen K und Ca, die 19 und 20 Elektronen haben und 1 bzw. 2 abgeben und damit die Zahl 18 des Argons erreichen. Es streben daher nicht nur die unmittelbar benachbarten, sondern auch weiter entfernte Elemente bei der Ionenbildung die Zahl des Edelgasatoms an.

Kossel bringt den periodischen Charakter der Valenz mit der bestimmten Anordnung der Elektronen zusammen, indem er folgert: Wenn jeweils die Elemente nach einem Edelgas die neu hinzugekommenen Elektronen leicht abgeben, so liegt die Annahme nahe, daß diese weiter vom anziehenden Kern entfernt liegen als die, die schon im Edelgas vorhanden sind. Kossel stellt sich vor, daß die Elektronen in Schalen umeinander angeordnet sind, und daß jedesmal beim Element nach einem Edelgas eine neue Schale begonnen wird. Das Edelgas enthält also eine vollendete Schale: dem Halogen davor fehlt gerade ein Elektron, dem Sauerstoff, Schwefel usw. fehlen zwei an der vollständigen Schale, und gerade diese fehlenden Elektronen streben sie zu erwerben, wodurch sie dann mit einem oder zwei fremden Elektronen als negative Ionen auftreten. Helium bilde eine erste Schale aus nur zwei Elektronen, bei Lithium beginne eine neue zweite Schale, die mit 8 Elektronen Inhalt bei Neon abgeschlossen werde. Bei Na beginne die dritte, bei K die vierte Schale. So wiederholen sich an der Atomoberfläche in regelmäßigen Abständen gleiche Elektronenzahlen, d. h. ähnliche chemische Eigenschaften.

Nach dem Rutherford-Bohrschen Atommodell stellt man sich die Atome als mehr oder weniger komplizierte Sonnensysteme vor. Um die positiven Atomkerne kreisen die negativen Elektronen in bestimmten Bahnen.

Für das Wasserstoffatom erhält man hiernach das in Abb. 51 wiedergebene Bild. Das Heliumatom (Abb. 52) besitzt einen aus zwei positiven Ladungen bestehenden Kern, um

Ordnungs-zahl	Element	Zahl der Elektronen in der			
		1. Schale	2. Schale	3. Schale	4. Schale
1	H	1			
2	He	2			
3	Li	2	1		
4	Be	2	2		
5	B	2	3		
6	C	2	4		
7	N	2	5		
8	O	2	6		
9	F	2	7		
10	Ne	2	8		
11	Na	2	8	1	
12	Mg	2	8	2	
13	Al	2	8	3	
14	Si	2	8	4	
15	P	2	8	5	
16	S	2	8	6	
17	Cl	2	8	7	
18	A	2	8	8	
19	K	2	8	8	1
20	Ca	2	8	8	2

welchen zwei Elektronen auf derselben Bahn kreisen, und für das Lithiumatom (Abb. 53) nimmt man zwei fester gebundene Elektronen in einem inneren Kreis an, während ein schwächer gebundenes Elektron in einem äußeren Kreis sich bewegt.

Abb. 51.
Neutrales Wasserstoffatom.

Abb. 52.
Neutrales Heliumatom.

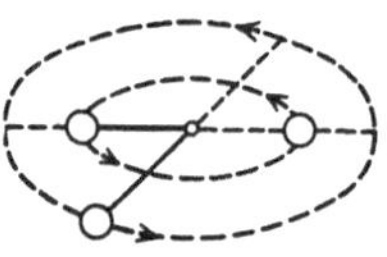

Abb. 53.
Neutrales Lithiumatom.

Die vorstehenden Abbildungen sollen rein schematisch die Atommodelle erläutern und nehmen besonders keinen Bezug auf die Dimensionen.

Hat ein Radioelement die Ordnungszahl X und verliert es ein Heliumion durch α-Strahlung, so wird die Ordnungszahl um $X — 2$ vermindert, da ein Heliumion zwei Kernladungen entspricht. Das Element rückt daher um zwei Stellen zurück (Verschiebungsregel nach Fajans). Verliert das Atom durch β-Strahlung ein negatives Kern-Elektron, so wird dadurch eine positive Kernladung frei und die Ordnungszahl wächst um 1, d. h. das Element rückt im System um eine Stelle vor.

Es kann somit ein Element durch wiederholte Abgabe von positiver und negativer Ladung wieder auf seinen ursprünglichen Platz im System zurückkommen. So entstehen die Isotopen[1]. Isotope haben also die gleiche Ordnungs- und damit die gleiche Kernladungszahl, lassen sich chemisch nicht voneinander unterscheiden, haben aber verschiedene Atomgewichte. Diese Verhältnisse sind beim

---

[1] Abgeleitet von ἴσος, isos, gleich und τόπος, topos, Ort.

Blei studiert worden, welches beim Zerfall des Urans entsteht und als Endglied der Uranreihe (Radium G) anzusehen ist.

Alle Uranmineralien enthalten Blei, und zwar entspricht der Bleigehalt in geologisch gleich alten Uranmineralien proportional dem Urangehalt. Mit dem geologischen Alter der Uranmineralien steigt der Bleigehalt.

Und auch in der Thoriumreihe ist festgestellt worden, daß das letzte Umwandlungsprodukt in dieser (Thorium D) mit Blei vollständig chemisch identisch ist. Das Atomgewicht des aus Uran isolierten Bleies ist 206, während das Thoriumblei das Atomgewicht 208 und das Radium D das Atomgewicht 210 besitzt, während das des gewöhnlichen Bleies bei 207,2 liegt.

Wir sehen also bei Blei — und diese Erscheinung zeigt sich auch bei vielen radioaktiven Elementen —, daß Elemente — eben die isotopen — eine vollständige chemische Übereinstimmung zeigen können, so daß sie durch keine chemische Methode voneinander trennbar sind — und doch unterscheiden sie sich durch ihr verschiedenes Atomgewicht und ihr radioaktives Verhalten voneinander.

Nach Soddy und Fajans können bis 7 Elemente isotop miteinander sein; alle Glieder zusammen heißen eine Plejade.

Aston gelang es 1920 die bei der Auffindung der radioaktiven Isotopen auftauchende Frage zu beantworten, ob auch nicht radioaktive Elemente Isotopengemische darstellen könnten. Mit Hilfe einer verfeinerten Analyse von Kanalstrahlen (Strahlen, die durch in die Kathode einer Röntgenröhre gebohrte Kanäle in entgegengesetzter Richtung wie die Kathodenstrahlen herausfliegen und aus positiv geladenen Atomen bestehen) fand er, daß der größte Teil der Elemente Isotopengemische darstellt.

Durch diese Entdeckung ist vollends klar geworden, daß die Reihenfolge der Elemente nach dem Atomgewicht mit den periodisch wiederkehrenden chemischen Eigenschaften nicht in unmittelbarem Zusammenhang steht. Eine Störung in der Reihenfolge der Atomgewichte im periodischen System läßt sich nun leicht durch die verschiedenen Mengenverhältnisse der Isotopen bei den betreffenden Elementen verstehen. Die Bestimmung der Atomgewichte der Isotopen ergab das höchst bemerkenswerte Resultat, daß die Atomgewichte sämtlich ganze Zahlen sind und in großer Annäherung als ganze Vielfache des Atomgewichts des Wasserstoffs dargestellt werden können. Zum Beispiel ergibt sich das Atomgewicht des Chlors rund 35,5 aus den Gewichten 37 und 35 zweier Chlorisotopen.

Damit hat sich die Proutsche Hypothese der Ganzzahligkeit der Atomgewichte der Elemente, wenn auch anders, als man vermutete, experimentell bestätigen lassen.

Organische Chemie.

Chemie der Kohlenstoffverbindungen.

Alle organisch-chemischen Verbindungen enthalten Kohlenstoff; man bezeichnet daher die organische Chemie auch als Chemie der Kohlenstoffverbindungen.

Bereits im anorganischen Teil wurden Kohlenstoff und einige seiner einfacheren Verbindungen, so das Kohlenoxyd, Kohlendioxyd und die entsprechenden Schwefelverbindungen behandelt. Die weitaus größte Zahl der Kohlenstoffverbindungen pflegt zu einem besonderen Abschnitt, dem der organischen Chemie, zusammengefaßt zu werden.

Organisch-chemische Stoffe werden vom Pflanzen- und Tierorganismus gebildet oder auf synthetischem Wege dargestellt. Die erste Synthese eines organisch-chemischen Stoffes führte 1828 Wöhler aus, welcher die künstliche Darstellung des Harnstoffs, dieses bis dahin nur als tierisches Stoffwechselprodukt bekannten Stoffes, lehrte (s. später unter Harnstoff).

Die Mehrzahl der organischen Verbindungen besteht aus den wenigen Elementen Kohlenstoff und Wasserstoff oder Kohlenstoff, Wasserstoff und Sauerstoff. Eine kleinere Zahl von Verbindungen enthält Kohlenstoff, Wasserstoff und Stickstoff bzw. Kohlenstoff, Wasserstoff, Sauerstoff und Stickstoff. Sonstige in organischen Verbindungen vorkommende Elemente sind: Schwefel, Phosphor und die Halogene. Berücksichtigt man aber, daß viele organisch-chemische Gruppierungen sich mit Metallen bzw. Metalloxyden und Metallsalzen vereinigen und auch Nicht-Metalle in organisch-chemische Stoffe auf künstlichem Wege eingeführt werden können, so vergrößert sich die Zahl möglicher organischer Verbindungen ins Ungemessene.

Erkennung organisch-chemischer Stoffe.

Eine große Zahl organischer Stoffe zersetzt sich beim Erhitzen unter teilweiser Verkohlung. Erhitzt man über einer Flamme in einem Reagenzglas etwas Zucker oder Chinin oder ein Stückchen Holz, so beobachtet man, daß der obere Teil des Reagenzglases sich mit Wassertropfen beschlägt, während sich gleichzeitig brennbare Dämpfe entwickeln und schließlich schwarze Kohle zurückbleibt. Dieser kohlige Rückstand beweist die Anwesenheit von Kohlenstoff in dem betreffenden Stoffe, das Auftreten von Wassertropfen die Anwesenheit von Wasserstoff.

Kohlenstoff und Wasserstoff lassen sich auf diese Weise nur in nicht flüchtigen Stoffen ermitteln, nicht aber in unzersetzt flüchtigen Substanzen wie Alkohol oder Äther. Will man diese als organisch-chemische Stoffe erweisen, so führt man den Kohlenstoff in eine gut charakterisierbare Verbindung, nämlich in Kohlendioxyd über, den Wasserstoff in Wasser. Das geschieht, indem man die Stoffe verbrennt und die Verbrennungsprodukte auffängt. Zu dem Zweck leitet man die Dämpfe der flüchtigen Verbindungen über glühendes Kupferoxyd, das hierdurch Sauerstoff verliert. Dieser dient zur Oxydation von Kohlenstoff und Wasserstoff zu Kohlendioxyd und Wasser. Kohlendioxyd kann daran erkannt werden, daß beim Einleiten des Gases in Kalk- oder Barytwasser Trübung bzw. Abscheidung von Kalzium- oder Bariumkarbonat erfolgt. Die Wassertropfen setzen sich im kälteren Teil des Rohres, in welchem man die Dämpfe über das erhitzte Kupferoxyd geleitet hat, an, oder können durch vorgelegtes Chlorkalzium zurückgehalten werden.

Quantitative Bestimmung von Kohlenstoff und Wasserstoff (Elementaranalyse).

Die quantitative Bestimmung der Elemente organischer Verbindungen bezeichnet man als Elementaranalyse. Man führt sie nach dem Liebigschen Verfahren aus, indem man in einem Rohr von schwer schmelzbarem Glase

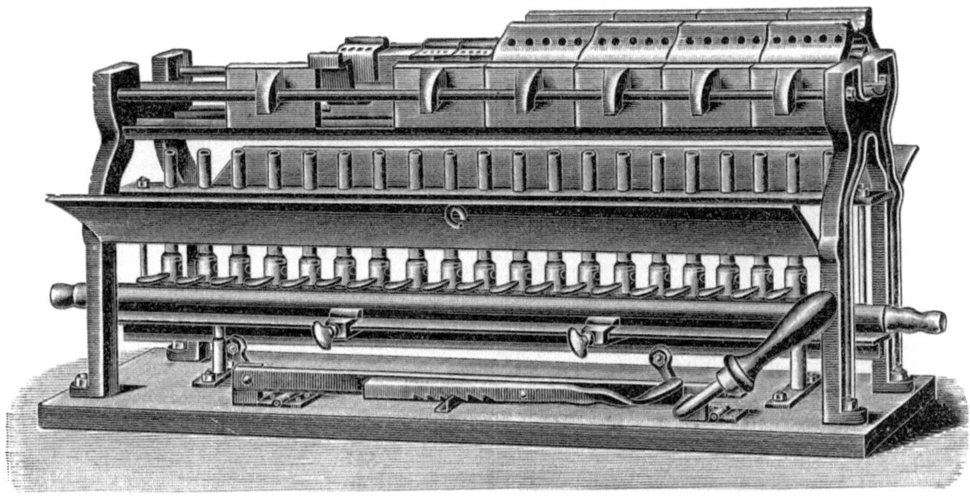

Abb. 54. Verbrennungsofen für Elementaranalysen organischer Stoffe.

die Substanzen mit Kupferoxyd oder Bleichromat verbrennt und die Verbrennungsprodukte Kohlendioxyd (aus dem Kohlenstoff erhalten) und Wasser (aus dem Wasserstoff erhalten) wägt.

In organischen Stoffen, die aus Kohlenstoff und Wasserstoff oder, wie Zucker, Alkohol und Äther aus Kohlenstoff, Wasserstoff und Sauerstoff be-

Abb. 55. Verbrennungsrohr.

stehen, bestimmt man das Gewicht der durch Verbrennen erhaltenen Mengen von Kohlendioxyd und Wasser und berechnet daraus die prozentische Zusammensetzung der betreffenden Verbindung. Der Prozentgehalt an Sauerstoff wird nicht direkt ermittelt, sondern aus der Differenz bestimmt, die sich aus der Summe der Prozentgehalte von Kohlenstoff und Wasserstoff und der Zahl 100 ergibt. Man nimmt die Elementaranalyse in einem Verbrennungsofen vor, s. Abb. 54.

Auf einer eisernen Schiene, die durch eine Reihe nebeneinander geordneter Bunsenbrenner erhitzt werden kann, ruht ein Rohr von schwer schmelzbarem Glase, das einen inneren Durchmesser von ca. 2 cm und eine Länge von ca. 90 cm besitzt (s. Abb. 55).

Das beiderseits offene Rohr wird durch gut anliegende Gummistopfen, in deren Durchbohrung sich ein Glasröhrchen befindet, verschlossen. Zwischen zwei Kupferspiralen c und d liegt eine lockere Schicht von gekörntem Kupferoxyd oder von Kupferoxyd in Drahtform.

Zwischen die Kupferspiralen *d* und *g* wird ein Schiffchen aus Porzellan oder Kupfer oder Platin eingeschaltet, welches die zu verbrennende organische Substanz, deren Gewicht ca. 0,2 g beträgt, aufnimmt.

Bevor man mit der Verbrennung beginnt, muß das Rohr samt Kupferoxyd durch Ausglühen von Feuchtigkeit und Kohlendioxyd sorgfältig befreit sein. Das Schiffchen mit der Substanz wird erst dann in das Rohr gebracht, wenn dieses ausgeglüht und wieder erkaltet ist.

Zwecks Ausglühens des Rohres zündet man das Gas eines Bunsenbrenners nach dem andern an — jeder Bunsenbrenner ist mit besonderem Hahn versehen — indem man nahe bei *a* (Abb. 55) beginnt und langsam nach *g—d—e—c—b* fortschreitet, bis sämtliche Flammen in Tätigkeit sind.

Gleichzeitig leitet man durch das Glasröhrchen des Stopfens *a* einen schwachen Luftstrom, den man vorher von Feuchtigkeit und Kohlendioxyd befreit hat. Man benutzt hierzu einen Absorptionsapparat (Abb. 56), der aus vier miteinander verbundenen Waschflaschen besteht. Man preßt aus einem Gasometer die

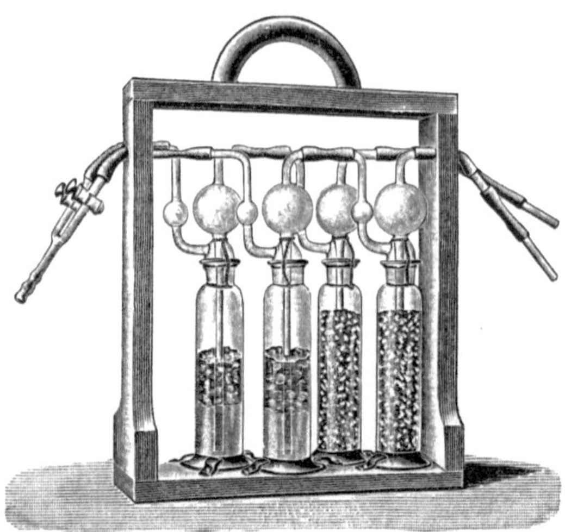

Abb. 56. Absorptionsapparat für Kohlendioxyd und Wasser.

Luft zunächst durch ein Gefäß, welches mit konzentrierter Kalilauge oder mit Kaliumhydroxydstückchen gefüllt ist und das Kohlendioxyd bindet, sodann durch die mit konz. Schwefelsäure teilweise gefüllte Waschflasche, wodurch Feuchtigkeit gebunden wird. Um ein Aufspritzen der Schwefelsäure zu vermeiden, bedeckt man die Oberfläche dieser mit Bimssteinstückchen. Es empfiehlt sich, je zwei Waschflaschen für Kalilauge und Schwefelsäure anzuwenden. In der obigen Abbildung sind zwei Schläuche angebracht, welche den Zweck haben, je nach Belieben Luft oder Sauerstoff durch den Absorptionsapparat zu pressen.

Der durch das Glasrohr während des Ausglühens hindurchgehende Luftstrom bewirkt, daß Feuchtigkeit und Kohlendioxyd aus dem Rohr vollkommen ausgetrieben werden. Nachdem dies geschehen und das Rohr unter fortwährendem Durchleiten trockener Luft erkaltet ist, verbindet man mit dem Glasröhrchen des Stopfens *b* ein von außen anhängender Feuchtigkeit sorgfältig befreites,

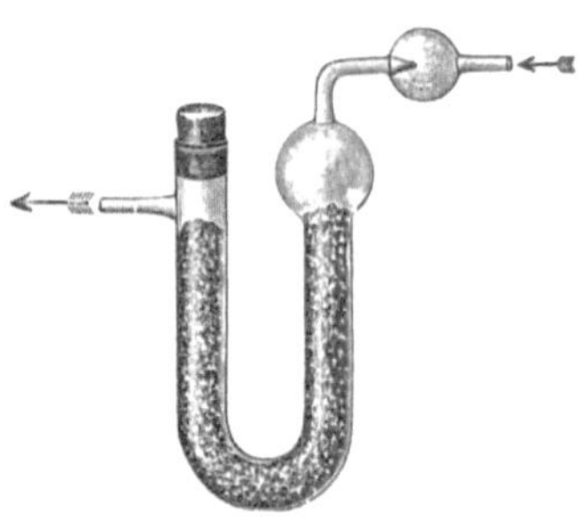

Abb. 57. Chlorkalziumrohr.

mit Chlorkalziumstückchen gefülltes und sodann genau gewogenes U-förmiges Glasrohr (Abb. 57), welches zur Aufnahme des bei der Verbrennung entstehenden Wassers dient.

An das Chlorkalziumrohr schließt man einen mit 40 proz. Kalilauge gefüllten Apparat, von welchem mehrere Formen hergestellt und in Gebrauch sind (Abb. 58a—58c)[1]. Die älteste Form dieser Kaliapparate ist von Liebig konstruiert und durch Abb. 58a veranschaulicht. Abb. 58b ist der Geißlersche Apparat, mit welchem das mit Chlorkalzium gefüllte Rohr *R* verbunden ist, um die bei dem Durchleiten des Gases aus der Kalilauge etwa fortgeführte Feuchtigkeit zurückzuhalten.

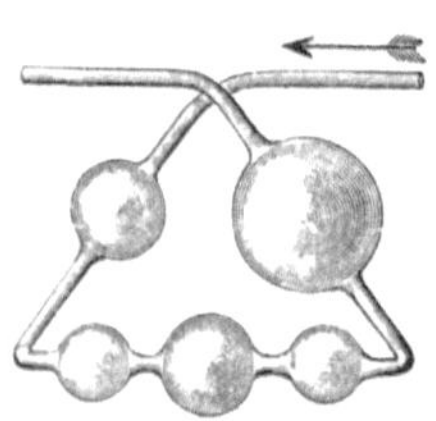

Abb. 58a. Liebigscher Kaliapparat.

c der Abb. 58 ist der Classensche Kaliapparat, der vor den beiden anderen den Vorzug größerer Stabilität besitzt. Auch bei ihm ist ein für Chlorkalziumfüllung bestimmtes Rohr R_1 vorgesehen, während bei Benutzung des Liebigschen Kugelapparates noch ein besonderes Chlorkalziumrohr zum Zurückhalten etwa entweichender Feuchtigkeit angeschlossen sein muß. Die Kalilauge dieser Apparate hält das beim Verbrennen der organischen Substanz sich bildende Kohlendioxyd zurück. Hat man den von außen anhängender Feuchtigkeit sorgfältig befreiten Kaliapparat vor der Verbrennung genau

---

[1] Vgl. auch Kohlendioxyd S. 112.

gewogen und bestimmt nach der Verbrennung von neuem sein Gewicht, so zeigt die Gewichtsvermehrung die aufgenommene Menge Kohlendioxyd an.

Ist für die Verbrennung alles vorbereitet, so schiebt man nach Entfernung des Stopfens a (Abb. 55) und der oxydierten Kupferspirale g schnell das mit der Substanz beschickte Schiffchen f in das Rohr, und nach der Wiedereinführung der Spirale g und des Stopfens a beginnt man mit dem Erhitzen des Kupferoxyds, indem man nach und nach die Flammen von c nach d fortschreitend der Substanz nähert und gleichzeitig eine kleine Flamme unter g brennen läßt. Während des Erhitzens schickt man einen trockenen Luftstrom oder Sauerstoffstrom durch das Rohr. Um ein stärkeres Durchglühen des Kupferoxyds zu ermöglichen, umgibt man das Verbrennungsrohr mit Kacheln. Ist die Substanz völlig verbrannt, läßt man einen trockenen Luftstrom noch ca. $^1/_2$ Stunde lang das Rohr durchstreichen, um sämtliches Wasser und das Kohlendioxyd in die Absorptionsapparate zu treiben.

In neuerer Zeit findet ein vereinfachtes Verfahren der Elementaranalyse nach Dennstedt vielfach Anwendung, bei welchem nur 2 Bunsenbrenner, die verschiebbar sind, benutzt werden. Die Verbrennung findet im Sauerstoffstrom unter Verwendung von platiniertem Quarz oder unter Benutzung eines „Platinsternes" als Kontaktsubstanz statt. Heraeus in Hanau hat Verbrennungsöfen mit elektrischer Heizvorrichtung konstruiert, welche eine Temperatur bis zu 1200⁰ zu liefern imstande sind.

Neuerdings bedient man sich auch mit Vorteil der Mikroelementaranalyse, bei welcher Substanzmengen von

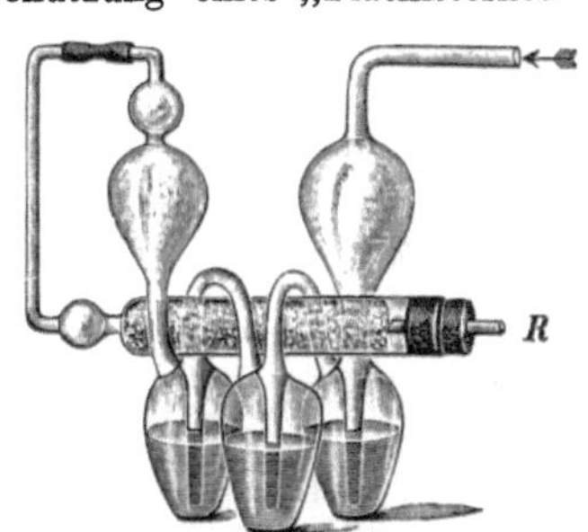

Abb. 58b. Geißlerscher Kaliapparat.

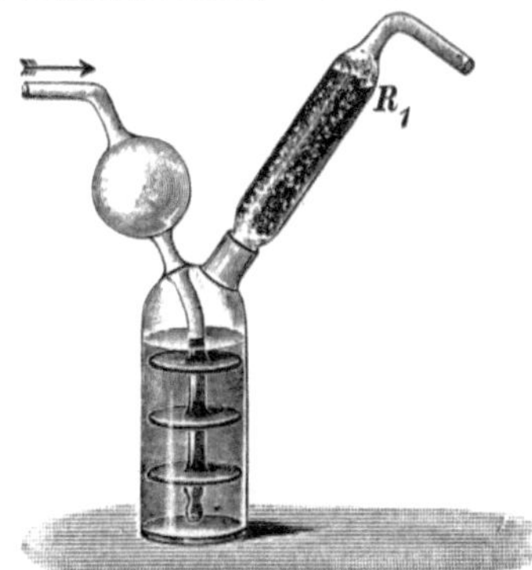

Abb. 58c. Classenscher Kaliapparat.

nur einigen Milligrammen zur Analyse gelangen und durchaus zutreffende Resultate liefern. Über die hierfür benutzten Apparate, welche im Prinzip den vorstehend erläuterten entsprechen, sind die einschlägigen Werke nachzusehen[1].

Berechnung der Analyse. Nehmen wir an, wir wollten die molekulare Zusammensetzung der Milchsäure ermitteln:

Wir hätten zu dem Zweck 0,215 g Substanz verbrannt, und diese hätte 0,3153 g CO_2 und 0,1277 g H_2O ergeben.

Aus der erhaltenen Menge Kohlendioxyd berechnet sich der Prozentgehalt an Kohlenstoff wie folgt:

$$\begin{array}{c} CO_2 : C \\ \hline 12 \\ 32 \\ \hline 44 : 12 = 11 : 3 \end{array}$$

Also:

$$11 : 3 = 0,3153 : x$$

$$x = \frac{0,3153 \cdot 3}{11} = 0,086 \text{ g.}$$

Diese 0,086 g C wurden in 0,215 g Substanz ermittelt, in 100 g Substanz sind daher enthalten:

$$0,215 : 0,086 = 100 : x'$$

$$x' = \frac{0,086 \cdot 100}{0,215} = 40\% \text{ C.}$$

---

[1] Pregl, Fritz: Die quantitative organische Mikroanalyse. Berlin: Julius Springer. Thoms, H.: Handbuch der praktischen und wissenschaftlichen Pharmazie. Bd. 2. Berlin-Wien: Urban & Schwarzenberg.

Aus der erhaltenen Menge Wasser berechnet sich der Prozentgehalt an Wasserstoff
wie folgt:

$$\frac{H_2O : H_2}{\substack{2,02 \\ 16}}$$
$$\overline{18,02 : 2,02} = 9,01 : 1,01.$$
$$\underbrace{\qquad\qquad}_{\text{abgerundet}}$$

Also:

$$9,01 : 1,01 = 0,1277 : y$$

$$y = \frac{0,1277 \cdot 1,01}{9,01} = 0,0143.$$

Diese 0,0143 g H wurden in 0,215 g Substanz ermittelt, in 100 g Substanz sind daher
enthalten:

$$0,215 : 0,0143 = 100 : y'$$

$$y' = \frac{0,0143 \cdot 100}{0,215} = \mathbf{6,65\ H.}$$

Durch die Elementaranalyse der Milchsäure erfahren wir, daß die Verbindung:

$$40,00\%\ C$$
$$6,65\%\ H$$
enthält, und der Rest $\underline{\quad 53,35\%\quad}$
$$100,00$$

auf den Sauerstoff O entfallen muß, da andere Elemente in der Molekel der Milchsäure
nicht enthalten sind.

Um aus diesen Zahlen das Verhältnis zu berechnen, in welchem sich Kohlenstoff-,
Wasserstoff- und Sauerstoffatome unter Berücksichtigung ihrer Verbindungsgewichte zu
der Molekel der Milchsäure vereinigt haben, muß man mit den Verbindungsgewichten
(Atomgewichten) der genannten Elemente in die gefundenen Prozentzahlen dividieren.
Wir erhalten somit die folgenden Werte:

$$C = \frac{40}{12} = 3,3\,; \qquad H = \frac{6,65}{1,01} = 6,6\,; \qquad O = \frac{53,35}{16} = 3,3\,.$$

Das Verhältnis der Anzahl der Atome von C, H und O in der Molekel der Milchsäure
ist demnach

$$3,3 : 6,6 : 3,3 \quad \text{oder} \quad 1 : 2 : 1.$$

Der einfachste Formelausdruck ist also CH_2O.
Ebensogut könnten aber auch Multipla von CH_2O, nämlich

$$C_2H_4O_2$$
$$C_3H_6O_3$$
$$C_4H_8O_4$$
$$C_5H_{10}O_5$$
$$C_6H_{12}O_6 \text{ usw.}$$

in Frage kommen.

Bestimmung des Molekulargewichts organisch-chemischer Stoffe.

Wir erfahren durch die Elementaranalyse zwar die prozentische Zusammensetzung einer Substanz und können daraus das Verhältnis berechnen, in welchem
die Zahl der Atome in den Verbindungen zueinander sich befindet, nicht ermitteln können wir aber auf diesem Wege die Molekulargröße der betreffenden
organischen Verbindung. Dazu bedürfen wir noch einer anderen Feststellung.
Wir müssen das Molekulargewicht bestimmen.
Das läßt sich auf verschiedene Weise ermitteln.
1. Handelt es sich, wie im vorliegenden Fall, um eine Säure, so kann man,
wenn man die Basizität dieser kennt, durch die Analyse von Salzen die Molekulargröße feststellen. Eine mit einem und demselben Metall nur ein Salz bildende Säure
muß einbasisch sein. Eine solche Säure ist die Milchsäure. Die Silbersalze von

Verbindungen, die sich durch die Formel $C_nH_{2n}O_n$ ausdrücken lassen, müssen daher folgende Prozentgehalte an metallischem Silber haben:

$$\text{Für} \quad C_2H_3O_2Ag: \underbrace{}_{166,96} \; \underbrace{Ag}_{107,93} = 100 : x$$

$$x = \frac{107,93 \cdot 100}{166,96} = \mathbf{64,64\,^0/_0 \; Ag};$$

$$\text{für} \quad C_3H_5O_3Ag: \underbrace{}_{196,98} \; \underbrace{Ag}_{107,93} = 100 : y$$

$$y = \frac{107,93 \cdot 100}{196,98} = \mathbf{54,79\,^0/_0 \; Ag};$$

$$\text{für} \quad C_4H_7O_4Ag: \underbrace{}_{227} \; \underbrace{Ag}_{107,93} = 100 : z$$

$$z = \frac{107,93 \cdot 100}{227} = \mathbf{47,55\,^0/_0 \; Ag}.$$

Bei der Bestimmung des Silbergehaltes des milchsauren Silbers wird man einen Wert erhalten, welcher der Zahl 54,79 % Ag nahekommt. Damit ist festgestellt, daß das milchsaure Silber der Formel $C_3H_5O_3Ag$ entspricht und mithin die Milchsäure selbst $C_3H_6O_3$, da für ein Wasserstoffatom dieser ein Atom Silber in dem milchsauren Silber enthalten ist.

2. Bei unzersetzt flüchtigen organischen Verbindungen kann durch Bestimmung der Dampfdichte die Molekulargröße ermittelt werden.

Nach Avogadro enthalten gleich große Volumina der normalen Gase und Dämpfe bei gleicher Temperatur und gleichem Druck die gleiche Anzahl von Molekeln.

Es verhalten sich daher die Molekulargewichte wie die spezifischen Gewichte. Werden diese auf Wasserstoff als Einheit bezogen, so findet man daher die Molekulargewichte durch Multiplikation der spezifischen Gewichte mit 2. Bezieht man das spezifische Gewicht auf Luft als Einheit, so muß, da die Luft 14,43 mal schwerer ist als Wasserstoff, das spezifische Gewicht mit $2 \cdot 14,43 = 28,86$ multipliziert werden, um das Molekulargewicht der Verbindung zu erhalten.

Die Dampfdichtebestimmung wird entweder nach Dumas und Bunsen ausgeführt, indem man das Gewicht des Dampfes dadurch ermittelt, daß man ein von demselben erfülltes Gefäß von bekanntem Rauminhalt wägt, oder indem man eine gewogene Menge der Substanz verdampft und das Volum des Dampfes bestimmt. Nach den Methoden von Gay-Lussac und A. W. v. Hofmann wird das hierbei entstehende Dampfvolumen direkt gemessen, nach der sog. Verdrängungsmethode von V. Meyer aus der äquivalenten Menge einer durch den Dampf verdrängten Flüssigkeitsmenge berechnet.

Die V. Meyersche Methode, die zwar im Prinzip nicht ganz fehlerfrei ist, aber genügend genaue Resultate gibt, um praktische Anwendung finden zu können, wird wie folgt ausgeführt:

In den Kolben A (Abb. 59), dessen bauchiger Teil zu $^1/_3$ Volum mit der Heizflüssigkeit gefüllt ist, wird ein langes Glasgefäß B eingesenkt, dessen unterer Teil sich zylindrisch erweitert, und dessen oberes Ende durch einen Stopfen P verschlossen werden kann. Seitlich oben am Rohr B ist die kapillare Glasröhre D eingeschmolzen, deren Ende etwas aufwärts gekrümmt ist, damit darüber das in Wasser eintauchende und mit Wasser gefüllte Gasmeßrohr C gebracht werden kann. Die in einem Stöpselgläschen abgewogene Substanz wird zunächst von der Schlinge des Drahtes bei P festgehalten. Die Heizflüssigkeit wird zum Sieden gebracht und, wenn die Luft des Rohres B sich nicht mehr ausdehnt, also Gasblasen aus der Kapillare nicht mehr entweichen, das mit Wasser gefüllte Meßrohr über die Kapillare gebracht. Durch Drehung des Drahtes bei P läßt man das Stöpselgläschen nun in den unteren Teil des Rohres B fallen. Je nach der Siedetemperatur der zu verdampfenden Substanz, deren Molekulargewicht bestimmt werden soll, benutzt man als Heizflüssigkeit entweder Wasser (Siedepunkt 100⁰) oder Xylol (Siedepunkt 140⁰), Benzoesäureäthylester (Siedepunkt 213⁰) oder Diphenylamin (Siedepunkt 310⁰).

Der Siedepunkt der Heizflüssigkeit muß etwas höher liegen als der der Substanz. Dadurch, daß diese in Dampfzustand übergeführt wird, dehnt sich die Luft im Glasrohr entsprechend aus und verdrängt hierdurch einen Teil des im Gasmeßrohr enthaltenen Wassers. Das Volumen des verdrängten Wassers kann an dem Rohr abgelesen werden.

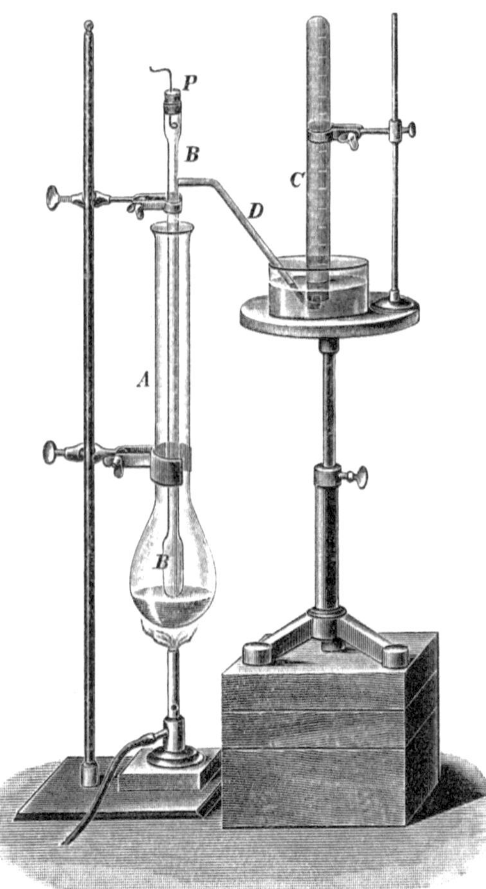

Abb. 59.
Apparat zur Dampfdichtebestimmung nach V. Meyer.

Die Dampfdichte S ist gleich dem Gewicht des Dampfes P (also gleich dem Gewicht der angewandten Substanz), dividiert durch das Gewicht des gleich großen Volumens der Luft P'.

$$S = \frac{P}{P'}.$$

Das Gewicht von 1 ccm Luft bei 0⁰ und 760 mm Druck beträgt 0,001293 g. Das gefundene Luftvolumen V_t bei der beobachteten Temperatur ist dem Druck $p - s$ ausgesetzt, wenn p der Barometerstand und s die Tension des Wasserdampfes bei der Temperatur t ist. Das Gewicht des Luftvolumens berechnet sich nach der Formel:

$$P' = 0,001293 \cdot V_t \cdot \frac{1}{1 + 0,00367\, t} \cdot \frac{p - s}{760}.$$

Die gesuchte Dampfdichte ist daher

$$S = \frac{P\,(1 + 0,00367\, t) \cdot 760}{0,001293 \cdot V_t\,(p - s)}.$$

3. Die Bestimmung des Molekulargewichtes in Lösungen kann entweder aus dem osmotischen Druck, aus der Erhöhung des Siedepunktes oder aus der Erniedrigung des Gefrierpunktes geschehen (vgl. S. 42).

Zur Bestimmung des Molekulargewichtes durch die Feststellung der Gefrierpunktserniedrigung verfährt man in folgender Weise: Man bestimmt von einer Flüssigkeit, z. B. wasserfreier Essigsäure, den Gefrierpunkt. Nachdem man in einer bestimmten Gewichtsmenge der Essigsäure die Grammolekel eines Stoffes von bekanntem Molekulargewicht aufgelöst hat, wird der Gefrierpunkt eine bestimmte Erniedrigung zeigen.

Würde man nun die Grammolekel eines anderen Stoffes in der gleichen Gewichtsmenge Essigsäure lösen, so würde die gleiche Gefrierpunktserniedrigung festgestellt werden können wie bei dem vorigen Versuch. Die Gefrierpunktserniedrigung für die Grammolekel in einer bestimmten Menge des gleichen Lösungsmittels ist also eine konstante Größe.

Bezeichnet man mit t die Gefrierpunktserniedrigung, welche von p Gramm der Substanz in 100 g des Lösungsmittels bewirkt wird, so wird durch $\dfrac{t}{p}$ die Erniedrigung für 1 g der Substanz in 100 g Lösung angezeigt; denn $p : t = 1 : x$,

$x = \dfrac{t}{p}$. Multipliziert man den so erhaltenen Koeffizienten mit dem Molekulargewicht der gelösten Substanz, so erhält man die Molekulardepression, welche bei allen Substanzen für das gleiche Lösungsmittel eine Konstanz zeigt. Es ist demnach

$$M \cdot \frac{t}{p} = C.$$

Diese Konstante ist für Essigsäure 39, für Benzol 49, für Wasser 19. Kennt man die Konstante, so läßt sich bei bekanntem Prozentgehalt der für die Gefrierpunktsbestimmung benutzten Lösung das Molekulargewicht wie folgt berechnen:

$$M = \frac{Cp}{t}.$$

Salze, Säuren und Basen, also die Elektrolyte, gehorchen den obigen Gesetzen **nicht**. Die Elektrolyte zeigen zufolge ihrer elektrolytischen Dissoziation stärkere Gefrierpunktserniedrigung, größere Siedepunktserhöhung, höheren osmotischen Druck. Die obigen Gesetze haben nur Geltung für Substanzen, die in Lösung nicht dissoziieren (s. Anorganischer Teil, S. 43). Die genauesten Resultate ergeben sich in sehr verdünnten Lösungen unter Benutzung von Eisessig als Lösungsmittel.

Für die Molekulargewichtsbestimmung durch Gefrierpunktserniedrigung, welche Methode vorzugsweise benutzt zu werden pflegt, kommt der **Beckmann**sche Apparat in Anwendung, welchen Abb. 60 veranschaulicht.

In ein mit Kühlwasser gefülltes Gefäß A taucht ein vom Deckel C festgehaltenes starkwandiges Reagenzrohr B ein; in dieses ist ein anderes mit seitlichem Stutzen V versehenes Glasrohr G eingehängt, welches das Thermometer T trägt. Neben dem Thermometer befindet sich in dem gleichen Stopfen eine Öffnung, durch welche der Rührer R gesteckt ist, der auf und ab bewegt werden kann; seine Schlinge umfaßt das Quecksilbergefäß des Thermometers, und durch das Heben der Flüssigkeit wird eine gleichmäßige Durchmischung dieser erzielt und eine genaue Temperaturangabe gewährleistet.

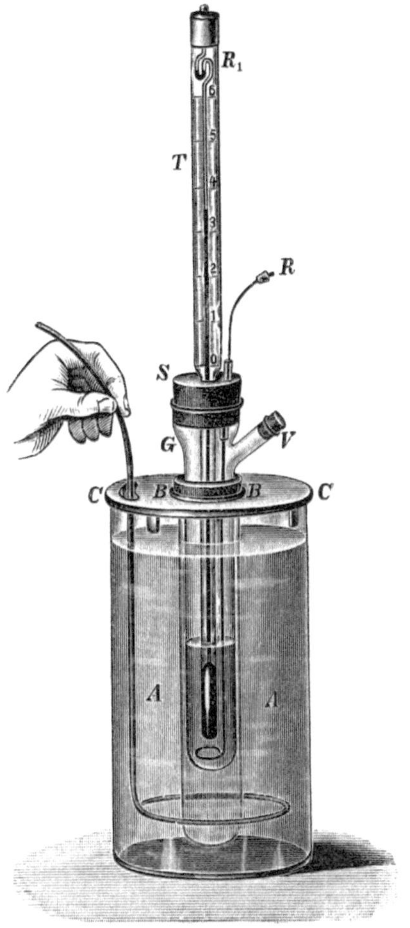

Abb. 60. Beckmannscher Apparat zur Ermittelung des Molekulargewichtes nach der Gefrierpunktbestimmungsmethode.

Durch eine Öffnung des Deckels ist noch ein größerer Rührer gesteckt, welcher durch Heben und Senken eine gleichmäßige Durchmischung des Kühlwassers gestattet. Das Thermometer trägt oben bei R_1 eine Vorrichtung, die ermöglicht, den Quecksilberfaden so zu regulieren, daß er bei einer bestimmten Temperatur auf die nur wenige Grade betragende Skala des Thermometers fällt. Jeder Grad ist in 100 T. geteilt. Man kann also $^1/_{100}$ Grad ablesen.

Will man eine Molekulargewichtsbestimmung mit diesem Apparat ausführen, so gibt man ca. 20 g des Lösungsmittels (z. B. Eisessig) in das Rohr G, nachdem man das äußere Gefäß A mit Kühlwasser gefüllt hat. Man bewegt den kleinen Rührer R in gewissen Zwischenräumen auf und ab und beobachtet genau den allmählich fallenden Quecksilberfaden. Bevor ein Erstarren der Flüssigkeit erfolgt, hat sich der Quecksilberfaden tiefer gesenkt als dem eigentlichen Gefrierpunkt entspricht. Es hat eine Unterkühlung stattgefunden. Während nun plötzlich ein Auskristallisieren der Flüssigkeit erfolgt, hebt sich der Quecksilberfaden wieder um gegen 1° und bleibt dann an einer bestimmten Stelle der Skala für einige Zeit stehen. Diesen Punkt notiert man als Gefrierpunkt.

Hierauf führt man, nachdem das Lösungsmittel wieder verflüssigt ist, durch den Stutzen V eine Menge genau gewogener Substanz, deren Molekulargewicht man bestimmen will, ein und kühlt nach erfolgter Lösung von neuem ab. Das Erstarren wird nunmehr bei einer niedrigeren Temperatur erfolgen als vorher. Die Differenz zwischen dem ersten und zweiten Erstarrungspunkt ist die Gefrierpunktserniedrigung.

Wir haben durch Vorstehendes kennengelernt, wie die Elementaranalyse eines organischen Stoffes ausgeführt und das Molekulargewicht desselben bestimmt wird. Dabei wurde angenommen, daß die organische Substanz nur aus Kohlenstoff und Wasserstoff bzw. Kohlenstoff, Wasserstoff und Sauerstoff besteht.

Nachweis und Bestimmung von Stickstoff und Halogenen in organisch-chemischen Stoffen.

Stickstoff weist man in organischen Stoffen dadurch nach, daß man eine kleine Menge der Verbindung mit einem Stückchen metallischen Kaliums in einem Glasröhrchen anfangs vorsichtig, später stark glüht. War Stickstoff vorhanden, so hat Zyanidbildung stattgefunden. Die Asche wird mit Wasser ausgelaugt, mit einer Ferro-Ferrisalzlösung versetzt und mit Salzsäure schwach angesäuert. Die Bildung von Berlinerblau, kenntlich an einer Blaufärbung der Flüssigkeit oder an einem entstehenden blauen Niederschlag, beweist die Anwesenheit von Stickstoff in der organischen Verbindung.

Um in stickstoffhaltigen Stoffen Kohlenstoff und Wasserstoff zu bestimmen, leitet man die Verbrennungsgase vor deren Austritt aus dem Verbrennungsrohr über glühende Kupferspiralen, welche die entstandenen Stickstoffsauerstoffverbindungen derartig zerlegen, daß Stickstoff gasförmig entweicht und sowohl das Chlorkalzium- (Schwefelsäure-) Rohr, wie auch die Kalilauge, ohne gebunden zu werden, durchstreicht.

Zur quantitativen Bestimmung von Stickstoff in organischen Substanzen können verschiedene Wege eingeschlagen werden.

Man mischt die Substanz mit Natronkalk und erhitzt stark. Viele organische Substanzen geben hierbei ihren Stickstoff in Form von Ammoniak ab, das auf titrimetrischem Wege bestimmt werden kann (Methode von Will und Varrentrapp).

2. Nach Kjeldahl. Dieses Verfahren beruht darauf, daß viele stickstoffhaltige organische Substanzen durch Erhitzen mit konz. Schwefelsäure bei Gegenwart von Kontaktsubstanzen (z. B. Quecksilber, Cuprisulfat u. a.) eine derartige Veränderung erleiden, daß der Stickstoff in Ammoniak übergeführt wird. Dieses bleibt von der Schwefelsäure als Ammoniumsulfat gebunden. Durch nachfolgendes Übersättigen der schwefelsauren Ammoniumsulfatlösung mit Natronlauge wird Ammoniak frei gemacht und in vorgelegte volumetrische Säure destilliert.

3. Das exakteste und für alle stickstoffhaltigen organisch-chemischen Substanzen anwendbare Verfahren ist das von Dumas, nach welchem in einem Verbrennungsrohr, das durch einen Kohlendioxydstrom von atmosphärischer Luft völlig befreit ist, die mit Kupferoxyd gemischte Substanz verbrannt wird. Die Verbrennungsprodukte werden vor ihrem Austritt aus dem Rohr über eine glühende Kupferspirale geleitet, wodurch die Stickstoffsauerstoffverbindungen unter Abspaltung von Stickstoff zerlegt werden. Dieser wird über Kalilauge, welche das Kohlendioxyd bindet, in einem graduierten Rohr, einem sog. Azotometer, aufgefangen.

Aus dem Volumen V_t des Gases, dem Barometerstand p und der Spannung s des Wasserdampfes bei der Temperatur t der umgebenden Luft läßt sich das Volumen V_0 bei 0^0 und 760 mm Druck berechnen:

$$V_0 = \frac{V_t\,(p-s)}{760\,(1 + 0{,}003670\,t)}\,.$$

Wenn man den Ausdruck für V_0 mit der Zahl für das Grammgewicht von 1 ccm Stickstoff bei 0^0 und 760 mm multipliziert, d. i. mit der Zahl 0,0012562, so erfährt man das Gewicht G des Stickstoffvolums in Grammen:

$$G = \frac{V_t\,(p-s)}{760\,(1 + 0{,}003670\,t)} \cdot 0{,}0012505\,.$$

Bezeichnet S das Grammgewicht der angewandten Substanz, so erfährt man den Prozentgehalt nach folgendem Ansatz:

$$S : G = 100 : x\,.$$

Nachweis und quantitative Bestimmung von Halogenen in organisch-chemischen Stoffen.

Um Halogene (Chlor, Brom, Jod) in organischen Verbindungen nachzuweisen, bringt man diese mit einem vorher ausgeglühten, in einer Platindrahtschlinge befestigten Stückchen Kupferoxyd in die Flamme des Bunsenbrenners. Bei Gegenwart von Halogen wird die Flamme lebhaft grün gefärbt.

Jodhaltige organische Substanzen entwickeln beim Erhitzen mit konz. Schwefelsäure violette Joddämpfe.

Halogenhaltige Substanzen verbrennt man, um ihren Gehalt an Kohlenstoff und Wasserstoff zu bestimmen, nicht mit Kopferoxyd, sondern am besten mit Bleichromat, und läßt, wie bei der Verbrennung von stickstoffhaltigen Substanzen, die Verbrennungsprodukte vor deren Austritt aus dem Rohr über glühende Kupferspiralen streichen.

Die quantitative Bestimmung der Halogene geschieht nach zwei verschiedenen Methoden:

1. Man erhitzt die mit chlorfreiem Kalziumoxyd gemischte Substanz in einer an einem Ende zugeschmolzenen Röhre aus schwer schmelzbarem Glase. Nach dem Erkalten löst man den Inhalt des Rohres in verdünnter Salpetersäure, filtriert und fällt das Halogen mittels Silbernitratlösung.

2. Man erhitzt nach Carius die in einem Glasröhrchen abgewogene Substanz mit einer entsprechenden Menge Silbernitrat und $^1/_2$—1 ccm rauchender Salpetersäure in einem zugeschmolzenen Glasrohr in einem sog. Schießofen auf 150—300^0, öffnet nach dem Erkalten das Rohr und bestimmt die Menge des gebildeten Halogensilbers nach bekannter Methode.

Nachweis und quantitative Bestimmung von Schwefel und Phosphor in organisch-chemischen Stoffen.

Zum qualitativen Nachweis und zur quantitativen Bestimmung von Schwefel und Phosphor in organischen Substanzen mischt man diese mit Salpeter und Kaliumkarbonat und erhitzt. Der Schwefel wird hierbei in Schwefelsäure bzw. Sulfat, der Phosphor in Phosphorsäure bzw. Phosphat übergeführt, und diese können nach den hierfür bekannten Methoden bestimmt werden. Will man den Kohlenstoff- und Wasserstoffgehalt einer schwefelhaltigen organischen Substanz feststellen, so benutzt man zur Verbrennung dieser Bleichromat.

Physikalische Eigenschaften organischer Verbindungen.

Zur Charakterisierung organisch-chemischer Verbindungen dienen vielfach ihre physikalischen Eigenschaften, z. B.

1. die Kristallform,
2. das spezifische Gewicht,
3. die Löslichkeit in verschiedenen Flüssigkeiten,
4. die optischen Eigenschaften (das optische Drehungsvermögen),
5. das elektrische Leitvermögen,
6. Schmelz- und Siedepunkt.

Durch Temperaturerhöhung wird eine große Zahl organischer Stoffe in ihrem Aggregatzustand verändert: feste Stoffe verflüssigen sich, flüssige gehen in Dampfform über, ohne hierbei eine Zersetzung zu erleiden. Andere organische Stoffe wieder lassen sich zwar durch Wärmezufuhr verflüssigen, können aber bei weiterer Erhitzung nicht unzersetzt in Dampfform übergeführt werden, sondern erleiden häufig unter Verkohlung eine durchgreifende Zersetzung. Eine dritte Klasse organischer Stoffe läßt sich durch Erhitzen nicht in den flüssigen Zustand überführen, sondern verkohlt bei stärkerer Wärmezufuhr unter Entstehung flüchtiger Verbindungen.

Die Stoffe nun, welche sich unzersetzt schmelzen oder unzersetzt verflüchtigen lassen, können, weil der Eintritt des Schmelzens oder des Siedens bei einem feststehenden Temperaturgrad erfolgt, durch die Bestimmung desselben (Bestimmung des Schmelz- und Siedepunktes) charakterisiert werden. Da begleitende Verunreinigungen solcher Stoffe mit feststehendem Schmelzpunkt diesen erniedrigen, so liegt in der Bestimmung des Schmelzpunktes zugleich eine Reinheitsprüfung für die betreffende organische Verbindung. Der Siedepunkt von Flüssigkeiten erfährt durch Verunreinigungen ebenfalls eine Verschiebung.

Die Bestimmung des Schmelzpunktes.
(Nach dem Deutschen Arzneibuch.)

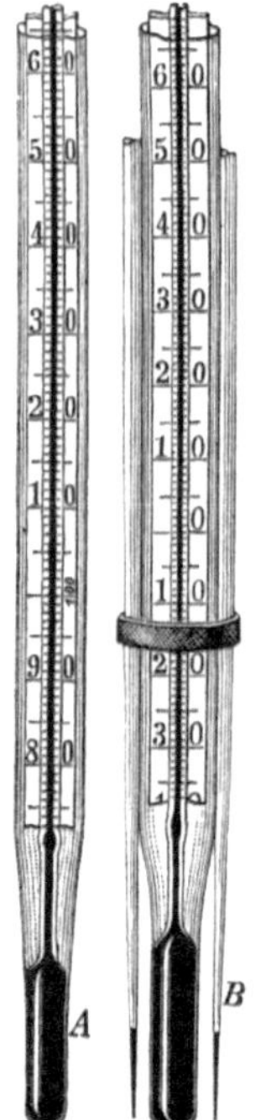

Abb. 61.
Thermometer für die Schmelzpunktbestimmung.

a) Bei allen Stoffen, ausgenommen Fette und fettähnliche Stoffe, wird die Bestimmung des Schmelzpunktes in einem dünnwandigen, am unteren Ende zugeschmolzenen Glasröhrchen von höchstens 1 mm lichter Weite ausgeführt. In dieses bringt man so viel von der feingepulverten, vorher in einem Exsikkator über Schwefelsäure und, wenn nichts anderes vorgeschrieben ist, mindestens 24 Stunden lang getrockneten Substanz, daß sie nach dem Zusammenrütteln auf dem Boden des Röhrchens eine 2 bis höchstens 3 mm hoch stehende Schicht bildet. Das Röhrchen wird hierauf an einem geeigneten Thermometer derart befestigt, daß die Substanz sich in gleicher Höhe mit dem Quecksilbergefäße des Thermometers befindet (s. Abb. 61). Darauf wird das Ganze in ein etwa 15 mm weites und etwa 30 cm langes Probierrohr gebracht, in dem sich eine etwa 5 cm hohe Schwefelsäureschicht befindet. Das obere, offene Ende des Schmelzröhrchens muß aus der Schwefelsäureschicht herausragen. Das Probierrohr setzt man in einen Rundkolben ein, dessen Hals etwa 3 cm weit und etwa 20 cm lang ist, und dessen Kugel einen Rauminhalt von etwa 80—100 ccm hat (s. Abb. 62). Die Kugel enthält so viel Schwefelsäure, daß nach dem Einbringen des Probierrohrs die Schwefelsäure etwa zwei Drittel des Halses anfüllt. Die Schwefelsäure wird erwärmt (es wird empfohlen, ein Drahtnetz zu verwenden, wie in Abb. 63 bei Gebrauch eines Kölbchens o h n e Einsatzrohr veranschaulicht ist) und die Temperatur von 10⁰ unterhalb des zu erwartenden Schmelzpunktes ab so langsam gesteigert, daß zur Erhöhung um 1⁰ mindestens $^1/_2$ Minute erforderlich ist. Die Temperatur, bei der die undurchsichtige Substanz durchsichtig wird und zu durchsichtigen Tröpfchen zusammenfließt, ist als der Schmelzpunkt anzusehen.

Will man die Schmelzpunktbestimmung in einem Luftbade ausführen, so kann man hierzu sich gleichfalls des in Abb. 62 abgebildeten Apparates bedienen. Man bringt in das innere Einsatzrohr, das eine Öffnung bei a zum Ausgleich der erwärmten Luft besitzt, das mit der Kapillare verbundene Thermometer. In den Kolben gießt man konz. Schwefelsäure, so daß nach dem Einsetzen des inneren Rohres die Schwefelsäure höher steht als das Quecksilbergefäß des Thermometers. In dem äußeren Gefäß befindet sich bei b eine kleine Öffnung, die zum Auslaß der sich ausdehnenden erwärmten Luft dient. Bei c hat das Kolbenrohr kleine Einbuchtungen, um zu verhindern, daß das innere Rohr an die Glaswandung sich anlegt.

Das Erwärmen des Kolbens muß mit kleiner Flamme und sehr allmählich geschehen, um mit voller Sicherheit den betreffenden Schmelzpunkt feststellen zu können.

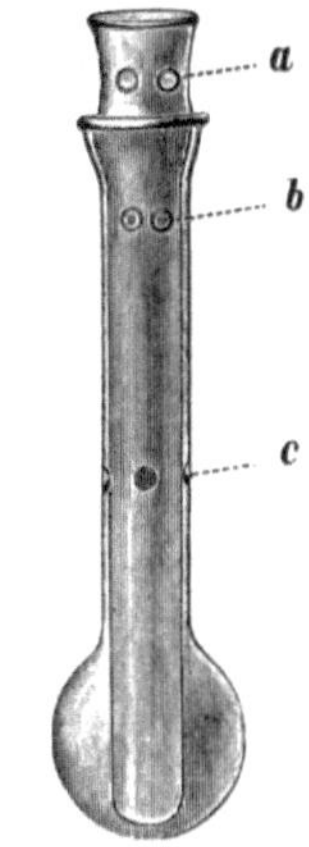

Abb. 62. Schmelzpunktbestimmung im Kölbchen mit Einsatzrohr nach Thoms.

Von ähnlicher Konstruktion sind die Apparate von R o t h. In diesen umgibt die Schwefelsäure das Luftbad so weit, daß der Quecksilberfaden des Thermometers im Luftbade das Niveau der Schwefelsäure nicht überragt.

b) Die Bestimmung des Schmelzpunktes der Fette und fettähnlichen Stoffe wird in einem dünnwandigen, an beiden Enden offenen Glasröhrchen von etwa 1 mm lichter Weite ausgeführt. In dieses bringt man so viel des zu untersuchenden und nötigenfalls zu schmelzenden Fettes, daß es eine etwa 1 cm hoch auf dem Boden stehende Schicht bildet. Bei Anwendung geschmolzenen Fettes läßt man das Röhrchen mindestens 24 Stunden lang bei niedriger Temperatur (etwa 10⁰) liegen, um das Fett völlig zum Erstarren zu bringen. Erst dann ist das Röhrchen mit einem geeigneten Thermometer zu verbinden und in ein etwa 30 mm weites Probierrohr zu bringen, in dem sich das zum Erwärmen dienende Wasser befindet. Das Erwärmen muß allmählich und unter häufigem Umrühren des Wassers geschehen. Der Wärmegrad, bei dem das Fettsäulchen durchsichtig wird und in die Höhe schnellt, ist als der Schmelzpunkt anzusehen (D. A. B. VI).

Es gibt viele Stoffe, die hinsichtlich ihrer Zusammensetzung völlig verschieden sind, aber den gleichen Schmelzpunkt besitzen. Mischt man zwei verschiedene Stoffe mit gleichem Schmelz-

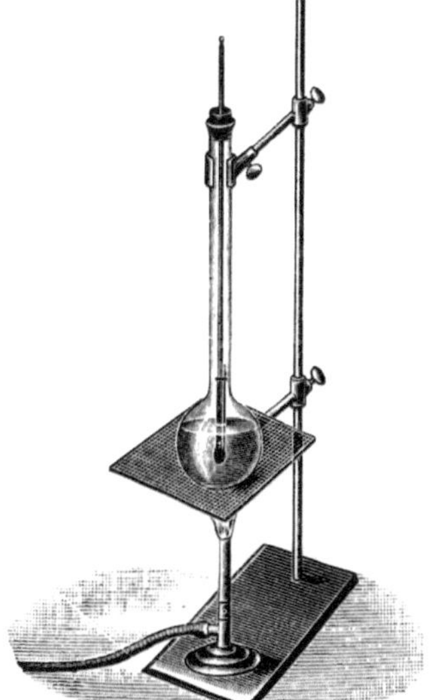

Abb. 63. Schmelzpunktbestimmung im Kölbchen.

punkt zu gleichen Teilen und bestimmt nunmehr von neuem den Schmelzpunkt, so wird man ihn erniedrigt finden. Man benutzt dieses Verhalten, um festzustellen, ob zwei Stoffe von gleichem Schmelzpunkt identisch sind oder nicht. Kennt man den einen Stoff hinsichtlich Zusammensetzung und Konstitution, und will man erfahren, ob ein anderer von gleichem Schmelzpunkt ihm identisch ist, so mischt man eine kleine Probe dieser beiden Stoffe und bestimmt den Schmelzpunkt. Sind die Stoffe identisch, so wird eine Schmelzpunkterniedrigung (Depression) nicht eintreten.

Zur Bestimmung des Siedepunktes kommen zwei verschiedene Verfahren nach dem Deutschen Arzneibuch zur Anwendung.

a) Soll durch die Untersuchung lediglich die Identität eines Stoffes festgestellt werden, so bedient man sich des zur Bestimmung des Schmelzpunktes vorstehend beschriebenen Apparates (Abb. 63), indem man an dem Thermometer, in der gleichen Weise wie oben beschrieben, ein dünnwandiges, an einem Ende

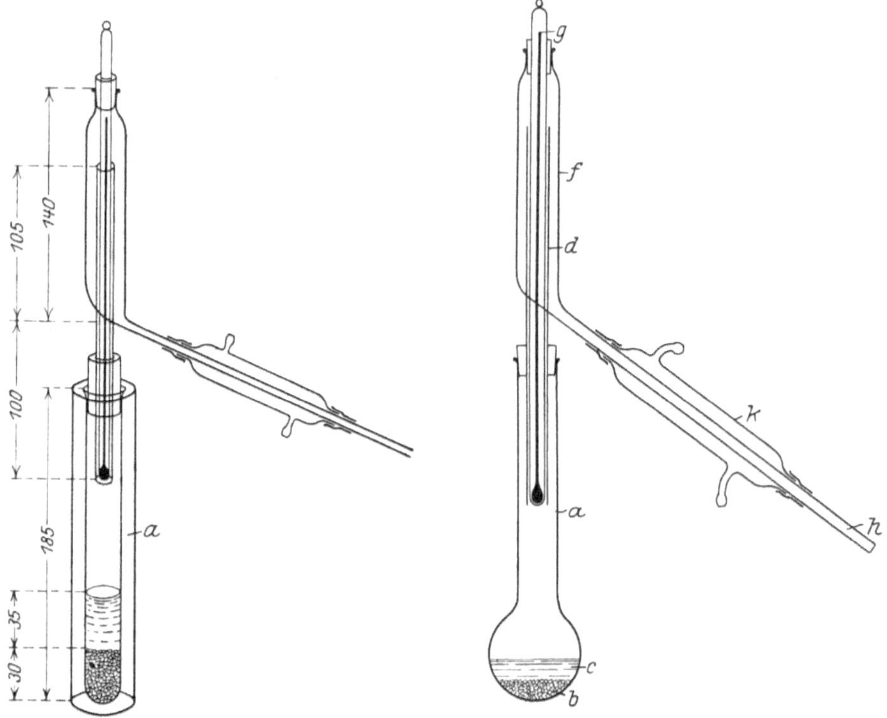

Abb. 64. Siedepunktbestimmung.   Abb. 65. Siedepunktbestimmung.

zugeschmolzenes Glasröhrchen von 3 mm lichter Weite befestigt und in dieses 1 bis 2 Tropfen der zu untersuchenden Flüssigkeit sowie — zur Verhütung des Siedeverzugs — ein unten offenes Kapillarröhrchen gibt, das in einer Entfernung von 2 mm vom eintauchenden Ende eine zugeschmolzene Stelle besitzt. Man verfährt alsdann weiter wie bei der Bestimmung des Schmelzpunktes. Die Temperatur, bei der aus der Flüssigkeit eine ununterbrochene Reihe von Bläschen aufzusteigen beginnt, ist als der Siedepunkt anzusehen.

b) Soll durch die Bestimmung des Siedepunktes der Reinheitsgrad eines Stoffes festgestellt werden, so ist der Stoff aus Apparaten von den vorstehend abgebildeten Formen zu destillieren (s. Abb. 64 und Abb. 65).

Als Siedegefäß wird für die verschiedenen, nachstehend genauer unterschiedenen Zwecke entweder das Siederohr, Abb. 64, verwendet oder der Siedekolben, Abb. 65. Das Siederohr besteht aus einem starkwandigen Probierrohr von 180 mm Höhe und 20 mm lichter Weite, während der Siedekolben aus einem ähnlichen Rohre besteht, das am unteren Ende zu einer Kugel von etwa 5 cm Durchmesser ausgeblasen ist. Zunächst wird in das Siedegefäß eine etwa 2 cm hohe Schicht trockene Tariergranaten, die einen Durchmesser von 2—2,5 mm haben und mit roher Salzsäure gereinigt worden sind, oder ein Siedestäbchen gebracht. Dann werden etwa 15 ccm der zu prüfenden Flüssigkeit in das Siedegefäß gegeben. Auf diesem wird mittels eines Korkes der Siedeaufsatz befestigt. Der Aufsatz besteht aus einem Dampfrohr d von 9 mm lichter Weite und etwa 210 mm Höhe, dessen oberer Teil von dem angeschmolzenen Dampfmantel f von etwa 20 mm Weite und 140 mm Länge umgeben ist. Das obere, etwas verjüngte Ende des Dampfmantels ist mit einem Korke verschlossen, in dem das Thermometer g befestigt wird. An dem unteren Ende des Dampfmantels ist ein Abzugsrohr h von etwa 210 mm Länge angebracht.

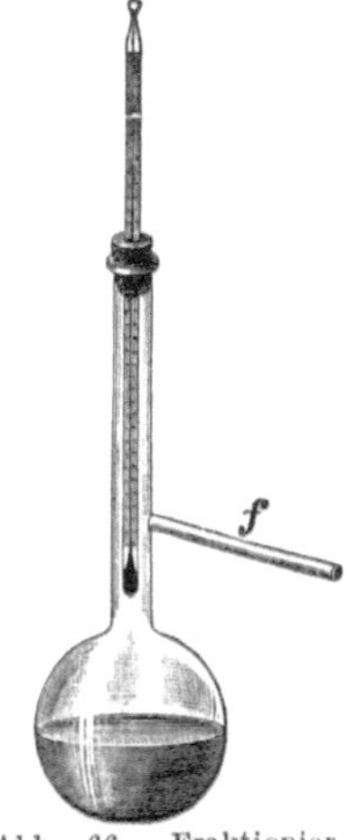

Abb. 66. Fraktionierkölbchen für die Siedepunktbestimmung.

Ausführung der Bestimmungen bei Flüssigkeiten, die unterhalb 100⁰ sieden. Das Siederohr a ist in die Mitte einer Asbestplatte von 100 mm Durchmesser, die an dieser Stelle eine runde Öffnung von 20 mm Durchmesser hat, zu stellen. Diese Öffnung ist von unten durch ein Messingdrahtnetz von etwa 1 mm Maschenweite zu schließen. Die Flammenhöhe ist so zu regeln, daß Äther in schwachem, die übrigen Flüssigkeiten in lebhaftem Sieden erhalten werden. Das Abzugsrohr ist während der Destillation mit einem Kühler zu verbinden (D. A. B. VI).

Ausführung der Bestimmungen bei Flüssigkeiten, die oberhalb 100⁰ sieden. Der Siedekolben (Abb. 65) ist auf ein Messingdrahtnetz von etwa 3 mm Maschenweite zu stellen. Die Flammenhöhe ist so zu regeln, daß nach vorsichtigem Anwärmen die Flüssigkeiten zu außerordentlich lebhaftem Sieden erhitzt werden. Sobald die ersten Tropfen übergehen, ist die Flamme derart zu verkleinern, daß in der Minute etwa 60 Tropfen überdestillieren. Das Abzugsrohr ist während der Destillation mit einem Kühlrohr zu verbinden.

Bei diesen Bestimmungen muß die gesamte Flüssigkeitsmenge innerhalb der im Einzelfall angegebenen Temperaturgrenzen übergehen. Vorlauf und Rückstand dürfen nur ganz gering sein (D. A. B. VI).

Bei der Prüfung von Flüssigkeiten, wie Petroleumbenzin, rohes Kresol usw., bei denen innerhalb gewisser Temperaturgrenzen bestimmte Anteilsmengen übergehen sollen, sind als Siedegefäße die üblichen Fraktionierkölbchen zu verwenden (s. Abb. 66). Auch können hierfür die mit seitlichem Ansatz versehenen Siedekölbchen zweckmäßig verwendet werden, bei welchen in dem Ansatzrohr ein inneres, das Thermometer umgebendes Rohr angebracht ist, in welchem der Dampf der siedenden Flüssigkeit aufsteigt und den Quecksilberfaden des Thermometers völlig umgibt (s. Abb. 67).

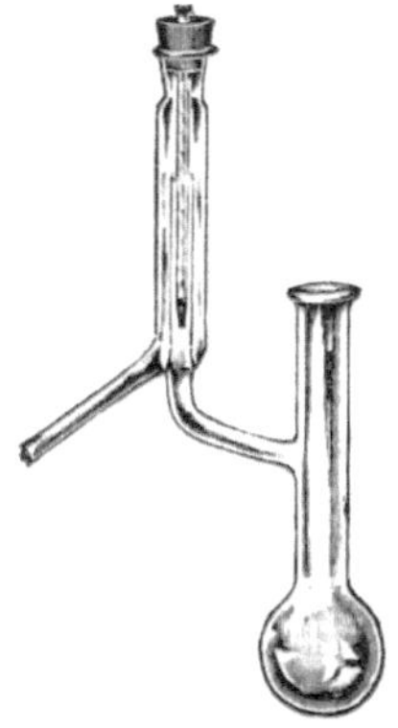

Abb. 67. Fraktionierkölbchen nach Thoms. (L. Kobe, Berlin.)

Das Erhitzen ist bei Flüssigkeiten, die unterhalb 75⁰ sieden, auf dem Wasserbade vorzunehmen, in den übrigen Fällen über freier Flamme auf dem Drahtnetze.

Zur Bestimmung des Erstarrungspunktes

werden etwa 10 g des zu untersuchenden Stoffes in einem Probierrohr, in dem sich ein geeignetes Thermometer befindet, vorsichtig geschmolzen. Durch Eintauchen in Wasser, dessen Temperatur etwa 5^0 niedriger als der zu erwartende Erstarrungspunkt ist, wird die Schmelze auf etwa 2^0 unter dem Erstarrungspunkt abgekühlt und darauf durch Rühren mit dem Thermometer, nötigenfalls durch Einimpfen eines kleinen Kristalls des zu untersuchenden Stoffes, zum Erstarren gebracht. Der während des Erstarrens beobachtete höchste Stand der Quecksilbersäule ist als der Erstarrungspunkt anzusehen.

Kohlenstoffverbindungen.

Zufolge der Neigung der Kohlenstoffatome, sich miteinander zu verbinden, ist eine außerordentlich große Anzahl von Kohlenstoffverbindungen möglich, obwohl nur wenige Elemente an dem Aufbau solcher sich beteiligen.

Betrachten wir zunächst die Verbindungen, die nur Kohlenstoff- und Wasserstoffatome enthalten und bei welchen Kohlenstoffatome untereinander nur mit je einer Affinität verbunden sind.

Die Verbindung, welche nur ein Kohlenstoffatom enthält, dessen vier Wertigkeitseinheiten durch Wasserstoff gesättigt sind, ist das Methan (a)

Eine aus 2 Kohlenstoffatomen bestehende Verbindung, in welcher die beiden Kohlenstoffatome mit je einer Wertigkeitseinheit verbunden sind und die freien Wertigkeitseinheiten der Kohlenstoffatome durch Wasserstoffatome, ist das Äthan (b).

Man kann die Entstehung dieser Verbindung sich so vorstellen, daß ein Wasserstoffatom des Methans durch den Rest einer anderen Molekel Methan $— CH_3$ (man nennt diese einwertige Gruppe $— CH_3$ Methyl) ersetzt (substituiert) ist.

Eine aus drei Kohlenstoffatomen bestehende Verbindung kann aus der zwei Kohlenstoffatome enthaltenden hervorgehen durch Ersatz (Substitution) eines Wasserstoffatoms durch die Methyl-Gruppe (c)

$$
\begin{array}{ccc}
\text{H} & \text{H\quad H} & \text{H\quad H\quad H} \\
| & |\quad\ | & |\quad\ |\quad\ | \\
\text{H—C—H} & \text{H—C—C—H} & \text{H—C—C—C—H.} \\
| & |\quad\ | & |\quad\ |\quad\ | \\
\text{H} & \text{H\quad H} & \text{H\quad H\quad H} \\
a & b & c
\end{array}
$$

Der auf gleiche Weise entstehende Kohlenwasserstoff mit 4 Atomen Kohlenstoff wird die Zusammensetzung C_4H_{10}, der mit 5 die Zusammensetzung C_5H_{12} haben.

Stellt man die erhaltenen Verbindungen zu einer Reihe zusammen, so bemerkt man eine Gesetzmäßigkeit derart, daß die benachbarten Glieder durch eine bestimmte, in der ganzen Reihe sich gleichbleibende Differenz voneinander unterschieden sind. Diese Reihe, welche nach ihrem Anfangsglied, dem Methan, Methanreihe genannt wird, läßt sich durch die allgemeine Formel C_nH_{2n+2} ausdrücken. Die benachbarten Glieder dieser Reihe sind durch die Differenz CH_2 voneinander unterschieden. Die Stoffe bilden eine homologe oder isologe Reihe[1].

Während bei den Gliedern der Methanreihe je zwei Kohlenstoffatome nur mit einer Wertigkeitseinheit aneinandergekettet sind, gibt es Kohlenwasserstoffverbindungen, in welchen Kohlenstoffatome mit zwei oder drei Wertigkeitseinheiten untereinander verknüpft sind.

Mit zwei Wertigkeitseinheiten gebunden sind Kohlenstoffatome in der Äthylenreihe:

$$
\underbrace{CH_2 : CH_2}_{C_2H_4\ \text{Äthylen}} \qquad \underbrace{CH_2 : CH \cdot CH_3}_{C_3H_6\ \text{Propylen}} \qquad \underbrace{CH_2 : CH \cdot CH_2 \cdot CH_3}_{C_4H_8\ \text{Butylen.}}
$$

---

[1] S. später: Gesättigte Kohlenwasserstoffe S. 259.

Die Äthylenreihe, welche der allgemeinen Formel C_nH_{2n} entspricht, ist ebenfalls eine homologe Reihe, da die benachbarten Glieder sich durch eine feststehende Differenz (CH_2) unterscheiden.

Mit drei Wertigkeitseinheiten gebunden sind Kohlenstoffatome in der Azetylenreihe:

$$CH : CH \qquad\qquad CH : C \cdot CH_3 \qquad\qquad CH : C \cdot CH_2 \cdot CH_3$$

C_2H_2 Azetylen $\qquad\qquad$ C_3H_4 Allylen $\qquad\qquad$ C_4H_6 Crotonylen

Für die Azetylenreihe gilt die allgemeine Formel C_nH_{2n-2}.

Die Zahl der Kohlenstoff-Wasserstoffverbindungen und ihrer Abkömmlinge erfährt noch dadurch eine bedeutende Vermehrung, daß die untereinander verbundenen Kohlenstoffatome sich ringförmig zu schließen vermögen. Ein solcher Kohlenstoffring liegt im Benzol vor, von welchem wiederum sich eine große Anzahl Abkömmlinge ableitet:

$$
\begin{array}{c}
CH \\
HC \quad\; CH \\
HC \quad\; CH \\
CH
\end{array}
$$

Benzol.

Die ringförmig miteinander verbundenen sechs Kohlenstoffatome bilden den Kern (Benzolkern), an welchen sich andere Elemente oder Gruppen von Elementen lagern.

In den Bindungsverhältnissen der Kohlenstoffatome untereinander zu einer offenen Kette oder zu einem Ringe ist ein Einteilungsgrund für die organischen Verbindungen in zwei große Klassen gefunden worden.

Die organischen Verbindungen mit offener, d. h. nicht in sich geschlossener Kohlenstoffkette können vom Methan, CH_4, abgeleitet werden, indem Wasserstoffatome desselben durch andere Elemente oder Gruppen von Elementen ersetzt werden. Man nennt diese organischen Verbindungen daher Methanderivate, und weil zu ihnen die bekannte und wichtige Gruppe der Fette und Öle gehört, bezeichnet man die ganze Reihe auch als Fettreihe oder Aliphatische Reihe.

Die organischen Verbindungen, welchen ein geschlossener sechsgliedriger Kohlenstoffring, der Benzolkern, zugrunde liegt, heißen Benzolderivate, und da zu ihnen viele aromatisch riechende Verbindungen, wie Bittermandelöl Vanillin, Cumarin u. a. gehören, bezeichnet man die ganze Reihe auch als Aromatische Reihe.

Neben den sechsgliedrigen Ringen sind noch andere „Ringe" bekannt geworden, z. B. Drei-, Vier-, Fünf-, Sieben- und noch mehrgliedrige Ringe. Mit Rücksicht hierauf hat man die alte Einteilung der organisch-chemischen Stoffe in solche der Fettreihe und solche, die sich vom Benzol ableiten und als aromatische Stoffe bezeichnet wurden, aufgegeben. Man spricht heute von Kohlenstoffverbindungen mit offener Kette und solchen mit geschlossener Kette.

Letztere werden auch zyklische, erstere azyklische Verbindungen genannt. Wird der Ring nur von Kohlenstoffatomen gebildet, wie z. B. beim Benzol, so heißen die Verbindungen karbozyklische Verbindungen. Nehmen an der Ringbildung aber außer Kohlenstoff auch andere Elemente teil, so bezeichnet man diese Verbindungen als heterozyklische.

Eine heterozyklische Verbindung ist z. B. das Pyrrol:

$$\begin{array}{c} NH \\ HC \quad\quad CH \\ \| \quad\quad\quad \| \\ HC\!\!-\!\!-\!\!-\!\!CH, \end{array}$$

weil in dem Ringe die Kohlenstoffkette durch ein Stickstoffatom unterbrochen ist.

Die Einwirkung chemischer Agenzien auf organische Stoffe.

Diese vollzieht sich in der Fettreihe wie in der aromatischen Reihe mit wenigen Ausnahmen in gleicher Weise.

So wirken die Halogene Chlor und Brom bei vielen organischen Stoffen wasserstoffsubstituierend ein, d. h. es werden durch Chlor- und Bromatome Wasserstoffatome aus den Verbindungen herausgelöst und durch die betreffenden Halogenatome ersetzt. Dieser Vorgang läßt sich durch folgende allgemeine Gleichung kennzeichnen:

$$C_xH_yO_z + 2\,Cl = C_xH_{(y-1)}ClO_z + HCl.$$
$$C_xH_{(y-1)}ClO_z + 2\,Cl = C_xH_{(y-2)}Cl_2O_z + HCl.$$

Bei Anwendung von Chlor wird also Chlorwasserstoff abgespalten und, wie in dem angezogenen Beispiel, ein Monochlor- oder Dichlorsubstitutionsprodukt gebildet.

Sauerstoffabgebende Stoffe, wie Mangandioxyd, Quecksilberoxyd, Kaliumpermanganat, Chromsäure usw., bewirken in vielen Fällen eine Herauslösung von Wasserstoffatomen, die sich mit dem Sauerstoff zu Wasser vereinigen.

Salpetersäure wirkt ebenfalls als Oxydationsmittel auf viele organische Stoffe ein; bei zyklischen Verbindungen wird durch Salpetersäure der einwertige Rest NO_2 wasserstoffsubstituierend in organische Verbindungen eingeführt, und es werden Nitroverbindungen gebildet:

$$C_xH_yO_z + \underbrace{NO_2\cdot OH}_{\text{Salpetersäure}} = \underbrace{C_xH_{(y-1)}(NO_2)O_z}_{\text{Nitroverbindung}} + \underbrace{H_2O}_{\text{Wasser.}}$$

Die Einwirkung konzentrierter Schwefelsäure auf organische Stoffe ist vielfach eine wasserentziehende, in gleicher Weise, wie auch Phosphorsäureanhydrid, Zinkchlorid, Aluminiumchlorid, Glyzerin wirken.

Schwefelsäure wirkt aber auch substituierend, indem der einwertige Rest SO_3H für Wasserstoffatome eintritt, und Stoffe mit sauren Eigenschaften, die organischen Sulfon- oder Sulfosäuren, gebildet werden:

$$C_xH_yO_z + \underbrace{SO_3H\cdot OH}_{\text{Schwefelsäure}} = \underbrace{C_xH_{(y-1)}(SO_3H)O_z}_{\text{Sulfosäure}} + \underbrace{H_2O}_{\text{Wasser.}}$$

Um Hydroxlgruppen organischer Verbindungen durch Chlor zu ersetzen, läßt man auf diese Phosphorpentachlorid einwirken. Es entstehen neben dem chlorierten Produkt Phosphoroxychlorid und Salzsäure im Sinne der Gleichung:

$$\equiv C\!\!-\!\!OH + \underbrace{PCl_5}_{\text{Phosphorpentachlorid}} = \equiv C\!\!-\!\!Cl + \underbrace{POCl_3}_{\text{Phosphoroxychlorid}} + \underbrace{HCl}_{\text{Salzsäure.}}$$

An Stelle des Phosphorpentachlorids kann zu diesen Reaktionen auch Phosphortrichlorid benutzt werden. Als Nebenprodukt bildet sich dann phosphorige Säure.

Ammoniak ist vielen organischen Verbindungen gegenüber unter gewöhnlichen Bedingungen ohne Einwirkung. Unter geeigneten Umständen vermag es aus Chlorsubstitutionsprodukten Chloratome herauszuspalten und durch den

Rest NH_2[1]) zu ersetzen. So wird Monochloressigsäure $CH_2Cl \cdot CO_2H$ durch Einwirkung von Ammoniak in Aminoessigsäure übergeführt, $CH_2NH_2 \cdot CO_2H$.

Ein Teil des Ammoniaks sättigt zunächst den sauren Rest der Monochloressigsäure, ein anderer Teil bildet mit der abgespaltenen Salzsäure Ammoniumchlorid.

Auch auf ein anderes Chlorsubstitutionsprodukt der Essigsäure, das Essigsäurechlorid, wirkt das Ammoniak „amidierend" ein. Durch Einwirkung von Phosphorpentachlorid auf Essigsäure entsteht Essigsäurechlorid (Azetylchlorid):

$$CH_3 \cdot COOH + PCl_5 = CH_3 \cdot COCl + POCl_3 + HCl.$$

Bei Einwirkung von Ammoniak auf Azetylchlorid wird Essigsäureamid (Azetamid) gebildet:

$$CH_3COCl + 2NH_3 = CH_3CONH_2 + NH_4Cl.$$

Aminoverbindungen lassen sich vielfach durch Reduktion von Nitroverbindungen (mit naszierendem Wasserstoff, Schwefelwasserstoff, Zinnchlorür und anderen Reduktionsmitteln) darstellen. Die zyklischen Aminoverbindungen sind von den entsprechenden Stoffen der Fettreihe in mehrfacher Beziehung unterschieden, z. B. hinsichtlich der Einwirkung von salpetriger Säure. Während diese auf NH_2-Gruppen der Fettreihe unter Entwicklung von Stickstoff einwirkt:

$$\underbrace{CH_3 \cdot CH_2NH_2}_{\text{Äthylamin}} + HNO_2 = \underbrace{CH_3 \cdot CH_2OH}_{\text{Äthylalkohol}} + N_2 + H_2O$$

wird bei den aromatischen Aminoverbindungen in saurer Lösung zwar Wasser, aber nicht Stickstoff abgespalten. Dieser bindet das Stickstoffatom der salpetrigen Säure unter Bildung von Diazoverbindungen (s. S. 399).

Bei organischen Verbindungen beobachtet man, daß gewisse Gruppen von Elementen an Stelle einzelner Elemente, z. B. an Stelle von Wasserstoff-, Chloroder Bromatomen in organische Körper zwanglos eingeführt werden können und bei verschiedenen Umsetzungen unverändert erhalten bleiben. Solche zusammenhängende Gruppen oder Reste nennt man Radikale.

Der bereits erwähnte Äthylalkohol oder Weingeist besitzt die chemische Konstitution:

$$CH_3 \cdot CH_2OH.$$

Der mit der Hydroxylgruppe — OH verbundene einwertige Rest $CH_3 \cdot CH_2$ — führt den Namen Äthyl und ist ein solches „Radikal". Der einwertige Rest des Methylalkohols:

$$CH_3 \cdot OH$$

wird Methyl CH_3 genannt. Einwertige Radikale sind ferner:

Propyl	Isopropyl	Phenyl	Benzyl
$CH_3 \cdot CH_2 \cdot CH_2-$	$\begin{matrix} CH_3 \\\\ CH_3 \end{matrix}\!\!>\!CH-$	C_6H_5-	$C_6H_5 \cdot CH_2-$

Mehrwertige Radikale sind:

Methylen	Äthylen	Äthyliden
$>CH_2$	$\begin{matrix} -CH_2 \\\\ \| \\\\ -CH_2 \end{matrix}$	$\begin{matrix} CH_3 \\\\ \| \\\\ CH \\\\ \wedge \end{matrix}$

---

[1] Die NH_2-Gruppe pflegt, wenn sie sich in Alkylresten befindet, als Amino-, und wenn sie sich in Säureresten befindet, als Amidgruppe bezeichnet zu werden (s. später: Nomenklatur der organischen Verbindungen, S. 258).

Die aus Kohlenstoff und Wasserstoff bestehenden Radikale der Fettreihe heißen Alkoholradikale oder Alkyle. Die Kohlenwasserstoffreste der Benzolreihe (z. B. Phenyl C_6H_5) heißen Aryle. Zu den Säureradikalen gehören:

<table>
<tr><td>Azetyl</td><td>Propionyl</td><td>Benzoyl</td></tr>
<tr><td>CH_3</td><td>CH_3</td><td>C_6H_5</td></tr>
<tr><td>|</td><td>|</td><td></td></tr>
<tr><td>CO</td><td>CH_2</td><td>CO</td></tr>
<tr><td>\</td><td>|</td><td>\</td></tr>
<tr><td></td><td>CO</td><td></td></tr>
<tr><td></td><td>\</td><td></td></tr>
</table>

Für alle organischen Säuren ist die Gruppe $-C\!\!<^{O}_{OH}$, die **Karboxylgruppe**, charakteristisch.

Isomerie.

Je nach der verschiedenen Anordnung der einzelnen Atome in der Molekel einer organischen Verbindung können Stoffe bei **gleicher prozentischer Zusammensetzung und gleicher empirischer Formel verschiedene physikalische und chemische Eigenschaften besitzen. Man nennt solche Stoffe isomer.**

Ein Beispiel von isomeren Stoffen, von Isomerie, liegt in dem **Butan** und **Isobutan** vor, deren verschiedenes physikalisches und chemisches Verhalten durch die in folgendem Bilde ausgedrückte verschiedene Anordnung der einzelnen Kohlenwasserstoffreste verständlich wird:

$$\underbrace{CH_3 \cdot CH_2 \cdot CH_2 \cdot CH_3}_{\text{Butan}} \qquad \underbrace{{CH_3 \atop CH_3}\!\!>\!CH \cdot CH_3}_{\text{Isobutan}}$$

Isomerie bei Stoffen von verschieden großem Molekulargewicht heißt **Polymerie**.

Bei polymeren Stoffen unterscheiden sich die Verbindungen um ein Vielfaches voneinander.

Unter **Metamerie** versteht man eine Isomerie, die auf der Verschiedenheit von Radikalen bei gleichbleibender Summe der Atome beruht.

Beispiele:

$$\underbrace{{C_2H_5 \atop H}\!\!>\!O}_{\text{Äthylalkohol}} \text{ ist metamer } \underbrace{{CH_3 \atop CH_3}\!\!>\!O}_{\text{Methyläther.}}$$

$$\underbrace{{C_2H_5 \atop H \atop H}\!\!>\!N}_{\text{Äthylamin}} \text{ ist metamer } \underbrace{{CH_3 \atop CH_3 \atop H}\!\!>\!N}_{\text{Dimethylamin.}}$$

$$\underbrace{{C_2H_5 \atop CH_3 \atop H}\!\!>\!N}_{\text{Äthylmethylamin}} \text{ ist metamer } \underbrace{{C_3H_7 \atop H \atop H}\!\!>\!N}_{\text{Propylamin}} \text{ ist metamer } \underbrace{{CH_3 \atop CH_3 \atop CH_3}\!\!>\!N}_{\text{Trimethylamin.}}$$

Manche Stoffe zeigen in Lösungen und bei der Reaktion mit anderen Stoffen zwei isomere Formen, während sie im ungelösten Zustand nur in **einer Form** bekannt sind. Man nennt solche Stoffe **tautomer** und die Erscheinung selbst **Tautomerie**[1].

---

[1] Abgeleitet von ταὐτό, tauto, dasselbe und μέρος, meros, Teil.

Nomenklatur der organischen Verbindungen.

In Genf tagte vom 19.—22. April 1892 ein Kongreß zur Regelung der chemischen Nomenklatur. Von den gefaßten Beschlüssen, die von den Chemikern fast der ganzen Welt angenommen und berücksichtigt worden sind, seien die wichtigsten im folgenden niedergelegt:

1. Die gesättigten Kohlenwasserstoffe mit offener Kette tragen als Endsilbe „an", z. B. Methan, Äthan usw., und diejenigen mit verzweigter Kette werden als Abkömmlinge der normalen Kohlenwasserstoffe betrachtet, z. B. für

$$CH_3 \cdot \underset{|}{CH} \cdot CH_3$$
$$CH_3$$

Methylpropan. Die Stellung der Seitenketten wird durch Ziffern bezeichnet, z. B.

$$\overset{1}{CH_3} \cdot \overset{2}{\underset{|}{CH}} \cdot \overset{3}{\underset{|}{CH}} \cdot \overset{4}{CH_2} \cdot \overset{5}{CH_2} \overset{6}{CH_3} = \text{Methyl(2)-n-Propyl(3)-hexan.}$$
$$CH_3 CH_2 \cdot CH_2 \cdot CH_3$$

2. Die ungesättigten Kohlenwasserstoffe mit offener Kette tragen die Endsilbe „en", z. B. $CH_2 : CH_2 = $ Äthen (Äthylen), $\overset{1}{CH_2} : \overset{2}{CH} \cdot \overset{3}{CH_2} \cdot \overset{4}{CH_2} \cdot \overset{5}{CH} : \overset{6}{CH_2}$ = Hexien 1,5. Befindet sich die Doppelbindung in der Seitenkette, so erhält sie die Endung „enyl", z. B.

$$\overset{1}{CH_3} \cdot \overset{2}{CH_2} \cdot \overset{3}{CH_2} \cdot \overset{4}{CH_2} \cdot \overset{5}{\underset{|}{CH}} \cdot \overset{7}{CH_2} \cdot \overset{8}{CH_3} = 5^1 \text{ Propenyl-oktan.}$$
$$\overset{5^1}{CH} : \overset{5^2}{CH} \overset{5^3}{CH_3}$$

3. Die Namen der Kohlenwasserstoffe, welche ein dreifach gebundenes Kohlenstoffatompaar einmal oder mehreremal enthalten, endigen auf „in", „diin", „triin" usw., z. B. für Allylen: $\overset{1}{CH} : \overset{2}{C} \cdot \overset{3}{CH_3} = $ Propin, für Dipropargyl: $\overset{1}{CH} : \overset{2}{C} \cdot \overset{3}{CH_2} \cdot \overset{4}{CH_2} \cdot \overset{5}{C} : \overset{6}{CH} = $ Hexdiin 1,5.

4. Die Namen der gesättigten Kohlenwasserstoffe mit geschlossener Kette (Polymethylene) werden gebildet, indem man den Namen der entsprechenden gesättigten Kohlenwasserstoffe mit offener Kette das Präfix Zyklo vorsetzt, z. B. für Trimethylen

$$\begin{array}{c} CH_2 \\ / \quad \backslash \\ CH_2 - CH_2 \end{array} = \text{Zyklopropan,}$$

für Hexamethylen (Hexahydrobenzol)

$$\begin{array}{c} CH_2 \\ / \quad \backslash \\ CH_2 \quad\quad CH_2 \\ | \quad\quad\quad | \\ CH_2 \quad\quad CH_2 \\ \backslash \quad\quad / \\ CH_2 \end{array} = \text{Zyklohexan.}$$

5. Die Namen der Alkohole und Phenole werden gebildet, indem man den Namen der Kohlenwasserstoffe, von welchen sie sich ableiten, die Endung „ol" anhängt, z. B. für Methylalkohol $CH_3 \cdot OH = $ Methanol, für Glykol $CH_2OH - CH_2OH = $ Äthandiol, für Glyzerin $CH_2(OH) \cdot CH(OH) \cdot CH_2(OH) = $ Propantriol, für Allylalkohol $\overset{1}{CH_2} : \overset{2}{CH} \cdot \overset{3}{CH_2} \cdot OH = $ Propenol 1.3. Die Thioalkohole (Merkaptane) werden als Thiole bezeichnet, z. B. Propylmerkaptan $CH_3 \cdot CH_2 \cdot CH_2 \cdot SH = $ Propanthiol.

6. Die Namen der Aldehyde werden gebildet, indem man den Kohlenwasserstoffen die Endung „al" hinzufügt, z. B. für Formaldehyd $H \cdot CHO$ = Methanal, Azetaldehyd $CH_3 \cdot CHO$ = Äthanal,

$$\text{Valeraldehyd} \quad \overset{1}{C}H_3 \cdot \overset{2}{C}H \cdot \overset{3}{C}H_2 \cdot \overset{4}{C}HO \atop | \atop CH_3 \quad = \text{Methyl-2-butanal.}$$

7. die Ketone erhalten die Endung „on", die Polyketone werden als „di-", „tri-", „tetrone" bezeichnet, z. B. für Azeton $CH_3 \cdot CO \cdot CH_3$ = Propanon, $\overset{1}{C}H_3 \cdot \overset{2}{C}O \cdot \overset{3}{C}H_2 \cdot \overset{4}{C}O \cdot \overset{5}{C}H_3$ = Pentandion 2,4.

8. Die Namen der Säuren der aliphatischen Reihe werden gebildet, indem man den Namen der Kohlenwasserstoffe, von denen sie sich ableiten, die Endung „säure" anhängt. Die mehrbasischen Säuren sind als Di-, Tri-, Tetrasäuren usw. zu bezeichnen, z. B. für Ameisensäure HCO_2H = Methansäure, Essigsäure $CH_3 \cdot CO_2H$ = Äthansäure, Bernsteinsäure $CO_2H \cdot CH_2 \cdot CH_2 \cdot CO_2H$ = Butandisäure, Brenzweinsäure

$$\overset{1}{C}O_2H \cdot \overset{2}{C}H \cdot \overset{3}{C}H_2 \cdot \overset{4}{C}O_2H \atop | \atop CH_3 \quad = \text{Methyl-2-butandisäure.}$$

9. Die Gruppe NH_2 wird als „Amino"-Gruppe (nicht wie bisher als „Amido")[1] bezeichnet. Die substituierten Ammoniake heißen Amine bzw. Imine, z. B. $CH_2 \cdot NH_2 \cdot CO_2H$ = Aminoessigsäure, aber $CH_3 \cdot CONH_2$ = Azetamid, $CH_3 \cdot NH_2$ = Methylamin, $NH_2 \cdot CH_2 \cdot CH_2 \cdot NH_2$ = Äthylendiamin,

$$CH_2 \cdot CH_2 \cdot CH_2 \cdot CH_2 \atop \diagdown\underset{NH}{\diagup} \quad = \text{Butylenimin.}$$

10. Bei Substitutionsprodukten des Benzols beginnt eine Numerierung an demjenigen Kohlenstoffatom, mit welchem von dem direkt am Kern haftenden Atomen der Seitenketten das Element von kleinstem Atomgewicht verbunden ist, z. B.:

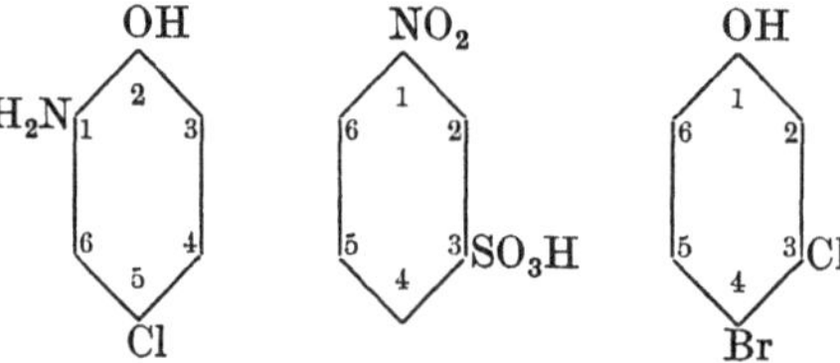

Vgl. später Zyklische Verbindungen.

Einteilung der Kohlenstoffverbindungen.

In den nachfolgenden Kapiteln ist eine Einteilung der Kohlenstoffverbindungen nach den drei großen Gruppen vorgenommen:

A. Verbindungen mit offener Kohlenstoffkette oder Fettreihe.

B. Karbozyklische Verbindungen.

C. Heterozyklische Verbindungen.

Unterabteilungen der karbozyklischen Verbindungen sind:

I. die Tri-, Tetra-, Penta- und Heptakarbozyklischen und

II. die Hexakarbozyklischen Verbindungen.

---

[1] Vgl. S. 255.

Zu der Gruppe II gehören die Benzolderivate oder aromatischen Verbindungen.

III. **Mehrkernige Kohlenstoffverbindungen.**

Von den heterozyklischen Verbindungen sollen

I. fünfgliedrige Ringe,

II. sechsgliedrige Ringe

erörtert werden.

A. Verbindungen mit offener Kohlenstoffkette oder Fettreihe (aliphatische Reihe).

I. Kohlenwasserstoffe.

a) Gesättigte Kohlenwasserstoffe.

(Grenzkohlenwasserstoffe, Paraffine, Äthane.)

Die gesättigten Kohlenwasserstoffe sind Abkömmlinge des Methans, in welchen Kohlenstoffatome stets nur mit je einer Wertigkeitseinheit verbunden sind. Da diese Verbindungen somit als vollständig gesättigt bezeichnet werden können, also die Grenze der Sättigung erreicht haben, heißen sie auch Grenzkohlenwasserstoffe. Die Bezeichnung Paraffine leitet sich ab von „parum affinis" (zu wenig verwandt), weil sie im allgemeinen durch sonst stark wirkende Stoffe gar nicht oder nur wenig angegriffen werden.

Gesättigte Kohlenwasserstoffe finden sich in der Natur weit verbreitet; ihre Bildung wird erklärt durch Zersetzung kohlenstoffreicher organischer Verbindungen bei Luftabschluß. Sie sind unter den bei der Fäulnis und Verwesung organischer Stoffe sich bildenden Zersetzungsprodukten beobachtet worden; sie entstehen bei der trockenen Destillation von Holz, Steinkohlen, Braunkohlen und bilden auch die Hauptbestandteile des Erdöls oder Petroleums.

Die gesättigten Kohlenwasserstoffe lassen sich in einer homologen Reihe zusammenstellen, deren Anfangsglied das Methan, CH_4, ist:

Methan	CH_4	Pentan	C_5H_{12}	Nonan	C_9H_{20}
Äthan	C_2H_6	Hexan	C_6H_{14}	Dekan	$C_{10}H_{22}$
Propan	C_3H_8	Heptan	C_7H_{16}	Undekan	$C_{11}H_{24}$
Butan	C_4H_{10}	Oktan	C_8H_{18}	Dodekan	$C_{12}H_{26}$ usw.

Solche Reihen heißen deshalb homolog (abgeleitet von ὁμός, homos, gleich), weil die aufeinanderfolgenden Glieder derselben die gleiche Differenz zeigen; in dem vorliegenden Felde ist jedes folgende von dem vorhergehenden Glied durch ein Plus von CH_2 unterschieden und kann entstanden gedacht werden durch Ersatz eines Wasserstoffatoms des vorhergehenden Gliedes durch die Methylgruppe CH_3. Findet dieser Ersatz eines an ein Endkohlenstoffatom gebundenen Wasserstoffatoms statt, so entstehen die normalen, im anderen Falle werden isomere Äthane gebildet. Während von den gesättigten Kohlenwasserstoffen C_2H_6 und C_3H_8 nur je eine Verbindung möglich ist, gibt es vom Butan bereits 2 Isomere, von Pentan 3 Isomere, und so fort in steigender Mehrheit.

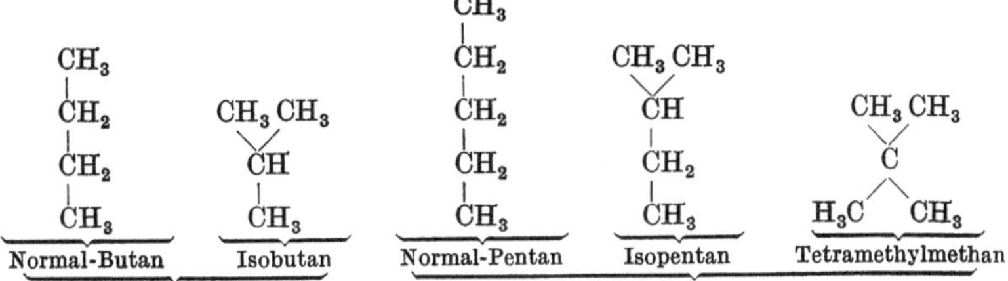

Die Zusammensetzung der Kohlenwasserstoffe der Methanreihe entspricht der allgemeinen Formel C_nH_{2n+2}. Die vier ersten Glieder der Methanreihe sind bei mittlerer Temperatur gasförmig, das fünfte bis zum sechzehnten Glied (C_5H_{12} bis $C_{16}H_{34}$) leicht bewegliche Flüssigkeiten, die mit zunehmender Molekulargröße dickflüssiger werden. Die höheren Glieder der Reihe sind feste Stoffe.

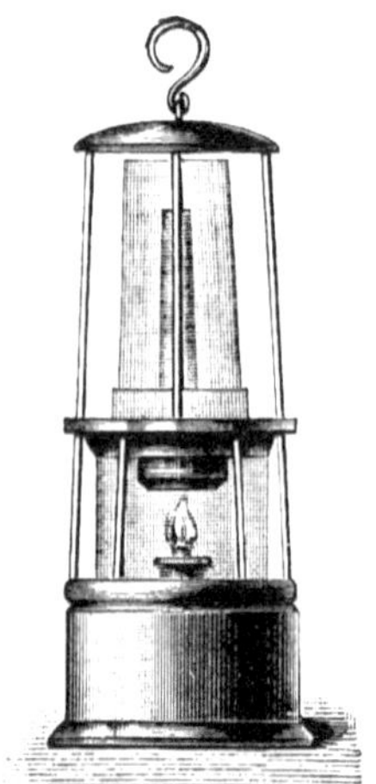

Abb. 68. Davysche Sicherheitslampe.

Methan, Sumpfgas, Grubengas, leichter Kohlenwasserstoff, CH_4, entströmt an verschiedenen Stellen dem Erdboden; die heiligen Feuer von Baku am Kaspischen Meere sind brennendes Sumpfgas, dem andere Stoffe, wie Stickstoff, Kohlendioxyd, Dämpfe von Steinöl usw. beigemengt sind. Im Leuchtgas ist Methan enthalten. In Stein- und Braunkohlengruben entsteht es infolge der langsamen Zersetzung der Kohlen und bildet, mit Luft gemengt, ein sehr explosives Gemisch, welches, durch Grubenlichter entzündet, die gefürchteten schlagenden Wetter oder feurigen Schwaden in Bergwerken hervorruft. Zur Abwendung der Gefahr der Entzündung solcher Grubengemische benutzt man u. a. in Bergwerken die Davysche Sicherheitslampe (Abb. 68), eine mit feinem Drahtgeflecht umgebene Lampe.

Treten explosive Gasgemische durch das Drahtgeflecht zu der Flamme, so findet innerhalb des von dem Drahtnetz umgebenen Teiles der Lampe eine kleine Explosion statt, der zufolge die Lampe erlischt: Der Bergmann ist hierdurch gewarnt. Das feinmaschige Drahtgewebe verhindert, daß die Flamme nach außen hindurchschlägt.

Reines Methan läßt sich auf künstlichem Wege darstellen:

1. indem man ein Gemenge von Schwefelkohlenstoff und Schwefelwasserstoff über glühendes Kupfer leitet:

$$CS_2 + 2H_2S + 8Cu = CH_4 + 4Cu_2S,$$

2. indem man ein Gemenge von Natriumazetat und Natriumhydroxyd (man verwendet am besten Natronkalk, ein Gemisch von $2NaOH + Ca(OH)_2$, erhitzt:

$$\begin{array}{ccccccc} CH_3 & & H & & & & \\ | & + & | & = & CH_4 & + & Na_2CO_3 \\ CO_2Na & & O\!-\!Na & & & & \end{array}$$

Natriumazetat   Natriumhydroxyd   Methan   Natriumkarbonat.

3. Durch Zersetzen von Aluminiumkarbid mit Wasser:

$$Al_4C_3 + 12H_2O = 3CH_4 + 4Al(OH)_3.$$

4. Durch Leiten eines Gemisches von Kohlenoxyd und Wasserstoff über reduziertes, auf gegen 350^0 erhitztes Nickel:

$$CO + 3H_2 = CH_4 + H_2O.$$

Methan ist ein farb- und geruchloses Gas, das mit leuchtender rußender Flamme brennt. Spez. Gew. 0,559 (Luft = 1).

Äthan, C_2H_6, ist ein Bestandteil des Leuchtgases und findet sich unter den aus Steinölquellen entweichenden gasförmigen Stoffen. Es bildet ein farbloses, mit bläulicher, schwach leuchtender Flamme brennendes Gas.

Propan, C_3H_8, kommt im rohen amerikanischen Erdöl vor und bildet ein farbloses brennbares Gas, das sich durch hohen Druck verflüssigen läßt. Siedepunkt = -37^0.

Aus höheren Homologen der Methanreihe setzt sich im wesentlichen das Erdöl oder Petroleum zusammen.

Petroleum, Erdöl, Steinöl, Mineralöl, Bergöl, Naphtha, Oleum Petrae, bildet eine leicht brennbare Flüssigkeit, die in verschiedenen Ländern des Erdballs in verschiedenen Gesteinsschichten sich findet. Die bedeutendsten Petroleumgebiete sind Pennsylvanien, welches den Handelsmarkt mit amerikanischem Petroleum hauptsächlich versorgt, und Baku nebst seiner Umgebung, wo das kaukasische Petroleum gewonnen wird. Auch werden in Rumänien nicht unerhebliche Mengen Erdöl gefördert und zur Gewinnung von Leuchtpetroleum und Maschinenölen benutzt. Die Provinz Hannover liefert nur bescheidene Mengen Erdöl.

Das rohe Erdöl wird durch die Gesteinsschichten hindurch, von welchen es eingeschlossen wird, und wo es sich vielfach unter starkem Druck findet, mittels Bohrlöcher erreicht und wird anfangs meist springbrunnenartig emporgeschleudert. Hat der Druck nachgelassen, fließt es dann entweder freiwillig aus oder wird durch Pumpen emporgehoben. Nach C. Engler ist die Bildung des Erdöls auf animalischen Ursprung zurückzuführen, indem Tierleiber, an bestimmten Stellen des Meeres zusammengeschwemmt, mit der Zeit von Kalk- und Tonschlamm bedeckt wurden und hiermit erhärteten. Unterlagen solche Sedimentärschichten späterem Druck, vielleicht verbunden mit Erhöhung der Temperatur, so waren die Bedingungen zur Entstehung des Erdöls gegeben. Die stickstoffhaltige Substanz ist rascher Fäulnis und Verwesung unterworfen, während die Fettbestandteile eine große Beständigkeit besitzen. Daß aus Fetten unter hohem Druck und bei hoher Temperatur Kohlenwasserstoffe als Zersetzungsprodukte gebildet werden, welche mit denen des Petroleums große Übereinstimmung zeigen, hat C. Engler durch den Versuch bestätigt gefunden.

Nach A. F. Stahl, Kraemer und Spilker haben Diatomeen das Material zur Petroleumbildung geliefert. Durch periodische Hebungen und Senkungen der Ufer, bzw. durch das jedesmalige Zurücktreten des Meeres seien eine Anzahl größerer und kleinerer Seen vom Meer abgeschnitten worden, worin sodann Diatomeen wucherten, während das salzige Wasser sich immer mehr und mehr konzentrierte. Durch Regengüsse lösten sich die teilweise ausgeschiedenen Salze wieder auf, und der frisch hinzugekommene Schlamm wurde von Diatomeen durchsetzt, bis so im Laufe von Jahrtausenden die ursprünglichen Seen sich füllten und mit dem Sand der Umgebung ausglichen. Erneutes Senken und Heben der Ufer schuf so die Bitumenablagerungen, welche mit ihren Diatomeenresten das Material für die Erdölbildung abgaben.

Das rohe Erdöl wird, bevor es zu Leuchtzwecken in den Verkehr gelangt, einer Reinigung unterworfen und von begleitenden Stoffen befreit, die ihrerseits wiederum eine wichtige Anwendung finden. Die Reinigung des rohen Erdöls geschieht meist durch Behandeln mit konz. Schwefelsäure, Filtration durch ein Aluminiumsilikat (Floridaton eignet sich hierzu besonders gut) und nachfolgende **fraktionierte Destillation**.

Bei der Destillation des Rohpetroleums entweichen zunächst gasförmige Kohlenwasserstoffe, welche in Amerika als Heizmaterial benutzt werden. Die bei den verschiedenen Temperaturen destillierenden Stoffe heißen:

Rhigolen	zwischen	18⁰ und	37⁰	siedend
Canadok.	,,	37⁰ ,,	50⁰	,,
Petroleumäther				
Petroleumbenzin	,,	50⁰ ,,	75⁰	,,
Ligroin	,,	75⁰ ,,	120⁰	,,
Putzöl.	,,	120⁰ ,,	150⁰	,,
Leuchtpetroleum	,,	150⁰ ,,	270⁰	,,
Schmieröl, Möhrings Öl. . . .	,,	270⁰ ,,	310⁰	,,
Paraffin, Vaselin.		über 310⁰		,,

In der Neuzeit ist es gelungen, aus Erdöl, Braunkohle, Steinkohle oder anderen „Mineralien" gewonnene, ungesättigte Verbindungen enthaltende Rohstoffe durch Einwirkung von Wasserstoff unter Verwendung geeigneter Katalysatoren bei höheren Temperaturen (470^0 C und 250 Atm. Druck) in Kohlenwasserstoffe von Benzincharakter umzuwandeln (Melamid-Verfahren). Man bezeichnet das durch Hydrieren (Wasserstoffanlagerung) unter starkem Druck aus Kohle nach Bergius erhaltene Kohlenwasserstoffgemisch auch als „flüssige Kohle".

Petroleumäther, Petroleumbenzin, Benzinum Petrolei, wird vom Arzneibuch für die Verwendung zugelassen, wenn von 50 ccm Petroleumbenzin zwischen 50^0 und 75^0 bei der Destillation mindestens 40 ccm übergehen. Farblose, leicht bewegliche, nicht fluoreszierende Flüssigkeit, Dichte 0,661—0,681, leicht entzündlich, mit absolut. Alkohol, Äther, Schwefelkohlenstoff, Chloroform, fetten und ätherischen Ölen mischbar. Unter Einwirkung des Lichtes und der Luft nimmt Petroleumäther Sauerstoff auf, wodurch Siedepunkt und spezifisches Gewicht sich erhöhen. 2 ccm ammoniakalische Silberlösung dürfen beim Schütteln mit 10 ccm Petroleumbenzin nicht verändert werden (Prüfung auf Schwefelverbindungen). Petroleumäther besteht im wesentlichen aus den Kohlenwasserstoffen Pentan, C_5H_{12}, und Hexan, C_6H_{14}. Er ist ein ausgezeichnetes Lösungsmittel für Fette, Wachse, Öle und für manche andere organische Stoffe synthetischen Ursprungs. Er dient in der Technik zur Extraktion von durch Destillation leicht veränderlichen Riechstoffen aus Blütenmaterial und hat die sonst zu diesem Zwecke benutzte „Enfleurage" (s. ätherische Öle) nahezu verdrängt.

Ein gegen 80—90^0 siedendes Benzin ist das Brönnersche Fleckwasser, in seinen Eigenschaften dem Petroleumäther ähnlich und im wesentlichen aus den Kohlenwasserstoffen Hexan, C_6H_{14}, und Heptan, C_7H_{16}, bestehend.

Anwendung: Als Fleckwasser (zur „chemischen Wäsche"), zur Erzeugung der Triebkraft für Automobile und zur Entfettung der Knochen.

Auch die nachfolgenden höher siedenden Destillate Ligroin und Putzöl werden zu ähnlichen Zwecken wie das Benzin, das Putzöl auch zum Reinigen von Maschinenteilen, zum Lösen von Asphalt, Kautschuk, zur Herstellung von Lacken usw. gebraucht.

Leuchtpetroleum, Erdöl, Steinöl, raffiniertes Petroleum, wird unter sehr wechselnder Bezeichnung in den Verkehr gebracht und bildet eine farblose oder schwach gelbliche, bläulich fluoreszierende, unangenehm riechende Flüssigkeit, deren Siedepunkt zwischen 150^0 und 270^0 liegt, und deren spez. Gew. 0,790—0,810 beträgt.

Es besteht im wesentlichen aus den Kohlenwasserstoffen der Methanreihe C_9H_{20} bis $C_{15}H_{32}$. Das kaukasische und rumänische Erdöl enthalten auch zyklische Kohlenwasserstoffe, sog. Naphthene, sowie sauerstoffhaltige Stoffe. Das Leuchtpetroleum soll von niedrig siedenden Kohlenwasserstoffen, deren Anwesenheit bei Verwendung zu Leuchtzwecken eine Explosionsgefahr bedingt, frei sein.

Zur Prüfung des Leuchtpetroleums auf einen Gehalt an niedrig siedenden Kohlenwasserstoffen bedient man sich des Abelschen Petroleumprüfers. Dieser gestattet, den Temperaturgrad genau festzustellen, bei welchem das Petroleum an die über ihm befindliche Luft so viel Dämpfe abgibt, daß dieses Gemisch beim Annähern einer kleinen Flamme sich entzündet. Man nennt diesen Temperaturgrad den Entflammungspunkt des Petroleums. Nach der Verordnung vom 24. Februar 1882 ist das gewerbsmäßige Verkaufen und Feilhalten von Petroleum, welches unter einem Barometerstand von 760 mm schon bei einer Erwärmung auf weniger als 21^0 des 100teiligen Thermometers entflammbare Dämpfe entweichen läßt, nur in solchen Gefäßen gestattet, welche auf rotem

Grunde in deutlichen Buchstaben die nicht verwischbare Inschrift „Feuergefährlich" tragen.

Schmieröl und Vaselin. Die nach Abdestillieren des Leuchtpetroleums hinterbleibenden Anteile werden durch Destillation in einen bei normaler Temperatur flüssig bleibenden Anteil, der nach dem Entfärben und Desodorieren mit Tonerdesilikat als Maschinenöl benutzt wird, und einen salbenförmig erstarrenden Anteil geschieden. Letzterer führt den Namen Vaselin. Es ist eine gelbe, durchscheinende, zähe Masse von gleichmäßiger, weicher Salbenkonsistenz und schmilzt beim Erwärmen zu einer klaren, gelben, blau fluoreszierenden Flüssigkeit. Vaselin ist unlöslich in Wasser, wenig löslich in Weingeist, leicht löslich in Chloroform und in Äther. Es schmilzt bei 35—45⁰.

Durch einen Bleichprozeß wird aus gelbem Vaselin (Vaselinum flavum) weißes (Vaselinum album) hergestellt. Das gelbe wie das weiße Produkt werden zur Bereitung von Salben, zum Einfetten der Deckel für Exsikkatoren usw. benutzt. Die Vaseline sollen von Säuren und Alkalien, die von der Reinigung herrühren können, frei sein und auch keine verseifbaren Fette oder Harze enthalten. Unter dem Mikroskope dürfen bei etwa 200facher Vergrößerung nur feine nadelförmige, aber keine körnigen oder grob kristallinischen Gebilde zu erkennen sein. Letztere lassen auf ein Kunstvaselin schließen (s. D. A. B. VI).

Das früher unter dem Namen Oleum petrae, Ol. petrae italicum, Bergöl, Bergnaphtha offizinelle Petroleum kam aus Italien zu uns, neuerdings auch aus Galizien, Siebenbürgen, Rumänien und bildet eine klare, gelbliche oder rötliche ,bläulich fluoreszierende Flüssigkeit vom spez. Gew. 0,75—0,85. Es besteht aus verschiedenen Kohlenwasserstoffen der Methanreihe, welchen aromatische Kohlenwasserstoffe und harzartige Stoffe beigemischt sind. Das russische Petroleum (Kaukasisches Erdöl, Erdöl von Baku) besteht aus gegen 80 % zyklischen Kohlenwasserstoffen der Formel C_nH_{2n}, den Naphthenen.

Paraffin kommt in dem Erdöle gelöst vor und wird in fester Form, durch Verdunstung des Erdöls entstanden, als Erdwachs oder Ozokerit in verschiedenen Gegenden (Galizien, in der Moldau, in Siebenbürgen usw.) angetroffen. Auch bei der trockenen Destillation von Braunkohlen oder Torf werden Paraffine erhalten.

Das aus dem amerikanischen Erdöl gewonnene besteht nur aus Kohlenwasserstoffen der Methanreihe, wahrscheinlich $C_{20}H_{42}$ bis $C_{27}H_{56}$, während das aus Ozokerit und aus den Destillationsprodukten der Braunkohlen hergestellte neben jenen Kohlenwasserstoffen auch ungesättigte und aromatische Kohlenwasserstoffe enthält.

Aus dem Erdöl wird Paraffin gewonnen, indem man die hochsiedenden Anteile stark abkühlt, worauf das Paraffin auskristallisiert. Im Rohpetroleum ist Paraffin nicht enthalten, sondern entsteht erst bei den hohen Temperaturen, bei welchen die Schweröle destilliert werden. Das aus dem Erdöl gewonnene Weichparaffin heißt Vaselin oder Kosmolin (s. vorstehend). Bei der trockenen Destillation der Braunkohlen (Schwelkohlen) werden aus 100 kg dieser 6—8 kg Teer, 30—32 kg Grudekoks, 46—50 kg Wasser und nicht unerhebliche Mengen brennbarer Gase erhalten.

Zur Gewinnung des Paraffins aus dem Braunkohlenteer wird dieser unter Hinzufügung einer kleinen Menge Ätzkalk einer nochmaligen Destillation unterworfen und das Destillat je nach dem Siedepunkte in einen paraffinarmen und einen paraffinreichen Anteil zerlegt. Als Vorlauf erhält man hierbei ein leicht siedendes Öl, das Photogen, als Teeröl von mittlerem Siedepunkt rohes Solaröl, sodann hochsiedende Paraffinöle, welche unter Paraffinausscheidung erstarren. In den Retorten bleibt Pech zurück. Die Destillate werden zunächst mit Natronlauge in den Wäschern behandelt (s. Abb. 69). Diese bestehen aus zylindrischen, unten spitz zulaufenden Gefäßen aus starkem verbleiten Eisen-

blech, die mit einem Hahn verschlossen werden können. Das Mischen der Natronlauge mit den Destillaten geschieht mittels Preßluft. Durch die Natronlauge
werden den Destillaten Phenole und Säuren entzogen; durch nachfolgendes Behandeln mit konz. Schwefelsäure in den Wäschern werden basische Produkte
(Pyridinbasen) abgeschieden, aber auch ein Teil der ungesättigten Kohlenwasserstoffe wird von der Schwefelsäure aufgenommen, ein anderer Teil unter dem
Einfluß derselben in höher siedende Kohlenwasserstoffe umgewandelt. Hierauf
wird mit Wasser gewaschen und nochmals destilliert.

Das feste Paraffin ist nach seiner völligen Reinigung geruchlos, durchscheinend, glänzend und von bläulichweißer Farbe. Je nach seiner Herkunft
schmilzt es zwischen 40^0 und 85^0. Das aus Ozokerit bereitete Paraffin (Zeresin)
soll zwischen 68^0 und 72^0 schmelzen.

Die Paraffinsorten finden eine mannigfache Anwendung (zur Herstellung
von Kerzen, zum Durchtränken von Papier, Holz, Gips, als Schmiermittel, als

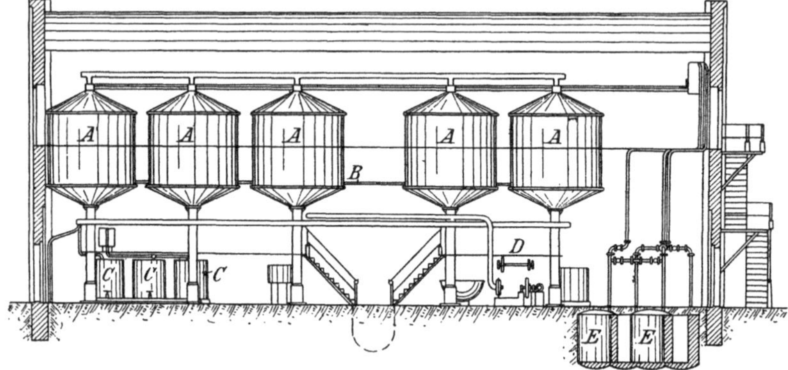

Abb. 69. Waschanlage für Paraffinöle.

Ersatz des gelben und weißen Wachses [Zeresin aus Ozokerit], zur Bereitung
von Paraffinsalbe usw.).

Aus den Teerkohlenwasserstoffen werden durch Oxydation Fettsäuren
gebildet, die eine technische Verwendung (z. B. als Seifen) finden.

Paraffinum solidum, Festes Paraffin, Zeresin, die aus gebleichtem
Ozokerit gewonnene, bei $68{-}72^0$ schmelzende, weiße, mikrokristallinische,
geruchlose Masse.

Paraffinum liquidum, Flüssiges Paraffin, wird aus den über 360^0
siedenden Anteilen des Petroleums gewonnen und ist eine farblose, klare, nicht
fluoreszierende, ölartige Flüssigkeit ohne Geruch und Geschmack, welche mindestens die Dichte 0,881 haben soll. Festes und flüssiges Paraffin sollen frei
sein von Säuren und beim Behandeln mit konz. Schwefelsäure keine organischen
Verunreinigungen anzeigen (s. D. A. B. VI).

Medizinische Anwendung: Eßlöffelweise mehrmals täglich als Abführmittel bei
atonischer und besonders spastischer Obstipation. Äußerlich als Vehikel zur Injektion unlöslicher Quecksilberverbindungen; zum Schlüpfrigmachen der Finger und Instrumente.

Durch Zusammenschmelzen von 4 T. festem Paraffin, 5 T. flüssigem und
1 T. Wollfett erhält man das Unguentum Paraffini, die Paraffinsalbe,
welche zur Bereitung von Salben dient.

Ichthyol. Bei der trockenen Destillation bituminöser, schwefelhaltiger
Schieferöle von Seefeld in Tirol und benachbarten Gebieten wird ein eigenartig
riechendes, braunes, teerartiges Öl erhalten, das neben Kohlenwasserstoffen
schwefelhaltige Bestandteile enthält. Man nennt dieses Produkt Ichthyol-

rohöl. Durch Einwirkung von Schwefelsäure wird es sulfonisiert und die so entstandene Ichthyolsulfonsäure durch Basen gesättigt. Das Ammoniumsalz, das **Ammonium sulfoichthyolicum**, kommt unter dem Namen **Ichthyol** in den Handel. Es ist von wechselnder Zusammensetzung. Sein Gehalt an zweiwertigem (Sulfid-) Schwefel, auf welchen die therapeutische Wirkung des Ichthyols als Schwefelpräparat zurückgeführt wird, beträgt ca. 10 %.

Medizinische Anwendung: Äußerlich als entzündungswidriges Mittel. Zu Einreibungen gegen Gelenkrheumatismus, gegen verschiedene Hautkrankheiten. Innerlich in Pillen oder Kapseln 0,05—0,1—0,25 3—4 mal täglich bei Magengärung und Durchfällen.

Dem Ichthyol ähnliche Präparate sind das **Ichthynat, Isarol, Pisciol, Ichthammon, Bituminol, Ichthodin, Petrosulfol** usw.; auch **Thiol** und **Tumenol**. Thiol wird gewonnen, indem Braunkohlenteeröle mit Schwefel, der sich hierbei an die ungesättigten Kohlenwasserstoffe anlagert, gekocht, dann mit Schwefelsäure sulfonisiert und mit Ammoniak gesättigt werden. **Tumenol** wird in ähnlicher Weise wie Ichthyol gewonnen unter Verwendung eines durch Destillation bituminöser Gesteine erhaltenen Mineralöles.

b) Ungesättigte Kohlenwasserstoffe.
1. Äthylenreihe, Olefine.

$$C_nH_{2n}.$$

Äthylen $\quad CH_2{=}CH_2$
Propylen $\quad CH_3{-}CH{=}CH_2$
Butylen $\quad CH_3{-}CH_2{-}CH{=}CH_2$ usw.

Von dem **Butylen** sind drei Isomere bekannt, welche als α-, β-, und γ-Butylen bezeichnet werden:

$$CH_3 \cdot CH_2 \cdot CH : CH_2 \qquad \begin{matrix} CH_3 \\ CH_3 \end{matrix}{>}C : CH_2 \qquad CH_3 \cdot CH : CH \cdot CH_3$$

$$\alpha{-}\text{Butylen} \qquad\qquad \beta{-}\text{Butylen} \qquad\qquad \gamma{-}\text{Butylen}.$$

Mit den Halogenen geben die Glieder der Äthylenreihe Additionsprodukte von ölartiger Beschaffenheit, weshalb die Äthylene auch **Ölbildner** oder **Olefine** heißen.

Äthylen, Aethen, Ölbildendes Gas, C_2H_4, ein Bestandteil des Leuchtgases (darin zu 4—5 % enthalten), entsteht bei der trockenen Destillation vieler organischer Verbindungen. Seine praktische Darstellung geschieht durch Einwirkung konz. Schwefelsäure auf Äthylalkohol in der Wärme. Die Schwefelsäure wirkt hierbei wasserentziehend:

$$CH_3 \cdot CH_2 \cdot OH = CH_2 : CH_2 + H_2O .$$

Nebenher bilden sich kleine Mengen Kohlendioxyd und Schwefeldioxyd, welche in Waschflaschen, die mit Natronlauge beschickt sind, zurückgehalten werden.

Farbloses, schwach ätherisch riechendes Gas, das angezündet mit leuchtender Flamme brennt. Ein Gemisch aus 1 Volum Äthylen und 3 Volumen Sauerstoff ist explosiv.

Läßt man auf das Gas Chlor oder Brom oder Jod einwirken, so lagern sich die Halogene an die Kohlenstoffatome an, indem die doppelte Bindung der letzteren aufgehoben und Äthylenchlorid, Äthylenbromid oder Äthylenjodid gebildet werden:

$$Cl \cdot CH_2 \cdot CH_2Cl, \quad Br \cdot CH_2 \cdot CH_2 \cdot Br, \quad J \cdot CH_2 \cdot CH_2 \cdot J.$$

Medizinische Anwendung: Äthylenchlorid ist eine farblose, ätherisch riechende, süß schmeckende Flüssigkeit vom spez. Gew. 1,2545 bei 15° und wird unter dem Namen **Elaylum chloratum** oder **Liquor hollandicus** als örtliches Anästhetikum bei

Neuralgien und Rheumatismus verwendet; zu diesem Zwecke mit 5 T. Fett oder Lanolin vermischt und als Salbe benutzt. Äthylenbromid, Aethylenum bromatum, welches zu äußerlichen Zwecken gebraucht wird, darf nicht verwechselt werden mit dem als Lokalanästhetikum verwendeten Äthylbromid oder Aether bromatus.

Während die soeben betrachteten Halogenabkömmlinge von Kohlenwasserstoffen durch Anlagerung (Addition) von Halogenatomen an ungesättigte Kohlenwasserstoffe entstanden sind, können auch auf dem Wege der Substitution Halogenabkömmlinge gebildet werden.

Die höheren Homologen des Äthylens werden meist aus den einwertigen Alkoholen durch Destillation mit wasserentziehenden Mitteln, wie Schwefelsäure (analog der Darstellung des Äthylens aus dem Äthylalkohol), Zinkchlorid, Phosphorsäureanhydrid usw. erhalten.

2. Azetylen- und Allylenreihe.
$$C_nH_{2n-2}.$$

Der Formel C_nH_{2n-2} entsprechen zwei Gruppen von Kohlenwasserstoffen, und zwar solche, in welchen Kohlenstoffatome mit dreifacher Bindung vorhanden sind, und solche, welche zwei doppelte Bindungen von Kohlenstoffatomen enthalten.

Zu der ersten Gruppe gehören die Azetylene: Azetylen $CH \vdots CH$, Allylen $CH_3 \cdot C \vdots CH$,
zu der zweiten Gruppe die Diolefine: z. B. Allen $CH_2:C:CH_2$.

Diolefine sind auch das Divinyl oder 1,3-Butandien $CH_2 : CH \cdot CH : CH_2$ und die Methylverbindung desselben, das Isopren oder 2-Methyl-1,3-Butandien $CH_2 : C(CH_3) \cdot CH : CH_2$. Isopren entsteht bei der trockenen Destillation des Kautschuks und wird praktisch gewonnen durch Leiten von Terpentinöldämpfen durch glühende Röhren oder durch Kondensation von Azeton mit Äthylen. Aus Isopren läßt sich durch Erhitzen mit Eisessig eine Polymerisation zu kautschukartiger Substanz (synthetischem oder künstlichem Kautschuk) ermöglichen.

Azetylen oder Äthin, $CH \vdots CH$, wurde von Berthelot dargestellt, indem er einen elektrischen Flammenbogen zwischen zwei Kohlenspitzen in einer Wasserstoffatmosphäre erzeugte.

Eine sehr bequeme Darstellungsweise des Azetylens besteht in der Zersetzung von Erdalkalikarbiden durch Wasser. Namentlich benutzt man hierzu das leicht zugängliche Kalziumkarbid, das durch Zusammenschmelzen von Kohle und Ätzkalk bei der hohen Temperatur des elektrischen Flammenofens erzeugt wird. Wasser zersetzt Kalziumkarbid im Sinne der Gleichung:

$$CaC_2 + 2\,H_2O = Ca(OH)_2 + CH \vdots CH.$$

Azetylen ist ein Gas von lauchartigem Geruch, das sich bei $+ 1^0$ unter 48 Atmosphären Druck verflüssigen läßt. Es brennt mit stark leuchtender, rußender Flamme und ist für die Beleuchtungstechnik von Wichtigkeit. Mit atmosphärischer Luft (9 Vol.) oder mit Sauerstoff ($2^1/_2$ Vol.) gemischt, bildet es Gasgemenge, die angezündet äußerst heftig explodieren.

Medizinische Anwendung: Unter dem Namen Narcylen wird Azetylen bei gleichzeitiger Einatmung von Sauerstoff zur kurzdauernden Narkose verwendet.

Durch naszierenden Wasserstoff[1] läßt sich Azetylen in Äthylen und Äthan überführen. Mit Chlorwasserstoff und Jodwasserstoff verbindet sich Azetylen

---

[1] Unter naszierendem Wasserstoff oder Wasserstoff in statu nascendi versteht man frisch entwickelten Wasserstoff, dem im Augenblick des Entstehens Gelegenheit geboten ist, auf andere, in dem Wasserstoffentwicklungsgefäß vorhandene Stoffe einzuwirken. Man erklärt die größere Wirksamkeit des naszierenden Wasserstoffs dadurch, daß im Augenblick des Entstehens die Wasserstoffatome noch im freien, im atomaren Zustand sich befinden, sich also noch nicht zu Molekeln verbunden haben. (Vgl. S. 28.)

zu Äthylidenchlorid $CH_3 \cdot CHCl_2$ bzw. Äthylidenjodid $CH_3 \cdot CHJ_2$. Die beiden Wasserstoffatome des Azetylens sind durch Metallatome ersetzbar: Azetylensilber, C_2Ag_2, Cuproazetylen, C_2Cu_2, Azetylenquecksilber, C_2Hg usw., Verbindungen, die explosiv sind.

c) Halogenabkömmlinge von Kohlenwasserstoffen der Methanreihe.

Die Substitution von Wasserstoffatomen in den Kohlenwasserstoffen durch Halogenatome geschieht durch Einwirkung der Halogene unter Abspaltung von Halogenwasserstoff. Läßt man auf Äthan Chlor einwirken, so entsteht zunächst Monochloräthan:

$$CH_3 \cdot CH_3 + Cl_2 = CH_3 \cdot CH_2 \cdot Cl + HCl.$$

Hierbei wird jedoch meist ein Gemisch mehrerer Substitutionsprodukte erhalten. Die Gewinnung einfach halogensubstituierter Stoffe (der Monohalogensubstitutionsprodukte) geschieht am besten durch Einwirkung von gasförmigen Halogenwasserstoff oder Halogenverbindungen des Phosphors auf einwertige Alkohole:

a) $C_2H_5 \cdot \underset{\text{Äthylalkohol}}{\underline{OH}} + \underset{}{H} Cl = \underset{\substack{\text{Äthylchlorid} \\ \text{(Monochloräthan)}}}{\underline{C_2H_5Cl}} + H_2O$.

b) $3\,\underset{\text{Äthylalkohol}}{\underline{C_2H_5 \cdot OH}} + \underset{\text{Phosphortrijodid}}{\underline{PJ_3}} = 3\,\underset{\substack{\text{Äthyljodid} \\ \text{(Monojodäthan)}}}{\underline{C_2H_5J}} + \underset{\substack{\text{Phosphorige} \\ \text{Säure.}}}{\underline{H_3PO_3}}$

Zur Darstellung von zweifach halogensubstituierten Stoffen (den Dihalogensubstitutionsprodukten) der Methanreihe kann man auf Olefine Halogene einwirken lassen. Man kann aber auch durch Behandeln von Monohalogensubstitutionsprodukten mit Halogen zweifach und mehrfach halogensubstituierte Stoffe erhalten; hat einmal das Halogen substituierend in die Molekel eines Kohlenwasserstoffs eingegriffen, so ist die Substitution anderer Wasserstoffatome erleichtert. Die Einwirkung von freiem Chlor auf die Kohlenwasserstoffe wird durch das Sonnenlicht beschleunigt. Man kann sich aber auch sog. Chlorüberträger bedienen. Als solche dienen kleine Mengen Jod oder Antimonpentachlorid oder auch Eisen. Als Bromüberträger können Aluminiumbromid, als Jodüberträger Jodsäure oder Quecksilberoxyd benutzt werden.

Von Halogenabkömmlingen der Methanreihe, für deren Darstellung besondere Methoden ausgearbeitet sind, kommen folgende medizinisch wichtige in Betracht:

Monochlormethan	CH_3Cl	Trijodmethan	CHJ_3
Dichlormethan	CH_2Cl_2	Tetrachlormethan	CCl_4
Trichlormethan	$CHCl_3$	Monochloräthan	C_2H_5Cl
Tribrommethan	$CHBr_3$	Monobromäthan	C_2H_5Br
Monojodmethan	CH_3J	Tetrabromäthan	$C_2H_2Br_4$.

Monochlormethan. Methylchlorid, dargestellt durch Erwärmen eines Gemisches von 1 T. Methylalkohol, 2 T. Natriumchlorid und 3 T. Schwefelsäure oder durch Einleiten von trockenem Salzsäuregas in eine siedende Lösung von 1 T. geschmolzenem Zinkchlorid in 2 T. Methylalkohol.

Farbloses, ätherartig riechendes Gas, das mit grüngesäumter Flamme brennt. Zu einer Flüssigkeit verdichtbar, deren Siedepunkt bei -23^0 liegt. In der Technik als Kältemittel benutzt (z. B. bei der Gewinnung des Fluors).

Dichlormethan, Methylenchlorid, Methylenum chloratum, CH_2Cl_2. Aus dem nächst höher chlorierten Methan, dem Trichlormethan (Chloroform), durch Behandeln mit naszierendem Wasserstoff (aus Zink und Salzsäure) gewonnen:

$$CHCl_3 + H_2 = CH_2Cl_2 + HCl.$$

Man reinigt das als Anästhetikum benutzte Produkt durch mehrmalige Destillation. Farblose, eigentümlich süßlich riechende, bei 40—41° siedende Flüssigkeit vom spez. Gew. 1,351 bei 15°, welche angezündet mit grün gesäumter Flamme brennt.

Trichlormethan, Chloroform, Formyltrichlorid, Chloroformium, $CHCl_3$, Mol.-Gew. 119,38. Zwecks Darstellung unterwirft man Äthylalkohol (oder Azeton) der Destillation mit Chlorkalk.

Darstellung: 50 T. Chlorkalk (mit 30 % wirksamem Chlor) werden in eine durch Dampf zu heizende Destillierblase gegeben, welche 200 T. Wasser enthält. Nach sorgfältiger Mischung fügt man 7,5 T. fuselfreien 90proz. Alkohol hinzu, erwärmt auf 45° und sorgt (unter Umständen durch Kühlung) dafür, daß die nunmehr eintretende Selbsterwärmung 60° nicht überschreitet. Hierauf destilliert man bei einer Temperatur von 65—70° ab, wäscht das destillierte Chloroform mit Wasser, läßt es 24 Stunden mit Ätzkalkstücken an einem dunklen Orte stehen, entwässert es vollständig mit Hilfe von Kalziumchlorid und destilliert es bei einer 65° nicht übersteigenden Temperatur.

Chlorkalk wirkt auf Äthylalkohol oxydierend ein, indem sich vermutlich zunächst Azetaldehyd bildet:

$$\underbrace{C_2H_5OH}_{\text{Äthylalkohol}} + CaCl(OCl) = CaCl_2 + H_2O + \underbrace{C_2H_4O}_{\text{Azetaldehyd.}}$$

Auf den Aldehyd wirkt weiteres Kalziumhypochlorit chlorierend ein, indem Trichloraldehyd (Chloral) entsteht, der durch Einwirkung von Kalziumhydroxyd in ameisensaures Kalzium und Chloroform zerfällt:

$$2\,CCl_3 \cdot CHO + Ca(OH)_2 = (HCO_2)_2Ca + 2\,CHCl_3.$$

Auch durch Destillation von reinem kristallisierten Chloralhydrat mit Kalium- oder Natriumhydroxyd wird Chloroform (Chloralchloroform) erhalten.

Eigenschaften und Prüfung: Farblose, bewegliche, süßlich riechende Flüssigkeit. Spez. Gew. 1,502 bei 15°, Siedepunkt 62,05°. Der Einwirkung des Lichtes und der Luft ausgesetzt, zerfällt die Chloroformmolekel schnell, indem erstickend riechendes Kohlenoxychlorid (Phosgengas) auftritt und nebenher Chlorwasserstoff entsteht:

$$2\,CHCl_3 + O_2 = 2\,COCl_2 + 2\,HCl.$$

Um diese Zersetzung bei einem zu medizinischen Zwecken zu verwendenden Präparate zu verhindern, fügt man ihm eine kleine Menge Alkohol hinzu zur Bindung der auftretenden Zersetzungsprodukte. Das Arzneibuch verlangt ein Chloroform mit einem spez. Gew. von 1,485—1,489 bzw. Dichte 1,474—1,478, welches durch Zusatz von ca. 1 °/₀ Alkohol erreicht wird. Der Siedepunkt eines mit 1 °/₀ Alkohol versetzten Chloroforms liegt zwischen 60—62°.

Chloroform darf nicht erstickend riechen. Filtrierpapier, mit Chloroform getränkt, soll nach dem Verdunsten des letzteren keinen Geruch mehr abgeben. — Man prüft Chloroform auf Salzsäure- und Chlorgehalt sowie auf Amylverbindungen (s. D. A. B. VI).

Medizinische Anwendung: Als Inhalationsanästhetikum für Narkosen zwecks Vornahme chirurgischer Operationen. Hierfür wird ein besonderes Narkosechloroform von den Apothekern vorrätig gehalten. Es soll in braunen, fast ganz gefüllten und gut verschlossenen Flaschen von höchstens 60 ccm Inhalt abgefüllt werden. Die Flaschen müssen entweder mit Glasstöpseln oder mit Korken, die eine Unterlage von Zinnfolie haben, verschlossen werden. Die Zinnfolie ist vorher mit absolutem Alkohol zu reinigen.

Bei Gaslicht sollten Narkosen mit Chloroform wegen der Bildung giftiger Verbindungen (z. B. Phosgen) vermieden werden.

Die Prüfung des Narkosechloroforms ist gegenüber dem gewöhnlichen Chloroform eine verschärfte. Nach D. A. B. VI dürfen 10 ccm Narkosechloroform mit 1 Tropfen einer Lösung von 0,01 g Dimethylaminoazobenzol in 10 ccm Narkosechloroform keine violettrote Färbung geben (Salzsäure). Läßt man eine Lösung von 0,1 g Benzidin in 20 ccm Narkosechloroform in einem verschlossenen Glasstöpselglase 24 Stunden lang an einem vor Licht geschützten Orte stehen, so darf höchstens eine schwach gelbe, keineswegs aber zitronengelbe Färbung oder Trübung oder Ausscheidung von Flocken eintreten (Prüfung auf Phosgen). Läßt man 20 ccm Narkosechloroform, 15 ccm Schwefelsäure und 4 Tropfen Formaldehydlösung in einem 3 cm weiten, mit Schwefelsäure gereinigten Glasstöpselglase unter häufigem Umschütteln $^1/_2$ Stunde lang stehen, so darf die Schwefelsäure innerhalb dieser Zeit nicht gefärbt werden (Prüfung auf fremde organische Stoffe).

Innerlich wird Chloroform als schmerzlinderndes und antispasmodisches Mittel benutzt in Dosen von 0,15—0,5 g.

Größte Einzelgabe 0,5 g, größte Tagesgabe 1,5 g. Vorsichtig und vor Licht geschützt aufzubewahren!

Tribrommethan, Bromoform, Formyltribromid, $CHBr_3$, Mol.-Gew. 252,76.

Darstellung: Kalkmilch (8 T. Ätzkalk und 40 T. Wasser) wird mit 20 T. Brom in der Kälte gesättigt, wobei sich Kalziumhypobromit bildet, und nach dem Hinzufügen von 3,5 T. Azeton der Destillation unterworfen.

Eigenschaften und Prüfung: Farblose, dem Chloroform ähnlich riechende, sehr schwere Flüssigkeit. Siedepunkt 151°. Spez. Gew. 2,904 bei 15°. Das mit 1 % absol. Alkohol versetzte medizinisch verwendete Präparat hat die Dichte 2,814—2,818 und erstarrt bei 5—6°. Man prüft es auf Bromwasserstoffsäure, Brom, Bromkohlenoxyd (s. D. A. B. VI). Bei 148—150° müssen 90 Volumprozent des Bromoforms überdestillieren.

Medizinische Anwendung: Innerlich gegen Keuchhusten: Kindern 3—4mal täglich 2—5 Tropfen in einem Teelöffel voll Wasser. Niemals in den leeren Magen! Als Beruhigungsmittel bei Irren, Dosis 15 Tropfen bis zu 30 Tropfen, Zeitdauer der Medikation 14 Tage. Auch gegen Ephysem, Asthma und Bronchitis chronica bis zu 2,0 g intern oder subkutan. Vorsicht, denn bei 20—30 Tropfen sind schwere Vergiftungserscheinungen beobachtet worden. Bei Ozaena (Stinknase) äußerlich verwendet.

In kleinen gut verschlossenen Flaschen vor Licht geschützt und vorsichtig aufzubewahren! Größte Einzelgabe 0,5 g, größte Tagesgabe 1,5 g.

Monojodmethan, Methyljodid, CH_3J, durch allmähliches Eintragen von 10 T. Jod in ein Gemisch aus 1 T. rotem Phosphor und 4 T. Methylalkohol unter Abkühlung und nachfolgender Destillation erhalten. Farblose, allmählich sich bräunende Flüssigkeit. Siedepunkt 44—45°. Spez. Gew. 2,295 bei 15°. Wird zum Methylieren, d. h. zum Einführen von Methylgruppen in organische Verbindungen benutzt.

Trijodmethan, Jodoform, Formyltrijodid, CHJ_3, Mol.-Gew. 393,80 wird bei der Einwirkung von Jod auf wässerigen Äthylalkohol bei Gegenwart von ätzenden oder kohlensauren Alkalien gebildet.

Darstellung: Man löst 2 T. kristallisiertes Natriumkarbonat in 8 T. Wasser, fügt 1 T. Äthylalkohol von 90 % hinzu, erwärmt im Wasserbade auf 70° und trägt nach und nach 1 T. zerriebenes Jod ein. Die braune Färbung verschwindet allmählich, und nach dem Erkalten der Flüssigkeit hat sich das Jodoform in Kristallen abgeschieden. Diese werden mit wenig kaltem Wasser auf einem Filter abgewaschen und bei gewöhnlicher Temperatur zwischen Fließpapier getrocknet.

Das Jodoform des Handels wird technisch meist durch Elektrolyse einer alkoholisch-wässerigen Lösung von Kaliumjodid und Kaliumkarbonat erhalten.

Eigenschaften und Prüfung: Kleine, gelbe, glänzende Blättchen, welche bei 119—120° schmelzen, aber schon bei gewöhnlicher Temperatur verdunsten. Spez. Gew. 2,0. Es besitzt einen eigentümlichen, an Safran erinnernden Geruch, welcher durch ätherische Öle, auch durch Kumarin verdeckt werden kann. In Wasser fast unlöslich. Gelöst wird es von 70 T. Weingeist von 20°, ungefähr 10 T. siedendem Weingeist und von 10 T. Äther, auch löslich in Chloroform, Kollodium, schwer löslich in fetten Ölen, kaum in Glyzerin. Beim Erhitzen von Jodoform, besonders unter Zusatz von etwas Schwefelsäure, entwickeln sich violette Joddämpfe. Mit Wasserdämpfen ist es flüchtig.

Man prüft Jodoform auf Chloride und auf fremde wasserlösliche gelbe Farbstoffe, wie **Pikrinsäure** oder **Auramin**, die zum Verfälschen des Jodoforms
benutzt werden. 1 g Jodoform mit 10 ccm Wasser 1 Minute lang geschüttelt,
liefert ein gelb gefärbtes Filtrat, wenn die genannten Farbstoffe das Jodoform
begleiten.

Medizinische Anwendung: Zum antiseptischen Wundverband. In 10 proz. Lösung
in einem Gemisch gleicher Teile Alkohol und Glyzerin zur Injektion in Abszesse, ferner benutzt in Form von Jodoformgaze, Jodoform-Kollodium, Jodoform-Watte.

Vor Licht geschützt und vorsichtig aufzubewahren.

Monochloräthan, Äthylchlorid, Aether chloratus, $CH_3 \cdot CH_2 \cdot Cl$, durch
Einwirkung von trockenem Salzsäuregas auf gut gekühlten absoluten Alkohol er-
halten. Leicht flüchtige, ätherisch riechende Flüssigkeit, die
in Wasser nur wenig, in Weingeist und Äther aber in jedem
Verhältnis löslich ist. Äthylchlorid verbrennt mit grün ge-
säumter Flamme. Siedepunkt 12—12,5°. Man prüft es auf
Salzsäure und Phosphorverbindungen (s. D. A. B. VI).
Es wird in zugeschmolzenen oder mit einem geeigneten
Verschluß versehenen (s. Abb. 70) Glasröhren in den Handel
gebracht.

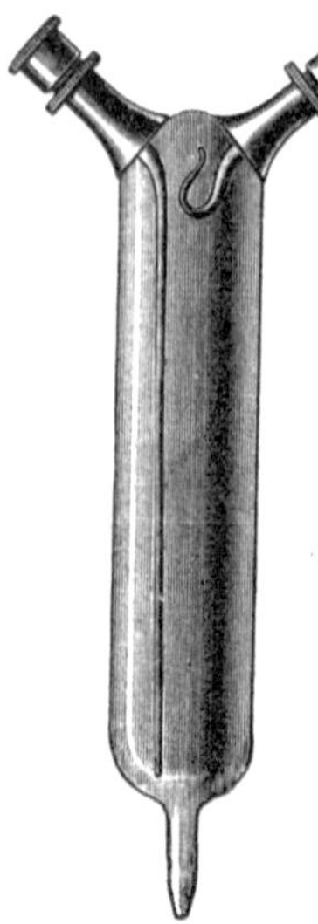
Abb. 70. Äthylchlorid-
gefäß.

Die links befindliche Öffnung des mit abschraubbaren Metall-
kapseln versehenen Glasgefäßes (Abb. 70) gibt nach Abnahme der
Verschraubung einen nach oben gerichteten Strahl. Wendet man das
Gefäß um, so gibt die andere Öffnung einen nach unten gerichteten
Strahl des Äthylchlorids.

Medizinische Anwendung: Als lokales Anästhetikum,
bei kleinen chirurgischen Operationen besonders in der Zahnheilkunde. Durch Ansprayen Vereisung der Haut.

**Kühl und vor Licht geschützt vorsichtig auf-
zubewahren!**

Monobromäthan, Äthylbromid[1], Aether bromatus, $CH_3 \cdot CH_2Br$, erhält man durch Destillation eines
Gemisches von Äthylalkohol, Schwefelsäure und Kaliumbromid.

Beim Mischen von Äthylalkohol mit Schwefelsäure entsteht zunächst Äthylschwefelsäure, welche durch Kaliumbromid zu Monobromäthan und saurem
schwefelsaurem Kalium umgesetzt wird:

$$(C_2H_5)HSO_4 + KBr = KHSO_4 + C_2H_5Br.$$

Der besseren Haltbarkeit wegen versetzt man das Präparat mit 1 % Alkohol.
Nach D. A. B. VI ist das spez. Gew. 1,453—1,457 (entsprechend der Dichte
1,440—1,444) und der Siedepunkt 36—38,5°. Angenehm ätherisch riechende,
stark lichtbrechende, neutrale, in Wasser unlösliche, in Weingeist und Äther
lösliche Flüssigkeit, die bei Narkosen von kürzerer Dauer in Anwendung
kommt.

Man prüft es auf **fremde organische Verbindungen, auf Phosphorverbindungen und auf Bromwasserstoffsäure** (s. D. A. B. VI).

In braunen, fast ganz gefüllten Flaschen von höchstens 100 ccm
Inhalt, vor Licht geschützt und vorsichtig aufzubewahren!

Medizinische Anwendung: Zur Narkose besonders in der Zahnheilkunde. 5—30 g
sind zur Narkose ausreichend, meist genügen 10—15 g. Vorsicht, da Respirationslähmung
beobachtet.

---

[1] Nicht zu verwechseln mit dem giftigen Äthylenbromid, $BrCH_2 \cdot CH_2Br$.

Tetrachlormethan, Tetrachlorkohlenstoff, CCl_4, entsteht bei der Einwirkung von Chlor auf siedendes Chloroform im Sonnenlicht oder bei Gegenwart von kleinen Mengen Jod. Es wird in der Technik erhalten durch Behandeln von Schwefelkohlenstoff mit Chlorschwefel bei Gegenwart kleiner Mengen Eisen:

$$CS_2 + 2\,S_2Cl_2 = CCl_4 + 6\,S.$$

Bei 76^0 siedende, angenehm riechende Flüssigkeit vom spez. Gew. 1,599 bei 15^0. In der Technik, weil nicht feuergefährlich, als ausgezeichnetes Lösungsmittel für viele organische Substanzen benutzt.

Tetrabromäthan, $C_2H_2Br_4$, bildet sich bei der Einwirkung von Brom auf Azetylen. Farblose, schwere Flüssigkeit, spez. Gew. 2,943. Siedepunkt 215^0. Sie wurde früher bei der Diamantengewinnung in Westafrika benutzt, indem beim Mischen des diamanthaltigen Wüstensandes mit Tetrabromäthan die schweren Diamanten (spez. Gew. 3,5) zu Boden der Flüssigkeit sinken, während der leichtere Sand die Oberfläche derselben bedeckt.

d) Halogenabkömmlinge von Kohlenwasserstoffen der Azetylenreihe.

Über die Anlagerung der von Halogen an Äthylen entstehenden Äthylenhalogeniden Äthylenchlorid, -bromid, -jodid ist auf S. 265 berichtet worden. Diesen Verbindungen kann durch Einwirkung von alkoholischem Kali Halogenwasserstoff entzogen werden, und es entstehen dann Halogensubstitutionsprodukte des Äthylens. So bildet sich aus Äthylenchlorid das Chloräthylen (auch Chloräthen oder Vinylchlorid genannt):

$$\begin{array}{c} CH_2Cl \\ | \\ CH_2Cl \end{array} - HCl = \begin{array}{c} CH_2 \\ \| \\ CHCl \end{array},$$

ein Gas, das verflüssigt eine bei -18^0 bis -15^0 siedende Flüssigkeit darstellt.

Von den Substitutionsprodukten des Äthylens verdient das Trichloräthylen (Trichloräthen, Chlorylen), $CHCl : CCl_2$, ein besonderes Interesse, da es als Extraktionsmittel für Fette und Öle in der Neuzeit von Bedeutung geworden ist. Man kann es aus dem Hexachloräthan (C_2Cl_6) durch Einwirkung von Zink und verdünnter Schwefelsäure oder aus symmetrischem Tetrachloräthan durch Erhitzen mit wässerigem Alkali oder Alkalikarbonat gewinnen.

Farblose, chloroformähnlich riechende Flüssigkeit, Siedepunkt 88^0, Dichte 1,47.

II. Alkohole.

Alkohole sind neutral reagierende hydroxylhaltige Kohlenstoffverbindungen. Sie leiten sich von Kohlenwasserstoffen offener Ketten ab, in welchen ein oder mehrere Wasserstoffatome durch Hydroxylgruppen ersetzt sind. Nach der Anzahl der in einer Molekel einer Kohlenstoffverbindung enthaltenen alkoholischen Hydroxylgruppen unterscheidet man **einwertige** und **mehrwertige** **Alkohole.** Die von den gesättigten oder Grenzkohlenwasserstoffen sich ableitenden Alkohole bezeichnet man als **Grenzalkohole,** die von den ungesättigten Kohlenwasserstoffen sich ableitenden Alkohole als **ungesättigte.**

a) Grenzalkohole.

1. Einwertige.

Methylalkohol, $CH_3 \cdot OH$ (Methan, in welchem 1 Wasserstoffatom durch Hydroxyl ersetzt ist).

Äthylalkohol, $C_2H_5 \cdot OH$ (abzuleiten vom Äthan).

Propylalkohol, $C_3H_7 \cdot OH$ (abzuleiten vom Propan).

Butylalkohol, $C_4H_9 \cdot OH$ (abzuleiten vom Butan).

Amylalkohol, $C_5H_{11} \cdot OH$ (abzuleiten vom Pentan) usw.

2. Zweiwertige.

Glykolalkohol, $\begin{matrix} CH_2 \cdot OH \\ | \\ CH_2 \cdot OH \end{matrix}$ (abzuleiten vom Äthan, $\begin{matrix} CH_3 \\ | \\ CH_3 \end{matrix}$, in welchem zwei Wasserstoffatome durch Hydroxyle ersetzt sind).

3. Dreiwertige.

Glyzerin (abzuleiten vom Propan $CH_3{-}CH_2{-}CH_3$, in welchem drei Wasserstoffatome durch Hydroxyle ersetzt sind): $CH_2OH \cdot CH \cdot OH \cdot CH_2OH$.

4. Vierwertige: Erythrit, $CH_2OH \cdot (CH \cdot OH)_2 \cdot CH_2OH$.

5. Fünfwertige: Arabit, $CH_2OH \cdot (CH \cdot OH)_3 \cdot CH_2OH$.

6. Sechswertige: Mannit, $CH_2OH \cdot (CH \cdot OH)_4 CH_2OH$.

Die einwertigen Alkohole werden, je nachdem das die Hydroxylgruppe tragende Kohlenstoffatom mit ein oder mehreren Kohlenstoffatomen direkt verbunden ist, in drei verschiedene Klassen eingeteilt, in primäre, sekundäre, tertiäre.

Bei den primären Alkoholen findet sich das Hydroxyl an einem endständigen Kohlenstoffatom. Bei den sekundären Alkoholen ist das die Hydroxylgruppe gebunden haltende Kohlenstoffatom noch mit zwei anderen Kohlenstoffatomen verknüpft, in den tertiären Alkoholen noch mit drei anderen Kohlenstoffatomen.

Primäre Alkohole sind daher durch die Gruppe $-C\begin{smallmatrix} H_2 \\ OH \end{smallmatrix}$,

sekundäre durch die Gruppe $=C\begin{smallmatrix} H \\ OH \end{smallmatrix}$,

tertiäre durch die Gruppe $\equiv C{-}OH$ gekennzeichnet:

$$\underbrace{\begin{matrix} CH_3 \\ | \\ C\begin{smallmatrix} H_2 \\ OH \end{smallmatrix} \end{matrix}}_{\text{Äthylalkohol (primär)}} \qquad \underbrace{\begin{matrix} CH_3 \\ | \\ C\begin{smallmatrix} H \\ OH \end{smallmatrix} \\ | \\ CH_3 \end{matrix}}_{\text{Sekundärer Propylalkohol}} \qquad \underbrace{\begin{matrix} CH_3 \\ | \\ CH_3{-}C{-}OH \\ | \\ CH_3 \end{matrix}}_{\text{Tertiärer Butylalkohol}}$$

Die Alkohole können als Derivate des Methylalkohols, welcher den Namen Karbinol führt, aufgefaßt werden. Durch Ersatz eines Wasserstoffatoms im Karbinol durch Alkyle entstehen primäre Alkohole, z. B.:

$$\underbrace{CH_3OH}_{\substack{\text{Methylalkohol} \\ \text{oder Karbinol}}} \qquad \underbrace{CH_3 \cdot CH_2OH}_{\substack{\text{Äthylalkohol} \\ \text{oder Methylkarbinol}}} \qquad \underbrace{C_2H_5 \cdot CH_2OH}_{\substack{\text{Propylalkohol} \\ \text{oder Äthylkarbinol.}}}$$

Durch Ersatz von zwei Wasserstoffatomen im Karbinol durch Alkyle entstehen sekundäre Alkohole, z. B.:

$$\underbrace{(CH_3)_2 CHOH}_{\substack{\text{Isopropylalkohol} \\ \text{oder Dimethylkarbinol}}} \qquad \underbrace{(C_2H_5)(CH_3) CHOH}_{\substack{\text{Isobutylalkohol} \\ \text{oder Äthyl-Methylkarbinol.}}}$$

Durch Ersatz der drei Wasserstoffatome des Karbinols durch Alkyle entstehen tertiäre Alkohole, z. B.:

$$\underbrace{(CH_3)_3 C \cdot OH}_{\substack{\text{Tertiärer Butylalkohol} \\ \text{Trimethylkarbinol}}} \qquad \underbrace{(C_2H_5)(CH_3)_2 C \cdot OH}_{\substack{\text{Tertiärer Amylalkohol} \\ \text{Dimethyläthylkarbinol.}}}$$

Man bezeichnet die Alkohole auch nach den Kohlenwasserstoffen, aus welchen sie entstanden gedacht werden, durch Anhängung der Silbe ol an den Namen des entsprechenden Kohlenwasserstoffs (s. S. 257), z. B.:

$$CH_3 \cdot OH = \text{Methanol} \qquad\qquad CH_3 \cdot CH_2 \cdot OH = \text{Äthanol}$$
$$CH_3 \cdot CH_2 \cdot CH_2 \cdot OH = \text{1-Propanol} \qquad CH_3 \cdot CH \cdot OH \cdot CH_3 = \text{2-Propanol.}$$

Die primären, sekundären und tertiären Alkohole lassen sich wie folgt unterscheiden:

1. Primäre Alkohole gehen bei der Oxydation zunächst in Aldehyde (durch die Gruppe $-C\begin{smallmatrix}\nearrow H \\ \searrow O\end{smallmatrix}$ gekennzeichnet), bei weiterer Oxydation in Karbonsäuren (durch die Gruppe $-C\begin{smallmatrix}\nearrow O \\ \searrow OH\end{smallmatrix}$ gekennzeichnet) über:

$$\underbrace{CH_3\text{-}CH_2\text{-}OH}_{\text{Äthylalkohol}} \xrightarrow{\;O\;} \underbrace{CH_3\text{-}CHO}_{\substack{\text{Aldehyd} \\ \text{(Azetaldehyd)}}} \xrightarrow{\;O\;} \underbrace{CH_3\text{-}COOH}_{\substack{\text{Karbonsäure} \\ \text{(Azetsäure od. Essigsäure).}}}$$

Sekundäre Alkohole gehen bei der Oxydation zunächst in Ketone (durch die mit zwei Kohlenstoffatomen verbundene Karbonylgruppe CO gekennzeichnet), bei weiterer Oxydation unter Zerfall der Molekel in zwei Karbonsäuren über, z. B.:

$$\underbrace{\substack{CH_3 \\ | \\ CH\text{-}OH \\ | \\ CH_3}}_{\substack{\text{Sekundärer} \\ \text{Propylalkohol}}} \xrightarrow{\;O\;} \underbrace{\substack{CH_3 \\ | \\ CO \\ | \\ CH_3}}_{\substack{\text{Keton} \\ \text{(Azeton)}}} \xrightarrow{\;O\;} \left.\substack{CH_3 \\ | \\ COOH}\right\}\text{Essigsäure} \atop \substack{\text{und} \\ CO_2}\Big\}\text{Kohlendioxyd}$$

Tertiäre Alkohole geben keine Zwischenprodukte, sondern gehen bei der Oxydation unter Zerfall der Molekel meist in Karbonsäuren über.

Bei der Einwirkung von Wasserstoff in statu nascendi auf die Aldehyde entstehen primäre Alkohole, auf die Ketone sekundäre Alkohole.

2. Primäre und sekundäre Alkohole liefern, mit Essigsäure auf 155° erhitzt, Essig-säureester, die tertiären Alkohole bilden hierbei unter Wasserabspaltung Alkylene (ungesättigte Kohlenwasserstoffe).

3. Beim Erhitzen primärer Alkohole mit Natronkalk werden die denselben entsprechenden Säuren gebildet:

$$\underbrace{CH_3 \cdot CH_2 \cdot OH}_{\text{Äthylalkohol}} + NaOH = \underbrace{CH_3 \cdot CO_2Na}_{\substack{\text{Essigsaures} \\ \text{Natrium.}}} + 2\,H_2$$

Die Hydroxylwasserstoffatome der Alkohole lassen sich durch Kalium oder Natrium ersetzen. Die entsprechenden Verbindungen werden Metallalkoholate genannt, z. B.:

$$2\,\underbrace{CH_3 \cdot CH_2 \cdot OH}_{\text{Äthylalkohol}} + Na_2 = 2\,\underbrace{CH_3 \cdot CH_2 \cdot ONa}_{\substack{\text{Natriumalkoholat} \\ \text{(Natriumäthylat).}}} + H_2$$

Mit Säuren bilden die Alkohole unter Austritt von Wasser sog. Ester (s. später):

$$\underbrace{CH_3 \cdot CH_2 \cdot OH}_{\text{Äthylalkohol}} + \underbrace{CH_3CO_2H}_{\text{Essigsäure}} = \underbrace{CH_2 \cdot CO_2 \cdot CH_2 \cdot CH_3}_{\text{Essigsäureäthylester.}} + H_2O$$

Vielfach vollzieht sich die Esterbildung beim bloßen Zusammenstehenlassen von Alkohol und Säuren, leichter beim Erhitzen beider, in manchen Fällen jedoch erst bei Gegenwart eines wasserentziehenden Mittels. Zu den Estern, die sich weit verbreitet in der Natur finden, gehören die Fette (s. dort). Aus diesen wie aus anderen Estern lassen sich die Alkohole gewinnen, indem man die Ester mit Wasserdampf unter Druck oder mittels Basen (Kali- oder Natronlauge) zerlegt. Man nennt diesen Vorgang Verseifung.

Auch entstehen Alkohole durch Einwirkung von Basen, besonders feuchtem Silberoxyd auf Halogenalkyle:

$$\underbrace{C_2H_5J}_{\text{Äthyljodid}} + AgOH = \underbrace{C_2H_5OH}_{\text{Äthylalkohol.}} + AgJ$$

In der Regel führt man indes die Halogenalkyle durch Silberazetat in Essigsäureester über und verseift diese mit Kali- oder Natronlauge:

$$C_2H_5J + CH_3CO_2Ag = CH_3 \cdot CO_2C_2H_5 + AgJ$$

$$CH_3 \cdot CO_2 \cdot C_2H_5 + KOH = CH_3 \cdot CO_2K + C_2H_5OH.$$

Endlich entstehen Alkohole bei Gärungsvorgängen. Über sonstige Bildungsweisen s. bei den einzelnen Verbindungen.

1. Einwertige Alkohole.

Methylalkohol, Karbinol, Methanol, Holzgeist, CH_3OH, kommt im freien Zustande in den Früchten verschiedener Heracleumarten vor, sowie im Gaultheriaöl als Salizylsäureester. Methylalkohol bildet sich bei der trockenen Destillation des Holzes und findet sich daher im Holzessig, aus welchem er durch fraktionierte Destillation gewonnen werden kann.

Man stumpft die Essigsäure des Holzessigs mit Kalkmilch ab und destilliert $^1/_{10}$ von der Gesamtflüssigkeit ab. Das Destillat wird durch mehrmalige Destillation über Ätzkalk nach und nach entwässert, bis schließlich nur noch Methylalkohol neben Azeton übergeht. Man behandelt dieses Gemisch mit Kalziumchlorid, mit welchem Methylalkohol eine kristallisierende Verbindung eingeht, und bewirkt dadurch eine Trennung von Azeton. Unterwirft man die Verbindung Kalziumchlorid-Methylalkohol einer Destillation mit Wasserdämpfen, so findet eine Zerlegung der Verbindung statt, und Methylalkohol destilliert, welcher durch wiederholte Destillation über Ätzkalk entwässert wird.

Neuerdings wird unter Verwendung von Katalysatoren Methanol synthetisch dargestellt aus Kohlenoxyd und Wasserstoff.

Methylalkohol bildet eine farblose, leicht bewegliche, dem Weingeist ähnlich riechende, brennbare Flüssigkeit von brennendem Geschmack. Siedepunkt 64,8° bei 763 mm Druck, Dichte 0,79647. Durch Oxydationsmittel geht Methylalkohol zunächst in Formaldehyd, dann in Ameisensäure und schließlich in Kohlendioxyd über.

Methylalkohol ist ein starkes Gift; nach innerlicher Darreichung treten heftige Koliken auf, die zum Tode führen können. Vielfach ist nach Methylalkoholvergiftung Erblindung beobachtet worden. Als Ursache der Giftigkeit des Methylalkohols gilt nach Keeser die Bildung von Formaldehyd im Organismus.

Der rohe Holzgeist des Handels ist ein im wesentlichen aus azetonhaltigem Methylalkohol bestehendes Präparat, das zum Denaturieren von Weingeist (Äthylalkohol) Verwendung findet.

Für äußerliche Zwecke sind Weingeist-Präparate in dem Handel angetroffen worden, die unter Verwendung eines mit rohem Holzgeist versetzten Weingeistes, also eines solchen, der Methylalkohol enthält, bereitet wurden. Unter dem Namen Spiritol und Spiritogen sind im wesentlichen aus Methylalkohol bestehende Produkte, die zur Herstellung von sonst mit Äthylalkohol bereiteten Präparaten Verwendung finden sollen, angeboten worden. Auch in Schnaps wurde Methylalkohol aufgefunden.

Um Methylalkohol in Flüssigkeiten nachzuweisen, kann man wie folgt verfahren:

10 ccm der zu prüfenden Flüssigkeit werden in einem 50 ccm fassenden Kölbchen (s. Abb. 71), auf welches ein als Kühler wirkendes, doppelt rechtwinklig gebogenes Glas-

rohr mittels eines durchbohrten Gummistopfens aufgesetzt ist, und welches auf einem doppelten Drahtnetz steht, sehr langsam und vorsichtig mit kleiner Flamme zum Sieden erhitzt. Das Destillat wird in einem kleinen, in Zehntelkubikzentimeter geteilten Meßzylinder aufgefangen. Man destilliert genau 1 ccm ab und leitet die Destillation so, daß diese Menge innerhalb 4—5 Minuten übergeht; bei zu schnell geleiteter Destillation ist das Destillat heiß, und es können alsdann Verluste an Holzgeist eintreten.

Das Destillat wird mit 4 ccm verdünnter Schwefelsäure (20 %) gemischt und in ein weites Reagenzglas übergeführt. Man trägt unter guter Kühlung des Reagenzglases (durch Eintauchen in kaltes Wasser) und stetem Umschütteln nach und nach 1 g sehr fein zerriebenes Kaliumpermanganat ein. Nachdem die Violettfärbung der letzten Portion verschwunden ist, filtriert man durch ein kleines trockenes Filter in ein Reagenzglas, erhitzt das meist rötlich gefärbte Filtrat 20—30 Sekunden bis zum schwachen Sieden, kühlt alsdann ab und mischt 1 ccm der nun farblosen Flüssigkeit in einem Reagenzglase unter gutem Kühlen mit 5 ccm konz. Schwefelsäure. Zu der abgekühlten Mischung werden 2,5 ccm einer frisch bereiteten Lösung von 0,2 g salzsaurem Morphin in 10 ccm konz. Schwefelsäure gegeben. Da diese Flüssigkeiten sich durch Schütteln schwer mischen, bewirkt man die Mischung durch sorgfältiges Rühren mit einem Glasstab. Man läßt nun bei Zimmertemperatur 20 Minuten lang stehen und beobachtet die Färbung der Flüssigkeit. Enthält das ursprüngliche Präparat mindestens 0,5 % Methylalkohol, so ist die Flüssigkeit violett bis rotviolett gefärbt. Gelbliche oder bräunliche Färbungen bleiben unberücksichtigt (nach Fendler und Mannich).

Nach Pfyl, Reif und Hanner kann man mit dem mit Permanganat oxydierten Destillat auch wie folgt verfahren:

0,5 ccm einer gut gekühlten Lösung von 0,02 g Guajakol oder 0,02 g Apomorphin in je 10 ccm reiner konz. Schwefelsäure (die Lösung des Apomorphins muß stets frisch bereitet, die des Guajakols darf höchstens 3 Tage alt sein) werden mit einer Pipette genau abgemessen und auf Uhrgläser, die auf weißer Unterlage ruhen, gebracht. Dazu gibt man ebenfalls mit einer Pipette je 0,1 ccm der gut gekühlten, völlig entfärbten, oxydierten Lösung, die man nach der oben beschriebenen Weise erhalten hat. Das Zugeben soll langsam und tropfenweise auf die Mitte der Guajakol- und der Apomorphinlösung erfolgen. Ist Formaldehyd zugegen, so nimmt die Guajakollösung eine ziemlich beständige rote Farbe an, deren

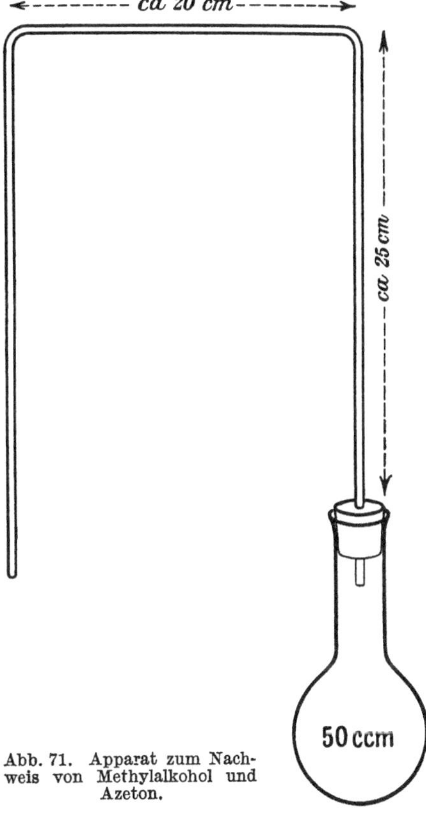

Abb. 71. Apparat zum Nachweis von Methylalkohol und Azeton.

Tiefe der vorhandenen Menge Formaldehyd entspricht; ist kein Formaldehyd zugegen, so wird sie höchstens schwach gelb. Bei der Apomorphinlösung entsteht, wenn Formaldehyd anwesend ist, eine dunkelgrauviolette Färbung, bei Abwesenheit von Formaldehyd nur ein schwacher Farbton. Außerdem bildet sich in der Apomorphinprobe bei Anwesenheit von Formaldehyd ein Niederschlag. Um seine Bildung zu beschleunigen, gibt man etwa 1 Stunde — nicht früher — nach dem Zufügen der Apomorphinlösung mit einer Pipette 0,5 ccm Wasser tropfenweise auf die Mitte der auf dem Uhrglas befindlichen Flüssigkeit und läßt, ohne umzurühren, ruhig stehen. Bei Anwesenheit von Formaldehyd beginnt in der Regel nach etwa 2 Stunden die Ausscheidung eines Niederschlages, der besonders am nächsten Tage in Form eines Kranzes deutlich sichtbar wird und dessen Menge von der des ursprünglich vorhanden gewesenen Methylalkohols abhängt.

Vgl. auch die Ausführung der Methylalkoholprobe nach D. A. B. VI.

Bei der Einwirkung von Schwefeltrioxyd auf absoluten Methylalkohol bei 0° bildet sich Methylschwefelsäure

$$CH_3OH + SO_3 = CH_3HSO_4,$$

woraus bei der Destillation im Vakuum unter Abspaltung von Schwefelsäure Dimethylsulfat, $(CH_3)_2SO_4$, entsteht, das zum Methylieren organischer Verbindungen angewendet wird.

Äthylalkohol, Alkohol, Äthanol, Weingeist, Spiritus vini,

$$CH_3 \cdot CH_2 \cdot OH,$$

kommt im freien Zustande vor in den Früchten von Heracleumarten, von Pastinaca sativa, Anthriscus cerefolium und bildet sich bei der alkoholischen Gärung verschiedener Zuckerarten. Diese wird durch Hefe (Saccharomyces-Arten) bewirkt. Die Hefepilze erzeugen ein eigentümliches Ferment, die Zymase, welche, wie E. Buchner fand, Traubenzucker und andere direkt gärungsfähige Zuckerarten in Alkohol und Kohlendioxyd zersetzt.

Die wichtigsten Nebenprodukte der alkoholischen Gärung sind Azetaldehyd, Azetal, Glyzerin, Bernsteinsäure und das Fuselöl, eine Mischung von Butyl- und Amylalkoholen und höheren Homologen. Bernsteinsäure und Fuselöl stammen nicht aus dem Zucker, sondern sollen ihre Bildung einer besonderen Gärung der Aminosäuren, die dem Eiweiß der Nährsubstrate und dem Eiweiß der Hefezellen entstammen, verdanken.

Nach C. Neuberg zerfällt bei der alkoholischen Gärung durch Hefe 1 Mol. des Zuckers zunächst in 2 Mol. Methylglyoxal $CH_3 \cdot CO \cdot CHO$. 2 Mol. Methylglyoxal liefern nach der Cannizzaroschen Reaktion mit Wasser je 1 Mol. Glyzerin und Brenztraubensäure $CH_3 \cdot CO \cdot CO_2H$, und diese zerfällt durch ein zweites, neben der Zymase, in der Hefe vorkommendes Ferment Karboxylase unter Kohlendioxydabgabe zu Azetaldehyd, welcher mit Methylglyoxal in Cannizzaroscher Reaktion Äthylalkohol und Brenztraubensäure liefert:

$$CH_3 \cdot CO \cdot CO_2H = CH_3CHO + CO_2$$

$$
\begin{array}{c}
CH_3CHO \\[4pt]
CH_3 \cdot CO{-}CHO
\end{array}
\ +\
\begin{array}{c}
H_2 \\[2pt]
\mid \\[2pt]
O
\end{array}
\ =\
\begin{cases}
CH_3 \cdot CH_2OH \\[4pt]
CH_3 \cdot CO \cdot CO_2H
\end{cases}
$$

Schließlich können nur geringe Mengen Azetaldehyd und Glyzerin als Nebenprodukte übrig bleiben, so daß die Gärung sich im wesentlichen nach Gay-Lussacs Gleichung $C_6H_{12}O_6 = 2C_2H_5OH + 2CO_2$ sich vollzieht.

Bei Gegenwart schwefligsaurer Salze wird bei der Hefegärung der als Zwischenprodukt entstehende Azetaldehyd gebunden (fixiert, „abgefangen") und dabei die äquivalente Menge Glyzerin gebildet:

$$C_6H_{12}O_6 = \underbrace{CH_3 \cdot CHO}_{\text{Azetaldehyd}} + CO_2 + \underbrace{C_3H_8O_3}_{\text{Glyzerin}}.$$

Wenn der Alkohol einer gärenden Flüssigkeit sich auf 14—16 Gew.-% Alkohol angereichert hat, kommt die Gärung zum Stillstande, indem der Hefepilz nicht mehr zu wachsen, bzw. die Zymase den Zucker nicht mehr zu zerlegen vermag. Auch beim Erhitzen der Flüssigkeit auf 60^0 wird der Hefepilz getötet, die Zymase unwirksam.

Nicht alle Zuckerarten zerfallen direkt durch die Tätigkeit der Hefe. Direkt gärungsfähig sind z. B. Traubenzucker, Fruchtzucker und Galaktose, nicht direkt (indirekt) gärungsfähig, z. B. Rohrzucker. Man kann diesen aber in gärungsfähigen Zucker umwandeln, invertieren, indem man Rohrzucker mit verdünnten Säuren in der Wärme behandelt. Auch schon durch anhaltendes Kochen der wässerigen Lösung, sowie durch die Einwirkung der Hefe wird Rohrzucker gärungsfähig, indem das Enzym Invertin der Hefepilze eine Spaltung des Zuckers bewirkt. Dieser nimmt eine Molekel Wasser auf und zerfällt in zwei direkt gärungsfähige Zuckerarten, in Traubenzucker und Fruchtzucker (s. Zucker).

Man kann auch das in besonderen Reservestoffbehältern von Pflanzen (Knollen, Wurzeln, Stämmen) vorkommende Stärkemehl zur Alkoholgewinnung benutzen, indem beim Behandeln stärkemehlhaltiger Stoffe bei höherer Temperatur mit einem wässerigen Gerstenmalzauszug ein in diesem enthaltenes eigentümliches Enzym, die Diastase, die Verzuckerung des Stärkemehls (Bildung von Maltose neben Dextrin) bewirkt. Die Maltose wird durch die Hefe in Alkohol und Kohlendioxyd zerlegt. Das Ferment Maltase spaltet die Maltose zunächst in 2 Mol. Traubenzucker, welche durch die Zymase zu Alkohol und Kohlendioxyd vergoren werden.

Die alkoholische Gärung von zuckerhaltigen Pflanzensäften (Weintrauben, Stachelbeeren, Johannisbeeren usw.) liefert die als Wein (Obstweine) bekannten alkoholischen Getränke. Je nach dem Zuckergehalt des der Gärung unterworfenen Saftes wird ein alkoholreicheres oder -ärmeres Produkt erhalten. Der Alkoholgehalt der verschiedenen Weine schwankt bei leichten deutschen Weinen zwischen 6—8 Volum- (Raum-) Prozenten, bei gehaltreicheren deutschen Weinen zwischen 8—12, bei französischen Weinen zwischen 10 und 12 Vol.-%. Südländische (spanische, italienische, griechische, ungarische) Weine, welche bei hohem Zuckergehalte gleichzeitig einen hohen Alkoholgehalt besitzen (mehr als 16 g in 100 ccm Wein), sind Kunsterzeugnisse. Die südländischen Weine werden in der Weise hergestellt, daß Traubensaft (Most) nicht unmittelbar der Gärung unterworfen, sondern zuvor durch Eindampfen konzentriert und mit etwas Most oder Reinhefe zwecks Einleitung des Gärungsvorganges versetzt wird. Ungarwein stellt man her, indem man Trockenbeeren mit Most auszieht und die so erhaltenen zuckerreichen Flüssigkeiten vergären läßt.

Eine Vergärung von Gerstenmalzauszügen mit Zusatz von Hopfen liefert das Bier. Man unterscheidet ober- und untergärige Biere. Bei ersteren verläuft die Gärung bei mittlerer Temperatur und oft stürmisch, wodurch das Hefegut an die Oberfläche der gärenden Flüssigkeit gerissen wird. Auf diese Weise werden die Weißbiere (Berliner Weißbier, Lichtenhainer) erzeugt. Die untergärigen Biere (Lagerbiere) werden durch Gärung bei niedriger Temperatur (bis ca. + 5⁰) unter Zusatz von Hopfenauszügen hergestellt. Die Lagerbiere enthalten gegen 3—5 Vol.-% Alkohol und gegen 8% Extraktivstoffe.

Unterwirft man Traubenwein der Destillation, so geht im Anfange der Destillation eine alkoholreiche Flüssigkeit über, welche ätherisch riechende Stoffe (Fruchtäther) enthält. Das von vergorenem Traubensaft (Wein) erhaltene Destillat führt den Namen Cognac[1], enthält gegen 40% Alkohol und wird im Arzneibuch als Spiritus e vino, Weinbranntwein, bezeichnet. Die außerhalb Frankreichs, z. B. in Deutschland durch Destillation von Wein erhaltenen Produkte führen meist den Namen „Weinbrand".

Aus vergorenem Reis oder vergorenem Palmsaft wird in Ostindien Arrak, aus vergorener Zuckerrohrmelasse Rum, aus vergorenen reifen Zwetschen Zwetschenbranntwein, aus vergorenen, mit den Kernen zerstoßenen Kirschen das blausäurehaltige Kirschwasser gewonnen.

Man nennt das Verfahren, aus alkoholhaltigen Stoffen durch Destillation alkoholreiche Flüssigkeiten zu gewinnen, das Brennen, und das Produkt selbst Branntwein. Insbesondere wird unter Branntwein die durch Vergären verzuckerter Kartoffelstärke oder der verzuckerten Stärke der Gramineenfrüchte erhaltene alkoholische Flüssigkeit verstanden. Der Alkohol oder Spiritus oder Weingeist, welcher in der Technik, im Haushalt, in der Apotheke zur Herstellung pharmazeutischer Präparate, zu Trinkzwecken usw. vielseitige Ver-

---

[1] Nach der französischen Stadt Cognac, wo die Weindestillate in Frankreich wohl zuerst hergestellt wurden, so genannt.

wendung findet, wird meist aus Kartoffeln „gebrannt". Nur geringe Mengen werden aus Getreide hergestellt und als Kornbranntwein, Korn, fast ausschließlich zu Trinkzwecken benutzt.

Alkoholgewinnung aus Kartoffeln. Die Kartoffeln werden gekocht, zerkleinert, mit Wasser zu einem Brei angerührt und, mit 5 % Malz versetzt, bei einer Temperatur von 60^0 belassen. Neuerdings zieht man vor, die Kartoffeln im „Dämpfer" d. h. in einem Autoklaven mit Dampf bei 2—3 Atmosphären Druck und einer Temperatur von 140—150^0 vorzubereiten. Aus dem „Dämpfer" kommen die Kartoffeln in Form eines Breies heraus, der sodann mit dem zerquetschten und mit Wasser angerührten Malz versetzt und im Maischeapparat auf gegen 60^0 erhitzt wird. Die jetzt dünnflüssig gewordene Masse (die Maische) läßt man in Bottichen abkühlen und leitet bei einer Temperatur von 15—20^0 mit Hefe die alkoholische Gärung ein. Die vergorene Masse unterwirft man der Destillation und reinigt das Destillat von Nebenstoffen wie Azetaldehyd, Azetal, Fuselöl usw., durch fraktionierte Destillation in sog. Kolonnenapparaten (Dephlegmatoren).

Neuerdings wird Mais zur Erzeugung von Alkohol in größerem Maßstabe herangezogen. In Deutschland betrug in den letzten Jahren das Verhältnis zwischen der aus Mais und der aus Kartoffeln gewonnenen Alkoholmenge 3 : 1.

Alkohol wird auch aus Holzabfällen, Sulfitlaugen und Torf gewonnen. Zu dem Zweck wird die Zellulose des Holzes durch Erhitzen mit Schwefelsäure in eine zuckerhaltige Masse übergeführt, die dann mit Hefe der Gärung unterworfen wird.

Sulfitlaugen erhält man durch Behandeln von gemahlenem Holz mit einer Lösung von Kalziumbisulfit und freier schwefliger Säure bei einer Temperatur von 135—140^0. Hierbei wird das Lignin und ein gewisser Anteil der Zellulose in Lösung übergeführt, während der größte Teil unangegriffen bleibt. Die erhaltene Sulfitlauge enthält gegen $2^1/_2 \%$ Zucker, von dem über die Hälfte vergärbar ist. Man verfährt in der Weise, daß man nach Eckström den Überschuß an schwefliger Säure durch Kalk entfernt und der Lauge dann organische und anorganische Nährstoffe zuführt. Beim Neutralisieren scheidet sich Kalziummonosulfit ab. Die vergorene Sulfitlauge enthält gegen 1,2 % Alkohol.

Auf synthetischem Wege ist Alkohol u. a. aus dem Azetylen gewonnen worden. Man führt dieses durch Reduktion in Äthylen über, das von mäßig warmer konz. Schwefelsäure zu Äthylschwefelsäure gelöst wird. Beim Erhitzen mit Wasser spaltet die Äthylschwefelsäure Alkohol ab, und Schwefelsäure wird regeneriert:

$$CH_2 : CH_2 + SO_2(OH)_2 = CH_3 \cdot CH_2O \cdot SO_2OH$$

$$CH_3CH_2O \cdot SO_2OH + H_2O = CH_3 \cdot CH_2OH + SO_2(OH)_2$$

Der in den Handel gelangende Sprit oder rektifizierte Weingeist enthält noch 5—10 % Wasser. Um ihn davon zu befreien, wird er über wasserentziehenden Mitteln (Ätzkalk, geglühter Pottasche) wiederholt destilliert. Man erhält so den Alcohol absolutus des Handels mit gewöhnlich noch 0,25—0,5 % Wasser.

Wasserfreier Alkohol ist eine farblose, leicht bewegliche Flüssigkeit von angenehm geistigem Geruch und brennendem Geschmack. In wasserfreiem Zustand wirkt Äthylalkohol giftig, mit Wasser verdünnt anregend. Er ist leicht entzündlich und verbrennt mit bläulicher Flamme zu Wasser und Kohlendioxyd Mit Wasser, Äther, Chloroform läßt er sich in jedem Verhältnis klar mischen. Beim Verdünnen mit Wasser findet Erwärmung und Kontraktion (Raumverminderung) statt. Die größte Raumverminderung tritt ein beim Vermischen von 53,94 Raumteilen Alkohol mit 49,93 Raumteilen Wasser. Es werden hierbei 100 Raumteile Flüssigkeit erhalten. Das spezifische Gewicht des Äthylalkohols mit 99,66—99,46 Vol.-% oder 99,44—99,11 Gew.-% Alkohol (Alcohol absolutus) ist 0,796—0,797, die Dichte 0,791—0,792, der Siedepunkt liegt bei $78,4^0$. Die Siedepunkte der Gemische von Alkohol und Wasser sind je nach dem darin enthaltenen Alkohol verschieden, liegen niedriger bei hohem Alkoholgehalt und umgekehrt.

Den Alkoholgehalt bestimmt man durch sog. Alkoholometer, das sind gläserne Spindeln, welche durch mehr oder weniger tiefes Eintauchen beim Schwimmen das spezifische Gewicht des Alkoholgemisches anzeigen. Auf der Skala dieser Spindeln ist aber nicht das spezifische Gewicht, sondern der demselben entsprechende Alkoholgehalt in Prozenten angegeben, und zwar entweder in Gewichtsprozenten (Alkoholometer nach Richter) oder in Volum- oder Raumprozenten (Alkoholometer nach Tralles).

Im D. A. B. VI ist ein Alcohol absolutus und ein Spiritus oder Weingeist von 91,29—90,09 Vol.-% oder 87,35—85,80 Gew.-% Alkohol beschrieben. Das spezifische Gewicht eines solchen Weingeistes ist 0,830—0,834, die Dichte 0,824—0,828.

Außerdem ist im Arzneibuch ein Spiritus dilutus aufgeführt, welcher durch Mischen von 7 T. Spiritus mit 3 T. destilliertem Wasser hergestellt werden soll. Eine solche Flüssigkeit entspricht 69—68 Raum-% oder 61—60 Gew.-% an absolutem Alkohol und besitzt das spez. Gew. 0,892—0,896, die Dichte 0,888—0,892.

Ein Alcohol absolutus muß sich mit Wasser ohne Trübung mischen. Werden 5 ccm alsoluter Alkohol mit 5 ccm Wasser verdünnt, mit 25—30 Tropfen einer weingeistigen Salizylaldehydlösung (1 + 99) und mit 20 ccm Schwefelsäure versetzt, so darf die Mischung nach dem Erkalten keine rötliche oder granatrote Färbung zeigen (Prüfung auf Fuselöl). Werden 5 ccm Schwefelsäure in einem mit dem zu prüfenden absoluten Alkohol gereinigten Probierrohr mit 5 ccm absolutem Alkohol überschichtet, so darf sich zwischen den beiden Schichten auch bei längerem Stehen keine rosarote Zone bilden (Prüfung auf Melassespiritus). Über die sonstige Prüfung s. D. A. B. VI.

Zum Nachweis von Äthylalkohol unterwirft man die zu untersuchende Flüssigkeit der Destillation auf dem Wasserbade und behandelt die ersten Anteile des Destillates, in welchem der Äthylalkohol sich befindet, wie folgt: Man stumpft, wenn das Destillat sauer reagieren sollte, die Säure mit Kaliumkarbonat ab, fügt zu einer kleinen Menge der Flüssigkeit verdünnte Kalilauge, erwärmt das Gemisch auf etwa 50° und setzt unter Umschütteln so viel einer Lösung von Jod in Kaliumjodid hinzu, daß eine schwache Gelbfärbung der Flüssigkeit bestehen bleibt. Beim Vorhandensein von Alkohol scheiden sich nach dem Erkalten der Flüssigkeit kleine gelbe Kristalle von Jodoform ab (Liebensche Jodoformreaktion).

Enthält das Destillat größere Mengen Alkohol, so läßt sich dieser schon durch den Geruch und die Brennbarkeit der Flüssigkeit nachweisen.

Wasserfreier Alkohol wird fast nur zu wissenschaftlichen Zwecken benutzt, der wasserhaltige Alkohol hingegen findet eine sehr weitgehende Anwendung vor allem zu Genußzwecken (zu „alkoholischen Getränken"), zur Herstellung pharmazeutischer Präparate, besonders von Tinkturen und Extrakten, zur Bereitung von Parfüms, von Lacken, Firnissen, zur Darstellung vieler chemischer Präparate, zu Brennzwecken, zur Konservierung anatomischer Präparate, bei der Behandlung der Furunkulose, zum Desinfizieren der Hände usw.

Der zu Genußzwecken benutzte Spiritus ist mit einer hohen Steuer belastet; um den Spiritus für Genußzwecke untauglich zu machen und ihn von der steueramtlichen Kontrolle zu befreien, wird er denaturiert, d. h. mit Stoffen versetzt, die eine Verwendung zu Genußzwecken erschweren. Als Denaturierungsmittel werden roher Holzgeist (s. unter Methylalkohol) und Pyridinbasen (s. später) benutzt.

Um den Alkoholgehalt in Tinkturen zu ermitteln, hat das Arzneibuch eine Vorschrift zur Bestimmung einer sog. Alkoholzahl veröffentlicht.

Zu ihrer Bestimmung bedient man sich des zur Bestimmung des Siedepunktes beschriebenen Apparates (Abb. 72). Das untere Ende des Kühlers wird einem Vorstoß, dessen oberer Teil bei 1,3 cm lichter Weite 2,5 cm und dessen unterer Teil bei 0,5 cm lichter Weite 15 cm lang ist, derart verbunden, daß der absteigende Teil des Vorstoßes senkrecht steht. In den Siedekolben wird zur Verhütung des Siedeverzuges ein Siedestäbchen gegeben. Als Vorlage dient ein in $^1/_{10}$ ccm eingeteilter Glaszylinder von 25 ccm Inhalt (s. Abb. 72).

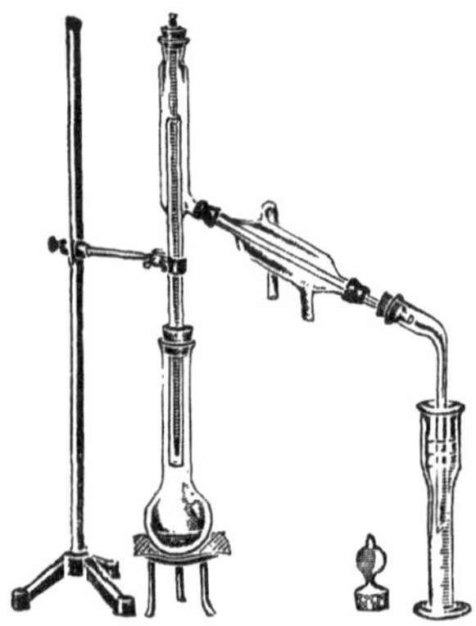

Abb. 72. Apparat zur Bestimmung der ,,Alkoholzahl" in Tinkturen (L. Kobe, Berlin).

Der Siedekolben wird mit einer Mischung von 10 g der zu prüfenden Tinktur und 5 g Wasser beschickt. Darauf wird mit schwach exzentrisch gestellter Flamme das in der Mitte der Asbestplatte befindliche Drahtnetz derart erhitzt, daß es in seiner ganzen Ausdehnung rotglühend wird. Bei beginnendem Sieden ist die Höhe der Flamme so einzustellen, daß die Flüssigkeit gleichmäßig und stark siedet. Bei den mit verdünntem Weingeist bereiteten Tinkturen sind etwa 11 ccm, bei den mit Weingeist bereiteten etwa 13 ccm, bei Tinctura Opii crocata und Tinctura Opii simplex etwa 9 ccm abzudestillieren.

Das in dem Glaszylinder aufgefangene Destillat wird mit so viel Kaliumkarbonat kräftig durchgeschüttelt, daß eine mindestens 0,5 cm hohe Schicht von Kaliumkarbonat ungelöst bleibt. Bei den mit verdünntem Weingeist bereiteten Tinkturen sind etwa 6—7 g — bei den Opiumtinkturen etwas mehr —, bei den mit Weingeist bereiteten Tinkturen etwa 3—4 g Kaliumkarbonat erforderlich. Wird zu reichlich Kaliumkarbonat zugesetzt, so findet keine scharfe Scheidung der Flüssigkeiten statt. In diesem Falle ist mit einigen Tropfen Wasser erneut durchzuschütteln, bis bei ruhigem Stehen eine scharfe Scheidung eintritt.

Nach dem Abkühlen auf 20° durch halbstündiges Einstellen in Wasser von 20° wird die Anzahl Kubikzentimeter der oberen, alkoholischen Schicht abgelesen = Alkoholzahl.

Durch Multiplikation der Alkoholzahl mit 7,43 erhält man bei den mit absolutem Alkohol, Weingeist oder Weingeist und Wasser bereiteten Tinkturen den Alkoholgehalt der Tinktur in Gewichtsprozenten.

Alkoholzahlen einiger Tinkturen:

Tinctura	Absinthii,	Alkoholzahl nicht unter			7,5
,,	Aloës,	,,	,,	,,	9,5
,,	amara,	,,	,,	,,	7,5
,,	Arnicae,	,,	,,	,,	7,7
,,	Aurantii,	,,	,,	,,	7,4
,,	Benzoës,	,,	,,	,,	9,0
,,	Calami,	,,	,,	,,	7,7
,,	Capsici,	,,	,,	,,	10,8
,,	Chinae,	,,	,,	,,	7,3
,,	Colchici,	,,	,,	,,	7,7
,,	Gentianae,	,,	,,	,,	7,3
,,	Lobeliae,	,,	,,	,,	8,0
,,	Myrrhae,	,,	,,	,,	10,2
,,	Opii simpl.,	,,	,,	,,	3,5
,,	Strychni,	,,	,,	,,	7,5
,,	Valerianae,	,,	,,	,,	7,5
,,	Zingiberis,	,,	,,	,,	7,7

Propylalkohole, Propanole, $C_3H_7 \cdot OH$.

Der normale, primäre Propylalkohol, $CH_3 \cdot CH_2 \cdot CH_2 \cdot OH$, ist eine bei 97,4° siedende Flüssigkeit, kommt im Fuselöl vor und wird daraus gewonnen. Der sekundäre Propylalkohol, $(CH_3)_2CH \cdot OH$, siedet bei 82,7° und läßt sich aus dem Isopropyljodid durch Kochen mit Wasser und frisch gefälltem Bleihydroxyd am Rückflußkühler gewinnen. Neuerdings wird er aus Azeton durch katalytische Reduktion mit Wasserstoff (unter Verwendung von Nickel als Katalysator) dargestellt. Der sekundäre Propylalkohol, auch

Isopropylalkohol genannt, findet in der Kosmetik, aber auch zu Genußzwecken, Anwendung.

Butylalkohole, Butanole, $C_4H_9 \cdot OH$.

Von den 4 möglichen Isomeren sind 2 primär, 1 sekundär und 1 tertiär:

$CH_3 \cdot CH_2 \cdot CH_2 \cdot CH_2OH$ $(CH_3)_2CH \cdot CH_2OH$ $CH_3 \cdot CH_2 \cdot CH(OH) \cdot CH_3$ $(CH_3)_3C \cdot OH$.

Normal-Butylalkohol, Buta-   Isobutylalkohol   Äthyl-Methylkarbinol, Buta-   Trimethylkarbinol
nol-(1), Propylkarbinol   Isopropylkarbinol   nol-(2), Methyläthylkarbinol   (tertiär)
(primär)   (primär)   (sekundär)

Von diesen Alkoholen findet sich der primäre Isobutylalkohol (Gärungsbutylalkohol) im Fuselöl und wird daraus gewonnen. Isobutylalkohol ist in dem ätherischen Öl von Anthemis nobilis mit Isobuttersäure und Angelikasäure verbunden als Ester (s. dort).

Amylalkohole, Pentanole, $C_5H_{11} \cdot OH$. Es sind acht isomere Alkohole dieser Zusammensetzung möglich und bekannt, und zwar a) vier primäre, b) drei sekundäre, c) ein tertiärer.

Von den folgenden Alkoholen sind Nr. 2 und 8, der Gärungsamylalkohol und das Amylenhydrat, von Wichtigkeit.

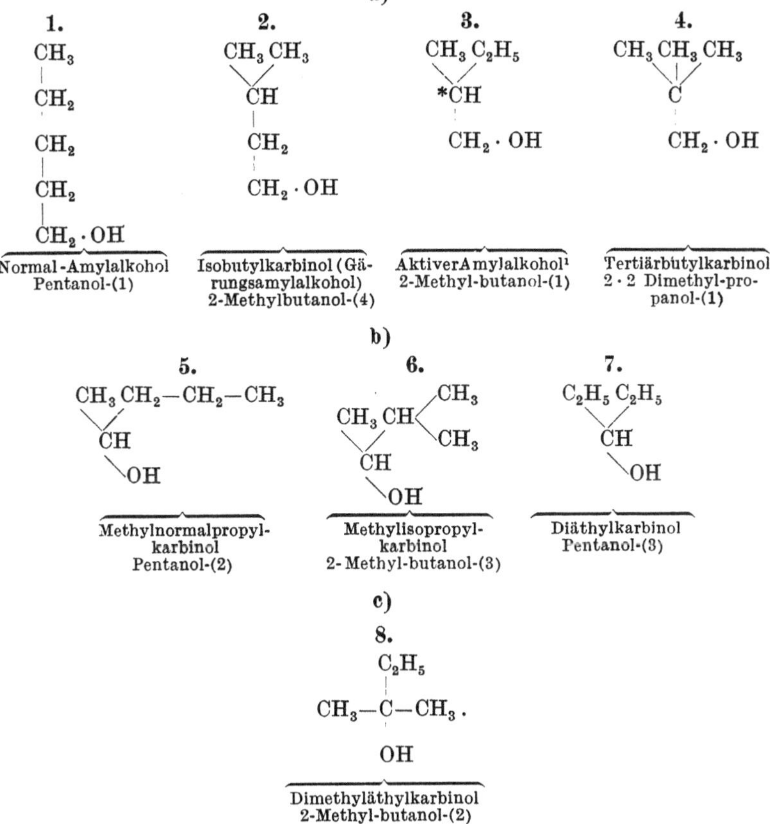

Der Gärungsamylalkohol bildet den Hauptbestandteil des Fuselöls und wird daraus durch fraktionierte Destillation als eine bei 132—133⁰ siedende, klare, farblose, ölige Flüssigkeit erhalten, die in Wasser fast unlöslich ist.

---

[1] Deshalb „aktiv" genannt, weil er die Ebene des polarisierten Lichtes ablenkt. Das mit einem * bezeichnete Kohlenstoffatom ist ein asymmetrisches und bedingt die optische Aktivität (s. Oxypropionsäuren oder Milchsäuren).

Amylenhydrat oder den tertiären **Amylalkohol, Dimethyläthyl-karbinol**, welches als Hypnotikum medizinisch verwendet wird, gewinnt man durch Einwirkung von Schwefelsäure auf Amylen, Übersättigen mit Natronlauge und nachfolgende Destillation.

Amylen wird aus Gärungsamylalkohol durch Behandeln mit wasserentziehenden Mitteln (konz. Schwefelsäure, Chlorzink) dargestellt.

$$C_5H_{11}OH = C_5H_{10} + H_2O.$$

Auf das Amylen läßt man ein Gemisch gleicher Volumina Schwefelsäure und Wasser einwirken, wobei Amylschwefelsäure entsteht.

Aus dieser wird bei der Destillation mit wässerigen Alkalien Amylenhydrat neben Alkalibisulfat gebildet:

$$C_5H_{11}OH \xrightarrow{H_2SO_4} \underset{CH_3}{\overset{CH_3}{{>}}}C\underset{CH_2 \cdot CH_3}{\overset{OSO_2OH}{{<}}} \xrightarrow{NaOH} \underset{CH_3}{\overset{CH_3}{{>}}}C\underset{CH_2 \cdot CH_3}{\overset{OH}{{<}}}.$$

Amylenhydrat ist eine zwischen 99^0 und 103^0 siedende Flüssigkeit von eigentümlichem, ätherisch-gewürzhaftem Geruch und brennendem Geschmack. Spez. Gew. 0,815—0,820, Dichte 0,810—0,815. Amylenhydrat löst sich in 8 T. Wasser und ist mit Weingeist, Äther, Chloroform, Petroleumbenzin, Glyzerin und fetten Ölen klar mischbar. Amylenhydrat prüft man auf **Amylen** und **Aldehyde**.

20 ccm der wässerigen Lösung (1 + 19) dürfen nach Zusatz von 2 Tropfen Kaliumpermanganatlösung die rote Farbe innerhalb 10 Minuten nicht verlieren (Nachweis von Amylen). Erhitzt man 20 ccm der wässerigen Lösung (1 + 19) mit 1 ccm ammoniakalischer Silberlösung 10 Minuten lang im siedenden Wasserbad, so darf weder eine Färbung noch eine braunschwarze Ausscheidung eintreten (Prüfung auf Aldehyde).

Medizinische Anwendung: Amylenhydrat wird als Hypnotikum in Dosen von 2—3 g in Bier oder Wein oder in wässeriger Lösung gebraucht. Auch in Klistier wirkt es hypnotisch. Amylenhydrat kam in Vereinigung mit Chloralhydrat unter dem Namen **Dormiol** als Schlafmittel in den Verkehr. **Vor Licht geschützt und vorsichtig aufzubewahren!** Größte Einzelgabe 4,0 g, größte Tagesgabe 8,0 g.

Von höher molekularen einsäurigen Grenzalkoholen seien erwähnt:

n-Hexylalkohol, Hexanol-(1), $C_6H_{13} \cdot OH$, und **n-Oktylalkohol, Octanol-(1)**, $C_8H_{17} \cdot OH$, finden sich als Essigsäure- und Buttersäureester im ätherischen Öl der Samen von Heracleum-Arten.

Cetylalkohol, Hexadecylalkohol, $C_{16}H_{33} \cdot OH$, eine bei $49,5^0$ schmelzende Masse, wird durch Verseifen von **Walrat, Cetaceum**, das im wesentlichen aus Palmitinsäure-Cetylester besteht, gewonnen (über Ester s. später).

Phytol, $C_{20}H_{39}OH$, aus Phäophytin — dem Produkt, das durch gelinde Säurewirkung aus Chlorophyll entsteht — bei der Verseifung mit methylalkoholischem Kali erhalten.

Cerylalkohol, Cerotin, $C_{26}H_{53} \cdot OH$, bildet als Cerotinsäureester das **chinesische Wachs**. Bei 79^0 schmelzende, weiße, kristallinische Masse.

Melissylalkohol, Myricylalkohol, $C_{30}H_{61} \cdot OH$, kommt als Palmitinsäureester im Bienenwachs vor; eine bei 85^0 schmelzende Masse.

Melissylalkohol mit Cerotinsäure verestert ist der wesentliche Bestandteil des **Karnaubawachses**, einer auf der Oberfläche der jungen Blätter der brasilianischen Palme **Corypha cerifera** oder **Copernicia cerifera** sich findenden Ausscheidung.

2. Zweiwertige Alkohole.

Die zweiwertigen Grenzalkohole führen den Namen **Glykole**. Je nachdem die beiden Hydroxylgruppen der Glykole in benachbarter oder entfernterer Stellung sich befinden, unterscheidet man α-, β-, γ-, δ-Glykole. Je nachdem die Hydroxylgruppen primären, sekundären oder tertiären Alkoholgruppen angehören, unterscheidet man di primäre, di sekundäre, primär sekundäre usw. Glykole. Man bezeichnet die Glykole auch durch Anhängung der Endung diol an den Namen des Stammkohlenwasserstoffs (s. S. 257).

Glykol, Äthandiol, $HO \cdot CH_2 \cdot CH_2OH$, leitet sich ab vom Äthan.

Man gewinnt die Glykole durch Erhitzen der Alkylenjodide mit Silberazetat und Zerlegen des gebildeten Essigsäureesters mit Kalilauge:

$$JCH_2 \cdot CH_2J + 2\,CH_3CO_2Ag = \begin{matrix} CH_2OCOCH_3 \\ | \\ CH_2OCOCH_3 \end{matrix} + 2\,AgJ$$

$$\underbrace{\text{Äthylenjodid}} \quad \underbrace{\text{Silberazetat}} \quad \underbrace{\text{Äthylendiazetat}} \quad \underbrace{\text{Silberjodid}}$$

$$\begin{matrix} CH_2OCOCH_3 \\ | \\ CH_2OCOCH_3 \end{matrix} + 2\,KOH = \begin{matrix} CH_2OH \\ | \\ CH_2OH \end{matrix} + 2\,CH_3CO_2K \,.$$

$$\underbrace{\qquad} \qquad \underbrace{\text{Glykol}} \quad \underbrace{\text{Kaliumazetat}}$$

Glykole entstehen auch bei der Oxydation der Olefine mit Kaliumpermanganat in neutraler Lösung, ferner aus Diaminen (s. später) beim Behandeln mit salpetriger Säure:

$$\underbrace{NH_2 \cdot CH_2 \cdot CH_2 \cdot CH_2 \cdot CH_2NH_2}_{\text{Tetramethylendiamin}} + 2\,HNO_2 = \underbrace{CH_2OH \cdot CH_2 \cdot CH_2 \cdot CH_2OH}_{\text{Tetramethylenglykol}} + 2\,H_2O + 2\,N_2\,.$$

Ditertiäre Glykole entstehen neben sekundären Alkoholen bei der Einwirkung von Wasserstoff in statu nascendi auf Ketone. Aus Azeton erhält man so das Tetramethyläthylenglykol:

$$2\,CH_3 \cdot CO \cdot CH_3 + H_2 = \begin{matrix} CH_3 \\ \diagdown \\ CH_3 \diagup \end{matrix} COH \cdot COH \begin{matrix} \diagup CH_3 \\ \diagdown CH_3 \end{matrix}.$$

Dieses ditertiäre Glykol führt auch den Namen Pinakon.

Glykol, Äthylenglykol, Äthandiol, eine bei 197,5° siedende Flüssigkeit vom spez. Gew. 1,125, welche mit Wasser und Alkohol mischbar ist, sich aber in Äther nur wenig löst. Durch wasserentziehende Mittel geht es unter Wasserabspaltung über in Äthylenoxyd:

$$\begin{matrix} CH_2O \vdots H \\ | \quad \vdots \\ CH_2 \vdots OH \end{matrix} = \begin{matrix} CH_2 \\ | \quad \diagdown \\ CH_2 \diagup \end{matrix} O + H_2O\,.$$

$$\underbrace{\text{Glykol}} \qquad \underbrace{\text{Äthylenoxyd}}$$

Bei der Oxydation geht Glykol in Glykolaldehyd über, bei der Einwirkung stärkerer Oxydationsmittel, z. B. Salpetersäure, werden gebildet: Glykolsäure, Glyoxal, Glyoxylsäure, Oxalsäure:

$$\begin{matrix} CHO \\ | \\ CH_2 \cdot OH \end{matrix} \qquad \begin{matrix} CO_2H \\ | \\ CH_2 \cdot OH \end{matrix} \qquad \begin{matrix} CHO \\ | \\ CHO \end{matrix} \qquad \begin{matrix} CO_2H \\ | \\ CHO \end{matrix} \qquad \begin{matrix} CO_2H \\ | \\ CO_2H \end{matrix}.$$

$$\underbrace{\text{Glykolaldehyd}} \quad \underbrace{\text{Glykolsäure}} \quad \underbrace{\text{Glyoxal}} \quad \underbrace{\text{Glyoxylsäure}} \quad \underbrace{\text{Oxalsäure}}$$

Glykol ist an Stelle von Glyzerin zur Anwendung empfohlen worden.

3. Dreiwertige Alkohole.

Ein dreiwertiger Grenzalkohol ist das

Glyzerin, Ölsüß, Propantriol, $CH_2OH — CHOH — CH_2OH$, Mol.-Gew. 92,16. Glyzerin wurde im Jahre 1799 von Scheele bei der Bereitung von Bleipflaster entdeckt und Ölsüß genannt. Chevreul gab ihm später den Namen Glyzerin (von γλυκύς, glykys = süß). Glyzerin ist ein Bestandteil der Fette und darin, an Säuren der Fettsäure- und Ölsäurereihe gebunden, in Form von Estern enthalten.

Behandelt man Fette mit wässerigen Ätzalkalien oder Schwermetalloxyden (besonders Bleioxyd) in der Wärme, so findet eine Zerlegung der Ester statt. Die

Säuren werden an die Metalle gebunden, bei der Verwendung von Ätzalkalien Seifen, bei der Verwendung von Bleioxyd Pflaster bildend, während das Glyzerin in Freiheit gesetzt wird.

Die Hauptmenge des Handelsglyzerins wird als Nebenprodukt bei der Stearinkerzenbereitung oder bei der Verseifung der Fette mit überhitztem Wasserdampf dargestellt. Bei der Stearinkerzenbereitung geschieht die Verseifung der Fette mit Kalkmilch in geschlossenen Kesseln (Autoklaven) bei höherer Temperatur, wobei eine etwas Kalk enthaltende Glyzerinlösung erhalten wird, welche sich von den darauf schwimmenden Fettsäuren und den Kalkseifen gut trennen läßt.

Die Verseifung der Fette mit Wasserdampf bewirkt man, indem man in die in Destillierblasen befindlichen Fette überhitzten Wasserdampf leitet. Dieser zerlegt die Fette in Glyzerin und Fettsäuren (bzw. Ölsäure):

$$\underbrace{C_3H_5(O \cdot C_{18}H_{35}O)_3}_{\text{Stearinsäure-Glyzerinester}} + 3\,H_2O = \underbrace{C_3H_5(OH)_3}_{\text{Glyzerin}} + \underbrace{3\,C_{18}H_{36}O_2}_{\text{Stearinsäure}}.$$

Die leicht flüchtigen Fettsäuren (Essigsäure, Buttersäure) destillieren mit den Wasserdämpfen, und im Destillat schwimmen auf dem glyzerinhaltigen Wasser die Fettsäuren als feste zusammenhängende Masse.

Das wässerige Glyzerin wird entweder durch Raffinieren oder durch Destillation weiter gereinigt. Das Raffinieren, welches nur technisch verwertbare Glyzerine liefert, besteht darin, daß man einen etwaigen Säuregehalt durch Abstumpfen mit Kalk beseitigt, die gefärbte Flüssigkeit mit Knochenkohle entfärbt und unter vermindertem Luftdruck (im Vakuum) bis zu dem gewünschten Konzentrationsgrad eindunstet.

Neuerdings wird Glyzerin auch auf biologischem Wege durch Einwirkung von Hefe bei Gegenwart schwefligsaurer Salze auf invertierten Rohrzucker gewonnen (s. alkoholische Gärung, S. 276).

Das durch Destillation gereinigte, medizinisch benutzte Glyzerin gewinnt man, indem man das Rohglyzerin im Vakuum zunächst bis zu einem spez. Gew. von 1,15 eindampft, hierauf mit einem Dampfstrom auf 110° erhitzt, bis das Destillat nicht mehr sauer reagiert, und sodann mit gespannten Wasserdämpfen bei 175—180° destilliert. Man fängt das Destillat in besonders gebauten Vorlagen auf, welche zugleich eine Konzentration in der Weise gestatten, daß durch fraktionierte Abkühlung in dem ersten Verdichtungsraum ein nur noch wenig Wasser enthaltendes Glyzerin gesammelt werden kann.

Zwecks weiterer Reinigung kann man Glyzerin auch kristallisieren lassen. Das geschieht, wenn man möglichst wasserfreies Glyzerin längere Zeit bei 0° stehenläßt. Haben sich einmal Kristalle gebildet, so kann man damit größere Mengen Glyzerin bei 0° zum Kristallisieren bringen.

Glyzerin bildet eine klare, farblose und geruchlose, süß schmeckende, neutrale, sirupartige Flüssigkeit, welche in jedem Verhältnis in Wasser, Weingeist und Ätherweingeist, nicht aber in Äther, Chloroform und fetten Ölen löslich ist. Das D. A. B. VI verlangt von dem Glyzerin das spez. Gew. 1,225—1,235, Dichte 1,222—1,232, einem Gehalte von gegen 90 T. reinem Glyzerin in 100 T entsprechend. Glyzerin ist sehr hygroskopisch. Alkalien, alkalische Erden und viele Metalloxyde sind darin löslich. Man prüft es auf Arsenverbindungen, Schwermetalle, Schwefelsäure, Salzsäure, Kalziumsalze, Oxalsäure, Eisensalze, Akrolein, Ameisensäure, Zuckerarten, Ammoniumverbindungen, Fettsäureester (s. D. A. B. VI).

Glyzerin liefert bei der Destillation mit wasserentziehenden Mitteln einen Aldehyd, das Akrolein. Bei schwacher Oxydation wird es in Glyzerose über-

geführt, bei Behandlung mit stärker wirkenden Oxydationsmitteln in Glyzerin-
säure, Tartronsäure, Mesoxalsäure.

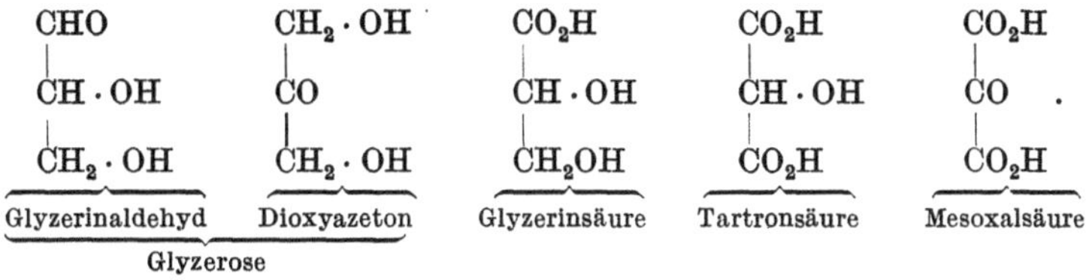

$$\underbrace{\begin{array}{ccc} CHO \\ | \\ CH \cdot OH \\ | \\ CH_2 \cdot OH \\ \hline \text{Glyzerinaldehyd} \end{array} \qquad \begin{array}{ccc} CH_2 \cdot OH \\ | \\ CO \\ | \\ CH_2 \cdot OH \\ \hline \text{Dioxyazeton} \end{array}}_{\text{Glyzerose}} \qquad \begin{array}{ccc} CO_2H \\ | \\ CH \cdot OH \\ | \\ CH_2OH \\ \hline \text{Glyzerinsäure} \end{array} \qquad \begin{array}{ccc} CO_2H \\ | \\ CH \cdot OH \\ | \\ CO_2H \\ \hline \text{Tartronsäure} \end{array} \qquad \begin{array}{ccc} CO_2H \\ | \\ CO \\ | \\ CO_2H \\ \hline \text{Mesoxalsäure} \end{array} \; .$$

Anwendung: In der Technik zum Füllen von Gasuhren, zur Herstellung einer
Buchdruckerwalzen- und Hektographenmasse, zur Bereitung von säurefesten Kitten
(Glyzerin-Mennige-Kitt), zur Gewinnung von „Nitroglyzerin".

Medizinisch unvermischt oder mit Wasser verdünnt bei schuppenden Hautkrankheiten, Psoriasis, bei manchen Formen von Schwerhörigkeit auf Watte ins Ohr gebracht.
In Verdünnung zum Gurgeln. Zu Klistieren: 5—10 ccm unverdünntes oder 50proz. Glyzerin
ins Rektum gebracht bewirken schon nach wenigen Minuten Darmentleerung. Wasserfreies
Glyzerin dient zur Behandlung von akuten Mittelohrentzündungen.

Als Ersatzmittel für Glyzerin wird unter dem Namen Perkaglyzerin eine
dicke wässerige Lösung von milchsaurem Kalium verwendet, die aber für manche
Mischungen, zu denen Glyzerin benutzt wird, nicht brauchbar ist!

Bei der Einwirkung von Metaphosphorsäure auf Glyzerin entsteht die zweibasische, sirupartige Glyzerinphosphorsäure, deren Kalziumsalz (Calcium
glycerino-phosphoricum) therapeutische Verwendung als Antirachitikum
findet. Der Gehalt des glyzerinphosphorsauren Kalziums:

$$CH_2(OH) \cdot CH(OH) \cdot CH_2(OPO_3Ca) + 2H_2O$$

an wasserfreiem Salz beträgt 84%. Es ist ein weißes, geruchloses Pulver von
schwach bitterem Geschmack, das sich in etwa 40 T. Wasser löst; die wässerige
Lösung bläut Lackmuspapier. D. A. B. VI läßt das Präparat prüfen auf Phosphat und Schwermetallsalze.

1 g glyzerinphosphorsaures Kalzium muß nach dem Glühen 0,51—0,53 g
Rückstand hinterlassen.

Gehaltsbestimmung des Calcium glycerino-phosphoricum: Wird die Lösung
von 1 g glyzerinphosphorsaurem Kalzium in 50 ccm Wasser nach Zusatz von 2 Tropfen
Methylorangelösung mit n-Salzsäure titriert, so müssen bis zum Farbumschlage mindestens
4 ccm verbraucht werden, was einem Gehalte von mindestens 84 % wasserfreiem glyzerinphosphorsauren Kalzium entspricht. (1 ccm n-Salzsäure = 0,21017 g wasserfreies glyzerinphosphorsaures Kalzium, Methylorange als Indikator). Fügt man zu der gegen Methylorange neutralen Lösung Phenolphthaleinlösung und titriert nun mit n-Kalilauge, so müssen
bis zum Eintritt der Rotfärbung ebensoviel Kubikzentimeter n-Kalilauge verbraucht
werden, wie zur ersten Titration n-Salzsäure erforderlich waren.

4. Vierwertige Alkohole.

Hierzu gehört Erythrit (Erythroglucin, Phycit)

$$HO \cdot CH_2 \cdot \overset{\displaystyle H}{\underset{\displaystyle OH}{C}} \text{—} \overset{\displaystyle H}{\underset{\displaystyle OH}{C}} \cdot CH_2 \cdot OH,$$

welcher in Protococcus vulgaris Lamy, einer Algenart, vorkommt. Es bildet süß
schmeckende Kristalle, welche sich leicht in Wasser lösen, schwer löslich in kaltem
Alkohol und unlöslich in Äther sind.

5. Fünfwertige Alkohole.

Hierzu gehören der in Adonis vernalis vorkommende **Adonit**,

$$HO \cdot CH_2 \cdot \overset{H}{\underset{OH}{C}} \!-\! \overset{H}{\underset{OH}{C}} \!-\! \overset{H}{\underset{OH}{C}} \cdot CH_2 \cdot OH,$$

der bei der Einwirkung von Natriumamalgam auf Arabinose gebildete **Arabit** und endlich der **Xylit**, der durch Reduktion des Holzgummis, der **Xylose**, entsteht.

6. Sechswertige Alkohole.

Ein sechswertiger Alkohol ist der **Mannazucker** oder **d-Mannit**,

$$HO \cdot CH_2 \cdot \overset{H}{\underset{OH}{C}} \!-\! \overset{H}{\underset{OH}{C}} \!-\! \overset{OH}{\underset{H}{C}} \!-\! \overset{OH}{\underset{H}{C}} \cdot CH_2 \cdot OH,$$

der im Pflanzenreich sehr verbreitet vorkommt und in reichlicher Menge in der Manna, dem Safte der Manna-Esche, **Fraxinus ornus**, sich findet. Die Röhren-Manna, **Manna canellata**, enthält gegen 40—60 % Mannit. Er wird durch Auskochen der Manna mit Alkohol gewonnen und kristallisiert in feinen, weißen, seidenglänzenden Nadeln, aus Wasser in farblosen bei 165—166° schmelzenden Prismen. Mannit schmeckt sehr süß. Er liefert bei der Oxydation d-Mannose; diese ist eine Aldo-Hexose (s. Zuckerarten).

Dulcit (Melampyrin, Evonymit), ebenfalls ein sechswertiger Alkohol, findet sich in verschiedenen Pflanzen (so in Melampyrum nemorosum, Scrophularia nodosa, Evonymus europaeus usw.). Schmelzpunkt 188°; liefert bei der Oxydation d- und l-Galaktose (s. Zuckerarten).

Sorbit kommt in den Vogelbeeren und den Früchten vieler Rosazeen vor. Er kristallisiert mit $\frac{1}{2}$ Mol. H_2O und schmilzt bei 75°. Bei der Oxydation liefert er d-Glukose.

An dieser Stelle mag noch eines zyklischen Alkohols der Formel $C_6H_6(OH)_6 + 2H_2O$ gedacht sein, des **Inosits** oder **Phaseomannits**, der in vielen Pflanzen verbreitet ist. Er findet sich darin meist in Form des Kalzium- und Magnesiumsalzes einer Inositphosphorsäure. Diese Verbindung führt den Namen **Phytin**.

b) Ungesättigte Alkohole.

Die ungesättigten Alkohole leiten sich von den ungesättigten Kohlenwasserstoffen, den Olefinen ab.

Vinylalkohol, Vinol, $CH_2 = CH \cdot OH$, ist im Äther enthalten und läßt sich daraus in Form einer Quecksilberoxychloridverbindung abscheiden. Er entsteht unter gleichzeitiger Bildung von Wasserstoffsuperoxyd bei der Oxydation des Äthers durch Luftsauerstoff. Es ist bisher nicht gelungen, den Vinylalkohol in reiner Form abzuscheiden. Bei dahingehenden Versuchen verwandelt er sich in den isomeren Azetaldehyd:

$$CH_2 = CH \cdot OH \longrightarrow CH_3 \cdot CHO.$$

Allylalkohol, Propenol, ist ein Abkömmling des **Propylens**,

$$CH_2 = CH - CH_3,$$

in welchem ein Wasserstoffatom der Methylgruppe durch die Hydroxylgruppe ersetzt ist:

$$CH_2 = CH\text{—}CH_2 \cdot OH.$$

Man gelangt vom Glyzerin zum Allylalkohol, indem man auf ein Gemisch von 4,5 T. Glyzerin und 3 T. Jod 1,5—2 T. roten Phosphor in einer tubulierten, gekühlten Retorte einwirken läßt. Man wäscht das Einwirkungsprodukt mit verdünnter Natronlauge, entwässert mit Chlorkalzium, destilliert das entstandene Allyljodid ab und befreit es durch nochmalige Destillation von mitentstandenen Nebenprodukten:

$$
\begin{array}{cccccc}
CH_2{\cdot}OH & & & J & CH_2J & \\
| & & & & | & \\
CH{\cdot}OH & + & P{\Big\langle} & J & = & CHJ & + & H_3PO_3 \,. \\
| & & & & | & \\
CH_2{\cdot}OH & & & J & CH_2J & \\
\text{Glyzerin} & & \text{Phosphortrijodid} & & \text{Trijodhydrin} &
\end{array}
$$

Das zunächst gebildete Trijodhydrin zerfällt unter Jodabspaltung in Allyljodid:

$$
\begin{array}{cccccc}
CH_2{\cdot}J & & CH_2 & & \\
| & & \| & & \\
CH{\cdot}J & = & CH & + & J_2 \,. \\
| & & | & & \\
CH_2{\cdot}J & & CH_2J & & \\
\text{Trijodhydrin} & & \text{Allyljodid} & &
\end{array}
$$

Allyljodid ist eine farblose, bei 10^0 siedende Flüssigkeit, welche zur Darstellung des künstlichen Senföls (s. dort) Verwendung findet. Behandelt man Allyljodid mit oxalsaurem Silber, so entsteht Oxalsäure-Allylester, welcher durch Kaliumhydroxyd zersetzt wird, indem neben Kaliumoxalat Allylalkohol sich bildet. Auch beim Erhitzen von 4 T. Glyzerin und 1 T. kristallisierter Oxalsäure erhält man unter Kohlendioxydentwicklung Allylalkohol. Bei der Oxydation des Allylalkohols entsteht Allylaldehyd oder Akrolein, $CH_2 : CH \cdot CHO$, derselbe Stoff, welcher auch bei der trockenen Destillation von Glyzerin oder Fetten erhalten wird.

III. Äther.

Unter der Bezeichnung „Äther" faßt man eine Anzahl meist leicht entzündlicher, flüchtiger Verbindungen zusammen, welche durch Vereinigung zweier Molekeln Alkohol unter Wasseraustritt entstehen. Findet eine solche Vereinigung zwischen Molekeln eines und desselben Alkohols statt, so nennt man den Äther einen einfachen, besitzen aber die zusammentretenden Alkohole eine verschiedene Molekulargröße, so entsteht ein gemischter Äther:

Einfache Äther sind der Methyl- und Äthyläther.

$$
\underbrace{CH_3 \cdot O{\cdot}H \; + \; HO \cdot CH_3}_{\text{2 Mol. Methylalkohol}} = \underbrace{CH_3\text{—}O\text{—}CH_3}_{\text{1 Mol. Methyläther}} + \underbrace{H_2O}_{\text{1 Mol. Wasser}} \,.
$$

$$
\underbrace{H_3C \cdot CH_2 \cdot O{\cdot}H \; + \; HO \cdot CH_2 \cdot CH_3}_{\text{2 Mol. Äthylalkohol}} = \underbrace{H_3C \cdot CH_2\text{—}O\text{—}CH_2 \cdot CH_3}_{\text{1 Mol. Äthyläther}} + \underbrace{H_2O}_{\text{1 Mol. Wasser}} \,.
$$

Ein gemischter Äther ist der Methyläthyläther:

$$
\underbrace{CH_3 \cdot O{\cdot}H \; + \; OH \cdot CH_2 \cdot CH_3}_{\substack{\text{1 Mol.} \\ \text{Methylalkohol} \qquad \text{Äthylalkohol}}} = \underbrace{CH_3\text{—}O\text{—}CH_2 \cdot CH_3}_{\substack{\text{1 Mol. Methyläthyl-} \\ \text{äther}}} + \underbrace{H_2O}_{\text{1 Mol. Wasser}} \,.
$$

Durch Vereinigung von Molekeln eines Alkohols und einer Säure (anorganischer oder organischer) entstehen unter Wasseraustritt Verbindungen, welche man mit dem Namen zusammengesetzte Äther oder Ester bezeichnet. Diese werden später erörtert werden.

Die einfachen und gemischten Äther bilden sich durch Einwirkung wasserentziehender Mittel (z. B. Schwefelsäure, Zinkchlorid usw.) auf die Alkohole oder durch Einwirkung von Silberoxyd auf Jodalkyle (Jodverbindungen der Alkoholradikale):

$$2\,C_2H_5J + Ag_2O = C_2H_5 \cdot O \cdot C_2H_5 + 2\,AgJ\,.$$

Auch bei der Behandlung von Jodalkylen mit den Metallverbindungen der Alkohole (den Alkoholaten) entstehen Äther:

$$\underbrace{C_2H_5\,J}_{\text{Äthyjodid}} + \underbrace{Na\,OCH_3}_{\text{Natriummethylat}} = \underbrace{C_2H_5 \cdot O \cdot CH_3}_{\text{Methyläthyläther}} + \underbrace{NaJ}_{\text{Natriumjodid}}\,.$$

Äthyläther, Diäthyläther, Äther, Schwefeläther, Äthyloxyd, Aether sulfuricus, $C_2H_5 \cdot O \cdot C_2H_5$, Mol.-Gew. 74,08, wird durch Destillation von Äthylalkohol mit konz. Schwefelsäure gewonnen und trug früher den Namen Schwefeläther, weil man Schwefel als Bestandteil des Äthers irrtümlich annahm.

Zur Darstellung des Äthyläthers mischt man 9 T. konz. Schwefelsäure und 5 T. Äthylalkohol (von 96 %), wobei unter Wasseraustritt zunächst Äthylschwefelsäure gebildet wird.

Erhitzt man zum Sieden (bei 140—145⁰) und läßt mittels eines Rohres zu der siedenden Flüssigkeit Äthylalkohol hinzufließen, ohne daß hierdurch das Sieden unterbrochen wird, so wird Schwefelsäure zurückgebildet, während Äthyläther destilliert:

$$\underbrace{SO_2(OH)\,OC_2H_5)}_{\text{Äthylschwefelsäure}} + \underbrace{C_2H_5 \cdot OH}_{\text{Äthylalkohol}} = \underbrace{SO_2(OH)_2}_{\text{Schwefelsäure}} + \underbrace{(C_2H_5)_2O}_{\text{Äthyläther}}\,.$$

Man nimmt die Darstellung in gläsernen Destillierkolben (bei der Darstellung im großen in Blei- oder Kupferretorten) vor. In den Destillierkolben taucht ein Thermometer sowie die mit Hahnverschluß versehene Zuleitungsröhre für Äthylalkohol ein. Die Ätherdämpfe werden neben entweichendem Wasserdampf und kleinen Mengen Äthylalkohol in Kühlern verdichtet. Wegen der Leichtentzündlichkeit der Ätherdämpfe und der dadurch bedingten Feuersgefahr vermeidet man bei der Darstellung im großen zum Erhitzen der Ätherschwefelsäure offene Flammen.

Bei mangelndem Alkoholzutritt wird die Äthylschwefelsäure in Äthylen und Schwefelsäure zerlegt. Steigt die Temperatur über 145⁰ hinaus, so findet Entwicklung von Schwefeldioxyd und Kohlendioxyd statt.

Da durch Einwirkung des Äthylalkohols auf die Äthylschwefelsäure stetig Schwefelsäure zurückgebildet wird, so liefert diese mit neuen Mengen Äthylalkohol Äthylschwefelsäure. Diese Fähigkeit hört jedoch mit dem Grade, wie die Schwefelsäure wasserhaltiger wird, auf, und man muß sodann neue konz. Säure verwenden. In der Regel vermag 1 T. Schwefelsäure 10 T. Alkohol in Äther überzuführen.

Das wasser- und alkoholhaltige Destillat, welchem Vinylalkohol,

$$CH_2 = CH \cdot OH\,,$$

schweflige Säure und andere Stoffe als Verunreinigung beigemischt sein können, wird mit Kalkmilch, darauffolgend mit Wasser geschüttelt und durch nochmalige Destillation gereinigt.

Äthyläther ist eine farblose, leichtbewegliche, eigenartig riechende, brennend schmeckende Flüssigkeit vom spez. Gew. 0,720 bei 15⁰, Dichte 0,713. Siedepunkt 34,5⁰. Licht und Luft wirken auf den Äther zersetzend ein; es bilden sich u. a. Wasserstoffsuperoxyd und nach H. Wieland ein Dioxyäthylperoxyd

$$CH_3 - C{\overset{\displaystyle H}{\underset{\displaystyle OH}{\Big\langle}}}\,O \cdot O - C{\overset{\displaystyle H}{\underset{\displaystyle OH}{\Big\langle}}}CH_3\,.$$

Äther ist sehr leicht entzündlich und verbrennt mit leuchtender Flamme. Er verdampft unter starker Wärmeentziehung; läßt man einige Tropfen Äther auf der Handfläche verdunsten, so macht sich ein Kältegefühl bemerkbar. Die Ätherdämpfe sind schwer und sinken nach unten. Sie bilden mit atmosphärischer Luft ein explosives Gemisch. Man hat daher beim Umgehen mit Äther große Vorsicht zu beachten und darf z. B. das Umfüllen des Äthers von einer Flasche in die andere niemals in der Nähe von Flammen vornehmen!

Äthyläther läßt sich mit Alkohol in jedem Verhältnis mischen; von Wasser sind 10 T. zur Lösung erforderlich. Anderseits nehmen 36 T. Äther 1 T. Wasser auf. Schüttelt man daher gleiche Raumteile Wasser und Äther, so erhält man zwei Flüssigkeitsschichten: die untere ist mit Äther gesättigtes Wasser, die obere wasserhaltiger Äther. Äther ist ein gutes Lösungsmittel für viele Stoffe, z. B. für Öle, Fette, Harze, Alkaloide, und findet deshalb eine weitgehende Anwendung in der Industrie und im chemischen Laboratorium.

Ein über Natrium destillierter Äther wird für verschiedene chemische Operationen, wobei es auf absolut wasserfreien Äther ankommt, sowie zu Narkosen angewendet.

Man prüft Äther auf freie Säuren, Aldehyd, Vinylalkohol, Wasserstoffsuperoxyd, Äthylperoxyd (s. D. A. B. VI).

Narkoseäther darf mit frisch zerkleinertem, erbsengroßem Kaliumhydroxyd nach sechsstündigem Stehenlassen keine Färbung zeigen, auch das Kaliumhydroxyd nicht färben. Werden 10 ccm Narkoseäther mit 1 ccm frisch bereiteter Kaliumjodidlösung in einem fast völlig gefüllten, weißen Glasstöpselglase unter Lichtabschluß häufig geschüttelt, so darf innerhalb 3 Stunden keine Färbung auftreten (Prüfung auf Wasserstoffsuperoxyd und Äthylperoxyd). Auf diese Verunreinigungen prüft man auch mit Vanadin-Schwefelsäure, indem man 2 ccm derselben mit 10 ccm Äther schüttelt. Es darf die Säure weder rosarot noch blutrot gefärbt werden. Über die Prüfung auf Azeton s. D. A. B. VI.

Narkoseäther soll kühl und vor Licht geschützt in braunen, fast ganz gefüllten und gut verschlossenen Flaschen von höchstens 150 ccm Inhalt aufbewahrt werden. Die zum Verschließen der Flaschen verwendeten Korke sind mit Zinnfolie zu unterlegen, die vorher mit absolutem Alkohol gereinigt worden ist.

Medizinische Anwendung: Innerlich (5—10 Tropfen auf Zucker) als Stärkungsmittel bei Schwächezuständen, Erbrechen, Singultus; zur Beruhigung von krampfartigen Schmerzen, insbesondere Magen- und Darmkrämpfen. Zur Inhalationsnarkose besonders bei Gravidität und Herzleiden dem Chloroform vorzuziehen, bei Leiden der Atmungsorgane kontraindiziert.

Ein Gemisch von 1 T. Äther und 3 T. Weingeist wird unter der Bezeichnung Spiritus aethereus, Ätherweingeist, Hoffmannstropfen medizinisch benutzt. Auch zur Herstellung einiger Tinkturen kommt Äthyläther entweder für sich oder mit Alkohol gemischt in Anwendung.

Von anderen Äthern seien erwähnt:

Äthylmethyläther, $C_2H_5 \cdot O \cdot CH_3$. Siedepunkt 11^0.

n-Propyläther, $C_3H_7 \cdot O \cdot C_3H_7$. Siedepunkt 86^0.

n-Propylmethyläther, $C_3H_7 \cdot O \cdot CH_3$. Siedepunkt 50^0.

IV. Merkaptane und Thioäther.

Merkaptane und Thioäther sind schwefelhaltige Verbindungen. Sie sind als Alkohole bzw. Äther aufzufassen, in welchen die Sauerstoffatome durch Schwefel ersetzt sind. Die Verbindungen sind giftig.

Sie werden als Alkylsulfhydrate, z. B. $C_2H_5 \cdot SH$, Äthylsulfhydrat (Äthylmerkaptan), die Thioäther auch als Alkylsulfide; z. B. $C_2H_5 \cdot S \cdot C_2H_5$, Äthylsulfid, bezeichnet. Der Name „Merkaptan" leitet sich von der Eigenschaft dieser Stoffe ab, sich mit Quecksilberoxyd leicht zu Verbindungen zu vereinigen (Mercurium captans, Quecksilber aufnehmend).

Merkaptane werden durch Destillation alkylschwefelsaurer Salze mit Kaliumhydrosulfid dargestellt, z. B.

$$K(C_2H_5)SO_4 + KSH = K_2SO_4 + C_2H_5 \cdot SH$$

und bilden durchdringend und ekelhaft riechende, farblose Flüssigkeiten.

Auch Thioäther, die bei der Destillation ätherschwefelsaurer Salze mit Kaliumsulfid entstehen, sind unangenehm riechende Flüssigkeiten.

Von dem Äthylmerkaptan leitet sich das als Schlafmittel verwendete **Sulfonal** oder **Diäthylsulfondimethylmethan** ab.

Bringt man Äthylmerkaptan und Azeton (s. später) zusammen, so entsteht unter Wasserabspaltung Merkaptol:

$$\begin{array}{cc} CH_3 \\ \diagdown \\ C \colon O \\ \diagup \\ CH_3 \end{array} + \begin{array}{c} H \colon SC_2H_5 \\ H \colon SC_2H_5 \end{array} = \begin{array}{c} CH_3 \diagdown \diagup S \cdot C_2H_5 \\ C \\ CH_3 \diagup \diagdown S \cdot C_2H_5 \end{array} + H_2O.$$

1 Mol. Azeton　　　2 Mol. Äthylmerkaptan　　　1 Mol. Merkaptol

Man erleichtert die Wasserabspaltung durch Einleiten von trockenem Salzsäuregas.

Bei der Oxydation des Merkaptols mit Kaliumpermanganat lagern sich Sauerstoffatome an den Schwefel, und Diäthylsulfondimethylmethan wird gebildet:

$$\begin{array}{c} CH_3 \diagdown \diagup S \cdot C_2H_5 \\ C \\ CH_3 \diagup \diagdown S \cdot C_2H_5 \end{array} + 4\,O = \begin{array}{c} CH_3 \diagdown \diagup SO_2 \cdot C_2H_5 \\ C \\ CH_3 \diagup \diagdown SO_2 \cdot C_2H_5 \end{array}.$$

Merkaptol　　　　　　　　　　　Diäthylsulfondimethylmethan
　　　　　　　　　　　　　　　　　　(Sulfonal)

Sulfonal stellt farb-, geruch-, geschmacklose, prismatische Kristalle dar, welche in der Wärme vollkommen flüchtig sind und mit 500 T. Wasser von 20⁰, 10 T. siedendem Wasser, mit 60 T. Weingeist von 20⁰ und 2 T. siedendem Weingeist, sowie mit 100 T. Äther neutrale Lösungen geben. Schmelzpunkt 125⁰ bis 126⁰. Beim Erhitzen mit einem Stückchen Holzkohle erfährt Sulfonal eine Reduktion, und ein merkaptanähnlicher Geruch tritt auf.

Unter dem Namen Trional oder Methylsulfonal wird das Diäthylsulfonäthylmethylmethan:

$$(CH_3)(C_2H_5) \colon C \colon (SO_2C_2H_5)_2,$$

als Tetronal das Diäthylsulfondiäthylmethan:

$$(C_2H_5)_2 \colon C \colon (SO_2C_2H_5)_2,$$

medizinisch zu gleichem Zwecke wie Sulfonal benutzt.

Trional (E. W.) oder Methylsulfonal bildet bei 76⁰ schmelzende Kristalltafeln, die in Äther und Weingeist leicht löslich sind und von 450 T. Wasser bei normaler Temperatur aufgenommen werden.

Sulfonal und Trional (Methylsulfonal) werden auf Merkaptol, Schwefelsäure, Salzsäure geprüft. Werden 0,5 g des Präparates in 25 g siedendem Wasser gelöst, so darf sich kein Geruch entwickeln, auch dürfen 10 ccm der nach dem Erkalten filtrierten Lösung durch 1 Tropfen Kaliumpermanganatlösung nicht sofort entfärbt werden (Prüfung auf Merkaptol). Man verwendet als Schlafmittel 0,5—1 g.

Als Schlafmittel werden Sulfonal und Trional zur Zeit nur noch wenig verwendet; sie sind besonders durch die Barbitursäureverbindungen verdrängt worden.

Die größte Einzelgabe beider ist 1,0 g, die größte Tagesgabe 2,0 g. Vorsichtig aufzubewahren!

V. Aldehyde.

a) Aldehyde mit einfachen Bindungen.

Der Name „Aldehyd" ist entstanden durch Zusammenziehung der Worte Alcohol dehydrogenatus und besagt, daß die dieser Klasse angehörenden Stoffe von den Alkoholen sich ableiten, denen Wasserstoffatome entzogen sind. Aldehyde entstehen durch Oxydation primärer Alkohole:

$$CH_3 \cdot C \underset{\displaystyle OH}{\overset{\displaystyle H}{\underset{|}{\Big\langle}}} H \quad + \quad O \quad = \quad CH_3 \cdot C \underset{\displaystyle OH}{\overset{\displaystyle H}{\Big\langle}} O H \quad = \quad CH_3 \cdot CHO \quad + \quad H_2O.$$

$$\underbrace{\qquad\qquad}_{\text{Äthylalkohol}} \qquad\qquad \underbrace{\qquad\qquad}_{\substack{\text{Nicht beständige}\\\text{Verbindung}}} \qquad \underbrace{\qquad\qquad}_{\text{Azetaldehyd}}$$

Als Oxydationsmittel für die Darstellung der Aldehyde aus Alkoholen werden vorzugsweise Kaliumdichromat und Schwefelsäure benutzt. Aldehyde sind einer weiteren Oxydation fähig und gehen dabei in Säuren über. So entsteht aus Azetaldehyd Essigsäure:

$$CH_3 \cdot CHO + O = CH_3 \cdot CO_2H.$$

Man pflegt die Aldehyde nach den aus ihnen entstehenden Säuren zu benennen: Formaldehyd (Acidum formicicum = Ameisensäure), Azetaldehyd (Acidum aceticum = Essigsäure).

Ihrer leichten Oxydierbarkeit halber wirken die Aldehyde einer großen Anzahl von Verbindungen gegenüber als kräftige Reduktionsmittel: Aus ammoniakalischer Silberlösung scheiden die Aldehyde metallisches Silber in Form eines glänzenden Spiegels (Silberspiegel) ab. Alkalische Kupfertartratlösung (Fehlingsche Lösung) wird von ihnen in der Wärme unter Abscheidung von rotem Kupferoxydul reduziert.

Aldehyde sind ferner dadurch gekennzeichnet, daß sie mit verschiedenen Stoffen Additionsreaktionen geben, so mit Ammoniak, mit sauren schwefligsauren Alkalien und mit Zyanwasserstoff:

a) $\qquad \underbrace{CH_3 \cdot CHO}_{\text{Azetaldehyd}} + NH_3 \qquad = \underbrace{CH_3 \cdot CH(OH)NH_2}_{\text{Azetaldehydammoniak}}$

b) $\qquad CH_3 \cdot CHO + NaHSO_3 = CH_3 \cdot CH(OH)SO_3Na$

c) $\qquad CH_3 \cdot CHO + HCN \quad = CH_3 \cdot CH(OH)CN.$

Mit Wasser vereinigen sich Aldehyde für gewöhnlich nicht, wohl aber die polyhalogenierten Aldehyde, wie Chloral, das sich mit Wasser zu Chloralhydrat verbindet (s. Chloral). Auch mit Alkoholen vereinigen sich die polyhalogenierten Aldehyde zu Aldehydalkoholaten, z. B. Chloral zu Chloralalkoholat. Erwärmt man hingegen die gewöhnlichen Aldehyde mit Alkoholen auf 100°, so treten 2 Mol. derselben unter Wasseraustritt zu Azetalen zusammen:

$$CH_3C \underset{\displaystyle O}{\overset{\displaystyle H}{\Big\langle}} \quad + \quad \underset{\displaystyle H \, O \cdot C_2H_5}{\overset{\displaystyle H \, O \cdot C_2H_5}{}} \quad = \quad CH_3CH \underset{\displaystyle OC_2H_5}{\overset{\displaystyle OC_2H_5}{\Big\langle}} \quad + \quad H_2O.$$

Wichtig ist die Fähigkeit der Aldehyde, mit Phenylhydrazin (s. dort und bei Zucker) kristallisierende Verbindungen, Hydrazone, zu bilden. Hydroxylamin reagiert mit Aldehyden unter Bildung von Oximen (Aldoximen), meist gut kristallisierenden Verbindungen:

$$CH_3 \cdot CHO + NH_2OH = \underbrace{CH_3 \cdot CH : NOH}_{\text{Azetoxim}} + H_2O,$$

Eine bemerkenswerte Eigenschaft der Aldehyde besteht darin, daß sie sich leicht polymerisieren, und zwar wird hierbei die Molekulargröße in der Regel zunächst verdreifacht (s. Paraldehyd).

$$\text{Semikarbazid, } CO\!\!<\!\!{}^{NH_2}_{NH-NH_2}, \text{ reagiert mit Aldehyden unter Bildung}$$

von Semikarbazonen:

$$CO\!\!<\!\!{}^{NH_2}_{NH-N\,H_2} \quad + \quad {}^{H}_{O}\!\!>\!C\!\!-\;.$$

Formaldehyd, Methanal, $H \cdot CHO$, bildet sich beim Leiten eines Gemenges von Methylalkoholdampf und atmosphärischer Luft über glühende Kupfer- oder Platinspiralen. Formaldehyd ist bei gewöhnlicher Temperatur ein eigentümlich riechendes Gas, welches von Wasser reichlich gelöst wird. Er gelangt in 35 bis 40proz. wässeriger Lösung in den Handel. Formaldehyd polymerisiert sich leicht zu Paraformaldehyd $(CH_2O)_n$, der unter dem Namen Paraform medizinische Verwendung findet. Schon beim Eindampfen der wässerigen Lösung des Formaldehyds auf dem Wasserbade bleibt der polymere Stoff als weißes amorphes, in Wasser unlösliches Pulver zurück.

Formaldehydlösung, welche unter dem Namen Formaldehyd solutus offizinell ist und mindestens $35\,\%$ Formaldehyd, HCHO, Mol.-Gew. 30,02, enthalten soll, verhält sich gegen die oxydierende Einwirkung des Luftsauerstoffs ziemlich beständig. Lichtwirkung beschleunigt die Bildung von Ameisensäure.

Gehaltsbestimmung: 10 g Formaldehydlösung mischt man mit 25 ccm Wasser und 25 ccm n-Natronlauge und verdünnt mit Wasser auf 1000 ccm. 10 ccm dieser Lösung versetzt man mit 50 ccm $\frac{n}{10}$-Jodlösung und fügt 20 ccm n-Natronlauge hinzu. Man läßt $^1/_4$ Stunde lang bei Zimmertemperatur stehen und fügt dann 10 ccm verdünnte Schwefelsäure zu. Zur Bindung des überschüssigen Jods dürfen höchstens 26,7 ccm $\frac{n}{10}$-Natriumthiosulfatlösung verbraucht werden, was einem Mindestgehalte von 35 % Formaldehyd entspricht (1 ccm $\frac{n}{10}$-Jodlösung = 0,001501 g Formaldehyd, Stärkelösung als Indikator).

Diese von Romijn empfohlene Methode beruht darauf, daß Jod bei Gegenwart von Natronlauge Formaldehyd in Ameisensäure bzw. ameisensaures Salz überführt:

$$CH_2O + J_2 + 3\,NaOH = HCO_2Na + 2\,NaJ + 2\,H_2O.$$

Bei Verwendung eines Überschusses an Jod reagiert dieser mit der Natronlauge je nach der Temperatur im Sinne der folgenden Gleichungen:

$$6\,NaOH + 3\,J_2 = 3\,NaJ + 3\,NaJO + 3\,H_2O$$

$$\text{bzw. } 6\,NaOH + 3\,J_2 = 5\,NaJ + NaJO_3 + 3\,H_2O.$$

Fügt man zu diesem Reaktionsgemisch verdünnte Schwefelsäure, so wird, gleichviel ob das Jod im Sinne der ersten oder zweiten Gleichung gebunden ist, Jod völlig wieder in Freiheit gesetzt, denn die primär entstehende Jodwasserstoffsäure und unterjodige Säure bzw. Jodsäure scheiden das Jod wieder völlig ab, wie aus den folgenden Gleichungen ersichtlich ist:

$$3\,HJ + 3\,HJO = 3\,J_2 + 3\,H_2O$$

$$\text{bzw. } 5\,HJ + HJO_3 = 3\,J_2 + 3\,H_2O.$$

Es läßt sich demnach das mit dem Formaldehyd nicht in Reaktion getretene Jod durch Titration mit $\frac{n}{10}$-Natriumthiosulfatlösung bestimmen. Wurden von 50 ccm verwendeter $\frac{n}{10}$-Jodlösung 26,7 ccm mittels $\frac{n}{10}$-Natriumthiosulfatlösung zurücktitriert, so dienten $50-26,7 = 23,3$ ccm zur Oxydation des Formaldehyds, und da hierbei durch 1 Jod $\frac{1}{2}$ Formaldehyd angezeigt wird, bzw. durch 1 ccm $\frac{n}{10}$-Jodlösung 0,001501 g Formaldehyd, so durch 23,3 ccm $\longrightarrow 0,001501 \cdot 23,3 = 0,0349733$ g. Diese Menge Formaldehyd ist in $\frac{10}{1000} = 0,1$ g Formaldehydlösung enthalten, das sind 34,9733 % oder rund 35 %.

Vor Licht geschützt, vorsichtig und bei einer Temperatur von nicht unter 9° aufzubewahren!

Anwendung: Formaldehydlösung [auch **Formalin** (E. W.) oder **Formol** genannt] findet ihrer stark desinfizierenden Eigenschaften halber häufige medizinische Anwendung. Kieselgur, mit Formaldehyd getränkt, führt den Namen **Formalith**. Für innerlichen Gebrauch wird Formaldehyd an Milchzucker gebunden und das entstehende Produkt in Tablettenform gebracht. Die Tabletten führen den Namen **Formamint**. Formaldehydlösung wird auch zur Konservierung anatomischer Präparate benutzt, da der Formaldehyd die Eigenschaft zeigt, Eiweißstoffe in eine harte, elastische Masse zu verwandeln, die in Wasser völlig unlöslich ist. Kasein mit Formaldehyd behandelt liefert eine hornartige Masse, die unverbrennlich bzw. schwer verbrennlich ist, den Namen **Galalith** führt und an Stelle von Zelluloid zur Herstellung der mannigfachsten Schmuck- und Gebrauchsgegenstände (Kämme, Federhalter usw.) dient. Durch Einwirkung von Formaldehyd auf Phenole, Kumaran, Terpene usw. werden **Kunstharze** gebildet, die die Namen **Bakelit**, **Resinit**, **Kunstmastix** führen und einer vielseitigen technischen Verwendung fähig sind.

Formaldehyd wird auch als Konservierungsmittel für Wein, Bier, Fruchtkonserven usw. gebraucht: bei Wein 0,0005 g auf 1 Liter, bei Bier 0,001 g, und für je 100 g Fruchtkonserven 0,01 g. Formaldehyd dient in der Chirurgie zum Reinigen der Schwämme (mit 1proz. Lösungen); zur Herstellung von sterilen Verbandsmaterialien; zum Reinigen der Hände (mit 1proz. Lösungen); zum Desodorieren von Fäkalien, gegen Fußschweiß; zum Konservieren von Leichen; zur Gewinnung von Formaldehydsulfoxylat (s. S. 60 u. 294) usw.

Hexamethylentetramin. Wird Formaldehydlösung zuvor mit Salmiakgeist stark alkalisch gemacht und sodann im Wasserbade verdunstet, so verbleibt ein weißer, kristallinischer, in Wasser sehr leicht löslicher Rückstand, das sog. **Hexamethylentetramin** von der Zusammensetzung $(CH_2)_6N_4$.

Seine Konstitution läßt sich nach **Duden** und **Scharff** durch die Formel kennzeichnen:

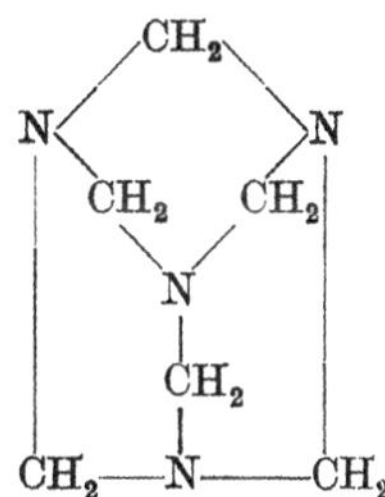

Formaldehyd nimmt unter den Aldehyden eine Sonderstellung ein. Diese zeigt sich u. a. auch in dem Verhalten gegen Ammoniak, das nicht, wie bei anderen Aldehyden, einfach additionell gebunden wird, sondern sich mit Formaldehyd zu dem zyklischen **Hexamethylentetramin** vereinigt.

Eigenschaften und Prüfung des Hexamethylentetramins. Farbloses, kristallinisches Pulver, das sich beim Erhitzen verflüchtigt, ohne zu schmelzen. Es löst sich in 1,5 T. Wasser und in 10 T. Weingeist. Die Lösungen bläuen Lackmuspapier. Man prüft auf **Ammoniumsalze**, **Paraformaldehyd**, **Schwefelsäure** und **Salzsäure** (s. D. A. B. VI).

Hexamethylentetramin hat unter dem Namen **Urotropin** (E. W.) als Harndesinfiziens bei bakteritischen Erkrankungen der Harnwege und als harnsäurelösendes Mittel medizinische Verwendung gefunden.

Dosis 0,5—1,0 g (bei Kindern 0,25 g). Äußerlich in 40proz. Lösung in Ampullen (5 ccm) zur Instillation der Blase. Zur intravenösen Injektion 5—10 ccm der 40proz. Lösung bei chronischer Cystitis und Pyelitis.

Formaldehydsulfoxylat (vgl. Unterschweflige Säure S. 60). Bei der Einwirkung von Formaldehyd auf unterschwefligsaures Natrium ($Na_2S_2O_4$) entsteht neben Formaldehydbisulfit, $CH_2O \cdot SO_3HNa + H_2O$, auch Formaldehydsulfoxylat, $CH_2O \cdot SO_2HNa + 2H_2O$, das unter dem Namen Rongalit in den Handel kommt und die Eigenschaft besitzt, in Wasser unlösliche organische Farbstoffe, wie Indigo, in alkalischer Flüssigkeit in lösliche Reduktionsprodukte überzuführen. Diese werden von der Faser aufgenommen und dann von der Luft durch Oxydationswirkung wieder in die Farbstoffe zurückverwandelt (Küpenfärberei, s. Indigo).

Azetaldehyd, Aldehyd, Äthanal, $CH_3 \cdot CHO$, wird durch Destillation von Äthylalkohol mit Kaliumdichromat und Schwefelsäure erhalten. Man reinigt den Aldehyd, indem man ihn an Ammoniak bindet und das mit Äther gewaschene kristallisierte Produkt mit Schwefelsäure im Wasserbade destilliert. Durch nochmalige Destillation über Kalziumchlorid erhält man den Azetaldehyd als eine farblose, leicht bewegliche, erstickend riechende, bei 21⁰ siedende Flüssigkeit. Läßt man diese bei mittlerer Temperatur mit kleinen Mengen Schwefelsäure oder Salzsäure oder Zinkchlorid stehen, so polymerisiert sich der Azetaldehyd, indem 3 Molekeln zu Paraldehyd zusammentreten.

Paraldehyd, $(CH_3 \cdot CHO)_3$, Mol.-Gew. 132,10. Klare, farblose, neutrale Flüssigkeit von eigentümlich ätherischem Geruch und brennend kühlendem Geschmack. Spez. Gew. 0,998—1,000, Dichte 0,992—0,994. Siedepunkt 123—125⁰. Bei starker Abkühlung erstarrt Paraldehyd zu einer kristallinischen, bei $+ 10,5$⁰ schmelzenden Masse. Er muß sich in 10 T. Wasser zu einer klaren Flüssigkeit lösen, die sich beim Erwärmen trübt. Mit Weingeist und Äther mischt er sich in jedem Verhältnis. Der Erstarrungspunkt des Paraldehyds soll nach dem Arzneibuch bei $+ 10$⁰ bis $+ 11$⁰ liegen.

Paraldehyd wird geprüft auf die Löslichkeit in Wasser, auf einen Gehalt an Schwefelsäure, Salzsäure, Essigsäure, Azetaldehyd, Amylverbindungen. Auf Wasserstoffsuperoxyd und andere Per-Verbindungen läßt das Arzneibuch in folgender Weise prüfen: Wird eine Lösung von 5 ccm Paraldehyd in 100 ccm Wasser nach Zusatz von 10 ccm verdünnter Schwefelsäure tropfenweise mit 3,5 ccm $\frac{n}{10}$-Kaliumpermanganatlösung versetzt, so muß die Rotfärbung mindestens eine halbe Minute lang bestehen bleiben.

Anwendung als Schlafmittel, als Beruhigungsmittel bei Erregungszuständen psychisch Kranker in Dosen von 3,0—5,0 g in wässeriger Lösung mit irgendeinem Sirup versüßt.

Größte Einzelgabe 5,0 g; größte Tagesgabe 10,0 g. Vor Licht geschützt und vorsichtig aufzubewahren!

Ein wichtiger Abkömmling des Azetaldehyds ist der Trichloraldehyd, oder das Chloral, ein Azetaldehyd, dessen drei Methylwasserstoffatome durch Chlor ersetzt sind.

Trichloraldehyd, Chloral, $CCl_3 \cdot CHO$, wurde 1832 zuerst von Liebig dargestellt. Er bildet sich bei der Einwirkung von Chlor auf Äthylalkohol. Man leitet trockenes Chlorgas in Alkohol von 96 %, solange es noch gebunden wird. Beim Beginn der Einwirkung kühlt man, gegen Ende derselben erwärmt man auf 60—70⁰.

$$CH_3 \cdot CH_2OH \longrightarrow CH_3CH \cdot Cl(OH) \longrightarrow CH_3 \cdot CH(OC_2H_5)OH \longrightarrow$$

Äthylalkohol   Monochloralkohol   Aldehydalkohol

$$CH_3 \cdot CH(OC_2H_5)_2 \longrightarrow CH_2Cl \cdot CH(OC_2H_5)_2 \longrightarrow CHCl_2 \cdot CH(OC_2H_5)_2 \longrightarrow$$

Azetal   Monochlorazetal   Dichlorazetal

$$CHCl_2CH(OC_2H_5)OH.$$

Dichloraldehydalkoholat

Als Endprodukt bildet sich Chloralalkoholat, $CCl_3CH{<}^{OC_2H_5}_{OH}$. Man versetzt es mit der dreifachen Menge Schwefelsäure, erhitzt es schwach am Rückflußkühler und destilliert das Chloral ab:

$$\underbrace{CCl_3CH(OC_2H_5)OH}_{\text{Chloralalkoholat}} + H_2SO_4 = \underbrace{CCl_3CHO}_{\text{Chloral}} + \underbrace{SO_2(OC_2H_5)OH}_{\text{Äthylschwefelsäure}} + H_2O.$$

Zwecks Reinigung unterwirft man das Chloral einer nochmaligen Destillation.

Chloral bildet eine farblose, stechend riechende Flüssigkeit vom Siedepunkt 97^0. Beim Aufbewahren geht das Chloral in eine feste polymere Verbindung über. Bringt man Chloral mit Wasser (auf 100 T. Chloral 12—13 T. Wasser) zusammen, so verbindet es sich damit zu einem gut kristallisierenden Stoff, dem

Chloralhydrat, Chloralum hydratum, $CCl_3 \cdot CH(OH)_2$, Mol.-Gew. 165,40, farblose, bei 49^0 sinternde und bei 53^0 völlig geschmolzene Kristalle von stechendem Geruch und schwach bitterem, ätzendem Geschmack; leicht löslich in Wasser, Weingeist und Äther, weniger in fetten Ölen und Schwefelkohlenstoff. Beim Erwärmen mit Natronlauge geben sie eine trübe, unter Abscheidung von Chloroform und Bildung von Natriumformiat sich klärende Lösung:

$$CCl_3 \cdot CH(OH)_2 + NaOH = CHCl_3 + H_2O + HCO_2Na.$$

Die Zersetzbarkeit der Chloralhydrats durch Alkalien in Chloroform war die Veranlassung, daß Chloralhydrat im Jahre 1869 durch O. Liebreich als Schlafmittel in den Arzneischatz eingeführt wurde. Man nahm an, daß das alkalisch reagierende Blut eine Spaltung in dem erwähnten Sinne veranlasse und Chloroform bilde, das dann seine hypnotische Eigenschaft entfalte. Diese Deutung der Chloralwirkung hat sich zwar als nicht zutreffend erwiesen, das Chloralhydrat ist aber als Schlafmittel im Arzneimittelschatz verblieben.

Nach dem Gebrauch von Chloralhydrat findet sich im Harn Urochloralsäure, $C_8H_{11}Cl_3O_7$, eine bei 142^0 schmelzende, Fehlingsche Lösung reduzierende Verbindung, die sich beim Kochen mit verdünnter Salz- oder Schwefelsäure in Glukuronsäure, $CHO[CHOH]_4CO_2H$, und Trichloräthylalkohol, $CCl_3 \cdot CH_2OH$, spaltet.

Schon bei mittlerer Temperatur verflüchtigt sich Chloralhydrat in geringer Menge; erhitzt man es über seinen Schmelzpunkt hinaus, so zerfällt es in Chloral und Wasser. Durch Oxydationsmittel wird Chloralhydrat (ebenso wie Chloral) in Trichloressigsäure übergeführt:

$$2\,CCl_3 \cdot CH(OH)_2 + O_2 = 2\,CCl_3 \cdot CO_2H + 2\,H_2O.$$

Wird Chloralhydrat mit einem gleichen Gewichtsteil Kampfer bei gelinder Wärme zusammengerieben, so erhält man eine klare, ölartige Flüssigkeit, das medizinisch verwendete Chloral-Kampferliniment.

Prüfung. Man prüft Chloralhydrat auf Salzsäure, organische Verunreinigungen, Chloralalkoholat. Dieses läßt das Arzneibuch wie folgt feststellen: Wird 1 g Chloralhydrat mit 5 ccm Kalilauge erwärmt, die wässerige Lösung filtriert und das Filtrat mit Jodlösung bis zur Gelbfärbung versetzt, so darf nach einstündigem Stehen keine Abscheidung von Jodoform wahrnehmbar sein.

Medizinische Anwendung: Als Hypnotikum. Dosis 1,0—3,0 g in Lösung oder als Klysma. Bei konvulsivischen Leiden, bei urämischen Krämpfen und bei epileptiformen Kinderkrämpfen infolge von Kolik, bei Tetanus, bei Pruritus, auch bei Asthma nervos., Singultus, Keuchhusten. Dosis als Sedativum 0,2—0,5 g 1—2stündlich.

Größte Einzelgabe 3,0 g; größte Tagesgabe 6,0 g. Vor Licht geschützt und vorsichtig aufzubewahren!

Chloralhydrat findet neben seinem Gebrauch als Schlafmittel auch Anwendung in der Mikroskopie. Eine Lösung von 5 T. Chloralhydrat in 2 T. Wasser dient zum Aufhellen der durch den Pflanzenkörper gemachten Schnitte, indem die meisten Inhaltsstoffe der Zellen gelöst werden oder stark verquellen, während die Zellmembranen sich kaum verändern.

Eine Verbindung des Chlorals mit Formamid oder Ameisensäureamid liefert das als Schlafmittel benutzte

Chloralformamid, Chloralum formamidatum,

$$CCl_3 \cdot CH(OH)NH \cdot OCH.$$

Zu seiner Darstellung werden 146,5 T. Chloral und 45 T. Formamid, $HCONH_2$, miteinander gemischt, wobei unter Erwärmung Chloralformamid entsteht.

Eigenschaften und Prüfung: Chloralformamid bildet farblose, glänzende, geruchlose Kristalle von schwach bitterem Geschmack, die bei 114—115^0 schmelzen, sich langsam in etwa 30 T. Wasser von 15^0 sowie in 2,5 T. Weingeist lösen. Beim Erwärmen mit Natronlauge geben die Kristalle eine trübe, unter Abscheidung von Chloroform sich klärende Lösung.

Medizinische Anwendung: Als Hypnotikum. Dosis 2,0—3,0 g. Größte Einzelgabe 4,0 g; größte Tagesgabe 8,0 g (nach D. A. B. V). Vorsichtig aufzubewahren!

Butylchloral, $CH_3 \cdot CHCl \cdot CCl_2 \cdot CHO$. Leitet man einen langsamen Strom von Chlor in Azetaldehyd oder Paraldehyd, indem man anfänglich kühlt, gegen Ende der Reaktion schwach erwärmt und die Temperatur dann bis auf 100^0 steigert, so entsteht eine Verbindung des Butylchlorals mit Alkohol, die man mit Schwefelsäure zerlegt. Die Bildung des Butylchlorals kommt wohl in der Weise zustande, daß unter Wasserabspaltung zunächst eine Kondensation von 2 Molekeln Azetaldehyd stattfindet:

$$CH_3 - CH\,|O + H_2|CH - CHO = CH_3 - CH : CH - CHO + H_2O,$$

und daß nunmehr das Chlor, unter Anlagerung von 2 Atomen Chlor unter Aufhebung der Doppelbindung und gleichzeitiger Substitution von Wasserstoff unter Abspaltung von Chlorwasserstoff zur Bildung des chlorierten Aldehyds führt.

Das Butylchloral siedet bei 163—165^0 und verbindet sich mit Wasser zu Butylchloralhydrat, $CH_3 \cdot CHCl \cdot CCl_2 \cdot CH(OH)_2$, welches wie das Chloralhydrat als Hypnotikum (Dosis 0,6—1,2 g) angewendet wird. Butylchloralhydrat löst sich in 30 T. Wasser von 15^0, in heißem Wasser ziemlich leicht. Mit Wasserdämpfen ist es flüchtig. Vorsichtig aufzubewahren!

b) Aldehyde mit Doppelbindungen.

Das Anfangsglied dieser Reihe ist der Akrylaldehyd oder das Akrolein, das bei der Zersetzung des Glyzerins durch Wasserabspaltung aus diesem gebildet wird:

$$CH_2|OH|\cdot CH|O|H|\cdot CH|H|O|H| \longrightarrow CH_2 : CH \cdot CHO.$$

Zu seiner Darstellung erhitzt man reines Glyzerin mit saurem Kaliumsulfat oder geringen Mengen Phosphorsäure (spez. Gew. 1,73). Akrylaldehyd ist eine wasserhelle, stark lichtbrechende, wasserlösliche Flüssigkeit von starkem und unangenehmem Geruch, welche große Neigung zur Oxydation und Polymerisation zeigt.

Von den höheren Homologen der Akrylaldehydreihe seien erwähnt der α-β-Hexylenaldehyd

$$CH_3 - CH_2 - CH_2 - \underset{\beta}{CH} : \underset{\alpha}{CH} - CHO,$$

welcher bei der Destillation grüner Blätter mit Wasserdämpfen erhalten werden kann und daher auch **Blätteraldehyd** genannt worden ist.

Der Akrylaldehydreihe gehört auch der zuerst im **Zitronellöl** (von **Andropogon Nardus**) aufgefundene **Zitronellaldehyd** (d-Zitronellal) an:

$$\begin{array}{c} CH_3 \\ \end{array}\!\!\!\!\diagdown C : CH\!-\!CH_2\!-\!CH_2\!-\!CH\!-\!CH_2\!-\!CHO .$$
$$CH_3 \diagup \qquad\qquad\qquad\qquad\quad |$$
$$\qquad\qquad\qquad\qquad\qquad\qquad CH_3$$

Man gab der Verbindung früher auch die Formel:

$$\begin{array}{c} CH_3 \\ \end{array}\!\!\!\!\diagdown C \cdot CH_2 \cdot CH_2 \cdot CH_2 \cdot CH \cdot CH_2 CHO .$$
$$CH_2 \diagup \qquad\qquad\qquad\qquad\qquad |$$
$$\qquad\qquad\qquad\qquad\qquad\qquad CH_3$$

Ein Aldehyd mit 2 Doppelbindungen in der Molekel ist das im **Lemongrasöl** (Andropogon citratus), im **Zitronenöl** und zahlreichen anderen ätherischen Ölen vorkommende **Zitral**, auch **Geranial**, **Neral**, **Lemonal** genannt:

$$\begin{array}{c} CH_3 \\ \end{array}\!\!\!\!\diagdown C : CH\!-\!CH_2\!-\!CH_2\!-\!C : CH\!-\!CHO .$$
$$CH_3 \diagup \qquad\qquad\qquad\qquad |$$
$$\qquad\qquad\qquad\qquad\qquad\quad CH_3$$

Man gab der Verbindung früher auch die Formel:

$$\begin{array}{c} CH_3 \\ \end{array}\!\!\!\!\diagdown C \cdot CH_2 \cdot CH_2 \cdot CH_2 \cdot C : CH \cdot CHO .$$
$$CH_2 \diagup \qquad\qquad\qquad\qquad\quad |$$
$$\qquad\qquad\qquad\qquad\qquad\qquad CH_3$$

VI. Ketone.

Während durch Oxydation der primären Alkohole Aldehyde gebildet werden, entstehen durch **Oxydation der sekundären Alkohole Ketone**, Stoffe, welche durch die Gruppe CO (Carbonylgruppe) charakterisiert sind. Verknüpft die Gruppe CO zwei Alkyle und sind diese identisch, so liegt ein **einfaches** Keton vor; sind sie verschieden, nennt man das Keton ein **gemischtes**, z. B.:

$$\underbrace{CH_3 \cdot CO \cdot CH_3}_{\substack{\text{Dimethylketon} \\ \text{oder Azeton} \\ \text{(einfaches Keton)}}} \qquad \underbrace{CH_3 \cdot CO \cdot C_2H_5}_{\substack{\text{Methyläthylketon}}} \qquad \underbrace{CH_3 \cdot CO \cdot C_6H_5 .}_{\substack{\text{Methylphenylketon} \\ \text{(Hypnon)}}}$$
$$\underbrace{}_{\text{gemischte Ketone}}$$

Natürlich vorkommende Ketone sind das **Methylnonylketon**,

$$CH_3 \cdot CO \cdot C_9H_{19} ,$$

und das **Methylheptylketon**, $CH_3 \cdot CO \cdot C_7H_{15}$, aus welchen im wesentlichen das ätherische Öl der Gartenraute (Ruta graveolens) besteht. Azeton findet sich in geringer Menge im Blut und im normalen Harn, in größerer Menge in dem Harn der Diabetiker. Man spricht in diesen Fällen von **Azetonurie** der Diabetiker.

Ketone werden gebildet:

1. durch **Oxydation sekundärer Alkohole:**

$$\underbrace{2\,CH_3 \cdot CH(OH) \cdot CH_3}_{\text{Isopropylalkohol}} + O_2 = \underbrace{2\,CH_3 \cdot CO \cdot CH_3}_{\text{Azeton}} + 2\,H_2O .$$

2. durch **Destillation der Natrium-, Kalzium- oder Bariumsalze** organischer Säuren:

$$2\,(\underbrace{CH_3CO_2Na}_{\substack{\text{2 Mol.} \\ \text{Natriumazetat}}}) = \underbrace{CH_3 \cdot CO \cdot CH_3}_{\substack{\text{1 Mol.} \\ \text{Azeton}}} + \underbrace{Na_2CO_3}_{\substack{\text{1 Mol.} \\ \text{Natrium-} \\ \text{karbonat.}}}$$

3. aus den Ketochloriden durch Erhitzen mit Wasser:

$$CH_3 \cdot CCl_2 \cdot CH_3 + H_2O = CH_3 \cdot CO \cdot CH_3 + 2\,HCl.$$

Die Ketone gehen durch Einwirkung kräftig wirkender Oxydationsmittel unter Zerfall der Molekeln in Säuren über.

Diejenigen Ketone, welche die Gruppe $CH_3 — CO—$ besitzen, vereinigen sich mit sauren schwefligsauren Alkalien zu gut kristallisierenden Verbindungen. Diese Ketone werden auch durch die Einwirkung von unterbromigsaurem Natrium (sog. Bromlauge, hergestellt durch Eintragen von Brom in kalte Natronlauge) unter Bildung von Bromoform oxydiert.

Mit Hydroxylamin liefern die Ketone unter Wasserabspaltung Ketoxime:

$$CH_3 \cdot CO \cdot CH_3 + NH_2OH = CH_3 \cdot C{\overset{\displaystyle NOH}{\underset{\displaystyle CH_3}{<}}} + H_2O,$$

Azetoxim

mit Semikarbazid Semikarbazone:

$$\underset{\text{Methylnonylketon}}{CH_3 \cdot CO \cdot C_9H_{19}} + CO{\overset{\displaystyle NH_2}{\underset{\displaystyle NH—NH_2}{<}}} = C{\overset{\displaystyle CH_3}{\underset{\displaystyle C_9H_{19}}{<}}} = N \cdot NH \cdot CONH_2 + H_2O.$$

Semikarbazon des
Methylnonylketons

Azeton, Dimethylketon, $CH_3 \cdot CO \cdot CH_3$, Mol.-Gew. 58,05, entsteht bei der trockenen Destillation von Weinsäure, Zitronensäure, Zucker, Zellulose (Holz) und findet sich daher auch in dem rohen Holzessig. Technisch gewinnt man es durch Destillation von holzessigsaurem Kalk (Kalziumazetat). Von hierbei entstehenden Nebenprodukten wird es durch fraktionierte Destillation getrennt.

Eigenartig ätherisch riechende Flüssigkeit vom spez. Gew. 0,792 bei 20⁰, Dichte 0,790—0,793. Siedepunkt 55—56⁰. Durch hohe Kältegrade erstarrt es kristallinisch. Es mischt sich mit Wasser, Alkohol und Äther. Für eine große Zahl organischer Verbindungen ist es ein vortreffliches Lösungsmittel.

Um Spiritus, der mit rohem, azetonhaltigem Holzgeist denaturiert wird, als solchen zu erkennen, prüft man auf Azeton wie folgt: 5 ccm Weingeist werden in einem 50 ccm fassenden Kölbchen, das mit einem zweimal rechtwinklig gebogenen, ungefähr 75 cm langen Glasrohr und einer Vorlage verbunden ist (s. Abb. 71, S. 275), mit kleiner Flamme vorsichtig erhitzt, bis etwa 1 ccm Destillat übergegangen ist. Auf Zusatz der gleichen Menge Natronlauge und 5 Tropfen Nitroprussidnatriumlösung darf eine Rotfärbung, die nach dem vorsichtigen Übersättigen der Flüssigkeit mit Essigsäure in violett übergeht, nicht auftreten, andernfalls Azeton vorhanden ist.

Zur Prüfung auf Methylalkohol und Ester verfährt man nach D. A. B. VI wie folgt: Wird die Lösung von 1 ccm Azeton in 5 ccm Wasser in einem weiten Probierrohr mit 2,5 ccm Kaliumpermanganatlösung $(1 + 49)$ und 0,2 ccm Schwefelsäure gemischt, nach 3 Min. mit 0,5 ccm gesättigter Oxalsäurelösung geschüttelt und sodann mit 1 ccm Schwefelsäure und 5 ccm Schiffschem Reagenz[1] versetzt, so darf innerhalb 3 Stunden keine Blau- oder Violettfärbung eintreten (Methylalkohol). Wird eine Mischung von 20 ccm Azeton, 30 ccm Wasser und 10 ccm n-Kalilauge 1 Stunde lang am Rückflußkühler erhitzt und hierauf nach Zusatz von Phenolphthaleinlösung mit n-Salzsäure bis zum Verschwinden der Rotfärbung titriert, so müssen hierzu 10 ccm verbraucht werden (Ester).

---

[1] Man bereitet das Schiffsche Reagenz durch Einleiten von Schwefeldioxyd in eine Lösung von 0,25 g Fuchsin in 1 Liter Wasser bis zur Entfärbung. Ein Überschuß von Schwefeldioxyd ist zu vermeiden.

Azeton wird zur Darstellung von Sulfonal, Chloroform, Jodoform usw. benutzt, neuerdings auch durch katalytische Reduktion mit Nickel und Wasserstoff zur Darstellung von Isopropylalkohol (s. dort) verwendet.

Läßt man Zinkchlorid, Salzsäure oder Schwefelsäure auf Azeton einwirken, so vereinigen sich zwei Molekeln desselben unter Wasseraustritt zu Mesityloxyd, das mit einer dritten Molekel Azeton sich zu Phoron kondensiert:

$$(CH_3)_2CO + CH_3 \cdot CO \cdot CH_3 = \underbrace{\begin{matrix} CH_3 \\ CH_3 \end{matrix}\!\!\!\!>\!\!C : CH \cdot CO \cdot CH_3}_{\text{Mesityloxyd}} + H_2O$$

$$\longrightarrow \underbrace{\begin{matrix} CH_3 \\ CH_3 \end{matrix}\!\!\!\!>\!\!C : CH \cdot CO \cdot CH : C\!\!<\!\!\begin{matrix} CH_3 \\ CH_3 \end{matrix}}_{\text{Phoron}}.$$

Mit konz. Schwefelsäure gehen Azeton und einige andere Ketone in zyklische Stoffe der Benzolreihe über. Azeton liefert Mesitylen (s. dort).

Dem Mesityloxyd hinsichtlich der Konstitution nahe steht das Methylheptenon, $(CH_3)_2 : CH \cdot CH_2 \cdot CH_2 \cdot CO \cdot CH_3$, das sich in verschiedenen ätherischen Ölen findet. Es entsteht bei der Destillation von Cineolsäureanhydrid.

Bei der Einwirkung von Ammoniak auf Azeton entstehen zwei Basen, das Diazetonamin

$$\begin{matrix} CH_3 \\ CH_3 \end{matrix}\!\!\!\!>\!\!C(NH_2)\!-\!CH_2 \cdot CO \cdot CH_3 \text{ und das zyklische Triazetonamin}$$

$$\begin{matrix} CH_3\quad CH_3 \\ \diagdown\!/ \\ C \\ \diagup\quad\diagdown \\ H_2C\qquad NH \\ |\qquad\quad |\quad CH_3 \\ OC\qquad C\!\!<\!\!{}_{CH_3} \\ \diagdown\!\diagup \\ CH_2 \end{matrix}.$$

Aus dem Diazetonamin wird das als Lokalanästhetikum benutzte Eukain B (s. heterozyklische Verbindungen) gewonnen.

Unter Diketonen versteht man Verbindungen, in welchen 2 Ketogruppen enthalten sind; stehen sie zueinander in benachbarter Stellung, so nennt man sie α-Diketone. Sie sind dann aufzufassen als Verbindungen zweier Säureradikale, wie z. B. das Diazetyl $CH_3 \cdot CO \cdot CO \cdot CH_3$. Läßt man hierauf Hydroxylamin einwirken, so erhält man Dimethylglyoxim von der Konstitution

$$\begin{matrix} CH_3 \\ | \\ C : NOH \\ | \\ C : NOH \\ | \\ CH_3 \end{matrix},$$

welches als bestes Reagenz auf Nickelverbindungen (s. dort) in Anwendung kommt.

VII. Säuren.

Organische Säuren sind durch die Karboxylgruppe $-C\!\!<\!\!{}^{O}_{OH}$ gekennzeichnet. Man nennt sie auch Karbonsäuren. Je nach der Zahl der in einer Molekel vorhandenen Karboxylgruppen bemißt man die Basizität der Säuren. Einbasisch ist z. B. Essigsäure, $CH_3 \cdot CO_2H$, zweibasisch die Malonsäure, $CO_2H \cdot CH_2 \cdot CO_2H$, und **Bernsteinsäure**, $CO_2H \cdot CH_2 \cdot CH_2 \cdot CO_2H$, dreibasisch die **Zitronensäure**,

$$CO_2H \cdot CH_2 \cdot C(OH) \cdot CH_2 \cdot CO_2H \;\big|\; CO_2H$$

a) Einbasische Säuren, Monokarbonsäuren der Fettsäurereihe.

Durch Oxydation gesättigter primärer einwertiger Alkohole (bzw. der Aldehyde) der Fettreihe gelangt man zu einer homologen Reihe einbasischer Säuren der Formel $C_nH_{2n}O_2$. Man nennt diese Säuren **Fettsäuren**, weil einige von ihnen Bestandteile der Fette sind. Das erste Glied dieser Reihe ist die **Ameisensäure**.

Die bisher bekannten Glieder der Reihe sind:

Säure	Formel	Schmelzpunkt	Siedepunkt
Ameisensäure,	CH_2O_2	Schmelzpunkt $+ 8,5^0$	Siedepunkt 101^0 bei 760 mm
Essigsäure,	$C_2H_4O_2$	,, $+16,7^0$	,, 118^0 ,, 760 ,,
Propionsäure,	$C_3H_6O_2$	,, -23^0	,, $140,7^0$,, 760 ,,
Buttersäuren,	$C_4H_8O_2$	,, $-$	,, $154\text{—}162^0$ bei 760 mm
Valeriansäuren,	$C_5H_{10}O_2$	,, $-$	,, $164\text{—}185^0$ bei 760 ,,
Kapronsäure,	$C_6H_{12}O_2$	,, $- 1,5^0$	,, $196\text{—}198^0$,, 760 ,,
Önanthylsäure,	$C_7H_{14}O_2$	,, $-10,5^0$	,, 223^0
Kaprylsäure,	$C_8H_{16}O_2$	,, $+16^0$	,, 236^0
Pelargonsäure,	$C_9H_{18}O_2$	,, $+12,5^0$	,, 254^0
Kaprinsäure,	$C_{10}H_{20}O_2$	,, $+31,4^0$	,, 269^0
Undezylsäure,	$C_{11}H_{22}O_2$	,, $+28,5^0$	
Laurinsäure,	$C_{12}H_{24}O_2$	,, $+43,6^0$	
Tridezylsäure,	$C_{13}H_{26}O_2$	,, $+40,5^0$	
Myristinsäure,	$C_{14}H_{28}O_2$	,, $+13,8^0$	
Pentadezylsäure,	$C_{15}H_{30}O_2$	,, $+52^0$	
Palmitinsäure,	$C_{16}H_{32}O_2$	,, $+62,6^0$	
Margarinsäure,	$C_{17}H_{34}O_2$	,, $+60^0$	
Stearinsäure,	$C_{18}H_{36}O_2$	,, $+69,3^0$	
Arachinsäure,	$C_{20}H_{40}O_2$	,, $+77^0$	
Behensäure,	$C_{22}H_{44}O_2$	,, $+84^0$	
Carnaubasäure,	$C_{24}H_{48}O_2$		
Cerotinsäure,	$C_{26}H_{52}O_2$	,, $+78\text{—}79^0$	
Melissinsäure,	$C_{30}H_{60}O_2$	,, $+91^0$.	

Jedes nächstfolgende Glied dieser Reihe ist von dem vorhergehenden durch ein Plus von CH_2 unterschieden und kann entstanden gedacht werden durch Ersatz eines Wasserstoffatoms des vorhergehenden Gliedes durch die Methylgruppe CH_3. Findet dieser Ersatz in einem End-Kohlenwasserstoffrest statt, so entstehen die **normalen Säuren**, in anderem Falle werden **isomere Säuren** gebildet. Während von den drei ersten Gliedern nur je eine Säure möglich ist, sind von dem vierten Glied zwei isomere Säuren, von dem fünften Glied vier isomere Säuren möglich und bekannt:

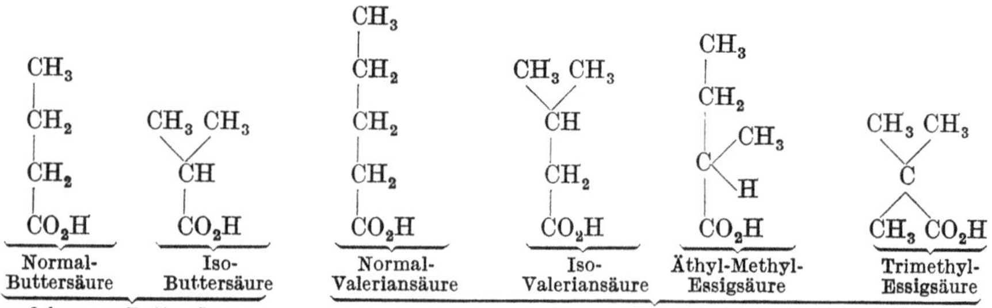

Ameisensäure, Acidum formicicum, Acidum formicarum, $H \cdot CO_2H$, Mol.-Gew. 46,02, findet sich im freien Zustande in den Ameisen (Formica rufa), in den Fichtennadeln, im Terpentin, im Honig usw. Sie bildet sich bei der Oxydation von Methylalkohol und bei der Einwirkung von Kaliumhydroxyd auf Chloroform, Bromoform, Jodoform:

$$CHCl_3 + 4\,KOH = H \cdot CO_2K + 3\,KCl + 2\,H_2O.$$

Auch entsteht sie bei der Einwirkung von Alkalien auf Chloral, ferner beim Erhitzen von Kaliumhydroxyd mit Kohlenoxyd auf 200^0:

$$KOH + CO = H \cdot CO_2K.$$

Wird nach Liebig 1 T. Stärke der oxydierenden Einwirkung von Braunstein (4 T.), konz. Schwefelsäure (4 T.) und Wasser (4 T.) unterworfen, so destilliert Ameisensäure.

Die technische Darstellung der Ameisensäure geschieht jedoch meist aus Oxalsäure, die beim Erhitzen unter Kohlendioxydabgabe in Ameisensäure übergeht:

$$CO_2H \cdot CO_2H = HCO_2H + CO_2.$$

Zur Erzielung guter Ausbeuten erhitzt man ein Gemisch gleicher Teile kristallisierter Oxalsäure und Glyzerin. Hierbei wird zunächst ein Glyzerinester der Ameisensäure (Glyzerinformiat) gebildet, welcher durch die Einwirkung von Wasser in Glyzerin und Ameisensäure zerlegt wird. Man kann mit der gleichen Menge Glyzerin eine größere Menge Oxalsäure zerlegen, indem man während des Abdestillierens der Ameisensäure aus einer tubulierten Retorte in gewissen Zwischenräumen Oxalsäure durch den Tubus nachfüllt. Man erhält durch Destillation eine bis gegen $50\,\%$ Ameisensäure enthaltende wässerige Lösung, welche zur Herstellung der 25 proz. Ameisensäure entsprechend mit Wasser verdünnt werden muß. Diese soll das spez. Gew. 1,061—1,064, Dichte 1,057 bis 1,060, besitzen, einem Gehalt von 24—25 $\%$ Ameisensäure entsprechend.

Eine technische Darstellung der Ameisensäure geschieht auch aus Ätznatron und Kohlenoxyd (bzw. Generatorgas, einer Mischung von ca. 30 $\%$ CO und 70 $\%$ N_2) bei einer Temperatur von 120—150^0 und unter einem Drucke von 6—8 Atm.

Wasserfreie Ameisensäure erhält man durch Zerlegen von Bleiformiat (ameisensaurem Blei) mit Schwefelwasserstoff:

$$(HCO_2)_2Pb + H_2S = 2\,HCO_2H + PbS.$$

Eigenschaften und Prüfung: Reine Ameisensäure ist eine farblose Flüssigkeit von stechendem Geruch und stark saurem Geschmack.

Zufolge der in ihrer Molekel enthaltenen Aldehydgruppe $HCO \cdot OH$ wirkt sie reduzierend ein auf ammoniakalische Silberlösung.

Erwärmt man fein verteiltes Quecksilberoxyd mit wässeriger Ameisensäure, so wird sie zu Kohlendioxyd oxydiert:

$$HCO_2H + HgO = CO_2 + Hg + H_2O.$$

Essigsäure liefert mit Quecksilberoxyd ein Azetat. Zufolge dieses verschiedenen Verhaltens kann man Essigsäure in Ameisensäure nachweisen, indem man 1 ccm der 25 proz. Ameisensäure mit 5 ccm Wasser verdünnt und mit 1,5 g gelbem Quecksilberoxyd unter Umschütteln im Wasserbade erhitzt, bis keine Gasentwicklung mehr stattfindet. Das Filtrat reagiert sauer, wenn es Quecksilberazetat enthält.

Ameisensäure wird außerdem geprüft auf Akrolein, Chlorwasserstoff, Oxalsäure und Metalle (s. D. A. B. VI).

Der Gehalt der Ameisensäure wird durch Titration ermittelt.

Jeder Kubikzentimeter n-Kalilauge zeigt 0,04602 g Ameisensäure an.

Medizinische Anwendung: Ameisensäure dient zur Bereitung des Ameisenspiritus (Spiritus formicarum), indem man 1 T. Ameisensäure in 14 T. Weingeist und 5 T. Wasser löst. Ameisenspiritus enthält daher 5 % reine Ameisensäure. Ameisensäure bzw. Ameisenspiritus werden zu Einreibungen bei rheumatischen Leiden benutzt. Reine Ameisensäure wird auch bei chronischen Gelenkerkrankungen und Gicht, bei Tuberkulose und Karzinom im Sinne der Reizsteigerung (parenteralen Reiztherapie) in Dosen von 0,2—0,5 ccm einer 0,001 proz. Lösung injiziert.

Essigsäure, Acidum aceticum, $CH_3 \cdot CO_2H$, Mol.-Gew. 60,03, entsteht bei der Oxydation des Äthylalkohols. Bei der sog. Essigsäuregärung und der trocknen Destillation des Holzes erhält man verdünnte Essigsäurelösungen, welche den Namen **Essig** führen und je nach ihrer Herkunft als **Weinessig, Bieressig, Fruchtessig** (Äpfel-, Himbeer-, Pflaumenessig usw.), **Holzessig** usw. bezeichnet werden.

Nach dem ältesten Verfahren der Essigbereitung werden verdünnte alkohol- oder zuckerhaltige Flüssigkeiten, wie Wein-, Bier, Fruchtsäfte, Bierwürze usw., bei Luftzutritt einer Temperatur von 20—35° ausgesetzt. Durch die Tätigkeit des Bacterium aceticum (Mycoderma aceti) wird eine Essigsäuregärung bewirkt, d. h. Äthylalkohol wird zu Essigsäure oxydiert. Zuckerhaltige Flüssigkeiten erfahren durch Hefepilze zunächst eine alkoholische Gärung, und der entstandene Alkohol wird dann oxydiert. Man nahm an, daß der Essigsäurebazillus befähigt ist,

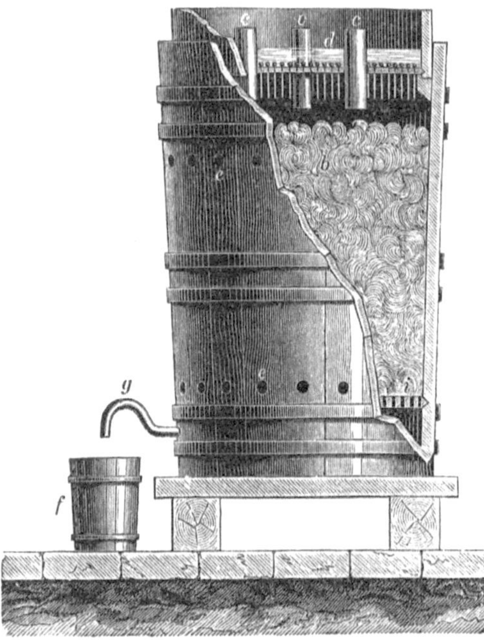

Abb. 73. Gradierfaß oder Essigbildner.

Sauerstoff zu ozonisieren und so den Alkohol zu oxydieren. Nach Wieland oxydieren die Essigbakterien den Alkohol zu Acetaldehyd, und dieser wird dann durch enzymatische Dehydrierung in Essigsäure übergeführt. Man erhält sauer schmeckende Flüssigkeiten, welche je nach der Art der verwendeten alkohol- oder zuckerhaltigen Lösungen von verschiedener Farbe und verschiedenem Geruch und Geschmack sind. Die Essigbildung wird in alkohol- oder zuckerhaltigen Flüssigkeiten schneller hervorgerufen, wenn man diesen eine kleine Menge fertigen Essigs hinzusetzt. Im Essig finden sich häufig den Nematoden angehörende Essigälchen (Leptodera oxyphila oder Anguilla aceti), 0,2—0,5 cm lange, schlanke Fadenwürmer von großer Beweglichkeit.

Vielfach wird Essig noch nach dem Verfahren der sog. Schnellessigfabrikation gewonnen. Diese besteht darin, daß man reinen verdünnten Äthylalkohol, mit 20 proz. fertigem Essig versetzt (Essiggut), in 2—3 m hohen und 1—1,5 m weiten Fässern (den Gradierfässern oder Essigbildnern, Abb. 73) der Oxydation aussetzt.

Auf dem siebartig durchlöcherten Boden des Gradierfasses sind Buchenholzspäne, welche vorher ausgekocht und sodann mit Essig angefeuchtet wurden, locker aufgeschichtet. Im oberen Teil des Fasses ruht auf einem Falz die hölzerne Siebbütte d, deren siebartige Durchlöcherung durch herabhängende baumwollene Fäden geschlossen ist. Man gießt auf die Siebbütte ein Gemisch aus 1 T. 60proz. Weingeist, 5 T. Wasser und 1,5 T. Essig. welches an den Fäden auf die Späne langsam herabtropft. An der seitlichen Wandung des Fasses befinden sich kleine Öffnungen (e), in der Siebbütte weitere, offene Glasrohre, damit die atmosphärische Luft ungehinderten Zu- und Austritt hat. Das aus Glas gefertigte Heberrohr g steigt bis zur untersten Löcherreihe auf, so daß der Teil des Fasses unter dem Siebboden i stets mit der Flüssigkeit gefüllt bleibt. Hierdurch wird ein zu schnelles Abkühlen des Inhalts des Gradierfasses vermieden. Dem herabtropfenden Essiggut ist durch die Hobelspäne eine große Oberfläche geboten. Zufolge der Oxydationswirkung findet Temperaturerhöhung bis auf 40° statt, über welche hinaus aber eine Erwärmung nicht gehen darf, will man nicht Verluste an Weingeist und bereits entstandener Essigsäure erleiden. Man mäßigt die Wärme durch Aufgießen kalten Essiggutes. Das aus dem Gradierfaß Abfließende gibt man in die Siebbütte eines zweiten Gradierfasses und bewirkt schließlich noch in einem dritten Gradierfaß die vollständige Überführung des Äthylalkohols in Essigsäure.

Man kann, wenn jedem Aufguß noch etwas Weingeist hinzugesetzt wird, den Essigsäuregehalt des Essigs auf 12—14 % bringen. Meist enthält er jedoch weniger. Essig pflegt man heute durch Mischen von Essigsäure mit Wasser unter Beifügung einer kleinen Menge Essigester herzustellen.

D. A. B. VI läßt einen Essig (Acetum) verwenden, welcher einen Mindestgehalt von 6 % Essigsäure haben soll. Essig muß klar und frei sein von verunreinigenden Metallen, wie Zink, Blei, Kupfer; ein kleiner Gehalt an Schwefelsäure und Salzsäure bzw. deren Salze ist gestattet.

Bei der trockenen Destillation des Holzes wird neben gasförmigen und teerartigen Produkten eine wässerige Flüssigkeit

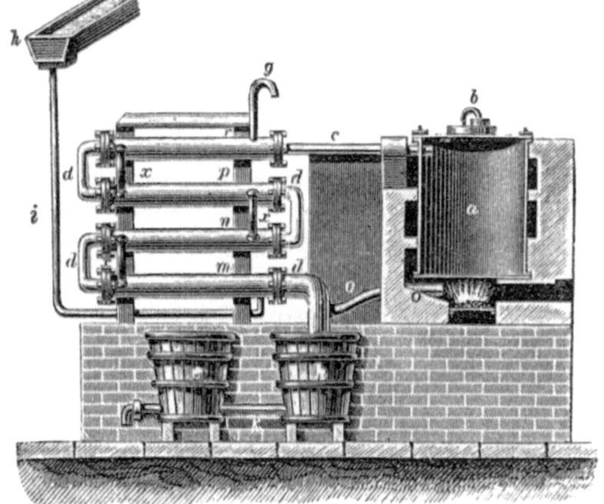

Abb. 74. Apparat zur Destillation von Holzessig.

erhalten, deren wichtigste Bestandteile Essigsäure, Methylalkohol, Azeton, Furfurol, Phenole und empyreumatische Stoffe verschiedener Art sind. Man nennt dieses Destillat Holzessig, Acetum pyrolignosum. Das Rohdestillat stellt eine braune, nach Teer und zugleich nach Essigsäure riechende, sauer und bitterlich schmeckende Flüssigkeit dar, aus welcher beim Aufbewahren teerartige Stoffe sich abscheiden. Sie enthält gegen 6 % Essigsäure. Durch nochmalige Destillation erhält man daraus den rektifizierten Holzessig, Acetum pyrolignosum rectificatum, eine farblose oder gelbliche, klare Flüssigkeit von brenzlichem und saurem Geruch und Geschmack, welche mindestens 5 % Essigsäure enthalten soll.

Zur Verarbeitung auf Holzessig kommen Fichten-, Birken- und Buchenholz in Anwendung. Die Destillation wird meist in stehenden Zylindern aus Gußeisen vorgenommen (Abb. 74).

Nach Abheben des Deckels b wird die Retorte a mit dem kleingespaltenen Holz oder Sägespänen beschickt. Durch ein Röhrensystem, welches durch Zufluß von Wasser gekühlt wird, werden die Destillationsprodukte verdichtet und sammeln sich in h und e, während die gasigen Produkte (Kohlenoxyd, Methan usw.) durch o in den Feuerungsraum geleitet werden und als Heizmaterial dienen.

Holzessig wird außer zur Gewinnung von Methylalkohol und Azeton und seiner Anwendung als Arzneimittel vorzugsweise zur Gewinnung der Essigsäure benutzt.

Prüfung des Holzessigs: Man prüft den Gehalt eines Holzessigs an sog. empyreumatischer Substanz mit Kaliumpermanganat, das dadurch entfärbt wird. Den Essigsäuregehalt ermittelt man durch Titration (s. D. A. B. VI).

Medizinische Anwendung: Zu antiseptischen Verbänden (10:50 bis 100 verdünnt), zu Scheidenspülungen 1—2 Eßlöffel voll auf 1 Liter Wasser; Nachspülen mit lauem Wasser.

Acidum aceticum. Zwecks Gewinnung von Essigsäure neutralisiert man Holzessig mit Kalziumhydroxyd und unterwirft die Flüssigkeit der Destillation, wobei Methylalkohol und Azeton in das Destillat übergehen. Den Destillationsrückstand löst man in Wasser, trennt die teerartigen Produkte durch Filtration und setzt das Kalziumazetat mit Natriumsulfat um. Man dampft das Filtrat zur Trockne ein, erhitzt längere Zeit auf 250—260° zur Zerstörung der noch beigemengten empyreumatischen Substanzen und destilliert nach Zusatz von Schwefelsäure die Essigsäure.

Neuerdings gewinnt man Essigsäure auch aus dem Azetylen, indem man unter Verwendung von Katalysatoren (Quecksilberverbindungen) Azetylen über Azetaldehyd in Essigsäure überführt:

$$\begin{array}{c} CH \\ \| \| \\ CH \end{array} + \begin{array}{c} H_2 \\ \| \\ O \end{array} \longrightarrow \begin{array}{c} CH_3 \\ | \\ CHO \end{array} \longrightarrow \begin{array}{c} CH_3 \\ | \\ CO_2H \end{array}.$$

Eigenschaften und Prüfung: **Reine Essigsäure,** Acidum aceticum concentratum, Acidum aceticum glaciale, bildet unterhalb der Temperatur von 16° eine aus rhombischen Tafeln bestehende, eisartige Kristallmasse (daher die Bezeichnung Eisessig), welche bei 16,7° zu einer farblosen, stechend sauer riechenden und schmeckenden Flüssigkeit schmilzt. Siedepunkt 118°. Reine Essigsäure mischt sich mit Wasser, Alkohol und Äther in jedem Verhältnis. Beim Mischen mit Wasser zeigt sich anfangs eine Kontraktion; es findet daher eine Zunahme des spezifischen Gewichtes statt, bis die Zusammensetzung der Lösung dem Hydrate $C_2H_4O_2 + H_2O$ entspricht. Das spezifische Gewicht beträgt dann 1,0748 bei 15°, der Gehalt der Lösung an Essigsäure 77—80%. Verdünnt man weiter mit Wasser, so nimmt das spezifische Gewicht wieder ab, und zwar besitzt eine 43proz. Lösung das gleiche spezifische Gewicht wie wasserfreie Essigsäure, nämlich 1,0497 bei 20°.

Acidum aceticum des Arzneibuches soll das spez. Gew. 1,064, Dichte 1,058 besitzen, welches 96 proz. reiner Essigsäure entspricht. Außerdem ist ein Acidum aceticum dilutum (verdünnte Essigsäure) offizinell, welches in 100 T. 30 T. Essigsäure enthalten soll und das spez. Gew. 1,041, Dichte 1,038 bis 1,039, besitzt.

Die Prüfung der Essigsäure hat sich auf Verunreinigungen durch Arsen, Schwefelsäure, schweflige Säure, Ameisensäure, Salzsäure, Metalle und empyreumatische Stoffe zu erstrecken. Der Erstarrungspunkt der Essigsäure soll nicht unter 9,5° liegen.

Den Gehalt an CH_3CO_2H bestimmt man durch Titration (s. D. A. B. VI).

Anwendung: Essigsäure wird medizinisch als Riech- und Ätzmittel (gegen Warzen, Hühneraugen), zur Bereitung von Saturationen und zur Herstellung chemisch-pharmazeutischer Präparate benutzt. Essigsäure ist ein gutes Lösungsmittel für viele organische Stoffe und dient daher zum Umkristallisieren organischer Verbindungen.

Kaliumazetat, Essigsaures Kalium, Kalium aceticum, $CH_3 \cdot CO_2K$, Mol.-Gew. 98,12, wird durch Sättigen von Essigsäure mit Kaliumkarbonat und Eindampfen auf dem Wasserbade zur Trockne als ein weißes, zerfließliches Salz erhalten. Das Arzneibuch schreibt, da der zerfließlichen Eigenschaft halber trockenes Salz nur schlecht aufbewahrt werden kann, die Bereitung eines Liquor Kalii acetici vor: Zu 34 T. verdünnter Essigsäure (= 30proz. Essigsäure) fügt man allmählich 17 T. Kaliumbikarbonat, erhitzt zum Sieden, neutralisiert hierauf vollständig mit Kaliumbikarbonat und verdünnt die erkaltete Flüssigkeit mit Wasser bis zu einem spez. Gew. 1,176—1,180, Dichte 1,172—1,176. Die Neutralität der Flüssigkeit kann nur in sehr verdünnter Lösung mit Hilfe von Lackmuspapier festgestellt werden. In konzentrierter Lösung zeigt das Kaliumazetat amphotere Reaktion.

Medizinische Anwendung: Als Diuretikum wird Liq. Kalii acetici in Dosen von 2—10 g in Mixtur mehrmals täglich angewendet.

Natriumazetat, Essigsaures Natrium, Natrium aceticum, $CH_3 \cdot CO_2Na + 3H_2O$, Mol.-Gew. 136,07, wird durch Sättigen des rohen Holzessigs mit Natriumkarbonat, Abdampfen zur Trockne, Erhitzen bis 250⁰, Aufnehmen in Wasser und Abdampfen zur Kristallisation gewonnen. Es kristallisiert in Prismen, welche an warmer, trockener Luft verwittern. Es löst sich in etwa 1 T. Wasser und in etwa 30 T. Weingeist von 20⁰ sowie in 1 T. siedendem Weingeist. Die gesättigte wässerige Lösung bläut Lackmuspapier und wird durch Phenolphthaleinlösung schwach gerötet. Über Prüfung s. D. A. B. VI. Erhitzt man kristallwasserhaltiges Natriumazetat bis zu 120⁰, so verliert es vollständig sein Kristallwasser und geht in Natrium aceticum siccum über, das erst bei 315⁰ schmilzt.

Medizinisch wird Natriumazetat als Diuretikum angewendet, Dosis 5—10 % haltende Lösungen eßlöffelweise. In größeren Dosen wirkt es purgierend. Bei Darmkatarrhen werden Dosen von 0,5 g verordnet.

Ammoniumazetatlösung, Liquor Ammonii acetici. Durch Eindampfen einer durch Ammoniak gesättigten Essigsäurelösung läßt sich ein Ammoniumazetat der Zusammensetzung $CH_3 \cdot CO_2NH_4$ nicht gewinnen, da beim Eindunsten unter Ammoniakverlust saure Salze verschiedener Zusammensetzung entstehen. Früher war ein Liquor Ammonii acetici offizinell, welcher durch Mischen von 5 T. Salmiakgeist (spez. Gew. 0,960) und 6 T. verdünnter Essigsäure (= 30 proz. Essigsäure), Erhitzen bis zum Sieden, nach vollständigem Erkalten Neutralisieren mit Ammoniak und Verdünnung mit Wasser auf ein spez. Gew. von 1,032—1,034 (= 15 % Ammoniumazetat) bereitet wird.

Bleiazetat, Essigsaures Blei, Bleizucker, Plumbum aceticum, $(CH_3CO_2)_2Pb + 3H_2O$, Mol.-Gew. 379,3, wird dargestellt durch Lösen von fein geschlemmtem Bleioxyd bei gelinder Wärme in verdünnter Essigsäure und Eindampfen der Lösung zur Kristallisation.

Eigenschaften und Prüfung: Farblose, durchscheinende, schwach verwitternde Kristalle oder weiße kristallinische Massen, welche schwach nach Essigsäure riechen, sich in 2,3 T. Wasser und in 29 T. Weingeist lösen. Die wässerige Lösung besitzt einen süßlich zusammenziehenden Geschmack. Die verdünnte wässerige Lösung trübt sich infolge der Einwirkung des Kohlendioxyds der Luft oder des Wassers, indem sich Bleikarbonat abscheidet. Die gleichzeitig frei werdende geringe Menge Essigsäure verhindert einen weiteren Angriff des Kohlendioxyds. Auch beim Aufbewahren des kristallisierten Bleiazetats erleidet es durch Kohlendioxyd der Luft eine oberflächliche Zersetzung und löst sich dann trübe in Wasser.

Man prüft auf Kupfer- und Eisensalze (s. D. A. B. VI).

Medizinische Anwendung: In Dosen von 0,008—0,01 g (bei Kindern) bis 0,03—0,05 g mehrmals täglich in Pulvern oder Lösung als Adstringens bei Diarrhöen (bei Erwachsenen meist mit Opium), bei Lungen-, Darm- und Blasenblutungen früher oft angewandt; äußerlich zu Klistieren 0,15—0,4 g auf ein Klysma, auch in Form von Suppositorien bei Hämorrhoiden, bei Diarrhöen; zu Injektionen in die Harnröhre 0,2—0,5 g auf 100,0 g bei Gonorrhöe; zu Augenwässern 0,05—0,3 g auf 25,0 g bei Conjunctivitis.

Vorsichtig aufzubewahren. Größte Einzelgabe 0,1 g; größte Tagesgabe 0,3 g.

Basisches Bleiazetat, Basisch essigsaures Blei, Plumbum subaceticum, ist eine Verbindung, welche in dem medizinisch verwendeten **Bleiessig, Liquor Plumbi subacetici,** Acetum Plumbi, enthalten ist. Bleiazetat vermag sich mit Bleioxyd zu basischen Salzen zu verbinden, indem man entweder die Lösung von Bleiazetat mit Bleioxyd erwärmt oder beide Stoffe durch Zusammenschmelzen vereinigt. Es sind Verbindungen von verschiedener Basizität bekannt. Ein sog. ²/₃-Azetat $[(CH_3 \cdot CO_2)_2Pb]_2 \cdot PbO + H_2O$ ist in dem Bleiessig enthalten. Man nennt diese Verbindung deshalb ²/₃-Azetat, weil von 3 Bleiatomen 2 in Form von Bleiazetat vorhanden sind.

Zur Bereitung des Bleiessigs verreibt man 1 T. Bleiglätte (Bleioxyd) mit 3 T. Bleiazetat und läßt mit 10 T. Wasser unter häufigem Umschütteln in einem geschlossenen
Gefäße etwa 1 Woche lang stehen, bis eine gleichmäßig weiße oder rötlichweiße Farbe
eingetreten und das Gemisch bis auf einen kleinen Rückstand gelöst ist. Man läßt die trübe
Flüssigkeit in dem verschlossenen Gefäß absetzen und filtriert alsdann (D. A. B. VI).

Eigenschaften und Prüfung: Klare, farblose Flüssigkeit von süßem,
zusammenziehendem Geschmack. Spez. Gew. 1,235—1,240, Dichte 1,232—1,237.
Kohlensäurehaltiges Wasser ruft darin eine Fällung von basischem Bleikarbonat
hervor. Bleiessig trübt sich daher beim Stehen an der Luft. Man prüft auf einen
etwaigen Alkaligehalt, auf Eisen- und Kupfersalz (s. D. A. B. VI).

Vorsichtig und in kleinen, dem Verbrauch angemessenen Gefäßen aufzubewahren.

Medizinische Anwendung: Zur Bereitung von Bleiwasser (Aqua Plumbi,
Aqua Goulardi) und von Bleisalbe (Unguentum Plumbi, Ung. Saturni). Zu adstringierenden, kühlenden Umschlägen (1 Teelöffel voll auf 1 Glas Wasser).

Basisches Aluminiumazetat. Neutrales Aluminiumazetat, $(CH_3CO_2)_3Al$,
Mol.-Gew. 162,03, ist nur in wässeriger Lösung bekannt und wird durch Zusammenbringen von Aluminiumsulfatlösung mit einer äquivalenten Menge Bariumazetatlösung erhalten, wobei sich Bariumsulfat abscheidet. In dem als
Antiseptikum benutzten Liquor Aluminii acetici (Aluminiumazetatlösung, essigsaure Tonerdelösung) ist ein basisches Salz der Zusammensetzung $(CH_3CO_2)_2(OH)Al$ enthalten.

Zur Darstellung der Aluminiumazetatlösung werden 100 T. Aluminiumsulfat in 270 T.
Wasser gelöst, die Lösung wird filtriert und auf das spez. Gew. von 1,152, Dichte 1,149 gebracht. In die klare Lösung wird eine Anreibung von 46 T. Kalziumkarbonat mit 60 T. Wasser
allmählich unter beständigem Umrühren eingetragen und dann der Mischung 120 T. verdünnter Essigsäure nach und nach zugesetzt. Die Mischung bleibt in einem offenen Gefäß
unter wiederholtem Umrühren so lange stehen, bis eine Gasentwicklung sich nicht mehr
bemerkbar macht. Der Niederschlag wird alsdann ohne Auswaschen von der Flüssigkeit
abgeseiht; diese wird filtriert und mit Wasser auf das spez. Gew. 1,044—1,048, Dichte 1,044,
gebracht.
Die Essigsäure führt einen Teil des Kalziumkarbonats unter Entwicklung von Kohlendioxyd in Kalziumazetat über; dieses setzt sich mit Aluminiumsulfat in Kalziumsulfat
und Aluminiumazetat um, während ein anderer Teil des Aluminiumsulfats mit dem im Überschuß vorhandenen Kalziumkarbonat unter Kohlendioxydentwicklung Aluminiumhydroxyd
bildet, welches mit Aluminiumazetat basisches Salz von obiger Zusammensetzung erzeugt.

Eigenschaften und Prüfung: Aluminiumazetatlösung bildet eine klare,
farblose Flüssigkeit und enthält mindestens 7,5 % basisches Salz. Beim Erhitzen
im Wasserbade gerinnt sie nach Zusatz des fünfzigsten Teiles Kaliumsulfat und
wird nach dem Erkalten in kurzer Zeit wieder flüssig und klar. Diese Reaktion
beruht darauf, daß in der Wärme zwischen basischem Aluminiumazetat und
Kaliumsulfat eine Umsetzung zu Aluminiumsulfat und Kaliumazetat erfolgt,
während sich Aluminiumhydroxyd gallertartig abscheidet. Beim Abkühlen vollzieht sich eine Umsetzung in entgegengesetztem Sinne, und das Aluminiumhydroxyd wird vom Aluminiumazetat gelöst. Erwärmt man die basische
Aluminiumazetatlösung für sich auf gegen 40°, so scheidet sich unter Abspaltung
von Essigsäure ein unlösliches basisches Salz ab.

Gehaltsbestimmung: 5 g Aluminiumazetatlösung werden mit 1 g Ammoniumchlorid und, nachdem dieses gelöst ist, unter Umschütteln mit 2,5 ccm Ammoniakflüssigkeit versetzt. Nach Zusatz von 250 g heißem Wasser wird die Mischung zum Sieden erhitzt
und 1 Minute lang darin erhalten. Nach dem Absetzen des Niederschlags wird die über
diesem stehende Flüssigkeit durch ein Filter abgegossen und der Niederschlag durch fünfmaliges Dekantieren mit heißem Wasser ausgewaschen und auf das Filter gebracht. Das
Gewicht des durch Trocknen und starkes Glühen hinterbleibenden Rückstandes von Aluminiumoxyd muß nach dem Erkalten im Exsikkator mindestens 0,118 g betragen, was
einem Mindestgehalte von 7,5 % basischem Aluminiumazetat entspricht.

Eine mit Weinsäure und Essigsäure versetzte Aluminiumazetatlösung führt den Namen Liquor Aluminii acetico-tartarici, Aluminiumazetotartratlösung. Sie enthält annähernd 45 % Aluminiumazetotartrat. Man gewinnt sie, indem man 15 T. Weinsäure in 500 T. Liquor Aluminii acetici löst, die Lösung in einer gewogenen Porzellanschale auf dem Wasserbad unter Umrühren auf 114 T. eindampft und mit 6 T. Essigsäure versetzt. Man läßt die Mischung in einer verschlossenen Flasche vor Licht geschützt an einem kühlen Ort unter zweimaligem Umschütteln mehrere Tage lang stehen und filtriert. Dichte 1,258 bis 1,262.

Gehaltsbestimmung: 5 g Aluminiumazetotartratlösung werden im Wasserbad eingedampft; der Rückstand wird bei 100° getrocknet. Das Gewicht des Rückstandes muß mindestens 2,24 g betragen, was einem Gehalte von annähernd 45 % Aluminiumazetotartrat entspricht.

Festes Aluminiumazetotartrat ist unter dem Namen Alsol bekannt und im Handel erhältlich.

Medizinische Anwendung: Aluminiumazetatlösung wirkt entzündungswidrig, adstringierend und schwach antiseptisch und wird äußerlich als Desinfektionsmittel zu Umschlägen, Waschungen, Spülungen (1 Teelöffel voll auf 1 Glas Wasser) verwendet. Als Mund- und Gurgelwasser (1 : 20 bis 30), bei Fußschweiß mit dem 3fachen Wasser verdünnt. In 3—4facher Verdünnung als Blutstillungsmittel bei gynäkologischen Blutungen.

Zinkazetat, Essigsaures Zink, Zincum aceticum, $(CH_3 \cdot CO_2)_2Zn + 2H_2O$, durch Auflösen von Zinkoxyd in Essigsäure und Abdampfen zur Kristallisation erhalten. Sechsseitige monokline Tafeln, die sich in 2,7 T. Wasser von 15° und 1,5 T. siedenden Wassers lösen. In 36 T. 90proz. Alkohol löslich.

Merkuroazetat, Essigsaures Quecksilberoxydul, $(CH_3 \cdot CO_2)_2Hg_2$, durch Fällung einer Merkuronitratlösung mit Natriumazetatlösung erhalten. Weiße, glänzende Kristallmasse, in Wasser schwer löslich.

Merkuriazetat, Essigsaures Quecksilberoxyd, $(CH_3CO_2)_2Hg$, stellt man dar durch Auflösen von 1 T. HgO in 2 T. 30proz. Essigsäure. Es scheidet sich in tafelförmigen Kristallen ab, die sich in 4 T. Wasser von 10° lösen. Die Lösung reagiert sauer. Man benutzt Merkuriazetat unter anderem als Oxydationsmittel in der Alkaloidchemie.

Cupriazetat, Essigsaures Kupfer, Cuprum aceticum, $(CH_3 \cdot CO_2)_2Cu + H_2O$, auch kristallisierter Grünspan genannt, wird durch Auflösen von gewöhnlichem Grünspan (basisch essigsaurem Kupfer) in verdünnter Essigsäure und Abdampfen zur Kristallisation erhalten. Er bildet dunkelblaugrüne Kristalle, Grünspan, Aerugo, Cuprum subaceticum, besteht aus basischem Cupriazetat verschiedener Zusammensetzung und wird bereitet, indem man auf Kupferbleche verdünnte Essigsäurelösung unter Luftzutritt einwirken läßt und die auf den Blechen sich bildende Grünspanschicht abstreicht. Je nach der größeren oder geringeren Basizität des Grünspans unterscheidet man grüne und blaue Handelsware.

Unter dem Namen Schweinfurter Grün, Giftgrün, wird eine Doppelverbindung von Cupriazetat und Cupriarsenit der Zusammensetzung $(CH_3CO_2)_2Cu \cdot 3(AsO_2)_2Cu$ verstanden, eine Verbindung, die als grüner Farbstoff ehemals verwendet wurde.

Basisches Ferriazetat. Neutrales Ferriazetat, $(CH_3CO_2)_3Fe$, bildet sich beim Auflösen von frisch gefälltem Ferrihydroxyd in der berechneten Menge Essigsäure. Ein basisches Ferriazetat der Zusammensetzung $(CH_3CO_2)_2(OH)Fe$, auch basisches Ferri-$^2/_3$-Azetat genannt, ist in dem Liquor ferri subacetici enthalten.

Zur Bereitung des Präparates werden 5 T. Ferrichloridlösung (spez. Gew. 1,280—1,282) mit 25 T. Wasser verdünnt und alsdann unter Umrühren eine Mischung von 5 T. Salmiakgeist (spez. Gew. 0,960) und 100 T. Wasser hinzugefügt mit der Vorsicht, daß die Flüssigkeit alkalisch bleibt. Der Niederschlag wird mit Wasser ausgewaschen, dann möglichst stark ausgepreßt und in einer Flasche mit 4 T. verdünnter Essigsäure an einem kühlen Orte unter öfterem Umschütteln so lange stehen gelassen, bis er sich fast vollkommen gelöst hat. Hierauf setzt man der filtrierten Lösung so viel Wasser zu, daß ihr spez. Gew. 1,087—1,091 beträgt.

Basische Ferriazetatlösung ist eine Flüssigkeit von rotbrauner Farbe. Spez. Gew. 1,087—1,091. Sie scheidet in der Siedehitze unter Essigsäureabspaltung einen rotbraunen Niederschlag ab, welcher aus basischem Ferri-$^1/_3$-Azetat besteht:

$$(CH_3CO_2)_2(OH)Fe \; + \; H_2O \; = \; (CH_3CO_2)(OH)_2Fe \; + \; CH_3CO_2H.$$

Basisches Ferri-$^2/_3$-Azetat   Basisches Ferri-$^1/_3$-Azetat   Essigsäure

Nachweis der Essigsäure: Erhitzt man ein essigsaures Salz mit Äthylalkohol und Schwefelsäure, so tritt Geruch nach Essigester auf.

Essigsaure Salze geben mit neutralem Ferrichlorid gemischt eine blutrote Lösung, die beim Kochen unter Abspaltung von basischem Ferri-$^1/_3$-Azetat getrübt wird.

Beim Erhitzen von trockenem Kalium- oder Natriumazetat mit arseniger Säure bildet sich das sehr übelriechende, giftige Kakodyloxyd oder Alkarsin, ein Tetramethyldiarsenoxyd:

$$As_4O_6 + 8\,CH_3CO_2Na = 2\,As_2O(CH_3)_4 + 4\,Na_2CO_3 + 4\,CO_2.$$

Es bildet sich eine bei 150° siedende Flüssigkeit (Cadetsche Flüssigkeit). Bei der Einwirkung von 2 Mol. Merkurioxyd auf 1 Mol. Kakodyloxyd, das sich unter Wasser befindet, oxydiert sich das Kakodyloxyd unter Abscheidung von Quecksilber zu Kakodylsäure:

$$As_2O(CH_3)_4 + 2\,HgO + H_2O = 2\,Hg + 2\; \begin{array}{c} CH_3 \\ {} \\ CH_3 \end{array}\!\!>\!\!As\!\!<\!\!\begin{array}{c} O \\ {} \\ OH \end{array}.$$

Natriumkakodylat, Natrium kakodylicum. Dimethylarsinsaures Natrium $(CH_3)_2AsO_2Na + 3\,H_2O$. Mol.-Gew. 214,06. Gehalt 32,8—35 % Arsen (As, Atom-Gew. 74,96). Es bildet ein weißes, kristallinisches, hygroskopisches Pulver, das in Wasser sehr leicht, in Weingeist schwerer löslich ist. Die wässerige Lösung (1 + 19) bläut Lackmuspapier.

Versetzt man 1 ccm der wässerigen Lösung von Natriumkakodylat (1 + 99) mit Zinkfeile und verdünnter Schwefelsäure, so entwickelt sich der widerliche Geruch des Kakodyls. Werden 2 ccm der wässerigen Lösung (1 + 19) mit 1 Tropfen Phenolphthaleinlösung versetzt, so darf die Lösung höchstens schwach gerötet werden; diese Rötung muß nach Zusatz von 1 Tropfen $\frac{n}{10}$-Salzsäure verschwinden (freies Alkali). War die Lösung farblos, so muß sie sich nach Zusatz von 1 Tropfen $\frac{n}{10}$-Kalilauge röten (freie Säure). Die wässerige Lösung (1 + 19) darf nach Zusatz von Kalziumchloridlösung weder in der Kälte noch beim Erhitzen getrübt werden (monomethylarsinsaures Natrium). Versetzt man 1 ccm der wässerigen Lösung (1 + 1) mit 5 ccm Weingeist und 3 ccm Natriumhypophosphitlösung, so darf das Gemisch in einem gut verschlossenen Glase innerhalb 1 Stunde keine dunklere Färbung annehmen (anorganische Arsenverbindungen). Zur Prüfung auf Salzsäure und Schwermetallsalze s. D. A. B. VI.

Gehaltsbestimmung: Etwa 0,2 g Natriumkakodylat werden genau gewogen und in einem langhalsigen Kolben aus Jenaer Glas von etwa 100 ccm Inhalt in 5 ccm Wasser gelöst; diese Lösung wird mit 10 ccm Schwefelsäure und darauf unter Umschwenken mit 2,5 g fein gepulvertem Kaliumpermanganat in kleinen Anteilen versetzt Ohne auf die am Kolbenhalse haftenden Kaliumpermanganatstäubchen zu achten, wird das Gemisch unter wiederholtem vorsichtigen Schütteln mindestens 20 Stunden stehengelassen und der Kolben sodann in schräger Stellung mit eingehängtem Trichter erst mit kleiner, dann mit großer Flamme 15—20 Minuten lang erhitzt. Nach dem Erkalten wird der Kolbeninhalt mit 50 ccm Wasser in ein Kölbchen übergespült und die Lösung durch einige Kriställchen Oxalsäure entfärbt. Nach dem völligen Erkalten werden 2 g Kaliumjodid hinzugefügt, worauf die Lösung nach halbstündigem Stehen mit $\frac{n}{10}$-Natriumthiosulfatlösung ohne Zusatz eines Indikators bis zur Entfärbung titriert wird. Für je 0,2 g Natriumkakodylat dürfen hierbei nicht weniger als 17,5 und nicht mehr als 18,7 ccm $\frac{n}{10}$-Natriumthiosulfatlösung verbraucht werden, was einem Gehalte von 32,8—35 % Arsen entspricht (1 ccm $\frac{n}{10}$-Natriumthiosulfatlösung = 0,003748 g Arsen).

Deutung: Permanganat führt die Verbindung in arsensaures Salz über, das in saurer Lösung die aus dem hinzugefügten Kaliumjodid frei gemachte Jodwasserstoffsäure unter Abspaltung von Jod zersetzt:

$$2\,As_2O_5 + 8\,HJ = As_4O_6 + 4\,H_2O + 4\,J_2.$$

Durch 8 Jod werden also 4 As angezeigt bzw. 4 Mol. $(CH_3)_2AsO_2Na + 3\,H_2O$, durch 1 ccm $\frac{n}{10}$-Jodlösung daher $\frac{4\,As}{8 \cdot 10000} = \frac{4 \times 74,96}{8 \cdot 10000} = 0,003748$ g As, das sind $0,003748 \cdot 17,5 = 0,06559$ in 0,2 g oder $\frac{0,06559 \cdot 100}{0,2} = 32,8\,\%$ bzw. $0,003748 \cdot 18,7 = 0,0700876$ in 0,2 g oder $\frac{0,0700876 \cdot 100}{0,2} = 35\,\%$ As.

Medizinische Anwendung: Subkutan zentigrammweise bei chronischen Haut-, Stoffwechsel-, Blut- und Nervenkrankheiten, wegen der häufigen Magendarmstörungen und des unangenehmen knoblauchartigen Geruchs aus dem Munde aber ziemlich aufgegeben.

Sehr vorsichtig und in gut verschlossenen Gefäßen aufzubewahren.

Bei der Einwirkung von Chlor auf Essigsäure werden nach und nach die drei Methylwasserstoffatome derselben durch Chlor ersetzt, und man erhält Monochlor-, Dichlor- und Trichloressigsäure.

Monochloressigsäure, $CH_2Cl \cdot CO_2H$, Siedepunkt 185—187°, trennt man von Essigsäure durch fraktionierte Destillation. Monochloressigsäure kristallisiert aus Benzol in großen, farblosen, rhombischen Tafeln; sie wird zur Darstellung von Glykolsäure, Glykokoll und Malonsäure (s. dort) benutzt.

Trichloressigsäure, Acidum trichloraceticum, $CCl_3 \cdot CO_2H$, Mol.-Gew. 163,39, bildet farblose, leicht zerfließliche, rhomboedrische Kristalle von schwach stechendem Geruch, in Wasser, Weingeist und Äther löslich, bei 55° schmelzend und bei 195° siedend. Die Kristalle entwickeln, mit überschüssiger Kalilauge erwärmt, Chloroform. Trichloressigsäure zerfällt durch KOH in Chloroform und Kaliumkarbonat:

$$CCl_3 \cdot CO_2K + KOH = CCl_3H + K_2CO_3.$$

Wertbestimmung: Etwa 0,5 g Trichloressigsäure, die im Exsikkator über Schwefelsäure sorgfältig getrocknet sind, werden genau gewogen und in 20 ccm Wasser gelöst. Zum Neutralisieren von je 0,5 g Trichloressigsäure dürfen nicht weniger als 30,4 und nicht mehr als 30,6 ccm $\frac{n}{10}$-Kalilauge verbraucht werden, was einem Gehalte von 99,3—100 % Trichloressigsäure entspricht (1 ccm $\frac{n}{10}$-Kalilauge $= 0,016339$ g Trichloressigsäure, Phenolphthalein als Indikator).

Medizinische Anwendung: Äußerlich als Ätzmittel bei Warzen (in Substanz), als Adstringens (1 proz. Lösung) bei Pharyngitis, Heuschnupfen.

Vorsichtig aufzubewahren.

Azetylchlorid, $CH_3 \cdot COCl$. Läßt man auf Essigsäure Phosphorpentachlorid einwirken, so wird das Hydroxyl der Karboxylgruppe durch Chlor ersetzt, und man gelangt zum Azetylchlorid, einer farblosen, durch Wasser leicht zersetzbaren Flüssigkeit:

$$CH_3 \cdot CO_2H + PCl_5 = CH_3 \cdot COCl + POCl_3 + HCl.$$

Essigsäureanhydrid, $(CH_3CO_2)O$, entsteht bei der Einwirkung von Azetylchlorid auf Natriumazetat:

$$CH_3 \cdot COCl + CH_3CO_2Na = (CH_3CO)_2O + NaCl.$$

Essigsäureanhydrid ist eine stechend riechende Flüssigkeit. Sie wird, ebenso wie das Azetylchlorid, zu Azetylierungen, d. h. zum Einführen der Azetylgruppe, CH_3CO, für Wasserstoff in organische Verbindungen benutzt.

Propionsäure, Methylessigsäure, Propansäure, $CH_3 \cdot CH_2 \cdot CO_2H$, ist zuerst von Gottlieb 1847 durch Schmelzen von Rohrzucker mit Ätzkali

erhalten worden. Sie findet sich im rohen Holzessig und im Braunkohlenteer und
bildet sich bei der Spaltpilzgärung aus äpfelsaurem und milchsaurem Kalzium.
Synthetisch wird sie erhalten durch Kochen von Äthylzyanid mit Wasser. Farblose Flüssigkeit, Siedepunkt 140,7°.

Buttersäuren. Von den zwei möglichen und bekannten Säuren

$$\underbrace{CH_3 \cdot CH_2 \cdot CH_2 \cdot CO_2H}_{\text{Normal-Buttersäure}} \quad \text{und} \quad \underbrace{(CH_3)_2 \cdot CH \cdot CO_2H}_{\text{Iso-Buttersäure}}$$

kommt die erstere im freien Zustand und mit Glyzerin verbunden als Glyzerinester im Pflanzen- und Tierreich vor. Die Kuhbutter enthält einige Prozent dieses
Esters. In der Fleischflüssigkeit und im Schweiß ist Normal-Buttersäure im
freien Zustand nachgewiesen worden. Sie entsteht u. a. bei der Buttersäuregärung von Zucker und Stärke. Ranzig riechende Flüssigkeit. Isobuttersäure
findet sich im freien Zustand im Johannisbrot (Ceratonia Siliqua). Das Kalziumsalz der Normalbuttersäure ist in heißem Wasser schwieriger löslich als in
kaltem; die kalt gesättigte Lösung trübt sich daher beim Erwärmen. Man
benutzt dieses verschiedene Verhalten der Kalziumbutyrate zur Unterscheidung
von Normal- und Iso-Buttersäure.

Valeriansäuren, $C_5H_{10}O_2$. Die vier möglichen Isomeren besitzen die folgenden Konstitutionen:

$$CH_3 \cdot CH_2 \cdot CH_2 \cdot CH_2 \cdot CO_2H \qquad (CH_3)_2CH \cdot CH_2CO_2H \qquad \begin{array}{c}CH_3\\ \diagdown\\ C_2H_5 \diagup\end{array}\!\!CH \cdot CO_2H \qquad (CH_3)_3C \cdot CO_2H$$

n-Valeriansäure (n-Propylessig- säure, Pentansäure)	Isovaleriansäure (Iso- propylessigsäure	Methyläthyl- essigsäure	Trimethylessigsäure (Pivalinsäure)

Die offizinelle Valeriansäure (Acidum valerianicum) findet sich in freiem Zustande und in Form von Estern im Tier- und Pflanzenreich, besonders in der Baldrianwurzel (Valeriana officinalis) und in der Angelikawurzel (Angelica Archangelica), in faulem Eiweiß, in Käse und auch im Schweiß. Man gewinnt sie aus der
Baldrianwurzel durch Auskochen mit Wasser oder Sodalösung. Die offizinelle
Baldriansäure besteht aus einem Gemisch von Isovaleriansäure und optisch
aktiver Methyläthylessigsäure. Auf künstlichem Wege erhält man ein ähnliches
Gemisch durch Oxydation von Gärungsamylalkohol mit Chromsäure. Mit Wasser
bildet Valeriansäure das Hydrat $C_5H_{10}O_2 + H_2O$, welches in 26,5 T. Wasser
löslich ist.

Von den **höher molekularen Fettsäuren** findet sich n-Hexylsäure oder
Kapronsäure, $CH_3(CH_2)_4CO_2H$, in freiem Zustande im Schweiße, im rohen Holzessig, verestert in der Kuh- und Ziegenbutter und im Kokosnußöl, sowie in der
Arnikawurzel. Kapronsäure bildet sich bei der Buttersäuregärung neben Buttersäure. Siedepunkt 196—198°.

Die n-Heptylsäure oder Önanthylsäure, $CH_3(CH_2)_5CO_2H$, kommt in
freier Form im ätherischen Kalmusöl vor und wird durch Oxydation des Önan-
thols (Önanthaldehyd, bei der Destillation des Rizinusöles erhalten) gewonnen.

Die n-Oktylsäure oder Kaprylsäure, $CH_3(CH_2)_6CO_2H$, ist frei im
Schweiße und als Glyzerinester in der Ziegenbutter enthalten und im Wein-
fuselöl beobachtet worden. Schmelzpunkt 16°.

Die n-Nonylsäure oder Pelargonsäure, $CH_3(CH_2)_7CO_2H$, ist aus den
Blättern von Pelargonium roseum abgeschieden worden; sie wird durch Oxydation des Rautenölketons, des Nonylmethylketons, gewonnen.

Die n-Dezylsäure oder Kaprinsäure, $CH_3(CH_2)_8CO_2H$, ist als Glyzerinester in der Kuh- und Ziegenbutter, sowie im Kokosnußöl enthalten. Schmelzpunkt 31,4°.

Von den anderen höheren Fettsäuren ist die n-Dodezylsäure oder Laurinsäure, $CH_3(CH_2)_{10}CO_2H$, als Glyzerinester ein Bestandteil des fetten Öles der Lorbeerfrüchte; Myristinsäure, $C_{14}H_{28}O_2$, findet sich als Glyzerinester in der Muskatbutter, als Zetylester im Walrat. Palmitinsäure, $C_{16}H_{32}O_2$ (Schmelzpunkt 62,6⁰), bildet als Glyzerinester neben den Glyzerinestern der Stearinsäure, $C_{18}H_{36}O_2$ (Schmelzpunkt 69,3⁰), und der ungesättigten Ölsäure, $C_{18}H_{34}O_2$, den Hauptbestandteil der tierischen und pflanzlichen Fette. Arachinsäure, $C_{20}H_{40}O_2$, ist ein Bestandteil des Erdnußöls (des Öls der Samen von Arachis hypogaea). Behensäure, $C_{22}H_{44}O_2$ (Schmelzpunkt 84⁰), kommt als Glyzerid in dem Behenöl (aus dem Samen von Moringa oleifera durch Pressen bereitet) vor. Ein Derivat der Behensäure, die Monojodbehensäure, durch Einwirkung von Natriumjodid auf Monobrombehensäure (aus Erukasäure und Bromwasserstoff) dargestellt, kommt in Form des Kalziumsalzes unter dem Namen Sajodin als Arzneimittel in den Verkehr. Mit dem Namen Elarson bezeichnet man das Strontiumsalz der Chlorarsinobehenolsäure, welche in Tablettenform (= 0,0005 g Arsen) in den Verkehr gelangt. Zerotinsäure, $C_{26}H_{52}O_2$, findet sich im freien Zustande im Bienenwachs und bildet als Zerylester den Hauptbestandteil der chinesischen Wachses.

In der Neuzeit sind aus den bei der Braunkohlendestillation erhaltenen Gasölen durch Einwirkung von Ozon oder auch durch Sauerstoff (Verfahren von Harries oder Kelber) auf die in den Gasölen enthaltenen ungesättigten Kohlenwasserstoffe neben Formaldehyd hoch- und niedrigmolekulare Fettsäuren (besonders Stearin-, Palmitin- und Myristizinsäure) gewonnen worden, die zur Seifenbereitung benutzt wurden, von dem ihnen anhaftenden Geruch des Ausgangsmaterials aber schwer zu befreien sind.

Oxysäuren oder Alkoholsäuren der Fettsäurereihe.

Unter Oxysäuren versteht man Säuren, in deren Molekel außer der Karboxylgruppe noch ein alkoholisches Hydroxyl vorhanden ist. Sie besitzen daher zugleich Alkoholcharakter und heißen Alkoholsäuren.

Zwei hierher gehörige Säuren sind die

Oxyessigsäure oder Glykolsäure und die

Oxypropionsäure oder Milchsäure.

Oxyessigsäure, Glykolsäure, $CH_2(OH) \cdot CO_2H$, findet sich in den unreifen Weintrauben, in den Blättern des wilden Weins (Ampelopsis hederacea) und entsteht als Kaliumsalz bei der Einwirkung von Kaliumhydroxyd auf monochloressigsaures Kalium:

$$CH_2Cl \cdot CO_2K + KOH = CH_2(OH) \cdot CO_2K + KCl.$$

Die Säure bildet farblose, zerfließliche Kristalle. Schmelzpunkt 80⁰.

Oxypropionsäuren, Milchsäuren. Je nachdem in der Propionsäure an Stelle eines Wasserstoffatoms in dem der Karboxylgruppe benachbarten Kohlenwasserstoffrest oder in dem entfernteren eine Hydroxylgruppe sich befindet, unterscheidet man α- und β-Oxypropionsäure:

$$\underline{CH_3 \cdot CH_2 \cdot CO_2H} \quad \underline{CH_3 \cdot CH(OH) \cdot CO_2H} \quad \underline{CH_2(OH) \cdot CH_2 \cdot CO_2H}.$$

Propionsäure α-Oxypropionsäure β-Oxypropionsäure

Die α-Oxypropionsäure wird wegen der darin enthaltenen Gruppe $CH_3 \cdot CH:$ als Äthylidenmilchsäure, die β-Oxypropionsäure wegen der darin enthaltenen Äthylengruppe $\cdot CH_2 \cdot CH_2 \cdot$ als Äthylenmilchsäure bezeichnet. Von der Äthylidenmilchsäure sind ferner verschiedene Formen bekannt, und zwar optisch aktive wie inaktive. Die rechts drehende Form heißt auch Para-

oder Fleischmilchsäure, während die optisch inaktive die gewöhnliche oder Gärungsmilchsäure ist, das Acidum lacticum des Arzneibuches.

Die optische Aktivität organischer Substanzen ist nach van't Hoff an die Anwesenheit mindestens eines „asymmetrischen" Kohlenstoffatoms geknüpft, d. h. es kommt in ihnen mindestens ein Kohlenstoffatom vor, welches mit vier unter sich verschiedenen Atomen bzw. Atomgruppen verbunden ist.

Denkt man sich das Kohlenstoffatom inmitten eine Tetraeders gelegen und an den vier Ecken desselben die mit dem Kohlenstoffatom verbundenen, unter

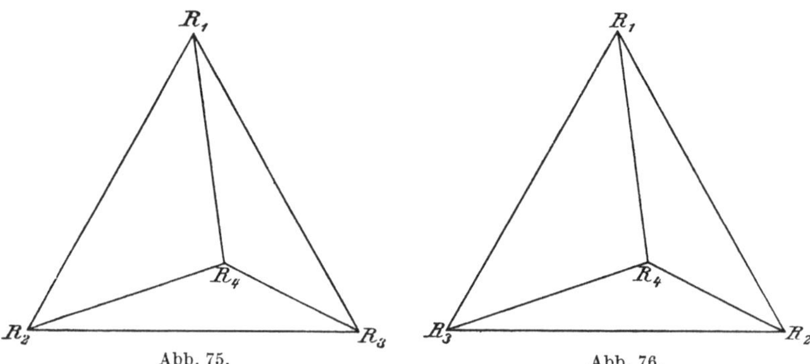

Abb. 75.Abb. 76.

sich verschiedenen Atome oder Atomgruppen befindlich, so sind zwei verschiedene Anordnungen der Gruppen möglich (s. Abb. 75 und 76).

In Abb. 75 ist entgegengesetzt dem Lauf des Zeigers der Uhr die Aufeinanderfolge der Gruppen R_1 R_2 R_3, in der Abb. 76 entsprechend dem Lauf des Zeigers

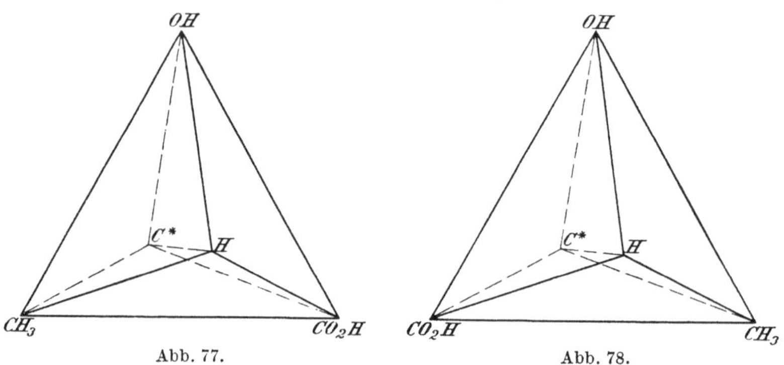

Abb. 77.Abb. 78.

der Uhr. Versucht man durch Drehung der beiden Figuren diese in die gleiche Lage zu bringen, so wird man sich davon überzeugen, daß es unmöglich ist. Die beiden Figuren verhalten sich wie die linke Hand zur rechten, sie lassen sich nicht zur Deckung bringen, die eine ist das Spiegelbild der anderen.

Betrachten wir diese Verhältnisse an der α-Oxypropionsäure:

$$CH_3 \cdot C^*H \cdot OH \cdot CO_2H.$$

In den nachstehenden Bildern ist das mit einem * versehene und in Kursivschrift gesetzte C das inmitten eine Tetraeders befindliche asymmetrische Kohlenstoffatom, welches mit den in den Ecken des Tetraeders gelegenen Gruppen —CH_3, — OH, — CO_2H und dem Atom — H verknüpft ist (s. Abb. 77 und 78).

Das asymmetrische Kohlenstoffatom C^* ist zwar in beiden Fällen mit den gleichen Atomen bzw. Atomgruppen verbunden, die beiden Verbindungen sind

„strukturidentisch", aber die räumliche Anordnung der Gruppen ist eine verschiedene.

Die beiden konstruierten Gebilde sind Spiegelbilder voneinander. Die eine Form dreht die Ebene des polarisierten Lichtes nach rechts, die andere nach links. Denkt man sich diese räumliche Anordnung der Gruppen in die Ebene verlegt, so erhält man folgende Schreibweise:

$$CH_3 - \overset{\displaystyle OH}{\underset{\displaystyle H}{C^*}} - CO_2H \qquad\qquad CO_2H - \overset{\displaystyle OH}{\underset{\displaystyle H}{C^*}} - CH_3.$$

Rechtsmilchsäure (Fleischmilchsäure) Linksmilchsäure
(+) R. Milchsäure (−) L. Milchsäure

Man nennt diese Art Isomerie **stereochemische Isomerie** oder **Stereoisomerie**.

In gleichem Maße, wie das eine Isomere nach rechts dreht, dreht das andere nach links. Ein Gemisch gleicher Gewichtsmengen beider Isomeren kann **keine** Drehung ergeben, da die Rechtsdrehung des eines Bestandteiles eines solchen Gemisches die Linksdrehung des anderen aufhebt. Ein solches Gemisch ist daher **optisch inaktiv**.

Man nennt es **racemisch**, abgeleitet von **racemus**, die Traube, weil bei der Traubensäure (s. dort) ein derartig optisch inaktives Gemisch zuerst beobachtet worden ist.

Auch die gewöhnliche Gärungsmilchsäure ist optisch inaktiv; sie läßt sich aber in die rechts- und linksdrehende Form zerlegen, wenn man ihr Strychninsalz darstellt. Das Strychninsalz der linksdrehenden Milchsäure ist schwerer löslich als das der Rechtsmilchsäure und kristallisiert daher aus einem Gemisch beider zuerst aus.

Man kann auch aus inaktiver Milchsäure Linksmilchsäure dadurch erhalten, daß man den Bacillus acidi laevolactici auf inaktive Milchsäure einwirken läßt. Hierbei wird die Rechtsform dieser durch den Pilz zerstört und zu seiner Nahrung verbraucht, während die Linksmilchsäure zunächst unangegriffen bleibt.

Sind in der Molekel einer Verbindung **zwei** asymmetrische Kohlenstoffatome vorhanden, so gestalten sich die Verhältnisse noch verwickelter. Selbst in dem Falle, daß die mit den beiden asymmetrischen Kohlenstoffatomen verbundenen Atome bzw. Atomgruppen gleich sind, d. h. die Gruppen des einen gleich denen des anderen C^*-Atoms, sind schon vier Isomere möglich. Man vergleiche diese Verhältnisse bei der **Dioxybernsteinsäure** oder **Weinsäure**.

Zwei einfach miteinander verkettete Kohlenstoffatome, deren je drei noch übrigen Valenzen durch andere Atome oder Atomgruppen gesättigt sind, denkt man sich um ihre Verbindungsachse unabhängig voneinander drehbar. J. Wislicenus hat angenommen, daß die mit den zwei Kohlenstoffatomen verbundenen Atome oder Atomgruppen einen „richtenden" Einfluß wechselseitig aufeinander ausüben, bis durch die Drehung um die gemeinsame Achse das ganze System in die „begünstigte Konfiguration" oder in die „bevorzugte Lagerung" gelangt. Man mache sich diese Vorstellung klar an zwei sich in einer Ecke berührenden Tetraedern (s. Abbildungen der verschiedenen Weinsäuren, Abb. 79, 80, 81, 82, 83).

Sind in Verbindungen Kohlenstoffatome mit je zwei Wertigkeitseinheiten verbunden, so ist nach van't Hoff die freie Drehbarkeit der beiden Systeme infolge der doppelten Bindung gehemmt. Es sind aber immer noch Raumisomerien möglich.

Man kann sich diese so vorstellen, daß zwei Kohlenstofftetraeder mit je einer Kante zusammenfallen (s. Abb. 82 und 83). Je nachdem nun die an den Ecken der Tetraeder befindlichen substituierenden Gruppen nach der gleichen oder nach verschiedenen Richtungen hin gewandt sind, treten Verschiedenheiten zutage, die sich in den Eigenschaften und dem Verhalten solcher stereoisomeren Stoffe zeigen.

Diese Bindungsverhältnisse lassen sich auch wie folgt wiedergeben:

$$\begin{matrix} A-C-B \\ \| \\ B-C-D \end{matrix} \quad \text{und} \quad \begin{matrix} A-C-B \\ \| \\ D-C-B \end{matrix} \quad .$$

Setzt man in diese Formel z. B. für A die Methylgruppe, für B Wasserstoff, für D die Karboxylgruppe, und bezeichnen C die beiden Kohlenstoffatome, so

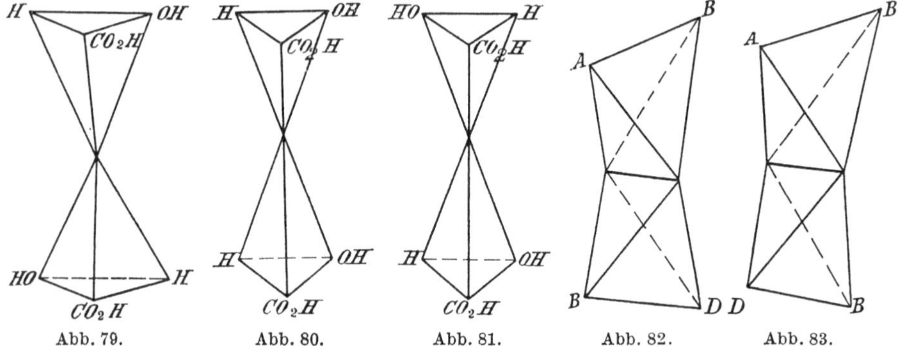

Abb. 79.   Abb. 80.   Abb. 81.   Abb. 82.   Abb. 83.

hat man das Bild der Krotonsäure in zwei verschiedenen sterischen Formen (s. Abb. 82 und 83):

$$\begin{matrix} CH_3-C-H \\ \| \\ H-C-CO_2H \end{matrix} \quad \text{und} \quad \begin{matrix} CH_3-C-H \\ \| \\ CO_2H-C-H \end{matrix}$$

Man nennt die erstere Form auch die **trans-Form**, weil die beiden Substituenten CH_3 und CO_2H nach verschiedenen Richtungen des Raumes gewandt sind, die zweite Form die **cis-Form**, weil diese Substituenten in gleicher Richtung im Raume liegen.

Milchsäure, Optisch-inaktive Äthylidenmilchsäure, α-Oxypropionsäure, [d + 1] Milchsäure, Acidum lacticum, $CH_3 \cdot CH \cdot OH \cdot CO_2H$. Milchsäure entsteht als Zersetzungsprodukt des Milchzuckers, eines Bestandteiles der Milch.

Milch ist das von weiblichen Säugern durch die Tätigkeit der Milchdrüsen gebildete Sekret. Die für die menschliche Ernährung wichtigste Milchart ist die Kuhmilch. Sie bildet eine gelb- bis bläulich-weiße, undurchsichtige Flüssigkeit, bei welcher sich im wesentlichen 3 Lösungszustände unterscheiden lassen: 1. ein emulsionsartiger, in dem sich das zu 3—4 % vorkommende Fett befindet, 2. ein kolloidaler, an welchem gegen 3,5 % Stickstoffsubstanzen (Kasein oder Käsestoff, Laktoglobulin und Milcheiweiß) beteiligt sind und 3. eine wahre Lösung, die hauptsächlich von Salzen (Phosphaten) und gegen 4 % Milchzucker gebildet wird. Außerdem enthält die Milch noch Gase, Farbstoffe, Riechstoffe, organische Säuren, Enzyme, Alexine und Vitamine.

Bei der Zersetzung des Milchzuckers unter Bildung von Milchsäure scheidet diese die Eiweißstoffe als gelatinöse Masse ab, die Milch (saure Milch) wird „dick".

Milchsäure findet sich als Zersetzungsprodukt nicht nur des Milchzuckers, sondern auch anderer Zuckerarten, des Gummis, Stärkemehls und vieler anderer organischer Verbindungen, im Magensaft, im Sauerkraut, in den sauren Gurken, in eingemachten Früchten, in Pflanzenextrakten usw.

Man gewinnt Milchsäure durch die Milchsäuregärung des Rohrzuckers, welche durch Mikroorganismen veranlaßt wird. Zwar können nachweislich eine große Zahl von Bakterienarten Milchsäuregärung hervorrufen, so die sämtlichen Eiterpilze, besonders die Staphylokokken. Als Ursache des freiwilligen Gerinnens der Kuhmilch kommt aber unter den Bakterien derselben besonders ein Pilz in Betracht, welcher als Bacillus acidi lactici bezeichnet wird.

Zur Bereitung der Milchsäure löst man 3 kg Rohrzucker und 15 g Weinsäure in 17 Liter siedendem Wasser und überläßt einen Tag sich selbst. Der Rohrzucker ist nunmehr in Invertzucker (Gemenge von Glukose und Fruktose) übergeführt worden. Der Mischung fügt man 4 Liter saure Milch hinzu, in welcher 100 g alter Käse gleichmäßig verteilt sind, und zur Bindung der sich bildenden Milchsäure 1,2 kg Kalziumkarbonat. Man läßt 8 Tage unter öfterem Umrühren bei einer Temperatur von 35—45⁰ stehen, sammelt hierauf das in Krusten abgeschiedene Kalziumlaktat, kristallisiert es aus Wasser um und zersetzt das mit Wasser angeriebene Salz durch die berechnete Menge Schwefelsäure. Man dunstet die von Kalziumsulfat abfiltrierte Flüssigkeit bis zu der Konsistenz eines dünnen Sirups ein, zieht diesen mit Äther aus und dampft die ätherische Lösung, welche reine Milchsäure enthält, abermals zu einem Sirup ein.

Durch Eindampfen gelingt es nicht, eine der Formel $C_3H_6O_3$ entsprechende Verbindung zu erhalten, weil sie beim Verdampfen der Flüssigkeit eine teilweise Zersetzung unter Abspaltung von Wasser erleidet. Beim Erhitzen auf 130—140⁰ wird aus Milchsäure die einbasische Dimilchsäure, $C_6H_{10}O_5$, gebildet:

$$CH_3 \cdot CH(OH) \cdot CO_2\overline{H} + \overline{HO} \cdot \overset{\displaystyle CH_3}{\underset{\displaystyle |}{CH}} \cdot CO_2H \,.$$

Die alkoholische Hydroxylgruppe der einen Molekel der Milchsäure reagiert also mit dem Wasserstoffatom der Karboxylgruppe einer zweiten Molekel Milchsäure unter Wasserbildung.

Beim Kochen mit Wasser oder Ätzalkalien geht Dimilchsäure unter Wasseraufnahme wieder in gewöhnliche Milchsäure über. Erhitzt man hingegen Dimilchsäure oder Milchsäure über 150⁰ hinaus, so entsteht unter abermaligem Wasserverlust Laktid oder Milchsäureanhydrid $C_6H_8O_4$:

$$\begin{array}{l} CH_3 \cdot CH\!-\!O\!-\!CO \\ \quad |\qquad\quad | \\ CO\!-\!O\!-\!CH \cdot CH_3 \end{array}$$

Beim Erhitzen von Milchsäure mit verdünnter Schwefelsäure auf 130⁰ werden Azetaldehyd und Ameisensäure gebildet:

$$\underbrace{CH_3 \cdot CH \cdot O\overline{H} \cdot \overline{CO_2H}}_{\text{Milchsäure}} = \underbrace{CH_3 \cdot CHO}_{\text{Azetaldehyd}} + \underbrace{HCO_2H}_{\text{Ameisensäure}} \,.$$

Bei gemäßigter Oxydation geht Milchsäure in Brenztraubensäure über:

$$2\,CH_3 \cdot CH(OH) \cdot CO_2H + O_2 = 2\,CH_3 \cdot CO \cdot CO_2H + 2\,H_2O,$$

bei stärkerer Oxydation bildet sich zunächst Azetaldehyd, dann Essigsäure:

$$CH_3CH(OH) \cdot CO_2H + O_2 = CH_3CO_2H + CO_2 + H_2O.$$

Eigenschaften und Prüfung der Gärungsmilchsäure:

$$CH_3 \cdot CH(OH) \cdot CO_2H, \text{ Mol.-Gew. } 90{,}05.$$

Farblose, sirupdicke Flüssigkeit, welche mit Wasser, Alkohol und Äther in jedem Verhältnis klar mischbar ist.

Arzneilich wird ein Präparat von gegen 90 % Gesamtsäure, davon etwa 72 % freie Säure berechnet als Milchsäure, verwendet. Diese Milchsäure hat ein spez. Gew. von 1,21—1,22; Dichte 1,206—1,216. Geprüft wird sie auf **Butter-säure, Schwefelsäure, Salzsäure, Kalk, Weinsäure, Zitronensäure, Zucker, Glyzerin, Mannit, Schwermetalle.**

Die Gehaltsbestimmung der Milchsäure erfolgt durch Titration, und die an Milch-säureanhydrid nach dem Aufspalten desselben durch Erwärmen mit Kalilauge durch Zurücktitrieren des Überschusses an letzterer. Zu dem Zwecke werden 5 g Milchsäure in einem Meßkölbchen mit Wasser auf 100 ccm verdünnt. 40 ccm dieser Mischung werden in einem Kölbchen aus Jenaer Glas mit n-Kalilauge neutralisiert. Hierzu müssen mindestens 16 ccm n-Kalilauge erforderlich sein (entsprechend 72 % Milchsäure). Die neutralisierte Flüssigkeit wird mit weiteren 5 ccm n-Kalilauge versetzt, 5 Minuten lang auf dem Wasser-bade erwärmt und mit n-Salzsäure bis zum Verschwinden der Rotfärbung titriert. Hierauf werden 2 ccm n-Salzsäure hinzugefügt. Nachdem die Mischung 2 Minuten lang auf dem Wasserbad erwärmt worden ist, wird der Überschuß an Säure mit n-Kalilauge zurücktitriert.

Der Gesamtverbrauch an n-Kalilauge, vermindert um den Gesamtverbrauch an n-Salzsäure, muß annähernd 2,0 ccm betragen, was annähernd 90 % Gesamtsäure entspricht (1 ccm n-Kalilauge = 0,09005 g Milchsäure, Phenolphthalein als Indikator).

Medizinische Anwendung: Milchsäure wird bei fungösen Erkrankungen der Weichteile, bei tuberkulösen Kehlkopfgeschwüren, bei Krupp und Diphtheritis zum Bepinseln (1 : 5 bis 10 Wasser) bzw. zu Inhalationen benutzt; innerlich gegen grüne Durchfälle der Säuglinge (in 2 proz. Lösung, teelöffelweise).

Kaliumlaktat, milchsaures Kalium, kommt als dicke Flüssigkeit unter dem Namen Perkaglyzerin als Ersatzmittel für Glyzerin in den Verkehr.

Natriumlaktat, milchsaures Natrium, bildet mit wenig Wasser eine farblose, schwer bewegliche Flüssigkeit, die unter dem Namen Perglyzerin als Ersatzmittel für Glyzerin angewendet worden ist.

Kalziumlaktat, Milchsaures Kalzium, Calcium lacticum, $[CH_3CH(OH) \cdot CO_2]_2Ca + 5H_2O$, Mol.-Gew. 308,23, wird bei der Milchsäure-gärung durch Abstumpfen der gebildeten Säure mit Kalkmilch erhalten.

Gehalt 70,5—73 % an wasserfreiem Salz und Gehalt des wasserfreien Salzes 17,2—18,4 % Ca. Weißes, fast geruch- und geschmackloses Pulver, das sich in 20 T. Wasser langsam löst und von heißem Wasser leicht aufgenommen wird. Über Identifizierung und Prüfung s. D. A. B. VI.

Gehaltsbestimmung: 1 g Kalziumlaktat darf durch Trocknen bei 100° nicht mehr als 0,295 g und nicht weniger als 0,270 g an Gewicht verlieren (unzulässiger Wassergehalt). Werden 0,5 g des bei 100° getrockneten Salzes verascht und geglüht, und wird der Rückstand in 10 ccm n-Salzsäure gelöst, so dürfen zum Neutralisieren dieser Lösung nicht mehr als 5,7 und nicht weniger als 5,4 ccm n-Kalilauge verbraucht werden, was einem Gehalte von 17,2—18,4 % Kalzium entspricht (1 ccm n-Salzsäure = 0,020035 g Kalzium, Methyl-orange als Indikator).

Berechnung: 10—5,7 ccm = 4,3 ccm HCl

$$0,020035 \cdot 4,3 = 0,0861505$$
$$0,5 : 0,0861505 = 100 : x \qquad x = 17,2 \% \ Ca,$$

bzw.

$$10—5,4 \ ccm = 4,6 \ ccm \ HCl$$
$$0,020035 \cdot 4,6 = 0,092161$$
$$0,5 : 0,092161 = 100 : y \qquad y = 18,4 \% \ Ca.$$

Medizinische Anwendung: Indikationen wie Calcium chloratum.

Zinklaktat, Milchsaures Zink, Zincum lacticum,

$$[CH_3 \cdot CH(OH) \cdot CO_2]_2Zn + 3H_2O,$$

wird durch Sättigen reiner Milchsäure mit Zinkoxyd und Umkristallisieren aus Wasser in Form farbloser, luftbeständiger, rhombischer Säulen erhalten, welche sich in 60 T. Wasser lösen.

Ferrolaktat, Milchsaures Eisenoxydul, Ferrum lacticum, $[CH_3CH(OH) \cdot CO_2]_2Fe + 3H_2O$, Mol.-Gew. 287,97. Zwecks Darstellung wird das bei der Milchsäuregärung durch Sättigen der Milchsäure mit Kalziumkarbonat erhaltene Kalziumlaktat nach mehrfachem Umkristallisieren aus Wasser in konz. Lösung mit der berechneten Menge Ferrochlorid versetzt.

Ferrolaktat scheidet sich nach mehrtägigem Stehenlassen, wobei der Luftzutritt möglichst verhindert werden muß, in Form grünlichweißer, aus kleinen nadelförmigen Kristallen bestehender Krusten oder in Form eines kristallinischen Pulvers ab. Es besitzt einen eigentümlichen Geruch, löst sich bei fortgesetztem Schütteln langsam in 40 T. ausgekochtem Wasser von 20°, in 12 T. siedendem Wasser und kaum in Weingeist. Man prüft auf **weinsaures, zitronensaures, äpfelsaures Salz, auf Schwermetallsalze, Zucker und Gummi,** sowie auf **Alkalikarbonate** (s. D. A. B. VI.).

Gehalt mindestens 97,3% wasserhaltiges Ferrolaktat, entsprechend 18,9% Eisen.

Gehaltsbestimmung: Etwa 0,2 g fein gepulvertes Ferrolaktat werden in einem Kolben von 100 ccm Inhalt genau gewogen und in 10 g Wasserstoffsuperoxydlösung unter Umschwenken gelöst. Die Lösung wird mit 5 ccm Schwefelsäure versetzt, zum Sieden erhitzt und 2 Minuten lang im Sieden erhalten. Nach dem Erkalten verdünnt man mit etwa 25 ccm Wasser, gibt 2 g Kaliumjodid hinzu und läßt die Mischung 1 Stunde lang in einem verschlossenen Glase stehen. Zur Bindung des ausgeschiedenen Jodes müssen für

je 0,2 g Ferrolaktat mindestens 6,77 ccm $\frac{n}{10}$-Natriumthiosulfatlösung verbraucht werden, was einem Mindestgehalt von 18,9% Eisen entspricht (1 ccm $\frac{n}{10}$-Natriumthiosulfatlösung $= 0,005584$ g Eisen, Stärkelösung als Indikator).

Deutung: Das Ferrosalz wird durch Wasserstoffsuperoxyd bei Gegenwart von Schwefelsäure in Ferrisulfat übergeführt, und letzteres scheidet aus Kaliumjodid Jod im Sinne folgender Gleichung aus:

$$Fe_2(SO_4)_3 + 2\,KJ = 2\,FeSO_4 + K_2SO_4 + J_2.$$

Hiernach entspricht 1 J : 1 Fe

$$1 \text{ ccm } \frac{n}{10}\text{-Thiosulfat zeigt an } 0,005584 \text{ g Fe}$$

$$0,005584 \cdot 6,77 = 0,03780368 \text{ g}$$

$$0,2 : 0,03780368 = 100 : x \qquad x = 18,9\% \text{ Fe}.$$

Vor Licht geschützt aufzubewahren.

Medizinische Anwendung: Als milde wirkendes Eisenpräparat bei chlorotischen Zuständen. Innerlich zu 0,1—0,75 g mehrmals täglich in Pulvern, Pillen oder Pastillen.

Fleischmilchsäure, Rechtsmilchsäure, Paramilchsäure wurde von Berzelius 1808 in der Muskelflüssigkeit entdeckt und später auch in verschiedenen tierischen Organen aufgefunden. Sie ist in dem Liebigschen Fleischextrakt enthalten. Liebig wies die Verschiedenheit der Fleischmilchsäure von der Gärungsmilchsäure 1847 nach. Die wässerige Lösung der Fleischmilchsäure lenkt den polarisierten Lichtstrahl nach rechts ab, und zwar beträgt bei $1\frac{1}{2}$ proz. Lösung $[\alpha]_D = +2,61°$.

Von den bekannten homologen α-Oxysäuren sollen genannt werden die α-Oxybuttersäure und α-Oxyisobuttersäure, die α-Oxyvaleriansäuren und α-Oxykapronsäuren (Leucinsäure).

Zu den Homologen der Äthylenmilchsäure oder Hydrakrylsäure gehören die β-Oxybuttersäuren, die β-Oxykapronsäuren usw.

Die γ- und δ-Oxysäuren sind dadurch ausgezeichnet, daß sie einfache zyklische Ester bilden können, indem die Karboxylgruppe mit der alkoholischen Hydroxylgruppe unter Wasserabspaltung reagiert. Die so entstehenden zyklischen Ester der γ- und δ-Oxysäuren nennt man Laktone (und zwar γ- und δ-Laktone). Die γ-Laktone bilden sich sehr leicht und zeichnen sich durch große Beständigkeit aus; sie werden erst nach längerem Kochen mit Wasser in die γ-Oxysäuren zurückverwandelt, während die δ-Laktone bei Berührung mit Wasser dieses schon bei gewöhnlicher Temperatur allmählich aufnehmen.

Ein γ-Lakton ist z. B. das **Butyrolakton**:

$$
\begin{array}{ccc}
\mathrm{CH_2OH} & & \mathrm{CH_2} \\
| & & | \\
\mathrm{CH_2} & \longrightarrow & \mathrm{CH_2} \\
| & & | \quad \rangle\mathrm{O} \; . \\
\mathrm{CH_2} & & \mathrm{CH_2} \\
| & & | \\
\mathrm{COOH} & & \mathrm{CO}
\end{array}
$$

$$\underbrace{\hspace{3cm}}_{\gamma\text{-Oxybuttersäure}} \qquad \underbrace{\hspace{3cm}}_{\text{Butyrolakton}}$$

Aminosäuren der Fettsäurereihe.

Durch Ersatz von Wasserstoff in den Alkylgruppen der Karbonsäuren durch die Aminogruppe ($\mathrm{NH_2}$) entstehen **Aminosäuren**, z. B.:

$$\underbrace{\mathrm{CH_3 \cdot CO_2H}}_{\text{Essigsäure}} \longrightarrow \underbrace{\mathrm{CH_2(NH_2) \cdot CO_2H}}_{\text{Aminoessigsäure}} \; .$$

Befindet sich die Aminogruppe in benachbarter Stellung zur Karboxylgruppe, so nennt man die Säure α-**Aminosäure**; je nach der Entfernung der Aminogruppe von der Karboxylgruppe unterscheidet man β-, γ-, δ-Aminosäuren, z. B.:

$$\underbrace{\mathrm{CH_3 \cdot CH(NH_2) \cdot CO_2H}}_{\alpha\text{-Aminopropionsäure}} \qquad \underbrace{\mathrm{CH_2(NH_2) \cdot CH_2 \cdot CH_2 \cdot CO_2H}}_{\gamma\text{-Aminobuttersäure}}$$

$$\underbrace{\mathrm{CH_3 \cdot CH(NH_2) \cdot CH_2 \cdot CH_2 \cdot CO_2H}}_{\gamma\text{-Aminovaleriansäure}} \qquad \underbrace{\mathrm{CH_2(NH_2) \cdot CH_2 \cdot CH_2 \cdot CH_2 \cdot CO_2H}}_{\delta\text{-Aminovaleriansäure}} \; .$$

Je nach der Anzahl der Aminogruppen in Fettsäuremolekeln unterscheidet man **Monamino-**, **Diamino-**, **Triaminosäuren** usw.

Aminosäuren werden bei der Aufspaltung der **Eiweißstoffe**, der **Proteine** (s. im Anschluß an dieses Kapitel), mittels Säuren oder Alkalien, auch durch Enzyme, erhalten. Es müssen in den Eiweißstoffen daher die Reste der Aminosäuren verkettet sein. Emil Fischer hat auf synthetischem Wege solche Verkettungen von Aminosäuren bewirkt und ist dabei zu Produkten gelangt, die mit den aus den Eiweißstoffen durch partielle Spaltung erhaltenen, noch eiweißähnlichen Stoffen — den Albumosen und Peptonen — zu vergleichen sind. Fischer nennt daher seine synthetischen Produkte **Polypeptide** und unterscheidet zwischen Di-, Tri-, Tetra, Pentapeptiden, je nachdem zwei, drei, vier, fünf oder mehrere Aminosäurereste zu einer Molekel vereinigt sind. Das einfachste Dipeptid, welches durch Verkettung von zwei Molekeln Aminoessigsäure entsteht, hat die folgende Konstitution:

$$\mathrm{HOOC \cdot CH_2NH\,|\,H} \quad + \quad \mathrm{HO\,|\,OC \cdot CH_2 \cdot NH_2} \; .$$

Das solcherart entstehende Produkt besitzt noch eine freie Karboxylgruppe und eine freie Aminogruppe. Es läßt sich also nach der Karboxylseite und nach der Aminoseite hin mit neuen Molekeln von Aminosäuren zu kompliziert zusammengesetzten Molekeln verketten. Es entsteht dann eine Kette, die sich durch das Schema

$$\mathrm{HOOC \ldots NH \cdot CO \ldots NH \cdot CO \ldots NH \cdot CO \ldots\ldots NH_2}$$

kennzeichnen läßt.

E. Fischer hat verschiedene Aminosäuren auf diese Weise verkettet und ist so zu einer großen Zahl künstlicher Polypeptide gelangt.

Bei der Spaltung der Eiweißstoffe, der **Hydrolyse**, die meist durch Kochen

mit rauchender Salzsäure bewirkt wird, sind die folgenden Aminosäuren der Fettreihe beobachtet worden:

Aminoessigsäure (Glykokoll): $CH_2(NH_2) \cdot CO_2H$,

α-Aminopropionsäure (Alanin): $CH_3 \cdot CH(NH_2) \cdot CO_2H$,

α-Aminoisovaleriansäure (Valin): $(CH_3)_2CH \cdot CH(NH_2) \cdot CO_2H$,

α-Aminoisobutylessigsäure (Leucin):

$$(CH_3)_2CH \cdot CH_2 \cdot CH(NH_2)CO_2H,$$

α-Amino-β-Methyl-β-Äthylpropionsäure (Isoleucin):

$$\begin{matrix} CH_3 \\ \\ C_2H_5 \end{matrix} \Big\rangle CH \cdot CH(NH_2) \cdot CO_2H.$$

Von Diaminoderivaten der Fettsäuren sind bei der Eiweißspaltung erhalten
worden:

α-, δ-Diaminovaleriansäure (Ornithin):

$$CH_2(NH_2) \cdot CH_2 \cdot CH_2 \cdot CH(NH_2) \cdot CO_2H,$$

α-, ε-Diaminokapronsäure (Lysin):

$$CH_2(NH_2) \cdot CH_2 \cdot CH_2 \cdot CH_2 \cdot CH(NH_2) \cdot CO_2H.$$

Außerdem sind zu nennen:

α-Amino-β-Oxypropionsäure (Serin):

$$CH_2(OH) \cdot CH(NH_2) \cdot CO_2H, \text{ ferner das}$$

Disulfid der α-Aminopropionsäure (Cystin):

$$\begin{matrix} S{-}CH_2{-}CH(NH_2) \cdot CO_2H \\ | \\ S{-}CH_2{-}CH(NH_2) \cdot CO_2H, \end{matrix}$$

einige Aminoderivate von Dikarbonsäuren (z. B. Asparaginsäure), sowie
Phenylalanin, Oxyphenylalanin (Tyrosin), Prolin, Tryptophan,
Histidin (s. weiter unten) u. a.

Zur Identifizierung werden die durch Salzsäurespaltung aus den Eiweißstoffen erhaltenen Aminosäuren nach E. Fischer durch Einleiten von HCl in
ihre alkoholische Lösung verestert und die Ester im Vakuum einer fraktionierten
Destillation unterworfen. —

Die Aminosäuren lösen sich leicht in Wasser, schwer in Alkohol und Äther.
Viele besitzen einen süßen Geschmack.

Aminoessigsäure, $CH_2(NH_2) \cdot CO_2H$, wurde zuerst bei der Hydrolyse
des Leims erhalten und wegen ihrer Herkunft und ihres süßen Geschmacks Leim-
süß oder Glykokoll[1] genannt.

Man gewinnt sie synthetisch durch Einwirkung von Ammoniak auf Monochloressigsäure:

$$CH_2Cl \cdot CO_2H \longrightarrow CH_2(NH_2)CO_2H.$$

Farblose, süß schmeckende Kristalle, die sich in 4,3 T. Wasser von 15^0 lösen.

Eine Benzoyl-Aminoessigsäure findet sich im Pferdeharn und führt den
Namen Hippursäure (s. Benzoesäure).

Eiweißstoffe oder Proteine.

Eiweißstoffe oder Proteine[2] sind stickstoffhaltige organische Verbindungen, die
in allen Tieren und Pflanzen vorkommen und an dem Aufbau und der Erhaltung derselben

---

[1] Abgeleitet von colla, der Leim.

[2] Abgeleitet von $\pi\varrho\tilde{\omega}\tau o\varsigma$, protos, der erste — deshalb so genannt, weil das Leben von
Tieren und Pflanzen an die Eiweißstoffe vorwiegend gebunden ist.

hervorragendsten Anteil nehmen. Eiweißstoffe sind neben Kohlenhydraten und Fetten unentbehrliche Bestandteile der menschlichen und tierischen Nahrung. Sie besitzen eine sehr komplizierte Zusammensetzung und ein hohes Molekulargewicht. Sie sind Kolloide und koagulieren fast alle beim Erhitzen. Bei der hydrolytischen Spaltung mit Säuren entstehen, wie aus dem vorhergehenden Kapitel ersichtlich, kristallisierende Aminosäuren.

Die Proteine enthalten an Elementen Kohlenstoff, Wasserstoff, Sauerstoff, Stickstoff und Schwefel. Bei einigen sind noch Phosphor und Jod vorhanden. Man findet analytisch die Werte für

$$\begin{aligned}
&C \ldots \ldots \ldots\ 50\ \text{—}54\ \% \\
&H \ldots \ldots \ldots\ \ 6{,}5\text{—}\ 7{,}3\ \% \\
&O \ldots \ldots \ldots\ 21{,}5\text{—}23{,}5\ \% \\
&N \ldots \ldots \ldots\ 15\ \text{—}17{,}6\ \% \\
&S \ldots \ldots \ldots\ \ 0{,}3\text{—}\ 2{,}2\ \%
\end{aligned}$$

Da Stickstoff in den Eiweißstoffen zu rund 16 % vorkommt und sich analytisch gut bestimmen läßt, so kann man die Eiweißmenge einer Substanz mit annähernder Genauigkeit berechnen, indem man den Stickstoffwert mit 6,25 multipliziert, denn $16 \times 6{,}25 = 100$.

Dem in tierischen und pflanzlichen Organen als „lebende Materie" sich findenden Eiweiß oder Albumin hat Lieberkühn die empirische Formel $C_{72}H_{112}N_8SO_{22}$ gegeben. Bei der Hydrolyse liefert es 16 Aminosäuren, von denen mehrere zu dem Alanin, der α-Aminopropionsäure, in Beziehung stehen, so:

$$CH_2\text{—}CH\text{—}CO_2H \quad\text{mit}\quad NH_2$$

Phenylalanin

$$CH_2\text{—}CH\text{—}CO_2H \quad\text{mit}\quad NH_2$$

Tryptophan

$$HO\text{—}\ CH_2\text{—}CH\text{—}CO_2H,\ NH_2$$

Tyrosin

$$NH\text{—}C\text{—}CH_2\text{—}CH\text{—}CO_2H,\ CH,\ N\text{—}CH,\ NH_2$$

Histidin

$$S_2\big\langle\ CH_2\text{—}CH\text{—}CO_2H\ (NH_2),\ CH_2\cdot CH\cdot CO_2H\ (NH_2)$$

Cystin

Ein Abbau derartiger Aminosäuren kann durch Bakterien geschehen. Kutscher und Ackermann haben die Bruchstücke, die aus dem Eiweiß auf biologischem Wege im Leben der Bakterien, sowie der höheren Pflanzen und Tiere entstehen, „Aporrhegmen" genannt (abgeleitet von ἀπορρήγνυμι, abreißen, abbrechen). Aus dem Tyrosin kann durch Bakterienwirkung p-Oxyphenyläthylamin

$$HO\text{—}\ CH_2\cdot CH_2NH_2,$$

das sog. Tyramin, entstehen, das auch im Mutterkorn vorkommt und die wehenerregenden Eigenschaften desselben besitzt. Aus dem Tryptophan bilden sich bei der Eiweißfäulnis u. a. Skatol (Methylindol) und Indol, des weiteren die Diamine Cadaverin und Putrescin (s. dort).

In naher Beziehung zum Eiweiß stehen auch Stoffe, die von Drüsen mit innerer Sekretion gebildet und an das Blut abgegeben werden, die sog. Hormone. Sie dienen der Regulierung wichtiger Organfunktionen. So wird von den Nebennieren das Adrenalin (s. dort) gebildet. Ein von der Schilddrüse, der Thyreoidea, abgeschiedenes jodhaltiges Hormon ist das Tyroxin:

$$HO\underset{J}{\overset{J}{\bigcirc}}\text{—}O\text{—}\underset{J}{\overset{J}{\bigcirc}}CH_2\cdot CH(NH_2)CO_2H,$$

das synthetisch dargestellt worden ist. Es sei noch das Hormon der Pankreasdrüse, das Insulin, genannt, das die hohen Blutzuckerwerte bei der Zuckerharnruhr, dem Diabetes, herabzudrücken vermag.

Das aus Hypophysenhinterlappen gewonnene Hormon Hypophysin oder Pituitrin besitzt antidiuretische und melanophore Eigenschaften; es wirkt wehenerregend.

Das aus dem Harn durch Fällung mit Alkohol und Azeton gewonnene Vorderlappensexualhormon, das Prolan, wird zur Diagnostizierung der Schwangerschaft benutzt. Vor kurzem wurde von Butenandt aus Schwangerenharn ein kristallisiertes Hormon isoliert, welches den Namen Progynon erhielt.

Schließlich sei noch darauf hingewiesen, daß die Bildung von Alkaloiden mit den Eiweißstoffen in Zusammenhang gebracht wird.

Die im Fischsperma vorkommenden Protamine sind die einfachsten Proteine; sie liefern bei der Zersetzung nur die Basen Arginin, $NH_2 \cdot C : (NH)NH \cdot (CH_2)_3 CH(NH_2) \cdot CO_2 H$, Histidin, Lysin (s. vorstehend).

Eiweißstoffe kommen in den Organismen teils kolloidal gelöst, teils im halbweichen oder festen Zustande vor. Stets sind sie zu mehreren nebeneinander anzutreffen. Einige lösen sich in Wasser zu kolloiden Lösungen, alle aber werden von Alkalilaugen zu Albuminaten aufgenommen. Mit anorganischen Säuren verbinden sie sich zu Acidalbuminen. Die Proteine sind daher als amphotere Elektrolyte anzusprechen. Sie können sowohl Anionen wie Kationen bilden. Eiweißlösungen lenken die Ebene des polarisierten Lichtes nach links ab.

Man kann Eiweißstoffe durch Farbreaktionen und auf Grund von Fällungsreaktionen erkennen und nachweisen:

Erhitzt man eine Eiweißlösung mit Alkalilauge und einer sehr geringen Menge Cuprisulfat, so färbt sich die Flüssigkeit blauviolett (Biuretreaktion; vgl. auch Harnstoff). Mit konzentrierter Salpetersäure erhitzt, färben sich Eiweißstoffe gelb, auf Zusatz von Ammoniak orange (Xanthoproteinreaktion). Erhitzt man sie mit einer Oxydsalz enthaltenden Lösung von Merkuronitrat (Millons Reagenz)[1], so färben sie sich purpurrot. Beim Erwärmen von Eiweißlösungen mit dem Indenderivat Ninhydrin (s. dort) entsteht eine violette Färbung. Schwefelhaltige Eiweißstoffe geben beim Kochen mit Natronlauge und Bleiazetat schwarzes Schwefelblei.

Tannin, Bleiessig, viele Metallsalze, Kaliumferrozyanid bei Gegenwart von freier Essigsäure, Metaphosphorsäure, Sulfosalizylsäure und andere organische Säuren fällen Eiweißlösungen. So wird zum Nachweis von Eiweiß im Harn nach Esbach eine Lösung von 10 g Pikrinsäure und 20 g Zitronensäure in 1000 ccm Wasser benutzt. Nach Riegler verwendet man zum Nachweis von Harneiweiß eine 5proz. Lösung von β-Naphthalinsulfosäure, von welcher einige Tropfen dem Harn zugesetzt bei Gegenwart von Eiweiß eine Trübung bzw. einen Niederschlag entstehen lassen. Schichtet man über 5 ccm konzentrierter Salpetersäure das gleiche Volum eiweißhaltigen Harn, so entsteht an der Berührungsfläche schon bei geringen Mengen Eiweiß ($0,03^0/_{00}$) ein weißer Ring (Hellersche Probe). Eine Ausscheidung von Eiweiß aus Harn erfolgt auch, wenn man ihn mit Essigsäure ansäuert und im Wasserbade erwärmt.

Man teilt die Eiweißstoffe ein in:

1. Eigentliche Eiweißstoffe oder Proteine, wozu Albumine (Eieralbumin, Serumalbumin, Milchalbumin oder Laktalbumin), Globuline (Fibrinogen, Fibrin, Thyreoglobulin in der Schilddrüse, Myosin, die Pflanzenglobuline (Edestin, Excelsin, Conglutin, Legumin, Phaseolin) und die Klebereiweißstoffe (Gliadin, Hordein, Zein) gehören.

Von diesen ist das Eieralbumin wohl der am häufigsten untersuchte Eiweißstoff. Es bildet den Hauptbestandteil der konzentrierten Eiweißlösung (Eiereiweiß, Hühnereiweiß) und enthält noch ein Globulin, ein Mukoid und Glukosamin. Bei der Aufspaltung des Eieralbumins sind 17 verschiedene Aminosäuren gefunden worden.

Es dient zur Herstellung einer großen Zahl medizinisch verwendeter Albuminpräparate, so des Liquor ferri albuminati, des Tannalbin, des Jodomenin und der Bismutose (Wismutverbindungen), des Histosan (Guajakolverbindung) usw.

Die Globuline sind koagulierbare Eiweißstoffe, die nicht wie die Albumine in reinem Wasser und in verdünnten Säuren löslich sind, wohl aber von verdünnten Alkalien, sowie von stärkeren Säuren und Neutralsalzlösungen aufgenommen werden. Die Globuline lassen sich aus ihren Lösungen durch Magnesiumsulfat, zum Teil auch durch Natriumchlorid bei vollständiger Sättigung, durch Ammoniumsulfat schon bei Halbsättigung ihrer Lösungen ausfällen.

Serumglobulin ist ein Teil der Eiweißstoffe des Blutserums. Bei Nierenerkrankungen geht es neben Albumin in den Harn über und scheint den wesentlichen Bestandteil des Harneiweißes zu bilden. Die Koagulationstemperatur des Globulins liegt bei 75^0.

---

[1] Man bereitet Millons Reagenz, indem man 1 T. Quecksilber unter Kühlung in 1 T. rauchender Salpetersäure und 1 T. Salpetersäure (spez. Gew. 1,4) löst und die erhaltene Lösung mit 2 T. Wasser verdünnt.

Fibrinogen ist ein Bestandteil des Blutplasmas aller Wirbeltiere; es wird, nachdem das Blut die Ader verlassen hat, durch ein besonderes Ferment (Fibrinferment) in Fibrin umgewandelt (Gerinnung des Blutes). Vor ihrer Gerinnung nennt man die Blutflüssigkeit Plasma, die vom Fibrinogen und den Blutkörperchen befreite Serum.

In dem Sarkoplasma, der eiweißreichen Flüssigkeit der quergestreiften Muskeln, ist ein eigenartiger Eiweißstoff enthalten, das Myosin, das spontan gerinnt. Die Totenstarre ist die Folge der Gerinnung des Myosins.

Die meisten Pflanzeneiweiße sind Globuline; sie finden sich vor allem in den Samen und lassen sich daraus nach Entfernung des Fettes durch Kochsalzlösung extrahieren. Viele Pflanzenglobuline kristallisieren, so die der Paranüsse (Excelsin), des Hanfsamens (Edestin), der Rizinussamen (Ricin), der Mandeln (Amandin). Die Leguminosensamen enthalten die Globuline Conglutin, Legumin, Phaseolin.

Zu den alkohollöslichen Eiweißstoffen der Getreidearten gehören das Gliadin des Roggens und Weizens, das Hordein der Gerste und das Zein des Mais. Diese auch unter der Bezeichnung Klebereiweiß bekannten Stoffe sind in absolutem Alkohol unlöslich, lassen sich mit 70proz. Alkohol aber leicht in Lösung bringen.

2. Zusammengesetzte Eiweißstoffe oder Proteide. In diesen Substanzen ist der Eiweißkomplex mit einer sog. „prothetischen Gruppe" verbunden. So gibt es Phosphorproteide, welche den Hauptbestandteil des Protoplasmas bilden, Vitellin im Dotter der Hühnereier, Kasein in der Milch der Säuger, Lezithalbumine in der Gehirn- und Nervensubstanz, Blutfarbstoffe (Hämoglobin, Oxyhämoglobin, Methämoglobin), Glykoproteide (Mucine oder Schleimstoffe). Die Nukleoproteide sind Verbindungen von Eiweiß mit Nukleinsäure.

3. Proteinoide oder Albuminoide führen auch die Bezeichnung Gerüsteiweiße. Sie bilden die Gerüstsubstanzen der Tiere, also die Grundsubstanzen, in welche die Zellen eingelagert sind. Man teilt sie ein in Kollagene oder Leimsubstanzen, Keratin, welches die Hornsubstanzen bildet (die verhornten oberen Schichten der Epidermis, die Haare, Federn, Hufe, Hörner, Nägel usw.), Elastin (das elastische Bindegewebe: Sehnen), Fibroin und Seidenleim, Spongin (das Gerüst der Badeschwämme) usw.

Viele natürliche Eiweißstoffe werden durch Fermente (Pepsin, Trypsin) gelöst und zunächst in Albumosen und weiterhin in schwefelfreie Peptone gespalten.

Das eiweißspaltende (proteolytische) Ferment Pepsin gewinnt man aus der Magenschleimhaut der Schweine, Schafe oder Kälber durch Abschaben, Befreien von den Schleimmassen, Eintrocknen bei einer 40° nicht übersteigenden Temperatur und Verdünnen mit Milchzucker, Traubenzucker, Stärkemehl, Gummi oder anderen Stoffen bis auf die gewünschte Stärke. Das Pepsin des D. A. B. VI ist so eingestellt, daß 1 T. 100 T. geronnenes Hühner-Eiweiß unter gewissen Bedingungen zu lösen vermag.

Die Verdauungskraft des Pepsins wird wie folgt fetgestellt: Von einem Hühnerei, welches 10 Minuten in kochendem Wasser gelegen hat, wird das erkaltete Eiweiß durch ein zur Bereitung von grobem Pulver bestimmtes Sieb gerieben. 10 g dieses zerteilten Eiweißes werden mit 100 ccm warmem Wasser von 50° und 0,5 ccm Salzsäure gemischt und 0,1 g Pepsin hinzugefügt. Wird dann das Gemisch unter wiederholtem Durchschütteln drei Stunden bei 45° stehengelassen, so muß das Eiweiß bis auf wenige, weißgelbliche Häutchen gelöst sein.

Soll diese Probe ein brauchbares und verläßliches Resultat geben, so ist auf die genaue Zubereitung des Eiweißes für den Versuch große Aufmerksamkeit zu verwenden. Auch empfiehlt es sich, das Gemisch nicht nur wiederholt durchzuschütteln, sondern während der 3 Stunden Einwirkung mit einem Rührwerk in dauernder Bewegung zu halten.

Über Fermente (Enzyme) s. später!

Eiweißpräparate, die therapeutische Bedeutung besitzen, sind die Gelatina alba oder der weiße Leim, Albargin (Gelatosesilber), Argentum proteinicum (Protargol), Liquor Ferri albuminati.

Gelatina alba, welche als farblose oder nahezu farblose durchsichtige, geruch- und geschmacklose dünne Tafeln von glasartigem Glanze durch geeignete Reinigungsverfahren aus dem Knochenleim gewonnen wird, quillt in kaltem Wasser stark auf, ohne sich zu lösen. In heißem Wasser löst sich die Gelatine leicht zu einer klebrigen, klaren oder opalisierenden Flüssigkeit, die beim Erkalten noch in der Verdünnung 1 + 99 „gallertartig" erstarrt. In Weingeist und Äther ist weißer Leim unlöslich.

Da zur Entfärbung des Leimes und zu seiner Sterilisierung (Abtötung von Tetanus- und anderen Bazillen) allgemein von schwefliger Säure Gebrauch gemacht wird, so kann diese, im Übermaß benutzt, bei der therapeutischen Verwendung der Gelatine Schaden stiften. D. A. B. VI läßt daher eine Prüfung auf eine unzulässige Menge schwefliger Säure wie folgt vornehmen:

In einem Kolben von etwa 500 ccm Inhalt läßt man 20 g weißen Leim in 60 ccm Wasser einige Stunden lang quellen und löst dann durch Erwärmen auf dem Wasserbade. Nach dem Verdünnen mit 50 ccm Wasser und Zusatz von 10 ccm Phosphorsäure wird die schweflige Säure im Kohlendioxydstrom durch Erwärmen im siedenden Wasserbad in eine gut gekühlte Vorlage, die 20 ccm $\frac{n}{10}$ -Jodlösung enthält, übergetrieben. Man beginnt mit dem Erwärmen, sobald die Luft aus dem Kölbchen durch das Kohlendioxyd verdrängt ist, und erwärmt unter andauerndem Durchleiten von Kohlendioxyd mindestens 1 Stunde lang. Nachdem die schweflige Säure vollständig übergetrieben ist, kocht man die Jodlösung bis zur Entfernung des überschüssigen Jodes und gibt zu der heißen Lösung einige Tropfen Salzsäure und 0,8 ccm Bariumnitratlösung hinzu. Nach dem Erkalten darf im Filtrate durch weiteren Zusatz von Bariumnitratlösung keine Trübung mehr entstehen (unzulässige Menge schweflige Säure).

Auf Kupfersalze prüft man folgendermaßen:

Löst man den durch Verbrennen von 10 g weißem Leim erhaltenen Rückstand in 3 ccm verdünnter Salpetersäure und übersättigt die Lösung mit Ammoniakflüssigkeit, so darf keine blaue Färbung auftreten.

Anwendung in der Therapie zur Anfertigung von Kapseln, Stäbchen, sog. Bacilli gelatinosi und Antrophore, sowie als Grundmasse zum Auftragen von Arzneimitteln auf die Haut (Leimverbände). — Zur Blutstillung intramuskulär in 10 bzw. 20proz. wässeriger Lösung mehrmals je 10 ccm, als Klysma 30 : 300 (in 2 Portionen). Für die innerliche Anwendung 25 g auf $^{1}/_{2}$ Liter siedendes Wasser mit Zusatz von Milch oder Fruchtsäften, nach dem Erkalten tagsüber eßlöffelweise.

Ein für externe Zwecke benutzter Zinkleim (Gelatina Zinci) wird aus 10 T. Zinkoxyd, 40 T. Glyzerin, 15 T. weißem Leim und 35 T. Wasser bereitet.

Albargin, Gelatosesilber (E. W.). Zu seiner Darstellung wird eine aus dialysierter Gelatine gewonnene neutrale Gelatoselösung mit Silbernitratlösung versetzt und dann eingedampft oder mit Alkohol gefällt. Gehalt 14,6—15 % Silber (Ag, Atom-Gew. 107,88).

Gelbliches, grobes, glänzendes Pulver, das in Wasser leicht löslich ist. In der wässerigen Lösung (1 + 9) ruft Gerbsäurelösung einen flockigen Niederschlag, Salzsäure eine starke, weiße Trübung hervor.

Gehaltsbestimmung: Etwa 0,6 g Albargin werden genau gewogen und in 10 ccm Wasser gelöst; die Lösung wird vorsichtig mit 10 ccm Schwefelsäure versetzt. Darauf werden 2 g fein gepulvertes Kaliumpermanganat in kleinen Anteilen unter beständigem Umschwenken eingetragen. Nach $^{1}/_{4}$ stündigem Stehen wird das Gemisch mit 50 ccm Wasser verdünnt und mit Ferrosulfat versetzt, bis eine klare, blaßgelbe Lösung entstanden ist. Die Lösung wird nach Zusatz von 10 ccm Salpetersäure mit $\frac{n}{10}$ -Ammoniumrhodanidlösung bis zum Farbumschlage titriert. Hierzu müssen für je 0,6 g Albargin 8,12—8,34 ccm $\frac{n}{10}$ -Ammoniumrhodanidlösung verbraucht werden, was einem Gehalte von 14,6—15 % Silber entspricht (1 ccm $\frac{n}{10}$ -Ammoniumrhodanidlösung = 0,010788 g Silber, Ferrisalz als Indikator). (D. A. B. VI.) 8,12 cm zeigen an $0,010788 \cdot 8,12 = 0,08759856$ g, das sind bei Verwendung von 0,6 g Albargin $\frac{0,08759856 \cdot 100}{0,6} =$ rund 14,6 % bzw. wenn 8,34 ccm der Rhodanidlösung verbraucht wurden $0,10788 \cdot 8,34 = 0,08997192$ g, das sind bei Verwendung von 0,6 g Albargin $\frac{0,08997192 \cdot 100}{0,6} =$ rund 15 %.

Medizinische Anwendung: Als Antigonorrhoicum in 0,1—0,5 proz. Lösung. Zu Darmspülungen bei Colitis in 0,1—0,2 proz. Lösung.

Vor Licht geschützt aufzubewahren.

Argentum proteinicum, Albumosesilber, **Protargol** (E. W.). Gehalt mindestens 8 % Silber (Ag, Atom-Gew. 107,88).

Feines, gelbes bis braunes, schwach metallisch schmeckendes, in etwa 1 T. Wasser lösliches Pulver.

1 g Albumosesilber darf durch Trocknen bei 80° höchstens 0,03 g an Gewicht verlieren.

Gehaltsbestimmung: Etwa 1 g Albumosesilber wird in einem Kolben aus Jenaer Glas von 200 ccm Inhalt genau gewogen, in 10 ccm Wasser gelöst und die Lösung vorsichtig mit 10 ccm Schwefelsäure versetzt. Darauf werden 2 g fein gepulvertes Kaliumpermanganat in kleinen Anteilen unter beständigem Umschwenken eingetragen. Nach viertelstündigem Stehen wird das Gemisch mit 50 ccm Wasser verdünnt und mit Ferrosulfat versetzt, bis eine klare, blaßgelbe Lösung entstanden ist. Die Lösung wird nach Zusatz von 10 ccm Salpetersäure mit $\frac{n}{10}$-Ammoniumrhodanidlösung bis zum Farbumschlage titriert. Hierzu müssen für je 1 g Albumosesilber mindestens 7,4 ccm $\frac{n}{10}$-Ammoniumrhodanidlösung verbraucht werden, was einem Mindestgehalte von 8 % Silber entspricht (1 ccm $\frac{n}{10}$-Ammoniumrhodanidlösung = 0,010788 g Silber, Ferrisalz als Indikator). Berechnung entsprechend wie vorstehend.

Lösungen von Albumosesilber müssen ohne Erwärmen zur Abgabe frisch bereitet werden. Das Präparat ist vor Licht geschützt aufzubewahren.

Medizinische Anwendung: Als Antigonorrhoicum 0,25—1 proz. Lösung, zu Instillationen in die Urethra posterior bei chronischer Gonorrhöe in 2—5 proz. Lösung. Als Prophylaktikum in 20 proz. Lösung oder in Stäbchen 3 cm lang mit 5 %, für weibliche Urethra 5 cm lang. Zu Pinselungen bei Rachenkatarrh und Angina in 1 proz. Lösung. Zur Wundbehandlung besonders bei Panaritien in 5—10 proz. Salbe oder als Streupulver.
Ähnliche Präparate sind das Hegonon mit ca. 7 % Silber.

Targesin ist eine Diazetyltannin-Silbereiweißverbindung mit 6 % Ag.

Liquor Ferri albuminati, Eisenalbuminatlösung. Gehalt an Eisen 0,39—0,4 %.

Zur Darstellung reibt man 220 T. frisches Eiereiweiß durch ein Haarsieb, mischt mit 2000 T. Wasser von etwa 50°, seiht das Gemisch durch und versetzt mit einer auf 50° erwärmten Mischung von 120 T. dialysierter Eisenoxychloridlösung und 2000 T. Wasser unter Umrühren in dünnem Strahle. Wenn erforderlich, wird die Fällung durch Zusatz einer Lösung von 2 T. Natriumchlorid in 50 T. Wasser beschleunigt. Der entstandene Niederschlag wird nach dem Absetzen und nach dem Abgießen der überstehenden Flüssigkeit durch wiederholtes Mischen mit Wasser von etwa 50° und Absetzenlassen rasch ausgewaschen, bis das Waschwasser nach dem Ansäuern mit Salpetersäure durch Silbernitratlösung höchstens noch opalisierend getrübt wird. Den nach dem Abgießen der Flüssigkeit auf einem angefeuchteten leinenen Seihtuche gesammelten Niederschlag läßt man gut abtropfen und löst ihn alsbald in der mit 200 T. Wasser verdünnten 15 proz. Natronlauge und fügt weitere 250 T. Wasser hinzu. Nachdem die Lösung durch Mull geseiht ist, wird ihr Gehalt an Eisen ermittelt (s. D. A. B. VI).
Der Eisengehalt der Lösung ist durch Zusatz von Wasser auf 5,3 T. Eisen in 1000 T. Lösung einzustellen. Auf je 750 T. dieser Flüssigkeit werden 2 g aromatische Tinktur, 100 T. Zimtwasser und 150 T. Weingeist hinzugesetzt.

Eisenalbuminatlösung ist eine rotbraune, fast klare, im auffallenden Lichte wenig trübe Flüssigkeit von schwach alkalischer Reaktion. Dichte 0,985— 0,995. Gehaltsbestimmung s. D. A. B. VI.

Medizinische Anwendung bei Kindern in Dosen: $^{1}/_{2}$—1 Teelöffel in Milch. Bei Erwachsenen 5,0—15 g in Wasser oder Weißwein dreimal täglich vor den Mahlzeiten.

b) Ungesättigte Monokarbonsäuren.

Olefinmonokarbonsäuren, Akrylsäurereihe.

Man nennt die Säuren dieser Reihe auch Ölsäuren, weil zu ihnen die Ölsäure, $C_{18}H_{34}O_2$, gehört. Sie unterscheiden sich von den Fettsäuren durch einen Mindergehalt von zwei Wasserstoffatomen. Ihre allgemeine Formel ist $C_nH_{2n-2}O_2$.

Das erste Glied dieser Reihe ist die

Akrylsäure, Propensäure, $CH_2:CH \cdot CO_2H$, aufzufassen als Äthylen, in welchem ein Wasserstoffatom durch Karboxyl ersetzt ist. Akrylsäure entsteht aus dem Akrolein durch Oxydation mit Silberoxyd.

Das nächsthöhere Homologe der Akrylsäure ist die Krotonsäure, $C_4H_6O_2$, von welcher vier Isomere bekannt sind. Von diesen ist die feste Krotonsäure vom Schmelzpunkt 71^0 und Siedepunkt 180^0 mit der flüssigen Isokrotonsäure vom Siedepunkt 172^0 stereoisomer. Beide Säuren besitzen die gleiche Strukturformel

$$CH_3 \cdot CH : CH \cdot CO_2H,$$

da sie bei der Reduktion in n-Buttersäure übergehen und bei der Oxydation mit Permanganat neben Dioxybuttersäure

$$CH_3 \cdot CH(OH) \cdot CH(OH) \cdot CO_2H$$

Oxalsäure liefern.

Zur Erklärung der Verschiedenheit dieser beiden Säuren trotz gleicher Strukturformel dient die Annahme, daß hier eine Anordnung der Atomgruppen nach verschiedener Richtung des Raumes hin, eine sterische Verschiedenheit, vorliegt.

Die Krotonsäuren tragen ihren Namen zu Unrecht, denn sie kommen im Krotonöl, wie anfänglich angenommen, nicht vor. Die beiden stereoisomeren Säuren sind im Holzessig beobachtet worden.

Von den 5 Kohlenstoffatome enthaltenden Säuren der Akrylsäurereihe sind

$$\text{Angelikasäure} \quad \begin{matrix} H \\ CH_3 \end{matrix} \!\!>\!C:C\!<\!\! \begin{matrix} CO_2H \\ CH_3 \end{matrix} \quad \text{und Tiglinsäure} \quad \begin{matrix} CH_3 \\ H \end{matrix} \!\!>\!C:C\!<\!\! \begin{matrix} CO_2H \\ CH_3 \end{matrix}$$

zu nennen. Diese beiden Säuren sind ebenfalls stereoisomer.

Angelikasäure findet sich im freien Zustande in der Angelikawurzel (Angelica Archangelica), als Butyl- und Amylester neben Tiglinsäureamylester im Römisch-Kamillenöl (Anthemis nobilis).

Von höheren Gliedern der Akrylsäurereihe ist die

Ölsäure, $C_{18}H_{34}O_2$ oder $CH_3 \cdot (CH_2)_7 \cdot CH:CH \cdot (CH_2)_7 \cdot CO_2H$, zu erwähnen, welche als Glyzerinester (Triolein) in fast sämtlichen Fetten und fetten Ölen neben den Glyzerinestern der Fettsäuren vorkommt. Durch Kaliumpermanganat wird Ölsäure zur zweibasischen Azelainsäure, $C_9H_{16}O_4$, und zur einbasischen Pelargonsäure, $C_9H_{18}O_2$, oxydiert, bei gemäßigter Oxydation zu Dioystearinsäure. Bei der Einwirkung von salpetriger Säure entsteht aus Ölsäure die ihr stereoisomere Elaidinsäure vom Schmelzpunkt 51^0. Bei der Reduktion der Ölsäure und Elaidinsäure mit Jodwasserstoff oder durch Wasserstoff bei Gegenwart eines Katalysators (z. B. Nickel) wird Stearinsäure gebildet.

Die im Leinöl und anderen trocknenden Ölen enthaltene Leinölsäure oder Linolsäure entspricht der Zusammensetzung $C_{18}H_{32}O_2$. Sie gehört einer Säurereihe der allgemeinen Formel $C_nH_{2n-4}O_2$ an und findet sich meist in Begleitung einer noch ungesättigteren Säure, der Linolensäure, $C_{18}H_{30}O_2$.

Rizinusölsäure, $C_{18}H_{34}O_3$, ist eine Oxysäure der Ölsäurereihe:

$$CH_3(CH_2)_5CH \cdot (OH) \cdot CH_2 \cdot CH : CH \cdot (CH_2)_7 \cdot CO_2H.$$

Sie kommt als Glyzerinester im Rizinusöl vor und zerfällt bei der Destillation in Önanthol, einen Aldehyd von der Zusammensetzung $C_7H_{14}O$, und in Unde zylensäure, $C_{11}H_{20}O_2$. Durch Einwirkung von Schwefelsäure auf Rizinusöl entsteht eine Rizinusölschwefelsäure $(C_{18}H_{33}O_2)OSO_3H$, das Türkischrotöl der Färber. Ein Rizinusölsäuredijodid ist das als Arzneimittel verwendete Dijodyl.

c) Zweibasische gesättigte Säuren.

Das Anfangsglied einer homologen Reihe zweibasischer Säuren, welche der allgemeinen Formel $C_nH_{2n-2}O_4$ entsprechen, ist die

$$\text{Oxalsäure} \qquad CO_2H\text{---}CO_2H.$$

Ihr folgen in der Reihe die

Malonsäure	$CO_2H \cdot CH_2 \cdot CO_2H$,
Bernsteinsäure	$CO_2H \cdot (CH_2)_2 \cdot CO_2H$,
Glutarsäure	$CO_2H \cdot (CH_2)_3 \cdot CO_2H$,
Adipinsäure	$CO_2H \cdot (CH_2)_4 \cdot CO_2H$,
Pimelinsäure	$CO_2H \cdot (CH_2)_5 \cdot (CO_2H)$,
Korksäure	$CO_2H \cdot (CH_2)_6 \cdot CO_2H$,
Azelainsäure	$CO_2H \cdot (CH_2)_7 \cdot CO_2H$,
Sebazinsäure	$CO_2H \cdot (CH_2)_8 \cdot CO_2H$.

Zu den von der Bernsteinsäure sich ableitenden Oxysäuren gehören die Äpfelsäure und die Weinsäure (s. später).

Oxalsäure, Kleesäure, Äthandisäure, Acidum oxalicum, findet sich in Form ihrer Salze, besonders der Kalium- oder Kalziumsalze, in vielen Pflanzen. Das Kaliumsalz kommt als Bioxalat bzw. als Tetraoxalat in Oxalis- und Rumex-Arten vor, während Kalziumoxalatkristalle sich häufig in pflanzlichen Zellen finden. Kalziumoxalat kommt auch im tierischen Organismus vor, so im Harn, im Schleim der Gallenblase, in den Harnsteinen (Maulbeersteinen) usw.

Oxalsäure bildet sich beim Behandeln zahlreicher organischer Stoffe mit Oxydationsmitteln (z. B. von Zucker mit Salpetersäure) oder beim Schmelzen mit Ätzalkalien (z. B. von Zellulose mit Kaliumhydroxyd) und wird gewonnen durch Einwirkung ätzender Alkalien auf Holz (Sägespäne).

Darstellung: In eine aus 40 T. Kaliumhydroxyd und 60 T. Natriumhydroxyd bereitete Lauge vom spez. Gew. 1,35 trägt man 50 T. Sägespäne (von Tannen- oder Kiefernholz) ein und erhitzt den Brei in 1 cm hoher Schicht auf eisernen Platten auf 240—250°, bis die Masse eine weißliche Farbe angenommen hat und völlig trocken geworden ist. Man laugt die Masse nach dem Erkalten mit Wasser aus und sammelt das nach dem Erkalten der eingedampften Lösung auskristallisierte oxalsaure Salz. Dieses wird mit Kalkmilch in unlösliches Kalziumoxalat übergeführt und aus letzterem durch Behandeln mit Schwefelsäure Oxalsäure in Freiheit gesetzt. Ein mehrmaliges Umkristallisieren liefert die reine Säure.

Oxalsäure kristallisiert aus Wasser in farblosen, monoklinen Säulen mit 2 Mol. Kristallwasser. Sie löst sich bei gewöhnlicher Wärme in 9 T. Wasser und $2^1/_2$ T. Alkohol von 96% zu einer stark sauer reagierenden Flüssigkeit. Von heißem Wasser wird Oxalsäure leicht gelöst. Beim Behandeln mit konz. Schwefelsäure oder anderen wasserentziehenden Mitteln zerfällt sie in Kohlendioxyd, Kohlenoxyd und Wasser:

$$COOH\text{---}CO\,OH = CO_2 + CO + H_2O.$$

In saurer Lösung wird Oxalsäure durch Kaliumpermanganat unter Kohlendioxydbildung oxydiert:

$$5[CO_2H - CO_2H] + 2\,KMnO_4 + 3\,H_2SO_4 = K_2SO_4 + 2\,MnSO_4 + 10\,CO_2 + 8\,H_2O.$$

Oxalsäure ist leicht in chemischer Reinheit zu beschaffen und dient daher als Ausgangsmaterial zur Herstellung von Normalsäure für maßanalytische Arbeiten.

Zum Nachweis der Oxalsäure und ihrer Salze sind lösliche Kalziumsalze geeignet, welche in ammoniakalischer (oder essigsaurer) Lösung eine Fällung von Kalziumoxalat, $(CO_2)_2Ca$, bewirken. Anderseits werden oxalsaure Salze zum Nachweis und zur Bestimmung von Kalziumverbindungen benutzt.

Oxalsäure bildet zwei Reihen von Salzen, neutrale und saure, je nachdem eine oder beide Wasserstoffatome durch Metalle ersetzt sind. Das in dem Safte von Oxalis- und Rumexarten vorkommende oxalsaure Salz ist saures Kaliumoxalat, **Kalium bioxalicum**, $(COO)_2HK + H_2O$. Es kristallisiert in farblosen, luftbeständigen, sauer und bitter schmeckenden, monoklinen Kristallen, welche bei 100^0 in 14 T. Wasser löslich sind. Unter dem Namen **Kleesalz, Oxalium, Sal acetosellae**, kommt meist ein Kaliumbioxalat in den Handel, das wechselnde Mengen Kaliumtetraoxalat enthält, ja vielfach ganz aus $(CO_2H \cdot CO_2K + CO_2H \cdot CO_2H + H_2O)$ besteht. Kleesalz dient zur Entfernung von Rost und Tintenflecken, wobei sich lösliches Ferri-Kaliumoxalat bildet.

Als Reagenz, besonders zum Nachweis und zur Bestimmung von Kalziumverbindungen, dient **Ammoniumoxalat**, $(CO_2)_2(NH_4)_2 + H_2O$. Es bildet farblose, in 23,7 T. Wasser lösliche Kristalle.

Für photographische Zwecke kommt das in großen Kristallen erhältliche neutrale Kaliumoxalat in Anwendung.

Oxalsäure und ihre löslichen Salze sind sehr giftig.

Malonsäure, Propandisäure, $CH_2{\Large<}^{CO_2H}_{CO_2H}$, kommt an Kalzium gebunden in den Zuckerrüben vor und bildet sich bei der Oxydation der Äpfelsäure (daher ihr Name: Acidum malicum heißt Äpfelsäure). Malonsäure wird dargestellt aus der Monochloressigsäure, die durch Behandeln mit Kaliumzyanid in Zyanessigsäure übergeht. Beim Verseifen dieser mit Kalilauge entsteht das Kaliumsalz der Malonsäure:

$$\underbrace{CN \cdot CH_2 \cdot CO_2H}_{\text{Zyanessigsäure}} + 2\,KOH = \underbrace{CO_2K \cdot CH_2 \cdot CO_2K}_{\text{Kaliummalonat}} + NH_3 .$$

Malonsäure bildet wasser-, alkohol- und ätherlösliche Tafeln vom Schmelzpunkt 132^0. Beim Erhitzen über den Schmelzpunkt zerfällt sie in Essigsäure und Kohlendioxyd. Erhitzt man sie mit Phosphorpentoxyd, so bildet sich **Kohlensuboxyd** (s. S. 108), dem man die Konstitutionsformel $CO = C = CO$ gibt.

Bernsteinsäure. Die normale oder gewöhnliche **Bernsteinsäure, Succinsäure, Acidum succinicum, Äthylenbernsteinsäure,**

$$CO_2H \cdot CH_2 \cdot CH_2 \cdot CO_2H ,$$

kommt im freien Zustande im Bernstein vor und findet sich in Form von Salzen in einigen Pflanzen, sowie im tierischen Organismus.

Zur Darstellung der Bernsteinsäure erhitzt man Bernstein in Retorten, wobei Bernsteinsäure sublimiert; in die Vorlage geht gleichzeitig ein teerartiger Stoff über, das rote **Bernsteinöl.** Auch bei der Gärung von äpfelsaurem Salz wird Bernsteinsäure gebildet. Auf synthetischem Wege gelangt man zu ihr durch Behandeln von Äthylenbromid mit Kaliumzyanid und Kochen des entstandenen Äthylenzyanids mit Wasser:

$$\underbrace{CN \cdot CH_2 \cdot CH_2 \cdot CN}_{\text{Äthylenzyanid}} + 4\,H_2O = \underbrace{CO_2NH_4 \cdot CH_2 \cdot CH_2 \cdot CO_2NH_4}_{\text{Ammoniumsuccinat}} .$$

Reine Bernsteinsäure bildet farb- und geruchlose, wasserlösliche Prismen vom Schmelzpunkt 185^0. Sie läßt sich sublimieren, zerfällt dabei aber zum Teil in Bernsteinsäureanhydrid und Wasser.

Offizinell war früher eine durch Sättigen der rohen, durch Destillation aus dem Bernstein gewonnenen Säure mit Salmiakgeist oder kohlensaurem Ammon erhaltene Lösung, der Liquor Ammonii succinici.

Beim Erhitzen der Bernsteinsäure mit Phosphorsäureanhydrid entsteht Bernsteinsäureanhydrid, das beim Erhitzen im Ammoniakstrom in Succinimid übergeht:

$$\underbrace{\begin{array}{c} CH_2-CO \\ | \qquad\quad \\ CH_2-CO \end{array}\!\!\Big\rangle O} + NH_3 = \underbrace{\begin{array}{c} CH_2-CO \\ | \qquad\quad \\ CH_2-CO \end{array}\!\!\Big\rangle NH} + H_2O .$$

Bernsteinsäure-anhydrid　　　　　　　　Succinimid

Im Succinimid läßt sich der Wasserstoff der NH-Gruppe gegen Metalle austauschen. Ein medizinisch verwendetes Präparat ist das Quecksilbersuccinimid.

Bernsteinsäureanhydrid und Bernsteinsäureimid stehen in Beziehung zum Furan und Pyrrol (s. dort!).

Eine **Monomethylbernsteinsäure**, $CO_2H \cdot CH \cdot (CH_3) \cdot CH_2 \cdot CO_2H$, ist die Brenzweinsäure, welche bei der trockenen Destillation von Weinsäure, sowie auch beim Erhitzen von Weinsäure mit starker Salzsäure auf 180^0 entsteht und bei 112^0 schmelzende Kristalle bildet (s. S. 331).

Isopropylbernsteinsäure,

$$\begin{array}{c} CH \cdot \left(CH\!\!<\!\!\begin{array}{c} CH_3 \\ CH_3 \end{array}\right) CO_2H \\ | \\ CH_2 \cdot CO_2H \end{array}$$

bildet sich beim Schmelzen von Kampfersäure mit Alkali. Schmelzpunkt 114^0.

Äthylidenbernsteinsäure, $CH_3 \cdot CH\!\!<\!\!\begin{array}{c} CO_2H \\ CO_2H \end{array}$, auch Isobernsteinsäure oder Methylmalonsäure genannt, entsteht aus α-Chlor- oder α-Brompropionsäure mit Kaliumzyanid. Die Säure schmilzt bei 130^0 unter Zersetzung.

Glutarsäure, $CH_2\!\!<\!\!\begin{array}{c} CH_2-CO_2H \\ CH_2-CO_2H \end{array}$, wird aus Trimethylenbromid durch Einwirkung von Kaliumzyanid erhalten. Schmelzpunkt 97^0.

Adipinsäuren der Formel $C_4H_8(CO_2H)_2$ sind neun Isomere bekannt. Von ihnen ist die normale Adipinsäure $\begin{array}{c} CH_2 \cdot CH_2 \cdot CO_2H \\ | \\ CH_2 \cdot CH_2 \cdot CO_2H \end{array}$, zuerst durch Oxydation der Fette (von adeps, Fett) mittels Salpetersäure erhalten worden. Schmelzpunkt 148^0.

Normal-Pimelinsäure, $CH_2\!\!<\!\!\begin{array}{c} CH_2 \cdot CH_2 \cdot CO_2H \\ CH_2 \cdot CH_2 \cdot CO_2H \end{array}$, bildet sich aus dem Suberon durch Oxydation, auch aus Salizylsäure durch Einwirkung von Natrium in amylalkoholischer Lösung. Schmelzpunkt 105^0.

Korksäure, Suberinsäure, $\begin{array}{c} CH_2 \cdot CH_2 \cdot CH_2 \cdot CO_2H \\ | \\ CH_2 \cdot CH_2 \cdot CH_2 \cdot CO_2H \end{array}$, wird durch Kochen von Kork oder fetten Ölen mit Salpetersäure gewonnen. Bei der trockenen Destillation ihres Kalziumsalzes bildet sich Suberon $\begin{array}{c} CH_2 \cdot CH_2 \cdot CH_2 \\ | \qquad\qquad\quad \\ CH_2 \cdot CH_2 \cdot CH_2 \end{array}\!\!\Big\rangle CO.$

Azelainsäure, $(CH_2)_7\!\!<\!\!\begin{array}{c} CO_2H \\ CO_2H \end{array}$, bildet sich bei der Oxydation des Rizinusöles und anderer fetter Öle, auch des Schellacks mittels Kaliumpermanganats in alkalischer Lösung. Schmelzpunkt 106^0.

Sebazinsäure, $(CH_2)_8\!\!<\!\!\begin{array}{c} CO_2H \\ CO_2H \end{array}$, entsteht beim Kochen von Jalapenharz. Praktisch gewinnt man Sebazinsäure durch trockene Destillation der Ölsäure oder durch mehrstündiges Erhitzen von Rizinusöl mit 40proz. Natronlauge. Schmelzpunkt $134,5^0$.

Oxysäuren oder Alkoholsäuren der Oxalsäurereihe.

Von diesen sind zwei Abkömmlinge der Bernsteinsäure wichtig, die Monooxybernsteinsäure oder Äpfelsäure und Dioxybernsteinsäure oder Weinsäure.

Monooxybernsteinsäure, Äpfelsäure, Acidum malicum,

$$CO_2H - \underset{*}{C}HOH - CH_2 \cdot CO_2H,$$

ist eine der im Pflanzenreich am häufigsten vorkommenden organischen Säuren. Äpfelsäure enthält ein asymmetrisches Kohlenstoffatom (das in der Formel mit einem * bezeichnete) und kann daher in 3 polarimetrischen Modifikationen auftreten: rechtsdrehend, linksdrehend und inaktiv. In vielen Pflanzensäften findet sich die linksdrehende Modifikation. Sie ist teils frei, teils an Kalium, Kalzium, Magnesium, auch an organische Basen gebunden in Wurzeln, Stengeln, Blättern, besonders aber in Früchten (sauren Äpfeln, unreifen Trauben, Stachel- und Johannisbeeren, Himbeeren, unreifen Vogelbeeren usw.) enthalten.

In optisch inaktiver Form kann sie u. a. aus dem in vielen Pflanzensäften vorkommenden Asparagin, einem Aminosuccinsäureamid, durch Einwirkung von salpetriger Säure erhalten werden:

$$\underbrace{\begin{array}{c} C\diagdown^{H}_{\diagdown NH_2} \cdot CO_2H \\[2pt] | \\ CH_2 \cdot CONH_2 \end{array}}_{\text{Asparagin}} + 2\,NO_2H = \underbrace{\begin{array}{c} C\diagdown^{H}_{\diagdown OH} \cdot CO_2H \\[2pt] | \\ CH_2 \cdot CO_2H \end{array}}_{\text{Äpfelsäure}} + 2\,N_2 + 2\,H_2O\,.$$

Man gewinnt die natürlich vorkommende Äpfelsäure am besten aus dem Saft unreifer Vogelbeeren (den Beeren von Sorbus aucuparia), den man unter Kalkzusatz einkocht. Das abgeschiedene und durch Umkristallisation gereinigte Kalziumsalz zerlegt man mit der berechneten Menge Schwefelsäure.

Äpfelsäure kristallisiert schwer. Sie bildet meist zerfließliche, aus feinen Nadeln bestehende Kristalldrusen, die sich leicht in Wasser und Alkohol, wenig in Äther lösen. Die natürlich vorkommende Äpfelsäure lenkt die Ebene des polarisierten Lichtes nach links ab. Mit zunehmender Konzentration vermindert sich der Drehungswinkel. Bei einer 34proz. Äpfelsäurelösung ist das Drehungsvermögen aufgehoben und bei noch stärkeren Konzentrationen erscheint dann eine Rechtsdrehung.

Von den Salzen der Äpfelsäure findet ein Eisensalz, welches in Extractum ferri pomati enthalten ist, medizinische Verwendung.

Bereitung des Extractum ferri pomati. 50 T. reife saure Äpfel werden in einen Brei verwandelt und ausgepreßt. Der Flüssigkeit wird 1 T. gepulvertes Eisen hinzugesetzt und die Mischung auf dem Wasserbade so lange erwärmt, bis die Gasentwicklung aufgehört hat. Die mit Wasser auf 50 T. verdünnte Flüssigkeit wird mehrere Tage beiseitegestellt, filtriert und zu einem dicken Extrakt eingedampft.

Beim Erhitzen der Äpfelsäure auf 150° geht sie unter Abspaltung von Wasser und Bildung kleiner Mengen Maleinsäureanhydrid in Fumarsäure über.

Fumarsäure, $C_2H_2(CO_2H)_2$, findet sich in freiem Zustande in vielen Pflanzen, u. a. in Fumaria officinalis, im isländischen Moos, in einigen Pilzen.

Fumarsäure ist in kaltem Wasser schwer löslich und kann daraus in kleinen weißen Nadeln erhalten werden, die gegen 200° sublimieren.

Der Fumarsäure isomer und von ihr durch die räumliche Anordnung der Atome bzw. Atomgruppen verschieden („sterisch" isomer) ist die Maleinsäure. Man drückt diese Verschiedenheit wie folgt aus:

$$\underbrace{\begin{array}{c} CO_2H - C - H \\ \| \\ H - C - CO_2H \end{array}}_{\text{Fumarsäure}} \quad \text{und} \quad \underbrace{\begin{array}{c} H - C - CO_2H \\ \| \\ H - C - CO_2H \end{array}}_{\text{Maleinsäure}}$$

Fumarsäure ist die **trans**-Form, die Maleinsäure die **cis**-Form.

Man gibt der Maleinsäure diese Konstitution, weil sie leicht ein Anhydrid zu bilden vermag und man daher annehmen darf, daß die beiden Karboxylgruppen in der gleichen Richtung des Raumes sich befinden, einander also genähert sind, wodurch die Wasserabspaltung erleichtert ist. Fumarsäure bildet kein Anhydrid.

Dioxybernsteinsäure, Weinsäure, $CO_2H \cdot CH(OH) - CH(OH) - CO_2H$. Man kennt vier verschiedene Modifikationen, denen die gleiche Formel zukommt, und deren Verschiedenheit auf Stereoisomerie beruht.

1. **Rechts-Weinsäure** (Polarisationsebene rechtsdrehend),
2. **Links-Weinsäure** (Polarisationsebene linksdrehend),
3. **inaktive Weinsäure** oder **Mesoweinsäure** (optisch inaktiv),
4. **Traubensäure** (optisch inaktiv), bestehend aus d- und l-Weinsäure.

Man kann diese Dioxybernsteinsäuren durch die folgenden Konfigurationsformeln[1] veranschaulichen:

$$
\begin{array}{ccc}
CO_2H & CO_2H & CO_2H \\
| & | & | \\
H-\overset{*}{C}-OH & HO-\overset{*}{C}-H & H-\overset{*}{C}-OH \\
| & | & | \\
HO-\overset{*}{C}-H & H-\overset{*}{C}-OH & H-\overset{*}{C}-OH \\
| & | & | \\
CO_2H & CO_2H & CO_2H \\
\hline
\text{Rechtsweinsäure} & \text{Linksweinsäure} & \text{Mesoweinsäure}
\end{array}
$$

Mesoweinsäure ist eine Substanz, deren Inaktivität durch „**intramolekularen Ausgleich**" bedingt ist, d. h. die von dem einen asymmetrischen Kohlenstoffatom bewirkte polarimetrische Drehung wird aufgehoben durch die von dem andern bewirkte gleich große in entgegengesetzter Richtung.

Traubensäure oder **Paraweinsäure** entsteht durch Vereinigung gleicher Mengen Rechtsweinsäure (Dextroweinsäure oder d-Weinsäure) und Linksweinsäure (Lävoweinsäure oder l-Weinsäure). Sie wird auch die „razemische" Form der Weinsäure genannt; ihre Salze heißen **Racemate** (von racemus, Traube). Traubensäure kommt neben Weinsäure im Traubensafte vor und entsteht bei der Darstellung der gewöhnlichen Weinsäure, wenn die Weinsteinlösungen über freiem Feuer eingedampft werden. Auch die Anwesenheit von Tonerde begünstigt die Bildung der Traubensäure. Erhitzt man die gewöhnliche Weinsäure mit Wasser auf 175^0, so entsteht Traubensäure neben Mesoweinsäure.

Man kann Traubensäure in die beiden sie zusammensetzenden d- und l-Weinsäuren auf folgende Weise spalten:

1. Läßt man das Natrium-Ammoniumsalz der Traubensäure unterhalb $+ 28^0$ aus seiner Lösung auskristallisieren, so erhält man verschieden gestaltete rhombische Kristalle. Bei den einen ist nach rechts eine hemiedrische Fläche ausgebildet, bei den andern eine solche nach links. Sammelt man diese und jene Kristalle für sich und stellt aus ihnen die freien Säuren dar, so erhält man aus den mit nach links gewandter Fläche die Polarisationsebene des Lichts nach links drehende, aus ersteren nach rechts drehende Weinsäure.

2. Aus einer wässerigen Lösung von traubensaurem Cinchonin scheidet sich zunächst das schwerer lösliche l-weinsaure Cinchonin aus, aus welchem die l-Weinsäure gewonnen werden kann.

3. Um l-Weinsäure zu erhalten, kann man auch in eine Traubensäurelösung eine Kultur des Schimmelpilzes Penicillium glaucum eintragen, welcher zunächst die d-Weinsäure angreift und zerstört.

Rechtsweinsäure, Gewöhnliche Weinsäure, Weinsteinsäure, Acidum tartaricum, kommt in großer Verbreitung in der Natur vor, teils frei,

---

[1] Die mit einem * versehenen Kohlenstoffatome sind „asymmetrisch".

teils an Kalium oder Kalzium gebunden in Früchten, Wurzeln, Blättern usw. Die Weinbeeren und Tamarinden sind besonders reich an Weinsäure.

Darstellung: Man kocht Weinstein (saures weinsaures Kalium) mit Wasser und Kalziumkarbonat (Kreide), wodurch sich schwer lösliches Kalziumtartrat abscheidet, während neutrales Kaliumtartrat in Lösung bleibt, und versetzt, um die Gesamtmenge Weinsäure zu gewinnen, das Filtrat mit einer entsprechenden Menge Kalziumchlorid, vereinigt das ausgeschiedene Kalziumtartrat mit dem ersten Posten, wäscht mit Wasser aus und zerlegt das Kalziumsalz durch die berechnete Menge verdünnter Schwefelsäure.

Die von dem Kalziumsulfat abfiltrierte Lösung von Weinsäure wird mit Tierkohle geklärt, bei einer 75^0 nicht übersteigenden Temperatur eingedunstet und der Kristallisation überlassen.

Eigenschaften und Prüfung: Rechtsweinsäure kristallisiert in farblosen, luftbeständigen, monoklinen Prismen, welche in ca 1 T. Wasser und 4 T. Weingeist löslich sind. Bei schnellem Erhitzen schmilzt sie zwischen 167^0 und 170^0. Beim Erhitzen auf höhere Temperatur verkohlt sie unter Verbreitung von Karamelgeruch. $[\alpha]_D^{20^0} = + 11{,}98^0$.

Beim Erhitzen der Weinsäure mit wenig Wasser auf 175^0 geht sie in ein Gemisch von Traubensäure und Mesoweinsäure über, von welchen die erstere ihrer schweren Löslichkeit halber zuerst auskristallisiert. Bei Steigerung der Temperatur über 180^0 zerfällt die Weinsäure unter Entwicklung des Geruchs nach angebranntem Zucker, und es entstehen unter Abgabe von Kohlendioxyd und Wasser neben Essigsäure, Methan, Pyro- oder Brenztraubensäure:

$$CH_3 \cdot CO \cdot CO_2H$$

und Pyroweinsäure (Brenzweinsäure), $CH_3 \cdot CH \Big\langle {}^{CO_2H}_{CH_2 \cdot CO_2H}$.

Erwärmt man Weinsäure mit einer Lösung von 1 T. Resorzin und 100 T. konz. Schwefelsäure auf gegen 130^0, so entsteht eine violettrote Färbung. Die Anwesenheit von salpetersauren und salpetrigsauren Salzen verhindert die Reaktion. Durch die Resorzinreaktion kann Weinsäure von Bernsteinsäure, Äpfelsäure und Zitronensäure unterschieden werden.

Überschüssiges Kalkwasser scheidet aus Weinsäurelösungen Kalziumtartrat aus, das allmählich kristallisiert. Bei Gegenwart von Weinsäure wird die Fällung von Aluminium-, Ferri- und Kupfersalzen durch Ätzalkalien verhindert. (Vgl. Fehlingsche Lösung.) Man prüft Weinsäure auf Schwefelsäure, Kalk, Traubensäure, Oxalsäure und Metalle (siehe D. A. B. VI).

Medizinische Anwendung: Weinsäure dient innerlich als kühlendes und erfrischendes Mittel zu 0,5—1,0 g mehrmals täglich in Pulverform (mit 20—40 g Zucker oder Zitronenölzucker); zur Bereitung von Brausepulvern und Saturationen.

Saures weinsaures Kalium ist ein schwer lösliches Salz. Weinsäure dient daher als Reagenz auf Kaliumsalze.

Kaliumbitartrat, Saures weinsaures Kalium, Weinstein, Kalium bitartaricum, Tartarus,

$$CO_2H \cdot CH(OH)—CH(OH) \cdot CO_2K,$$

findet sich in den Weinbeeren und scheidet sich bei der Gärung des Weinmostes neben saurem Kalziumtartrat in Form kristallinischer Krusten in den Weinfässern ab. Es gelangt meist rötlich gefärbt als roher Weinstein, Tartarus crudus, in den Handel.

Zur Darstellung des reinen Weinsteins, Tartarus depuratus, löst man den rohen Weinstein in kochendem Wasser, fällt durch Behandlung mit eisenfreiem Ton, Eiweiß oder Knochen- oder Blutkohle den Weinfarbstoff und läßt das Filtrat unter stetem Umrühren auskristallisieren. Der Weinstein scheidet sich hierbei in Form eines feinen, weißen, kristallinischen Pulvers (Weinstein-rahm, Cremor tartari) ab.

Eigenschaften und Prüfung: Weißes kristallinisches, säuerlich schmeckendes Pulver, in etwa 200 T. Wasser von 20° und 20 T. siedendem Wasser löslich. Man prüft das Präparat auf Sulfat, Chlorid, fremde Metalle und Ammoniumsalze (s D. A. B. VI).

Gehaltsbestimmung: Zum Neutralisieren der heißen Lösung von 2 g Weinstein in 100 ccm Wasser müssen mindestens 10,5 ccm n-Kalilauge verbraucht werden, was einem Mindestgehalte von 99 % Weinstein entspricht (1 ccm n-Kalilauge = 0,18814 g Weinstein, Phenolphthalein als Indikator).

Medizinische Anwendung: Weinstein dient als Purgans, Dosis 4—8 g, als Diuretikum und durstlöschendes Mittel, Dosis 1—2 g, zur Bereitung der sauren Molken, sowie in Gemisch mit Salpeter und Zucker als niederschlagendes Pulver (Pulvis temperans) teelöffelweise.

Tartarus boraxatus erhält man durch Auflösen von 2 T. Borax und 5 T. Weinstein in 15 T. heißem destillierten Wasser und Eindampfen des Filtrats auf dem Wasserbade, bis sich der Rückstand zu dünnen Blättern ausziehen läßt. Angewendet als Litholytikum 0,5—2 g. Als Abführmittel Dosis bis 20 g.

Kaliumtartrat, Neutrales weinsaures Kalium, Kalium tartaricum,

$$CO_2K \cdot CH(OH)\text{—}CH(OH) \cdot CO_2K + {}^{1}/_{2}H_2O,$$

wird durch Eintragen des reinen Weinsteins in eine Lösung von Kaliumkarbonat oder -bikarbonat bis zur Sättigung und Eindampfen der Lösung in Form farbloser, luftbeständiger, monokliner Kristalle erhalten, die in 0,7 T. Wasser und in Weingeist nur wenig löslich sind.

Medizinische Anwendung: Als Diuretikum und Purgans, Dosis 2—6 g.

Natrium-Kaliumtartrat, Weinsaures Kalium-Natrium, Seignette-salz, Rochellesalz, Tartarus natronatus, Sal polychrestum Seignetti,

$$CO_2K \cdot CH(OH)\text{—}CH(OH) \cdot CO_2Na + 4H_2O.$$

Darstellung: Man löst 4 T. kristallisiertes Natriumkarbonat und 5 T. reinen Weinstein in 25 T. heißem destillierten Wasser unter Erwärmen und dampft das Filtrat zur Kristallisation ein.

Eigenschaften und Prüfung: Farblose, durchsichtige Säulen von mild salzigem Geschmack, welche von 1,4 T. Wasser zu einer neutralen Flüssigkeit gelöst werden. Das Salz wird geprüft auf Schwermetalle, Kalk, Sulfat, Chlorid und Ammoniumsalze (s. D. A. B. VI).

Anwendung: Es dient zur Herstellung der Fehlingschen Lösung (s. S. 192), sowie medizinisch als Abführmittel: Dosis 5—10 g, in kleinen Dosen als Diuretikum (0,5—2,0 g).

Antimonyl-Kaliumtartrat, Weinsaures Antimonyl-Kalium, Brech-weinstein, Tartarus stibiatus, Tartarus emeticus,

$$CO_2K \cdot CH(OH)\text{—}CH(OH) \cdot CO_2(SbO) + {}^{1}/_{2}H_2O, \quad \text{Mol.-Gew. } 333,9.$$

Darstellung: Man erwärmt 4 T. frisch bereitetes Antimonoxyd und 5 T. reinen Weinstein in einer Porzellanschale mit 40 T. destilliertem Wasser unter öfterem Ergänzen des verdampfenden Wassers, bis fast alles gelöst ist, und dampft das Filtrat zur Kristallisation ein.

Der einwertige Rest —SbO, welcher sich von der meta-antimonigen Säure SbO(OH) ableitet, heißt Antimonyl.

Eigenschaften und Prüfung: Farblose, leicht verwitternde rhombische Oktaeder, die sich in 17 T. Wasser von 20° und in 3 T. siedendem Wasser lösen, in Weingeist unlöslich sind und beim Erhitzen verkohlen. Man prüft auf Arsen und bestimmt das Antimon quantitativ auf maßanalytischem Wege. Das Arzneibuchpräparat soll 99,5 proz. sein.

Zur Gehaltsbestimmung werden 0,5 g Brechweinstein und 0,5 g Weinsäure in etwa 100 ccm Wasser gelöst. Die Lösung muß nach Zusatz von 5 g Natriumbikarbonat und 5 ccm Stärkelösung für je 0,5 g Brechweinstein mindestens 29,8 ccm $\frac{n}{10}$-Jodlösung bis zur

Blaufärbung verbrauchen, entsprechend einem Mindestgehalt von 99,5 % Brechweinstein (1 ccm $\frac{n}{10}$-Jodlösung = 0,016695 g Brechweinstein, Stärkelösung als Indikator).

Die Antimonylgruppe des Brechweinsteins bzw. das Antimonoxyd reagiert mit Jod im Sinne der Gleichung:

$$Sb_2O_3 + 2\,J_2 + 2\,H_2O = Sb_2O_5 + 4\,HJ.$$

1 Atom Jod entspricht daher $^1/_2$ Mol. Brechweinstein, 1 ccm $\frac{n}{10}$-Jodlösung = 0,016695 g. Durch 29,8 ccm werden $0,016695 \cdot 29,8 = 0,497511$ g, das sind 99,5 % angezeigt.

Medizinische Anwendung: Als Expektorans 0,005—0,01 g mehrmals täglich, als Emetikum (Brechmittel) 0,02—0,10 g alle 10—15 Minuten. Stark brechenerregende Dosen (0,1—0,2 g) bringt man bei Vergiftungen durch narkotische Substanzen in Anwendung. Größte Einzelgabe 0,1 g, größte Tagesgabe 0,3 g Vorsichtig aufzubewahren.

Bemerkenswert ist, daß die l-Weinsäure im Gegensatz zur d-Weinsäure schwach toxische Eigenschaften äußert.

d) Dreibasische Säuren.

Von dem Kohlenwasserstoff Propan, C_3H_8, leitet sich eine dreibasische Säure, die Trikarballylsäure

$$\begin{matrix} CH_2 & \cdot & CH & \cdot & CH_2 \\ \cdot & & \cdot & & \cdot \\ CO_2H & & CO_2H & & CO_2H \end{matrix}$$

ab, welche in unreifen Runkelrüben beobachtet worden ist.

Man kann die Säure durch Reduktion von Zitronensäure und Akonitsäure erhalten, auch aus dem Allyltribromid, indem man dieses mit Kaliumzyanid behandelt und das entstandene Trizyanid mit Kalilauge verseift. In Beziehung zur Trikarballylsäure steht die Kamphoronsäure, welche bei der Oxydation des Kampfers gebildet wird. Kamphoronsäure ist eine Trimethyltrikarballylsäure.

Eine **Oxy**-Trikarballylsäure ist die
Zitronensäure, Acidum citricum,

$$\begin{matrix} CH_2 & \cdot & C(OH) & \cdot & CH_2 \\ \cdot & & \cdot & & \cdot \\ CO_2H & & CO_2H & & CO_2H \end{matrix} + H_2O, \quad \text{Mol.-Gew. 210,08.}$$

Sie kommt sowohl frei wie auch an Kalium und Kalzium gebunden, meist von den Salzen der Wein- und Äpfelsäure begleitet, in vielen Pflanzen vor. Besonders reich an Zitronensäure ist der Saft der noch nicht völlig reifen Zitronen. Man klärt diesen mit Eiweiß, neutralisiert mit Kalziumkarbonat (Kreide) in der Siedehitze und sammelt den kristallinischen Niederschlag. Er ist in kaltem Wasser leichter löslich als in heißem. Das zitronensaure Kalzium (Kalziumzitrat) wird mit der berechneten Menge Schwefelsäure zerlegt, die Zitronensäurelösung vom Kalziumsulfat abfiltriert, wenn nötig, durch Tierkohle geklärt und zur Kristallisation eingedampft.

Synthetisch kann man Zitronensäure aus dem Dichlorazeton gewinnen. Dieses wird zunächst mit Zyanwasserstoff und Salzsäure behandelt und das gebildete Produkt mit Kaliumzyanid in das Zyanid übergeführt. Beim Kochen des letzteren mit Salzsäure entsteht Zitronensäure:

$$\begin{matrix} CH_2Cl & & CH_2Cl & & CH_2Cl & & CH_2\cdot CN & & CH_2\cdot CO_2H \\ | & & | & & | & & | & & | \\ CO & \longrightarrow & C(OH)\cdot CN & \longrightarrow & C(OH)CO_2H & \longrightarrow & C(OH)CO_2H & \longrightarrow & C(OH)CO_2H \\ | & & | & & | & & | & & | \\ CH_2Cl & & CH_2Cl & & CH_2Cl & & CH_2\cdot CN & & CH_2\cdot CO_2H \\ \underline{} & & & & & & & & \\ \text{Dichlorazeton} & & & & & & & & \end{matrix}$$

Aus Traubenzucker läßt sich nach Wehmer durch Gärung mittels des Pilzes Citromycetes Zitronensäure bilden.

Zitronensäure kristallisiert in Form farbloser, durchscheinender luftbeständiger Kristalle mit 1 Mol. H_2O; bei 30^0 beginnen sie zu verwittern. Die wasserfreie Säure schmilzt bei 153^0. 1 T. der Säure bedarf zur Lösung 0,6 T. Wasser, 1,5 T. Weingeist und etwa 50 T. Äther.

Mischt man 1 ccm der 10proz. wässerigen Zitronensäurelösung mit 50 ccm Kalkwasser, so bleibt sie klar (Unterschied von Weinsäure), scheidet aber nach dem Kochen einen flockigen, weißen Niederschlag ab, welcher beim Abkühlen (in verschlossenem Gefäß) nach einigen Stunden sich wieder gelöst hat.

Erhitzt man 5 ccm Zitronensäurelösung (1 + 99) mit 1 ccm Merkurisulfatlösung zum Sieden und gibt dann einige Tropfen Kaliumpermanganatlösung (1 + 49) hinzu, so tritt Entfärbung ein, und es entsteht ein weißer Niederschlag von azetondikarbonsaurem Quecksilber. Über die Prüfung auf Reinheit s. D. A. B. VI.

Medizinische Anwendung: In Wasser gelöst wird Zitronensäure in Form von Limonaden als Erfrischungsgetränk, sowie bei fieberhaften Zuständen als kühlendes Mittel zu 0,5—1,0 g pro dosi gebraucht. Zur Bereitung von Pastillen werden 0,05 g mit 1,25 g Zucker vermischt. Viele „alkoholfreie Getränke" enthalten Zitronensäure.

Unter dem Namen Potio Riveri, Rivièrescher Trank, wird eine frisch bereitete Lösung von 4 T. Zitronensäure und 9 T. Natriumkarbonat in 190 T. Wasser verstanden; das bei der Einwirkung der Säure auf Soda sich entwickelnde Kohlendioxyd bleibt beim sofortigen Verschluß des Arzneiglases zum großen Teil in der Lösung enthalten.

Als Durstlöschmittel kommen zitronensäurehaltige Bonbons in den Handel. Vielfach wird der zitronensäurehaltige Saft der Zitronen zur Herstellung von Limonaden benutzt (Zitronenkuren). Äußerlich dient Zitronensäure zu schmerzlindernden Umschlägen bei Krebsgeschwüren in 5—10proz. Lösung. Zu Gurgelwässern in 2proz. Lösung bei Diphtheritis usw.

Beim Erhitzen der Zitronensäure auf 175^0 verliert sie Wasser und geht in **Akonitsäure** über:

$$CH_2 \cdot C \; : \; CH$$
$$CO_2H \quad CO_2H \quad CO_2H \,.$$

Die Akonitsäure findet sich in Aconitum Napellus, in Equisetum fluviatile, in der Runkelrübe und im Zuckerrohr. Die Säure schmilzt bei 191^0 und zerfällt dabei in Kohlendioxyd und Itakonsäureanhydrid:

$$CH_2 \; \cdot \; C : CH_2$$
$$CO - O \cdot CO \,.$$

Von zitronensauren Salzen werden besonders ein Ferri-Ammoniumzitrat (Ferrizitrat + Ammoniumzitrat) und ein Ferripyrophosphat mit Ammoniumzitrat (Ferrum pyrophosphoricum cum Ammonio citrico) medizinisch verwendet. Ferrum citricum effervescens ist ein in gekörnter Form in den Handel gebrachtes Gemisch aus Natriumbikarbonat, Zitronensäure, Weinsäure und Ferri-Ammoniumzitrat und besitzt eine eigelbe Farbe.

Magnesium citricum effervescens, Brausemagnesia.

Darstellung: 5 T. basisches Magnesiumkarbonat werden mit 15 T. Zitronensäure und 2 T. Wasser gemischt und die Mischung bei höchstens 30^0 getrocknet. Die Masse wird zu einem mittelfeinen Pulver zerrieben und mit 17 T. Natriumbikarbonat, 4 T. mittelfein gepulvertem Zucker und noch 8 T. Zitronensäure gemischt.

Das Gemenge verwandelt man, indem man Weingeist in kleinen Mengen zusetzt, durch sanftes Reiben in eine krümelige Masse, die mit Hilfe eines zur Bereitung grober Pulver bestimmten Siebes gekörnt und darauf bei einer 30^0 nicht übersteigenden Temperatur getrocknet wird.

Brausemagnesia löst sich in Wasser unter Entwicklung von Kohlendioxyd langsam zu einer säuerlich schmeckenden Flüssigkeit.

Homologe der Zitronensäure.

Von den höheren Homologen der Zitronensäure findet arzneiliche Anwendung die Agarizinsäure (Agarizin), Acidum agaricinicum, eine im Lärchenschwamm, Polyporus officinalis, vorkommende und daraus durch Extraktion mit 90proz. Alkohol erhaltene Säure, die als eine Zetylzitronensäure aufzufassen ist:

$$CH_2 \cdot C(OH) \cdot CH \cdot C_{16}H_{33}$$
$$CO_2H \quad CO_2H \quad CO_2H \quad + 1^{1}/_{2}H_2O\,, \quad \text{Mol.-Gew. 443,3.}$$

Bei der Einwirkung von konz. Schwefelsäure auf Agarizinsäure wird das bei 76—77° schmelzende Heptdezylmethylketon, $C_{17}H_{35}CO \cdot CH_3$, erhalten. Beim Kochen der Agarizinsäure oder ihrer Ester mit alkoholischer Kalilauge wird Stearinsäure abgespalten. Erhitzt man Agarizinsäure für sich, so verliert sie Wasser und Kohlendioxyd und geht in ein α-Methyl-γ-Pentadezylzitrakonsäureanhydrid

$$\begin{array}{c} O \\ OC \quad CO \\ C_{15}H_{31}-CH_2-\underset{\gamma}{C}=\underset{\beta}{C}-\underset{\alpha}{}-CH_3 \end{array}$$

über. Analog verhält sich die Zitronensäure beim Erhitzen.

Medizinische Anwendung: Agarizinsäure wird besonders gegen die Nachtschweiße der Phthisiker gebraucht: Dosis 0,01 g steigend bis 0,05 g pro die. Größte Einzelgabe 0,1 g. Vorsichtig aufzubewahren.

VIII. Ester.

Zusammengesetzte Äther oder Ester entstehen durch Vereinigung von Alkoholen und Säuren unter Wasserabspaltung. Werden nicht alle ersetzbaren Wasserstoffatome einer Säure durch Alkoholreste (Alkyle) vertreten, so erhält man saure Ester oder Estersäuren.

Eine solche Estersäure bildet sich z. B. beim Vermischen gleicher Raumteile Äthylalkohol und konz. Schwefelsäure.

Nach mehrstündigem Stehenlassen der Mischung an einem warmen Orte ist die größte Menge der Schwefelsäure in Äthylschwefelsäure $(C_2H_5)HSO_4$, übergeführt worden. Verdünnt man mit Wasser und fügt eine Anreibung von Bariumkarbonat hinzu, so wird die nicht gebundene Schwefelsäure als Bariumsulfat gefällt, während äthylschwefelsaures Barium in Lösung bleibt.

Beim Erhitzen mit Wasser oder Alkalihydroxyden zerfällt Äthylschwefelsäure in Alkohol und Schwefelsäure bzw. schwefelsaures Salz. Äthylschwefelsäure ist der wesentliche Bestandteil der Mixtura sulfurica acida (Hallersches Sauer).

Von Estern der salpetrigen Säure sind wichtig der

Salpetrigsäureäthylester und

Salpetrigsäureamylester.

Salpetrigsäureäthylester, $NO \cdot OC_2H_5$, entsteht in reiner Form bei der Destillation von Äthylalkohol mit Kaliumnitrit und verdünnter Schwefelsäure und bildet den Hauptbestandteil des offizinellen

Spiritus Aetheris nitrosi, Spiritus nitrico-aethereus, Spiritus nitri dulcis, des versüßten Salpetergeistes.

Darstellung: 3 T. Salpetersäure werden mit 5 T. Weingeist vorsichtig überschichtet und 2 Tage, ohne umzuschütteln, beiseite gestellt. Alsdann wird die Mischung in einer Glasretorte der Destillation im Wasserbade unterworfen und das Destillat in einer Vorlage aufgefangen, welche 5 T. Weingeist enthält. Die Destillation wird fortgesetzt, solange noch aus dem Wasserbade etwas übergeht, jedoch abgebrochen, wenn in der Retorte gelbe Dämpfe auftreten. Das Destillat wird mit gebrannter Magnesia neutralisiert und nach 24 Stunden aus dem Wasserbade bei anfänglich sehr gelinder Erwärmung rektifiziert. Das Destillat wird in einer Vorlage aufgefangen, die 2 T. Weingeist enthält, und die Destillation wird abgebrochen, sobald das Gesamtgewicht der in der Vorlage befindlichen Flüssigkeit 8 T. beträgt.

Bei der Einwirkung der Salpetersäure auf Äthylalkohol wird ein Teil desselben durch die Salpetersäure zu Azetaldehyd und Essigsäure oxydiert. Die durch Reduktion entstandene salpetrige Säure verestert den unangegriffenen Teil des Alkohols, und die Essigsäure bildet mit Äthylalkohol Essigsäureäthylester.

Eigenschaften und Prüfung: Klare, farblose oder schwach gelbliche Flüssigkeit von angenehmem ätherischen Geruch und süßlichem, brennendem Geschmack. Sie ist mit Wasser klar mischbar und besitzt das spez. Gew. 0,84 bis 0,850, Dichte 0,834—0,844. Bei längerer Aufbewahrung erfährt der in dem Präparat enthaltene Azetaldehyd eine Oxydation zu Essigsäure. Werden 5 ccm Ferrosulfatlösung mit 5 ccm Schwefelsäure gemischt, und wird die Mischung mit 5 ccm versüßtem Salpetergeist überschichtet, so tritt zwischen den beiden Flüssigkeiten eine braune Zone auf (von Stickoxyd · Ferrosalz). 10 ccm versüßter Salpetergeist dürfen nach Zusatz von 0,2 ccm n-Kalilauge Lackmuspapier nicht röten (s. D. A. B. VI).

Medizinische Anwendung: Als Diuretikum, Carminativum und Excitans, auch als Geschmackskorrigens für bittere Tinkturen. Dosis 10—40 Tropfen mehrmals täglich auf Zucker, besonders bei anginösen Herzbeschwerden (als gefäßerweiterndes Mittel).

Salpetrigsäureamylester, Salpetrigsäure-Isoamylester, Amylnitrit, Amylium nitrosum, $(CH_3)_2 : CH \cdot CH_2 \cdot CH_2 \cdot O \cdot NO$, Mol.-Gew. 117,10, wird durch Einleiten von salpetriger Säure oder Untersalpetersäure in Gärungsamylalkohol bei gegen 100° gewonnen.

Eigenschaften und Prüfung: Klare, gelbliche, flüchtige Flüssigkeit von nicht unangenehmem, fruchtartigem Geruch, von brennendem, gewürzhaftem Geschmack, welche kaum löslich in Wasser, aber in allen Verhältnissen mit Weingeist und Äther mischbar ist, bei 95—97° siedet und, angezündet, mit gelber, leuchtender und rußender Flamme verbrennt. Spez. Gew. 0,875—0,885, Dichte 0,872—0,882. Man prüft auf freie Säuren, Valeraldehyd (mit ammoniakalischer Silberlösung) und Wasser.

Medizinische Anwendung: Bei Angina pectoris, Hemicrania angiospastica, auch bei anderen auf Anämie oder Gefäßkrampf beruhenden Neuralgien. In Form von Inhalationen 2—4 Tropfen auf Filtrierpapier, Watte oder auf ein Tuch gegossen zum Einatmen. Die Einatmung geschieht in aufrechter Stellung unter gehöriger Beobachtung des Kranken.

Größte Einzelgabe: 0,2, höchste Tagesgabe 0,4 g.

Vorsichtig und vor Licht geschützt aufzubewahren.

Der Salpetersäureester eines dreiwertigen Alkohols, des Glyzerins, ist der **Salpetersäureglyzerinester,**

$$CH_2 - CH - CH_2$$
$$ONO_2 \quad ONO_2 \quad ONO_2, \quad \text{Mol.-Gew. } 227,06,$$

oder Glyzerinnitrat, welches fälschlich den Namen **Nitroglyzerin** führt. Man gewinnt es durch Einwirkung eines Gemenges von Salpetersäure und Schwefelsäure auf Glyzerin. Der Ester findet beschränkte medizinische Verwendung. Mit Kieselgur vermischt, liefert er das unter dem Namen Dynamit bekannte Sprengmittel.

In medizinischem Gebrauch befindet sich eine 1 proz. alkoholische Nitroglyzerinlösung. Sie bildet eine klare, fast farblose Flüssigkeit, die beim Mischen mit dem gleichen Raumteil Wasser klar bleibt. Dichte 0,830—0,834. Verdampft man 2 ccm Nitroglyzerinlösung in einem Schälchen auf dem Wasserbade, so hinterbleiben ölige Tröpfchen, die, in eine etwa 10 cm lange feine Glas-kapillare eingesaugt, beim Einbringen in eine Flamme verpuffen.

Gehaltsbestimmung: Wird eine Mischung von 10 g Nitroglyzerinlösung, 10 ccm weingeistiger $\frac{n}{2}$-Kalilauge, 50 ccm Wasser und 0,5 ccm konzentrierter Wasserstoffsuperoxyd-lösung unter mehrfachem Umschütteln eine halbe Stunde lang auf dem Wasserbad erwärmt und sodann nach Zusatz von 1 ccm Phenolphthaleinlösung mit $\frac{n}{2}$-Salzsäure bis zum Ver-schwinden der Rotfärbung titriert, so dürfen nicht mehr als 5,7 und nicht weniger als 5,5 ccm $\frac{n}{2}$-Salzsäure verbraucht werden, was einem Gehalte von 0,98—1,02 % Nitro-glyzerin entspricht (1 ccm weingeistige $\frac{n}{2}$-Kalilauge = 0,022706 g Nitroglyzerin, Phenolphthalein als Indikator).

Medizinische Anwendung: Innerlich bei Angina pectoris. Es wirkt gefäßerweiternd und blutdrucksenkend. Dosis 1 Tropfen (= etwa 0,0004 g) auf einmal und bei guter Toleranz 10 bis 20 Tropfen täglich.

Sehr vorsichtig und vor Licht geschützt aufzubewahren. Größte Einzelgabe der Nitroglyzerinlösung 0,1 g, größte Tages-gabe 0,4 g.

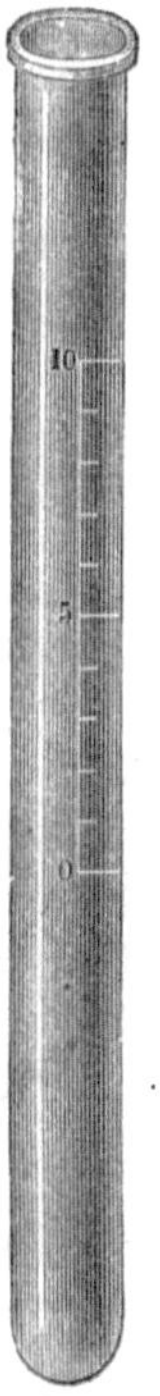

Von Estern, denen eine organische Säure zugrunde liegt, ist wichtig, der

Essigsäureäthylester, Äthylazetat, Essigäther, Aether aceti-cus, $CH_3 \cdot CO_2C_2H_5$, Mol.-Gew. 88,06. Zu seiner Darstellung unter-wirft man entwässertes Natriumazetat mit der berechneten Menge Äthylschwefelsäure der Destillation:

$$SO_2(OH)OC_2H_5 \;+\; CH_3CO_2Na \;=\; SO_2(OH)ONa \;+\; CH_3CO_2C_2H_5.$$

Äthylschwefelsäure   Natriumazetat   Natriumbisulfat   Äthylazetat

Hierbei destilliert Essigäther nebst wechselnden Mengen Wasser, Äthylalkohol und freier Essigsäure. Zur Befreiung von letztgenannten Stoffen wird das Destillat mit sehr verdünnter Sodalösung gewaschen, mit Kalziumchlorid entwässert und der nochmaligen Destillation aus dem Wasserbade unterworfen.

Man kann zur Darstellung des Essigsäureäthylesters auch wie folgt verfahren:

In einen Halbliterkolben füllt man eine Mischung von 50 ccm Alkohol und 50 ccm konz. Schwefelsäure und versieht den Kolben mit einem doppelt durch-bohrten Kork, in dessen einer Bohrung sich ein Tropftrichter befindet, während durch die zweite ein Verbindungsrohr führt, welches in einen langen, absteigenden Kühler mündet. Man erhitzt den Kolben in einem auf 140° erhitzten Ölbad und läßt durch den Tropftrichter allmählich eine Mischung von 400 ccm Alkohol und 400 ccm Eisessig hinzu-fließen, und zwar in demselben Maße, wie der sich bildende Essigester destilliert. Das Destillat wird zur Entfernung der mitdestillierten Essigsäure in einem offenen Kolben so lange mit nicht zu verdünnter Sodalösung geschüttelt, bis die obere Schicht blaues Lack-muspapier nicht mehr rötet. Man trennt dann die obere Schicht mittels eines Scheide-trichters und schüttelt sie zur Entfernung des Alkohols mit einer Lösung von 100 g Kalzium-chlorid in 100 g Wasser. Die obere Schicht wird dann mit Kalziumchlorid getrocknet und auf dem Wasserbade rektifiziert. Ausbeute 80—90 % der Theorie. (Nach Gattermann.)

Eigenschaften und Prüfung: Klare, farblose, flüchtige, leichtentzündliche Flüssigkeit von eigentümlichem, angenehm erfrischendem Geruche, mit Weingeist und Äther in jedem Verhältnisse mischbar, bei 74—77° siedend. Spez. Gew. 0,902 bis 0,906, Dichte 0,896—0,900. — Völlig wasserfreier Essigäther hält sich in ganz gefüllten, gut verschlossenen und vor Licht geschützten Flaschen unverändert. Man prüft das Präparat auf riechende fremde Bestandteile, auf Amyl-verbindungen und auf den Säuregehalt. Zur Prüfung auf Alkohol bzw. Wasser durchschüttelt man Essigäther im sog. Ätherprobierrohr (s. Abb. 84)

Abb. 84.
Ätherpro-bierrohr.

mit Wasser. 10 ccm Wasser dürfen beim Schütteln mit 10 ccm Essigäther höchstens um 1 ccm zunehmen.

Werden 5 ccm Schwefelsäure mit 5 ccm Essigäther überschichtet, so darf sich innerhalb einer Viertelstunde zwischen den beiden Flüssigkeiten keine gefärbte Zone bilden (Prüfung auf Amylazetat). (Siehe D. A. B. VI.)

An wendung: Essigäther ist ein ausgezeichnetes Lösungsmittel für viele organische Substanzen und dient daher zum Umkristallisieren solcher. Medizinische Anwendung findet er als Riechmittel bei Ohnmachten, bei Hustenreiz und Erbrechen, bei hysterischen und hypochondrischen Zuständen innerlich zu 10—30 Tropfen.

Azetessigester. Bei der Einwirkung von metallischem Natrium auf Essigäther entsteht unter Abspaltung von Äthylalkohol das Natriumsalz einer Azetessigester genannten Verbindung, aus welchem mit Säure der Ester in Freiheit gesetzt werden kann. Es ist eine bei 181° siedende, angenehm obstähnlich riechende Flüssigkeit. Sie bildet die beiden desmotropen[1] Formen:

$$
\begin{array}{ccc}
CH_3 & & CH_3 \\
| & & | \\
CO & und & COH \\
| & & \| \\
CH_2 & & CH \\
| & & | \\
\underbrace{CO_2C_2H_5} & & \underbrace{CO_2C_2H_5} \\
\text{Ketoform} & & \text{Enolform}
\end{array}
$$

Läßt man metallisches Natrium auf Azetessigester einwirken, so tritt in der Methylengruppe der Ketoform desselben für ein Wasserstoffatom Natrium ein, und aus der entstandenen Natriumverbindung lassen sich bei Einwirkung von Alkyl- oder Azylhalogeniden unter Abspaltung von Natriumhalogenid Alkylazetessigester bzw. Azylessigester bilden, z. B.

$$
\underbrace{CH_3 \cdot CO \cdot \overset{\textstyle |}{\underset{\textstyle CH_3}{CH}} \cdot CO_2 \cdot C_2H_5}_{\text{Methylazetessigester}} \qquad \underbrace{CH_3 \cdot CO \cdot \overset{\textstyle |}{\underset{\textstyle CO \cdot CH_3}{CH}} \cdot CO_2 \cdot C_2H_5}_{\text{Diazetessigester}}
$$

Aber auch das zweite Wasserstoffatom der ursprünglichen Methylengruppe ist in dem monosubstituierten Azetessigester noch gegen Natrium auswechselbar, und bei Einwirkung von Halogenid bilden sich dann disubstituierte Produkte des Azetessigesters, z. B.

$$
\underbrace{CH_3 \cdot CO \cdot \overset{\textstyle CH_3}{\underset{\textstyle CH_3}{\overset{|}{C}}} \cdot CO_2 \cdot C_2H_5}_{\text{Dimethylazetessigester}} \, .
$$

Ebenso nun, wie bei Einwirkung von Alkalien je nach deren Konzentration auf Azetessigester eine verschiedene Aufspaltung desselben erfolgt,

bei verdünnten Alkalien: Äthylalkohol, Azeton, Kohlendioxyd:

$$
\underset{\textstyle CO_2 \cdot C_2H_5}{\overset{\textstyle CH_3 \cdot CO \cdot CH_2}{|}} + H_2O = C_2H_5OH + CH_3 \cdot CO \cdot CH_3 + CO_2 \, ,
$$

bei konzentrierten Alkalien werden dagegen 2 Molekeln Essigsäure gebildet:

$$
\underset{\textstyle CO_2 \cdot C_2H_5}{\overset{\textstyle CH_3 \cdot CO \cdot CH_2}{|}} + H_2O = CH_3 \cdot CO \cdot OH + CH_3 \cdot CO_2 \cdot C_2H_5 \, ,
$$

---

[1] Abgeleitet von δεσμός desmos, Band, und τρέπειν, trepein, verändern. Desmotropie besteht in der Platzverschiebung eines Wasserstoffatoms in organischen Verbindungen, wodurch sich in der Atom-Umgruppierung ein Bindungswechsel vollzieht.

so auch bei dem substituierten Azetessigester. Diese Reaktionen erweisen sich deshalb bedeutsam, weil sie zum Aufbau höherer Ketone und Säuren benutzt werden können.

Ein ähnliches Verhalten wie der Azetessigester zeigt auch der Malonsäureester hinsichtlich der Ersetzbarkeit der beiden Wasserstoffatome der Methylgruppe durch Natrium bzw. Alkyle (s. Veronal).

Azetessigester hat für Pharmazie und Medizin besonders dadurch Bedeutung erlangt, daß er zur Gewinnung des Antipyrins (s. dort) dient.

Zu den Estern gehört auch die für den Haushalt, für die chemische Großindustrie und für die Pharmazie wichtige Gruppe der **Fette,** ferner das **Wachs** und der **Walrat.**

Die Fette.

Fette sind im Tier- und Pflanzenreich weit verbreitet. Sie besitzen bei mittlerer Temperatur feste oder halbweiche oder flüssige Beschaffenheit. Die bei gewöhnlicher Temperatur festen Fette werden Talge, die halbweichen kurzweg Fette (oder Schmalz) und die flüssigen werden Öle oder fette Öle genannt. Die im Tierkörper in vielen Geweben verbreiteten Fette werden daraus meist durch Ausschmelzen gewonnen. Im Pflanzenreich enthalten besonders Früchte und Samen Fette bzw. fette Öle, welche sich durch starkes Auspressen gewinnen lassen. Auf diese Weise erhält man aus den Mandeln das Mandelöl, aus den Oliven das Olivenöl, aus den Leinsamen das Leinöl, aus den Rizinussamen das Rizinusöl usw. Man kann aber auch mit Hilfe von Lösungsmitteln (Benzin, Schwefelkohlenstoff) die fetten Öle aus den Samen ausziehen. Nach Verdunsten des Lösungsmittels hinterbleibt das fette Öl. Gewöhnlich ist es, mag es nun durch Pressung oder Extraktion gewonnen sein, durch in kleiner Menge beigemischte Farb- oder andere Extraktivstoffe gefärbt. Der im frisch gewonnenen Olivenöl befindliche grüne Farbstoff ist Chlorophyll.

Sowohl das Tier- wie Pflanzenreich liefern für den Haushalt und die Technik wichtige Fette.

Von tierischen festen Fetten sind der Hammeltalg (Unschlitt, Sebum ovile) zu nennen, welcher aus dem in der Bauchhöhle des Schafes abgelagerten Fette durch Ausschmelzen gewonnen wird, ferner als halbweiches Fett das Schweineschmalz (Adeps suillus), das aus dem Zellgewebe des Netzes und der Nieren des Schweines ausgeschmolzene, gewaschene und von Wasser befreite Fett. Ein flüssiges Fett ist der vitaminreiche Lebertran (Oleum Jecoris Aselli), das aus frischen Lebern von Gadus morrhua bei tunlichst gelinder Wärme im Dampfbade gewonnene Öl von blaßgelber Färbung und eigentümlichem Geruch und Geschmack.

Das Pflanzenreich liefert an festen Fetten die Kakaobutter (Oleum Cacao), aus den entschälten Samen der Theobroma Cacao gepreßt, an flüssigen Fetten oder Ölen Mandelöl (Oleum Amygdalarum) aus den Mandeln, Leinöl (Oleum Lini) aus den Leinsamen, Mohnöl (Oleum Papaveris) aus den Mohnsamen, Rizinusöl (Oleum Ricini) aus den Samen von Ricinus communis, Krotonöl (Oleum Crotonis) aus den Samen von Croton tiglium, Olivenöl (Oleum Olivarum) aus dem Fruchtfleisch von Olea europaea, Lorbeeröl (Oleum Lauri) aus den Früchten von Laurus nobilis usw.

Alle die genannten und anderen Fette sind neutrale Ester, in denen ein dreiwertiger Alkohol, das Glyzerin, mit meist hochmolekularen Säuren der Fettsäurereihe verkettet ist. Von den höheren Fettsäuren kommen hier besonders Palmitinsäure, $C_{16}H_{32}O_2$, und Stearinsäure, $C_{18}H_{36}O_2$, in Betracht. Ein größerer Gehalt an Glyzerinestern der zuletzt genannten Säuren bedingt die festere Beschaffenheit der Fette. In den fetten Ölen findet sich neben den Glyzerinestern der genannten Fettsäuren auch der ölige Glyzerinester der Ölsäure (Olein-säure, Elainsäure), $C_{18}H_{34}O_2$. Man bezeichnet die Palmitin-, Stearin- und Ölsäureglyzerinester als Tripalmitin, Tristearin, Triolein.

$$\text{Das Tripalmitin,} \quad C_3H_5(OC_{16}H_{31}O)_3, \quad \text{schmilzt gegen } 63^0,$$
$$\text{,, Tristearin,} \quad C_3H_5(OC_{18}H_{35}O)_3, \quad \text{,,} \quad \text{,,} \quad 70^0,$$
$$\text{,, Triolein,} \quad C_3H_5(OC_{18}H_{33}O)_3, \quad \text{,,} \quad \text{,,} \quad 6^0.$$

In den Fetten kommen außerdem gemischte Glyzerinester vor, d. h. solche, bei welchen die Glyzerinmolekel verschiedene Säurereste gebunden enthält.

Außer den genannten Säuren der Fettsäurereihe finden sich in den Fetten Glyzerinester der Buttersäure, der Kapron-, Kapryl- und Kaprinsäure (in der Kuhbutter), der Laurinsäure (im Lorbeeröl), der Myristinsäure (im Muskatnußöl). Anderen Reihen angehörende Säuren, welche an Glyzerin ge-bunden in Fetten angetroffen werden, sind außer der bereits erwähnten Ölsäure die Leinölsäure (im Leinöl), $C_{18}H_{32}O_2$, die Krotonsäure und Tiglin-säure, die Ricinolsäure, $C_{18}H_{34}O_3$, usw.

Als Begleiter der tierischen Fette findet sich Cholesterin, der pflanzlichen Fette Phytosterin, beides hochmolekulare Alkohole von der Formel $C_{27}H_{45}OH$. Das bei den Wollwäschereien aus den Waschwässern sich abscheidende Fett, das Wollfett (Adeps Lanae), besteht im wesentlichen aus den Fettsäureverbindungen des Cholesterins und Isocholesterins. Man erkennt Cholesterin wie folgt: Wird eine Lösung von Wollfett in Chloroform (1 + 49) über Schwefelsäure ge-schichtet, so entsteht an der Berührungsstelle der beiden Flüssigkeiten eine Zone von feurig braunroter Farbe, welche nach 24 Stunden am stärksten ist.

Ein aus Hefe gewonnenes „Ergosterin" $C_{27}H_{41}OH$ läßt sich durch Be-strahlung mit ultraviolettem Licht in ein Produkt verwandeln, das in sehr kleinen Mengen antirachitische Eigenschaften bei Menschen und Tieren zeigt, also als ein lebenswichtiger Faktor, als sog. Vitamin angesprochen werden muß (Win-daus). Das Ergosterin findet sich auch im Lebertran und erklärt dessen antirachi-tische Wirkung. Ein pharmazeutisches Ergosterinpräparat ist das „Vigantol".

Wollfett besitzt eine große Aufnahmefähigkeit für Wasser. Es läßt sich mit dem doppelten Gewicht Wasser mischen, ohne seine salbenartige Beschaffenheit zu verlieren. Ein gereinigtes, Wasser enthaltendes Wollfett kommt unter dem Namen Lanolin in den Verkehr und findet als Hautmittel und als Salbengrund-lage Verwendung.

Erhitzt man Fette mit gespannten Wasserdämpfen oder mit Ätzalkalien, so werden sie, wie andere Ester, in Alkohol (Glyzerin) und Säuren zerlegt. Man nennt diesen Vorgang Verseifen der Fette und die bei Verwendung von Ätz-alkalien neben Glyzerin gebildeten fettsauren und ölsauren Alkalien Seifen. Auch beim Erhitzen der Fette mit Schwermetalloxyden, besonders Bleioxyd, findet eine Aufspaltung der Fette statt. Die hierdurch gebildeten Bleiverbindungen der Fett- und Ölsäuren werden Pflaster genannt.

Es gibt auch Fermente, die bei Gegenwart von Wasser Fette zu spalten ver-mögen. Man nennt diese fettspaltenden Fermente Lipasen. In den Rizinus-samen wurde zuerst eine Lipase beobachtet und von ihrer fettspaltenden Wir-kung in der Technik Gebrauch gemacht.

Erhitzt man Fette für sich, so entwickelt sich ein die Respirationsorgane be-lästigender Dampf, herrührend von einem Zersetzungsprodukt des Glyzerins, dem Akrolein oder Aldehyd des Allylalkohols, $CH_2 : CH - CHO$.

Die reinen Fette sind farb- und geruchlos und besitzen neutrale Reaktion. Bei der Aufbewahrung aber erleiden sie, besonders infolge der Einwirkung des Luftsauerstoffs, Veränderungen; sie nehmen saure Reaktion und üblen Geruch an, Eigenschaften, die man unter der Bezeichnung „Ranzigwerden der Fette" zusammenfaßt. Hieran beteiligen sich einerseits die Zersetzungen, welchen die verunreinigenden Beimengungen der Fette, wie Schleim, Eiweißstoffe, Gewebsreste usw., besonders bei Gegenwart von Feuchtigkeit durch den Luftsauerstoff, und wohl auch durch Bakterien unterworfen sind, sowie anderseits die durch diese Stoffe bewirkte teilweise Spaltung der Fette in Glyzerin und Fettsäuren, welche Produkte durch den Sauerstoff zu unangenehm riechenden und schmeckenden Stoffen oxydiert werden. Teilweise verestern sich auch die abgespaltenen niedrig molekularen Fettsäuren mit infolge der Gärung aus beigemengten Kohlenhydraten entstandenem Äthylalkohol. So wird der ranzige Geruch und Geschmack einer in Zersetzung begriffenen Kuhbutter auf entstandenen Buttersäureäthylester vorzugsweise zurückgeführt.

Einige Fette Öle des Pflanzenreichs verwandeln sich durch Sauerstoffaufnahme aus der Luft zu festen, harzartigen Massen. Man nennt diese Öle, zu welchen Leinöl, Mohnöl, Nußöl gehören, trocknende fette Öle, im Gegensatz zu den nicht trocknenden fetten Ölen (Olivenöl. Mandelöl) u. a.

Die an Ölsäureglyzerinestern oder den Estern anderer ungesättigter Säuren reichen Öle oder Fette von flüssiger oder halbweicher Konsistenz lassen sich härten, d. h. in feste Fette mit höherem Schmelzpunkt überführen, indem man sie bei Gegenwart eines geeigneten Katalysators (z. B. nach besonderen Methoden reduzierten metallischen Nickels) bei höherer Temperatur ($120—180^0$) mit Wasserstoff unter einem Druck von 10 Atmosphären behandelt. Hierdurch werden z. B. Ölsäureglyzerinester in Stearinsäureglyzerinester übergeführt, indem sich Wasserstoff an die ungesättigte Ölsäure anlagert und damit Stearinsäure bildet.

Die gehärteten Fette finden eine weitgehende Anwendung besonders in der Margarine- und Seifenindustrie.

Die Fette besitzen ein niedrigeres spezifisches Gewicht als Wasser und schwimmen daher auf diesem. Sie lassen sich mit Hilfe von Eiweißstoffen oder Gummi mit Wasser zu Flüssigkeiten von schleimiger Beschaffenheit mischen. Die so erhaltenen Flüssigkeiten, in welchen Fetttröpfchen im Wasser auf das feinste verteilt sind, besitzen ein milchig-trübes Aussehen und werden Emulsionen genannt. Zu den Emulsionen gehört die Milch (Kuhmilch), eine Flüssigkeit, in welcher neben Eiweißstoffen, Milchzucker (ca. $4—5^0/_0$) und Alkalisalzen Butterfett ($2,8—3,5^0/_0$) in sehr feiner Verteilung sich befindet. In kolloidchemischem Sinne ist die Milch ein Polydispersoid, d. h. ein Gemenge von Stoffen verschiedenen Zerteilungsgrades in ein und demselben Zerteilungsmittel, dem Wasser (s. S. 117).

Die Fette finden eine Anwendung vor allem als Nahrungsmittel; Nahrungsmittelfette sind besonders die Butter, das Schweinefett (Schweineschmalz), Olivenöl, Talg, Mohn- und Nußöl, Leinöl, Kokos- und Palmfett, sowie das der Butter nachgebildete Kunstfett, die Margarine. Aber auch in der Technik, z. B. als Schmieröle, zur Herstellung von Kerzen, Seifen, Salben, Pflastern, in der Lederindustrie usw. werden Fette in größtem Maßstabe benutzt.

Margarine wurde ursprünglich nach dem Verfahren des französischen Chemikers Mège-Mouriès aus Oleomargarin bereitet. Man erhält Oleomargarin aus dem Rindertalg, den man ausschmilzt und die Schmelze auf eine bestimmte Temperatur abkühlen läßt, wobei besonders der höher schmelzende Glyzerinester der Stearinsäure (das „Stearin") zum Teil sich abscheidet und durch Abpressen entfernt wird. Zu 30 kg des zurückbleibenden Oleomargarins setzte man 25 Liter Kuhmilch und 25 Liter Wasser, welches den löslichen Teil von 100 g zerkleinerter Milchdrüse enthielt, und verarbeitete das Ganze in einem Butterfasse. Der erhaltene Oleomargarinrahm wurde nach Art .der Butterbereitung weiter behandelt, gesalzen und gefärbt, auch wohl mit Riechstoffen wie Cumarin usw. versetzt.

Heute wird Margarine in Fabriken unter Verwendung der verschiedensten Tier-, besonders Pflanzenfette, in größerem Maßstabe hergestellt und ist eines der wichtigsten Volksnahrungsfette geworden.

Die Emulgierung der Fette zur Herstellung von Margarine geschieht fabrikatorisch in den Kirnmaschinen, das sind große Apparate, in welchen mittels Rührwerke die Milch (man verwendet Magermilch) und das Fett zu einer rahmähnlichen Masse emulgiert werden, auf welche beim Ausströmen aus der Kirne eiskaltes Wasser auffließt, wodurch in bröckligen Massen die Margarine sich ausscheidet. Diese wird in Knetapparaten zum Teil von dem Wasser befreit, mit Kochsalz versetzt und zu butterähnlicher Masse gepreßt. Um die Margarine der Butter ähnlich zu machen, um dem Produkt besonders die Eigenschaft der Butter, beim Schmelzen zu bräunen, zu schäumen und nicht zu spritzen, zu verleihen, versetzt man die Margarine nach Bernegau mit einer aus Eigelb und Glukose bestehenden Emulsion oder auch nur mit Eigelb. Auch wird, um der Margarine eine butterähnliche Beschaffenheit zu verleihen, die zur Emulgierung benutzte Magermilch, nachdem sie 2 Minuten lang bei 90° pasteurisiert ist, mit Reinkulturen von Milchsäurebazillen versetzt, die eine teilweise Säuerung der Milch bewirken. Diese Milch kommt dann in den Kirnen mit den Fetten zusammen.

Zwecks Verhinderung, daß Margarine und andere Ersatzmittel der Butter an Stelle derselben verkauft werden und somit eine Täuschung der Konsumenten im Gefolge haben, ist am 12. Juni 1887 ein Gesetz, betreffend den Verkehr mit Ersatzmitteln für Butter, erlassen worden, welches am 15. Juni 1897 durch das Gesetz, betreffend den Verkehr mit Butter, Käse, Schmalz und deren Ersatzmitteln ersetzt wurde. Nach den hierzu ergangenen Ausführungsbestimmungen vom 4. Juli 1897 muß, um die Erkennbarkeit von Margarine zu erleichtern, den bei der Fabrikation zur Verwendung kommenden Fetten und Ölen Sesamöl zugesetzt werden, und zwar zu 100 Gewichtsteilen der angewandten Fette und Öle müssen vor der weiteren Verarbeitung 10 Gewichtsteile Sesamöl hinzugefügt werden. Während des Weltkrieges wurde an Stelle des in Deutschland nicht beschaffbaren Sesamöls ein Zusatz von Stärkemehl zur Kennzeichnuug der Margarine gestattet.

Man erkennt den Sesamölgehalt in einer Margarine daran, daß man das geschmolzene Margarinefett mit einem gleichen Volum rauchender Salzsäure (spez. Gew. 1,19) und einigen Tropfen einer 2proz. alkoholischen Furfurollösung schüttelt; die unter der Ölschicht sich absetzende Salzsäure nimmt dann eine deutliche Rotfärbung an.

Durch das vorstehend erwähnte Gesetz wird der zur Margarinebereitung nötige Milchzusatz zu den Fetten genau bestimmt bzw. beschränkt. Die Verpackungen der Margarine müssen diese schon äußerlich dadurch kennzeichnen, daß ein roter Streifen die Verpackung umgibt.

Bei dem großen Bedarf der Margarineindustrie an Fetten hat man in der Neuzeit Umschau nach neuen pflanzlichen Fetten gehalten. Dabei hat sich gezeigt, daß man in der Auswahl der Fette Vorsicht walten lassen muß und nur solche verwenden darf, die sich durch physiologische Prüfung als für die menschliche Gesundheit unschädlich erwiesen haben.

Indem man diese Prüfung außer acht ließ und Hydnocarpusfett (auch Marattioder Kardamomfett genannt) für die Herstellung einer Margarine verwendete, ereigneten sich infolge der Giftigkeit dieses Fettes schwere Vergiftungen nach dem Genuß der daraus hergestellten Margarine.

Zur Unterscheidung von Butter und Margarine bzw. zum Nachweis von Margarine in Butter dient die Bestimmung der sog. Reichert-Meißl-Zahl und der Polenske-Zahl. Das Butterfett enthält nämlich neben den Glyzeriden der höher molekularen Fettsäuren (Stearin- und Palmitinsäure) und der Ölsäure auch eine nicht unwesentliche Menge von Glyzeriden der niederen, mit Wasserdämpfen flüchtigen Fettsäuren (Buttersäure, Kapron-, Kapryl-, Kaprinsäure), wodurch es sich von anderen tierischen und pflanzlichen Fetten, also auch von der Margarine, wesentlich unterscheidet. Man bestimmt die flüchtigen Fettsäuren nach dem Verfahren von Reichert-Meißl, indem man 5 g filtriertes Butterfett verseift, die Seife mit verdünnter Schwefelsäure zerlegt und die flüchtigen Fettsäuren mit Wasserdämpfen abdestilliert. In dem Destillat sind die flüchtigen Fettsäuren zum Teil in Wasser gelöst, zum

Teil darin suspendiert. Man filtriert durch ein angenäßtes Filter und bestimmt mit $\frac{n}{10}$-Kalilauge oder $\frac{n}{10}$-Barytlauge die Säure des Filtrats. Man bedarf hierzu bei reinem Butterfett

26—32 ccm $\frac{n}{10}$-Lauge. Diese Anzahl Kubikzentimeter heißt die Reichert-Meißl-Zahl. Bei Margarinefett liegt die Reichert-Meißl-Zahl bei 1,8—2,5.

Die flüchtigen, aber nicht wasserlöslichen Fettsäuren, die nach dem Filtrieren des Destillates auf dem Filter zurückbleiben, werden in reinem säurefreien Alkohol gelöst und ebenfalls mit $\frac{n}{10}$-Lauge titriert. Die Anzahl der hierzu verbrauchten Kubikzentimeter heißt Polenske-Zahl. Ihr Verhältnis zur Reichert-Meißl-Zahl festzustellen, ist wichtig, wenn es sich um die Verfälschung einer Butter mit Kokosfett handelt.

Zwecks Prüfung und Wertbestimmung der Fette ermittelt man die physikalischen und chemischen Konstanten derselben. Hierzu gehören der Säuregrad, die Säure-, Verseifungs-, Ester- und Jodzahl, deren Bestimmung neben der Feststellung von spezifischem Gewicht, von Schmelz- und Erstarrungspunkt, Löslichkeit in Alkohol, Brechungsindex, Farbreaktionen usw. vielfach einen Aufschluß über die Art des vorliegenden Fettes und seine eventuelle Fälschung geben.

Bestimmung des Säuregrads, der Säurezahl, Verseifungszahl, Esterzahl.

a) Unter Säuregrad eines Fettes versteht man die Anzahl Kubikzentimeter n-Kalilauge, die notwendig ist, um die in 100 g Fett vorhandene freie Säure zu neutralisieren.

Zur Bestimmung der freien Säure werden 5—10 g Fett in 30—40 ccm einer säurefreien Mischung gleicher Raumteile Alkohol und Äther gelöst und mit $\frac{n}{10}$-Kalilauge unter Zusatz von 1 ccm Phenolphthaleinlösung als Indikator titriert. Sollte während der Titration ein Teil des Fettes sich ausscheiden, so muß von dem Lösungsgemisch von neuem zugesetzt werden.

Beispiel: Angenommen, es seien 5,07 g Schweineschmalz angewendet und zur Titration 0,9 ccm $\frac{n}{10}$-Kalilauge (= 0,09 ccm n-Kalilauge) verbraucht worden, so berechnet sich der Säuregrad nach dem Ansatz

$$\frac{0,09 \cdot 100}{5,07} = 1,78 \,.$$

b) Die Säurezahl gibt an, wieviel Milligramm Kaliumhydroxyd notwendig sind, um die in 1 g Wachs, Walrat, Harz oder Balsam vorhandene freie Säure zu neutralisieren.

Beispiel: Angenommen, es wurde 1 g Kopaivabalsam angewendet, und es wurden zur Neutralisation der freien Säure 2,8 ccm weingeistige $\frac{n}{2}$-Kalilauge (1 ccm weingeistige $\frac{n}{2}$-Kalilauge = 28,055 mg Kaliumhydroxyd) verbraucht, so berechnet sich die Säurezahl nach dem Ansatz

$$\frac{2,8 \cdot 28,055}{1} = 78,55 \,.$$

c) Unter Verseifungszahl versteht man die Anzahl Milligramm Kaliumhydroxyd, die zur Bindung der in 1 g Fett, Öl, Wachs und Balsam enthaltenen freien Säure und zur Zerlegung der Ester erforderlich ist.

Die Bestimmung der Verseifungungzahl wird in folgender Weise ausgeführt: Man wägt 1—2 g des zu untersuchenden Stoffes in einem Kölbchen aus Jenaer Glas von 150 ccm Inhalt ab, setzt 25 ccm weingeistige $\frac{n}{2}$-Kalilauge hinzu und verschließt das Kölbchen mit einem durchbohrten Korke, durch dessen Öffnung ein 75 cm langes Kühlrohr aus Kaliglas führt. Man erhitzt die Mischung auf dem Wasserbade 15 Minuten lang zum schwachen Sieden. Um die Verseifung zu vervollständigen, mischt man den Kolbeninhalt durch öfteres Umschwenken, jedoch unter Vermeidung des Verspritzens an den Kork und an das Kühlrohr. Man titriert die vom Wasserbade genommene, noch heiße Seifenlösung nach Zusatz von 1 ccm Phenolphthaleinlösung sofort mit $\frac{n}{2}$-Salzsäure zurück (1 ccm $\frac{n}{2}$-Salzsäure = 0,028055 g Kaliumhydroxyd, Phenolphthalein als Indikator).

Bei jeder Versuchsreihe sind mehrere blinde Versuche in gleicher Weise, aber ohne Anwendung des betreffenden Stoffes, auszuführen, um den Wirkungswert der weingeistigen Kalilauge gegenüber der $\frac{n}{2}$-Salzsäure festzustellen.

Für die Bestimmung der unverseifbaren Anteile in Ölen verseift man 10 g Öl mit 5 g Kaliumhydroxyd und 50 ccm Weingeist; die Seifenlösung wird mit 60 ccm Wasser verdünnt und dreimal mit je 30 ccm Petroläther ausgeschüttelt. Die mit Wasser gewaschene Petrolätherlösung wird verdunstet, der Rückstand nochmals mit weingeistiger Kalilauge verseift, die Seifenlösung in der gleichen Weise mit Wasser verdünnt und mit Petroläther ausgeschüttelt. Man befreit die Petrolätherlösung durch Schütteln mit Kalziumsulfatlösung von den letzten Anteilen an Seife, verdunstet, trocknet den Rückstand und wägt.

d) Die Esterzahl gibt an, wieviel Milligramm Kaliumhydroxyd zur Verseifung der in 1 g Öl oder Wachs vorhandenen Ester erforderlich sind.

Die Esterzahl ergibt sich somit als Differenz zwischen Verseifungs- und Säurezahl.

e) Jodzahl der Fette und Öle. In den Fetten sind Ester ungesättigter Säuren (wie Ölsäure, Leinölsäure) enthalten, deren Molekeln doppelt miteinander verknüpfte Kohlenstoffatome enthalten. Zufolge dieser Eigenschaft vermögen die ungesättigten Säuren unter Aufhebung der Doppelbindung Halogenatome anzulagern. Je größer die Menge ungesättigter Säuren in einem Fette oder Öle ist, desto größere Mengen Jod werden von den Fetten oder Ölen aufgenommen.

Man hat nun ohne Rücksicht auf die Art der betreffenden ungesättigten Säure als Grundlage für die Beurteilung lediglich das Halogenabsorptionsvermögen eines Fettes angenommen und als Halogen früher das Jod, nach D. A. B. VI das Brom in Vorschlag gebracht.

Während Chlor und Brom meist direkt an ungesättigte Säuren sich anzulagern vermögen, ist das beim Jod nicht der Fall.

Die Jodzahl gibt an, wieviel Teile Jod der von 100 Teilen Fett oder Öl gebundenen Brommenge unter den Bedingungen des nachstehenden Verfahrens äquivalent sind:

Man bringt von Fetten oder Ölen mit vermutlichen Jodzahlen von 200 bis 150 = 0,15 bis 0,2 g, von 150 bis 100 = 0,2—0,3 g, von 100 bis 50 = 0,3—0,6 g, von 50 bis 20 = 0,6—1,0, mit kleineren Jodzahlen 1—2 g in eine Flasche von etwa 200 ccm Inhalt mit eingeschliffenem, gut schließendem Glasstopfen, der durch Bestreichen mit konzentrierter Phosphorsäure abgedichtet wird, und löst das Fett oder Öl in 10 ccm Tetrachlorkohlenstoff, nötigenfalls unter vorsichtigem Erwärmen, auf. Die Mengen sind genau zu wägen. Dann läßt man bei Zimmertemperatur aus einer Pipette 50 ccm $\frac{n}{10}$-Kaliumbromatlösung zufließen, fügt 1 g grob gepulvertes Kaliumbromid und 10 ccm verdünnte Salzsäure hinzu, verschließt die Flasche schnell, schüttelt kräftig durch, bis das Kaliumbromid vollständig in Lösung gegangen ist, und läßt das Gemisch 2 Stunden lang im Dunkeln stehen, wobei in der ersten Stunde mehrmals umzuschütteln ist. Nach dieser Zeit ist die Reaktion im allgemeinen beendet; bei trocknenden Ölen oder Tranen jedoch ist eine 20stündige Einwirkungsdauer erforderlich. Man fügt dann unter vorsichtigem Lüften des Glasstopfens genau 10 ccm $\frac{n}{2}$-Natriumarsenitlösung hinzu, schüttelt um, bis Entfärbung eingetreten ist, setzt 20 ccm rauchende Salzsäure hinzu, und titriert unter Umschwenken mit $\frac{n}{10}$-Kaliumbromatlösung bis zum Auftreten einer eben sichtbaren, schwach blaßgelben Färbung. Die Titration muß bei auffallendem, gutem Tageslichte vor einem unmittelbar hinter den Glaskolben oder die Flasche gehaltenen weißen Papierblatt ausgeführt werden.

Wird die Titration bei ungünstigem Tageslicht oder bei Lampenlicht ausgeführt, so setzt man der entfärbten, sauren Lösung 2 Tropfen Indigokarminlösung hinzu und titriert unter lebhaftem Umschwenken mit $\frac{n}{10}$-Kaliumbromatlösung bis zur Entfärbung unter Verwendung einer weißen Unterlage. Sobald die Lösung während der Titration blasser wird, setzt man noch einen Tropfen des Indikators hinzu; das Reaktionsgemisch ist gegen Ende der Titration vor jedem weiteren, tropfenweisen Zusatz der Kaliumbromatlösung einige Male umzuschütteln.

Bei jeder Versuchsreihe sind mehrere blinde Versuche zur Feststellung des Wirkungswerts der etwa $\frac{n}{2}$-Natriumarsenitlösung gegenüber der $\frac{n}{10}$-Kaliumbromatlösung in der Weise auszuführen, daß man 10 ccm Tetrachlorkohlenstoff, 25 ccm $\frac{n}{10}$-Kaliumbromatlösung, 25 ccm Wasser, 1 g grob gepulvertes Kaliumbromid und 10 ccm verdünnte Salzsäure in der oben angegebenen Weise und unter den gleichen Zeitverhältnissen im Dunkeln aufeinander einwirken läßt; dann gibt man aus einer Pipette 10 ccm der etwa $\frac{n}{2}$-Natriumarsenitlösung und 20 ccm rauchende Salzsäure hinzu und titriert mit $\frac{n}{10}$-Kaliumbromatlösung.

Die Jodzahl (Jodbromzahl) berechnet sich nach dem Ansatz $\frac{(a-b)\cdot 1,2692}{f}$; hierbei bedeuten a die bei der Bestimmung der Jodzahl des Fettes oder Öles verbrauchte (50 ccm, vermehrt um die bei der Titration zugesetzte) Anzahl Kubikzentimeter $\frac{n}{10}$-Kaliumbromatlösung, b die beim blinden Versuch verbrauchte (25 ccm, vermehrt um die bei der Titration zugesetzte) Anzahl Kubikzentimeter $\frac{n}{10}$-Kaliumbromatlösung, f die angewandte Fett- oder Ölmenge in Gramm.

Die Zahl 1,2692 ist der 100. Teil des Atomgewichts des Jods. Man kann direkt auf Jod aus dem Bromwert berechnen. Das freie Brom entsteht, indem bei Gegenwart von verdünnter Salzsäure Kaliumbromat auf Kaliumbromid einwirkt:

$$KBrO_3 + 5\,KBr + 6\,HCl = 6\,KCl + 3\,H_2O + 3\,Br_2.$$

Zur Ermittelung der nicht gebundenen, also überschüssig zugesetzten Brommenge dient das Natriumarsenit, das durch das Brom zu Natriumarsenat oxydiert wird.

Es ist darauf zu achten, daß die durch das Fett gebundenen und die nicht gebundene Brommenge annähernd gleich groß sind, d. h. $(a-b)$ soll annähernd 25 betragen; andernfalls ist zum mindesten bei höheren Jodzahlen die Bestimmung unter Verwendung entsprechend größerer oder kleinerer Fett- oder Ölmengen zu wiederholen.

Tabelle der Erstarrungspunkte bzw. Schmelzpunkte, der Verseifungs- und Jodzahlen verschiedener Fette und Öle.

Name des Fettes	Erstarrungspunkt (E) bzw. Schmelzpunkt (S)	Verseifungszahl	Jodzahl
Butterfett	(S) 28—33° (E) 20—23°	225—230	26—33
Kokosnußöl	(S) 14—20°	257,3—268,4	8,0—9,5
Erdnußöl (Arachisöl, Oleum Arachidis)	(E) 3— 7°	188—196,6	86—100
Kakaobutter (Oleum Cacao) .	(S) 30—34°	190—200	34—38
Lebertran (Oleum Jecoris Aselli)	—	184—196,6	155—175
Leinöl (Oleum Lini)	(E) —16 bis —25°	187—195	168—176
Mandelöl (Oleum Amygdalarum)	bei —10° noch nicht erstarrend	189—192,5	93—100
Olivenöl (Oleum Olivarum) . .	beginnt bei +2° sich zu trüben, scheidet bei —6° reichlich festes Glyzerid ab	189—196	80—88
Rizinusöl (Oleum Ricini) . . .	(E) —10 bis —18°	176—181	82—88
Schweinefett (Adeps suillus) .	(S) 35—38°	195—196,6	46—66
Sesamöl (Oleum Sesami) . . .	(E) —4 bis —6°	188—193	103—112

Diese Methode der Jodzahlbestimmung der Fette verlangt sorgfältigstes Arbeiten, um zutreffende Werte zu erhalten. Einfacher in ihrer Ausführung und durchaus brauchbare Werte liefert die Hanussche Methode:

Sie wird wie folgt ausgeführt: 0,6—0,7 g bei festen Fetten, 0,2—0,25 g bei Ölen mit einer Jodzahl unter 120 und 0,1—0,15 g bei Ölen von höherer Jodzahl als 120 werden in ein Fläschchen mit eingeschliffenem Glasstopfen von 200 ccm Inhalt eingeführt und in 10 ccm Chloroform gelöst. Sodann fügt man 25 ccm einer Jodbromlösung (10,0 Jodbrom auf 500 ccm Eisessig), deren Titer bekannt ist, hinzu und läßt das Gemisch gut verschlossen unter zeitweiligem Durchschütteln $^1/_4$ Stunde stehen. Nach beendigter Reaktion fügt man 15 ccm Jodkaliumlösung (1:10) hinzu und titriert mit Natriumthiosulfatlösung den Jodüberschuß zurück.

Seifen, Sapones. Zur Bereitung der Seifen verwendet man tierische wie pflanzliche Fette. Die Eigenschaften der Seifen sind je nach der Natur der Rohstoffe, welche zur Seifenbereitung verwendet werden, verschieden. Kalilauge liefert weiche, gallertartige, schmierige Seifen (Kaliseifen), Natronlauge hingegen feste, harte Seifen (Natronseifen). Aber auch von der Verschiedenheit der verwendeten Fette ist die Bildung einer härteren oder weicheren Seife abhängig. Der Talg liefert vermöge seines größeren Gehaltes an Stearinsäure eine härtere Seife als die flüssigen Fette, deren größerer Oleingehalt die weichere Ölseife gibt.

Die beim Kochen von Alkalien mit Fett gebildete, wasserlösliche, dickflüssige Masse heißt Seifenleim. Die Natronseifen lösen sich in verdünnten Kochsalzlösungen; beträgt der Gehalt an Kochsalz in diesen jedoch mehr als 5%, so scheiden sich die Natronseifen ab. Man benutzt diese Eigenschaft zu ihrer Gewinnung, indem man dem Seifenleim Kochsalz hinzufügt (Aussalzen der Seife). Die unter der abgeschiedenen erstarrenden Seife befindliche Flüssigkeit heißt Unterlauge und enthält neben Glyzerin überschüssiges Alkali und Kochsalz. Ist der Seifenleim sehr konzentriert und werden größere Mengen Kochsalz zur Abscheidung benutzt, so wird die Seife verhältnismäßig wasserarm. In die Natronseifen geht Wasser bis zu 70%, gewöhnlich enthalten sie 11—20% Wasser. Sie werden in letzterem Falle Kernseifen genannt zum Unterschiede von den gefüllten oder geschliffenen Seifen, in welchen größere Mengen Wasser, auch Glyzerin und verunreinigende Salze, enthalten sind.

Da bei der Herstellung der Kaliseifen das Aussalzen fortfällt — ein Zusatz von Kochsalz würde die Kaliseifen in Natronseifen umwandeln — bleibt Glyzerin den Kaliseifen beigemengt.

Das Arzneibuch läßt eine Kaliseife, Sapo kalinus, wie folgt bereiten: 43 T. Leinöl werden im Wasserbade in einem geräumigen, tiefen Zinn- oder Porzellangefäße auf etwa 70° erwärmt und dann unter Umrühren 58 T. Kalilauge (spez. Gew. 1,138), welche mit 5 T. Weingeist vermischt sind, hinzugefügt. Die erhaltene Mischung wird im Dampfbade bis zur Verseifung erwärmt.

Eine Kaliseife ist auch in dem medizinisch verwendeten Seifenspiritus, Spiritus saponatus, enthalten, welcher aus 6 T. Olivenöl, 7 T. Kalilauge (spez. Gew. 1,138), 30 T. Weingeist und 17 T. Wasser bereitet werden soll. Das Öl wird mit der Kalilauge und 7,5 T. Weingeist auf dem Wasserbade im Sieden erhalten, bis Verseifung erfolgt ist und eine Probe der Flüssigkeit mit Wasser und Weingeist ohne Trübung sich mischen läßt. Nachdem der durch Verdampfen verlorengegangene Weingeist ersetzt ist, werden die noch übrigen 22,5 T. desselben und das Wasser hinzugefügt und die Mischung nach dem Erkalten filtriert.

Zur Bereitung der Natronseifen kommen Talg (liefert Talgkernseife, Hausseife), Olivenöl, Kokosöl, Palmöl usw. in Anwendung. Das Kokosöl dient, mit anderen Fetten vermischt, besonders zur Herstellung der feineren Toiletteseifen. Natronseifen erhalten je nach ihrem bestimmten Verwendungszwecke verschiedene Zusätze, wie Kolophonium, Wasserglas, Sand, Bimsstein, und liefern dann die Harz-, Wasserglas-, Sand-, Bimssteinseife.

Eine zu medizinischen Zwecken bestimmte Natronseife, Sapo medicatus, läßt das Arzneibuch nach folgender Vorschrift bereiten:

120 T. Natronlauge (spez. Gew. 1,168—1,172) werden im Dampfbade erhitzt und mit einem geschmolzenen Gemenge von 50 T. Schweineschmalz und 50 T. Olivenöl versetzt. Nach $^1/_2$ stündigem Erhitzen fügt man 12 T. Weingeist und, sobald die Masse gleichförmig geworden ist, nach und nach 200 T. Wasser hinzu. Alsdann erhitzt man nötigenfalls unter Zusatz kleiner Mengen Natronlauge weiter, bis sich ein durchsichtiger, in heißem Wasser ohne Abscheidung von Fett löslicher Seifenleim gebildet hat. Hierauf wird eine filtrierte Lösung von 25 T. Kochsalz und 3 T. Natriumkarbonat in 80 T. Wasser hinzugefügt und die ganze Masse unter Umrühren weiter erhitzt, bis sich die Seife vollständig abgeschieden hat.

Von Wichtigkeit sind ferner die mit verschiedenen Arzneistoffen versetzten medizinischen Seifen (Schwefel-, Jod-, Borax-, Tannin-, Teer-, Sublimat-, Thiol-, Ichthyolseife usw.), welche nach Unnas Vorschlag überfettet, d. h. mit einem Überschuß an Fettstoffen versetzt werden.

Das Arzneibuch verlangt eine Schmierseife (Sapo kalinus) mit einem Gehalt von mindestens 40 % Fettsäuren und läßt diesen Gehalt wie folgt ermitteln:

Die Lösung von 2,5 g Schmierseife in 50 g heißem Wasser wird in einem Arzneiglas mit 5 ccm verdünnter Schwefelsäure versetzt und im Wasserbade so lange erwärmt, bis die ausgeschiedenen Fettsäuren klar auf der wässerigen Flüssigkeit schwimmen. Der erkalteten Flüssigkeit setzt man 10 ccm Petroläther zu und schwenkt vorsichtig um, bis die Fettsäuren in dem Petroläther gelöst sind. Dann gibt man die gesamte Flüssigkeit in einen Scheidetrichter, spült das Arzneiglas zuerst mit 10 ccm, dann mit 5 ccm Petroläther nach und schüttelt die im Scheidetrichter vereinigten Flüssigkeiten nochmals kräftig durch. Nach dem Absetzen der wässerigen Flüssigkeit läßt man diese möglichst vollständig abfließen, setzt zu der Petrolätherlösung 25 ccm Wasser hinzu, schüttelt durch und läßt nach dem Absetzen die wässerige Flüssigkeit abermals möglichst weit abfließen. Nun gibt man zu der Petrolätherlösung 1 g getrocknetes Natriumsulfat, schüttelt sie kräftig damit durch, läßt sie noch $^1/_2$ Stunde lang ruhig stehen und filtriert sie dann durch ein Wattebäuschchen in ein gewogenes Kölbchen ab. Den Scheidetrichter mit dem Natriumsulfat und das Wattebäuschchen spült man zweimal mit je 5 ccm Petroläther nach und destilliert die vereinigten Petrolätherlösungen bei gelinder Wärme auf dem Wasserbade ab. Der hierbei verbleibende Rückstand wird bei einer 75⁰ nicht übersteigenden Temperatur getrocknet. Sein Gewicht muß mindestens 1 g betragen, was einem Mindestgehalte von 40 % Fettsäuren entspricht.

Pflaster, Emplastra. Zur Bereitung des Bleipflasters (Emplastrum Lithargyri) werden 1 T. Erdnußöl, 1 T. Schweineschmalz, 1 T. fein gepulverte Bleiglätte, welche mit 1 T. Wasser zu einem Brei angerieben, bei mäßigem Feuer unter bisweiligem Zusatz von Wasser und unter fortdauerndem Umrühren so lange gekocht, bis die Pflasterbildung beendet ist. Das noch warme Pflaster wird sofort durch wiederholtes Durchkneten mit warmem Wasser vom Glyzerin und darauf durch längeres Erwärmen im Dampfbade vom Wasser befreit. — Wird beim Pflasterkochen kein Wasser zugesetzt, wie bei der Bereitung des Emplastrum fuscum, des Mutterpflasters, so nimmt das Pflaster infolge Anbrennens eine dunkle Farbe an, und gegen Ende der Pflasterbildung treten durch Zersetzung des Glyzerins sich bildende Akroleindämpfe auf.

Die Mehrzahl der von den Arzneibüchern aufgeführten Pflaster (Heftpflaster, Spanischfliegenpflaster, Bleiweißpflaster, Quecksilberpflaster, Seifenpflaster, Salizylseifenpflaster usw.) sind Gemische aus Bleipflaster und verschiedenen Arzneistoffen.

Ein Quecksilberpflaster (Emplastrum Hydrargyri) soll annähernd 20 % Quecksilber enthalten. Man bestimmt den Gehalt daran nach D. A. B. VI wie folgt:

3 g Quecksilberpflaster erhitzt man mit 20 ccm roher Salpetersäure etwa 10 Minuten lang auf dem Wasserbad in einem Kölbchen mit aufgesetztem Trichter. Sobald in dem sandigen Bodensatze von Bleinitrat keine Quecksilberkügelchen mehr erkennbar sind, fügt man, den Trichter abspülend, 25 ccm Wasser hinzu und erhitzt von neuem, bis sich die Fettschicht klar abgeschieden hat. Nach dem Erkalten zerkleinert man die Fettscheibe, gießt die Lösung durch ein Flöckchen Watte in einen Meßkolben von 100 ccm Inhalt, spült die Fettscheibe und das Kölbchen 4—5mal mit je etwa 5 ccm Wasser nach, versetzt die vereinigten, wässerigen Flüssigkeiten mit so viel Kaliumpermanganatlösung (1 + 19), daß eine bleibende Rötung eintritt oder sich braune Flocken abscheiden, und entfärbt oder klärt das

Gemisch durch Zusatz von wenig Ferrosulfat. Man füllt darauf die Lösung bis zur Marke auf. 25 ccm, der filtrierten Lösung werden nach Zusatz von 5 ccm Ferriammoniumsulfatlösung mit $\frac{n}{10}$-Ammoniumrhodanidlösung bis zum Farbumschlage titriert. Hierzu müssen 14 bis 15 ccm $\frac{n}{10}$-Ammoniumrhodanidlösung verbraucht werden, was einem Gehalte von 18,7—20 % Quecksilber entspricht (1 ccm $\frac{n}{10}$-Ammoniumrhodanidlösung = 0,01003 g Quecksilber, Ferriammoniumsulfat als Indikator).

Deutung der Titration: Das Quecksilber wird in Merkuriform in Lösung gebracht und mit $\frac{n}{10}$-Rhodanidlösung titriert. Nach dem Verhältnis

$$Hg(NO_3)_2 : 2 NH_4SCN$$

entspricht 1 ccm $\frac{n}{10}$-Rhodanidlösung $\frac{200,6}{2 \cdot 10000} = 0,01003$, 14 ccm daher 0,14042 g Hg, welche in $^3/_4$ g Pflaster enthalten sein müssen, das sind rund 19 % und bei Verbrauch von 15 ccm $\frac{n}{10}$-Rhodanidlösung rund 20 % Quecksilber.

Mit dem Namen Collemplastra oder Kautschukpflaster bezeichnet man Pflaster, deren Pflastermasse als wesentlichen Bestandteil Kautschuk enthält. Die Kautschukpflaster kleben stark und behalten die Klebekraft längere Zeit; sie dürfen, aufgerollt, nicht mit der Rückseite verkleben.

Wachs, Bienenwachs, Cera flava, ist auf den Wachshäuten der schuppigen Hinterleibsringe der geschlechtslosen Arbeitsbienen abgelagert und wird zum Aufbau der aus sechseckigen Zellen bestehenden „Waben" benutzt. Es bildet im ausgeschmolzenen Zustande eine gelbe, auf dem Bruche körnige Masse von angenehm honigartigem Geruche. Es schmilzt zwischen 62—66,5° und hat die Dichte 0,948—0,958. Der Schmelzpunkt des durch das Sonnenlicht gebleichten Wachses, der Cera alba, liegt etwas höher und die Dichte beträgt 0,956—0,961.

Bienenwachs ist kein einheitlicher Stoff. Es läßt sich durch siedenden Alkohol in zwei Bestandteile zerlegen: in Zerin (gegen 20 %) und Myrizin gegen (80 %), welchen verschiedene andere Stoffe in kleinen Mengen beigemischt sind. Zerin besteht im wesentlichen aus einer freien Fettsäure, der Zerotinsäure, $C_{26}H_{52}O_2$, das Myrizin aus Palmitinsäure-Melissylester, $C_{15}H_{31}CO \cdot OC_{30}H_{61}$.

Verfälschungen mit Talg, Pflanzen- und Mineralwachs (Zeresin), Stearinsäure und Harz lassen sich durch Bestimmung des spezifischen Gewichtes und des Schmelzpunktes, sowie durch die Löslichkeit und durch Verseifungsversuche feststellen. Eine heiß bereitete weingeistige Lösung gibt nach mehrstündiger Abkühlung auf 20° C beim Filtrieren eine fast farblose Flüssigkeit, welche durch Wasser nur schwach opalisierend getrübt werden und blaues Lackmuspapier nicht oder nur sehr schwach röten darf. Diese Probe hält nur ganz reines Bienenwachs.

Cera flava, Gelbes Wachs, soll nach D. A. B. VI die Säurezahl 16,8 bis 22, die Esterzahl 65,9—82,1 und des Verhältnis von Säurezahl zu Esterzahl 1:3,0—1:4,3 zeigen.

Über die Bestimmung der vorstehenden Konstanten siehe den nachfolgenden Artikel.

Cera alba, Weißes Wachs. Dichte 0,956—0,961. Schmelzpunkt 62—66,5°. Säurezahl 16,8—22,1. Esterzahl 65,9—82,1. Das Verhältnis von Säurezahl zu Esterzahl muß 1:3,0—1:4,3 sein.

Zur Bestimmung der Dichte mischt man 2 T. Weingeist mit 7 T. Wasser, läßt die Flüssigkeit so lange stehen, bis alle Luftbläschen daraus verschwunden sind, und bringt Kügelchen von weißem Wachs hinein. Die Kügelchen müssen in der Flüssigkeit schweben oder zum Schweben gelangen, wenn durch Zusatz von Wasser die Dichte der Flüssigkeit auf 0,956—0,961 gebracht wird. Die Wachskügelchen werden so hergestellt, daß man das weiße Wachs bei möglichst niedriger Temperatur schmilzt und mit Hilfe eines Glasstabes in ein Probierrohr mit Weingeist dicht über dessen Oberfläche vorsichtig eintropfen läßt. Der Weingeist ist zuvor auf 55° zu erwärmen und in ein Becherglas zu stellen, das so viel Wasser von Zimmertemperatur enthält, daß das Probierrohr zur Hälfte eintaucht. Bevor die so erhaltenen allseitig abgerundeten Körper zur Bestimmung der Dichte benutzt werden, müssen sie 24 Stunden lang an der Luft gelegen haben.

Zur Bestimmung der Säurezahl werden 4 g weißes Wachs mit 20 g Xylol und 20 g absolutem Alkohol am Rückflußkühler auf einem Asbestdrahtnetz über einer kleinen Flamme erhitzt und 10 Minuten lang im Sieden erhalten. Hierauf titriert man die heiße Flüssigkeit nach Zusatz von 1 ccm Phenolphthaleinlösung sofort mit weingeistiger $\frac{n}{2}$-Kalilauge bis zum Farbumschlage. Hierzu dürfen nicht mehr als 3,14 und nicht weniger als 2,4 ccm $\frac{n}{2}$-Kalilauge verbraucht werden.

Zur Bestimmung der Esterzahl fügt man der Mischung weitere 30 ccm weingeistige $\frac{n}{2}$-Kalilauge hinzu und erhält sie 2 Stunden lang unter zeitweiligem, kräftigem Umschütteln in lebhaftem Sieden. Nun fügt man 80 g absoluten Alkohol hinzu, erhitzt 5 Minuten lang und titriert die heiße Flüssigkeit sofort mit n-Salzsäure bis zum Verschwinden der Rotfärbung. Hierauf läßt man die Flüssigkeit nochmals 5 Minuten lang sieden, wobei die rote Färbung gewöhnlich wieder eintritt. In diesem Falle wird nochmals bis zum Verschwinden der Rotfärbung titriert. Hierzu dürfen insgesamt nicht mehr als 20,6 und nicht weniger als 18,3 ccm $\frac{n}{2}$-Salzsäure verbraucht werden.

Werden 5 g weißes Wachs in einem Kölbchen mit 85 g Weingeist und 15 ccm Wasser übergossen, und wird das Gemisch, nachdem das Gewicht des Kölbchens mit Inhalt festgestellt ist, 5 Minuten lang auf dem Wasserbad unter häufigem Umschütteln im Sieden erhalten, darauf durch Einstellen in kaltes Wasser auf Zimmertemperatur abgekühlt und der verdampfte Weingeist durch Zusatz einer Mischung von 85 T. Weingeist und 15 T. Wasser ersetzt, so dürfen 50 ccm des mit Hilfe eines trockenen Filters erhaltenen Filtrats nach Zusatz von 1 ccm Phenolphthaleinlösung bis zum Farbumschlage höchstens 2,3 ccm $\frac{n}{10}$-Kalilauge verbrauchen (Stearinsäure, Harze).

Sowohl gelbes wie weißes Wachs dürfen nicht ranzig riechen, beim Kauen nicht an den Zähnen haften und sich beim Kneten in der warmen Hand nicht schlüpfrig anfühlen.

Aus den vorstehenden Zahlen berechnen sich die angegebenen Werte bei weißem Wachs wie folgt:

a) **Säurezahl.** 3,14 ccm $\frac{n}{2}$-Kalilauge enthalten $\frac{56,11 \cdot 3,14}{2 \cdot 1000} = 0,0880927$ g KOH; 2,4 ccm $\frac{n}{2}$-Kalilauge enthalten $\frac{56,11 \cdot 2,4}{2 \cdot 1000} = 0,067332$ g KOH. Diese Mengen sind erforderlich, um die in 4 g weißem Wachs enthaltene freie Säure zu binden. Die ermittelten Säurezahlen sind demnach $\frac{0,0880927 \cdot 1000}{4} = 22$ bzw. $\frac{0,067332 \cdot 1000}{4} = 16,8$.

b) **Esterzahl.** $30 - 20,6 = 9,4$ ccm $\frac{n}{2}$-Kalilauge enthalten $\frac{56,11 \cdot 9,4}{2 \cdot 1000} = 0,263717$ g KOH; $30 - 18,3 = 11,7$ ccm $\frac{n}{2}$-Kalilauge enthalten $\frac{56,11 \cdot 11,7}{2 \cdot 1000} = 0,3282485$ g KOH. Diese Mengen sind erforderlich, um die in 4 g weißem Wachs in Esterform enthaltene Säuremenge zu binden. Die ermittelten Esterzahlen sind demnach $\frac{0,263717 \cdot 1000}{4} = 65,93$ bzw. $\frac{0,3282485 \cdot 1000}{4} = 82,06$.

Fälschungsmittel beeinflussen die Konstanten des Wachses wie folgt:

1. Paraffin (Zeresin) erhöht die Dichte und drückt die Säure-, Ester- und Verseifungszahl herab.

2. Stearinsäure erhöht die Dichte, ebenso die Säure- und Verseifungszahl.

3. Karnaubawachs drückt die Säurezahl herab, wodurch sich eine ganz abnorme Verhältniszahl ergibt.

Bienenwachs findet eine Verwendung zur Herstellung von Wachskerzen, Wachsstöcken, von Wachspapier, sowie zur Bereitung vieler Salben und Pflaster.

Da in der Neuzeit in die Bienenstöcke aus Zeresin hergestellte Kunstwaben eingesetzt werden, auf welchen die Bienen dann weiterbauen können, so gelangen vielfach Wachssorten in den Verkehr, die zeresinhaltig sind, ohne daß ihnen in betrügerischer Absicht Zeresin zugesetzt ist.

Walrat, Cetaceum, Spermaceti, ist der gereinigte, feste Anteil des Inhalts besonderer Höhlen im Körper der Pottwale, besonders des Physeter macrocephalus. Der Hauptbestandteil des Walrats ist Zetin oder Palmitinsäure-Zetylester, $C_{15}H_{31}CO \cdot OC_{16}H_{33}$, neben welchem noch Ester der Laurin-, Myristin- und Stearinsäure mit hochmolekularen Alkoholen vorkommen.

Walrat bildet eine großblättrige, glänzende, leicht zerreibliche, fettig anzufühlende Kristallmasse, welche in Äther, Chloroform, Schwefelkohlenstoff oder siedendem Weingeist löslich ist.

Die Konstanten des Walrats sind nach D. A. B. VI: Schmelzpunkt 45—54⁰. Jodzahl bïs 8. Säurezahl bis 2,3. Esterzahl 116—132,8.

Walrat findet Verwendung zur Herstellung des Cold-Creams (Unguentum leniens).

IX. Alkylamine.

Die Amine oder Ammoniakbasen sind basische Verbindungen, die sich von Ammoniak ableiten lassen, indem ein oder mehrere Wasserstoffatome desselben durch Alkoholreste (Alkyle) ersetzt sind. Leiten sich diese Verbindungen von einer Molekel Ammoniak ab, so nennt man sie Monamine, während den Diaminen zwei Molekeln Ammoniak zugrunde liegen.

a) Alkylmonamine.

Die Monamine werden, je nachdem ein, zwei oder drei Wasserstoffatome des Ammoniaks ersetzt sind, primäre, sekundäre und tertiäre Monamine genannt:

$$N\left\langle\begin{matrix}H\\H\\H\end{matrix}\right. \qquad N\left\langle\begin{matrix}CH_3\\H\\H\end{matrix}\right. \qquad N\left\langle\begin{matrix}CH_3\\CH_3\\H\end{matrix}\right. \qquad N\left\langle\begin{matrix}CH_3\\CH_3\\CH_3\end{matrix}\right.$$

Ammoniak	Monomethylamin (primäres Monamin)	Dimethylamin (sekundäres Monamin)	Trimethylamin (tertiäres Monamin)

Die sekundären Monamine, welche durch den zweiwertigen Rest $=$ NH gekennzeichnet sind, heißen auch Iminbasen, während die tertiären Monamine Nitrilbasen genannt werden.

Die Amine besitzen basische Eigenschaften und liefern, wie Ammoniak, durch Anlagerung von Säuren Salze, z. B. $N(CH_3)H_2 \cdot HCl$ (chlorwasserstoffsaures Monomethylamin).

Darstellung der Amine:

1. Alkyljodide (oder Bromide oder Chloride) werden mit alkoholischem Ammoniak in geschlossenen Gefäßen auf 100⁰ erhitzt. Hierbei werden meist Gemische der halogenwasserstoffsauren primären, sekundären und tertiären Monamine gebildet:

$$CH_3J + NH_3 = NH_2CH_3 \cdot HJ,$$
$$2CH_3J + 2NH_3 = NH(CH_3)_2 \cdot HJ + NH_4J,$$
$$3CH_3J + 3NH_3 = N(CH_3)_3 \cdot HJ + 2NH_4J.$$

Als letztes Produkt der Einwirkung von Ammoniak auf Alkyljodid entsteht Tetraalkylammoniumjodid:

$$N(CH_3)_3 + CH_3J = N(CH_3)_4J.$$

Die Mono-, Di- und Trialkylammoniumjodide werden durch Kali- oder Natronlauge zersetzt, indem neben Kalium- oder Natriumjodid die freien Mono-, Di- oder Trialkylamine entstehen. Auf die Tetraalkylammoniumjodide sind wässerige Kali- oder Natronlauge ohne Einwirkung, wohl aber werden die Tetraalkylammoniumjodide durch alkoholische Kalilauge oder durch feuchtes Silberoxyd zersetzt, und es entstehen dann Tetraalkylammoniumhydroxyde:

$$2\,N(CH_3)_4J + Ag_2O + H_2O = \underbrace{2\,N(CH_3)_4OH}_{\substack{\text{Tetramethylammonium-}\\\text{hydroxyd}}} + 2\,AgJ.$$

Es liegen hier quartäre Alkylammoniumbasen vor, welche aufzufassen sind als Ammoniumhydroxyd, dessen vier mit Stickstoff verbundene Wasserstoffatome durch Alkyle ersetzt sind.

Amine entstehen auch:

2. Durch Einwirkung von naszierendem Wasserstoff (aus Natrium und Alkohol) auf Nitrile (s. später):

$$\underbrace{CH_3 \cdot CN}_{\text{Azetonitril}} + 4\,H = \underbrace{CH_3 \cdot CH_2 \cdot NH_2}_{\text{Äthylamin}}.$$

3. Durch Behandlung der Monokarbonsäureamide mit Brom und Alkalilauge nach A. W. v. Hofmann:

$$\underbrace{CH_3CONH_2}_{\text{Azetamid}} + Br_2 + KOH = \underbrace{CH_3CONHBr}_{\text{Azetbromamid}} + KBr + H_2O.$$

$$CH_3CONHBr + 3\,KOH = \underbrace{CH_3 \cdot NH_2}_{\text{Methylamin}} + KBr + K_2CO_3 + H_2O.$$

Die Basizität der Alkylamine wächst mit dem Eintritt der Alkyle für Wasserstoffatome des Ammoniaks.

Den Alkylaminbasen entsprechend sind, vom Phosphorwasserstoff und Arsenwasserstoff ausgehend, analog zusammengesetzte Phosphorbasen (Phosphine) und Alkylphosphoniumverbindungen bzw. Arsenbasen (Arsine) und Alkylarsoniumverbindungen erhalten worden.

Vom Antimon kennt man Stibine und Stiboniumverbindungen.

Um ein primäres von einem sekundären und dieses von einem tertiären Amin zu unterscheiden, behandelt man das Amin abwechselnd mit Methyljodid und Kalilauge, bis sämtliche Wasserstoffatome, die mit dem Stickstoff des Amins in Verbindung standen, durch Alkyle (Methyl) ersetzt sind. Wieviel Methylgruppen bei diesem Verfahren in die Molekel des Amins eingetreten sind, erfährt man durch die Analyse des aus der Base hergestellten Platinchloriddoppelsalzes. Blieb die Base bei der Behandlung mit Methyljodid unverändert bzw. ließ sich nur eine Methyljodidverbindung erhalten, so lag ein tertiäres Alkylamin vor.

Zur Charakterisierung dient auch das Verhalten der primären, sekundären und tertiären Basen gegenüber der Einwirkung von salpetriger Säure.

Während bei der Einwirkung von salpetriger Säure auf primäre Basen eine Spaltung in Stickstoff, Wasser und einen einwertigen Alkohol erfolgt:

$$CH_2 \cdot N \mid H_2 + O \mid N \mid OH = CH_3 \cdot OH + N_2 + H_2O$$

$$\underbrace{}_{\text{Monomethylamin}} \quad \underbrace{}_{\text{Salpetrige Säure}} \quad \underbrace{}_{\text{Methylalkohol}}$$

liefern sekundäre Basen unter gleichen Bedingungen Nitrosoverbindungen sog. Nitrosamine:

$$(CH_3)_2N\underline{H} + \underline{HO}NO = (CH_3)_2N \cdot NO + H_2O\,.$$

<u>Dimethylamin</u>　<u>Salpetrige Säure</u>　<u>Nitrosodimethylamin</u>

Tertiäre Amine werden durch salpetrige Säure nicht verändert.

Primäre Monamine bilden beim Erwärmen mit Chloroform und alkoholischer Kalilauge Isonitrile (s. dort).

Methylamin, NH_2CH_3, ist in Mercurialis perennis und annua, sowie im Holzdestillat aufgefunden; auch ist es bei der Zersetzung verschiedener Alkaloide, wie Coffein, Morphin, beobachtet worden. Es ist ein ammoniakähnlich riechendes Gas.

Dimethylamin, $NH(CH_3)_2$, entsteht durch Zersetzung des Nitrosodimethylanilins durch Kalilauge. Es bildet ein in Wasser leicht lösliches Gas, das zu einer bei $7,2^0$ siedenden Flüssigkeit kondensiert werden kann.

Vom Dimethylamin leitet sich das als Kokainersatzmittel in den Arzneischatz eingeführte Stovaine ab[1]. Es ist ein Benzoyläthyldimethylaminoisopropanolhydrochlorid:

$$\begin{array}{c} C_2H_5 \\ | \\ CH_3 \cdot C \cdot CH_2 \cdot N(CH_3)_2 \cdot HCl\,. \\ | \\ O \cdot CO \cdot C_6H_5 \end{array}$$

Man gewinnt es nach Fourneau durch Einwirkung von Dimethylamin auf Monochlorazeton, wobei Dimethylaminoazeton gebildet wird:

$$CH_3 \cdot CO \cdot CH_2\underline{Cl} + \underline{H}N{<}^{CH_3}_{CH_3} = CH_3 \cdot CO \cdot CH_2 \cdot N{<}^{CH_3}_{CH_3} + HCl\,.$$

<u>Monochlorazeton</u>　<u>Dimethylamin</u>　<u>Dimethylaminoazeton</u>

Läßt man auf Dimethylaminoazeton Magnesiumäthyljodid, entstanden durch Behandeln einer Lösung von Äthyljodid in Äther mit Magnesiumspänen, einwirken (Grignards Reaktion), so entsteht ein Additionsprodukt, das durch Wasser in Äthyldimethylamino-Isopropanol übergeht:

$$CH_3 \cdot CO \cdot CH_2 \cdot N{<}^{CH_3}_{CH_3} \xrightarrow{MgJC_2H_5} \begin{array}{c} C_2H_5 \\ | \\ CH_3 \cdot C \cdot CH_2 \cdot N{<}^{CH_3}_{CH_3} \\ | \\ OMgJ \end{array}$$

$$\xrightarrow{H_2O} \begin{array}{c} C_2H_5 \\ | \\ CH_3 \cdot C \cdot CH_2 \cdot N{<}^{CH_3}_{CH_3} \\ | \\ OH \end{array} + MgJOH\,.$$

<u>Äthyl-Dimethylamino-Isopropanol</u>

Durch Einwirkung von Benzoylchlorid auf dieses Produkt bildet man den Benzoesäureester oder das Benzoyläthyldimethylaminoisopropanolhydrochlorid. Es liegt dieser Verbindung der Isopropylalkohol (ein Propanol 2) zugrunde:

$$\begin{array}{c} H \\ | \\ CH_3 \cdot C - CH_3\,. \\ | \\ OH \end{array}$$

---

[1] Gesetzlich geschützt und deshalb auch vom Deutschen Arzneibuch, Ausgabe V, ist für dieses Produkt der Name Stovaine angenommen. Der Name ist dadurch entstanden, daß der Darsteller Fourneau (fourneau heißt Ofen) seinen Namen ins Englische übersetzte (stove = Ofen) und diesem Wort wieder eine französische Form gab.

Das salzsaure Salz des Stovaines bildet ein weißes kristallinisches Pulver, welches sich leicht in Wasser und Weingeist löst, aber fast unlöslich in Äther ist. Schmelzpunkt 175⁰. Es ruft auf der Zunge vorübergehende Unempfindlichkeit hervor.

In naher Beziehung zum Stovaine steht das ebenfalls als Kokainersatzmittel gebräuchliche **Alypin** (E. W.). Es ist ein **Benzoyläthyltetramethyldiaminoisopropanolmonohydrochlorid** von der Konstitution:

$$\begin{array}{c} C_2H_5 \\ | \\ (CH_3)_2N \cdot CH_2 - C \cdot CH_2 \cdot N(CH_3)_2 \cdot HCl \, . \\ | \\ O \cdot CO \cdot C_6H_5 \end{array}$$

D. A. B. VI beschreibt ein **Alypinhydrochlorid** vom Schmelzpunkt 169⁰ und ein **Alypinnitrat** vom Schmelzpunkt 163⁰. Zur Prüfung auf Kokain werden 5 ccm der wässerigen Lösung des Salzes mit 5 Tropfen Chromsäurelösung versetzt; es darf kein Niederschlag entstehen, auch nicht nach weiterem Zusatz von 1 ccm Salzsäure.

Medizinische Anwendung: Zur Lokalanästhesie 0,5—1,5 ccm einer 2—3 proz. Lösung. Innerlich in 2 proz. Lösung dreimal täglich 15—20 Tropfen bei Gastralgien verschiedener Ursache.

Trimethylamin, $N(CH_3)_3$, kommt in der Heringslake und in der Melasseschlempe vor. Es bildet sich durch Zersetzung des **Cholins**, einer quartären Base, durch Einwirkung von Alkali:

$$N\begin{array}{l} C_2H_4 \cdot OH \\ CH_3 \\ CH_3 \\ CH_3 \\ OH \end{array} = N\begin{array}{l} CH_3 \\ CH_3 \\ CH_3 \end{array} + \begin{array}{l} CH_2 - OH \\ | \\ CH_2 - OH \end{array} \, .$$

Cholin   Trimethylamin   Äthylenglykol
(Oxäthyl-Trimethyl-   (Glykolalkohol)
Ammoniumhydroxyd)

Cholin entsteht aus den im Tier- und Pflanzenreich (Gehirn, in den Nerven, im Eigelb, in vielen Pflanzenteilen), weit verbreiteten wachsähnlichen Substanzen, den **Lezithinen**, die beim Kochen mit Säuren oder Barytwasser in **Cholin, Glyzerinphosphorsäure, Stearinsäure, Palmitinsäure** und **Ölsäure** zerfallen.

Lezithine werden meist aus dem Eigelb durch Extraktion mit Azeton oder anderen Lösungsmitteln gewonnen und kommen unter verschiedenen Namen (**Lecithol, Lecithin, Biocitin, Neocitin, Lethalbin, Lecin** u. a.), vielfach mit anderen Stoffen, z. B. Malzextrakt als **Biomalz-Lezithin**, versetzt in den Handel. Diese Präparate werden bei Anämie, Nervenleiden, herabgesetzter Ernährung als Kräftigungsmittel usw. angewendet.

Bei der Oxydation des Cholins entsteht **Betain** (Lyzin), eine auch in der Runkelrübe vorkommende Base:

$$\begin{array}{lll} CH_2OH & \xrightarrow{+2\,O} \quad CO_2H & \xrightarrow{H_2O\text{-Abspaltung}} \quad COO \\ | & \qquad\qquad | & \qquad\qquad\qquad | \;\;\backslash \\ CH_2N(CH_3)_3OH & \qquad CH_2N(CH_3)_3OH & \qquad\quad CH_2 \cdot N(CH_3)_3 \end{array}$$

Cholin   Zwischenprodukt   Betain

Das chlorwasserstoffsaure Salz des Betains ist ein schön kristallisierender Stoff, der beim Lösen in Wasser zu gegen 40 % in Betain und freie Chlorwasserstoffsäure hydrolysiert ist. Aus diesem Grunde findet das Salz unter dem Namen **Acidol** an Stelle der verdünnten Salzsäure therapeutische Anwendung.

Bei der Fäulnis und beim Kochen mit Barytwasser geht Cholin in die giftige Base Neurin oder **Trimethylvinylammoniumhydroxyd** über:

$$\underbrace{\begin{array}{c} CH_2\,\vdots OH\vdots \\ | \\ CH\ \vdots H\ \vdots N(CH_3)_3 OH \end{array}}_{\text{Cholin}} = \underbrace{\begin{array}{c} CH_2 \\ \| \\ CHN(CH_3)_3 OH \end{array}}_{\text{Neurin}} + H_2O\,.$$

Neurin ist unter den Produkten der Eiweißfäulnis, besonders unter den in Leichen entstandenen **Ptomainen** beobachtet worden.

b) Alkylendiamine.

Die **Diamine** leiten sich von zwei Molekeln Ammoniak ab, in welchen Wasserstoffatome durch Alkylreste ersetzt sind. Die einfachste Form ist das Äthylendiamin der Formel $\begin{array}{c} CH_2NH_2 \\ | \\ CH_2NH_2 \end{array}$, welches neben anderen Stoffen bei der Einwirkung von alkoholischem Ammoniak auf Äthylenbromid gebildet wird. Aus einer Lösung von 10 T. Silberphosphat und 10 T. Äthylendiamin in 100 T. Wasser besteht das bei Gonorrhöe benutzte **Argentamin**.

Von den Homologen des Äthylendiamins sind das **Tetramethylendiamin**, $NH_2(CH_2)_4NH_2$, und das **Pentamethylendiamin**, $NH_2(CH_2)_5NH_2$, unter den Fäulnisprodukten aufgefunden worden. Ersteres wurde mit dem Namen **Putrescin** belegt, das Pentamethylendiamin **Cadaverin** genannt.

Unter den Einwirkungsprodukten von Ammoniak auf Äthylenbromid findet sich auch ein zyklisches Diamin, dessen Bildung sich auf folgende Weise vollzieht:

$$2\ \begin{array}{c} CH_2Br \\ | \\ CH_2Br \end{array} + 6\,NH_3 = NH\!\!\begin{array}{c} {\diagup}CH_2\!-\!CH_2{\diagdown} \\ {\diagdown}CH_2\!-\!CH_2{\diagup} \end{array}\!\!NH + 4\,NH_4Br\,.$$

Dieses Diamin heißt **Diäthylendiamin** oder **Piperazin**. Der Name Piperazin deutet auf die Beziehungen dieses Stoffes zu dem basischen Spaltungsprodukt hin, das aus dem im Pfeffer vorkommenden Alkaloid **Piperin** erhalten wird und den Namen **Piperidin** führt.

Piperidin ist Zyklo-Pentamethylenamin von der Formel

$$NH\!\!\begin{array}{c} {\diagup}CH_2\!-\!CH_2{\diagdown} \\ {\diagdown}CH_2\!-\!CH_2{\diagup} \end{array}\!\!CH_2\,.$$

Technisch gewinnt man Piperazin aus dem **Diphenyldiäthylendiamin**, $C_6H_5N\!\!\begin{array}{c} {\diagup}CH_2\!-\!CH_2{\diagdown} \\ {\diagdown}CH_2\!-\!CH_2{\diagup} \end{array}\!\!NC_6H_5$, dem Einwirkungsprodukt von Anilin auf Äthylenbromid bei Gegenwart von Alkali. Man läßt auf das Diphenyldiäthylendiamin salpetrige Säure einwirken und spaltet die Dinitrosoverbindung durch Alkali in Nitrosophenol und Piperazin:

$$NOC_6H_4N\!\!\begin{array}{c} {\diagup}CH_2\!-\!CH_2{\diagdown} \\ {\diagdown}CH_2\!-\!CH_2{\diagup} \end{array}\!\!NC_6H_4NO + 2\,NaOH = HN\!\!\begin{array}{c} {\diagup}CH_2\!-\!CH_2{\diagdown} \\ {\diagdown}CH_2\!-\!CH_2{\diagup} \end{array}\!\!NH + 2\,C_6H_4(NO)ONa\,.$$

Piperazin wurde seiner Harnsäure lösenden Eigenschaften halber therapeutisch bei Gicht verwendet. Es kristallisiert aus Alkohol in farblosen, bei 104^0 schmelzenden hygroskopischen Blättern.

Aus chinasaurem Piperazin bestehen die Präparate **Sidonal** und **Neusidonal**. Ein weinsaures Dimethylpiperazin

$$CH_3N\!\!\begin{array}{c} {\diagup}CH_2\!-\!CH_2{\diagdown} \\ {\diagdown}CH_2\!-\!CH_2{\diagup} \end{array}\!\!NCH_3 \cdot C_4H_6O_6$$

wird **Lycetol** genannt.

Bei der trockenen Destillation von 1 Mol. salzsaurem Äthylendiamin mit 2 Mol. Natriumazetat entsteht eine leicht zerfließliche, bei 105⁰ schmelzende Base, das Lysidin oder

Methylglyoxalidin, $\begin{matrix} CH_2-NH \\ | \\ CH_2-N \end{matrix}\!\!\!>\!\!C \cdot CH_3$, welches wie das Piperazin als harnsäurelösendes Mittel angewendet worden ist.

X. Zyanwasserstoff, Zyanide und Zyanate.

Der Name Zyan leitet sich ab von dem griechischen $\varkappa v\alpha v\acute{o}\varsigma$ (kyanos), blau, weil die Zyangruppe —C≡N(—Cy) mit Eisen blaugefärbte Verbindungen (Berlinerblau) bildet. Die Verbindung des Zyans mit Wasserstoff heißt Blausäure.

Zyanwasserstoff, Zyanwasserstoffsäure, Blausäure, Acidum hydrocyanicum, H—C≡N. Zyanwasserstoff findet sich in kleiner Menge im Tabakrauch und entsteht durch Zersetzung verschiedener Glykoside bei Gegenwart von Feuchtigkeit durch Fermente, so aus dem in den bitteren Mandeln enthaltenen Glykosid Amygdalin durch die Einwirkung des gleichfalls darin vorkommenden Fermentes Emulsin bei Gegenwart von Wasser.

Man benutzt zur Darstellung von Zyanwasserstoff das gelbe Blutlaugensalz (Kaliumferrozyanid), welches mit verdünnter Schwefelsäure destilliert wird. Hierbei ist große Vorsicht geboten, da Zyanwasserstoff eine sehr giftige Verbindung ist.

Reiner Zyanwasserstoff ist eine farblose, bei 26,5⁰ siedende, bittermandelartig riechende Flüssigkeit. Bei längerer Aufbewahrung in wässeriger Lösung scheidet er braune Flocken (Parazyan) ab, während sich gleichzeitig ameisensäures Ammonium bildet:

$$H—CN + 2H_2O = H \cdot CO(ONH_4).$$

Die Gegenwart einer kleinen Menge Schwefelsäure erhöht die Haltbarkeit wässeriger Blausäure. Zyanwasserstoff ist ein Blutgift; er bildet aus dem Hämoglobin Zyanmethämoglobin. Solches Blut zeichnet sich durch hellrote Farbe und durch größere Haltbarkeit aus als gewöhnliches Blut.

Zum Nachweis von Blausäure destilliert man das schwach angesäuerte Untersuchungsmaterial, fügt zu dem Destillat eine sehr verdünnte Lösung von Eisenvitriol, Ferrichlorid und Natronlauge hinzu, erwärmt auf ca 50⁰ und übersäuert mit Salzsäure. Falls Blausäure im Destillat vorhanden war, scheidet sich Berlinerblau als blau gefärbter Niederschlag ab.

Zyanwasserstoff ist im Bittermandelwasser (s. Benzaldehyd), zu 1 p. M. enthalten.

Er ist zwar nur eine schwache Säure, wirkt aber doch — ähnlich den Halogenwasserstoffen — auf Metalloxyde (z. B. Quecksilberoxyd) lösend ein unter Bildung von Zyaniden.

Merkurizyanid, Hydrargyrum cyanatum, Quecksilberzyanid $Hg(CN)_2$, Mol.-Gew. 252,6, bildet farblose, durchscheinende, säulenförmige Kristalle, welche sich in 12 T. Wasser von 20⁰, 3 T. siedendem Wasser und 12 T. Weingeist lösen. Sie sind sehr giftig. Erhitzt man Merkurizyanid, so zerfällt es in Quecksilber und ein farbloses Gas, Dizyan, $(CN)_2$. Als lockerer, braunschwarzer Stoff bleibt hierbei ein polymeres Zyan, $(C_2N_2)_n$, das Parazyan, zurück. Beim schwachen Erhitzen eines Gemisches von 1 T. Quecksilberzyanid und 1 T. Jod im Probierrohr entsteht zuerst ein gelbes, später rot werdendes und darüber ein weißes, aus nadelförmigen Kristallen bestehendes Sublimat. Die wässerige Lösung (1 + 19) darf Lackmuspapier nicht verändern (Prüfung auf Quecksilberoxyzyanid und Quecksilberchlorid) und nach Zusatz von 1 ccm Salpetersäure und 2 Tropfen Silbernitratlösung keinen Niederschlag geben (Prüfung auf Quecksilberchlorid).

Sehr vorsichtig aufzubewahren. Größte Einzelgabe 0,01 g, größte Tagesgabe 0,03 g.

Medizinische Anwendung: Schwaches Antisyphilitikum. Innerlich 0,005—0,01 g, subkutan 0,01:10 jeden 3. Tag 1 ccm, kaum noch in Anwendung. Als Gurgelwasser (0,02:200,0 Aqua Menthae piperitae).

Als Hydrargyrum oxycyanatum, Quecksilberoxyzyanid, wird ein Gemisch von etwa 34% Quecksilberoxyzyanid $Hg(CN)_2 \cdot HgO$ und etwa 66% Quecksilberzyanid $Hg(CN)_2$ bezeichnet. Es ist ein weißes bis gelblichweißes Pulver, das sich langsam in etwa 19 T. Wasser löst (s. D. A. B. VI).

Medizinische Anwendung: Innerlich wie Sublimat, aber weniger reizend wirkend, in Pillen (0,01 g pro dosi, 0,05 g pro die).

Von den Salzen, welche die Namen Zyanide führen, ist das Kaliumzyanid, KCN, das wichtigste. Man gewinnt es aus dem Kaliumferrozyanid.

Die den Halogeneisenverbindungen entsprechenden Verbindungen Ferrozyan, $Fe(CN)_2$, und Ferrizyan, $Fe(CN)_3$, sind in reinem Zustand bisher nicht erhalten worden. Durch Fällung einer Ferro- bzw. Ferrisalzlösung mit Kaliumzyanid werden Niederschläge erhalten, die im Überschuß des Fällungsmittels löslich sind. Aus diesen Lösungen kristallisieren Verbindungen von der Zusammensetzung:

$K_4Fe(CN)_6$, Kaliumferrozyanid oder gelbes Blutlaugensalz und $K_3Fe(CN)_6$, Kaliumferrizyanid oder rotes Blutlaugensalz.

Diese Verbindungen sind als komplexe Salze aufzufassen, sie ionisieren in das Anion $Fe(CN)_6''''$, bzw. $Fe(CN)_6'''$ und das Kation $4K^{\cdot}$ bzw. $3K^{\cdot}$.

In den Ferro- und Ferrizyanidverbindungen des Kaliums ist also das Eisen nicht als Ion vorhanden und deshalb auch nicht durch die üblichen Fällungsmittel für Eisen (Ammoniak, Schwefelammon) abscheidbar (s. Komplexverbindungen).

Kaliumferrozyanid, Ferrozyankalium, gelbes Blutlaugensalz, Kalium ferrocyanatum, $K_4Fe(CN)_6 + 3H_2O$.

Zu seiner Darstellung werden stickstoffhaltige organische Stoffe (Blut, Horn, Lederabfälle, Gasreinigungsmassen usw.) oder daraus bereitete Kohle mit Kaliumkarbonat unter Zusatz von Eisen erhitzt. Durch Einwirkung der stickstoffhaltigen Kohle auf Kaliumkarbonat entsteht Kaliumzyanid, welches beim Auslaugen durch Wasser mit Schwefeleisen, durch Einwirkung der schwefelhaltigen organischen Stoffe auf Eisen gebildet, sich umsetzt zu Kaliumferrozyanid und Kaliumsulfid.

Kaliumferrozyanid kristallisiert in Form großer, gelber, luftbeständiger Oktaeder. Die Kristalle sind sehr weich; bei 100^0 verlieren sie das ganze Wasser und zerfallen zu einem weißen Pulver. Sie lösen sich in gegen 4 T. Wasser von 20^0 und in 2 T. siedendem Wasser. Die Lösung ist nicht giftig. Mit mäßig verdünnter Schwefelsäure wird beim Erhitzen Zyanwasserstoff entwickelt (s. oben). Das Kalium läßt sich durch andere Metalle ersetzen, z. B. durch Silber, Kupfer, Zink, auch durch Eisen. Kaliumferrozyanid bildet mit Eisen, das sich in der Oxydform befindet, einen blau gefärbten Niederschlag, Berlinerblau:

$$3 K_4Fe(CN)_6 + 4 FeCl_3 = \overset{\text{III}}{Fe_4}[\overset{\text{II}}{Fe}(CN)_6]_3 + 12 KCl .$$

Kaliumferrozyanid   Berlinerblau

Kaliumferrozyanid dient daher als Reagenz auf Eisenoxydsalze, mit welchen es eine Blaufärbung, bzw. blauen Niederschlag hervorruft.

In reinem Wasser ist Berlinerblau löslich, nicht aber in Salzlösungen.

Durch Einwirkung oxydierender Mittel auf Kaliumferrozyanid, z. B. durch Einleiten von Chlor in eine wässerige Lösung desselben, bis diese mit Ferrisalz keine Blaufärbung mehr gibt, entsteht:

Kaliumferrizyanid, Ferrizyankalium, rotes Blutlaugensalz, Kalium ferricyanatum, $K_3Fe(CN)_6$:

$$\underbrace{K_4Fe(CN)_6}_{\text{Kaliumferrozyanid}} + Cl = \underbrace{K_3Fe(CN)_6}_{\text{Kaliumferrizyanid}} + KCl.$$

Kaliumferrizyanid bildet dunkelrubinrote rhombische Prismen, welche sich in gegen $2^1/_2$ T. Wasser von 20^0 und $1^1/_2$ T. siedendem Wasser lösen. Läßt man Kaliumferrizyanid auf Ferrosalze einwirken, so wird ein blau gefärbter Stoff, Turnbulls Blau, gefällt:

$$\underbrace{2\,K_3Fe(CN)_6}_{\text{Kaliumferrizyanid}} + 3\,FeSO_4 = \underbrace{\overset{II}{Fe_3}[\overset{III}{Fe}(CN)_6]_2}_{\text{Turnbulls Blau}} + 3\,K_2SO_4.$$

Läßt man auf Kaliumferrozyanid Salpetersäure einwirken und neutralisiert die vom auskristallisierten Salpeter abfiltrierte Lösung mit Natriumkarbonat, so erhält man nach der Konzentration rote Prismen von der Zusammensetzung $Na_2[Fe(CN)_5(NO)] + 2\,H_2O$, das **Nitroprussidnatrium**. Es ist ein empfindliches Reagenz auf Schwefelalkalien und Schwefelwasserstoff, mit welchen eine ammoniakalische Lösung von Nitroprussidnatrium sich violett färbt, sowie auf Azeton (s. dort).

Kaliumzyanid, Zyankalium, Kalium cyanatum, KCN. Zu seiner Darstellung mischt man 8 T. entwässertes Kaliumferrozyanid und 3 T. Kaliumkarbonat und erhitzt bis zum ruhigen Schmelzen. Da hierbei stets auch Kaliumzyanat (CNOK) gebildet wird, so fügt man dem obigen Gemisch vor dem Schmelzen etwas Kohle bei, welche eine Reduktion des Zyanats zu Zyanid veranlaßt.

Kaliumzyanid ist sehr giftig. Die wässerige Lösung zersetzt sich beim Aufbewahren, schneller beim Kochen, indem unter Entweichen von Ammoniak Kaliumformiat gebildet wird.

In völlig trockenem Zustande ist Kaliumzyanid geruchlos; es zieht jedoch leicht Feuchtigkeit an und riecht dann infolge der Einwirkung des Kohlendioxyds der Luft nach Blausäure. Wird Kaliumzyanid mit Bleioxyd zusammengeschmolzen, so entzieht es dem letzteren Sauerstoff (auch anderen Metalloxyden gegenüber wirkt es als Reduktionsmittel) und geht in zyansaures Kalium (Kaliumzyanat) über.

Anwendung: Kaliumzyanid wird in der Photographie zum Lösen des Bromsilbers, in der Technik zur Herstellung von Gold- und Silberbädern zwecks galvanischer Vergoldung und Versilberung, sowie zur Extraktion von Gold aus den goldführenden Gesteinen (s. Gold) benutzt.

Kaliumzyanat, zyansaures Kalium, Kalium cyanicum, CNOK, kristallisiert aus Alkohol in Form farbloser Blättchen, die mit Wasser gekocht in Ammonium- und Kaliumkarbonat zerfallen.

Ammoniumzyanat, zyansaures Ammonium, $CN(ONH_4)$, welches als lockeres Pulver durch Vereinigung von Zyansäure und Ammoniakdampf erhalten werden kann, hat die bemerkenswerte Eigenschaft, in wässeriger Lösung beim Eindampfen eine molekulare Umlagerung zu erfahren und Harnstoff, das Diamid der Kohlensäure, zu bilden (s. Harnstoff S. 361):

$$\underbrace{C\overset{\displaystyle N}{\underset{\displaystyle ONH_4}{\Big\langle}}}_{\text{Ammoniumzyanat}} = \underbrace{C\overset{\displaystyle NH_2}{\underset{\displaystyle NH_2}{\Big\langle}} O}_{\text{Harnstoff}}.$$

Isomer der Zyansäure ist die

Knallsäure oder Karbyloxim, $C = N \cdot OH$, eine der Blausäure ähnlich riechende und, wie diese, stark giftige Verbindung. Von ihren Salzen findet das

Quecksilbersalz, das **Knallquecksilber**, $(C = NO)_2Hg + \frac{1}{2}H_2O$ als Explosionserreger zur Füllung der Zündhütchen Verwendung. Man gewinnt dieses Salz, indem man Quecksilber in überschüssiger Salpetersäure löst und diese Lösung der Einwirkung von Alkohol aussetzt. Knallquecksilber kristallisiert in weißen, seidenglänzenden Nadeln.

XI. Thiozyanate und Isothiozyanverbindungen.

Stoffe, welche an Stelle des Sauerstoffs der Zyansäure oder Isozyansäure Schwefel enthalten, sind

CNSH (Thiozyansäure) und CSNH (Isothiozyansäure).

Thiozyansäure oder **Rhodanwasserstoff** läßt sich durch Destillation seines Kaliumsalzes mit Schwefelsäure erhalten.

Das **Kaliumsalz, Kaliumrhodanid, Kalium rhodanatum, Kalium sulfocyanatum, CNSK**, bildet sich beim Zusammenschmelzen von gelbem Blutlaugensalz mit Kaliumkarbonat und Schwefel. Auch entsteht es beim Kochen einer konzentrierten wässerigen Kaliumzyanidlösung mit Schwefel und kristallisiert aus Alkohol in langen, farblosen, an feuchter Luft zerfließlichen Prismen.

Thiozyansaures Ammonium, Ammoniumrhodanid, Ammonium rhodanatum, Ammonium sulfocyanatum, wird durch Eintragen von 25 T. Schwefelkohlenstoff in ein Gemisch aus 100 T. starkem Salmiakgeist und 100 T. Alkohol dargestellt:

$$CS_2 + 4NH_3 = \underbrace{CN(SNH_4)}_{\text{Ammoniumsulfozyanat}} + (NH_4)_2S.$$

Die Salze der Thiozyansäure geben mit Eisenoxydsalzen blutrote Färbungen und werden daher als Reagenz auf Eisenoxydsalze benutzt.

Merkurithiozyanat entsteht durch Fällung eines löslichen Rhodanates mit Merkurinitrat. Es verbrennt mit bläulichem, quecksilberhaltigem und daher giftigem Dampf unter starkem Aufblähen und Hinterlassung einer schlangenförmigen gelben Asche (**Pharaoschlange**).

Isothiozyansäure, $C\diagup_{\diagdown NH}^{S}$, ist im freien Zustande nicht bekannt. Ihre Ester spielen in der Medizin und Pharmazie eine wichtige Rolle. Die unter dem Namen **Senföle** bekannte Reihe schwefelhaltiger organischer Verbindungen leitet sich von der Isothiozyansäure ab.

Hier kommen besonders zwei Senföle in Betracht:

das **Allylsenföl** oder **Oleum Sinapis** des Deutschen Arzneibuches, als

Isothiozyansäure-Allylester, $C\diagup_{\diagdown N \cdot CH_2 - CH = CH_2}^{S}$

aufzufassen, und

das **Butylsenföl**, welches sich im ätherischen Öle des Löffelkrautes (Cochlearia officinalis) findet und im **Spiritus Cochleariae** enthalten ist. Es wird als

Isothiozyansäureester des sekundären Butylalkohols

$$C\diagup_{\diagdown N - CH \diagdown_{CH_2 - CH_3}^{CH_3}}^{S}$$

aufgefaßt.

Allylsenföl, Senföl, Oleum Sinapis, $C{<}^{S}_{N \cdot C_3H_5}$.

Senföl wird aus dem schwarzen Senfsamen (Sinapis nigra) oder Sareptasenfsamen (Sinapis juncea) gewonnen. Es ist darin nicht fertig gebildet. In den Senfsamen findet sich ein myronsaures Kalium (Sinigrin) genanntes Glykosid, das durch das Ferment Myrosin der Senfsamen bei Gegenwart von Wasser eine Spaltung erfährt:

$$C_{10}H_{16}KNS_2O_9 + H_2O = C{<}^{S}_{N \cdot C_3H_5} + C_6H_{12}O_6 + KHSO_4.$$

$$\underbrace{\qquad}_{\text{Sinigrin}} \qquad \underbrace{\qquad}_{\text{Allylsenföl}} \quad \underbrace{\qquad}_{\text{Glukose}}$$

Darstellung: Man rührt in einer verzinnten Destillierblase 1 T. gepulverte und durch Pressen vom fetten Öl befreite Senfsamen mit 6 T. kaltem Wasser an, überläßt einige Stunden sich selbst und unterwirft der Destillation. Das Senföl ist in dem wässerigen Destillat enthalten und scheidet sich auf der Oberfläche desselben nach Hinzufügung von Natriumsulfat (wodurch das spezifische Gewicht der wässerigen Flüssigkeit erhöht wird) ab; das Öl wird abgehoben, mit geschmolzenem Kalziumchlorid entwässert und einer nochmaligen direkten Destillation unterworfen.

Man kann auch auf synthetischem Wege Allylsenföl gewinnen, und zwar aus dem Allyljodid. Zu dem Zwecke erhitzt man am Rückflußkühler ein Gemisch von Kaliumrhodanid und Allyljodid in alkoholischer Lösung, verdünnt hierauf mit Wasser, hebt das Senföl ab, entwässert es und reinigt es durch Destillation:

$$C{\equiv}^{N}_{\;S}\;[K + J]\;CH_2{-}CH = CH_2 = C{\equiv}^{N}_{\;S \cdot CH_2{-}CH = CH_2} + KJ.$$

$$\underbrace{\qquad}_{\substack{\text{Kalium-}\\\text{rhodanid}}} \qquad \underbrace{\qquad}_{\text{Allyljodid}} \qquad \underbrace{\qquad}_{\text{Thiozyansäure-Allylester}} \underbrace{\qquad}_{\substack{\text{Kalium-}\\\text{jodid}}}$$

Der anfänglich gebildete Allylester der Thiozyansäure wird in der Wärme in den der Isothiozyansäure umgelagert:

$$C{\equiv}^{N}_{\;S \cdot CH_2{-}CH = CH_2} = C{<}^{S}_{N \cdot CH_2{-}CH = CH_2}.$$

$$\underbrace{\qquad}_{\text{Rhodanallyl}} \qquad \underbrace{\qquad}_{\text{Allylsenföl.}}$$

Nach D. A. B. VI ist dieses synthetische Senföl zu verwenden. Es bildet eine äußerst scharf riechende, farblose oder gelbliche, stark lichtbrechende Flüssigkeit vom spez. Gew. 1,022—1,025, Dichte 1,015—1,020. Der Siedepunkt liegt zwischen 148—150°. In Weingeist ist Senföl in jedem Verhältnis löslich. Beim Erwärmen mit Ammoniak bildet sich Thiosinamin oder Allylthioharnstoff:

$$C{<}^{S}_{N \cdot C_3H_5} + \overset{\overbrace{NH_2}}{\underset{H}{|}} = C{<}^{NH_2}_{=S}{\searrow}^{H}_{N{\searrow}_{C_3H_5}}.$$

$$\underbrace{\qquad}_{\text{Senföl.}} \qquad \underbrace{\qquad}_{\text{Thiosinamin}}$$

Gehaltsbestimmung. Etwa 1 g Senföl wird in einem Meßkolben von 50 ccm Inhalt genau gewogen und der Kolben mit Weingeist bis zur Marke aufgefüllt. Sodann werden 5 ccm dieser weingeistigen Lösung in einem Meßkölbchen von 100 ccm Inhalt mit 10 ccm Ammoniakflüssigkeit und 50 ccm $\frac{n}{10}$-Silbernitratlösung gemischt. Dem Kölbchen wird ein kleiner Trichter aufgesetzt und die

Mischung 1 Stunde lang auf dem Wasserbad erhitzt. Nach dem Abkühlen und Auffüllen mit Wasser auf 100 ccm werden 50 ccm des klaren Filtrats nach Zusatz von 6 ccm Salpetersäure und 5 ccm Ferriammoniumsulfatlösung mit $\frac{n}{10}$-Ammoniumrhodanidlösung bis zum Farbumschlage titriert. Für je 0,05 g Senföl müssen hierbei mindestens 9,8 ccm $\frac{n}{10}$-Silbernitratlösung verbraucht werden, so daß zum Zurücktitrieren höchstens 15,2 ccm $\frac{n}{10}$-Ammoniumrhodanidlösung erforderlich sind, was einem Mindestgehalte von 97 % Allylsenföl entspricht (1 ccm $\frac{n}{10}$-Silbernitratlösung = 0,004956 g Allylsenföl, Ferriammoniumsulfat als Indikator).

Deutung: Ammoniak bildet mit dem Allylsenföl Allylthioharnstoff (s. oben), und durch die Einwirkung von Silbernitrat auf letzteren findet Zersetzung unter Bildung von sich abscheidendem schwarzen Silbersulfid statt. Zur Zersetzung von 1 Mol. Allylthioharnstoff sind 2 Mol. Silbernitrat erforderlich.

1 ccm $\frac{n}{10}$-Silbernitratlösung zersetzt daher, da das Molekulargewicht des Senföles 99,12 ist, $\frac{99,12}{2 \cdot 10000} = 0,004956$ g Senföl. Den nicht in Reaktion getretenen Überschuß an Silbernitrat titriert man mit $\frac{n}{10}$-Ammoniumrhodanidlösung zurück. Diese wird, sobald sämtliches Silber als Rhodanid gefällt ist, durch die Ferrisalzlösung rot gefärbt; die Ferriammoniumsulfatlösung dient daher als Indikator.

Zur Titration gelangen $\frac{0,1}{2} = 0,05$ g Senföl.

Zur Zurücktitration des nicht gebundenen Silbernitrats müssen 15,2 ccm $\frac{n}{10}$-Ammoniumrhodanidlösung erforderlich sein, also zur Bindung der in 0,05 g Oleum Sinapis enthaltenen Menge an Allylsenföl 25 — 15,2 = 9,8 ccm. Man ermittelt daher

$$0,004956 \cdot 9,8 = 0,0485688 \text{ g},$$

das sind

$$0,05 : 0,0485688 = 100 : x$$

$$x = \text{rund } \mathbf{97\,\%}.$$

Medizinische Anwendung: Äußerlich als Hautreizmittel in 2 proz. weingeistiger Lösung (als Spiritus Sinapis).

Vorsichtig und vor Licht geschützt aufzubewahren.

XII. Nitrile und Isonitrile.

Das Wasserstoffatom des Zyanwasserstoffs kann durch Alkoholreste (Alkyle) ersetzt werden. Diese Alkylzyanide, z. B. $CH_3 \cdot CN$, $C_2H_5 \cdot CN$ usw., werden mit dem Namen Nitrile bezeichnet. Da sie beim Erhitzen mit Wasser leicht in Säuren, bzw. deren Ammoniumsalze übergehen, so nennt man sie auch Säurenitrile, und zwar je nach der entstehenden Säure, z. B. heißt $CH_3 \cdot CN$: Azetonitril, denn

$$CH_3 \cdot CN + 2\,H_2O = CH_3 \cdot C\!\!\begin{smallmatrix} \diagup O \\ \diagdown ONH_4 \end{smallmatrix}.$$

Essigsaures Ammonium

$C_2H_5 \cdot CN$ heißt Propionnitril, denn

$$C_2H_5 \cdot CN + 2\,H_2O = C_2H_5 \cdot C\!\!\begin{smallmatrix} \diagup O \\ \diagdown ONH_4 \end{smallmatrix}.$$

Propionsaures Ammonium

Nitrile werden gebildet durch Erhitzen von Jodalkylen mit Kaliumzyanid:

$$CH_3 J \,+\, K CN \;=\; CH_3 \cdot CN \,+\, KJ$$

Methyljodid   Kaliumzyanid   Azetonitril   Kaliumjodid.

Nitrile sind farblose, ätherartig riechende, flüchtige Flüssigkeiten.

Isonitrile heißen Verbindungen, die sich vom Isozyan $— N = C$ ableiten dessen Stickstoffatom an einen Alkyl- oder Arylrest gekettet ist. Isonitrile sind äußerst unangenehm riechende, giftige Flüssigkeiten, die beim Erwärmen von Chloroform und einer primären Aminbase mit alkoholischer Kalilauge gebildet werden:

$$CH_3 \cdot N H_2 + \genfrac{}{}{0pt}{}{H}{Cl_3}{>}C + 3\,KOH = CH_3 \cdot N : C + 3\,KCl + 3\,H_2O\,.$$

Methylamin   Chloroform   Methylisozyanid

Auch die der aromatischen Reihe angehörenden Amine geben, mit Chloroform und alkoholischer Kalilauge erhitzt, Isonitrile.

XIII. Amidderivate der Kohlensäure.

Karbaminsäure ist als das Monamid der Kohlensäure,
Harnstoff als deren Diamid aufzufassen:

$$CO\genfrac{}{}{0pt}{}{OH}{NH_2} \qquad\qquad CO\genfrac{}{}{0pt}{}{NH_2}{NH_2}\,.$$

Karbaminsäure   Harnstoff

Läßt man trockenes Kohlendioxyd und trockenes Ammoniak zusammentreten, so vereinigen sich beide zu **karbaminsaurem Ammonium**:

$$CO_2 + 2\,NH_3 = CO\genfrac{}{}{0pt}{}{ONH_4}{NH_2}\,.$$

In dem käuflichen Ammoniumkarbonat (Hirschhornsalz) (s. S. 149) ist neben saurem Ammoniumkarbonat karbaminsaures Ammon (Ammoniumkarbamat) enthalten.

Die Ester der Karbaminsäure führen den Namen Urethane. Sie werden gebildet durch Einwirkung von Ammoniak auf Kohlensäureester oder Chlorkohlensäureester, z. B.

$$CO\genfrac{}{}{0pt}{}{OC_2H_5}{OC_2H_5} + NH_3 = CO\genfrac{}{}{0pt}{}{OC_2H_5}{NH_2} + C_2H_5OH\,.$$

Kohlensäureester entstehen bei der Einwirkung von Alkoholen auf Chlorkohlenoxyd.

Urethane lassen sich auch erhalten durch Erhitzen von Zyansäure mit Alkoholen:

$$CNOH + C_2H_5 \cdot OH = CO\genfrac{}{}{0pt}{}{OC_2H_5}{NH_2}\,, \quad \text{Mol.-Gew. } 89{,}06\,.$$

Äthylurethan, oder kurzweg Urethan genannt, findet als Hypnotikum medizinische Anwendung. Es bildet farblose, wasserlösliche Säulen oder Blättchen vom Schmelzpunkt 48—50⁰.

Zur Prüfung auf Harnstoff löst man 1 g Urethan in 1 ccm Wasser und vermischt mit 1 ccm Salpetersäure; es darf hierbei kein Niederschlag auftreten. Vorsichtig aufzubewahren.

Harnstoff, Carbamid, Urea, $CO\diagup^{NH_2}_{\diagdown NH_2}$, findet sich im Harn der Säugetiere. Beim Eindampfen des mit Salpetersäure versetzten Harns wird salpetersaurer Harnstoff (1 Mol. Harnstoff $+$ 1 Mol. Salpetersäure) erhalten. Harnstoff entsteht im menschlichen Organismus durch Zersetzung von Eiweißstoffen. Ein erwachsener Mensch scheidet täglich gegen 30 g Harnstoff durch den Harn ab.

Künstlich erhält man Harnstoff beim Eindampfen einer Lösung von zyansaurem Ammonium, welches infolge einer intramolekularen Atomverschiebung in Harnstoff übergeht (s. Zyansäure). Auch bildet sich Harnstoff beim Erhitzen eines Gemisches von Kohlendioxyd und Ammoniak auf 135—150°. Dabei verliert das zunächst gebildete Ammoniumkarbonat 1 Mol. Wasser und geht in Harnstoff über:

$$CO_2 + 2\,NH_3 = CO\diagup^{NH_2}_{\diagdown NH_2} + H_2O\,.$$

Man gewinnt ihn durch Eindampfen einer Lösung äquivalenter Mengen Kaliumzyanat und Ammoniumsulfat und Extraktion des Abdampfrückstandes mit Alkohol.

Harnstoff schmilzt bei 132—133°, kristallisiert in langen, rhombischen Prismen oder Nadeln und besitzt einen kühlenden, dem Salpeter ähnlichen Geschmack. Er löst sich in 1 T. kaltem Wasser und in 5 T. Alkohol. Beim Erhitzen über seinen Schmelzpunkt zerfällt er in Ammoniak, Ammelid,

$$\text{Biuret}\left(\text{Allophansäureamid, }CO\diagup^{NH_2}_{\diagdown NH-CO\cdot NH_2}\right)$$

und Zyanursäure:

$$
\begin{array}{c}
OH\\
|\\
C\\
\diagup\diagdown\\
N\quad N\\
\|\quad |\\
HO-C\quad C-OH\\
\diagdown\diagup\\
N
\end{array}
$$

Löst man diese Schmelze nach dem Erkalten in Wasser und fügt zu der Lösung etwas Kalilauge und Cuprisulfat, so gibt das Allophansäureamid eine **violettrote Färbung.** Man nennt diese Reaktion **Biuretreaktion.** Eiweißstoffe geben eine ähnliche Färbung bei gleicher Behandlung (s. Eiweißstoffe S. 321).

Läßt man auf Harnstoff unterbromigsaures Salz einwirken, so zerfällt er in Kohlendioxyd und Stickstoff:

$$CO\diagup^{NH_2}_{\diagdown NH_2} + 3\,NaOBr = CO_2 + N_2 + 2\,H_2O + 3\,NaBr\,.$$

Hierauf gründet sich eine quantitative Harnstoffbestimmung unter Verwendung des **Knop-Hüfnerschen** Apparats.

Medizinische Anwendung: Harnstoff wird als harnsäurelösendes Mittel und als Diuretikum bei gesunden Nieren, vorwiegend bei Stauungszuständen, Leberzirrhose, innerlich 1—5 g pro dosi mehrmals täglich medizinisch benutzt.

Die Wasserstoffatome des Harnstoffs lassen sich sowohl durch Alkohol- wie Säurereste ersetzen. So entsteht bei der Einwirkung von Essigsäureanhydrid oder Azetylchlorid auf Harnstoff Azetylharnstoff $CO\diagup^{NH\cdot CO\cdot CH_3}_{\diagdown NH_2}$. Läßt

man Bromisovaleriansäurebromid auf Harnstoff einwirken, so bildet sich ein
Bromisovalerianylharnstoff

$$CO\begin{cases} NH \cdot CO-CHBr-CH\begin{cases} CH_3 \\ CH_3 \end{cases}, \\ NH_2 \end{cases}$$

der eine bei 147—149⁰ schmelzende und unter dem Namen Bromural als Sedativum im Arzneischatz verwendete Substanz darstellt. Die entsprechende Jodverbindung führt den Namen Jodival.

Gehaltsbestimmung des Bromurals: Es soll 33,3—35,7% Brom enthalten. Man kocht 0,3 g Bromural gelinde mit 10 ccm Kalilauge eine Viertelstunde lang in einem Kölbchen mit aufgesetztem Trichter, verdünnt mit etwa 50 ccm Wasser und versetzt mit Salpetersäure im Überschuß. Nach Zusatz von 20 ccm $\frac{n}{10}$-Silbernitratlösung, 5 ccm Salpetersäure und 5 ccm Ferriammoniumsulfatlösung titriert man mit $\frac{n}{10}$-Ammoniumrhodanidlösung bis zum Farbumschlage. Hierzu dürfen nicht mehr als 7,5 und nicht weniger als 6,6 ccm $\frac{n}{10}$-Ammoniumrhodanidlösung verbraucht werden, was einem Gehalte von 33,3—35,7 % Brom entspricht (1 ccm $\frac{n}{10}$-Silbernitratlösung = 0,007 992 g Brom, Ferriammoniumsulfat als Indikator).

Berechnung. 1 ccm $\frac{n}{10}$-Silbernitratlösung = 0,007 992 g Brom, (20 — 7,5) ccm daher 0,007 992 · 12,5 = 0,0999 g Br, bzw. (20 — 6,6) = 13,4 ccm daher 0,007 992 · 13,4 = 0,1070928 g Br, das sind 0,3 : 0,0999 = 100 : x; x = 33,3% Br, bzw. 0,3 : 0,1070928 = 100 : y; y = rund 35,7% Br.

Medizinische Anwendung des Bromurals: Innerlich in Tabletten (0,3 g) als leichtes Hypnotikum 1—3 Stück bei Schlafstörungen nervösen Ursprungs. Als Sedativum mehrmals täglich 1 Tablette in allen Erregungszuständen. Bei Keuchhusten mit Chinin kombiniert. Bei Seekrankheit und als schweißhemmendes Mittel.

Ein Bromdiäthylazetylharnstoff

$$CO\begin{cases} NH \cdot CO \cdot CBr\begin{cases} C_2H_5 \\ C_2H_5 \end{cases}, \quad \text{Mol.-Gew. 237,04} \\ NH_2 \end{cases}$$

ist das als Beruhigungsmittel gebräuchliche Adalin. Schmelzpunkt 115—116⁰.

Es ist ein weißes kristallinisches Pulver, welches mit Wasserdämpfen flüchtig ist und bereits beim Erhitzen auf 60—80⁰ sublimiert. In kaltem Wasser und in Petroläther ist es sehr wenig, leichter in heißem Wasser, leicht in Weingeist, Azeton oder Benzol löslich.

Werden 0,2 g Adalin mit 3 ccm Natronlauge erhitzt, so entwickelt sich Ammoniak. Kocht man 0,2 g Adalin in einer Mischung von 10 Tropfen Natronlauge und 5 ccm Wasser bis zur Lösung, filtriert nach dem Erkalten, versetzt das Filtrat mit einigen Tropfen Chloraminlösung, fügt etwas Chloroform hinzu und säuert mit verdünnter Essigsäure an, so wird das Chloroform beim Durchschütteln gelbbraun gefärbt.

Medizinische Anwendung des Adalins: Als Sedativum 0,25—0,5 g 3—4mal täglich, als Hypnotikum 0,75—2,0 g. Auch bei Geisteskranken in Tagesdosen von 1—2 g als Beruhigungsmittel wirksam. Nebenwirkungen (Schwindel, Benommenheit ohne Schlaf, Juckreiz, Exantheme) relativ selten. Keine Gewöhnung selbst nach sehr langem Gebrauch. Es sind Tabletten zu 0,5 g im Handel.

Abasin ist ein azetyliertes Adalin.

Bei der Einwirkung von Hydrazinsulfat, $(NH_2 — NH_2)SO_4H_2$, auf zyansaures Kalium in wässeriger Lösung oder bei mehrstündigem Erhitzen gleicher Molekeln Harnstoff und Hydrazinhydrat entsteht Aminoharnstoff oder Semicarbazid, $CO\begin{cases} NH_2 \\ NH—NH_2 \end{cases}$, dessen salzsaures Salz wasserlösliche, bei 90⁰

schmelzende Kristalle bildet, die eine Anwendung zur Identifizierung von Aldehyden und Ketonen finden.

Dem Urethan und dem Harnstoff entsprechen Verbindungen, in welchen an Stelle
von Sauerstoff sich Schwefel in der Molekel befindet. Es sind dies die Verbindungen:

$$CO\!\!<^{SC_2H_5}_{NH_2} \qquad CS\!\!<^{OC_2H_5}_{NH_2} \qquad CS\!\!<^{SC_2H_5}_{NH_2} \qquad CS\!\!<^{NH_2}_{NH_2}$$

Thiokarbamin-   Sulfkarbamin-   Dithiokarbamin-   Thioharnstoff.
säureester   säureester   säureester

Thioharnstoff ist ein in Wasser und Alkohol löslicher, in rhombischen Prismen kristallisierender Stoff. Er entsteht beim Erhitzen von Rhodanammonium auf 170—180°.

Behandelt man Schwefelkohlenstoff mit alkoholischer Kalilauge, so entsteht das in seidenglänzenden, gelben Nadeln kristallisierende äthylxanthogen-
saure Kalium, das Kaliumsalz einer äthylierten Sulfothiokohlensäure (Xan-
thogensäure) $CS\!\!<^{OC_2H_5}_{SK}$.

Guanidin ist eine im Guano vorkommende Base und wird erhalten durch Erhitzen
von Zyanjod mit Ammoniak und Ammoniumchlorid bei Gegenwart von Alkohol.

Das durch Einwirkung von Ammoniak auf Zyanjod zunächst entstehende Zyanamid
geht durch Ammoniumchlorid in salzsaures Guanidin über:

$$NH_2C \equiv N + NH_3HCl = C\!\!<^{NH_2 \cdot HCl}_{\substack{NH \\ NH_2}} \quad .$$

Guanidin ist also aufzufassen als Harnstoff, dessen Sauerstoffatom durch die Imid-
gruppe ersetzt ist.

Eine Methylguanidinessigsäure $C\!\!\stackrel{NH_2}{=\!\!=}\!\!<^{NH_2}_{\substack{NH \\ N(CH_3)CH_2CO_2H}}$ ist die in der Fleischbrühe
vorkommende Base Kreatin, aus welcher beim Eindampfen der wässerigen Lösung,
besonders bei Gegenwart von Säuren, unter Wasserabspaltung, die sich zwischen der Amid-
und Karboxylgruppe vollzieht, Kreatinin entsteht:

$$C\!\!\stackrel{\diagup NH\diagdown}{<\!\!=\!NH}_{\diagdown N(CH_3)CH_2 \cdot CO} .$$

XIV. Zyklische Derivate des Harnstoffs (Ureide).

Als Ureide bezeichnet man die zyklischen Derivate des Harnstoffs mit
organischen Säuren.

Läßt man auf Harnstoff Glykolsäure einwirken, so entsteht das Ureid der Glykolsäure, welches den Namen Hydantoin führt:

$$\begin{array}{l}CH_2\!\!-\!\!OH \\ | \\ CO\!\!-\!\!OH\end{array} + \begin{array}{l}H_2N\diagdown \\ \diagup CO \\ H_2N\end{array} = 2\,H_2O + \begin{array}{l}CH_2\!\!-\!\!NH\diagdown \\ | \diagup CO \\ CO\!\!-\!\!NH\end{array} .$$

Glykolsäure   Hydantoin

Bei der Kondensation von Harnstoff und Oxalsäure entsteht das Ureid derselben,
welches Parabansäure genannt wird:

$$\begin{array}{l}CO\!\!-\!\!OH \\ | \\ CO\!\!-\!\!OH\end{array} + \begin{array}{l}H_2N\diagdown \\ \diagup CO \\ H_2N\end{array} = 2\,H_2O + \begin{array}{l}CO\!\!-\!\!NH\diagdown \\ | \diagup CO \\ CO\!\!-\!\!NH\end{array} .$$

Parabansäure

Das nächst höhere Homologe der Oxalsäure, die Malonsäure, liefert ein Ureid, welches
Barbitursäure heißt:

$$\begin{array}{l}\diagup CO\!\!-\!\!OH \\ CH_2 \\ \diagdown CO\!\!-\!\!OH\end{array} + \begin{array}{l}H_2N\diagdown \\ \diagup CO \\ H_2N\end{array} = 2\,H_2O + \begin{array}{l}\diagup CO\!\!-\!\!NH\diagdown \\ CH_2 CO \\ \diagdown CO\!\!-\!\!NH\diagup\end{array} .$$

Malonsäure   Barbitursäure

Man verwendet zur Kondensation am besten Malonsäureester unter Zusatz von Natriummethylat.

Kondensiert man Harnstoff mit Diäthylmalonsäureester[1]:

$$\underbrace{\begin{matrix} C_2H_5 \\ \diagup \\ C \\ \diagdown \\ C_2H_5 \end{matrix}\begin{matrix} COOC_2H_5 \\ \\ COOC_2H_5 \end{matrix}}_{\substack{\text{Diäthylmalonsäure-}\\\text{äthylester}}} + \begin{matrix} H_2N \\ \diagdown \\ CO \\ \diagup \\ H_2N \end{matrix} = \underbrace{\begin{matrix} C_2H_5 \\ \diagup \\ C \\ \diagdown \\ C_2H_5 \end{matrix}\begin{matrix} CO-HN \\ \diagdown \\ CO \\ \diagup \\ CO-HN \end{matrix}}_{\substack{\text{Diäthylbarbitur-}\\\text{säure}}} + 2\,C_2H_5OH,$$

so erhält man Diäthylmalonylharnstoff, welcher unter dem Namen **Veronal** oder Diäthylbarbitursäure (Acidum diaethylbarbituricum) als Schlafmittel arzneiliche Verwendung findet. Veronal bildet ein weißes, schwach bitter schmeckendes Kristallpulver. Es schmilzt bei 190—191° und ist ohne Rückstand sublimierbar. Veronal löst sich in 170 T. Wasser von 20° und in 17 T. siedendem Wasser; leicht löslich ist es in Äther, Azeton, Essigäther, warmem Alkohol, schwerer löslich in Chloroform und Eisessig. Die wässerige Lösung rötet Lackmuspapier (Prüfung s. D. A. B. VI). Größte Einzelgabe 0,75 g, größte Tagesgabe 1,5 g. Vorsichtig aufzubewahren.

Medizinische Anwendung: Bei Erwachsenen rufen 0,5 g Veronal mehrstündigen Schlaf hervor. Für Frauen genügen 0,3 g. Man nimmt es in heißem Tee oder Milch.

Als Medinal kommt das Mononatriumsalz der Diäthylbarbitursäure in den Handel und wird zu gleichem Zweck und in gleicher Dosis wie das Veronal verwendet (s. D. A. B. VI).

Unter der Bezeichnung Codeonal (E. W.) wird eine Mischung aus 2 T. diäthylbarbitursaurem Kodein und 15 T. diäthylbarbitursaurem Natrium in den Arzneiverkehr gebracht. Codeonal ist angezeigt, wenn Schlaflosigkeit als Folge von Schmerzen oder von Husten, Atemnot usw. besteht. Dosis 0,3—0,4 g.

Neben dem Veronal wird auch ein Dipropylmalonylharnstoff

$$\begin{matrix} C_3H_7 \\ \diagdown \\ C \\ \diagup \\ C_3H_7 \end{matrix}\begin{matrix} CO-HN \\ \diagdown \\ CO \\ \diagup \\ CO-HN \end{matrix}$$

unter dem Namen Proponal als Schlafmittel benutzt.

Luminal (E. W.) ist eine Phenyläthylbarbitursäure

$$\begin{matrix} C_6H_5 \\ \diagdown \\ C \\ \diagup \\ C_2H_5 \end{matrix}\begin{matrix} CO-NH \\ \diagdown \\ CO, \\ \diagup \\ CO-NH \end{matrix}$$

Mol.-Gew. 232,1. Sie stellt ein geruchloses, schwach bitter schmeckendes Kristallpulver vom Schmelzpunkt 173—174° dar.

Medizinische Anwendung: Es wird als Hypnotikum und Antiepileptikum benutzt. Bei Epilepsie 0,05—0,15 g. Tagesdosis 0,2 g. Als Hypnotikum 0,15—0,5 g. Das Natriumsalz, Natrium phenylaethylbarbituricum, Luminal-Natrium, $C_{12}H_{11}O_3N_2 \cdot Na$, Mol.-Gew. 254,1, löst sich in 1,2 T. Wasser, schwer in Weingeist. Schmelzpunkt 147°.

Größte Einzelgabe 0,4 g, größte Tagesgabe 0,8 g. Vorsichtig aufzubewahren.

Noctal ist eine Isopropylbrompropenylbarbitursäure

$$\begin{matrix} (CH_3)_2CH \\ \diagdown \\ C \\ \diagup \\ CH_2=CBr-CH_2 \end{matrix}\begin{matrix} CO-NH \\ \diagdown \\ CO. \\ \diagup \\ CO-NH \end{matrix}$$

Farblose, geruchlose, schwach bitter schmeckende Kristalle, schwer löslich in Wasser, Benzol, Chloroform, leicht in Alkohol und Azeton, weniger leicht in Äther. Schmelzpunkt 178°.

---

[1] Vgl. Azetessigester- und Malonsäureester-Synthesen S. 338.

Medizinische Anwendung: Noctal verursacht $^1/_2$—$^3/_4$ Stunden nach dem Einnehmen einen ruhigen tiefen Schlaf, frei von allen Nebenerscheinungen. Gut verträglich seitens des Magen- und Darmkanals wie des Herzens. 0,1 g hat beim Menschen etwa die gleiche Wirkung wie 0,5 g Diäthylbarbitursäure. Dosis für Erwachsene 1—2 Tabletten à 0,1 g.

Vorsichtig aufzubewahren!

Pernocton ist eine stabilisierte 10 proz. wässerige Lösung von sekundärem butyl-β-brompropenylbarbitursaurem Natrium:

$$\begin{matrix} C_2H_5 \\ CH_3 \\ CH_2=CBr-CH_2 \end{matrix} > CH > C < \begin{matrix} CO-NH \\ CO-NH \end{matrix} > CO .$$

Medizinische Anwendung: In der Psychiatrie intramuskulär oder subkutan als einfaches Schlafmittel. In der Chirurgie und Gynäkologie intravenös zur Einleitung der Narkose; durchschnittlich 1 ccm für $12^1/_2$ kg Körpergewicht, erzeugt sofort tiefen Schlaf, so daß im Augenblick des Schneidens bzw. bei allen schmerzhaften Eingriffen nur mehr wenig Äther oder Chloroform erforderlich ist.

Vorsichtig aufzubewahren!

Dormalgin ist ein Gemisch 1 : 3 von Noctal (s. oben) und Pyramidon (s. später).

Medizinische Anwendung: Zur Bekämpfung der Schmerzen bei Frakturen, bei Verrenkungen und Verstauchungen, sowie bei klein-chirurgischen Operationen, wie Eröffnung von Furunkeln, Karbunkeln, Abszessen, Entfernung von Balg- und anderen Geschwülsten. Auch bei nervöser Schlaflosigkeit. Dosis 1 Tablette = 0,2 g.

Vorsichtig aufzubewahren!

Ein Ureid der Mesoxalsäure ist das Alloxan, $CO < \begin{matrix} CO-NH \\ CO-NH \end{matrix} > CO$, welches auch bei der Oxydation der Harnsäure (s. dort) erhalten wird. Es ist in Wasser leicht löslich und hat die Eigenschaft, die Haut purpurrot zu färben. Bei der Reduktion geht es in Alloxantin über, das mit Ammoniak eine tief violettrote Färbung gibt, das Murexid. Auch Harnsäure und ihre Derivate geben die Murexidreaktion (s. S. 368).

Man gibt dem Alloxantin die folgende Konstitutionsformel:

$$CO < \begin{matrix} NH-CO \\ NH-CO \end{matrix} > C \begin{matrix} OH \\ -O- \end{matrix} C \begin{matrix} CO-NH \\ HO-C-NH \end{matrix} CO .$$

XV. Die Puringruppe.

Bei der Kondensation der Malonsäure mit Harnstoff (s. vorstehend) entsteht Barbitursäure, ein Sechsring, in welchem die Kohlenstoff- und Stickstoffatome sich wie folgt ordnen:

$$C < \begin{matrix} N-C \\ | \\ N-C \end{matrix} \begin{matrix} C \\ | \\ \end{matrix} .$$

Nimmt man an, daß sich an dieses Gebilde noch eine Molekel Harnstoff angliedert, so entsteht eine bizyklische Verbindung, ein Diureid:

$$C < \begin{matrix} N-C \\ | \\ N-C-N \end{matrix} \begin{matrix} C-N \\ | \\ \end{matrix} > C .$$

Derivate eines solchen Diureids sind im Tier- und Pflanzenreich sehr verbreitet. Es gehören dazu die in tierischen Sekreten vorkommenden Stoffe:

Harnsäure, Xanthin, Hypoxanthin, Guanin, Adenin. Pflanzliche Diureide sind die Alkaloide Theobromin, Theophyllin (Theocin) und Koffein.

Diese Ureide lassen sich von einer Stammsubstanz ableiten, der die Formel

$$\begin{array}{l} N=CH \\ HC\quad C-NH \\ \quad\quad\quad\quad\quad CH \\ N-C-N \end{array}$$

zukommt und welcher E. Fischer den Namen Purin gegeben hat. Um die Stellen im „Purinkern", an welchen die Atome oder Atomgruppen sich befinden, bezeichnen zu können, werden die das Ringsystem als Glieder bildenden Elemente mit Ziffern versehen.

$$\begin{array}{l} \overset{(1)}{N}=\overset{(6)}{CH} \\ \overset{(2)(5)}{HC}\;C-\overset{(7)}{NH} \\ \quad\quad\quad\quad\quad\quad\quad \overset{(8)}{CH}. \\ N-C-N \\ {\scriptstyle(3)\quad(4)\quad(9)} \end{array}$$

Von Purinderivaten sollen die folgenden erläutert werden:

Harnsäure,
$$\begin{array}{l} NH-CO \\ CO\quad C-NH \\ \quad\quad\quad\quad\quad CO \\ NH-C-NH \end{array}$$
, ein 2, 6, 8 Trioxypurin. Findet sich im Harn der Wirbeltiere, im menschlichen und Säugetierharn nur in geringer Menge in Form von Salzen, in reichlicher Menge ist sie vorhanden in dem Harn der Vögel. Dunstet man diesen ein, so besteht die Hauptmasse des Rückstandes aus dem Ammoniumsalz der Harnsäure. So erklärt sich das reichliche Harnsäurevorkommen im Guano. Auch die Verdauungsprodukte der Schlangen, Eidechsen, Insekten sind reich an Harnsäure. Sie bildet oft den wesentlichen Bestandteil der Blasensteine, Harnsteine, der Nierensteine und der Harnsedimente. Eine durch Anhäufung von Harnsäure bzw. Uraten (harnsauren Salzen) im Blute hervorgerufene Krankheit ist die Gicht (Arthritis).

Harnsäure bildet in reinem Zustande kleine farblose Kristalle, die sehr schwer in Wasser löslich sind.

Xanthin und **Hypoxanthin** finden sich im normalen Harn; Xanthin läßt sich durch die folgende Formel charakterisieren:

$$\begin{array}{l} NH-CO \\ CO\quad C-NH \\ \quad\quad\quad\quad\quad CH. \\ NH-C-N \end{array}$$

Xanthin- 2, 6 Dioxypurin

Guanin, das im Guano, in der Leber und der Pankreasdrüse des Ochsen, in der Haut der Schildkröten, in der Hefe, der Zuckerrübe und vielen anderen Pflanzen beobachtet wurde, ist ein Aminooxypurin von der Formel:

$$\begin{array}{l} NH-CO \\ NH_2-C\quad C-NH \\ \quad\quad\quad\quad\quad\quad\quad CH. \\ N-C-N \end{array}$$

Adenin ist ein Aminopurin, welches im Sperma des Karpfens, in der Thymus- und Pankreasdrüse, in der Leber, Milz, auch im leukämischen Harn beobachtet wurde. Seine Formel ist:

$$\begin{array}{l} N=C-NH_2 \\ HC\quad C-NH \\ \quad\quad\quad\quad\quad CH. \\ N-C-N \end{array}$$

Methylxanthine sind in verschiedenen Pflanzen vorkommende, zur Gruppe der Alkaloide gerechnete Stoffe; Dimethylxanthine sind das Theobromin und Theophyllin, Trimethylxanthin das Koffein. Ihre Konstitutionen veranschaulichen die folgenden Bilder:

$$
\begin{array}{ccc}
\begin{array}{l}
\text{HN—CO CH}_3 \\
\quad|\quad\ |\quad\ \ | \\
\text{CO}\quad\text{C—N} \\
\quad|\quad\ \|\quad\quad\text{CH} \\
\text{CH}_3\text{N—C—N}
\end{array}
&
\begin{array}{l}
\text{CH}_3\text{N—CO} \\
\quad\ |\quad\ \ | \\
\text{CO}\quad\text{C—NH} \\
\quad\ |\quad\ \ \|\quad\quad\text{CH} \\
\text{CH}_3\text{N—C—N}
\end{array}
&
\begin{array}{l}
\text{CH}_3\text{N—CO CH}_3 \\
\quad\ |\quad\ \ |\quad\ \ | \\
\text{CO}\quad\text{C -N} \\
\quad\ |\quad\ \ \|\quad\quad\text{CH .} \\
\text{CH}_3\text{N—C—N}
\end{array}
\end{array}
$$

3, 7 Dimethyl-	1, 3 Dimethyl-	1, 3, 7 Trimethyl-
2, 6 Dioxypurin	2, 6 Dioxypurin	2, 6 Dioxypurin
= Theobromin	= Theophyllin	= Koffein

Koffein, Kaffein, Thein, $C_8H_{10}O_2N_4 + H_2O$, Mol.-Gew. 212,13, findet sich in den Kaffeebohnen (Coffea arabica) bis zu 2 %, im Tee [Camellia (Thea) japonica, C. theifera = Thea sinensis, bohea, viridis] bis zu 1,8 %, im Paraguaytee oder Maté (Ilex paraguarensis) bis zu 1 %, in den Samen der Paullinia sorbilis (zerquetscht und zu Broten geformt unter dem Namen Guarana bekannt) bis zu 2,85 %, in den Kolanüssen bis zu 2,1 % usw.

Theobromin kommt in den Kakaobohnen (Theobroma Cacao) vor.

Zur Gewinnung von Koffein wird der sog. Teestaub, der auf den Teelagern abfallende Kehricht, benutzt. Man kocht den Teestaub unter Beigabe von gelöschtem Kalk mit Wasser aus, dampft die Auszüge unter Zusatz von Bleiessig ein, zieht den Rückstand mit heißem Alkohol oder Benzol oder Chloroform aus, verdampft das Lösungsmittel und kristallisiert das Koffein aus Wasser um.

Über die Synthese des Koffeins s. weiter unten!

Koffein kristallisiert in langen, weißen, seidenglänzenden, biegsamen Nadeln mit 1 Mol. Kristallwasser, die sich in 80 T. Wasser von 20⁰ zu einer farblosen, neutralen, schwach bitter schmeckenden Flüssigkeit lösen. Von siedendem Wasser sind 2 T. zur Lösung erforderlich. Es löst sich in nahezu 50 T. Weingeist und in 9 T. Chloroform; von Äther wird es wenig aufgenommen. An der Luft verliert es einen Teil seines Kristallwassers; bei 100⁰ wird es wasserfrei. Es schmilzt bei 234—235⁰, beginnt jedoch schon bei wenig über 100⁰ sich in geringer Menge zu verflüchtigen und bei 180⁰ ohne Rückstand zu sublimieren.

Wird 0,01 g Koffein mit dem 10fachen Chlorwasser oder Bromwasser oder mit 10 Tropfen Wasserstoffsuperoxyd und 1 Tropfen Salzsäure auf dem Wasserbade eingedampft, so verbleibt ein gelbroter Rückstand, der bei sofortiger Einwirkung von Ammoniak schön purpurrot gefärbt wird (Murexidreaktion).

1 ccm der wässerigen Lösung (1 + 99) darf weder durch Jodlösung getrübt noch durch Ammoniakflüssigkeit gefärbt werden. In 1 ccm Schwefelsäure und in 1 ccm Salpetersäure muß sich je 0,1 g Koffein ohne Färbung lösen (fremde Alkaloide).

Vorsichtig aufzubewahren.

Von den Salzen des Koffeins lassen sich das chlor- und bromwasserstoffsaure, sowie das schwefelsaure in farblosen Kristallen erhalten. Das unter dem Namen Coffeinum citricum in den Handel gelangende Präparat ist ein Gemenge von Koffein und Zitronensäure.

Coffeinum-Natrium benzoicum, Koffein-Natriumbenzoat. Gehalt mindestens 38 % Koffein, $C_8H_{10}O_2N_4$, Mol.-Gew. 194,11.

Darstellung: 2 T. bei 100⁰ getrocknetes Koffein werden mit 3 T. Natriumbenzoat in 8 T. Wasser gelöst und die Lösung zur Trockne verdampft.

Weißes, amorphes Pulver oder weiße, körnige Masse. Koffein-Natriumbenzoat ist geruchlos, schmeckt süßlich-bitter und löst sich in 2 T. Wasser und in

50 T. Weingeist. Die wässerige Lösung (1 + 19) verändert Lackmuspapier nicht oder bläut es nur schwach.

Gehaltsbestimmung: In einem Arzneiglas von etwa 50 ccm Inhalt löst man 0,5 g Koffein-Natriumbenzoat in 1 ccm Wasser, gibt zu der Lösung 25 g Chloroform und 2,5 g Natronlauge und schüttelt das Gemisch 5 Minuten lang kräftig durch. Nach Zusatz von 0,3 g Traganthpulver schüttelt man nochmals einige Minuten lang und gießt nach weiteren 5 Minuten 20 g der Chloroformlösung (= 0,4 g Koffein-Natriumbenzoat) durch ein Wattebäuschchen in ein gewogenes Kölbchen. Nach dem Verdunsten des Chloroforms und Trocknen des Rückstandes bei 100° müssen mindestens 0,152 g Rückstand hinterbleiben, was einem Mindestgehalte von 38 % Koffein entspricht.

Vorsichtig aufzubewahren.

Coffeinum-Natrium salicylicum, Koffein-Natriumsalizylat. Gehalt mindestens 40 % Koffein, $C_8H_{10}O_2N_4$, Mol.-Gew. 194,11.

Darstellung: 10 T. bei 100° getrocknetes Koffein werden mit 13 T. Natriumsalizylat in 40 T. Wasser gelöst und die Lösung zur Trockne verdampft.

Weißes, amorphes Pulver oder weiße, körnige Masse. Koffein-Natriumsalizylat ist geruchlos, schmeckt süßlich-bitter und löst sich in 2 T. Wasser und in 50 T. Weingeist. Die wässerige Lösung (1 + 19) verändert Lackmuspapier nicht oder rötet es nur schwach.

Gehaltsbestimmung: In einem Arzneiglas von etwa 50 ccm Inhalt löst man 0,5 g Koffein-Natriumsalizylat in 1 ccm Wasser, gibt zu der Lösung 25 g Chloroform und 2,5 g Natronlauge und schüttelt das Gemisch 5 Minuten lang kräftig durch. Nach Zusatz von 0,3 g Traganthpulver schüttelt man nochmals einige Minuten lang und gießt nach weiteren 5 Minuten 20 g der Chloroformlösung (= 0,4 g Koffein-Natriumsalizylat) durch ein Wattebäuschchen in ein gewogenes Kölbchen. Nach dem Verdunsten des Chloroforms und Trocknen des Rückstandes bei 100° müssen mindestens 0,16 g Rückstand hinterbleiben, was einem Mindestgehalte von 40 % Koffein entspricht.

Vorsichtig aufzubewahren.

Theobromino-Natrium salicylicum, Theobrominnatriumsalizylat, **Diuretin** (E. W.). Gehalt annähernd 45 % Theobromin, $C_7H_8O_2N_4$, Mol.-Gew. 180,10.

In diesem Präparat liegt eine Verbindung von Theobrominnatrium und Natriumsalizylat vor. Ersteres ist in wäßriger Lösung in Theobromin und Natriumhydroxyd hydrolysiert und kann daher mit Salzsäure titriert werden. Hierbei neutralisiert die Säure das Natriumhydroxyd und das Theobromin scheidet sich aus.

Weißes, fast geruchloses Pulver von süß-salzigem, zugleich etwas laugenhaftem Geschmacke. Theobrominnatriumsalizylat löst sich in der gleichen Gewichtsmenge Wasser, besonders leicht beim Erwärmen. Die wässerige Lösung bläut Lackmuspapier und wird nach dem Ansäuern mit verdünnter Essigsäure durch Eisenchloridlösung violett gefärbt.

Bestimmung des Theobromingehalts: 0,5 g Theobrominnatriumsalizylat werden in einem Becherglas in 5 ccm Wasser gelöst und nach Zugabe von 2 Tropfen Methylrotlösung mit $\frac{n}{10}$-Salzsäure bis zum Farbumschlage titriert. Hierzu dürfen nicht weniger als 12,3 ccm und nicht mehr als 12,7 ccm $\frac{n}{10}$-Salzsäure verbraucht werden. Nachdem die titrierte Flüssigkeit 3 Stunden bei Zimmertemperatur gestanden hat, wird der entstandene Niederschlag auf ein glattes Filter von 6 cm Durchmesser gebracht, viermal mit je 5 ccm Wasser ausgewaschen, nach dem Trocknen bei 100° vorsichtig von dem Filter gelöst und gewogen; sein Gewicht muß mindestens 0,2 g betragen.

Dampft man 0,01 dieses Niederschlags in einem Porzellanschälchen mit 10 Tropfen Wasserstoffsuperoxydlösung und 1 Tropfen Salzsäure zur Trockne, so hinterbleibt ein gelbroter Rückstand, der sich beim Befeuchten mit 1 Tropfen Ammoniakflüssigkeit purpurrot färbt. (D. A. B. VI.)

Größte Einzelgabe 1,0 g, größte Tagesgabe 6,0 g. Vorsichtig und vor Licht geschützt aufzubewahren.

Theophyllinum, Theophyllin, Theocin (E. W.).

$$\begin{array}{l} CH_3N\!-\!CO \\[2pt] \quad|\qquad| \\ OC\quad C\!-\!NH \\ \quad|\qquad\|\qquad \diagdown CH + H_2O, \\ CH_3N\!-\!C\!-\!N \diagup \end{array}$$

Mol.-Gew. 198,11.

Feine, farb- und geruchlose Nadeln von schwach bitterem Geschmack. Theophyllin löst sich schwer in Wasser und in Weingeist von 20⁰, leicht in siedendem Wasser und in siedendem Weingeist. Die Lösungen verändern Lackmuspapier nicht. Wird Theophyllin in einem Porzellantiegel auf der Asbetsplatte erhitzt, so schmilzt es zu einer grüngelben Flüssigkeit und sublimiert.

Schmelzpunkt 264—265⁰.

Dampft man 0,01 g Theophyllin in einem Porzellanschälchen mit 10 Tropfen Wasserstoffsuperoxydlösung und 1 Tropfen Salzsäure ein, so hinterbleibt ein gelbroter Rückstand, der sich beim Befeuchten mit 1 Tropfen Ammoniakflüssigkeit purpurrot färbt. In 1 ccm der wässerigen Lösung (1 + 199) rufen 0,5 ccm Gerbsäurelösung einen starken Niederschlag hervor, der sich nach weiterem Zusatz von 5 ccm des Fällungsmittels wieder löst. Über die Prüfung s. D. A. B. VI.

Größte Einzelgabe 0,5 g, größte Tagesgabe 1,5 g. Vorsichtig und vor Licht geschützt aufzubewahren.

Medizinische Anwendung: Theophyllin und Koffein und deren Präparate werden als Analeptikum, Diuretikum, in manchen Fällen bei idiopathischer und hysterischer Hemikranie benutzt; Dosis 0,05—0,5 g mehrmals täglich, bei Kollaps als Erregungsmittel, als Antidot bei Morphinvergiftung. Ihrem Gehalte an Koffein bzw. Theobromin verdanken auch Kaffee, Tee, Kakao, Kola die hohe Bedeutung als anregende Genußmittel. Das Theophyllin (innerlich 0,1—0,3 g 2—3mal täglich) wirkt stärker diuretisch als die Koffeinpräparate, doch oft mit starken Nebenwirkungen (Übelkeit, Erbrechen).

E. Fischer hat auf synthetischem Wege Koffein, wie folgt, dargestellt:

Dimethylharnstoff wird zunächst mit Malonsäure zu dimethylierter Barbitursäure kondensiert:

$$\underbrace{\begin{array}{l} N\,H\,CH_3 \\ | \\ CO \\ | \\ N\,H\,CH_3 \end{array}}_{\text{Dimethylharnstoff}} + \underbrace{\begin{array}{l} HO\,OC \\ \qquad\diagdown \\ \qquad\quad CH_2 \\ \qquad\diagup \\ HO\,OC \end{array}}_{\text{Malonsäure}} = 2\,H_2O + \underbrace{\begin{array}{l} CH_3N\!-\!CO \\ |\qquad| \\ OC\quad CH_2 \\ |\qquad| \\ CH_3N\!-\!CO \end{array}}_{\text{Dimethylierte Barbitursäure}}.$$

Durch Einwirkung von salpetriger Säure wird die dimethylierte Barbitursäure in Dimethylviolursäure und letztere durch Reduktion (Jodwasserstoff) in Dimethyluramil übergeführt:

$$\underbrace{\begin{array}{l} CH_3N\!-\!CO \\ |\qquad| \\ OC\quad C=NOH \\ |\qquad| \\ CH_3N\!-\!CO \end{array}}_{\text{Dimethylviolursäure}} \longrightarrow \underbrace{\begin{array}{l} CH_3N\!-\!CO \\ |\qquad| \\ OC\quad CHNH_2 \\ |\qquad| \\ CH_3N\!-\!CO \end{array}}_{\text{Dimethyluramil}}.$$

Das Dimethyluramil geht durch die Einwirkung von Kaliumzyanat in Dimethylpseudoharnsäure über, aus welcher beim Schmelzen mit Oxalsäure 1—3-Dimethylharnsäure gebildet wird:

$$\underbrace{\begin{array}{l} CH_3N\!-\!CO \\ |\qquad| \\ OC\quad CH\cdot NHCONH_2 \\ |\qquad| \\ CH_3N\!-\!CO \end{array}}_{\text{Dimethylpseudoharnsäure}} \longrightarrow \underbrace{\begin{array}{l} CH_3N\!-\!CO \\ |\qquad| \\ OC\quad C\!-\!NH \\ |\qquad\|\qquad\diagdown CO. \\ CH_3N\!-\!C\!-\!NH\diagup \end{array}}_{\text{1—3-Dimethylharnsäure}}$$

Durch Einwirkung von Phosphorpentachlorid auf Dimethylharnsäure entsteht Chlortheophyllin, das bei der Reduktion mit Jodwasserstoff in Theophyllin übergeht:

$$
\begin{array}{l}
\text{CH}_3\text{N---CO} \\
\quad | \qquad | \\
\text{OC} \quad \text{C---NH} \\
\quad | \qquad \| \quad \rangle\text{CCl} \\
\text{CH}_3\text{N---C---N}
\end{array}
\longrightarrow
\begin{array}{l}
\text{CH}_3\text{N---CO} \\
\quad | \qquad | \\
\text{OC} \quad \text{C---NH} \\
\quad | \qquad \| \quad \rangle\text{CH .} \\
\text{CH}_3\text{N---C---N}
\end{array}
$$

Chlortheophyllin   Theophyllin

Durch Methylierung entsteht aus dem Theophyllin Koffein.

W. Traube hat den Aufbau des Theobromins und Koffeins aus der Zyanessigsäure bewirkt:

Zyanessigsäure und Methylharnstoff vereinigen sich bei Gegenwart von Phosphoroxychlorid zu Zyanazetylmethylharnstoff, $\text{CN} \cdot \text{CH}_2 \cdot \text{CO} \cdot \text{NH} \cdot \text{CO} \cdot \text{NH} \cdot \text{CH}_3$, welcher durch Einwirkung von Alkalien in das isomere 3-Methyl-4-Imino-2,6-Dioxypyrimidin:

$$
\begin{array}{l}
\text{HN---CO} \\
\quad | \qquad | \\
\text{OC} \quad \text{CH}_2 \\
\quad | \qquad | \\
\text{CH}_3\text{N---C=NH}
\end{array}
$$

umgelagert wird. Salpetrige Säure führt diese Verbindung in eine Isonitrosoverbindung:

$$
\begin{array}{l}
\text{HN---CO} \\
\quad | \qquad | \\
\text{OC} \quad \text{C=NOH} \\
\quad | \qquad | \\
\text{CH}_3\text{N---C=NH}
\end{array}
$$

über, und man erhält durch Reduktion derselben das 3-Methyl-4,5-Diamino-2,6-Dioxypyrimidin:

$$
\begin{array}{l}
\text{HN---CO} \\
\quad | \qquad | \\
\text{OC} \quad \text{C} \cdot \text{NH}_2, \\
\quad | \qquad \| \\
\text{CH}_3\text{N---C} \cdot \text{NH}_2
\end{array}
$$

das beim Kochen mit starker Ameisensäure eine Formylverbindung liefert, welche leicht Wasser abspaltet und in 3-Methylxanthin (3-Methyl-2,6-Dioxypurin) übergeht:

$$
\begin{array}{l}
\text{HN---CO} \\
\quad | \qquad | \\
\text{OC} \quad \text{C---NH} \cdot \text{COH} \\
\quad | \qquad \| \\
\text{CH}_3\text{N---C---NH}_2
\end{array}
= \text{H}_2\text{O} +
\begin{array}{l}
\text{HN---CO} \\
\quad | \qquad | \\
\text{OC---C---NH} \\
\quad | \qquad \| \quad \rangle\text{CH .} \\
\text{CH}_3\text{N---C---N}
\end{array}
$$

Behandelt man dieses mit je einer Molekel Methyljodid und Alkalihydroxyd, so entsteht Theobromin. Verwendet man je zwei Molekeln Methyljodid und Alkalihydroxyd, so erhält man Koffein.

XVI. Kohlenhydrate.

Zu den Kohlenhydraten rechnet man die aus Kohlenstoff, Wasserstoff und Sauerstoff bestehenden Verbindungen, in welchen die Elemente Wasserstoff und Sauerstoff sich in dem Verhältnis der Zusammensetzung des Wassers, also wie 2:1, befinden. Die natürlich vorkommenden Zuckerarten, Stärkemehl, Dextrin, Zellulose, Gummi werden unter dem Begriff „Kohlenhydrate" zusammengefaßt.

Die Zucker sind die ersten Oxydationsprodukte mehrwertiger Alkohole von Aldehyd- oder Ketoncharakter.

Es gehören nach dieser Auffassung also auch der Glykolaldehyd, $\begin{array}{l}\text{CH}_2\text{OH} \\ | \\ \text{CHO}\end{array}$,

ferner der Glyzerinaldehyd, $\text{CH}_2(\text{OH}) \cdot \text{CH}(\text{OH}) \cdot \text{CHO}$, und das aus dem

Glyzerin durch Oxydation entstehende Dioxyazeton, $CH_2(OH) \cdot CO \cdot CH_2(OH)$, zu den Zuckerarten.

Aldehydalkohole (Aldehydzucker) werden Aldosen, Ketonalkohole (Ketonzucker) Ketosen genannt.

Um die in einer Zuckerart enthaltende Anzahl Kohlenstoffatome zu kennzeichnen, schiebt man zwischen die Silben Aldo—sen bzw. Keto—sen das entsprechende griechische Zahlwort:

$$
\begin{array}{ccc}
CH_2OH & CH_2OH & CH_2OH \\
| & | & | \\
CH \cdot OH & CO & (CH \cdot OH)_3 \, . \\
| & | & | \\
CH\ O & CH_2OH & CH\ O \\
\end{array}
$$

Glyzerinaldehyd	Dioxyaceton	Arabinose
= Aldotriose	= Ketotriose	= Aldopentose

Glukose oder Traubenzucker ist eine Aldohexose, Fruktose oder Fruchtzucker eine Ketohexose, weil die Molekel dieser Zuckerarten je 6 Kohlenstoffatome enthält, ersterer Zucker ein Aldehyd- und letzterer ein Ketonzucker ist.

Die Molekeln eines einfachen Zuckers (z. B. der Glukose und Fruktose) können sich unter Austritt von Wasser zu einer größeren Molekel vereinigen, und diese kann auf einfache Weise (z. B. durch Erwärmen mit verdünnten Säuren) wieder in die einfachen Zuckerarten zerlegt werden.

Die einfachen Zucker, welche sich nicht spalten lassen, ohne daß der Charakter der Spaltprodukte als Zuckerart aufgehoben wird, nennt man Monosaccharide. Es gehören hierzu der Glyzerinaldehyd, die Arabinosen und Xylosen, Trauben- und Fruchtzucker.

Wenn zwei Molekeln einfacher Zuckerarten zu einer größeren Molekel zusammentreten, so entsteht ein Disaccharid (Rohr-, Milchzucker, Maltose), aus drei Molekeln einfacher Zuckerarten ein Trisaccharid (Raffinose). Stärkemehl, Dextrin, Zellulose, deren Molekulargröße noch umstritten ist, werden als Polysaccharide bezeichnet.

Die Kohlenhydrate finden sich vorzugsweise im Pflanzenreich und gehören zu den physiologisch wichtigsten Stoffen; sie werden als „Reservestoffe" in den Pflanzen aufgespeichert. Eine außerordentlich große Bedeutung besitzen die Kohlenhydrate, besonders Rohrzucker, Milchzucker, Stärkemehl, für die Ernährung von Menschen und Tieren.

a) Monosaccharide.

Monosaccharide sind in der Natur weit verbreitet. Sie können auch durch hydrolytische Spaltung aus Di- und Trisacchariden, sowie bei der Spaltung von Glykosiden mittels Säuren oder Fermenten gewonnen werden. Die Monosaccharide sind optisch aktiv, da sie „asymmetrische" Kohlenstoffatome enthalten. Vielfach zeigen sie die Erscheinung der Mutarotation (s. später). Sie schmecken süß, haben neutrale Reaktion, sind in Wasser leicht löslich und kristallisieren in reinem Zustande gut. Unter der Einwirkung des Hefepilzes unterliegen mehrere Monosaccharide der alkoholischen Gärung, wobei Kohlendioxyd und Alkohol entstehen. Einige Zuckerarten, wie die natürliche d-Glukose (rechts drehende Glukose) und die d-Fruktose, vergären leicht, ihre synthetisch dargestellten optischen Antipoden, die l-Glukose (links drehende Glukose) und die l-Fruktose aber nicht.

Für Monosaccharide sind die folgenden Reaktionen charakteristisch:

1. Monosaccharide reduzieren beim Erwärmen ammoniakalische Silberlösung unter Abscheidung von metallischem Silber.

2. Beim Erwärmen mit Fehlingscher Lösung (alkalischer Kupfertartratlösung) scheidet sich rotes Kupferoxydul ab.

3. Beim Erwärmen mit Kali- oder Natronlauge färben sich die Monosaccharide gelb, dann braun, und verharzen.

4. Beim Erwärmen mit Phenylhydrazin, $C_6H_5NH — NH_2$, in essigsaurer Lösung entsteht ein gelber, kristallinischer, in Wasser schwer löslicher Niederschlag, ein Osazon.

Die Einwirkung des Phenylhydrazins vollzieht sich in folgenden drei Phasen:

Zunächst reagiert das Phenylhydrazin mit der Karbonylgruppe unter Abspaltung von Wasser und Bildung eines Hydrazons:

$$\begin{array}{l} | \\ CH \cdot OH \\ | \\ C \, O + H_2 N — NHC_6H_5 \\ | \end{array} \quad = \quad \begin{array}{l} | \\ CH \cdot OH \\ | \\ C = N — NHC_6H_5 \\ | \end{array} \quad + H_2O \, .$$

Hierauf wirkt eine zweite Molekel Phenylhydrazin auf die der Karbonylgruppe benachbarte Alkoholgruppe, indem es dieser Wasserstoff entzieht und sie in eine Karbonylgruppe überführt, während das Phenylhydrazin dabei in Anilin und Ammoniak übergeht:

$$\begin{array}{l} | \\ C < \begin{array}{l} H \quad H_2N \\ | \\ O H + HN — C_6H_5 \end{array} \\ | \end{array} \quad = \quad \begin{array}{l} | \\ CO \\ | \end{array} + NH_3 + \underset{\text{Anilin.}}{C_6H_5NH_2}$$

Nunmehr wirkt eine dritte Molekel Phenylhydrazin auf die neu entstandene Karbonylgruppe abermals unter Wasserabspaltung und Hydrazonbildung ein, und somit entsteht als Endprodukt der Einwirkung ein Produkt von folgender Konstitution:

$$\begin{array}{l} | \\ C = N — NHC_6H_5 \\ | \\ C = N — NHC_6H_5 \, . \\ | \end{array}$$

Diese Gruppierung ist für die Osazone charakteristisch. Die Bildung eines Osazons kommt also dadurch zustande, daß eine Molekel einer Monose mit 3 Molekeln Phenylhydrazin reagiert.

Erwärmt man das Glukosazon mit konzentrierter Salzsäure, so werden die beiden Phenylhydrazinreste abgespalten und es entsteht ein als Oson der Glukose bezeichneter Ketoaldehyd:

$$CH_2OH—(CH \cdot OH)_3 \cdot CO—CHO,$$

der beim Behandeln mit Wasserstoff in statu nascendi eine Ketose, und zwar Fruktose liefert.

Von den Monosacchariden sind die Glyzerose, die Pentosen und Hexosen wichtig.

Die durch vorsichtige Oxydation des Glyzerins mit Salpetersäure oder mit Bromlauge (unterbromigsaurem Natrium) erhaltene sirupartige Flüssigkeit heißt Glyzerose. Sie kann als ein Gemenge angesehen werden, bestehend aus

Glyzerinaldehyd, $CH_2(OH) \cdot CH(OH) — CHO$, und Dioxyazeton, $CH_2(OH) \cdot CO \cdot CH_2(OH)$. Das letztere kommt neuerdings unter dem Namen Oxantin als Versüßungsmittel, das den Diabetikern gereicht werden kann, in den Verkehr.

Durch Einwirkung von Ätznatron auf Glyzerose findet eine Kondensation zu einem Gemisch von d + l-Fruktose (der α-Akrose) statt.

Pentosen. $C_5H_{10}O_5$.

Eine Aldopentose läßt sich durch die folgende Formel ausdrücken, bei welcher die drei asymmetrischen Kohlenstoffatome mit * gekennzeichnet sind:

$$
\begin{array}{c}
CH_2 \cdot OH \\
| \\
{}^*CH \cdot OH \\
| \\
{}^*CH \cdot OH \\
| \\
{}^*CH \cdot OH \\
| \\
CHO .
\end{array}
$$

Zu den Pentosen gehören die Arabinosen, Ribosen und Xylosen. Praktisch stellt man l-Arabinose aus Gummi arabicum oder Kirschgummi dar durch Kochen dieser mit verdünnter Schwefelsäure. Eine d-Arabinose (Aloinose) ist ein Spaltprodukt des Glykosids Barbaloin und eine d-l-Arabinose die häufigste bei der Pentosurie vorkommende Harnpentose. Als Spaltungsprodukt von Glykosiden, z. B. des Strophanthins tritt eine Methylpentose, die sog. Rhamnose auf. d-Xylose (Holzzucker) erhält man durch Kochen von Kleie, Holz, Stroh usw. mit verdünnten Säuren

Bei schwacher Oxydation gehen Arabinose und Xylose in Arabonsäure bzw. Xylonsäure, $CH_2(OH) — (CH \cdot OH)_3 — CO_2H$ über, bei kräftiger Oxydation in Trioxyglutarsäure, $CO_2H — (CH \cdot OH)_3 — CO_2H$.

Durch Reduktionsmittel liefern die Pentosen Arabinose und Xylose die beiden stereoisomeren fünfwertigen Alkohole Arabit und Xylit. Die wässerige Lösung der beiden Pentosen zeigt die Erscheinung der Mutarotation, d. h. die Lösung dreht unmittelbar nach ihrer Bereitung die Ebene des polarisierten Lichtes stärker als nach einiger Zeit. Die Konstanz des Drehungswinkels tritt erst später ein. Man erklärt diese Erscheinung, welche übrigens auch bei anderen optisch aktiven Substanzen beobachtet wird, z. B. bei der Glukose, dadurch, daß in wässeriger Lösung die Monose einen Übergang in eine andere Modifikation erfährt.

Man nimmt an, daß die Aldosen und Ketosen entweder ganz oder zum größten Teil als Cyclohalbazetale vorliegen. Zwischen der Carbonyl- und der Cyclohalbazetalform besteht Carbonylcyclodesmotropie. Bei der Glukose erläutern diese Verhältnisse das folgende Bild

$$
CH_2OH \cdot (CHOH)_4 \cdot CHO \;\rightleftarrows\; CH_2OH \cdot \overset{\overbrace{\hspace{4.2cm}O\hspace{4.2cm}}}{CH \cdot CH \cdot OH \cdot CH \cdot OH \cdot CH \cdot OH \cdot \underset{*}{CHOH}} .
$$

Beim Übergang der offen strukturierten Molekel in die zyklische erscheint ein neues asymmetrisches Kohlenstoffatom (in vorstehender Formel mit * bezeichnet). Hierdurch ist das Vorhandensein zweier stereoisomerer Zucker bedingt: am ersten Kohlenstoffatom sind zwei verschiedene räumliche Anordnungen der Gruppen möglich. Die beiden Cyclohalbazetalformen nennt man α- bzw. β-Glukose. Die Mutarotation erklärt man nun dadurch, daß unmittelbar nach der Lösung der Glukose diese in der offenen Form vorliegt, der ein bestimmter Drehungswert zukommt. Allmählich lagert sich nun die offene Form in ein Gemisch der zyklischen α- und β-Formen um, wodurch sich eine Änderung des Drehungsvermögens ergibt. Nach Beendigung der Umlagerung bleibt die Drehung konstant.

Die Pentosen lassen sich durch eine charakteristische Reaktion erkennen. Beim Kochen mit verdünnten Säuren (Schwefelsäure oder Salzsäure) wird Furfurol gebildet, das sich im Destillat nachweisen läßt. Furfurol färbt sich mit Anilin oder Xylidin und Salzsäure schön rot. Furfurol wurde zuerst durch Destillation von Kleie (furfur, daher der Name „Furfurol") mit verdünnter Schwefelsäure erhalten. Es ist ein zur Gruppe der zyklischen Verbindungen gehörender Aldehyd, $C_4H_3O \cdot CHO$, ein Abkömmling des Furans (s. später).

In vielen Pflanzen finden sich Polyosen der Pentosen, welche **Pentosane** genannt werden. Auch sie bilden beim Kochen mit verdünnten Säuren Furfurol.

Man kann Arabinose durch Abbau aus der Glukose synthetisch erhalten und anderseits Glukose synthetisch aus der Arabinose durch Aufbau. Diese Synthesen lassen sich auf folgende Weise ermöglichen.

1. **Bildung von Arabinose aus Glukose.**

Ein Oxydationsprodukt der Glukose ist die Glukonsäure; wird diese mit Wasserstoffsuperoxyd und Ferriazetat behandelt, so spaltet sich Kohlendioxyd ab, und unter gleichzeitiger Oxydation entsteht Arabinose:

$$\underbrace{CHO \cdot (CHOH)_4 \cdot CH_2OH}_{\text{Glukose}} + O = \underbrace{CO_2H \cdot (CHOH)_4 \cdot CH_2OH}_{\text{Glukonsäure}}$$

$$CO_2H \cdot (CHOH)_4 \cdot CH_2OH + O = \underbrace{CHO \cdot (CHOH)_3 \cdot CH_2OH}_{\text{Arabinose}} + CO_2 + H_2O.$$

2. **Bildung von Glukose aus Arabinose.**

Man läßt auf Arabinose Blausäure einwirken und verseift das Oxysäurenitril zu Glukonsäure, die bei der Reduktion mit Natriumamalgam in Glukose übergeht.

Um eine klare Einordnung der einzelnen Zuckerarten zur d-(dextro-) oder l-(laevo-) Gruppe zu ermöglichen, hat Emil Fischer vorgeschlagen, die tatsächliche Drehung der Zucker als nicht wesentlich zu erachten, sondern in erster Linie Rücksicht auf die genetischen Zusammenhänge zu nehmen. Die rechtsdrehende Glukose wird als Stammsubstanz der d-Reihe angesehen und die aus ihr durch Abbau oder Umbau entstehenden Produkte als d bezeichnet. Die in der Natur vorkommende Fruktose wurde daher trotz ihrer Linksdrehung wegen ihrer nahen Beziehungen zur d-Glukose als d-Fruktose bezeichnet, hingegen die linksdrehende Arabinose als l-Arabinose. Wohl und Freudenberg haben nun vorgeschlagen, die tatsächliche Drehung eines Zuckers durch das Zeichen + oder — und die aus dem genetischen Zusammenhang sich ergebende Konfiguration durch d und l zu bezeichnen.

Man benutzt den Buchstaben d, wenn die Konfiguration der dem CH_2OH-Komplex benachbarten CHOH-Gruppe die des Traubenzuckers (nachfolgendes Bild I) den Buchstaben l, wenn die „spiegelbildliche" Konfiguration II (s. nachfolgendes Bild) vorliegt:

$$
\begin{array}{ccc}
\text{H}-\overset{\displaystyle |}{\text{C}}-\text{OH} & \qquad & \text{HO}-\overset{\displaystyle |}{\text{C}}-\text{H} \\
\underset{\displaystyle |}{|} & & \underset{\displaystyle |}{|} \\
\text{CH}_2\text{OH} & & \text{CH}_2\text{OH} \\
\text{I} & & \text{II}
\end{array}
$$

Für die natürlich vorkommende Fruktose ergibt sich hieraus das Symbol d(-)Fruktose. Die nachfolgenden Formeln für Glukose und Fruktose erläutern diese Bezeichnungen:

$$
\begin{array}{ccc}
\text{CHO} & \qquad\qquad & \text{CH}_2\text{OH} \\
| & & | \\
\text{H}-\text{C}-\text{OH} & & \text{CO} \\
| & & | \\
\text{HO}-\text{C}-\text{H} & & \text{HO}-\text{C}-\text{H} \\
| & & | \\
\text{H}-\text{C}-\text{OH} & & \text{H}-\text{C}-\text{OH} \\
| & & | \\
\text{H}-\text{C}-\text{OH} & & \text{H}-\text{C}-\text{OH} \\
| & & | \\
\text{CH}_2\text{OH} & & \text{CH}_2\text{OH} \\
\underline{\qquad\text{d}(+)\text{-Glukose}\qquad} & & \underline{\qquad\text{d}(-)\text{-Fruktose}\qquad}
\end{array}
$$

Zum Nachweis von Pentosen im Harn benutzt man **Bials** Reagenz, von welchem 3 ccm nach dem Aufkochen noch heiß mit 3 Tropfen Harn versetzt werden. Pentoseharn färbt sich grün und Amylalkohol nimmt den Farbstoff mit gleicher Farbe auf. **Bials** Reagenz besteht aus 500 ccm Salzsäure (spez. Gew. 1,151), 1 g Orzin (S. 408) und 20 Tropfen Ferrichloridlösung.

Hexosen.

Zu den Hexosen gehören **Glukose (Traubenzucker), Fruktose, (Lävulose, Fruchtzucker), Mannose, Galaktose, Sorbose.**

1. Glukose oder **Traubenzucker**, $C_6H_{12}O_6$, auch **Dextrose** genannt, findet sich in dem Safte der Weintrauben, der Feigen, neben Fruktose im Honig und in vielen süß schmeckenden Früchten. Das Blut, die Leber und andere innere Organteile der Säugetiere enthalten kleine Mengen Glukose; bei einigen Krankheiten, z. B. der Harnruhr (Diabetes mellitus), wird sie in erheblicher Menge erzeugt und mit dem Harn abgeschieden (**Harnzucker**). Aus dem Rohrzucker entsteht neben Fruktose Glukose, wenn Lösungen des ersteren mit verdünnten Säuren erwärmt, „invertiert" werden (**Invertzucker**). Der Honig besteht im wesentlichen aus einem Gemisch von Glukose und Fruktose.

Fabrikmäßig wird Glukose dargestellt durch Erhitzen von Stärkemehl mit verdünnten Säuren. Man nennt die Glukose daher auch **Stärkezucker (Saccharum amylaceum)**.

Glukose ist eine Aldohexose. Die Aldohexosen enthalten 4 asymmetrische Kohlenstoffatome. Es sind daher 16 stereoisomere Aldohexosen möglich und zum großen Teil auch bekannt. Daß in Aldohexosen 5 Hydroxylgruppen vorhanden sind, läßt sich durch die Darstellung eines Pentaazetylderivates (eines Derivates, das durch Eintritt von 5 Essigsäureresten (Acetylgruppen) — $COCH_3$ für 5 Hydroxylwasserstoffatome des Zuckers entsteht) erweisen.

Glukose kristallisiert aus Wasser mit 1 Mol. Kristallwasser meist in kleinen, farblosen, warzenförmigen, süß schmeckenden Kristallen. 100 T. Wasser lösen bei normaler Temperatur 100 T. der kristallwasserhaltigen, 100 T. 85 proz. Alkohols bei 17^0 2 T. der kristallwasserfreien Glukose, bei Siedehitze 21,7 T. Der Schmelzpunkt reiner wasserfreier Glukose liegt bei 146^0. Das Osazon der d-Glukose (d-**Glukosazon**) schmilzt bei raschem Erhitzen bei 204—205^0. Glukose läßt sich leicht vergären. **Sie lenkt den polarisierten Lichtstrahl nach rechts ab und zeigt Mutarotation.** Vgl. S. 374.

Weiße, geruchlose Kristalle oder weißes, geruchloses Pulver von süßem Geschmack, löslich in etwa 1,5 T. Wasser. Die wässerige Lösung dreht den polarisierten Lichtstrahl nach rechts. Das Drehungsvermögen einer 10 proz., mit 1 Tropfen Ammoniakflüssigkeit versetzten wässerigen Lösung des bei 105^0 getrockneten Traubenzuckers beträgt $[\alpha]_D^{20^0} = + 52,5^0$.

Beim Erhitzen der wässerigen Lösung (1 + 19) mit alkalischer Kupfertartratlösung bis zum einmaligen Aufkochen entsteht ein roter Niederschlag (von Kupferoxydul).

Die wässerige Lösung (1 + 19) sowie die unter gelindem Erwärmen bereitete weingeistige Lösung (1 + 49) müssen klar und farblos sein; die wässerige Lösung darf Lackmuspapier nicht verändern (Alkalien, freie Säuren). Die wässerige Lösung (1 + 19) darf weder nach Zusatz von 3 Tropfen verdünnter Essigsäure durch 3 Tropfen Natriumsulfidlösung (Schwermetallsalze), noch durch Silbernitratlösung (Salzsäure), noch durch Bariumnitratlösung (Schwefelsäure), noch nach Zusatz von Ammoniakflüssigkeit durch Ammoniumoxalatlösung (Kalziumsalze) verändert werden. Die unter Kühlung bereitete Lösung von 1 g Traubenzucker in 15 ccm Schwefelsäure darf bei einer Temperatur von 10—15^0 innerhalb $^1/_4$ Stunde höchstens gelb gefärbt werden (Rohrzucker). 0,2 g Traubenzucker dürfen durch Trocknen bei 105^0 höchstens 0,002 g an Gewicht verlieren und nach dem Verbrennen keinen wägbaren Rückstand hinterlassen (D. A. B. VI).

In gut verschlossenen Gefäßen aufzubewahren.

Durch Oxydation entsteht aus der Glukose Glukonsäure,

$$CH_2 \cdot OH{-}(CH \cdot OH)_4{-}CO_2H .$$

Weitere Oxydation führt die Glukonsäure in Zuckersäure,

$$CO_2H{-}(CH \cdot OH)_4{-}CO_2H ,$$

über.

2. Fruktose oder Fruchtzucker ist eine Ketose. Das Vorkommen der Fruktose ist bereits bei der Glukose erwähnt. Während Stärkemehl bei der Hydrolyse (Kochen mit verdünnten Säuren) ausschließlich Glukose liefert, entsteht durch Hydrolyse einer in den Dahliaknollen vorkommenden Polyose, des Inulins, ausschließlich Fruktose.

Fruktose kann aus der Melasse gewonnen werden, indem 1 T. dieser in 6 T. Wasser gelöst und mit Salzsäure invertiert wird. Die Menge der Säure ist je nach dem Aschengehalt der Melasse zu bemessen.

Nach beendigter Inversion wird durch Zusatz von Eis die Temperatur auf 0^0 ermäßigt und durch Zusatz von Kalkmilch unter Umrühren Fruktosekalk gefällt. Die Farbstoffe und andere Nebenstoffe der Melasse werden von dem Glukosekalk in Lösung gehalten. Man sammelt den Fruktosekalk, wäscht ihn mit Eiswasser aus und zerlegt ihn mit Kohlendioxyd.

Fruktose kristallisiert schwer; Schmelzpunkt 95^0. Sie löst sich leicht in Wasser. Sie dreht die Ebene des polarisierten Lichtes nach links, trotzdem wird sie als d-Fruktose bezeichnet. Das geschieht, weil die d-Glukose über das Osazon und Oson in Fruktose übergeht und letztere deshalb mit der d-Glukose in genetischem Zusammenhange steht.

Fruktose liefert bei der Oxydation mit Quecksilberoxyd bei Gegenwart von Bariumhydroxyd u. a. Trioxyglutarsäure.

$$CO_2H{-}(CH \cdot OH)_3{-}CO_2H .$$

Das Osazon der Fruktose ist mit dem der Glukose identisch.

Mel, Honig, besteht hauptsächlich aus den von Arbeitsbienen (Apis mellifica) aufgesogenen Nektarsäften der Blumen, welche von den Bienen in die Wabenzellen entleert und zur Ernährung der jungen Brut aufgespeichert werden. Zur Gewinnung läßt man den Honig unter schwachem Erwärmen aus den Honigwaben ausfließen oder schleudert ihn mittels Zentrifugen aus diesen aus.

Honig ist gelblich bis braun, frisch von Sirupkonsistenz, durchscheinend, durch längeres Stehen dicker und kristallinisch werdend, von angenehmem, eigenartigem Geruch und süßem Geschmack. Spez. Gew. 1,410—1,445. Er reagiert schwach sauer und besteht im wesentlichen aus Glukose und Fruktose neben etwas Rohrzucker sowie geringen Mengen Farbstoffen, Wachs, freier Ameisensäure und Eiweißstoffen. Unter dem Mikroskop erkennt man Blütenpollen verschiedener Gestalt.

Verfälschungen durch Stärkesirup und Rohrzucker sind nicht immer leicht nachzuweisen; die Honiglösung zeigt zufolge des höheren Fruktosegehaltes eine Linksdrehung, doch gibt es auch echte Honige (z. B. Koniferenhonige), welche die Ebene des polarisierten Lichtes nach rechts ablenken.

D. A. B. VI läßt den Honig, wie folgt, auf Verfälschungen prüfen:

Die wässerige Lösung $(1 + 2)$ muß eine Dichte von mindestens 1,11 besitzen. Die filtrierte wässerige Lösung darf durch Silbernitratlösung (Salzsäure) und durch Bariumnitratlösung (Schwefelsäure) nur schwach getrübt und beim Vermischen mit 1 T. Ammoniakflüssigkeit (fremde Farbstoffe) in der Farbe nicht sofort verändert werden. 5 ccm dieser Honiglösung dürfen durch einige Tropfen Salzsäure nicht sofort rosa oder rot gefärbt werden (Azofarbstoffe).

Zum Nachweis von Kunsthonig eignet sich sehr gut die Fiehesche Reaktion, die den Nachweis von Oxymethylfurfurol, $C_5H_2O_2(CH_3)OH$, gestattet, eine Verbindung, welche in kleiner Menge immer in technischem Invertzucker vorkommt. Zur Ermittelung dieser Substanz verreibt man 5 g Honig in einer Reibschale mit etwa 10 g Äther, filtriert die ätherische Lösung in ein Porzellanschälchen und läßt das Lösungsmittel bei gewöhnlicher Temperatur verdunsten. Befeuchtet man den vollkommen trockenen Rückstand mit einigen Tropfen Resorzinsalzsäurelösung (1 g Resorzin in 100 g Salzsäure vom spez. Gew. 1,19), so darf er sich nicht kirschrot färben. Werden 15 ccm der wässerigen Lösung (1 + 2) auf dem Wasserbad erwärmt, mit 0,5 ccm Gerbsäurelösung versetzt und nach der Klärung filtriert, so darf 1 ccm des erkalteten, klaren Filtrats nach Zusatz von 2 Tropfen rauchender Salzsäure durch 10 ccm absoluten Alkohol nicht milchig getrübt werden (Stärkesirup, Dextrin). Zum Neutralisieren von 10 g Honig dürfen nach dem Verdünnen mit der fünffachen Menge Wasser höchstens 0,5 ccm n-Kalilauge verbraucht werden, Phenolphthalein als Indikator (verdorbener, saurer Honig).

2 g Honig dürfen nach dem Verbrennen nicht weniger als 0,002 g und nicht mehr als 0,016 g Rückstand hinterlassen.

Zu arzneilichem Gebrauch wird Honig durch Auflösen in Wasser, Klären und Kolieren gereinigt und durch Wiedereindampfen zur Sirupkonsistenz gebracht.

Einen gereinigten Honig, **Mel depuratum**, bereitet man, indem man 40 T. Honig in 60 T. Wasser löst und mit 3 T. durch Behandlung mit Salzsäure und nachheriges Auswaschen mit Wasser von Eisen befreitem weißen Ton anrührt, eine halbe Stunde lang auf dem Wasserbad erwärmt, nach dem Absetzen heiß filtriert und durch Eindampfen auf dem Wasserbade bis zur Dichte 1,34 bringt.

Zum Neutralisieren von 10 g gereinigtem Honig dürfen nach dem Verdünnen mit der fünffachen Menge Wasser höchstens 0,4 ccm n-Kalilauge verbraucht werden (Phenolphthalein als Indikator).

3. Mannose ist eine durch vorsichtige Oxydation des Mannits zu erhaltende Aldose und wird praktisch am besten aus Steinnußspänen durch Kochen mit verdünnter Schwefelsäure dargestellt. Sie bildet in reinem Zustande bei 136° schmelzende Kristalle. Mannose und Glukose sind stereoisomer. Die Stereoisomerie wird auf eine verschiedene Anordnung der Gruppen am α-Kohlenstoffatom zurückgeführt:

$$CH_2 \cdot OH—CH \cdot OH—CH \cdot OH—CH \cdot OH—\overset{\alpha}{C}H \cdot OH—C\underset{H}{\overset{O}{\diagup}}.$$

4. Galaktose wird durch Hydrolyse des Milchzuckers dargestellt und kann auch durch vorsichtige Oxydation des sechswertigen Alkohols **Dulcit** gewonnen werden. Galaktose schmilzt bei 168°, ihre wässerige Lösung lenkt die Ebene des polarisierten Lichtes stark rechts ab; sie zeigt Mutarotation. Galaktose läßt sich vergären. Sie ist eine Aldose, denn sie geht bei vorsichtiger Oxydation in eine Säure mit 6 Kohlenstoffatomen, die **Galaktonsäure**, $C_6H_{12}O_7$, über. Bei weiterer Oxydation wird **Schleimsäure**,

$$CO_2H—(CH \cdot OH)_4—CO_2H,$$

gebildet.

5. Sorbose, **Sorbin**, findet sich im Safte der Vogelbeeren (Sorbus aucuparia). Schmelzpunkt 154°. Ist durch Hefe nicht vergärbar.

Als allgemeine Reaktion für Hexosen wird die Bildung von **Lävulinsäure** angesprochen, die beim Kochen der Hexosen mit konzentrierter Salzsäure entsteht. Als Nebenprodukt werden braune Massen (Humusstoffe) abgeschieden.

Lävulinsäure, $CH_3—CO—CH_2—CH_2—CO_2H$, ist eine γ-Ketonsäure; sie bildet ein in Wasser schwer lösliches Silbersalz.

b) Disaccharide.

Zu den Disacchariden gehören **Rohrzucker**, **Milchzucker**, **Maltose**, **Melibiose**, **Mykose**, **Isomaltose**, **Zellobiose**.

Rohrzucker, **Saccharose**, **Saccharum**, $C_{12}H_{22}O_{11}$, findet sich im Safte des **Zuckerrohrs** (Saccharum officinarum L.), der Zuckerrübe (mehrerer durch

Kultur erzeugter Spielarten von Beta vulgaris), des Zuckerahorns (Acer dasy-carpum Willd.), des Sorghos (Sorghum vulgare Pers.) und in vielen anderen Pflanzen. Für Europa ist die Rübenzuckergewinnung von größter Bedeutung geworden.

Rohrzuckergewinnung aus den Rüben. Die 15—20 % Zucker enthaltenden Rüben werden zunächst in eisernen, mit Flügelwelle versehenen Zylindern gewaschen, das Kopfende und etwaige faulige Stellen durch Ausschneiden beseitigt und sodann zu einem gleichmäßigen Brei zerquetscht. Zweckmäßig macht man den Brei durch Hinzu-fügen von Wasser noch dünnflüssiger und preßt ihn dann aus (Preßverfahren). Man kann auch durch Zentrifugieren den Saft von den festen Bestandteilen sondern. Zur Zeit wird das Diffusionsverfahren bevorzugt, welches darin besteht, daß die in feine „Schnitzel" gebrachten Rüben in Diffusionsapparaten mit Wasser ausgelaugt werden.

Der nach der einen oder anderen Methode gewonnene Saft wird auf 80⁰ erwärmt, mit frisch gelöschtem Kalk versetzt, bis zum Sieden erhitzt und einige Zeit im Kochen erhalten. Die freien Säuren des Saftes (Oxalsäure, Zitronensäure u. a.) werden an Kalzium gebunden, und mit diesen Kalksalzen scheiden sich Eiweiß, Schleim und andere Ver-unreinigungen des Saftes teils als feste Schaumdecke, teils als schlammiger Bodensatz ab. Man überläßt die Flüssigkeit kurze Zeit dem Klären, sammelt den Schlamm, welcher noch-mals mit Wasser ausgezogen wird, und bringt die vom Bodensatz befreite Flüssigkeit auf die Vorfilter, das sind Eisenblechkästen mit siebartig durchlöchertem Boden. Der Boden ist mit einem Tuche bedeckt, auf welchem eine Schicht gekörnter Knochenkohle aus-gebreitet ist. In den filtrierten Saft, welcher neben Salzen freien und an Kalzium gebundenen Zucker (Kalziumsaccharat) enthält, wird Kohlendioxyd zur Zerlegung des Kalzium-saccharats geleitet. Nach dem Absetzen des Kalziumkarbonats wird die überstehende klare Zuckerlösung zur Entfärbung durch mit gekörnter Knochenkohle gefüllte zylindrische Gefäße gedrückt und der erhaltene „Dünnsaft" in großen Vakuumapparaten eingedickt. Der „Dicksaft" wird nochmals durch Knochenkohle filtriert und sodann in den Vakuum-apparaten bis zur Kristallisation eingedampft. Man benutzt zur Klärung der gefärbten Zuckersirupe an Stelle der Knochenkohle auch die entfärbende Kraft der schwefligen Säure. — Der kristallisierende Anteil, die Moskowade, wird von der nicht kristallisieren-den Melasse, einem dicken braunen Sirup, getrennt und den Zuckerraffinerien übergeben, in welchen durch nochmaliges Umkristallisieren schließlich der reine Zucker in Form von Hutzucker, Würfelzucker, Farin dargestellt wird.

Zu dem Zwecke läßt man die im Vakuum hinreichend eingekochte Flüssigkeit in einen geräumigen, durch Dampf heizbaren Kessel, den Kühler, abfließen, erhitzt in diesem zunächst auf 85—90⁰ und überläßt einem ganz allmählichen Abkühlen unter zeitweiligem Umrühren. Sobald sich Kristalle in reichlicher Menge abscheiden, schöpft man die Flüssig-keit in die bekannten Zuckerhutformen aus Eisenblech, welche im Innern mit Kopallack überzogen sind und in der Spitze eine durch Stopfen verschließbare Öffnung besitzen. Man rührt den Inhalt der gefüllten Form häufig um, entfernt, nachdem er erstarrt ist, den Stopfen und läßt die Mutterlauge abfließen. Es bleibt jedoch eine gewisse Menge des gelb bis bräunlich gefärbten Sirups in den Zwischenräumen der Kristalle hängen und erteilt dem Zuckerbrote eine gelbliche Färbung. Zur Beseitigung des Sirups befestigt man die Formen mit der offenen Spitze auf Röhren, in denen ein luftverdünnter Raum hergestellt ist (Nutschapparat) und bringt auf die obere, breite Fläche des Zuckerhutes eine Schicht farblosen Zuckersirups (das „Decken" des Zuckers). Diese durchdringt allmählich das Zuckerbrot und verdrängt die gefärbte Mutterlauge, welche durch die Tätigkeit des Nutsch-apparates in die Röhren abfließt. Das Zuckerbrot erscheint dann bis auf die Spitze weiß; die gelblich gefärbte Spitze wird abgeschlagen, dem Brote eine neue Spitze angedreht und dasselbe schließlich bei 25—40⁰ völlig ausgetrocknet.

In den eingekochten Saft pflegt man vor dem Ausschöpfen in die Form eine geringe Menge Ultramarinblau einzurühren, wodurch der Raffinadezucker einen schwach bläu-lichen Ton erhält und eine „blendende Weiße" vortäuscht.

Zur Bereitung von Melis verwendet man den von der Raffinade abfließenden Sirup, welcher auf „gröberes Korn" eingekocht wird.

Unter Kandis versteht man einen großkristallisierten Zucker.

Aus der Melasse, in welcher noch reichlich kristallisierbarer Zucker enthalten ist, wird durch weitere Konzentration das sog. Nachprodukt oder Farin gewonnen. Schließ-lich scheidet man den darin noch enthaltenen Rohzucker entweder durch das Osmose-oder das Elutionsverfahren ab. Ersteres Verfahren bezweckt, den großen Salzgehalt der Melasse durch Dialyse zu entfernen; der Salzgehalt verhindert die Kristallisierbarkeit des Zuckers. Bei dem Elutionsverfahren bindet man den Rohzucker an Strontium-hydroxyd. Diese Verbindung ist in einer heißen Lösung des Strontiumhydroxyds nahezu unlöslich. Es scheidet sich beim Kochen von Melasse mit Strontiumhydroxyd ein Strontiumbisaccharat ab, das abgenutscht wird und in der Kälte wieder zerfällt in auskristallisierendes Strontiumhydroxyd, das dem Betriebe zurückgegeben wird, und eine Zuckerlösung. Man leitet in diese zur völligen Abscheidung des Strontiums Kohlendioxyd ein und dampft das Filtrat von der Strontiumkarbonatfällung zur Gewinnung von kristallisiertem Rohrzucker (Melis) ein.

Rübenmelasse findet auch Verwendung zur Gewinnung von Weingeist.

Rohrzucker kristallisiert in farblosen, monoklinen Prismen, welche sich leicht in Wasser zu einer klaren, rein süß schmeckenden Flüssigkeit lösen. In 90 proz. Alkohol ist er schwer löslich. Die wässerige Lösung lenkt den polarisierten Lichtstrahl nach rechts ab. In 10 proz. wässeriger Lösung beträgt $[\alpha]_D^{20°} =$ $+ 66,496°$ oder nach **Tollens** für jede Konzentration $[\alpha]_D^{20°} = + 66,386$ $+ 0,015035 \cdot P - 0,0003986 \cdot P^2$ (P = Prozentgehalt an Rohrzucker). Aus 3 T. Rohrzucker und 2 T. Wasser bereitet man den arzneilich verwendeten **Zuckersirup (Sirupus simplex, Sirupus Sacchari)**. Rohrzuckerlösung ist in der Wärme ohne Einwirkung auf **Fehling**sche Lösung. Beim Erhitzen bis auf 160° schmilzt Rohrzucker und erstarrt beim Erkalten zu einer glasigen Masse (**Gerstenzucker**), welche erst nach längerem Liegen wieder kristallinisch wird. Beim Erhitzen bis auf 200° geht Rohrzucker in **Karamel** über; eine wässerige Lösung von Karamel dient als „**Zuckercouleur**" zum Braunfärben von Likören, Soßen usw.

Auf dem Platinblech stark erhitzt, schwärzt sich Rohrzucker unter reichlicher Entwicklung von Kohlenoxyd, Methan, Kohlendioxyd usw.. Auch beim Übergießen mit konz. Schwefelsäure findet Verkohlung des Zuckers statt. Mit starken Basen vereinigt sich Rohrzucker zu **Saccharaten**; setzt man zu Zuckersirup Kalziumhydroxyd, so wird dieses in beträchtlicher Menge gelöst, und auf Zusatz von Weingeist fällt ein **Kalziumsaccharat** aus. Einige Metalloxyde (Kupferoxyd, Eisenoxyd), welche in reinem Wasser unlöslich sind, werden von zuckerhaltigem Wasser in kleiner Menge gelöst, namentlich bei Gegenwart von Alkalien (vgl. **Ferrum oxydatum saccharatum**). Rohrzuckerlösungen werden beim Erwärmen mit verdünnter Schwefelsäure oder Salzsäure **invertiert**, d. h. ihr Drehungsvermögen wird umgekehrt. Es entstehen dabei, indem 1 Molekel Rohrzucker, 1 Molekel Wasser aufnimmt, 1 Molekel Glukose und 1 Molekel Lävulose. Während Rohrzucker stark rechts dreht, ist der durch **Inversion** erhaltene Invertzucker (Glukose + Lävulose) linksdrehend. Fruktose dreht stärker nach links als Glukose entsprechend nach rechts.

Die Konstitutionsformel des Rohrzuckers:

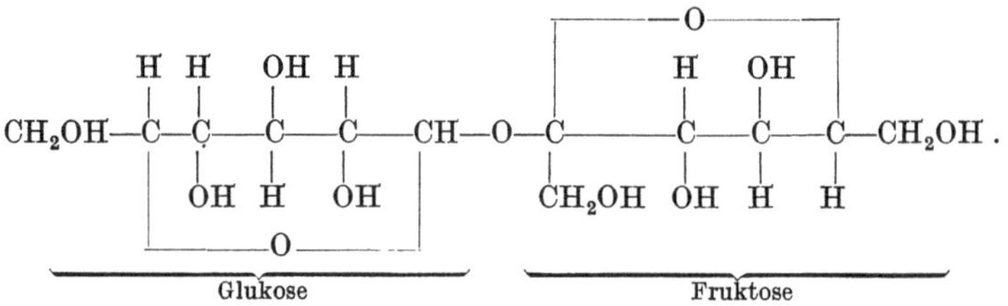

$$
\begin{array}{c}
\text{CH}_2\text{OH—C—C—C—C—CH—O—C—C—C—C—CH}_2\text{OH}
\end{array}
$$

<table>
<tr><td></td><td>H</td><td>H</td><td></td><td>OH</td><td>H</td><td></td><td></td><td></td><td>H</td><td>OH</td><td></td></tr>
</table>

CH₂OH—C—C—C—C—CH—O—C—C—C—C—CH₂OH (Glukose | Fruktose)

hat **Haworth** bewiesen, die Glukosehälfte ist δ-, der Fruktoseanteil γ-oxydisch.

D. A. B. VI stellt an den arzneilich verwendeten Rohrzucker die folgenden Anforderungen:

2 g Zucker müssen sich in 1 ccm Wasser ohne Rückstand zu einem farb- und geruchlosen, rein süß schmeckenden Sirup lösen (fremde Beimengungen, Farbstoffe). Dieser Sirup muß beim Vermischen mit 5 ccm Weingeist klar bleiben (Dextrin, Kalziumsulfat, andere Beimengungen). Die wässerige Lösung darf Lackmuspapier nicht verändern (freie Säure, Saccharate). Die wässerige Lösung (1 + 19) darf nach Zusatz von 3 Tropfen verdünnter Essigsäure durch 3 Tropfen Natriumsulfidlösung nicht verändert (Schwermetallsalze), durch Ammoniumoxalatlösung (Kalziumsalze) oder Silbernitratlösung (Salzsäure)

höchstens opalisierend getrübt und durch Bariumnitratlösung (Schwefelsäure) nicht sofort verändert werden. Wird eine Mischung von 6 ccm der wässerigen Lösung (1 + 19) mit 5 ccm alkalischer Kupfertartratlösung bis zum einmaligen Aufkochen erhitzt, so darf nicht sofort eine gelbliche oder rötliche Ausscheidung erfolgen (Invertzucker und andere reduzierende Stoffe).

0,2 g Zucker dürfen nach dem Verbrennen keinen wägbaren Rückstand hinterlassen.

Milchzucker, Laktose, Laktobiose, Saccharum Lactis, $C_{12}H_{22}O_{11}$ + H_2O, Mol.-Gew. 360,2 findet sich in der Milch der Säugetiere. Frauenmilch enthält ca. 5%, Kuhmilch 4—5% Milchzucker. Die Gewinnung desselben geschieht aus der Kuhmilch in größeren Molkereien, indem man die Molken — die nach Entfernung des Butterfettes und des Kaseins aus der Kuhmilch hinterbleibende Flüssigkeit — in Vakuumapparaten zu einem dünnen Sirup eindunstet. Es werden Holzstäbe eingehängt, an welchen sich die Milchzuckerkristalle ansetzen. Durch mehrmaliges Umkristallisieren wird Milchzucker in Form rhombischer Kristalle mit 1 Mol. Wasser erhalten. Diese lösen sich in 6 T. Wasser von 20° und in 1 T. siedendem Wasser und werden von absolutem Alkohol und von Äther nicht aufgenommen. Die wässerige Lösung dreht den polarisierten Lichtstrahl nach rechts; $[\alpha]_D^{20°} = + 52,5°$. Milchzucker schmeckt nur wenig süß. Er reduziert Fehlingsche Lösung und alkalische Wismutoxydlösung.

Reine Hefe versetzt Milchzucker nicht in Gärung, jedoch wird diese durch zymogene Schizomyzeten veranlaßt. Es wird neben Milchsäure hierbei stets Alkohol gebildet. In der Kirgisensteppe bereitet man aus Stutenmilch ein alkoholisches Getränk, Kumys genannt, aus Kuhmilch ein solches, welches Kefir heißt und als diätetisches Heilmittel angewendet wird. Yoghurt wird ein in Bulgarien, neuerdings auch in Deutschland mit Hilfe des Fermentes Maya aus Milch hergestelltes Präparat genannt, das dieser eine dickliche Beschaffenheit und bananenartigen Geschmack verleiht. Bei Verdauungskrankheiten empfohlen. Das Sauerwerden der Milch beruht darauf, daß ein Teil des Milchzuckers in Milchsäure übergeht, welch letztere die Gerinnung des Kaseins und damit das „Dickwerden" der Milch bewirkt.

Durch Hydrolyse zerfällt Milchzucker in Galaktose und Glukose.

Die Konstitutionsformel des Milchzuckers läßt sich durch das Bild veranschaulichen:

$$CH_2OH \cdot CH \cdot CHOH \cdot CHOH \cdot CHOH \cdot CH$$

(Galaktoserest.)

$$CH_2OH \cdot CH \cdot CH \cdot CHOH \cdot CHOH \cdot CHOH \cdot$$

(Glukoserest.)

Prüfung nach D. A. B. VI: Werden 5 ccm der wässerigen Lösung (1 + 19), mit 5 ccm alkalischer Kupfertartratlösung bis zum einmaligen Aufkochen erhitzt, so entsteht ein roter Niederschlag.

Die heiß hergestellte wässerige Lösung (1 + 1) muß klar und darf höchstens schwach gelblich gefärbt sein (organische Verunreinigungen). Die wässerige Lösung (1 + 19) darf Lackmuspapier kaum verändern (Alkalien, Säuren) und nach Zusatz von 3 Tropfen verdünnter Essigsäure durch 3 Tropfen Natriumsulfidlösung nicht verändert werden (Schwermetallsalze). Die wässerige Lösung (1 + 19) darf nach dem Ansäuern mit einigen Tropfen Salzsäure durch 0,5 ccm Kaliumferrozyanidlösung nicht sofort gebläut werden (Eisensalze). Wird eine Lösung von 1 g Milchzucker in 9 ccm Wasser nach Zusatz von 0,1 g Resorzin und 1 ccm Salzsäure 5 Minuten lang gekocht, so darf die Flüssigkeit keine rote Farbe annehmen (Rohrzucker). Wird die wässerige Lösung (1 + 9) mit 1 ccm Natronlauge und 1 Tropfen Kupfersulfatlösung versetzt, so muß eine schwach blau, nicht aber violett gefärbte Lösung entstehen (Eiweißstoffe).

Milchzucker muß geruchlos sein.

2 g Milchzucker dürfen nach dem Verbrennen höchstens 0,005 g Rückstand hinterlassen.

Maltose wird aus Stärkemehl durch Einwirkung von Diastase gewonnen und ist im Malz enthalten. Ein in der Hefe enthaltenes Ferment führt vor Eintritt der Gärung die Maltose in zwei Molekeln Glukose über.

Maltose kristallisiert in feinen weißen Nadeln. Sie dreht die Ebene des polarisierten Lichtes stark nach rechts. Beim Kochen mit verdünnten Mineralsäuren wird nur d-Glukose gebildet.

Die Konstitutionsformel der Maltose läßt sich durch das Bild veranschaulichen:

$$CH_2OH \cdot CH \cdot CHOH \cdot CHOH \cdot CHOH \cdot CH - O - CH \cdot CHOH \cdot CHOH \cdot CHOH .$$

Es handelt sich um eine 4-Glykosido-Glukose.

Mykose, Trehalose, findet sich im Mutterkorn und in der Trehalamanna. Mykose ist der Maltose strukturisomer und wird durch das in dem Pilz Aspergillus niger vorkommende Enzym Trehalase in 2 Mol. d-Glukose gespalten.

c) Trisaccharide.

Zu den Trisacchariden gehören Raffinose, Melezitose, Stachyose, Gentianose.

Raffinose, Melitose, Melitriose, $C_{18}H_{32}O_{16} + 5H_2O$, kommt in reichlicher Menge in der von Eukalyptusarten gewonnenen australischen Manna vor, in geringerer Menge im Baumwollensamenmehl und in den Runkelrüben. Raffinose wird aus den Mutterlaugen von der Rübenzuckerkristallisation (aus der Melasse) gewonnen. Raffinose zerfällt bei der Hydrolyse in d-Glukose, d-Fruktose und d-Galaktose.

Melezitose, $C_{18}H_{32}O_{16} + 2H_2O$, kommt im Safte von Pinus larix und in der persischen Manna vor. Schmilzt wasserfrei bei 148°.

Stachyose, $C_{18}H_{32}O_{16}$, ist aus den Wurzelknollen von Stachys tubifera gewonnen worden.

Gentianose kommt in der Wurzel von Gentiana lutea vor.

d) Polysaccharide.

Die Polysaccharide sind meist amorphe, nicht süß schmeckende Stoffe, die durch Hydrolyse in Pentosen und Hexosen spaltbar sind.

Zu den Polyosen gehören Zellulose, Lignin, Stärkemehl, Dextrin, Inulin, Glykogen, Lichenin, Arabin (Gummi), Pflanzenschleime, Pektinstoffe.

Zellulose, $(C_6H_{10}O_5)_n$, kommt in mehr oder weniger reinem Zustand in allen Pflanzen vor, den Hauptbestandteil der Zellwandungen bildend. Meist ist Zellulose von fremdartigen Stoffen durchsetzt, die nur schwer daraus abgeschieden werden können. Der wesentliche Bestandteil des Holzes, die Flachsfaser, Baumwolle, Holundermark usw. sind Zellulose. In besonders reiner Form kann man sie aus der Baumwolle gewinnen, indem man diese mit verdünnten Ätzalkalien, darauffolgend mit verdünnter Salzsäure, mit Chlorwasser, Wasser, Alkohol und schließlich mit Äther behandelt. Neben der Zellulose, welche man chemisch als ein Polysaccharid aus reiner β-Glukose bezeichnen kann, finden sich im Pflanzenkörper noch andere Polysaccharide, die durch chemische Mittel leichter angreifbar sind als die Zellulose und den Namen Hemizellulosen führen.

Reine Zellulose ist ein weißer, etwas durchscheinender Stoff, welcher eine große Aufsaugungsfähigkeit für Flüssigkeiten besitzt und daher als Verbandwatte bei der Wundbehandlung in Anwendung kommt. Aus mehr oder weniger reiner Zellulose wird Papier bereitet und werden Zeugstoffe bzw. Kleidungsstücke hergestellt. Zur Bereitung von Papier wird Zellulose durch Erhitzen mit konzentrierter Alkalilauge oder einer Lösung von Kalziumbisulfit unter Druck vom Lignin befreit. Der erhaltene Brei wird gebleicht, auf Unterlagen aus Filz gepreßt und sodann getrocknet. Die zur Behandlung der Zellulose benutzte Sulfitlauge neutralisiert man und läßt sie zur Gewinnung von Alkohol vergären. Zellulose ist durch ihre Löslichkeit in konzentrierter wässeriger Lösung von Kupferoxydammoniak (Schweitzers Reagenz) ausgezeichnet. Bei der Einwirkung von kalter konz. Schwefelsäure auf Zellulose quillt diese zu einer kleisterartigen Masse auf (Amyloid). Wird Papier kurze Zeit in kalte konz. Schwefelsäure getaucht, so überzieht sich die Oberfläche des Papieres mit Amyloid, und man erhält Pergamentpapier. Wird Zellulose (z. B. Baumwolle oder Papier) zunächst mit konz. Schwefelsäure behandelt, dann mit verdünnter Schwefelsäure gekocht, so wird ausschließlich d-Glukose gebildet.

Starke Salpetersäure führt Zellulose in Salpetersäureester der Zellulose (fälschlich Nitrozellulose genannt) über. Je nach der Stärke der Salpetersäure, der Dauer der Einwirkung und der Höhe der hierbei obwaltenden Temperatur werden verschiedene Produkte gebildet (Kollodiumwatte, Pyroxylin oder Schießbaumwolle). Die in einem Äther-Alkohol-Gemisch lösliche Kollodiumwolle (die Flüssigkeit heißt Kollodium) besteht im wesentlichen aus einem Gemisch von Zellulosetetranitrat $[C_{12}H_{16}(ONO_2)_4O_6]_x$ und Zellulosepentanitrat $[C_{12}H_{15}(ONO_2)_5O_5]_x$ während die zu Sprengzwecken benutzte Schießbaumwolle ein Zellulosehexanitrat $[C_{12}H_{14}(ONO_2)_6O_4]_x$ darstellt.

Man gewinnt Kollodium, indem man 80 T. rohe Salpetersäure mit 200 T. roher Schwefelsäure vorsichtig vermischt und in die auf 20⁰ abgekühlte Mischung 11 T. gereinigte Baumwolle eindrückt. Man läßt 24 Stunden lang bei Zimmertemperatur stehen und bringt die Kollodiumwolle zum Abtropfen der Säure in einen Trichter, wäscht nach 24 Stunden die anhängende Säure vollständig mit Wasser aus, drückt aus und trocknet bei 25⁰. Hierauf löst man 17 T. Kollodiumwolle in einem Gemisch von 3 T. Weingeist und 21 T. Äther.

Beim Verdunsten von Kollodium hinterbleibt ein durchsichtiges Häutchen (Zelloidin). Zur Feststellung des Gehaltes eines Kollodiums an Zelloidin verfährt man wie folgt:

Man erwärmt 10 g Kollodium auf dem Wasserbad und setzt tropfenweise unter beständigem Rühren 10 ccm Wasser hinzu, wobei sich gallertartige Flocken abscheiden. Man dampft diese Mischung auf dem Wasserbad ein und trocknet den Rückstand bei 100⁰. D. A. B. VI verlangt, daß sein Gewicht mindestens 0,4—0,42 g betrage.

Ein Collodium elasticum stellt man dar durch Mischen von 97 T. Kollodium und 3 T. Rizinusöl.

Ein Spanisch-Fliegen-Kollodium (Collodium cantharidatum) bereitet man, indem man einen ätherischen Auszug grob gepulverter spanischer Fliegen mit Kollodium mischt (s. D. A. B. VI).

Mit Kampfer oder Nitronaphthalin zusammengepreßte Kollodiumwolle findet eine Anwendung als Ersatz für Hartgummi und Elfenbein und führt den Namen Zelluloid. Angezündet, verbrennt es lebhaft mit leuchtender Flamme; seine Verwendung zu Films für kinematographische Zwecke ist daher mit Gefahren verknüpft.

Läßt man Kollodium durch eine sehr feinlöcherige Düse in Wasser eintreten, so besitzt das in feinsten Fäden erhältliche Zelloidin Seidenglanz. Sie werden versponnen und zu seidenartigen Geweben verarbeitet (Kunstseide nach Chardonnet). Zur Beseitigung der Feuergefährlichkeit dieser Zeuge werden sie mittels Schwefelammon denitriert, d. h. von den Nitrogruppen befreit. Außer dieser Kunstseide gibt es noch eine solche aus Zelluloseazetaten bereitete und eine Xanthogenatseide. Zur Herstellung der letzteren behandelt man Zellulose mit Natronlauge und Schwefelkohlenstoff, wobei ein dicker Sirup (Viskose) entsteht, der das Natriumsalz der Zellulosexanthogensäure bildet. Xanthogensaure Salze sind solche der unsymmetrischen Disulfokohlensäure, z. B. ist das Natriumsalz des Äthylesters nach der Formel $NaS—CS—OC_2H_5$ zusammengesetzt. Um aus der „Viskose" Zellulosegebilde (Kunstseide, Bänder usw.) herzustellen, wird die Lösung durch feine Öffnungen oder Schlitze hindurchgepreßt (vgl. oben) und in wässerige Lösungen (Fällbäder) eintreten gelassen, in welchen die Lösung zum Erstarren gebracht wird. Die wässerigen Lösungen enthalten Schwefelsäure und darin aufgelöste Sulfate oder auch nur Natriumbisulfat. Der ganze Vorgang hat den Zweck, die ursprünglich ungeformte Zellulose in eine bestimmte, gewollte Form zu bringen.

Die vorstehend erwähnten Zelluloseazetate oder Azetylzellulosen werden durch Einwirkung von Essigsäureanhydrid bei Gegenwart von konz. Schwefelsäure auf Zellulose gebildet und als Zellon an Stelle des feuergefährlichen Zelluloids wie dieses verwendet.

Zaponlack ist eine Lösung von Kollodiumwolle in Azeton oder Amylazetat. Durch Lösen von Kollodiumwolle in „Nitroglyzerin" zu gleichen Teilen gewinnt man eine Sprenggelatine; die daraus hergestellten Sprengstoffe sind als Gelatinedynamite, Ballistit und Filit bekannt. Rauchloses Schießpulver wird aus Schießbaumwolle bereitet, die man nach dem Befeuchten mit Azeton zu einer amorphen Masse formt und körnt.

Stärkemehl, Amylum, kommt in vielen Pflanzenzellen in Form mikroskopischer, eigentümlich geschichteter Körnchen vor, die unter dem Einfluß von Licht und Kohlendioxyd der Luft in den Chlorophyllkörnern der Pflanzen gebildet werden. Stärkemehl lagert sich entweder in den Wurzeln oder Knollen ab (Marantastärke oder Arrow-root, Kartoffelstärke), im Innern des Stammes (Sago), oder in den Früchten und Samen (Weizenstärke, Mais-, Reisstärke usw.) und besteht aus der Inhaltssubstanz Amylose und der Hüllsubstanz Amylopektin. Stärkemehl hat die Eigenschaft mit warmem Wasser zu quellen und eine kolloidale Lösung zu bilden. Mit Jod färbt sich Amylose blau. Erhitzt man die durch Jod blau gefärbte kolloidale Stärkelösung, so wird die Jodstärke entfärbt, um beim Erkalten der Flüssigkeit wieder die blaue Farbe anzunehmen.

Stärkemehl läßt sich durch Säuren völlig hydrolysieren und geht in Traubenzucker über. Mit Fermenten, der Amylase des Speichels, des Malzes (Diastase) wird Stärkemehl zu Maltose hydrolysiert.

Weizenstärke, Amylum Tritici, wird entweder aus dem Mehl oder den ganzen Körnern des Weizens mit Wasser ausgewaschen. Die Körner werden mit Wasser eingeweicht, sodann zwischen Walzen zerquetscht und mit Wasser zu einem dünnen Brei angerieben. Man überläßt ihn der Ruhe, bis das Wasser einen säuerlichen Geschmack angenommen hat (der Kleber wird auf diese Weise durch Gärung zerstört), knetet und wäscht in Haarsieben aus. Aus dem abfließenden „Stärkewasser" setzt sich dann das Stärkemehl (Satzmehl) ab und wird durch öfteres Aufrühren mit neuen Mengen kaltem Wasser ausgewaschen, d. h. von löslichen Stoffen befreit.

Weizenstärke bildet ein weißes, sehr feines Pulver, unter Wasser bei 150facher Vergrößerung betrachtet, annähernd kreisrunde Körper. Sie besteht aus 2 deutlich verschiedenen, kaum Übergangsformen zeigenden Arten von Stärkekörnern, den sehr selten etwas eckigen bis schwach spindelförmigen, meist kugeligen, 2 bis $9\,\mu$, meist $5—7\,\mu$ im Durchmesser betragenden Kleinkörnern und den linsenförmigen, in der Flächenansicht rundlichen, nicht oder nur äußerst schwach konzentrisch geschichteten, kein Schichtungszentrum und keinen Spalt zeigenden,

in der spindelförmigen Seitenansicht manchmal einen Längsspalt aufweisenden, 15—45 μ, meist 28—35 μ Durchmesser besitzenden Großkörnern (D. A. B. VI).
Weizenstärke ist geruch- und geschmacklos.

Im Glyzerinjodpräparate dürfen gelb gefärbte Elemente (Kleiebestandteile) nur ganz vereinzelt sichtbar sein, Stärkekörner von der Form und Größe der Weizenstärke, aber mit mehrstrahligem Spalte (Roggen), Körner von über 50 μ Durchmesser (Kartoffeln) und solche von scharfkantiger Gestalt (Reis 2—10 μ, Mais 10—25 μ) müssen fehlen. Wird 1 g Weizenstärke mit 50 ccm Wasser angeschüttelt und zum Sieden erhitzt, so entsteht ein nach dem Erkalten trüber, dünnflüssiger Kleister, der geruchlos sein muß und Lackmuspapier nicht verändern darf.

1 g Weizenstärke darf durch Trocknen bei 100° höchstens 0,15 g an Gewicht verlieren und nach dem Verbrennen höchstens 0,01 g Rückstand hinterlassen. (D. A. B. VI.)

Reisstärke, Amylum Oryzae. Die Stärke aus dem Endosperm von Oryza sativa Linné. Weißes, matt aussehendes, sehr feines Pulver, aus meist vieleckigen, scharfkantigen, manchmal zu mehreren zusammenhängenden Körnchen von 2—10 μ, meist 4—5 μ Durchmesser bestehend, an denen Schichtung und Spalt nicht zu erkennen sind.

Reisstärke ist geruch- und geschmacklos.

Im Glyzerinjodpräparate dürfen gelb gefärbte Elemente (Kleiebestandteile) nur ganz vereinzelt sichtbar sein, Stärkekörner über 10 μ Durchmesser und solche mit Spalt müssen völlig fehlen. Wird 1 g Reisstärke mit 50 ccm Wasser angeschüttelt und das Gemisch zum Sieden erhitzt, so entsteht ein nach dem Erkalten trüber, dünnflüssiger Kleister, der geruchlos sein muß und Lackmuspapier nicht verändern darf.

1 g Reisstärke darf durch Trocknen bei 100° höchstens 0,15 g an Gewicht verlieren und nach dem Verbrennen höchstens 0,01 g Rückstand hinterlassen. (D. A. B. VI.)

Kartoffelstärke besteht aus mehr eiförmigen, geschichteten Körnchen mit exzentrischem Kern.

Stärkemehl hat die Eigenschaft, mit heißem Wasser aufzuquellen und Kleister zu bilden. Hierbei wird die Schichtung der Körner undeutlich, die Hülle zersprengt und das Innere tritt heraus.

Weizenstärke quillt bei 50° mit Wasser auf und „verkleistert" bei 65°, Roggenstärke bereits bei 62,5°. Hierauf beruht eine Unterscheidungsmethode beider Stärkearten bzw. ein Nachweis der einen in der anderen. Kocht man Stärkekleister längere Zeit, so verliert er die schleimige Beschaffenheit; es bildet sich „lösliche Stärke" (Amylogen). Durch Jod wird Stärkekleister oder Stärkelösung in der Kälte unter Bildung von Jodstärke tiefblau gefärbt.

Beim Kochen mit verdünnten Säuren wird die Stärke gespalten, und es entsteht ausschließlich d-Glukose.

Mit den chemischen Eigenschaften, den chemischen Umwandlungen und dem fermentativen Abbau der Stärke hat neuerdings neben anderen Forschern besonders H. Pringsheim sich beschäftigt und für die Konstitution der Stärke eine Formulierung vorgeschlagen, über welche zur Zeit noch diskutiert wird[1].

Wird Stärkemehl mit verdünnten Säuren oder Malzaufguß nur schwach erwärmt, so bildet sich ein klar löslicher, die Ebene des polarisierten Lichtes nach rechts ablenkender und deshalb Dextrin genannter Stoff. Auch beim Erhitzen der trockenen Stärke auf 200° entsteht Dextrin, und erklärt sich so das Vorkommen desselben in Brot und anderen Backwaren. Verschiedene Modifikationen des Dextrins, die beim Erhitzen desselben entstehen, heißen Amylodextrin, Erythrodextrin, Achroodextrin.

Dextrine oder Stärkegummi bilden eine mehr oder weniger gelblich gefärbte, gummiartige Masse, die sich in Wasser klar löst und daraus auf Zusatz von Weingeist flockig gefällt wird. Dextrine reduzieren Fehlingsche Lösung

---

[1] Siehe Thoms, H.: Handbuch der praktischen und wissenschaftlichen Pharmazie 2, 852—869.

in der Wärme. Das Amylodextrin, Erythrodextrin, Achroodextrin sind keine einheitlichen Verbindungen, es sind Stadien des Stärkeabbaus, bei welchen die sich mit Jod, blau, rot oder gar nicht färbenden Dextrine vorherrschen.

Dextrin dient als Klebemittel.

Zu den Stärkearten rechnet man auch das Lichenin, die Moosstärke, welche in vielen Flechten, so im isländischen Moos, vorkommt, das Inulin, welches sich in den Wurzeln der Georginen (Dahlien), in Inula Helenium und anderen Kompositen findet. Bei der Einwirkung von verdünnten Säuren geht Lichenin in d-Glukose, Inulin in d-Fruktose über.

Glukogen, sog. tierisches Stärkemehl, kommt in der Leber und in vielen tierischen Zellen vor, besonders reichlich im Pferdefleisch. Auch findet es sich in einigen Pilzen und Hefearten. Es wird in tierischen Zellen aus dem überschüssigen Vorrat des Blutes nach kohlenhydratreicher Nahrung gebildet und als Reservestoff abgelagert. Mit Jod färbt es sich braun.

Die **Gummiarten,** $(C_6H_{10}O_5)_n$, werden in eigentliche Gummiarten (welche in Wasser leicht löslich sind) und in Pflanzenschleime (welche in Wasser zu Gallerten aufquellen) eingeteilt.

Zu den eigentlichen Gummiarten gehört das arabische Gummi, Gummi arabicum, das im wesentlichen aus dem Kalziumsalz der der Formel $(C_6H_{10}O_5)_n$ entsprechenden Arabinsäure, Gummisäure, oder dem Arabin besteht.

Gummi arabicum ist das aus den Stämmen und Zweigen ausgeflossene an der Luft erhärtete Gummi von Acacia senegal (Linné) Willdenow und einigen anderen afrikanischen Akaziaarten.

Es stellt mehr oder weniger rundliche, weißliche oder wenig gelbliche Stücke dar, die außen matt und rissig sind und leicht in eckige, glasglänzende, zuweilen leicht irisierende Stücke mit kleinmuscheligen Bruchflächen zerbrechen.

Arabisches Gummi ist geruchlos und schmeckt fade.

Arabisches Gummi löst sich langsam, aber vollständig in dem doppelten Gewichte Wasser zu einem klebenden, hellgelblichen Schleime, der Lackmuspapier schwach rötet (Mucilago Gummi arabici). Der Schleim ist mit Bleiazetatlösung ohne Trübung mischbar. In 10 ccm einer Verdünnung dieses Schleimes, die in 5000 Teilen 1 T. arabisches Gummi enthält, rufen 5 Tropfen Bleiessig eine stärkere Trübung als in 10 ccm Wasser hervor; beim Erhitzen zeigt sich ein deutlicher Niederschlag.

Durch Weingeist und durch Eisenchloridlösung wird der Schleim zu einer steifen Gallerte verdickt.

10 ccm der weder filtrierten noch durchgeseihten Anreibung (1 + 9) dürfen nach schwachem Ansäuern mit Salzsäure mit 1 Tropfen Jodlösung weder eine blaue noch eine weinrote Färbung geben, auch nicht, wenn man sie aufkocht und nach dem Erkalten mit einem zweiten Tropfen Jodlösung versetzt (Stärke, Dextrin). Werden 2 g gepulvertes arabisches Gummi mit 10 ccm verdünntem Weingeist $^1/_2$ Stunde lang unter wiederholtem Umschütteln stehengelassen, so dürfen 5 ccm des Filtrats beim Abdampfen und Trocknen bei 100° höchstens 0,01 g Rückstand hinterlassen (Zucker).

1 g arabisches Gummi darf nach dem Verbrennen höchstens 0,04 g Rückstand hinterlassen (D. A. B. VI).

Kirschgummi und Traganthgummi stehen hinsichtlich ihrer Zusammensetzung dem Gummi arabicum nahe. Dieses vermittelt den Übergang zu den Pflanzenschleimen, die sich in zahlreichen Pflanzen (im Leinsamen, Flohsamen, in den Quittenkernen, in der Althäawurzel, in den Knollen von Orchisarten [Salep], in Lichen Carrageen usw.) finden und mit Wasser gallertartige Flüssigkeiten bilden.

Pektinstoffe oder Pflanzengallerte, Pektine[1] kommen besonders in fleischigen Früchten, Wurzeln, Baumrinden usw. vor. Auf sie ist das Erstarren der Abkochungen von Früchten zu Gallerten, Fruchtgelees, zurückzuführen.

---

[1] Abgeleitet von πηχτις, pektis, geronnen.

B. Karbozyklische Verbindungen.

Unter karbozyklischen Verbindungen werden Stoffe verstanden, welche Kohlenstoffatome ringförmig miteinander verknüpft enthalten.

Gehören dem Ringe drei Kohlenstoffatome an, so heißen diese Verbindungen trikarbozyklisch, tetrakarbozyklisch, wenn sie vier, pentakarbozyklisch, wenn sie fünf, hexakarbozyklisch, wenn sie sechs, heptakarbozyklisch, wenn sie sieben und oktokarbozyklisch, wenn sie acht Kohlenstoffatome im Ringe enthalten. Von diesen Verbindungen haben die Sechsringe hervorragende Bedeutung. Zu ihnen gehören die Verbindungen der Benzolreihe, die früher mit dem Namen „aromatische Stoffe" belegt wurden.

I. Tri-, Tetra-, Penta-, Hepta- und Oktokarbozyklische Verbindungen.

Trimethylen, $\begin{matrix} CH_2 \\ | \\ CH_2 \end{matrix}\!\!\Big\rangle CH_2$, ist ein bei gewöhnlicher Temperatur gasförmiger Stoff, welcher durch Behandeln von Trimethylenbromid mit Natrium erhalten wird. Durch Rotglühhitze wird Trimethylen zu Propylen umgelagert.

Von dem **Tetramethylen** ist der Ester einer Dikarbonsäure bekannt, welcher erhalten wird, wenn man Trimethylenbromid mit Natriummalonsäureester behandelt:

$$\underbrace{\begin{matrix} CH_2Br \\ | \\ CH_2 \\ | \\ CH_2Br \end{matrix}}_{\substack{\text{Trimethylen-}\\\text{bromid}}} + \underbrace{Na_2C\!\!\begin{matrix} CO_2C_2H_5 \\ \\ CO_2C_2H_5 \end{matrix}}_{\substack{\text{Natriummalon-}\\\text{säureester}}} = H_2C\!\!\begin{matrix} CH_2 \\ \\ C \\ | \\ CH_2 \end{matrix}\!\!\begin{matrix} CO_2C_2H_5 \\ \\ CO_2C_2H_5 \end{matrix} + 2\,NaBr\,.$$

Von dem **Pentamethylen** ist ein Ketoderivat dargestellt worden durch trockene Destillation des adipinsauren Kalziums.

$$\underbrace{\begin{matrix} CH_2—CH_2—CO\;O \\ | \qquad\qquad\quad \\ CH_2—CH_2—CO\;O \end{matrix}\!\!\Big\rangle Ca}_{\text{Adipinsaures Kalzium}} = CaCO_3 + \underbrace{\begin{matrix} CH_2—CH_2 \\ | \qquad\qquad \\ CH_2—CH_2 \end{matrix}\!\!\Big\rangle CO}_{\text{Ketopentamethylen}}\,.$$

Zu den heptakarbozyklischen Verbindungen gehören das Suberan und Suberon.

Suberan oder **Heptamethylen,** $\begin{matrix} CH_2—CH_2—CH_2 \\ | \qquad\qquad\qquad\quad \\ CH_2—CH_2—CH_2 \end{matrix}\!\!\Big\rangle CH_2$, wird durch Reduktion von Suberyljodid erhalten und bildet eine bei 117^0 siedende Flüssigkeit.

Suberon oder **Ketoheptamethylen,** $\begin{matrix} CH_2—CH_2—CH_2 \\ | \qquad\qquad\qquad\quad \\ CH_2—CH_2—CH_2 \end{matrix}\!\!\Big\rangle CO$, entsteht bei der trockenen Destillation von suberinsaurem Kalzium:

$$\underbrace{\begin{matrix} CH_2—CH_2—CH_2—CO\;O \\ | \qquad\qquad\qquad\qquad\quad \\ CH_2—CH_2—CH_2—CO\;O \end{matrix}\!\!\Big\rangle Ca}_{\text{Suberinsaures Kalzium}} = CaCO_3 + \underbrace{\begin{matrix} CH_2—CH_2—CH_2 \\ | \qquad\qquad\qquad\quad \\ CH_2—CH_2—CH_2 \end{matrix}\!\!\Big\rangle CO}_{\text{Suberon.}}$$

Suberon stellt eine bei 180^0 siedende, pfefferminzartig riechende Flüssigkeit dar, die ein bei 23^0 schmelzendes Oxim bildet.

Zu der **Zyklooktan-Reihe** rechnete **Harries** den **Kautschuk.** Kautschuk ist der zum Gerinnen gebrachte und gereinigte Milchsaft von im tropischen Südamerika heimischen, aber jetzt fast ausschließlich auf der malaiischen Halbinsel und den Inseln des malaiischen Archipels kultivierten Hevea-Arten, besonders von Hevea brasiliensis (Humboldt, Bonpland, Kunth), Mueller Argoviensis.

Kautschuk besteht aus dünnen, braunen, durchscheinenden, elastischen Platten, die in heißem Wasser weder stark erweichen noch knetbar werden.

1 g gibt mit 6 g Petroleumbenzin innerhalb weniger Stunden eine gleichmäßige, trübe, dickliche Flüssigkeit.

Zufolge seines Zerfalls bei der Oxydation mit Ozon in den Aldehyd der Lävulinsäure sollte dem Kautschuk die Formel eines Polymeren des Dimethylzyklooktadiens zugeschrieben werden:

$$\left[\begin{array}{c} CH_3 \cdot C \diagup^{\displaystyle CH_2 - CH_2} \diagdown CH \\ HC \diagdown_{\displaystyle CH_2 - CH_2} \diagup C \cdot CH_3 \end{array}\right]_n.$$

Diese Annahme ist jedoch schließlich von Harries selbst nicht aufrechterhalten worden. Nach seinen letzten Untersuchungen kann wohl nur als feststehend angesehen werden, daß der Kautschuk vermutlich einen ringförmigen Komplex enthält, in welchem das Radikal $CH_3 \cdot C \cdot CH_2 \cdot CH_2 \cdot CH$ wiederholt erscheint.

II. Hexakarbozyklische Verbindungen.

Die hexakarbozyklischen oder die der Benzol- oder aromatischen Reihe angehörenden Verbindungen lassen sich von dem Benzol ableiten, einem Kohlenwasserstoff der Formel C_6H_6. Die Konstitution des Benzols hat A. Kekulé zuerst als eine ringförmige bezeichnet und als passendsten Ausdruck hierfür folgende Atomgruppierung angenommen:

$$\begin{array}{c} CH \\ HC \quad CH \\ HC \quad CH \\ CH \end{array}$$

Von anderen Forschern sind für das Benzol die folgenden Formulierungen aufgestellt worden:

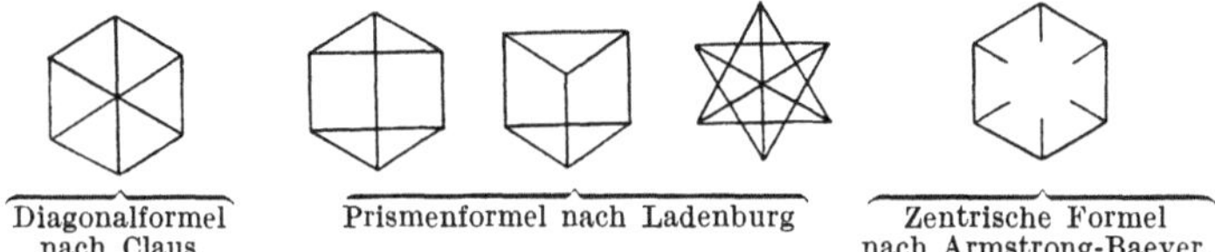

Diagonalformel   Prismenformel nach Ladenburg   Zentrische Formel
nach Claus   nach Armstrong-Baeyer.

Durch Ersatz von Wasserstoffatomen in diesem „Benzolkern" durch Alkylgruppen, Hydroxyle, Karboxyle usw. werden die verschiedenen Abkömmlinge des Benzols: aromatische Kohlenwasserstoffe, Phenole, aromatische Säuren usw. gebildet.

Die Verbindungen der Benzolreihe werden deshalb „aromatische" genannt, weil viele derselben sich durch aromatischen Geruch und Geschmack auszeichnen.

a) Benzol und seine Homologen.

Bei den Kohlenwasserstoffen und anderen Verbindungen der aliphatischen Reihe haben wir homologe Reihen kennengelernt, deren aufeinanderfolgende Glieder sich durch die Differenz CH_2 unterscheiden. Auch in der aromatischen Reihe sind homologe Verbindungen bekannt, und zwar in erweitertem Maße. Während nämlich einerseits Reste der aliphatischen Reihe (z. B. Methyl) substituierend für Wasserstoffatome des Benzolkerns eintreten können und sog. **aliphatische**[1] Homologe bilden, gibt es anderseits auch Kohlenwasserstoffe, die sich dadurch vom Benzol ableiten, daß aromatische Reste an den Benzolkern gekettet sind. Man nennt diese Stoffe **aromatische Homologe**. Sie lassen sich zu einer Reihe zusammenstellen, deren benachbarte Glieder durch die Differenz C_4H_2 unterschieden sind.

Aliphatische Homologe des Benzols: Aromatische Homologe des Benzols:

(Differenz CH_2)   (Differenz C_4H_2)

$C_6H_5 \cdot CH_3$ Monomethylbenzol (Toluol),
$C_6H_4(CH_3)_2$ Dimethylbenzole (Xylole),
$C_6H_3(CH_3)_3$ Trimethylbenzole,
$C_6H_2(CH_3)_4$ Tetramethylbenzole usw.

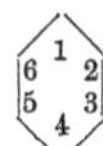

$C_{10}H_8 =$ Naphthalin,

$C_{14}H_{10}$ Anthrazen (Phenanthren),
$C_{18}H_{12}$ Chrysen,
$C_{22}H_{14}$ Picen.

Werden zwei oder mehrere Wasserstoffatome des Benzols durch andere Elemente oder Gruppen von Elementen ersetzt, so können mehrere isomere Verbindungen (**Stellungsisomere**) gebildet werden. Drückt man das Benzol durch ein Sechseck aus und bezeichnet die Ecken mit Ziffern in folgender Anordnung:

so sind z. B. beim Eintritt von **zwei** Methylgruppen in das Benzol (Dimethylbenzol oder Xylol) **drei** Stellungsisomere, nämlich 1:2; 1:3; 1:4, möglich und bekannt.

Die benachbart substituierten Verbindungen 1:2 (oder 1:6) heißen **Ortho-**[2], die in den Stellungen 1:3 (oder 1:5) heißen **Meta-**[3], und 1:4 substituierten heißen **Para-**[4]Verbindungen.

Orthoxylol	Metaxylol	Paraxylol

Werden **drei** Wasserstoffatome des Benzols substituiert, und zwar so, daß zwei der substituierenden Gruppen einander gleich, die dritte verschieden ist, so sind folgende 6 Stellungsisomere möglich:

1:2:3	1:2:4	1:3:2	1:3:4	1:3:5	1:4:2

Nitroxylole.

---

[1] Abgeleitet von ἀλίφα, alipha, Fett.
[2] Abgeleitet von ὀρθός, orthos, in gerader Richtung.
[3] Abgeleitet von μέτα, meta, hinterher, nach.
[4] Abgeleitet von παρά, para, darüberhinaus.

Benzol, C_6H_6, entsteht beim Durchleiten von Azetylen durch glühende eiserne Röhren und wird bei der fraktionierten Destillation des Steinkohlenteers gewonnen. Es ist neben seinen aliphatischen Homologen, dem **Toluol** und **Xylol,** in dem bis 150⁰ übergehenden Anteile des Steinkohlenteers, dem **Leichtöle,** enthalten.

Bei der trockenen Destillation der Steinkohlen entstehen gasförmige Produkte (Kohlenwasserstoffe der aliphatischen Reihe, Kohlenoxyd, Kohlendioxyd, Schwefelwasserstoff, Zyanwasserstoff u. a.), ein wässeriges Destillat, das sog. Gaswasser, das Ammoniumsalze, namentlich Ammoniumkarbonat, enthält, dann ein Teer. In diesem kommen vor neben aromatischen Kohlenwasserstoffen auch Fettkohlenwasserstoffe, Thiophen (s. weiter unten) und dessen methylierte Derivate, Phenole, Anilin, Toluidin, Pyridinbasen usw.

Steinkohlenteer, Pix Lithanthracis, ist eine dickflüssige, braunschwarze bis schwarze, in dünner Schicht bräunlichgelbe, an der Luft allmählich erhärtende Masse von eigentümlichem, naphthalinähnlichem Geruche, die sich in Chloroform und Benzol fast völlig, in absolutem Alkohol und Äther nur teilweise löst. In Wasser sinkt Steinkohlenteer unter.

Steinkohlenteer wird, meist in Form einer 20—30 proz. alkoholischen Lösung bei chronischen Hautleiden verwendet. Für gleichen Zweck benutzt man auch unter dem Namen Liquor Carbonis detergens einen alkoholischen Auszug der Seifenrinde, in welchem man den 3. bis 4. Teil Steinkohlenteer löst.

Auch andere Teersorten, wie Holzteer (Pix liquida), durch trockene Destillation des Holzes verschiedener Bäume aus der Familie der Pinaceae, vornehmlich der Pinus silvestris Linné und Larix sibirica Ledebour gewonnen, oder Birkenteer (Pix betulina, Oleum Rusci), durch trockene Destillation der Rinde und Zweige von Betula verrucosa Ehrhart und Betula pubescens Ehrhart dargestellt, oder Wacholderteer (Pix Juniperi, Oleum Juniperi empyreumaticum, Oleum cadinum) in analoger Weise wie die vorigen Teersorten aus dem Holze und den Zweigen von Juniperus oxycedrus Linné und anderen Juniperusarten gewonnen, werden in verschiedenen Zubereitungsformen (Salben, Seifen usw.) bei Hautleiden verwendet.

Der Gehalt der vorgenannten Teersorten an karbo- und heterozyklischen Verbindungen ist meist sehr viel geringer als der Gehalt dieser im Steinkohlenteer.

Durch fraktionierte Destillation läßt sich Steinkohlenteer in folgende Anteile zerlegen:

I. Fraktion: Leichtöl, 3—5 %, bis 150⁰ siedend, spezifisch leichter als Wasser;

II. Fraktion: Mittelöl, 8—10 %, zwischen 150 und 210⁰ siedend, ungefähr vom spez. Gew. 1;

III. Fraktion: Schweröl, 8—10 %, zwischen 210 und 270⁰ siedend, spezifisch schwerer als Wasser;

IV. Fraktion: Grünöl oder Anthrazenöl, 16—20 %, grün gefärbt, Siedepunkt 270—400⁰.

V. Rückstand: Pech.

Das Benzol des Steinkohlenteers ist meist durch einen hinsichtlich seiner Eigenschaften ihm ähnlichen, aber schwefelhaltigen, heterozyklischen Stoff $\begin{array}{c}CH{=}CH\\ |\qquad\quad\ \\ CH{=}CH\end{array}\!\!\Big\rangle S$, Thiophen genannt, verunreinigt. Thiophen läßt sich auf synthetischem Wege durch Erhitzen eines Gemenges von bernsteinsaurem Natrium und Phosphortrisulfid

$$\begin{array}{c}CH_2{-}CO_2Na\\ |\\ CH_2{-}CO_2Na\end{array}\quad\rightarrow\quad\begin{array}{c}CH{=}CH\\ |\qquad\quad\ \\ CH{=}CH\end{array}\!\!\Big\rangle S$$

erhalten und bildet eine bei 84⁰ siedende Flüssigkeit. Thiophen gibt beim Vermischen mit wenig Isatin und konz. Schwefelsäure eine dunkelblaue Färbung, die sog. Indopheninreaktion, und kann hierdurch im Benzol nachgewiesen werden.

Beim Erhitzen von benzoesaurem Natrium mit Natriumhydroxyd (oder Natronkalk) erhält man reines Benzol:

$$C_6H_5 \cdot C\!\!\diagup\!\!\diagdown^{O}_{ONa} + NaOH = C_6H_6 + Na_2CO_3.$$

Natriumbenzoat   Benzol

Benzol ist eine farblose, aromatisch riechende, bei 80,4⁰ siedende Flüssigkeit, die beim Abkühlen kristallinisch erstarrt. Schmelzpunkt der Kristalle + 5,4⁰. Spez. Gew. 0,8799 bei 20⁰. Benzol ist in Wasser nahezu unlöslich, hingegen mischbar mit abs. Alkohol, Äther, Azeton usw. Benzol brennt mit leuchtender und rußender Flamme. Es wird als Lösungsmittel für viele organische Stoffe benutzt und dient daher zum Umkristallisieren solcher. Seine Hauptverwendung findet es zur Darstellung von Nitrobenzol und Anilin (s. später).

Benzol findet neuerdings eine therapeutische Anwendung in Dosen von 0,5 g (in Kapseln) 2—4mal täglich gegen Leukämie, Polyglobulie (evtl. bei frischer Infektion des Darms mit Trichinen). Auch in Milch oder Haferschleim wird Benzol in Dosen von 15 bis 20 Tropfen 2mal täglich gereicht (Deutsches Arzneiverordnungsbuch).

In größeren Dosen kann Benzol toxische Eigenschaften äußern.

Toluol, $C_6H_5CH_3$, kommt im Steinkohlenteer vor und wird auch daraus gewonnen. Es entsteht ferner bei der trockenen Destillation des Tolubalsams und leitet hiervon seinen Namen ab. Es siedet bei 110,3⁰. Toluol wird besonders verwendet zur Gewinnung des Benzylalkohols, des Benzaldehyds und der Benzoesäure.

Die Siedepunkte der verschiedenen Dimethylbenzole oder **Xylole** (Ortho-, Meta- und Paraxylol) liegen zwischen 138⁰ und 142⁰.

Zu den Trimethylbenzolen gehören **Mesitylen** (symmetrisches Trimethylbenzol), **Pseudocumol** und **Hemimellithol. Cumol** ist ein **Isopropylbenzol**

$$C_6H_5 \cdot CH\!\!\diagup\!\!\diagdown^{CH_3}_{CH_3}.$$

Ein p-Methylisopropylbenzol $\left(C_6H_4\!\!\diagup\!\!\diagdown^{CH_3(1)}_{CH\diagup\diagdown^{CH_3}_{CH_3}(4)} \right)$ ist das **Cymol,** welches in verschiedenen ätherischen Ölen aufgefunden worden ist, zuerst im römischen Kümmelöl (von Cuminum cyminum); daher sein Name. Cymol steht in Beziehung zu den Terpenen (s. dort).

Durol ist ein symmetrisches Tetramethylbenzol und im Steinkohlenteer aufgefunden worden.

Verhalten der aromatischen Kohlenwasserstoffe.

Läßt man auf Benzol Chlor oder Brom einwirken, so treten diese wasserstoffsubstituierend in die Molekel ein. Die Jodabkömmlinge lassen sich darstellen durch Erhitzen von Benzol, Jod, und Jodsäure bei 200⁰. Durch Einwirkung konz. Schwefelsäure auf Benzol wird Benzolsulfonsäure, $C_6H_5 \cdot SO_3H$, gebildet, die durch schmelzendes Alkali in Phenol übergeht (s. später).

Wirken Chlor oder Brom auf Toluol ein, so kann ein Wasserstoffersatz entweder im **Benzolkern** oder in der **Seitenkette** (Methyl) geschehen. Letzterer Fall tritt ein, wenn Toluol mit Chlor oder Brom in der **Wärme** behandelt wird; in der Kälte findet eine Substituierung von im Kern gebundenen Wasserstoffatomen statt. So werden je nach der Dauer der Einwirkung von Chlor auf **siedendes** Toluol nacheinander:

$C_6H_5CH_2Cl$ $C_6H_5CHCl_2$ $C_6H_5CCl_3$

Benzylchlorid   Benzalchlorid   Benzotrichlorid

gebildet. Diese Stoffe sind durch ihr verschiedenes Verhalten gegen heißes Wasser gekennzeichnet, indem das Monochlorprodukt hierbei Benzylalkohol, das Benzalchlorid Benzaldehyd und das Benzotrichlorid Benzoesäure liefert:

a) $\underbrace{C_6H_5CH_2Cl}_{\text{Benzylchlorid}} + H_2O = \underbrace{C_6H_5CH_2 \cdot OH}_{\text{Benzylalkohol}} + HCl.$

b) $\underbrace{C_6H_5CHCl_2}_{\text{Benzalchlorid}} + H_2O = \underbrace{C_6H_5{<}^O_H}_{\text{Benzaldehyd}} + 2\,HCl.$

c) $\underbrace{C_6H_5CCl_3}_{\text{Benzotrichlorid}} + 2\,H_2O = \underbrace{C_6H_5C{<}^O_{OH}}_{\text{Benzoesäure}} + 3\,HCl.$

Läßt man auf Benzol rauchende Salpetersäure oder ein Gemisch von konzentrierter Salpetersäure und Schwefelsäure (letztere befördert die Wasserabspaltung) einwirken, so wird zunächst ein Wasserstoffatom des Benzols durch die Nitrogruppe ersetzt, das Benzol wird „nitriert":

$$C_6H_5\!:\!H + HO\!:\!NO_2 = C_6H_5NO_2 + H_2O$$

Man wäscht nach beendigter Nitrierung mit Wasser, entwässert das Nitrobenzol und reinigt es durch fraktionierte Destillation von in kleiner Menge mitentstandenem Dinitrobenzol oder von unverändertem Benzol.

b) Stickstoffhaltige Abkömmlinge des Benzols und Toluols.

Nitrobenzol, $C_6H_5NO_2$, wird im großen dargestellt, indem man unter Umrühren ein Gemisch von Salpetersäure und Schwefelsäure (Nitriersäure) zu Benzol fließen läßt. Man nimmt die Einwirkung in gußeisernen Zylindern vor.

Darstellung im Laboratorium: Man trägt vorsichtig 100 g Salpetersäure vom spez. Gew. 1,4 (ca. 65 % HNO_3) zu 150 g konz. Schwefelsäure, die sich in einem Halbliterkolben befindet, unter Umschütteln ein und fügt zu dem erkalteten Gemisch allmählich 50 g Benzol hinzu. Steigt die Temperatur hierbei über 60°, so senkt man den Kolben in kaltes Wasser zum Abkühlen. Schließlich beendigt man die Einwirkung des Nitriergemisches auf das Benzol durch Erwärmen des mit einem Rückflußkühler versehenen Kolbens auf dem Wasserbade. Im Kolben haben sich zwei Schichten gebildet, deren untere aus dem Nitriergemisch besteht und mittels eines Scheidetrichters von der oberen, im wesentlichen aus Nitrobenzol bestehenden Schicht getrennt wird. Diese wäscht man mit Wasser, welches sich nunmehr über dem Nitrobenzol ansammelt, trennt letzteres mittels Scheidetrichters vom Waschwasser, trocknet das Nitrobenzol mit Kalziumchlorid und reinigt es durch Destillation aus einem Fraktionierkolben. Ausbeute ca. 65 g.

Nitrobenzol ist eine gelbliche, nach Bittermandelöl riechende, bei 206 bis 207° siedende Flüssigkeit, welche unter dem Namen Mirbanöl, Essence de Mirban, zu Parfüms (besonders als Zusatz zu Seifen) Verwendung findet.

Über die Gewinnung von Anilin aus Nitrobenzol s. weiter unten.

Durch den Eintritt einer Nitrogruppe in die Molekel des Toluols können 3 Nitrotoluole entstehen. Die Nitrotoluole werden als Sprengmittel benutzt. Bei der direkten Nitrierung von Toluol bilden sich o- und p-Nitrotoluole.

Ein 2, 4, 6 Trinitropseudobutyltoluol

besitzt moschusähnlichen Geruch und kommt als künstlicher Moschus in den Verkehr.

Anilin, Phenylamin, $C_6H_5NH_2$. Unterwirft man Nitrobenzol der reduzierenden Einwirkung von Wasserstoff in statu nascendi in saurer Lösung, so wird die Nitrogruppe in die Aminogruppe umgewandelt, und es entsteht **Aminobenzol** oder Anilin:

$$C_6H_5NO_2 + 3H_2 = C_6H_5NH_2 + 2H_2O.$$

Reduziert man Nitrobenzol mit Zinn und Salzsäure, so bindet sich das Anilin an die Salzsäure, und das salzsaure Anilin bildet mit dem Zinnchlorür ein Zinndoppelsalz, welches durch Einleiten von Schwefelwasserstoff zerlegt wird. Nach Abfiltrieren des Schwefelzinns wird aus dem Filtrat durch Hinzufügen von Kalziumhydroxyd das Anilin in Freiheit gesetzt und mittels Wasserdämpfe abdestilliert.

Anilin wurde 1826 von Unverdorben durch Destillation des Indigos entdeckt, daher auch sein Name (die Indigopflanze heißt Indigofera anil).

In der Technik gewinnt man Anilin durch Reduktion von Nitrobenzol mit Eisen und Salzsäure oder Essigsäure.

Darstellung von Anilin im Laboratorium: In einem $1^1/_2$-Literkolben übergießt man 90 g granuliertes Zinn mit 50 g Nitrobenzol und fügt nach und nach 250 g Salzsäure vom spez. Gew. 1,19 hinzu. Die erste Einwirkung erfolgt meist unter starker Temperaturerhöhung; es muß daher gekühlt werden. Gegen Ende der Einwirkung erwärmt man schwach. Man vermischt sodann mit 100 ccm Wasser, setzt durch Hinzufügen einer Lösung von 150 g Natriumhydroxyd in 200 ccm Wasser oder so viel Natronlauge, daß die Reaktion der Lösung alkalisch ist, das Anilin in Freiheit und destilliert es mit Wasserdämpfen ab. Das ca. 300 ccm betragende Destillat versetzt man mit ca. 75 g Natriumchlorid zur besseren Abscheidung des Anilins und schüttelt dieses mit Äther aus. Beim vorsichtigen Abdampfen oder Abdestillieren des Äthers hinterbleibt dann das Anilin.

Reines **Anilin** ist eine farblose, ölige Flüssigkeit vom Siedepunkt $184,5^0$, welche sich an der Luft und dem Licht schnell dunkel färbt. Chlorkalklösung färbt das Anilin purpurviolett, nach und nach schmutzigrot. Auch andere Oxydationsmittel, wie Chromsäure, Salpetersäure usw., rufen blaue bis rote Färbungen hervor. Durch die wässerige Lösung der Anilinsalze wird Holzstoff (Fichtenholz, Holundermark) gelb gefärbt. Diese Reaktion kann daher zum Nachweis von Holzfaser in Papier benutzt werden.

Anilin bildet mit Säuren Salze, indem die Säure sich an das Stickstoffatom des Anilins in analoger Weise anlagert, wie an das des Ammoniaks, z. B. $C_6H_5NH_2 \cdot HCl$.

Anilin und seine Salze sind giftig.

Anilin dient neben Toluidinen zur Herstellung von Anilinfarbstoffen. Unter Toluidinen werden die durch Reduktion der Nitrotoluole erhaltenen Verbindungen

$$C_6H_4\!\!<^{CH_3\,(1)}_{NH_2\,(2)} \qquad C_6H_4\!\!<^{CH_3\,(1)}_{NH_2\,(3)} \qquad C_6H_4\!\!<^{CH_3\,(1)}_{NH_2\,(4)}$$

Orthotoluidin   Metatoluidin   Paratoluidin

verstanden.

Läßt man auf ein Gemisch von Anilin und Ortho- und Paratoluidin (man nennt dieses Gemisch Anilinöl) oxydierende Mittel, wie Zinnchlorid, Quecksilberchlorid, Arsensäure usw., einwirken, so entstehen Verbindungen, die Rosanilin, $C_{20}H_{19}N_3$, bzw. Pararosanilin, $C_{19}H_{17}N_3$, genannt werden. Die salzsauren Salze dieser Rosaniline (im Handel befinden sich meist Gemische derselben) bilden den als Anilinrot oder Fuchsin bekannten Anilinfarbstoff. Auch andere Anilinfarbstoffe leiten sich von den Rosanilinen ab (s. später Triphenylmethan).

Mit schwefliger Säure verbindet sich Fuchsin zu einer farblosen Verbindung, welche durch Aldehyde eine Rotfärbung erfährt.

Erhitzt man Anilin und Anilinchlorhydrat auf 140°, so erhält man Diphenyl-amin, $C_6H_5 - NH - C_6H_5$:

$$C_6H_5NH_2 \cdot HCl + C_6H_5NH_2 = NH(C_6H_5)_2 + NH_4Cl.$$

Eine Lösung von Diphenylamin in konz. Schwefelsäure erfährt durch Spuren Salpetersäure infolge einer Oxydationswirkung eine tief dunkelblaue Färbung. Man benutzt daher Diphenylamin als empfindliches Reagenz auf Salpetersäure.

Bei der Einwirkung von Zinkchlorid auf ein Gemisch von Benzotrichlorid und Dimethyl-anilin oder ein Gemisch von Benzoylchlorid und Dimethylanilin entsteht das salzsaure Salz einer Base von der Konstitution

$$C_6H_5C\Big\langle{}^{C_6H_4N(CH_3)_2}_{C_6H_4N(CH_3)_2Cl}\,,$$

welches unter dem Namen Bittermandelölgrün oder Malachitgrün bekannt ist und als Farbstoff verwendet wird.

Von Verbindungen, die zwei Aminogruppen als Substituenten im Benzolkern aufweisen, ist das p-Phenylendiamin von Wichtigkeit:

$$\underset{NH_2}{\overset{NH_2}{\bigcirc}}.$$

Es wird durch Reduktion des p-Dinitrobenzols oder des p-Nitroamidobenzols mittels Zinn und Salzsäure gebildet.

Lauth erhitzte p-Phenylendiamin mit Schwefel und ließ auf die salzsaure Lösung des so erhaltenen Produkts ein Oxydationsmittel (Ferrichlorid) einwirken. Hierbei entstand ein violetter Farbstoff, das Lauthsche Violett. Es läßt sich auch bilden, wenn man Schwefelwasserstoff in die mit Salzsäure angesäuerte p-Phenylendiaminlösung einleitet und allmählich Ferrichlorid einträgt. Die Formel des von Bernthsen als 7-Aminophenthiazim erkannten und von ihm kurz Thionin genannten Farbstoffes läßt sich durch die Formel charakterisieren:

$$HN = \underset{S}{\overset{N}{\diagup\!\diagdown}}NH_2.$$

In naher Beziehung zum Thionin steht das als blauer Farbstoff geschätzte Me-thylenblau. Man bezeichnet es als Tetramethylthioninchlorid oder besser als Trimethylthioninchlormethylat:

$$Cl(CH_3)_2N = \underset{S}{\overset{N}{\diagup\!\diagdown}}N(CH_3)_2\,, \quad \text{Mol.-Gew. } 319{,}7.$$

Es läßt sich nach verschiedenen Verfahren gewinnen, von welchen dasjenige von Caro durch Einwirkung von Schwefelwasserstoff auf p-Aminodimethylanilin und Oxydation durch Ferrichlorid das älteste ist.

Methylenblau bildet dunkelgrüne, bronzeglänzende Kristalle oder ein dunkel-grünes Pulver mit wechselndem Wassergehalte, mit blauer Farbe leicht in Wasser, schwerer in Weingeist löslich.

Die Lösung von etwa 0,01 g Methylenblau in 20 ccm verdünnter Schwefelsäure wird nach Zusatz einer genügenden Menge Zinkfeile allmählich entfärbt (Entstehen der „Leukobase“); läßt man die entfärbte und vom ungelösten Zink abgegossene Flüssigkeit an der Luft stehen, so kehrt langsam die blaue Farbe wieder.

Prüfung nach D. A. B. VI: In einem langhalsigen Kolben aus Jenaer Glas von etwa 100 ccm Inhalt wird 1 g Methylenblau mit 10 ccm konzentrierter Wasserstoffsuperoxydlösung und sodann mit 5 ccm Schwefelsäure versetzt. Nachdem die bald einsetzende Reaktion beendet ist, wird die Mischung auf dem Drahtnetz erhitzt, bis die Flüssigkeit fast farblos geworden ist. Wird die Flüssigkeit nach dem Erkalten in 5 ccm Wasser gegossen, die Mischung filtriert und nach Zusatz von 20 ccm Natriumhypophosphitlösung $^1/_4$ Stunde lang im siedenden Wasserbad erwärmt, so darf weder Braunfärbung noch Abscheidung brauner Flöckchen eintreten (Arsenverbindungen).

1 g Methylenblau darf durch Trocknen bei 100⁰ nicht mehr als 0,22 g und nicht weniger als 0,2 g an Gewicht verlieren und nach dem Verbrennen höchstens 0,01 g Rückstand hinterlassen; wird dieser Rückstand in 10 ccm Salzsäure gelöst, die Lösung nach dem Übersättigen mit Ammoniakflüssigkeit zum Sieden erhitzt und filtriert, so darf nach Zusatz von Natriumsulfidlösung kein Niederschlag entstehen (Zinkverbindungen).

Vor Licht geschützt aufzubewahren.

Methylenblau wird therapeutisch innerlich bei Hemikranie, Neuralgien, Neuritiden, rheumatischen Beschwerden in Dosen von 0,1 g 3—5mal täglich in Pillen oder Kapseln verwendet; besondere Bedeutung hat es erlangt in der Behandlung der Malaria, bei welcher es bis 1 g täglich bei chininresistenten Fällen verabreicht wird. Methylenblau färbt den Harn blau.

Anilide einbasischer Fettsäuren.

Beim Erhitzen von Fettsäuren mit Anilin entstehen unter Wasserabspaltung Anilide, z. B. bildet sich beim Kochen von Ameisensäure mit Anilin Formanilid:

$$C_6H_5NH_2 + H \cdot CO_2H = C_6H_5NH \cdot CHO + H_2O.$$

Von den Aniliden findet das Azetanilid oder Antifebrin,

$$C_6H_5NH \cdot COCH_3 ,$$

medizinische Verwendung.

Zu seiner Darstellung kocht man gleiche Teile Anilin und Eisessig:

$$C_6H_5N\underset{\underbrace{}_{\text{Anilin}}}{\overset{H}{\underset{H}{\big<}}} + \underset{\underbrace{}_{\text{Essigsäure}}}{\overset{O}{\underset{HO}{\big>}}}C \cdot CH_3 = C_6H_5N\underset{\underbrace{}_{\text{Azetanilid}}}{\overset{H}{\underset{CO \cdot CH_3}{\big<}}} + H_2O .$$

Darstellung: Man mischt in einem 500-ccm-Kolben 100 g Anilin und 100 g Essigsäure (96 %), setzt auf den Kolben mittels eines Korkes ein ca. 1 m langes und 1 cm im Lichten weites Rohr und hält die Flüssigkeit auf einem Drahtnetz ca. 6 Stunden lang im Sieden. (Bei Zusatz von 10 g entwässertem Natriumazetat bedarf es eines Siedens von etwa 4 Stunden.) Das lange Glasrohr wirkt hierbei als Rückflußkühler für die Essigsäure. Dann gießt man die Lösung in 2 Liter kaltes destilliertes Wasser und sammelt das sich in fester Form ausscheidende Azetanilid auf einem Filter, wäscht es mit Wasser aus und kristallisiert es (evtl. unter Benutzung von Tierkohle) aus Wasser um. Hierzu sind ca. $3^1/_2$ Liter siedendes Wasser erforderlich.

Azetanilid, $C_6H_5NH(CO \cdot CH_3)$, Mol.-Gew. 135,08, bildet farblose, glänzende Kristallblättchen vom Schmelzpunkt 113—114⁰. Sie lösen sich in 230 T. Wasser von 20⁰ und etwa 22 T. siedendem Wasser, sowie in 4 T. Weingeist. In Äther und Chloroform sind sie leicht löslich. Mit Kalilauge erhitzt, entwickelt Azetanilid den Geruch nach Anilin; auf Zusatz einiger Tropfen Chloroform und nach erneutem Erhitzen tritt der widerliche Isonitrilgeruch auf.

Werden 0,2 g Azetanilid mit 25—30 Tropfen Salzsäure etwa 2 Minuten lang gekocht und wird dann die Lösung mit 1 Tropfen verflüssigtem Phenol, 5 ccm Wasser und 1—2 ccm Chlorkalklösung versetzt, so färbt sich das Gemisch schmutzig-violettblau; auf Zusatz von Ammoniak entsteht eine schön indigo-blaue Färbung (Indophenolreaktion). Typus des Indophenols:

$$O : C_6H_4 : N—C_6H_4OH .$$

Prüfung nach D. A. B. VI: Schüttelt man 10 ccm Wasser mit 0,5 g Azetanilid etwa 1 Minute lang, so darf das Filtrat Lackmuspapier nicht röten (Essigsäure) und darf durch 1 Tropfen verdünnte Eisenchloridlösung (1 + 9) nur gelb gefärbt werden (Anilinsalze, Phenole, Phenyldimethylpyrazolon). 0,1 g Azetanilid muß sich in 1 ccm Schwefelsäure ohne Färbung lösen (fremde organische Stoffe). Beim Schütteln von 0,1 g Azetanilid mit 1 ccm Salpetersäure darf keine Färbung auftreten (Phenazetin und verwandte Stoffe).

0,2 g Azetanilid dürfen nach dem Verbrennen keinen wägbaren Rückstand hinter-lassen.

Größte Einzelgabe 0,5 g, größte Tagesgabe 1,5 g. Vorsichtig auf-zubewahren.

Medizinische Anwendung: Als Antineuralgikum und Antipyretikum. Dosis 0,25 g. (Zyanosegefahr!)

In Beziehung zum Azetanilid steht das **p-Azetphenetidin** oder **Phenazetin.** Es ist ein p-Äthoxyazetanilid,

$$C_6H_4(OC_2H_5)(NH \cdot COCH_3)[1,4].$$

Darstellung: Bei niedriger Temperatur läßt man Salpetersäure auf Phenol einwirken, wobei Ortho- und Para-Nitrophenol entstehen:

$$C_6H_4(OH)(NO_2)[1,2] \quad und \quad C_6H_4(OH)(NO_2)[1,4].$$

Man verflüchtigt die Orthoverbindung, die in schön gelben Nadeln kristalli-siert, mit Wasserdämpfen. Aus dem Rückstand scheidet sich das mit Wasser-dämpfen nicht flüchtige p-Nitrophenol ab, das man in das Natriumsalz überführt.

Auf p-Nitrophenolnatrium läßt man im Druckgefäß (Autoklaven) bei höherer Temperatur Äthylbromid einwirken, reduziert den entstandenen Äthyl-äther des p-Nitrophenols (p-Nitrophenetol) mit Wasserstoff in statu nascendi (Zinn und Salzsäure) und kocht das in geeigneter Weise abgeschiedene p-Phene-tidin mit Essigsäure:

a) $\quad C_6H_4 \Big\langle \begin{smallmatrix} O \cdot Na \\ NO_2 \end{smallmatrix} \Big. + Br \cdot C_2H_5 = C_6H_4 \Big\langle \begin{smallmatrix} OC_2H_5 \\ NO_2 \end{smallmatrix} \Big. + NaBr .$

            p-Nitrophenolnatrium   Äthylbromid   p-Nitrophenetol

b) $\quad C_6H_4 \Big\langle \begin{smallmatrix} OC_2H_5 \\ NO_2 \end{smallmatrix} \Big. + 3\,H_2 = C_6H_4 \Big\langle \begin{smallmatrix} OC_2H_5 \\ NH_2 \end{smallmatrix} \Big. + 2\,H_2O .$

                                                    p-Phenetidin

c) $\quad C_6H_4 \Big\langle \begin{smallmatrix} OC_2H_5 \\ NH_2 \end{smallmatrix} \Big. + CH_3 \cdot CO_2H = C_6H_4 \Big\langle \begin{smallmatrix} OC_2H_5 \\ NH(CO \cdot CH_3) \end{smallmatrix} \Big. + H_2O .$

                         Essigsäure   Phenazetin

Phenazetin, Mol.-Gew. 179,1, kristallisiert aus Wasser in farblosen, glänzen-den Blättchen vom Schmelzpunkt 134—135°. Sie geben mit 1400 T. Wasser von 20° und mit 80 T. siedendem Wasser, sowie mit etwa 16 T. Weingeist neutral reagierende Lösungen.

Beim Schütteln mit Salpetersäure wird Phenazetin gelb gefärbt. Wird das Gemisch von 0,2 g Phenazetin und 2 ccm Salzsäure 1 Minute lang gekocht und die Lösung mit 20 ccm Wasser verdünnt, so nimmt das Gemisch nach Zusatz von 6 Tropfen Chromsäurelösung allmählich eine rubinrote Färbung an.

Prüfung nach D. A. B. VI: Werden 0,5 g zerriebenes Phenazetin mit 5 ccm Wasser etwa 1 Minute lang geschüttelt und zu dem Filtrat 1—1,5 ccm Bromwasser zugesetzt, so darf innerhalb 1 Minute keine Trübung auftreten (Azetanilid). Ein Gemisch von 0,3 g Phenazetin, 1 ccm Weingeist, 3 ccm Wasser und 1 Tropfen Jodlösung darf beim Kochen bis zur Lösung keine rote Färbung annehmen; die nach raschem Abkühlen ausgeschiedenen Kristalle müssen farblos sein (Paraphenetidin). 0,1 g Phenazetin muß sich in 1 ccm Schwefelsäure ohne Färbung lösen (fremde organische Stoffe).

0,2 g Phenazetin dürfen nach dem Verbrennen keinen wägbaren Rückstand hinterlassen. Vorsichtig aufzubewahren.

Medizinische Anwendung: Innerlich in Dosen von 0,25—0,75 g mehrmals täglich in Pulvern oder Tabletten als Antipyretikum, Antineuralgikum, Analgetikum, Antirheumatikum. Kindern 0,05—0,1—0,3 g pro dosi.

Mit dem Namen Laktophenin, $C_6H_4(OC_2H_5)[NHCO \cdot CH(OH)CH_3]$ [1,4], Lactylphenetidinum, bezeichnet man die aus p-Phenetidin und Milchsäure unter Wasserabspaltung hergestellte Verbindung.

Anwendung: Indikation wie Phenazetin. Dosis 0,5—1,0 g.

Apolysin ist ein zweifach zitronensaures p-Phenetidin, Citrophen das Mono-p-Phenetidid der Akonitsäure mit 1 Mol. Kristallwasser.

Das die 250fache Süßkraft des Zuckers besitzende p-Phenetolkarbamid

$$C_6H_4(OC_2H_5)\,(NHCONH_2)\,[1,4]\,,$$

(durch Einwirkung von Kaliumzyanat auf salzsaures p-Phenetidin darstellbar), findet unter dem Namen Dulzin wegen seines rein süßen Geschmackes und seiner Unveränderlichkeit beim Kochen zunehmende Verwendung bei der Herstellung von Limonaden, Fruchtsäften, als Zusatz zum Bier usw.

Dulcin, Dulzin, farbloses, glänzendes, luftbeständiges kristallinisches Pulver; von Wasser sehr schwer benetzbar. Löslich in etwa 800 T. Wasser von 20°, in etwa 50 T. siedendem Wasser, sowie in 25 T. Weingeist. Die Lösung von 0,1 g in 300 ccm Wasser schmeckt deutlich süß. Schmelzpunkt 172—173°. Wird Dulzin im Probierrohr über den Schmelzpunkt erhitzt, so zersetzt es sich unter Entwicklung von Ammoniak und Bildung eines weißen Sublimats. 0,02 g Dulzin werden mit 4 Tropfen verflüssigtem Phenol und 4 Tropfen Schwefelsäure bis zum beginnenden Sieden erhitzt; wird die Mischung nach dem Abkühlen in 10 ccm Wasser gelöst und mit Kalilauge unterschichtet, so entsteht nach einigen Minuten eine blaue Zone.

Werden 3 ccm der weingeistigen Lösung (1 + 29) mit 3 ccm Wasser und 3 Tropfen $\frac{n}{10}$-Jodlösung erhitzt, so darf keine Rotfärbung eintreten (Prüfung auf p-Phenetidin). Über die sonstige Prüfung s. D. A. B. VI.

Arsanilsäure und ihre Derivate.

Läßt man auf Anilin Arsensäure bei 190—200° einwirken, so tritt in p-Stellung zur Aminogruppe der Arsensäurerest, und man erhält eine als Arsanilsäure, $C_6H_4(NH_2) \cdot AsO_3H_2$, bezeichnete Substanz:

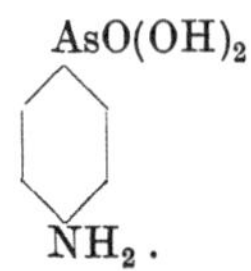

Ihr Natriumsalz, das Natrium arsanilicum,

$$C_6H_4(NH_2) \cdot AsO_3HNa,$$

führt den Namen Atoxyl und wird gegen die Schlafkrankheit benutzt, aber wegen erheblicher Nebenwirkungen (Schwindel, Kopfschmerz, Magenbeschwerden, Erblindung!) kaum noch angewendet.

Kocht man Atoxyl mit Eisessig, oder läßt man es bei Zimmertemperatur mit Essigsäureanhydrid stehen, so wird die Aminogruppe azetyliert, und man erhält Azetyl-p-aminophenylarsinsäure, deren Natriumsatz, Natrium acetylarsanilicum, unter dem Namen Arsazetin in den Arzneischatz eingeführt wurde.

Natrium acetylarsanilicum, Azetyl-p-aminophenylarsinsaures Natrium, $C_6H_4{\large\langle}^{AsO_3HNa\ \ [1]}_{NH(CO \cdot CH_3)\ [4]} + 4H_2O$, Mol.-Gew. 353,10. Gehalt 21,2 bis 21,7 % Arsen (As, Atomgewicht 74,96). Weißes, kristallinisches Pulver, in etwa 10 T. Wasser von 20° oder in etwa 3 T. Wasser von 50° löslich. Die wässerige Lösung rötet Lackmuspapier schwach.

Identifizierung und Gehaltsprüfung nach D. A. B. VI: Erhitzt man ein Gemisch von 0,1 g des Salzes und je 0,5 g getrocknetem Natriumkarbonat und Natriumnitrat im Porzellantiegel zum Schmelzen, löst die erkaltete Masse in 10 ccm Wasser, neutralisiert die Lösung mit Salpetersäure, übersättigt einen Teil der Flüssigkeit mit Ammoniak, fügt Ammoniumchloridlösung und Magnesiumsulfatlösung hinzu, so scheidet sich Ammonium-Magnesiumarsenat $(Mg(NH_4)AsO_4 + 6H_2O)$ als weißer kristallinischer Niederschlag ab. Fügt man zu dem anderen Teil der neutralisierten Flüssigkeit Silbernitratlösung, so entsteht ein rotbrauner Niederschlag von Silberarsenat, der in Salpetersäure und Ammoniakflüssigkeit löslich ist.

0,2 g des Salzes werden in 10 ccm Schwefelsäure unter gelindem Erwärmen gelöst; darauf wird unter Umschwenken innerhalb 1 Minute in kleinen Anteilen 1 g gepulvertes Kaliumpermanganat hinzugefügt. Nach Beendigung der Gasentwicklung wird mit 30 ccm Wasser unter Abspülen des Kolbenhalses verdünnt und 1 g Oxalsäure hinzugefügt. Die vollkommen klare und farblose Lösung wird erneut mit 30 ccm Wasser verdünnt und nach Zusatz von 2 g Kaliumjodid nach $^1/_2$ Stunde mit $\frac{n}{10}$-Natriumthiosulfatlösung titriert, bis die Flüssigkeit farblos ist.

In der Flüssigkeit befindet sich Arsensäure, die in saurer Lösung Kaliumjodid bzw. Jodwasserstoff unter Abscheidung von Jod zersetzt:

$$2As_2O_5 + 8HJ = As_4O_6 + 4H_2O + 8J.$$

Hiernach zeigen 8 J ⟶ 4 As an, 1 ccm einer $\frac{n}{10}$-Natriumthiosulfatlösung daher $\frac{0,007496 \cdot 4}{8} = 0,003748$ g Arsen. Zur Bindung des ausgeschiedenen Jods sollen für je 0,2 g des Salzes 11,3—11,6 ccm $\frac{n}{10}$-Natriumthiosulfatlösung verbraucht werden, das sind $\frac{0,003748 \cdot 11,3 \cdot 100}{0,2} = 21,1762$, rund 21,2 % Arsen, bzw. $\frac{0,003748 \cdot 11,6 \cdot 100}{0,2} = 21,7384$, rund 21,7 % Arsen.

Medizinische Anwendung: Bei Anämie und Hautkrankheiten, auch bei Syphilis und Geschwulstkrankheiten, aber neuerdings verlassen, weil es mehrfach zur Erblindung geführt hat.

Größte Einzelgabe 0,2 g. Sehr vorsichtig aufzubewahren.

Durch Reduktion einer p-Oxy-m-Nitrophenylarsinsäure entsteht ein m-Diamino-p-Dioxyarsenobenzol, dessen salzsaures Salz:

$$\text{As} = \text{As}$$
$$HCl \cdot NH_2 \overset{\bigcirc}{} \quad \overset{\bigcirc}{} NH_2 \cdot HCl$$
$$OH \quad OH$$

unter dem Namen Salvarsan zur Bekämpfung der Syphilis Verwendung findet.

Die als Ausgangsmaterial dienende Nitrooxyphenylarsinsäure kann nach Benda z. B. durch Nitrieren der p-Oxyphenylarsinsäure oder durch Erwärmen der Nitroarsanilsäure mit Ätzalkalien gewonnen werden. Die Reduktion kann stufenweise oder aber in einer einzigen Operation bis zum Endprodukt durchgeführt werden. Nach Ehrlichs Versuchen ist das Natriumhydrosulfit ein hierfür besonders geeignetes Reduktionsmittel. Reduziert man mit Natriumamalgam, so wird zunächst Aminophenolarsinsäure gebildet, diese kann man mittels Kaliumjodid und schwefliger Säure zum Aminophenolarsenoxyd und letzteres mit Natriumhydrosulfit zur Arsenoverbindung reduzieren.

Darstellung: 50 g Nitroarsanilsäure werden in 150 ccm Kalilauge von 36^0 Bé gelöst. Die rote Lösung wird dann so lange auf 80^0 erwärmt (Ammoniakabspaltung) bis eine angesäuerte Probe, mit Natriumnitrit versetzt, keine Reaktion mehr gibt. Die stark nach Ammoniak riechende Lösung wird mit 300 g Eis verdünnt und mit 100 ccm reiner Salzsäure (1,185 spez. Gew.) übersättigt. Die gebildete Nitrooxyphenylarsinsäure fällt nach längerem Stehen aus.

Zur Reduktion zu Salvarsan werden in 13 Liter Wasser 513 g kristallisiertes Magnesiumchlorid und hierauf 2950 g Natriumhydrosulfit (80proz.) eingerührt. Unmittelbar darauf läßt man eine kalte Lösung von 197 g Nitrooxyphenylarsinsäure in 4,5 Liter Wasser und 135 ccm zehnfach normaler Natronlauge einlaufen. Man wärmt dann auf $55—60^0$ an. Allmählich scheidet sich ein gelber Niederschlag ab. Sobald die Reduktion beendet ist (eine filtrierte Probe darf sich beim Erhitzen nur noch schwach trüben), wird abgesaugt, gut ausgewaschen und gepreßt. Der noch feuchte Niederschlag wird dann durch Lösen in 1700 ccm Methylalkohol und der berechneten Menge alkoholischer Salzsäure (0,75 Mol.) in das Dichlorhydrat übergeführt. Dieses wird durch Zufügen von stark gekühltem Äther als feiner mikrokristallinischer, fahlgelber Niederschlag ausgefällt. Man saugt ab, wäscht mit Äther, trocknet im Vakuum und füllt das Präparat in hoch evakuierte oder mit einem indifferenten Gas gefüllte Röhrchen ab. Da das Präparat außerordentlich leicht durch den Sauerstoff der Luft in das giftige Aminooxyphenylarsenoxyd übergeführt wird, muß bei allen oben beschriebenen Operationen die Einwirkung der Luft verhindert werden. Die Fabrikation wird dadurch erschwert (nach „Ullmann").

Neosalvarsan ist eine Verbindung des Salvarsans mit Formaldehydnatriumsulfoxylat:

$$C_{12}H_{11}O_2As_2N_2 \cdot CH_2O \cdot SONa.$$

(Vgl. S. 60.)

Silbersalvarsan ist das Natriumsalz des Silber-m-Diamino-p-Dioxyarsenobenzols, **Neosilbersalvarsan** die molekulare Verbindung von Neosalvarsan und Silbersalvarsan.

Medizinische Anwendung: Die Salvarsane werden zur Bekämpfung der Syphilis und anderer Spirochätenkrankheiten benutzt. Dosis für **Salvarsan** durchschnittlich 0,4 g (intravenös), für **Neosalvarsan** 0,6 g (Lösungen des Neosalvarsans müssen frisch bereitet werden!).

Diazoverbindungen (Diazoniumsalze).

Läßt man bei Gegenwart von Mineralsäure auf Anilin oder andere aromatische primäre Amine salpetrige Säure unter **Abkühlung** einwirken, so wird Stickstoff an Stickstoff gelagert, und es entsteht eine **Diazoverbindung.** Diazoverbindungen, welche zur Gewinnung von Azofarbstoffen und Hydrazinen eine hervorragende Bedeutung gewonnen haben, wurden 1858 von **Peter Grieß** in Marburg in Hessen entdeckt.

$$C_6H_5NH_2 \cdot HCl + HNO_2 = C_6H_5N : NCl + 2H_2O.$$

Nach **Blomstrand-Strecker-Erlenmeyer** sind die Salze der Diazoverbindungen als Ammoniumsalze zu betrachten nach Art der quartären Ammoniumverbindungen:

$$C_6H_5N \equiv (CH_3)_3 \qquad\qquad C_6H_5N \equiv N$$
$$\quad\;\; | \qquad\qquad\qquad\qquad\qquad | \quad\;$$
$$\quad\; Cl \qquad\qquad\qquad\qquad\qquad Cl \quad$$

Man nennt diese früher als Diazosalze bezeichneten Verbindungen **Diazoniumsalze.** Das Diazobenzolchlorid oder (nach der neueren Auffassung **Benzoldiazoniumchlorid,** $C_6H_5NCl\equiv N$, bildet farblose Nadeln, das **Benzoldiazoniumnitrat,** $C_6H_5N(NO_3)\equiv N$, lange farblose Nadeln, die durch Stoß oder Schlag oder gelindes Erhitzen heftig explodieren.

Man nennt die Überführung aromatischer primärer Amine in Diazoniumsalze durch Einwirkung von salpetriger Säure auf die Salze der primären Basen das **Diazotieren der Amine.**

Kocht man aromatische Diazoniumsalze mit Wasser (am besten eignen sich die schwefelsauren Salze zu dieser Reaktion), so findet unter Stickstoffabspaltung die Bildung von Phenolen statt:

$$\underbrace{C_6H_5N_2SO_4H}_{\text{Benzoldiazoniumsulfat}} + H_2O = \underbrace{C_6H_5OH}_{\text{Phenol}} + N_2 + H_2SO_4.$$

Beim Erhitzen der Diazoniumsalze mit starkem Alkohol wird die Diazogruppe durch Wasserstoff ersetzt, Stickstoff wird abgespalten und Alkohol zu Aldehyd oxydiert:

$$C_6H_5N_2Cl + \underbrace{CH_3CH_2OH}_{\text{Äthylalkohol}} = \underbrace{C_6H_6}_{\text{Benzol}} + N_2 + HCl + \underbrace{CH_3CHO}_{\text{Azetaldehyd}}.$$

Diazoamino- und Aminoazoverbindungen.

Diese Gruppe von Verbindungen leitet sich von dem in freier Form nicht bekannten Stickstoffwasserstoff $NH = N - NH_2$ ab, worin der Wasserstoff der Imidogruppe durch einen aromatischen Rest, der Wasserstoff der Aminogruppe durch aliphatische oder aromatische Reste ersetzt sind.

Man gewinnt Diazoaminoverbindungen durch Einwirkung primärer und sekundärer aromatischer Amine auf Diazoniumsalze:

$$\underbrace{C_6H_5N_2Cl}_{\text{Diazoniumchlorid}} + \underbrace{C_6H_5NH_2}_{\text{Anilin}} = \underbrace{C_6H_5N : N - NHC_6H_5}_{\text{Diazoaminobenzol}} + HCl.$$

Auch entstehen Diazoaminoverbindungen durch Einwirkung von salpetriger Säure auf primäre Amine bei Abwesenheit von Mineralsäuren:

$$\underbrace{2\,C_6H_5NH_2 \cdot HCl}_{\text{Salzsaures Anilin}} + KNO_2 = \underbrace{C_6H_5N : N - NHC_6H_5}_{\text{Diazoaminobenzol}} + KCl + HCl + 2\,H_2O.$$

Diazoaminobenzol bildet goldgelbe, glänzende Blättchen oder Prismen, welche bei 96° schmelzen und, höher erhitzt, explodieren.

Eine sehr merkwürdige Umlagerung erfahren Diazoaminoverbindungen beim Erhitzen mit salzsaurem Anilin. Hierbei geht z. B. das gegen Säuren fast indifferente Diazoaminobenzol in das stark basische Aminoazobenzol über, indem das in p-Stellung zur Imidogruppe des Diazoaminobenzols befindliche Wasserstoffatom durch die Amidgruppe substituiert wird:

$$\underbrace{C_6H_5N : N - NH\langle\rangle H}_{\text{Diazoaminobenzol}} \rightarrow \underbrace{C_6H_5N : N\langle\rangle NH_2}_{\text{Aminoazobenzol.}}.$$

Aminoazobenzol dient als Ausgangsmaterial für Diazofarbstoffe und Induline. Die Sulfonsäuren des Aminoazobenzols sind als Säuregelb oder Echtgelb benutzte gelbe Farbstoffe.

Dimethylaminoazobenzol

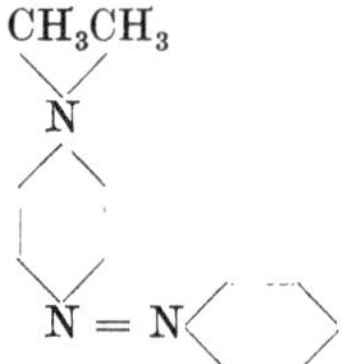

wird als Indikator bei der Titration von Mineralsäuren einerseits und Karbonaten anderseits verwendet. Die Salze der Base zeichnen sich durch eine schöne rote Farbe aus.

Dimethylaminoazobenzolkarbonsäure,

$$(CH_3)_2 \cdot N \cdot C_6H_4N : NC_6H_4 \cdot CO_2H\ [1,4;\ 1,2],$$

wird unter dem Namen Methylrot, und Dimethylaminoazobenzolsulfosaures Natrium, $(CH_3)_2N \cdot C_6H_4N : NC_6H_4 \cdot SO_3Na\ [1,4;\ 1,4]$, unter dem Namen Methylorange als Indikator vom D. A. B. VI zu Titrationen benutzt (s. Indikatoren im Anhang!).

Ein **Diazetylamino-azotoluol,**

$$C_6H_3\begin{cases} N = N(C_6H_4)CH_3 & [1,2]\ [1] \\ CH_3 & [3] \\ N(CO \cdot CH_3)_2 & [4] \end{cases}$$

Mol.-Gew. 309,2, findet unter dem Namen Pellidol arzneiliche Verwendung. Es bildet ein blaß ziegelrotes Pulver von schwach säuerlichem Geruch, unlöslich in Wasser, löslich in Weingeist, Äther oder Chloroform, ferner in Ölen oder Fetten, sowie in Vaselin.

Schmelzpunkt 74—76°.

Prüfung nach D. A. B. VI: Wird die Lösung von 0,2 g Pellidol in 3 g Weingeist mit 4 Tropfen Schwefelsäure versetzt und etwa 3 Minuten lang gekocht, so entwickelt sich der Geruch des Essigäthers. Beim Erkalten scheidet sich Monoazetylamino-azotoluol in Form von orangefarbenen Kristallen ab, die, abfiltriert und auf dem Filter mit 3 ccm Weingeist ausgewaschen, nach dem Trocknen bei 185° schmelzen.

0,5 g Pellidol müssen sich in 5 ccm Äther fast vollständig lösen (Monoazetylverbindung); wird diese Lösung mit 3 ccm Wasser durchgeschüttelt, so darf das Wasser Lackmuspapier höchstens schwach röten (Essigsäure).

0,2 g Pellidol dürfen nach dem Verbrennen keinen wägbaren Rückstand hinterlassen.

Vor Licht und Feuchtigkeit geschützt aufzubewahren.

Medizinische Anwendung: Äußerlich in 2proz. Vaselinsalbe bei Epitheldefekten, Ekzem.

Azooxyverbindungen. Oxyazoverbindungen.

Läßt man auf aromatische Nitroverbindungen in alkoholischer Lösung Natrium-amalgam einwirken, so erhält man Azooxyverbindungen, d. h. Verbindungen, in welchen die beiden miteinander verknüpften Stickstoffatome noch außerdem durch Sauerstoff verbunden sind und aromatische Reste tragen. Aus Nitrobenzol erhält man auf diese Weise Azooxybenzol.

In methylalkoholischer Lösung vollzieht sich die Bildung des Azooxybenzols wie folgt:

$$4\,C_6H_5 \cdot NO_2 + 3\,CH_3 \cdot ONa = 2\ {}^{C_6H_5N}_{\ \ \ \ |}{\underset{C_6H_5N}{\Large>}}O + 3\,HCO_2Na + 3\,H_2O\ [1].$$

Natriummethylat   Azooxybenzol   Ameisensaures Natrium

Azooxybenzol bildet gelbe Kristalle vom Schmelzpunkt 36° und geht beim Erhitzen mit konz. Schwefelsäure in p-Oxyazobenzol über:

$$\begin{matrix}C_6H_5N\\ |\ \ \ \ >O\\ C_6H_5N\end{matrix} \longrightarrow \begin{matrix}C_6H_5N\\ \|\\ NC_6H_4OH.\end{matrix}$$

Azoverbindungen. Hydrazoverbindungen.

Unterwirft man aromatische Nitroverbindungen in alkalischer Lösung einer Reduktion mit Zinkstaub oder mit Zinnchlorür und Natronlauge, so entstehen Azoverbindungen, in welchen die beiden Stickstoffatome doppelt verknüpft sind und zwei aromatische Reste tragen.

Aus Nitrobenzol erhält man auf diese Weise Azobenzol:

$$\begin{matrix}C_6H_5NO_2\\ \\ C_6H_5NO_2\end{matrix}\Bigg\} + 4\,Zn = \begin{matrix}C_6H_5N\\ \|\\ C_6H_5N\end{matrix} + 4\,ZnO\,.$$

2 Mol. Nitrobenzol   Azobenzol

In kleiner Menge wird hierbei Hydrazobenzol gebildet. Völlig führt man Azobenzol in Hydrazobenzol über, wenn man es in alkoholischer Kalilauge mit Zinkstaub behandelt:

$$\begin{matrix}C_6H_5N\\ \|\\ C_6H_5N\end{matrix} + H_2 = \begin{matrix}C_6H_5NH\\ |\\ C_6H_5NH\end{matrix}\,.$$

Azobenzol   Hydrazobenzol

Durch Oxydationsmittel geht Hydrazobenzol leicht wieder in Azobenzol über.

Azobenzol bildet bei 68° schmelzende, orangerote, rhombische Kristalle, Hydrazo-benzol farblose, bei 131° schmelzende Tafeln oder Blättchen von kampferartigem Geruch.

Bei der Einwirkung von Mineralsäuren erleidet das gegen Säuren ziemlich indifferente Hydrazobenzol eine molekulare Umlagerung zu einem stark basischen Stoff, dem Benzidin:

$$\begin{matrix}C_6H_5 \cdot NH\\ |\\ C_6H_5 \cdot NH\end{matrix} \longrightarrow \begin{matrix}C_6H_4NH_2\\ |\\ C_6H_4NH_2\end{matrix}\,.$$

Hydrazobenzol   Benzidin

Die Aminogruppen des Benzidins stehen in Parastellung zueinander:

$$NH_2{-}\!\!\left<\ \right>\!\!{-}\!\!\left<\ \right>\!\!{-}NH_2\,.$$

---

[1] Angeli gibt dem Azooxybenzol die durch Beweise gestützte Formel: $C_6H_5 \cdot \underset{\|\ \,}{\underset{O}{N}} = N \cdot C_6H_5$.

Sind die in Parastellung befindlichen Wasserstoffatome des Hydrazobenzols substituiert, so tritt die Benzidinumlagerung nicht ein. Ist nur eines dieser Wasserstoffatome substituiert, so tritt eine halbe Umlagerung, die sog. Semidin-Umlagerung, ein:

$$\begin{array}{ccc} C_6H_5NH & & C_6H_4 \cdot NH_2 \\ | & \longrightarrow & | \\ CH_3OC \cdot HN—C_6H_4NH & & NH \cdot C_6H_4 \cdot NH \cdot COCH_3. \end{array}$$

Die Azoverbindungen sind zwar gefärbte Stoffe, aber keine Farbstoffe. In ihnen ist der Farbstoffcharakter latent. Wenn ungesättigte Komplexe wie —N=O, —N=N—, —C=C— in einer Molekel auftreten, so können sie ihr nach Witt Farbigkeit verleihen. Derartige Komplexe bezeichnet man als chromophore Gruppen und die Molekeln, die sie enthalten, als Chromogene. Sie werden zu Farbstoffen, wenn man sog. auxochrome Gruppen in die Molekel einführt. Zu solchen Gruppen gehören die Amino- und die Hydroxylgruppe. Aminoazoverbindungen, Oxyazoverbindungen, ganz besonders aber Aminoazobenzolsulfonsäuren bilden ausgezeichnete Farbstoffe. Azofarbstoffe werden zum Färben von Wolle und Seide benutzt.

Hydrazinverbindungen.

Aus Diazoniumsalzen entstehen durch Reduktion Hydrazine. Läßt man auf Benzoldiazoniumchlorid Zinnchlorür in salzsaurer Lösung einwirken, so bildet sich salzsaures Phenylhydrazin:

$$C_6H_5N_2Cl + 2H_2 = C_6H_5NH \cdot NH_2 \cdot HCl.$$

Eine andere Darstellungsmethode des Phenylhydrazins besteht darin, daß man in eine kalt gehaltene Lösung eines Benzoldiazoniumsalzes eine schwach alkalische Lösung von schwefligsaurem Natrium einfließen läßt, worauf sich diazobenzolsulfonsaures Natrium ausscheidet. Dieses wird mit Zinkstaub und Essigsäure reduziert, d. h. in phenylhydrazinsulfonsaures Natrium übergeführt, welches beim Kochen mit Salzsäure das salzsaure Salz des Phenylhydrazins liefert:

$$\underbrace{C_6H_5N_2Cl}_{\text{Benzoldiazonium chlorid}} + Na_2SO_3 = \underbrace{C_6H_5N_2SO_3Na}_{\text{Diazobenzolsulfonsaures Natrium}} + NaCl,$$

$$C_6H_5N_2SO_3Na + H_2 = \underbrace{C_6H_5NH—NHSO_3Na}_{\text{Phenylhydrazinsulfonsaures Natrium}},$$

$$C_6H_5NH—NHSO_3Na + H_2O + HCl = C_6H_5NH—NH_2 \cdot HCl + NaHSO_4.$$

Phenylhydrazin bildet bei 19,6° schmelzende, tafelförmige Kristalle; Siedepunkt 241—242° unter teilweiser Zersetzung. Phenylhydrazin zersetzt sich an der Luft, indem es sich bräunt und ammoniakalischen Geruch annimmt.

Phenylhydrazin ist ein wichtiges Reagenz in der Zuckergruppe (s. dort) und bildet das Ausgangsmaterial zur Darstellung des Antipyrins.

Aminobenzolsulfonsäuren. Durch Reduktion der drei möglichen Nitrobenzolsulfonsäuren entstehen die entsprechenden Aminosulfonsäuren. Die p-Verbindung entsteht durch Behandeln von Anilin mit rauchender Schwefelsäure (ca. 10 % SO_3 enthaltend) bei 180°. p-Aminobenzolsulfonsäure, welche zur Herstellung von verschiedenen Farbstoffen als Ausgangsmaterial benutzt wird, führt den Namen Sulfanilsäure. Sie kristallisiert mit 1 Mol. H_2O in Form rhombischer Tafeln, die in 112 T. Wasser löslich sind.

Läßt man salpetrige Säure auf Sulfanilsäure einwirken, so erhält man ein anormal zusammengesetztes Diazoprodukt, für welches man die Konstitution

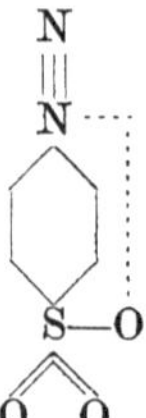

annimmt. Diese als Diazobenzolsulfonsäure bezeichnete Verbindung dient zur Herstellung vieler Azofarbstoffe. Bei der Einwirkung von Dimethylanilin

auf Diazobenzolsulfonsäure wird eine Dimethylaminoazobenzolsulfonsäure erhalten:

$$C_6H_4 \underset{SO_2}{\overset{N_2}{<}} O + \langle\!\!\rangle N \underset{CH_3}{\overset{CH_3}{<}} = HSO_3 \langle\!\!\rangle N:N \langle\!\!\rangle N \underset{CH_3}{\overset{CH_3}{<}}.$$

Das Natriumsalz dieser Säure ist das **Helianthin** oder **Tropäolin 0** des Handels.

c) Phenole.

Phenole sind Hydroxylverbindungen, welche als Abkömmlinge des Benzols oder seiner Homologen aufzufassen sind, indem am Kern befindliche Wasserstoffatome durch Hydroxylgruppen ersetzt werden.

Das einfachste Phenol ist die kurzweg als **Phenol**, **Benzophenol** oder **Karbolsäure** bezeichnete Verbindung, ein Benzol, in welchem 1 Wasserstoffatom durch Hydroxyl ersetzt ist: $C_6H_5 \cdot OH$.

Unter „aromatischen Alkoholen" werden diejenigen Benzolabkömmlinge verstanden, welche in den Seitenketten alkoholische Hydroxylgruppen enthalten, z. B.: Benzylalkohol, $C_6H_5 \cdot CH_2OH$.

Phenole werden, wie in der Fettreihe die Alkohole, nach der Anzahl der an Kernkohlenstoffatome gebundenen Hydroxylgruppen als **ein-** und **mehrwertige** (**ein-** und **mehrsäurige**) unterschieden.

Übersicht der medizinisch-pharmazeutisch wichtigsten Phenole.

a) Einwertige Phenole. Phenol. Kresole. Thymol. Karvakrol.
b) Zweiwertige Phenole. Brenzkatechin. Resorzin. Hydrochinon.
c) Dreiwertige Phenole. Pyrogallol. Phlorogluzin. Oxyhydrochinon.

1. Einwertige Phenole.

Phenol, Benzophenol, Karbolsäure[1]), Acidum carbolicum s. phenylicum, $C_6H_5 \cdot OH$, findet sich unter den Produkten der trockenen Destillation der Steinkohlen, in geringer Menge auch in denjenigen der Braunkohlen und des Holzes. Phenol entsteht bei der Fäulnis der Eiweißstoffe.

Synthetisch wird es gewonnen:

1. Durch Schmelzen von Benzolsulfonsäure mit Natriumhydroxyd:

$$\underbrace{C_6H_5\!-\!SO_3Na}_{\substack{\text{Benzolsulfonsaures}\\\text{Natrium}}} + NaOH = \underbrace{C_6H_5OH}_{\text{Phenol}} + \underbrace{Na_2SO_3}_{\text{Natriumsulfit}}.$$

2. Durch Kochen von Benzoldiazoniumsulfat mit Wasser (s. S. 399).

Die praktische Gewinnung des Phenols geschieht aus dem Steinkohlenteer, welchen man einer fraktionierten Destillation unterwirft. Das **Mittelöl** bzw. **Schweröl** (die bis 270⁰ übergehenden Anteile) wird mit Natronlauge behandelt, worin sich die Phenole, besonders Kresole und Xylenole, lösen, während Kohlenwasserstoffe und andere Nebenstoffe beim Verdünnen der Natronlösung mit Wasser sich als Ölschicht absondern.

Die Natronlösung der Phenole wird zunächst mit wenig Schwefelsäure angesäuert, wodurch braune, harzartige Stoffe gefällt werden, und sodann mit

---

[1] Karbolsäure ist eine unrichtige Bezeichnung, denn die Verbindung ist keine karboxylhaltige Substanz, also keine Säure im eigentlichen Sinne. Sie wurde wegen ihrer Löslichkeit in Alkali als Säure ursprünglich angesprochen.

einem weiteren kleinen Anteil Schwefelsäure versetzt, welcher die teilweise Abscheidung der Kresole, Xylenole usw. bewirkt. Hierauf übersättigt man die Lösung mit Schwefelsäure und unterwirft die abgeschiedenen und dann entwässerten Phenole der Rektifikation, indem man die zwischen 180 und 190⁰ übergehenden Anteile gesondert auffängt. Bei einer wiederholten Destillation sammelt man als reines Phenol die zwischen 178 und 182⁰ destillierende Flüssigkeit, die an einem kühlen Orte rasch zu Kristallen erstarrt.

Phenol kristallisiert in farblosen Nadeln, die in völlig wasserfreiem Zustand zwischen 41 und 42⁰ schmelzen, den Erstarrungspunkt 39—41⁰ zeigen und zwischen 178 und 182⁰ sieden. Es löst sich in 15 T. Wasser zu einer farblosen, Lackmusfarbstoff schwach rötenden Flüssigkeit. Mit Ferrichlorid gibt es in verdünnter wässeriger Lösung Violettfärbung. In Alkohol, Äther, Chloroform, Glyzerin, Schwefelkohlenstoff, fetten Ölen und ätzenden Alkalien ist es leicht löslich. Mit letzteren, sowie mit anderen Basen geht es feste Verbindungen ein, die sog. Phenolate (Natriumphenolat, $C_6H_5 \cdot ONa$, Quecksilberphenolat $(C_6H_5O)_2Hg$ usw.). Phenolate sind Verbindungen, welche durch Kohlendioxyd wieder zerlegt werden. Bromwasser erzeugt noch in einer Lösung von 1 T. Phenol in 50 000 T. Wasser einen weißen flockigen Niederschlag von Tribromphenol.

Von der Reinheit des Phenols überzeugt man sich durch Bestimmung des Erstarrungs- und Siedepunktes, sowie durch die Klarlöslichkeit in 15 T. Wasser. Enthält Phenol höhere Homologe des Phenols, wie Kresole, Xylenole, so erhält man, weil diese sehr schwer oder unlöslich in Wasser sind, trübe Lösungen. Das häufig beobachtete Rotwerden des Phenols ist nicht immer auf Verunreinigungen derselben zurückzuführen, sonder kann auch durch äußere Einflüsse bedingt sein; der entstehende rote Farbstoff ist ein Oxydationsprodukt des Phenols, der sich besonders leicht in ammoniakhaltiger Luft bildet.

Medizinische Anwendung: In 2—3proz. wässeriger Lösung dient es als Antiseptikum bei der Wundbehandlung. Zur bequemeren Dispensation schreibt das Arzneibuch ein Phenolum liquefactum (Acidum carbolicum liquefactum) vor, welches durch Mischen von 1 T. Wasser mit 10 T. geschmolzenem Phenol bereitet wird und ein bei gewöhnlicher Temperatur flüssig bleibendes, klares Gemisch darstellt. Es ist eine klare, farblose oder schwach rötliche Flüssigkeit, Dichte 1,063—1,066.

Zur Prüfung des Phenols auf Kresole und auf die richtige prozentuale Zusammensetzung läßt D. A. B. VI wie folgt prüfen:

10 ccm verflüssigtes Phenol dürfen bei 20⁰ nach Zusatz von 2,3 ccm Wasser nicht getrübt werden, müssen aber nach weiterem Zusatz von 0,5 ccm Wasser eine Trübung zeigen. Diese trübe Mischung muß nach Zusatz von 115 ccm Wasser eine Lösung geben, die höchstens opalisierend getrübt sein darf.

Phenol ist giftig. Es wirkt stark ätzend und ruft auf der Haut weiße Flecken hervor. Vorsichtig und vor Licht geschützt aufzubewahren.

Die sog. rohe Karbolsäure des Handels, Acidum carbolicum crudum, enthält kein oder nur Spuren der Verbindung $C_6H_5 \cdot OH$, besteht vielmehr aus wechselnden Mengen anderer Phenole (besonders der bei der Phenolgewinnung abfallenden Kresole) und aus Kohlenwasserstoffen. Der Wert der verschiedenen Handelssorten „roher Karbolsäure" wird nach ihrem Gehalt an Kresolen bemessen (s. weiter unten: Kresole).

Die „rohe Karbolsäure" oder die Rohkresole finden in mannigfachen Zubereitungen unter verschiedenen Namen Verwendung zu Desinfektionszwecken. So ist Kreolin eine Kresolschwefelsäure, in welcher Teerkohlenwasserstoffe gelöst sind, Lysol eine durch Kaliseife hergestellte 50proz. Lösung der Kresole. Eine solche ist im Deutschen Arzneibuch als Liquor Cresoli saponatus bekannt.

Phenolsulfonsäure, $C_6H_4(OH) \cdot SO_3H$. Läßt man auf Phenol konz. Schwefelsäure einwirken, so wird unter Abspaltung von Wasser Phenolsulfonsäure gebildet:

$$C_6H_4{<}^{OH}_{H} + HO{-}S{<}^O_O{\;}_{OH} = C_6H_4{<}^{OH}_{SO_3H} + H_2O.$$

Bei mittlerer Temperatur (15—20⁰) entsteht hierbei Orthophenolsulfonsäure, beim Erwärmen auf gegen 90⁰ Paraphenolsulfonsäure. Man sättigt mit Bariumkarbonat, wobei die nicht in Verbindung getretene Schwefelsäure als Bariumsulfat abgeschieden wird, während paraphenolsulfonsaures Barium in Lösung bleibt. Zur Darstellung des medizinisch verwendeten

Zincum sulfocarbolicum, paraphenolsulfonsauren Zinks,

$$[C_6H_4(OH)SO_3]_2Zn + 8H_2O,$$

wird die Lösung des Bariumsalzes der Paraphenolsulfonsäure mit der berechneten Menge Zinksulfatlösung versetzt und die vom abgeschiedenen Bariumsulfat abfiltrierte Flüssigkeit zur Kristallisation eingedampft.

Das Zinksalz kristallisiert in farblosen, rhombischen Prismen oder Tafeln, welche von 2 T. Wasser und von 2 T. Alkohol gelöst werden.

Medizinische Anwendung: An Stelle von Zinksulfat in wässeriger Lösung zur Einspritzung bei Gonorrhöe, 0,05—0,25 g auf 100,0; auch in der Augenheilkunde bei Conjunctivitis benutzt.

Ein **Tribromphenolwismut,** Bismutum tribromphenylicum, annähernd $(C_6H_2Br_3O)_2Bi(OH) \cdot Bi_2O_3$, ist unter der Bezeichnung Xeroform im Verkehr und findet äußerlich an Stelle von Jodoform Anwendung.

Gehaltsbestimmung nach D. A. B. VI: 0,5 g Tribromphenolwismut werden in einem kleinen Scheidetrichter mit 5 ccm Salpetersäure angeschüttelt und nach Zugabe von 5 ccm Äther kräftig geschüttelt. Nach dem Absetzen läßt man die salpetersaure Lösung in einen gewogenen Porzellantiegel abfließen und wiederholt die Ausschüttelung in derselben Weise mit 5 ccm Salpetersäure. Die vereinigten salpetersauren Lösungen werden auf dem Wasserbade verdampft und der Rückstand zunächst vorsichtig, dann stärker geglüht. Das Gewicht des Glührückstandes soll mindestens 0,25 g betragen, was einem Mindestgehalt von 44,9 % Wismut entspricht.

Wird der Glührückstand mit 10 ccm Natriumhypophosphitlösung versetzt und der mit einem Uhrglas bedeckte Tiegel $^1/_2$ Stunde lang auf dem Wasserbade erwärmt, so darf die Mischung keine dunklere Färbung annehmen (Arsenverbindungen).

Trinitrophenol, Pikrinsäure, Acidum picronitricum, $C_6H_2(NO_2)_3OH$. Bei der Einwirkung von Salpetersäure auf Phenol findet je nach der Dauer der Einwirkung, der Höhe der hierbei obwaltenden Temperatur und der Stärke der Salpetersäure eine verschieden verlaufende Nitrierung statt. Man gewinnt Pikrinsäure praktisch, indem man durch Einwirkung von konz. Schwefelsäure auf Phenol bei 110⁰ zunächst p-Phenolsulfonsäure bildet, die sodann in die dreifache Menge 70 proz. Salpetersäure eingetragen wird. Das Gemisch wird schließlich auf 40⁰ erwärmt.

Pikrinsäure bildet sich bei der Behandlung vieler organischer Verbindungen, z. B. von Indigo, Anilin, Leder, Wolle, Harzen mit Salpetersäure und besitzt die Konstitution:

$$\begin{array}{c} OH \\ NO_2 \overset{\diagup \diagdown}{} NO_2 \\ \\ NO_2 \end{array}.$$

Pikrinsäure bildet bei 122⁰ schmelzende, glänzende, gelbe Blättchen oder Prismen, welche bei mittlerer Temperatur von 86 T. Wasser zu einer stark gelb gefärbten Flüssigkeit gelöst werden. Pikrinsäure färbt in saurem Bade Seide und

Wolle schön gelb und dient besonders zur Herstellung von Sprengstoffen (Melinit).

Kresole, Oxytoluole. Die drei Isomeren werden als o-, m- und p-Kresol bezeichnet.

$$o\text{-Kresol, } C_6H_4\!\!<^{CH_3\ (1)}_{OH\ (2),} \quad \text{Schmp. } 31^0, \text{ Sdp. } 188^0.$$

$$m\text{-Kresol, } C_6H_4\!\!<^{CH_3\ (1)}_{OH\ (3),} \quad \text{Schmp. } 4^0, \text{ Sdp. } 201^0.$$

$$p\text{-Kresol, } C_6H_4\!\!<^{CH_3\ (1)}_{OH\ (4),} \quad \text{Schmp. } 36^0, \text{ Sdp. } 198^0.$$

D. A. B. VI verlangt für die arzneiliche Verwendung ein rohes Kresol, welches gegen 50 proz. m-Kresol enthalten soll. Es ist eine klare gelbliche oder gelblichbraune Flüssigkeit, die in viel Wasser bis auf wenige Flocken, in Weingeist und Äther völlig löslich ist. Die wässerige Lösung wird durch Ferrichloridlösung blauviolett gefärbt.

Schüttelt man 10 ccm rohes Kresol mit 50 ccm Natronlauge und 50 ccm Wasser in einem Meßzylinder von 200 ccm Inhalt, so dürfen nach halbstündigem Stehen nur wenige Flocken ungelöst bleiben (Naphthalin). Setzt man dann 30 ccm Salzsäure und 10 g Natriumchlorid hinzu, schüttelt und läßt darauf ruhig stehen, so sammelt sich die ölartige Kresolschicht oben an; sie muß mindestens 9 ccm betragen. Den m-Kresol-Gehalt bestimmt man durch Einwirkung eines Gemisches von konz. Schwefelsäure und Salpetersäure auf das Rohkresol, wobei o- und p-Kresole zerstört werden und das m-Kresol in kristallisierendes Trinitrom-Kresol übergeführt wird.

Man verfährt nach D. A. B. VI zu dem Zweck wie folgt:

Gehaltsbestimmung: 10 g rohes Kresol und 30 g Schwefelsäure erhitzt man in einem weithalsigen Kolben von etwa 1 Liter Inhalt 1 Stunde lang auf dem Wasserbad und läßt dann die Mischung auf Zimmertemperatur abkühlen. Nun fügt man in einem Gusse 90 ccm rohe Salpetersäure hinzu und schwenkt kräftig um, bis eine gleichmäßige Mischung entstanden ist; da nach etwa 1 Minute eine heftige Entwicklung der stark giftigen, roten Dämpfe von Stickoxyden einsetzt, ist die Mischung in einem gut ziehenden Abzug vorzunehmen. Man läßt nach Ablauf der Reaktion den Kolben noch $^1/_4$ Stunde lang stehen, gießt dann den Inhalt in eine Porzellanschale, die 40 ccm Wasser enthält, und spült den Kolben mit ebenso viel Wasser nach. Nach 2 Stunden zerkleinert man die entstandenen Kristalle mit einem Pistill, bringt sie auf ein bei 100^0 getrocknetes und gewogenes Saugfilter und wäscht mit 100 ccm Wasser, die man vorher zum Ausspülen des Kolbens und der Schale benutzt hat, in kleinen Anteilen nach. Die Kristalle werden mit dem Filter bei 50^0 vorgetrocknet, sodann 2 Stunden lang im Trockenschranke bei einer 100^0 nicht übersteigenden Temperatur getrocknet und nach dem Erkalten gewogen. Das Gewicht des so erhaltenen Trinitro-m-Kresols muß mindestens 8,7 g betragen; sein Schmelzpunkt darf nicht unter 105^0 liegen.

Medizinische Anwendung: Äußerlich in $^1/_2$—1 proz. Lösung zur Desinfektion der Hände, Instrumente, Wunden, zu Überschlägen bei Verbrennungen zweiten Grades sowie bei Unterschenkelgeschwüren, zu Ausspülungen.

Vorsichtig aufzubewahren.

Thymol, Methylisopropylphenol, $C_6H_3\!\!<^{CH_3\ [1]}_{OH\ [3]}_{CH(CH_3)_2\ [4]}$, Mol.-Gew. 150,1,

findet sich in verschiedenen ätherischen Ölen, so im Thymianöl (von Thymus vulgaris), im Monardaöl (von Monarda punctata), im Ajowanöl (von Ptychotis Ajowan) usw. und wird daraus durch Behandeln mit Natronlauge und darauffolgende Abscheidung des darin gelösten Phenols mit Salzsäure gewonnen. Thymol bildet farblose, hexagonale Kristalle vom Schmelzpunkt 50—51^0, die sich in weniger als 1 T. Weingeist, Äther, Chloroform, in etwa 1100 T. Wasser, sowie in 2 T. Natronlauge lösen. Die Lösung eines Kriställchens Thymol in 1 ccm Essigsäure wird durch 6 Tr. Schwefelsäure und 1 Tr. Salpetersäure blaugrün gefärbt. Kocht man 0,5 g Thymol mit 10 ccm Wasser, so darf die nach dem Abkühlen abfiltrierte Lösung Lackmuspapier nicht röten (Säuren), auch darf das Filtrat durch 1 Tropfen verdünnter Eisenchloridlösung (1 + 9) nicht violett gefärbt werden (fremde Phenole). Thymol besitzt einen angenehm thymianartigen Geruch und findet als Antiseptikum besonders für Mundwässer, zum Verbande bei Geschwüren und bei Verbrennungen Anwendung.

Synthetisch wird Thymol nach Schering-Kahlbaum aus m-Kresol gewonnen, indem man dieses mit Azeton kondensiert und in Gegenwart eines Katalysators mit Wasserstoff behandelt, bis 2 Atome Wasserstoff auf 1 Mol. des Alkylenphenols aufgenommen sind (vgl. auch Synthese des Menthols).

Ein Dijodidthymol ist das als Ersatzmittel für Jodoform gebrauchte Aristol oder Annidalin

$$\begin{array}{c} CH_3 \diagdown \qquad \diagup CH_3 \\ C_3H_7 \diagup C_6H_2{-}C_6H_2 \diagdown C_3H_7 \ . \\ JO \diagup \qquad \diagdown OJ \end{array}$$

Medizinische Anwendung: Besonders äußerlich in alkoholischer Lösung oder 1—5proz. Salben bei Hautjucken; des weiteren zu Mundwässern und Zahnpulvern als Antiseptikum. Innerlich als Anthelminthikum, Dosis 1,0—2,0 g.

Karvakrol, dem Thymol isomer, $C_6H_3 \diagdown\genfrac{}{}{0pt}{}{CH(CH_3)_2}{OH}$ [1, 4, 2], ist im Kümmelöl (von Carum carvi) und im ätherischen Öle einiger Saturejaarten aufgefunden worden. Es entsteht u. a. beim Erhitzen von Kampfer mit Jod am Rückflußkühler und bildet bei 0° schmelzende Kristalle. Siedepunkt 236°.

2. Zweiwertige Phenole.

Die zweiwertigen Phenole

Brenzkatechin, Resorzin und Hydrochinon werden nach der Stellung ihrer Hydroxylgruppen unterschieden als

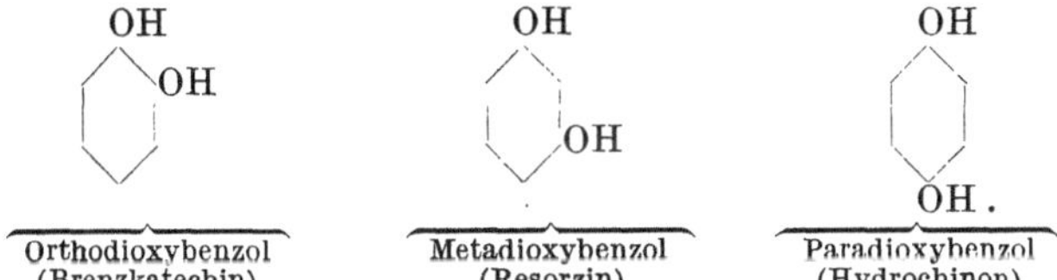

Von diesen Verbindungen werden Resorzin und Hydrochinon arzneilich verwendet.

Resorzin entsteht beim Schmelzen verschiedener Gummiharze (z. B. Galbanum, Asa foetida) mit Kaliumhydroxyd und wird praktisch durch Schmelzen der Metaphenolsulfonsäure oder der Metabenzoldisulfonsäure mit Kaliumhydroxyd gewonnen.

Resorzin kristallisiert in farblosen Tafeln oder Prismen vom Schmelzpunkt 110—111°, die sich in 1 T. Wasser, 1 T. Weingeist, leicht in Äther sowie in Glyzerin, schwer in Chloroform und Schwefelkohlenstoff lösen. Die wässerige Lösung (1 + 19) wird durch Bleiessig weiß gefällt (o-Dioxybenzol wird auch von neutralem Bleiazetat gefällt, Resorzin nicht). Erwärmt man 0,05 g Resorzin und 0,1 g Weinsäure und 10 Tr. Schwefelsäure vorsichtig, so entsteht eine dunkelkarminrote Färbung. Resorzin soll vor Licht geschützt aufbewahrt werden.

Beim Erhitzen von Resorzin mit Phthalsäureanhydrid entsteht Fluoreszein. Durch Einwirkung von Brom auf eine Eisessiglösung des Fluoreszeins entsteht Tetrabromfluoreszein, $C_{20}H_8Br_4O_5$, das unter dem Namen Eosin bekannt ist. Das Kalium- und

Natriumsalz des Eosins färben Wolle und Seide rot, letztere mit gelbroter Fluoreszenz. Ein Tetrajodfluoreszein, $C_{20}H_8J_4O_5$, führt den Namen Erythrosin. An die neuerdings aufgegebene Verwendung der Eosine als Indikatoren in der Maßanalyse ist zu erinnern.

Durch Erhitzen von Natriumnitrit mit Resorzin auf 130° wird ein tiefblauer Farbstoff, Lacmoid, erhalten, der ebenfalls als Indikator benutzt wird. Eine Anzahl anderer Farbstoffe, wie das Resorufin, Resazurin, werden durch Einwirkung von N_2O_3 haltender Salpetersäure auf Resorzin gebildet.

Ein homologes Resorzin ist das Orzin, $C_6H_3{<}^{CH_3\,(1)}_{OH\,(3)}$ $_{OH\,(5)}$, welches in verschiedenen Flechten (Roccella, Lecanora) entweder als Orzinkarbonsäure oder Orsellinsäure, bzw. deren Ester, vorkommt. Schmilzt man Aloeextrakt mit Kaliumhydroxyd, so entsteht Orzin. Beim Stehenlassen einer ammoniakalischen Lösung des Orzins an der Luft bildet sich Orzein, $C_{28}H_{24}N_2O_7$, welches sich als rotbraunes Pulver abscheidet. Es bildet mit Metalloxyden rote Lackfarben. Orseillefarbstoff (Persico, französischer Purpur, Cudbear) besteht im wesentlichen aus Orzein.

Hydrochinon bildet farblose, bei 169° schmelzende, süß schmeckende Nadeln. Es wird bei der trockenen Destillation der Chinasäure gebildet, und praktisch dargestellt aus dem Chinon, einer Verbindung, die bei der Oxydation von Anilin mit Chromsäure entsteht.

Chinone werden diejenigen Verbindungen genannt, in welchen zwei dem Benzolkern angehörende Wasserstoffatome durch zwei Sauerstoffatome meist in Parastellung, selten in Orthostellung ersetzt sind. Man nennt die Chinone hiernach Parachinone bzw. Orthochinone. Metachinone sind nicht bekannt.

Man gibt dem einfachsten Chinon, dem Benzochinon, folgende Konstitutionsformeln:

$$
\underbrace{
\begin{array}{c}
C \\
CH\diagup\!\!\overset{|}{O}\!\!\diagdown CH \\
CH\diagdown\underset{O}{|}\diagup CH \\
C
\end{array}
}_{\text{Hyperoxydformel}}
\qquad \text{oder} \qquad
\underbrace{
\begin{array}{c}
CO \\
CH\diagup\diagdown CH \\
CH\diagdown\diagup CH \\
CO
\end{array}
}_{\text{Ketonformel}} .
$$

Man gewinnt es, indem man in eine Lösung von Anilin in überschüssiger verdünnter Schwefelsäure allmählich unter guter Kühlung gepulvertes Kaliumdichromat einträgt und nach beendigter Reaktion aus dem erkalteten Gemisch das Chinon mit Äther ausschüttelt. Leitet man vor der Ausschüttelung mit Äther Schwefeldioxyd in die Flüssigkeit ein, so wird das Chinon in Hydrochinon übergeführt:

$$\underbrace{C_6H_4O_2}_{\text{Chinon}} + SO_2 + 2\,H_2O = H_2SO_4 + \underbrace{C_6H_4(OH)_2}_{\text{Hydrochinon}}.$$

welches beim Ausschütteln mit Äther in diesen übergeht.

Chinon bildet eigenartig riechende, goldgelbe Prismen vom Schmelzpunkt 116°.

Ersetzt man im Chinon nacheinander die beiden Sauerstoffatome durch die Gruppe $= NH$, so werden Chinonmonimin und Chinondiimin gebildet. Man erhält diese Verbindungen, indem man p-Aminophenol bzw. p-Phenylendiamin mit Silberoxyd in ätherischer Lösung oxydiert:

Von beiden Verbindungen leiten sich viele Farbstoffe ab, vom Monimin
z. B. die Indoaniline (Phenolblau entsteht durch Kuppeln mit Dimethylanilin), vom Diimin die Indamine. Zu letzteren gehört das Phenylenblau:

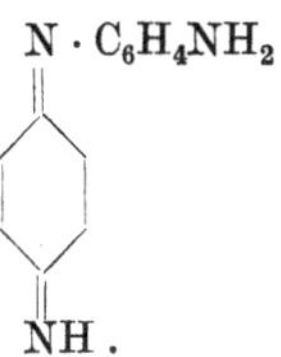

$$N \cdot C_6H_4NH_2$$

$$NH.$$

Oxydiert man Indoaniline und Indoamine gemeinsam mit aromatischen
Monaminen, so erhält man die Farbstoffgruppe der Induline und Safranine.

Brenzkatechin ist als solches pharmazeutisch von geringem Interesse, wohl
aber sind zu ihm in Beziehung stehende Verbindungen, Adrenalin, Guajakol
und Eugenol wichtig.

Adrenalin wurde von Takamine aus der Nebenniere isoliert. Es ist der
gefäßverengende, daher blutdrucksteigende Bestandteil derselben und als
o-Dioxyphenyläthanolmethylamin zu bezeichnen:

$$OH$$
$$OH$$

$$CH(OH) \cdot CH_2NHCH_3, \text{ Mol.-Gew. } 183,11,$$

also ein Derivat des Brenzkatechins. Adrenalin ist synthetisch dargestellt worden
durch Einwirkung von Methylamin auf Chlorazetobrenzkatechin und Hydrierung
des so entstandenen Ketons. Das razemische Gemisch wird mittels der weinsauren Salze getrennt; nur die linksdrehende Form wird in der Therapie verwendet. Adrenalin kommt in Form des salzsauren Salzes, bezeichnet als Suprareninhydrochlorid, Paranephrin, Epinephrin, Epirenan in den
Verkehr.

Es wird in Form einer wässerigen Lösung des Hydrochlorids, das sehr hygroskopisch
ist, verwendet. Nicht hygroskopische Salze sind das Borat und Bitartrat. 1 g Suprarenin
entspricht 1,2 g Suprareninhydrochlorid oder 1,3 g Suprareninborat oder 1,82 g Supra-
reninbitartrat. Die handelsübliche Lösung enthält 1,2 g Suprareninhydrochlorid in 1000 ccm
physiologischer Kochsalzlösung. Zur Erhöhung der Haltbarkeit ist der Lösung ein Konservierungsmittel zugesetzt. Wässerige Suprareninhydrochloridlösung, die in 1000 ccm
1,2 g des Salzes enthält, zeigt $[\alpha]_D^{20°} = -50°$. Prüfung: Wird 1 ccm einer wässerigen
Lösung des Hydrochlorids, die 1,2 g auf 1000 ccm enthält, mit 19 ccm Wasser verdünnt,
so geben 5 ccm der Verdünnung nach Zusatz von 1 Tropfen verdünnter Eisenchloridlösung
(1 + 24) eine smaragdgrüne, nach weiterem Zusatz von 1 Tropfen Ammoniakflüssigkeit
in Rotbraun umschlagende Färbung. 5 ccm der verdünnten Suprareninhydrochloridlösung
zeigen nach Zusatz von 1 ccm Merkuriazetatlösung (1 + 24) nach kurzem Stehen eine rosa
Färbung. 0,1 g Suprarenin muß sich in einer Mischung von 1 T. verdünnter Essigsäure
und 4 T. Wasser klar lösen (Aminoketon). Lösungen des Salzes müssen klar sein. Rot
oder trübe gewordene Lösungen dürfen nicht abgegeben werden. Lösungen,
die Suprarenin enthalten, dürfen nicht erhitzt werden. Größte Einzelgabe 0,001 g
(D. A. B. VI). Sehr vorsichtig und vor Licht geschützt aufzubewahren.

Medizinische Anwendung: 5—25 Tropfen innerlich, 0,5—1 ccm einer 1promill.
Lösung des Hydrochlorids subkutan bei Blutungen innerer Organe, Nachblutungen nach
Operationen und bei Kreislaufschwäche, bei schwerstem Kollaps 1 ccm intravenös oder
nitrakardial. Zur Lokalanästhesie und Blutstillung nach Schleich 2—5 Tropfen auf 100 g
einer 0,1proz. Kokain- oder B-Eukainlösung. Vorsicht bei Anwendung in höherem
Lebensalter, bei stark entzündlichen Symptomen, schweren Gefäßerkran-
kungen, gleichzeitiger Atropineinträufelung! (Deutsches Arzneiverordnungsbuch.)

Guajakol ist als der Monomethyläther des Brenzkatechins aufzufassen,

Eugenol als ein Guajakol, in welchem ein Kernwasserstoffatom durch die Allylgruppe ersetzt ist:

$$
\begin{array}{cc}
\underbrace{\text{Guajakol}} & \underbrace{\text{Eugenol}}
\end{array}
$$

Guajakol kommt im Buchenholzteer vor und bildet den Hauptbestandteil
des daraus durch fraktionierte Destillation gewonnenen **Kreosots**. Reines Guajakol schmilzt bei 31—32⁰ und siedet über 200⁰. Es findet in reinem Zustande,
sowie als Benzoylverbindung (Benzoylguajakol) oder als Karbonat
(Guajacolum carbonicum, Duotal) arzneiliche Verwendung bei phthi-
sischen Zuständen.

Guajakolkarbonat wird bei der Einwirkung von Kohlenoxychlorid auf Gua-
jakolnatrium erhalten:

$$
\begin{array}{c}
\underbrace{\begin{array}{c}\text{2 Mol.}\\\text{Guajakolnatrium}\end{array}} \quad
\underbrace{\begin{array}{c}\text{Kohlen-}\\\text{oxychlorid}\end{array}} \quad
\underbrace{\begin{array}{c}\text{1 Mol.}\\\text{Guajakolkarbonat}\end{array}}
\end{array}
$$

Es ist ein weißes kristallinisches Pulver, leicht löslich in Chloroform und
heißem Weingeist, schwer löslich in Äther. Schmelzpunkt 86—88⁰.

Kocht man 0,2 g Guajakolkarbonat mit 10 ccm einer filtrierten Lösung von 0,5 g
Kaliumhydroxyd in 12 ccm absolutem Alkohol 2 Minuten lang, so scheidet sich ein weißer,
kristallinischer Niederschlag ab, der nach dem Abfiltrieren und Trocknen beim Übergießen
mit verdünnter Schwefelsäure unter Aufbrausen reichlich Kohlendioxyd entwickelt. Verdünnt man das Filtrat mit 5 ccm Wasser, verdampft den Alkohol auf dem Wasserbad und
schüttelt den Rückstand nach Zusatz von 5 ccm verdünnter Schwefelsäure mit Äther aus,
so hinterläßt die Ätherschicht beim Verdunsten des Äthers einen nach Guajakol riechenden
Rückstand, dessen weingeistige Lösung durch 1 Tropfen Eisenchloridlösung grün gefärbt wird.
Die Lösung von 0,5 g Guajakolkarbonat in 10 ccm heißem Weingeist darf mit Wasser
angefeuchtetes Lackmuspapier nicht verändern; nach Zusatz von 1 Tropfen Eisenchloridlösung darf keine Blau- oder Grünfärbung eintreten (Guajakol). Schüttelt man 1 g Guajakolkarbonat mit 10 ccm Wasser, so darf das Filtrat nach dem Ansäuern mit Salpetersäure
durch Silbernitratlösung nicht verändert werden (Salzsäure). 0,1 g Guajakolkarbonat
muß sich in 1 ccm Schwefelsäure fast farblos lösen (fremde organische Stoffe).
0,2 g Guajakolkarbonat dürfen nach dem Verbrennen keinen wägbaren Rückstand
hinterlassen (D. A. B. VI).
Medizinische Anwendung: Innerlich 0,2—1,0 g dreimal täglich steigend bis 5 g
täglich bei Tuberkulose.

Durch Einwirkung von konz. Schwefelsäure auf Guajakol erhält man die
Guajakolsulfosäure, das Kaliumsalz, **Kalium sulfoguajacolicum,** ist unter dem
Namen Thiokol (E. W.) im Handel. $C_6H_3(OH)(OCH_3)(SO_3K)$ [1, 2, 4] und
[1, 2, 5], Mol.-Gew. 242,23. Gehalt mindestens 96,9 %⁰ guajakolsulfosaures Kalium. Weißes, fast geruchloses, kristallinisches Pulver, das in 8 T. Wasser löslich,
in Weingeist oder Äther unlöslich ist. Prüfung s. D. A. B. VI.

Gehaltsbestimmung nach D. A. B. VI: 0,2 g guajakolsulfosaures Kalium und
0,4 g Quecksilberoxydazetat werden in einem 2—3 cm weiten Probierrohr in einer Mischung
von 1 ccm verdünnter Essigsäure und 15 ccm Wasser gelöst. Das Probierrohr wird in ein
siedendes Wasserbad gesetzt und darin $^1/_2$ Stunde lang erhitzt. Hierauf wird abgekühlt

und der Inhalt des Probierrohrs mit 30—50 ccm Wasser in ein Kölbchen übergespült, das 25 ccm $\frac{n}{10}$-Jodlösung und 1,2 g Kaliumjodid enthält. Nach dem Umschwenken wird nach 2—3 Minuten der Jodüberschuß mit $\frac{n}{10}$-Natriumthiosulfatlösung zurücktitriert (Stärkelösung als Indikator). Anderseits werden in einem Probierrohr 0,4 g Quecksilberoxydazetat in einer Mischung von 1 ccm verdünnter Essigsäure und 15 ccm Wasser gelöst und $^1/_2$ Stunde lang im siedenden Wasserbad erhitzt. Nach dem Abkühlen spült man in ein Kölbchen, das 5 ccm $\frac{n}{10}$-Jodlösung und 1,2 g Kaliumjodid enthält, und titriert mit $\frac{n}{10}$-Natriumthiosulfatlösung den Jodüberschuß zurück. Die dem Jodverbrauch äquivalente Menge $\frac{n}{10}$-Natriumthiosulfatlösung wird der Menge $\frac{n}{10}$-Natriumthiosulfatlösung zugerechnet, die bei der Gehaltsbestimmung des guajakolsulfosauren Kaliums verbraucht wurde. Die so errechnete Gesamtmenge $\frac{n}{10}$-Natriumthiosulfatlösung darf für die angewendeten 0,2 g guajakolsulfosaures Kalium höchstens 9,0 ccm betragen, entsprechend einem Mindestverbrauche von 16 ccm $\frac{n}{10}$-Jodlösung, was einem Mindestgehalte von 96,9 % guajakolsulfosaurem Kalium entspricht (1 ccm $\frac{n}{10}$-Jodlösung = 0,012111 g guajakolsulfosaures Kalium, Stärkelösung als Indikator).

Medizinische Anwendung: Innerlich 1—2 g mehrmals täglich bei Tuberkulose.

Eugenol ist in vielen ätherischen Ölen nachgewiesen worden und bildet den Hauptbestandteil des Nelkenöls (Oleum Caryophylli). Es kommt darin auch in kleiner Menge als Azetylverbindung vor. Eugenol siedet bei 253,5⁰ bei 760 mm Druck.

Nelkenöl, welches durch Destillation aus den Blütenknospen von Jambosa caryophyllus (Sprengel) *Niedenzu* gewonnen wird, enthält 80—96 Volumprozent Eugenol, einschließlich Azeteugenol, und ist eine fast farblose oder gelbliche, an der Luft sich bräunende, stark lichtbrechende, optisch aktive ($\alpha_{\mathrm{D}}^{20^\circ} =$ bis —1,6⁰) Flüssigkeit von würzigem Geruch und brennendem Geschmacke. Dichte: 1,039—1,065. 1 ccm Nelkenöl muß sich in 2 ccm 70proz. Alkohol lösen (s. Prüfung nach dem D. A. B. VI).

Gehaltsbestimmung: 5 ccm Nelkenöl werden im Kassiakölbchen mit 70 ccm 3proz. Natronlauge versetzt und unter häufigem, kräftigem Umschütteln $^1/_4$ Stunde lang im siedenden Wasserbad erwärmt. Durch Zugabe von kalt gesättigter Natriumchloridlösung treibt man dann das nicht gebundene Öl in den Hals des Kölbchens, sorgt durch leichtes Beklopfen und Drehen des Kölbchens, daß die an der Glaswand anhaftenden Öltröpfchen an die Oberfläche kommen und läßt so lange stehen, bis sich das Öl von der wässerigen Flüssigkeit vollkommen getrennt hat. Die Menge des nicht gebundenen Öles darf nach dem Erkalten nicht mehr als 1 ccm und nicht weniger als 0,2 ccm betragen, was einem Gehalte von 80—96 Vol.-% Eugenol, einschließlich Azeteugenol, entspricht.

Nelkenöl wird gegen Zahnschmerz gebraucht und dient besonders zur synthetischen Herstellung des Vanillins. Zu dem Zweck wird Eugenol durch Kochen mit alkoholischer Kalilauge am Rückflußkühler in Isoeugenol umgewandelt, wobei die Allylgruppe des Eugenols in eine Propenylgruppe übergeht:

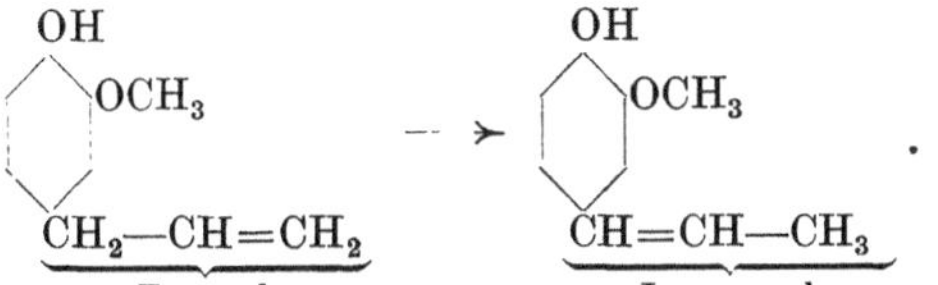

OH   OH

OCH₃   →   OCH₃

CH₂—CH=CH₂   CH=CH—CH₃

Eugenol   Isoeugenol

Bei der Oxydation des Isoeugenols wird der Kohlenwasserstoffrest der Seitenkette an der Stelle der Doppelbindung abgesprengt und dafür ein O-Atom ein-

gesetzt; es entsteht der Monomethyläther des Protokatechualdehyds oder
Vanillin:

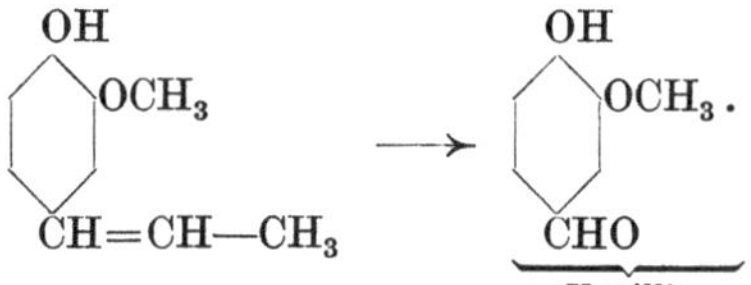

$$\text{Vanillin}$$

Dem Eugenol isomer ist das **Chavibetol** des ätherischen Öles der Blätter von
Piper Betle,

$$C_6H_3\begin{cases}OH & (1)\\ OCH_3 & (2)\\ CH_2—CH=CH_2 & (5)\end{cases}.$$

Safrol oder Shikimol ist ein Allylbrenzkatechinmethylenäther:

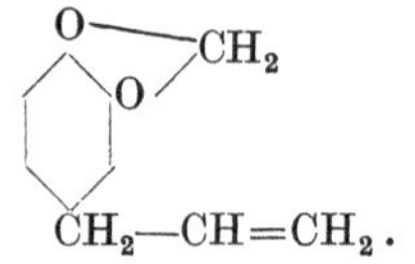

Es findet sich im Sassafrasöl und im Kampferöl. Durch heiße alkoholische Kalilauge geht es in Isosafrol über, einen Propenylbrenzkatechinmethylenäther,
und dieser liefert bei der Oxydation Heliotropin (Piperonal):

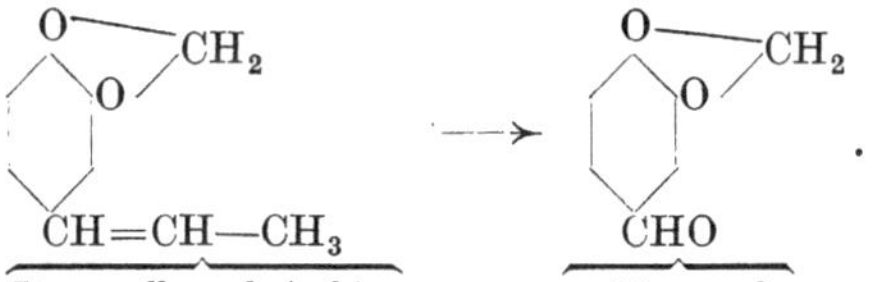

$$\text{Propenylbrenzkatechin-methylenäther} \longrightarrow \text{Piperonal}$$

3. Dreiwertige Phenole.

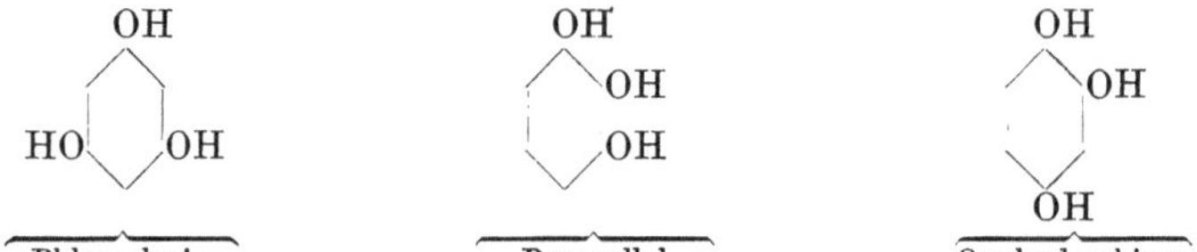

$$\underset{\substack{\text{Phlorogluzin}\\ 1:3:5}}{} \qquad \underset{\substack{\text{Pyrogallol}\\ 1:2:3}}{} \qquad \underset{\substack{\text{Oxyhydrochinon}\\ 1:2:4}}{}$$

Von diesen Verbindungen wird das **Phlorogluzin** beim Schmelzen verschiedener Harze (Kino, Catechu, Drachenblut) mit Kalium- oder Natriumhydroxyd und bei der Zerlegung verschiedener Glykoside (Phloridzin, Quer-
zetin, Hesperidin) erhalten. Schnell erhitzt, schmilzt es bei 218⁰. Es kristallisiert mit 2 Mol. Wasser und bildet einen süß schmeckenden Stoff. Es ist in Wasser,
Alkohol und Äther löslich. Einige Reaktionen des Phlorogluzins, vor allem sein
Verhalten gegen Hydroxylamin, deuten darauf hin, daß dem Phlorogluzin auch
eine tautomere Form, die sog. Ketoform

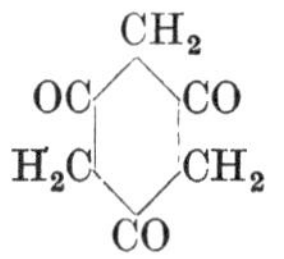

eigen ist. Phlorogluzin ist ein Reagenz auf Holzstoff: es färbt diesen bei Gegenwart von starker Salzsäure lebhaft rot. Als Reagenz auf Phlorogluzin in Pflanzenteilen dient eine Vanillinlösung, die aus 0,05 g Vanillin, 0,5 g Weingeist, 0,5 g

Wasser und 3 g starker Salzsäure bereitet ist. Phlorogluzinhaltige Pflanzenteile werden durch Betupfen mit einem Tropfen dieser Lösung erst hellrot, dann violettrot gefärbt.

Derivate des Phlorogluzins sind mehrere als Bandwurmmittel benutzte Pflanzenstoffe (Rottlerin aus Kamala, Kussein aus Flores Koso, die verschiedenen Stoffe des Rhizoms von Dryopteris filix mas (Linné-Schott). Von diesen Derivaten ist von Wichtigkeit das Aspidinolfilizin, eine in gelblichweißen Nadeln kristallisierende Substanz vom Schmelzpunkt gegen 160⁰. Beim Erwärmen mit Schwefelsäure entstehen Buttersäure und Methylphlorogluzin. In Öllösung ist unter der Bezeichnung Aspidinolfilicinum oleo solutum, Aspidinolfilizinöl, Filmaronöl, das Aspidinolfilizin in den Arzneischatz eingeführt worden. Es ist eine 10proz Lösung von Aspidinolfilizin in neutralem Pflanzenöle.

Gehaltsbestimmung: 5 g Aspidinolfilizinöl werden in einem Arzneiglas von 150 ccm Inhalt in 30 g Äther gelöst und mit 50 g Barytwasser 5 Minuten lang kräftig durchgeschüttelt. Nach Überführung in einen Scheidetrichter läßt man klar absetzen und filtriert die wässerige Schicht sofort ab. 45 g des Filtrats werden nach Zusatz von 2 ccm Salzsäure in einem Scheidetrichter nacheinander mit 15, 10 und 10 ccm Äther ausgeschüttelt. Die ätherischen Flüssigkeiten werden durch ein doppeltes, glattes Filter in ein gewogenes Kölbchen filtriert und durch Destillation vom Äther befreit. Das Gewicht des aus Aspidinolfilizin bestehenden Rückstandes muß nach dem Trocknen bei 60⁰ mindestens 0,4 g betragen.

Das so gewonnene Aspidinolfilizin stellt eine gelbbraune bis braune Masse dar, die sich nach längerem Stehen pulvern läßt. Von Alkalien und Alkalikarbonaten wird Aspidinolfilizin unter teilweiser Zersetzung gelöst. Es ist unlöslich in Wasser, schwer löslich in Weingeist und leicht löslich in Chloroform oder Essigäther. Die weingeistige Lösung rötet mit Wasser angefeuchtetes Lackmuspapier schwach.

Die Lösung von 0,1 g Aspidinolfilizin in 4 Tropfen Essigäther muß bei dreitägigem Stehen im verschlossenen Probierrohr klar bleiben (Filixsäure, Flavaspidsäure). Nach D. A. B. VI.

Größte Einzelgabe 20 g, größte Tagesgabe 20 g. Vorsichtig aufzubewahren.

Pyrogallol (früher als Pyrogallussäure bezeichnet) entsteht beim Erhitzen der Gallussäure für sich oder mit Wasser auf 200—210⁰. Zweckmäßig nimmt man das Erhitzen in einem Kohlendioxydstrom vor; gegen 200⁰ verflüchtigt sich Pyrogallol:

$$C_6H_2 \begin{cases} CO_2 \cdot H \ (1) \\ OH \quad (3) \\ OH \quad (4) \\ OH \quad (5) \end{cases} = C_6H_3 \begin{cases} OH \\ OH \\ OH \end{cases} + CO_2 .$$

$$\underbrace{}_{\text{Gallussäure}} \qquad \underbrace{}_{\text{Pyrogallol}}$$

Pyrogallol kristallisiert in farblosen, glänzenden Nadeln oder Blättchen, welche sich leicht in Wasser, Alkohol und Äther lösen. Schmelzpunkt 131—132⁰. Bei vorsichtigem Erhitzen sublimiert es, ohne sich zu zersetzen. Die Lösung des Pyrogallols in Kali- oder Natronlauge nimmt unter Braunfärbung schnell Sauerstoff aus der Luft auf, und es werden im wesentlichen Kohlensäure und Essigsäure gebildet. Man benutzt daher die alkalische Pyrogallollösung in der Gasanalyse zur Bindung und quantitativen Bestimmung von freiem Sauerstoff in Gasgemengen. Die große Aufnahmefähigkeit für Sauerstoff äußert Pyrogallol auch gegenüber Gold-, Silber- und Quecksilbersalzen, welche es zu Metallen reduziert.

Die wässerige Lösung des Pyrogallols wird durch eine frisch bereitete Lösung von Ferrosulfat indigoblau, durch Ferrichloridlösung braunrot gefärbt (Prüfung s. D. A. B. VI).

Medizinische Anwendung: Bei Psoriasis, bei Eczema marginatum und bei Lupus. Als Applikationsform dient vorzugsweise Salbe 1 : 10 bis 20 mit Vaselin oder Lanolin; bei Ozaena 2proz. wässerige Lösung. Vor der Einwirkung auf Schleimhäute oder große Hautflächen ist zu warnen (Nierenschädigungen!).

Vor Licht geschützt aufzubewahren!

Oxyhydrochinon bildet sich neben Tetra- und Hexaoxydiphenyl beim Schmelzen von Hydrochinon mit Kaliumhydroxyd. Man erhält Oxyhydrochinon vorteilhaft durch Kochen von Chinon mit Essigsäure und Zerlegen des Oxyhydrochinonazetats mit Alkali. Schmelzpunkt $140,5^0$.

4. Phenoläther.

Unter Phenoläthern versteht man alkylierte Phenole, d. h. Phenole, deren Hydroxylwasserstoffatome durch Alkylgruppen ersetzt sind. Man gewinnt Phenoläther durch Behandeln von Alkaliphenolaten mit Alkyljodiden. Der Methyläther des Phenols heißt Anisol, $C_6H_5OCH_3$, der Äthyläther Phenetol, $C_6H_5OC_2H_5$. Viele Phenoläther finden sich in der Natur, besonders als Bestandteile ätherischer Öle.

Zu solchen gehören Eugenol, weiterhin Asaron, ein Propenyltrimethoxybenzol $CH=CH-CH_3$, OCH_3, H_3CO, OCH_3, welches im Haselwurz-, im Matico- und im Kalmusöl aufgefunden worden ist, Myristizin, ein (1) Allyl (3,4) Methylendioxy (5) Methoxybenzol $CH_2-CH=CH_2$, CH_3O, O, $O-CH_2$, welches im Muskatnußöl, im französischen Petersilienöl und in Maticoölen vorkommt, Apiol des Petersilienöls: $CH_2-CH=CH_2$, OCH_3, CH_3O, O, $O-CH_2$ und Dillapiol des Dillöls: $CH_2-CH=CH_2$, CH_3O, CH_3O, $O-CH_2$, O usw.

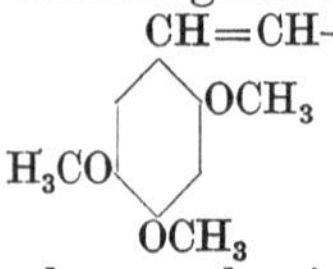

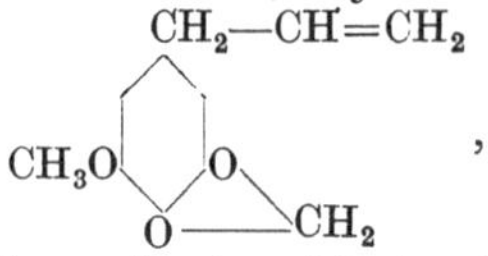

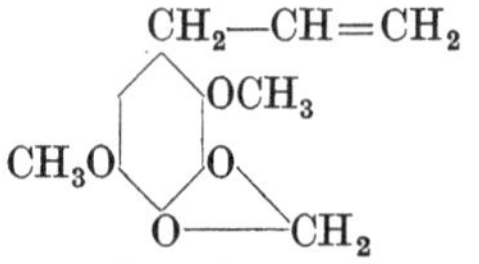

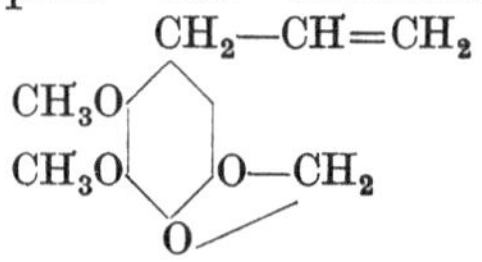

Im Anisöl (s. S. 441) findet sich Anethol, im Esdragonöl das ihm isomere Methylchavicol:

Anethol (p-Propenylanisol) — OCH_3, $CH : CH \cdot CH_3$

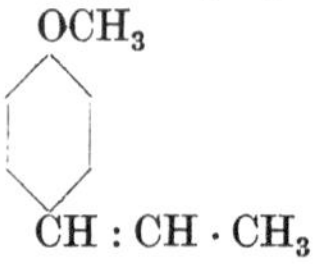

Methylchavicol (p-Allylanisol) — OCH_3, $CH_2-CH=CH_2$

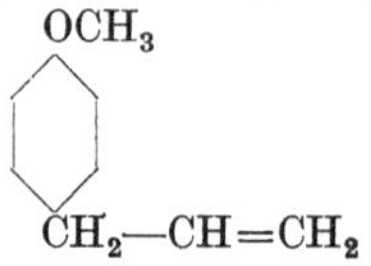

Aromatische Aldehyde.

Die aromatischen Aldehyde sind wie diejenigen der Fettreihe durch die einwertige Gruppe CHO gekennzeichnet. Sie entstehen u. a. durch Oxydation primärer aromatischer Alkohole.

Von aromatischen Aldehyden sind pharmazeutisch-medizinisch wichtig Benzaldehyd, Zimtaldehyd und Salizylaldehyd.

Benzaldehyd (Bittermandelöl), $C_6H_5 \cdot CHO$. Bei der Einwirkung von Chlor auf siedendes Toluol wird zunächst Benzylchlorid, $C_6H_5CH_2Cl$, gebildet, welches bei der Behandlung mit Wasser Benzylalkohol, $C_6H_5 \cdot CH_2OH$, liefert. Unterwirft man diesen einer vorsichtig geleiteten Oxydation, so geht er in Benzaldehyd über.

Das durch weitere Einwirkung von Chlor auf Benzylchlorid entstehende Benzalchlorid, $C_6H_5CHCl_2$, liefert beim Kochen mit Wasser direkt Benzaldehyd.

Benzaldehyd entsteht auch bei der Oxydation der Zimtsäure, sowie durch

Zerlegung eines in den bitteren Mandeln, in Pfirsichkernen und anderen Pflanzenteilen aus den Familien der Amygdaleae und Pomaceae vorkommenden Glykosides, des Amygdalins. Die bitteren Mandeln enthalten gegen 3% davon und ein Enzym, Emulsin, welches bei Gegenwart von Wasser zersetzend auf Amygdalin einwirkt. Bittere Mandeln sind in trockenem Zustande geruchlos; stößt man sie jedoch mit Wasser zu einem Brei an, so verbreitet sich ein ätherischer (sog. Bittermandelöl-) Geruch, indem Amygdalin im Sinne folgender Gleichung gespalten wird:

$$\underbrace{C_{20}H_{27}NO_{11}}_{\text{Amygdalin}} + 2\,H_2O = \underbrace{2\,C_6H_{12}O_6}_{\text{Glukose}} + \underbrace{HCN}_{\text{Zyanwasserstoff}} + \underbrace{C_6H_5 \cdot CHO}_{\text{Benzaldehyd}}.$$

Unterwirft man den mit Wasser verdünnten Brei aus bitteren Mandeln der Destillation, so geht in das wässerige Destillat neben kleinen Mengen nebenher gebildeter Produkte im wesentlichen Zyanwasserstoff und Benzaldehyd bzw. eine Verbindung beider, Benzaldehydzyanhydrin, $C_6H_5C{<}^{OH}_{CN}{-}H$, über. Dieses wässerige Destillat wurde bisher unter dem Namen Bittermandelwasser, Aqua Amygdalarum amararum, arzneilich verwendet. Es wird mit Wasser und Weingeist verdünnt, so daß 1000 T. Flüssigkeit 1 T. Zyanwasserstoff enthalten.

Bereitung von Bittermandelwasser aus Bittermandeln: 12 T. grob gepulverte bittere Mandeln werden ohne Erwärmen durch Pressen so weit wie möglich von dem fetten Öl befreit, dann in ein mittelfeines Pulver verwandelt. Dieses wird, mit 20 T. destilliertem Wasser gut gemischt, in eine geräumige Destillierblase gebracht, welche so eingerichtet ist, daß gespannte Wasserdämpfe hindurchstreichen können. Man überläßt zweckmäßig 12 Stunden sich selbst und destilliert vorsichtig bei sorgfältiger Abkühlung 9 T. in eine Vorlage ab, welche 3 T. Weingeist enthält. Alsdann fängt man gesondert 3 T. eines zweiten Destillats auf. Die Destillate werden auf ihren Gehalt an Zyanwasserstoff geprüft; das erste Destillat wird nötigenfalls mit einer Mischung aus 1 T. Weingeist und 3 T. des zweiten Destillats so weit verdünnt, daß in 1000 T. 1 T. Zyanwasserstoff enthalten ist. Spez. Gew. 0,970—0,980.

Bei einem Gehalt von gegen 35% fettem Öl liefern die bitteren Mandeln ungefähr die doppelte Menge an Bittermandelwasser (auf ungepreßte Mandeln bezogen).

Nach D. A. B. VI wird Bittermandelwasser aus Benzaldehydzyanhydrin, Alkohol und Wasser, wie folgt, bereitet: 11 T. Benzaldehydzyanhydrin werden in 500 T. Weingeist gelöst und die Lösung mit 1489 T. Wasser gemischt. Bittermandelwasser ist klar oder nur sehr schwach weißlich getrübt. Dichte 0,967 bis 0,977. Bittermandelwasser darf Lackmuspapier kaum röten. Werden 10 ccm Bittermandelwasser mit 0,8 ccm $\frac{n}{10}$-Silbernitratlösung und einigen Tropfen Salpetersäure vermischt und wird vom entstandenen Niederschlage abfiltriert, so muß das Filtrat den eigenartigen Geruch des Bittermandelwassers zeigen und darf durch weiteren Zusatz von $\frac{n}{10}$-Silbernitratlösung nicht mehr getrübt werden (unzulässige Menge an freiem Zyanwasserstoff).

Gehaltsbestimmung: Werden 25 ccm Bittermandelwasser mit 100 ccm Wasser verdünnt und mit 2 ccm Kaliumjodidlösung und 1 ccm Ammoniakflüssigkeit versetzt, so müssen bis zum Eintritt einer gelblichen Opaleszenz 4,5—4,8 ccm $\frac{n}{10}$-Silbernitratlösung verbraucht werden, was einem Gehalte von 0,099—0,107% Zyanwasserstoff entspricht (1 ccm $\frac{n}{10}$-Silbernitratlösung = 0,005404 g Zyanwasserstoff in ammoniakalischer Lösung, Kaliumjodid als Indikator).

Diese Prüfung beruht darauf, daß bei der Einwirkung von Silbernitrat auf Zyankalium oder Zyanammonium erst dann ein Fällung von Zyansilber erfolgt, wenn das anfänglich entstehende wasserlösliche Ammoniumsilberzyanid mit einem Überschuß von Silbernitrat versetzt wird:

$$2\,NH_4 \cdot CN + AgNO_3 = \underbrace{NH_4 \cdot Ag(CN)_2}_{\text{wasserlöslich}} + NH_4 \cdot NO_3$$

$$NH_4 \cdot Ag(CN)_2 + AgNO_3 = \underbrace{2\,AgCN}_{\text{Fällung}} + NH_4 \cdot NO_3.$$

Medizinische Anwendung: Innerlich gegen Hustenreiz und Magenschmerzen. Dosis 0,5—1 g mehrmals täglich. Vielfach gemeinsam mit Morphium als schmerzstillendes Mittel.

Größte Einzelgabe 2,0 g, größte Tagesgabe 6,0 g. Vor Licht geschützt und vorsichtig aufzubewahren.

Durch Destillation der Kirschlorbeerblätter (von Prunus Laurocerasus) mit Wasserdämpfen erhält man Kirschlorbeerwasser, Aqua laurocerasi, welches mit dem Bittermandelwasser fast völlige Übereinstimmung zeigt und ebenfalls mit $^1/_{10}\,^0/_0$ Zyanwasserstoffgehalt medizinisch benutzt wird.

Das durch Destillation von bitteren Mandeln mit Wasserdämpfen gewonnene Bittermandelöl ist wegen seines Zyanwasserstoffgehaltes stark giftig. Mit Hilfe von verdünnter Kali- oder Natronlauge kann man dem Bittermandelöl den Zyanwasserstoff entziehen. Ein solches Bittermandelöl befindet sich im Handel unter der Bezeichnung Oleum Amygdalarum amararum sine acido hydrocyanico.

Reiner Benzaldehyd, das sog. künstliche Bittermandelöl, ist eine farblose oder etwas gelbliche, stark lichtbrechende Flüssigkeit von der Dichte 1,046 bis 1,050 und dem Siedepunkt 178—182⁰, durch die Oxydationswirkung der Luft in Benzoesäure übergehend. Man prüft den medizinisch verwendeten Benzaldehyd auf Blausäure, Nitrobenzol und Chlorverbindungen (s. D. A. B. VI). Zum Nachweis der letzteren kann man ein zusammengefaltetes Stückchen Filtrierpapier mit 5—6 Tr. Benzaldehyd tränken und es in einer Porzellanschale unter einem großen, innen mit Wasser angefeuchteten Becherglase verbrennen. Nach der Verbrennung spült man den Inhalt des Becherglases mit wenig Wasser auf ein Filter. Enthielt Benzaldehyd Chlorverbindungen, so scheidet das mit Salpetersäure angesäuerte Filtrat auf Zusatz von Silbernitratlösung Chlorsilber ab.

Das für die Bereitung des Bittermandelwassers benutzte Benzaldehydzyanhydrin, Mandelsäurenitril, ist eine gelbe, ölige, nach Bittermandelöl riechende Flüssigkeit, die in Wasser fast unlöslich, in Weingeist, Äther und Chloroform leicht löslich ist. Dichte 1,115—1,120.

Werden 10 ccm der Lösung von 0,5 g Benzaldehydzyanhydrin in 25 ccm Weingeist und 74,5 ccm Wasser nach Zusatz von 1 Körnchen Ferrosulfat, 1 Tropfen Eisenchloridlösung und 1 ccm Natronlauge 1 Minute lang gekocht und sodann mit Salzsäure angesäuert, so tritt Blaufärbung unter Abscheidung eines blauen Niederschlages (von Berlinerblau) ein. Fügt man 1 Tr. Benzaldehydzyanhydrin zu Schwefelsäure, so tritt eine stark karmoisinrote Färbung auf.

Prüfung: Lackmuspapier darf durch die Lösung von 0,5 g Benzaldehydzyanhydrin in 25 ccm Weingeist und 74,5 ccm Wasser kaum gerötet werden. Werden 10 ccm der gleichen Lösung mit 0,8 ccm $\frac{n}{10}$-Silbernitratlösung und einigen Tropfen Salpetersäure vermischt, und wird vom entstandenen Niederschlag abfiltriert, so muß das Filtrat den eigenartigen Geruch des Bittermandelwassers zeigen und darf durch weiteren Zusatz von $\frac{n}{10}$-Silbernitratlösung nicht mehr getrübt werden (unzulässige Menge an freiem Zyanwasserstoff).

Gehaltsbestimmung: Etwa 0,5 g Mandelsäurenitril werden in einem Meßkölbchen von 100 ccm Inhalt genau gewogen und in 25 ccm Weingeist gelöst; hierauf wird mit Wasser bis zur Marke aufgefüllt. Versetzt man nunmehr 25 ccm dieser Lösung mit 100 ccm Wasser, 2 ccm Kaliumjodidlösung und 1 ccm Ammoniakflüssigkeit, so müssen für je 0,125 g Mandelsäurenitril bis zum Eintritt einer gelblichen Opaleszenz mindestens 4,2 ccm $\frac{n}{10}$-Silbernitratlösung verbraucht werden, was einem Mindestgehalte von 89,4 % Benzaldehydzyanhydrin entspricht (1 ccm $\frac{n}{10}$-Silbernitratlösung = 0,026612 g Benzaldehydzyanhydrin, Kaliumjodid als Indikator). (D. A. B. VI.)

Vorsichtig aufzubewahren.

p-Isopropylbenzaldehyd, $C_6H_4{<}^{CHO\ (1)}_{CH{<}^{CH_3}_{CH_3}\ (4)}$, kommt im Römischkümmelöl (von Cuminum cyminum), sowie im Cicutaöl (von Cicuta virosa) vor und heißt Cuminol.

Zimtaldehyd, $C_6H_5 \cdot CH{:}CH \cdot CHO$, aufzufassen als β-Phenylakrolein, ist der Hauptbestandteil des Zimtöles, Oleum Cinnamomi, dessen Geruch er bedingt. Zimtaldehyd entsteht bei der Oxydation des Zimtalkohols, $C_6H_5 \cdot CH{:}CH \cdot CH_2OH$, welches in Form seines Zimtsäureesters im flüssigen Styrax vorkommt.

Künstlich erhält man Zimtaldehyd durch Einwirkung von Salzsäuregas oder Natronlauge oder Natriumäthylat auf ein Gemisch von Benzaldehyd und Azetaldehyd (Perkinsche Synthese):

$$C_6H_5CH{:}O + H_2{:}HC{-}CHO = C_6H_5CH{:}CH{-}CHO + H_2O .$$

Benzaldehyd   Azetaldehyd   Zimtaldehyd

Das Zimtöl soll 66—76 Volumenprozent Zimtaldehyd enthalten. Es ist eine hellgelbe, schwach links drehende ($\alpha_D^{20°} = $ bis $- 1°$) Flüssigkeit von würzigem Geruche, würzig süßem und zugleich brennendem Geschmacke. Dichte 1,018 bis 1,035. 1 ccm Zimtöl muß sich in 3 ccm 70 proz. Alkohol lösen.

Zur Prüfung auf Blei und Kupfer schüttelt man 5 ccm Zimtöl mit 5 ccm Wasser, das mit 1 Tropfen verdünnter Salzsäure versetzt ist, kräftig durch. Die wässerige Flüssigkeit darf durch 3 Tropfen Natriumsulfidlösung nicht dunkel gefärbt werden.

Gehaltsbestimmung: 5 ccm Zimtöl werden im Kassiakölbchen mit 5 ccm frisch hergestellter, filtrierter Natriumbisulfitlösung versetzt und im siedenden Wasserbad unter häufigem, kräftigem Umschütteln erwärmt, bis die zunächst entstehende Ausscheidung wieder gelöst ist. Darauf fügt man allmählich weitere Mengen von Natriumbisulfitlösung hinzu und verfährt jedesmal in der beschriebenen Weise, bis ein weiterer Zusatz der Natriumbisulfitlösung keine Ausscheidung mehr hervorruft. Durch abermaligen Zusatz von Natriumbisulfitlösung treibt man dann das nicht gebundene, vollkommen klare Öl in den Hals des Kölbchens; die Menge des Öles darf nach dem Abkühlen nicht mehr als 1,7 ccm und nicht weniger als 1,2 ccm betragen, was einem Gehalte von 66—76 Vol.-% Zimtaldehyd entspricht (D. A. B. VI).

Medizinische Anwendung: Innerlich zu 0,025—0,1 g ($^1/_2$—2 Tr.) mehrmals täglich als Ölzucker oder in alkoholischer Lösung bei Menstruationsbeschwerden und als Carminativum, auch als Geschmackskorrigens. Äußerlich zur Bekämpfung von Zahnschmerz.

Salizylaldehyd, $C_6H_4{<}^{CHO\ (1)}_{OH\ \ \ (2)}$, oder Ortho-Oxybenzaldehyd findet sich im ätherischen Öl von Spiraea ulmaria und wurde früher salizylige oder spiroylige Säure genannt. Synthetisch gewinnt man ihn durch Erhitzen von alkalischer Phenollösung mit Chloroform:

$$C_6H_5ONa + CHCl_3 + H_2O = C_6H_4{<}^{CHO\ (1)}_{OH\ \ \ (2)} + NaCl + 2\,HCl .$$

Phenolnatrium   Salizylaldehyd

Von dem gleichzeitig sich bildenden p-Oxybenzaldehyd wird Salizylaldehyd durch Destillation mit Wasserdämpfen, womit er leicht flüchtig ist, getrennt.

Die aromatischen Aldehyde lassen sich mit Dimethylanilin und mit Phenolen leicht kondensieren. Charakteristisch für die aromatischen Aldehyde ist eine bei Gegenwart von Kaliumzyanid stattfindende Polymerisation. Kocht man eine alkoholisch-wässerige Lösung von Benzaldehyd und Kaliumzyanid am Rückflußkühler auf dem Wasserbade einige Zeit, so scheidet sich beim Erkalten ein Benzoin genannter Stoff ab, welchem man die Konstitution

$$C_6H_5 \cdot CO \cdot \underset{\underset{OH}{|}}{CH} \cdot C_6H_5$$

gibt. Oxydiert man Benzoin (z. B. mit Salpetersäure), so wird es, wie jeder andere sekundäre Alkohol, zu einem Keton oxydiert, und man erhält eine Verbindung der Formel $C_6H_5CO \cdot CO \cdot C_6H_5$, Dibenzoyl oder Benzil.

Aromatische Ketone.

Man unterscheidet zwischen gemischten fett-aromatischen Ketonen und rein-aromatischen Ketonen. Bei ersteren ist die Ketogruppe einerseits mit einem aliphatischen, andererseits mit einem aromatischen Rest verknüpft. Ein solches Keton ist das auch als Schlafmittel unter dem Namen Hypnon synthetisch dargestellte Methylphenylketon oder Azetophenon:

$$CH_3 \cdot CO \cdot C_6H_5.$$

Ein rein aromatisches Keton, d. h. ein solches, bei welchem die Ketogruppe zwei aromatische Reste verknüpft, ist das Diphenylketon oder Benzophenon:

$$C_6H_5 \cdot CO \cdot C_6H_5.$$

Man gewinnt die aromatischen Ketone durch trockene Destillation der Kalziumsalze der betreffenden Säuren, z. B. das Benzophenon:

$$\underbrace{\left. \begin{array}{l} C_6H_5 \cdot COO \\ C_6H_5CO \cdot O \end{array} \right\rangle Ca}_{\text{Benzoesaures Kalzium}} = C_6H_5 \cdot CO \cdot C_6H_5 + CaCO_3.$$

Auch eignet sich zur Darstellung der aromatischen Ketone die Friedel-Craftssche Synthese. Diese besteht darin, daß bei Gegenwart von Aluminiumchlorid ein Säurechlorid auf zyklische Kohlenwasserstoffe, wie folgt, einwirkt:

$$\underbrace{CH_3COCl}_{\text{Azetylchlorid}} + \underbrace{C_6H_6}_{\text{Benzol}} = \underbrace{CH_3CO \cdot C_6H_5}_{\text{Methylphenylketon}} + HCl.$$

Durch Einwirkung von Salpetersäure auf Benzophenon entstehen Nitroverbindungen, von denen das o-Derivat bei der Reduktion ein o-Aminoderivat bildet, das bei der Oxydation mit Bleioxyd Akridon liefert:

Die Aminobenzophenone liefern mehrere wichtige Farbstoffe. So erhält man vom Tetramethyl-pp-diaminobenzophenon (auch Michlersches Keton genannt, aus Kohlenoxychlorid, Dimethylanilin und Aluminiumchlorid nach der Friedel-Craftsschen Synthese gewonnen) durch Erhitzen mit Salmiak und Zinkchlorid einen schön goldgelben Farbstoff, das Auramin, welches als Pyoctaninum aureum vorübergehend eine Verwendung als Antiseptikum fand.

$$\begin{array}{l} \overset{CH_3}{\underset{CH_3}{>}}N \cdot C_6H_4 \cdot CO \cdot C_6H_4N\overset{CH_3}{\underset{CH_3}{<}} \\ + Cl\text{---}NH_4 \end{array} = \overset{CH_3}{\underset{CH_3}{>}}N : C_6H_4 : \underset{\underset{Cl}{|}}{C} \cdot C_6H_4N\underset{\underset{NH_2}{|}}{\overset{CH_3}{<}}_{CH_3} + H_2O.$$

Aromatische Säuren.

Wie die Säuren der aliphatischen Reihe, sind auch die aromatischen Säuren durch die einwertige Karboxylgruppe $-C\!\!\begin{smallmatrix}\nearrow O\\\searrow OH\end{smallmatrix}$ gekennzeichnet, welche entweder sich an einem Kernkohlenstoffatom des Benzols oder seiner Homologen oder in Seitenketten derselben befindet.

Man unterscheidet zwischen ein- und mehrbasischen aromatischen Säuren, je nach der Anzahl der in der Molekel enthaltenen Karboxylgruppen.

Eine einbasische, am Kern karboxylierte Säure ist die Benzoesäure, $C_6H_5 \cdot CO_2H$, eine in der Seitenkette karboxylierte einbasische Säure die Zimtsäure, $C_6H_5 \cdot CH{:}CH \cdot CO_2H$. Zu den zweibasischen Säuren gehört die Phthalsäure, $C_6H_4(CO_2H)_2$ [1, 2].

Wie in der aliphatischen, so auch sind in der aromatischen Reihe Oxysäuren bekannt (den Alkoholsäuren der Fettreihe entsprechend), z. B. Salizylsäure, Protokatechusäure und Gallussäure:

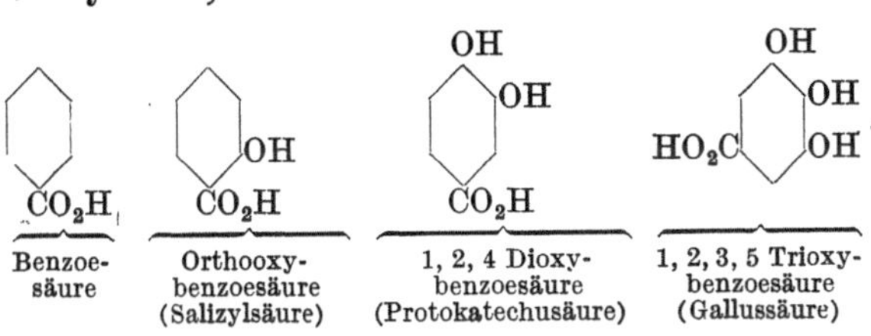

Benzoesäure	Orthooxybenzoesäure (Salizylsäure)	1, 2, 4 Dioxybenzoesäure (Protokatechusäure)	1, 2, 3, 5 Trioxybenzoesäure (Gallussäure)

Abb. 85. Vorrichtung zur Benzoesäuresublimation.

Die Oxysäuren besitzen zufolge ihrer an Kernkohlenstoffatome geketteten Hydroxylgruppen phenolartige Eigenschaften.

Benzoesäure, Acidum benzoicum, $C_6H_5 \cdot CO_2H$. Benzoesäure kommt sowohl frei, wie in Form von Estern vor. In ungebundenem Zustande findet sich Benzoesäure in der Siam- und Sumatrabenzoe. Verestert ist sie im Perubalsam und Tolubalsam enthalten. Auf künstlichem Wege wird sie bei der Oxydation des Benzaldehyds, beim Behandeln von Benzotrichlorid mit heißem Wasser, bei der Spaltung der im Harn der Pflanzenfresser vorkommenden Hippursäure durch Fäulnis:

$$CO_2H \cdot CH_2 \cdot NH{:}COC_6H_5 + HO{:}H = CO_2H \cdot CH_2 \cdot NH_2 + C_6H_5CO_2H\,.$$

Hippursäure (Benzoyl-Glykokoll)	Aminoessigsäure (Glykokoll)	Benzoesäure

sowie endlich bei der Oxydation von Toluol mit Kaliumdichromat und Schwefelsäure gewonnen:

$$C_6H_5 \cdot CH_3 + 3\,O = C_6H_5 \cdot CO_2H + H_2O\,.$$

Die synthetisch dargestellte Benzoesäure des Handels, Acidum benzoicum artificiale, wird meist durch Zersetzen des Benzotrichlorids mit Wasser dargestellt. Für den pharmazeutischen Gebrauch wurde früher Benzoesäure durch Sublimation aus Siambenzoe bereitet. Sumatrabenzoe liefert eine zimtsäurehaltende Benzoesäure und war von dem medizinischen Gebrauch ausgeschlossen.

Zur Darstellung kleiner Mengen Benzoesäure aus Benzoe schüttet man auf einen flachen Tiegel aus Gußeisen oder Eisenblech (Abb. 85) eine 2—3 cm hohe Schicht grob gepulvertes Benzoeharz, bedeckt mit einer Scheibe lockeren Filtrierpapiers (o), welches mit einer Nadel vielfach durchlocht ist, und stülpt darüber eine aus starkem Papier gedrehte Tüte, die bei d mittels eines Bindfadens befestigt wird. Man setzt den Tiegel in ein Sandbad oder auf eine heiße Herdplatte und sorgt dafür, daß der Tiegelinhalt zwischen 130° und 140° einige Stunden lang erhitzt bleibt, welche Temperatur durch ein eingesetztes Thermometer beobachtet werden kann. In der Tüte haben sich nach einiger Zeit Benzoesäurekristalle angesetzt. Die Scheibe *o* dient dazu, das Zurückfallen der letzteren in den Tiegelinhalt zu verhindern.

Die Gewinnung von sublimierter Benzoesäure im großen erfolgt in Apparaten, wie ein solcher in Abb. 86 abgebildet ist.

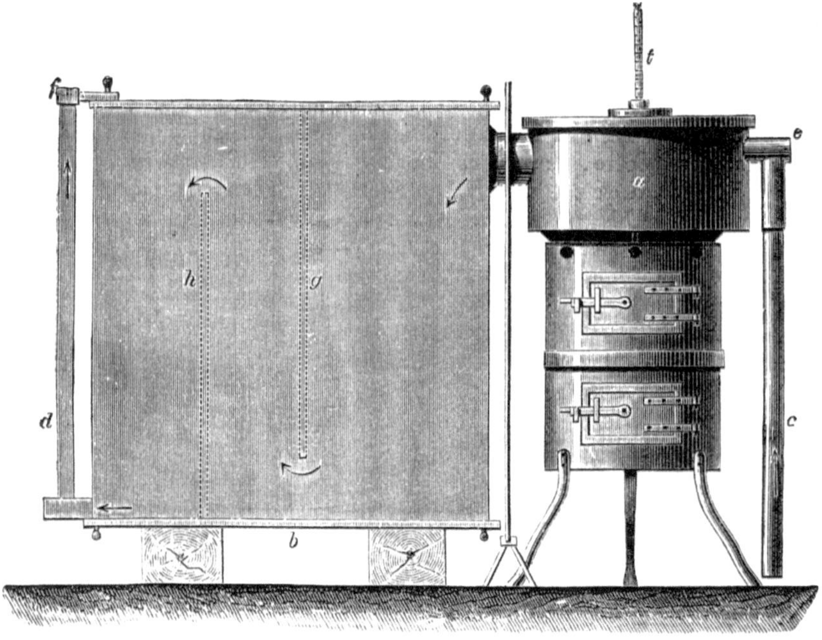

Abb. 86. Vorrichtung zur Sublimation von Benzoesäure nach Hager.

a ist ein kasserolleartiges Gefäß, dessen Boden mit einer 1 cm hohen Sandschicht bedeckt ist und das tiegelförmige Einsatzgefäß (Abb. 87) trägt. Dieses reicht mit seinem Rande nahe an die Rohrmündung des Kastens *b*, wird mit trockenem Sand umgeben und zu $^1/_2$—$^3/_4$ mit gepulvertem Benzoeharz gefüllt. Das aus dem Deckel hervorragende Thermometer *t* taucht in das Benzoeharz ein und gestattet, die Temperatur, welche auf gegen 140⁰ zu halten ist, zu beobachten.

Abb. 87. Tiegelförmiges Einsatzgefäß.

Der aus Holz bestehende Kasten *b* ist mit glattem Papier ausgeklebt, weist durch die Wände *g* und *h* dem Benzoesäuredampf einen größeren Weg an und steht mit dem Schornstein *d* in Verbindung. Durch das nach unten gerichtete an das Gefäß *a* angesetzte Rohr *c e* tritt in der Richtung des Pfeiles kalte Luft ein und bewirkt die Fortführung des Benzoesäuredampfes. Der Luftzug wird durch eine am Schornstein angebrachte Verschlußklappe *f* geregelt. — Gutes Benzoeharz liefert, in diesem Apparat der Sublimation unterworfen, gegen 20 % Benzoesäure. Um die letzten Anteile im Harz zurückbleibender Säure noch zu gewinnen, kocht man den Rückstand mit Sodalösung aus und fällt die Benzoesäure durch Ansäuern des Filtrats mit verdünnter Schwefelsäure. Die solcherart erhaltene Benzoesäure wird meist bei einer neuen Verarbeitung von Harz mit in das Sublimiergefäß gegeben.

Die durch Sublimation gewonnene Benzoesäure bildet weißliche, später gelblich bis bräunlichgelb werdende Blättchen oder nadelförmige Kristalle von seidenartigem Glanz, benzoeartigem und zugleich brenzlichem Geruch. In etwa 370 T. kaltem Wasser, reichlich in siedendem Wasser, sowie in Weingeist, Äther und Chloroform ist sie löslich und mit Wasserdämpfen flüchtig.

Die gelbliche Färbung dieser Benzoesäure rührt von den nicht unangenehm riechenden Nebenprodukten der trockenen Destillation des Benzoeharzes her. Reine Benzoesäure bildet farblose, glänzende, geruchlose Nadeln, welche bei 122⁰ schmelzen und schon weit unter ihrem Siedepunkt (250⁰) sublimieren.

Nach D. A. B. VI ist die synthetisch dargestellte Benzoesäure offizinell. $C_6H_5 \cdot CO_2H$, Mol.-Gew. 122,05. Sie bildet weiße, seidenartig glänzende Blättchen oder nadelförmige Kristalle, löslich in etwa 270 T. Wasser von 20^0, leicht löslich in siedendem Wasser, in Weingeist, Äther, Chloroform und in fetten Ölen.

Benzoesäure ist mit Wasserdämpfen flüchtig. Beim Erhitzen in einem Probierrohr schmilzt Benzoesäure zu einer fast farblosen Flüssigkeit und sublimiert dann. Übergießt man 0,2 g Benzoesäure mit 20 ccm Wasser und 1 ccm n-Kalilauge, schüttelt häufig um, filtriert nach einer Viertelstunde und fügt zu dem Filtrat 1 Tropfen Eisenchloridlösung hinzu, so entsteht ein hellrötlichbrauner Niederschlag.

Prüfung: Wird 0,1 g Benzoesäure in 10 ccm Wasser durch Erwärmen gelöst, so darf das erkaltete Gemisch 0,1 ccm Kaliumpermanganatlösung nicht sofort entfärben (Zimtsäure). In einem trockenen Probierrohr reibt man 0,1 g Benzoesäure und 0,5 g gelbes Quecksilberoxyd mit Hilfe eines Glasstabs gleichmäßig zusammen und erhitzt das Gemisch unter ständigem Drehen des Probierrohrs über einer kleinen Flamme. Sobald die hierbei eintretende Gasentwicklung und die Glimmerscheinung vorüber ist, läßt man abkühlen, setzt 10 ccm verdünnte Salpetersäure hinzu, erwärmt bis nahe zum Sieden und filtriert. Das Filtrat darf durch Silbernitratlösung höchstens opalisierend getrübt werden (Chlorbenzoesäuren). Nach D. A. B. VI.

Vor Licht geschützt aufzubewahren.

Medizinische Anwendung: Benzoesäure wird als Expektorans und Excitans innerlich in Pulver- oder Pillenform von 0,1—0,5 g mehrmals täglich, als Antipyretikum (zu 0,5—1 g) 1—3 stündlich gebraucht. Als Zusatz zu Tinct. opii benzoica.

Von Salzen der Benzoesäure ist das Natrium benzoicum (s. D. A. B. VI) offizinell, welches aus synthetischer Benzoesäure bereitet wird. Es ist ein weißes amorphes, leicht wasserlösliches Pulver. Es findet als Antiseptikum Anwendung, u. a. als Zusatz zur Margarine.

Von Abkömmlingen der Benzoesäure ist das zu Synthesen häufig benutzte Benzoylchlorid zu nennen, welches bei der Einwirkung von Phosphorpentachlorid auf Benzoesäure entsteht:

$$C_6H_5 \cdot COOH + PCl_5 = C_6H_5 \cdot COCl + HCl + POCl_3 .$$

<table>
<tr><td>Benzoesäure</td><td>Phosphor-
pentachlorid</td><td>Benzoylchlorid</td><td>Phosphor-
oxychlorid</td></tr>
</table>

Der einwertige Rest $C_6H_5 \cdot CO$ — wird Benzoyl genannt (wie der einwertige aliphatische Rest $CH_3 \cdot CO$ — Azetyl heißt).

Bei der Einwirkung von Benzoylchlorid auf Phenole oder Amine bei Gegenwart von Alkali werden jene mit Leichtigkeit „benzoyliert", z. B.:

$$C_6H_4(OCH_3)ONa + C_6H_5 \cdot COCl = NaCl + C_6H_4(OCH_3)OCOC_6H_5 .$$

<table>
<tr><td>Guajakolnatrium</td><td>Benzoylchlorid</td><td>Benzoylguajakol</td></tr>
</table>

$$C_6H_5NH_2 + C_6H_5 \cdot COCl + NaOH = C_6H_5NH \cdot COC_6H_5 + NaCl + H_2O .$$

<table>
<tr><td>Anilin</td><td>Benzoylchlorid</td><td>Benzoylanilin (Benzanilid)</td></tr>
</table>

Bei der Einwirkung von Benzoylchlorid auf Ammoniak oder Ammoniumkarbonat entsteht Benzamid, $C_6H_5CONH_2$, ein in heißem Wasser, Alkohol und Äther leicht löslicher Stoff vom Schmelzpunkt 130^0, Siedepunkt 288^0.

Eine Benzoylaminoessigsäure oder Benzoylglykokoll,

$$HO_2C \cdot CH_2 \cdot NH \cdot COC_6H_5 ,$$

ist die bei 187^0 schmelzende Hippursäure, die in erheblicher Menge im Harn von Pflanzenfressern, z. B. im Kuh- und Pferdeharn auftritt und künstlich aus Glykokoll und Benzoylchlorid bei Gegenwart von Natronlauge gewonnen werden kann.

Nicht zu verwechseln mit Benzoylchlorid ist das Benzylchlorid, $C_6H_5CH_2Cl$, das durch Einwirkung von Chlor auf siedendes Toluol (s. S. 392) dargestellt wird und als das Chlorid des Benzylalkohols anzusehen ist.

Bei der Einwirkung von Salpetersäure auf Benzoesäure entsteht im wesentlichen m-Nitrobenzoesäure, in kleinerer Menge o- und p-Nitrobenzoesäure. Bei der Reduktion werden aus den Nitrobenzoesäuren die Aminobenzoesäuren erhalten, von welchen die o-Aminobenzoesäure den Namen Anthranilsäure führt, weil sie zuerst bei der Einwirkung von Kali auf Indigo (anil) erhalten worden ist. Sie bildet bei 145° schmelzende Kristalle. Salpetrige Säure führt die Anthranilsäure in wässeriger Lösung in Salizylsäure über.

Der Äthylester der p-Aminobenzoesäure ist das von E. Ritsert in den Arzneischatz eingeführte und als Lokalanästhetikum benutzte Anästhesin. Zu gleichem Zweck angewendet wird das p-Aminobenzoesäure-Diäthylamino-äthylesterhydrochlorid und -nitrat unter der Bezeichnung Novokain (s. weiter unten).

Anaesthesin (E.W.), p-Aminobenzoesäureäthylester, $C_6H_4\big\langle{}^{CO_2C_2H_5\ [1]}_{NH_2\quad[4]}$

Mol.-Gew. 165,10, weißes, feines, kristallinisches Pulver von schwach bitterem Geschmacke, das auf der Zunge eine vorübergehende Unempfindlichkeit hervorruft. Schwerlöslich in Wasser von 20°, etwas leichter in siedendem Wasser, leicht in Weingeist, Äther, Chloroform oder Benzol sowie in 50 T. Olivenöl. Die wässerige Lösung verändert Lackmuspapier nicht.

Schmelzpunkt 90—91°.

Versetzt man eine Lösung von 0,1 g Anästhesin in 2 ccm Wasser und 3 Tropfen verdünnter Salzsäure mit 3 Tropfen Natriumnitritlösung und dann mit 2 Tropfen einer Lösung von 0,01 g β-Naphthol in 5 g verdünnter Natronlauge (1 + 2), so entsteht eine dunkelorangerote Färbung.

Die weingeistige Lösung (1 + 9) darf nach dem Ansäuern mit Salpetersäure durch Silbernitratlösung nicht verändert werden (Salzsäure). Die Lösung von 0,5 g Anästhesin in 5 ccm n-Salzsäure darf durch 3 Tropfen Natriumsulfidlösung nicht verändert werden (Schwermetallsalze). (D. A. B. VI.)

Medizinische Anwendung: Äußerlich als Anästhetikum, als Wundpuder oder in 5proz. Salben bei schmerzenden Wunden, Pruritus, Ekzem usw. Zum Einblasen bei Larynxgeschwüren. Hierzu besonders das unter dem Namen Subcutin in den Verkehr gelangende p-phenol-sulfonsaure Anästhesin (Subcutin 0,8 g, Natr. chlorat. 0,7 g, Aq. dest. 100 g).

Vorsichtig und vor Licht geschützt aufzubewahren.

Novocain hydrochloricum (E. W.), Novokainhydrochlorid, p-Aminobenzoyl-diäthylamino-äthanolhydrochlorid,

$C_6H_4\big\langle{}^{CO\cdot OC_2H_4[N(C_2H_5)_2]HCl\ [1]}_{NH_2\qquad\qquad\qquad[4]}$, Mol.-Gew. 272,6 farb- und geruchlose Nädelchen von schwach bitterem Geschmacke, die auf der Zunge eine vorübergehende Unempfindlichkeit hervorrufen. Novokainhydrochlorid löst sich in 1 T. Wasser und in 8 T. Weingeist. Die wässerige Lösung (1 + 9) verändert Lackmuspapier nicht.

Schmelzpunkt 156°. Prüfung s. D. A. B. VI.

Vorsichtig aufzubewahren.

Novocain nitricum (E. W.), Novokainnitrat, p-Aminobenzoyl-diäthylamino-äthanolnitrat, $C_6H_4\big\langle{}^{CO\cdot OC_2H_4[N(C_2H_5)_2]HNO_3\ [1]}_{NH_2\qquad\qquad\qquad\quad[4]}$ Mol.-Gew. 299,2, bildet kleine, farb- und geruchlose Kristalle, die auf der Zunge eine vorübergehende Unempfindlichkeit hervorrufen. Novokainnitrat löst sich leicht in Wasser und in Weingeist. Die wässerige Lösung (1 + 9) verändert Lackmuspapier nicht.

Schmelzpunkt 100—102°.

In je 1 ccm der wässerigen Lösung (1 + 9) rufen Quecksilberchloridlösung einen weißen und Jodlösung einen braunen Niederschlag hervor. Kalilauge scheidet aus der wässerigen Lösung ein farbloses, bald kristallinisch erstarrendes Öl aus. Wird die Lösung von 0,1 g Novokainnitrat in 1 ccm Schwefelsäure vorsichtig mit Ferrosulfatlösung überschichtet, so bildet sich zwischen den beiden Flüssigkeiten eine braune Zone. Wird eine Lösung von 0,1 g Novokainnitrat in 5 ccm Wasser mit 2 Tropfen Salzsäure, darauf mit 2 Tropfen Natriumnitritlösung versetzt und die Mischung in eine Lösung von 0,2 g β-Naphthol in 1 ccm Natronlauge und 9 ccm Wasser eingetragen, so entsteht ein scharlachroter Niederschlag.

Die Lösung von 0,1 g Novokainnitrat in 1 ccm Wasser darf nach dem Ansäuern mit Salpetersäure durch Silbernitratlösung nicht verändert werden (Salzsäure). 0,1 g Novokainnitrat muß sich in 1 ccm Salpetersäure ohne Färbung lösen (fremde organische Stoffe). (D. A. B. VI.)

Medizinische Anwendung: Die Novokainsalze dienen als Lokalanästhetika. Dosis: für Medullaranästhesie in 5—10proz. Lösung, Infiltrationsanästhesie 0,5 proz., Leitungsanästhesie 2proz., in der Zahnheilkunde 2proz., in der Rhinolaryngologie 5—10proz. Innerlich bis 0,5 g. Suprarenin verstärkt die Wirkung.

Vorsichtig aufzubewahren.

Tutocain, ist ein p-Aminobenzoyl-dimethylamino-methyl-butanol-hydrochlorid, $\dfrac{CH_3 \cdot CHO(CO \cdot C_6H_4 \cdot NH_2)}{CH_3 \cdot CH \cdot CH_2[N(CH_3)_2]HCl}$, Mol.-Gew. 286,7 weißes bis schwach gelbliches, fast geruchloses, kristallinisches Pulver von bitterlichem Geschmacke, das auf der Zunge eine vorübergehende Unempfindlichkeit hervorruft. Tutokain löst sich in 6 T. Wasser, in Weingeist ist es schwer löslich. Die wässerige Lösung verändert Lackmuspapier nicht.

Schmelzpunkt 213—215⁰.

Vorsichtig und vor Feuchtigkeit geschützt aufzubewahren.

Medizinische Anwendung: Als Lokalanästhetikum.

Pantocain ist der p-n-Butylaminobenzoesäureester des Dimethylaminoäthanols. Das Chlorhydrat bildet farblose Kristalle. Schmelzpunkt 149—150⁰, in Wasser 1:8 lösl. sterilisierbar.

Wirkung und Anwendung: Bewirkt als Lokalanästhetikum am sensiblen Nervenstamm Leitungsunterbrechung noch in 15mal geringerer Konzentration als Novokain und hält dabei wesentlich länger an. 2—3mal giftiger als Kokain, intravenös etwa 9mal und subkutan etwa 20mal giftiger als Novokain.

Zu der Benzoesäure in naher Beziehung steht der Abkömmling einer Sulfobenzoesäure, nämlich das als Süßstoff benutzte **Saccharin.**

Saccharin ist als o-Anhydrosulfaminbenzoesäure oder Benzoesäuresulfimid zu bezeichnen. Man gewinnt es, indem man Toluol durch Einwirkung von Schwefelsäure in ein Gemisch von o- und p-Toluolsulfosäure verwandelt. Nur die erstere ist für die Saccharinfabrikation von Wert. Man führt sie mittels Phosphorpentachlorids in das

o-Toluolsulfochlorid $C_6H_4\diagdown^{CH_3\ (1)}_{SO_2Cl\ (2)}$ über, welches durch Behandeln mit Ammoniak

o-Toluolsulfamid, $C_6H_4\diagdown^{CH_3}_{SO_2NH_2}$, bildet. Dieses wird mit Kaliumpermanganat der Oxydation unterworfen, wobei zunächst o-Sulfaminbenzoesäure entsteht, die unter Wasserabspaltung in die Anhydrosäure übergeht:

$$C_6H_4\diagdown^{CO\,OH}_{SO_2NH\,H} \longrightarrow C_6H_4\diagdown^{CO}_{SO_2}\diagup NH\,.$$
$$\underbrace{\phantom{C_6H_4\diagdown^{CO}_{SO_2}\diagup NH}}_{\text{Saccharin}}$$

Saccharin besitzt die 500fache Süßkraft des Rohrzuckers. Das Natriumsalz des Saccharins wird gebildet durch Substitution des Imidwasserstoffs durch Natrium und ist in Wasser leicht löslich. Das kristallwasserhaltige Natriumsalz führt auch den Namen Kristallose.

Das lösliche Saccharin, Saccharin solubile, o-Benzoesäuresulfimid-Natrium, $C_7H_4O_3NSNa + 2H_2O$, Mol.-Gew. 241,14, bildet farblose, an der Luft verwitternde Kristalle oder weiße, kristallinische Stücke oder weißes, kristallinisches Pulver. Lösliches Saccharin besitzt keinen oder nur einen schwach aromatischen Geruch. Es löst sich in etwa 1,5 T. Wasser, wenig in Weingeist. Die Lösung von 0,1 g in 1 Liter Wasser schmeckt noch deutlich süß.

Wird die wässerige Lösung (1 + 9) mit 1 ccm Salzsäure versetzt, so fällt ein weißer, kristallinischer Niederschlag aus. Beim Erhitzen im Porzellantiegel tritt Verkohlung ein. Laugt man die hinterbleibende Asche mit Wasser aus und filtriert, so gibt das Filtrat nach dem Ansäuern mit Salzsäure mit Bariumnitratlösung einen Niederschlag.

Prüfung: Die wässerige Lösung (1 + 19) darf Lackmuspapier kaum verändern und nach Zusatz von 1 Tropfen Phenolphthaleinlösung keine Rotfärbung zeigen (Säuren, Alkalien). Beim Erwärmen der wässerigen Lösung (1 + 19) mit 1 ccm Natronlauge darf sich kein Ammoniak entwickeln (Ammoniumsalze). Die wässerige Lösung (1 + 19) darf durch verdünnte Essigsäure innerhalb 1 Stunde nicht getrübt werden (p-Sulfaminobenzoesäure). Wird die wässerige Lösung (1 + 19) mit 3 Tropfen verdünnter Essigsäure sowie 1 Tropfen Eisenchloridlösung versetzt, so darf weder ein gelblichrötlicher Niederschlag (Benzoesäure) noch eine Violettfärbung (Salizylsäure) entstehen. Beim Übergießen von 0,2 g löslichem Saccharin mit 5 ccm Schwefelsäure dürfen sich keine Gasblasen entwickeln (Alkalikarbonate); wird das Gemisch 10 Minuten lang auf etwa 50^0 erwärmt, so darf höchstens eine Braunfärbung auftreten (Zucker, fremde organische Stoffe). (D. A. B. VI.)

Die bei der Saccharindarstellung als Nebenprodukt gewonnene p-Toluolsulfosäure wird in das Amid übergeführt und aus ihm das Natriumsalz eines p-Toluolsulfomonochloramids, das sog. Chloramin, von der Formel

$$C_6H_4 \big\langle {}^{CH_3}_{SO_2N \langle {}^{Na}_{Cl}} + 3\,H_2O\,,\ \text{Mol.-Gew. }281,64$$

erhalten, das unter dem Namen Mianin in der Wundantisepsis Verwendung findet. Es dient auch zur Entwicklung von freiem Chlor zur Prüfung von Arzneimitteln.

Chloramin soll mit Salzsäure mindestens 25% Chlor entwickeln.

Es ist ein weißes oder höchstens schwach gelbliches, kristallinisches Pulver von schwach chlorartigem Geruche. Leicht löslich in Wasser, in Weingeist und in Glyzerin, unlöslich in Chloroform, Äther oder Benzol.

Verhalten und Prüfung: Die wässerige Lösung bläut Lackmuspapier zunächst und bleicht es dann. Die wässerige Lösung (1 + 99) wird nach dem Ansäuern mit verdünnter Schwefelsäure durch Jodzinkstärkelösung blau gefärbt. Werden 0,2 g Chloramin vorsichtig im Porzellantiegel erhitzt, so zersetzt es sich unter schwacher Verpuffung; nach dem Veraschen und Glühen hinterbleibt ein die Flamme gelb färbender Rückstand, dessen wässerige Lösung nach dem Ansäuern mit Bariumnitratlösung einen weißen Niederschlag gibt.

Die wässerige Lösung (1 + 19) darf höchstens schwach getrübt sein. Werden 0,5 g Chloramin mit 5 ccm Natronlauge erhitzt, so darf sich kein Chloroform abscheiden (Chloralformamid).

Gehaltsbestimmung: 5 g Chloramin werden in Wasser gelöst; die Lösung wird auf 250 ccm aufgefüllt. Werden 25 ccm dieser Lösung mit 1 g Kaliumjodid und 1 ccm Salzsäure versetzt, so müssen zur Bindung des ausgeschiedenen Jodes mindestens 35,2 ccm $\frac{n}{10}$-Natriumthiosulfatlösung verbraucht werden, was einem Mindestgehalte von 25% entwickelbarem Chlor entspricht (1 ccm $\frac{n}{10}$-Natriumthiosulfatlösung $= 0,003546$ g wirksames Chlor $= 0,014082$ g Chloramin, Stärkelösung als Indikator).

Chloramin ist in gut verschlossenen Gefäßen kühl und vor Licht geschützt aufzubewahren.

Mandelsäure ist eine Phenylglykolsäure, $C_6H_5 \cdot CH(OH) \cdot CO_2H$. Sie entsteht beim Erwärmen von Amygdalin mit rauchender Salzsäure und ist linksdrehend. Auch eine rechtsdrehende und razemische Form sind bekannt. Letztere entsteht aus Benzaldehyd und Blausäure bei Gegenwart von Salzsäure und aus Benzoylameisensäure durch Reduktion mit Natriumamalgam.

Salizylsäure, Orthooxybenzoesäure, Acidum salicylicum,
$$C_6H_4(OH)(CO_2H)\ [1,2],$$

Mol.-Gew. 138,05. Salizylsäure findet sich als Methylester in dem ätherischen Öl von Gaultheria procumbens (Wintergreenöl), in dem ätherischen Öl der Betula lenta, in der Senegawurzel usw.

Salizylsäure wird aus dem in der Weidenrinde vorkommenden Glykosid Salizin (nach diesem Stoff trägt sie ihren Namen) erhalten.

Salizin zerfällt durch Emulsin in Glukose und Saligenin (Orthooxybenzylalkohol):

$$\underbrace{C_{13}H_{18}O_7}_{Salizin} + H_2O = \underbrace{C_6H_{12}O_6}_{Glukose} + \underbrace{C_6H_4(OH)(CH_2OH)}_{Saligenin}.$$

Saligenin geht bei der Oxydation in Salizylaldehyd und weiterhin in Salizylsäure über. Zur Gewinnung aus dem Wintergreenöl wird dieses mit alkoholischer Kali- oder Natronlauge verseift und aus dem Alkalisalz mit Salzsäure die Salizylsäure abgeschieden.

Zur synthetischen Darstellung der Salizylsäure nach Kolbes Verfahren wird Phenol in Natronlauge gelöst, das sich bildende Phenolnatrium zur staubigen Trockene abgedampft und in einem Kohlendioxydstrom mehrere Stunden lang auf 180° erhitzt. Es beginnt Phenol abzudestillieren. Man setzt das Erhitzen fort, solange noch Phenoldämpfe auftreten, indem man die Temperatur allmählich auf gegen 220° steigert:

$$2\ \underbrace{C_6H_5 \cdot ONa}_{Phenolnatrium} + CO_2 = \underbrace{C_6H_5 \cdot OH}_{Phenol} + \underbrace{C_6H_4(ONa)(CO_2Na)}_{Dinatriumsalizylat}\ [1,\ 2].$$

Man löst das entstandene Dinatriumsalizylat in Wasser und scheidet die Salizylsäure durch Salzsäure ab.

Verwendet man an Stelle des Phenolnatriums Phenolkalium, so wird nicht Salizylsäure, sondern im wesentlichen die isomere Paraoxybenzoesäure gebildet.

Nach dem Kolbeschen Darstellungsverfahren wird nur die Hälfte des Phenols in Salizylsäure umgewandelt. Die Gesamtmenge Phenol läßt sich nach Schmitt zur Gewinnung von Salizylsäure nutzbar machen, wenn man, wie folgt, verfährt. Trockenes Phenolnatrium wird im Autoklaven unter Abkühlen und unter Druck mit Kohlendioxyd gesättigt, wodurch phenylkohlensaures Natrium entsteht:

$$C_6H_5 \cdot ONa + CO_2 = \underbrace{C_6H_5O \cdot CO_2Na}_{Phenylkohlensaures\ Natrium},$$

das sich beim Erhitzen auf 120—130° zu Natriumsalizylat umlagert:

$$\underbrace{C_6H_5O \cdot CO_2Na}_{Phenylkohlensaures\ Natrium} = \underbrace{C_6H_4(OH)(CO_2Na)}_{Natriumsalizylat}.$$

Die aus dem Natriumsalizylat mittels Salzsäure abgeschiedene Salizylsäure wird durch Umkristallisieren aus Wasser oder besser durch Sublimation bei vermindertem Luftdruck gereinigt.

Salizylsäure bildet leichte, weiße, nadelförmige, geruchlose Kristalle von süßlich-saurem, kratzendem Geschmacke. Sie löst sich in etwa 500 T. Wasser von 20° und in 15 T. siedendem Wasser, leicht in Weingeist, Äther, schwerer in Fetten, fetten Ölen oder heißem Chloroform. Schmelzpunkt 157°. Bei vorsichtigem Erhitzen im Probierrohr über den Schmelzpunkt verflüchtigt sich Salizylsäure unzersetzt, bei schnellerem Erhitzen aber tritt unter Entwicklung des Phenolgeruchs Zersetzung ein. Die wässerige Lösung wird durch Eisenchloridlösung dauernd violett, in starker Verdünnung rotviolett gefärbt.

Prüfung: Die Lösung von 1 g Salizylsäure in 5 ccm Schwefelsäure muß nahezu farblos sein (fremde organische Stoffe). 0,5 g Salizylsäure müssen sich in 10 ccm Natriumkarbonatlösung (1 + 9) klar lösen. Wird diese Lösung mit 10 ccm Äther ausgeschüttelt, die abgehobene Ätherschicht mit getrocknetem Natriumsulfat vom Wasser befreit und filtriert, so dürfen 5 ccm des Filtrats nach dem Verdunsten höchstens 0,001 g Rückstand hinterlassen, der geruchlos sein muß (Phenol). Die weingeistige Lösung (1 + 9) darf nach Zusatz von wenig Salpetersäure durch einige Tropfen Silbernitratlösung nicht verändert werden (Salzsäure). Läßt man die weingeistige Lösung (1 + 9) verdunsten, so muß ein vollkommen weißer Rückstand hinterbleiben (Eisensalze, Phenol). (D. A. B. VI.)

Beim Kochen der wässerigen Lösung verflüchtigt sich Salizylsäure mit den Wasserdämpfen. Beim Kochen von Salizylsäure mit Essigsäure (besser Essigsäureanhydrid) entsteht **Azetylsalizylsäure**, $C_6H_4\!\!\begin{array}{l}O \cdot COCH_3\\ CO_2H\end{array}$, vom Schmelzpunkt 135°, die unter dem Namen **Acidum acetylosalicylicum** oder **Aspirin** an Stelle der Salizylsäure medizinische Verwendung findet (s. Prüfung D. A. B. VI).

Medizinische Anwendung: Salizylsäure wird äußerlich in Form von Lösungen, Salben, Streupulvern usw. bei der Wundbehandlung, bei Haut-, Mund- und Zahnkrankheiten, innerlich gegen akuten Gelenkrheumatismus und Hemikranie, als Antipyretikum verwendet. Bei Gastritis und Zystitis 0,1—0,5 g.

Azetylsalizylsäure wird besonders bei Influenza, Erkältungen, Gelenk- und Muskelrheumatismus, Neuralgien gerühmt. Dosis 0,5—1,0 g bei Erwachsenen mehrmals täglich.

Von den Salzen der Salizylsäure sind wichtig **Natriumsalizylat,** das basische Wismut- und basische Quecksilbersalizylat, von den Estern der Salizylsäuremethylester (Wintergreenöl) und Salizylsäurephenylester (Salol).

Natriumsalizylat, Salizylsaures Natrium, Natrium salizylicum, $C_6H_4\!\!\begin{array}{l}OH \quad (1)\\ CO_2Na(2)\end{array}$, wird dargestellt durch Verreiben von 16,5 T. reiner Salizylsäure und 10 T. Natriumbikarbonat mit wenig destilliertem Wasser in einer Porzellanschale und Eintrocknen auf dem Wasserbade. Das trockene Natriumsalizylat wird aus ätherhaltigem Alkohol umkristallisiert und bildet kleine, bläulichgrauglänzende, schuppige Kristalle, welche von Wasser zu einer neutralen, süßlich schmeckenden Flüssigkeit gelöst werden.

Medizinisch wird Natriumsalizylat bei Gelenkrheumatismus, Gicht usw. verwendet. Über die Prüfung s. D. A. B. VI.

Salizylsäuremethylester, Gaultheriaöl, Wintergreenöl, $C_6H_4\!\!\begin{array}{l}OH \quad (1)\\ CO_2CH_3\,(2)\end{array}$, wird künstlich dargestellt durch Destillation eines Gemenges aus 2 T. Salizylsäure, 2 T. Methylalkohol und 1 T. konz. Schwefelsäure oder durch Einleiten von Salzsäuregas in eine Lösung der Salizylsäure in Methylalkohol. Salizylsäuremethylester ist eine farblose, angenehm riechende Flüssigkeit vom Siedepunkt 224°.

Salizylsäurephenylester, Phenylsalizylat, Phenylum salicylicum, Salol, $C_6H_4\!\!\begin{array}{l}OH \quad (1)\\ CO_2C_6H_5 \ (2)\end{array}$, Mol.-Gew. 214,1, ist zu betrachten als Salizylsäure, deren Karboxylwasserstoff durch den einwertigen Phenylrest $— C_6H_5$ ersetzt ist. Man gewinnt Salol, indem man auf ein Gemenge von Natriumsalizylat und Phenolnatrium Phosphoroxychlorid bei einer Temperatur von 125° einwirken läßt:

$$2\,C_6H_4\!\!\begin{array}{l}OH\\ CO_2Na\end{array} + 2\,C_6H_5ONa + POCl_3 = 2\,C_6H_4\!\!\underbrace{\begin{array}{l}OH\\ CO_2C_6H_5\end{array}}_{\text{Salizylsäurephenylester}} + NaPO_3 + 3\,NaCl\,.$$

Aus Alkohol kristallisiert, bildet Salol ein weißes, kristallinisches Pulver von schwach aromatischem Geruch und Geschmack, welches bei gegen 42^0 schmilzt, fast unlöslich in Wasser ist und sich in 10 T. Weingeist und 0,3 T. Äther löst. Über die Prüfung s. D. A. B. VI.

Medizinische Anwendung: Als Antirheumatikum, Dosis 1—2 g mehrmals täglich. Bei Blasenkatarrh 1—2 g 3 mal täglich bis 3 stündlich. Als Streupulver bei chronischen Unterschenkelgeschwüren, bei Dysenterie der Kinder, Dosis 0,15 g 3 stündlich.

Bei der Einwirkung von Ammoniak auf Salizylsäuremethylester bildet sich Salizylamid, $C_6H_4\langle\begin{smallmatrix}OH\\CONH_2\end{smallmatrix}$, ein bei 138^0 schmelzender Stoff, der vorübergehend arzneiliche Verwendung gefunden hat.

Läßt man Phosphoroxychlorid auf Salizylsäure in Xylollösung einwirken, so entstehen sog. Salizylide, von welchen das Tetrasalizylid $(C_7H_4O_2)_4$ von dem Polysalizylid $(C_7H_4O_2)_n$ durch kochendes Chloroform getrennt werden kann. Tetrasalizylid bildet mit Chloroform eine in Oktaedern kristallisierende Verbindung, Salizylidchloroform, $(C_7H_4O_2)_4 \cdot 2 CHCl_3$, welche 33% Chloroform enthält und nach Anschütz zur Darstellung von reinem Chloroform für Narkosezwecke verwendet wird. Chloroform wird aus dem Salizylidchloroform leicht wieder abgespalten, schon durch die Einwirkung schwacher Basen.

Bismutum subsalicylicum, basisches Wismutsalizylat, $C_6H_4\langle\begin{smallmatrix}OH\ (1)\\CO_2BiO\,(2)\end{smallmatrix}$, Mol.-Gew. 362,7 soll nach D. A. B. VI 56,5—58,5% Wismut (Bi, Atom-Gew. 209,0) enthalten.

Darstellung: Man löst 5 T. Wismutnitrat in 12 T. verdünnter Essigsäure, verdünnt die Lösung mit 40 T. Wasser, filtriert nötigenfalls und gießt sie in eine Mischung von 17 T. Ammoniakflüssigkeit und 65 T. Wasser unter Umrühren ein. Wenn die Flüssigkeit Lackmuspapier nicht bläut, muß noch etwas Ammoniak hinzugefügt werden. Der entstandene Niederschlag wird nach dem Absetzen durch Dekantieren so lange mit Wasser gewaschen, bis eine Probe der Waschflüssigkeit mit Schwefelsäure gemischt und nach dem Erkalten mit Ferrosulfatlösung überschichtet, keine gefärbte Zone bildet.

Darauf wird der Niederschlag in eine Porzellanschale gebracht, mit warmem Wasser zu einem dünnen, milchartigen Gemische verrührt und nach Zusatz von 1,45 T. Salizylsäure auf dem Wasserbade so lange erwärmt, bis das Filtrat einer Probe des Gemisches beim Erkalten klar bleibt. Der Niederschlag wird dann auf einem mit Wasser angefeuchteten leinenen Tuche gesammelt, mit warmem Wasser gewaschen, bis eine Probe der Waschflüssigkeit Lackmuspapier nicht mehr sofort rötet und nach dem Abtropfen bei etwa 70^0 getrocknet.

Basisches Wismutsalizylat ist ein weißes, geruch- und geschmackloses, in Wasser und Weingeist unlösliches Pulver, das beim Erhitzen, ohne zu schmelzen, verkohlt und beim Glühen einen gelben Rückstand hinterläßt. Vor Licht geschützt aufzubewahren. Prüfung des Präparates s. D. A. B. VI.

Medizinische Anwendung: Innerlich bei Magengeschwür, sowie bei allen diarrhoischen Zuständen Tagesdosis 10,0—12,0 g.

Hydrargyrum salicylicum, Anhydro-Hydroxymerkurisalizylsäure,

$$C_6H_3\raisebox{0.5ex}{$-$}\begin{smallmatrix}OH\ [1]\\CO\\Hg\end{smallmatrix}\rangle O \begin{smallmatrix}[2]\\ \\[6]\end{smallmatrix}\quad und \quad \begin{smallmatrix}[1]\\[2]\\[4]\end{smallmatrix},\ Mol.-Gew.\ 336,6.$$

Gehalt annähernd 92% Anhydro-Hydroxymerkurisalizylsäure, entsprechend $54,8\%$ Quecksilber.

Es ist ein weißes, bis hellrosa gefärbtes, geruch- und geschmackloses Pulver, das in Wasser und in Weingeist fast unlöslich ist. Es löst sich klar in Natronlauge und in Natriumkarbonatlösung bei 20^0 und beim Erwärmen in gesättigter Natriumchloridlösung.

Versetzt man 0,1 g Anhydro-Hydroxymerkurisalizylsäure mit 3 Tr. Eisenchloridlösung, so entsteht eine schmutziggrüne Färbung, die nach Zusatz von etwa 5 ccm Wasser violett wird. Erhitzt man etwa 0,1 g des Präparates in einem sehr engen Probierrohr nach Zusatz eines Körnchens Jod, so bildet sich ein Sublimat von Quecksilberjodid.

Je 0,1 g des Präparates muß in 1 ccm Natronlauge vollständig, in 10 ccm $\frac{n}{10}$ -Jodlösung bis auf wenige Flocken löslich sein.

Gehaltsbestimmung: Etwa 0,3 g Anhydro-Hydroxymerkurisalizylsäure werden in einem weithalsigen Kölbchen genau gewogen und mit Hilfe von 1 g Natriumkarbonat in 9 g Wasser gelöst; die Lösung wird mit 1,5 g feingepulvertem Kaliumpermanganat mittels eines Glasstabes gut durchgemischt. Nach 5 Minuten gibt man vorsichtig 5 ccm Schwefelsäure unter Drehen und Neigen des Kolbens hinzu, verdünnt nach weiteren 5 Minuten mit etwa 40 ccm Wasser und bringt den Niederschlag durch allmählichen Zusatz von 4 bis 8 ccm mit Wasser verdünnter konzentrierter Wasserstoffsuperoxydlösung (1 + 9) ganz oder nahezu vollständig zum Verschwinden. Die farblose Lösung versetzt man dann tropfenweise bis zur schwachen Rosafärbung mit Kaliumpermanganatlösung, entfärbt durch wenig Ferrosulfat und titriert nach Zusatz von etwa 5 ccm Ferriammoniumsulfatlösung mit $\frac{n}{10}$ -Ammoniumrhodanidlösung bis zum Farbumschlag. Hierzu müssen für je 0,3 g Anhydro-Hydroxymerkurisalizylsäure mindestens 16,4 ccm $\frac{n}{10}$ -Ammoniumrhodanidlösung verbraucht werden, was einem Gehalte von etwa 92 % Anhydro-Hydroxymerkurisalizylsäure = 54,8 % Quecksilber entspricht (1 ccm $\frac{n}{10}$ -Ammoniumrhodanidlösung = 0,01683 g Anhydro-Hydroxymerkurisalizylsäure oder = 0,01003 g Quecksilber, Ferriammoniumsulfat als Indikator).

Medizinische Anwendung: Als Antisyphilitikum. Intramuskulär 1 : 10 Paraffin. liquid., wöchentlich 1—2 Spritzen.

Anissäure, p-Methoxybenzoesäure, $C_6H_4(OCH_3)CO_2H$ [1, 4], isomer dem Salizylsäuremethylester, durch Oxydation von Anethol, dem Hauptbestandteil des Anisöles, gewonnen. Anethol ist ein p-Propenylanisol das bei der Oxydation mit Chromsäure zunächst in Anisaldehyd

$$C_6H_4(OCH_3)CHO \; [1, 4],$$

bei weiterer Oxydation in Anissäure übergeht. Diese bildet bei 185⁰ schmelzende Kristalle. Siedepunkt 280⁰.

Der Anissäure isomer ist der p-Oxybenzoesäuremethylester , der unter dem Namen Nipagin als Konservierungsmittel für Nahrungsmittel von Bedeutung geworden ist.

Kresotinsäuren, auch Homosalizylsäuren oder Oxytoluylsäuren genannt, entstehen, entsprechend der Bildung der Salizylsäure, aus Phenol, aus den Kresolen durch Einwirkung von Kohlendioxyd auf die Natriumverbindungen beim Erhitzen auf 180⁰. Die vier Säuren lassen sich durch die Formelbilder

o-Homosalizylsäure   m-Homosalizylsäure   p-Homosalizylsäure   β-Meta-Homosalizyl-
Schmelzpunkt 163—164⁰   Schmelzpunkt 177⁰   Schmelzpunkt 151⁰   säure Schmelzpunkt 168⁰

kennzeichnen.

Protokatechusäure, Dioxybenzoesäure, $C_6H_3{\Big\langle}{{\begin{matrix}OH & (1)\\ OH & (2)\\ CO_2H & (4)\end{matrix}}}$, entsteht beim Schmelzen vieler Harze mit Kaliumhydroxyd. Die wasserfreie Säure schmilzt bei 190°.

Ein Abkömmling des dieser Säure entsprechenden Aldehyds ist das **Vanillin,** der Geruchsstoff der Vanilleschoten. Es ist der **Monomethyläther des Protokatechualdehyds** (s. S. 412). Es kann aus dem **Koniferin** gewonnen werden, einem in dem Kambialsafte der Nadelhölzer vorkommenden Glykosid. Dieses zerfällt bei der Einwirkung verdünnter Säuren in Glukose und Koniferylalkohol:

$$\underbrace{C_{16}H_{22}O_8}_{\text{Koniferin}} + H_2O = C_6H_{12}O_6 + \underbrace{C_{10}H_{12}O_3}_{\text{Koniferylalkohol}}.$$

Koniferylalkohol geht bei der Oxydation (mit Kaliumdichromat und Schwefelsäure) in **Vanillin** über bei gleichzeitiger Bildung von Azetaldehyd:

$$\underbrace{C_{10}H_{12}O_3}_{\text{Koniferylalkohol}} + O = \underbrace{C_6H_3(OH)(OCH_3) \cdot CHO}_{\text{Vanillin}} [1,2,4] + \underbrace{CH_3 \cdot CHO}_{\text{Azetaldehyd}}.$$

Auch bei der Oxydation des durch alkoholische Kalilauge aus dem Eugenol durch Atomumlagerung entstandenen **Isoeugenols** mit Kaliumpermanganat wird Vanillin erhalten (s. Eugenol S. 411).

Der Methylenäther des Protokatechualdehyds ist das **Piperonal** oder **Heliotropin** (s. S. 412):

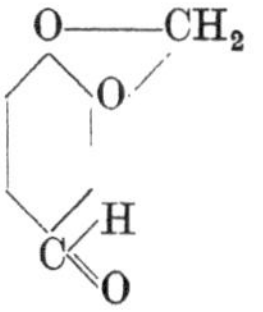

eine angenehm nach Heliotrop duftende Substanz, welche bei 37° schmilzt und bei 263° siedet. Sie wird durch Oxydation der **Piperinsäure:**

$$C_6H_3{\Big(}{\begin{matrix}O\\ \diamondsuit\\ O\end{matrix}}CH_2{\Big)}CH:CH \cdot CH:CH \cdot CO_2H \,[1,2,4]$$

(Methylendioxy-Cinnamenylakrylsäure) erhalten. Heliotropin wurde auch in den Früchten der Vanilla Pompona aufgefunden. Synthetisch erhält man es am vorteilhaftesten aus dem **Safrol.** Dieses wird durch die Einwirkung von alkoholischer Kalilauge in **Isosafrol** umgelagert und letzteres der Oxydation unterworfen:

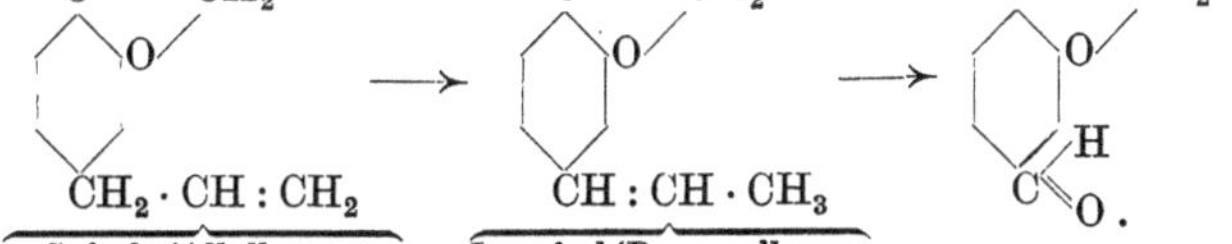

Safrol (Allylbrenz-katechinmethylenäther)	Isosafrol (Propenylbrenz-katechinmethylenäther)	Piperonal

Gallussäure, Trioxybenzoesäure, Acidum gallicum,

$$C_6H_2(OH)_3 \cdot CO_2H \,[1,2,3,5] + H_2O,$$

Mol.-Gew. 188,06, kommt im chinesischen Tee, im Sumach, in den Divi-Divi-Schoten (Caesalpinia coriaria), in den Galläpfeln vor. Sie wird beim Kochen des Tannins mit verdünnten Säuren oder Alkalien, sowie bei der Gärung von Tanninlösungen erhalten. Gallussäure kristallisiert in farblosen, seidenglänzenden

Nadeln, welche in 85 T. Wasser von 20° und in 3 T. siedendem Wasser, in etwa 6 T. Weingeist, in 12 T. Glyzerin, schwer in Äther löslich sind. Wird sie über ihren Schmelzpunkt, welcher bei gegen 220° liegt, erhitzt, so zerfällt sie in Pyrogallol und Kohlendioxyd (s. Pyrogallol).

In naher Beziehung zur Gallussäure steht die Gallusgerbsäure oder das Tannin, ein zu den Gerbstoffen oder Tannoiden gehöriger Stoff.

Die Gerbstoffe oder Gerbsäuren sind im Pflanzenreich sehr verbreitet. Sie sind wasser- und alkohollöslich; viele schmecken herb zusammenziehend, werden durch Eisenoxydul- bzw. Eisenoxydsalze blau oder grün gefärbt, fällen Leim- und Alkaloidlösungen und führen tierische Häute in Leder über. Bleiazetat und Bleiessig fällen die Gerbstoffe aus ihren Lösungen. Einige Gerbstoffe werden durch Ammoniumsulfat aus ihren Lösungen abgeschieden, viele durch Natriumchlorid, Schwefelsäure usw. Einige Gerbstoffe sind Glykoside der Gallussäure, andere Phlorogluzide derselben und anderer Oxysäuren.

Man pflegt die Gerbstoffe einzuteilen in Tannogene, das sind Phenolkarbonsäuren, wie Gallus-, Protokatechu- und Kaffeesäure, in Tannoide (Depside der Tannogene) und Glykotannoide (Ester der Tannoide und Tannogene mit Zuckerarten). Mit dem Namen Depside[1] werden die auf synthetischem Wege durch Verkettung von Phenolkarbonsäuren erhaltenen Produkte von Gerbstoffcharakter bezeichnet. Man hat weiterhin die Depside mit Zuckerarten zu Glykosiden verkettet, welche ähnliche Eigenschaften wie die natürlich vorkommenden Gerbstoffe zeigen.

Bismutum subgallicum, basisches Wismutgallat, Dermatol,

$$C_6H_2(OH)_3 \cdot CO_2Bi(OH)_2\,[1,\,2,\,3,\,5]\,.$$

Mol.-Gew. 412,1, wird dargestellt, indem man 3 T. Wismutnitrat in 12 T. verdünnter Essigsäure löst, die Lösung mit 8 T. Wasser verdünnt, auf 30—40° erwärmt und unter Umrühren die warme Lösung von 1,2 T. Gallussäure in 10 T. Wasser einfließen läßt. Der entstandene Niederschlag wird solange mit Wasser von 40—50° ausgewaschen, bis das Filtrat Lackmuspapier nicht mehr rötet und dann bei einer Temperatur von 30—40° getrocknet.

Es ist ein zitronengelbes, amorphes, geruch- und geschmackloses, in Wasser, Weingeist oder Äther unlösliches Pulver, das beim Erhitzen, ohne zu schmelzen, verkohlt und beim Glühen einen graugelben Rückstand hinterläßt. 0,5 g des Präparates sollen mindestens 0,26 g Rückstand (Bi_2O_3) hinterlassen, das sind mindestens 46,6 % Wismut. Über die Prüfung und Gehaltsbestimmung des Präparates s. auch D. A. B. VI.

Medizinische Anwendung: Äußerlich als Ersatzmittel des Jodoforms. Innerlich 1 g dreimal täglich in Aufschwemmung gegen Magengeschwüre und als Darmadstringens.

Bismutum oxyjodogallicum, Wismutoxyjodidgallat, Airol, wird dargestellt, indem man frisch gefälltes, noch feuchtes Wismutoxyjodid mit einer 2proz. wässerigen Lösung der berechneten Menge Gallussäure so lange erwärmt, bis die rote Farbe in Grün übergegangen ist. Es ist ein dunkelgraugrünes, geruchloses Pulver, das in Wasser und Äther fast unlöslich ist, aber in warmer verdünnter Salzsäure sich löst. Zum Nachweis des Jods fügt man zu der salzsauren Lösung der Verbindung (1 + 9) 5 Tropfen Chloraminlösung und schüttelt mit Chloroform, welches sich violett färbt.

Gehaltsbestimmung: Ein Gemisch von 0,5 g Wismutoxyjodidgallat, 20 ccm $\frac{n}{10}$-Silbernitratlösung und 20 ccm Salpetersäure wird in einem Kolben 3 Minuten lang im Sieden gehalten, sodann mit 50 ccm Wasser verdünnt und zum Erkalten stehen gelassen.

---

[1] Abgeleitet von depsein, gerben.

Zu dem Gemische gibt man so viel Kaliumpermanganatlösung, daß die rote Farbe des Kaliumpermanganats bestehen bleibt, und entfärbt dann durch wenig Ferrosulfat. Nach Zusatz von 5 ccm Ferriammoniumsulfatlösung (des Indikators) wird das überschüssige Silbernitrat mit $\frac{n}{10}$-Ammoniumrhodanidlösung bis zum Farbumschlage titriert. Hierzu dürfen höchstens 12,1 ccm verbraucht werden, was einem Mindestgehalt von 20 % Jod entspricht.

(1 ccm $\frac{n}{10}$-Silbernitratlösung = 0,012692 g Jod).

Deutung: Wurden 20 ccm $\frac{n}{10}$-Silbernitratlösung verwendet, so beziehen sich 20 — 12,1 ccm = 7,9 ccm auf das durch das Silber gebundene Jod. Hierdurch werden angezeigt 0,012692 · 7,9 = 0,1002668 g Jod, das sind $\frac{0,1002668 \cdot 100}{0,5} = 20\%$ Jod.

Über die sonstige Prüfung s. D. A. B. VI.

Medizinische Anwendung: Als Ersatzmittel für Jodoform in Form von Pulver, Gaze, Salbe (10proz.), mit Kollodium.

Gallusgerbsäure, Tannin, Gerbsäure, Acidum tannicum, findet sich in den kleinasiatischen Galläpfeln (Gallae turticae), welche auf den Blattknospen und jüngeren Ästen von Quercus lusitanica var. tinctoria durch den Stich der Gallwespe, Cynips gallae tinctoriae, entstehen, zu 50—60 %, ferner in den chinesischen Galläpfeln (Gallae chinenses), die auf den Blattstielen und Zweigen von Rhus semialata infolge des Stiches der Aphis chinensis vorkommen, zu 60—75 % und in mehreren anderen Gallen verschiedener Quercusarten.

Zur Darstellung des Tannins dienen sowohl die kleinasiatischen sowie die chinesischen Gallen.

Um kleine Mengen Tannin aus Galläpfeln darzustellen, bedient man sich eines Scheidetrichters. Man füllt diesen mit grob zerstoßenen, vom Pulver durch Absieben befreiten Galläpfeln und überschichtet mit einem Gemisch aus 4 T. Äther und 1 T. Weingeist, so daß die Flüssigkeit einige Zentimeter über den Galläpfeln steht. Nach 2 Tagen läßt man die gefärbte Flüssigkeit durch Öffnen des Stopfens ablaufen, übergießt nochmals mit dem Alkohol-Äthergemisch und läßt nach eintägiger Einwirkung wiederum ab. Man sammelt die alkohol-ätherischen Extraktlösungen, filtriert nach dem Absetzen und schüttelt in einem Scheidetrichter mit $^1/_3$ Raumteil destilliertem Wasser. Es bilden sich hierbei drei Schichten, deren untere eine alkoholisch-wässerige Tanninlösung ist, deren mittlere wässerige nur wenig Tannin enthält, und deren obere eine ätherische Lösung von Fett, Harz, Farbstoff, Gallussäure, Ellagsäure usw. darstellt. Die unteren beiden Schichten werden von der oberen Flüssigkeitsschicht gesondert, bei gelinder Wärme, am besten im Vakuum, abgedunstet und der völlig trockene Rückstand zu einem sehr feinen Pulver zerrieben.

Die Darstellung des Tannins im großen geschieht im wesentlichen nach den gleichen Grundsätzen wie den vorstehend erörterten.

Man kennt im Handel neben dem gewöhnlichen Tannin auch ein Acidum tannicum levissimum oder Schaumtannin, welches durch Aufstreichen konzentrierter Tanninlösungen auf Glasplatten, Trocknen, Abstreichen mit einem Messer und Zerreiben bereitet wird. — Eine zu feinen Fäden ausgezogene dicke Tanninlösung verliert in erwärmten Räumen schnell Feuchtigkeit und liefert beim Zerbrechen der trockenen goldgelben Fäden das sog. Kristalltannin. Die technischen Tannine werden durch Ausziehen der Galläpfel mit Wasser und Eindunsten der erhaltenen Lösungen zur Trockne bereitet.

Gallusgerbsäure bildet ein schwach gelbliches Pulver oder eine glänzende, wenig gefärbte, lockere Masse, welche mit 1 T. Wasser sowie mit 2 T. Weingeist eine klare, eigentümlich riechende, sauer reagierende und zusammenziehend schmeckende Lösung gibt. In absolutem Äther ist Gerbsäure sehr schwer löslich, löslich in 8 T. Glyzerin. Aus der wässerigen Lösung (1 + 4) wird sie durch Zusatz von Schwefelsäure oder von Natriumchlorid abgeschieden. Eisenchloridlösung erzeugt in Tanninlösung einen blauschwarzen, auf Zusatz von Schwefelsäure wieder verschwindenden Niederschlag. Bleiazetat oder Bleiessig rufen in wässerigen Gerbsäurelösungen Niederschläge von Bleitannat hervor. 2 ccm der wässerigen Lösung (1 + 4) müssen beim Vermischen mit 2 ccm Weingeist klar bleiben;

diese Mischung darf durch Zusatz von 1 ccm Äther nicht getrübt werden (Prüfung auf Gummi, Dextrin, Zucker, Salze). 0,2 g Gerbsäure dürfen nach dem Trocknen bei 100° höchstens 0,024 g an Gewicht verlieren und nach dem Verbrennen keinen wägbaren Rückstand hinterlassen (D. A. B. VI).

Medizinische Anwendung: Als Adstringens, Streu- und Schnupfpulver; gegen Fluor albus und Gonorrhöe; Pinselungen bei Pharyngitis; bei Diarrhöe und als Gegengift bei Vergiftungen mit Alkaloiden.

Ebenfalls arzneilich verwendete Derivate des Tannins sind das Tannalbin, welches durch Erhitzen einer Eiweiß-Gerbsäureverbindung auf 110—120° gewonnen wird, ferner das Azetyltannin oder Tannigen, ein durch Azetylieren von Tannin gewonnenes Gemisch von Diazetyl- und Triazetyltannin, endlich das Tannoform oder Methylenditannin, das durch Einwirkung von Formaldehyd auf Tannin entsteht. Tannopin ist ein Hexamethylentetramintannin, Tannismut ein Wismutditannin, Captol ein Chloraltannin.

Tannalbin, Gehalt etwa 50% Gerbsäure.

Bräunliches, amorphes, geruch- und geschmackloses Pulver, das in kaltem Wasser und in Weingeist nur sehr wenig löslich ist. Schüttelt man 0,1 g Tannalbin mit 10 ccm Wasser, so nimmt das Filtrat nach Zusatz von 1 Tropfen verdünnter Eisenchloridlösung (1 + 19) eine blaue Färbung an.

Wertbestimmung: 2 g Tannalbin werden mit 93 ccm Wasser von 40°, 7 ccm n-Salzsäure und 0,25 g Pepsin vermischt und ohne Umrühren 3 Stunden lang bei 40° stehengelassen. Das Gewicht des unlöslich bleibenden Anteils, der auf einem gewogenen, zuvor bei 100° getrockneten Filter gesammelt und nach dreimaligem Auswaschen mit je 10 ccm kaltem Wasser bei 100° getrocknet ist, muß 1—1,15 g betragen. 0,25 g Tannalbin dürfen nach dem Verbrennen höchstens 0,002 g Rückstand hinterlassen (D. A. B. VI).

Medizinische Anwendung: Innerlich bei Diarrhöen stündlich 1 Messerspitze voll oder in Tabletten zu 0,5 g (bis 5 g pro die), Säuglingen 0,1—0,3 g 2—3mal täglich in Schleimsuppen.

Tannigen. Im wesentlichen ein Gemisch von Diazetyl- und Triazetyltannin.

Grauweißes oder gelblichweißes, fast geruch- und geschmackloses Pulver. Es löst sich schwer in Wasser, leichter in Weingeist, leicht in Natronlauge und Natriumkarbonatlösung.

Werden 0,5 g Tannigen mit 10 ccm Bleiazetatlösung geschüttelt und 5 ccm Natronlauge hinzugefügt, so nimmt das Gemisch nach kurzer Zeit eine rosa, später blutrote Färbung an. Beim Erwärmen eines Gemisches von Tannigen mit Weingeist und Schwefelsäure tritt der Geruch des Essigäthers auf. Wird 0,1 g Tannigen mit 5 ccm Chloroform und 1 Tropfen Eisenchloridlösung erwärmt, so nimmt das auf der wasserhellen Flüssigkeit schwimmende Pulver eine schmutziggrüne Färbung an.

Werden 0,5 g Tannigen mit 50 ccm Wasser geschüttelt, so darf das klare Filtrat nach Zusatz von 1 Tropfen Eisenchloridlösung nur eine schwach grünliche, aber keine blaue Färbung zeigen (Gerbsäure).

0,2 g Tannigen dürfen nach dem Verbrennen keinen wägbaren Rückstand hinterlassen (D. A. B. VI).

Medizinische Anwendung: Innerlich bei Diarrhöen 0,2—0,5 g mehrmals täglich in Pulvern oder Tabletten.

Tannoform. Leichtes, schwach rötlichbraunes, geruch- und geschmackloses Pulver, unlöslich in Wasser, löslich in absolutem Alkohol. Tannoform schmilzt bei ungefähr 230° unter Zersetzung.

Erwärmt man 0,01 g Tannoform mit 2 ccm Schwefelsäure, so löst es sich mit gelbbrauner Farbe, die bei weiterem Erhitzen in Grün und dann in Blau übergeht. Läßt man diese Lösung in Weingeist einfließen, so entsteht eine indigoblaue Färbung, die innerhalb kurzer Zeit über Violett in Rot übergeht. Werden 0,2 g Tannoform mit 20 ccm Wasser und 5 Tropfen Salzsäure einige Minuten lang geschüttelt und 5 ccm des Filtrats mit 2 bis 3 Tropfen Eisenchloridlösung versetzt, so entsteht eine grüne Färbung. Erwärmt man 10 ccm des Filtrats mit ammoniakalischer Silberlösung, so tritt Reduktion unter Abscheidung eines dunkel gefärbten Niederschlags ein. Zur Prüfung auf Schwermetallsalze, Schwefelsäure, Salzsäure s. D. A. B. VI.

Medizinische Anwendung: s. Tannigen.

Bismutum bitannicum, Wismutbitannat, Tannismut, ist ein mindestens 17,9 % Wismut enthaltendes bräunliches Pulver von schwach säuerlichem Geschmack, in Wasser fast unlöslich. Über Prüfung und Gehaltsbestimmung s. D. A. B. VI.

Medizinische Anwendung: Innerlich 0,3—0,5 g 3—5mal täglich in Pulvern bei Diarrhöen.

Ein dem Tannin ähnliches Produkt ist auf synthetischem Wege durch Verkettung von 5 Mol. Galloylgallussäure mit 1 Mol. Glukose erhalten worden.

Andere Gerbsäuren sind die **Kinogerbsäure, Katechugerbsäure, Ratanhiagerbsäure,** die kristallisierende **Chebulinsäure** aus den Myrobalanen, welche mit dem in den Handel gelangenden **Eutannin** identisch ist, **Moringagerbsäure** oder **Maclurin, Kaffeegerbsäure, Eichengerbsäure, Chinagerbsäure.**

Von einer zweibasischen aromatischen Säure, der

Orthophthalsäure, $C_6H_4(CO_2H)_2$ [1,2], leitet sich das als Indikator in der Maßanalyse benutzte **Phenolphthalein** ab. Orthophthalsäure wird bei der Oxydation des Naphthalins mittels Salpetersäure gebildet; in der Technik oxydiert man mit Schwefelsäure und Quecksilber. Orthophthalsäure stellt bei 185⁰ schmelzende, farblose Prismen dar, die beim Erhitzen über den Schmelzpunkt hinaus unter Wasserabspaltung in **Phthalsäureanhydrid,**

$$C_6H_4\!\!\begin{array}{c}CO\\ \diagdown\!\!\diagup\end{array}\!\!O,$$ übergehen. Schmilzt man dieses mit Phenol bei Gegenwart wasserentziehen-

der Mittel (z. B. Zinkchlorid oder konz. Schwefelsäure), so entsteht Phenolphthalein:

$$C_6H_4\!\!\begin{array}{c}C\,O\\ C\,O\end{array}\!\!O + \begin{array}{c}H\ H_4C_6\cdot OH\\ H\ H_4C_6\cdot OH\end{array} = \begin{array}{c}HO\cdot H_4C_6\diagdown\quad\diagup C_6H_4\cdot OH\\ \qquad\qquad C\\ H_4C_6\diagup\quad\diagdown CO\end{array}O + H_2O\,.$$

| 1 Mol. Phthalsäureanhydrid | 2 Mol. Phenol | 1 Mol. Phenolphthalein |

Phenolphthalein ist ein weißes, bei 255—260⁰ schmelzendes Pulver, das in Wasser unlöslich ist, sich in 12 T. Weingeist löst und von Ätzalkalien mit fuchsinroter Färbung aufgenommen wird.

Verreibt man 0,5 g Phenolphthalein mit 1 ccm Natronlauge und versetzt die Mischung mit 50 ccm Wasser, so muß das Phenolphthalein vollständig in Lösung gehen (Fluoran). **Vorsichtig aufzubewahren.**

Anwendung: Phenolphthalein wird medizinisch als Laxans benutzt. Dosis: 0,1 bis 0,3 g 1—2mal täglich, Kindern 0,05—0,15 g. Das Abführmittel **Laxinkonfekt** besteht aus Äpfelextrakt mit 0,12 g Phenolphthalein und Zucker. **Chocolin** ist ein Kakao mit Mannit und Phenolphthalein. Bei längerer Anwendung von Phenolphthalein sind schädliche Nebenwirkungen beobachtet worden.

Ungesättigte aromatische Säuren mit Karboxyl in der Seitenkette.

Zimtsäure, β-**Phenylakrylsäure,** $C_6H_5CH\!:\!CH\cdot CO_2H$, findet sich teils frei, teils verestert im Perubalsam, Tolubalsam, im Styrax und wird bei der Oxydation des Zimtaldehyds erhalten, welcher als wesentlicher Bestandteil im Zimtöl (Oleum Cinnamomi) vorkommt.

Technisch vorteilhaft gewinnt man Zimtsäure nach der **Perkinschen Synthese** durch Erhitzen eines Gemenges von Benzaldehyd, Natriumazetat und Essigsäureanhydrid:

$$C_6H_5CH\,O + H_2\,HC\cdot CO_2Na = C_6H_5\cdot CH = CH{-}CO_2Na + H_2O\,.$$

Reine Zimtsäure ist eine aus Wasser in Nadeln kristallisierende Substanz vom Schmelzpunkt 133⁰. Sie löst sich in 3500 T. Wasser von 17⁰, leicht in heißem Wasser.

Durch Einwirkung von Natriumamalgam wird Zimtsäure in **Hydrozimt-säure** (Phenylpropionsäure) $C_6H_5CH_2 \cdot CH_2 \cdot CO_2H$ übergeführt.

Eine **Ortho-Oxyzimtsäure**, [Struktur: $CH = CH—CO_2H$, Benzolring mit OH], kommt in zwei Formen,

als **Kumarsäure** und **Kumarinsäure**, vor (cis-trans-Isomerie, wie bei der Fumar- und Maleinsäure). Nur die Kumarsäure (trans-Form) ist in freiem Zustande beständig, Kumarinsäure (cis-Form) kennt man in Form von Salzen; bei dem Versuch, aus ihnen die Säure frei zu machen, bildet sich unter Wasserabspaltung das **Kumarin**, $C_6H_4{<}^{CH = CH}_{O}{\setminus}CO$. Kumarin ist der Riechstoff des Waldmeisters (Asperula odorata), der Tonkabohnen, des Wiesen-Ruchgrases (Anthoxanthum odoratum), des Steinklees (Melilotus officinalis).

Eine **3,4 Dioxyzimtsäure**, [Struktur: $CH = CH—CO_2H$, Benzolring mit OH, OH], ist die **Kaffeesäure**, eine

2,4 Dioxyzimtsäure, [Struktur: $CH = CH—CO_2H$, Benzolring mit OH, OH], die **Umbellsäure**, welche durch Wasser-

aufnahme aus dem **Umbelliferon**, [Struktur: $CH=CH$, Benzolring mit $O——CO$, OH], gebildet wird. Umbelliferon ist in der Rinde des Seidelbastes, Daphne mezereum, enthalten und entsteht bei der Destillation verschiedener Umbelliferenharze, z. B. von **Galbanum** und **Asa foetida**.

Zu den inneren Anhydriden von Trioxyzimtsäuren rechnet man **Daphnetin**, ein 3,4 Dioxykumarin und **Aeskuletin**, ein 4,5 Dioxykumarin.

Atropasäure, α-Phenylakrylsäure, bildet sich aus der bei der Spaltung der Alkaloide Atropin und Hyoszyamin erhältlichen Tropasäure beim Erhitzen mit Salzsäure, Schwefelsäure oder Barythydrat:

$$\underbrace{C_6H_5 \cdot CH{<}^{CO_2H}_{CH_2OH}}_{\text{Tropasäure}} \longrightarrow \underbrace{C_6H_5C{<}^{CO_2H}_{CH_2}}_{\text{Atropasäure}}.$$

Hydroaromatische Verbindungen, Terpene und Kampfer.

Zu den hydroaromatischen Verbindungen werden das hydrierte Benzol und dessen Abkömmlinge gerechnet. Das hexahydrierte Benzol, **Hexahydro-benzol**:

$$\begin{array}{c} CH_2 \\ H_2C \quad CH_2 \\ H_2C \quad CH_2 \\ CH_2 \end{array}$$

kann als Grundkohlenwasserstoff für die Gruppe der hydroaromatischen Verbindungen angesehen werden.

Die Hexahydrobenzole führen auch den Namen **Naphthene** oder **Zyklo-**

hexane. Hexahydrobenzol ist eine petroleumartig riechende Flüssigkeit, die bei der Einwirkung von Natrium auf Hexamethylendibromid,

$$BrCH_2-(CH_2)_4-CH_2Br,$$

gebildet wird. Phenol läßt sich durch katalytische Hydrierung mit Wasserstoff und Nickel bei 160—170° glatt in Zyklohexanol überführen. Nebenher entstehen kleine Mengen Zyklohexanon, $CH_2\big\langle{CH_2-CH_2\atop CH_2-CH_2}\big\rangle CO$. Quantitativ bildet sich dieses durch Oxydation des Zyklohexanols mit Chromsäure.

Durch Substitution von Wasserstoffatomen der Naphthene durch Hydroxyle entstehen die Ringalkohole der hydroaromatischen Kohlenwasserstoffe. Der in den Eicheln vorkommende Querzit und der im Herzmuskel und im Harn, sowie in den Bohnen (von Phaseolus vulgaris) und den unreifen Erbsen sich findende Inosit sind solche Ringalkohole:

$$CH_2\big\langle{CH(OH)-CH(OH)\atop CH(OH)-CH(OH)}\big\rangle CH(OH) \qquad CH(OH)\big\langle{CH(OH)-CH(OH)\atop CH(OH)-CH(OH)}\big\rangle CH(OH).$$

Querzit   Inosit

Bei Anwendung starker Oxydationsmittel, wie Salpetersäure, auf Ringalkohole findet Aufspaltung des Ringes statt, und es entstehen aliphatische Säuren.

So wird durch Behandeln von Zyklohexanol,

$$CH_2\big\langle{CH_2-CH_2\atop CH_2-CH_2}\big\rangle CH\cdot OH,$$

mit Salpetersäure Adipinsäure,

$$CO_2H-CH_2-CH_2-CH_2-CH_2-CO_2H,$$

gebildet.

Zu den Monokarbonsäuren der hydroaromatischen Verbindungen gehört die Chinasäure, eine Hexahydro-tetraoxybenzoesäure, $C_6H_7(OH)_4CO_2H$. Chinasäure findet sich in den Chinarinden, in den Kaffeebohnen, und im Heidelbeerkraut. Eine Piperazinverbindung der Chinasäure wird als Gichtmittel unter dem Namen Sidonal benutzt.

Als hydroaromatische Stoffe bzw. Derivate solcher sind auch die Terpene aufzufassen, die in ätherischen Ölen vorkommenden Kohlenwasserstoffe, $C_{10}H_{16}$, und die von ihnen sich ableitenden sauerstoffhaltigen Verbindungen. Außer Terpenen der Zusammensetzung $C_{10}H_{16}$ kennen wir solche, welche der Formel $C_{15}H_{24}$ entsprechen, die sog. Sesquiterpene und Hemiterpene, C_5H_8, sowie olefinische Terpene.

Olefinische Terpenalkohole sind das im Rosen-, Geranium-, Pelargoniumöl vorkommende Geraniol:

$${CH_3\atop CH_3}\big\rangle C:CH\cdot CH_2\cdot CH_2\cdot C(CH_3):CH\cdot CH_2OH$$

und das im Linaloeöl, Bergamottöl, Limettöl, Lavendelöl vorkommende Linalool, dem die Formel gegeben wird:

$${CH_3\atop CH_3}\big\rangle C:CH\cdot CH_2\cdot CH_2\cdot \underset{\underset{CH_3}{|}}{\overset{\overset{OH}{|}}{C}}\cdot CH:CH_2.$$

Von den in ätherischen Ölen, z. B. im Zitronenöl und Lemongrasöl, sich findenden olefinischen Terpenaldehyden sei das Zitral (Geranial), $C_9H_{15}CHO$, erwähnt, welchem man die folgende Konstitutionsformel gibt:

$$\begin{matrix} CH_3 \\ \diagdown \\ \diagup \\ CH_3 \end{matrix}C\text{:}CH\cdot CH_2 \quad CH_2\cdot C(CH_3)\text{:}CH\cdot CHO.$$

Durch Einwirkung von Azeton auf Zitral erhält man das als Veilchen-parfüm verwendete α- und β-Ionon:

$$C_9H_{15}CH\text{:}CH—CO—CH_3.$$

Die Mehrzahl der zyklischen Terpene leitet sich von dem p-Zymol ab, einem p-Methylisopropylbenzol:

$$\begin{matrix} & & (7) \\ & & CH_3 \\ & & | \\ CH & = & C & - & CH \\ (6) & & (1) & & (2) \\ | & & & & \| \\ CH & = & C & - & CH \\ (5) & & (4) & & (3) \\ & & | \\ & & (8)\ CH \\ & & \diagup\;\diagdown \\ & CH_3 & & CH_3 \\ & (10) & & (9) \end{matrix}$$

Man bezeichnet die Kohlenstoffatome des p-Zymols mit Ziffern in der vor-stehenden Weise.

Besonders den Arbeiten Wallachs ist die Feststellung zu danken, daß die Zahl der voneinander wirklich verschiedenen Terpene eine weit kleinere ist, als man früher annahm.

Man kennt mit Sicherheit folgende 8 verschiedene Terpene:

Pinen, Kamphen, Fenchen, Limonen, Dipenten, Sylvestren, Terpinolen, Terpinen und Phellandren.

Von diesen ist das Kamphen bei mittlerer Temperatur fest. Schmelzpunkt 48^0. Von den optisch aktiven Terpenen sind rechts- und linksdrehende Formen bekannt.

Als allgemeine Reagenzien für die Terpene kommen die folgenden in Betracht:

1. Beim Einleiten von trockenem Chlorwasserstoff in Terpene entstehen Additionsprodukte, und zwar nehmen Pinen, Kamphen, Fenchen je 1 Molekel HCl auf, Limonen, Dipenten, Terpinolen je 2 Molekeln HCl.

2. Läßt man auf eine Terpenlösung in Eisessig Brom einwirken, so wird dieses gebunden. Limonen, Dipenten, Sylvestren, Terpinolen liefern hierbei kristalli-sierende Tetrabromide von verschiedenem Schmelzpunkt.

3. Nitrosylchlorid, NOCl, vermögen einige Terpene anzulagern und damit kristallisierende Verbindungen zu bilden. Zur Darstellung solcher Terpennitroso-chloride läßt man auf eine Terpenlösung in Eisessig Äthylnitrit oder Amylnitrit und Salzsäure einwirken.

Bringt man die Nitrosochloride mit Basen, wie Benzylamin, Piperidin u. a., zusammen, so wird das Chloratom gegen den Aminrest ausgetauscht, und es ent-stehen gut kristallisierende Verbindungen, die sog. Nitrolamine:

$$C_{10}H_{16}\diagup\!\!\!\diagdown\begin{matrix} NO \\ \\ NHR \end{matrix}.$$

Sind die mit Nitrosylchlorid erhältlichen Verbindungen der Terpene blau gefärbt, so wird dies als Beweis dafür erachtet, daß sie eine **doppelte Bindung in der Seitenkette haben**.

Eines der weitestverbreiteten Terpene ist das **Pinen**, welchem man die folgende Konstitutionsformel gibt:

$$CH=C(CH_3)\text{——}CH$$
$$C(CH_3)_2$$
$$CH_2\text{——}CH\text{——}CH_2.$$

Pinen bildet den wesentlichen Bestandteil des deutschen, französischen und amerikanischen Terpentinöls. Letzteres dreht die Ebene des polarisierten Lichtes rechts, französisches links. Mit 1 Mol. HCl vereinigt sich Pinen zu einer bei 125⁰ schmelzenden Kristallmasse, $C_{10}H_{17}Cl$, von kampferähnlichem Geruch, dem „künstlichen Kampfer". Dieses Präparat ist nicht zu verwechseln mit dem dem wirklichen Kampfer identischen bzw. isomeren, auf synthetischem Wege gewonnenen Produkt.

Läßt man Pinen mit verdünnter Salpetersäure und Alkohol stehen, so wird es in einen gut kristallisierenden Stoff, **Terpinhydrat**, $C_{10}H_{18}(OH)_2 + H_2O$, übergeführt. Beim Kochen mit verdünnten Säuren spaltet Terpinhydrat teilweise wieder Wasser ab und geht in einen angenehm riechenden Stoff **Terpineol**, $C_{10}H_{17}OH$, über, durch weitere Wasserabspaltung bilden sich Dipenten, Terpinen, Terpinolen.

d-Limonen (rechtsdrehendes L.) findet sich im Pomeranzenschalenöl und anderen ätherischen Ölen, **l-Limonen** (linksdrehendes L.) u. a. im Fichtennadelöl, im russischen Pfefferminzöl. Die Limonene riechen angenehm zitronenartig. Durch Vereinigung gleicher Teile von d- und l-Limonen entsteht **Dipenten**.

Phellandren findet sich in zahlreichen ätherischen Ölen; es kommt darin in einer α- und β-Form vor, erstere im Gingergrasöl, spanischen Dillkrautöl, Ceylonzimtöl, Elemiöl, letztere im Wasserfenchelöl, Sternanisöl, im Öl von Eucalyptus amygdalina. Nach **Wallach** versteht man ganz allgemein unter Phellandren einen Kohlenwasserstoff, der in einem indifferenten wasserfreien Lösungsmittel (Ligroin) und bei einer Temperatur unter 0⁰ in Berührung mit salpetriger Säure sofort ein Nitrit abscheidet. S. Oleum Eucalypti.

Zu den Sesquiterpenen rechnet man u. a. **Cadinen, Caryophyllen.**

Isopren, C_5H_8, das durch Destillation von Kautschuk entsteht, ist ein Hemiterpen.

Von den Kampferarten seien erwähnt die Alkohole **Menthol** und **Borneol** (Borneokampfer) und die Ketone **Karvon, Thujon, Pulegon** und **Japankampfer** (gewöhnlicher **Kampfer**).

Menthol, l-Menthol, Menthakampfer, ist ein Abkömmling des Menthans, und zwar ein sekundärer Alkohol. Es ist der wesentliche Bestandteil des Pfefferminzöles (von Mentha piperita) und des Öles der japanischen Minze (Mentha canadensis piperascens Briqu.). In dem aus den Blättern der letzteren Menthaart durch Destillation gewonnenen ätherischen Öl kommt es bis zu 85 % vor. Das ätherische Öl der Mentha piperita enthält nur bis gegen 50 % Menthol. Es wird durch Ausfrierenlassen aus dem ätherischen Öl gewonnen. Menthol bildet farblose, bei 42—44⁰ schmelzende Kristalle von eigentümlichem kampferähnlichen Geruch. $[\alpha]_D^{20°} = -44°$ bis $-51°$. Menthol muß sich vollkommen trocken anfühlen und darf beim Pressen zwischen glattem, weißem Papier auf diesem keine Flecken zurücklassen. Die Konstitution des Menthols ist folgende:

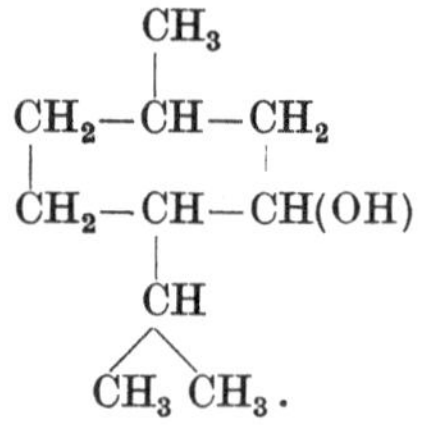

$$\begin{array}{c} CH_3 \\ | \\ CH_2-CH-CH_2 \\ | \quad\quad\quad | \\ CH_2-CH-CH(OH) \\ | \\ CH \\ \diagup\diagdown \\ CH_3 \;\; CH_3 \end{array}.$$

Synthetisch wird Menthol nach Schering-Kahlbaum aus m-Kresol gewonnen, indem man dieses mit Azeton kondensiert und die daraus hergestellte Monoazetylverbindung des 3-Methyl-6-isopropylenphenols mit Wasserstoff in Gegenwart eines Katalysators behandelt, bis 8 Atome Wasserstoff aufgenommen sind und dann das Reaktionsprodukt verseift (vgl. auch Synthese des Thymols).

Durch Wasserabspaltung geht Menthol über in Menthen:

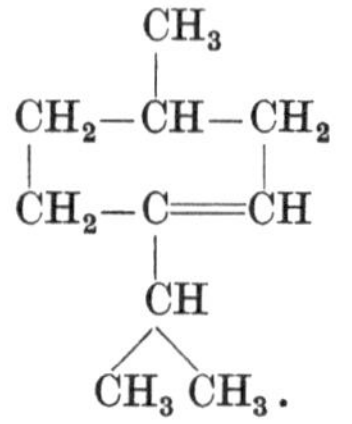

$$\begin{array}{c} CH_3 \\ | \\ CH_2-CH-CH_2 \\ | \quad\quad\quad | \\ CH_2-C\!=\!\!=\!CH \\ | \\ CH \\ \diagup\diagdown \\ CH_3 \;\; CH_3 \end{array}.$$

Medizinische Anwendung: Menthol wird äußerlich als lokales Anästhetikum in Form von Mentholstiften (Migränestifte) oder in Form einer alkoholischen Lösung (1 + 9), auch in Form von Salben, Schnupfpulver bei Katarrhen und Schleimhautschwellung angewendet, in 1—2 proz. Lösung gegen Juckreiz der Haut, innerlich in 3 proz. Lösung tropfenweise reizmildernd bei Erbrechen und Singultus. Zur intramuskulären Injektion (10 proz., in Öl mit Eukalyptusöl) bei eitrigen und foetiden Katarrhen der tieferen Luftwege (Lungengangrän). (Deutsches Arzneiverordnungsbuch.)

Menthol bzw. Pfefferminzöl werden auch als Zusatz zu Zahnpulvern benutzt.

Terpin und **Zineol.** Sind in dem Menthan, einem hydrierten Menthen, an bezeichneter Stelle für 2 Wasserstoffatome 2 Hydroxylgruppen substituierend eingetreten, so gelangt man zum Terpin:

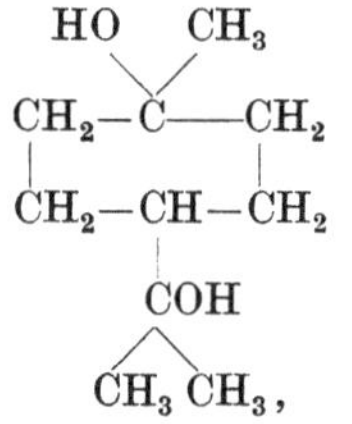

$$\begin{array}{c} HO \quad\; CH_3 \\ \diagdown\;\diagup \\ CH_2-C\!\!-\!\!-\!CH_2 \\ | \quad\quad\quad\quad | \\ CH_2-CH-CH_2 \\ | \\ COH \\ \diagup\diagdown \\ CH_3 \;\; CH_3 \end{array},$$

welches unter Wasserabspaltung sich in ein inneres Anhydrid umwandeln kann. Dieses führt den Namen Zineol:

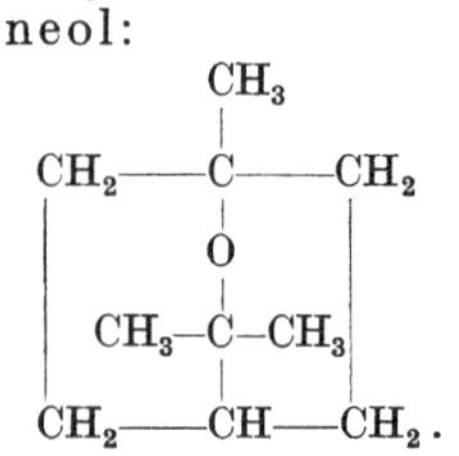

$$\begin{array}{c} CH_3 \\ | \\ CH_2\!-\!\!-\!\!-\!C\!-\!\!-\!\!-\!CH_2 \\ | \quad\quad | \quad\quad | \\ | \quad\quad O \quad\quad | \\ | \quad\quad | \quad\quad | \\ | \quad CH_3\!-\!C\!-\!CH_3 \quad | \\ | \quad\quad | \quad\quad | \\ CH_2\!-\!\!-\!\!-\!CH\!-\!\!-\!\!-\!CH_2 \end{array}.$$

Zineol ist zuerst im ätherischen Öl des „Wurmsamens", Oleum Cinae, beobachtet worden und hat daher seinen Namen. Es kommt aber auch in vielen anderen ätherischen Ölen vor, so im Eukalyptusöl, Rosmarinöl, Lorbeerblätteröl usw. Zineol gibt mit konz. Phosphorsäure und Arsensäure kristallinische Verbindungen.

Borneol, Borneokampfer, Kamphol, findet sich in der rechtsdrehenden Form in dem auf Borneo und Sumatra vorkommenden Baume Dryobalanops Camphora und ist auch im Rosmarin- und Spiköl enthalten.

l-Borneol und i-Borneol kommen im Baldrianöl vor.

Borneol besitzt einen kampferartigen, zugleich aber pfefferähnlichen Geruch. Es geht durch vorsichtige Oxydation mit Salpetersäure in gewöhnlichen Kampfer über, während dieser bei der Reduktion Borneol liefert.

Das Keton Karvon, $C_{10}H_{14}O$:

$$
\begin{array}{c}
CH_3 \\
| \\
CH{=}C{-}CO \\
| \qquad | \\
CH_2{-}CH{-}CH_2 \\
| \\
C \\
\diagup\diagdown \\
CH_2 \quad CH_3
\end{array}
$$

kommt in seiner rechtsdrehenden Form im Kümmelöl und im Dillöl vor, l-Karvon im Krauseminzöl und im Kuromojiöl.

Thujon oder Tanazeton, $C_{10}H_{16}O$:

$$
\begin{array}{c}
CH_3 \\
| \\
CH{-}CH{-}CO \\
| \qquad | \\
CH_2{-}C{-}CH_2 \\
| \\
CH \\
\diagup\diagdown \\
CH_3 \quad CH_3
\end{array}
$$

ist ein Bestandteil des Thujaöles, des Rainfarnöles (von Tanacetum vulgare) und kommt auch im Salbeiöl und Wermutöl vor:

Pulegon, $C_{10}H_{16}O$:

$$
\begin{array}{c}
CH_3 \\
| \\
CH_2{-}CH{-}CH_2 \\
| \qquad | \\
CH_2{-}C{-}CO \\
\| \\
C \\
\diagup\diagdown \\
CH_3 \quad CH_3
\end{array}
$$

ist im ätherischen Öl von Mentha pulegium enthalten.

Gewöhnlicher Kampfer, Japankampfer, $C_{10}H_{16}O$, ist ein eigenartig riechender, brennend schmeckender, bei 175—179⁰ schmelzender und bei 204⁰ siedender Stoff, der im Kampferbaum, Cinnamomum Camphora, enthalten ist und durch Destillation des Holzes und der Zweige mit Wasserdampf und Reinigen durch Sublimation gewonnen wird. Auch in anderen ätherischen Ölen ist Kampfer, vielfach neben Borneol, aufgefunden worden.

Kampfer bildet farblose oder weiße, kristallinische, mürbe Stücke, riecht eigenartig durchdringend und schmeckt brennend scharf. In Wasser ist er nur wenig, in Äther, Chloroform, Weingeist und in Ölen reichlich löslich. Kampfer dreht den polarisierten Lichtstrahl nach rechts. Für eine 20proz. Lösung in absolutem Alkohol ist $[\alpha]_D^{20^0} = -44{,}22^0$.

Für 20 g Kampfer, auf 100 g Alkohol gelöst, gilt:

$$
[\alpha] = \frac{\alpha \cdot 100}{l \cdot p \cdot d} = \frac{14{,}6 \cdot 100}{2 \cdot 20 \cdot 0{,}82} = 44{,}5^0 .
$$

Für 20 g Kampfer, auf 100 ccm Alkohol gelöst, gilt:

$$[\alpha] = \frac{\alpha \cdot 100}{l \cdot c} = \frac{17,8 \cdot 100}{2 \cdot 20} = 44,5^0 .$$

Verbrennt man 0,1 g Kampfer auf einem Kupferblech von 4 qcm, das in eine Porzellanschale gelegt ist, und läßt die rußenden Dämpfe in ein mit Wasser angefeuchtetes Becherglas von 1 Liter Fassungsvermögen eintreten, so darf die durch Ausspülen des Becherglases mit 10 ccm destilliertem Wasser erhaltene und filtrierte Flüssigkeit auf Zusatz von 1 ccm $\frac{n}{10}$ -Silbernitratlösung nach 5 Minuten keine Opaleszenz zeigen (D. A. B. VI).

Um Kampfer zu pulvern, besprengt man ihn zuvor mit Äther oder Weingeist.

Kampfer muß in wohlverschlossenen Gefäßen an einem kühlen Orte aufbewahrt werden.

Kampfer ist ein Keton, mit Hydroxylamin bildet er ein bei 118—119⁰ schmelzendes **Kampferoxim**, $C_{10}H_{16}:NOH$. Durch Reduktionsmittel wird Kampfer in ein Gemisch von zwei sekundären Alkoholen, Borneol und Isoborneol, übergeführt.

Auf synthetischem Wege gewinnt man Kampfer, indem man durch Einwirkung von Salzsäuregas auf Terpentinöl bzw. auf Pinen Pinenhydrochlorid darstellt, welches in Isoborneol und durch Oxydation in Kampfer übergeführt wird.

Synthetischer Kampfer ist die razemische Form des Kampfers, dreht daher die Ebene des polarisierten Lichts nicht oder nur unwesentlich und läßt sich dadurch von dem Naturkampfer unterscheiden.

D. A. B. VI stellt an die Beschaffenheit des synthetischen Kampfers, der an Stelle des Naturkampfers medizinisch verwendet werden darf, die Forderung, daß er nicht unter 170⁰ schmelze, daß für eine Lösung in absolutem Alkohol, die in 10 ccm 2 g synthetischen Kampfer enthält, $[\alpha]_D^{20^0} = -2^0$ bis $+5^0$ sei, und daß bei der Prüfung auf Chlorverbindungen er sich dem Naturkampfer gleichwertig zeige.

Beim Erhitzen mit Salpetersäure liefert Kampfer verschiedene Säuren, besonders **d-Kampfersäure** und **Kamphoronsäure**. Die Oxydation des synthetischen Kampfers zu Kampfersäure ist erschwert.

Dem Kampfer und der Kampfersäure gibt man die folgenden Konstitutionsformeln:

<pre>
        CH₃   CH₃
         | |
CH₂——C——CO   CH₂——C——CO₂H
    | | | |
    CH₃—C—CH₃ | ·CH₃—C—CH₃ |
    | | | |
CH₂——CH——CH₂   CH₂——CH——CO₂H .
   ‿‿‿‿‿‿   ‿‿‿‿‿‿‿
     Kampfer   Kampfersäure
</pre>

Kampfersäure ist eine bei 186⁰ schmelzende, in farblosen Blättern kristallisierende Säure.

Medizinische Anwendung des Kampfers: Zur Herstellung von Spiritus camphoratus, Oleum camphoratum, Opodeldok und zu verschiedenen Linimenten, als Zusatz zu Pflastern (Emplastrum fuscum camphoratum). Kampferlösungen werden äußerlich bei rheumatischen Schmerzen zum Einreiben, in Salbenform (10 proz.) bei schlecht granulierenden Wunden verwendet. Innerlich dient Kampfer wegen seiner belebenden Beeinflussung der Zentralorgane, des Nervensystems als Exzitans, Dosis 0,05—0,3 g mehrmals täglich. In Vinum camphoratum und Tinctura Opii benzoica ist Kampfer enthalten. Kampfer wird besonders auch als Mottenmittel benutzt.

Kampfersäure dient gegen die Nachtschweiße der Phthisiker. Dosis 1—1,5 g. Äußerlich zu Ausspülungen bei Zystitis, als Adstringens bei Erkrankungen des Pharynx, Larynx und der Nase.

Eine weitgehende **technische Anwendung** ist die zur Herstellung des **Celluloids** (s. dort).

Camphora monobromata, Bromkampfer, $C_{10}H_{15}OBr$, wird dargestellt, indem man 32 T. Brom und 30 T. Rechtskampfer in einem geräumigen Kolben zusammenbringt. Es entsteht zunächst ein Dibromprodukt, das beim Erhitzen auf dem Wasserbade unter Bromwasserstoffentwicklung in Monobromkampfer übergeht. Dieser bildet farblose Nadeln von kampferähnlichem Geruch; Schmelzpunkt 76°, Siedepunkt 274°.

Medizinische Anwendung: Innerlich in Dosen zu 0,1—0,5 g als Sedativum.

Olea aetherea — Ätherische Öle.

Die durch Destillation mit Wasserdämpfen oder durch Ausziehen oder Auspressen gewonnenen flüchtigen, ölartigen Inhaltsstoffe verschiedener Pflanzen.

Bringt man 1 Tropfen ätherisches Öl auf Filtrierpapier, so darf kein dauernder Fettfleck zurückbleiben (fette Öle).

Erhitzt man in einem Probierrohr 1 ccm ätherisches Öl mit 3 ccm einer mit absolutem Alkohol frisch hergestellten Lösung von Kaliumhydroxyd $(1 + 9)$ 2 Minuten lang im siedenden Wasserbade, so darf nach dem Abkühlen innerhalb einer halben Stunde nur bei Nelkenöl und Rosenöl eine kristallinische Ausscheidung erfolgen. Die bei diesen beiden Ölen entstehenden Niederschläge müssen sich wieder klar lösen, wenn man das Gemisch zum Sieden erhitzt (Phthalsäureester, andere fremde Ester).

Verbrennt man einen mit 2 Tr. ätherischem Öle getränkten Streifen Filtrierpapier von ungefähr 2 qcm Größe in einer Porzellanschale und läßt die rußenden Dämpfe in ein vorher mehrmals mit Wasser ausgespültes Gefäß von ungefähr 1 Liter Inhalt eintreten, so darf die durch Ausspülen des Gefäßes mit 10 ccm Wasser erhaltene und filtrierte Flüssigkeit nach Zusatz von einigen Tropfen Salpetersäure und Silbernitratlösung nach 5 Minuten keine Opaleszenz zeigen (organische Halogenverbindungen).

Ätherische Öle sind vor Licht geschützt in gut verschlossenen Gefäßen aufzubewahren. (D. A. B. VI.)

Für die folgenden ätherischen Öle hat das Arzneibuch Charakteristiken gegeben:

Oleum Angelicae, Angelikaöl, das aus den Wurzeln von Archangelica officinalis Hoffmann gewonnene Öl. Es enthält d-Phellandren, Methyläthylessigsäure, Oxypentadezylsäure und in kleiner Menge ein Lakton der Formel $C_{15}H_{16}O_3$. Es ist eine gelbliche bis bräunliche, optisch aktive $(\alpha_D^{20°} = + 16°$ bis $+ 41°)$ Flüssigkeit von aromatischem, pfefferartigem Geruch und würzigem Geschmacke. Dichte 0,848—0,913.

1 ccm Angelikaöl muß sich in 6 ccm 90proz. Alkohol klar oder doch nur mit geringer Trübung lösen.

Medizinische Anwendung: Dient zur Herstellung des Spir. Angelicae comp. Dieser wurde früher 10—30 Tropfen auf Zucker als Analeptikum benutzt. Äußerlich als Zusatz zu Einreibungen.

Oleum Anisi, Anisöl, das ätherische Öl der reifen Spaltfrüchte von Pimpinella anisum Linné (Anis) oder der reifen Früchte von Illicium verum Hooker fil. (Sternanis). Es besteht im wesentlichen aus Anethol (s. S. 414) und dem flüssigen Methylchavikol.

Anisöl ist eine farblose oder blaßgelbe, stark lichtbrechende, optisch aktive $(\alpha_D^{20°} = $ bis $- 2°)$ Flüssigkeit oder eine weiße Kristallmasse von würzigem Geruch und süßlichem Geschmacke. Dichte 0,979—0,989. Erstarrungspunkt 15 bis 19°.

1 ccm Anisöl muß sich in 3 ccm 90proz. Alkohol lösen. Diese Lösung darf Lackmuspapier nicht verändern und nach Zusatz von 1 Tropfen Eisenchloridlösung nicht violett gefärbt werden (Phenole).

In einem völlig trockenen Probierrohr, das mit einem einen kleinen Fuchsinkristall umschließenden Wattebausche locker verschlossen ist, erhitzt man 1 ccm Anisöl über kleiner Flamme zum Sieden. Die sich entwickelnden Dämpfe dürfen die Stelle der Watte, wo der Fuchsinkristall sich befindet, nicht rot färben (Weingeist).

Schüttelt man 5 ccm Anisöl mit 5 ccm Wasser, das mit 1 Tropfen verdünnter Salzsäure versetzt ist, kräftig durch, so darf die wässerige Flüssigkeit durch 3 Tropfen Natriumsulfidlösung nicht dunkel gefärbt werden (Blei, Kupfer).

Medizinische Anwendung: Als Zusatz zu expektorierenden Mitteln.

Oleum Calami, Kalmusöl, das ätherische Öl des Wurzelstocks von Acorus calamus Linné. Es enthält Pinen, Calameon, ein Sesquiterpen, Asaron, Asarylaldehyd, Eugenol, n-Heptylsäure, Palmitinsäure, Essigsäure, die Säuren zum Teil verestert.

Kalmusöl ist eine dickliche, gelbe bis braungelbe, optisch aktive ($\alpha_D^{20^0} = + 9^0$ bis $+ 31^0$) Flüssigkeit von würzigem Geruch, und bitterlich-brennendem, gewürzhaftem Geschmacke. Dichte 0,954—0,965. 1 ccm Kalmusöl muß sich in 0,5 ccm 90proz. Alkohol klar lösen.

Oleum Carvi, Kümmelöl, das ätherische Öl der reifen Spaltfrüchte von Carum carvi Linné. Es soll mindestens 50 Volumprozent Karvon enthalten.

Kümmelöl ist eine farblose, mit der Zeit gelb werdende, optisch aktive ($\alpha_D^{20^0} = + 70^0$ bis $+ 81^0$) Flüssigkeit von mildem, würzigem Geruch und Geschmack. Dichte 0,903—0,915.

1 ccm Kümmelöl muß sich in 1 ccm 90proz. Alkohol lösen.

Gehaltsbestimmung: 5 ccm Kümmelöl werden im Kassiakölbchen mit 50 ccm einer frisch bereiteten 40proz. Lösung von Natriumsulfit und 4 Tropfen Phenolphthaleinlösung versetzt und im siedenden Wasserbad unter häufigem, kräftigem Umschütteln erwärmt. Das hierbei frei werdende Natriumhydroxyd wird von Zeit zu Zeit durch verdünnte Essigsäure neutralisiert, bis bei weiterem Erwärmen, auch nach Zusatz von Natriumsulfitlösung, keine Rötung mehr eintritt. Durch Zugabe von Natriumsulfitlösung treibt man dann das nicht gebundene Öl in den Hals des Kölbchens; die Menge des Öles darf nach dem Abkühlen nicht mehr als 2,5 ccm betragen, was einem Mindestgehalte von 50 Vol.-% Karvon entspricht.

Anwendung: Medizinisch innerlich zu 0,05—0,15 g (1—3 Tropfen) mehrmals täglich als Karminativum und Stomachicum bei Kardialgien, Kolik, Flatulenz. Äußerlich zu Zahntropfen, als Zusatz zu Einreibungen.

In versüßter verdünnter alkoholischer Lösung unter dem Namen Kümmellikör ein beliebtes Genußmittel.

Oleum Caryophylli, Nelkenöl s. Eugenol S. 411.

Oleum Chenopodii anthelmintici, Wurmsamenöl, das ätherische Öl der Samen von Chenopodium ambrosioides Linné, var. anthelminticum Gray. Es enthält annähernd 60% Askaridol,

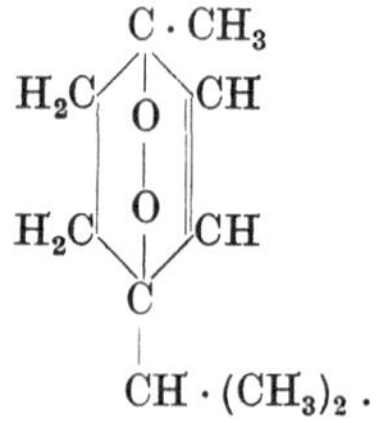

$$
\begin{array}{c}
\mathrm{C \cdot CH_3} \\
\mathrm{H_2C} \diagup \quad \diagdown \mathrm{CH} \\
\mathrm{O} \\
| \\
\mathrm{O} \\
\mathrm{H_2C} \diagdown \quad \diagup \mathrm{CH} \\
\mathrm{C} \\
| \\
\mathrm{CH \cdot (CH_3)_2} \, .
\end{array}
$$

Wurmsamenöl ist eine farblose oder gelbliche, optisch aktive ($\alpha_D^{20^0} = - 4^0$ bis $- 9^0$) Flüssigkeit von widerlichem, stark durchdringendem Geruch und bitterlich-brennendem Geschmacke. Dichte 0,958—0,985.

Erhitzt man in einem Probierrohr 1 ccm Wurmsamenöl (keine größere Menge verwenden!) über freier Flamme etwa 1 Minute lang zum Sieden, so färbt sich bei einem Askaridolgehalte des Öles von annähernd 60 % die Flüssigkeit unter stürmischem Aufsieden tiefdunkelgelb.

1 ccm Wurmsamenöl muß sich in 1 ccm einer Mischung von 4 ccm absolutem Alkohol und 1 ccm Wasser klar lösen.

Medizinische Anwendung: Gegen Askariden. Innerlich in Kapseln. Kindern von 4—16 Jahren 3—15 Tropfen, Erwachsenen 20 Tropfen. Nach vorherigem Abführen und knapper Ernährung gebe man eine ausreichende Dosis, nach 2 Stunden Laxans. Wiederholung der Kur nicht vor 4—6 Wochen! (Deutsches Arzneiverordnungsbuch.)

Größte Einzelgabe 0,5 g, größte Tagesgabe 1,0 g. Vorsichtig aufzubewahren.

Oleum Citri, Zitronenöl, das aus den frischen Schalen der Früchte von Citrus medica Linné gepreßte Öl.

Im Zitronenöl sind aufgefunden worden als Hauptbestandteile d-Limonen und Zitral, ferner Kamphen, Pinen, β-Phellandren, Methylheptenon, Oktyl- und Nonylaldehyd, Zitronellal, Linalyl- und Geranylazetat, Zitropten.

Zitronenöl ist eine hellgelbe, optisch aktive ($\alpha_D^{20°} = + 55°$ bis $+ 65°$) Flüssigkeit von reinem Zitronengeruch und mildem, würzigem, hinterher etwas bitterem Geschmacke. Dichte 0,852—0,856.

1 ccm Zitronenöl muß sich in 12 ccm 90proz. Alkohol klar oder bis auf wenige Flocken lösen (fettes Öl, Paraffin).

In einem völlig trockenen Probierrohr, das mit einem einen kleinen Fuchsinkristall umschließenden Wattebausche locker verschlossen ist, erhitzt man 1 ccm Zitronenöl zum Sieden. Die sich entwickelnden Dämpfe dürfen die Stelle der Watte, wo der Fuchsinkristall sich befindet, nicht rot färben (Weingeist).

Schüttelt man 5 ccm Zitronenöl mit 5 ccm Wasser, das mit 1 Tropfen verdünnter Salzsäure versetzt ist, kräftig durch, so darf die wässerige Flüssigkeit durch 3 Tropfen Natriumsulfidlösung nicht dunkel gefärbt werden (Blei, Kupfer).

Medizinische Anwendung: Innerlich zu 0,05—0,15 g (1—3 Tropfen) mehrmals täglich; als Korrigens.

Oleum Cinnamomi s. Zimtaldehyd S. 417.

Oleum Citronellae, Zitronellöl, das ätherische Öl des Krautes von Cymbopogon Winterianus Jowitt. Gehalt mindestens 80 % Gesamtgeraniol, $C_{10}H_{18}O$, Mol.-Gew. 154,1.

Zitronellöl ist eine gelbliche, optisch aktive ($\alpha_D^{20°} = 0°$ bis $- 3,5°$, selten $0°$ bis $+ 1,7°$) Flüssigkeit von an Melissen- und Zitronenöl erinnerndem Geruch und aromatischem, brennendem Geschmacke. Dichte 0,880—0,896.

1 ccm Zitronellöl muß sich in 2 ccm einer Mischung von 4 T. absolutem Alkohol und 1 T. Wasser klar lösen. Nach weiterem Zusatz von 8 ccm dieser Mischung darf die Lösung höchstens opalisierend getrübt werden.

Schüttelt man 5 ccm Zitronellöl mit 5 ccm Wasser, das mit 1 Tropfen verdünnter Salzsäure versetzt ist, kräftig durch, so darf die wässerige Flüssigkeit durch 3 Tropfen Natriumsulfidlösung nicht dunkel gefärbt werden (Kupfer).

Gehaltsbestimmung: 5 g Zitronellöl werden mit 5 g Essigsäureanhydrid nach Zusatz von 1 g wasserfreiem Natriumazetat in einem mit Rückflußkühler verbundenen Kölbchen 2 Stunden lang im Sieden erhalten. Nach dem Erkalten werden 20 ccm Wasser hinzugefügt, und das Gemisch wird unter wiederholtem kräftigen Umschütteln $^1/_4$ Stunde lang auf dem Wasserbad erwärmt. Darauf wird in einem Scheidetrichter das Öl von der wässerigen Flüssigkeit getrennt, mit Wasser gewaschen, bis dieses Lackmuspapier nicht mehr rötet, mit 1,5 g getrocknetem Natriumsulfat entwässert und filtriert. Etwa 1,5 g dieses azetylierten Öles werden genau gewogen, mit 3 ccm Weingeist und einigen Tropfen Phenolphthaleinlösung und tropfenweise mit weingeistiger $\frac{n}{2}$-Kalilauge versetzt, bis eine bleibende Rötung eintritt. Darauf wird die Mischung mit 20 ccm weingeistiger $\frac{n}{2}$-Kalilauge am Rückflußkühler 1 Stunde lang auf dem Wasserbad erhitzt und nach dem Erkalten und nach Zusatz von 1 ccm Phenolphthaleinlösung mit $\frac{n}{2}$-Salzsäure bis zum Verschwinden der Rotfärbung titriert. Für je 1,5 g des azetylierten Öles müssen hierbei mindestens 12,8 ccm weingeistige $\frac{n}{2}$-Kalilauge verbraucht werden, so daß zum Zurücktitrieren höchstens 7,2 ccm $\frac{n}{2}$-Salzsäure erforderlich sind, was einem Mindestgehalte von 80 % Gesamtgeraniol entspricht. Man berechnet den Geraniolgehalt nach der von Gildemeister und Hoffmann angegebenen Formel

$$\frac{a \cdot 154,1}{20 \, (s - a \cdot 0,021)},$$

in welcher a die verwendeten Kubikzentimeter $\frac{n}{2}$-Kalilauge und s die benutzte Menge des azetylierten Öles in Gramm bedeutet.

Medizinische Anwendung: An Stelle des sehr teuren Oleum Melissae zur Bereitung von Spiritus Melissae compositus (5 Tropfen Zitronellöl, 5 Tropfen ätherisches Muskatöl, 2 Tropfen Zimtöl, 2 Tropfen Nelkenöl, 100 g Wasser, 100 g Weingeist).

Oleum Eucalypti, Eukalyptusöl, das ätherische Öl der Blätter von Eucalyptus globulus Labillardière. Es besteht im wesentlichen aus Zineol (= Eukalyptol) s. S. 438.

Eukalyptusöl ist eine farblose oder gelbliche, optisch aktive ($\alpha_D^{20^0} = + 0,1^0$ bis $+ 15^0$) Flüssigkeit von kampferähnlichem Geruch und eigentümlichem, kühlendem Geschmacke. Dichte 0,905—0,925. Schüttelt man 1 ccm Eukalyptusöl mit 1 ccm konzentrierter Phosphorsäure kräftig durch, so muß das Gemisch innerhalb einer halben Stunde ein halbfeste oder feste Kristallmasse bilden. Bei der Destillation müssen mindestens 50% des Öles zwischen 170^0 und 185^0 übergehen.

Löst man 1 ccm Eukalyptusöl in 2 ccm Petroläther und versetzt diese Lösung mit 1 ccm kalt gesättigter Natriumnitritlösung und unter häufigem Umschütteln tropfenweise mit 1 ccm Eisessig, so darf die Petrolätherschicht höchstens getrübt sein, nicht aber flockig vereinigte Kristalle abscheiden oder zu einer Kristallmasse erstarren (Phellandren). Phellandren findet sich neben Zineol in dem ätherischen Öl von Eucalyptus amygdalina. Dieses Öl soll keine Verwendung finden.

1 ccm Eukalyptusöl muß sich in 3 ccm 70proz. Alkohol klar lösen.

In einem völlig trockenen Probierrohr, das mit einem einen kleinen Fuchsinkristall umschließenden Wattebausche locker verschlossen ist, erhitzt man 1 ccm Eukalyptusöl über kleiner Flamme zum Sieden. Die sich entwickelnden Dämpfe dürfen die Stelle der Watte, wo der Fuchsinkristall sich befindet, nicht rot färben (Weingeist).

Medizinische Anwendung: Bei Bronchiektasie, putrider Bronchitis, Lungengangrän zur intramuskulären Injektion, täglich 1 ccm, im ganzen 10—30 ccm. Rp. Menthol. 1,0, Olei Eucalypt. (oder Eukalyptol) 2,0, Paraffin liquid. steril. 8,0 (oder Ol. Olivar. steril.). Zum Einatmen gibt man 12 Tropfen eines Gemisches von Ol. Eucalypt. (bzw. Eukalyptol), Ol. Pini Pumilion. an 15,0, Öl. Lavandulae gutt. X in heißes Wasser.

Oleum Foeniculi, Fenchelöl, das ätherische Öl der Spaltfrüchte von Foeniculum vulgare Miller. Es besteht im wesentlichen aus Anethol (s. S. 414), und enthält an Terpenen d-Pinen, Kamphen, α-Phellandren und Dipenten.

Fenchelöl ist eine farblose oder schwach gelbliche, optisch aktive ($\alpha_D^{20^0} = + 11^0$ bis $+ 24^0$) Flüssigkeit von stark würzigem Geruch und anfangs süßem, hinterher bitterem, kampferartigem Geschmacke. Dichte 0,960—0,970.

Erstarrungspunkt nicht unter $+ 5^0$.

1 ccm Fenchelöl muß sich in 0,5 ccm 90proz. Alkohol klar lösen.

In einem völlig trockenen Probierrohr, das mit einem einen kleinen Fuchsinkristall umschließenden Wattebausche locker verschlossen ist, erhitzt man 1 ccm Fenchelöl über kleiner Flamme zum Sieden. Die sich entwickelnden Dämpfe dürfen die Stelle der Watte, wo der Fuchsinkristall sich befindet, nicht rot färben (Weingeist).

Medizinische Anwendung: Als Zusatz zu expektorierenden Arzneien.

Oleum Juniperi, Wacholderöl, das ätherische Öl der Beeren von Juniperus communis Linné. Es enthält α-Pinen, Kamphen, Terpineol und das Sesquiterpen Kadinen.

Wacholderöl ist eine farblose, blaßgelbliche oder blaßgrünliche, leicht bewegliche, optisch aktive ($\alpha_D^{20^0} = - 1^0$ bis $- 15^0$) Flüssigkeit von eigenartigem, nicht ranzigem Geruch und brennendem, etwas bitterlichem Geschmacke, die mit Wasser angefeuchtetes Lackmuspapier nicht rötet. Dichte 0,856—0,876.

Medizinische Anwendung: Innerlich zu 0,1—0,2 g (2—4 Tropfen) als Karminativum und mildes Diuretikum. Äußerlich zu Einreibungen bei Rheumatismus und Gicht in alkoholischer Lösung.

Oleum Lavandulae, Lavendelöl, das ätherische Öl der Blüten von Lavandula spica Linné. Gehalt an Estern mindestens 33,4%, berechnet auf l-Linalylazetat, $CH_3 \cdot CO_2C_{10}H_{17}$, Mol.-Gew. 196,2. Neben diesem finden sich im Öl der Essigsäure-, Buttersäure-, Baldriansäure- und Kapronsäureester des Linalools sowie Ester des Geraniols, Kumarin, Valeraldehyd, Amylalkohol (?), d-Borneol und das Sesquiterpen Caryophyllen.

Lavendelöl ist eine farblose oder schwach gelbliche, optisch aktive ($\alpha_D^{20°} = -3°$ bis $-9°$) bewegliche Flüssigkeit von eigenartigem Geruch und stark würzigem, schwach bitterem Geschmacke. Dichte 0,877—0,890.

1 ccm Lavendelöl muß sich in 3 ccm 70proz. Alkohol zu einer klaren, bisweilen opalisierenden Flüssigkeit lösen. Lavendelöl darf mit Wasser befeuchtetes Lackmuspapier nicht röten.

Gehaltsbestimmung: Etwa 1 g Lavendelöl wird in einem Kölbchen aus Jenaer Glas mit 10 ccm weingeistiger $\frac{n}{2}$-Kalilauge am Rückflußkühler $^1/_2$ Stunde lang unter mehrfachem Umschwenken auf dem Wasserbad erhitzt. Nach dem Erkalten wird nach Zusatz von 1 ccm Phenolphthaleinlösung mit $\frac{n}{2}$-Salzsäure bis zum Verschwinden der Rotfärbung titriert. Für je 1 g Lavendelöl müssen hierbei mindestens 3,4 ccm weingeistige $\frac{n}{2}$-Kalilauge verbraucht werden, was einem Mindestgehalte von 33,4 % Estern, berechnet auf Linalylazetat, entspricht (1 ccm $\frac{n}{2}$-Kalilauge = 0,0981 g Linalylazetat, Phenolphthalein als Indikator).

Gibt man hierauf zu der titrierten Flüssigkeit weitere 5 ccm weingeistige $\frac{n}{2}$-Kalilauge und erhitzt noch 1 Stunde lang auf dem Wasserbade, so müssen nach dem Erkalten bis zum Verschwinden der Rotfärbung 5 ccm $\frac{n}{2}$-Salzsäure verbraucht werden (Phthalsäurediäthylester).

Medizinische Anwendung: Als Zusatz zu wohlriechenden, Weingeist haltenden Waschwässern für die Hautpflege.

Oleum Menthae piperitae, Pfefferminzöl, das ätherische Öl der Blätter und blühenden Zweigspitzen der Mentha piperita Linné oder nahe verwandter Menthaarten. Gehalt mindestens 50,2 % Gesamtmenthol (Formel des Menthols $C_{10}H_{19}OH$, Mol.-Gew. 156,2).

Pfefferminzöl ist eine farblose oder blaßgelbliche, optisch aktive ($\alpha_D^{20°} = -20°$ bis $-34°$) Flüssigkeit von erfrischendem Pfefferminzgeruch und brennendem, kampferartigem, hinterher anhaltend kühlendem, jedoch nicht bitterem Geschmacke. Dichte 0,895—0,915.

1 ccm Pfefferminzöl muß sich in 5 ccm 70proz. Alkohol klar lösen. Nach weiterem Zusatz dieses Alkohols darf die Lösung höchstens opalisierend getrübt werden.

Gehaltsbestimmung: 5 g Pfefferminzöl werden mit 5 g Essigsäureanhydrid nach Zusatz von 1 g wasserfreiem Natriumazetat in einem mit Rückflußkühler versehenen Kölbchen 1 Stunde lang im Sieden erhalten. Nach dem Erkalten werden 20 ccm Wasser hinzugefügt, und das Gemisch wird unter wiederholtem, kräftigem Umschütteln $^1/_4$ Stunde lang auf dem Wasserbad erwärmt. Darauf wird in einem Scheidetrichter das Öl von der wässerigen Flüssigkeit getrennt, mit Wasser gewaschen, bis dieses Lackmuspapier nicht mehr rötet, mit 1,5 g getrocknetem Natriumsulfat entwässert und filtriert. Etwa 1,5 g dieses azetylierten Öles werden genau gewogen, mit 3 ccm Weingeist und 2 Tropfen Phenolphthaleinlösung und tropfenweise mit weingeistiger $\frac{n}{2}$-Kalilauge versetzt, bis eine bleibende Rötung eintritt. Darauf wird die Mischung mit 20 ccm weingeistiger $\frac{n}{2}$-Kalilauge am Rückflußkühler 1 Stunde lang auf dem Wasserbad erhitzt und nach dem Erkalten und nach Zusatz von 1 ccm Phenolphthaleinlösung mit $\frac{n}{2}$-Salzsäure bis zum Verschwinden der Rotfärbung titriert. Für je 1,5 g des azetylierten Öles müssen hierbei mindestens 8,5 ccm weingeistige $\frac{n}{2}$-Kalilauge verbraucht werden, was einem Mindestgehalte von 50,2 % Gesamtmenthol, das sich aus freiem und aus Mentholester gebildetem Menthol zusammensetzt.

Die Berechnung geschieht nach der von Gildemeister und Hoffmann angegebenen Formel

$$\frac{a \cdot 156{,}2}{20\,(s - a \cdot 0{,}021)},$$

$a =$ Kubikzentimeter $\frac{n}{2}$-Kalilauge, $s =$ Menge des azetylierten Öles.

Vgl. Ol. Citronellae.

Anwendung s. Menthol.

Oleum Myristicae aethereum (Oleum Macidis), Ätherisches Muskatöl, das ätherische Öl des Samens oder des Samenmantels von Myristica fragrans Houttuyn. Bestandteile sind α-Pinen, Kamphen, β-Pinen, Dipenten, p-Cymol, d-Linalool, Terpineol, Borneol, Geraniol, Safrol und besonders Myristizin (s. S. 414).

Ätherisches Muskatöl ist eine farblose oder schwachgelbliche, bewegliche, optisch aktive ($\alpha_{D}^{20^\circ} = + 7^\circ$ bis $+ 30^\circ$) Flüssigkeit von anfangs mildem, hinterher scharf würzigem Geschmacke. Dichte 0,860—0,925. 1 ccm ätherisches Muskatöl muß sich in 3 ccm 90proz. Alkohol klar lösen.

Medizinische Anwendung: Innerlich 0,05—0,15 g mehrmals täglich als Karminativum. Äußerlich als Zusatz zu Einreibungen.

Oleum Rosae, Rosenöl, das ätherische Öl der frischen Kronenblätter verschiedener Rosenarten. Bestandteile sind hauptsächlich Geraniol, dann Zitronellol, besonders auch Phenyläthylalkohol, $C_6H_5 \cdot CH_2 \cdot CH_2OH$.

Rosenöl ist eine blaßgelbliche, optisch aktive ($\alpha_{D}^{25^\circ} = - 1^\circ$ bis $- 4^\circ$) Flüssigkeit von eigenartigem Geruch und scharfem Geschmacke. Dichte bei 30° 0,848 bis 0,862. Bei Temperaturen unter 24° scheiden sich aus dem Rosenöl Kriställchen ab, die schließlich die gesamte Flüssigkeit zum Erstarren bringen und bei höherer Temperatur wieder schmelzen.

Oleum Rosmarini, Rosmarinöl, das ätherische Öl der Blätter von Rosmarinus officinalis Linné. Im Öl sind α-Pinen, Kamphen, Zineol, Kampfer, Borneol enthalten.

Rosmarinöl ist eine farblose oder schwach gelbliche, optisch aktive ($\alpha_{D}^{20^\circ} = - 5^\circ$ bis $+ 12^\circ$) Flüssigkeit von kampferartigem Geruch und würzig bitterem, kühlendem Geschmacke. Dichte 0,895—0,915. 2 ccm Rosmarinöl müssen sich in 0,5 ccm 90proz. Alkohol klar lösen.

Medizinische Anwendung: Innerlich mit Vorsicht zu gebrauchen; es sind Nephritis und Tod durch Lähmung des Atemzentrums beobachtet worden. Äußerlich früher zu Einreibungen als direkt wirkendes Krätzemittel.

Oleum Santali, Sandelöl, das aus dem Holze des Stammes und der Wurzeln von Santalum album Linné durch Destillation gewonnene Öl. Gehalt mindestens 90,3 % Gesamtsantalol (α- und β-Santalol, $C_{15}H_{23}OH$, Mol.-Gew. 220,2).

Sandelöl ist eine ziemlich dicke, farblose bis blaßgelbe, optisch aktive ($\alpha_{D}^{20^\circ} = - 16^\circ$ bis $- 21^\circ$) Flüssigkeit von eigenartig würzigem Geruch und unangenehm kratzendem, bitterem Geschmacke. Dichte 0,968—0,980.

Bei der Destillation darf Sandelöl nicht unter 275° übergehen.

1 ccm Sandelöl muß sich bei 20° in 5—7 ccm 70proz. Alkohol klar lösen. Diese Lösung muß auch nach weiterem Zusatz dieses Alkohols klar bleiben (fremde Öle).

Gehaltsbestimmung: 5 g Sandelöl werden mit 5 g Essigsäureanhydrid nach Zusatz von 1 g wasserfreiem Natriumazetat in einem mit Rückflußkühler versehenen Kölbchen 1 Stunde lang im Sieden erhalten. Nach dem Erkalten werden 20 ccm Wasser hinzugefügt, und das Gemisch wird unter wiederholtem, kräftigem Umschütteln $^1/_4$ Stunde lang auf dem Wasserbade erwärmt. Darauf wird in einem Scheidetrichter das Öl von der wässerigen Flüssigkeit getrennt, mit Wasser gewaschen, bis dieses Lackmuspapier nicht mehr rötet, mit 1,5 g getrocknetem Natriumsulfat entwässert und filtriert. Etwa 1,5 g dieses azetylierten Öles werden genau gewogen, mit 3 ccm Weingeist und 2 Tropfen Phenolphthaleinlösung und tropfenweise mit weingeistiger $\frac{n}{2}$-Kalilauge versetzt, bis eine bleibende Rötung eintritt. Darauf wird die Mischung mit 20 ccm weingeistiger $\frac{n}{2}$-Kalilauge am Rückfluß-kühler 1 Stunde lang auf dem Wasserbad erhitzt und nach dem Erkalten und nach Zusatz von 1 ccm Phenolphthaleinlösung mit $\frac{n}{2}$-Salzsäure bis zum Verschwinden der Rotfärbung titriert. Für je 1,5 g des azetylierten Öles müssen hierbei mindestens 10,5 ccm weingeistige $\frac{n}{2}$-Kalilauge verbraucht werden, so daß zum Zurücktitrieren 9,5 ccm $\frac{n}{2}$-Salzsäure erforderlich sind, was einem Mindestgehalte von 90,3 % Gesamtsantalol entspricht.

Die Berechnung geschieht nach der von Gildemeister und Hoffmann angegebenen Formel

$$\frac{a \cdot 220,2}{20\,(s - a \cdot 0,021)},$$

in welcher $a =$ Kubikzentimeter $\frac{n}{2}$-Kalilauge und s die benutzte Menge des azetylierten Öles in Gramm bedeutet. (Vgl. auch Ol. Citronellae und Ol. Menthae.)

Medizinische Anwendung: Bei Gonorrhöe. Innerlich 20 Tropfen in Gelatinekapseln. 1—3 mal täglich nach dem Essen.

Oleum Sinapis, Senföl s. Isothiozyansäure-Allylester S. 358 u. 359.

Oleum Terebinthinae, Terpentinöl, das ätherische Öl der Terpentine verschiedener Pinusarten, hauptsächlich Pinen enthaltend.

Terpentinöl ist eine farblose oder schwach gelbliche, leicht bewegliche Flüssigkeit von eigenartigem Geruch und scharfem, kratzendem Geschmacke. Es ist optisch aktiv, je nach Herkunft rechts- oder linksdrehend ($\alpha_{\mathrm{D}}^{20^{0}} = +15^{0}$ bis -40^{0}). Dichte 0,855—0,872.

Bei der Destillation müssen mindestens 80 % des Öles zwischen 155^{0} und 165^{0} übergehen. Unterhalb 150^{0} dürfen bei der Destillation keine Anteile übergehen.

1 ccm Terpentinöl muß sich in 12 ccm 90 proz. Alkohol klar lösen (Mineralöl und fremde Kohlenwasserstoffe). Übergießt man ein erbsengroßes Stück Kaliumhydroxyd in einem Probierrohr mit 3 ccm frisch destilliertem Terpentinöl, so darf nach 4 Stunden weder das Kaliumhydroxyd noch die Flüssigkeit gelbbraun oder braun gefärbt sein (Kienöle).

Wird 1 g Terpentinöl 2 Stunden lang in einer flachen Porzellanschale auf dem Wasserbad erhitzt, so darf der Rückstand höchstens 0,03 g betragen (Terpentin, Mineralöle, Kopalöle).

Medizinische Anwendung: Zu Einreibungen bei rheumatischen Leiden im Gemisch mit anderen, zu gleichem Zweck dienenden Arzneistoffen. Zur Herstellung eines Wanzenmittels (meist Naphthalin gelöst in Terpentinöl). Zur Gewinnung des synthetischen Kampfers.

Oleum Terebinthinae rectificatum, Gereinigtes Terpentinöl. 1 T. Terpentinöl wird mit 3 T. auf ungefähr 50^{0} erwärmtem Kalkwasser 10 Minuten lang kräftig durchgeschüttelt, die vom Kalkwasser abgehobene Ölschicht durch ein trockenes Filter filtriert und destilliert. Die von $155—162^{0}$ übergehenden klaren Anteile werden gesammelt.

Gereinigtes Terpentinöl ist eine farblose Flüssigkeit von eigenartigem Geruch und scharfem, kratzendem Geschmacke. Dichte 0,855—0,865.

1 ccm gereinigtes Terpentinöl muß sich in 5 ccm Petroläther klar lösen; nach weiterem Zusatz von Petroläther muß die Lösung klar bleiben (verharztes Öl, Kienöle). Übergießt man ein erbsengroßes Stück Kaliumhydroxyd in einem Probierrohr mit 3 ccm gereinigtem Terpentinöl, so darf nach 4 Stunden weder das Kaliumhydroxyd noch die Flüssigkeit gelbbraun oder braun gefärbt sein (Kienöle). Löst man 2,5 g gereinigtes Terpentinöl in 20 ccm absolutem Alkohol, so dürfen nach Zugabe von 3 Tropfen Phenolphthaleinlösung höchstens 0,3 ccm $\frac{n}{10}$-Kalilauge bis zur bleibenden Rötung verbraucht werden.

Werden 2 g gereinigtes Terpentinöl 2 Stunden lang in einer flachen Porzellanschale auf dem Wasserbad erhitzt, so darf der Rückstand höchstens 0,005 g betragen (Terpentin, Mineralöle, Kopalöle).

Oleum Thymi, Thymianöl, das ätherische Öl der Blätter und Blüten von Thymus vulgaris Linné. Gehalt mindestens 20 Vol.-% Thymol und Karvakrol s. S. 406 u. 407.

Thymianöl ist eine farblose, gelbliche oder schwach rötliche Flüssigkeit von
stark würzigem Geruch und Geschmacke. Dichte mindestens 0,895.

1 ccm Thymianöl muß sich in 3 ccm einer Mischung von 4 ccm absolutem Alkohol
und 1 ccm Wasser klar lösen.

Gehaltsbestimmung: 5 ccm Thymianöl werden im Kassiakölbchen mit 50 ccm
einer Mischung von 35 ccm Natronlauge und 70 ccm Wasser kräftig geschüttelt. Bringt
man das nicht gebundene Öl durch Nachfüllen mit der gleichen Mischung in den Hals des
Kölbchens und läßt so lange stehen, bis sich das Öl von der wässerigen Flüssigkeit vollkommen
getrennt hat, so darf die Ölschicht höchstens 4 ccm betragen, was einem Mindestgehalte
von 20 Vol.-% Thymol und Karvakrol entspricht.

Anwendung: s. Thymol S. 406.

Oleum Valerianae, Baldrianöl, das aus den Wurzeln von Valeriana officinalis Linné var. angustifolia Miquel gewonnene ätherische Öl.

Baldrianöl enthält freie Baldriansäure, l-Kamphen, l-Pinen, l-Borneol (zum
großen Teil an Baldriansäure gebunden), Terpineol, ein Sesquiterpen und einen
der Formel $C_{15}H_{26}O$ entsprechenden Alkohol.

Baldrianöl ist eine gelbliche bis bräunliche, ziemlich bewegliche, optisch aktive ($\alpha_D^{20^0}$ — 20^0 bis — 35^0) Flüssigkeit von nicht unangenehmem, baldrian-
artigem Geruch und bitterem Geschmacke. Dichte 0,955—0,999. Säurezahl nicht
über 19,6. Esterzahl 92,6—137,5.

1 ccm Baldrianöl muß sich in 2,5 ccm einer Mischung von 4 ccm absolutem Alkohol
und 1 ccm Wasser klar lösen oder darf nur Opaleszenz zeigen.

Zur Bestimmung der Säurezahl wird eine Lösung von 1 g Baldrianöl in 10 ccm Weingeist mit einigen Tropfen Phenolphthaleinlösung und mit weingeistiger $\frac{n}{2}$-Kalilauge bis
zur Rötung versetzt; hierzu dürfen höchstens 0,7 ccm verbraucht werden.

Zur Bestimmung der Esterzahl wird die Mischung mit weiteren 20 ccm weingeistiger
$\frac{n}{2}$-Kalilauge $^1/_2$ Stunde lang am Rückflußkühler auf dem Wasserbad erhitzt und nach
dem Erkalten nach Zusatz von 1 ccm Phenolphthaleinlösung mit $\frac{n}{2}$-Salzsäure bis zum
Verschwinden der Rotfärbung titriert. Hierzu dürfen nicht mehr als 16,7 ccm und nicht
weniger als 15,1 ccm $\frac{n}{2}$-Salzsäure verbraucht werden.

Medizinische Anwendung: Bei Hysterie 1—5 Tropfen, bei Epilepsie bis zu
20 Tropfen als Ölzucker oder in Pillen.

III. Mehrkernige aromatische Kohlenwasserstoffe.

Mehrkernige aromatische Kohlenwasserstoffe entstehen durch Zusammentreten von zwei oder mehreren aromatischen Kohlenwasserstoffen, indem sich
je 1, 2 oder 3 Kohlenstoffatome des einen mit je 1, 2 oder 3 Kohlenstoffatomen
des oder der anderen Kohlenwasserstoffe verketten. Es kann die Bindung der
aromatischen Kohlenwasserstoffe auch durch Reste von aliphatischen Kohlenwasserstoffen geschehen.

Die wichtigsten mehrkernigen aromatischen Kohlenwasserstoffe lassen sich
durch folgende Formeln veranschaulichen:

, C_6H_5—C_6H_5, Diphenyl.

, C_6H_5—$C_6H_4(\overset{3}{CH_3})$, m-Phenyltolyl.

CH_3, C_6H_5—$C_6H_4(\overset{4}{CH_3})$, p-Phenyltolyl.

$\langle\rangle$—CH_2—$\langle\rangle$, $(C_6H_5)_2CH_2$, Diphenylmethan.

$\langle\rangle$—CH—$\langle\rangle$, $(C_6H_5)_3CH$, Triphenylmethan.

$\langle\rangle$—CH_2 | $\langle\rangle$—CH_2 , Dibenzyl.

$\langle\rangle$—CH ‖ $\langle\rangle$—CH , Stilben.

$\langle\rangle$—C ‖‖ $\langle\rangle$—C , Tolan.

, Inden.

, Fluoren.

, $C_{10}H_8$, Naphthalin.

, $C_{14}H_{10}$, Phenanthren,

, $C_{14}H_{10}$, Anthrazen.

Von diesen Kohlenwasserstoffen bieten das Triphenylmethan, das Inden und das Naphthalin bzw. deren Abkömmlinge das weitestgehende Interesse.

Triphenylmethan wird durch Einwirkung von Aluminiumchlorid auf Benzalchlorid und Benzol gewonnen und bildet farblose, bei 93^0 schmelzende Prismen.

Eine große Zahl wichtiger Farbstoffe, die Rosaniline, leiten sich vom Triphenylmethan ab.

Unterwirft man ein Gemisch von 1 Mol.- p-Toluidin und 2 Mol. Anilin der Oxydation mit Arsensäure oder Nitrobenzol, so findet, indem die Methylgruppe des Toluidins das sog. Methankohlenstoffatom hergibt, die Bildung von Pararosanilin statt:

$$\begin{matrix} CH_3\text{—}C_6H_4NH_2 \\ C_6H_5NH_2 \\ C_6H_5NH_2 \end{matrix} + 3\,O = (HO)C\begin{matrix} \diagup C_6H_4NH_2 \\ \text{—}C_6H_4NH_2 \\ \diagdown C_6H_4NH_2 \end{matrix} + 2\,H_2O\,.$$

$\underbrace{}$ 1 Mol. p-Toluidin + 2 Mol. Anilin $\underbrace{}$ Pararosanilin

Mit Säuren liefert Pararosanilin einen roten Farbstoff. Durch Reduktion geht die Base in Paraleukanilin, $HC(C_6H_4NH_2)_3$, über, einen farblosen, kristallisierbaren Stoff, der durch Oxydation in die Farbbase zurückverwandelt werden kann.

Bei der Oxydation eines Gemisches gleicher Molekeln Anilin, o-Toluidin und p-Toluidin mit Arsensäure, Merkurinitrat oder Nitrobenzol entsteht Ros-

$$\text{anilin, (OH)C} \begin{cases} C_6H_3 \begin{cases} CH_3 \\ NH_2 \end{cases} \\ C_6H_4NH_2 \\ C_6H_4NH_2 \end{cases} + 2\,H_2O.$$

Das salzsaure Salz dieser Base mit einem Äquivalent Säure ist das in grünen, metallglänzenden Kristallen erhältliche Fuchsin, das sich in Wasser mit schön roter Farbe löst.

Ersetzt man Wasserstoffatome der Aminogruppen des Pararosanilins und Rosanilins durch Alkylgruppen, so wird die Farbe der Lösung des Farbstoffes mehr und mehr violett. Ein Pentamethylpararosanilin ist das Methylviolett. Anilinblau ist ein Rosanilin, in welchem je ein Wasserstoffatom der Aminogruppe durch Phenyl substituiert ist.

Pararosanilin- und Rosanilinfarbstoffe färben Wolle und Seide direkt. Zur Färbung von Kattun muß ein Beizen des Zeugstoffes vorangehen.

Inden, [Struktur: CH, CH, CH$_2$] kommt im Steinkohlenteer und im Leuchtgas vor und bildet eine bei 182° siedende Flüssigkeit. Es läßt sich mit Natrium in alkoholischer Lösung hydrieren und geht in

Hydrinden [Struktur: CH$_2$, CH$_2$, CH$_2$] über, das sich ebenfalls im Steinkohlenteer findet.

Ein Triketohydrindenderivat [Struktur: CO, CO, CO] führt den Namen Ninhydrin und wird zum Nachweis von Eiweißstoffen (s. dort) benutzt.

Naphthalin, $C_{10}H_8$, Mol.-Gew. 128,1, wird aus den zwischen 180° und 270° übergehenden Anteilen des Steinkohlenteers, dem sog. Schweröl, gewonnen. Es scheidet sich daraus kristallinisch ab und wird nach dem Abpressen durch Sublimation und für den pharmazeutischen Gebrauch durch Umkristallisieren aus Alkohol gereinigt.

Naphthalin kristallisiert in weißen, glänzenden Blättern, die bei 80° schmelzen und bei 218° sieden. Es besitzt einen eigenartigen, durchdringenden Geruch und brennenden Geschmack. In Wasser löst es sich nicht, schwer in kaltem, leicht in heißem Alkohol und in Äther. Es verdampft schon bei gewöhnlicher Temperatur; angezündet, verbrennt es mit leuchtender, rußender Flamme.

Man prüft auf fremde Teerbestandteile, indem man 0,5 g Naphthalin mit 5 ccm Schwefelsäure schüttelt: es darf sich diese dann auch beim Erhitzen der Mischung im siedenden Wasserbade nicht oder höchstens blaßrötlich färben.

Medizinische Anwendung: Innerlich bei Erkrankungen der Luftwege als expektorierendes Mittel. Gegen veraltete Dickdarmkatarrhe, bei Brechdurchfall. Dosis 0,1—0,5—0,8 g. Gegen Spulwürmer bei Kindern. Dosis 0,1 g. Äußerlich (mit Zuckerpulver gemischt) zur antiseptischen Wundbehandlung, gegen Skabies und verschiedene Hautkrankheiten in Salbenform oder in Olivenöl (10proz. Lösung).

Durch Substitution von Wasserstoffatomen des Naphthalins lassen sich in analoger Weise wie beim Benzol Halogenderivate, Nitronaphthaline, Naphthylamine, Naphtholsulfonsäuren, Phenole usw. gewinnen.

Tetrahydronaphthalin, (Strukturformel), ein mit Wasserstoff bei Gegenwart von reduziertem Nickel hydriertes Naphthalin ist in der Neuzeit unter dem Namen Tetralin, einer intensiv riechenden Flüssigkeit, an Stelle von Petroleum für Beleuchtungszwecke und als Lösungsmittel für Harze in der Lackindustrie viel verwendet worden. Als „Reichskraftstoff" für Automobile war ein Gemisch von Tetralin, Alkohol und Benzol im Verkehr. Reines Tetralin hat das spez. Gew. 0,9645 bei 22⁰ und den Siedepunkt 201⁰, bei 10 mm 82⁰.

Dekalin ist ein vom Naphthalin sich ableitender Kohlenwasserstoff, der ein vollständig hydriertes Naphthalin darstellt.

Erhitzt man Naphthalin und konz. Schwefelsäure zu gleichen Teilen mehrere Stunden lang unter häufigerem Umrühren auf 200⁰, so wird zum größten Teil β-Naphthalinsulfonsäure gebildet, welche beim Schmelzen mit Kalium- oder Natriumhydroxyd β-Naphthol liefert:

$$\text{(Formel)} \quad SO_3H + 3\,KOH = \text{(Formel)}\quad OK + K_2SO_3 + 2\,H_2O.$$

β-Naphthol, (Strukturformel) OH, Mol.-Gew. 144,1, bildet farblose, glänzende Kristallblättchen von schwach phenolartigem Geruch und brennend scharfem Geschmacke. Schmelzpunkt 122⁰. Es gibt mit 1000 T. kaltem und 75 T. siedendem Wasser Lösungen, welche Lackmuspapier nicht verändern. In Weingeist, Äther, Chloroform, Kali- und Natronlauge ist es leicht löslich.

Zur Prüfung auf Naphthalin und α-Naphthol verfährt man wie folgt:

0,2 g fein zerriebenes β-Naphthol müssen sich in 10 g Ammoniakflüssigkeit ohne Rückstand zu einer nur blaßgelb gefärbten Flüssigkeit lösen (Naphthalin würde ungelöst bleiben), die nach Verdünnen mit 90 ccm Wasser eine blauviolette Fluoreszenz zeigt. Chlorkalklösung darf die kalt gesättigte wässerige Lösung nicht violett färben (α-Naphthol).

Medizinische Anwendung: β-Naphthol wird als äußerliches Mittel bei Skabies und verschiedenen Hautkrankheiten (Psoriasis, Akne) in Form von alkoholischen Lösungen (5—10proz.) oder Salben (3—5proz.) benutzt. Bei längerem Gebrauch besteht die Gefahr einer Hämoglobinurie und Nephritis.

Vor Licht geschützt aufzubewahren.

α-Naphthol, (Strukturformel) OH, schmilzt bei 94⁰, siedet bei 278—280⁰ und wird aus der α-Naphthalinsulfonsäure durch Schmelzen mit Kaliumhydroxyd erhalten.

Die Sulfonsäuren der Naphthole werden zur Herstellung von Farbstoffen benutzt. Besonders häufig dient zu diesem Zwecke die sog. R-Säure, eine Disulfonsäure des β-Naphthols von folgender Konstitution:

$$HO_3S \quad \text{(Formel)} \quad OH, SO_3H.$$

Man pflegt diese Säure in Form ihres Natriumsalzes als Reagenz auf Diazoverbindungen zu benutzen, mit welchen es meist rot gefärbte Azofarbstoffe bildet.

Vom Naphthalin läßt sich auch das als Wurmmittel bekannte Santonin ableiten. Santonin kommt neben Artemisin zu 2—3 % in den Blütenköpfchen der in Turkestan besonders häufigen Artemisia maritima vor. Die Blütenköpfchen führten früher fälschlich den Namen Zitwersamen, Semen Cinae, und werden heute unter dem zutreffenden Namen Flores Cinae, Zitwerblüten, in den Arzneibüchern bezeichnet. Man gewinnt daraus das Santonin, ein Lakton, indem man die Blüten mit einer Aufschwemmung von Kalziumhydroxyd behandelt, wobei santoninsaures Kalzium in Lösung geht, aus welcher auf Zusatz von Salzsäure das Santonin gefällt wird.

Eine Santoninbestimmung der Zitwerblüten führt man nach dem Arzneibuch, wie folgt, aus:

10 g mittelfein gepulverte Zitwerblüten übergießt man mit 100 g Benzol und läßt in einem verschlossenen Gefäße unter häufigem Umschütteln $1/_2$ Stunde lang stehen. Man filtriert sodann 80 g der Benzollösung (= 8 g Zitwerblüten) durch ein trockenes, gut bedecktes Faltenfilter von 18 cm Durchmesser in ein Kölbchen, destilliert die Benzollösung ab und entfernt die letzten Anteile des Benzols durch Einblasen eines Luftstromes. Den Rückstand übergießt man mit 40 ccm einer Mischung von 15 g absolutem Alkohol und 85 g Wasser und erhitzt $1/_4$ Stunde lang am Rückflußkühler, gießt die heiße Lösung durch einen mit einem Wattebäuschchen verschlossenen Trichter in ein zweites Kölbchen und wäscht das erste Kölbchen und das Wattebäuschchen zweimal mit je 5 ccm der heißen obigen Alkoholmischung nach. Nach dem Erkalten gibt man etwa 0,1 g weißen Ton hinzu und erhitzt wiederum $1/_4$ Stunde lang am Rückflußkühler. Danach filtriert man die heiße Lösung durch ein glattes Filter von 6 cm Durchmesser in ein gewogenes Kölbchen, wäscht Filter und Kölbchen dreimal mit je 5 ccm der obigen Alkoholmischung nach und läßt das Kölbchen verschlossen unter zeitweiligem, leichtem Umschwenken an einem vor Licht geschützten Orte bei etwa 15—20° 24 Stunden lang stehen. Alsdann filtriert man die alkoholische Lösung, ohne auf die an den Wänden des Kölbchens haftenden Kristalle Rücksicht zu nehmen, durch ein glattes Filter von 6 cm Durchmesser, spült dieses sowie das Kölbchen dreimal mit je 2 ccm Wasser nach und trocknet beide. Darauf wird das auf dem Filter befindliche Santonin durch Auftropfen von 5 ccm Chloroform gelöst und die Lösung in das Kölbchen zurückgegeben. Das Chloroform läßt man unter gelindem Erwärmen verdunsten und trocknet den Rückstand 1 Stunde lang bei 100°. Das Gewicht des kristallinischen Rückstandes muß nach Addition von 0,04 g mindestens 0,16 g betragen, was einem Mindestgehalte von 2 % Santonin entspricht.

Santoninum, $C_{15}H_{18}O_3$, Mol.-Gew. 246,1.

Konstitutionsformel:

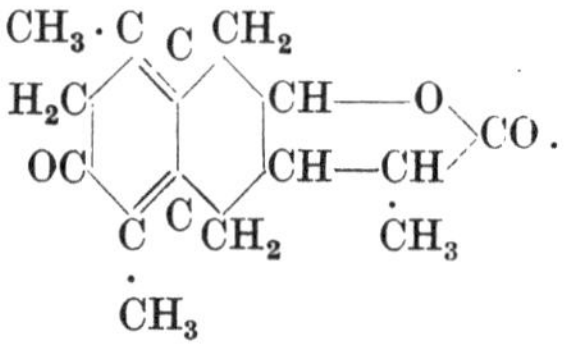

$$\begin{array}{c}
CH_3 \cdot C \quad C \quad CH_2 \\
H_2C \diagup \quad \diagdown CH - O \diagdown \\
\qquad\qquad\qquad\qquad\qquad CO. \\
OC \diagdown \quad \diagup CH - CH \diagup \\
C \quad C \; CH_2 \qquad CH_3 \\
CH_3
\end{array}$$

Farblose, glänzende, bitter schmeckende, in Wasser sehr schwer lösliche Kristallblättchen, die am Lichte eine gelbe Färbung annehmen. Santonin löst sich in 44 T. Weingeist, in 4 T. Chloroform sowie in fetten Ölen. Die weingeistige Lösung verändert mit Wasser angefeuchtetes Lackmuspapier nicht. Schmelzpunkt 130°.

Schüttelt man 0,01 g gepulvertes Santonin mit einer erkalteten Mischung von 1 ccm Schwefelsäure und 1 ccm Wasser, so darf keine Färbung auftreten; nach Zusatz von 2 Tropfen verdünnter Eisenchloridlösung (1 + 24) zu der fast zum Sieden erhitzten Lösung entsteht eine violette Färbung.

Santonin darf sich beim Befeuchten mit Salpetersäure nicht sofort verändern (fremde organische Stoffe, Alkaloide). 0,2 g fein zerriebenes Santonin werden mit 2 ccm Wasser und 1 Tropfen verdünnter Schwefelsäure etwa 5 Minuten lang unter häufigem Umschütteln stehengelassen. Das Filtrat darf nicht bitter schmecken, nicht fluoreszieren und durch Mayers Reagens nicht getrübt werden (Alkaloide). Läßt man die Lösung von 1 g zerriebenem Santonin in 4 g Chloroform an der Luft bis zur starken Kristallbildung verdunsten und ergänzt dann das verdunstete Chloroform, so müssen sich die ausgeschiedenen Kristalle wieder vollkommen lösen (Artemisin) (D. A. B. VI). 0,2 g Santonin dürfen nach dem Verbrennen keinen wägbaren Rückstand hinterlassen.

Medizinische Anwendung: Innerlich als Anthelmintikum gegen Askariden und
Oxyuren zu 0,02—0,05 g in Rizinusöl, Pulvern, Zeltchen (Trochisci Santonini). Aussetzen bei Gelbsehen oder Aufregungszuständen. (Deutsches Arzneiverordnungsbuch.)

Größte Einzelgabe 0,1 g, größte Tagesgabe 0,3 g. Vor Licht geschützt und vorsichtig aufzubewahren.

Den Chinonen der Benzolreihe entsprechen auch solche der Naphthalinreihe.
Ein Dioxyderivat des α-Naphthochinons ist das Naphthazarin:

welches als schwarzer Beizenfarbstoff für Wolle und Seide Verwendung findet.
Vom Anthrazen leitet sich das Anthrachinon ab, welches als ein Diphenylenketon

aufzufassen ist und durch Oxydation des Anthrazens mit Salpetersäure oder
Chromsäure entsteht. Es läßt sich durch Sublimation reinigen und bildet glänzende, gelbe Nadeln, die bei 277° schmelzen. Sie sind unlöslich in Wasser, schwer
löslich in Alkohol und Äther, leicht löslich in heißem Benzol.

Durch Eintritt zweier Hydroxylgruppen für zwei Wasserstoffatome des
Anthrachinons entsteht das Dioxyanthrachinon, von welchem das 1,8-Präparat Chrysazin heißt und unter dem Namen Istizin therapeutisch als Abführmittel verwendet wird.

Istizin, ein orangegelbes, kristallinisches, geruch- und geschmackloses Pulver,
das, bei vorsichtigem Erhitzen sublimiert, sich sehr schwer in Wasser und in
kalten organischen Lösungsmitteln, leichter in heißem Eisessig, Benzol, Toluol
oder Xylol löst. Schmelzpunkt 190—192°.

0,1 g 1,8-Dioxyanthrachinon löst sich in 1 ccm Schwefelsäure mit kirschroter Farbe
und fällt beim Verdünnen mit Wasser in eigelben Flocken aus. 0,01 g 1,8-Dioxyanthrachinon
liefert nach dem Kochen mit 10 ccm einer wässerigen Kaliumhydroxydlösung (1 + 99)
ein Filtrat, das, mit Salzsäure schwach übersättigt, dann sofort mit 10 ccm Äther ausgeschüttelt, diesen gelb färbt. Schüttelt man dann den abgehobenen Äther mit 5 ccm
Ammoniakflüssigkeit, so färbt sich die wässerige Schicht kirschrot, während der Äther
gelb gefärbt bleibt.

Werden 0,3 g 1,8-Dioxyanthrachinon mit 15 ccm Wasser gut durchgeschüttelt, so
darf das Filtrat Lackmuspapier nicht verändern und weder durch Silbernitratlösung (Salzsäure) noch durch Bariumnitratlösung (Schwefelsäure) verändert werden (D. A. B. VI).

Medizinische Anwendung: Bei Verstopfungen in Form von Tabletten (0,15 g)
oder Bonbons (0,2 g) bis 0,45 g nach dem Abendessen.

Die wirksamen Bestandteile der Frangularinde (Rheum-Emodin), der Aloe
und des Rhabarbers sind Anthrachinonderivate (sog. Emodine). Die in Abführdrogen beobachtete Chrysophansäure ist ein 3-Methylchrysazin:

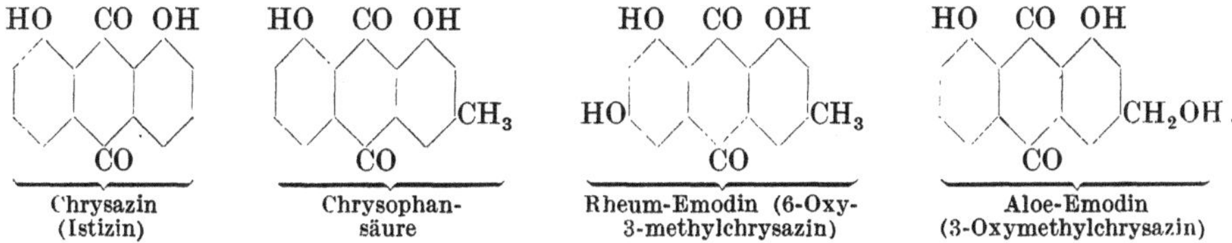

<table>
<tr><td style="text-align:center">Chrysazin
(Istizin)</td><td style="text-align:center">Chrysophan-
säure</td><td style="text-align:center">Rheum-Emodin (6-Oxy-
3-methylchrysazin)</td><td style="text-align:center">Aloe-Emodin
(3-Oxymethylchrysazin)</td></tr>
</table>

Ein 1,2 oder Ortho-Dioxyanthrachinon

$$\text{CO} \quad \text{OH}$$

(Strukturformel Alizarin)

Alizarin 1—2 Dioxyanthrachinon

ist der unter dem Namen **Krapprot** oder **Alizarin** bekannte Farbstoff, der sich in alter Krappwurzel (**Rubia tinctorum**) findet. Die frische Krappwurzel enthält ein Glykosid, die sog. **Rubierythrinsäure**, welche bei der Behandlung mit verdünnten Säuren oder Alkalien, auch durch Einwirkung von Fermenten in Alizarin und Glukose zerfällt.

Graebe und **Liebermann** haben Alizarin zuerst synthetisch dargestellt durch Verschmelzen von Dibromanthrachinon mit Kaliumhydroxyd. Jetzt gewinnt man Alizarin durch Verschmelzen von anthrachinonmonosulfosaurem oder anthrachinondisulfosaurem Natrium mit Natriumhydroxyd. Das nach ersterem Verfahren gewonnene Produkt (**Alizarin mit Blaustich**) ist verschieden von dem zweiten (**Alizarin mit Gelbstich**), das aus einem Gemenge von **Alizarin, Purpurin, Isopurpurin** und **Flavopurpurin** besteht. **Purpurine** sind **Trioxyanthrachinone,** von denen man unterscheidet

$$\text{Anthragallol} \qquad \text{und} \qquad \text{Purpurin}$$

Alizarin ist ein **Beizenfarbstoff,** d. h. zwecks Färbens wird die zu färbende Faser mit einem leicht hydrolisierbaren Metallsalz, z. B. Aluminiumsalz, und dann mit der Lösung des Farbstoffs getränkt, der mit dem Metalloxyd einen festhaftenden Metallack bildet.

Ein wichtiger Küpenfarbstoff[1], der ebenfalls ein Anthrachinonderivat ist, hat in der Neuzeit unter dem Namen **Indanthren** große Bedeutung erlangt. Es wird durch Verschmelzen von 3-Aminoanthrachinon mit Kaliumhydroxyd unter Zusatz von Kalisalpeter bei 250° gewonnen:

$$\text{KOH} + \text{KNO}_3 \longrightarrow$$

C. Heterozyklische Verbindungen.
I. Fünfgliedrige Ringe.

Von diesen sind das **Furfuran (Furan), Thiophen** und **Pyrrol** als Stammsubstanzen für eine Anzahl wichtiger Verbindungen anzuführen:

$$\begin{array}{ccc} \text{CH}=\text{CH} & \text{CH}=\text{CH} & \text{CH}=\text{CH} \\ | \quad\quad >\!\text{O} & | \quad\quad >\!\text{S} & | \quad\quad >\!\text{NH} \\ \text{CH}=\text{CH} & \text{CH}=\text{CH} & \text{CH}=\text{CH} \end{array}$$

Furfuran   Thiophen   Pyrrol

---

[1] Bei den Küpenfarbstoffen wird auf der Faser der Farbstoff oxydiert. Zu ihnen gehört auch der Indigo (s. dort).

Furfuran ist eine bei 32^0 siedende Flüssigkeit, welche durch Destillation des brenz-schleimsauren Bariums erhalten werden kann. Vom Furfuran leitet sich durch Ersatz eines Wasserstoffatoms durch eine primäre Alkoholgruppe der **Furfuralkohol**, $C_4H_3O \cdot CH_2OH$, ab, der aus dem Aldehyd Furfurol durch Reduktion mit Natriumamalgam und Essigsäure erhältlich ist. Furfuralkohol ist von E. Erdmann im Kaffeeöl aufgefunden worden, einem Öl, welches bei Behandlung gerösteter Kaffeebohnen mit Wasserdampf in das Destillat übergeht und aus diesem durch Extraktion mit Äther gewonnen werden kann.

Furfurol, $C_4H_3O(CHO)$, auch α-Furol genannt, bildet sich bei der Destillation von Kleie (furfur heißt die Kleie, daher der Name Furfurol), von Zucker oder Holz mit verdünnter Schwefelsäure, besonders der Pentosen, bzw. Pentosane (s. S. 374) enthaltenden Stoffe mit Salzsäure. Furfurol gibt mit Anilin und Salzsäure Rotfärbung.

Thiophen, $C_4H_4:S$, ist von V. Meyer 1883 zuerst in Benzolkohlenwasserstoffen aufgefunden worden. Es ist ein steter Begleiter des Benzols und die Ursache der Blau-färbung, welche thiophenhaltiges Benzol mit wenig Isatin und konz. Schwefelsäure (Indo-pheninreaktion) gibt (s. S. 459).

Pyrrol, $C_4H_4:NH$, wurde 1834 von Runge im Steinkohlenteer und im Knochenteer entdeckt. Der Name Pyrrol leitet sich von dem griechischen $\pi\nu\varrho\varrho\delta\varsigma$ (pyrros), **feuerrot**, ab, weil Pyrrol einen mit Salzsäure befeuchteten Fichtenspan feuerrot färbt.

Man erhält Pyrrol synthetisch u. a. durch Destillation von Succinimid mit Zinkstaub:

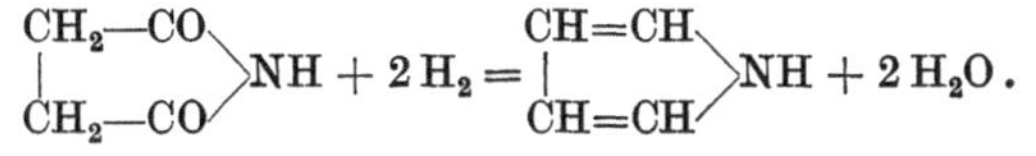

$$\begin{array}{c} CH_2-CO \\ | \qquad\quad >NH + 2H_2 = \\ CH_2-CO \end{array} \begin{array}{c} CH=CH \\ | \qquad\quad >NH + 2H_2O . \\ CH=CH \end{array}$$

Blutfarbstoffe und Chlorophyll.

Die Kerne, welche den Blutfarbstoffen und dem Blattgrün, dem Chloro-phyll, zugrunde liegen, sind Pyrrolderivate. Sie haben vier substituierte Pyrrol-kerne als gemeinsamen Aufbau. Diese gemeinsame Grundsubstanz, die sowohl aus dem Mesohämin wie aus Chlorophyll sich darstellen läßt, ist das **Ätiopor-phyrin**, dem die Formel $C_{32}H_{38}N_4$ zugeschrieben wird. Es leitet sich ab von dem Porphin:

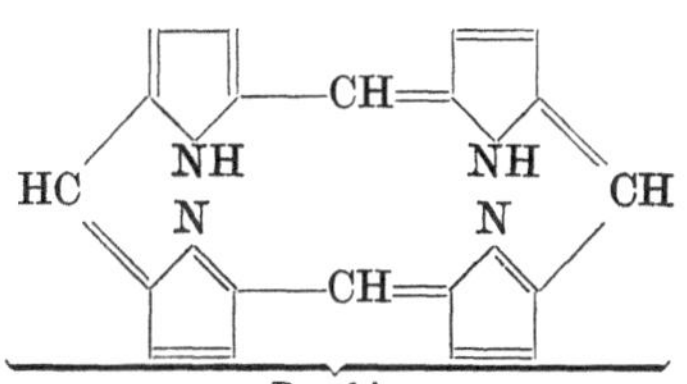

Porphin 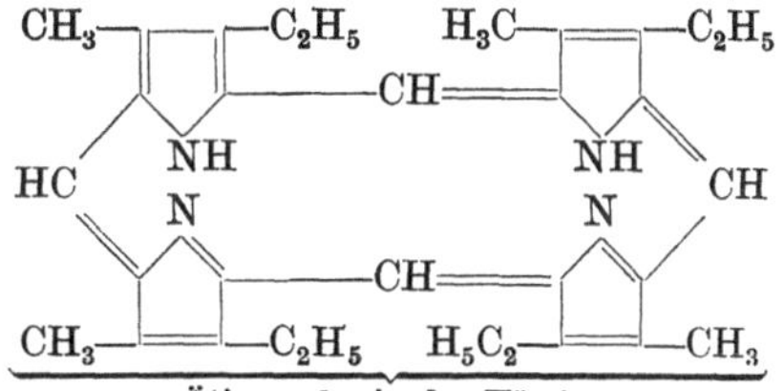   Ätioporphyrin des Hämins

Durch energischen oxydativen Abbau aller Porphyrine, die beim Blutfarbstoff vom Eisen und beim Chlorophyll vom Magnesium befreit sind, gelangt man zum Anhydrid bzw. Imid der Hämatinsäure, bei einigen auch zum Methyläthyl-maleinimid:

$$\begin{array}{c} CH_3 \cdot C-CO \\ \qquad\quad || \qquad\quad\quad >NH \\ HO_2C \cdot CH_2 \cdot CH_2 \cdot C-CO \end{array} \qquad \begin{array}{c} CH_3 \cdot C \cdot CO \\ \qquad\quad || \qquad\quad >NH . \\ C_2H_5 \cdot C \cdot CO \end{array}$$

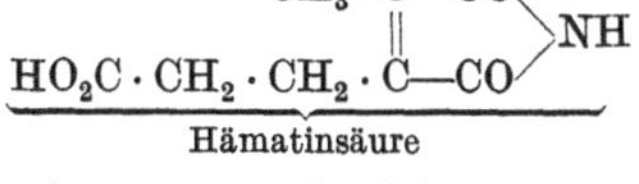

Hämatinsäure 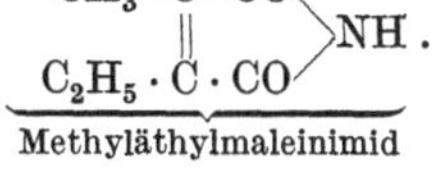   Methyläthylmaleinimid

Die Porphyrine können wieder Metalle aufnehmen und bilden so Farbstoffe. Diese Aufnahme erfolgt teils in normaler, teils in Nebenvalenz-Bindung, und zwar an den Stickstoff. Beim Blutfarbstoff ist es das Eisen, beim Chlorophyll das Magnesium.

Beim Mesohämin sind die beiden NH-Gruppen der Pyrrolkerne durch Eisen verbunden $-N-Fe-N-$. Das Hämin entsteht hieraus durch Eliminierung von

|
Cl

Wasserstoffatomen, indem 2 Äthylgruppen dehydriert werden. Hämin ist das Chlorid $C_{34}H_{32}O_4N_4FeCl$, dem die Konstitutionsformel:

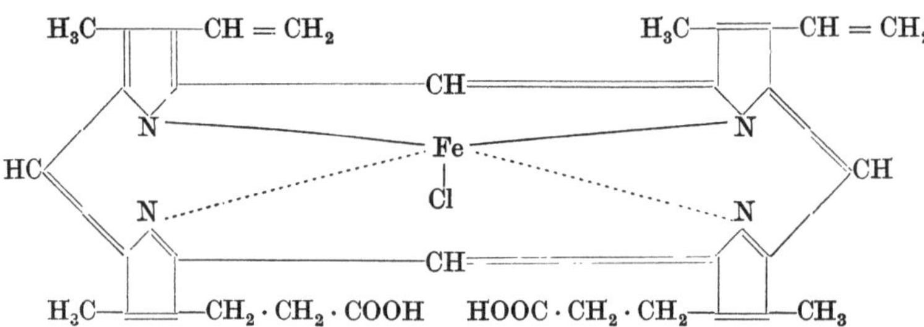

gegeben wird. Das Hydroxyd (an Stelle von Cl) ist das Hämatin. Aus diesen Substanzen (den prothetischen Gruppen) wird dann durch lockere Bindung an einen Eiweißstoff der vollständige Blutfarbstoff gebildet.

An der Aufklärung der Zusammensetzung der Blutfarbstoffe haben sich besonders William Küster und neuerdings mit hervorragendem Erfolg Hans Fischer beteiligt.

Die Blutfarbstoffe sind die Träger der respiratorischen Funktion bei allen Wirbeltieren, sie vermitteln den Gasaustausch, indem sich zwischen dem Blutfarbstoff Hämoglobin und seinem Oxydationsprodukt, dem Oxyhämoglobin, eine umkehrbare Reaktion vollzieht. Diese Reaktion wird durch das Eisen als Katalysator vermittelt. Der Eisengehalt des kristallisierten Oxyhämoglobins beträgt 0,336%.

Methämoglobin bildet sich durch Oxydation aus dem Hämoglobin. Als eisenfreie Derivate des Hämins sind die Gallenfarbstoffe zu betrachten. Das Bilirubin $C_{33}H_{36}O_6N_4$ läßt sich aus Gallenfarbstoffen kristallinisch gewinnen. Einige Gallenfarbstoffe entstehen bei Pflanzenfressern aus Chlorophyll und finden sich als Bilipurpurin im Harn. Ein reduziertes Bilirubin entsteht durch Fäulnis im Darm und geht in den Harn über. Es liefert bei der Oxydation am Licht Farbstoffe, u. a. das sog. Urobilin.

Das Chlorophyll, dessen konstitutionelle Aufklärung wir R. Willstätter vorzugsweise verdanken, ist ebenfalls ein Derivat des Pyrrolkomplexes Ätioporphyrin. Die Pyrrolkomplexe des Chlorophylls enthalten an Stelle des Eisens der Blutfarbstoffe Magnesium.

Medizinisch wichtige Pyrrolderivate.

Ein **Tetrajodpyrrol**, $\begin{matrix} & NH & \\ JC & & CJ \\ \| & & \| \\ JC & \!\!-\!\!-\!\! & CJ \end{matrix}$, wird durch Behandeln einer alkoholischen Pyrrollösung mit alkoholischer Jodlösung erhalten. Es bildet ein gelbes, kristallinisches Pulver, das an Stelle des Jodoforms und zu gleichem Zweck wie dieses medizinische Verwendung findet. Es führt im Arzneischatz den Namen Jodol.

Ein Pyrrol, in welchem eine CH-Gruppe durch N ersetzt ist, heißt Pyrazol $\begin{matrix} & NH & \\ CH & & N \\ \| & & \| \\ CH & \!\!-\!\!-\!\! & CH \end{matrix}$.

Dieser Stoff bildet sich bei der Einwirkung von Hydrazinhydrat auf Epichlorhydrin, $O\!\!\begin{matrix} CH\cdot CH_2Cl \\ | \\ CH_2 \end{matrix}$ Epichlorhydrin wird erhalten aus dem Dichlorester des Glyzerins, dem α-Dichlorhydrin, mit Natriumhydroxyd. Vorteilhafter gewinnt man Pyrazol aus seinen

Karbonsäuren durch Kohlendioxydabspaltung. Pyrazol ist eine schwache, kristallisierende Base, die bei 70⁰ schmilzt und bei 187⁰ siedet.

Durch naszierenden Wasserstoff aus Natrium und Alkohol werden die Pyrazole, besonders die N-Phenylpyrazole, in Dihydropyrazole oder Pyrazoline umgewandelt.

Ein Dihydropyrazol entsteht auch bei der Einwirkung von Hydrazinhydrat auf Akrolein. Dieses Pyrazolin besitzt die Konstitution $\begin{array}{c} NH \\ CH_2 \quad N \\ CH_2—CH \end{array}$. Es ist ein bei 144⁰ siedendes Öl. Mit dem Namen Pyrazolone werden Ketodihydropyrazole bezeichnet, welche L. Knorr 1883 entdeckte.

Ein medizinisch-pharmazeutisch wichtiges Derivat des Pyrazolons ist das Phenyldimethylpyrazolon oder Antipyrin.

Zu seiner Darstellung bringt man Azetessigester (s. S. 338) und Phenylhydrazin zusammen.

Bei dieser Vereinigung findet schon bei gewöhnlicher Temperatur Wasserabspaltung statt, beim Erhitzen des so entstandenen Produktes auch Alkoholaustritt und zugleich Ringschluß zu dem Pyrazolon.

$$\underbrace{\begin{array}{c} C_6H_5 \\ | \\ NH \\ | \\ NH_2 \end{array}}_{\substack{\text{Phenyl-}\\\text{hydrazin}}} + \underbrace{\begin{array}{c} COOC_2H_5 \\ | \\ CH_2 \\ | \\ CO—CH_3 \end{array}}_{\substack{\text{Azetessig-}\\\text{ester}}} = \underbrace{\begin{array}{c} N·C_6H_5 \\ HN \quad CO \\ CH_3C==CH \end{array}}_{\substack{\text{Phenylmethyl-}\\\text{pyrazolon}}} + H_2O + C_2H_5·OH .$$

Wird Phenylmethylpyrazolon mit Methyljodid und Methylalkohol im Autoklaven bei 140⁰ einige Stunden lang erhitzt, so lagert sich Methyljodid an das sekundäre Stickstoffatom an, und aus dem entstandenen jodwasserstoffsauren Phenyldimethylpyrazolon entsteht bei Einwirkung von Natronlauge die freie Base, das Phenyldimethylpyrazolon oder Antipyrin, das sich mit Chloroform ausschütteln und aus Benzol oder Toluol oder auch Benzin umkristallisieren läßt.

Antipyrin, Phenyldimethylpyrazolonum,

$$\begin{array}{c} N·C_6H_5 \\ CH_3·N \quad CO \\ CH_3·C = CH \end{array} \text{, Mol.-Gew. 188,1,}$$

bildet farblose, tafelförmige, bitter schmeckende Kristalle vom Schmelzpunkt 110—112⁰. 1 T. Antipyrin löst sich in 1 T. Wasser, in 1 T. Weingeist, 1,5 T. Chloroform und in 80 T. Äther. Die wässerige Lösung des Antipyrins (1 + 99) gibt mit Gerbsäurelösung eine reichliche weiße Fällung. 2 ccm wässeriger Antipyrinlösung (1 + 999) geben mit 1 Tr. Ferrichloridlösung eine tiefrote Färbung, welche auf Zusatz von 10 Tr. Schwefelsäure in hellgelb übergeht.

2 ccm der wässerigen Lösung (1 + 99) werden durch 2 Tropfen rauchender Salpetersäure grün gefärbt: Es bildet sich Isonitrosoantipyrin:

$$\begin{array}{c} N·C_6H_5 \\ CH_3·N \quad CO \\ CH_3·C = C—NO \end{array} .$$

Aus konzentrierten Lösungen scheidet sich letzteres in grünen Kristallen ab. Man erhält es am besten, wenn man die mit Kaliumnitritlösung versetzte Antipyrinlösung mit verdünnter Schwefelsäure ansäuert. Über die Prüfung des Antipyrins s. D. A. B. VI.

Medizinische Anwendung: Kräftig wirkendes Antipyretikum, auch bei Gelenkrheumatismus, als Antineuralgikum, bei Kinderdiarrhöen usw. in Anwendung. Äußerlich zeigt es fäulnishemmende, hämostatische und anästhetische Eigenschaften. Dosis 0,5—1 g (3—4 mal täglich) für Erwachsene. 0,2—0,5—0,8 g (3—4 mal täglich) für Kinder.

Vorsichtig aufzubewahren.

Pyramidon, Dimethylamino-Antipyrin, Dimethylaminophenyl-dimethylpyrazolonum, ist aufzufassen als ein Antipyrin, in welchem ein Wasserstoffatom des Fünfringes durch die Dimethylamingruppe ersetzt ist. Man gewinnt es durch Reduktion des Isonitrosoantipyrins mit Zinkstaub und Essigsäure in alkoholischer Lösung zur Aminoverbindung und Methylierung der beiden Wasserstoffatome der NH_2-Gruppe mittels Methyljodid in methylalkoholischer Lösung bei Gegenwart von Kaliumhydroxyd:

$$
\begin{array}{ccc}
N \cdot C_6H_5 & N \cdot C_6H_5 & N \cdot C_6H_5 \\
CH_3 \cdot N \quad CO & CH_3 \cdot N \quad CO & CH_3 \cdot N \quad CO \\
CH_3 \cdot C = C \cdot NO & CH_3 \cdot C = C \cdot NH_2 & CH_3 \cdot C = C \cdot N{<}^{CH_3}_{CH_3} \cdot \\
\text{Isonitrosoantipyrin} & \text{Aminoantipyrin} & \text{Dimethylaminoantipyrin}
\end{array}
$$

Pyramidon $(C_{11}H_{11}ON_2)N(CH_3)_2$, Mol.-Gew. 231,2, bildet farblose Kristalle, die sehr leicht in Weingeist, weniger leicht in Äther und in 20 T. Wasser löslich sind. Schmelzpunkt 108°. Ferrichloridlösung färbt die mit Salzsäure schwach angesäuerte wässerige Lösung des Pyramidons (1 + 20) blauviolett. Im Gegensatz zu Antipyrin gibt Pyramidon mit salpetriger Säure keine Grünfärbung, liefert also keine Isonitrosoverbindung, weil das Wasserstoffatom, für welches beim Antipyrin die Nitrosogruppe eintritt, beim Pyramidon durch die Dimethylamingruppe ersetzt ist. Über die Prüfung s. D. A. B. VI.

Medizinische Anwendung: Pyramidon wird als Antipyretikum, Antineuralgikum, Analgetikum gebraucht, bei chronischen und akuten Fiebern, Kopfschmerzen und Influenza. Dosis 0,1—0,3 g mehrmals täglich. Es ist neuerdings ein beliebtes Mittel zur Herstellung von „Molekülverbindungen" geworden, z. B. Veramon (mit Veronal), Dormalgin u. a.

Vor Licht geschützt und vorsichtig aufzubewahren.

Salipyrin, Salizylsaures Antipyrin, Phenyldimethylpyrazolonum salicylicum, $C_{11}H_{12}ON_2 \cdot C_7H_6O_3$, Mol.-Gew. 326,2, wird durch Zusammenschmelzen von Antipyrin und Salizylsäure in äquimolekularen Mengen und Umkristallisieren aus Alkohol dargestellt. Schmelzpunkt 91—92°. Es bildet ein weißes, grobkristallinisches Pulver oder sechsseitige Tafeln von schwach süßlichem Geschmack; löslich in 250 T. Wasser von 20° und in 40 T. siedendem Wasser, leicht in Weingeist, weniger leicht in Äther.

Medizinische Anwendung: Als Antipyretikum, bei akutem und chronischem Gelenkrheumatismus, besonders als Mittel gegen Influenza gerühmt, sowie bei Menstrualbeschwerden. Dosis 0,5—1 g.

Vorsichtig aufzubewahren.

Tolypyrin, welches eine dem Antipyrin ähnliche therapeutische Wirkung äußert, ist ein p-Tolyldimethylpyrazolon

$$
\begin{array}{c}
N{-}C_6H_4 \cdot CH_3\,[1,4] \\
CH_3N \quad CO \\
CH_3C = CH.
\end{array}
$$

Tolysal, das salizylsaure Salz des Tolypyrins.

Indol und dessen Derivate.

Zu dem Pyrrol in Beziehung steht Benzopyrrol oder Indol,

$$C_6H_4 \diagup{\overset{NH}{\underset{CH}{}}}\diagdown CH.$$

Zum Indol gelangt man vom Indigo aus. Durch Oxydation des Indigos mit Salpetersäure wird Isatin erhalten, $C_6H_4\diagup{\overset{N}{\underset{CO}{}}}\diagdown C\cdot OH$, das bei der Behandlung mit Zinkstaub und Salzsäure zu Dioxindol reduziert wird:

$$C_6H_4\diagup{\overset{NH}{\underset{CH\cdot OH}{}}}\diagdown CO.$$

Reduziert man Dioxindol weiter mit Zinn und Salzsäure, so entsteht Oxindol, das bei der Destillation mit Zinkstaub Indol liefert:

$$C_6H_4\diagup{\overset{NH}{\underset{CH_2}{}}}\diagdown CO \longrightarrow C_6H_4\diagup{\overset{NH}{\underset{CH}{}}}\diagdown CH$$

$$\underbrace{\qquad}_{Oxindol} \qquad \underbrace{\qquad}_{Indol.}$$

Indol findet sich neben β-Methylindol (Skatol), $C_8H_5(CH_3)NH$, in den menschlichen Fäzes und bedingt deren unangenehmen Geruch.

Indigo, ein altbekannter und viel gebrauchter blauer Farbstoff, wird aus der Indigopflanze (Indigofera tinctoria) und dem Färber-Waid (Isatis tinctoria) gewonnen. In diesen Pflanzen kommt ein Glykosid vor, das Indikan, welches bei der Einwirkung verdünnter Säuren oder durch die oxydierende Einwirkung der Luft bei Gegenwart von Wasser gespalten wird und Indigo liefert. Den so gewonnenen Indigo befreit man von verunreinigenden Stoffen, wie Indigoleim, Indigobraun, Indigorot, durch Ausziehen mit Wasser, Alkohol und Alkalien. Es bleibt dann Indigotin als ein dunkelblaues Pulver zurück. Reduktionsmittel, z. B. Eisenvitriol und Kalk, führen es in einen weißen kristallinischen Stoff über, das Indigoweiß, welches sich vom Indigo durch einen Mehrgehalt von 2 Wasserstoffatomen unterscheidet. Indigoweiß ist in Alkalien löslich. Mit einer solchen alkalischen Lösung des Indigoweiß tränkt man die Gewebe, welche man mit Indigo blau färben will, und hängt sie an die Luft. Durch die Oxydationswirkung dieser wird das Indigoweiß dann allmählich oxydiert zu blauem Indigo, welcher auf der Faser des Gewebes fest haftet. Die alkalische Lösung des Indigoweiß heißt „Indigoküpe" (vgl. Formaldehydsulfoxylat).

Indigoblau oder Indigotin,

$$C_6H_4\diagup{\overset{CO}{\underset{NH}{}}}\diagdown C:C\diagup{\overset{CO}{\underset{NH}{}}}\diagdown C_6H_4,$$

kann auf synthetischem Wege nach verschiedenen Methoden gewonnen werden, von denen einige in der Neuzeit eine technische Bedeutung erlangt haben und eine starke Konkurrenz für den natürlichen Indigo der englischen Indigopflanzungen Bengalens bilden, ja diesen fast ganz aus dem Handel vertrieben haben.

Das meist benutzte Verfahren der künstlichen Indigodarstellung gründet sich auf die von Heumann aufgefundene Synthese, nach welcher Phenylglykokollorthokarbonsäure durch Schmelzen mit Ätzkali zum Indigo führt.

Phenylglykokollorthokarbonsäure wird aus Anthranilsäure (o-Aminobenzoesäure) und Monochloressigsäure dargestellt. Anthranilsäure gewinnt man technisch aus dem Naphthalin, indem dieses durch Oxydation in Phthalsäure bzw. Phthal-

säureanhydrid und weiterhin in Phthalimid, letzteres mittels alkalischer Brom-
lösung in Anthranilsäure übergeführt wird.

Die praktisch im großen ausgeführte Indigosynthese läßt sich daher wie folgt veranschaulichen:

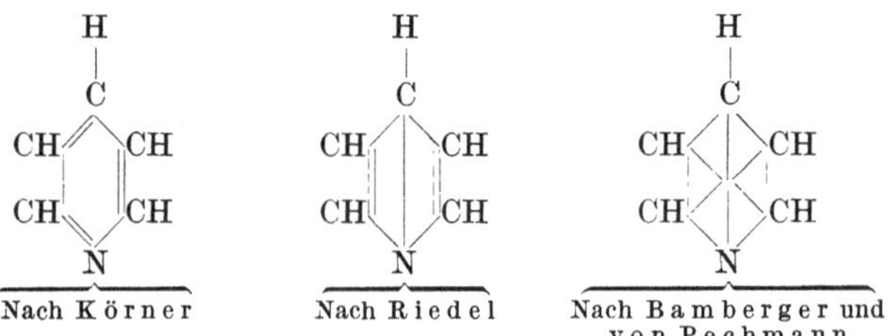

II. Sechsgliedrige Ringe der heterozyklinischen Reihe und deren Abkömmlinge.

Unter den Produkten der trockenen Destillation der Steinkohlen finden sich
neben den bereits früher erwähnten Stoffen auch die basischen Verbindungen
Pyridin und Chinolin. Diese Basen werden bei der trockenen Destillation
tierischer Abfälle, wie Leder, Haare, Leim usw., gebildet und entstehen auch bei
der Zersetzung einiger natürlich vorkommender organischer Basen des Pflanzen-
reiches (Alkaloide).

Man faßt das **Pyridin,** C_5H_5N, als ein Benzol auf, in welchem eine CH-Gruppe
durch Stickstoff ersetzt ist. Man gibt von den drei für das Pyridin auf-
gestellten Formeln:

der ersteren den Vorzug.

Pyridin und seine homologen Verbindungen: $C_5H_4(CH_3)N$ Picoline,
$C_5H_3(CH_3)_2N$ Lutidine, $C_5H_2(CH_3)_3N$ Collidine, werden als Pyridinbasen
bezeichnet. Es sind in reinem Zustande farblose, stark alkalisch reagierende, unangenehm stechend riechende Flüssigkeiten, welche sich unzersetzt verflüchtigen
lassen und mit Säuren Salze bilden. Sie dienen u. a. zum Denaturieren des Alkohols, um ihn für Genußzwecke untauglich zu machen.

Das durch trockene Destillation tierischer Abfälle erhaltene Tieröl, **Oleum**

animale foetidum, besteht neben Aminen, Nitrilen, Pyrrol usw. zu einem großen Teil aus Pyridinbasen.

Pyridin entsteht auch bei der Destillation der Pyridinkarbonsäuren mit Kalk. Von Pyridin und seinen Homologen sind Halogenpyridine, Pyridinsulfonsäuren, Nitropyridine, Aminopyridine, Oxypyridine (Pyridone), Pyridinkarbonsäuren und Hydropyridinderivate dargestellt worden.

Pyridinkarbonsäuren lassen sich durch Oxydation der homologen Pyridine mit Kaliumpermanganat gewinnen. Eine β-Pyridinkarbonsäure ist die Nikotinsäure, [Strukturformel], welche durch Oxydation des Alkaloids Nikotin erhalten wird.

Eine β-, γ-Pyridinkarbonsäure ist die Cinchomeronsäure, [Strukturformel], die bei der Oxydation des Cinchonins und Cinchonidins mit Salpetersäure entsteht.

Ein Azofarbstoff der Pyridinreihe ist das unter dem Namen Neotropin als antibakterielles Farbstoffpräparat zur peroralen Therapie infektiös-entzündlicher Erkrankungen des Urogenitaltraktes empfohlene 2-Butyloxy-2′·6′-Diamino 5·5′-azopyridin ($C_{14}H_{18}ON_6$)

[Strukturformel]

Die durch Reduktion der Pyridine mit Natrium und Alkoholen in der Hitze erhaltenen Hydroprodukte heißen Piperidine.

Das bei der Spaltung des im Pfeffer vorkommenden Piperins mit alkoholischer Kalilauge neben Piperinsäure entstehende Piperidin ist ein Hexahydropyridin [Strukturformel]. Es bildet eine bei 106⁰ siedende, wasser- und alkohollösliche Base von pfefferartigem Geruch.

Als ein Piperidinderivat, und zwar als ein Trimethylbenzoyloxypiperidinhydrochlorid ist das als Lokalanästhetikum gebräuchliche **Eukain B** aufzufassen:

[Strukturformel]

Man erhält es durch Kondensation von Ammoniak mit Azeton und Behandeln des hierdurch entstehenden Diazetonamins mit Azetaldehyd. Hierbei bilden sich zwei stereoisomere Vinyldiazetonalkamine:

[Strukturformel]   und   [Strukturformel]

labiles Vinyldiazetonalkamin   stabiles Vinyldiazetonalkamin

Durch Erhitzen mit Natriumamylat geht die bei 161—162⁰ schmelzende labile Form in die bei 138⁰ schmelzende stabile über. Durch Benzoylieren erhält man aus dem stabilen Vinyldiazetonalkamin eine Base, deren salzsaures Salz das **E u k a i n B** ist.

Die **Chinoline** sind als Benzopyridine aufzufassen:

Chinolin   Isochinolin

Chinolin wurde 1842 von **Gerhardt** bei der Destillation der Alkaloide Chinchonin und Chinin mit Kaliumhydroxyd beobachtet. Daher auch sein Name.

Synthetisch wurde Chinolin von **Baeyer**, von **Königs** und später von **Skraup** dargestellt. Nach des letzteren Methode wird Chinolin in der Praxis gewonnen.

v. **Baeyer** gelangte zum Chinolin, indem er Ortho-Nitrozimtaldehyd reduzierte; der dabei entstehende Ortho-Aminozimtaldehyd spaltet Wasser ab, wobei der heterozyklische Ring des Chinolins sich bildet:

$$C_6H_4\begin{cases}CH=CH-CHO \; (1)\\ NO_2 \qquad\qquad (2)\end{cases} \longrightarrow C_6H_4\begin{cases}CH=CH-CHO\\ NH_2\end{cases} \longrightarrow C_6H_4\begin{cases}CH=CH\\ N==CH\end{cases}$$

Ortho-Nitrozimtaldehyd   Ortho-Aminozimtaldehyd   Chinolin

Königs erhielt Chinolin durch Überleiten von Allylanilin über rotglühendes Bleioxyd:

Allylanilin   Chinolin

Das **Skraup**sche Verfahren ist eine Abänderung des **Königs**schen. Nach **Skraup** erhitzt man Anilin mit Glyzerin, Schwefelsäure und Nitrobenzol. Das letztere dient als Oxydationsmittel.

Chinolin ist eine bei 239⁰ siedende, farblose, stark lichtbrechende Flüssigkeit von eigenartig aromatischem Geruch. Bei der Oxydation des Chinolins mit Kaliumpermanganat erhält man α-, β-Pyridindikarbonsäure $\begin{cases}CO_2H\\ CO_2H\end{cases}$, bei der Reduktion des Chinolins mit Zinn und Salzsäure entsteht **T e t r a h y d r o c h i n o l i n**

Medizinische Anwendung: Chinolin besitzt stark antiseptische Eigenschaften. **Donat** hat zuerst darauf hingewiesen. Es wird in alkoholischer Lösung zu Mund- und Zahnwässern, zu Pinselungen und zu Gurgelwässern benutzt. Auch das **weinsaure und salizylsaure Chinolin** finden medizinische Anwendung.

Die Bezeichnung der Chinolinderivate geschieht wie folgt:

2-Phenyl-4-Chinolinkarbonsäure, die als Gichtmittel unter dem Namen **Atophan, Acidum phenylchinolincarbonicum,** in den Handel kommt, besitzt die Konstitution:

$$C_6H_4 \langle {}^{C=CH}_{N=C \cdot C_6H_5} \quad \text{(CO}_2\text{H)}, \quad \text{Mol.-Gew. 249,1.}$$

Gelblichweißes Pulver von unangenehm bitterem, kratzendem Geschmack, das in Wasser unlöslich ist. 1 T. löst sich in je 30 T. siedendem Weingeist, Azeton oder Essigäther; in Benzol, Chloroform und in Äther schwerer löslich. Schmelzpunkt zwischen 208° und 213°.

0,2 g Phenylchinolinkarbonsäure, mit 5 ccm Wasser angerührt, lösen sich nach Zusatz von 10 Tropfen Natronlauge; 0,1 g löst sich in 2 ccm Schwefelsäure nach kurzem Verrühren mit gelber Farbe. Wird 0,1 g Phenylchinolinkarbonsäure mit 5 ccm Salzsäure gut angerührt und das Gemisch erwärmt, so entsteht eine hellgelbe Lösung, die nach Zusatz der gleichen Menge Bromwasser einen orangeroten Niederschlag gibt.

Werden 0,6 g Phenylchinolinkarbonsäure mit 12 ccm Wasser $^1/_2$ Minute lang geschüttelt, so muß das Filtrat neutral reagieren; mit 5 Tropfen Salpetersäure versetzt, darf es nach Zusatz von 1 Tropfen Silbernitratlösung (Salzsäure) innerhalb 1 Minute nur eine Opaleszenz zeigen und durch Bariumnitratlösung (Schwefelsäure) nicht verändert werden (D. A. B. VI).

Medizinische Anwendung: Atophan fördert die Harnsäureausscheidung und wirkt entzündungswidrig, schmerzstillend und galletreibend. Innerlich 3—6mal täglich in Tabletten, 0,5 g auch in Suppositorien bei Gicht, Gelenkrheumatismus, Neuralgien (Deutsches Arzneiverordnungsbuch).

Novatophan ist der Äthylester des Atophans und soll vom Magen besser vertragen werden als die Säure.

Von den sieben möglichen und bekannten isomeren Monomethylchinolinen ist das Chinaldin, das 2-Methylchinolin, das wichtigste. Es ist eine bei 270° siedende Flüssigkeit, die mit dem Chinolin gemeinsam im Steinkohlenteer vorkommt.

Früher arzneilich verwendete, synthetisch dargestellte Derivate des Chinolins sind das **Kairin, Thallin, Analgen.**

Von diesen Verbindungen beansprucht die erstgenannte nur noch historisches Interesse. Sie war das erste auf synthetischem Wege gewonnene Ersatzmittel für Chinin, welches von O. Fischer 1882 dargestellt und dem Arzneischatz übergeben wurde.

Kairin ist als salzsaures { äthyl / methyl } tetrahydro-8-oxychinolin zu bezeichnen:

Äthylverbindung   Methylverbindung

Zur Gewinnung der Äthylverbindung stellt man durch Einwirkung von Schwefelsäure auf Chinolin 8-Chinolinsulfonsäure dar, die beim Schmelzen mit Kalihydrat 8-Oxychinolin liefert. Durch Reduktion mit Zinn und Salzsäure entsteht Tetrahydro-8-oxychinolin und durch Erhitzen dieses mit Äthyljodid die Äthylverbindung.

Thallin wurde 1885 von Skraup dargestellt und von Jackson in den Arzneischatz eingeführt.

Thallin ist Tetrahydroparachinanisol: , das als schwefel-

saures Salz, Thallinum sulfuricum, innerlich als Antipyretikum, äußerlich als Antiseptikum verwendet worden ist. Der Name Thallin wurde dem Stoff gegeben, weil seine Lösungen durch Ferrichlorid eine dunkelgrüne Färbung annehmen.

Man gewinnt Thallin, indem man ein Gemenge von Paraaminoanisol, Paranitroanisol, Glyzerin und Schwefelsäure (nach der Skraupschen Chinolinsynthese) längere Zeit auf 150^0 erhitzt, das Reaktionsprodukt alkalisch macht und das Parachinanisol abdestilliert. Dieses wird durch Reduktion mit Zinn und Salzsäure in Tetrahydroparachinanisol, das freie Thallin, übergeführt.

Analgen wurde 1891 von Vis dargestellt und von Loebel in die Therapie eingeführt.

Analgen ist o-Äthoxyanamonobenzoylaminochinolin .

Zu seiner Darstellung geht man vom o-Oxychinolin aus, welches man äthyliert, sodann nitriert, das Nitroprodukt zur Aminoverbindung reduziert und diese benzoyliert.

Plasmochin. Hierunter wird ein N-Diäthylamino-isopentyl-8-amino-6 methoxy-

chinolin verstanden. Sie soll sich als wirksam gegen Malaria

$$(C_2H_5)_2N \cdot (CH_2)_3 \cdot CH \cdot NH \quad N$$
$$\quad\quad\quad\quad\quad\quad | $$
$$\quad\quad\quad\quad\quad CH_3$$

erwiesen haben. Dosis 3mal täglich 0,02 g 5 Tage lang, dann jeweils 3 Tage Pause, hierauf 4—6 Wochen lang.

Von dem Isochinolin (s. oben) leiten sich mehrere Alkaloide ab, so das Hydrastin und Cotarnin.

Zu den heretozyklischen Ringen, die zu dem Pyridin in Beziehung stehen, gehört noch das Acridin, ein Dibenzopyridin:

Es läßt sich synthetisieren aus Diphenylamin, das bei der Behandlung mit Ameisensäure in Acridin übergeht:

$$C_6H_5—NH—C_6H_5 + HCOOH . \quad\quad\quad C_6H_4\!\!<\!\!\overset{CH}{\underset{N}{}}\!\!>\!\!C_6H_4 + 2 H_2O .$$

Acridin ist ein Chromogen, das durch Substituierung in Farbstoffe übergeführt werden kann. Trypaflavin, 3,6 Diamino-10-methylacridin, ist ein gelber Farbstoff, dessen salzsaures Salz sich als ein starkes Antiseptikum erwiesen hat. Es wird u. a. gegen Trypanosomen innerlich verwendet.

Rivanol ist ein 2-Äthoxy-6, 9-Diaminoakridinlaktat

$$\cdot OC_2H_5 + CH_3CH(OH)CO_2H .$$

Angewendet als Antiseptikum in Lösung 1 : 500 bis 1 : 1000; als 1—10 proz. Trockenpinselung.

Alkaloide.

Die in Pflanzen vorkommenden, meist an organische Säuren gebundenen, stickstoffhaltigen, basischen Stoffe werden Alkaloide oder Pflanzenbasen genannt. Der Apotheker Friedrich Wilhelm Sertürner entdeckte 1817[1] in der Apotheke in Einbeck als erstes Alkaloid das Morphium im Opium und erkannte es als eine Base. Den Namen Alkaloid für die Pflanzenbasen oder „Pflanzenalkali" schlug der Apotheker Wilhelm Meißner in Halle a. S. vor, welcher 1818 eine Base aus Sabadillsamen isolierte und sie Alkaloid nannte. Die Alkaloide sind meist tertiäre Basen. In vielen Fällen sind sie Abkömmlinge des Pyridins, Piperidins und Chinolins und durch starke physiologische Wirkung ausgezeichnet. Die Konstitution mehrerer Alkaloide ist bereits mit Sicherheit festgestellt.

Man unterscheidet flüchtige und nichtflüchtige Alkaloide. Erstere werden in der Regel dadurch gewonnen, daß man die zerkleinerten Pflanzenteile nach Zusatz von Natronlauge oder Kalkmilch mit Wasserdämpfen destilliert. Die nichtflüchtigen Alkaloide pflegt man mit angesäuertem Wasser oder angesäuertem Alkohol aus den Pflanzenteilen auszuziehen. Aus den sauren wässerigen Lösungen werden nach Übersättigung mit Natronlauge, Soda oder Ammoniak die Alkaloide in Freiheit gesetzt, auf dem Filter gesammelt oder mit Äther, Chloroform, Benzol oder anderen Lösungsmitteln ausgeschüttelt und nach dem Verdampfen der Lösungsmittel in geeigneter Weise durch Umkristallisieren gereinigt. Hat man mit angesäuertem Alkohol aus den Pflanzenteilen Auszüge hergestellt, so wird von ihnen der Alkohol abdestilliert, der Rückstand mit Wasser aufgenommen, und die Alkaloide werden durch Alkalien oder Ammoniak abgeschieden. Oft finden sich in den Pflanzen mehrere Alkaloide nebeneinander, und man erhält in diesem Falle bei der Fällung der wässerigen Salzlösungen mit Alkali Gemische der Alkaloide. Man bewirkt eine Trennung, indem man die Alkaloide oder ihre Salze mit verschiedenen Lösungsmitteln nacheinander behandelt, die in jedem Einzelfalle besonders herausgefunden werden müssen.

Die salzsauren Salze vieler Alkaloide vereinigen sich mit Platin- und Goldchlorid zu schwer löslichen, meist kristallisierbaren Doppelsalzen. Gerbsäure, Pikrinsäure, Phosphormolybdänsäure, Phosphorwolframsäure, Jodjodkalium, Kaliumquecksilberjodid und Kaliumwismutjodid (s. S. 100) rufen in Alkaloidlösungen Niederschläge hervor und werden daher als Alkaloidreagenzien bezeichnet. Zur Erkennung der Alkaloide dienen Farbreaktionen, die mit konz. Schwefelsäure, Vanadinschwefelsäure, mit Chromsäure, Salpetersäure, Ferrichlorid usw. erhalten werden.

Erdmanns Alkaloidreagenz ist ein Gemisch aus 10 Tropfen sehr verdünnter Salpetersäure (12 Tropfen Salpetersäure von 25 % auf 100 ccm Wasser) und 20 g reiner konz. Schwefelsäure.

Fröhdes Alkaloidreagenz ist eine Lösung von 1 g Natrium- oder Ammoniummolybdat in 100 ccm konz Schwefelsäure.

Mayers Reagenz ist eine Quecksilberjodid-Kaliumjodidlösung; sie wird bereitet durch Lösen von 13,5 g Merkurichlorid in Wasser, Versetzen mit einer wässerigen Lösung von 50 g Kaliumjodid und Verdünnen auf 1000 g mit Wasser.

Marmés Reagenz ist eine Kalium-Kadmiumjodidlösung. Sie wird bereitet aus 10 T. Kadmiumjodid, 20 T. Kaliumjodid und 70 T. Wasser.

Die Alkaloide werden als die Träger der Wirkung der Drogen angesprochen, in denen sie sich finden. Diese Ansicht ist indes nicht völlig zutreffend, denn neben der Alkaloidwirkung kommt auch die Wirkung der Nebenstoffe, wie Gerbstoffe,

---

[1] C. Stich tritt für das Jahr 1817 als Entdeckungsjahr des Morphiums ein. Man findet vielfach aber angegeben, daß Sertürner schon 1804, als er noch in Hameln eine Apotheke besaß, das Morphium entdeckt habe.

Pflanzensäuren in Betracht. Oft ist auch die Wirkung der Droge nicht an ein in ihr vorkommendes Alkaloid gebunden, sondern stellt eine Gesamtwirkung der verschiedenen Alkaloide dar. Dies ist z. B. der Fall beim Opium und bei der Chinarinde. Die Opiumwirkung läßt sich nicht durch die Wirkung des Morphins, das neben anderen Alkaloiden in besonders reichlicher Menge im Opium vorkommt, ersetzen, und ebenso ist die Anwendung der Chinarinde in Form von Dekokten, Extrakten und Tinkturen nicht überflüssig geworden dadurch, daß man eines ihrer wichtigsten Alkaloide, das Chinin, abschied und für sich therapeutisch benutzt.

Wenn dennoch eine Wertbestimmung vieler alkaloidführender Drogen auf die Bestimmung der Alkaloide oder meist des wichtigsten derselben (wie z. B. des Morphiums im Opium) sich beschränkt, so hat dies seinen Grund darin, daß quantitative Methoden zu einer Bestimmung der Nebenstoffe der Drogen entweder bisher nicht vorhanden oder in der Ausführung so schwierig sind, daß man davon absehen muß. Die quantitative Bestimmung des „führenden" Alkaloids einer Droge bietet auch immerhin Gewähr dafür, daß die Droge sorgfältig ausgewählt bzw. zubereitet wurde und ihr von den wertvollen Alkaloiden nichts entzogen wurde. D. A. B. VI schreibt daher für die alkaloidführenden Drogen Verfahren zur Alkaloidbestimmung vor.

Sauerstofffreie Alkaloide.

Zu den sauerstofffreien Alkaloiden gehören das Coniin und Nikotin.

Coniin.

Coniin, $C_8H_{17}N$, kommt, wahrscheinlich an Äpfelsäure gebunden, in allen Teilen der Schierlingspflanze, Conium maculatum, besonders in den Früchten vor. Es ist eine farblose, **stark giftige**, nach Mäuseharn riechende, bei 166—167⁰ siedende Flüssigkeit. Spez. Gew. 0,866 bei 0⁰. $[\alpha]_D^{19⁰} = +15,7⁰$ (nach Ladenburg).

Coniin ist als ein d-α-Normalpropylpiperidin aufzufassen:

$$\begin{array}{c} CH_2 \\ H_2C \diagup \quad \diagdown CH_2 \\ H_2C \diagdown \quad \diagup CH{-}CH_2{-}CH_2{-}CH_3. \\ NH \end{array}$$

Ladenburg hat es auf synthetischem Wege erhalten.

Neben Coniin sind im Schierling noch die Basen γ-Conicein, $C_8H_{15}N$, und Conhydrin, $C_8H_{17}ON$, in kleinen Mengen Pseudoconhydrin, $C_8H_{17}ON$, und N-Methylconiin, $C_9H_{19}N$, aufgefunden worden.

Nikotin.

Nikotin, $C_{10}H_{14}N_2$, findet sich in den Blättern der verschiedenen Tabakarten (Nicotiana tabacum, N. rustica, N. macrophylla usw.). Es bildet eine farblose, an der Luft sich schnell gelb färbende, **stark giftige** Flüssigkeit, welche bei 245⁰ siedet. Löslich in Wasser, Alkohol und Äther; von betäubendem Geruch und brennendem Geschmack. Die Tabake enthalten bis gegen 5 % Nikotin. In kleinen Mengen sind noch Nebenalkaloide im Tabak aufgefunden worden.

Das Nikotin ist nach Pinner als ein β-Pyridyl-n-Methylpyrrolidin aufzufassen:

$$\begin{array}{c} NCH_3 \\ {-}CH \quad CH_2 \\ \quad | \quad\quad | \\ CH_2{-}{-}CH_2 \\ N \end{array}$$

Es wurde nach verschiedenen Methoden synthetisiert.

Bei der Oxydation wird der Pyrrolidinring aufgespalten und **Nikotinsäure** (β-Pyridinkarbonsäure) gebildet.

Ein Nikotinsäurebetain [Formel] findet sich in verschiedenen Pflanzen (Trigonella,

Cannabis, Pisum, Avena, Strophanthus) und wurde wegen seines Vorkommens in Trigonella,
wo es zuerst aufgefunden wurde, **Trigonellin** genannt.

Sauerstoffhaltige Alkaloide.

Die wichtigsten sauerstoffhaltigen Alkaloide gehören folgenden Pflanzen-
familien an:

Gnetaceae: **Ephedrin.**
Palmae: Areca Catechu, Betelnuß **(Arecolin).**
Liliaceae: Sabadilla **(Veratrin)**, Colchicum **(Kolchicin).**
Ranunculaceae: Aconitum **(Akonitin)**, Hydrastis **(Hydrastin).**
Papaveraceae: Papaver somniferum **(Opiumbasen:** Morphin, Kodein,
    Narkotin, Thebain, Narzein usw.).
Rutaceae: Pilocarpus **(Pilokarpin).**
Erythroxylaceae: Erythroxylum **(Kokain).**
Zygophyllaceae: Peganum harmala **(Harmin).**
Leguminosae: Physostigma **(Physostigmin).**
Punicaceae: Punica granatum **(Pelletierin, Isopelletierin, Pseudopelletierin,
    Methylpelletierin).**
Solanaceae: Atropa und Hyoscyamus **(Atropin, Hyoscyamin, Skopolamin).**
Loganiaceae: Strychnos **(Strychnin, Bruzin).**
Rubiaceae: Cinchona **(Chinabasen)**, Coffea **(Koffein)**, Cephaëlis Ipeca-
    cuanha **(Emetin)**, Corynanthe bzw. Pausinystalia **(Yohimbin).**
Campanulaceae: Lobelia inflata **(Lobelin).**

Ephedrin, ein Alkaloid aus Ephedra vulgaris Rich, als 1-Phenyl-2-Me-
thylamino-propan-1-ol, erkannt: $C_6H_5 \cdot CH(OH) \cdot CH \cdot (CH_3)NH \cdot CH_3$, Mol.-
Gew. 177,9. Ephedrinum hydrochloricum, $C_{10}H_{15}ON \cdot HCl$, bildet farblose Nadeln, Schmelzpunkt 218—219°, leicht löslich in Wasser, schwerer löslich
in Alkohol. Linksdrehend. Wird durch Kaliumpermanganatlösung zersetzt unter
Bildung von Benzaldehyd, das am Geruch erkennbar.

Ephetonin ist ein synthetisch hergestelltes razemisches Ephedrin.

Medizinische Anwendung: Mydriatikum, ohne Einfluß auf Akkommodation, aber
erst bei Verwendung einer 10proz. Lösung wirksam. Bei Asthma und Vasomotoren-
schwäche sehr gerühmt. Zur Beseitigung eines akuten Asthmaanfalles 0,1 g, bei chronischer
Behandlung 0,05 g 2—3mal täglich in 5proz. wässeriger Lösung subkutan.

Arekolin. In den Areka- oder Betelnüssen, den Samen der auf den
Sundainseln, auf den Philippinen und in Indien kultivierten Arekapalme, Areca
Catechu, sind mehrere Alkaloide enthalten, das Arekain, Arekolin, Guvacin
und Arekaidin, von welchen das Arekolin in Form seines bromwasserstoff-
sauren Salzes medizinische Verwendung findet. Das Arekolin ist durch die
Konstitutionsformel

[Formel]

gekennzeichnet und synthetisch gewonnen worden. Es läßt sich als N-Methyl-
tetrahydronikotinsäuremethylester bezeichnen.

Arecolinum hydrobromicum, Arekolinhydrobromid, $(C_8H_{13}O_2N)HBr$, Mol.-Gew. 236,04, feine, weiße, luftbeständige Nadeln, die sich leicht in Wasser und in Weingeist, schwer in Äther und in Chloroform lösen. Schmelzpunkt 170—171°. Reaktionen s. D. A. B. VI.

Medizinische Anwendung: Als Bandwurmmittel in Dosen von 0,004—0,006 g.

Veratrin. In den Sabadillsamen (Sabadilla officinalis) kommt Veratrin neben anderen Basen, nämlich Sabadillin, Sabadin, Sabadinin vor. Die Alkaloide sind in der Pflanze an Zevadinsäure und Veratrumsäure gebunden.

Das arzneiliche verwendete **Veratrinum,** Veratrin, ist ein Gemisch der beiden isomeren Alkaloide Zevadin und Veratridin, $C_{32}H_{49}O_9N$, Mol.-Gew. 591,4. Es stellt ein weißes, lockeres Pulver oder weiße, amorphe Massen dar, die beim Verstäuben heftiges Niesen erregen.

Veratrin löst sich selbst in siedendem Wasser nur wenig; es löst sich in 4 T. Weingeist, in 2 T. Chloroform und in 10 T. Äther. Diese Lösungen bläuen mit Wasser angefeuchtetes Lackmuspapier. In verdünnter Schwefelsäure und in Salzsäure löst es sich nahezu klar.

Beim Kochen von 0,01 g Veratrin mit 1 ccm Salzsäure entsteht eine sehr beständig rote Lösung. Wird 0,01 g Veratrin in 1 ccm Schwefelsäure gelöst, so tritt zunächst eine grünlichgelbe Fluoreszenz, darauf allmählich eine starke Rotfärbung auf. Wird ein Gemisch von 0,01 g Veratrin und 0,05 g Zucker mit 2—3 Tropfen Schwefelsäure durchfeuchtet, so tritt anfangs eine grüne, nach einiger Zeit eine blaue Färbung auf.

Wird 0,1 g Veratrin mit 5 ccm Wasser gekocht, so darf das Filtrat nur etwas scharf, aber nicht bitter schmecken und Lackmuspapier nur schwach bläuen (fremde Alkaloide, Alkalikarbonat). (D. A. B. VI.)

Medizinische Anwendung: Äußerlich in Salben (0,1 : 10,0) zu lokal schmerzstillenden Einreibungen, auch in alkoholischer Lösung zu gleichem Zwecke und in gleicher Konzentration.

Größte Einzelgabe 0,002 g, größte Tagesgabe 0,005 g. Sehr vorsichtig aufzubewahren.

Kolchizin, Colchicinum, $C_{22}H_{25}O_6N + {}^1/_2 CHCl_3$, Mol.-Gew. 458,9, ist das Alkaloid der Samen der Herbstzeitlose (Colchicum autumnale) und wird daraus in Form einer amorphen, hellgelben, gummiartigen Masse bzw. kristallisiert mit $^1/_2$ Mol. Chloroform gewonnen. Es ist ein Phenanthrenderivat.

Gehalt 87% Kolchizin. Weißes bis gelblichweißes Kristallpulver von eigenartigem Geruch und stark bitterem Geschmacke. Kolchizin löst sich in etwa 20 T. Wasser, 2 T. Weingeist oder 1 T. Chloroform; in Äther ist es schwer löslich. Die wässerige Lösung ist gelb und verändert Lackmuspapier nicht. Kolchizin schmilzt unscharf; es erweicht bei etwa 120°, sintert bei etwa 135° und ist bei etwa 150° geschmolzen.

Die Lösung von 0,01 g Kolchizin in 1 ccm Weingeist färbt sich nach Zusatz von 1 Tropfen Eisenchloridlösung granatrot. 0,01 g Kolchizin löst sich in 2 ccm verdünnter Salzsäure mit stark gelber Farbe. Diese Lösung verändert sich nach Zusatz von 1 Tropfen Eisenchloridlösung nicht; erhitzt man sie zum Sieden, so tritt eine dunkelolivgrüne Färbung auf. Schüttelt man die Lösung nach dem Erkalten mit etwa 2 ccm Chloroform, so färbt sich dieses rot oder rotbraun. Die Lösung von 0,01 g Kolchizin in 1 ccm Schwefelsäure ist stark gelb gefärbt; nach Zusatz von 1 Tropfen Salpetersäure geht die Farbe über Grün, Blau, Violett und Rot allmählich wieder in Gelb über.

Stellt man die Anschüttelung von 0,2 g Kolchizin mit 2 ccm Wasser 1 Minute lang in ein siedendes Wasserbad, so wird die Lösung zunächst milchig getrübt und klärt sich dann unter Abscheidung kleiner Öltropfen und Auftreten des Geruchs des Chloroforms. Schüttelt man die Flüssigkeit bis zum Erkalten, so werden die Öltröpfchen wieder gelöst. Die Hälfte dieser Lösung gibt mit 0,5 ccm Phenollösung (1 + 19) einen Niederschlag; die andere Hälfte darf durch Pikrinsäurelösung nicht verändert werden (fremde Alkaloide).

0,2 g Kolchizin dürfen durch Trocknen bei 100° höchstens 0,026 g an Gewicht verlieren und nach dem Verbrennen keinen wägbaren Rückstand hinterlassen (D. A. B. VI).

Medizinische Anwendung: Innerlich mehrmals täglich 0,0005—0,002 g in Pillen, Tabletten bei Gicht. Bei Erbrechen oder Durchfall auszusetzen! Kolchizin ist in dem französischen Gichtmittel Liqueur de Laville enthalten.

Größte Einzelgabe 0,002 g, größte Tagesgabe 0,005 g. Sehr vorsichtig und vor Licht geschützt aufzubewahren.

Akonitin, $C_{34}H_{47}O_{11}N$, kommt an Akonitsäure gebunden im Kraut von Aconitum Napellus vor; in kleinerer Menge findet sich darin auch das Alkaloid Pikroakonitin.

Aconitum ferox enthält hauptsächlich Pseudakonitin, Aconitum japonicum Japakonitin, Aconitum heterophyllum Atisin, Aconitum lycoctonum Lycaconitin und Mycoctonin.

Akonitin ist der Essigester des Pikrokaonitins, das letztere der Benzoesäureester des Akonins.

Das in Prismen kristallisierende Akonitin schmilzt bei schnellem Erhitzen bei 197—198° und wird von 4500 T. Wasser gelöst. Leicht löslich ist es in Benzol, Alkohol und Chloroform, schwerer in Äther. Es ist stark giftig! Die unter der Bezeichnung deutsches, englisches und französisches Akonitin vorkommenden Handelssorten, welche aus Aconitum Napellus oder anderen Akonitarten dargestellt werden, sind meist Gemische von Akonitin mit anderen Akonitumbasen und besitzen daher nach dem größeren oder geringeren Gehalt an Akonitin verschieden starke Wirkung. Sehr vorsichtig aufzubewahren!

Medizinische Anwendung: Äußerlich 0,1—0,2 g : 10,0 g Lanolin, Fett, Spiritus oder Chloroform zur Schmerzstillung. Keinesfalls an Stellen, die der Epidermis beraubt sind. Vor Anwendung amorpher Präparate ist zu warnen! Akonitin ist schon in sehr kleinen Dosen stark toxisch wirkend.

Hydrastin, $C_{21}H_{21}O_6N$, findet sich neben Berberin in dem Wurzelstock von Hydrastis canadensis. Bei der Einwirkung von Salpetersäure auf Hydrastin entsteht neben Opiansäure eine neue Base, das Hydrastinin:

$$\underbrace{C_{21}H_{21}O_6N}_{\text{Hydrastin}} + H_2O + O = \underbrace{C_{10}H_{10}O_5}_{\text{Opiansäure}} + \underbrace{C_{11}H_{13}O_3}_{\text{Hydrastinin}},$$

deren chlorwasserstoffsaures Salz als Blutstillungsmittel in die Therapie eingeführt wurde. Die wässerige Lösung des Hydrastininsalzes zeigt blaue Fluoreszenz.

Hydrastin kristallisiert in Prismen vom Schmelzpunkt 132°, das Hydrastinin bildet bei 116—117° schmelzende Nadeln. Die Konstitutionsformeln für Hydrastin, Hydrastinin und Hydrastininchlorid sind die folgenden:

Hydrastin

Hydrastinin   Hydrastininchlorid

Hydrastinin kann synthetisch dargestellt werden, indem man durch Erhitzen von ameisensaurem Homopiperonylamin eine Formylverbindung gewinnt, die beim Erwärmen mit Phosphorpentoxyd 6,7 Methylendioxy-3,4-Dihydroisochinolin bildet:

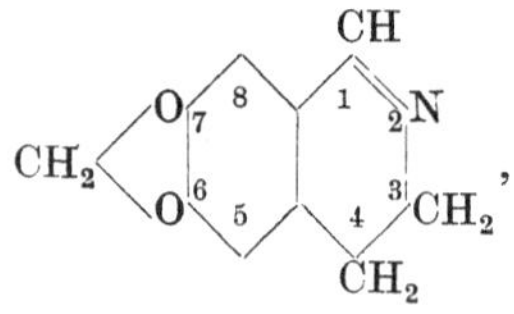

das beim Methylieren das Jodid des Hydrastinins liefert.

Hydrastininum chloratum, Hydrastininchlorid, $C_{11}H_{12}O_2NCl$, Mol.-Gew. 225,6, bildet schwach gelbliche, nadelförmige Kristalle oder ein gelblichweißes, kristallinisches, geruchloses Pulver von bitterem Geschmacke, leicht löslich in Wasser und in Weingeist, schwer löslich in Äther und in Chloroform.

0,01 g Hydrastininchlorid löst sich in 1 ccm Schwefelsäure unter Entwicklung von Chlorwasserstoff mit schwach gelber Farbe und bläulicher Fluoreszenz, die nach dem Verdünnen mit 10 ccm Wasser stärker hervortritt. Kaliumdichromatlösung ruft in der wässerigen Lösung (1 + 49) einen gelben kristallinischen Niederschlag hervor, der sich beim Erwärmen wieder löst. Beim Erkalten scheiden sich rotgelbe, glänzende, nadelförmige Kristalle aus.

Die wässerige Lösung (1 + 49) darf Lackmuspapier nicht verändern und durch Ammoniakflüssigkeit nicht getrübt werden (Hydrastin und andere Alkaloide). Fügt man zu der Lösung von 0,1 g Hydrastininchlorid in 3 ccm Wasser 5 Tropfen Natronlauge hinzu, so muß eine weiße Trübung auftreten, die beim Umschwenken wieder verschwindet (fremde Alkaloide); schüttelt man diese Lösung mit 0,3 ccm Äther, so scheiden sich sofort glitzernde Kristalle ab, die nach dem Abfiltrieren, Auswaschen mit äthergesättigtem Wasser und Trocknen im Exsikkator nicht unter 111° und nicht über 117° schmelzen dürfen (D. A. B. VI).

Medizinische Anwendung: Innerlich 0,01—0,03 g dreimal täglich in Pillen oder Gelatinekapseln, subkutan 0,02 g bei Uterusblutungen.

Größte Einzelgabe 0,05 g, größte Tagesgabe 0,15 g. Vorsichtig aufzubewahren.

Opiumbasen.

In dem eingetrockneten Milchsaft, welcher beim Anritzen der unreifen Früchte von Papaver somniferum austritt, dem Opium, sind eine große Anzahl Alkaloide nachgewiesen worden, von welchen das Morphium oder Morphin am reichlichsten vorkommt und die weitaus größte Bedeutung beansprucht. Neben dem Morphin sind noch das Kodein, Narkotin, Thebain, Papaverin, Narzein, Pseudomorphin, Kryptopin, Laudanin erwähnenswert.

Morphin findet sich im Opium zu 10—18%. Ein gutes Opium soll mindestens 12% enthalten; das Alkaloid ist im Opium an Mekonsäure gebunden. Mekonsäure ist eine Oxychelidonsäure oder Oxypyrondikarbonsäure:

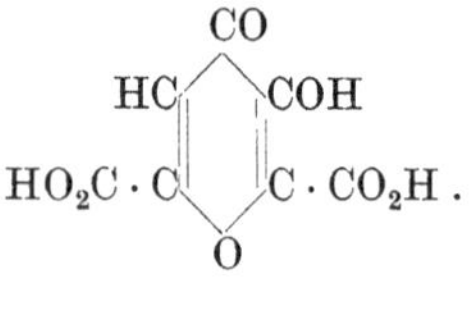

Man gewinnt Morphin, indem man gepulvertes Opium mit Wasser auszieht, den Auszug mit Kalziumchloridlösung versetzt und die vom ausgeschiedenen mekonsauren Kalzium abfiltrierte Lösung eindampft, worauf die salzsauren Salze des Morphins und Kodeins auskristallisieren. Diese werden in Wasser gelöst und mit Ammoniak versetzt, wodurch Morphin ausgeschieden wird. Kalium- und Natriumhydroxyd, auch Kalziumhydroxyd lösen das Morphin und sind deshalb zur Fällung nicht geeignet.

Der Gehalt des bei 60^0 getrockneten Opiums soll mindestens $12\,\%$ Morphin ($C_{17}H_{19}O_3N$, Mol.-Gew. 285,2) betragen.

Gehaltsbestimmung: Man reibt 3,5 g mittelfein gepulvertes Opium mit 3,5 ccm Wasser an, spült das Gemisch mit Wasser in ein Kölbchen und bringt es durch weiteren Wasserzusatz auf das Gewicht von 31,5 g. Das Gemisch läßt man unter häufigem Umschütteln 1 Stunde lang stehen, filtriert es durch ein trockenes Faltenfilter von 8 cm Durchmesser, setzt zu 21 g des Filtrats (= 2,44 g Opium) unter Vermeidung starken Schüttelns 1 ccm einer Mischung von 17 g Ammoniakflüssigkeit und 83 g Wasser und filtriert sofort durch ein trockenes Faltenfilter von 8 cm Durchmesser in ein Kölbchen. 18 g des Filtrats (= 2 g Opium) versetzt man unter Umschwenken mit 5 ccm Essigäther und noch 2,5 ccm der Mischung von 17 g Ammoniakflüssigkeit und 83 g Wasser. Alsdann verschließt man das Kölbchen, schüttelt den Inhalt 10 Minuten lang, fügt hierauf noch 10 ccm Essigäther hinzu und läßt unter zeitweiligem, leichtem Umschwenken $^1/_4$ Stunde lang stehen. Nun bringt man zuerst die Essigätherschicht möglichst vollständig auf ein glattes Filter von 7 cm Durchmesser, gibt zu der im Kölbchen zurückgebliebenen wässerigen Flüssigkeit nochmals 5 ccm Essigäther, bewegt die Mischung einige Augenblicke lang und bringt zunächst wieder die Essigätherschicht auf das Filter. Nach dem Ablaufen der ätherischen Flüssigkeit läßt man das Filter lufttrocken werden, gießt dann die wässerige Lösung, ohne auf die an den Wänden des Kölbchens haftenden Kristalle Rücksicht zu nehmen, auf das Filter und spült dieses sowie das Kölbchen dreimal mit je 2,5 ccm mit Äther gesättigtem Wasser nach. Nachdem das Kölbchen gut ausgelaufen und das Filter vollständig abgetropft ist, trocknet man beide bei 100^0, löst dann die Morphinkristalle in 10 ccm $\frac{n}{10}$-Salzsäure, gießt die Lösung in ein Kölbchen, wäscht Filter, Kölbchen und Stöpsel sorgfältig mit Wasser nach und verdünnt die Lösung schließlich auf etwa 50 ccm. Nach Zusatz von 2 Tropfen Methylrotlösung titriert man mit $\frac{n}{10}$-Kalilauge bis zum Farbumschlage. Hierzu dürfen höchstens 1,6 ccm $\frac{n}{10}$-Kalilauge verbraucht werden, so daß mindestens 8,4 ccm $\frac{n}{10}$-Salzsäure zur Sättigung des vorhandenen Morphins erforderlich sind, was einem Mindestgehalte von 12 % Morphin entspricht (1 ccm $\frac{n}{10}$-Salzsäure = 0,02852 g Morphin, Methylrot als Indikator).

Werden 5 ccm der titrierten Flüssigkeit zu der Lösung eines Körnchens Kaliumferrizyanid in 10 ccm Wasser, die mit 1 Tropfen Eisenchloridlösung und einigen Tropfen Salzsäure versetzt ist, gegeben, so muß die braunrote Farbe der Lösung in Blau umschlagen.

Medizinische Anwendung des Opiums: Innerlich 0,01—0,15 g mehrmals täglich in Pulvern und Pillen als Sedativum, Analgetikum, Hypnotikum, Antiperistaltikum; zu 0,05—0,1 g in Suppositorien, besonders bei Tenesmus und Dysurie. Zur subkutanen Injektion dienen wasserlösliche Mischungen der Opiumalkaloide: Pantopon, Holopon, Laudanon.

In Zuständen von Unruhe und Erregung und bei Schmerzen, besonders im Leib, muß Opium durch Morphin, bei Husten meist durch Kodein oder Äthylmorphin ersetzt werden; mit Bromsalzen gegen Epilepsie und bei spastischer (Blei-) Obstipation; bei akuten Durchfällen meist nach vorherigem Abführen, bei Koliken, Appendizitis und Peritonitis unter Berücksichtigung der chirurgischen Indikation, bei chronischen Durchfällen neben adsorbierender, adstringierender und diätetischer Therapie. Kindern nicht vor dem 3. Lebensjahr zu reichen. (Deutsches Arzneiverordnungsbuch.)

Unter Pantopon versteht man ein Gemisch der salzsauren Gesamtalkaloide des Opiums mit einem Gehalt von 48—50 % Morphin. Dem Präparat nachgebildet ist das Opium concentratum, Opiumkonzentrat des D. A. B. VI.

Die Konstitution des Morphins ist noch nicht mit völliger Sicherheit klargelegt. Auf Grund des bei seinem Abbau erhaltenen Spaltproduktes Morphol, eines Dioxyphenanthrens,

wird es als ein Phenanthrenderivat aufgefaßt.

Nach den neueren Arbeiten von Robinson und Schöpf gibt man dem Morphin die folgende Konstitutionsformel:

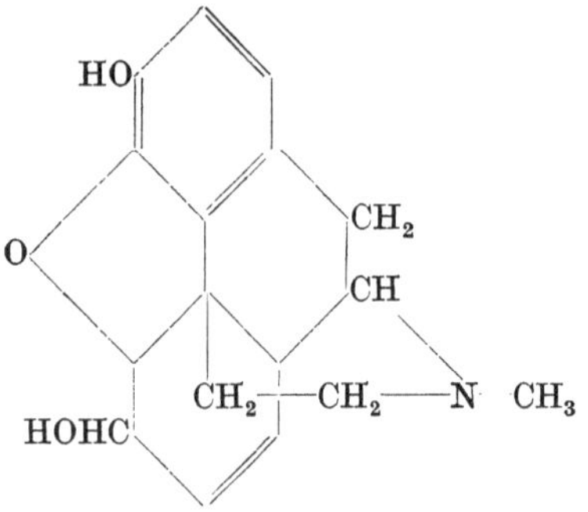

$$HO \quad \cdots \quad CH_2 \quad CH \quad O \quad \cdots \quad CH_2 \text{---} CH_2 \text{---} N \quad CH_3 \quad HOHC$$

Dieser Formel gemäß enthält das Morphin ein phenolisches Hydroxyl (das in der Formel links oben befindliche OH) und ein alkoholisches Hydroxyl (das in der Formel links unten befindliche OH). Beide Hydroxylgruppen reagieren entsprechend ihrem verschiedenen Charakter daher auch unter Bildung chemisch verschiedener Produkte.

Von seinen Salzen ist das chlorwasserstoffsaure, **Morphinum hydrochloricum**, $C_{17}H_{19}O_3N \cdot HCl + 3H_2O$, offizinell.

Morphinum hydrochloricum, Morphinhydrochlorid,

$$(C_{17}H_{19}O_3N)HCl + 3H_2O, \quad \text{Mol.-Gew. } 375,7,$$

bildet weiße, seidenglänzende, oft büschelförmig vereinigte Kristallnadeln oder weiße, würfelförmige Stücke von mikrokristallinischer Beschaffenheit. Morphinhydrochlorid löst sich in 25 T. Wasser und in 50 T. Weingeist.

Die Lösungen sind farblos; sie verändern Lackmuspapier nicht und schmecken bitter. Salzsäure scheidet aus der kalt gesättigten wässerigen Lösung einen Teil des Morphinhydrochlorids in Kristallen wieder aus. Silbernitratlösung ruft in der wässerigen Lösung eine weiße, käsige Fällung hervor. 1 Tropfen Eisenchloridlösung färbt 5 ccm der wässerigen Lösung (1 + 49) blau. Wird ein Körnchen Morphinhydrochlorid in einem trockenen Probierrohr in 5 Tropfen Schwefelsäure gelöst und diese Lösung $^1/_4$ Stunde lang im siedenden Wasserbad erhitzt, so nimmt sie nach dem Erkalten auf Zusatz einer Spur Salpetersäure eine blutrote Färbung an. Trägt man eine Mischung von 0,01 g Morphinhydrochlorid und 0,04 g Zucker in Schwefelsäure ein, so färbt sich das Gemisch rot; durch Zusatz von 1 Tropfen Bromwasser wird die Rotfärbung noch verstärkt. Wird ein Körnchen Morphinhydrochlorid in etwa 2 ccm Formaldehydschwefelsäure (3 ccm Schwefelsäure + 2 Tropfen Formaldehydlösung) gegeben, so tritt eine rote, bald in Violett und Blauviolett übergehende Färbung ein.

0,05 g Morphinhydrochlorid müssen von 1 ccm Schwefelsäure unter Entwicklung von Chlorwasserstoff farblos oder doch nur mit sehr schwach rötlicher Färbung gelöst werden (Narkotin). Wird die wässerige Lösung (1 + 49) mit etwa 0,1 g Natriumbikarbonat und einer Spur Jodlösung versetzt, so darf beim Schütteln mit Äther weder der Äther rötlich, noch die wässerige Lösung grün gefärbt werden (Apomorphin).

0,2 g Morphinhydrochlorid dürfen durch Trocknen bei 100° höchstens 0,029 g an Gewicht verlieren; das getrocknete Salz darf höchstens schwach gelblich gefärbt sein und nach dem Verbrennen keinen wägbaren Rückstand hinterlassen.

Wird Morphinum aceticum zu Einspritzungen unter die Haut verordnet, so ist Morphinhydrochlorid abzugeben (D. A. B. VI).

Medizinische Anwendung: Als schmerzstillendes Mittel innerlich zu 0,005 bis 0,03 g in Pulvern, Pillen, Tabletten, Lösung, Suppositorien; vor allem subkutan zu 0,005—0,02 g gegen Schmerzen, Koliken und Erregungszustände, Husten und Brechreiz. In fieberhaften Krankheiten Schlaf befördernd. In großen Dosen bei Atropinvergiftung. Außerordentliche Gewöhnungsgefahr (Morphinismus!) (Deutsches Arzneiverordnungsbuch.)

Größte Einzelgabe 0,03 g, größte Tagesgabe 0,1 g. Vorsichtig aufzubewahren.

Erhitzt man Morphin mit konzentrierter Salzsäure auf 140—150°, so spaltet sich, indem die alkoholische Hydroxylgruppe mit einem benachbarten Wasserstoffatom reagiert, eine Molekel Wasser ab, und man erhält **Apomorphin**,

$$\underbrace{C_{17}H_{19}O_3N}_{\text{Morphin}} = \underbrace{C_{17}H_{17}O_2N}_{\text{Apomorphin}} + \underbrace{H_2O}_{\text{Wasser}}.$$

Als Nebenprodukt kann bei der Darstellung β-Chloromorphid entstehen, $C_{17}H_{18}O_2NCl$, welches die Wirkung des Apomorphins behindert und eine verstärkte morphin- bzw. strychninartige Wirkung des Präparates auslöst.

Apomorphinum hydrochloricum, chlorwasserstoffsaures Apomorphin,

$$C_{17}H_{17}O_2N \cdot HCl + {}^3/_4 H_2O,$$

Mol.-Gew. 317,1, bildet weiße oder grauweiße, in Äther oder Chloroform fast unlösliche Kriställchen, Apomorphinhydrochlorid löst sich in etwa 50 T. Wasser und in etwa 40 T. Weingeist.

Die Lösungen nehmen beim Stehen an der Luft und am Lichte infolge von Zersetzung allmählich eine grüne Färbung an; werden die Lösungen jedoch unter Zusatz von wenig Salzsäure bereitet, so bleiben sie längere Zeit unverändert. Ein größerer Zusatz von Salzsäure bewirkt die Abscheidung weißer Kriställchen von Apomorphinhydrochlorid.

An feuchter Luft, besonders unter Mitwirkung des Lichtes, färbt sich Apomorphinhydrochlorid bald grün. Wird 1 ccm der wässerigen Lösung (1 + 99) mit einigen Tropfen Natriumbikarbonatlösung und einer Spur Jodtinktur versetzt, so färbt sich beim Schütteln mit Äther die ätherische Schicht rubinrot, während die wässerige Schicht eine smaragdgrüne Färbung annimmt. In 1 ccm der wässerigen Lösung (1 + 99) entsteht durch 1 Tropfen Salpetersäure eine weiße, kristallinische Abscheidung und nach weiterem Zusatz von 1 Tropfen Silbernitratlösung ein weißer, käsiger Niederschlag; setzt man alsdann Ammoniakflüssigkeit hinzu, so tritt sofort Schwärzung ein.

Die frisch bereitete wässerige Lösung (1 + 99) darf höchstens schwach gefärbt sein. 5 ccm Äther dürfen sich beim Schütteln mit 0,1 g trockenem Apomorphinhydrochlorid nicht oder doch nur blaßrötlich färben (Oxydationsprodukte des Apomorphins). Apomorphinhydrochlorid darf bei etwa 100facher Vergrößerung nur nadelförmige Kristalle und deren Bruchstücke erkennen lassen. 0,1 g Apomorphinhydrochlorid wird auf einem kleinen, trockenen Filter mit einer auf 10° abgekühlten Mischung von 1 g Salzsäure und 4 ccm Wasser übergossen; wird das Filtrat mit 1 Tropfen Mayers Reagenz versetzt, so darf höchstens eine opalisierende Trübung eintreten (fremde Alkaloide).

0,2 g Apomorphinhydrochlorid dürfen durch Trocknen über Schwefelsäure höchstens 0,009 g an Gewicht verlieren; beim Stehen an der Luft nimmt das Salz wieder das ursprüngliche Gewicht an.

Wird Apomorphinhydrochlorid in Lösung für den inneren Gebrauch verordnet, so ist zur Haltbarmachung eine der angewandten Menge Apomorphinhydrochlorid gleiche Menge Salzsäure zuzusetzen. Es dürfen nur farblose oder doch nur sehr wenig gefärbte Lösungen abgegeben werden (D. A. B. VI).

Medizinische Anwendung: Als Emetikum subkutan 0,005—0,01 g (Kindern von 1—2 Jahren 0,0008—0,0015 g, darüber bis 0,005 g). Innerlich zu 0,001—0,003 g mehrmals täglich in Lösung als Expektorans. (Deutsches Arzneiverordnungsbuch.)

Größte Einzelgabe 0,02 g, größte Tagesgabe 0,06 g. Vorsichtig und vor Licht geschützt aufzubewahren.

Diazetylmorphin. Erhitzt man Morphin mit Essigsäureanhydrid auf 85°, so werden beide Hydroxylgruppen azetyliert, und man erhält Diazetylmorphin:

$$\underbrace{C_{17}H_{17}ON(OH_2)}_{\text{Morphin}} + 2 \underbrace{\begin{matrix} CH_3CO \\ CH_3CO \end{matrix}\!\!>\!O}_{\substack{\text{Essigsäure-}\\\text{anhydrid}}} = \underbrace{2 CH_3CO_2H}_{\text{Essigsäure}} + \underbrace{C_{17}H_{17}ON(OCOCH_3)_2}_{\text{Diazetylmorphin}}.$$

Das salzsaure Salz des Diazetylmorphins, Diacetylmorphinum hydrochloricum, führt auch den Namen Heroin (E. W.), bzw. Heroinhydrochlorid, $[C_{17}H_{17}O(OCO \cdot CH_3)_2N]HCl$, Mol.-Gew. 405,7.

Es ist ein weißes, kristallinisches, geruchloses Pulver von bitterem Geschmacke, leicht löslich in Wasser, schwerer in Weingeist, in Äther unlöslich. Die wässerige Lösung rötet Lackmuspapier schwach.

Beim Erhitzen einer Lösung von 0,05 g Diazetylmorphinhydrochlorid in 1 ccm Weingeist mit 1 ccm Schwefelsäure tritt der Geruch des Essigäthers auf; wird die erkaltete Mischung zu der Lösung eines Körnchens Kaliumferrizyanid in 10 ccm Wasser, die mit 1 Tropfen Eisenchloridlösung versetzt ist, gegeben, so schlägt die braunrote Färbung der Lösung in Blau um, und es entsteht ein blauer Niederschlag.

Fügt man zu 5 ccm der wässerigen Lösung (1 + 99) 1 Tropfen Ammoniakflüssigkeit hinzu, so muß die Lösung klar bleiben (fremde Alkaloide). Schüttelt man nun mit 0,5 ccm Äther, so scheidet sich sofort ein weißer, kristallinischer Niederschlag ab, der nach dem Auswaschen mit äthergesättigtem Wasser und Trocknen im Exsikkator bei 171° schmilzt. Wird die Lösung eines Körnchens Kaliumferrizyanid in 10 ccm Wasser mit 1 Tropfen Eisenchloridlösung versetzt, so darf nach Zusatz von 1 ccm der wässerigen Lösung (1 + 99) die dadurch in der braunroten Lösung hervorgerufene, allmählich eintretende Grünfärbung innerhalb 5 Minuten nicht in Blau umschlagen (Morphin). 1 ccm der wässerigen Lösung (1 + 99) darf durch Bariumnitratlösung (Schwefelsäure) oder durch verdünnte Schwefelsäure (Bariumsalze) nicht verändert werden (D. A. B. VI).

Medizinische Anwendung: Innerlich mehrmals täglich 0,001—0,005 g in Pulver oder Lösung, zur Stillung von Hustenreiz.

Größte Einzelgabe 0,005 g, größte Tagesgabe 0,015 g. Vorsichtig aufzubewahren.

Kodein[1], $C_{18}H_{21}O_3N + H_2O$, ist ein Morphin, dessen phenolisches Hydroxyl methyliert ist. Es entspricht daher der Formel $C_{17}H_{17}ON(OH)(OCH_3)$ und wird synthetisch aus Morphin und Methyljodid dargestellt. Die freie Base bildet große, farblose Kristalle von bitterem Geschmack. Im Gegensatz zum Morphin wird Kodein von Ätzalkalien kaum gelöst. Durch Sättigen mit Phosphorsäure erhält man das offizinelle

Codeinum phosphoricum, $C_{17}H_{17}ON(OH)OCH_3 \cdot H_3PO_4 + 1^1/_2H_2O$, Mol.-Gew. 424,3. Farblose Kristalle oder weißes, kristallinisches Pulver von bitterem Geschmack, löslich in etwa 3,2 T. Wasser, schwerer in Weingeist. Die wässerige Lösung rötet Lackmuspapier schwach.

0,01 g Kodeinphosphat gibt mit 10 ccm Schwefelsäure eine farblose oder vorübergehend blaßrötliche Lösung; setzt man 1 Tropfen Eisenchloridlösung hinzu, so färbt sich die Lösung beim Erwärmen blau. Die blaue Farbe der erkalteten Lösung geht nach Zusatz von 2 Tropfen Salpetersäure in eine tiefrote über.

Wird 1 ccm der wässerigen Lösung (1 + 99) zu der Lösung eines Körnchens Kaliumferrizyanid in 10 ccm Wasser, die mit 1 Tropfen Eisenchloridlösung versetzt ist, gegeben, so darf die braunrote Färbung der Lösung nicht sofort in Blau umschlagen (Morphin). Die wässerige, mit Salpetersäure angesäuerte Lösung (1 + 99) darf weder durch Silbernitratlösung (Salzsäure) noch durch Bariumnitratlösung (Schwefelsäure) verändert werden. Wird Kodeinphosphat am Platindraht durch Annähern an die Flamme geschmolzen, bis zur Verbrennung des größten Teiles der Kohle verascht und der Rückstand mit Salzsäure befeuchtet, so darf sich die Flamme weder gelb (Natriumsalze) noch violett (Kaliumsalze) färben. Wird 1 ccm der wässerigen Lösung (1 + 99) mit 3 Tropfen Kalilauge versetzt, so darf beim Erhitzen der Lösung darübergehaltenes, mit Wasser angefeuchtetes Lackmuspapier nicht gebläut werden (Ammoniumsalze).

0,2 g Kodeinphosphat dürfen durch Trocknen bei 100° nicht mehr als 0,014 g und nicht weniger als 0,012 g an Gewicht verlieren (D. A. B. VI).

Medizinische Anwendung: Kodeinphosphat wird als schmerzlinderndes Mittel in Dosen von 0,01—0,05 g mehrmals täglich in Lösung, Pillen oder Pulvern gegeben. Viel angewandt bei Affektionen der Respirationsorgane und des Verdauungstraktus.

Vom Kodein aus kann man zum Dihydrooxyprodukt gelangen, dessen salzsaures Salz unter dem Namen Eukodal offizinell ist.

Größte Einzelgabe 0,1, größte Tagesgabe 0,3 g. Vorsichtig aufzubewahren.

---

[1] Abgeleitet von $K\omega\delta\varepsilon\iota\alpha$, kodeia, Mohnkopf.

Eukodal (E. W.), Dihydrooxycodeinonum hydrochloricum, Dihydrooxykodeinonhydrochlorid, $(C_{18}H_{21}O_4N)HCl + 3H_2O$, Mol.-Gew. 405,7. Weißes, kristallinisches, bitter schmeckendes Pulver, das in 6 T. Wasser und in 60 T. Weingeist löslich ist. Die Lösungen verändern Lackmuspapier nicht. Die wässerige Lösung dreht den polarisierten Lichtstrahl nach links. Das Drehungsvermögen einer 5proz. Lösung beträgt $[\alpha]_D^{20°} = $ etwa — 125°.

Wird die Lösung von 0,2 g Eukodal in 5 ccm Wasser mit einigen Tropfen Ammoniakflüssigkeit versetzt, so scheidet sich ein weißer Niederschlag aus, der nach dem Abfiltrieren, Auswaschen mit wenig Wasser und Trocknen bei 218—220° schmilzt. Wird die Lösung von 0,05 g Eukodal in 2 ccm Schwefelsäure mit 1 Tropfen Salpetersäure versetzt, so entsteht eine rotbraune Färbung. Wird 0,01 g Eukodal mit 1 ccm Formaldehydschwefelsäure versetzt, so entsteht eine tiefgelbe Färbung, die nach kurzer Zeit in Violettrot und später in Violettblau übergeht.

0,1 g Eukodal muß sich in 2 ccm Wasser klar und farblos lösen; versetzt man diese Lösung nach Zusatz von Salpetersäure mit Bariumnitratlösung, so darf keine Trübung eintreten (Schwefelsäure). 0,01 g Eukodal muß sich in 1 ccm Schwefelsäure unter Entwicklung von Chlorwasserstoff farblos oder doch nur mit schwach gelblicher Färbung lösen (fremde organische Stoffe). Wird 1 ccm der wässerigen Lösung (1 + 99) zu der Lösung eines Körnchens Kaliumferrizyanid in 10 ccm Wasser, die mit 1 Tropfen Eisenchloridlösung versetzt ist, gegeben, so darf die braunrote Färbung der Lösung nicht sofort in Blau umschlagen (Morphin).

0,2 g Eukodal dürfen durch Trocknen bei 100° höchstens 0,03 g an Gewicht verlieren und nach dem Verbrennen keinen wägbaren Rückstand hinterlassen. (D. A. B. VI.)

Medizinische Anwendung: Innerlich 0,005—0,01 g mehrmals täglich in Tabletten und in Ampullen zu 0,01 g und 0,02 g zur subkutanen Injektion. Indikationen und Nebenwirkungen des Morphins (!).

Größte Einzelgabe 0,03 g, größte Tagesgabe 0,1 g. Vorsichtig aufzubewahren.

Äthylmorphin. Läßt man auf Morphin in äthylalkoholischer Lösung bei Gegenwart von Alkali Äthyljodid einwirken, so erhält man durch Äthylierung der phenolischen Hydroxylgruppe Äthylmorphin, dessen salzsaures Salz

$$C_{17}H_{17}ON(OH)(OC_2H_5) \cdot HCl + 2H_2O, \text{ Mol.-Gew. 385,7}$$

unter dem Namen **Dionin** in den Arzneischatz eingeführt ist.

Aethylmorphinum hydrochloricum, Äthylmorphinhydrochlorid, Dionin (E. W.). Weiße, feine, geruchlose Nädelchen von bitterem Geschmacke. Äthylmorphinhydrochlorid löst sich in etwa 12 T. Wasser und in 25 T. Weingeist. Die Lösungen verändern Lackmuspapier nicht. Es sintert bei 119° und ist bei 122—123° völlig geschmolzen.

0,01 g Äthylmorphinhydrochlorid löst sich in 10 ccm Schwefelsäure unter Entwicklung von Chlorwasserstoff zu einer klaren, farblosen oder vorübergehend blaßrötlichen Flüssigkeit, die nach Zusatz von 1 Tropfen Eisenchloridlösung beim Erwärmen erst grün und dann tiefblau wird und nach weiterem Zusatz von 2 Tropfen Salpetersäure zu der erkalteten Flüssigkeit eine tiefrote Färbung annimmt.

Wird 1 ccm der wässerigen Lösung (1 + 99) zu der Lösung eines Körnchens Kaliumferrizyanid in 10 ccm Wasser, die mit 1 Tropfen Eisenchloridlösung versetzt ist, gegeben, so darf die braunrote Färbung der Lösung nicht sofort in Blau umschlagen (Morphin). Werden 5 ccm der wässerigen Lösung (1 + 99) mit 5 Tropfen Ammoniakflüssigkeit versetzt, so darf keine Trübung entstehen. Erst nach mehrstündigem Stehen scheiden sich Kristalle ab, die lufttrocken bei 90—91° schmelzen müssen (fremde Alkaloide).

0,2 g Äthylmorphinhydrochlorid dürfen durch Trocknen bei 110° höchstens 0,019 g an Gewicht verlieren und nach dem Verbrennen keinen wägbaren Rückstand hinterlassen. (Nach D. A. B. VI.)

Medizinische Anwendung: Indikationen wie die des Kodeins. Innerlich 0,01 bis 0,03 g in Pulvern oder Lösung. Örtlich 1—2proz. bei Augenleiden.

Größte Einzelgabe 0,1 g, größte Tagesgabe 0,3 g. Vorsichtig aufzubewahren.

Peronin ist Benzylmorphinhydrochlorid.

Narkotin, $C_{22}H_{23}O_7N$, findet sich nächst dem Morphin im Opium am reichlichsten, und zwar im freien Zustande. Es wird von Wasser, Ammoniak und Kalilauge nicht gelöst, hingegen von Alkohol und Äther leicht aufgenommen. Narkotin kristallisiert in farblosen Kristallen vom Schmelzpunkt 176⁰.

Narkotin steht chemisch dem Hydrastin nahe, und zwar ist es ein methoxyliertes Hydrastin. Narkotin geht bei der Oxydation in Kotarnin über = methoxyliertes Hydrastinin. Die Konstitutionsformeln für Narkotin und Kotarnin lassen sich durch folgende Formeln kennzeichnen (vgl. auch Hydrastin und Hydrastinin):

$$\text{Narkotin} \longrightarrow \text{Kotarnin}$$

Therapeutisch ist von Bedeutung geworden eine aus Morphin und Narkotin gebildete Komposition, die, an Mekonsäure gebunden, unter dem Namen

Narkophin, Morphin-Narkotinmekonat

eine vielfache Anwendung findet.

$$[(C_{17}H_{19}O_3N)(C_{22}H_{23}O_7N)]C_7H_4O_7 + 4H_2O, \quad \text{Mol.-Gew. } 970,4.$$

Narkophin. Gehalt des lufttrockenen Narkophins etwa 30% Morphin, $C_{17}H_{19}O_3N$, Mol.-Gew. 285,2 und etwa 43% Narkotin, $C_{22}H_{23}O_7N$, Mol.-Gew. 413,2.

Gelblichweißes Kristallpulver, das zwischen 90—95⁰ im Kristallwasser zu einer halb durchsichtigen Masse zusammensintert. Streut man 0,1 g Narkophin auf 1,2 ccm Wasser, so entsteht eine schwach gelbliche Lösung. Narkophin löst sich in 25 T. Weingeist.

Die Lösungen röten infolge ihres Gehalts an freier Mekonsäure Lackmuspapier. Natriumazetatlösung scheidet aus der wässerigen Lösung (1 + 99) Narkotin als weißen, flockigen Niederschlag aus, der nach kurzer Zeit kristallinisch wird. Er schmilzt nach dem Abfiltrieren, Auswaschen mit Wasser und Trocknen bei 174—176⁰. Werden 10 ccm der wässerigen Lösung (1 + 99) mit 1 Tropfen Eisenchloridlösung versetzt, so nimmt die Flüssigkeit infolge ihres Gehalts an Mekonsäure eine rote Färbung an. Diese Färbung schlägt infolge des Morphingehalts nach Zusatz von 1 Tropfen einer frisch bereiteten Kaliumferrizyanidlösung in Blau um.

Die mit Salpetersäure versetzte wässerige Lösung (1 + 99) darf weder durch Bariumnitratlösung (Schwefelsäure), noch durch Silbernitratlösung (Salzsäure) verändert werden.

Gehaltsbestimmung s. D. A. B. VI.

Medizinische Anwendung: An Stelle der Gesamtwirkung der Opiumalkaloide, wie sie im Pantopon angestrebt ist, vermag nach Straub neben dem Morphin das Narkotin unter Ausschaltung der übrigen Opiumalkaloide das gleiche zu leisten.

Größte Einzelgabe 0,1 g, größte Tagesgabe 0,3 g. Vorsichtig aufzubewahren.

Das durch Oxydation aus dem Narkotin hervorgehende Kotarnin (s. vorstehend) ist unter dem Namen Styptizin (E. W.) in den Arzneischatz eingeführt worden.

Cotarninum chloratum, Kotarninchlorid, Styptizin,

$$C_{12}H_{14}O_3NCl + 2H_2O, \quad \text{Mol.-Gew. } 291,6.$$

Blaßgelbes, mikrokristallinisches Pulver, das sich in 1 T. Wasser und in 4 T. absolutem Alkohol löst. Aus der alkoholischen Lösung wird Kotarninchlorid durch Äther kristallinisch gefällt.

Kotarninchlorid bräunt sich beim raschen Erhitzen bei etwa 180^0 und zersetzt sich bei etwa 190^0, ohne zu schmelzen.

Fügt man zu der Lösung von 0,1 g Kotarninchlorid in 3 ccm Wasser 3 Tropfen Natronlauge hinzu, so verursacht jeder Tropfen eine weiße Trübung, die beim Umschwenken wieder verschwinden muß (fremde Alkaloide). Schüttelt man nun mit 0,3 ccm Äther, so scheidet sich sehr bald ein weißer, kristallinischer Niederschlag ab; die überstehende Flüssigkeit muß dann klar und darf höchstens schwach gelb gefärbt sein. Der nach dem Abfiltrieren und Auswaschen mit äthergesättigtem Wasser erhaltene Niederschlag muß nach dem Trocknen im Exsikkator bei $130—132^0$ schmelzen. 1 ccm der wässerigen Lösung des Kotarninchlorids $(1 + 4)$ darf durch Ammoniakflüssigkeit nicht getrübt werden (fremde Alkaloide).

0,2 g Kotarninchlorid dürfen durch Trocknen bei 100^0 höchstens 0,025 g an Gewicht verlieren und nach dem Verbrennen keinen wägbaren Rückstand hinterlassen (D. A. B. VI).

Anwendung wie Hydrastinin.

Vorsichtig aufzubewahren.

Papaverin

$$CH_3O,\ CH_3O \diagdown \diagup N \diagdown OCH_3,\ OCH_3 \cdot CH_2$$

Papaverinum hydrochloricum, Papaverinhydrochlorid,

$$(C_{20}H_{21}O_4N)HCl$$

Mol.-Gew. 375,6. Weißes, geruchloses Kristallpulver von schwach bitterlichem, hinterher brennendem Geschmacke. Papaverinhydrochlorid löst sich langsam in 40 T. Wasser; in Weingeist ist es auch beim Erwärmen schwer löslich. Die Lösungen röten Lackmuspapier. Schmelzpunkt ungefähr 220^0.

Mit Natriumazetatlösung gibt die wässerige Lösung $(1 + 49)$ eine milchige Trübung und klärt sich dann beim Umschütteln, indem sich an den Gefäßwandungen harzige Massen ansetzen. Diese erstarren nach etwa einer halben Stunde kristallinisch. Die Kristalle schmelzen nach dem Auswaschen mit wenig Wasser und Trocknen bei $145—147^0$.

0,01 g Papaverinhydrochlorid löst sich in $1—2$ ccm Schwefelsäure unter Entwicklung von Chlorwasserstoff fast farblos auf. Erwärmt man die Lösung 1 Minute lang im siedenden Wasserbade, so tritt eine schwach blauviolette Färbung auf, die bei stärkerem Erhitzen kräftiger wird. Wird ein Körnchen Papaverinhydrochlorid mit einigen Tropfen Formaldehydschwefelsäure versetzt, so tritt eine beim längeren Stehen sich vertiefende Rotfärbung auf.

5 ccm der wässerigen Lösung $(1 + 49)$ werden in einem Kölbchen mit 5 ccm Wasser verdünnt und mit 2,55 ccm $\frac{n}{10}$-Kalilauge versetzt $(=95,8\,\%$ Papaverinhydrochlorid). Alsdann wird die entstandene trübe Flüssigkeit auf dem Wasserbade kurze Zeit erwärmt, bis sie sich unter Bildung von Papaverinkristallen geklärt hat. Zu der erkalteten Flüssigkeit gibt man 2 Tropfen Phenolphthaleinlösung hinzu und titriert mit $\frac{n}{10}$-Kalilauge bis zum Farbumschlage. Hierzu dürfen nicht weniger als 0,10 ccm und nicht mehr als 0,15 ccm $\frac{n}{10}$-Kalilauge verbraucht werden, so daß $2,65—2,70$ ccm $\frac{n}{10}$-Kalilauge zur Sättigung von 0,1 g Papaverinhydrochlorid erforderlich sind (1 ccm $\frac{n}{10}$-Kalilauge $= 0,03756$ g Papaverinhydrochlorid, Phenolphthalein als Indikator). (Nach D. A. B. VI.)

Medizinische Anwendung: Bei Spasmen im Magen-, Darm- und Gefäßsystem $0,03—0,05$ g mehrmals täglich in Pulvern oder Tabletten oder subkutan.

Größte Einzelgabe 0,2 g; größte Tagesgabe 0,6 g. Vorsichtig aufzubewahren.

Thebain, $C_{19}H_{21}O_3N$, ist ein **Dimethyldehydromorphin.**

Narzein, $C_{23}H_{27}O_8N$, steht dem Hydrastin nahe; es enthält einen am Stickstoffatom geöffneten Hydrastinring. Sein salizylsaures Salz ist im Arzneimittelschatz als **Antispasmin** bekannt.

Pilokarpin, $C_{11}H_{16}O_2N_2$, kommt neben den Alkaloiden **Jaborin,**

$$C_{11}H_{16}O_2N_2,$$

und **Pilokarpidin,** $C_{10}H_{14}O_2N_2$, in den Jaborandiblättern (Pilocarpus pennatifolius) vor.

Pilokarpin geht beim Erhitzen mit Wasser oder Salzsäure in **Pyridinmilchsäure** und **Trimethylamin** über:

$$\underbrace{C_{11}H_{16}O_2N_2 + H_2O}_{\text{Pilokarpin}} = \underbrace{C_8H_9O_3N + N(CH_3)_3}_{\text{Pyridinmilchsäure}}.$$

Nach A. Pinner ist Pilokarpin ein Methylglyoxalinderivat und besitzt folgende Konstitution:

$$\begin{array}{l}
C_2H_5 \cdot CH \cdot CH{-}CH_2 \\[4pt]
\quad CO \quad CH_2 \quad C{-}N(CH_3) \\
\qquad \diagdown \diagup \qquad \| \qquad\qquad \diagdown CH. \\
\qquad\quad O \qquad\quad CH{-\!\!-\!\!-}N \diagup
\end{array}$$

Das salzsaure Salz des Pilokarpins.

Pilocarpinum hydrochloricum, $(C_{11}H_{16}O_2N_2)HCl$, Mol.-Gew. 244,6 bildet weiße, an der Luft Feuchtigkeit anziehende Kristalle von schwach bitterem Geschmack. Es wird durch Schwefelsäure ohne Färbung, durch rauchende Salpetersäure mit schwach grünlicher Farbe gelöst. Schmelzpunkt annähernd 200°.

0,01 g Pilokarpinhydrochlorid löst sich in 1 ccm Schwefelsäure unter Entwicklung von Chlorwasserstoffsäure ohne Färbung, in 1 ccm rauchender Salpetersäure dagegen mit schwach grünlicher Färbung. Die wässerige Lösung (1 + 99) rötet Lackmuspapier schwach; in je 1 ccm dieser Lösung rufen Jodlösung, Bromwasser, Quecksilberchlorid- oder Silbernitratlösung reichliche Fällungen hervor; durch Ammoniakflüssigkeit und durch Kaliumdichromatlösung wird die Lösung nicht getrübt. Wird die Lösung von 0,01 g Pilokarpinhydrochlorid in 5 ccm Wasser mit 1 Tropfen verdünnter Schwefelsäure, 1 ccm Wasserstoffsuperoxydlösung, 1 ccm Benzol und 1 Tropfen Kaliumdichromatlösung versetzt, so nimmt beim kräftigen Umschütteln das Benzol eine blauviolette Färbung an.

0,2 g Pilokarpinhydrochlorid dürfen durch Trocknen bei 100° höchstens 0,002 g an Gewicht verlieren und nach dem Verbrennen keinen wägbaren Rückstand hinterlassen (D. A. B. VI).

Medizinische Anwendung: Bewirkt starke Erregung der Vagusendigungen. Innerlich 0,01—0,02 g (Kindern 0,0005—0,005 g) in Lösung oder meist subkutan zur Anregung der Schweiß- und Speichelsekretion, bei Hydrops. Äußerlich 0,05 : 5 g als Augentropfen (Myotikum). (Deutsches Arzneiverordnungsbuch.)

Größte Einzelgabe 0,02 g, größte Tagesgabe 0,04 g. In gut verschlossenen Gefäßen und vor Feuchtigkeit geschützt vorsichtig aufzubewahren.

Kokain, $C_{17}H_{21}O_4N$, kommt neben einer größeren Anzahl anderer ihm verwandter Alkaloide in den Blättern von Erythroxylon Coca vor. Die wichtigsten dieser Nebenalkaloide sind: **Zinnamylkokain,** $C_{19}H_{23}O_4N$, **Truxillin,** $(C_{19}H_{23}O_4N)_2$, β-**Truxillin,** $(C_{19}H_{23}O_4N)_2$, **Tropakokain,** $C_{15}H_{19}O_2N$, **Hygrin,** $C_8H_{15}ON$, **Kuskhygrin,** $C_{13}H_{24}ON_2$.

Kokain bildet in reinem Zustande farblose, prismatische Kristalle, die bei 98° schmelzen und leicht spaltbar sind. Schon die wässerige salzsaure Lösung des Kokains zersetzt sich beim Kochen; schneller erfolgt die Zersetzung beim Erhitzen mit Salzsäure im Sinne folgender Gleichung:

$$\underbrace{C_{17}H_{21}O_4N}_{\text{Kokain}} + 2\,H_2O = \underbrace{C_9H_{15}O_3N}_{\text{Ekgonin}} + \underbrace{C_6H_5 \cdot CO_2H}_{\text{Benzoesäure}} + \underbrace{CH_3 \cdot OH}_{\substack{\text{Methyl-}\\\text{alkohol}}}.$$

Das Kokain ist infolge dieser Zersetzung als ein **Methyl-Benzoyl-Ekgonin** aufzufassen.

Die Willstätterschen Arbeiten weisen dem Ekgonin und Kokain die folgenden Konstitutionsformeln zu:

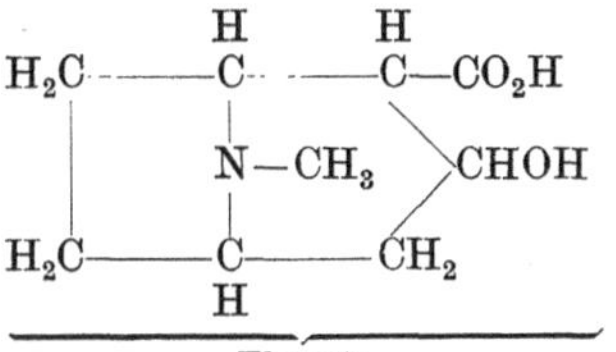

$$
\begin{array}{cc}
\underset{\text{Ekgonin}}{
\begin{array}{l}
\overset{\text{H}\quad\text{H}}{\text{H}_2\text{C}\text{---}\text{C}\text{---}\text{C}\text{---}\text{CO}_2\text{H}} \\
\qquad\quad |\qquad\quad\searrow \\
\qquad\quad \text{N---CH}_3\ \ \text{CHOH} \\
\qquad\quad |\qquad\quad\nearrow \\
\text{H}_2\text{C}\text{---}\underset{\text{H}}{\text{C}}\text{---}\text{CH}_2
\end{array}}
&
\underset{\text{Kokain}}{
\begin{array}{l}
\overset{\text{H}\quad\text{H}}{\text{H}_2\text{C}\text{---}\text{C}\text{---}\text{C}\text{---}\text{CO}_2\text{CH}_3} \\
\qquad\quad |\qquad\quad\searrow \\
\qquad\quad \text{N---CH}_3\ \ \text{CHOOC}\cdot\text{C}_6\text{H}_5 \\
\qquad\quad |\qquad\quad\nearrow \\
\text{H}_2\text{C}\text{---}\underset{\text{H}}{\text{C}}\text{---}\text{CH}_2
\end{array}}
\end{array}
$$

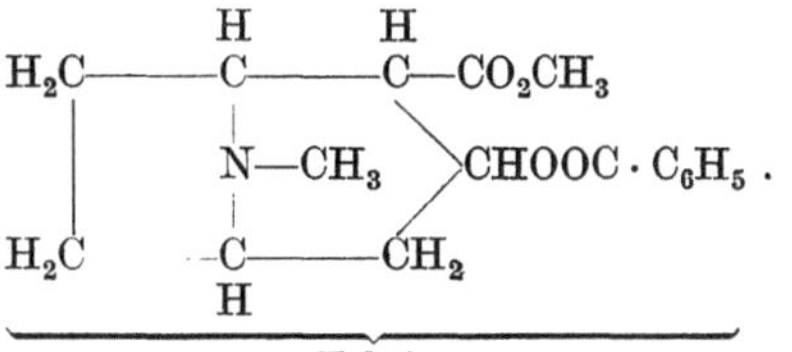

Das salzsaure Salz, **Cocainum hydrochloricum,** $(\text{C}_{17}\text{H}_{21}\text{O}_4\text{N})\ \text{HCl}$, Mol.-Gew. 339,6, besteht aus farblosen, durchscheinenden, wasserfreien Kristallen, die bei 183° schmelzen und mit Wasser und Weingeist neutrale Lösungen geben. Die Lösungen besitzen bitteren Geschmack und rufen auf der Zunge eine vorübergehende Unempfindlichkeit hervor (daher die Verwendung des Kokains als lokales Anästhetikum).

Medizinische Anwendung: Innerlich zu 0,01—0,05 g in wässeriger Lösung gegen Erbrechen, Gastralgie. Äußerlich als lokales Anästhetikum und Analgetikum. Zu Einträufelungen ins Auge in 2proz. Lösung. Zum Pinseln von Nase, Rachen, Kehlkopf in 5—10proz. Lösung; zu Suppositorien 0,03—0,05 g, zu Bougies 0,01—0,02 g mit Oleum Cacao. (Deutsches Arzneiverordnungsbuch.) Warnung vor Kokainismus!

Größte Einzelgabe des salzsauren bzw. salpetersauren Salzes (s. D. A. B. VI) 0,05 g, größte Tagesgabe 0,15 g. Vorsichtig aufzubewahren.

In der Java-Koka findet sich neben Kokain und anderen Kokabasen eine Tropakokain genannte Base, deren salzsaures Salz als Tropacocainum hydrochloricum an Stelle von Kokain Verwendung findet.

Tropacocainum hydrochloricum, Tropakokainhydrochlorid,

$$(\text{C}_{15}\text{H}_{19}\text{O}_2\text{N})\text{HCl},$$

Mol.-Gew. 281,6, farb- und geruchlose Kristalle oder weißes, kristallinisches Pulver von bitterem Geschmacke. Tropakokainhydrochlorid ruft auf der Zunge eine vorübergehende Unempfindlichkeit hervor. Es ist in Wasser sehr leicht löslich; die Lösung verändert Lackmuspapier nicht.

In je 1 ccm der wässerigen Lösung (1 + 99) ruft Jodlösung einen braunen, Kaliumdichromatlösung nach dem Ansäuern mit Salzsäure einen hellorangegelben und Silbernitratlösung nach dem Ansäuern mit Salpetersäure einen weißen Niederschlag hervor. Wird die Lösung von 0,1 g Tropakokainhydrochlorid in 2 ccm Wasser mit 3 ccm Natriumkarbonatlösung versetzt, so entsteht eine milchige Trübung, die beim Schütteln mit 10 ccm Äther verschwindet. Wird der Äther von der wässerigen Flüssigkeit getrennt und auf dem Wasserbade verdampft, so hinterbleibt ein farbloses Öl, das beim Stehen über Schwefelsäure nach einiger Zeit kristallinisch erstarrt. Diese Kristalle schmelzen bei 49—50°; ihre Lösung in Weingeist bläut mit Wasser angefeuchtetes Lackmuspapier.

0,01 g Tropakokainhydrochlorid muß sich in 1 ccm Schwefelsäure unter Entwicklung von Chlorwasserstoff ohne Färbung lösen (fremde Alkaloide). Wird 1 ccm der wässerigen Lösung (1 + 99) mit 1 Tropfen verdünnter Schwefelsäure und 1 Tropfen Kaliumpermanganatlösung versetzt, so muß die Lösung violett gefärbt werden. Die violette Färbung darf bei staubsicherem Abschluß der Lösung im Laufe $^1/_2$ Stunde kaum eine Abnahme zeigen (fremde Kokabasen). Fügt man dann 1 ccm Kaliumpermanganatlösung hinzu, so muß nach 1 bis 2 Stunden Ausscheidung von violetten, nadelförmigen Kristallen erfolgen.

0,2 g Tropakokainhydrochlorid dürfen nach dem Verbrennen keinen wägbaren Rückstand hinterlassen (D. A. B. VI).

Vorsichtig aufzubewahren.

Psikain ist ein auf synthetischem Wege hergestelltes d-ψ-Kokainbitartrat

$$
\begin{array}{l}
\text{CH(OH)}\cdot\text{CO}_2\text{H} \\
\qquad\qquad\qquad\quad\cdot\text{N(CH}_3)\cdot\text{C}_7\text{H}_{10}\!\!<\!\!\begin{array}{l}\text{O}\cdot\text{CO}\cdot\text{C}_6\text{H}_5 \\ \text{CO}\cdot\text{OCH}_3\end{array}\ ,\ \text{Mol.-Gew. 453.}\\
\text{CH(OH)}\cdot\text{CO}_2\text{H}
\end{array}
$$

Es bildet ein weißes, kristallinisches Pulver von bitterem Geschmack, das auf der Zunge eine langandauernde Unempfindlichkeit hervorruft. Psikain löst sich in 4 T. Wasser, schwerer in Weingeist. Die wässerige Lösung $(1 + 9)$ rötet Lackmuspapier und dreht den polarisierten Lichtstrahl nach rechts. Das Drehungsvermögen der 5proz. wässerigen Lösung beträgt $[\alpha]_D^{20^0} = + 43^0$.

Quecksilberchloridlösung ruft in der wässerigen, mit Salzsäure angesäuerten Lösung $(1 + 99)$ einen schmierigen, weißen und Jodlösung einen braunen Niederschlag hervor; Natronlauge scheidet aus der Lösung ein farbloses, in Weingeist und in Äther leicht lösliches Öl aus.

Über die physiologische Wirkung dieses Präparates, das vor dem Kokain Vorzüge besitzen soll, sind die Versuche noch nicht abgeschlossen.

Harmin, Alkaloid der Steppenpflanze Peganum harmala, welchem nach W. H. Perkin und K. Robinson die Konstitutionsformel

$$
\begin{array}{c}
\text{H} \qquad \text{H} \\
\text{H} \diagup \quad \diagdown \text{H} \\
\text{CH}_3\text{O} \diagdown \qquad \diagup \text{N} \\
\text{H} \quad \text{NH} \quad \text{CH}_3
\end{array}
$$

zukommt. Das salzsaure Salz bildet kleine rhombische Kristalle, die bei 258^0 sich zu schwärzen beginnen und bei $263—264^0$ (unkorrigiert) schmelzen. Schmelzpunkt der freien Base $254—256^0$.

Identisch mit dem Harmin ist das aus den Stamm- und Zweigstücken einer zur Familie der Malpighiaceae gehörenden Liane, der Banisteria Caapi Spr. gewonnene Alkaloid Banisterin.

Harmin (bzw. Banisterin) zeigt sich wirkungsvoll zur Behandlung der Paralysis agitans, und des postencephalitischen Parkinsonismus sowie ähnlicher Zustände. Es verdient, da es ohne Nebenerscheinungen, Vorzug vor dem Skopolamin.

Physostigmin (Eserin), $C_{15}H_{21}O_2N_3$, wird aus den Kalabarbohnen (Physostigma venenosum) gewonnen. **Physostigminum sulfuricum,** $(C_{15}H_{21}O_2N_3)_2 \cdot H_2SO_4$, Mol.-Gew. 648,5, bildet ein weißes, kristallinisches, an feuchter Luft zerfließendes Pulver, das sich sehr leicht in Wasser und Weingeist löst.

Das salizylsaure Salz. **Physostigminum salicylicum,**

$$(C_{15}H_{21}O_2N_3) \cdot C_7H_6O_3, \quad \text{Mol.-Gew. } 413,2,$$

bildet farblose oder schwach gelbliche, glänzende Kristalle, welche in 85 T. Wasser und in 12 T. Weingeist löslich sind. Schmelzpunkt annähernd 180^0. Die Lösungen färben sich in zerstreutem Licht innerhalb weniger Stunden rötlich.

1 ccm der wässerigen Lösung $(1 + 99)$ gibt mit Eisenchloridlösung eine violette Färbung, mit Jodlösung eine Trübung. Die Lösung in Schwefelsäure ist anfangs farblos, färbt sich jedoch allmählich gelb. Werden wenige Milligramm Physostigminsalizylat in einigen Tropfen erwärmter Ammoniakflüssigkeit gelöst, so erhält man eine gelbrote Flüssigkeit. Wird ein Teil dieser Lösung auf dem Wasserbad eingedampft, so hinterbleibt ein blau oder blaugrau gefärbter, in Weingeist mit blauer Farbe löslicher Rückstand. Beim Übersättigen mit Essigsäure wird diese weingeistige Lösung rot gefärbt und zeigt starke Fluoreszenz. Der Verdampfungsrückstand des anderen Teiles der ammoniakalischen Physostigminsalizylatlösung löst sich in 1 Tröpfchen Schwefelsäure mit grüner Farbe, die bei allmählichem Zusatz von Weingeist in Rot übergeht, jedoch von neuem grün wird, wenn der Weingeist verdunstet.

0,2 g Physostigminsalizylat dürfen durch Trocknen bei 100^0 höchstens 0,002 g an Gewicht verlieren und nach dem Verbrennen keinen wägbaren Rückstand hinterlassen.

Medizinische Anwendung: Das Salizylat wird bei krankhaften Zuständen des Nervensystems (Epilepsie, Tetanus usw.) angewendet. Innerlich (selten) zu 0,0005 g bei schwerer Atonie des Darmes. Da das Mittel hochgradige Pupillenverengung hervorruft, wird es in der augenärztlichen Praxis in $^1/_2$—$^1/_3$ proz. Lösung zur Beseitigung von Mydriasis, Akkommodationslähmungen und bei Glaukom angewandt.

Lösungen, die Physostigminsalizylat enthalten, dürfen nicht erhitzt werden (D. A. B. VI). Größte Einzelgabe 0,001 g, größte Tagesgabe 0,003 g. Sehr vorsichtig aufzubewahren!

Pelletierin, Isopelletierin, Methylisopelletierin, α-N-Methylpiperidylpropan-2-on und **Pseudopelletierin** sind die Alkaloide der Granatwurzelrinde. S. Wertbestimmung im D. A. B. VI.

Die Zusammensetzung dieser 5 Granatwurzelalkaloide läßt sich durch die folgenden Konstitutionsformeln kennzeichnen:

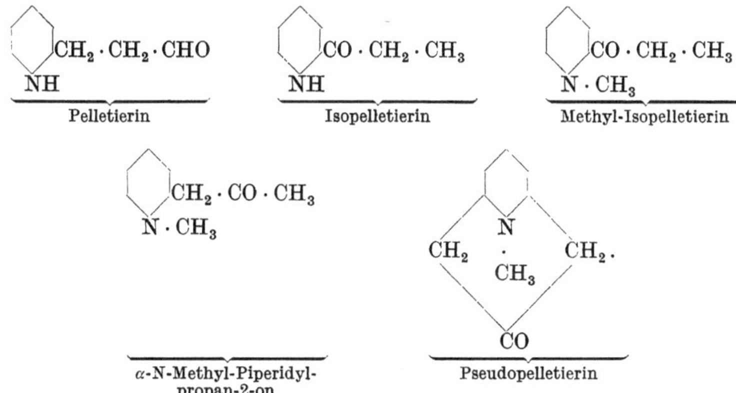

Die Granatwurzelrinde findet als Bandwurmmittel Verwendung.

Atropin, Hyoszyamin, Skopolamin. In den verschiedenen Pflanzenteilen von Atropa belladonna, Hyoscyamus niger und H. albus, Datura stramonium, Duboisia myoporoides, Scopolia carniolica, Mandragora officinarum kommen hauptsächlich drei Alkaloide vor, das Atropin, $C_{17}H_{23}O_3N$, das ihm isomere Hyoscyamin, $C_{17}H_{23}O_3N$, und das Skopolamin (Hyoszin), $C_{17}H_{21}O_4N$. Neben verhältnismäßig großen Mengen Hyoscyamin ist Atropin nur in kleiner Menge in den Drogen enthalten, in den Samen von Hyoscyamus niger wahrscheinlich nur Hyoscyamin.

Diese Tatsache war früher nicht völlig aufgeklärt, da bei der Verarbeitung jener Pflanzenteile auf Alkaloide stets in weitaus größter Menge Atropin erhalten wurde. Es hat sich gezeigt, daß das Hyoszyamin unter den Bedingungen der Darstellung in das isomere Atropin übergehen kann. Reines Hyoszyamin kann man in Atropin überführen, indem man jenes in luftverdünntem Raum 6 Stunden lang auf 110° erhitzt, oder indem man eine alkoholische, mit etwas Natronlauge versetzte Lösung von Hyoszyamin mehrere Stunden der Ruhe überläßt.

Aus Atropa Belladonna sind noch zwei andere Alkaloide: Atropamin, $C_{17}H_{21}O_2N$, und das ihm isomere Belladonnin, aus Duboisia myoporoides Nor-Hyoszyamin, $C_{16}H_{21}O_3N$, isoliert worden.

Zur Darstellung des Atropins benutzt man die 2—3 jährigen, kurz vor dem Blühen der Pflanze gesammelten Belladonnawurzeln, welche man fein pulvert, mit $^1/_{25}$ des Gewichtes Kalziumhydroxyd versetzt und mit 90 proz. Alkohol bei mäßiger Wärme auszieht. Man filtriert, säuert schwach mit verdünnter Schwefelsäure an, filtriert abermals und destilliert im Wasserbade den Alkohol ab. Den Rückstand schüttelt man zur Befreiung von Harz, Fett usw. mit Äther oder Petroleumäther aus und versetzt sodann bis zur schwach alkalischen Reaktion mit Kaliumkarbonatlösung. Hierdurch werden nach mehrstündigem Stehen noch die letzten Anteile Harz neben anderen Verunreinigungen abgeschieden, worauf man nunmehr das Filtrat mit Kaliumkarbonatlösung in starkem Überschuß versetzt. Nach

24 stündigem Stehen sammelt man das Rohatropin auf einem Filter und kristallisiert es aus verdünntem Alkohol um.

Atropin, $C_{17}H_{23}O_3N$, bildet farblose, glänzende, säulenförmige oder spießige Kristalle vom Schmelzpunkt 115,5°, die in gegen 600 T. Wasser löslich sind. Konz. Schwefelsäure nimmt das Atropin ohne Färbung auf, färbt sich aber beim Erwärmen braun. Wird Atropin mit konz. Schwefelsäure erwärmt und sodann vorsichtig mit einem gleichen Raumteil Wasser versetzt, so macht sich ein süßlicher Geruch bemerkbar, der als hyazinthartig, auch wohl als an Schlehenblüte erinnernd bezeichnet wird und durch die Abspaltung der Tropasäure bedingt ist. Dampft man ein Körnchen Atropin in einem Porzellanschälchen mit einigen Tropfen rauchender Salpetersäure ein, so hinterbleibt ein gelblicher Rückstand, der, mit alkoholischer Kalilauge befeuchtet, eine violette Färbung annimmt. (Vitalische Reaktion).

Beim Erhitzen mit rauchender Salzsäure oder mit Barytwasser wird Atropin in Tropin und Tropasäure gespalten:

$$\underbrace{C_{17}H_{23}O_3N}_{\text{Atropin}} + H_2O = \underbrace{C_8H_{15}ON}_{\text{Tropin}} + \underbrace{C_8H_9O \cdot CO_2H}_{\text{Tropasäure}}.$$

Wird tropasaures Tropin, $C_8H_{15}ON \cdot C_9H_{10}O_3$, längere Zeit mit überschüssiger verdünnter Salzsäure im Wasserbade erwärmt, so spaltet sich Wasser ab und Atropin wird zurückgebildet.

Die Konstitution der Spaltstücke des Atropins und Hyoszyamins, der Tropasäure und des Tropins kann als aufgeklärt bezeichnet werden.

Die Tropasäure, eine α-Phenyl-β-Oxypropionsäure, kristallisiert in Tafeln oder Prismen, die bei 117—118° schmelzen; ihre Konstitution ist:

Die Tropasäure hat ein asymmetrisches Kohlenstoffatom, kann also in zwei optisch-aktiven und in einer razemischen Form auftreten. Im Atropin ist das Tropin mit razemischer Tropasäure verestert, im Hyoszyamin mit der linksdrehenden Tropasäure.

Die Tropasäure geht beim Erhitzen unter Wasserabspaltung in die Atropasäure (α-Phenylakrylsäure) über, und diese liefert bei der Oxydation mit Permanganat unter Abspaltung von Kohlendioxyd Benzaldehyd:

Für das Tropin gilt die von Willstätter entworfene Konstitutionsformel:

Hiernach stehen Ekgonin, die Spaltbase des Kokains (s. dort), und das Tropin in nahen Beziehungen zueinander. Das Ekgonin ist von dem Tropin dadurch unterschieden, daß jenes an Stelle eines Wasserstoffatoms des Tropins in benachbarter Stellung zur sekundären Alkoholgruppe eine Karboxylgruppe enthält.

Wie mit der Tropasäure vermag das Tropin auch mit anderen Säuren ester-
artige Verbindungen zu bilden. Diese werden Tropeïne genannt. Das Tropeïn
aus Tropin und Mandelsäure, das Oxytoluyltropeïn, führt den Namen Homa-
tropin (s. weiter unten).

Atropinum sulfuricum, $(C_{17}H_{23}O_3N)_2 \cdot H_2SO_4 + H_2O$, Mol.-Gew. 694,5, bildet
ein weißes, kristallinisches, gegen 180⁰ schmelzendes Pulver, das sich in gleichen
Teilen Wasser und in 3 T. 90proz. Alkohol zu neutral reagierenden Flüssigkeiten
löst. Zur Identifizierung des Atropins dient die Vitalische Reaktion (s. oben).

Die wässerige Lösung (1 + 59) wird durch Natronlauge getrübt; 5 ccm der wässerigen
Lösung dürfen jedoch durch 2 ccm Ammoniakflüssigkeit nicht sofort verändert werden
(Apoatropin). 0,01 g Atropinsulfat muß sich in 1 ccm Schwefelsäure ohne Färbung lösen;
nach Zusatz von 1 Tropfen Salpetersäure darf sich die Lösung höchstens schwach gelb
färben (fremde Alkaloide). Das aus der wässerigen Lösung (1 + 24) durch Ammoniakflüssigkeit nach einiger Zeit in Kristallen ausgeschiedene Atropin muß nach dem Abfiltrieren,
Auswaschen mit Wasser und Trocknen über Schwefelsäure bei 115,5⁰ schmelzen. 0,2 g
Atropinsulfat dürfen durch Trocknen bei 100⁰ höchstens 0,01 g an Gewicht verlieren und
nach dem Verbrennen keinen wägbaren Rückstand hinterlassen (D. A. B. VI).

Medizinische Anwendung: Krampfstillend und vaguslähmend. Bei Koliken,
spastischen Zuständen und Ileus, Hyperchlorhydrie und Magengeschwüren, bei Asthma, gegen
profuse Schweiße, als Gegengift bei Morphinvergiftungen (in Dosen bis zu 0,005 g!), auch als
Zusatz zu Morphinlösungen zur besseren Verträglichkeit. Innerlich in Pillen, Kompretten,
Lösungen und subkutan in Lösung und Ampullen zu 0,0003—0,001 g. Außerdem als
Mydriatikum 0,05—0,1 g : 10,0 g (lähmt die Akkomodation), in Augensalben (0,02 g : 10,0 g
mit Lanolin). (Deutsches Arzneiverordnungsbuch.)

Größte Einzelgabe 0,001 g, größte Tagesgabe 0,003 g. Sehr vorsichtig aufzubewahren!

Hyoszyamin, $C_{17}H_{23}O_3N$, kristallisiert in farblosen, glänzenden bei 108,5⁰
schmelzenden Nadeln. Es ist vom Atropin besonders durch seine optische Aktivität unterschieden. Für Hyoszyaminsulfat gilt nach Gadamer

$$[\alpha]_D = -26^0\ 48' \text{ bis } 27^0\ 18'\ (p = 2,91,\ d = 1,0104).$$

Hyoszyamin zerfällt bei der Spaltung mit rauchender Salzsäure oder Barytwasser in Tropasäure und Tropin.

Skopolamin (Atroszin, Hyoszin), $C_{17}H_{21}O_4N$, stellt eine zähe, sirupöse Masse
dar, deren bromwasserstoffsaures Salz:

Scopolaminum hydrobromicum, $C_{17}H_{21}O_4N \cdot HBr + 3H_2O$, in großen, farblosen Rhomben kristallisiert. Das über Schwefelsäure getrocknete Skopolaminhydrobromid schmilzt gegen 190⁰. Es ist in Wasser und in Weingeist zu einer
blaues Lackmuspapier schwach rötenden Flüssigkeit von bitterem und zugleich
kratzendem Geschmack leicht löslich. $[\alpha]_D^{20^0} = -24,75^0$. Werden 5 ccm der
wässerigen Lösung (1 + 99) mit 1 Tr. Kaliumpermanganatlösung versetzt, so
darf die rote Färbung innerhalb 5 Minuten nicht verschwinden (Prüfung auf
Apoatropin).

Auch Skopolamin gibt die Vitalische Reaktion (s. bei Atropin).

Medizinische Anwendung: Skopolaminhydrobromid wird als Mydriatikum benutzt bei Iritis, bei chronischer Entzündung, bei sekundärem Glaukom. Fünfmal so wirksam
wie Atropin. Innerlich als Hypnotikum, besonders bei Aufregungszuständen Geistes-
kranker und Tobsüchtiger, meist subkutan: Dosis 0,0001—0,0005 g. Der Schlaf tritt in der
Regel nach 10—12 Minuten ein und dauert bis gegen 8 Stunden.

Größte Einzelgabe 0,001 g, größte Tagesgabe 0,003 g. Sehr vorsichtig aufzubewahren!

Bei der Spaltung mit rauchender Schwefelsäure oder mit Barytwasser zerfällt Skopolamin in Tropasäure und Skopolin (Oszin):

$$C_{17}H_{21}O_4N + H_2O = C_8H_{13}O_2N + C_8H_9O \cdot CO_2H.$$

Skopolamin   Skopolin   Tropasäure

Homatropinum hydrobromicum, Homatropinhydrobromid,

$$(C_{16}H_{21}O_3N)HBr,$$

Mol.-Gew. 356,1. Weißes, geruchloses, kristallinisches, leicht in Wasser, schwerer in Weingeist lösliches Pulver. Schmelzpunkt annähernd 214^0.

Wird 0,01 g des Salzes mit 5 Tr. rauchender Salpetersäure in einem Porzellanschälchen auf dem Wasserbade zur Trockne verdampft, so hinterbleibt ein kaum gelblich gefärbter Rückstand, der nach dem Erkalten beim Übergießen mit alkoholischer Kalilauge nicht violett gefärbt werden darf (Unterschied von Atropin), sondern eine rotgelbe Färbung annehmen muß.

Medizinische Anwendung: Die Anwendung und Dosierung wie Atropin, jedoch ist die Wirkung des Homatropins milder und von kürzerer Dauer.

Größte Einzelgabe 0,001 g, größte Tagesgabe 0,003 g.

Sehr vorsichtig aufzubewahren.

Strychnin, $C_{21}H_{22}O_2N_2$, kommt in Begleitung von Bruzin, an Äpfelsäure gebunden, in verschiedenen Teilen von Strychnosarten vor. Die Brechnüsse oder Krähenaugen, Samen der Strychnos nux vomica, enthalten gegen 2,5 % dieser Alkaloide.

Zu ihrer Darstellung werden die Brechnüsse zwischen Walzen zerquetscht und mit 50proz. Alkohol ausgekocht. Die Auszüge läßt man absetzen, destilliert den Alkohol ab, versetzt mit Bleiazetat, fällt aus dem Filtrat das überschüssige Blei durch Schwefelwasserstoff, dampft ein und scheidet mit Natronlauge oder Magnesia die Alkaloide ab. Die getrockneten Niederschläge kocht man mit 80proz. Alkohol aus, konzentriert die Auszüge durch Abdampfen und läßt erkalten, worauf sich das Strychnin kristallinisch abscheidet, während das leichter lösliche Bruzin in der Mutterlauge verbleibt.

Strychnin bildet farblose, außerordentlich bitter schmeckende Prismen, die erst gegen 265^0 schmelzen. In Wasser, absolutem Alkohol und in Äther ist es sehr schwer löslich. Das salpetersaure Salz, **Strychninum nitricum,**

$$C_{21}H_{22}O_2N_2 \cdot HNO_3,$$

Mol.-Gew. 397,2, kristallisiert in farblosen Nadeln, welche mit 90 T. Wasser von 20^0 und 3 T. siedendem Wasser, sowie mit 70 T. Weingeist von 20^0 und 5 T. siedendem Weingeist neutrale Lösungen geben. Aus der wässerigen Lösung des Strychninnitrats scheidet Kaliumdichromatlösung rotgelbe Kriställchen ab, welche, mit Schwefelsäure in Berührung gebracht, vorübergehend blaue bis violette Färbung annehmen. Strychnin ist ein Krampfgift. Zur Prüfung auf Bruzin verreibt man Strychninnitrat mit Salpetersäure; es färbt sich rot, wenn Bruzin zugegen ist.

Medizinische Anwendung: Innerlich zu 0,003—0,005 g pro dosi in Pulvern, Pillen als allgemeines Tonikum (auch in Verbindung mit Eisen, Arsen, Chinin, Digitalis bei Herzkrankheiten, besonders Arrhythmien, bei Atonie der Verdauungsorgane, bei Neurosen, Schwächezuständen. Man beginnt mit 0,005 g als Tagesdosis und kann steigen bis 0,01—0,02 g. Äußerlich zu subkutanen Injektionen 0,1 g auf 10 g Wasser, davon 0,1—0,5 ccm einzuspritzen gegen Lähmungen nach Diphtherie und bei atonischen Zuständen der Verdauungsorgane.

Größte Einzelgabe 0,005 g, größte Tagesgabe 0,01 g.

Sehr vorsichtig aufzubewahren!

Bekannt ist die Benutzung des Strychninnitrats zur Herstellung von Giftweizen zur Vertilgung von Mäusen.

Bruzin, $C_{23}H_{26}O_4N_2 + 4H_2O$, bildet farblose, monokline Tafeln. Bruzin löst sich schwer in Wasser und in Äther, leicht in Alkohol. Von reiner konz. Schwefelsäure wird Bruzin ohne Färbung aufgenommen; fügt man aber selbst nur Spuren Salpetersäure hinzu, so färbt sich die Schwefelsäurelösung des Bruzins blutrot. Diese Reaktion ist so scharf und kennzeichnend, daß man das Bruzin zum Nachweis kleiner Mengen Salpetersäure, z. B. im Trinkwasser, benutzt. Die physiologische bzw. toxische Wirkung des Bruzins ist weit schwächer als die des Strychnins. **Sehr vorsichtig aufzubewahren!**

Chinabasen.

In den von verschiedenen Cinchonaarten abstammenden Chinarinden sind eine größere Zahl Alkaloide enthalten, deren wichtigstes das **Chinin** ist. Außer diesem sind erwähnenswert das Chinidin (Conchinin), Cinchonin, Cinchonidin, Chinamin. Zur Verarbeitung auf Chinabasen dient die Rinde kultivierter Cinchonen, neben der von Cinchona succirubra, die das Arzneibuch als Cortex Chinae aufführt, vorzugsweise die von Cinchona Ledgeriana abstammende, welche die chininreichste ist (bis gegen 13%). In der arzneilich verwendeten Chinarinde sollen nach dem Arzneibuch mindestens 6,5% Alkaloide enthalten sein.

Technische Darstellung der Chinaalkaloide, insbesondere des Chinins.

Die in Säcken zu 80—120 kg aus Java eingeführte Chinarinde, $4^1/_2$—7% Chinin enthaltend, wird auf Kollergängen fein gemahlen, gesiebt und mit gelöschtem Kalk gemischt; hierbei findet infolge Oxydation durch den Luftsauerstoff starke Dunkelfärbung statt. Das Gemisch wird nach schwachem Anfeuchten nochmals auf Kollergängen bearbeitet und in Extraktionsapparaten mit Braunkohlenteer-Kohlenwasserstoffen, die die Alkaloide aufnehmen, erschöpft. Als Extraktionsapparate pflegt man flache, mit Heizschlangen und Rührwerk versehene Kessel anzuwenden. Die wieder abgelassenen alkaloidführenden Kohlenwasserstoffe werden sodann in großen Holzbottichen mit verdünnter Schwefelsäure ausgeschüttelt. Das Durchmischen von Schwefelsäure und Kohlenwasserstoffen geschieht durch Einblasen eines Luftstromes. Die schwefelsaure Lösung der Alkaloide wird hierauf mit Knochenkohle behandelt, welche neben den Farbstoffen auch kleine Mengen Alkaloide aufnimmt; die Kohle wird nach dem Trocknen gepulvert und der ursprünglichen Rinde zwecks Extrahierens beigemischt. Die entfärbte schwefelsaure Lösung neutralisiert man in Holzbottichen von ca. 50 Liter Inhalt genau mit Natronlauge, worauf sich neutrales Chininsulfat abscheidet. Dieses dient zur Darstellung des chlorwasserstoffsauren Salzes, indem man jenes mit der berechneten Menge Bariumchlorid umsetzt.

Chinin, $C_{20}H_{24}O_2N_2$, wird aus den wässerigen Lösungen seiner Salze auf Zusatz von Alkalien als weißer, käsiger Niederschlag abgeschieden, der bald Wasser aufnimmt und das kristallinische Hydrat $C_{20}H_{24}O_2N_2 + 3H_2O$ bildet. Chininhydrat löst sich bei 15° in 1670 T. Wasser, das wasserfreie Chinin in 1960 T. Wasser. Versetzt man die wässerige oder alkoholische Lösung des Chinins mit Schwefelsäure, Phosphorsäure, Salpetersäure, so entsteht eine schön blaue Fluoreszenz. Noch in einer Verdünnung von 1:100000 ist die durch Schwefelsäure hervorgerufene Fluoreszenz bemerkbar. Trockenes Chlorgas färbt das Chinin karminrot und führt es in eine wasserlösliche Verbindung über. Fügt man zur wässerigen Lösung eines Chininsalzes Chlorwasser (oder Bromwasser) und tropft sodann überschüssiges Ammoniak hinzu, so entsteht eine smaragdgrüne Färbung. Man bezeichnet diese Reaktion als Thalleiochinreaktion. Von den Salzen des Chinins werden das chlorwasserstoffsaure und schwefelsaure am häufigsten medizinisch benutzt. Chininum ferrocitricum, Eisenchininzitrat, wird durch Lösen von frisch gefälltem Chininhydrat in Ferrizitratlösung und Eintrocknen der zu einem Sirup verdunsteten Lösung auf Glasplatten bereitet.

Chininum hydrochloricum, Chininhydrochlorid,

$$C_{20}H_{24}O_2N_2 \cdot HCl + 2H_2O, \text{ Mol.-Gew. } 396,7,$$

bildet weiße, glänzende, nadelförmige Kristalle von stark bitterem Geschmack, welche mit 3 T. Weingeist und mit 32 T. Wasser farblose, neutrale, nicht fluoreszierende Lösungen geben.

Die wässerige Lösung (1 + 49) darf durch Bariumnitratlösung (Schwefelsäure) nicht sofort, durch verdünnte Schwefelsäure (Bariumsalze) nicht getrübt werden. 0,05 g Chininhydrochlorid dürfen sich in 1 ccm Schwefelsäure unter Entwicklung von Chlorwasserstoff mit höchstens blaßgelblicher Farbe lösen; in 1 ccm Salpetersäure dagegen müssen sich 0,05 g Chininhydrochlorid ohne Färbung lösen. 1 g Chininhydrochlorid muß sich in 7 ccm einer Mischung aus 2 Raumteilen Chloroform und 1 Raumteil absolutem Alkohol vollständig lösen (fremde Alkaloide).

2 g Chininhydrochlorid werden in einem erwärmten Mörser in 20 ccm Wasser von 60⁰ gelöst; die Lösung wird mit 1 g zerriebenem, unverwittertem Natriumsulfat versetzt und die Masse gleichmäßig durchgearbeitet. Nach dem Erkalten läßt man sie unter wiederholtem Umrühren $^1/_2$ Stunde lang bei 15⁰ stehen. Hierauf wird die Masse in einem trockenen Stück Leinwand von etwa 100 qcm Flächeninhalt ausgepreßt und die abgepreßte Flüssigkeit durch ein Filter von 7 cm Durchmesser filtriert. Werden 5 ccm des Filtrats bei 15⁰ in einem trockenen Probierrohr mit 4 ccm Ammoniakflüssigkeit versetzt, so entsteht ein Niederschlag, der sich beim Umschwenken wieder klar lösen muß (unzulässige Menge fremder Chinaalkaloide). (D. A. B. VI.)

Medizinische Anwendung: 0,3—0,5 g evtl. mehrmals als Spezifikum gegen einheimische Malaria (6—8 Stunden vor dem Anfall); bei tropischer Malaria mehrmals täglich längere Zeit hindurch. Ebenfalls zu 0,3—0,5 g mehrmals täglich zur Bekämpfung schwerer Infektionen, insbesondere Sepsis und Typhus. Beim Keuchhusten der Kinder soviel Zentigramme als das Kind Monate, soviel Dezigramme als das Kind Jahre zählt, 3 mal täglich. Zu 0,05 bis 0,1 g 3 mal täglich als Analgetikum bei Neuralgien und als Tonikum bei anämischen Rekonvaleszenten. Als Wehenmittel 0,5 g. Zur subkutanen Injektion kann Chinin durch Zusatz von Urethan löslich gemacht werden. (Deutsches Arzneiverordnungsbuch.)

Chininum sulfuricum, Chininsulfat, $(C_{20}H_{24}O_2N_2)_2 \cdot H_2SO_4 + 8 H_2O$, Mol.-Gew. 890,6 Gehalt mindestens 72,1 % Chinin.

Weiße, feine Kristallnadeln, die leicht verwittern und dabei bis zu 6 Molekeln Wasser verlieren können. Chininsulfat schmeckt bitter und gibt mit 6 T. siedendem Weingeist oder 800 T. Wasser von 20⁰ sowie mit 25 T. siedendem Wasser farblose, nicht fluoreszierende Lösungen, die Lackmuspapier höchstens schwach bläuen.

5 ccm der kalt gesättigten wässerigen Lösung werden nach Zusatz von 1 ccm verdünntem Bromwasser (1 + 4) durch Ammoniakflüssigkeit im Überschusse grün gefärbt. In der kalt gesättigten wässerigen Lösung ruft 1 Tropfen verdünnte Schwefelsäure starke, blaue Fluoreszenz hervor. Die wässerige, mit Salpetersäure angesäuerte Lösung gibt mit Bariumnitratlösung eine allmählich zunehmende weiße Trübung.

Die wässerige, mit Salpetersäure angesäuerte Lösung darf durch Silbernitratlösung nicht verändert werden (Salzsäure). 0,05 g Chininsulfat dürfen sich in 1 ccm Schwefelsäure mit höchstens blaßgelblicher Farbe lösen; in 1 ccm Salpetersäure dagegen müssen sich 0,05 g Chininsulfat ohne Färbung lösen. 1 g Chininsulfat muß sich in 7 ccm einer Mischung aus 2 Raumteilen Chloroform und 1 Raumteil absolutem Alkohol bei kurzem Erwärmen auf 40—50⁰ vollständig lösen; diese Lösung muß auch nach dem Erkalten klar bleiben (fremde Alkaloide).

Ein Gemisch von 2 g bei 40—50⁰ völlig verwittertem Chininsulfat und 20 ccm Wasser wird in einem Probierrohr $^1/_2$ Stunde lang unter häufigem Umschütteln in ein auf 60—65⁰ erwärmtes Wasserbad gestellt. Alsdann bringt man das Probierrohr in Wasser von 15⁰ und läßt es unter häufigem Schütteln 2 Stunden lang darin stehen. Hierauf wird die Masse in einem trockenen Stücke Leinwand von etwa 100 qcm Flächeninhalt ausgepreßt und die abgepreßte Flüssigkeit durch ein Filter von 7 cm Durchmesser filtriert. Werden 5 ccm des Filtrats bei 15⁰ in einem trockenen Probierrohr mit 4 ccm Ammoniakflüssigkeit versetzt, so entsteht ein Niederschlag, der sich beim Umschwenken wieder klar lösen muß (unzulässige Menge fremder Chinaalkaloide).

0,2 g Chininsulfat dürfen durch Trocknen bei 100⁰ höchstens 0,032 g an Gewicht verlieren und nach dem Verbrennen keinen wägbaren Rückstand hinterlassen (D. A. B. VI).

Medizinische Anwendung: Innerlich, wie das Chininhydrochlorid, doch schwerer verträglich. Die Resorption ist erleichtert durch nachträgliches Einnehmen von 10 Tropfen Acid. hydrochloricum dilut., mit Wasser verdünnt.

In gut verschlossenen Gefäßen und vor Licht geschützt aufzubewahren.

Chininum tannicum, Chinintannat, Gehalt 30—32% Chinin.

8,5 T. Chininsulfat werden in einer Mischung von 8 T. verdünnter Schwefelsäure und 100 T. Wasser gelöst. Die Lösung gibt man unter Umrühren zu einer Mischung von 15 T. Ammoniakflüssigkeit mit 100 T. Wasser, läßt 1 Stunde lang stehen, filtriert das Chinin ab und wäscht es mit Wasser aus, bis das mit Salpetersäure angesäuerte Filtrat durch Bariumnitratlösung nicht mehr getrübt wird. Das durch sanftes Pressen von der Hauptmenge des Wassers befreite Chinin wird mit 15 T. Gerbsäure innig gemischt, darauf nach Zusatz von 10 T. Weingeist zu einem Brei verrieben und unter häufigem Umrühren bei 30—40°, schließlich bei 100° unter Lichtabschluß getrocknet und zu einem feinen Pulver zerrieben.

Gelblichweißes, amorphes, geruch- und fast geschmackloses Pulver. Chinintannat ist in kaltem Wasser nur wenig löslich, in heißem Wasser ballt es sich zu einer gelben, zähen Masse zusammen, in heißem Weingeist ist es klar oder schwach trübe löslich. Die Lösungen werden durch Eisenchloridlösung blauschwarz gefärbt.

Werden 0,4 g Chinintannat mit 20 ccm Wasser und 0,4 ccm Salpetersäure geschüttelt, so darf das Filtrat durch 3 Tropfen Natriumsulfidlösung (Schwermetallsalze) nicht verändert, durch Silbernitratlösung (Salzsäure) und durch Bariumnitratlösung (Schwefelsäure) nicht sofort getrübt werden.

Gehaltsbestimmung: 1,2 g des bei 100° getrockneten Chinintannats werden in einem Arzneiglas von 75 ccm Inhalt mit 5 g Natronlauge zu einem gleichmäßigen Brei angeschüttelt. Dann fügt man 30 g Äther hinzu, verschließt das Gefäß gut und schüttelt 5 Minuten lang kräftig durch. Nach Zugabe von 0,5 g Traganth schüttelt man nochmals etwa 2 Minuten lang durch und gießt nach weiteren 5 Minuten 25 g der klaren ätherischen Lösung (= 1 g Chinintannat) in ein gewogenes Kölbchen ab. Nach dem Eindunsten auf dem Wasserbad und Trocknen bei 100° muß der Rückstand mindestens 0,3 g betragen.

Wird das aus einer größeren Menge Chinintannat in gleicher Weise abgeschiedene Chinin mit stark verdünnter Schwefelsäure bis zur schwach alkalischen oder neutralen Reaktion versetzt und die Lösung zur Trockne eingedampft, so muß das so gewonnene Chininsulfat den an Chininsulfat gestellten Anforderungen genügen.

0,2 g Chinintannat dürfen durch Trocknen bei 100° höchstens 0,02 g an Gewicht verlieren und nach dem Verbrennen keinen wägbaren Rückstand hinterlassen (D. A. B. VI).

Medizinische Anwendung: Innerlich zu 0,1—0,2 g mehrmals täglich in Pillen oder Pulvern bei Keuchhusten.

Vor Licht geschützt aufzubewahren.

Chininum ferro-citricum, Eisenchininzitrat, Gehalt 9—10% Chinin und 21% Eisen.

30 T. Eisenpulver werden mit der Lösung von 60 T. Zitronensäure in 5000 T. Wasser in einer Porzellanschale auf dem Wasserbad unter häufigem Umrühren gelöst und die filtrierte Lösung zur Konsistenz eines Sirups eingedampft. Nach dem Erkalten fügt man 5 T. gepulverte Zitronensäure sowie das frisch gefällte, noch feuchte Chinin hinzu. Letzteres gewinnt man aus 13 T. Chininsulfat, indem man dieses in 200 T. Wasser und 11 T. verdünnter Schwefelsäure löst, die Lösung in eine Mischung von 20 T. Ammoniakflüssigkeit und 200 T. Wasser einträgt, nach einstündigem Stehen filtriert und den Niederschlag auswäscht, bis das mit Salpetersäure angesäuerte Filtrat durch Bariumnitratlösung nicht mehr getrübt wird. Nach der Lösung des Chinins in dem Sirup wird die dicke Flüssigkeit in dünner Schicht bei 40—50° eingetrocknet.

Glänzende, durchscheinende, dunkelolivgrüne bis braune Blättchen. Eisenchininzitrat schmeckt eisenartig und bitter. In Wasser ist Eisenchininzitrat langsam in jedem Verhältnis löslich, in Weingeist dagegen wenig löslich. Die mit Salzsäure angesäuerte wässerige Lösung gibt sowohl mit Kaliumferrozyanid- als auch mit Kaliumferrizyanidlösung eine blaue, mit Jodlösung eine braune Fällung.

Gehaltsbestimmung: 1,2 g des bei 100° getrockneten Eisenchininzitrats werden in einem Arzneiglas von 75 ccm Inhalt mit 5 g Wasser übergossen; das Glas wird lose verschlossen. Nachdem man das Eisenchininzitrat durch kurzes Erhitzen im Wasserbade gelöst hat, gießt man nach dem Erkalten 5 g Natronlauge sowie 30 g Äther hinzu, verschließt das Gefäß gut und schüttelt 5 Minuten lang kräftig durch. Nun fügt man 0,5 g Traganth hinzu, schüttelt nochmals etwa 2 Minuten lang und gießt nach weiteren 5 Minuten 25 g der klaren Ätherlösung ($= 1$ g Eisenchininzitrat) in ein gewogenes Kölbchen ab. Nach dem Eindunsten auf dem Wasserbad und Trocknen bei 100^0 muß der Rückstand mindestens 0,09 g betragen.

1 g Eisenchininzitrat wird in einem Porzellantiegel mit Salpetersäure durchfeuchtet. Die Salpetersäure wird bei gelinder Wärme verdunstet und der Rückstand geglüht, bis alle Kohle verbrannt ist. Hierbei müssen mindestens 0,3 g Eisenoxyd hinterbleiben; der daraus bereitete wässerige Auszug darf weder Lackmuspapier bläuen noch beim Verdampfen auf dem Wasserbad einen wägbaren Rückstand hinterlassen.

1 g Eisenchininzitrat darf durch Trocknen bei 100^0 höchstens 0,1 g an Gewicht verlieren (D. A. B. VI).

Medizinische Anwendung: Bei Anämien, Chlorose, Schwächezuständen. Dosis 0,1—0,5—1,0 g in Pulvern oder Pillen.

Vor Licht geschützt aufzubewahren.

Euchinin ist ein **Chininkarbonsäureäthylester**

$$CO\begin{cases}OC_2H_5\\O\cdot C_{20}H_{23}ON_2\end{cases}$$

durch Einwirkung von Chlorkohlensäureester auf Chinin erhalten.

Cinchonin, $C_{19}H_{22}ON_2$, kristallisiert aus Alkohol in bei 225^0 schmelzenden Kristallen. Es ist eine zweisäurige bitertiäre Base. Ihre Salzlösungen zeigen keine Fluoreszenz. Beim Erhitzen des Cinchonins mit Wasser auf $140—160^0$ bilden sich isomere Basen. Beim Erhitzen von Cinchonin mit Ätzkali bildet sich Chinolin.

Durch P. Rabe ist die Konstitution des **Cinchonins** und **Chinins** endgültig aufgeklärt worden. Chinin ist als ein **Paramethoxycinchonin** aufzufassen:

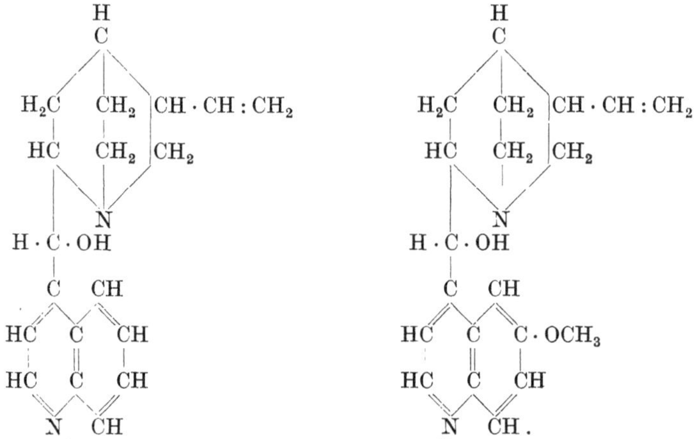

Cinchonin   Chinin

J. Morgenroth hat das durch Hydrierung der Vinylgruppe erhältliche Dihydrochinin und die an Stelle der Methoxygruppe im Chinolinkern des hydrierten Chinins eingesetzten höheren Alkoxyderivate systematisch auf ihre chemotherapeutischen Eigenschaften untersucht und als besonders wirksam das Äthyl- und Isooktylderivat befunden.

Ersteres führt den Namen Optochin. Das Isooktylderivat ist unter dem Namen Vuzin in den Arzneischatz eingeführt worden. Eukupin ist ein Isoamylderivat.

Vuzin zeigt eine geringere Wirkung gegen Pneumokokken als das Optochin, aber eine außerordentlich gesteigerte Wirkung gegen andere pathogene Mikroorganismen, besonders gegen die wichtigsten Wundinfektionserreger, die Streptokokken und Staphylokokken, auch gegen die Diphtheriebazillen und Meningokokken, sowie endlich gegen den Gasbrandbazillus. Vuzin wird neuerdings deshalb zur Wunddesinfektion mit Erfolg angewendet.

$$
\begin{array}{cc}
\text{Optochin} & \text{Vuzin}
\end{array}
$$

Das Optochin wird als Base und als salzsaures Salz (dieses in Salben und Lösungen nur äußerlich), das Vuzin als salzsaures Salz $C_{27}H_{40}O_2N_2 \cdot 2\,HCl + 2\,H_2O$ benutzt.

Medizinische Anwendung: Optochin wird innerlich zu 0,2—0,3 g 4stündlich bis zü 3 g am besten unter Milchdiät verabreicht und gilt als Spezifikum gegen genuine Pneumonie. Die Sehfähigkeit ist sorgfältig zu kontrollieren, da Sehstörungen (Flimmern vor den Augen) bis zur Erblindung eintreten können. — Das salzsaure Optochin äußerlich in 1proz. Lösung oder in 1—2proz. Salbe gegen Ulcus corneae serpens, wegen der lokalen Schmerzhaftigkeit nach vorheriger Kokainanwendung.

Vuzin zeigt eine geringere Wirkung gegen Pneumokokken als Optochin, aber eine gesteigerte Wirkung gegen Streptokokken und Staphylokokken, auch gegen Diphtheriebazillen und Meningokokken, sowie endlich gegen den Gasbrandbazillus. — Äußerlich in 0,1—0,2prom. Lösung zum Ausspülen infizierter Wunden, Abszeßhöhlen, auch gegen Bartflechte. Intravenös in Lösung von 1:2000 bei Sepsis.

Diese oxalkylierten Hydrochinine führen auch die Namen Äthyl- und Isooktylhydrokuprein. Kuprein ist ein in der Rinde von Remija cuprea vorkommendes Alkaloid, das seiner Konstitution nach als ein Oxycinchonin aufzufassen ist. — Dem Chinin stereoisomer ist das Chinidin.

Durch Kochen mit verdünnten Säuren werden die Chinaalkaloide in die Chinatoxine umgewandelt, Stoffe von ketonartigem Charakter, in denen die Stickstoff-Kohlenstoffbindung des Piperidinkernes gelöst ist. Die Chinatoxine sind mit Unrecht für besonders giftig gehalten worden.

In der Ipekakuanhawurzel, der verdickten Wurzel von Uragoga ipecacuanha (Willdenow) Baillon finden sich gegen 2 % Alkaloide, von denen das Emetin in therapeutischer Hinsicht das wichtigste ist. Seine empirische Formel wird durch $C_{29}H_{40}O_4N_2$ ausgedrückt.

Emetinum hydrochloricum, Emetinhydrochlorid. Weißes, kristallinisches Pulver, das bitter schmeckt und sich am Lichte gelblich färbt, leicht in Wasser oder Weingeist löslich. Die Lösungen verändern Lackmuspapier nicht oder röten es nur schwach. Reaktionen s. D. A. B. VI.

Medizinische Anwendung: Als Spezifikum gegen Amöbenruhr zur subkutanen oder intravenösen Injektion mehrmals täglich 0,01—0,03 g, größte Tagesdosis 0,1 g.

Größte Einzelgabe 0,05 g, größte Tagesgabe 0,1 g. Vorsichtig und vor Licht geschützt aufzubewahren.

Yohimbinum hydrochloricum, Yohimbinhydrochlorid,

$(C_{21}H_{26}O_3N_2)HCl$, Mol.-Gew. 390,7,

aus der Rinde von Corynanthe (Pausinystalia) gewonnen.

Weißes, bitter schmeckendes Kristallpulver. Yohimbinhydrochlorid löst sich in etwa 100 T. Wasser von 20°, leichter in heißem Wasser und in heißem Weingeist; die Lösungen verändern Lackmuspapier nicht oder röten es nur schwach. Für eine 1proz. wässerige Lösung des bei 100° getrockneten Yohimbinhydrochlorids ist $[\alpha]_D^{20°} = + 103$ bis $+ 104°$.

Versetzt man 5 ccm der wässerigen Lösung (1 + 99) mit einigen Tropfen Natriumkarbonatlösung, so scheidet sich ein weißer, flockiger Niederschlag ab, der nach dem Abfiltrieren, Auswaschen mit wenig Wasser und Trocknen im Exsikkator bei 230—235° schmilzt.

0,01 g Yohimbinhydrochlorid löst sich in 1 ccm Schwefelsäure unter Entwicklung von Chlorwasserstoff ohne Färbung. Zieht man ein Körnchen Kaliumdichromat durch diese Lösung, so entstehen violette Schlieren, die schnell in Schieferblau übergehen; schließlich ist die Lösung schmutziggrün gefärbt. Werden wenige Milligramm Yohimbinhydrochlorid mit 2—3 Tropfen rauchender Salpetersäure versetzt, so färbt sich das Salz vorübergehend dunkelgrün und löst sich dann mit gelber Farbe; versetzt man diese Lösung mit 2 ccm weingeistiger Kalilauge, so entsteht neben einer Ausscheidung von Salpeter eine kirschrote Färbung.

0,2 g Yohimbinhydrochlorid dürfen durch Trocknen bei 100° höchstens 0,004 g an Gewicht verlieren und nach dem Verbrennen keinen wägbaren Rückstand hinterlassen.

Medizinische Anwendung: Als Aphrodisiakum. Innerlich 5—10 Tropfen der 1proz. Lösung oder 3—4mal täglich 1 Tablette zu 0,005 g gegen Impotenz. Äußerlich zur subkutanen Injektion zur Behebung sexueller Schwäche $1/_2$—1 ccm einer 2proz. Lösung (0,01—0,02 g).

Größte Einzelgabe 0,03 g, größte Tagesgabe 0,1 g. Vorsichtig aufzubewahren.

Aus dem Kraut der nordamerikanischen Lobelia inflata wird das Alkaloid Lobelin gewonnen.

Es besitzt nach Wieland die folgende Konstitution:

$$
\begin{array}{c}
CH_2 \\
H_2C \quad CH_2 \\
C_6H_5 \cdot CH\ OH \cdot CH_2 \cdot HC \quad CH \cdot CH_2 \cdot CO \cdot C_6H_5 \\
N \\
CH_3
\end{array}
$$

Lobelinum hydrochloricum, Lobelinhydrochlorid, $(C_{22}H_{27}O_2N)HCl$, Mol.-Gew. 273,3.

Weißes, körniges Pulver von bitterem Geschmacke, das auf der Zunge eine vorübergehende Unempfindlichkeit hervorruft, löslich in 40 T. Wasser, in 10 T. Weingeist und sehr leicht in Chloroform. Die wässerige Lösung ist farblos und rötet Lackmuspapier kaum. Für eine gesättigte wässerige Lösung ist $[\alpha]_D^{20°}$ $= - 42,51°$. Schmelzpunkt nicht unter 187° nach vorhergehender Bräunung.

Beim Kochen der wässerigen Lösung (1 + 99) tritt der eigenartige Geruch des Azetophenons auf, der nach Zusatz von 1 Tropfen Natronlauge besonders deutlich wird. In 1 ccm der wässerigen Lösung (1 + 99) ruft Silbernitratlösung nach dem Ansäuern mit Salpetersäure einen weißen, käsigen Niederschlag hervor. 0,01 g Lobelinhydrochlorid löst sich unter Entwicklung von Chlorwasserstoff in 1 ccm Schwefelsäure farblos auf; gibt man zu dieser Lösung 1 Tropfen Formaldehydschwefelsäure, so färbt sie sich kirschrot.

In 1 ccm der wässerigen Lösung (1 + 99) entsteht nach Zugabe von 1 Tropfen Ammoniakflüssigkeit eine milchige Trübung; nach einigem Stehen erfüllt das ausgeschiedene Lobelin nahezu die ganze Flüssigkeit. Die ausgewaschene, zwischen Filtrierpapier abgepreßte und über Schwefelsäure getrocknete Base darf nicht unter 118° schmelzen (Nebenalkaloide, Zersetzungsprodukte). 0,2 g Lobelinhydrochlorid dürfen nach dem Verbrennen keinen wägbaren Rückstand hinterlassen.

Lobelinhydrochlorid kommt in 1 proz. wässeriger Lösung in Ampullen zu 1 ccm in den Verkehr.

Lösungen, die Lobelinhydrochlorid enthalten, dürfen nicht erhitzt werden.

Größte Einzelgabe 0,02 g, größte Tagesgabe 0,1 g. Vorsichtig aufzubewahren.

Medizinische Anwendung: Als Erregungsmittel des Atemzentrums bei Atemlähmung, besonders in der Narkose und bei Asphyxie der Neugeborenen, der Morphin- und Kohlenoxydvergifteten. 0,01 g subkutan und intramuskulär, 0,003—0,006 g intravenös. (Deutsches Arzneiverordnungsbuch.)

Glykoside.

Glykoside (Glukoside) nennt man im Pflanzenreich vorkommende Verbindungen, die unter geeigneten Bedingungen (Behandeln mit verdünnten Säuren oder Alkalien, Einwirkung von Fermenten) in Zucker, meist Glukose, und andere Stoffe gespalten werden. Wir haben in früheren Kapiteln bereits mehrere solcher Glykoside kennengelernt (z. B. Amygdalin, Sinigrin, Koniferin, Salizin).

Es seien außer diesen noch folgende aufgeführt:

Iridin, $C_{24}H_{26}O_{13}$, findet sich in dem Rhizom von Iris florentina und wird mit verdünnter Schwefelsäure in Glukose und Irigenin gespalten:

$$\underbrace{C_{24}O_{26}O_{13}}_{\text{Iridin}} + H_2O = \underbrace{C_6H_{12}O_6}_{\text{Glukose}} + \underbrace{C_{18}H_{16}O_8}_{\text{Irigenin}}.$$

Das Irigenin ist ein α-Diketon, das dem Benzil entsprechend zusammengesetzt ist.

Populin, $C_{20}H_{22}O_8 + 2H_2O$, findet sich neben Salizin in der Rinde und den Blättern von Populus tremula. Es ist als ein Benzoylsalizin aufzufassen.

Phloridzin, $C_{21}H_{24}O_{10} + 2H_2O$, ist in der Rinde des Apfelbaumes und anderer Obstbäume, besonders reichlich in der Wurzelrinde enthalten. Es wird beim Erhitzen mit verdünnten Säuren in Phloretin und Glukose gespalten:

$$\underbrace{C_{21}H_{24}O_{10}}_{\text{Phloridzin}} + H_2O = \underbrace{C_{15}H_{14}O_5}_{\text{Phloretin}} + \underbrace{C_6H_{12}O_6}_{\text{Glukose}}.$$

Beim Kochen mit Kalilauge spaltet sich das Phloretin in Phloregluzin und Phloretinsäure:

$$\underbrace{C_{15}H_{14}O_5}_{\text{Phloretin}} + H_2O = \underbrace{C_6H_6O_3}_{\text{Phloregluzin}} + \underbrace{C_9H_{10}O_3}_{\text{Phloretinsäure}}.$$

Phloretinsäure ist eine p-Oxyhydratropasäure:

$$\begin{array}{c} OH \\ \bigcirc \\ CH(CH_3)-CO_2H \end{array}.$$

Äskulin, $C_{15}H_{16}O_9$, wurde zuerst in der Rinde der Roßkastanie, Aesculus hippocastanum, aufgefunden, später auch in mehreren anderen Pflanzen nachgewiesen.

Äskulin kristallisiert in kleinen Prismen mit Kristallwasser. Die wasserfreie

Verbindung schmilzt bei 205⁰. Das Äskulin ist dadurch ausgezeichnet, daß seine wässerige Lösung noch bei starker Verdünnung blaue Fluoreszenz zeigt.

Durch Emulsin bei gegen 30⁰ oder beim Erhitzen mit verdünnten Mineralsäuren wird Äskulin in Äskuletin und Glukose gespalten:

$$\underset{\text{Äskulin}}{C_{15}H_{16}O_9} + H_2O = \underset{\text{Äskuletin}}{C_9H_6O_4} + \underset{\text{Glukose}}{C_6H_{12}O_6}.$$

Äskuletin findet sich in verschiedenen Pflanzen. Auch die wässerige Lösung des Äskuletins zeigt blaue Fluoreszenz.

Äskuletin ist aufzufassen als ein 4—5 Dioxykumarin. Kumarin ist eine bei 67⁰ schmelzende, gut kristallisierende Substanz, die im Waldmeister (Asperula odorata), im Steinklee (Melilotus officinalis), in den Tonkabohnen (Dipterix odorata), im Ruchgras (Anthoxanthum odoratum) vorkommt und synthetisch dargestellt werden kann durch Erhitzen eines Gemisches von Essigsäureanhydrid, Natriumazetat und Salizylaldehyd.

Kumarin ist das innere Anhydrid der o-Oxyzimtsäure (o-Kumarsäure). Ein 4-Oxykumarin ist das bei der Destillation verschiedener Umbelliferenharze (z. B. Galbanum, Asa foetida) entstehende Umbelliferon (vgl. S. 434).

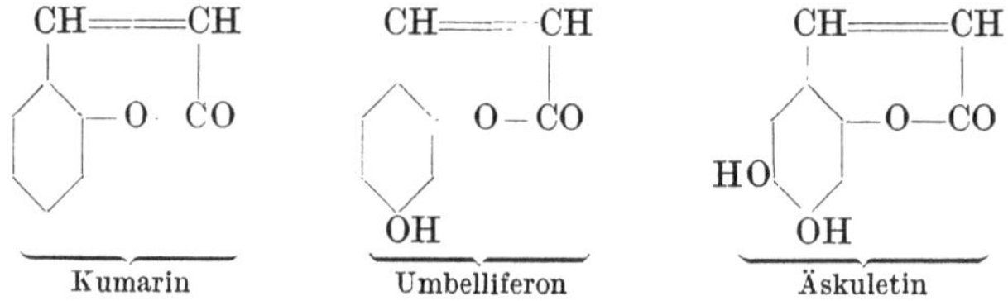

Kumarin — Umbelliferon — Äskuletin

Strophanthine sind Glykoside der Strophanthussamen, die bei der hydrolytischen Spaltung neben Strophanthidinen Zucker liefern.

Das aus den Samen von Strophanthus gratus Franch. erhältliche Strophanthin kristallisiert sehr gut. Es wird als g-Strophanthin. cristall. (d. h. Gratus-Strophanthin) arzneilich verwendet. Es liefert bei der Spaltung die Zuckerart Rhamnose, $C_6H_{12}O_5 + H_2O$. Die aus anderen Strophanthusarten dargestellten Strophanthine kommen amorph in den Verkehr. Um sie voneinander zu unterscheiden, bezeichnet man sie wie folgt:

g-Strophanthin = Str. aus Strophanthus gratus,
h-Strophanthin = Str. aus Strophanthus hispidus,
k-Strophanthin = Str. aus Strophanthus kombe.

Über die Strophanthinbestimmung der Samen von Strophanthus gratus Franchet s. D. A. B. VI.

g-Strophanthinum, $C_{30}H_{46}O_{12} + 9 H_2O$, Mol.-Gew. 760,5. Farblose, glänzende Kristalle oder weißes, kristallinisches Pulver von bitterem Geschmacke, löslich in etwa 100 T. kaltem, leichter in heißem Wasser und in Weingeist. Für eine 1proz. wässerige Lösung ist, berechnet auf wasserfreies g-Strophanthin, $[\alpha]_D^{20⁰} = -30⁰$. Schmelzpunkt unscharf; bei 100⁰ getrocknetes g-Strophanthin sintert bei etwa 185⁰ und erweicht bei etwa 200⁰.

Erhitzt man 0,1 g g-Strophanthin mit 5 ccm verdünnter Schwefelsäure bis zur Lösung und erhält die Lösung einige Minuten lang im Sieden, so tritt Braunfärbung und Trübung ein; versetzt man die Flüssigkeit nach dem Filtrieren mit 5 ccm Natronlauge und kocht nach Zusatz von 3 ccm alkalischer Kupfertartratlösung, so erfolgt Abscheidung eines roten Niederschlags. Werden 5 ccm der heiß bereiteten, abgekühlten wässerigen Lösung (1 + 99) mit 1 ccm Schwefelsäure unterschichtet, so tritt an der Berührungsfläche eine rotbraune Zone auf (k-Strophantin). Schüttelt man die Lösung durch, so färbt sie sich unter Abscheidung von Flocken gelbgrün.

Die wässerige Lösung (1 + 99) darf durch Gerbsäurelösung nicht getrübt werden (k-Strophanthin).

0,2 g g-Strophanthin dürfen nach 2stündigem Erhitzen bei 105—110° nicht weniger als 0,041 g und nicht mehr als 0,044 g an Gewicht verlieren und nach dem Verbrennen keinen wägbaren Rückstand hinterlassen (D. A. B. VI).

Medizinische Anwendung: Die Strophanthine gehören zur Gruppe der Herzgifte; sie beeinflussen das System des Blutkreislaufes durch direkte Wirkung auf Herz und Gefäße. Nach tödlichen Dosen tritt der Tod unter Systole ein. Die Indikationen sind die gleichen wie für Digitalis, doch hat Digitalis eine länger anhaltende Wirkung. Nach intravenöser Injektion verbessert Strophanthin schon nach wenigen Minuten den Puls. Dosis: g-Strophanthin und k-Strophanthin intravenös bis zu 0,5 mg. Strophanthininjektionen dürfen nicht angewendet werden, so lange der Patient unter der Einwirkung von Digitalispräparaten steht.

Größte Einzelgabe 0,001 g, größte Tagesgabe 0,005 g. Sehr vorsichtig aufzubewahren.

Digitalisglykoside. Die Digitalisblätter (von Digitalis purpurea) enthalten eine größere Zahl verschiedener Glykoside, die mit den Namen Digitoxin, $C_{41}H_{64}O_{13} + 3 H_2O$, Gitoxin, $C_{41}H_{64}O_{14}$, Gitalin, $C_{35}H_{56}O_{12}$ bezeichnet worden sind. Der Schmelzpunkt des Digitoxins liegt bei 252°. Bei der Spaltung durch Säuren zerfällt es in Digitoxigenin, Digitoxose (eine Zuckerart) und einen öligen Stoff (nach Cloëtta). Von gleicher Zusammensetzung mit diesen sind die durch Vakuumdestillation aus dem Digitoxin erhältlichen Kristalle $C_8H_{14}O_4$. In den Digitalissamen findet sich das Glykosid Digitalinum verum Kiliani $C_{36}H_{56}O_{14}$.

Von weiteren Digitalis-Glykosiden sind noch das Digitonin und Gitonin zu erwähnen, welche den Saponinen nahestehen und ohne wesentliche Herzwirkung sind.

An der Gesamtwirkung der Digitalis nimmt wohl die Mehrzahl der Glykoside teil; man stellt die Größe der Wirkung auf biologischem Wege durch den systolischen Herzstillstand beim Frosch fest.

Medizinisch verwendete Präparate, welche die Glykoside der Digitalis in mehr oder weniger reiner Form enthalten, sind: Digalen, Digipuratum, Digifolin, Digipan, Verodigen usw.

In Digitalis lanata fand C. Mannich mit seinen Schülern 4 Glykoside auf, das Lanadigin und Lanata-Glykosid II, III, IV, von denen besonders die Lanata-Glykoside I und II eine hohe physiologische Wirkung zeigen. Unter dem Namen Pandigal kommt das Lanadigin $C_{41}H_{66}O_{17} + 4 H_2O$ als Herzmittel in den Verkehr.

Ruberythrinsäure, $C_{26}H_{28}O_{14}$, ist ein in der Krappwurzel (Rubia tinctorum) vorkommendes Glykosid, welches das Material zur Bildung des Krappfarbstoffes, Alizarin (s. S. 454) abgibt. Das in der Krappwurzel sich findende Ferment Erythrozym zerlegt die im wesentlichen an Kalk gebundene Ruberythrinsäure:

$$\underbrace{C_{26}H_{28}O_{14}}_{\substack{\text{Ruberythrin-}\\\text{säure}}} + 2 H_2O = \underbrace{C_{14}H_8O_4}_{\text{Alizarin}} + \underbrace{2 C_6H_{12}O_6}_{\text{Glukose}}.$$

Auch beim Kochen mit verdünnten Mineralsäuren oder Alkalien wird das Glykosid in der angegebenen Weise zerlegt. Über Alizarin s. S. 454.

Auf synthetischem Wege sind Glykoside aus den Zuckerarten und den Phenolen bzw. Alkoholen gebildet worden. Läßt man Salizylaldehydkalium auf Azetobromglykose in alkoholischer Lösung aufeinander einwirken, so erhält man das Glykosid Helizin, aus Methylhydrochinon und Azetobromglykose das Methylarbutin. Auch konnte man mittels Enzyme Glykoside aufbauen, so das Amygdalin aus dem Mandelsäurenitril und Glukose bei Gegenwart von Maltase (s. nachfolgenden Artikel Enzyme!)

Viele künstliche Glykoside sind von E. Fischer durch Einwirkung von Salzsäure auf das Gemisch von Alkohol bzw. Phenol und Zucker, sowie beim Behandeln der Alkohole (Methyl-, Äthyl-, Propyl-, Amylalkohol, Glyzerin, Menthol u. a.) oder der Alkaliverbindungen von Phenolen mit Azetochlor- oder Azetobromglukose dargetellt worden.

Vgl. I. I. L. van Rijn-Hugo Dieterle: Die Glykoside. Chemische Monographie der Pflanzenglykoside, 2. Aufl. Berlin W 35: Gebr. Bornträger 1931.

Enzyme (Fermente).

In den vorhergehenden Kapiteln ist wiederholt der Enzyme (Fermente) gedacht worden, das sind Substanzen biologischer Herkunft, die gleich den Katalysatoren spezifische chemische Reaktionen auslösen. Sie sind die Agenzien der lebenden Zellen von Tieren und Pflanzen, woraus sie, wenn auch bisher nicht in völlig reiner Form, isoliert werden können. Bei den Versuchen, sie von begleitenden Mineralsubstanzen und Eiweißstoffen zu befreien, fand man, daß die Aktivität der Enzyme eine fortschreitende Verringerung erfährt. Man gewann auf Grund der klassischen Arbeiten von Willstätter die Ansicht, daß die Wirkung der Enzyme abhängig ist von einem kolloidalen Zustand von Begleitsubstanzen. Hiernach bestehen die Enzyme aus einem spezifisch wirkenden Stoff und einem kolloidalen „Träger".

Die meisten Enzyme werden schon bei Temperaturen, die zwischen 45 und 70⁰ liegen, zerstört, man kann sie daher als „thermolabil" bezeichnen. Auch Säuren, ebenso wie viele organische Stoffe (z. B. Alkohol, Chloroform) und anorganische Stoffe (wie Metallsalze) üben einen schädigenden Einfluß auf sie aus. Des weiteren ist die Konzentration an Wasserstoffionen der Medien, in welchen sich die Reaktionen vollziehen, von Bedeutung und vielfach ausschlaggebend für die quantitative Wirkung.

In enger Beziehung zu einzelnen Enzymen stehen Stoffe, die eine fördernde, aber auch eine hemmende Wirkung bei den Enzymen hervorrufen können; derartige Stoffe werden Aktivatoren oder Co-Fermente, wenn sie unterstützend, und Paralysatoren genannt, wenn sie hemmend wirken. Man erkennt die Wirkung der Enzyme an der sich vollziehenden Spaltung von Substanzen, d. h. einer Zerlegung derselben in chemische Stoffe, aus welchen jene aufgebaut sind. So zerlegt bei Gegenwart von Wasser das Enzym Emulsin der Mandeln das Amygdalin, das Myrosin der schwarzen Senfsamen des Sinigrin (s. dort). Diese Reaktionen sind umkehrbar. So vermag das spaltende Enzym der Maltose, die Maltase, unter gewissen Bedingungen aus Traubenzucker ein Disaccharid zu bilden. Ein Neutralfett läßt sich aus Glyzerin und Fettsäuren mit Hilfe der aus den Rizinussamen darstellbaren Lipase erzeugen. Bourquelot hat durch Emulsin verschiedene Glykoside synthetisiert.

Man bezeichnet die Enzyme nach den Stoffen, die sie zu zerlegen vermögen, indem man mit deren Stammwort das Anhängsel „ase" verknüpft, z. B. nennt man das die Stärke, das Amylum, spaltende Enzym „Amylase" (auch Diastase); die Saccharase spaltet den Rohrzucker, die Saccharose, in Glukose und Fruktose, die Phytase das Inositphosphat Phytin, die Lactase den Milchzucker Laktose in Glukose und Galaktose.

Man teilt die Enzyme in zwei große Gruppen ein: in die Hydrolasen und Desmolasen. Erstere besitzen die Eigenschaft, bei Gegenwart von Wasser und unter Bindung desselben Stoffe in einfachere Spaltstücke zu zerlegen. Dazu gehören u. a. die Esterasen (welche Ester spalten, wie die Lipase die Fette), die Urease (Harnstoff in Kohlendioxyd und Ammoniak zerlegend), die Peptidasen (Polypeptide spaltend), die Proteasen (Pepsin, Trypsin, welche Eiweißstoffe spalten) usw.

Desmolasen (abgeleitet von desmos Band und lyein lösen) sind diejenigen Enzyme, welche den Abbau von Kohlenstoffketten im Stoffwechsel der Organismen bewirken. Bei dem Abbau des Zuckers (Gärung) werden je nach den Bedingungen durch die Tätigkeit mehrerer Enzyme (Oxydasen, Reduktasen) verschiedene Zwischenprodukte, z. B. Milchsäure oder Äthylalkohol und Kohlendioxyd gebildet. Zu den Desmolasen rechnet man auch die Carboxylase Neubergs, welche die durch Dehydrierung oder „Dismutation" von Aldehyden entstandenen Carboxylgruppen unter Abspaltung von Kohlendioxyd und die „Katalase", die entstandenes Wasserstoffsuperoxyd oder andere Peroxyde unter Abspaltung von Sauerstoff und Bildung von Wasser zerlegt. E. Buchner, der Entdecker der zellenfreien alkoholischen Gärung, hat den Komplex der an der Zerlegung des Zuckers beteiligten Enzyme mit dem Namen Zymase belegt.

Enzyme, welche den Sauerstoff aktivieren, sein „Oxydationspotential" erhöhen, treten vielfach als Komplexsalze des Eisens mit organischen Ringsystemen auf, nach O. Warburg besonders solchen, die dem Hämin nahestehen (Pyrrol-Eisenkomplex). Wahrscheinlich spielen die Warburgschen eisenhaltigen „Atmungsfermente" beim endgültigen oxydativen Abbau der Zellstoffe eine Rolle.

Zur Gewinnung der Enzyme benutzt man als Extraktionsmittel Wasser oder glyzerinhaltiges Wasser, oder man zerreibt die Organismen (z. B. Hefe) oder Organteile und preßt unter hohem Druck mit der hydraulischen Presse ab. Man kann dann im Vakuum den Preßsaft bei niedriger Temperatur eindunsten oder aus ihm mit Alkohol oder Alkoholäther oder Azeton die Enzyme fällen. Zweckmäßiger jedoch, weil die Gefahr einer Zersetzung durch die Fällungsmittel verringert ist, verfährt man nach der Brücke-Willstätterschen Adsorptionsmethode. Man benutzt hierbei die auf Restaffinitäten beruhende Adsorptionskraft der Enzyme zu den Adsorbentien, wie Tonerde und Kaolin. Hierbei fand man, daß bei dieser Additionsreaktion die natürlichen Begleitstoffe Bedeutung besitzen, so wird z. B. die Invertase nur in reinem Zustande von Kaolin, nicht aber in der rohen Form adsorbiert.

Die Isolierung der Enzyme aus ihren Adsorptionsverbindungen erfolgt durch Auswaschen (Elution) z. B. mit verdünntem Ammoniak oder Ammonphosphat oder Kaliumarsenat.

Die technische Verwendung von Enzymen, so in der Gärungsindustrie, bei der Aufspaltung der Fette (durch Lipase), in der Käserei (Gewinnung der Eiweißstoffe der Milch durch das Labferment, die Chymase), in der Medizin (Pepsin und Trypsin) ist von großer Bedeutung geworden.

Saponine.

Hierunter werden im Pflanzenreich weit verbreitete glykosidische Substanzen verstanden, von denen einige, wie die Saponine der Sarsaparillwurzel, an der therapeutischen Wirkung dieser bei Syphilis verwendeten Droge sich sehr erheblich beteiligen.

Die Saponine sind meist wasserlöslich, auch löslich in verdünntem Alkohol, von absolutem Alkohol werden sie aus ihren wässerigen Lösungen gefällt; ihre wässerigen Lösungen schäumen stark beim Schütteln, daher ihr Name. Sie wirken in wässeriger Lösung emulgierend und werden deshalb auch zum Waschen verwendet.

Die Saponine lassen sich aus ihren wässerigen Lösungen mit Ammoniumsulfat oder Bleiessig ausfällen und werden von Kohle adsorbiert. Nur bei einigen Saponinen ist es gelungen, sie kristallisiert zu erhalten. Meist sind sie amorph, besitzen einen nachhaltend kratzenden Geschmack und äußern meist giftige Eigenschaften. Dies zeigt sich u. a. in ihrer auflösenden Fähigkeit für rote Blutkörperchen, sie bewirken eine „Hämolyse". Saponine werden von Cholesterin gebunden und dadurch entgiftet. Beim Behandeln mit verdünnten Säuren in der Wärme werden sie gespalten, wobei neben anderen Stoffen Zuckerarten entstehen.

Saponine sind aus der Sarsaparillwurzel (Smilacin), den Roßkastanien, der Senegawurzel (Senecin), der Quillajarinde, der Seifenwurzel, der Kornrade, aus den Früchten von Sapindus Rarak und von Verbascum sinnatum u. a. Drogen isoliert worden.

Ihr chemischer Charakter ist bisher nur wenig aufgeklärt.

Harze.

Viele Harze stehen in Beziehung zu den Terpenen. Die natürlich vorkommenden dicken Lösungen der Harze in ätherischen Ölen oder Estern werden Balsame genannt.

Pharmazeutisch wichtige Balsame sind:

Kopaivabalsam, Perubalsam, Tolubalsam. Zur Wertbestimmung dieser ermittelt man im Kopaivabalsam Säure- und Verseifungszahl, im Perubalsam den Estergehalt (das Cinnamein, im wesentlichen Zimtsäure- und Benzoesäure-Benzylester), im Tolubalsam Säure- und Verseifungszahl.

Die Hartharze sind amorphe, meist glasglänzende Stoffe und bestehen aus Harzsäuren, Alkoholen, Phenolen und Estern dieser mit zyklischen Karbonsäuren, endlich Kohlenwasserstoffen. Kolophonium besteht im wesentlichen aus freien Harzsäuren. In amerikanischem Kolophonium ist Abietinsäure, $C_{20}H_{30}O_2$, im französischen Kolophonium Pimarsäure, $C_{20}H_{30}O_2$, aufgefunden worden.

Durch schmelzendes Alkali werden aus Harzen Phenole und Phenolkarbonsäure gebildet, z. B. Resorzin, Phloregluzin, Protokatechusäure. Bei der Destillation mit Zinkstaub entstehen Benzol und dessen Homologe, Naphthalin usw. Die Pflanzenschleime und Gummi enthaltenden Harze werden Gummiharze genannt; sie geben an Wasser lösliche Bestandteile ab. Solche Gummiharze sind Ammoniacum, Asa foetida, Galbanum, Myrrha.

Als Bestandteile von Harzen sind unterschieden worden: Harzsäuren (Resinosäuren), Harzalkohole und -phenole (Resinole), Gerbstoffcharakter tragende Harzphenole (Resinotannole), Ester (Resine), an deren Bildung vielfach Benzoesäure, Zimtsäure und Harzsäuren teilnehmen, sowie endlich Resene, das sind in Alkalilauge unlösliche Stoffe.

Von technischer Bedeutung sind in der Neuzeit Kunstharze geworden, die durch Einwirkung von Formaldehyd auf Phenole, Kumaron, Inden usw. gewonnen werden. Solche Kunstprodukte sind Bakelit und Resinit.

Vgl. A. Tschirch: Die Harze und die Harzbehälter mit Einschluß der Milchsäfte. Berlin: Gebr. Bornträger. — A. Tschirch: Harze, Balsame, Kautschuk und Guttapercha in: Handbuch der praktischen und wissenschaftlichen Pharmazie 2. Berlin und Wien: Urban & Schwarzenberg.

Anhang.

Einführung in die chemische und physikalisch-chemische Prüfung der Arzneistoffe.

Grundzüge der chemischen Analyse mit besonderer Berücksichtigung der Arzneibuchmethoden.

Die chemische Analyse bezweckt die Erforschung der chemischen Zusammensetzung der Stoffe und beschäftigt sich daher mit der chemischen Zerlegung dieser in einfache Bestandteile. Handelt es sich hierbei nur um den Nachweis dieser, so spricht man von qualitativer Analyse, während die quantitative Analyse die Bestandteile der betreffenden Stoffe nach Gewicht oder Maß bestimmt.

Die qualitative Analyse zerfällt in eine Prüfung der Stoffe auf trockenem und in eine solche auf nassem Wege. Die Prüfung auf trockenem Wege wird zweckmäßig zuerst vorgenommen und daher auch Vorprüfung genannt. Sie bezweckt eine Orientierung, um welche Bestandteile es sich handeln kann; nach dem Ausfall der Vorprüfung wählt man das Lösungsmittel zur Überführung der festen Stoffe in Lösungen.

Vorprüfung.

Flammenreaktionen.

Als Heizquelle für chemische Operationen benutzt man die Flamme eines Bunsenbrenners oder einer Spirituslampe, ein Wasserbad, Dampfbad, Ölbad, in chemischen Laboratorien auch elektrische Heizplatten und -röhren.

An jeder Flamme unterscheidet man drei Teile. Abb. 88 gibt den Längsschnitt einer Kerzenflamme wieder, Abb. 89 den Querschnitt einer solchen. Der innere dunkle Teil *a* ist der nicht leuchtende Kern, welcher unverbrannte Gase enthält; der mittlere Teil *b* ist die stark leuchtende Hülle, in welcher zufolge der Einwirkung des atmosphärischen Sauerstoffs starke Erhöhung der Temperatur und teilweise Zersetzung der Gase unter Abscheidung von weißglühendem Kohlenstoff stattfindet. Die äußere Hülle *c* ist weniger leuchtend, da der von allen Seiten zugängliche atmosphärische Sauerstoff die vollständige Verbrennung des Kohlenstoffs bewirkt.

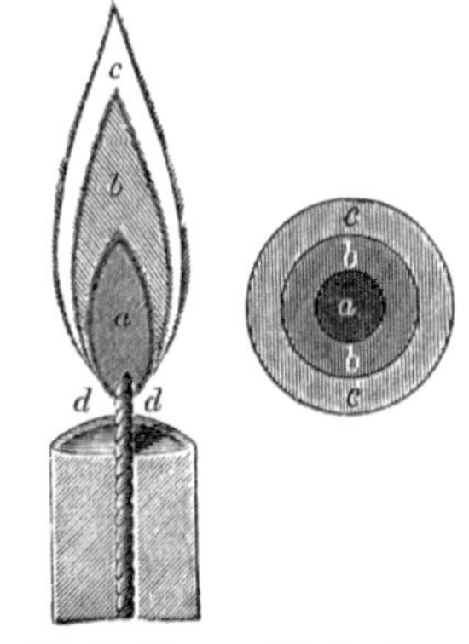

Abb. 88. Längs-schnitt einer Kerzenflamme. Abb. 89. Quer-schnitt einer Kerzenflamme.

Die einzelnen Teile der leuchtenden Flamme wirken ihrer verschiedenen Zusammensetzung zufolge auch chemisch verschieden auf Stoffe ein. Sauerstoffhaltige Stoffe werden durch den mittleren, leuchtenden, weißglühenden Kohlenstoff enthaltenden Teil *b* reduziert, d. h. es wird ihnen Sauerstoff entzogen. Man nennt daher diesen Teil der leuchtenden Flamme die Reduktionsflamme.

Durch den zu dem äußeren Teil *c* allseitig hinzutretenden Sauerstoff und die hierdurch bewirkte starke Temperaturerhöhung werden oxydierbare Körper oxydiert. Der äußere Teil der leuchtenden Flamme heißt daher **Oxydationsflamme**.

Eine **nicht leuchtende** Flamme erzielt man, indem man in den inneren Teil der Flamme einen Luftstrom eintreten läßt, wodurch infolge der vermehrten Sauerstoffzufuhr Kohlenstoff sich nicht mehr im weißglühenden Zustand abscheiden kann, sondern verbrennt. Eine solche nicht leuchtende Flamme wird in dem **Bunsenbrenner** erzeugt. Abb. 90 erläutert eine einfache Form des Bunsenbrenners. Bei *a* tritt der Gasstrom ein und gelangt bei *c* durch drei feine, sternförmig gruppierte Spalten in das Rohr *r*. Durch die infolge des Ausströmens des Gases bei *c* bewirkte Bewegung wird durch die im äußeren Mantel bei *b* befindliche Öffnung atmosphärische Luft eingesaugt, die sich im Rohr *r* mit dem Leuchtgas vermischt und die völlige Verbrennung des Kohlenstoffs bewirkt. Wird die Öffnung bei *b* geschlossen, so wird die Flamme in demselben Augenblick wieder leuchtend.

Die nicht leuchtende Flamme besitzt zufolge der beschleunigten Verbrennung eine höhere Temperatur als die leuchtende Flamme. Höhere Hitzegrade dieser kann man auch durch direktes Einblasen eines starken Luftstromes mittels des Lötrohrs erzielen.

Das Lötrohr ist ein meist aus drei Teilen bestehendes rechtwinkeliges Metallrohr (s. Abb. 91), das im Winkel ausgebaucht ist. Bläst man mittels des Lötrohrs in den Kern einer leuchtenden Flamme (s. Abb. 92), so wird diese seitlich abgelenkt und spitzt sich zu. Die hohe Temperatur wird hierbei auf einen kleinen Querschnitt verdichtet. Auch in der Lötrohrflamme ist der innere Flammenkegel *a* der **reduzierende**, der äußere *b* der **oxydierende** Teil.

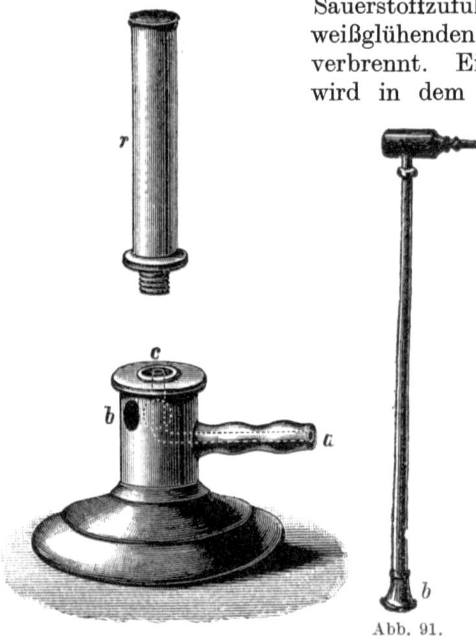

Abb. 90

Abb. 91.
Lötrohr.

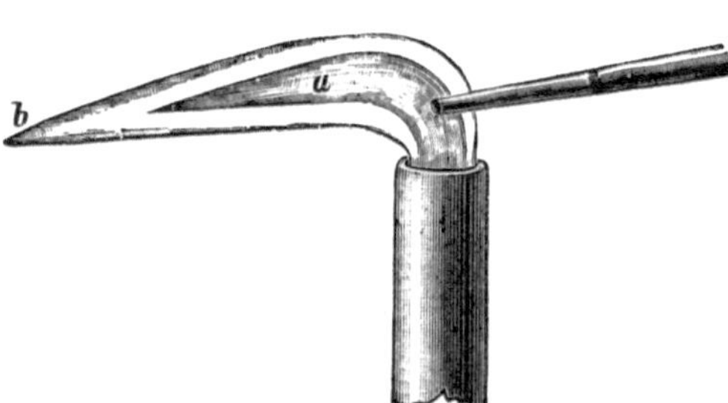

Abb. 92. Blasen mittels eines Lötrohres in die Flamme eines Bunsenbrenners.

Erhitzen der Stoffe in Glasröhrchen.

Die beim Erhitzen vieler Stoffe eintretenden Veränderungen und Erscheinungen lassen sich gut beobachten, wenn man eine kleine Menge der Substanz in einem engen, dünnwandigen, an einem Ende zugeschmolzenen, gegen 10 cm langen Röhrchen anfangs gelinde, dann stärker erhitzt.

Die beim Erhitzen im Glasröhrchen auftretenden Erscheinungen sind:

1. Abgabe von Wasser.

2. Auftreten von Gasen (Kohlendioxyd, Sauerstoff, rotbraune Dämpfe von Stickoxyden, violette Dämpfe von Jod, Ammoniak, Zyan, schweflige Säure).

3. Abscheidung von Kohle (organische Substanzen).

4. Bildung von Sublimaten (Quecksilberverbindungen, arsenige Säure, Ammoniumsalze, Schwefel, Jod usw.).

Verhalten verschiedener Arzneimittel beim Erhitzen:

Acidum arsenicosum: die kristallinische Säure verflüchtigt sich, ohne vorher zu schmelzen und gibt ein weißes, in glasglänzenden Oktaedern und Tetraedern kristallisierendes Sublimat. Die amorphe Säure verflüchtigt sich in unmittelbarer Nähe des Schmelzpunktes, so daß man ein beginnendes Schmelzen wahrnehmen kann.

Acidum benzoicum: zuerst zu einer fast farblosen Flüssigkeit schmelzend, dann vollständig sublimierend.

Acidum salicylicum: beim vorsichtigen Erhitzen im Probierrohr über den Schmelzpunkt sich unzersetzt verflüchtigend, bei schnellerem Erhitzen tritt unter Entwicklung von Phenolgeruch Zersetzung ein.

Calcium hypophosphorosum: verknistert beim Erhitzen und zersetzt sich bei höherer Temperatur unter Entwicklung eines selbstentzündlichen Gases, das mit helleuchtender Flamme verbrennt. Gleichzeitig schlägt sich im kälteren Teil des Probierrohres gelber und roter Phosphor nieder. Der weißliche Glührückstand wird beim Erkalten rötlichbraun.

Coffeïnum-Natrium salicylicum: beim Erhitzen in einem engen Probierrohr weiße, nach Karbolsäure riechende Dämpfe entwickelnd.

Hydrargyrum: vollständig flüchtig.

Hydrargyrum bichloratum: schmilzt und verflüchtigt sich vollständig.

Hydrargyrum bijodatum: wird gelb, schmilzt dann und verflüchtigt sich schließlich vollständig, indem sich ein gelbes Sublimat bildet, das allmählich wieder rot wird.

Hydrargyrum chloratum: ohne zu schmelzen flüchtig.

Hydrargyrum cyanatum: beim Erhitzen gleicher Teile Quecksilberzyanid und Jod entsteht zuerst ein gelbes, später rot werdendes Sublimat aus Quecksilberjodid, darüber ein weißes, aus nadelförmigen Kristallen bestehendes Sublimat aus Quecksilberzyanid.

Hydrargyrum oxydatum: unter Abscheidung von Quecksilber flüchtig.

Hydrargyrum praecipitatum album: unter Zersetzung, ohne zu schmelzen, flüchtig.

Hydrargyrum salicylicum: in einem sehr engen Probierrohre unter Beifügung eines Körnchens Jod erhitzt, bildet sich ein Sublimat von Quecksilberjodid.

Jodum: bildet violette Dämpfe.

Natrium aceticum: schmilzt bei 58⁰ in seinem Kristallwasser, das wasserfreie Salz erst bei 315⁰.

Natrium arsanilicum: verkohlt, und unter Verbreitung eines knoblauchartigen Geruches entsteht an dem kalten Teile des Probierrohres ein dunkler glänzender Beschlag von Arsen.

Natrium salicylicum: entwickelt weiße, nach Phenol riechende Dämpfe.

Pyrogallolum: sublimiert bei vorsichtigem Erhitzen unzersetzt.

Resorcinum: verflüchtigt sich.

Stibium sulfuratum aurantiacum: Schwefel sublimiert, und schwarzes Schwefelantimon bleibt zurück.

Terpinum hydratum: sublimiert in feinen Nadeln.

Erhitzen der Stoffe am Platindraht.

Man bringt eine kleine Menge der mit Wasser oder Salzsäure angefeuchteten Substanz an die kleine Schlinge eines frisch ausgeglühten dünnen Platindrahtes und beobachtet, ob beim Einführen der Substanz in die nicht leuchtende Flamme eines Bunsenbrenners Färbungen auftreten:

Gelbfärbung der Flamme (Natriumverbindungen),

Karminrotfärbung (Strontium, Lithium),

Gelbgrünfärbung (Barium),

Grünfärbung (Kupferverbindungen, Borsäure),

Bläulichfärbung (Arsen, Antimon, Blei, Quecksilber),

Violettfärbung (Kalium, Rubidium, Caesium),

Gelbrotfärbung (Kalzium).

Erkennung der Stoffe durch das Flammenspektrum.

Im Glühzustand befindliche feste Stoffe strahlen Licht verschiedener Wellenlänge aus und erzeugen ein kontinuierliches Spektrum, wenn man das Licht durch ein Prisma zerlegt. Läßt man hingegen das Licht glühender Dämpfe oder Gase durch ein Prisma hindurchgehen, so entsteht, da sie Licht von bestimmten, für jedes Gas charakteristischen Wellenlängen aussenden, ein diskontinuierliches Spektrum (Linien- oder Bandenspektrum).

Die Linien dieser Flammenspektra haben bestimmte Farben — sie sind durch dunkle Zwischenräume voneinander getrennt —, und so kann man in Gemischen glühender Dämpfe und Gase an der Feststellung dieser farbigen Linien die Art des Stoffes erkennen, man kann die Stoffe durch ihre Flammenspektren analysieren. Man nennt diese Analyse Spektralanalyse und führt sie unter Verwendung eines von Kirchhoff und Bunsen konstruierten einfachen Apparates, des Spektralapparates, aus. Derselbe besteht im wesentlichen aus einem Flintglasprisma mit einem brechenden Winkel von 60⁰, einem mit Spalt versehenen Rohr (Kollimeter), durch welches das Strahlenbündel des zu analysierenden glühenden Dampfes oder Gases zu dem Prima gelangt, einem Fernrohr und einem mit einer Skala versehenen Rohr, durch deren Belichtung die Lage der farbigen Linien bestimmt wird.

Erhitzen der Stoffe auf einem Platinblech.

Beispiele aus dem Arzneibuch:

Acidum boricum: beim Erhitzen auf ungefähr 75⁰ bildet sich Metaborsäure; bei höherer Temperatur (160⁰) entsteht eine glasig geschmolzene Masse, die sich bei starkem Erhitzen aufbläht und in Borsäureanhydrid übergeht.

Acidum citricum: schmilzt auf einem Platinblech und verkohlt dann unter Bildung stechend riechender Dämpfe.

Acidum lacticum: Milchsäure verbrennt mit schwach leuchtender Flamme.

Acidum tartaricum: unter Verbreitung von Karamelgeruch verkohlend.

Acidum trichloraceticum: ohne Rückstand sich verflüchtigend.

Alumen: wird Alaun auf einem Platinblech erhitzt, so schmilzt er leicht, bläht sich dann stark auf und läßt eine schaumige Masse zurück.

Ammonium bromatum: beim Erhitzen flüchtiges Salz.
(Ebenso Ammon. carbon., Ammon. chloratum.)

Bismutum nitricum: Kristalle, die sich beim Erhitzen anfangs verflüssigen und darauf unter Entwicklung von gelbroten Dämpfen zersetzen.

Bismutum subgallicum: verkohlt beim Erhitzen ohne zu schmelzen und hinterläßt beim Glühen einen graugelben Rückstand.

Bismutum subnitricum: entwickelt beim Erhitzen gelbrote Dämpfe.

Bismutum subsalicylicum: verkohlt beim Erhitzen ohne zu schmelzen und hinterläßt beim Glühen einen gelben Rückstand.

Borax: schmilzt im Kristallwasser, verliert nach und nach unter Aufblähen das Kristallwasser und geht bei stärkerem Erhitzen in eine glasige Masse über.

Carbo ligni pulveratus: ohne Flamme verbrennbar.

Hexamethylentetramin: verflüchtigt sich, ohne zu schmelzen.

Natrium bicarbonicum: gibt Kohlendioxyd und Wasser ab und hinterläßt einen Rückstand, dessen wässerige Lösung durch Phenolphthaleinlösung stark gerötet wird.

Sulfur: verbrennt mit wenig leuchtender blauer Flamme unter Entwicklung eines stechend riechenden Gases (SO_2).

Tartarus depuratus: verkohlt unter Verbreitung von Karamelgeruch zu einer grauschwarzen Masse. (Ebenso Tartarus natronatus und Tartarus stibiatus.)

Zincum chloratum: schmilzt, zersetzt sich dabei unter Ausstoßung weißer Dämpfe und hinterläßt einen in der Hitze gelben, beim Erkalten weiß werdenden Rückstand.

Zincum oxydatum: färbt sich beim Erhitzen gelb und wird nach dem Erkalten wieder weiß.

Erhitzen der Stoffe auf der Kohle vor dem Lötrohr.

In der Aushöhlung eines flachen Stückes Holzkohle wird ein mit Wasser zu einem Teige angefeuchtetes Gemisch von entwässertem Natriumkarbonat und der Substanz mittels Lötrohres stark erhitzt. Mehrere Metallverbindungen werden hierbei reduziert: aus der Schmelze lassen sich nach dem Abschlemmen mit Wasser Metallkörner auffinden von:

Blei, grauweiß, zerdrückbar,
Wismut, weiß, spröde,
Zinn, weiß, zerdrückbar.
Silber, weiß, zerdrückbar,
Kupfer, rot,
Gold, gelb.

Vielfach ist in der Nähe oder an entfernterer Stelle von der Schmelze auf der Kohle ein „Beschlag" entstanden, der aus den Oxyden der Metalle besteht.

Weiße Beschläge geben: Zinn, Antimon, Zink,

Gelbe Beschläge: Blei, Wismut,

Braunroten Beschlag: ein sogenanntes „Pfauenauge": Kadmium.

Betupft man den Zinkbeschlag mit Kobaltnitratlösung und glüht stark, so färbt sich der Rückstand grün (Rinmanns Grün, ein Kobaltozinkat).

Wird die Schmelze selbst mit Kobaltnitratlösung betupft und abermals stark erhitzt, so deutet das Entstehen einer blauen Farbe auf Aluminiumverbindungen oder Phosphate, Silikate, Borate oder Arsenate.

Arsenverbindungen verbreiten, auf der Kohle vor dem Lötrohr erhitzt, knoblauchartigen Geruch.

Erhitzen der Stoffe in der Phosphorsalzperle.

Bringt man in die erhitzte Schlinge eines Platindrahtes ein Stückchen Phosphorsalz (Natrium-Ammoniumphosphat), so schmilzt dieses und fließt unter Abgabe von Wasser und Ammoniak zu einer farblosen Perle von Natriummetaphosphat zusammen, welches die Schlinge des Platindrahtes ausfüllt.

$$\underbrace{NaH(NH_4)PO_4 = NaPO_3}_{\text{Natriummetaphosphat}} + NH_3 + H_2O \, .$$

Das Natriummetaphosphat hat die Fähigkeit, Metalloxyde unter bestimmten Färbungen zu lösen, indem ein Natrium-Metallsalz der Orthophosphorsäure hierbei gebildet wird, z. B.:

$$NaPO_3 + CuO = NaCuPO_4 \, .$$

So liefern:

Kupfer und Chrom in der Oxydationsflamme grüne Perlen,
Kobalt färbt die Perle blau,
Mangan violett, Eisenoxyd in der Hitze rotgelb, in der Kälte gelb bis farblos.

In der Reduktionsflamme erteilt Kupfer der Perle eine trübe Rotfärbung.

Schmelzen der Stoffe auf einem Platinblech mit Soda und Salpeter.

Durch Schmelzen mit Soda und Salpeter auf einem Platinblech können Chrom und Mangan nachgewiesen werden. Chromhaltige Stoffe werden hierdurch in Chromat (chromsaures Salz) übergeführt, das sich in Wasser mit gelber Farbe löst und auf Zusatz von Essigsäure und Bleiazetatlösung eine Fällung von gelbem Bleichromat gibt. Ist Mangan vorhanden, so bildet sich eine blaugrüne Manganschmelze, deren wässerige Lösung infolge der Bildung von Permanganat eine Rotviolettfärbung annimmt.

Prüfung der in Lösung gebrachten Stoffe.

Die Kennzeichnung der Stoffe wird durch Abscheidung solcher oder ihrer Bestandteile aus Lösungen bewirkt. Handelt es sich bei der Prüfung um den Nachweis eines Anions, so ist im Arzneibuch der Name der betreffenden Säure in Klammern hinzugesetzt; bei dem Nachweis eines Kations ist der deutsche Name des Elementes mit dem Zusatz „salze" oder „verbindungen" gewählt.

Zur Herstellung von Lösungen für chemisch-analytische Zwecke benutzt man Wasser, Alkohol, Äther, Chloroform oder Säuren (Salzsäure, Salpetersäure, Königswasser) oder schmilzt die Substanz mit Alkali und löst nun erst in Wasser oder Säuren. Sollten selbst dann noch unlösliche Rückstände verbleiben, so „schließt" man diese auf verschiedene Weise auf: entweder mit Flußsäure (Silikate wie Feldspat) oder Glühen mit Barythydrat, Schmelzen mit Natriumkarbonat unter Zusatz von Kaliumchlorat (Schwefel- und Arsenmetalle: Kupferkies, Schwefelkies, Speiskobalt) oder durch Schmelzen mit Kaliumkarbonat und Schwefel (Zinnoxyd, Antimonoxyd) usw.

Man beobachtet nunmehr die auf Zusatz von Reagenzien zu den Lösungen eintretenden Veränderungen (Reaktionen), die in bestimmten Färbungen, in Niederschlägen, in der Entwicklung von Gasen usw. bestehen können.

Einer Anzahl Metallen gegenüber äußern gewisse Reagenzien ein gleiches Verhalten, so daß mit ihnen die Metalle in Gruppen zerlegt werden können. Ein solches wichtiges Gruppenreagenz ist der Schwefelwasserstoff.

Schwefelwasserstoff fällt aus saurer Lösung (d. h. durch Mineralsäure sauer gemachter Lösung):

Kadmium, Kupfer, Wismut, Blei, Quecksilber, Silber, ferner Zinn, Antimon, Arsen, Gold

als Sulfide. Von diesen werden die vier letzgenannten beim Behandeln mit Schwefelammon als Sulfosalze gelöst. Die übrigen Sulfide bleiben ungelöst.

Aus neutraler oder ammoniakalischer Lösung werden durch Schwefelwasserstoff bzw. Schwefelammon:

Aluminium, Chrom, Zink, Mangan, Eisen, Nickel, Kobalt, Oxalate und Phosphate der alkalischen Erden

gefällt. Ungefällt bleiben die Alkalimetalle (Kalium, Natrium, Lithium, Rubidium, Caesium) und die Erdalkalimetalle (Barium, Strontium, Kalzium), sowie Magnesium.

Nach Trennung der Metalle in Gruppen tritt man an die weitere Trennung einer und derselben Gruppe angehörenden Metalle heran, wofür zahlreiche Methoden ausgearbeitet sind, an deren Vervollkommnung die analytische Chemie unausgesetzt tätig ist. Es sollen hier nur diejenigen Methoden eine Erläuterung finden, die zum Nachweis und zur Bestimmung der chemischen Bestandteile der Arzneistoffe benutzt werden.

Man unterscheidet hier wie auch in der allgemeinen chemischen Analyse zwischen qualitativen und quantitativen Bestimmungen. Die letzteren werden unter Zuhilfenahme der chemischen Waage ausgeführt und heißen alsdann gewichtsanalytische Bestimmungen zum Unterschied von der Maßanalyse oder volumetrischen Analyse, nach welcher quantitative Bestimmungen nach Maß (Volum) vorgenommen werden.

Außerdem bedient man sich gewisser Hilfsmittel, durch deren Ausführung die Charakterisierung von Stoffen erleichtert und die chemische Reinheit von Stoffen auf einfache Weise oft festgestellt werden kann. Hierher gehören die Bestimmung von spezifischem Gewicht bzw. der „Dichte", von Schmelzpunkt, Siedepunkt, Erstarrungspunkt, Prüfung des polarimetrischen Verhaltens, die Feststellung der sauren, alkalischen oder neutralen Reaktion durch Reagenzpapiere, die Ausführung der Elaidinreaktion bei den fetten Ölen, die Untersuchung von Substanzen auf oxydierbare Stoffe, die Bestimmung des Säuregrades, der Säure-, Ester-, Verseifungs-, Jodzahl der Fette, die Ausführung der Diazoreaktion, Wasser- und Arsenbestimmungen.

Um für die Begriffe „Opaleszenz", „opalisierende Trübung", „Trübung" Normen zu schaffen, hat das Arzneibuch Vergleichsreaktionen vorgeschrieben.

Die vorstehend genannten Hilfsmittel der Analyse sollen in nachfolgendem kurz erläutert werden.

Spezifisches Gewicht. Dichte.

Da es sich bei den Arzneimitteln meist um die Ermittlung des spezifischen Gewichts von Flüssigkeiten handelt, so finden vorzugsweise Senkspindeln (Aräometer) und die Mohrsche Waage zu diesem Zweck Verwendung. Man kann sich aber auch der Pyknometer bedienen.

Das spezifische Gewicht wird ermittelt:

a) um den Konzentrationsgrad von Flüssigkeiten festzustellen, z. B. bei der Schwefelsäure, beim Alkohol usw.;

b) um die Reinheit von Flüssigkeiten bzw. festen Stoffen festzustellen, z. B. bei Äther aceticus, Chloroform usw.

c) als Mittel zur Identifizierung, z. B. bei den ätherischen Ölen.

Das Arzneibuch verzeichnet bei einer größeren Zahl von Arzneimitteln nicht deren spezifisches Gewicht, sondern die „Dichte" bei einer Temperatur von 20°. Die Dichte bedeutet dabei das Verhältnis der einen gewissen Rauminhalt ausfüllenden Masse der Flüssigkeit bei 20° zu der Masse destillierten Wassers, die bei 4° den gleichen Rauminhalt hat. Die Dichtezahlen geben also an, wieviel Gramm 1 ccm Flüssigkeit von 20° im luftleeren Raum wiegen würde. Der Berechnung ist die Formel zugrunde gelegt:

$$d = \frac{m}{w} \cdot 0{,}99703 + 0{,}0012,$$

worin d die gesuchte Dichte, m das Gewicht der zu untersuchenden Flüssigkeit und w das Gewicht eines gleichen Rauminhalts Wasser bezeichnen, beide bei 20° und gewogen in Luft.

Die vorstehende Formel ergibt sich unter Berücksichtigung des „Auftriebes", den ein Körper beim Wägen im luftleeren Raum erfährt, sowie durch die Reduktion der Temperatur, wenn das Wägen bei 20° und nicht bei 4° vorgenommen wird (Q = Verhältnis 0,998232:1).

Die Dichte der Luft, bezogen auf Wasser, ist gleich 0,0012 (λ). Man gelangt zu der Formel:

$$d = \frac{m}{w} Q + \left(1 - \frac{m}{w}\right) \lambda, \text{ durch Umformung zu}$$

$$d = \frac{m}{w} Q + \lambda - \frac{m\lambda}{w} \text{ oder}$$

$$d = \frac{m}{w} (Q - \lambda) + \lambda.$$

Setzt man für Q und λ die oben angegebenen Werte ein, so ist

$$d = \frac{m}{w}\,(0{,}998232 - 0{,}0012) + 0{,}0012$$

$$= \frac{m}{w}\cdot 0{,}99703 + 0{,}0012.$$

Über die Bestimmung des Schmelzpunktes, Erstarrungspunktes, Siedepunktes s. S. 248 und folgende.

Saure, alkalische, neutrale Reaktion durch Reagenzpapiere ermittelt.

Man benutzt zur Feststellung der sauren, alkalischen und neutralen Reaktion von Flüssigkeiten oder festen Stoffen Papiere, die mit blauer oder roter Lackmuslösung oder mit Kurkumatinktur getränkt sind.

Man macht von der Feststellung der sauren, alkalischen oder neutralen Reaktion bei den Arzneimitteln Gebrauch erstens für Identitätsbestimmungen, zweitens für die Prüfung, indem eine große Zahl Arzneistoffe durch Beimischung von Fremdsubstanzen oder infolge von eingetretenen Zersetzungen saure oder alkalische Reaktion zeigen können, die sie im reinen oder unzersetzten Zustande nicht besitzen.

Diazoreaktion.

Von der „Diazoreaktion" macht das Arzneibuch wiederholt Gebrauch, wenn es sich um die Charakterisierung primärer Monamine der aromatischen Reihe handelt. Diese werden „diazotiert" und die entstandenen Diazoverbindungen durch die Einwirkung von Phenolen in Azofarbstoffe umgewandelt.

Z. B. Anästhesin, p-Aminobenzoesäureäthylester:

$$C_6H_4 \underset{\textstyle COOC_2H_5 \;(4)}{\overset{\textstyle NH_2 \qquad (1)}{\Big\langle}}$$

Man versetzt eine Lösung von 0,1 g Anästhesin in 2 ccm Wasser und 3 Tropfen verdünnter Salzsäure mit 3 Tropfen Natriumnitritlösung, wodurch sich das Diazoniumchlorid des Benzoesäureäthylesters bildet; wird die Lösung mit 2 Tropfen einer Lösung von 0,01 g β-Naphthol in 5 g verdünnter Natronlauge $(1 + 2)$ versetzt, so entsteht β-Naphthol-(α)-Azobenzoesäureäthylester, welcher sich durch eine dunkel orangerote Färbung auszeichnet:

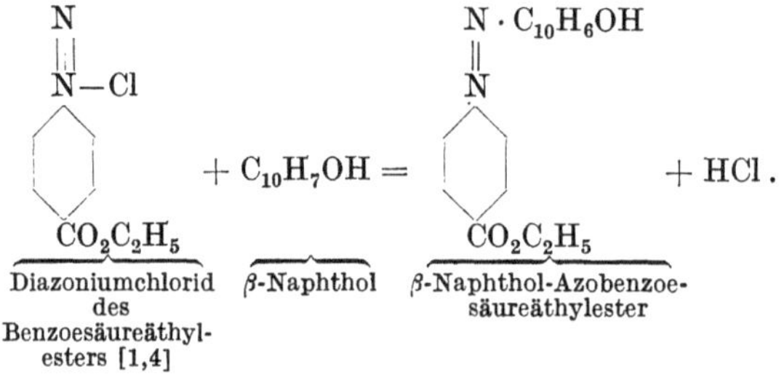

Diazoniumchlorid des Benzoesäureäthylesters [1,4] $+ C_{10}H_7OH =$ β-Naphthol $=$ β-Naphthol-Azobenzoesäureäthylester $+ HCl.$

Auch bei Novokain, dem p-Aminobenzoyldiäthylaminoäthanolhydrochlorid $NH_2 \cdot C_6H_4 \cdot CO \cdot OC_2H_4 \cdot N(C_2H_5)_2 \cdot HCl\ (1,\,4)$, wird die Diazoreaktion in ähnlicher Weise ausgeführt.

Elaidinreaktion.

Zur Charakterisierung fetter Öle benutzt man u. a. die Eigenschaft der salpetrigen Säure, das flüssige Triolein von Fetten in das isomere feste Elaidin zu verwandeln.

Die Probe kann wie folgt ausgeführt werden:

Man löst 1 ccm Quecksilber in 12 ccm kalter Salpetersäure von 1,420 spez. Gewicht und schüttelt 2 ccm der frischen Lösung in einer weithalsigen Flasche mit 20 ccm des zu prüfenden Öles während zwei Stunden von zehn zu zehn Minuten gut durch. Man überläßt das Gemisch dann 24 Stunden an einem kühlen Ort der Ruhe.

Olivenöl und Mandelöl geben hierbei eine harte Masse, Leinöl, Nußöl, Mohnöl bleiben flüssig, andere Öle liefern feste Ausscheidungen oder werden butterartig.

Das Arzneibuch läßt die Elaidinprobe, wie folgt, ausführen: Bringt man in ein Probierrohr 10 ccm Salpetersäure und 2 g Mandelöl (bzw. Olivenöl), gibt in kleinen Anteilen etwa 1 g Natriumnitrit hinzu und läßt an einem kühlen Orte stehen, so muß das Öl nach 4—10 Stunden zu einer weißen Masse erstarrt sein. Trocknende Öle, wie Leinöl, geben diese Reaktion nicht.

Polarisation.

Die Feststellung des optischen Drehungsvermögens organischer Substanzen bietet uns vielfach eine Handhabe zur Charakterisierung und Reinheitsprüfung. Das Arzneibuch macht daher Angaben über das Verhalten gegenüber dem polarisierten Lichtstrahl bei Acidum tartaricum, Camphora, Saccharum, Saccharum lactis, bei Alkaloiden (z. B. Lobelin, Scopolamin) und den ätherischen Ölen.

Den direkt abgelesenen Drehungswinkel bezeichnet man mit α, bezogen auf eine Länge des Beobachtungsrohres von 1 dcm und bei gelbem Natriumlicht. Dieses wird mit D bezeichnet, weil die gelbe Linie im Spektrum des Natriumlichtes mit dem Buchstaben D des Spektrums zusammenfällt. Bei der Feststellung des Drehungswinkels ist die Temperatur von Einfluß. Sie muß also bei Beobachtungen berücksichtigt werden.

Sagt das Arzneibuch z. B. bei Oleum Citri:

$$\alpha_D^{20^0} = + 55^0 \text{ bis } 65^0,$$

so heißt das: Zitronenöl dreht die Ebene des polarisierten Lichtes rechts, und zwar beträgt der Drehungswinkel α bei Natriumlicht (D) und der Temperatur von 20° im 1 dcm-Rohr beobachtet + 55° bis + 65°.

Den Drehungswinkel α bestimmt man bei Flüssigkeiten, die keine einheitlichen chemischen Stoffe sind, wie z. B. die ätherischen Öle. Bei einheitlichen chemischen Stoffen pflegt man die spezifische Drehung zu ermitteln, d. h. man berücksichtigt bei Feststellung des Drehungswinkels α neben Temperatur und der Rohrlänge auch die Dichte der Flüssigkeit bzw. die Konzentration der zur Polarisation verwendeten Lösung. Um zu kennzeichnen, daß die spezifische Drehung einer Flüssigkeit bestimmt wurde, setzt man den Drehungswinkel α in eine eckige Klammer.

Bei an und für sich aktiven Flüssigkeiten ist

$$[\alpha] = \frac{\alpha}{l \cdot d},$$

wobei α der beobachtete Drehungswinkel, l die Länge des Beobachtungsrohrs in Dezimetern und d die Dichte der Flüssigkeit bedeutet.

Für Lösungen optisch aktiver Stoffe in indifferenten Lösungsmitteln ist

$$[\alpha] = \frac{\alpha \cdot 100}{l \cdot c},$$

wobei c die Anzahl Gramm aktiver Substanz in 100 ccm Lösung (Konzentration) bedeutet oder

$$[\alpha] = \frac{a \cdot 100}{l \cdot p \cdot d},$$

wobei $p =$ Prozentgehalt an aktiver Substanz in 100 g der Lösung und d die Dichte dieser Lösung ist, $p \cdot d = c$.

Nur bei einer geringen Zahl aktiver Stoffe, z. B. Rohrzucker, ist das spezifische Drehungsvermögen eine konstante Größe, meistens ändert es sich mit Änderung der Konzentration und der Art des Lösungsmittels.

Gewichtsanalytische Bestimmungen.

Das Arzneibuch macht von gewichtsanalytischen Bestimmungen nur wenig Gebrauch. Meist werden auf maßanalytischem Wege quantitative Bestimmungen ausgeführt. Bei vielen organischen Arzneistoffen findet sich die Angabe, daß nach ihrem Verbrennen nur ein bestimmter Rückstand hinterbleiben darf. Seine Menge ist bei den einzelnen Arzneimitteln genau angegeben.

Durch Gewicht festgestellt werden soll bei einer größeren Anzahl von Arzneistoffen der Wassergehalt und der Aschengehalt.

Bestimmung des Wassergehaltes der Arzneistoffe.

Die Bestimmung des Wassergehaltes geschieht durch Austrocknen der Arzneistoffe in passend zerkleinerter Form, wenn es sich um feste Stoffe handelt, entweder bei der Siedetemperatur des Wassers, also bei 100°, oder in einem auf 105° geheizten geeigneten Trockenschrank bis zum konstanten Gewicht des Rückstandes. Oft auch muß ein Glühen im Porzellan- oder Platintiegel vorgenommen werden, um die letzten Anteile Wasser auszutreiben.

Aschenbestimmungen.

Organisch-chemische Stoffe sind entweder leicht verbrennlich (Alkohol, Äther) oder schwer verbrennlich (Glyzerin) oder hinterlassen beim Verbrennen schwarze Kohle (Zucker), zu deren völliger Verbrennung oft starke und anhaltende Hitze erforderlich ist. Enthalten die organisch-chemischen Stoffe anorganische Verbindungen, so bleiben diese beim Verbrennen als sog. fixe Bestandteile zurück. Nicht immer sind diese in der Form in den organisch-chemischen Stoffen enthalten, als welche sie beim Verbrennen solcher zurückbleiben. So werden z. B. die organisch-sauren Salze (Kalziumoxalat, Kaliumbitartrat) beim Verbrennen in die kohlensauren Salze übergeführt, oder, wenn es sich um ein organisch-saures Kalziumsalz handelt, unter Fortgang von Kohlendioxyd in Kalziumoxyd.

Die beim Verbrennen organisch-chemischer Stoffe zurückbleibenden, also unverbrennlichen Bestandteile werden als Asche bezeichnet.

Durch eine Aschenbestimmung in Arzneimitteln kann man etwaige Verunreinigungen solcher feststellen, oder aber man kann dadurch auch die ordnungsgemäße Beschaffenheit und Zusammensetzung eines Arzneimittels ermitteln, z. B. den richtigen Gehalt eines organischsauren Salzes an Metall (Bismut. subgallic., Bismut. subnitric., Bismut. subsalicyl.) usw.

Das Arzneibuch läßt den beim Verbrennen hinterbleibenden Rückstand in folgender Weise ermitteln:

Eine dem Einzelfall angemessene Menge Substanz wird in einem ausgeglühten und gewogenen, schräg gestellten Tiegel durch eine mäßig starke Flamme zunächst verkohlt und dann verascht. In den Fällen, in denen sich bei der Veraschung schwer verbrennliche Kohle bildet, wird, um die Verbrennung der Hauptmenge der Kohle zu beschleunigen, die

Flamme mehrmals für kurze Zeit entfernt. Wird durch fortgesetztes mäßiges Erhitzen eine weitere oder völlige Veraschung nicht erreicht, so wird die Kohle mit heißem Wasser übergossen und der gesamte Tiegelinhalt durch ein Filter von bekanntem Aschengehalt filtriert. Das Filter wird mit möglichst wenig Wasser nachgewaschen, mit dem darauf verbliebenen Rückstand in den Tiegel gebracht, darin getrocknet und verascht. Sobald keine Kohle mehr sichtbar und der Tiegel erkaltet ist, wird das Filtrat und das zum Nachspülen benutzte Waschwasser in dem Tiegel auf dem Wasserbad eingedampft. Der nunmehr verbliebene Rückstand wird nochmals kurze Zeit schwach geglüht und nach dem Erkalten des Tiegels gewogen. Von dem ermittelten Gewicht ist der Aschengehalt des Filters abzuziehen.

Über die Veraschung der Drogen ist im Arzneibuch eine besondere Ausführungsmethode vorgeschrieben.

Vergleichsreaktionen für die Begriffe „Opaleszenz", „opalisierende Trübung", „Trübung".

In dem Deutschen Arzneibuch, Ausgabe V, war bei 8 Präparaten der Ausdruck „Opaleszenz bzw. opalisierend", bei 53 Präparaten der Ausdruck „opalisierende Trübung" und bei 42 Präparaten der Ausdruck „Trübung" benutzt worden.

Diese Bezeichnungen gewähren keine Sicherheit in der Beurteilung einer für bestimmte Präparate für zulässig erachteten Verunreinigung oder für die Charakterisierung der äußeren Beschaffenheit einer Lösung. Da die Deutung, was noch unter den Begriff „Opaleszenz" fallen kann oder schon als Trübung einer Flüssigkeit angesprochen werden muß, subjektivem Ermessen überlassen bleibt, war daher eine genauere Begriffsbestimmung obiger Bezeichnungen erforderlich. Eine solche läßt sich dadurch erzielen, daß für die Ausdrücke „Opaleszenz", „opalisierende Trübung", „Trübung" Normen aufgestellt werden, die darauf begründet werden können, daß beim Vermischen zweier Flüssigkeiten von bestimmten Konzentrationsgraden die Bildung eines unlöslichen Stoffes und die dadurch bedingte Hervorrufung einer Trübung von bestimmter Durchsichtigkeit erfolgt.

Als geeignete Reaktionsflüssigkeiten eignen sich hierfür sehr verdünnte Chlorwasserstoffsäure und sehr verdünnte Silbernitratlösung, die die Abscheidung von weißem Chlorsilber ergeben. Je nach der Konzentration der Reaktionsflüssigkeiten wird die Fällung nur schwach oder stärker sein und daher in ersterem Falle die Durchsichtigkeit der Flüssigkeit noch gestatten. Einen solchen Zustand kann man als „Opaleszenz" bezeichnen und Abstufungen bei dem Auftreten stärkerer Chlorsilberabscheidungen als „opalisierende Trübung" oder „Trübung" ansprechen. Es sind daher im Arzneibuch die folgenden Bestimmungen getroffen:

a) Opaleszenz ist das Höchstmaß der Trübung, die entsteht, wenn 5 ccm einer Mischung von 1 ccm $\frac{n}{100}$-Normal-Salzsäure und 99 ccm Wasser mit 0,5 ccm $\frac{n}{10}$-Silbernitratlösung versetzt werden. Die Beobachtung ist 5 Minuten nach dem Zusatz der $\frac{n}{10}$-Silbernitratlösung gegen eine dunkle Unterlage bei auffallendem Lichte vorzunehmen.

b) Opalisierende Trübung ist das Höchstmaß der Trübung, die entsteht, wenn 5 ccm einer Mischung von 2 ccm $\frac{n}{100}$-Salzsäure und 98 ccm Wasser mit 0,5 ccm $\frac{n}{10}$-Silbernitratlösung versetzt werden. Die Beobachtung erfolgt, wie unter a) angegeben ist.

c) Trübung ist das Höchstmaß der Trübung, die entsteht, wenn 5 ccm einer Mischung von 4 ccm $\frac{n}{100}$-Salzsäure und 96 ccm Wasser mit 0,5 ccm $\frac{n}{10}$-Silbernitratlösung versetzt werden. Die Beobachtung erfolgt, wie unter a) angegeben ist.

Maßanalyse oder volumetrische Analyse.

Die Maßanalyse oder volumetrische Analyse bestimmt die Menge eines Stoffes nach der verbrauchten Anzahl von Kubikzentimetern (ccm) eines Reagenzes, durch welches eine gewisse Erscheinung (Niederschlag, Farbenveränderung) bedingt und hierdurch der Endpunkt der Reaktion angezeigt wird. Vielfach sind es nicht die reagierenden Stoffe, durch welche der Endpunkt der Reaktion bemerkbar wird, sondern man bedient sich hierzu eines dritten Stoffes und nennt diesen Indikator. Zweck der Maßanalyse ist, zeitraubende gewichtsanalytische Bestimmungen durch rascher auszuführende Volumabmessungen zu ersetzen.

Die bei diesen Bestimmungen gebräuchlichen Reagenzien bestehen in Lösungen von bestimmtem Gehalt und werden Probeflüssigkeiten, volumetrische Lösungen oder Maßflüssigkeiten genannt. Nach dem Namen Titerflüssigkeiten (abgeleitet von dem französischen Wort titre, Gehalt) trägt die Maßanalyse auch die Bezeichnung Titriermethode.

Mittels dieser Methode bestimmt man:

1. Säuren nach der zur Erreichung des Äquivalenzpunktes nötigen Menge eines titrierten Alkalis (Acidimetrie);

2. Alkalien, ätzende wie kohlensaure, nach der zur Erreichung des Äquivalenzpunktes nötigen Menge einer titrierten Säure (Alkalimetrie);

3. Oxydierbare Stoffe nach der zur höheren Oxydation erforderlichen Menge eines Oxydationsmittels, z. B. des Kaliumpermanganats (Oxydationsanalyse);

4. Stoffe, welche aus Kaliumjodid Jod frei machen (z. B. freies Chlor, Eisenoxydsalze), nach der Menge der Natriumthiosulfatlösung, welche das frei werdende Jod bindet (Jodometrie);

5. Chloride, Bromide, Jodide, Zyanide nach der Menge der Silbernitratlösung bekannten Gehaltes, welche zur vollständigen Fällung derselben nötig ist; in gleicher Weise das Silber durch die zur Ausfällung notwendige Menge titrierter Kochsalzlösung (Fällungsanalysen).

Acidimetrie und Alkalimetrie werden auch unter der Bezeichnung Sättigungsanalyse zusammengefaßt.

Für das maßanalytische Arbeiten dienen als Meßgefäße bzw. Meßinstrumente: Büretten, Pipetten, Kolben, Zylinder.

Büretten.

Unter Büretten versteht man einseitig verschließbare, gegen 12 mm Durchmesser zeigende und in der Regel 50—60 cm lange Glasrohre, welche eine in Kubikzentimeter (ccm) und $\frac{1}{10}$ Kubikzentimeter $\left(\frac{1}{10}\ \text{ccm}\right)$ eingeteilte Skala tragen und

Abb. 94. Quetschhahn _b_.

Abb. 93. Quetschhahn _a_.

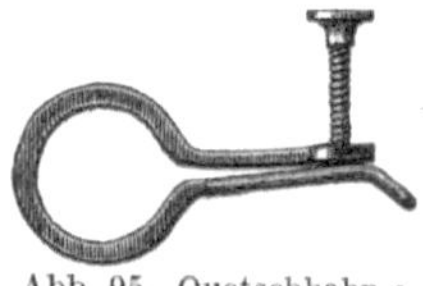

Abb. 95. Quetschhahn _c_.

zum Abmessen der in Reaktion tretenden volumetrischen Lösungen benutzt werden.

Der Verschluß der Büretten wird entweder mittels Gummischlauchs und Quetschhahns (Quetschhahnbüretten) oder mittels Glashahns (Glashahnbüretten) bewirkt.

Abb. 93, 94, 95 zeigen verschiedene Formen der gebräuchlichen Quetschhähne, mit welchen der Gummischlauch, wie in Abb. 96, verschlossen wird.

Drückt man die beiden Knöpfe des Quetschhahns mit Daumen und Zeigefinger ein wenig zusammen, so öffnet sich der Gummischlauch, und der Inhalt der Bürette tropft aus dem unterhalb des Gummischlauchs sich befindenden zugespitzten Glasrohr heraus. Durch Wiederentfernen der Knöpfe voneinander kann die Bürette augenblicklich geschlossen werden. Zu beachten ist, daß beim

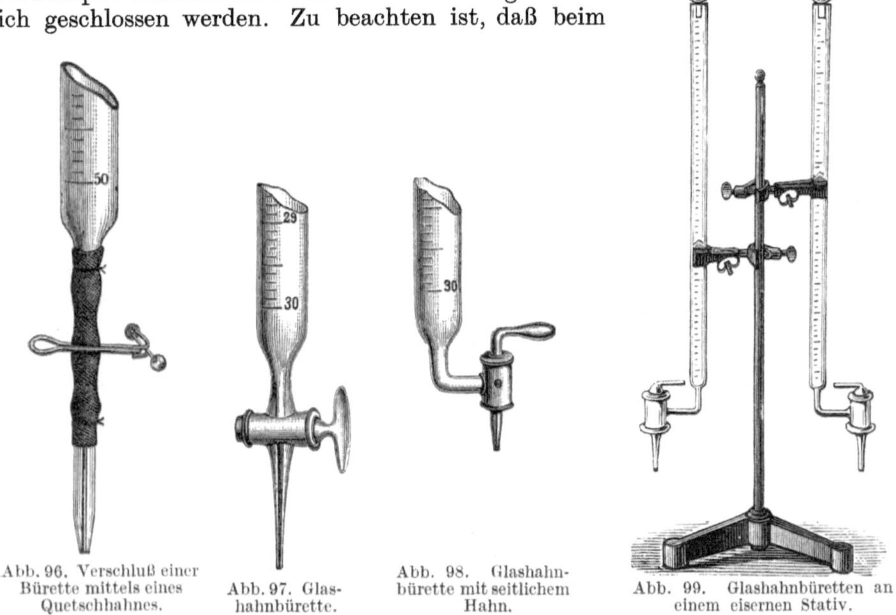

Abb. 96. Verschluß einer Bürette mittels eines Quetschhahnes.

Abb. 97. Glashahnbürette.

Abb. 98. Glashahnbürette mit seitlichem Hahn.

Abb. 99. Glashahnbüretten an einem eisernen Stativ.

Titrieren, beim Ausfließenlassen der Lösung aus der Bürette der unterhalb des Quetschhahnes sich befindende Teil des Gummischlauchs und das Ausflußröhrchen mit Flüssigkeit völlig gefüllt, also frei von Luftblasen sind.

Bei den Glashahnbüretten, welche ganz aus Glas bestehen und daher zu allen bei der Maßanalyse in Betracht kommenden Flüssigkeiten benutzt werden können, befindet sich der Glashahn entweder in der Verlängerung des Glasrohres oder zur Seite desselben (Abb. 97 und 98).

Zum Befestigen der Büretten verwendet man mit Vorliebe eiserne Stative, wie ein solches Abb. 99 mit zwei Glashahnbüretten veranschaulicht.

Neben den Ausfluß büretten sind auch Ausguß-büretten in Gebrauch, von welchen Abb. 100 und 101 zwei Formen wiedergeben.

Zweckmäßig befestigt man diese Ausgußbüretten auf einer hölzernen Unterlage.

Beim Gebrauch dieser Büretten neigt man sie schwach seitlich und veranlaßt hierdurch ein Austropfen

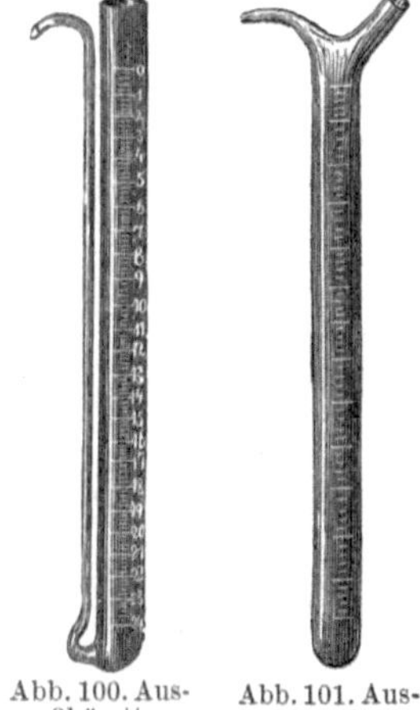

Abb. 100. Ausgußbürette a.

Abb. 101. Ausgußbürette b.

der Flüssigkeit aus dem dünneren Schenkel. Bei der Bürette der Abb. 101 verschließt man die weitere, in der Zeichnung rechts befindliche Öffnung mit dem Finger, neigt das Rohr seitlich und bewirkt durch vorsichtiges Heben des Fingers ein Austropfen.

Das Füllen von Büretten geschieht mittels eines Trichterchens, dessen Ablaufende zweckmäßig etwas gekrümmt ist (Abb. 102), so daß die einlaufende Flüssigkeit an der Wandung der Bürette herabläuft.

Hierdurch wird ein Spritzen und die Bildung von störenden Luftblasen vermieden. Vor dem Gebrauch der gefüllten Bürette hat man das Einfülltrichterchen zu entfernen und darauf zu achten, daß die Flüssigkeitsoberfläche in der Bürette durch nachlaufende Tropfen aus dem oberen, nicht gefüllten Teil nicht mehr verändert wird. Erst dann verzeichnet man den Stand der Flüssigkeit, den sie an der Skala einnimmt. Das Ablesen der Flüssigkeitsoberfläche in der Bürette kann, da jene dem Auge zwei konkave Krümmungen (oben o, unten u, Abb. 103) darbietet, auf zweierlei Art geschehen. Man ist allgemein dahin übereingekommen, daß man bei durchsichtigen Flüssigkeiten die untere konkave Krümmung u, den unteren Meniskus[1] zum Ablesen wählt, bei undurchsichtigen Flüssigkeiten hingegen, wie bei Kaliumpermanganat- und Jodlösung, den oberen Meniskus. Wichtig für ein richtiges Ablesen ist es, daß die Flüssigkeitsoberfläche und das Auge in der gleichen horizontalen Ebene sich befinden. Um ein schärferes Ablesen zu ermöglichen, benutzt man ein halb schwarzes, halb weißes Stück Papier (Abb. 104) und hält es so hinter der Flüssigkeitsschicht, daß die schwarze Hälfte sich wenige Millimeter unter der Flüssigkeitsoberfläche befindet. Die untere konkave Krümmung derselben spiegelt sich dann auf der weißen Hinterwand schwarz ab.

Abb. 102. Füllen der Bürette mittels Glastrichters.

Büretten läßt man bei vollständig geöffnetem Hahn frei in das Auffangegefäß ablaufen. Bei Titrationen liest man den erreichten Stand der Flüssigkeit in der Bürette ab, sobald die Titration beendet ist. Will man aber eine bestimmte Menge Normallösung in das Gefäß bringen, so muß man den Ablauf der Flüssigkeit unterbrechen, wenn die Flüssigkeit etwa 5 mm oberhalb der Endmarke steht. Nach Ablauf von 30 Sekunden oder der auf der Bürette vermerkten Wartezeit hat man die Flüssigkeit genau auf die Marke einzustellen und die Ablaufspitze an dem Gefäß abzustreichen (D. A. B. VI).

D. A. B. VI läßt zu volumetrischen Bestimmungen u. a. auch sog. „Feinbüretten" verwenden. Darunter sind Büretten von etwa 60 cm Länge zu verstehen, die 10 ccm Flüssigkeit fassen

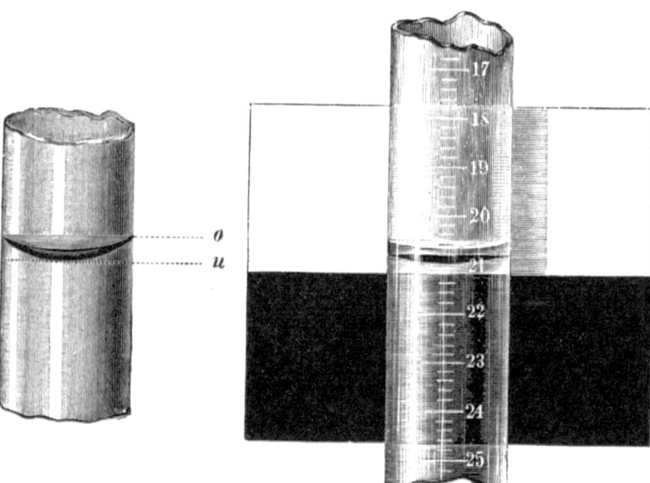

Abb. 104. Ablesen der Flüssigkeitsoberfläche in der Bürette.

und deren Skalen in $\frac{1}{50}$ ccm eingeteilt sind. Die Abflußvorrichtung der Feinbürette muß so beschaffen sein, daß etwa 40 Tropfen Wasser 1 ccm entsprechen.

---

[1] Abgeleitet von μηνίσκος, meniskos, Halbmond.

Pipetten.

Unter Pipetten versteht man verschieden gestaltete, meist ausgebauchte zugespitzte Glasrohre, die mit einer Marke versehen sind, bis zu welcher eine bestimmte Anzahl Kubikzentimeter Flüssigkeit aufgesogen werden kann (Abb. 105, 106, 107).

In der Neuzeit bringt man auch Pipetten in den Verkehr, die oberhalb der Ausbauchung und des Eichstriches noch eine kugelige Erweiterung tragen. Diese hat den Zweck, zu verhindern, daß beim Aufsaugen der Flüssigkeiten diese in die Mundhöhle eintreten.

Zum Unterschiede von den soeben besprochenen Pipetten, den Vollpipetten gibt es auch graduierte Pipetten (Meßpipetten), das sind solche, bei denen eine Teilung in Kubikzentimetern und $\frac{1}{10}$ ccm angebracht ist.

Die Pipetten sind so geeicht, daß eine bestimmte Auslaufzeit der Flüssigkeit vorgesehen ist und der letzte Tropfen in dem zugespitzten Ende der Glasröhre hängen, also unberücksichtigt bleiben kann. Ein Ausblasen des letzten Tropfens ist daher unstatthaft. Pipetten mit einer Marke auf Ausguß hält man senkrecht und läßt dann die Flüssigkeit von der Marke aus in ein Gefäß ablaufen, und zwar so, daß man die Mündung des Ablaufrohrs der Pipette an die Wandung des Gefäßes anlegt. Hat der zusammenhängende Ausfluß aufgehört, so streicht man die Spitze der Pipette an dem Gefäß ab, und zwar, wenn auf der Pipette keine Wartezeit vermerkt ist, nach 15 Sekunden, sonst nach der angegebenen Wartezeit.

Bei Meßpipetten hat man die Ablaufspitze an die Wand des Auffangegefäßes zu legen, den Flüssigkeitsstrom zu unterbrechen, wenn die Flüssigkeit etwa 5 mm der Endmarke angelangt ist, 15 Sekunden zu warten und dann auf die Endmarke einzustellen.

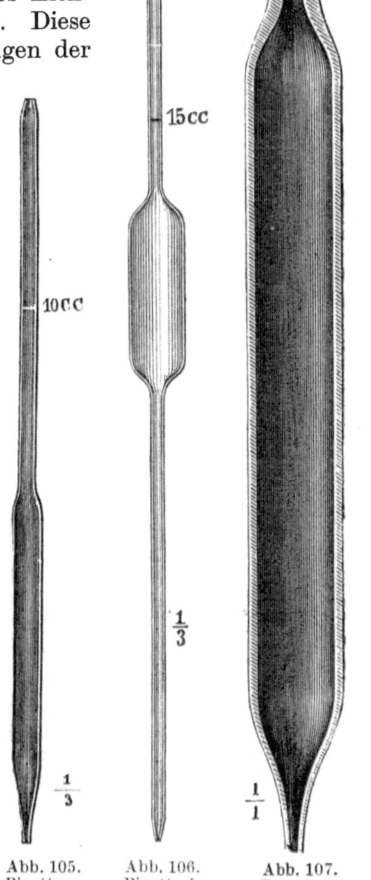

Abb. 105.
Pipette *a*.

Abb. 106.
Pipette *b*.

Abb. 107.
Pipette *c*.

Kolben und Zylinder.

Die Meßkolben und Meßzylinder werden zur Herstellung größerer Mengen von Meßflüssigkeiten benutzt. Man bevorzugt hierzu besonders die Meßkolben (Abb. 108), da bei diesen die den Inhalt nach Kubikzentimetern (ccm) angebende Marke in dem Hals des Kolbens sich befindet. Die Flüssigkeitsoberfläche hat hierdurch einen geringeren Durchmesser als in dem Meßzylinder (Abb. 109) und gestattet daher ein schärferes Einstellen.

Neuerdings bringt man auch Meßkolben (Abb. 110) in den Handel, welche oberhalb der Marke eine kugelige Ausbauchung haben, um beim Durchmischen der Flüssigkeit dieser einen größeren Spielraum im Kolben zu gewähren.

Als Einheitsflüssigkeitsmaß gilt das Liter. Der Inhalt einer Literflasche oder eines Litergefäßes ist dem Gewicht der Wassermenge gleich, welche bei $+ 4^0$ C im luftleeren Raume gewogen, einen Würfel von $\frac{1}{10}$ m Seitenlänge anfüllt.

Da nun ein Abwägen und Einstellen von Flüssigkeiten bei $+ 4^0$ und im luftleeren Raume Schwierigkeiten begegnet, schlug Friedrich Mohr, der sich um die Ausbildung der Maßanalyse große Verdienste erworben hat, vor, ein Abwägen der Flüssigkeitsmengen bei $17{,}5^0$ C vorzunehmen.

Verfährt man nach Mohr, so ist zu berücksichtigen, daß das Volum einer Flüssigkeit bei $17{,}5^0$ C ein anderes Gewicht besitzt als das gleiche Volum der gleichen Flüssigkeit bei $+ 4^0$ C. Bei Wasser z. B. sind 997,8 g diejenige Wassermenge von $17{,}5^0$ C, welche, in der Luft mit Messinggewichten gewogen, denselben Raum einnehmen wie 1000 g Wasser von $+ 4^0$ C, im luftleeren Raum gewogen. Das Gewicht des Mohrschen Liters Wasser ist daher verschieden von dem des Normalliters. Das Deutsche Arzneibuch VI bezieht alle Volummessungen auf 20^0 C.

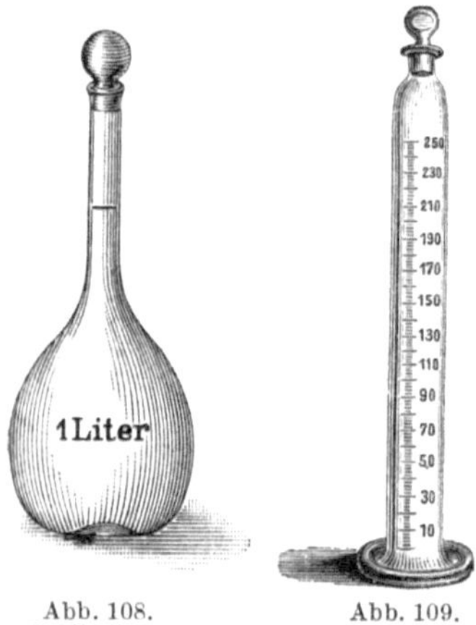

Abb. 108.
Meßkolben.

Abb. 109.
Meßzylinder.

Will man daher bei maßanalytischen Arbeiten keine Fehler begehen, so muß man darauf achten, daß nur Meßgefäße zur Verwendung gelangen, die sich entweder auf das Mohrsche Liter oder auf das Liter bei 20^0 C als Einheit oder auf das Normalliter als Einheit beziehen, die also einheitlich geeicht sind.

Es empfiehlt sich unter allen Umständen, vor dem Gebrauch der Meßinstrumente diese auf das genaueste auf ihre Richtigkeit zu prüfen.

Des weiteren ist zu beachten, daß man vor der Benutzung der Meßgefäße sich von der Reinheit derselben überzeugt hat. Als unrein zu beanstanden sind Geräte auf Auslauf, bei denen Tropfen während des Auslaufs an der Wandung hängenbleiben, sowie Geräte auf Einguß, wenn der Flüssigkeitsmeniskus sich schlecht ausbildet. Die Geräte können mit Seifenlösung, mit weingeistiger Kalilauge oder mit einer Lösung von 1 T. Kaliumdichromat in 10 T. Schwefelsäure gereinigt werden (D. A. B. VI).

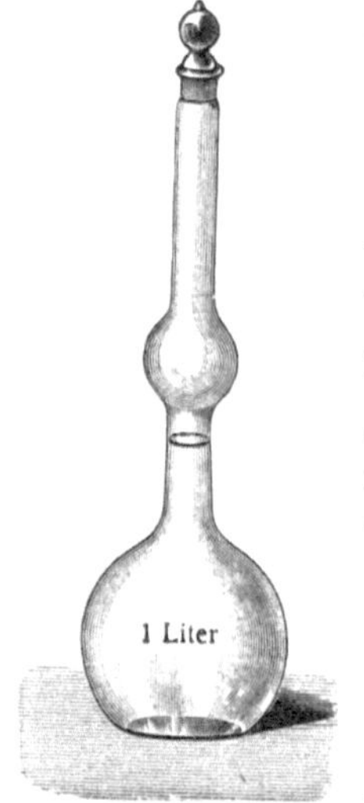

Abb. 110. Meßkolben
mit Ausbauchung im Hals.

Meßflüssigkeiten oder volumetrische Lösungen.

Die Meßflüssigkeiten werden nach ihrem Gehalt an reaktionsfähiger Verbindung in solche mit empirischem Gehalt und in Normalflüssigkeiten (Normallösungen) unterschieden. Die Meßflüssigkeiten mit empirischem Gehalt enthalten eine bestimmte Menge des wirksamen Stoffes, welche in bestimmte Beziehung zu der Menge des zu prüfenden Stoffes gebracht ist, z. B. 1 ccm Meßflüssigkeit entspricht bei Anwendung von 10 g Untersuchungsstoff 1 % des betreffenden Wertes.

Die Normallösungen enthalten eine zum Atom- bzw. Molekulargewicht des wirksamen Stoffes in einem einfachen Verhältnis stehende Menge, und zwar stellt man die Normallösungen derartig ein, daß im Liter (1000 ccm) das Grammgewicht eines Äquivalentes der Verbindung oder eines Teiles derselben $\left(\frac{1}{10}, \frac{1}{100}\right)$ enthalten ist. Im letzteren Falle heißt die Lösung Zehntel-Normal $\left(\frac{n}{10}\right)$ oder Hundertstel-Normal $\left(\frac{n}{100}\right)$.

Das Äquivalent der Salzsäure, HCl, ist gleich $1{,}01 + 35{,}46 = 36{,}47$. Unter Normal-Salzsäure wird daher eine Flüssigkeit verstanden, von welcher 1 l 36,47 g HCl oder 145,88 g der offizinellen 25 proz. Salzsäure enthält. In 1 ccm der Normalsalzsäure $\left(\frac{n}{1}\text{ HCl oder n-HCl}\right)$ sind daher enthalten 0,03647 g HCl, in 1 ccm $\frac{n}{10}$ HCl $= 0{,}003647$ g HCl, in 1 ccm $\frac{n}{100}$ HCl $= 0{,}0003647$ g HCl.

Das Äquivalent des Kaliumhydroxyds, KOH, ist gleich

$$39{,}10 + 16 + 1{,}01 = 56{,}11;$$

unter Normal-Kalilauge wird daher eine Flüssigkeit verstanden, von welcher 1 l 56,11 g Kaliumhydroxyd enthält. In 1 ccm der Normal-Kalilauge

$$\left(\frac{n}{1}\text{ KOH oder n-KOH}\right)$$

sind daher enthalten 0,05611 g KOH, in 1 ccm $\frac{n}{10}$ KOH $= 0{,}005611$ g KOH, in 1 ccm $\frac{n}{100}$ KOH $= 0{,}0005611$ g KOH.

Das Molekulargewicht des Silbernitrats, $AgNO_3$, ist gleich

$$107{,}88 + 14{,}01 + 48 = 169{,}89;$$

unter Zehntel-Normal Silberlösung $\left(\frac{n}{10}\,AgNO_3\right)$ wird daher eine Flüssigkeit verstanden, von welcher 1 l 16,989 g Silbernitrat enthält. In 1 ccm $\frac{n}{10}\,AgNO_3$ sind daher enthalten 0,016989 g $AgNO_3$.

Bringt man eine gleiche Anzahl Kubikzentimeter n-HCl und n-KOH zusammen, so findet, da Salzsäure und Kaliumhydroxyd nach Äquivalentgewichten aufeinander einwirken:

$$HCl + KOH = KCl + H_2O,$$

eine völlige Sättigung statt.

Verwendet man an Stelle der Salzsäure Schwefelsäure zur Sättigung von Kaliumhydroxyd, so sind zur völligen Sättigung von 1 Molekel Schwefelsäure 2 Molekeln Kaliumhydroxyd erforderlich:

$$H_2SO_4 + 2\,KOH = K_2SO_4 + 2\,H_2O.$$

Man würde daher bei Verwendung einer Schwefelsäure, welche das Grammgewicht der Molekel $H_2SO_4 = 2{,}02 + 32{,}06 + 64 = 98{,}08$ im Liter Flüssigkeit enthält, zur völligen Sättigung das doppelte Volum einer n-KOH gebrauchen. Man verwendet deshalb bei mehrbasischen Säuren zur Herstellung einer Normallösung nur das Äquivalentgewicht, d. h. das Molekulargewicht, dividiert durch die Basizität, also bei der Schwefelsäure $\frac{98{,}08}{2} = 49{,}04$ g H_2SO_4 auf 1 Liter Flüssigkeit. Es werden dann 10 ccm $n\text{-}H_2SO_4$ auch 10 ccm n-KOH sättigen.

Unter Normallösung in diesem erweiterten Sinne versteht man daher die Flüssigkeit, von welcher 1 l das Grammgewicht eines auf ein Wasserstoffatom Bezug nehmenden Äquivalentes einer Verbindung enthält, z. B. das Grammgewicht der Molekel: KOH, HCl oder der halben Molekel: $\frac{Ba(OH)_2}{2}, \frac{H_2SO_4}{2}$.

Die Herstellung der Meßflüssigkeiten muß mit großer Sorgfalt geschehen. Man hat sich zuvor von der Reinheit des betreffenden Stoffes zu überzeugen, das

Abwägen desselben so genau wie möglich vorzunehmen, den Stoff zunächst in einer kleinen Menge Flüssigkeit zu lösen und dann erst bis zu einem bestimmten Volum bei einer Temperatur von 20^0 C die Lösung aufzufüllen. Eine öftere Nachprüfung des Titers ist durchaus notwendig und besonders dann auszuführen, wenn die betreffende Meßflüssigkeit längere Zeit außer Gebrauch war, da trotz sorgfältiger Aufbewahrung die Meßflüssigkeiten mit der Zeit Veränderungen erleiden können.

Um trotz der kleinen Differenzen, die sich bei Veränderung des Titers einer Normallösung oder bei der Einstellung einer solchen ergeben, die betreffende Lösung zu volumetrischen Arbeiten dennoch benutzen zu können, bedient man sich sog. Faktoren.

Das folgende Beispiel erörtert diese Bezeichnung.

Zur Bereitung einer n-Kalilauge werden etwa 70 g Kaliumhydroxyd zur Entfernung der äußeren Schicht von Kaliumkarbonat mit Wasser abgespült und dann zu 1 Liter gelöst.

Zur Einstellung werden mit dieser Lösung 20 ccm n-Salzsäure, deren Titer genau bekannt ist, nach Zusatz von 2 Tropfen Methylorange- oder Methylrot- oder Phenolphthaleinlösung titriert. Wegen des unvermeidlichen Kohlensäuregehaltes der Kalilauge sind hierzu bei den einzelnen Indikatoren verschiedene Mengen Kalilauge erforderlich. Man ermittelt dann den Faktor der n-Kalilauge wie folgt:

Würde man zur Sättigung der 20 ccm n-Salzsäure nur 19,2 ccm der einzustellenden Kalilauge benötigen, so ist diese stärker als eine n-Kalilauge. Man kann sie aber zu Titrationen benutzen, wenn man sie mit dem nach folgender Rechnung ermittelten Faktor versieht:

$$19{,}2 : 20 = 1 : x \qquad x = 1{,}042.$$

Würde man z. B. zur Sättigung einer Säure, mit dieser mit dem Faktor 1,042 versehenen Kalilauge 8,5 ccm benötigen, so ist dieser Wert mit 1,042 zu multiplizieren, d. h. zur Sättigung der betreffenden Säure sind $8{,}5 \cdot 1{,}042 = 8{,}857$ n-Kalilauge erforderlich, und dieser erhaltene Wert ist dann in die Rechnung einzusetzen. Zu beachten ist, daß bei der Titration der bei der Einstellung benutzte gleiche Indikator in Anwendung kommen muß.

Hat sich bei der Einstellung einer Kalilauge gegen 20 ccm n-Salzsäure ein 20 ccm übersteigender Wert der Kalilauge ergeben, z. B. 21,2 ccm, so ist diese gegenüber einer n-Kalilauge zu schwach, sie muß mit dem Faktor

$$21{,}2 : 20 = 1 : y \qquad y = 0{,}943.$$

versehen werden, d. h. durch Multiplikation mit 0,943 der bei der Titration ermittelten Kubikzentimeter KOH, um den einer n-KOH entsprechenden Wert zu ermitteln.

Die Fehlergrenzen der maßanalytischen Bestimmungen und die erreichbare Genauigkeit sind eng verknüpft mit der Genauigkeit, mit der man die verbrauchten Volumina abmessen und ablesen kann. Die Abmessung durch Vollpipetten ist auf höchstens einige Zehntel Prozent ungenau. Sie ist bei kleinen größer als bei großen Pipetten z. B. bei 2 ccm $0{,}5\,\%$, bei 10 ccm $0{,}2\,\%$, bei 20 ccm $0{,}1\,\%$, bei 50 ccm $0{,}1\,\%$. Noch kleiner ist die Ungenauigkeit bei Meßkolben. Volumina, die durch Bürettenablesungen bestimmt werden, sind um so genauer festgelegt, je größer sie sind, und je feiner die Bürettenteilung ist. Da eine gewöhnliche Bürette noch die Ablesung von 0,1 ccm gestattet, ist die nächste Dezimale unsicher und kann nur noch ungefähr geschätzt werden. Das heißt, es läßt sich nicht entscheiden, ob z. B. 10,11 oder 10,12 ccm verbraucht wurden. Die Ungenauigkeit beträgt in diesem Fall also etwa $0{,}1\,\%$. Bei Abmessung von 20 ccm mit der

Bürette beträgt sie nur 0,05 %, bei 5 ccm 0,2 %, bei 1 ccm bereits 1 %. Die Feinbürette gestattet eine fünfmal genauere Volumenabmessung, da sie in Fünfzigstel
Kubikzentimeter unterteilt ist. Ein Kubikzentimeter läßt sich hier also mit nur
0,2 % Fehler abmessen.

Die Bürettenfehler können freilich noch bei ungünstigen Ablesebedingungen
das Zwei- bis Dreifache dieser Größe betragen.

Im allgemeinen lassen sich die Ablesefehler bei maßanalytischen Bestimmungen insgesamt so klein halten, daß einige Zehntel Prozent nicht überschritten
werden. Man erreicht so die Genauigkeit der üblichen gewichtsanalytischen Bestimmungen.

Sättigungsanalyse.

Die Sättigungsanalysen zerfallen in azidimetrische und alkalimetrische
und gründen sich darauf, daß Säuren und Alkalien sich sättigen. Um den Endpunkt der Sättigung zu erfahren, d. h. um festzustellen, daß nach dem Zusammenbringen von Säure mit Alkali weder die eine noch das andere im Überschuß vorhanden ist, bedarf man dritter Stoffe, sog. Indikatoren, welche das Eintreten
gewisser Färbungen bewirken und damit den Endpunkt der Reaktion anzeigen.

Soll ein Farbstoff als Indikator beim Titrieren von Säuren und Basen benutzt werden, so muß er selbst sauer oder basisch sein, damit er mit den Basen oder
Säuren gut dissoziierte Salze bilden kann, und zwar muß der Indikator im dissoziierten Zustande eine andere Farbe haben als im nicht dissoziierten.

Die vom Arzneibuch in Anwendung gezogenen Indikatoren sind das **Methylorange = Dimethylaminoazobenzolsulfosaures Natrium**

$$N(CH_3)_2$$

$$N : N \langle\quad\rangle SO_3Na \,,$$

das **Methylrot = Para-Dimethylaminoazobenzol-o-karbonsäure**:

$$N(CH_3)_2$$

$$N : N \langle\quad\rangle,$$
$$CO_2H$$

das **Phenolphthalein** (s. S. 433).

Die Wasserstoffionen-Konzentration und die Indikatoren für volumetrische Bestimmungen.

Wie auf S. 43 ausgeführt, erfahren nach der Ionentheorie von Arrhenius
Säuren, Basen und Salze in wässeriger Lösung eine elektrolytische Dissoziation,
sie sind in elektrisch positiv und elektrisch negativ geladene Ionen gespalten.
Diese Spaltung ist jedoch bei den verschiedenen Säuren bei gleicher molekularer
Konzentration (Molarkonzentration) eine verschiedene. Je größer der Ionenzerfall
einer Säure bei gleicher Molarkonzentration verglichen mit einer anderen Säure
ist, desto **stärker ist die Säure**.

n-Salzsäure und n-Essigsäure werden zwar durch das gleiche Volum n-Kalilauge gesättigt, dennoch ist die Salzsäure eine weit stärkere Säure als die Essigsäure, und zwar deshalb, weil die Salzsäure einen prozentual stärkeren Ionenzerfall in $H^{\cdot}$ und Cl' aufweist, als die Essigsäure in $H^{\cdot}$ und CH_3CO_2'.

Allgemein gilt für eine Säure HA, die nach der folgenden Gleichung in Wasserstoffionen H· und Säureanionen A′ zerfällt HA $\rightleftharpoons$ H· + A′,
das Massenwirkungsgesetz

$$\frac{[\mathrm{H^{\cdot}}]\,[\mathrm{A'}]}{[\mathrm{HA}]} = K .$$

(Die eckigen Klammern bedeuten, daß es sich um Konzentrationen [Mol/Liter] handelt.)

K ist eine stets gleichbleibende Zahl, wenn das gleiche Lösungsmittel angewendet wird. Andere Elektrolyte, die ebenfalls Wasserstoffionen oder Säureanionen enthalten, ändern nichts an K.

Der konstante Zahlenwert K wird Dissoziationskonstante genannt.

Die obige Gleichung läßt sich weiter vereinfachen. Bezeichnet man die Gesamtkonzentration der Säure mit c (Mol/Liter), dann ist:

$$c = [\mathrm{H^{\cdot}}] + [\mathrm{HA}] = [\mathrm{A'}] + [\mathrm{HA}],$$

da ja

$$[\mathrm{H^{\cdot}}] = [\mathrm{A'}].$$

Die Zahl der positiven Ladungen ist stets gleich der der negativen (Gesetz der Elektroneutralität). Der Bruchteil in Ionen gespaltener Säuremolekeln ist dann

$$\alpha = \frac{[\mathrm{H^{\cdot}}]}{c} = \frac{[\mathrm{A'}]}{c} .$$

Da also $[\mathrm{H^{\cdot}}] = \alpha \cdot c$, $[\mathrm{A'}] = \alpha \cdot c$ und $[\mathrm{HA}] = (1 - \alpha) \cdot c$, erhält das Massenwirkungsgesetz die Form

$$\frac{\alpha^2}{1 - \alpha} \cdot c = K ,$$

die man als das Ostwaldsche Verdünnungsgesetz bezeichnet.

Man ersieht aus der Gleichung unmittelbar, daß der Dissoziationsgrad nur von der Gesamtkonzentration c oder von ihrem Reziproken, der Verdünnung, abhängt.

Z. B. ist für $K = 1$ und $c = 1$, $\frac{\alpha^2}{1 - \alpha} = 1$. $\alpha = 0{,}62$, d. h. 62 % der Säure sind in Ionen zerfallen.

Für $c = 0{,}1$, d. h. bei einer Verdünnung auf ein Zehntel ist $\frac{\alpha^2}{1 - \alpha} = 10$. $\alpha = 0{,}92$, d. h. 92 % der Säure sind in Ionen zerfallen.

Ganz dieselbe Gleichung ergibt sich für die Dissoziation der Basen.

Die Dissoziationskonstanten von Säuren und Basen können anschaulich so gedeutet werden:

Wenn $\frac{\alpha^2}{1 - \alpha} = 1$, d. h. wenn $\alpha = 0.62$, ist $c = k$, die Gesamtkonzentration in Molen pro Liter ist gleich der Dissoziationskonstante. Je schwächer ein Elektrolyt dissoziiert, um so kleiner ist diese Konzentration.

Im folgenden ist eine Übersicht über die Dissoziationskonstanten einiger Säuren und Basen gegeben:

Säuren		Basen	
Name	K	Name	K
Starke Säuren (HCl, HBr, HI, $HClO_4$ usw.)	größer als 1	Starke Basen (NaOH, KOH usw.)	größer als 1
Ameisensäure	$2{,}1 \cdot 10^{-4}$	Piperidin	$1{,}5 \cdot 10^{-3}$
Milchsäure	$1{,}5 \cdot 10^{-4}$	Ammoniak	$1{,}8 \cdot 10^{-5}$
Essigsäure	$1{,}8 \cdot 10^{-5}$	Pyridin	$1{,}6 \cdot 10^{-9}$
Borsäure	$6{,}6 \cdot 10^{-10}$	Anilin	$4 \ \cdot 10^{-10}$
Phenol	$1 \ \cdot 10^{-10}$	Strychnin	$1 \ \cdot 10^{-6}$
Kohlensäure	1. Stufe $3 \ \cdot 10^{-7}$	Hydrastin	$1{,}7 \cdot 10^{-8}$
	2. „ $1{,}3 \cdot 10^{-10}$	Papaverin	$8 \ \cdot 10^{-9}$

Während die Säuren und Basen alle möglichen Abstufungen der Dissoziation zeigen, ist das bei den Alkalisalzen der Säuren nicht der Fall. Diese gehören zu den starken Elektrolyten. Das gleiche gilt für die Salze schwacher Basen mit starken Säuren, z. B. für die Chloride. Alle Salze sind soweit in Ionen zerfallen, daß man von dem kleinen undissoziierten Anteil absehen kann. Diese Überlegung ist die Grundlage der Verwendung sog. Pufferlösungen. Mischt man eine Lösung von Chlorwasserstoff mit einer Lösung von Natriumchlorid, so ändert sich die Dissoziationsgrad beider Verbindungen kaum. Ganz anders gestalten sich die Verhältnisse, wenn man die Lösung einer schwachen Säure z. B. der Essigsäure mit einem ihrer Salze, z. B. Natriumazetat mischt: Die Dissoziation der Säure wird mit steigender Salzmenge immer mehr herabgedrückt, während sich an der Dissoziation des Salzes praktisch nichts ändert. Das gleiche gilt für die Mischung einer schwachen Base mit ihrem Chlorid. Man nennt solche Gemische Puffergemische oder Pufferlösungen. Wenn man also Essigsäure mit Natriumazetat versetzt, hat man die Möglichkeit, ohne große Schwierigkeiten alle möglichen niedrigen Wasserstoffionenkonzentrationen herzustellen, die durch einfaches Verdünnen einer starken Säure sehr schwer zugänglich sind. Verdünnt man nämlich eine starke Säure sehr weit, so können die geringsten Verunreinigungen des Wassers z. B. Ammoniak die Säure fast völlig neutralisieren. Bei Puffern liegen die Verhältnisse dagegen anders. Nimmt man z. B. ein Gemisch von Essigsäure und Natriumazetat, so gilt zunächst

$$\frac{[H^{\cdot}] \cdot [\text{Azetation}]}{[\text{undissoziierte Essigsäure}]} = K$$

oder

$$[H^{\cdot}] = K \frac{[\text{undissoziierte Säure}]}{[\text{Azetation}]} .$$

In einem solchen Gemisch ist nur die Konzentration der undissoziierten Säure praktisch gleich der Gesamtkonzentration der Essigsäure, da ja deren dissoziierbarer Teil sehr geringfügig ist. Die Konzentration der Säureanionen ist praktisch gleich der des Natriumazetats, denn dieses ist als Neutralsalz praktisch völlig dissoziiert, und die aus Essigsäure stammenden wenigen Azetationen verschwinden gegenüber der Menge der Azetationen des Salzes. Der obige Ausdruck wird dann zu

$$[H^{\cdot}] = \frac{[\text{freie Essigsäure}]}{[\text{Natriumazetat}]} \cdot K .$$

Zum Beispiel hat eine Mischung aus gleichen Teilen Natriumazetat und Essigsäure, beide etwa in der Konzentration 0,1 n die Wasserstoffionenkonzentration $[H^{\cdot}] = K \cdot 1,8 \cdot 10^{-5}$. Nimmt man die doppelte Menge Natriumazetat wie Essigsäure, so erniedrigt sich die Wasserstoffionenkonzentration auf die Hälfte. Die Vorteile des Arbeitens mit Pufferlösungen sind: 1. große, leichtabwägbare Substanzmengen bringen nur kleine Änderungen der Wasserstoffionenkonzentration hervor. Diese kann so sehr fein abgestuft werden. 2. Ein Verbrauch von Wasserstoffionen durch Verunreinigungen, wie NH_3, spielt keine Rolle, da so große Mengen undissoziierter Essigsäure vorhanden sind, daß die geringe Menge verbrauchter Wasserstoffionen nachgeliefert wird, ohne daß dabei merkliche Mengen undissoziierter Essigsäure verbraucht werden. Hieraus erklärt sich auch der Name Puffer oder Regulatoren: Störungen der Wasserstoffionenkonzentration werden selbsttätig wieder ausgeglichen, eine konstante Wasserstoffionenkonzentration wird immer wieder einreguliert. Die Pufferlösungen sind unentbehrlich geworden für die rasche und einfache Herstellung scharf bestimmter kleiner Wasserstoffionenkonzentrationen."

Wie bereits erwähnt, ist auch das Wasser — allerdings zu einem sehr kleinen Teil — in $H^{\cdot}$ und OH' dissoziiert. Sind beide Seiten der umkehrbaren Gleichung im Gleichgewicht, so kann hier unter Bezugnahme auf das Massenwirkungsgesetz der Formelausdruck gelten:

$$\frac{[H^{\cdot}]\cdot[OH']}{[H_2O]} = K .$$

Bei verdünnten wässerigen Lösungen kann bei konstanter Temperatur das Ionenprodukt des Wassers als Konstante angesehen werden. Dann wird aus der vorstehenden Gleichung

$$[H^{\cdot}]\cdot[HO'] = K_w = K\cdot[H_2O].$$

In reinem Wasser ist die Konzentration der Wasserstoffionen gleich der der Hydroxylionen. Zwar ist für verschiedene Temperaturgrade die Dissoziationskonstante des Wassers verschieden. Man kann aber auf Grund gut übereinstimmender Versuche verschiedener Forscher als Mittelwert bei Zimmertemperatur für $K_w = 10^{-14}$ annehmen und deshalb schreiben

$$[H^{\cdot}]\cdot[OH'] = 10^{-14},$$

und daher

$$[H^{\cdot}] = [OH'] = 10^{-7}.$$

In 10 000 000 Liter Wasser sind somit 1 g Wasserstoff- und 17 g Hydroxylionen enthalten. Ist der Wert für Wasserstoffionen größer als 10^{-7}, so liegt eine saure Lösung vor, ist aber der Wert für Hydroxylionen größer als 10^{-7}, so ist die Lösung alkalisch. Ist $[H^{\cdot}] = [OH'] = 10^{-7}$, so ist die Lösung neutral, wobei allerdings immer vorausgesetzt werden muß, daß $K_w = 10^{-14}$ bleibt, also eine mittlere Temperatur vorherrscht.

Man pflegt nun nach Sörensen die Konzentration der Wasserstoffionen durch den negativen dekadischen Logarithmus der Konzentration oder durch den Logarithmus des reziproken Wertes auszudrücken. Der Wert dieses Wasserstoffexponenten wird durch das Zeichen p_{H} wiedergegeben. Hiernach ist also

$$p_{\mathrm{H}} = -\log[H^{\cdot}] = \log\frac{1}{[H^{\cdot}]} .$$

Da in reinem Wasser $p_{\mathrm{H}} = p_{\mathrm{OH}} = 7$ ist, so kann das Vorliegen einer neutralen, sauren oder alkalischen Reaktion durch die folgenden Abkürzungen zum Ausdruck gebracht werden:

$$p_{\mathrm{H}} = p_{\mathrm{OH}} = 7 = \text{neutrale Reaktion},$$
$$p_{\mathrm{H}} < 7 < p_{\mathrm{OH}} = \text{saure Reaktion},$$
$$p_{\mathrm{H}} > 7 > p_{\mathrm{OH}} = \text{alkalische Reaktion}.$$

Zur Messung der Wasserstoffionen, also zur Bestimmung der Wasserstoffionenkonzentration sind besondere Methoden ausgearbeitet worden. Man bedient sich entweder der elektrometrischen Methode oder der Indikatoren- (kolorimetrischen) Methode oder auch der kinetischen Methode. Hierüber sind die einschlägigen Werke nachzusehen, von welchen genannt sein mögen:

„Praktikum der Physiologischen Chemie" von Prof. Dr. Leonor Michaelis, 3. Aufl. Berlin: Julius Springer 1926.

„Der Gebrauch von Farbindikatoren" von Dr. J. M. Kolthoff, 3. Aufl. Berlin: Julius Springer 1926.

„Handbuch der praktischen und wissenschaftlichen Pharmazie" von Prof. Dr. H. Thoms 2, 433. Berlin und Wien: Urban & Schwarzenberg 1925.

In der Biochemie und Bakteriologie spielt die Wasserstoffionenkonzentration eine große Rolle. Enzyme und Bakterien haben bei einer bestimmten p_{H} eine optimale Wirkung. Proteinstoffe werden bei einer bestimmten p_H vollständig ausgeflockt. Die p_H von Körperflüssigkeiten, wie Harn, Darmsaft, Mageninhalt, Blut schwankt unter normalen Umständen zwischen sehr engen Grenzen.

Wie bereits oben erwähnt, bedient man sich zur Titration saurer oder alkalischer Flüssigkeiten besonderer Indikatoren. Sie sind entweder schwache Säuren oder schwache Basen. Im nichtdissoziierten Zustande besitzen sie eine andere Farbe als im Ionenzustande (W. Ostwald). Zwar haben Hantzsch und andere Forscher der Ansicht Ausdruck gegeben, daß die Farbänderung nicht durch die Ionisierung, sondern durch die Konstitutionsänderung bedingt ist. Für die Benutzung der Indikatoren in der Praxis ändert sich dadurch nichts, insbesondere kann die Ostwaldsche Definition beibehalten werden. Kolthoff trägt der Hantzschschen Auffassung Rechnung, indem er die Ostwaldsche Definition, wie folgt, formuliert: Indikatoren sind Säuren oder Basen, deren ionogene Form eine andere Farbe und Konstitution besitzt als die Pseudo- oder normale Form.

Über den Farbumschlag bzw. das ,,Intervall" der Indikatoren gibt Kolthoff[1] die folgenden Erläuterungen:

Handelt es sich bei dem Indikator um eine Säure, so ist diese in wässeriger Lösung zu einem bestimmten Betrage in ihre Ionen gespalten, und quantitativ läßt sich das Verhältnis durch die Gleichung

$$\frac{[H^{\cdot}] \cdot [R']}{[HR]} = K_{HR}$$

wiedergegeben, wenn $H R$ die Indikatorsäure und K_{HR} die Konstante bezeichnet[2]
Aus der vorstehenden Gleichung folgt

$$\frac{[R']}{[HR]} = \frac{K_{HR}}{[H^{\cdot}]}.$$

Wenn $K_{HR} = [\mathrm{H}^{\cdot}]$ ist, dann ist auch $[R'] = [HR]$, und der Indikator ist zur Hälfte in seine alkalische Form übergegangen. Aus der letzten Gleichung geht hervor, daß das Verhältnis zwischen der alkalischen und der sauren Form eine Funktion von $[\mathrm{H}^{\cdot}]$ ist. Wir können also bei einem Farbindikator nicht von einem Umschlagspunkt sprechen, da der Indikator nicht bei einer bestimmten Wasserstoffionenkonzentration plötzlich von der einen in die andere Form überspringt. Die Farbänderung findet allmählich statt, wenn die Wasserstoffionenkonzentration ungefähr die gleiche Größenordnung besitzt wie die Dissoziationskonstante des Indikators. Bei jeder Wasserstoffionenkonzentration ist ein bestimmter Teil in saurer und alkalischer Form vorhanden. Da man aber nur gewisse Mengen der einen Form neben der anderen erkennen kann, ist der ,,Umschlag" des Indikators durch bestimmte Gehalte an Wasserstoffionen begrenzt.

,,Drücken wir die beiden Grenzpunkte der Wahrnehmbarkeit des Umschlages in p_H aus, so bedeutet das Gebiet des Wasserstoffexponenten zwischen den beiden Grenzwerten das ,,Umschlagsintervall" oder ,,Umschlagsgebiet" des Indikators. Die Größe des Intervalls ist nicht für alle Indikatoren gleich, weil man bei dem einen Indikator die Färbung des sauren oder des alkalischen Anteils empfindlicher neben dem anderen Teil erkennen kann als bei einem anderen."

,,Nehmen wir nun an, daß in einem gegebenen Falle etwa 10 % der alkalischen

---

[1] Loc. cit.
[2] In der Formulierung ist für Säure nicht nach Kolthoff HJ, sondern HR als Bezeichnung gewählt.

Form vorhanden sein muß, um neben der sauren Form sichtbar zu sein, so haben wir

$$\frac{[R']}{[HR]} = \frac{K_{HR}}{[\mathrm{H}^{\cdot}]} = \frac{1}{10},$$

dann ist

$$[\mathrm{H}^{\cdot}] = 10 \cdot K_{HR}$$

und

$$p_\mathrm{H} = p_{HR} - 1.$$

Hierin bedeutet P_{HR} den negativen Logarithmus von K_{HR}. Machen wir die weitere Annahme, daß der Indikator praktisch völlig in die alkalische Form umgesetzt ist, wenn etwa 91% in dieser Form anwesend sind, dann ist

$$\frac{[R']}{[HR]} = \frac{K_{HR}}{[\mathrm{H}^{\cdot}]} = 10$$

oder

$$[\mathrm{H}^{\cdot}] = \frac{1}{10} K_{HR}$$

und

$$p_\mathrm{H} = p_{HR} + 1.$$

Das Umschlagen des Indikators beginnt daher bei einem p_H, der um 1 kleiner als p_{HR} ist, und ist praktisch völlig beendet, wenn p_H um 1 größer als p_{HR} ist. Das Umschlagsgebiet umfaßt dann bei diesem Indikator 2 Einheiten des Wasserstoffexponenten. Bei den meisten Indikatoren beträgt dies Grenzgebiet wirklich 2. Wenn nun die saure Form ebenso deutlich neben der alkalischen Form sichtbar ist wie umgekehrt, dann ändert sich die Farbe bei einer gleichen p_H-Änderung, gleichviel oberhalb und unterhalb von p_{HR}''.

Umschlagsintervalle einiger Indikatoren nach Sörensen.

Indikator	Intervall in p_H	Indikatormenge in 10 ccm	Säure	Alkalien
			Farbe	
Methylorange	3,1— 4,4	3—5 Tropfen 0,1⁰/₀₀	rot	orangegelb
Methylrot	4,2— 6,3	2—4 „ 0,2⁰/₀₀	rot	gelb
Phenolphthalein	8,2—10,0	3—20 „ 0,5⁰/₀₀	farblos	rot
Dimethylaminoazobenzol .	2,9—4,0	5—10 „ 0,1⁰/₀₀	rot	gelb

Das Deutsche Arzneibuch benutzt zur Titration einer sauren oder alkalischen Flüssigkeit besonders das Methylorange, das Methylrot und das Phenolphthalein, und zwar je nach der Sonderart der vorliegenden Säure oder Base den einen oder anderen Indikator.

Methylorange ist das Natriumsalz der Dimethylaminoazobenzolsulfosäure (s. S. 400). Die Sulfogruppe der Methylorange hat mit dem Indikatorumschlag nichts zu tun. Der Umschlag erfolgt durch Salzbildung mit der basischen Gruppe. Methylorange verhält sich wie eine sehr schwache Indikatorbase, und zwar ist das Salz der Base rot, die freie Base ist gelb. Zur Bildung des roten Salzes ist wegen der Schwäche der basischen Gruppe eine ziemlich große Wasserstoffionenkonzentration nötig. Methylorange eignet sich als Indikator gerade für die schwächsten Basen (s. Schlußsatz des folgenden Absatzes). Um den durch die anfangs erfolgende Neutralisation des Alkalis des Methylorange entstehende Fehlerquelle möglichst zu verringern, ergibt sich die Notwendigkeit der Verwendung sehr kleiner Mengen des Indikators (1—2 Tropfen der Lösung 1:999 T. Wasser).

Bei Methylrot herrschen ähnliche Verhältnisse wie bei Methylorange, die Carboxylgruppe hat mit dem Umschlag Gelb-Rot nichts zu tun. Es verhält sich wie eine etwas stärkere Indikatorbase als Methylorange. Deshalb eignet sich Methylrot (0,2 T. Methylrot sind in 100 T. Weingeist zu lösen) gut zur Titration schwacher Basen mit starken Säuren und wird deshalb als Indikator auch bei den meisten Alkaloidtitrationen benützt. Bei Alkaloiden, bei welchen der Äquivalenzpunkt bei niedrigem p_H (bei etwa $p_H = 4$) liegt, z. B. bei Narkotin, Hydrastin und den Mutterkornalkaloiden, wird Methylorange als Indikator benutzt.

Phenolphthalein kann zur Titration schwacher Basen, wie Ammoniak und Alkaloide es sind, nicht verwendet werden, da das sehr weitgehend in Ionen dissozierte Phenolphthaleinalkalisalz nur durch einen starken Überschuß des nur gering ionisierten Ammoniumhydroxyds oder der wenig ionisierten Alkaloide zur Rotfärbung veranlaßt werden kann. Phenolphthalein kann aber gut zur Titration starker Säuren mit starken Basen (Beispiel 1, diese Seite) und schwacher Säuren mit starken Basen (Beispiel 2, diese Seite) verwendet werden.

Welchen Indikator man bei einer Titration zu verwenden hat, erkennt man einerseits aus der Tabelle der Umschlagsintervalle der einzelnen Indikatoren (s. oben), andererseits aus den Neutralisationstabellen. Beide sind experimentell gewonnen worden. Zur Aufstellung einer Neutralisationstabelle titriert man irgendeine Säure mit einer Base und mißt in verschiedenen Stadien der Titration p_H. Besonders interessiert die Änderung von p_H, wenn fast 100% der Säure neutralisiert sind.

Titration von $\dfrac{n}{10}$ HCl mit $\dfrac{n}{10}$ KOH

Neutralisiert %	p_H
0	1
90	2
99	3
99,9	4
100	7 } p_H-Sprung
Überschuß an KOH	
0,1	10
1	11

Titration von $\dfrac{n}{10}$ Essigsäure mit $\dfrac{n}{10}$ KOH

Neutralisiert %	p_H
0	2,87
10	3,8 } Umschlagsintervall
50	4,75 } für Methylorange
90	5,7
99	6,75
99,8	7,45
99,9	7,75
100	8,87
Überschuß an KOH	} Günstiger p_H-Sprung für Phenolphthalein
0,1	10

1. Beispiel: Titration einer starken Säure mit einer starken Base.

Die Tabelle sagt folgendes: Sind 99 % Säure neutralisiert, so ist p_H auf 3 gestiegen, bei 99,9 % ist $p_H = 4$. Werden jetzt die letzten 0,1 % durch Lauge titriert, macht p_H einen großen Sprung von 4 bis 7. Nun hat Methylorange das Umschlagsintervall 3,1—4,4 p_H, d. h. bei 99 % ist die Farbe noch rot, bei 99,9 wird Mischfarbe sein, bei 100 % ist der Umschlag in Gelb bereits vollzogen. Also titriert Methylorange starke $\dfrac{n}{10}$-Säuren und -Basen genau auf 0,1 %.

Außer Methylorange kann man alle Indikatoren nehmen, deren Umschlagsintervall im p_H-Sprung 4—10 liegt, also auch Methylrot und Phenolphthalein.

2. Beispiel: Titration einer schwachen Säure mit einer starken Base.

Methylorange eignet sich nicht; denn bei 50 % ist p_H bereits 4,75; der Umschlag in Gelb ist bereits vollzogen. Methylorange würde noch nicht 50 % Essigsäure anzeigen.

Ebensowenig kommt Methylrot in Frage 4,2—6,3.

Am günstigsten ist der Sprung von 100 % auf 0,1 % Überschuß an KOH für Phenolphthalein (p_H 8,2—10). Genau auf bis 0,1 %.

Darum titriert man schwache Säuren mit starken Basen bei Gegenwart von Phenolphthalein.

3. Beispiel: Titration von Ammoniak mit Salzsäure. Diese Titration ist deshalb wichtig, weil Ammoniak das Grundgerüst der Alkaloide ist. Wird ein Alkaloid mit Salzsäure neutralisiert, so entsteht ein Abkömmling des Ammoniumchlorids.

Hat man 1 Mol. $\dfrac{n}{10}$-NH_3 mit 1 Mol. $\dfrac{n}{10}$-HCl versetzt, so könnte man annehmen, daß die Reaktion neutral sein müßte. Dann wäre $p_H = 7$. Das ist nicht so, denn das gebildete

Mol. Ammoniumchlorid erleidet Hydrolyse, reagiert deshalb etwas sauer, und zwar so, daß p_H der Lösung gerade dann 5,12 ist (also saures Gebiet), wenn 1 Mol. NH_3 mit 1 Mol. HCl versetzt ist. Diesen Punkt will man aber bestimmen. Darum titriert man auf $p_H = 5,12$ als Äquivalenzpunkt. Der Indikator, der bei diesem p_H umschlägt, ist Methylrot (z. B. Morphin).

Ist die Base schwächer, z. B. Hydrastin, Narkotin, so reagiert nach Zusammenbringen von 1 Mol. Base und Säure die Lösung noch saurer als bei Morphin. Das heißt, der Äquivalenzpunkt wandert tiefer ins saure Gebiet bis in das Umschlagsintervall von Methylorange. Darum titriert man diese schwächeren Alkaloide bei Gegenwart von Methylorange.

Herstellung der volumetrischen Lösungen.

Um mit Normalsäuren $\left(\text{z. B. } \frac{n}{10}\text{-HCl oder n-HCl}\right)$ und Normallaugen $\left(\text{z. B. } \frac{n}{10} \text{ NaOH oder n-NaOH}\right)$ Titrationen ausführen zu können, muß man zunächst darauf Bedacht nehmen, solche Normallösungen von genauestem Gehalt herzustellen. Wir wissen, daß eine n-Salzsäure eine Flüssigkeit ist, welche in 1 l 36,47 g HCl oder 145,88 g der offizinellen 25proz. Salzsäure enthält, aber wir haben noch nicht erfahren, wie eine verdünnte Salzsäure von genau diesem Gehalt hergestellt werden kann. Zur Bereitung einer ersten volumetrischen Lösung muß die erforderliche Substanz auf der Waage mit Gewichten abgewogen werden. Hierzu eignet sich jedoch die flüchtige Salzsäure nicht. Man benutzt daher zur Grundlage einer volumetrischen n-Säurelösung eine bei mittlerer Temperatur feste und kristallisierende, daher in chemischer Reinheit zu erhaltende Säure.

Dies ist die mit 2 Molekeln Wasser kristallisierende Oxalsäure: $\begin{array}{c} CO_2H \\ | \\ CO_2H \end{array} + 2\,H_2O$.

Ihr Molekulargewicht beträgt 126,06. Oxalsäure ist eine zweibasische Säure; zur Herstellung einer n-Oxalsäure wird man daher $\frac{126,06}{2} = 63,03$ g der kristallisierten Säure auf 1 l Flüssigkeit verwenden. Man stellt sich meist 100 ccm dieser n-Oxalsäure her, indem man 6,303 g kristallisierte Oxalsäure auf der chemischen Waage genau abwägt, in einem 100 ccm fassenden Meßkolben mit wenig Wasser löst und nach erfolgter Lösung bei einer Temperatur von 20⁰ mit destilliertem Wasser bis zur Marke auffüllt.

Man kann aber auch von dem in chemischer Reinheit erhältlichen Natriumkarbonat als Gewichtsgrundlage für die Maßanalyse ausgehen. Ein solches wird erhalten, indem man das in Kristalldrusen erhältliche reine Natriumbikarbonat auf 250⁰ erhitzt.

$$2\,NaHCO_3 = Na_2CO_3 + H_2O + CO_2.$$

Zur Herstellung einer n-Natriumkarbonatlösung löst man 53 g

$$\left(\frac{Na_2CO_3}{2} = \frac{46 + 12 + 48}{2}\right)$$

des völlig entwässerten Natriumkarbonats auf 1 l Flüssigkeit.

Zum Einstellen der Salzsäure auf n-Natriumkarbonatlösung verwendet man Methylorange als Indikator.

Mit einer richtig eingestellten n-Salzsäure bzw. n-Natriumkarbonatlösung kann man den „Faktor" (s. vorher) anderer annähernd normalen Basen bzw. Säuren ermitteln und dann mit diesen volumetrische Analysen ausführen.

Oxydations- und Reduktionsanalyse.

Diese Bestimmungen gründen sich darauf, daß leicht Sauerstoff aufnehmende Verbindungen andere Stoffe, welche ihn leicht abgeben, reduzieren. Kennt man den Gehalt der oxydierenden Flüssigkeit, so kann man aus der verbrauchten

Menge derselben auch die Menge des der Oxydation bzw. Reduktion unterworfenen Stoffes berechnen.

Als Oxydationsmittel kommt hier besonders Kaliumpermanganat in Betracht. Dieses führt z. B. Eisenoxydulsalzlösungen in Eisenoxydsalzlösungen über, wobei es entfärbt wird. Man nimmt die Bestimmung am besten in schwefelsaurer Lösung vor. Kaliumpermanganat wirkt auf Ferrosulfat bei Gegenwart von Schwefelsäure im Sinne folgender Gleichung ein:

$$2\,KMnO_4 + 10\,FeSO_4 + 8\,H_2SO_4 = 5\,Fe_2(SO_4)_3 + 2\,MnSO_4 + K_2SO_4 + 8\,H_2O.$$

Die Kaliumpermanganatlösung ist eine Meßflüssigkeit mit empirischem Gehalt. Sie wird zu besonderen Zwecken verschieden stark eingestellt. Man bestimmt, bevor man sie zu Prüfungen verwendet, ihren Gehalt an $KMnO_4$, indem man reinsten Eisendraht (mit einem Gehalt von $99{,}6\,\%$ Fe) in verdünnter Schwefelsäure löst und das Entfärbungsvermögen gegenüber Permanganatlösung feststellt, oder indem man letztere auf Oxalsäure von bekanntem Gehalt einwirken läßt. Bei Gegenwart von verdünnter Schwefelsäure reagieren Kaliumpermanganat und Oxalsäure in der Wärme im Sinne folgender Gleichung:

$$2\,KMnO_4 + 5\,C_2H_2O_4 + 4\,H_2SO_4 = 2\,MnSO_4 + 2\,KHSO_4 + 8\,H_2O + 10\,CO_2.$$

Jodometrie.

Jodlösungen wirken auf Natriumthiosulfat wie folgt ein:

$$2\,(Na_2S_2O_3 + 5\,H_2O) + 2\,J = 2\,NaJ + Na_2S_4O_6 + 10\,H_2O.$$

Man kann alle diejenigen Stoffe jodometrisch bestimmen, welche aus Kaliumjodidlösung Jod frei machen. Dazu gehören besonders Chlor (Chlorwasser, Chlorkalk), Eisenoxydsalze, auch Wasserstoffsuperoxyd in saurer Lösung:

a) $Cl + KJ = KCl + J$,
b) $CaCl(OCl) + 2\,HCl + 2\,KJ = CaCl_2 + 2\,KCl + H_2O + J_2$,
c) $FeCl_3 + KJ = FeCl_2 + KCl + J$,
d) $H_2O_2 + 2\,KJ + H_2SO_4 = K_2SO_4 + 2\,H_2O + J_2$.

Diesen Gleichungen zufolge entspricht $1\,J : 1\,Cl$, $1\,J : 1\,FeCl_3$ und $2\,J : H_2O_2$.

Das ausgeschiedene Jod wird durch $\frac{n}{10}$-Natriumthiosulfatlösung bestimmt. Diese wird bereitet durch Lösen von $24{,}822$ g kristallisiertem Natriumthiosulfat auf 1 Liter.

Es entspricht 1 ccm $\frac{n}{10}$-Natriumthiosulfat $= 0{,}012692$ g Jod.

Als Grundlage der Jodometrie benutzt man, da das Natriumthiosulfat hinsichtlich seiner chemischen Reinheit nicht verläßlich ist, am besten das gut und ohne Kristallwasser kristallisierende und durch Schmelzen von anhängender Feuchtigkeit völlig zu befreiende Kaliumdichromat.

Versetzt man eine Kaliumdichromatlösung von bekanntem Gehalt mit Kaliumjodid und Salzsäure, so scheidet 1 Molekel Kaliumdichromat 3 Molekeln Jod aus im Sinne folgender Gleichung:

$$K_2Cr_2O_7 + 6\,KJ + 14\,HCl = 2\,CrCl_3 + 8\,KCl + 7\,H_2O + 3\,J_2.$$

Eine $\frac{1}{60}$ molare Kaliumdichromatlösung entspricht daher einer $\frac{n}{10}$-Jodlösung oder einer $\frac{n}{10}$-Natriumthiosulfatlösung.

Man bereitet die Kaliumdichromatlösung, indem man $\dfrac{294{,}22}{60} = 4{,}904$ g Kaliumdichromat in einem Literkolben mit Wasser löst und zur Marke auffüllt.

Mit dieser Lösung stellt man die Thiosulfatlösung ein, indem man 30 ccm einer 3proz. wässerigen Kaliumjodidlösung, 6—8 ccm offizineller Salzsäure und 200 ccm Wasser mit 20 ccm der Kaliumdichromatlösung mischt. Die Thiosulfatlösung muß so eingestellt werden, daß 20 ccm ausreichend sind, um die in vorstehendem Gemisch enthaltene Menge freien Jods zu binden.

Will man jodometrische Bestimmungen mit der Thiosulfatlösung ausführen, so läßt man zu der durch Jod braungefärbten Lösung aus einer Bürette so lange $\frac{n}{10}$-Natriumthiosulfat hinzutropfen, bis eine Entfärbung der Flüssigkeit eingetreten ist. Man kann die Titration auch unter Zusatz von Stärkelösung vornehmen, welche durch das Jod dunkelblau gefärbt wird. Die Blaufärbung verschwindet durch den geringsten Überschuß an Natriumthiosulfat.

Fällungsanalyse.

Bei der Fällungsanalyse wird der zu untersuchende Stoff durch Zusatz der Meßflüssigkeit unlöslich abgeschieden. Den Endpunkt der Reaktion erkennt man entweder daran, daß das Fällungsmittel einen Niederschlag nicht mehr hervorbringt, oder ein solcher nicht mehr verschwindet, oder endlich, daß ein Indikator einen Farbenwechsel bewirkt. Ein solcher Indikator ist das Kaliumchromat, das bei der Titration der Chloride, Bromide, Jodide mit Silbernitrat in Anwendung kommt. Silbernitrat setzt sich mit den genannten Stoffen wie folgt um:

$$KCl + AgNO_3 = AgCl + KNO_3,$$

$$KBr + AgNO_3 = AgBr + KNO_3 \text{ usw.}$$

Die Silberverbindungen scheiden sich als weiße oder gelblichweiße Niederschläge ab. Auch Kaliumchromat gibt mit Silbernitrat eine Fällung von Silberchromat, welche sich aber durch eine lebhaft rote Farbe auszeichnet. Fügt man zu einer Chlorid, Bromid, Jodid enthaltenden neutralen Lösung bei Gegenwart von etwas Kaliumchromat Silbernitrat, so findet die Bildung des roten Silberchromats erst dann statt, wenn das Chlor, Brom, Jod an das Silber gebunden ist. Das Erscheinen der roten Färbung deutet daher den Endpunkt der Reaktion an, und man kann aus der verbrauchten Anzahl Kubikzentimeter $\frac{n}{10}$-Silbernitratlösung den Gehalt an Chlorid, Bromid, Jodid berechnen.

Über die Titrierung der Zyanide s. Aqua Amygdalarum amararum.

Auch $\frac{n}{10}$-Natriumthiosulfat- und $\frac{n}{10}$-Silbernitratlösungen kann man natürlich auf ihren „Faktor" einstellen und mit ihnen dann volumetrisch arbeiten.

Zum Einstellen der $\frac{n}{10}$-Silbernitratlösung verwendet man chemisch reines und geschmolzenes Natriumchlorid (s. D. A. B. VI).

Sachverzeichnis.

Die Pflanzenalkaloide. Von Dr. **Richard Wolffenstein,** a. o. Professor an der Technischen Hochschule zu Berlin. Dritte, verbesserte und vermehrte Auflage. VIII, 506 Seiten. 1922. Gebunden RM 18.—

Grundzüge der chemischen Pflanzenuntersuchung. Von Dr. **L. Rosenthaler,** a. o. Professor an der Universität Bern. Dritte, verbesserte und vermehrte Auflage. Mit 4 Abbildungen. IV, 160 Seiten. 1928. RM 9.—

Lehrbuch der Pharmakognosie. Von Dr. **Ernst Gilg,** Professor der Botanik und Pharmakognosie an der Universität Berlin, Kustos am Botanischen Museum zu Berlin-Dahlem, Dr. **Wilhelm Brandt,** Professor der Pharmakognosie an der Universität Frankfurt a. M., und Dr. **P. N. Schürhoff,** Privatdozent der Botanik an der Universität Berlin. Vierte, bedeutend vermehrte und verbesserte Auflage. Mit 417 Textabbildungen. XIV, 530 Seiten. 1927. Gebunden RM 21.—

Anleitung zu medizinisch-chemischen Untersuchungen. Von Dr. **Ph. Horkheimer,** Apotheker des Städtischen Krankenhauses Nürnberg. Mit 16 Abbildungen im Text und auf 7 Tafeln. IV, 81 Seiten. 1930. Gebunden RM 6.—

Praktikum der qualitativen Analyse für Mediziner. Von Dr. **R. Ammon,** Berlin, und Dr. **W. Fabisch,** Greifswald. Mit einer Abbildung. V, 64 Seiten. 1931. RM 3.60

Anleitung zur organischen qualitativen Analyse. Von Dr. **Hermann Staudinger,** o. ö. Professor der Chemie, Direktor des Chemischen Universitätslaboratoriums Freiburg i. B. Zweite, neubearbeitete Auflage unter Mitarbeit von Dr. **Walter Frost,** Unterrichtsassistent am Chemischen Universitätslaboratorium Freiburg i. Br. XV, 144 Seiten. 1929. RM 6.60

Der Gang der qualitativen Analyse. Für Chemiker und Pharmazeuten bearbeitet von Dr. **Ferdinand Henrich,** o. ö. Professor an der Universität Erlangen. Dritte, erweiterte Auflage. Mit 4 Abbildungen. IV, 44 Seiten. 1931. RM 2.80

Praktikum der qualitativen Analyse für Chemiker, Pharmazeuten und Mediziner. Von Dr. phil. **Rudolf Ochs,** Assistent am Chemischen Institut der Universität Berlin. Mit 3 Abbildungen im Text und 4 Tafeln. VIII, 126 Seiten. 1926. RM 4.80

Ernst Schmidt, Anleitung zur qualitativen Analyse. Herausgegeben und bearbeitet von Geheimrat Dr. **J. Gadamer†,** o. Professor der Pharm. Chemie und Direktor des Pharmazeutisch-Chemischen Instituts der Universität Marburg. Zehnte, verbesserte Auflage. VI, 114 Seiten. 1928. RM 5.60

Mylius-Brieger, Grundzüge der praktischen Pharmazie. Von Dr. phil. **Richard Brieger,** Berlin, wissenschaftlichem Redakteur der Pharmazeutischen Zeitung. Sechste, völlig neubearbeitete Auflage der „Schule der Pharmazie", Praktischer Teil von Dr. E. Mylius. Mit 160 Textabbildungen. VIII, 358 Seiten. 1926. Mit Ergänzungsheft nach dem Stande vom 1. April 1931 (II, 34 Seiten). Gebunden RM 16.—

Pharmazeutisch-chemisches Rechenbuch. Von Prof. Dr. **O. Anselmino,** Oberregierungsrat und Mitglied des Reichsgesundheitsamts, und Dr. **Richard Brieger,** wissenschaftlichem Redakteur der Pharmazeutischen Zeitung. IV, 73 Seiten. 1928. RM 3.75

Pharmazeutisch-chemisches Praktikum. Herstellung, Prüfung und theoretische Ausarbeitung pharmazeutisch-chemischer Präparate. Ein Ratgeber für Apothekenpraktikanten. Von Dr. **D. Schenk,** Apotheker und Nahrungsmittelchemiker. Zweite, verbesserte und erweiterte Auflage. Mit 49 Abbildungen im Text. VI, 223 Seiten. 1928. RM 10.—; gebunden RM 11.—

Mikrochemisches Praktikum. Eine Anleitung zur Ausführung der wichtigsten mikrochemischen Handgriffe, Reaktionen und Bestimmungen mit Ausnahme der quantitativen organischen Mikroanalyse. Von Dr. phil. h. c. **Friedrich Emich,** Dr.-Ing. e. h., ordentl. Professor an der Technischen Hochschule Graz, w. Mitglied der Akademie der Wissenschaften in Wien. Zweite Auflage. Mit einem Abschnitt über Tüpfelanalyse von Dr. **Fritz Feigl,** Privatdozent an der Universität Wien. Mit 83 Abbildungen. XII, 157 Seiten. 1931. RM 12.80

Die quantitative organische Mikroanalyse. Von Dr. med. und Dr. phil. h. c. **Fritz Pregl,** o. ö. Professor der Med. Chemie und Vorstand des Med.-Chem. Instituts an der Universität Graz, korresp. Mitglied der Akademie der Wissenschaften in Wien. Dritte, durchgesehene, wesentlich vermehrte und zum Teil umgearbeitete Auflage. Mit 51 Textabbildungen. XII, 256 Seiten. 1930. Gebunden RM 19.80

Die Maßanalyse. Von Dr. **I. M. Kolthoff,** o. Professor für analytische Chemie an der Universität Minnesota in Minneapolis, USA. Unter Mitwirkung von Dr.-Ing. H. Menzel, a. o. Professor an der Technischen Hochschule Dresden.

Erster Teil: **Die theoretischen Grundlagen der Maßanalyse.** Zweite Auflage. Mit 20 Abbildungen. XIII, 277 Seiten. 1930. RM 13.80; gebunden RM 15.—

Zweiter Teil: **Die Praxis der Maßanalyse.** Zweite Auflage. XI, 612 Seiten. 1931. RM 28.—; gebunden RM 29.40

Grundzüge der physikalischen Chemie in ihrer Beziehung zur Biologie. Von **S. G. Hedin,** Professor der medizinischen und physiologischen Chemie an der Universität Upsala. Zweite Auflage. VI, 189 Seiten. 1924. RM 7.50; gebunden RM 8.70

Kurzes Lehrbuch der allgemeinen Chemie. Von **Julius Gróh,** o. ö. Prof. der Chemie an der Tierärztlichen Hochschule Budapest. Übersetzt von Paul Hari, o. ö. Prof. der Physiologischen und Pathologischen Chemie an der Universität Budapest. Mit 69 Abbildungen. VIII, 278 Seiten. 1923. Gebunden RM 8.—

Period. System (mit Atom-gew. 1938)

Periode	Reihe	0	I a	I b	II a	II b	III a	III b	IV a	IV b	V a	V b	VI a	VI b	VII a	VII b	VIII
1	1	^{0}n 1,009	^{1}H 1,0081														
2	2	^{2}He 4,003	^{3}Li 6,940		^{4}Be 9,02		^{5}B 10,82		^{6}C 12,010		^{7}N 14,008		^{8}O 16,0000		^{9}F 19,000		
3	3	^{10}Ne 20,183	^{11}Na 22,997		^{12}Mg 24,32		^{13}Al 26,97		^{14}Si 28,06		^{15}P 31,02		^{16}S 32,06		^{17}Cl 35,457		
4	4	^{18}Ar 39,944	^{19}K 39,096		^{20}Ca 40,08		^{21}Sc 45,10		^{22}Ti 47,90		^{23}V 50,96		^{24}Cr 52,01		^{25}Mn 54,93		^{26}Fe 55,84 ^{27}Co 58,94 ^{28}Ni 58,69
	5			^{29}Cu 63,57		^{30}Zn 65,38		^{31}Ga 69,72		^{32}Ge 72,60		^{33}As 74,91		^{34}Se 78,96		^{35}Br 79,916	
5	6	^{36}Kr 83,7	^{37}Rb 85,48		^{38}Sr 87,63		^{39}Y 88,92		^{40}Zr 91,22		^{41}Nb 92,91		^{42}Mo 95,95		43 —		^{44}Ru 101,7 ^{45}Rh 102,91 ^{46}Pd 106,7
	7			^{47}Ag 107,880		^{48}Cd 112,41		^{49}In 114,76		^{50}Sn 118,70		^{51}Sb 121,76		^{52}Te 127,61		^{53}J 126,92	
6	8	^{54}X 131,3	^{55}Cs 132,91		^{56}Ba 137,36		^{57}La 138,92										
	9						58–71 ^{x}		^{72}Hf 178,6		^{73}Ta 180,88		^{74}W 183,92		^{75}Re 186,31		^{76}Os 190,2 ^{77}Ir 193,1 ^{78}Pt 195,23
	10			^{79}Au 197,2		^{80}Hg 200,61		^{81}Tl 204,38		^{82}Pb 207,21		^{83}Bi 209,00		^{84}Po (210,0)		85 —	
7	11	^{86}Rn 222	87 —		^{88}Ra 226,05		^{89}Ac (226)		^{90}Th 232,12		^{91}Pa 231		^{92}U 238,07				

x seltene Erden ^{58}Ce 140,13 ^{59}Pr 140,92 ^{60}Nd 144,27   61 — ^{62}Sm 150,43 ^{63}Eu 152,3 ^{64}Gd 156,9 ^{65}Tb ^{66}Dy ^{67}Ho ^{68}Er ^{69}Tu ^{70}Yb ^{71}Cp